ENGINEERING VIBRATION 제5판

최신 기계진동학

ENGINEERING VIBRATION 제5판

최신 기계진동학

Daniel J. Inman 지음

강연준 · 김찬중 · 박준홍 · 정태건 · 황재혁 옮김

GB 가디언북

Pearson Education South Asia Pte Ltd
63 Chulia St
#15-01
Singapore 049514

Pearson Education offices in Asia: *Bangkok, Beijing, Ho Chi Minh City, Hong Kong, Jakarta, Kuala Lumpur, Manila, Seoul, Singapore, Taipei, Tokyo*

3 2 1
26 25 24

Cover Image: Lauren Hunghes/NASA

발행일: 2024년 1월 2일
공급처: 가디언북(070-4226-8351/gdpub@naver.com)
ISBN: 978-981-3350-88-5(93550)
가격: 38,000원

http://pearson.com/asia

역자 서문

이 교재는 미시간대학의 D. J. 인맨(Inman) 교수가 집필한『Engineering Vibration』5판을 번역한 것이다. 이 교재는 처음 출판될 당시부터 혁신적인 내용과 참신한 구성으로 많은 호응을 받았고, 국내외 많은 대학에서 교재로 채택되어 사용되고 있다. 특히 최신 컴퓨터 소프트웨어를 사용하여 문제를 해결하는 내용이 풍부해, 학생들이 진동 이론을 이해하고 실전 문제를 해결하는 데 많은 도움을 주고 있다. 고전적인 내용과 함께 진동 설계 및 제어, 실험모드해석, 최적 설계, 유한요소법 등과 같은 최신 이론도 같이 설명하고 있어 학부생은 물론 현장 엔지니어에게도 좋은 참고서적으로 환영받고 있다. 진동에 관련된 다양한 설계 개념 및 예제를 담고 있는 이 교재는 공학인증에서 중시하는 설계교육 측면에서도 아주 두드러진 장점을 갖고 있다. 또 이번 5판에서는 새롭고 흥미로운 예제와 연습문제가 많이 보강되어 더욱 충실한 내용으로 거듭나고 있다.

이 교재에는 위와 같은 많은 장점이 있으나 4장의 다자유도 시스템 해석 방법에 약간의 문제점이 있었다. 원서의 저자는 계산효율을 중시하여 진동 이론과 상관없이 고유값 문제를 여러 단계로 변환하여 복잡하게 풀이하는 해법을 제시했는데, 고유값 문제를 처음 접하는 학생들이 이해하기에 어려움이 많았고 이 교재를 사용하여 강의하는 교수들도 매우 힘들었다. 특히 원서의 다자유도 시스템 해법에서 가장 불편했던 점은 고유벡터가 모드형상과 일치하지 않는다는 점이었다. 최근 컴퓨터 성능이 하드웨어와 소프트웨어 측면 모두 크게 발전함에 따라 아주 복잡한 대규모 진동 문제를 슈퍼컴퓨터로 계산하는 경우가 아니면 계산속도나 효율에 크게 신경 쓸 필요가 없어졌다. 이와 같은 사정을 고려해서 진동 입문과정의 학생들이 더 쉽게 다자유도 시스템의 개념과 해법을 이해할 수 있도록 원서의 내용을 과감하게 수정했다. 그러나 원서의 큰 틀을 벗어나지 않고 수식 번호도 그대로 유지하면서 수정했으므로 원서와 번역서를 동시에 사용해도 큰 문제가 없도록 했다.

이 교재를 번역하면서 오역이나 오타가 발생하지 않도록 각별히 노력함과 동시에 원서 자체의 오류와 오타까지도 최선을 다해 고쳐서 원서보다 더 나은 교재가 되도록 했다. 모든 노력을 다했으나 워낙 수식이 많고 풀이가 복잡하여 어딘가에 남아 있을 오류와 오타는 전적으로 역자들의 책임이니 가차 없는 질책과 함께 지적을 해주면 기꺼이 수용해서 보완하도록 할 것이다.

이 교재의 번역을 맡아 처음부터 끝까지 애써주신 강연준(3, 7장), 김찬중(5, 6장), 박준홍(2, 8장), 정태건(4장 및 저자 서문), 황재혁(1장 및 부록) 교수의 노고에 감사드리고, 이 책이 출판될 수 있도록 적극 협조해 주신 피어슨에듀케이션 관계자 여러분께도 감사의 뜻을 전한다.

2023년 12월

역자 일동

저자 서문

이 책은 진동 또는 구조동역학을 처음 배우는 기계, 토목, 항공공학 학부생을 위한 교재이다. 이 책은 공학인증 학과의 진동 관련 교과목에서 일반적으로 가르치는 주제들로 구성되는데, 이는 덴 하토크(Den Hartog)가 처음 규정했고 톰슨(Thompson)이 발전시킨 것이다. 거기 덧붙여서 설계, 측정, 계산 등의 주제도 함께 다룬다.

교수법

이 책과 다른 진동 교재의 교수법상의 주된 차이점은 고급 계산 컴퓨터 코드의 활용이다. 이 책이 처음 출판된 이후에 다른 진동 교재에서도 그러한 컴퓨터 코드의 사용을 포함시키기 시작했다. 비록 이 책은 반드시 그 컴퓨터 코드를 사용하지 않아도 되도록 쓰여 있지만, 컴퓨터 코드의 활용을 적극 권장하는 바이다. MATLAB®은 계산기처럼 아주 사용하기 쉬워서 선행학습이나 훈련이 거의 필요 없다. 사실 MATLAB® 코드는 바로 복사해서 실행시킬 수 있다. 게다가 학생들이 이것을 사용하면 진동의 기본 개념을 더 잘 이해하게 된다. 백문이 불여일견으로, 수치 시뮬레이션이나 그래프를 통해 진동 현상을 완전히 동적으로 이해할 수 있다. 컴퓨터 계산과 시뮬레이션에 관한 설명은 처음 네 장의 후반부에 나와 있다. 그 이후에는 진동 문제를 풀 때 당연히 이러한 컴퓨터 소프트웨어를 사용하는 것으로 가정할 것이다.

이 책의 또 하나의 특징은 '윈도우'의 사용인데, 이것은 교재 요소요소에 배치되어 있고 교재 내용과 관련되는 필수사항을 바로 그 자리에서 독자들에게 일깨워 주는 기능을 한다. 윈도우는 앞에서 배운 내용이 필요한 지점에 위치하며, 중요사항을 요약하는 용도로도 쓰인다. 이 책은 전형적인 공학인증 교육과정에서 배우게 되는 선행과목과 깊이 관련된다. 특히 미적분학, 공학수학, 정역학, 동역학, 재료역학에서 공부한 내용을 참고할 것이다.

5판의 개정 내용

4판을 사용했던 학생, 교수, 현장 엔지니어들이 보내온 의견을 주로 참고해서 개정했다. 바뀐 내용은 더 명확한 설명, 개념을 확실히 잡아주기 위한 새로운 예제의 추가, 연습문제의 보완 등이다. 그리고 시대에 뒤떨어지거나 유용하지 않다고 생각되는 부분은 생략했다. MATLAB® 코드들도 모두 갱신했다. 그러나 소프트웨어 회사들의 제품 업데이트 속도가 출판사가 교재를 업데이트하는 속도보다 훨씬 빠르기 때문에, 독자들은 제품 웹사이트에서 구문이나 명령어의 업데이트를 확인해야 한다. 이 책으로 공부하는 학생들의 일관된 요청 중 하나는 연습문제를 풀 때, 앞에서 나왔던 예제나 연습문제의 데이터를 언급해서 앞으로 되돌아가게 하지 말아달라는 것이었다. 이 요청을 수용해서 문제에 관련되는 데이터는 그 문제 안에서 모두 제공하는 것으로 했다. 많은 학생과 교수의 의견을 받아 다음과 같이 개정함으로써 학생 관점에서 이해도를 높였다.

- 교재의 27군데에서 설명을 더 명확하게 기술했다. 또 5.8절이 새로 추가되었고 5.3절은 완전히 새로 바꿨다.
- 개념을 명확하게 하고 내용 설명을 보충하기 위해 30개의 예제를 추가하고, 10개의 기존 예제는 설명을 수정해서 의미를 더 확실하게 했다.
- 시대에 뒤떨어지거나 필요없는 내용은 생략했다. 특히 툴박스 연습문제와 Mathematica 및 Mathcad 코드를 모두 생략했다.
- 모든 MATLAB® 코드는 2020 표준에 맞게 업데이트하고 예제에 몇 개의 코드를 추가했다.
- 연습문제 38개가 추가되었고, 20개의 기존 연습문제를 수정해서 의미를 명확히 하거나 수치를 바꾸었다.
- 새로운 그림을 29개 추가하고 기존 그림을 몇 개 수정했다.
- 새로운 수식을 6개 추가하고 기존 수식 중 2개를 삭제했다.

1장: 새로운 예제, 수식, 연습문제가 추가되었다. 학생들의 제안에 따라 본문 설명을 추가하거나 수정함으로써 의미를 명확하게 했다. 몇 개의 사진자료를 넣었다. 앞에서 나왔던 연습문제나 예제의 데이터를 언급하지 않도록 문제를 수정해서 문제 기술이 더 명확해지도록 했다. 모든 컴퓨터 코드는 최신 구문에 따라 업데이트하고, 의미 없는 구식 명령어는 교체했다.

2장: 새로운 예제와 그림을 추가하고, 기존 예제와 그림을 더 명확하게 수정했다. 본문 설명을 추가하거나 수정했다. 몇 개의 사진자료를 넣었다. 새로운 연습문제를 추가하고, 앞에서 나왔던 연습문제나 예제의 데이터를 언급하지 않도록 문제를 수정해서 문제 기술이 더 명확해지게 했다. 모든 컴퓨터 코드는 최신 구문에 따라 업데이트하고, 의미 없는 구식 명령어는 교체했다.

3장: 새로운 예제, 수식, 연습문제가 추가되었다. 특히 임펄스에 관한 설명이 보강되었다. 또 기존 연습문제들을 수정하여 더 명확하고 정확하게 했다. 앞에서 나왔던 연습문제나 예제의 데이터를 언급하지 않도록 문제를 수정해서 문제 기술이 더 명확해지게 했다. 모든 컴퓨터 코드는 최신 구문에 따라 업데이트하고, 의미 없는 구식 명령어는 교체했다.

4장: 완전히 새로운 예제를 추가하고, 다수의 기존 예제들을 다듬어 의미를 명확하게 하고 더 개선된 정보를 담도록 했다. 새로운 그림 3개를 추가했다. 앞에서 나왔던 연습문제나 예제의 데이터를 언급하지 않도록 문제를 수정해서 문제 기술이 더 명확해지게 했다. 모든 컴퓨터 코드는 최신 구문에 따라 업데이트하고, 의미 없는 구식 명령어는 교체했다. MATLAB®의 최신 포맷에 맞추어 일부 선도를 다시 작성했다. 학생들의 의견에 따라 본문 설명 중 일부를 수정했다.

5장: 기존 또는 과거의 진동 교재에서 오랫동안 잘못 기술되어왔던 부분을 수정하기 위해 5.3절을 다시 쓰고 그림과 예제를 추가했다. 일부 연습문제를 더 자세히 기술해서 더 명확하게 되도록 수정했다. 근사화 및 치수 조정에 관한 5.8절을 새로 추가했다.

6장: 새로운 그림과 예제를 하나 추가했고 내용을 명확하게 하기 위해 본문을 약간 수정했다.

7,8장: 사용자들의 제안에 따른 사소한 수정 및 추가가 있었으나 내용 면에서 큰 변화는 없다.

단위

이 책에서는 SI 단위를 사용한다. 1판에서 미국상용단위와 SI 단위를 혼용했다가 편집자의 주장에 따라 SI 단위로 모두 바꿨다. 대신 미국상용단위와 SI 단위에 관한 부록을 추가하여 두 단위 사이의 변환의 중요성을 인지함으로써 공학의 세계화 추세에 대비하도록 했다. 미국의 엔지니어들은 SI 단위를 익혀 점점 국제화되는 사업장에서 경쟁력을 키워야 하고, 타국의 엔지니어들은 두 단위계 사이에서 소통하고 변환할 수 있어야 한다.

감사의 글

각 장을 시작할 때마다 진동 시스템 사진을 두 장씩 실었는데 이는 이 책의 내용이 인간 활동의 많은 영역에서 폭넓게 응용된다는 것을 상기시키기 위한 것이다. 이 사진들은 나 자신을 포함하여 친구, 학생, 동료, 친척들이 찍은 것이다. 특히 로버트 하그리브스(기타), 티모시 웨이드(풍차, 대통령 전용 헬기), 로이 트리필리오(교량), 캐서린 리틀(감쇠기)에 감사한다.

고맙게도 많은 분들이 여러 조언을 해주었고, 그것들을 수용함으로써 책의 내용이 훨씬 더 명확하게 되었다. 먼저 이렇게 새로운 체제로 5판을 낼 수 있게 도와준 피어슨사의 편집자에게 감사하고, 피어슨사의 수많은 관계자의 유용한 의견과 제안에 대해서도 감사한다. 또 의견을 보내준 많은 학생과 교수들께도 감사한다. 특히 코네티컷대학교의 네잣 올가치 교수는 많은 조언과 함께 자기 수업에 나를 초청해 원격강의를 하게 하고 과거와 현재의 모든 진동 교재에서 비감쇠 진동흡진기에 대해 잘못 설명하고 있는 것을 지적함으로써 예제 5.3.3을 통해 바로잡을 수 있게 했다.

특히 4판을 검토했고 5판을 내는 데 협조한 웨스턴뉴잉글랜드대학교의 찰스 로슈 박사께 감사한다. 제트 엔진 개발자로 일했고 현재 교육중심대학 교수로 있는 그의 의견은 내가 연구중심대학 학생과 교육중심대학 학생 사이에서 적절한 균형을 잡는 데 도움이 됐다. 또 그의 다년간의 실무 경험은 적절한 예제와 연습문제를 만드는 데 크게 기여했다.

이 모든 도움으로 더 정확하고 더 읽기 쉽고 더 유용한 교재를 낼 수 있게 되었다고 믿는다.

지난 40년간 수많은 기업과 정부기관으로부터 후원을 받아 여러 종류의 진동 구조물 및 기계에 대한 연구, 설계, 시험, 해석을 할 수 있었다. 이와 같은 연구과제가 없었더라면, 곳곳에 진동 실무 관련 내용이 가득한 이 책을 낼 수도 개정할 수도 없었을 것이다.

끝으로 두 대학을 거치며 5판을 내기까지 지속적으로 도와준 아내 캐서린 리틀에게 감사한다.

대니얼 인맨(미시간대학교)

차례

1 진동과 자유응답

(Marco Cannizzaro 사진 제공)

박물관에 전시되어 있는 진자는 인류가 진동을 이해하는 데 매우 좋은 예제이다. 진자를 통해 진동의 측정 방법, 방정식을 활용한 진동의 모델링, 그리고 기본 진동계의 설계 및 진동계의 거동 예측을 쉽게 할 수 있다. 진자는 1장에서 진동과 자유응답에 대한 주제를 소개하는 데 종종 사용된다. 여기서 '자유응답'은 진동계에 가진력이 작용하지 않고 복원력으로만 일어나는 진동을 의미한다. 진자의 경우 복원력은 중력에 의한 것이다. 진동은 반복적인 운동을 다루는 동역학의 한 분야이다. 이 교재에서 다루는 대부분의 진동계는 기계적 또는 구조적 요소에 의해 구성되는 진동계이다. 진동 현상은 생물학적 시스템에도 널리 퍼져 있으며, 사실 인간의 의사소통에 매우 밀접한 역할을 한다는 것을 알 수 있다(귀는 듣기 위해 진동하고 혀와 성대는 말하기 위해 진동한다). 음악의 경우에도 현의 진동과 같은 진동이 반드시 필요하다. 그러나 실제 대부분의 기계적 시스템과 구조물에서 진동은 피해야 할 현상이다. 예를 들어 항공기 프레임의 진동은 피로를 유발하고, 결국 고장으로 이어질 수 있다. 따라서 일상적으로 생활하는 영역 대부분에서 발생하는 진동은 반드시 감쇠시키는 과정이 필요하다. 예를 들어 자동차, 비행기, 기차, 심지어 일부 자전거에도 운전자에게 전달되는 진동을 줄이기 위한 장치가 있다.

진동을 이해하고, 해석하고, 진동계의 거동을 예측하는 데 필요한 기본적인 개념이 이 책의 주제가 된다. 이어지는 장들에서 설명되는 개념과 수식은 필요한 진동을 발생시키고 불필요한 진동을 저감시키는 데 활용되는 중요한 내용이 될 것이다. 이 장에서는 고유진동수의 중요한 개념과 진동을 수학적으로 모델링하는 방법을 소개한다.

인터넷의 웹페이지를 통해 진동의 예를 많이 찾을 수 있다. 따라서 여러 진동 현상의 예와 진동계의 동영상을 웹에서 검색해 보기를 권한다.

1.1 자유진동

진동은 정지된 기준좌표계나 공칭위치(보통 평형)에 대해 물체가 반복적으로 운동하는 현상을 연구하는 학문이다. 진동 현상은 도처에 존재하는데, 많은 경우 공학설계의 특성에 큰 영향을 미친다. 공학기기의 진동 특성은 종종 기기의 성능을 제한하는 요소가 된다. 진동 현상은 피해야 할 경우도 있고 매우 유용하여 필요한 경우도 있다. 어느 경우든 진동에 대한 지식(진동을 어떻게 해석하고 측정하고 제어하는가)이 필요하며, 이것이 바로 이 책의 주제가 된다.

많은 이들에게 알려져 있듯이 기타줄의 운동, 자동차나 오토바이의 승차감, 비행기 날개의 운동, 바람이나 지진에 의한 대형 건물의 흔들림에서 전형적인 진동의 예를 볼 수 있다. 이 장에서는 뉴턴의 법칙과 같은 기본원리를 이용해서 진동을 수학적으로 모델링하고 대수나 미분방정식의 결과를 이용하여 해석하는 것을 다루며 시스템의 진동을 측정하는 기술에 대한 정보를 제시하고 특별한 진동응답을 갖도록 특정 시스템을 설계하는 데 유용한 정보와 방법이 소개된다.

진동 현상을 물리적으로 설명하자면, 진동은 위치에너지(potential energy)와 운동에너지(kinetic energy) 간의 상호 연관작용에 기인한다. 진동 시스템은 위치에너지를 저장했다가 질량 운동(진동) 형태의 운동에너지로 방출하는 구성요소로 이루어져야 하며, 그 질량의 운동에너지는 다시 위치에너지를 저장하는 요소로 이동된다.

공학은 이미 얻은 지식을 바탕으로 출발하며, 진동 분야도 예외가 아니다. 특히 진동 분야는 동역학, 시스템 동역학, 재료역학, 미분방정식, 행렬을 포함하는 선형대수학의 지식을 필요로 한다. 대부분의 공학인증 프로그램에서는 앞에서 언급한 과목들이 진동과목의 선수과목으로 지정되어 있다. 따라서 이 책에서는 앞에서 언급한 교과목에서 다룬 지식 및 방법론을 그대로 활용하고자 한다. 진동해석은 진동계의 물리적 관찰과 수학의 결합에 바탕을 두고 있다.

진동의 과학은 아마도 진자와 현의 진동에 관한 갈릴레오의 책(1590)에서 시작되었다. 1602년 갈릴레오는 그의 맥박을 진자의 주기로 측정했고 오늘날의 진동 분석을 위한 토대를 마련했다. 독자들은 과학 박물관이나 대형 추 시계에서 진자를 경험할 수 있다. 또한 줄과 대리석으로 간단한 진자를 만들 수도 있다. 진자가 좌우로 흔들릴 때 진자의 운동은 시간의 함수가 되며, 삼각함수인 사인함수를 이용하여 진자운동을 명확하게 기술할 수 있다. 더 흥미로운 것은 만일 진자의 자유물체도를 그리고 뉴턴의 법칙을 적용하여 운동방정식을 얻고 그 해를 구하면 해의 모양은 사인함수가 된다는 점이다. 또한 운동방정식은 진자의 운동주기를 예측할 수 있다. 이 예에서 동역학, 관찰, 수학 모두 동일하게 진자의 운동을 예측할 수 있는 모델을 제공함을 알 수 있다.

이 진자 예제는 이 책의 내용을 말해 주고 있다. 이 책에서는 좀 더 복잡한 진동계의 운동방정식을 얻기 위해 정역학, 동역학, 재료역학과 더불어 시스템 동역학을 활용하는 모델링 기술을 체계적으로 제안하고 있다. 그리고 진동계를 구성하는 기계요소 및 구조물이 어떻게 진동하는지를 예측하기 위해 운동방정식을 풀이하는 미분방정식 기법을 사용한다. 다음은 동역학 첫 단계에서 배운 기법을 상기시키는 매우 유용한 예제를 설명하고자 한다.

예제 1.1.1

그림 1.1에 나타낸 진자의 운동방정식을 유도하라.

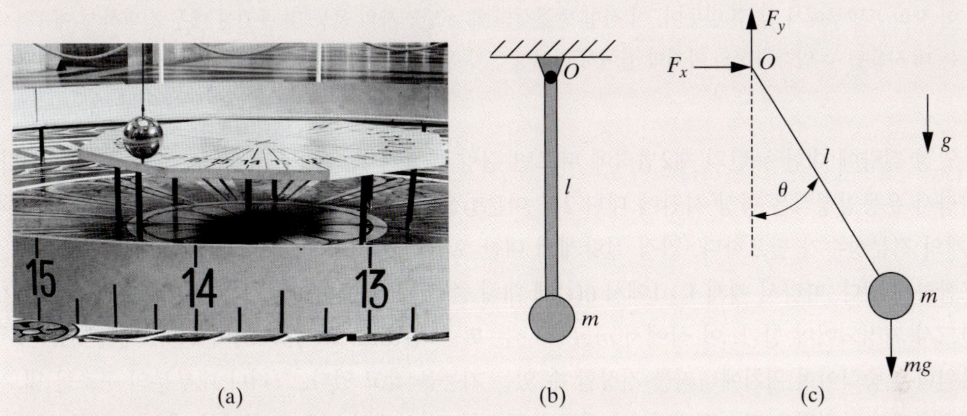

그림 1.1 (a) 박물관에 있는 진자의 사진, (b) 진자의 개략도, (c) 진자의 자유물체도

풀이 그림 1.1과 같은 진자의 개략도를 고려하자. 이 경우 막대의 질량과 힌지의 마찰은 무시할 수 있다고 본다. 일반적으로 진동계의 모델링은 관심 있는 부재를 선정하고 대략적인 스케치를 그린 후 필요한 몇 개의 가정을 도입함으로써 시작된다. 이 부분은 진동계의 모델링 및 해석에서 매우 중요한 영역이다. 가장 일반적인 접근방식은 모델링을 가능한 한 단순하게 시작하는 것이다(이 예제에서는 마찰과 막대의 질량을 무시했으며, 운동은 평면에서 일어난다고 가정했음). 그런 다음 관련되는 공학적 문제의 답을 찾는 시도를 하게 된다. 만일 단순한 모델이 실험 결과와 잘 일치하지 않으면 도입한 가정을 해제하면서 모델을 다소 복잡하게 만들어 해석한다. 이러한 과정을 해석 결과와 실험 결과가 충분히 일치할 때까지 반복하게 된다. 도입된 가정을 염두에 두고 진동계의 자유물체도를 그리면 그림 1.1(c)와 같다. 진자의 운동방정식을 얻기 위해 작용하는 모든 힘을 표시하고 뉴턴의 법칙을 적용해야 한다.

이 예제에서 뉴턴의 법칙인 O점에 대한 모멘트 방정식을 적용하면 다음과 같은 결과를 얻게 된다.

$$\Sigma \mathbf{M}_O = J\boldsymbol{\alpha}$$

여기서 M_O는 O점에 대한 외력의 모멘트를 의미하며, $J = ml^2$은 질량 m의 O점에 대한 질량관성모멘트를 뜻한다. 그리고 l은 진자막대의 길이, $\boldsymbol{\alpha}$는 각가속도를 뜻한다. 이 문제는 실제로 1차원 문제이기 때문에 벡터모멘트 방정식은 스칼라 방정식으로 나타낼 수 있다.

$$J\alpha(t) = -mgl\sin\theta(t) \quad \text{또는} \quad ml^2\ddot{\theta}(t) + mgl\sin\theta(t) = 0$$

여기서 중력 mg의 모멘트 팔의 길이는 $l \sin\theta$이고, θ 위의 점(dot)은 시간에 대한 미분을 의미한다. 이 방정식은 진자의 시간응답을 지배하는 2계 미분방정식이 된다. 지금까지 설명한 절차는 운동방정식을 얻기 위해 동역학에서 사용하는 절차와 완전히 동일하다.

여기서 얻은 운동방정식을 보면 $\sin\theta$가 나타나고 따라서 비선형 운동방정식이 된다. 비선형 방정식은 풀이과정이 일반적으로 매우 복잡하다. 운동방정식의 비선형항 $\sin\theta$는 $\theta(t)$가 매우 작다는 가정을 통해 선형화할 수 있다. 즉 $\sin\theta \approx \theta$가 된다. 따라서 운동방정식은 다음과 같이 나타낼 수 있다.

$$\ddot{\theta}(t) + \frac{g}{l}\theta(t) = 0$$

이 식은 상수계수를 갖는 선형 2계 미분방정식이며, 미분방정식 이론을 적용하여 쉽게 해를 구할 수 있다. 이 장의 후반부에서 알 수 있듯이, 이 선형 방정식의 해는 단진자의 운동 및 주기를 매우 정확하게 예측하는 데 사용될 수 있다. 1장의 마지막 절에서 비선형 진자 운동방정식의 해를 구하는 과정을 설명할 것이다.

일정 질량에 대한 뉴턴의 제2법칙에 따르면 질량 곱하기 가속도는 질량에 작용하는 합력이다. 따라서 운동방정식은 항상 시간에 대한 2차 미분항을 포함하고 있다. 이 운동방정식을 풀기 위해 2개의 적분상수가 필요하다. 일정 질량계에 대한 오일러 법칙도 역시 시간에 대한 2차 미분항을 포함하게 된다. 따라서 예제 1.1.1에서 $\theta(t)$에 대해 풀기 위해서는 초기위치 $\theta(0)$, 초기속도 $\dot{\theta}(0)$가 반드시 지정되어야 한다. 이 식에서 $mgl \sin \theta$는 **복원력**(*restoring force*)이 된다. 예제 1.1.1에서 복원력은 중력이며 위치에너지를 저장할 수 있는 기능을 갖고 있다. 그러나 대부분의 구조물 및 기계요소에서 복원력은 탄성력이다. 이 때문에 구조물 및 기계의 진동을 공부할 때 재료역학 지식이 필요하다.

이 예제에서 언급했듯이, 기계나 구조물을 모델링할 때 가능한 한 단순한 모델로 시작하는 것이 이상적이다. 이 장에서는 1자유도로 기술될 수 있는 진동 시스템만 다루기로 한다. 1자유도 시스템에 뉴턴 역학을 적용하면 한 개의 좌표을 갖는 스칼라 방정식을 얻게 된다. 진동 시스템에서 자유도란 진동 시스템 질량의 위치를 매순간 기술하는 데 필요한 좌표의 최소수를 의미한다. 예를 들어, 예제 1.1.1의 진자질량이 강체이고 진자의 끝점을 중심으로 공간 회전운동을 할 수 있다고 가정하면, 이 진자 시스템은 새로운 자유도를 갖게 된다. 따라서 공간상에서 위치를 결정하기 위해 필요한 좌표수는 두 개가 되고, 진자 시스템은 2자유도 진동 시스템이 된다. 그리고 만일 그림 1.1의 막대가 유연구조물이라면 유연체의 각 질량의 운동이 기술되어야 하므로 무한개의 자유도를 갖는 진동 시스템이 된다. 1자유도보다 많은 자유도를 갖는 진동 시스템은 4장에서 다루게 되며, 분포된 질량 및 유연성을 갖는 진동 시스템은 6장에서 다룰 예정이다.

자유도 다음으로 진동 문제를 분류하는 방법은 진동 시스템 입력의 특성을 활용하는 것이다. 이 장에서는 시스템의 자유진동 문제만 다루게 된다. 자유진동응답은 진동 시스템에 작용하는 힘이나 모멘트 없이 초기조건, 즉 초기변위나 초기속도에 의해 야기되는 진동을 뜻한다. 2장에서는 조화입력을 받는 1자유도 시스템의 응답 문제를 다루게 된다. 3장에서는 일반적인 가진력(임펄스, 충격력, 계단함수, 랜덤입력 등)에 대한 1자유도 진동 시스템 응답을 다루게 된다. 이 장의 내용은 시스템 동역학에서 다루는 내용을 많이 포함하고 있다. 나머지 장에서는 좀 더 복잡한 진동 모델링과 해석 방법을 다루게 된다.

다음 절에서는 예제 1.1.1에서 주어진 진자의 선형 방정식과 유사한 운동방정식을 해석한다. 또한 진동에너지의 감쇠 개념을 소개하고, 다양한 탄성 복원력의 형태를 다루게 된다. 그리고 진동 시스템의 설계, 측정 및 시뮬레이션 기법을 소개한다. 이 장의 마지막 부분에서는 진동 시스템의 응답을 그림으로 가시화하고 또한 효과적으로 진동응답을 계산하는 데 중요한 도구인 MATLAB®을 소개한다. 아울러 비선형 진동 문제를 푸는 데 필요한 수치해석 기법을 소개한다.

1.1.1 스프링-질량 모델

기초물리학과 동역학에서 한 질점의 운동을 표현하는 기본적인 운동학적 양은 변위, 속도, 가속도 벡터이며, 물리법칙에 따르면 속도가 변하고 있는 질량의 운동은 질량에 가해지는 힘의 합에 의해 결정된다는 것을 알 수 있다. 진동을 생각할 때 가장 손쉽게 이용할 수 있는 예는 한쪽 끝은 고정되고 다른 한쪽 끝에는 질량이 붙어 있는 스프링(덧문을 닫을 때 사용되는 스프링 혹은 자동차의 스프링)으로 그림 1.2와 같다.

스프링 자체의 질량을 무시하면, 질량에 가해지는 힘은 아래로 끌어내리는 힘(mg)과 반대로 끌어올리는 힘(f_k)으로 이루어져 있다. 이 경우 힘벡터는 일직선상에 있으며 스칼라로 쉽게 취급할 수 있음을 주목하라. 스프링 힘의 특성은 간단한 정역학 실험을 통해 알 수 있다. 그림 1.3과 같이 질량이 없을 때 스프링이 $x_0 = 0$의 위치에 있다고 하자. 연속적으로 스프링에 질량을 매달면 중력으로 인해 점점 더 스프링이 늘어난다. 질량을 더할 때마다 질량의 값과 스프링 끝의 변위값을 기록해 보면 그림 1.4와 같이 힘(질량 m과 중력가속도 g의 곱)과 변위 x의 선도를 얻는데, x 값의 0부터 20 mm의 영역을 주목해 보면 선도는 직선으로 나타나고 있다. 이는 변형이 20 mm보다 작고 힘이 1000 N(뉴턴)보다 작으면 스프링이 질량에 가하는 힘은 스프링의 늘어난 길이에 비례한

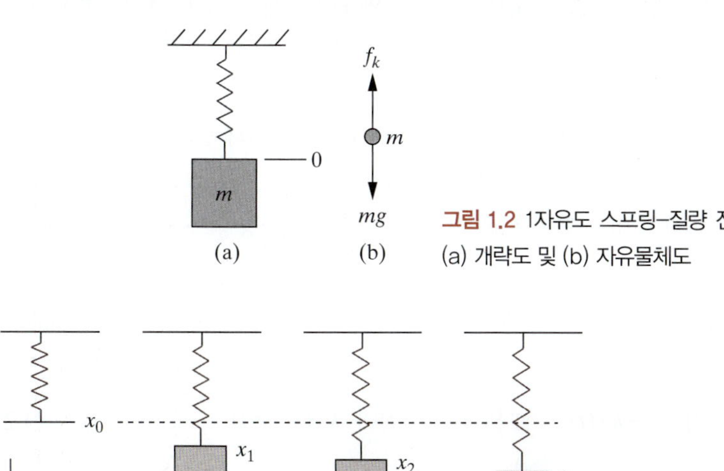

그림 1.2 1자유도 스프링–질량 진동 모델의 (a) 개략도 및 (b) 자유물체도

그림 1.3 질량이 없을 때와 증가되었을 때 스프링의 정적 평형위치를 나타내는 개략도

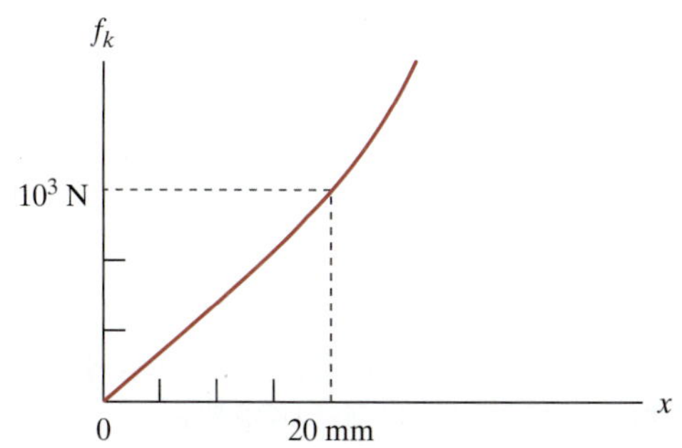

그림 1.4 그림 1.3에서의 스프링의 정적 변형곡선

다는 것을 의미하며, 비례상수는 0부터 20 mm 사이의 직선의 기울기이다. 그림 1.4의 스프링의 경우 스프링상수는 50 N/mm 혹은 5×10^4 N/m이다. 따라서 스프링에 의해 질량에 작용되는 힘 f_k를 나타내는 방정식은 다음과 같다.

$$f_k = kx \tag{1.1}$$

기울기의 값을 스프링의 **강성**(*stiffness*)이라고 하고 k로 나타내는데, 20 mm보다 작은 변위에 대해 스프링의 특성을 결정짓는 값이다. 재료역학 관점에서 고려하면, 강성 k를 갖는 선형 스프링은 $\frac{1}{2}kx^2$에 해당되는 위치에너지를 저장할 수 있다.

선형 영역의 스프링은 압축과 인장에서 동일하게 작동된다. 즉 그림 1.3의 실험이 거꾸로 수행되는 경우, 스프링이 지면에서 지지되고 질량이 스프링 상단에 연속적으로 추가된 경우에도 그림 1.4의 곡선이 유효하다. 그림 1.3의 스프링은 장력을 받는 반면 거꾸로 된 실험에서 스프링은 압축 상태에 있다. 또한 스프링에 질량이 부착되면 프리로드된(preloaded) 것으로 간주할 수 있다. 그림 1.4와 같은 곡선의 비선형 영역에서 작동하는 프리로드 스프링은 압축과 인장에서 다르게 동작할 수 있다. 그러나 교재에는 주로 선형 방식으로 작동하는 선형 스프링에 대해 주로 다룬다.

식 (1.1)에서 f_k와 x는 **선형관계**에 있다는 점에 주목하라(즉 곡선이 직선이 되며 f_k는 x에 선형적으로 변화한다). 만일 스프링의 변형이 20 mm보다 크면 f_k와 x의 관계는 그림 1.4에 나타난 것처럼 비선형적인데, 비선형 시스템은 훨씬 더 해석하기가 어려우며 1.10절에서 다루기로 한다. 이 장과 다른 장들에서는 변위(그리고 힘)가 선형 영역에 국한된다고 가정한다.

다음으로, 그림 1.5와 같이 정지 혹은 평형위치로부터 늘어나는 스프링에 달린 질량의 자유물체도를 생각해 보자. 이전의 그림에서와 같이 물체의 질량은 m이라 하고, 스프링의 강성은 k라고 하자. 질량이 x방향을 따라서 마찰이 없는 표면을 움직인다고 가정하면, x방향으로 질량에 가해지는 힘은 스프링 힘뿐이다. 스프링의 운동이 선형 영역 내에서 이루어진다고 가정한다. 이때 x방향 힘의 합은 질량과 가속도의 곱과 같아야 한다. 그림 1.5의 진동 시스템에 대해 다음과 같은 운동방정식을 얻을 수 있다.

$$m\ddot{x}(t) = -kx(t) \quad \text{또는} \quad m\ddot{x}(t) + kx(t) = 0 \tag{1.2}$$

여기서 $\ddot{x}(t)$는 변위의 2차 미분(즉 가속도)을 나타낸다. 여기서 스프링의 힘의 방향은 변위의 방향과 반대임을 주의하라(그림에서 오른쪽 방향이 양의 방향이다). 예제 1.1.1에서와 같이 변위벡터 및 가속도 벡터는 스칼라로 나타낼 수 있다. 그 이유는 y방향 힘은 평형($N = mg$)을 이루고 있어

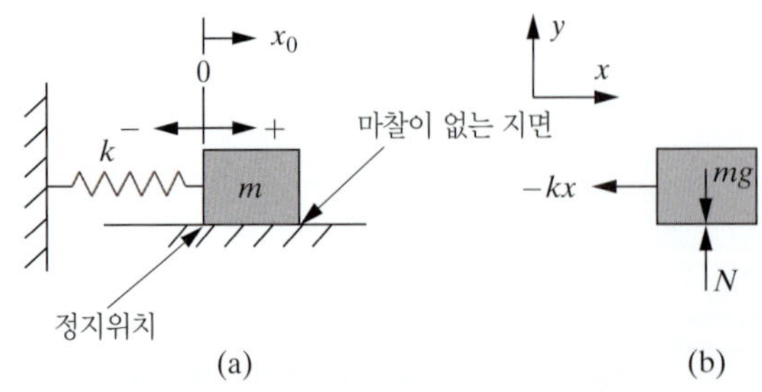

그림 1.5 (a) 정지 혹은 평형위치에서 초기변위 x_0와 초기속도가 영인 단순 스프링-질량 시스템, (b) 이 시스템의 자유물체도

윈도우 1.1 | 1자유도 시스템의 예(미소변위 가정)

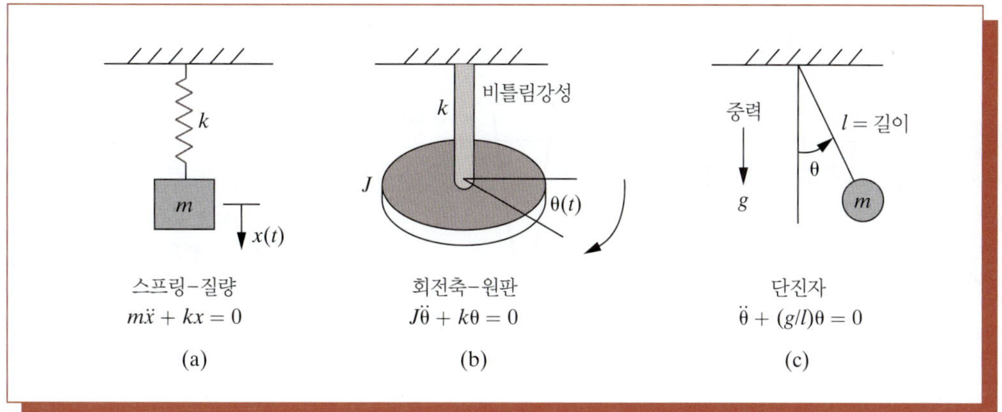

x방향으로만 진동이 발생하기 때문이다. 식 (1.2)에 나타나 있듯이 변위와 가속도는 시간 t의 함수이다. 윈도우 1.1은 식 (1.2)로 표현되는 전형적인 세 가지, 즉 스프링–질량 시스템, 회전축–원판 시스템, 단진자(예제 1.1.1) 등의 기계 시스템을 보여주고 있다. 다른 예제들은 1.4절과 책의 전반에 걸쳐 주어져 있다.

진동해석의 주된 목적 중 하나는 진동 시스템의 응답이나 운동을 예측하는 것이므로 식 (1.2)의 해를 계산해야 한다. 다행히 식 (1.2)의 미분방정식은 잘 알려진 형태로, 미분방정식 교재와 해석학, 물리학 교재에서 널리 다루어진다. 사실상 이 식의 해를 계산하는 데는 수많은 방법이 있으나 그 내용은 다음 절에서 좀 더 자세히 논하기로 하고, 지금은 물리적인 관찰에 근거한 해를 제시하는 것으로 충분하다. 그림 1.5에서 스프링(혹은 진자)의 운동을 잘 살펴보면 운동이 주기적이며 다음과 같은 형태를 추측할 수 있다.

$$x(t) = A\sin(\omega_n t + \phi) \tag{1.3}$$

이러한 선택은 사인함수가 주기적인 현상을 나타내기 때문이다. 식 (1.3)은 가장 일반적인 형태의 사인함수이며, 여기서 상수 A는 함수의 **진폭**(*amplitude*) 혹은 최댓값이고, ω_n은 **각고유진동수**(*angular natural frequency*)로 함수의 반복주기를 결정하며, ϕ는 **위상**(*phase*)으로 사인함수의 초기값을 결정한다. 시간 t는 일반적으로 초(s) 단위로 측정한다. 위상은 라디안(rad)으로 나타내며, 진동수는 초당 라디안(rad/s)으로 측정한다. 다음 방정식에서 유도된 바와 같이 고유진동수 ω_n은 질량과 강성(m과 k)의 물성치에 의해 결정되는 값이고, 상수 A와 ϕ는 진동수뿐만 아니라 초기변위와 속도에 의해 결정되는 값이다.

식 (1.3)이 사실상 운동방정식의 해라는 것을 보이기 위해서는 식 (1.2)에 대입하면 된다. 식 (1.3)에서 변위 $x(t)$를 미분하면 속도 $\dot{x}(t)$를 얻으며,

$$\dot{x}(t) = \omega_n A\cos(\omega_n t + \phi) \tag{1.4}$$

가속도 $\ddot{x}(t)$는 다음과 같다.

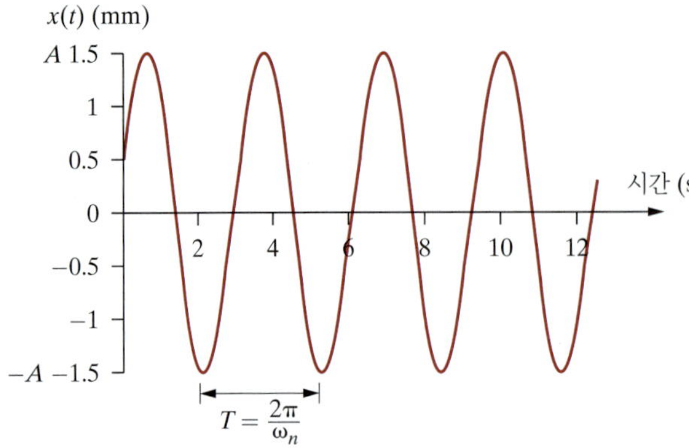

그림 1.6 초기변위 $x_0 = 0.5$ mm와 초기속도 $v_0 = 2\sqrt{2}$ mm/s일 때의 단순 스프링-질량 시스템의 응답. 고유진동수는 2 rad/s이고, 진폭은 1.5 mm이다. 주기 $T = 2\pi/\omega_n = 2\pi/2 = \pi$ s이다.

$$\ddot{x}(t) = -\omega_n^2 A \sin(\omega_n t + \phi) \tag{1.5}$$

식 (1.5)와 (1.3)을 식 (1.2)에 대입하면,

$$-m\omega_n^2 A \sin(\omega_n t + \phi) = -kA \sin(\omega_n t + \phi)$$

A와 m으로 나누고 다음과 같이 됨으로써

$$\omega_n^2 = \frac{k}{m} \qquad \text{또는} \qquad \omega_n = \sqrt{\frac{k}{m}} \tag{1.6}$$

이 식은 만족된다.

따라서 식 (1.3)은 운동방정식의 해가 된다. 상수 ω_n은 운동이 반복되는 진동수뿐만 아니라 스프링-질량 시스템의 특성을 결정짓기 때문에 그 시스템의 **고유진동수**(*natural frequency*)라고 한다. 해 $x(t)$와 시간 t와의 관계곡선이 그림 1.6에 있다. 그러면 상수 A와 ϕ의 의미를 알아보자.

표기 ω_n과 관련된 단위는 rad/s이고, 이러한 단위의 고유진동수는 **원고유진동수**(*circular natural frequency*)나 **원진동수**(*circular frequency*)라고 불린다. 이는 이러한 단위가 삼각함수와 일치하는 것을 강조하고, 진동수를 일반적으로 나타낼 때 사용되는 헤르츠(Hz)나 f_n으로 표시되는 초당 회전수와 구별하기 위해서다. 이 두 진동수는 1.2절에 언급된 바와 같이 $f_n = \omega_n/2\pi$의 관계가 있다. 실제로 고유진동수라는 말은 f_n과 ω_n 둘 중 하나를 의미하며, 단위들은 이 둘을 혼란 없이 구별하기 위해 명백하게 사용된다. 예를 들어, 일반적인 진술은 다음과 같다. 고유진동수는 10 Hz이다. 혹은 고유진동수는 20π rad/s이다.

운동방정식이 2차라는 것을 상기하면, 식 (1.2)를 풀려면 두 번 적분을 해야 한다. 그러므로 계산해야 할 적분상수는 두 개이다. 이 적분상수들은 A와 ϕ인데, 이 상수들의 물리적 중요성 혹은 의미는 스프링-질량 시스템 운동의 초기상태에 의해 결정된다. 다시 한번 뉴턴의 법칙을 생각해 보자. 질량에 아무런 힘이 가해지지 않으면 정지해 있을 것이다. 하지만 시간 $t = 0$에서 질량이 x_0의 위치에 있으면 스프링 때문에 생기는 힘 kx_0가 운동을 일으킬 것이다. 또 시간 $t = 0$에서 질량의 초기속도가 v_0이면, 운동량의 변화가 운동을 일으킬 것이다. 이것을 **초기조건**(*initial condition*)이라고 하며, 식 (1.3)에 대입하면 다음을 얻는다.

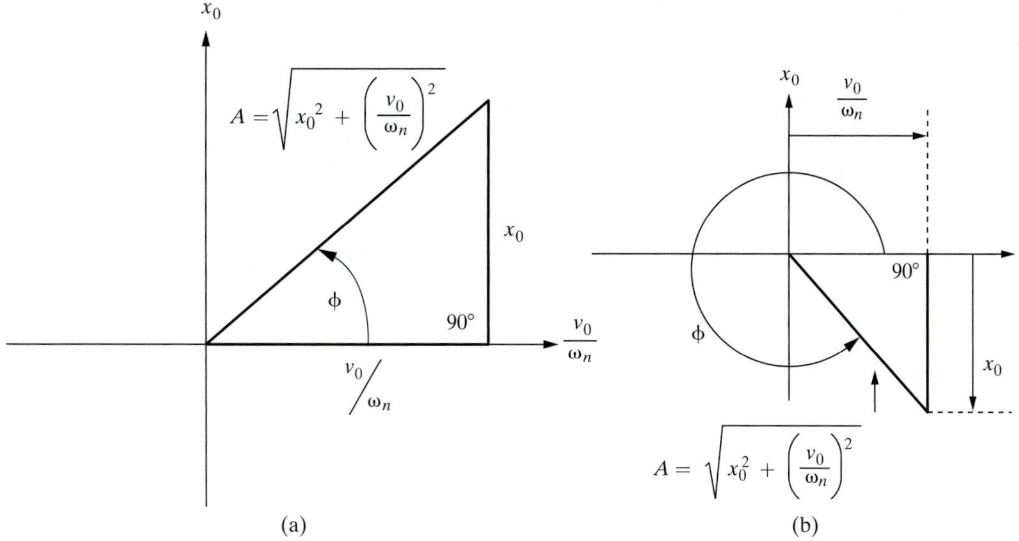

그림 1.7 위상각, 진동수, 초기조건 간의 삼각관계. 초기조건들이 위상각의 정확한 사분면 값을 결정한다는 사실에 주의한다. (a) 양의 초기변위와 속도, (b) 음의 초기변위와 양의 초기속도

$$x_0 = x(0) = A\sin(\omega_n 0 + \phi) = A\sin\phi \tag{1.7}$$

$$v_0 = \dot{x}(0) = \omega_n A\cos(\omega_n 0 + \phi) = \omega_n A\cos\phi \tag{1.8}$$

두 개의 미지수 A와 ϕ에 대해 위의 두 식을 연립해서 풀면 다음을 얻는다.

$$A = \frac{\sqrt{\omega_n^2 x_0^2 + v_0^2}}{\omega_n} \quad \text{그리고} \quad \phi = \tan^{-1}\frac{\omega_n x_0}{v_0} \tag{1.9}$$

이 결과를 그림 1.7에 나타냈으며, 위상각 ϕ의 올바른 사분면 값 결정에 매우 신중해야 한다. 따라서 스프링-질량 시스템의 운동방정식의 해는 다음과 같이 주어진다.

$$x(t) = \frac{\sqrt{\omega_n^2 x_0^2 + v_0^2}}{\omega_n}\sin\left(\omega_n t + \tan^{-1}\frac{\omega_n x_0}{v_0}\right) \tag{1.10}$$

이는 그림 1.6에 나타나 있다. 이러한 해를 시스템의 **자유응답**(*free response*)이라고 하는데, 그 이유는 $t = 0$ 이후에 진동 시스템에 아무런 외부하중이 가해지지 않기 때문이다. 스프링-질량 시스템의 운동을 **단순조화운동**(*simple harmonic motion*) 혹은 **진동운동**(*oscillatory motion*)이라 하며, 다음 절에서 자세히 설명하겠다. 스프링-질량 시스템을 **비감쇠 1자유도 시스템**(*undamped single-degree-of-freedom system*) 혹은 **단순조화진동자**(*simple harmonic oscillator*)라 한다.

지금까지의 주요사항이 윈도우 1.2에 요약되어 있다. 이것은 조화운동을 나타내며, 어떻게 초기조건이 시스템의 응답을 결정하는가를 나타낸다.

예제 1.1.2

위상각 ϕ는 스프링-질량 시스템이 조화진동을 할 때 초기변위 x_0에 기인하는 상대 이동(relative shift)을 나타낸다. 식 (1.10)이 초기조건 $x(0) = x_0$를 만족함을 보여라.

풀이 식 (1.10)에 $t = 0$을 대입하면 다음을 얻는다.

$$x(0) = A\sin\phi = \frac{\sqrt{\omega_n^2 x_0^2 + v_0^2}}{\omega_n}\sin\left(\tan^{-1}\frac{\omega_n x_0}{v_0}\right)$$

그림 1.7은 식 (1.9)에 의해 정의된 위상각 ϕ를 나타낸다. 이 직각삼각형은 각 ϕ의 사인과 탄젠트를 정의할 때 사용된다. 직각삼각형의 모양과 사인과 탄젠트 함수의 정의로부터 $x(0)$의 값은 다음과 같이 계산되며,

$$x(0) = \frac{\sqrt{\omega_n^2 x_0^2 + v_0^2}}{\omega_n}\frac{\omega_n x_0}{\sqrt{\omega_n^2 x_0^2 + v_0^2}} = x_0$$

식 (1.10)의 해가 초기변위조건을 가질 때와 일치한다.

예제 1.1.3

자동차의 바퀴-타이어-현가장치는 근사적으로 1자유도 스프링-질량 시스템으로 모델링할 수 있다. 자동차의 질량은 약 30 kg으로 측정되었고, 진동수는 10 Hz이다. 자동차 현가장치의 강성은 약 얼마인가? 그림 1.8은 스프링 구조를 갖는 자동차 현가장치의 실제 모습이다.

그림 1.8 스프링 구조를 갖는 자동차 현가장치(ScofieldZa/Shutterstock 제공)

풀이 진동수, 질량, 강성 간의 관계는 $\omega_n = \sqrt{k/m}$ 이다. 따라서

$$k = m\omega_n^2 = (30\text{ kg})\left(10\,\frac{\text{cycle}}{\text{s}}\cdot\frac{2\pi\text{ rad}}{\text{cycle}}\right)^2 = 1.184\times10^5\,\text{N/m}$$

이는 복잡한 장치의 강성을 간단히 측정하는 방법을 보여준다. 이러한 강성은 그림 1.3과 1.4에서 제안한 것과 비슷한 정적 변형실험으로도 측정할 수 있다.

예제 1.1.4

질량이 2 kg이고 강성이 200 N/m인 시스템 응답의 진폭과 위상각을 계산하라. 초기조건은 다음과 같다.

a) $x_0 = 2$ mm와 $v_0 = 1$ mm/s

b) $x_0 = -2$ mm와 $v_0 = 1$ mm/s

c) $x_0 = 2$ mm와 $v_0 = -1$ mm/s

계산 결과들을 비교하라.

풀이 먼저 초기조건에 영향을 받지 않는 고유진동수를 계산한다. 이것은 각각의 경우에 동일할 것이다. 식 (1.6)에 의해

$$\omega_n = \sqrt{\frac{k}{m}} = \sqrt{\frac{200\ \text{N/m}}{2\ \text{kg}}} = 10\ \text{rad/s}$$

그다음 초기조건의 제곱에 의존하는 진폭을 계산한다. 이것도 각각의 경우에 동일할 것이다. 식 (1.9)에 의해

$$A = \frac{\sqrt{\omega_n^2 x_0^2 + v_0^2}}{\omega_n} = \frac{\sqrt{10^2 \cdot 2^2 + 1^2}}{10} = 2.0025\ \text{mm}$$

따라서 이 예제에서 세 가지 응답의 차이는 위상각에 의해서만 결정된다. 식 (1.9)를 사용하고 그림 1.7을 참조하면 적절한 사분면을 결정할 수 있고, 다음은 각각의 경우에 대한 위상각이다.

a) $\phi = \tan^{-1}\left(\frac{\omega_n x_0}{v_0}\right) = \tan^{-1}\left(\frac{(10\ \text{rad/s})\ (2\ \text{mm})}{1\ \text{mm/s}}\right) = 1.521\ \text{rad}$ (또는 87.147°)

제1사분면에 위치

b) $\phi = \tan^{-1}\left(\frac{\omega_n x_0}{v_0}\right) = \tan^{-1}\left(\frac{(10\ \text{rad/s})\ (-2\ \text{mm})}{1\ \text{mm/s}}\right) = -1.521\ \text{rad}$ (또는 −87.147°)

제4사분면에 위치

c) $\phi = \tan^{-1}\left(\frac{\omega_n x_0}{v_0}\right) = \tan^{-1}\left(\frac{(10\ \text{rad/s})(2\ \text{mm})}{-1\ \text{mm/s}}\right) = (-1.521 + \pi)\ \text{rad}$ (또는 92.85°)

제2사분면에 위치(양수의 변위, 음수의 속도는 그림 1.7에서 위상각이 제2사분면에 위치하도록 하고 앞의 계산 결과를 180°만큼 이동시킨다).

식 (1.9)가 그림 1.7을 고려하지 않은 채 사용되었다면, b와 c는 동일한 답이 결과로 나오는 것에 주목한다(각각의 응답이 다른 시작점을 갖기 때문에 물리적으로 말이 되지 않는다). 따라서 위상각을 계산할 때 어떠한 사분면에 위치해야 하는지 고려하는 것은 중요하다. 다행히 몇몇의 계산기와 코드가 사분면의 위치를 결정하는 역 탄젠트 함수를 사용한다(예: MATLAB에서는 `atan2(w0*' x0, v0)` 명령을 사용한다).

이 tan(ϕ)는 양수가 될 수도 있고 음수가 될 수도 있다. 만약 탄젠트가 양수라면, 위상각은 제1사분면이나 제3사분면에 위치할 것이다. 만약 초기변위의 부호가 양이라면, 위상각은 제1사분면에 있고, 초기변위의 부호가 음이라면 위상각은 제3사분면에 있다. 반면에 탄젠트가 음수라면, 위상각은 제2사분면이나 제4사분면에 위치할 것이다. 이전의 경우와 마찬가지로 초기변위의 부호를 조사함으로써 올바른 사

분면이 무엇인지 결정할 수 있다. 만약 부호가 양수이면 제2사분면에 있고, 음수이면 제4사분면에 있다. 이 외에 경우는 탄젠트의 값이 0이 되는 것이다. 이 경우에는 위상각이 0이거나 180°이다. 초기속도는 어느 사분면이 맞는지 결정한다. 만약 초기변위가 0이고 초기속도가 양수이면 위상각은 0이다. 반면에 초기속도가 음수이면 위상각은 180°이다.

예제 1.1.5

예제 1.1.4a의 스프링-질량 시스템의 두 주기 동안 응답을 그림으로 표시하라.

풀이 다음 MATLAB 코드는 진동응답을 그림으로 표시하는 데 사용된다. 먼저 주기를 계산하면

$$\omega_n = \sqrt{\frac{k}{m}} = \sqrt{\frac{200\ \text{N/m}}{2\ \text{kg}}} = 10\ \text{rad/s} \ \Rightarrow T = \frac{2\pi}{\omega_n} = \frac{2\pi}{10} = 0.62\ \text{s}$$

따라서 응답 선도는 0에서 1.25초 사이가 된다. 예제 1.1.4에서 진폭은 $A = 2.0025$ mm이고 위상은 $\phi = 1.521$ rad임을 알 수 있다. 명령창에 다음 코드를 입력하면

```
>> t = 0 : 1.25/100 : 1.25;
>> x = 2.0025 * sin(10 * t + 1.521);
>> plot(t,x)
>> xlabel('time in seconds')
>> ylabel('deflection in mm')
```

첫 번째 줄은 시간 0에서 시작하고 1.25/100의 시간 단계를 사용하며 1.25초에서 끝남을 뜻한다. 두 번째 줄은 응답 함수를 의미하고, 세 번째 줄은 응답을 그리는 명령이다. 이 경우 다음 그림이 표시된다.

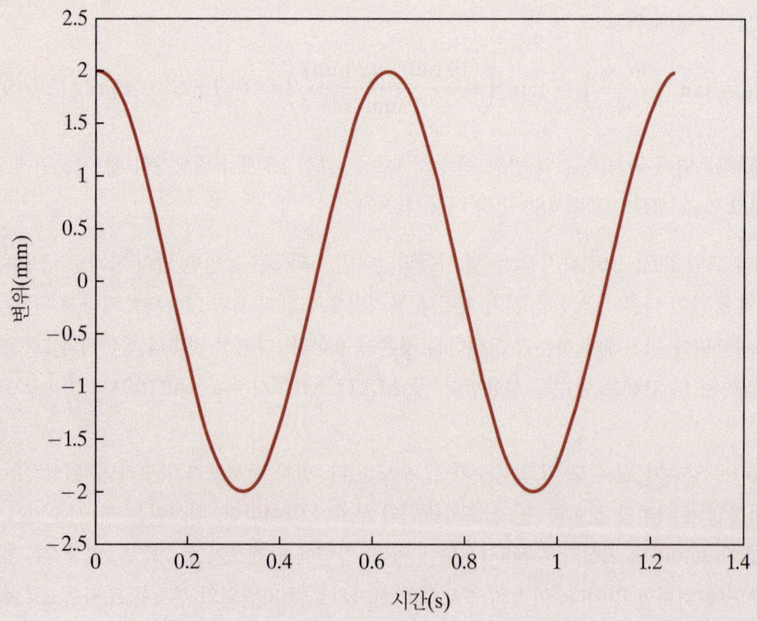

윈도우 1.2 | 단순조화운동의 요약

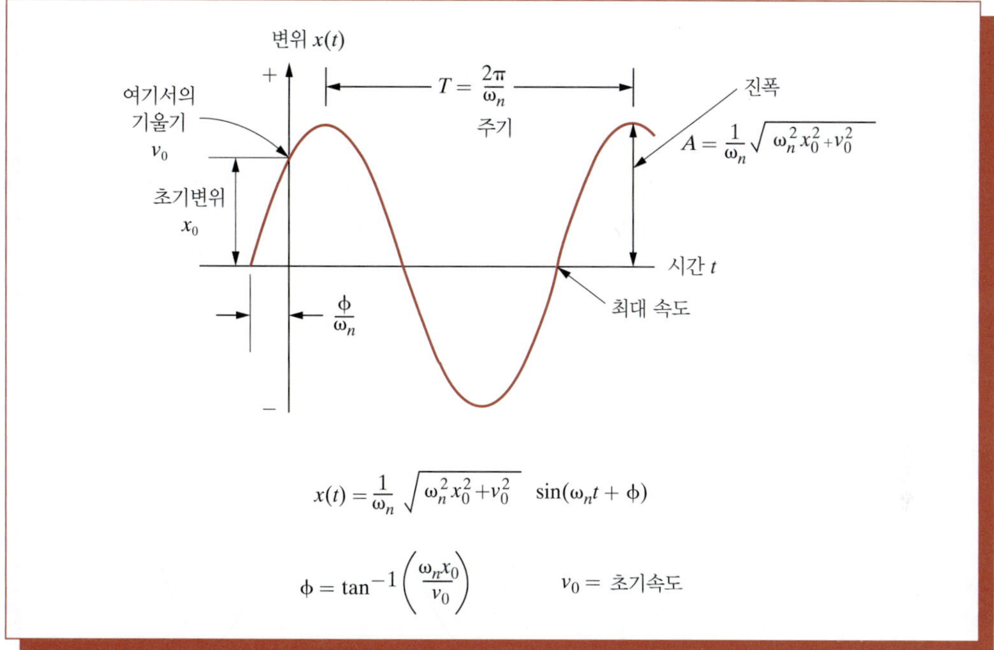

1.2 조화운동

1차원으로 움직이고 있는 질점(particle)의 기본적인 운동학적 변수는 변위, 속도, 가속도이다. 단순 스프링-질량 시스템의 조화운동에서 변위, 속도, 가속도는 각각 식 (1.3), (1.4), (1.5)와 같다. 각 변수의 진폭이 상대적으로 다르다는 것을 주목하라. 고유진동수가 1 rad/s보다 큰 시스템에서는 속도응답의 상대진폭이 변위의 경우보다 ω_n배만큼 크고, 가속도는 ω_n^2배만큼 크다. 1보다 작은 진동수의 시스템은 속도와 가속도 모두 변위보다 상대진폭이 작다. 또한 주목할 것은 속도가 위치에 대해 90°(혹은 $\pi/2$ rad)의 위상차가 나고[즉 $\sin(\omega_n t + \pi/2 + \phi) = \cos(\omega_n t + \phi)$], 가속도는 위치와는 180°, 속도와는 90°의 위상차가 난다. 이것을 윈도우 1.3에 나타냈다.

식 (1.3)과 (1.10)에서 사용한 고유진동수 ω_n은 rad/s로 측정되었고 진동이 반복되는 정도를 나타낸다. 윈도우 1.2에서와 같이 사이클(cycle)이 반복되는 시간을 주기(*period*) T라고 하며, 고유진동수와의 관계는 다음과 같다.

$$T = \frac{2\pi \text{ rad}}{\omega_n \text{ rad/s}} = \frac{2\pi}{\omega_n} \text{ s} \tag{1.11}$$

이것은 바로 사인함수의 주기에 대한 기본적인 정의로부터 나온 것이다. 진동수 f_n을 헤르츠(Hz)로 나타내면 rad/s로 나타낸 진동수 ω_n과의 관계는 다음과 같다.

$$f_n = \frac{\omega_n}{2\pi} = \frac{\omega_n \text{ rad/s}}{2\pi \text{ rad/cycle}} = \frac{\omega_n \text{ cycles}}{2\pi \text{ s}} = \frac{\omega_n}{2\pi} \text{ (Hz)} \tag{1.12}$$

윈도우 1.3 | 단순조화운동의 변위, 속도, 가속도의 관계

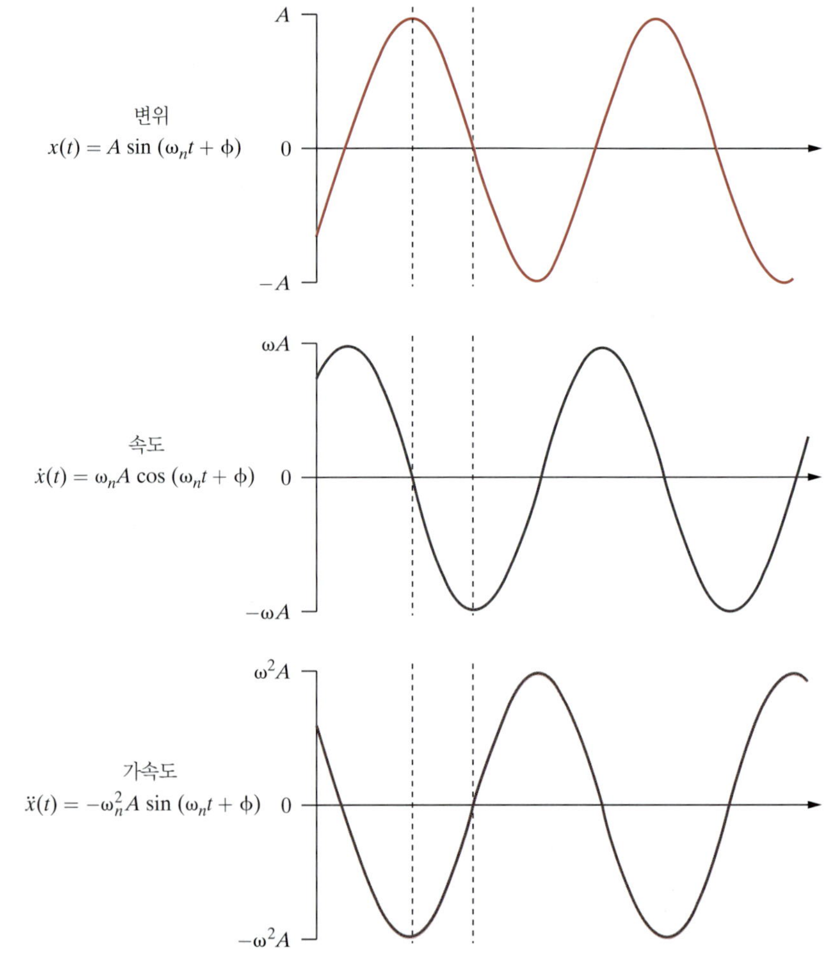

변위
$x(t) = A \sin(\omega_n t + \phi)$

A, 0, $-A$, t

속도
$\dot{x}(t) = \omega_n A \cos(\omega_n t + \phi)$

ωA, 0, $-\omega A$, t

가속도
$\ddot{x}(t) = -\omega_n^2 A \sin(\omega_n t + \phi)$

$\omega^2 A$, 0, $-\omega^2 A$, t

식 (1.2)는 예제 1.1.1에서 얻은 선형 진자 방정식과 동일한 모양의 미분방정식이며, 윈도우 1.1(b)에서 나타낸 회전축-원판의 운동방정식과도 동일한 형태임을 주의해야 한다. 그리고 진자의 운동은 식 (1.3)에서 주어진 해와 동일한 모양을 갖게 되며, 고유진동수는 다음과 같다.

$$\omega_n = \sqrt{\frac{g}{l}} \text{ rad/s}$$

진자 방정식의 해는 진자운동의 주기를 다음과 같이 결정할 수 있다.

$$T = \frac{2\pi}{\omega_n} = 2\pi\sqrt{\frac{l}{g}} \text{ s}$$

여기서 s는 초를 나타낸다. 위 식과 같은 진자주기의 이론적인 값은 진자의 실제 운동을 단순한 시계로 주기를 직접 측정하여 결과를 점검할 수 있다. 윈도우 1.1의 회전축-원판의 고유진동수 및 주기는 각각 다음과 같은 형태로 나타낼 수 있다.

$$\omega_n = \sqrt{\frac{k}{J}}\ \text{rad/s} \quad \text{그리고} \qquad T = 2\pi\sqrt{\frac{J}{k}}\ \text{s}$$

진동 시스템의 고유진동수 개념은 진동 해석에서 가장 중요한 물리적 의미를 갖는다. 진동 시스템의 주기나 고유진동수를 측정하면 진동 시스템의 해석 모델의 타당성을 점검해 볼 수 있다. 위에서 얻은 결과식에 의하면 진자길이가 1 m인 경우 주기는 2초가 된다. 이러한 진자는 간단하게 만들어 검증할 수 있다.

만일 진동 시스템의 유일한 입력이 운동의 초기조건이라면, 반드시 진동수가 ω_n이고 주기가 T인 진동을 하게 된다. 진자의 경우 길이가 길수록 진동주기가 길어지며 고유진동수는 작아짐을 알 수 있다. 이러한 사실 때문에 박물관에 전시된 진자는 대개 길이를 길게 하여 주기를 늘여 관람객이 진동 현상을 잘 관찰할 수 있게 한다(그리고 진자는 지구의 세차운동을 설명하는 데도 활용된다. 인터넷에서 '푸코의 진자'를 검색해 보라).

예제 1.2.1

지면에 고정된 탁자에 약 30 mm(혹은 1.18 in) 길이의 스프링의 한쪽 끝을 용접하여 고정시키고 다른 한쪽 끝에는 자유로이 움직일 수 있는 12 mm(혹은 0.47 in) 볼트를 용접해 붙였다. 이 시스템의 질량은 약 49.2×10^{-3} kg(1.73온스)이며, 스프링강성은 그림 1.4에서 제안한 방법으로 측정할 수 있다. 그런 방법으로 상수 $k = 857.8$ N/m를 얻었다. 고유진동수와 주기를 계산하라. 또한 처음에 스프링을 10 mm만큼 변형시켰다가 놓았을 때, 응답의 최대 진폭을 구하라. 스프링은 윈도우 1.1에서와 같이 중력방향으로 늘어난다고 가정한다(그러나 일단 중력의 영향은 무시, 풀이 설명 참조).

풀이 식 (1.6)으로부터 고유진동수는 다음과 같다.

$$\omega_n = \sqrt{\frac{k}{m}} = \sqrt{\frac{857.8\ \text{N/m}}{49.2 \times 10^{-3}\ \text{kg}}} = 132\ \text{rad/s}$$

헤르츠로 나타내면

$$f_n = \frac{\omega_n}{2\pi} = 21\ \text{Hz}$$

주기는

$$T = \frac{2\pi}{\omega_n} = \frac{1}{f_n} = 0.0476\ \text{s}$$

변위응답의 최댓값은 그림 1.6에서 상수 A 값에 해당한다는 것을 주목하라. 스프링에 가해지는 초기속도가 없을 때($v_0 = 0$) 식 (1.9)로부터 다음 결과를 얻는다.

$$x(t)_{\max} = A = \frac{\sqrt{\omega_n^2 x_0^2 + v_0^2}}{\omega_n} = x_0 = 10\ \text{mm}$$

속도응답의 최댓값은 $\omega_n A$ 혹은 $\omega_n x_0 = 1320$ mm/s이며, 가속도응답은 $\omega_n^2 A = \omega_n^2 x_0 = 174.24 \times 10^3$ mm/s^{2}의 최댓값을 갖는다는 것을 주목하라. $v_0 = 0$이므로 위상은 $\phi = \tan^{-1}(\omega_n x_0/0) = \pi/2$ 또는 90°이다. 따라서 응답은 $x(t) = 10\sin(132t + \pi/2) = 10\cos(132t)$ mm이다.

스프링 문제에서 중력이 해를 얻는 데 많은 영향을 미치고 있는지 생각해 보자. 만일 진동계가 선형 영역에서 움직인다면 대답은 '아니요'이다. 그림 1.3에서와 같이 크기가 m인 질량이 부착되어 있는 스프링을 고려해 보자. 그리고 Δ는 정적 실험에서 나타나는 스프링의 변위라고 가정한다[Δ를 정적 변위(static deflection)라고 한다]. 이때 질량에 작용하는 스프링 힘은 $k\Delta$가 된다. 정적평형 개념에 의하면 질량에 작용하는 합력은 영이어야 한다(그림에서 아랫방향을 양의 방향으로 가정).

$$mg - k\Delta = 0$$

질량이 평형위치에서 x만큼 변위를 가질 때, 뉴턴의 제2법칙을 적용하면 다음 식을 얻는다.

$$m\ddot{x}(t) = -k(x + \Delta) + mg = -kx + mg - \Delta k$$

여기서 스프링 힘의 부호가 음(마이너스)임을 주의하라. 이는 스프링 힘이 항상 변위의 반대방향이기 때문이다. 이 식에서 마지막 2개의 항은 합하여 영이 된다($mg - k\Delta = 0$). 이는 평형조건을 의미하기 때문이다. 따라서 질량의 운동방정식은 다음과 같이 나타난다.

$$m\ddot{x}(t) + kx(t) = 0$$

이 식으로부터 중력은 질량의 동적응답에 아무런 영향을 미치지 않고 있음을 알 수 있다. 단, 변위 $x(t)$는 평형위치에서 측정된 값임을 주의해야 한다. 이 사실은 그림 1.14에서 에너지 방법을 설명할 때 다시 설명할 것이다.

예제 1.2.2

(a) 브뤼셀(Brussel)에 있는 진자가 3초의 주기로 진동한다. 진자의 길이를 구하라. (b) 또 다른 곳의 진자는 길이가 2 m이고 주기가 2.839초로 측정되었다. 이곳의 중력가속도의 값을 구하라.

풀이 주기와 고유진동수 사이의 관계는 식 (1.11)과 같이 주어진다. (a) 진자의 고유진동수값을 구하고 진자의 길이를 계산하면 다음과 같다.

$$T = \frac{2\pi}{\omega_n} \Rightarrow \omega_n^2 = \frac{g}{l} = \frac{4\pi^2}{T^2} \Rightarrow l = \frac{gT^2}{4\pi^2} = \frac{(9.811\ \text{m/s}^2)(3)^2\text{s}^2}{4\pi^2} = 2.237\,\text{m}$$

여기서 g의 값은 9.811 m/s^{2}을 사용했다. 이 값은 브뤼셀의 위도 51°와 해발고도 102 m를 고려한 값이다. (b) 진자의 주기 방정식을 이용하여 중력가속도를 구해 보자. 이 식을 사용하면 다음과 같다.

$$\frac{g}{l} = \frac{4\pi^2}{T^2} \Rightarrow g = \frac{4\pi^2}{T^2}l = \frac{4\pi^2}{(2.839)^2\text{s}^2}(2)\text{m} = 9.796\ \text{m/s}^2$$

이 중력가속도값은 미국 콜로라도주 덴버시의 중력가속도값과 동일하다(위도 40° 및 고도 1638 m).

이러한 종류의 계산은 일반적으로 고등학교 과학시간에 자주 등장하는 예이다. 그러나 진동계의 물리적 상수가 진동운동의 주기 및 고유진동수에 미치는 관계가 개념적으로 매우 중요하기 때문에 다시 한번 예제로 반복해 봤다. 이 예제는 독자들에게 진동 현상 개념을 상기시키는 데 좋은 역할을 할 것이다.

식 (1.10)으로 주어진 해는 응답이 조화운동이라는 물리적 관찰에서 가정하여 얻었다. 이런 응답의 형태는 기초 미분방정식(Boyce et al., 2017)을 이용하여 이론적으로 유도할 수도 있다. 여기서는 이 방법을 검토하고, 다음에 더 복잡한 시스템의 응답을 구하고자 할 때 일반화하도록 한다.

위의 해 $x(t)$가 다음과 같은 형태라고 가정해 보자.

$$x(t) = ae^{\lambda t} \tag{1.13}$$

여기서 a와 λ는 영이 아닌 미정상수이다. 식 (1.13)을 계속해서 미분하면 $\dot{x}(t) = \lambda ae^{\lambda t}$와 $\ddot{x}(t) = \lambda^2 ae^{\lambda t}$가 된다. 이를 식 (1.2)에 대입하면 다음과 같다.

$$m\lambda^2 ae^{\lambda t} + kae^{\lambda t} = 0 \tag{1.14}$$

$ae^{\lambda t}$는 영이 아니므로 식 (1.14)를 $ae^{\lambda t}$로 나누면 다음과 같다.

$$m\lambda^2 + k = 0 \tag{1.15}$$

이 식을 풀면 다음을 얻는다.

$$\lambda = \pm\sqrt{-\frac{k}{m}} = \pm\sqrt{\frac{k}{m}}j = \pm\omega_n j \tag{1.16}$$

여기서 $j = \sqrt{-1}$은 허수이며, $\omega_n = \sqrt{k/m}$는 고유진동수이다. λ에 대해 두 개의 값 $\lambda = -\omega_n j$와 $\lambda = +\omega_n j$가 생김을 주목하라. 이는 방정식이 λ에 대해 2차이기 때문이며, 식 (1.2)의 해가 두 개 있음을 의미한다. 식 (1.16)을 식 (1.13)에 대입하면 $x(t)$에 대해 두 개의 해를 얻는다.

$$x(t) = a_1 e^{+j\omega_n t} \quad \text{그리고} \quad x(t) = a_2 e^{-j\omega_n t} \tag{1.17}$$

식 (1.2)는 선형이기 때문에 두 개의 해를 더한 것도 해가 되므로, 진동응답 $x(t)$는 다음과 같은 형태이다.

$$x(t) = a_1 e^{+j\omega_n t} + a_2 e^{-j\omega_n t} \tag{1.18}$$

여기서 a_1과 a_2는 복소수값을 갖는 적분상수이다. 삼각함수에 대한 오일러(Euler) 공식은 $2j \sin \theta = (e^{\theta j} - e^{-\theta j})$와 $2 \cos \theta = (e^{\theta j} + e^{-\theta j})$이므로[여기서 $j = \sqrt{-1}$이며, 부록 A의 식 (A.18), (A.19), (A.20) 및 윈도우 1.5 참조], 이것을 식 (1.18)에 적용하면 다음과 같다.

윈도우 1.4 | 조화운동의 세 가지 표현

영이 아닌 초기조건을 갖는 $m\ddot{x} + kx = 0$의 해는 세 가지 동등한 방법으로 쓸 수 있다. 첫 번째로 해를 다음과 같이 쓸 수 있으며,

$$x(t) = a_1 e^{j\omega_n t} + a_2 e^{-j\omega_n t}, \quad \omega_n = \sqrt{\frac{k}{m}}, \quad j = \sqrt{-1}$$

여기서 a_1과 a_2는 복소수값 상수이다. 두 번째로 해를 다음과 같이 쓸 수 있으며,

$$x(t) = A\sin(\omega_n t + \phi)$$

여기서 A와 ϕ는 실수값 상수이다. 세 번째로 해를 다음과 같이 쓸 수 있으며,

$$x(t) = A_1 \sin\omega_n t + A_2 \cos\omega_n t$$

여기서 A_1과 A_2는 실수값 상수이다. 두 개의 상수는 초기조건에 의해 결정된다. 각 상수값은 삼각함수 공식과 오일러 공식으로부터 다음과 같이 얻을 수 있다.

$$A = \sqrt{A_1^2 + A_2^2} \quad \phi = \tan^{-1}\left(\frac{A_2}{A_1}\right)$$

$$A_1 = (a_1 - a_2)j \quad A_2 = a_1 + a_2$$

$$a_1 = \frac{A_2 - A_1 j}{2} \quad a_2 = \frac{A_2 + A_1 j}{2}$$

여기서 a_1과 a_2는 켤레복소수쌍이며, A_1, A_2는 실수값이다.

$$x(t) = A\sin(\omega_n t + \phi) \tag{1.19}$$

여기서 A와 ϕ는 실수값을 갖는 적분상수이다. 식 (1.19)는 식 (1.3)과 같이 물리적 직관에 의해 주어진 해와 일치함을 주목하라. 식 (1.18)과 (1.19)의 여러 상수들의 관계는 윈도우 1.4에 주어졌으며, 윈도우 1.5는 부족감쇠의 경우에 대해 지수함수로부터 조화함수를 유도하기 위해 오일러의 공식을 이용하는 것을 보여주고 있다.

식 (1.16)이 $\lambda^2 = -4$로 표현될 때, 종종 고유진동수를 $\omega_n = \pm 2$로 쓰고자 하는 생각이 든다. 그러나 함수 $\sin \omega_n t$를 얻기 위해 오일러 공식이 적용되었기 때문에 부호 ±는 필요하지 않다. 고유진동수의 개념은 sin 함수의 변수에서 정의되며, 항상 양의 값이다.

공학 문제를 논할 때는 정확한 용어가 유용하며 진동에 있어서도 예외는 아니다. 시간에 따라 위치, 속도, 가속도는 연속적으로 변하기 때문에 진동을 논할 때는 몇몇 다른 양이 사용된다. 물체가 진동하는 공간 영역을 나타내는 데는 종종 최대 변위나 식 (1.9)의 크기 A로 정의되는 **피크값**(*peak value*)이 사용된다. 진동을 설명하는 또 다른 양은 **평균값**(*average value*)으로, 즉 $\bar{x}$로 나타내며 다음과 같이 정의한다.

$$\bar{x} = \lim_{T \to \infty} \frac{1}{T} \int_0^T x(t)\, dt \tag{1.20}$$

진동의 1주기 동안 $x(t) = A \sin \omega_n t$의 평균값은 영임을 주목하라.

변위의 제곱은 시스템의 위치에너지와 연관이 되기 때문에 변위제곱의 평균은 종종 유용한 진동 특성값이 된다. 변위 $x(t)$의 제곱평균값은 다음과 같이 정의된다.

$$\overline{x^2} = \lim_{T \to \infty} \frac{1}{T} \int_0^T x^2(t)\, dt \tag{1.21}$$

이 값의 제곱근을 **평균제곱근**(*root mean square, rms*)값이라 하며, 진동의 크기를 표시하는 데 널리 사용된다. 속도와 가속도의 피크값은 고유진동수와 변위 피크값의 곱[즉 식 (1.3)~(1.5)]이기 때문에, 이러한 세 개의 기본량 사이에는 크기에 있어서 종종 한두 차수 또는 그 이상의 차이가 발생한다. 따라서 종종 대수척도(logarithmic scale)를 사용하게 된다. 일반적으로 진동의 진폭과 rms 값을 측정하는 단위는 **데시벨**(dB)이다. 데시벨은 원래 10을 밑으로 하는 상용 로그함수에 대해 두 신호진폭의 제곱비로 정의된다. 따라서 데시벨은 다음과 같이 정의된다.

$$\text{dB} \equiv 10 \log_{10}\left(\frac{x_1}{x_0}\right)^2 = 20 \log_{10} \frac{x_1}{x_0} \tag{1.22}$$

여기서 신호 x_0는 기준신호이다. 데시벨은 측정신호 x_1이 기준신호 x_0에 대해 얼마나 큰가를 나타내는 한 방법이다. 만일 측정신호가 기준신호와 동일한 크기이면 데시벨은 0 dB이 된다. 데시벨은 소리의 크기를 나타내는 음향학에서 주로 사용된다. 그래프로 표현할 때 dB 척도를 사용함으로써 진동응답의 정보를 편의에 따라 확장 혹은 축소시키게 된다.

예제 1.2.3

초기각도 0.2 rad와 초기각속도 없이 길이 2 m의 진자가 달에 위치하고 있다. 이 진자의 최대각속도와 최대각가속도를 계산하라(달의 중력은 $g_m = g/6$이고, 여기서 g는 지구에서의 중력가속도이다).

풀이 예제 1.1.1로부터 진자의 운동방정식은 다음과 같다.

$$\ddot{\theta}(t) + \frac{g_m}{l}\theta(t) = 0$$

이 방정식은 식 (1.2)와 똑같은 형태이므로 답의 형태는 다음과 같다.

$$\theta(t) = A \sin(\omega_n t + \phi), \quad \omega_n = \sqrt{\frac{g_m}{l}}$$

식 (1.9)로부터 진폭은 다음과 같이 주어진다.

$$A = \sqrt{\frac{\omega_n^2 x_0^2 + v_0^2}{\omega_n^2}} = x_0 = 0.2 \text{ rad}$$

윈도우 1.3에 의하면 최대속도는 $\omega_n A$ 혹은 다음과 같다.

$$v_{\max} = \omega_n A = \sqrt{\frac{g_m}{l}}(0.2) = (0.2)\sqrt{\frac{9.8/6}{2}} = 0.18 \text{ rad/s}$$

최대가속도는 다음과 같다.

$$a_{\max} = \omega_n^2 A = \frac{g_m}{l} A = \frac{9.8/6}{2}(0.2) = 0.163 \text{ rad/s}^2$$

보통, 기계장치의 진동에서 관심이 되는 주파수는 몇 분의 1 Hz부터 수천 Hz(기계진동 시스템의 경우) 범위에 있다. 진동의 진폭은 측정하기 어려울 정도의 마이크로미터로부터 빌딩의 경우와 같이 수 미터까지의 범위에 있다. Mansfield(2005)에 의하면 인간은 변위보다는 가속도에 더 민감하며, 크기 0.01 m/s^{2}인 5 Hz 부근의 진동도 쉽게 인식한다. 또한 2 Hz 부근의 수평진동도 쉽게 인식할 수 있다. 인간에게 편안하게 느껴지는 진동의 크기를 규정하는 연구가 현재도 계속 진행되고 있다.

예제 1.2.4

초기 정지 상태에서 ($x_0 = 0$) 임의의 초기 속도 v_0를 갖는 스프링-질량 시스템을 고려 한다. 변위의 평균 제곱 값을 구하라.

풀이 윈도우 1.2에서 주어진 초기조건에 대한 응답의 형태는 다음과 같다.

$$x(t) = \frac{v_0}{\omega_n}\sin(\omega_n t)$$

평균 제곱 값을 구하기 위해 위 식을 식 (1.21)에 대입하면 다음 결과를 얻는다.

$$\bar{x}^2 = \lim_{T\to\infty}\frac{1}{T}\int_0^T\left(\frac{v_0}{\omega_n}\right)^2 \sin^2(\omega_n t)\,dt$$

주기 T에 대한 식 (1.11)을 적용하면 위 식은 다음과 같다.

$$\bar{x}^2 = \left(\frac{v_0}{\omega_n}\right)^2 \lim_{T\to\infty}\frac{1}{T}\int_0^T \sin^2(\omega_n t)\,dt$$

적분표를 활용하면(여기서 $x = \omega_n t$ 적용) 다음과 같다.

$$\int_0^T \sin^2(x)\,dx = \left(\frac{x}{2} - \frac{\sin 2x}{4}\right)_0^T \Rightarrow \frac{T}{2} - \frac{\sin 2T}{4} = \frac{T}{2}$$

따라서 다음을 얻을 수 있다.

$$\bar{x}^2 = \left(\frac{v_0}{\omega_n}\right)^2 \lim_{T\to\infty}\frac{1}{T}\frac{T}{2} = \frac{1}{2}\left(\frac{v_0}{\omega_n}\right)^2$$

1.3 점성감쇠

스프링-질량 모델(1.1절)의 응답은 질량이 무한정 진동하는 것을 의미한다. 그러나 관찰해 보면 대부분의 자유진동 시스템은 진동이 줄어들고 정지상태로 감을 알 수 있다. 이런 관찰로부터 그림 1.5에 나타낸 모델과 식 (1.2)로 주어진 수학적 모델은 이러한 감쇠운동을 고려하기 위해 수정될 필요가 있다. 진동 시스템에 적용될 수 있는 감쇠 모델의 선택은 부분적으로는 물리적 관찰에, 또한 부분적으로는 수학적 편리성에 기인한다. 미분방정식의 이론에 따르면 식 (1.2)에 $c\dot{x}(t)$(여기서 c는 상수) 형태의 항을 추가하면 해 $x(t)$가 감쇠한다는 것을 알 수 있다. 물리적 현상도 이 수식과 잘 일치하며, 다양한 기계 시스템의 감쇠를 모델링하는 데 매우 효과적으로 사용할 수 있다. 이런 형태의 감쇠를 **점성감쇠**(*viscous damping*)라고 하며, 이 절에서 상세히 다룰 것이다.

스프링은 위치에너지를 저장하여 진동을 야기하는 물리적 모델을 이루는 반면에 **대시폿**(*dashpot*) 혹은 **감쇠기**(*damper*)는 에너지를 소산(dissipating)시켜 기계 시스템의 응답을 감쇠시키는 물리적 모델을 이룬다. 대시폿은 그림 1.9와 같이 기름으로 채워진 실린더와 그것에 맞는 피스톤으로 구성되어 있으며, 기름 속에서 피스톤의 운동이 가능하도록 구멍이 뚫려 있다. 피스톤이 움직일 때 구멍을 통해 기름이 일정하게 흐르며 이 피스톤에 감쇠력을 가하게 된다. 이 힘은 피스톤의 속도에 비례하며 피스톤의 운동과는 반대방향으로 작용한다. 이러한 감쇠력을 f_c라고 하며, 다음과 같은 형태이다.

$$f_c = c\dot{x}(t) \tag{1.23}$$

여기서 c는 기름의 점도(viscosity)에 관련된 비례상수이다. 상수 c를 **감쇠계수**(*damping coefficient*)라고 하며, 상용적으로 표현하면 N s/m의 단위를 갖는다. 그러나 SI 단위계의 엄격한 규정을 적용하면 감쇠계수의 단위는 kg/s가 된다. 이는 SI 단위계의 기본단위가 질량, 시간 및 길이이기 때문이다.

기름으로 채워진 대시폿의 경우에 상수 c는 유체의 원리에 의해 결정할 수 있다. 그러나 많은 경우 f_c는 기기를 형성하고 있는 재료에서 일어나는 감쇠 효과를 등가적으로 나타낼 때 사용할 수 있다. 자동차의 엔진마운트 같은 고무블록이나 진동하는 물체 주위의 공기유동의 영향은 좋은 예이

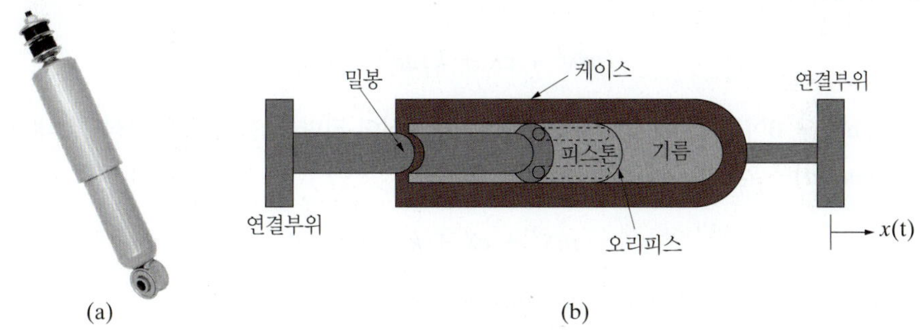

그림 1.9 (a) 상업용 댐퍼의 예(Winai Tepsuttinun/Shutterstock 사진 제공). (b) 감쇠력 $f_c(t) = c\dot{x}(t)$를 내는 대시폿의 개략도. 여기서 $x(t)$는 케이스와 피스톤의 상대운동이다.

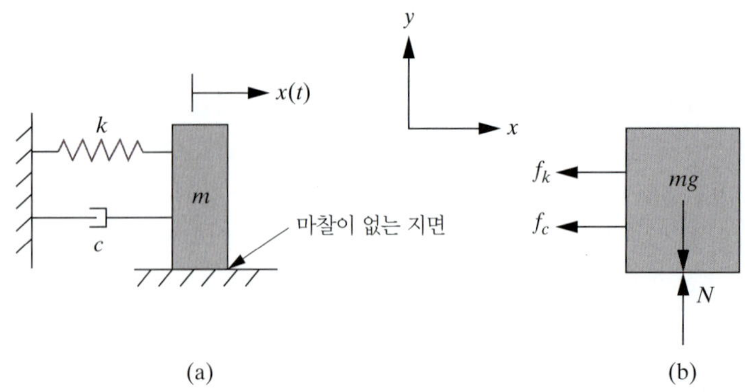

그림 1.10 (a) 대시폿으로 표시한 점성감쇠가 있는 1자유도 시스템의 개략도. (b) 이 시스템의 자유물체도

다. 감쇠력 f_c가 속도에 비례하는 경우에 대해 이러한 힘의 존재를 나타내기 위해 대시폿의 개략도가 이용된다. 이것을 그림 1.10에 나타냈다. 진동 시스템의 감쇠계수는 시스템의 질량이나 강성과는 달리 쉽게 측정할 수는 없다. 이 점은 1.6절에서 설명된다.

그림 1.10에서는 질량에 대한 x방향 힘의 합력으로부터 $x(t)$에 대한 운동방정식은 다음과 같으며,

$$m\ddot{x} = -f_c - f_k \tag{1.24}$$

또는 다음과 같다.

$$m\ddot{x}(t) + c\dot{x}(t) + kx(t) = 0 \tag{1.25}$$

초기조건 $x(0) = x_0$와 $\dot{x}(0) = v_0$를 갖는다. 식 (1.24)에서 힘 f_c 및 f_k가 음의 부호를 갖는 것은 좌표의 양의 방향을 오른쪽 방향으로 설정했기 때문이다. 식 (1.25)와 그림 1.10은 **1자유도 감쇠 시스템**(*damped single-degree-of-freedom system*)이라고 하며 1장부터 3장까지의 내용에서 주로 다룬다.

식 (1.25)의 감쇠 시스템의 해는 식 (1.2)의 해를 구할 때와 같은 방법으로 구한다. 사실상 이것이 f_c를 $c\dot{x}$의 형태로 하는 또 하나의 이유이다. $x(t)$를 식 (1.13)으로 주어진 형태라 하자. 이것을 식 (1.25)에 대입하면 다음 식을 얻는다.

$$(m\lambda^2 + c\lambda + k)ae^{\lambda t} = 0 \tag{1.26}$$

마찬가지로 $ae^{\lambda t} \neq 0$이므로, 이 식도 λ에 대한 2차방정식이 되며, 다음과 같은 **특성방정식**(*characteristic equation*)을 얻는다.

$$m\lambda^2 + c\lambda + k = 0 \tag{1.27}$$

이것을 근의 공식을 사용하여 풀면 다음과 같이 두 개의 해를 얻는다.

$$\lambda_{1,2} = -\frac{c}{2m} \pm \frac{1}{2m}\sqrt{c^2 - 4km} \tag{1.28}$$

이 해의 모양을 잘 살펴보면 근 λ는 판별식 $c^2 - 4km$의 값에 따라 실수 혹은 복소수가 됨을 알 수 있다. m, c, k가 양의 실수인 한, λ_1과 λ_2는 $c^2 - 4km > 0$이면 서로 다른 음의 실수가 된다. 한편으로 이 판별식이 음이면 근들은 음의 실수부를 갖는 켤레복소수쌍이 된다. 만일 판별식이 영이면, 두 개의 근 λ_1과 λ_2는 같은 음의 실수가 된다. 식 (1.15)는 비감쇠인 경우(즉 $c = 0$)의 특성방정식임을 주목하라.

이러한 세 경우를 조사할 때 임계감쇠계수(*critical damping coefficient*) c_{cr}을 다음과 같이 정의하는 것이 편리하다.

$$c_{cr} = 2m\omega_n = 2\sqrt{km} \tag{1.29}$$

여기서 ω_n은 rad/s 단위의 비감쇠 고유진동수이다. 또한 무차원수 ζ를 감쇠비(*damping ratio*)라고 하며, 다음과 같이 정의된다.

$$\zeta = \frac{c}{c_{cr}} = \frac{c}{2m\omega_n} = \frac{c}{2\sqrt{km}} \tag{1.30}$$

특성방정식에 대한 세 가지 형태의 해를 결정짓는 데 사용된다. 식 (1.28)로 주어진 근을 다시 쓰면 다음과 같다.

$$\lambda_{1,2} = -\zeta\omega_n \pm \omega_n\sqrt{\zeta^2 - 1} \tag{1.31}$$

여기서 보면 감쇠비 ζ의 크기에 따라 근이 실수 혹은 복소수가 되는 것을 알 수 있다. 또한 이것은 1자유도 감쇠 시스템의 응답 특성을 결정한다. 양의 질량, 감쇠, 강성계수에 대해 다음에 세 가지 경우를 설명한다.

1.3.1 부족감쇠운동(underdamped motion)

이 경우 감쇠비 ζ는 1보다 작으며($0 < \zeta < 1$) 식 (1.31)의 판별식은 음이 되므로 근은 켤레복소수쌍이 된다. 허수인 두 번째 항을 명백하게 구별하기 위해 판별식으로부터 (-1)을 뽑아내면

$$\sqrt{\zeta^2 - 1} = \sqrt{(1 - \zeta^2)(-1)} = \sqrt{1 - \zeta^2}\,j \tag{1.32}$$

여기서 $j = \sqrt{-1}$ 이고 두 근은 다음과 같다.

$$\lambda_1 = -\zeta\omega_n + \omega_n\sqrt{1 - \zeta^2}\,j \tag{1.33}$$

$$\lambda_2 = -\zeta\omega_n - \omega_n\sqrt{1 - \zeta^2}\,j \tag{1.34}$$

식 (1.18)의 비감쇠응답의 경우와 같은 방법을 사용하면, 식 (1.25)의 해는 다음과 같은 형태가 된다.

$$x(t) = e^{-\zeta\omega_n t}\left(a_1 e^{j\sqrt{1-\zeta^2}\omega_n t} + a_2 e^{-j\sqrt{1-\zeta^2}\omega_n t}\right) \tag{1.35}$$

여기서 a_1과 a_2는 초기조건에 의해 결정되는 임의의 복소값을 갖는 적분상수이다. 오일러 공식(윈도우 1.5 참조)을 이용하면 이를 다음과 같이 쓸 수 있다.

윈도우 1.5 | 오일러 공식과 부족감쇠해

영이 아닌 초기조건에 대한 $m\ddot{x} + c\dot{x} + kx = 0$의 부족감쇠해는 다음과 같다.

$$x(t) = a_1 e^{\lambda_1 t} + a_2 e^{\lambda_2 t}$$

여기서 λ_1과 λ_2는 복소수로 다음과 같은 형태를 갖는다.

$$\lambda_1 = -\zeta\omega_n + \omega_d j \quad \text{그리고} \quad \lambda_2 = -\zeta\omega_n - \omega_d j$$

여기서 $\omega_n = \sqrt{k/m}$, $\zeta = c/(2m\omega_n)$, $\omega_d = \omega_n\sqrt{1 - \zeta^2}$, $j = \sqrt{-1}$이다. 두 개의 상수 a_1과 a_2는 복소수이기 때문에 2차 미분방정식을 풀 때 필요한 두 개의 적분상수보다 많은 네 개의 미지수가 된다. 이러한 사실 때문에 두 개의 복소수 a_1과 a_2는 켤레쌍이 되어야 하며, $x(t)$는 두 개의 미지수에만 관계된다. 위에서 얻은 λ_i의 값을 해 $x(t)$에 대입하면 다음과 같다.

$$x(t) = e^{-\zeta\omega_n t}\left(a_1 e^{\omega_d j t} + a_2 e^{-\omega_d j t}\right)$$

여기에 오일러 공식인 $e^{j\phi} = \cos\phi + j\sin\phi$와 $e^{-j\phi} = \cos\phi - j\sin\phi$를 이용하면 다음을 얻는다.

$$x(t) = e^{-\zeta\omega_n t}[(a_1 + a_2)\cos\omega_d t + j(a_1 - a_2)\sin\omega_d t]$$

실수 $A_2 = a_1 + a_2$와 $A_1 = (a_1 - a_2)j$라고 하면, 실수값으로 된 다음을 얻을 수 있다.

$$x(t) = e^{-\zeta\omega_n t}(A_1\sin\omega_d t + A_2\cos\omega_d t)$$

$A_1 = A\cos\phi$와 $A_2 = A\sin\phi$가 되도록 상수 $A = \sqrt{A_1^2 + A_2^2}$이고 각도 $\phi = \tan^{-1}(A_2/A_1)$이라고 하면, $x(t)$는 다음과 같다[$\sin a\cos b + \cos a\sin b = \sin(a + b)$ 이용].

$$x(t) = Ae^{-\zeta\omega_n t}\sin(\omega_d t + \phi)$$

A와 ϕ는 초기조건에 의해 결정되는 적분상수이다. 복소수에 대한 기본 내용은 부록 A에 설명되어 있다.

$$x(t) = Ae^{-\zeta\omega_n t}\sin(\omega_d t + \phi) \tag{1.36}$$

여기서 A와 ϕ는 적분상수이고, ω_d는 **감쇠 고유진동수**(*damped natural frequency*)라고 하며 다음과 같이 주어진다(단위는 rad/s).

$$\omega_d = \omega_n\sqrt{1 - \zeta^2} \tag{1.37}$$

상수 A와 ϕ는 식 (1.7)과 (1.8)의 비감쇠 시스템에서와 같은 방법으로 초기조건을 사용하여 계산할 수 있다. 식 (1.36)에서 $t = 0$으로 놓으면 $x_0 = A\sin\phi$를 얻는다. 식 (1.36)을 미분하면 다음과 같다.

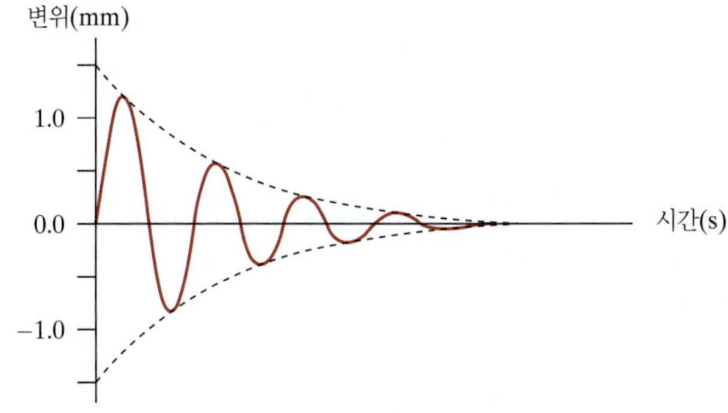

그림 1.11 부족감쇠 시스템($0 < \zeta < 1$)의 응답

$$\dot{x}(t) = -\zeta\omega_n A e^{-\zeta\omega_n t}\sin(\omega_d t + \phi) + \omega_d A e^{-\zeta\omega_n t}\cos(\omega_d t + \phi)$$

여기서 $t = 0$과 $A = x_0/\sin\phi$를 대입하면 다음을 얻는다.

$$\dot{x}(0) = v_0 = -\zeta\omega_n x_0 + x_0\omega_d \cot\phi$$

이 식을 ϕ에 대해 풀이하면 다음과 같다.

$$\tan\phi = \frac{x_0\omega_d}{v_0 + \zeta\omega_n x_0}$$

이 ϕ 값을 이용하면, $\sin\phi$는 다음과 같다.

$$\sin\phi = \frac{x_0\omega_d}{\sqrt{(v_0 + \zeta\omega_n x_0)^2 + (x_0\omega_d)^2}}$$

따라서 다음을 얻는다.

$$A = \sqrt{\frac{(v_0 + \zeta\omega_n x_0)^2 + (x_0\omega_d)^2}{\omega_d^2}}, \quad \phi = \tan^{-1}\frac{x_0\omega_d}{v_0 + \zeta\omega_n x_0} \tag{1.38}$$

여기서 x_0와 v_0는 초기변위와 초기속도이다. 이러한 부족감쇠의 경우 $x(t)$와 t에 대한 선도가 그림 1.11에 주어졌다. 진폭이 감소하며 진동하는 운동임을 주목하라. 감쇠비 ζ는 감쇠율을 결정한다. 그림 1.11에 나타난 응답은 많은 기계 시스템에서 볼 수 있으며 가장 일반적인 경우이다. 식 (1.38)의 옳음을 점검하는 방법으로 A와 ϕ의 표현식에 $\zeta = 0$을 대입하면 식 (1.9)가 되어야 한다.

1.3.2 과도감쇠운동(overdamped motion)

이 경우 감쇠비는 1보다 크다($\zeta > 1$). 식 (1.31)의 판별식은 양이고 다음과 같은 서로 다른 두 개의 실근을 갖는다.

$$\lambda_1 = -\zeta\omega_n - \omega_n\sqrt{\zeta^2 - 1} \tag{1.39}$$

$$\lambda_2 = -\zeta\omega_n + \omega_n\sqrt{\zeta^2 - 1} \tag{1.40}$$

따라서 식 (1.25)의 해는 다음과 같다.

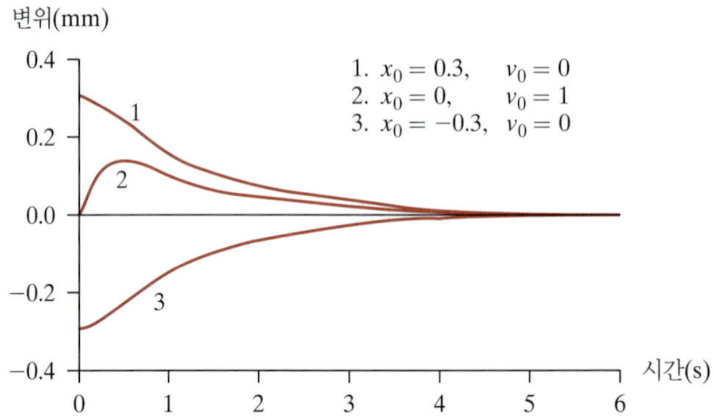

그림 1.12 두 개의 초기변위와 0의 초기속도, 또 $x_0 = 0$과 $v_0 = 1$ mm/s에 대한 $\zeta > 1$인 과도감쇠 시스템의 응답

$$x(t) = e^{-\zeta\omega_n t}\left(a_1 e^{-\omega_n\sqrt{\zeta^2-1}t} + a_2 e^{+\omega_n\sqrt{\zeta^2-1}t}\right) \tag{1.41}$$

비진동(nonoscillatory)응답을 나타낸다. 여기서도 적분상수 a_1과 a_2는 식 (1.7)과 (1.8)에 있는 초기조건에 의해 결정된다. 이러한 비주기적인 경우에 적분상수들은 실수값이며 다음과 같이 주어진다.

$$a_1 = \frac{-v_0 + \left(-\zeta + \sqrt{\zeta^2 - 1}\right)\omega_n x_0}{2\omega_n\sqrt{\zeta^2-1}} \tag{1.42}$$

$$a_2 = \frac{v_0 + \left(\zeta + \sqrt{\zeta^2 - 1}\right)\omega_n x_0}{2\omega_n\sqrt{\zeta^2-1}} \tag{1.43}$$

전형적인 응답 선도가 그림 1.12에 있으며, 진동운동을 하지 않는 것이 명확히 나타난다. 과도감쇠 시스템의 경우, 진동을 하지 않으면서 지수함수 형태로 정지상태로 복귀하게 된다.

1.3.3 임계감쇠운동(critically damped motion)

이 마지막 경우는 감쇠비가 정확히 1($\zeta = 1$)이며 식 (1.31)의 판별식이 영이 된다. 이것은 진동운동과 비진동운동을 구별하는 ζ 값에 해당한다. 근이 겹치기 때문에 다음과 같다.

$$\lambda_1 = \lambda_2 = -\omega_n \tag{1.44}$$

해는 다음의 형태가 된다.

$$x(t) = (a_1 + a_2 t)e^{-\omega_n t} \tag{1.45}$$

여기서도 상수 a_1과 a_2는 초기조건에 의해 결정된다. 초기변위를 식 (1.45)에, 초기속도를 식 (1.45)를 미분한 식에 대입하면 다음과 같다.

$$a_1 = x_0, \quad a_2 = v_0 + \omega_n x_0 \tag{1.46}$$

세 개의 다른 초기조건값에 대한 임계감쇠운동을 그림 1.13에 나타냈다. 임계감쇠 시스템은 여러

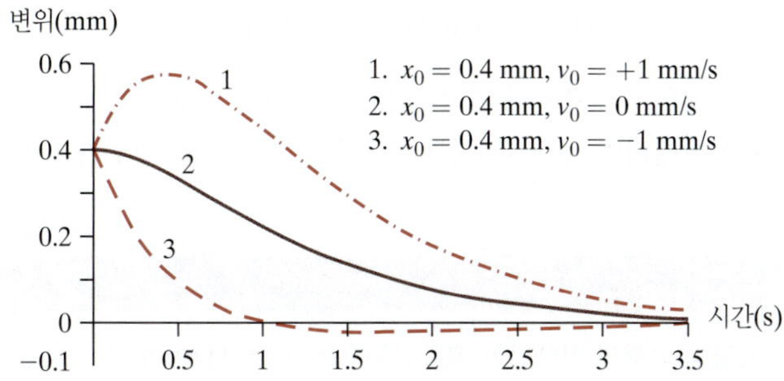

그림 1.13 세 개의 초기속도에 대한 임계감쇠 시스템의 응답. 진동 시스템의 계수값은 다음과 같다. $k = 225$ N/m, $m = 100$ kg, $\zeta = 1$

측면으로 생각할 수 있다는 것을 주목해야 한다. 즉 비주기적 운동을 일으키는 최솟값의 감쇠비를 갖는 진동 시스템을 나타내며, 진동과 비진동을 구분하는 경우로도 생각할 수 있다. 또한 진동 없이 가장 빠르게 정지상태로 복귀하는 진동 시스템이다.

예제 1.3.1

예제 1.2.1의 작은 스프링(즉 $\omega_n = 132$ rad/s)의 경우를 보자. 스프링의 감쇠계수는 0.11 kg/s로 측정되었다. 감쇠비를 계산하고, 스프링-볼트 시스템의 운동이 과도감쇠, 부족감쇠, 임계감쇠인지를 결정하라.

풀이 예제 1.2.1로부터 $m = 49.2 \times 10^{-3}$ kg이고 $k = 857.8$ N/m이다. 식 (1.29)의 임계감쇠계수의 정의를 이용하면, m과 k에 대해 다음과 같이 정리할 수 있다.

$$\begin{aligned} c_{cr} &= 2\sqrt{km} = 2\sqrt{(857.8\ N/m)(49.2 \times 10^{-3}\ kg)} \\ &= 12.993\ \text{kg/s} \end{aligned}$$

만일 c가 0.11 kg/s이면, 임계감쇠비는 다음과 같다.

$$\zeta = \frac{c}{c_{cr}} = \frac{0.11(\text{kg/s})}{12.993(\text{kg/s})} = 0.0085$$

즉 0.85%의 감쇠가 된다. ζ가 1보다 작기 때문에 시스템은 부족감쇠의 경우이다. 주어진 스프링-볼트 시스템의 작은 초기변위에 의한 운동은 진동운동이 될 것이다.

식 (1.25)의 1자유도 감쇠 시스템은 종종 표준형태로 쓰이는데, 식 (1.25)를 질량 m으로 나누면 다음 식을 얻을 수 있다.

$$\ddot{x} + \frac{c}{m}\dot{x} + \frac{k}{m}x = 0 \tag{1.47}$$

변위의 계수는 당연히 ω_n^2이며 비감쇠 고유진동수의 제곱이다. 약간의 계산을 하면 속도의 계수는 $2\zeta\omega_n$이 된다. 따라서 식 (1.47)은 다음과 같다.

$$\ddot{x}(t) + 2\zeta\omega_n\dot{x}(t) + \omega_n^2 x(t) = 0 \tag{1.48}$$

이렇게 표준형태로 나타내면 고유진동수와 감쇠비의 값들이 더욱 명확해진다. 미분방정식에서 식 (1.48)은 주 계수가 1인 형태이며, 이것은 미분차수가 최고인 항의 계수가 1인 것을 의미한다.

예제 1.3.2

무릎을 쭉 폈을 때, 사람 다리뼈의 길이방향 고유진동수는 약 20 Hz이며, 감쇠비 $\zeta = 0.224$이다. 초기변위가 영이고 초기속도 $v_0 = 0.6$ m/s일 때, 다리뼈 끝점의 응답을 구하고 그림으로 나타내라. 이 진동은 무릎을 쭉 펴고 18 mm 높이에서 땅에 뛰어내릴 때 발생하는 진동으로 생각할 수 있다. 만일 감쇠가 없다고 가정하면 발생하는 최대 가속도는 얼마인지 구하라.

풀이 감쇠비 $\zeta = 0.224 < 1$이므로 진동 시스템은 부족감쇠 시스템이다. 또한 고유진동수는 $\omega_n = \frac{20}{1}\frac{\text{cycles}}{\text{s}}\frac{2\pi \text{ rad}}{\text{cycles}} = 125.66$ rad/s이므로, 감쇠 고유진동수는 $\omega_d = 125.66\sqrt{1-(0.224)^2} = 122.467$ rad/s이다. 식 (1.38)과 초기조건 $x_0 = 0$, $v_0 = 0.6$ m/s를 이용하면 다음과 같다.

$$A = \frac{\sqrt{[0.6 + (0.224)(125.66)(0)]^2 + [(0)(122.467)]^2}}{122.467} = 0.005 \text{ m} = 5 \text{ mm}$$

$$\phi = \tan^{-1}\left(\frac{(0)(\omega_d)}{v_0 + \zeta\omega_n(0)}\right) = 0$$

응답은 식 (1.36)과 같이 주어진다.

$$x(t) = 5e^{-28.148t}\sin(122.467t) \text{ mm}$$

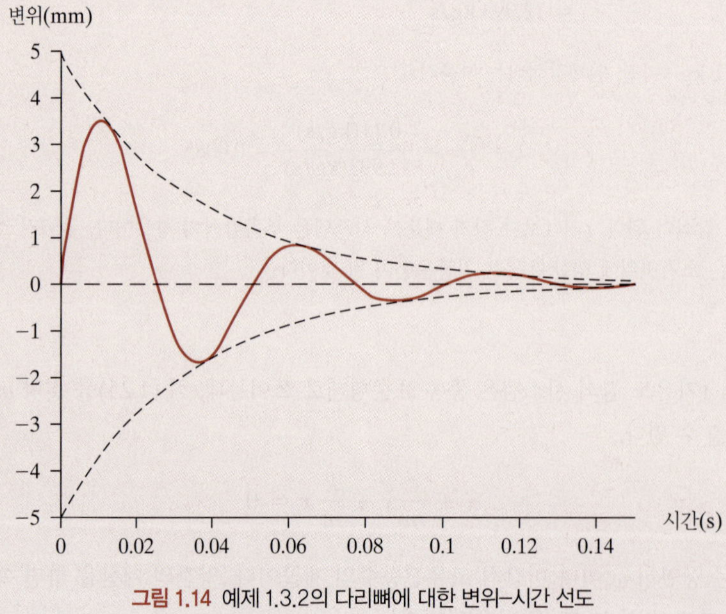

그림 1.14 예제 1.3.2의 다리뼈에 대한 변위–시간 선도

이 결과를 그림 1.14에 나타냈다. 감쇠가 없을 때 다리에서 발생하는 최대 가속도는 식 (1.9)를 이용하면 구할 수 있다.

$$A = \sqrt{x_0^2 + \left(\frac{v_0}{\omega_n}\right)^2},\ \omega_n = 125.66,\ v_0 = 0.6,\ x_0 = 0$$

$$A = \frac{v_0}{\omega_n}\text{m} = \frac{0.6}{\omega_n}\text{m}$$

$$\max(\ddot{x}) = |-\omega_n^2 A| = \left|-\omega_n^2\left(\frac{0.6}{\omega_n}\right)\right| = (0.6)(125.66\ \text{m/s}^2) = 75.396\ \text{m/s}^2$$

중력가속도 $g = 9.81\ \text{m/s}^2$을 이용하면 결과는 다음과 같다.

$$\text{최대 가속도} = \frac{75.396\ \text{m/s}^2}{9.81\ \text{m/s}^2}g = 7.69\ g\text{'s}$$

예제 1.3.3

윈도우 1.5에서 주어진 sin과 cos 혼합형 해의 결과를 이용하여 부족감쇠 시스템의 응답을 구하라.

풀이 기본 삼각함수 공식인 $\sin(x + y) = \sin x \cos y + \cos x \sin y$를 식 (1.36)에 적용하면 다음 식을 얻는다. 여기서 $x = \omega_d t$, $y = \phi$로 놓았다.

$$x(t) = Ae^{-\zeta\omega_n t}\sin(\omega_d t + \phi) = e^{-\zeta\omega_n t}(A_1 \sin\omega_d t + A_2 \cos\omega_d t)$$

이 식에서 $A_1 = A\cos\phi$, $A_2 = A\sin\phi$이다. 변위에 대한 초기조건을 적용하면 다음과 같다.

$$x(0) = x_0 = e^0(A_1 \sin 0 + A_2 \cos 0)$$

이 식을 풀면 $A_2 = x_0$이다. $x(t)$에 대한 식을 한 번 미분하면 다음과 같다.

$$\dot{x} = -\zeta\omega_n e^{-\zeta\omega_n t}(A_1 \sin\omega_d t + A_2 \cos\omega_d t) + \omega_d e^{-\zeta\omega_n t}(A_1 \cos\omega_d t - A_2 \sin\omega_d t)$$

초기속도조건을 적용하면 다음과 같다.

$$v_0 = \dot{x}(0) = -\zeta\omega_n(A_1 \sin 0 + x_0 \cos 0) + \omega_d(A_1 \cos 0 - x_0 \sin 0)$$

이 식을 풀면 다음과 같다.

$$A_1 = \frac{v_0 + \zeta\omega_n x_0}{\omega_d}$$

따라서 자유응답의 해는 다음 식과 같다.

$$x(t) = e^{-\zeta\omega_n t}\left(\frac{v_0 + \zeta\omega_n x_0}{\omega_d}\sin\omega_d t + x_0 \cos\omega_d t\right)$$

예제 1.3.4

그림 1.10과 같은 스프링-질량 댐퍼 시스템을 고려한다. 질량 $m = 10$ kg이고, 감쇠계수 $c = 3$ N/s이며 강성계수 $k = 1000$ N/m이다. (a) 이 진동계가 과도감쇠, 부족감쇠 또는 임계감쇠 중 어느 것에 해당되는지 답하라. (b) 초기 조건 $x_0 = 0.01$ m, $v_0 = 0$ m/s인 경우 해를 구하라.

풀이 (a) 식 (1.30)을 이용하여 감쇠비를 구하면 다음과 같다.

$$\zeta = \frac{c}{2\sqrt{km}} = \frac{3}{2\sqrt{10 \cdot 1000}} = 0.015 < 1$$

따라서 이 진동계는 부족감쇠계이다.

(b) 식 (1.38)을 이용하면 초기조건으로부터 적분상수 A, ϕ를 구할 수 있다.

$$A = \sqrt{\frac{(v_0 + \zeta\omega_n x_0)^2 + (x_0\omega_d)^2}{\omega_d^2}} = \frac{1}{9.999}\sqrt{(0.015 \cdot 10 \cdot 0.01)^2 + (0.01 \cdot 9.999)^2} = 0.01 \text{ m}$$

$$\phi = \tan^{-1}\frac{x_0\omega_d}{v_0 + \zeta\omega_n x_0} = \tan^{-1}\frac{\sqrt{1-\zeta^2}}{\zeta} = 1.556 \text{ rad}$$

따라서 응답 해는 다음과 같다.

$$Ae^{-\zeta\omega_n t}\sin(\omega_d t + \phi) = \underline{0.01e^{-0.15t}\sin(9.999t + 1.556)} \text{ m}$$

$v_0 = 0$인 진동계의 경우 위상은 엄밀하게 감쇠비의 함수이다. 초기 변위가 0인 진동계의 경우 $x_0 = 0$, 위상은 0이 된다.

예제 1.3.5

감쇠 시스템의 응답이 소멸되는 데 걸리는 시간 혹은 정착 시간은 종종 다음과 같이 간주된다.

$$T_S = \frac{4}{\zeta\omega_{nn}}$$

(a) 예제 1.3.3의 진동계에 대한 정착 시간을 계산하라. (b) 진동계가 임계감쇠일 때 정착시간을 구하고 (a)의 결과와 비교하라.

풀이 (a) 고유진동수는 다음과 같다.

$$\omega_n = \sqrt{\frac{k}{m}} = \sqrt{\frac{1000}{10}} = 10 \text{ rad/s}$$

예제 1.3.3에서 구한 감쇠비 및 고유진동수를 사용하여 정착시간을 구하면 다음과 같다.

$$T_S = \frac{4}{\zeta\omega_n} = \frac{4}{(0.015)(10)} = 26.67 \text{ s}$$

(b) 진동계가 임계감쇠계, 즉 $\zeta = 1$이면 정착시간은 다음과 같다.

$$T_S = \frac{4}{\zeta\omega_n} = \frac{4}{10} = 0.4 \text{ s}$$

이 결과는 진동계에서 감쇠가 정착시간에 미치는 영향을 보여주는 좋은 예가 된다.

세 종류의 점성적으로 감쇠되는 진동계의 경우, 모든 변위 $x(t)$는 결국 소멸된다. 물리적으로 진동계가 정지하게 되고, 즉 $x(t)$가 0이라는 것을 의미한다. 수학적으로, 응답이 0에 기하급수적으로 접근하는데, 이는 변위가 궁극적으로 0에 도달한다는 것을 의미한다. 제어 엔지니어는 정착 시간(소멸하는 데 걸리는 시간)을 변위가 최종 값의 2% 이내에 도달하고 유지되는 데 필요한 시간으로 정의한다.

1.4 모델링과 에너지 방법

모델링은 물체의 운동을 기술하는 방정식을 얻는 방법 혹은 과정이다. 예를 들면 식 (1.2)는 그림 1.5의 스프링-질량 시스템을 모델링하여 얻었다. x방향으로 질량에 가해지는 힘들을 합하고 그림 1.4에 있는 스프링 힘의 수학적 모델에 대한 실험 검증으로부터 식 (1.2)를 얻을 수 있다. 이 모델의 성패는 식 (1.2)의 해가 시스템의 실제 거동을 얼마나 잘 예측할 수 있는가에 따라 결정된다. 주어진 물체의 진동응답과 해석적 모델에 의해 예측된 응답과의 비교는 1.6절에서 거론한다. 이 책의 대부분은 진동 모델의 해석 기법에 대해 다룬다. 그러나 이 절에서는 모델링의 두 가지 방법인 힘평형 방법과 에너지 방법을 간략히 설명하고자 한다. 뉴턴의 세 가지 법칙은 동역학에 기초한다. 그 후 50년 뒤 오일러는 운동에 대한 법칙을 출간했다. 뉴턴의 제2법칙은 물체에 작용하는 힘의 합력은 물체의 질량과 가속도의 곱과 같다는 것이고, 오일러의 제2법칙은 각운동량 변화율은 그 질량에 작용하는 외부 모멘트의 합과 같다는 것이다. 오일러의 제2법칙은 한 질량에 작용하는 모멘트의 합은 그 물체의 회전관성과 각가속도의 곱과 같다는 것을 의미한다. 이 두 가지 법칙은 자유물체도를 필요로 하고 물체에 작용하는 힘과 모멘트의 올바른 파악을 필요로 한다. 이러한 과정은 동역학에서 대부분의 내용을 차지한다.

동역학에서 운동방정식을 결정하는 다른 방법으로 시스템에서의 에너지를 계산하는 에너지 방법이 있다. 에너지 방법은 자유물체도를 필요로 하지 않으나 시스템에서 에너지의 이해가 필요하며, 어떠한 힘이 작용하는지 알기 어려울 때 유용한 방법이다. 모델링에 대한 더 자세한 내용은 Doebelin(1980), Shames(1980, 1989), Cannon(1967) 등의 저서에서 다루고 있으므로 참고하길 바란다. 또한 구글과 같은 검색엔진을 통해 인터넷에서도 훌륭한 정보를 얻을 수 있다.

힘의 합산법은 앞 절에서 사용했으며, 기초동역학에서 배웠으리라 본다. 한쪽 방향으로만 움직이는 일정한 질량 시스템에 대해 운동량의 변화율은 다음과 같은 스칼라 관계를 가지며

$$\frac{d}{dt}(m\dot{x}) = m\ddot{x}$$

관성력(inertia force)이라 한다. 관심 있는 물체의 질량중심에 작용하는 힘들을 주목하여 살펴보자. 뉴턴의 법칙에 따라 힘들을 (벡터로) 합하면 동역학 방정식(dynamic equation)을 얻는다. x 방향 운동에 대한 스칼라 방정식은 다음과 같다.

$$\sum_i f_{xi} = m\ddot{x} \tag{1.49}$$

여기서 f_{xi}는 x방향으로 질량 m에 작용하는 i번째 힘을 나타낸다. 이 책의 처음 세 장에서는 한쪽 방향으로 움직이는 1자유도 시스템만을 고려한다. 따라서 뉴턴의 법칙은 스칼라 특성을 갖는다. 많은 자유도를 갖는 실제 문제에서는 가상변위 개념과 에너지 개념을 사용하여 얻는 라그랑주 방정식을 이용할 수 있다(4.7절 참조). 운동방정식을 얻는 데 사용되는 라그랑주 방정식은 에너지 방법에 관련된 방정식이다.

고정축 주위로 회전하는 물체에 대해서는, 물체의 질량중심에 대한 회전축 주위의 토크(torque)의 합은 질량의 각운동량(angular momentum)의 변화율과 같아야 한다. 즉

$$\sum_i M_{0i} = J\ddot{\theta} \tag{1.50}$$

여기서 M_{0i}는 점 0 주위로 물체에 작용하는 토크이며, J는 회전축에 대한 관성모멘트(moment of inertia, I_0로도 나타냄)이고, θ는 회전각이다. 이는 예제 1.5.1에서 더 자세하게 다루고자 한다.

만일 어떤 물체나 기계부품에 작용하는 힘 혹은 토크를 결정하기 어려우면, 에너지 방법이 더욱 효율적일 수 있다. 이 방법에서는 운동방정식이 에너지 보존법칙(principle of energy conservation)을 이용하여 얻는다. 이 보존법칙은 보존 시스템에 대한 뉴턴의 법칙과 동일한 것이며, 질점의 위치에너지와 운동에너지의 합은 질점이 운동하는 매순간 일정하다는 것이다.

$$T + U = \text{일정} \tag{1.51}$$

여기서 T와 U는 각각 운동에너지와 위치에너지를 가리킨다. 에너지 보존법칙은 운동에너지의 변화와 위치에너지의 변화가 같다는 것을 암시한다.

$$U_1 - U_2 = T_2 - T_1 \tag{1.52}$$

여기서 U_1과 U_2는 각기 시간 t_1, t_2에서의 질점의 위치에너지를 나타내며, T_1과 T_2는 각기 시간 t_1, t_2에서의 질점의 운동에너지를 나타낸다. 주기운동을 하고 있는 보존 시스템에서 다음과 같은 결과를 얻을 수 있다.

$$T_{\max} = U_{\max} \tag{1.53}$$

에너지는 스칼라 양이기 때문에 에너지 보존법칙을 이용하면 벡터를 이용하지 않고 시스템의 운동방정식을 얻을 수 있다.

식 (1.51), (1.52), (1.53)은 에너지 보존법칙의 세 가지 표현이다. 이 표현들 각각은 스프링-질량 시스템의 운동방정식을 결정하는 데 이용될 수 있다. 예를 들면 그림 1.15의 중력장 g에 매달려 있는 스프링-질량 시스템의 에너지를 생각해 보자. 질량이 없는 강성 k의 스프링에 질량 m을 붙이는 효과는 스프링을 정지위치 0으로부터 평형위치 Δ까지 늘린 것과 같다. 스프링-질량 시스템

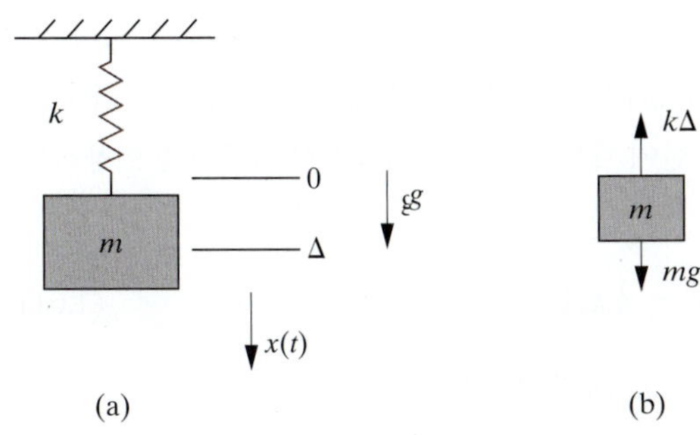

그림 1.15 (a) 중력장에서 매달려 있는 스프링–질량 시스템. 여기서 Δ는 정적 평형위치이고 x는 평형위치로부터의 변위이다. (b) 정적 평형에 대한 자유물체도

의 전체 위치에너지는 스프링의 위치에너지[혹은 변형에너지(strain energy), Shames(1989) 참조]와 중력에 의한 위치에너지의 합이다. 스프링의 위치에너지는 다음과 같이 주어진다.

$$U_{\text{spring}} = \frac{1}{2}k(\Delta + x)^2 \tag{1.54}$$

중력에 의한 위치에너지는 다음과 같다.

$$U_{\text{grav}} = -mgx \tag{1.55}$$

여기서 음의 부호는 질량이 기준점 $x = 0$보다 낮은 위치에 있음을 나타낸다. 시스템의 운동에너지는 다음과 같다.

$$T = \frac{1}{2}m\dot{x}^2 \tag{1.56}$$

이것을 식 (1.51)에 대입하면 다음을 얻을 수 있다.

$$\frac{1}{2}m\dot{x}^2 - mgx + \frac{1}{2}k(\Delta + x)^2 = \text{일정} \tag{1.57}$$

이것을 시간에 대해 미분하면 다음과 같다.

$$\dot{x}(m\ddot{x} + kx) + \dot{x}(k\Delta - mg) = 0 \tag{1.58}$$

질량에 가해지는 정적 힘의 평형으로부터 $k\Delta = mg$이므로[그림 1.14(b) 참조], 식 (1.58)은 다음과 같다.

$$\dot{x}(m\ddot{x} + kx) = 0 \tag{1.59}$$

속도 $\dot{x}$는 항상 영이 될 수는 없다. 속도가 항상 영이 되면 $x(t)$는 일정하며 진동은 없게 된다. 따라서 식 (1.59)는 다음과 같은 표준 운동방정식이 된다.

$$m\ddot{x} + kx = 0 \tag{1.60}$$

이러한 과정으로 운동방정식을 얻는 방법을 **에너지 방법**(*energy method*)이라고 한다.

중력은 스프링에 인장 프리로드를 효과적으로 추가할 수 있다. 그림 1.15a를 뒤집어서 스프링에 프리로드를 가하는 경우에도 동일한 분석이 적용된다. 두 경우 모두 질량은 정적 처짐으로 정의되는 평형위치를 중심으로 진동한다. 스프링의 압축과 인장의 차이는 스프링이 비선형 거동을 할 때 분명하게 나타난다. 이 경우 평형점이 바뀌게 되고 스프링은 인장과 압축에서 다르게 동작한다.

에너지 방법은 진동하고 있는 보존 시스템의 고유진동수를 직접 구하는 데도 이용할 수 있다. 사인(그리고 코사인)의 최댓값은 1이다. 따라서 식 (1.3)과 (1.4)로부터 최대 변위는 A이며, 최대 속도는 $\omega_n A$이다. 이 최댓값들을 U_{max}와 T_{max}의 표현에 대입하고 에너지방정식 (1.53)을 이용하면 다음과 같다.

$$\tfrac{1}{2} m(\omega_n A)^2 = \tfrac{1}{2} kA^2 \tag{1.61}$$

이것을 ω_n에 대해 풀면 고유진동수 관계인 $\omega_n = \sqrt{k/m}$ 을 얻는다.

예제 1.4.1

그림 1.16은 스프링에 연결된 바퀴의 1자유도 시스템 모델이다. 바닥면의 마찰에 의해 바퀴는 미끄러짐 없이 구름운동을 한다. 에너지 방법을 이용하여 고유진동수를 계산하라. 접촉 시 에너지 손실은 없는 것으로 간주한다.

풀이 기초동역학 이론에 의해 바퀴의 회전운동에너지 $T_{rot} = \frac{1}{2}J\dot{\theta}^2$이며, J는 바퀴의 질량관성모멘트이고, $\theta = \theta(t)$는 바퀴의 회전각이다. 여기서 바퀴는 표면에 대해 미끄러지지 않고 움직인다(그래서 접촉 시 에너지 손실은 없다)고 가정한다. 바퀴의 병진운동에너지 $T_T = \frac{1}{2}m\dot{x}^2$이다.

회전 θ와 병진 x는 $x = r\theta$의 관계가 있다. 따라서 $\dot{x} = r\dot{\theta}$이며 $T_{rot} = \frac{1}{2}J\dot{x}^2/r^2$이다. 최대 에너지 상태에서 $x = A$이고 $\dot{x} = \omega_n A$이므로 다음과 같이 나타낼 수 있다.

$$T_{max} = \frac{1}{2} m\dot{x}_{max}^2 + \frac{1}{2}\frac{J}{r^2}\dot{x}_{max}^2 = \frac{1}{2}(m + J/r^2)\omega_n^2 A^2$$

그리고

$$U_{max} = \tfrac{1}{2} kx_{max}^2 = \tfrac{1}{2} kA^2$$

식 (1.53) 형태의 에너지 보존법칙을 이용하면 $T_{max} = U_{max}$, 즉 다음 식을 얻는다.

$$\frac{1}{2}\left(m + \frac{J}{r^2}\right)\omega_n^2 = \frac{1}{2}k$$

이 식을 ω_n에 대해 풀면 그림 1.15와 같은 장치의 고유진동수는 다음과 같다.

$$\omega_n = \sqrt{\frac{k}{m + J/r^2}}$$

유도한 진동수 식의 분모인 $(m + J/r^2)$ 항은 고유진동수 관점에서 질량과 같은 효과를 갖기 때문에 유효질량(*effective mass*)이라고 한다.

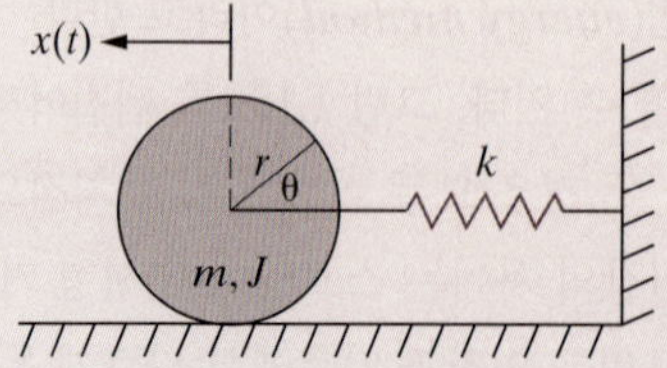

그림 1.16 반경이 r인 바퀴의 회전운동은 $\theta(t)$로, 병진운동은 $x(t)$로 표시된다. 바퀴의 질량은 m, 질량관성모멘트는 J, 스프링강성은 k이다.

예제 1.4.2

예제 1.1.1의 문제와 그림 1.17에서 보여준 단진자의 운동방정식을 에너지 방법을 이용하여 유도하라(막대 l은 질량이 없는 것으로 간주한다).

풀이 우선 단순한 거동을 보장하기 위해 몇 가지 가정이 필요하다(더욱 복잡한 경우는 예제 1.4.6에서 고려한다). 질량 m의 크기는 진자의 길이 l보다 매우 작은 것으로 가정한다. 또한 진자 줄의 질량은 질량 m에 비해 무시할 수 있는 것으로 한다. 이러한 가정하에 점 O에 대한 질량관성모멘트는 다음과 같다.

$$J = ml^2$$

각변위 $\theta(t)$는 진자의 정적 평형 혹은 정지위치에서 측정한다. 이 시스템의 운동에너지는 다음과 같다.

$$T = \frac{1}{2}J\dot{\theta}^2 = \frac{1}{2}ml^2\dot{\theta}^2$$

또한 위치에너지는 진자질량의 높이 변화가 $h = l(1 - \cos\theta)$이다. 따라서 다음과 같이 나타낼 수 있다.

$$U = mgl(1 - \cos\theta)$$

운동에너지와 위치에너지에 대한 이 식들을 식 (1.51)에 대입하고 미분하면 다음과 같다.

$$\frac{d}{dt}\left[\tfrac{1}{2}ml^2\dot{\theta}^2 + mgl(1 - \cos\theta)\right] = 0$$

또는

$$ml^2\dot{\theta}\ddot{\theta} + mgl(\sin\theta)\dot{\theta} = 0$$

$\dot{\theta}$를 공통부분으로 모으고 정리하면 다음과 같다.

$$\dot{\theta}(ml^2\ddot{\theta} + mgl\sin\theta) = 0$$

$\dot{\theta}(t)$는 항상 영이 될 수는 없기 때문에 다음 식을 얻을 수 있다.

$$ml^2\ddot{\theta} + mgl\sin\theta = 0$$

또는

$$\ddot{\theta} + \frac{g}{l}\sin\theta = 0$$

이 식은 비선형 방정식이며 1.10절에서 다룰 것이다. 하지만 여기서 $\sin\theta$는 작은 각도에 대해 θ로 근사

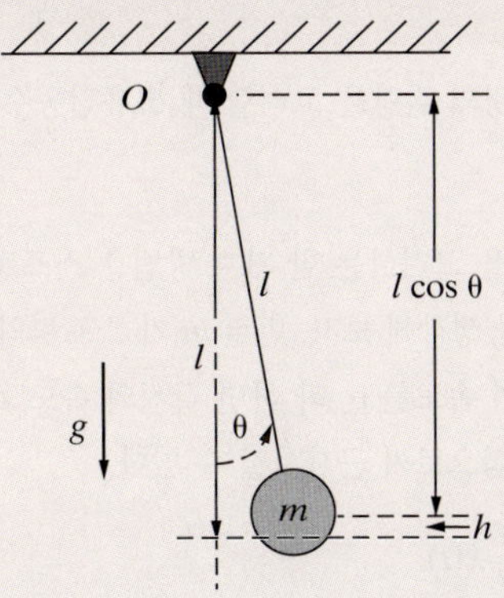

그림 1.17 예제 1.4.2의 진자의 계략도

화할 수 있기 때문에, 진자에 대한 선형 운동방정식은 다음과 같이 나타낼 수 있다.

$$\ddot{\theta} + \frac{g}{l}\theta = 0$$

이 식은 θ를 $\sin\theta \approx \theta$로 근사시킬 때 정의한 것과 같이 초기조건이 작을 때 고유진동수 $\omega_n = \sqrt{g/l}$의 진동에 해당하며, 예제 1.1.1의 결과와 같다.

예제 1.4.2에서 마지막 운동방정식을 유도하기 전까지는 섣부르게 각도가 작다고 근사(small-angle approximation)하지 말아야 한다. 예를 들어 위치에너지 $U = mgl(1 - \cos\theta)$에서 근사화를 한다면 $\cos\theta = 1$이 되어 위치에너지가 영이 되기 때문이다. 이것은 올바르지 못한 운동방정식을 야기할 수 있다.

예제 1.4.3

윈도우 1.1에서 보인 축과 원판의 운동방정식을 에너지 방법으로 구하라.

풀이 윈도우 1.1의 축과 원판은 비틀림운동을 하는 축으로 모델링한다. 축에는 비틀림각 $\theta(t)$에 비례하는 비틀림모멘트가 작용한다. 비틀림 스프링강성의 위치에너지는 $U = \frac{1}{2}k\theta^2$이며, 강성계수 k는 1.1절에서 거론된 병진운동을 하는 스프링강성을 구하는 방법과 똑같이 구한다. 각 $\theta(t)$는 정적 평형이나 정지 위치에서 측정한다. 질량관성모멘트 J를 갖는 원판의 운동에너지는 $T = \frac{1}{2}J\dot{\theta}^2$이다. 이것은 축의 관성이 평판의 관성보다 매우 작아 무시할 수 있다고 가정한 것이다.

운동에너지와 위치에너지에 대한 식들을 식 (1.51)에 대입하고 미분하면 다음과 같다.

$$\frac{d}{dt}\left(\frac{1}{2}J\dot{\theta}^2 + \frac{1}{2}k\theta^2\right) = (J\ddot{\theta} + k\theta)\dot{\theta} = 0$$

따라서 운동방정식은 ($\dot{\theta} \neq 0$이기 때문에) 다음과 같다.

$$J\ddot{\theta} + k\theta = 0$$

이 식은 축에 부착된 원판의 비틀림진동에 대한 운동방정식이다. 이 진동의 고유진동수는 $\omega_n = \sqrt{k/J}$이다.

예제 1.4.4

그림 1.18의 스프링-질량 시스템을 모델링하고 스프링의 질량을 고려할 때 고유진동수에 주는 영향을 결정하라.

풀이 시스템의 진동응답을 해석할 때 스프링의 질량을 고려하는 한 가지 방법은 스프링의 운동에너지를 계산하는 것이다. 스프링의 요소 dy의 운동에너지를 생각해 보자. 만일 m_s가 스프링의 전체 질량이라면, $(m_s/l)dy$는 dy 요소의 질량에 해당된다. 이 요소의 속도를 v_{dy}라 하면 끝점의 속도 $\dot{x}(t)$가 스프링의 길이에 걸쳐서 선형적으로 다음과 같이 변한다고 가정함으로써 근사시킬 수 있다.

$$v_{dy} = \frac{y}{l}\dot{x}(t)$$

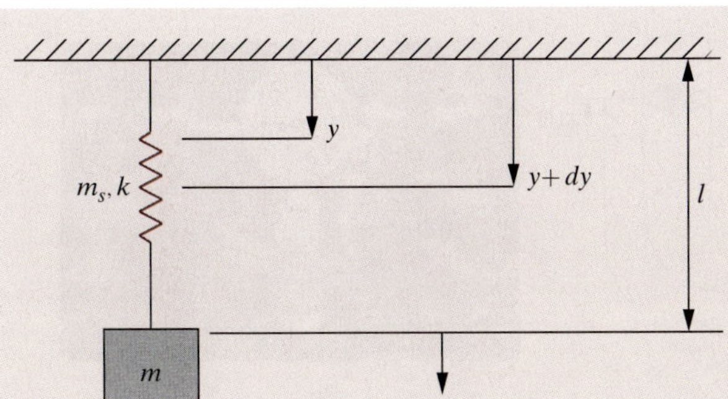

그림 1.18 무시할 수 없는 스프링 질량 m_s를 갖는 스프링–질량 시스템

스프링의 전체 운동에너지는 요소 dy의 운동에너지를 스프링의 길이에 걸쳐 적분함으로써 다음과 같이 나타낼 수 있다.

$$T_{\text{spring}} = \frac{1}{2}\int_0^l \frac{m_s}{l}\left[\frac{y}{l}\dot{x}\right]^2 dy$$
$$= \frac{1}{2}\left(\frac{m_s}{3}\right)\dot{x}^2$$

이 식으로부터 스프링의 유효질량은 $m_s/3$, 즉 스프링질량의 3분의 1이 된다. 에너지 방법에 의해 이 시스템의 최대 운동에너지는 다음과 같다.

$$T_{\max} = \frac{1}{2}\left(m + \frac{m_s}{3}\right)\omega_n^2 A^2$$

이것을 최대 위치에너지 $\frac{1}{2}kA^2$과 같다고 놓으면, 시스템의 고유진동수가 다음이 된다는 것을 알 수 있다.

$$\omega_n = \sqrt{\frac{k}{m + m_s/3}}$$

따라서 시스템에서 스프링질량의 영향은 고유진동수를 감소시킨다. 만일 스프링질량이 시스템 질량 m에 비해 매우 작다면, 고유진동수에 미치는 스프링질량의 효과는 무시할 수 있다.

예제 1.4.5

유체 시스템도 고체 시스템과 마찬가지로 진동을 한다. 그림 1.19에 있는 U자형관 액주계(manometer)에 있는 유체의 고유진동수를 에너지 방법을 이용하여 계산하라.

풀이 유체의 무게밀도(weight density)는 γ(즉 비중량)이다. 복원력은 중력에 의해 제공되는데, 유체의 위치에너지[(중량)(높이)]는 각 액주에서 $0.5(\gamma Ax)x$이므로 위치에너지의 전체 변화는 다음과 같다.

$$U = U_2 - U_1 = \tfrac{1}{2}\gamma Ax^2 - \left(-\tfrac{1}{2}\gamma Ax^2\right) = \gamma Ax^2$$

운동에너지의 변화는 다음과 같다.

$$T = \frac{1}{2}\frac{Al\gamma}{g}(\dot{x}^2 - 0) = \frac{1}{2}\frac{Al\gamma}{g}\dot{x}^2$$

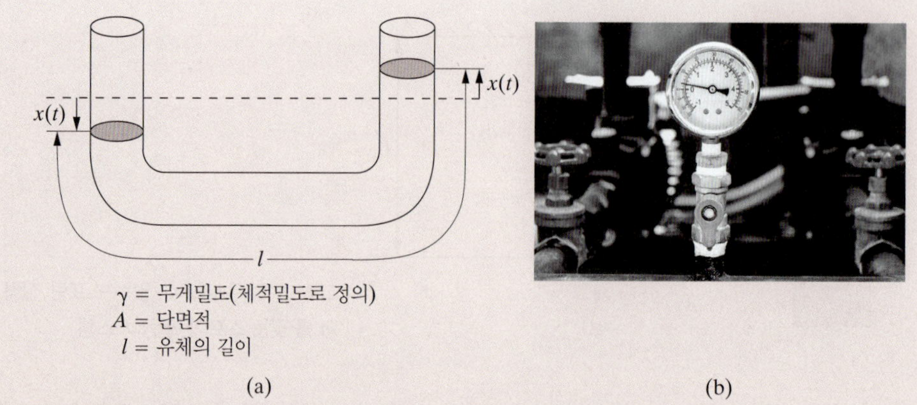

그림 1.19 (a) 관에서 운동하는 유체로 구성된 U자형관 액주계. (b) 가스 압력을 감시하는 데 사용된 산업용 액주계(Nicemyphoto/Shutterstock 사진 제공)

위치에너지의 변화와 운동에너지의 변화를 같다고 놓으면 다음과 같다.

$$\frac{1}{2}\frac{Al\gamma}{g}\dot{x}^2 = \gamma A x^2$$

진동운동이 $x(t) = X\sin(\omega_n t + \phi)$의 형태라면, 이것을 최대 속도와 위치에 대해 계산하면 다음 식을 얻을 수 있다.

$$\frac{1}{2}\frac{l}{g}\omega_n^2 X^2 = X^2$$

X는 진동의 진폭을 나타낸다. ω_n에 대해 풀면 유체의 고유진동수는 다음과 같다.

$$\omega_n = \sqrt{\frac{2g}{l}}$$

고유진동수가 중력가속도와 유체의 길이에만 관계됨을 주목하라. 기계 컨테이너에서의 유체 진동(철썩거림이라 함)은 자동차나 비행기의 연료탱크에서 일어나며, 진동해석의 중요한 응용을 이루고 있다.

예제 1.4.6

그림 1.20과 같은 점 O에 대해 핀고정되어 회전할 수 있는 복합진자(compound pendulum)를 고려해 보자. 예제 1.1.1에서 사용한 오일러 법칙(강체에 적용된 뉴턴의 제2법칙)을 적용하여 운동방정식을 유도하라. 복합진자는 질량중심이 아닌 다른 점을 고정점으로 회전하는 강체를 의미한다. 만일 강체에 작용하는 유일한 힘이 중력이면 강체는 진자와 같이 고정점을 중심으로 회전하게 될 것이다. 이 예제의 목적은 복합진자의 운동방정식을 유도하는 방법 및 타격중심의 개념을 소개하는 데 있다.

풀이 복합진자는 단진자와 모양이 유사하지만 진자 길이방향으로 질량분포를 갖는 강체진자이다. 그림에서 G는 질량중심(center of mass)이고, O는 중심(pivot)점, 그리고 $\theta(t)$는 점 O에서 z축에 대해 측정한 각변위이다. 진자의 질량은 m이고, 중심점 O에 대한 관성모멘트는 J이다. 점 C는 타격중심(*center*

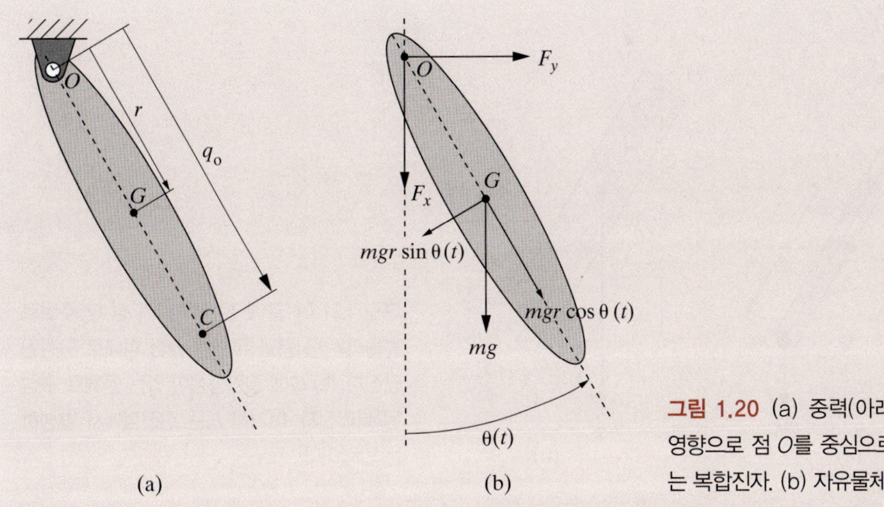

그림 1.20 (a) 중력(아래방향)의 영향으로 점 O를 중심으로 흔들리는 복합진자. (b) 자유물체도

of percussion)인데, 반경이 q_O인 단진자(예제 1.4.2와 같이 질량을 무시할 수 있는 막대 끝에 질량 m이 달린 진자)와 같은 주기를 갖게 해주는 중심선상의 거리 q_O로 정의한다. 따라서 다음과 같다.

$$q_O = \frac{J}{mr}$$

여기서 r은 중심점으로부터 질량중심까지의 거리이다. 중심점 O와 타격중심점 C는 진동수가 같은 진자가 되기 위해 서로 바뀔 수 있다는 것을 주목하라. 관성회전반경(*radius of gyration*) k_O는 강체가 각가속도에 대해 저항하는 것과 같은 크기의 저항을 갖는 고리(ring)의 반경이다. 관성회전반경과 타격중심 사이에는 다음과 같은 관계가 있다.

$$q_O r = k_O^2$$

복합진자의 운동방정식을 고려해 보자. 중심점 O 주위의 모멘트를 취하면 다음과 같으며,

$$\Sigma M_O = J\ddot{\theta}(t) = -mgr\sin\theta(t)$$

작은 $\theta(t)$에 대해 이 비선형 방정식은 다음과 같이 선형화될 수 있다.

$$J\ddot{\theta}(t) + mgr\theta(t) = 0$$

고유진동수는 다음과 같다.

$$\omega_n = \sqrt{\frac{mgr}{J}}$$

이것을 타격중심으로 표현하면 다음과 같이 나타낼 수 있다.

$$\omega_n = \sqrt{\frac{g}{q_o}}$$

위 식은 길이가 q_O인 단진자의 고유진동수와 같으며, 이것은 예제 1.1.1과 그림 1.21(a)의 단진자 운동방정식을 검토하거나 예제 1.1.1과 1.4.2의 결과를 상기하면 알 수 있다.

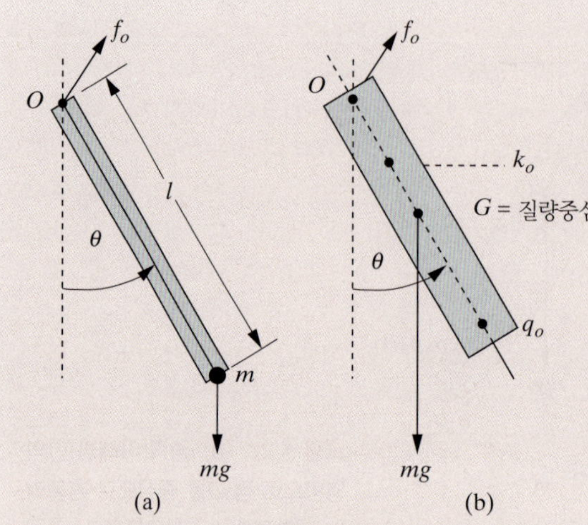

그림 1.21 (a) 끝에 질량이 달려 점 O 주위로 흔들리는, 질량을 무시할 만한 막대로 구성된 단진자. (b) G에 질량중심이 있는 물체로 구성된 복합진자. 여기서 f_O는 회전점에서 발생하는 반력이다.

점 O 주위의 모멘트를 합하면 다음과 같으며,

$$ml^2\ddot{\theta} = -mgl\sin\theta$$

$\sin\theta$를 θ로 근사시키면 다음이 된다.

$$\ddot{\theta} + \frac{g}{l}\theta = 0$$

이것은 $\omega_n = \sqrt{g/l}$이라는 단진자의 고유진동수가 되는데, 복합진자에 대해서는 $l = q_O$를 이용하여 얻은 것과 같다.

다음으로 그림 1.21(b)에 있는 길이가 l인 균일한 모양의 복합진자를 생각해 보자. 여기서 타격중심과 관성회전반경을 계산하고자 한다.

점 O에 대한 질량관성모멘트는 J이므로 점 O에 대한 모멘트를 합하면 다음이 된다.

$$J\ddot{\theta} = -mg\frac{l}{2}\sin\theta$$

질량은 균일하게 분포되어 있다고 가정하므로 질량중심은 $r = l/2$이다. 얇은 막대의 점 O에 대한 관성모멘트 $J = \frac{1}{3}ml^2$이다. 따라서 운동방정식은 다음과 같다.

$$\frac{ml^2}{3}\ddot{\theta} + mg\frac{l}{2}\theta = 0$$

$\sin\theta$는 작은 운동이라 가정하고 θ로 근사시킨다. 이 식은 다음과 같이 정리할 수 있다.

$$\dot{\theta} + \frac{3}{2}\frac{g}{l}\theta = 0$$

고유진동수는 다음과 같으며,

$$\omega_n = \sqrt{\frac{3}{2}\frac{g}{l}}$$

타격중심은 다음과 같고,

$$q_O = \frac{J}{mr} = \frac{2}{3}l$$

관성회전반경은 다음과 같다.

$$k_O = \sqrt{q_O r} = \frac{l}{\sqrt{3}}$$

이들의 위치는 그림 1.21(b)에 표시되어 있다.

타격중심과 중심점은 자동차를 설계하는 데 있어 중요한 역할을 한다. 자동차 앞바퀴의 축은 도로에 평행한 복합진자의 회전중심점으로 간주된다. 뒷바퀴가 과속방지턱을 지날 때 타격중심의 진동은 탑승자를 피곤하게 할 것이다. 따라서 자동차는 타격중심이 탑승자로부터 멀리 차축과 현가장치 위에 놓이도록 설계한다.

타격중심의 개념은 진자와 같은 상황에서 회전하는 물체에 사용된다. 또한 타격중심은 지지점에 반력을 발생시키지 않는 유일한 가격점이라고 간주할 수 있다. 이러한 개념이 테니스라켓이나 야구방망이와 같은 운동기구의 '스위트스팟(sweet spot)'을 정의하는 데 활용될 수 있다. 만일 망치를 사용하여 못을 박을 때 망치가 있는 점이 타격중심이 되면 사람의 손에 전혀 힘이 느껴지지 않게 된다.

에너지 방법은 두 가지로 사용될 수 있다. 첫 번째는 조화운동가정하에서 최대 운동에너지와 최대 위치에너지를 같게 놓는 것이다[식 (1.53) 참조]. 이 경우 식 (1.61)에서 설명했듯이 운동방정식을 유도하지 않고 진동 시스템의 고유진동수를 얻을 수 있다. 그러나 고유진동수를 얻는 이 방법은 제한된 범위 내에서 활용되어야 한다. 두 번째로 에너지 방법을 사용하는 것은 보존 시스템의 에너지 변화는 없다는 사실을 이용하여 진동 시스템의 운동방정식을 유도할 수 있다[식 (1.51) 참조]. 이 개념은 매우 유용하며, 예제 1.4.2와 1.4.3에 설명되어 있다. 운동방정식을 유도할 때 에너지를 사용하는 개념은 4장의 다자유도 시스템 및 6장의 분포매개변수 시스템 등으로 확장될 수 있다. 이러한 방법을 라그랑주 방법이라 하며, 여기서는 간략하게 개념만 언급하고자 한다. 좀 더 구체적인 내용은 4장에서 소개되며, 라그랑주 방법의 강점을 배우게 된다.

보존 시스템에 대한 라그랑주 방법은 먼저 **라그랑지안**(*Lagrangian*) $L = T - U$를 정의하는 것으로 시작된다. 여기서 T는 시스템의 전체 운동에너지를, U는 전체 위치에너지를 의미한다. 이 에너지들은 전부 일반화 좌표계로 기술되어 있다. $q_i(t)$라고 나타내는 일반화 좌표계의 정의는 나중에 정식으로 다룰 것이다. 다만 여기서는 예제 1.4.4의 x와 예제 1.4.3의 θ가 일반화 좌표 q_i가 된다고 언급하는 정도로 마무리한다. 보존 시스템에 대한 라그랑주 방법은 비감쇠 시스템의 자유진동 운동방정식을 다음과 같은 식으로 나타낸다.

$$\frac{d}{dt}\left(\frac{\partial L}{\partial \dot{q}_i}\right) - \frac{\partial L}{\partial q_i} = 0 \tag{1.62}$$

식 (1.62)의 각 항은 다음과 같이 얻는다.

$$\frac{\partial}{\partial \dot{q}_i}(L) = \frac{\partial}{\partial \dot{q}_i}(T - U) = \frac{\partial}{\partial \dot{q}_i}(T) \qquad \frac{\partial}{\partial q_i}(L) = \frac{\partial T}{\partial q_i} - \frac{\partial U}{\partial q_i}$$

이 식의 도출 과정에서 위치에너지 U는 $\dot{q}_i$에 의존하지 않는다는 사실을 적용했다. 식 (1.62)에 L에 대한 표현식을 대입하면 다음과 같다.

$$\frac{d}{dt}\left(\frac{\partial T}{\partial \dot{q}_i}\right) - \frac{\partial T}{\partial q_i} + \frac{\partial U}{\partial q_i} = 0 \tag{1.63}$$

여기서 각각의 하첨자 i에 대해 한 개의 식이 존재함을 유의해야 한다. 이 장과 같은 1자유도 시스템의 경우, 좌표의 수는 한 개이며($i = 1$) 운동방정식의 수도 한 개이다. 다음 예제는 라그랑주 방법을 사용하여 스프링–질량 시스템의 운동방정식을 유도한 것이다.

예제 1.4.7

라그랑주 방법을 이용하여, 그림 1.5와 같은 스프링–질량 시스템의 운동방정식을 유도하라. 이 결과식과 예제 1.4.2와 1.4.3에서 얻은 결과를 비교하라.

풀이 단순 스프링–질량 시스템의 경우, 운동에너지와 위치에너지는 각기 다음과 같다.

$$T = \frac{1}{2}m\dot{x}^2 \text{ 그리고 } U = \frac{1}{2}kx^2$$

여기서 일반화 좌표 $q_i(t)$는 변위 $x(t)$이다. 라그랑주 방법을 적용하면 식 (1.63)은 다음과 같다.

$$\frac{d}{dt}\left(\frac{\partial T}{\partial \dot{x}}\right) - \frac{\partial T}{\partial x} + \frac{\partial U}{\partial x} = 0$$

$$\Rightarrow \frac{d}{dt}(m\dot{x}) + \frac{\partial}{\partial x}\left(\frac{1}{2}kx^2\right) = m\ddot{x} + kx = 0$$

물론 이 식은 뉴턴의 방법을 적용한 결과와 일치한다. 다음 에너지 방법을 고려해 보자. $T + U =$ '일정'에서 시작하여 이 식을 미분하면 다음 식을 얻게 된다.

$$\frac{d}{dt}\left(\frac{1}{2}m\dot{x}^2 + \frac{1}{2}kx^2\right) = m\ddot{x}\dot{x} + kx\dot{x} = \dot{x}(m\ddot{x} + kx) = 0 \Rightarrow m\ddot{x} + kx = 0$$

이 식에서 속도는 모든 시간에 대해 영이 되지는 않음을 고려했다. 이렇게 하여 두 에너지 접근방식이 동일한 결과를 얻음을 봤고, 또한 뉴턴의 법칙을 적용한 결과와도 일치함을 봤다. 위의 계산을 수행하는 과정에서 전미분과 편미분의 차이를 구분하는 것이 중요하다.

예제 1.4.8

라그랑주 방법을 사용하여 그림 1.22의 스프링–질량 진자 시스템의 운동방정식을 유도하고 이 시스템의 고유진동수를 구하라.

수직방향으로의 변형은 무시할 만큼 진자가 작은 각도로 운동하고, 진자 막대의 질량은 무시할 만큼 작다고 가정한다.

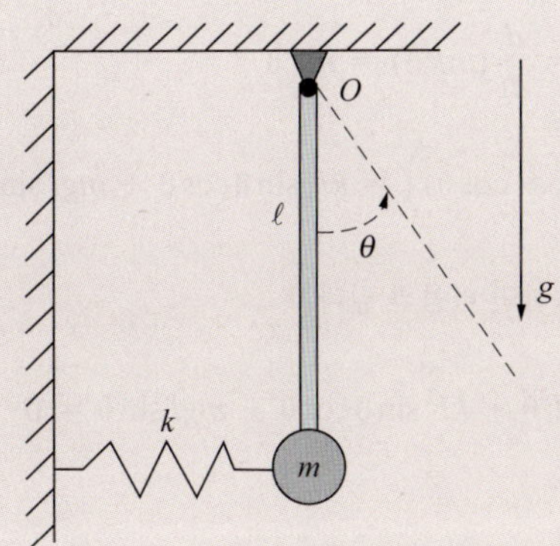

그림 1.22 스프링에 부착된 진자

풀이 이 경우 변수를 선택하는 데 몇 가지 경우가 있지만 먼저 알기 쉬운 속도와 변위를 선택해서 에너지 방정식을 쓰고 그다음에 운동학적 관계를 알아보기 위해 그림 1.23에 나와 있는 개략도를 사용한다. 그림에 의하면 이 질량의 운동에너지는 다음과 같다.

$$T = \frac{1}{2}J\dot{\theta}^2 = \frac{1}{2}ml^2\dot{\theta}^2$$

이 시스템의 위치에너지는 두 부분으로 이루어져 있는데, 하나는 스프링에 의한 것이고 다른 하나는 중력에 의한 것이다. 따라서 전체 위치에너지는 다음과 같다.

$$U = \frac{1}{2}kx^2 + mgh$$

다음에 하나의 변수 θ에 대해 각각의 에너지방정식을 쓰기 위해 그림 1.23을 사용한다. 그림에 의하면, 물체의 높이 $h = l - l\cos\theta$만큼 올라가고 스프링은 길이 $x = l\sin\theta$만큼 늘어난다. 따라서 위치에너지는 다음과 같다.

$$U = \frac{1}{2}kl^2\sin^2\theta + mgl(1 - \cos\theta)$$

하나의 일반좌표 θ에 대해 표현된 에너지들을 사용하여 라그랑주 방법을 사용하기 위해 미분하면 다음과 같다.

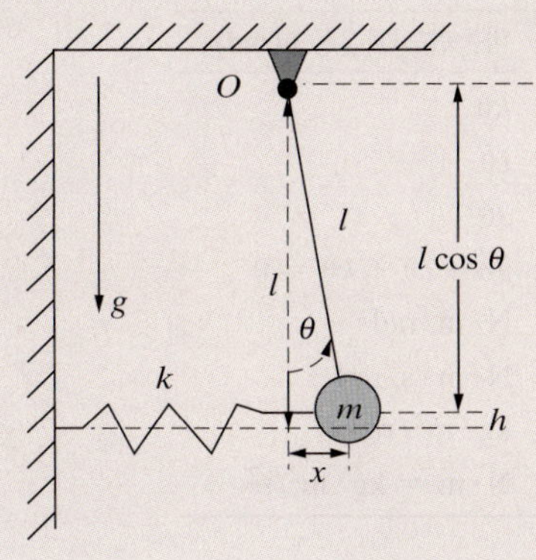

그림 1.23 작은 각도로 회전한 스프링에 부착된 진자의 기하학은 일반좌표 θ로 에너지방정식을 세울 수 있는 운동학적 관계를 보여주고 있다.

$$\frac{d}{dt}\left(\frac{\partial T}{\partial \dot{\theta}}\right) = \frac{d}{dt}(ml^2\dot{\theta}) = ml^2\ddot{\theta}$$

$$\frac{\partial U}{\partial \theta} = \frac{\partial}{\partial \theta}\left(\frac{1}{2}kl^2\sin^2\theta + mgl(1-\cos\theta)\right) = kl^2\sin\theta\cos\theta + mgl\sin\theta$$

이 식들을 합쳐서 라그랑주 방정식 (1.63)을 사용하면 다음과 같다.

$$\frac{d}{dt}\left(\frac{\partial T}{\partial \dot{\theta}}\right) - \underbrace{\frac{\partial T}{\partial \theta}}_{0} + \frac{\partial U}{\partial \theta} = ml^2\ddot{\theta} + kl^2\sin\theta\cos\theta + mgl\sin\theta = 0$$

작은 θ에 대해 운동방정식은 다음과 같다.

$$ml^2\ddot{\theta} + (kl^2 + mgl)\theta = 0$$

따라서 고유진동수는 다음과 같다.

$$\omega_n = \sqrt{\frac{kl + mg}{ml}}$$

스프링이 없다면($k = 0$) 예제 1.4.2의 운동방정식과 동일하다는 것에 주목하자.

이 절에서는 라그랑주 방법을 진동계의 자유도가 1인 비감쇠 시스템(보존 시스템)의 자유응답에 적용했다. 그러나 이 방법은 일반적인 방법이기 때문에 감쇠 시스템에도 적용 가능하며, 또한 강제응답의 경우에도 적용 가능하다.

지금까지 세 가지 기본 시스템, 즉 스프링-질량 시스템의 직선운동 혹은 병진운동, 원판-축 시스템의 회전운동, 매달린 질량 시스템의 진자운동을 모델링했다. 각 운동은 보통 어떤 특정한 형태로 진동에너지를 소산한다. 병진운동에 대한 1.3절에서의 점성감쇠 모델은 비틀림운동이나 진자운동에 모두 적용할 수 있다. 축의 비틀림운동의 경우에는 에너지 소산이 재료 또는 공기저항으로부터 온다고 가정한다. 때로는 자동차의 크랭크축이나 캠축을 모델링하기 위해 막대와 원판을 이용할 때처럼, 원판과 축 주위의 윤활유나 축을 지지하는 베어링으로부터 감쇠가 생긴다고 볼 수 있다.

표 1.1 직선운동과 회전운동 시스템의 비교와 단위의 요약

	직선운동 x(m)	비틀림/진자운동 θ(rad)
스프링력	kx	$k\theta$
감쇠력	$c\dot{x}$	$c\dot{\theta}$
관성력	$m\ddot{x}$	$J\ddot{\theta}$
운동방정식	$m\ddot{x} + c\dot{x} + kx = 0$	$J\ddot{\theta} + c\dot{\theta} + k\theta = 0$
강성 단위	N/m	N·m/rad
감쇠 단위	N·s/m, kg/s	N·m·s/rad
관성 단위	kg	kg·m^2/rad
힘/토크	N = kg·m/s^2	N·m = kg·m^2/s^2

이 세 경우 감쇠는 속도에 비례하는 것으로 모델링한다(즉 $f_c = c\dot{x}$ 또는 $f_c = c\dot{\theta}$). 따라서 운동방정식은 표 1.1에 있는 형태가 된다. 이 모든 방정식은 식 (1.48)의 형태로 주어진 선형 감쇠진동계로 나타낼 수 있다. 그러므로 이 세 가지 시스템은 고유진동수와 감쇠비에 의해 진동 특성이 결정된다. 즉 1.3절에서 논의했듯이 감쇠비 ζ 값에 따라 해의 형태가 결정된다.

1.5 강성

1.1절에서 스프링의 강성은 스프링의 재질과 기하학적 형상에 더 직접적으로 연관되어 있음을 언급했다. 1.5절에서는 스프링의 강성과 탄성계수 및 여러 가지 기하학적 형상 간의 관계를 소개하고, 단순조화운동을 일으킬 수 있는 여러 가지 상황을 살펴보겠다. 스프링과 같은 거동은 구조물 부재의 종방향 운동(길이방향의 진동), 횡방향 운동(길이에 수직한 방향의 진동), 비틀림운동(길이 주위로 회전하는 진동)을 포함한 여러 가지 현상으로부터 온다. 다시 한번 1.1절에서 소개한 스프링의 강성을 생각해 보자. 스프링은 일반적으로 탄성재료로 만든다. 길이가 l, 단면적이 A, 탄성계수[혹은 영률(Young's modulus)]가 E인 가는 탄성재료의 경우 길이방향의 진동에 대한 막대의 강성은 다음과 같이 주어진다.

$$k = \frac{EA}{l} \tag{1.64}$$

이것은 그림 1.24에서 보여준 진동 문제의 스프링상수를 나타낸다. 여기서 막대의 질량은 무시되었다(또는 그림에서 질량 m에 비해 매우 작은 것으로 간주한다). 탄성계수 E의 단위는 N/m^2인 파스칼(Pa)이다. 여러 가지 일반 재료에 대한 탄성계수를 표 1.2에 실었다.

다음은 그림 1.25에 나타나 있는 축의 비틀림운동을 생각해 보자. 이 경우 축의 면적극관성모멘트는 J_p이고 전단계수는 G(표 1.2 참조)이다. 직경이 d인 선이나 축의 경우 $J_P = \pi d^4/32$이다. 전단계수의 단위는 N/m^2이다. 비틀림강성은 다음과 같으며,

$$k = \frac{GJ_P}{l} \tag{1.65}$$

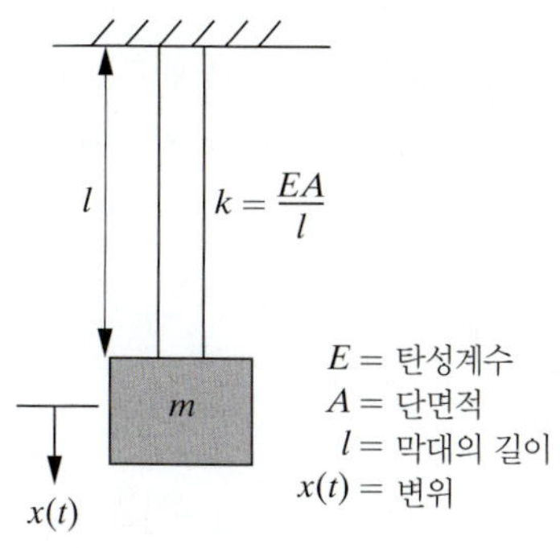

그림 1.24 가느다란 막대의 길이방향 진동에 대한 강성

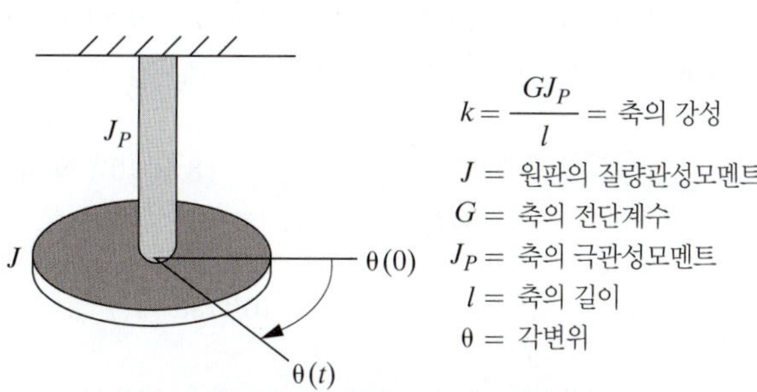

그림 1.25 축의 비틀림진동에 대한 강성

표 1.2 일반적인 재료에 대한 물리적 상수*

재료	탄성계수 $E(\mathrm{N/m^2})$	밀도$(\mathrm{kg/m^3})$	전단계수 $G(\mathrm{N/m^2})$
강철	2.0×10^{11}	7.8×10^{3}	8.0×10^{10}
알루미늄	7.1×10^{10}	2.7×10^{3}	2.67×10^{10}
황동	10.0×10^{10}	8.5×10^{3}	3.68×10^{10}
구리	6.0×10^{10}	2.4×10^{3}	2.22×10^{10}
콘크리트	3.8×10^{9}	1.3×10^{3}	–
고무	2.3×10^{9}	1.1×10^{3}	8.21×10^{8}
합판	5.4×10^{9}	6.0×10^{2}	–

* 단위 및 변환은 부록 G 참조

축의 질량을 무시할 수 있는 비틀림 진동 문제를 나타내는 데 이용된다. 그림에서 $\theta(t)$는 평형위치에 대한 축의 각위치를 나타낸다. 반경이 r이고, 회전관성모멘트가 J인 원판은 강성 GJ_P/l로 평형위치 $\theta(0)$ 주위로 진동할 것이다.

예제 1.5.1

그림 1.25에 나타난 비틀림 진동계의 고유진동수를 계산하라.

풀이 모멘트 방정식 (1.50)을 이용하면, 이 시스템의 운동방정식은 다음과 같다.

$$J\ddot{\theta}(t) = -k\theta(t)$$

또한 다음과 같이 정리할 수 있다.

$$\ddot{\theta}(t) + \frac{k}{J}\theta(t) = 0$$

이 식은 예제 1.4.3에서 에너지 방법을 이용하여 얻은 결과와 일치한다. 즉 위 식은 고유진동수가 다음과 같은 진동운동을 나타낸다.

$$\omega_n = \sqrt{\frac{k}{J}} = \sqrt{\frac{GJ_P}{lJ}}$$

축은 강철로 만들어졌고, 직경이 5 cm이며 길이가 1 m라 하자. 막대의 원형단면 극관성모멘트는 $J_p = \pi d^4/32$이다. 원판의 질량관성모멘트가 $J = 0.5\ \mathrm{kg{\cdot}m^2}$이라 하고, 강철의 전단계수 $G = 8 \times 10^{10}\ \mathrm{N/m^2}$임을 고려하면 진동수는 다음과 같이 계산될 수 있다.

$$\omega_n^2 = \frac{k}{J} = \frac{GJ_P}{lJ} = \frac{(8 \times 10^{10}\ \mathrm{N/m^2})\left[\frac{\pi}{32}(5 \times 10^{-2}\ \mathrm{m})^4\right]}{(1\ \mathrm{m})(0.5\ \mathrm{kg \cdot m^2})}$$
$$= 9.817 \times 10^4 (\mathrm{rad^2}/s^2)$$

그러므로 고유진동수 $\omega_n = 313.3$ rad/s, 혹은 49.9 Hz이다.

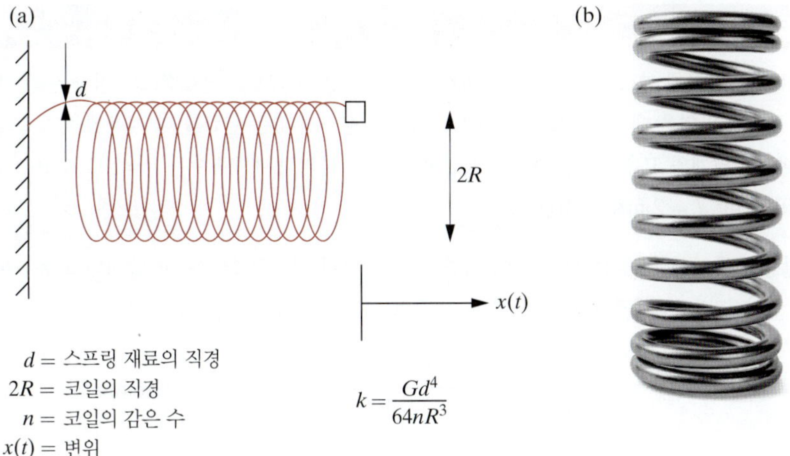

그림 1.26 (a) 헬리컬 스프링의 기하학적 모델 및 강성. (b) 현가장치에 사용된 상업용 스프링 예(Dja65/Shutterstock 사진 제공)

그림 1.26의 헬리컬(helical) 스프링을 생각해 보자. 그림에서 스프링의 변형은 코일의 축방향으로 생긴다. 강성은 실제로 이 스프링을 구성하는 금속막대의 '비틀림'에 의존한다. 강성은 전단계수 G, 막대의 직경 d, 코일의 반경 R, 코일의 감은 수 n의 함수이다. 강성은 다음의 값을 갖는다.

$$k = \frac{Gd^4}{64nR^3} \tag{1.66}$$

헬리컬 모양의 스프링은 매우 널리 쓰인다. 예를 들면, 볼펜의 안쪽에 있는 스프링과 자동차의 현가장치에 있는 스프링이다.

다음으로 그림 1.27에 있는 판스프링 끝의 횡방향 진동을 생각해 보자. 이러한 형태의 스프링 거동은 비행기의 날개는 물론 자동차의 후륜 현가장치에서 일반적으로 나타난다. 그림에서 l이 보(beam)의 길이이고, E가 보의 탄성계수(영률), I가 단면의 관성모멘트이다. 보의 끝에 있는 질량 m의 고유진동수는 다음과 같다.

$$\omega_n = \sqrt{\frac{k}{m}} = \sqrt{\frac{3EI}{ml^3}} \tag{1.67}$$

운동은 보의 길이에 수직한 방향 $x(t)$로 진동할 것이다.

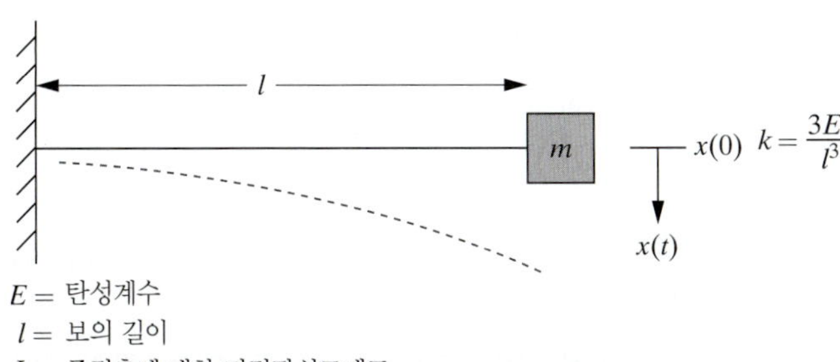

그림 1.27 굽힘강성, 즉 보 끝이 횡방향(긴축의 수직방향) 진동을 할 때 보의 강성(Blevins, 1987). 보의 질량은 무시할만 하다고 가정한다.

예제 1.5.2

그림 1.28과 같이 끝에 연료탱크가 달린 비행기의 날개를 생각해 보자. 연료탱크의 질량은 꽉 차 있을 때는 1000 kg, 비어 있을 때는 10 kg이다. 비행기가 연료탱크에 있는 연료를 다 사용했을 때 그림 1.28과 같이 모델링한 날개의 고유진동수 변화를 계산하라. 보의 물리적 매개변수는 $I = 5.2 \times 10^{-5}\ \text{m}^4$, $E = 6.9 \times 10^9\ \text{N/m}^2$, $l = 2$ m로 추정한다.

풀이 질량을 무시할 수 있는 보의 끝에 집중 질량이 달린 것으로 모델링한 날개의 고유진동수는 식 (1.67)로 주어진다. 연료탱크가 꽉 차 있을 때 날개의 고유진동수는 다음과 같으며,

$$\omega_{\text{full}} = \sqrt{\frac{3EI}{ml^3}} = \sqrt{\frac{(3)(6.9 \times 10^9)(5.2 \times 10^{-5})}{1000(2)^3}} = 11.6\ \text{rad/s}$$

약 1.8 Hz(1.8 cycle/s)에 해당한다. 연료탱크가 비어 있을 때 날개의 고유진동수는 다음과 같으며,

$$\omega_{\text{empt}} = \sqrt{\frac{3EI}{ml^3}} = \sqrt{\frac{(3)(6.9 \times 10^9)(5.2 \times 10^{-5})}{10(2)^3}} = 116\ \text{rad/s}$$

또는 18.5 Hz이다. 따라서 비행기 날개의 고유진동수는 연료탱크가 비어 있을 때는 10배의 크기로 변화한다(즉 10배 더 커진다). 이러한 급격한 변화는 항공기 운항 특성 및 성능에 변화를 일으킬 수 있다.

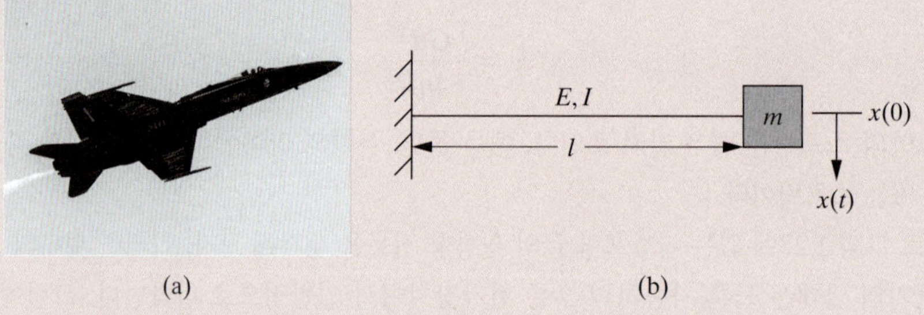

그림 1.28 (a) 날개 끝에 미사일을 장착한 보잉 F/A-18 항공기 Super Hornet. (b) 끝에 연료탱크가 달린 비행기 날개의 단순진동 모델

위의 계산에서는 보의 질량을 무시했다. 만약 끝의 질량과 비교했을 때 보의 질량이 명백하게 존재한다면 고유진동수 계산식 (1.67)은 보의 관성을 고려하여 바뀌어야 한다. 예제 1.4.4에서 스프링의 질량을 포함했던 것과 비슷하게 보 자체의 운동에너지가 고려되어야 한다. 그 운동에너지를 구하기 위해 그림 1.29에 있는 끝의 무게에 의한 정적 처짐을 고려한다.

그림 1.29는 표시된 정적 처짐과 보의 밀도 ρ를 고려하지 않으면 그림 1.27과 거의 똑같다. 정적 처짐은 다음과 같이 주어진다.

$$u(y) = \frac{mgy^2}{6EI}(3l - y) \tag{1.68}$$

여기서 u는 길이와 수직방향의 변형이고, y는 고정된 끝(그림 1.29에서 왼쪽 끝)으로부터의 길이

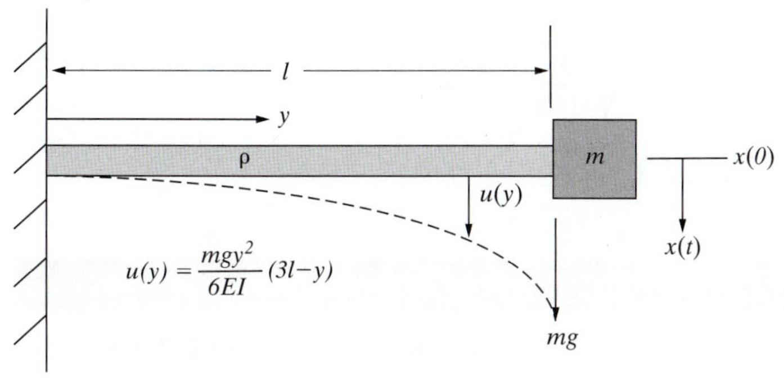

그림 1.29 보의 질량을 고려할 때 탄성계수 E, 단면의 관성모멘트 I, 길이 l, 밀도 ρ, 끝 무게 m인 보의 정적 처짐

이다. 오른쪽 끝에서 u의 값은 다음과 같다.

$$u(l) = \frac{mgl^2}{6EI}(3l - l) = \frac{mgl^3}{3EI} \tag{1.69}$$

식 (1.69)를 사용하여 식 (1.68)은 최대 변형의 식으로 쓰여질 수 있다.

$$u(y) = \frac{u(l)y^2}{2l^3}(3l - y) \tag{1.70}$$

u의 최댓값은 끝의 변위값이기 때문에 $x(t)$와 같다. 따라서 보의 미소속도는 다음과 같다.

$$\frac{d}{dt}(u) = \frac{\dot{x}(t)y^2}{2l^3}(3l - y) \tag{1.71}$$

이 속도를 보의 운동에너지 식에 대입하면 다음이 된다.

$$T_{\text{beam}} = \frac{1}{2}\int_0^l \rho v^2 dy = \frac{1}{2}\int_0^l \rho \dot{u}^2 dy = \frac{1}{2}\int_0^l \rho \left[\frac{\dot{x}(t)y^2}{2l^3}(3l - y)\right]^2 dy \tag{1.72}$$

여기서 v는 속도이고, ρ는 보의 단위길이당 질량이다. 적분을 수행하면 다음과 같다.

$$T_{\text{beam}} = \frac{\rho}{2}\int_0^l \frac{\dot{x}^2}{4l^6} y^4 (3l - y)^2 dy = \frac{\rho}{2}\frac{\dot{x}^2}{4l^6}\frac{33}{140}l^7 = \frac{1}{2}\left(\frac{33}{140}\rho l\right)\dot{x}^2(t) \tag{1.73}$$

따라서 보의 질량 $M = \rho l$을 보의 운동에너지 형태로 추가하면 전체 시스템의 운동에너지는 다음과 같다.

$$T = T_{\text{beam}} + T_m = \frac{1}{2}\left(\frac{33}{140}\rho l\right)\dot{x}^2(t) + \frac{1}{2}m\dot{x}^2(t) = \frac{1}{2}\left(\frac{33}{140}M + m\right)\dot{x}^2(t) \tag{1.74}$$

식 (1.74)로부터 1자유도 시스템의 보의 끝 질량과 등가질량은 다음과 같다.

$$m_{\text{eq}} = \frac{33}{140}M + m \tag{1.75}$$

그리고 이것의 고유진동수는 다음과 같다.

$$\omega_n = \sqrt{\frac{k}{\frac{33}{140}M + m}} \tag{1.76}$$

물론 만약 끝 질량 m이 보의 질량 M보다 훨씬 크면 식은 (1.67)로 간단해진다.

예제 1.5.3

예제 1.5.2의 비행기/날개 탱크의 경우에서, 만약 날개의 질량이 500 kg이라면 탱크에 연료가 꽉 차 있을 때(1000 kg) 고유진동수는 얼만큼 변하는가? 꽉 차 있을 때와 비어 있을 때 고유진동수는 여전히 10배 차이 나는가?

풀이 날개의 무게는 연료가 탱크에 꽉 차 있을 때 무게의 반이고, 비어 있을 때는 무게의 50배이기 때문에 날개의 질량은 고유진동수 계산에서 명백히 영향을 끼치는 요소이다. 두 경우의 고유진동수는 식 (1.76)을 사용하면 다음과 같다.

$$\omega_{\text{full}} = \sqrt{\frac{3EI}{\left(\frac{33}{140}M + m\right)l^3}} = \sqrt{\frac{(3)(6.9\times10^9)(5.2\times10^{-5})}{\left(\frac{33}{140}(500) + 1000\right)(2)^3}} = 10.97 \text{ rad/s}$$

$$\omega_{\text{empty}} = \sqrt{\frac{3EI}{\left(\frac{33}{140}M + m\right)l^3}} = \sqrt{\frac{(3)(6.9\times10^9)(5.2\times10^{-5})}{\left(\frac{33}{140}(500) + 10\right)(2)^3}} = 32.44 \text{ rad/s}$$

날개의 질량을 고려하지 않은 채 모델링하는 것은 매우 불확실하다는 것에 주목하자. 그리고 연료가 있을 때와 없을 때의 고유진동수 차이는 여전히 상당하다(10배는 아니고 3배 정도 차이 난다).

만일 그림 1.27의 스프링이 그림 1.30에서와 같이 평면 코일 모양으로 된다면, 스프링의 강성은 크게 변화하며 다음과 같다.

$$k = \frac{EI}{l} \tag{1.77}$$

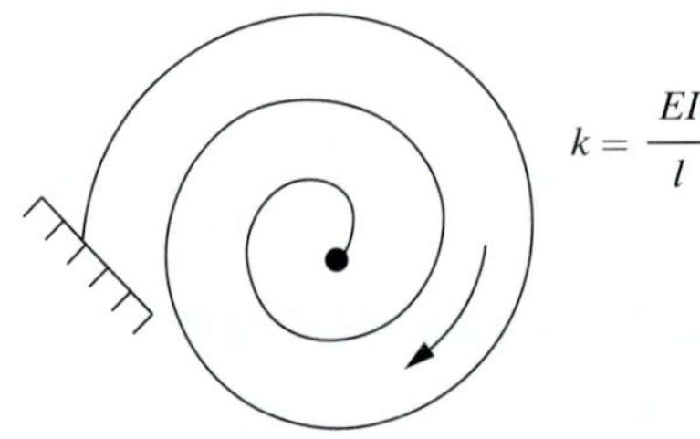

그림 1.30 코일 모양 스프링의 강성

표 1.3 스프링 상수의 몇 가지 예

길이가 l이고, 단면적은 A이며, 탄성계수가 E인 막대의 축방향 강성	$k = \frac{EA}{l}$
길이가 l이고, 전단계수는 G이며, 면적극관성모멘트가 J_P(반경이 r인 원의 경우 $\frac{\pi}{2}r^4$, 한 변의 길이가 a인 정사각형의 경우 $0.1406a^4$)인 축의 비틀림강성	$k = \frac{GJ_P}{l}$
길이가 l이고, 탄성계수는 E이며, 면적관성모멘트가 I인 외팔보의 굽힘강성	$k = \frac{3EI}{l^3}$
길이가 l이고, 탄성계수는 E이며, 양 끝 직경이 각각 d_1, d_2인 테이퍼 막대의 축방향 강성	$k = \frac{\pi E d_1 d_2}{4l}$
전단계수가 G이고, 길이 및 내부직경과 외부직경이 각각 l, d_1, d_2인 균일한 중공축의 비틀림강성	$k = \frac{\pi G(d_2^4 - d_1^4)}{32l}$
탄성계수가 E이고, 면적관성모멘트 및 길이가 각각 I, l인 단순지지보가 한쪽 끝에서 a만큼 떨어진 지점에 하중을 받을 때 보의 굽힘강성	$k = \frac{3EIl}{a^2(l-a)^2}$
탄성계수가 E이고, 면적관성모멘트 및 길이가 각각 I, l인 양단고정보가 가운데 지점에 하중을 받을 때 보의 굽힘강성	$k = \frac{192EI}{l^3}$

몇몇 다른 스프링의 조합과 그에 따른 강성을 표 1.3에 열거했다. 자세한 내용은 재료역학 교재를 참고하기 바란다.

예제 1.5.4

유체를 포함하는 진동의 또 다른 예로서, 바다에 떠 있는 배의 롤(roll)운동 진동을 생각해 보자. 그림 1.31은 바다에서 롤운동을 하는 배의 개략도이다. 배가 M을 지나는 축에 대해 롤운동할 때 고유진동수를 계산하라.

그림에서 점 G는 무게중심, 점 B는 부력중심, 점 M은 부력과 배의 중심선과의 교점[메타센터(metacenter)라 한다], 점 h는 무게중심으로부터 메타센터까지의 높이이다. 무게중심에서 부력의 작용선에 수직으로 내린 점을 Z로 표시했고, W는 배의 무게, J는 롤축에 대한 배의 질량관성모멘트를 나타내며, 롤각도는 $\theta(t)$로 표시한다.

풀이 M에 대한 모멘트의 합으로부터 다음과 같은 식을 얻는다.

$$J\ddot{\theta}(t) = -W\overline{GZ} = -Wh\sin\theta(t)$$

여기서도 작은 각도에 대해 이 비선형 방정식은 다음과 같이 근사시킬 수 있다.

$$J\ddot{\theta}(t) + Wh\theta(t) = 0$$

따라서 롤축에 대한 고유진동수는 다음과 같다.

$$\omega_n = \sqrt{\frac{hW}{J}}$$

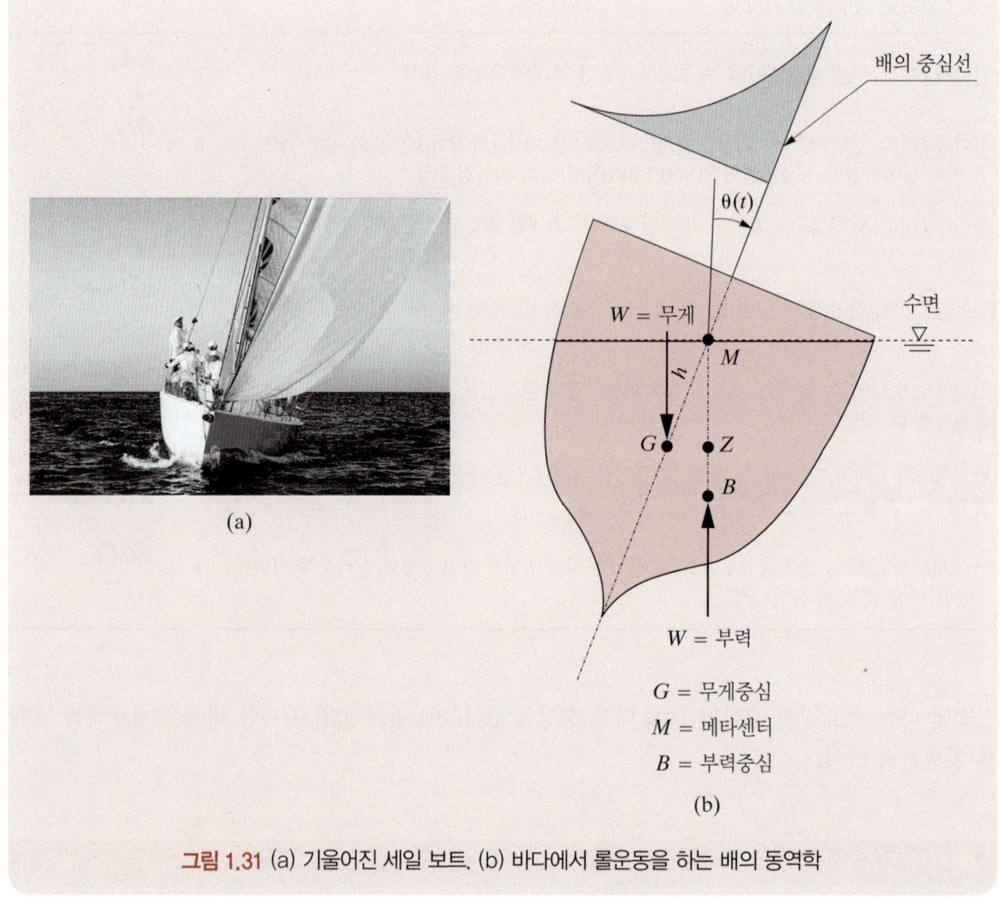

그림 1.31 (a) 기울어진 세일 보트. (b) 바다에서 롤운동을 하는 배의 동역학

스프링의 직렬연결

k_1, k_2 ; a, b, c

$$k_{ac} = \frac{1}{1/k_1 + 1/k_2} = \frac{k_1 k_2}{k_1 + k_2}$$

스프링의 병렬연결

k_1, k_2 ; a, b

$$k_{ab} = k_1 + k_2$$

그림 1.32 스프링의 병렬연결과 직렬연결에 대한 등가 강성을 계산하는 방법

지금까지 언급한 모든 형태의 스프링은 그림 1.2에서와 같이 개략적으로 나타낼 수 있다. 주어진 기기에 한 개 이상의 스프링이 있으면, 전체 스프링의 강성은 그림 1.32에 주어진 두 가지의 단순한 방법으로 계산할 수 있다. 이 방법들은 시스템의 등가 힘을 고려함으로써 유도할 수 있다.

예제 1.5.5

그림 1.33(a)의 스프링-질량의 배열을 고려하여 그 시스템의 고유진동수를 계산하라.

풀이 그림 1.33(a)에 있는 다섯 개 스프링 시스템의 등가 강성을 찾기 위해 그림 1.32의 단순한 두 가지 방법을 적용한다. 첫째로 k_1과 k_2의 배열을 그림 1.33(b)의 위 그림에 나타낸 것처럼 한 개의 스프링으로 바꾼다. 다음 k_3와 k_4의 직렬연결을 그림 1.33(b)의 밑 왼쪽 편에 있는 것처럼 강성이 다음과 같은 한 개의 스프링으로 바꾼다.

$$\frac{1}{1/k_3 + 1/k_4}$$

그림 1.33(b)의 밑에 있는 두 개의 병렬스프링을 병렬스프링 공식을 이용하여 합치면, 강성이 다음과 같은 한 개의 스프링이 된다.

$$k_5 + \frac{1}{1/k_3 + 1/k_4} = k_5 + \frac{k_3 k_4}{k_3 + k_4}$$

마지막으로 그림 1.33(c)의 위에 작용하는 스프링과 밑에 작용하는 스프링이 모두 위에서 병렬로 작용한다고 생각한다. 그러면 이 두 개의 스프링을 합하면, 그림 1.33(d)에 기호로 나타낸 것처럼 하나의 강성은 다음과 같다.

$$k = k_1 + k_2 + k_5 + \frac{k_3 k_4}{k_3 + k_4} = \frac{(k_1 + k_2 + k_5)(k_3 + k_4) + k_3 k_4}{(k_3 + k_4)}$$

따라서 이 시스템의 고유진동수는 다음과 같다.

$$\omega_n = \sqrt{\frac{k_1 k_3 + k_2 k_3 + k_5 k_3 + k_1 k_4 + k_2 k_4 + k_5 k_4 + k_3 k_4}{m(k_3 + k_4)}}$$

그림 1.33의 시스템은 다섯 개의 스프링을 포함하지만 한쪽(직선운동) 방향으로만 운동하는 한 개의 질량으로만 이루어져 있어 1자유도 시스템이라는 것에 주목하라.

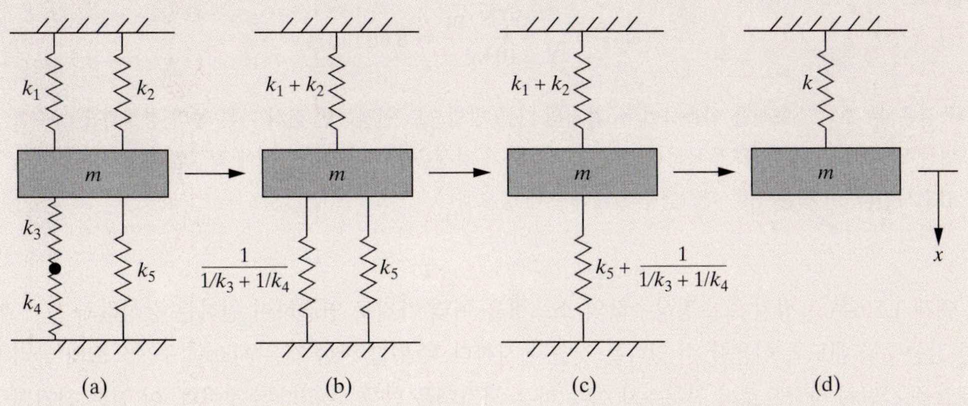

그림 1.33 다섯 개의 스프링-한 개의 질량 시스템을 등가 단순 스프링-질량 시스템으로 축소

스프링은 보통(그림 1.26에서 보듯이) 감은 수, 재료 등에 관련된 강성값이 어떤 정해진 값이 되도록 생산된다. 설계자가 어떤 진동 시스템을 설계할 때 스프링상수의 선택에 종종 제한을 받게 된다. 그러므로 특별한 강성을 갖는 특별한 스프링을 주문하기보다는 당장 쓸 수 있는 스프링 몇 개를 이용하여 필요한 강성값을 만들어내는 것이 더 경제적일 수도 있다. 그러므로 그림 1.32에 주어진 스프링을 직렬, 병렬로 합치는 방법은 원하는 또는 허용하는 강성과 고유진동수를 얻는 데 이용될 수 있다.

예제 1.5.6

그림 1.33(a)에서 $k_5 = 0$인 시스템을 생각해 보자. 첫째는 두 개의 병렬스프링($k_3 = k_4 = 0$, $k_1 = 1000$ N/m, $k_2 = 3000$ N/m)으로, 그다음에는 두 개의 직렬스프링($k_1 = k_2 = 0$, $k_3 = 1000$ N/m, $k_4 = 3000$ N/m)으로 고정면에 10 kg 질량을 연결한 스프링의 강성과 진동수를 비교하라.

풀이 우선 $k_3 = k_4 = 0$, $k_1 = 1000$ N/m, $k_2 = 3000$ N/m인 두 개의 병렬스프링 경우를 생각해 보자. 그러면 그림 1.32에 주어진 등가 강성은 간단한 합으로 다음과 같다.

$$k_{\text{eq}} = 1000\,\text{N/m} + 3000\,\text{N/m} = 4000\,\text{N/m}$$

그에 따른 진동수는 다음과 같다.

$$\omega_{\text{병렬}} = \sqrt{\frac{4000\ \text{N/m}}{10\ \text{kg}}} = 20\ \text{rad/s}$$

직렬연결($k_1 = k_2 = 0$)의 경우에는 그림 1.32에 따라 두 개의 스프링($k_3 = 1000$ N/m, $k_4 = 3000$ NYm)을 합하면 다음과 같다.

$$k_{\text{eq}} = \frac{1}{1/1000 + 1/3000} = \frac{3000}{3+1} = \frac{3000}{4} = 750\ \text{N/m}$$

그리고 그에 따른 진동수는 다음과 같다.

$$\omega_{\text{직렬}} = \sqrt{\frac{750\ \text{N/m}}{10\ \text{kg}}} = 8.66\ \text{rad/s}$$

똑같은 두 개의 스프링을 이용하여 두 가지의 다른 방법으로 연결하면 전혀 다른 등가 강성과 진동수를 만들어낼 수 있다는 것을 주목하라. 병렬연결은 등가 강성을 증가시키는 반면에 직렬연결은 등가 강성을 감소시킨다. 이 점은 진동 시스템을 설계하는 데 중요하다.

예제 1.5.6은 고정된 스프링상수값의 스프링을 여러 가지로 연결하여 원하는 강성값과 그에 따른 진동수를 내도록 이용할 수 있다는 것을 예시한다. 주목할 만한 것은 시스템 구성요소의 물리적 배열을 간단히 바꿈으로써 진동수가 아주 다른 시스템을 만들 수 있다는 것이다. 이 점은 전기회로에서 저항을 선택하는 것과 비슷하다. 이 절에서 살펴본 공식들은 진동 시스템을 설계할 때 도움이 될 것이다.

강성이 동특성에 미치는 효과(고유진동수에 미치는 효과)를 이해하는 것 외에도 스프링을 사용하는 경우 정적 해석을 잊어버리지 않는 것 또한 중요하다. 특히 각 스프링의 정적 변위는 동적 해석의 올바른 적용을 위해 반드시 점검할 필요가 있다. 그림 1.15의 논의를 생각하면 정적 변위의 값은 다음과 같다.

$$\Delta = \frac{mg}{k}$$

여기서 m은 강성이 k인 스프링에 의해 지지되는 질량이다. 또한 질량은 중력가속도 g를 받고 있다. 정적 변위는 종종 기본적인 해석과정에서 무시되고 있지만, 스프링의 설계에서나 비선형 해석에서는 매우 중요하게 고려해야 한다. 정적 변위를 나타내는 표기법은 매우 다양하다. 보통 δ, Δ, δ_x, x_0가 스프링에 달려 있는 질량의 무게 때문에 발생하는 변위를 표시하는 데 많이 이용된다.

예제 1.5.7

단순한 스프링–질량 시스템으로 모델링된 184 kg(405 lb) 쿼드 바이크(그림 1.34 참조)의 스프링은 승차자 없이 연료가 가득 찰 때 0.01 m(2.54 in)로 압축된다. (a) 바이크의 비감쇠 고유진동수는 얼마인가? (b) 80 kg(176 lb) 사람이 바이크에 앉으면 고유진동수가 얼마나 변할까?

풀이 (a) 정적 변위에 대한 공식은 고유진동수 공식으로 쉽게 구할 수 있다.

$$\Delta = \frac{mg}{k} \Rightarrow \frac{m}{k} = \frac{\Delta}{g} \Rightarrow \frac{k}{m} = \frac{g}{\Delta} \Rightarrow \omega_n = \sqrt{\frac{g}{\Delta}}$$

주어진 수치를 공식에 대입하면

$$\omega_n = \sqrt{\frac{g}{\Delta}} = \sqrt{\frac{9.81 \text{ m/s}^2}{0.01 \text{ m}}} = 31.32 \text{ rad/s}, \Rightarrow f_n = 4.98 \text{ Hz}$$

(b) 주어진 바이크의 질량 및 고유진동수를 이용하여 바이크의 강성을 계산하면

$$\omega_n^2 = \frac{k}{m} \Rightarrow k = m\omega_n^2 = (184 \text{ kg})(31.32 \text{ rad/s})^2 = 180{,}504 \text{ N/m}$$

따라서 바이크에 승차자가 있을 때 고유진동수는 다음과 같다.

그림 1.34 대표적인 쿼드 바이크 모습

$$\omega_n = \sqrt{\frac{180{,}504\ \text{N/m}}{(184 + 80\ \text{kg})}} = 26.15\ \text{rad/s}, \quad \Rightarrow f_n = 4.16\ \text{Hz}$$

승차자의 탑승으로 인해 고유진동수는 약 16% 감소된다.

예제 1.5.8

스프링 세 개(k_1, k_2, k_3)가 직렬로 연결되어 있다. 이 경우 등가 스프링 계수를 구하라.

풀이 그림 1.32로부터 처음 두 개의 스프링의 등가 스프링 계수 k_{eq12}를 구하면

$$k_{eq12} = \frac{1}{1/k_1 + 1/k_2} \Rightarrow \frac{1}{k_{eq12}} = \frac{1}{k_1} + \frac{1}{k_2}$$

이제 이 등가 스프링과 마지막 스프링을 연결한 합성 스프링 계수 k_3를 구하면

$$\frac{1}{k_{eq}} = \frac{1}{k_{eq12}} + \frac{1}{k_3} \Rightarrow \frac{1}{k_{eq}} = \frac{1}{k_1} + \frac{1}{k_2} + \frac{1}{k_3}$$

이 마지막 식은 직렬로 된 스프링의 수에 상관없이 확장될 수 있다. 즉 직렬로 된 n개의 스프링의 경우 동등한 강성을 계산할 수 있다.

$$\frac{1}{k_{eq}} = \frac{1}{k_1} + \frac{1}{k_2} + \frac{1}{k_3} \cdots \frac{1}{k_n}$$

다시 세 개의 스프링의 경우로 돌아오면

$$k_{eq} = \frac{1}{\dfrac{1}{k_1} + \dfrac{1}{k_2} + \dfrac{1}{k_3}}$$

이 식을 간략히 정리하면 최종적으로 다음 식을 얻는다.

$$k_{eq} = \frac{k_1 k_2 k_3}{k_2 k_3 + k_1 k_3 + k_1 k_2}$$

마지막 두 개의 표현식은 등가 스프링 계수 k_{eq}를 계산하는 데 유용하게 활용할 수 있다.

1.6 측정

진동에 관련된 측정은 여러 가지 목적으로 이용될 수 있다. 첫째로 어떠한 시스템의 진동운동을 해석하는 데 필요한 변수는 모두 측정으로 구해진다. 앞 절에서 제안한 수학적인 모델에 대해서도 질량, 감쇠, 강성에 대한 정보를 필요로 한다. 이러한 계수들은 이 절에서 거론되듯이 다양한 방법으로 측정될 수 있다. 진동의 측정은 해석적인 모델을 검증하고 개선시키는 데 이용될 수도 있다. 이 점은 7장에서 좀 더 자세히 다룬다. 진동시험기술의 다른 용도는 신뢰도와 내구성 연구, 파손 점검,

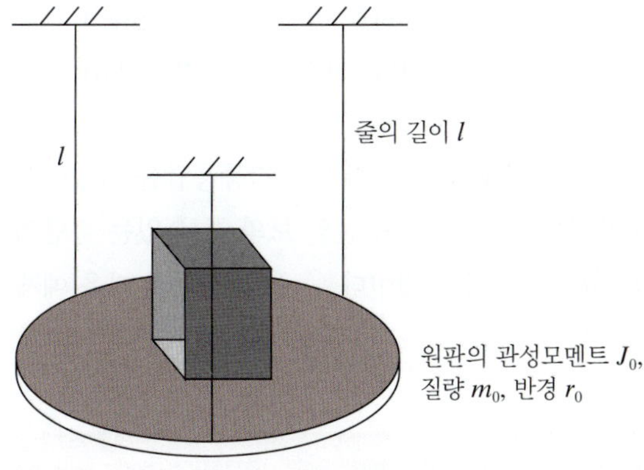

그림 1.35 모양이 불규칙한 물체의 관성모멘트를 측정하기 위한 삼중선 현수장치(trifilar suspension system)

진동 매개변수 면에서의 허용 가능성 시험이다. 이러한 주제도 7장에서 간략히 다루게 된다.

많은 경우 어떠한 기기나 물체의 질량은 간단히 저울을 이용하여 결정할 수 있다. 사실상 질량은 비교적 측정하기 쉬운 양이다. 그러나 질량관성모멘트는 동적 측정이 필요하다. 모양이 불규칙한 물체의 질량관성모멘트를 측정할 때는, 그림 1.35와 같은 좌대(platform)에 물체를 놓고 그 시스템의 진동주기 T를 측정한다. 그림 1.35의 원판 위에 물체의 질량중심과 원판의 질량중심을 수직 방향으로 일치하게 놓고 1.4절의 방법을 이용하면, (수직축에 대한) 물체의 관성모멘트는 다음과 같이 주어진다.

$$J = \frac{gT^2 r_0^2 (m_0 + m)}{4\pi^2 l} - J_0 \tag{1.78}$$

여기서 m은 측정해야 할 부분의 질량이고, m_0는 원판의 질량, r_0는 원판의 반경, l은 줄의 길이, J_0는 원판의 관성모멘트, g는 중력가속도이다. 물론 물체의 정밀한 물성치 및 치수가 주어지면 상업용 소프트웨어(예: Solidworks 혹은 AutoCad)를 활용하여 물체의 관성모멘트를 비교적 정확하게 구할 수 있다. 그렇지 않은 경우, 실험적 방법으로 물체의 관성모멘트를 측정하게 된다.

단순 스프링 시스템의 강성은 1.1절에서 제안한 것과 같이 측정할 수 있다. 물체의 탄성계수 E는 인장시험(예: Shames, 1989)을 하는 것과 비슷한 방법으로 측정할 수 있다. 이 방법에서는 시편의 축방향으로 응력 σ는 물론 시험시편의 변형률 ϵ을 측정하는 스트레인 게이지(strain gauge)를 이

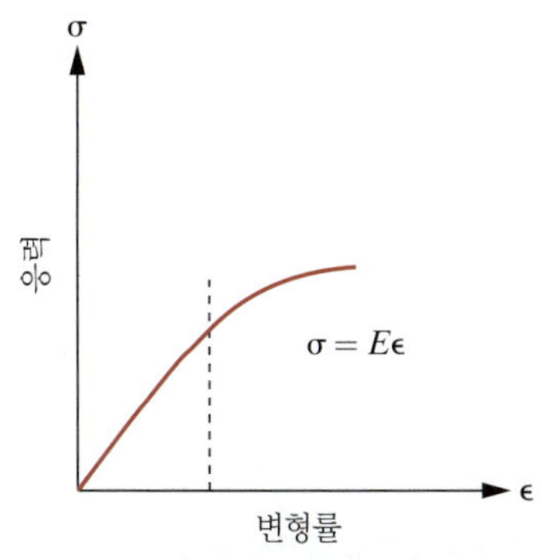

그림 1.36 탄성계수를 결정하기 위한 시험시편의 응력-변형률 곡선

용하는 인장시험기를 사용한다. 이 시험으로 그림 1.36과 같은 곡선을 얻는다. 이 곡선에서 선형 영역의 기울기를 시험재료에 대한 영률 또는 탄성계수라고 정의한다. 이것은 훅의 법칙(Hooke's law)으로도 알려져 있다.

탄성계수는 1.5절에서 주어진 몇몇 공식을 사용하고 구조물 또는 부품의 진동응답을 측정해서 얻을 수도 있다. 예를 들어 그림 1.27의 외팔보 막대를 생각해 보자. 만일 보의 끝에 있는 질량에 의해 작은 변형을 일으킨다면 진동수 $\omega_n = \sqrt{k/m}$으로 진동할 것이다. ω_n을 측정하면 다음 예제와 같이 식 (1.67)로부터 탄성계수를 결정할 수 있다.

예제 1.6.1

그림 1.27에 있는 강철보의 형상을 생각해 보자. 보의 길이 $l = 1$ m이고, 관성모멘트 $I = 10^{-9}$ m^{4}이며, 끝에 질량 $m = 6$ kg이 매달려 있다. 만일 질량이 횡방향으로 초기변형을 일으키고 주기 $T = 0.62$ s로 진동한다면, 강철의 탄성계수는 얼마인가?

풀이 $T = 2\pi/\omega_n$이므로 식 (1.67)로부터 다음 식을 얻을 수 있다.

$$T = 2\pi\sqrt{\frac{ml^3}{3EI}}$$

이것을 E에 대해 풀면 다음과 같다.

$$E = \frac{4\pi^2 ml^3}{3T^2 I} = \frac{4\pi^2(6\text{ kg})(1\text{ m})^3}{3(0.62\text{ s})^2(10^{-9}\text{ m}^4)} = 205 \times 10^9\text{ N/m}^2$$

주기가 충분히 긴 진동에 대해서는 주기 T를 스톱워치로 측정할 수 있다. 하지만 많은 중요한 경우 진동의 진폭이 매우 작고 빨리 일어난다. 따라서 시간과 진동수를 측정하는 매우 정교한 장치들이 개발되었는데, 이에 대해서는 7장에서 다룰 것이다.

감쇠계수 혹은 감쇠비는 결정하기가 매우 어려운 양이다. 질량과 강성 모두 정적 시험으로 결정할 수 있지만 감쇠를 측정하려면 동적 시험이 필요하며 부족감쇠 시스템의 변위응답 기록을 이용

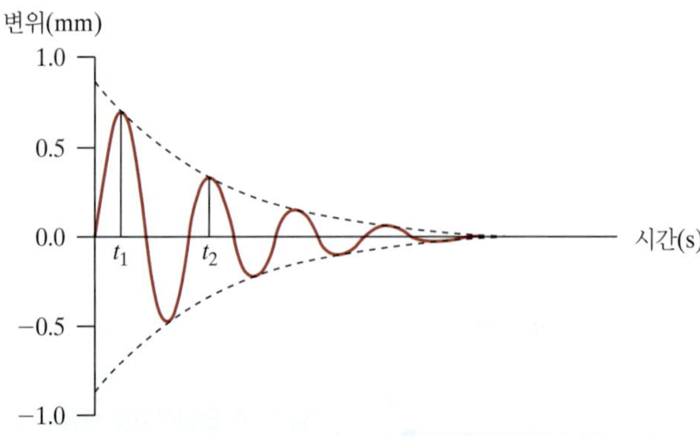

그림 1.37 감쇠비를 측정하기 위해 사용된 부족감쇠 응답

하여 감쇠비를 결정할 수 있다. 그림 1.37과 같은 부족감쇠 시스템에서 점선으로 나타난 감쇠 포락선(decay envelope)은 $Ae^{-\zeta\omega_n t}$라는 것에 주목하자. 측정점 $x(0)$, $x(t_1)$, $x(t_2)$, $x(t_3)$ 등을 곡선근사(curve fit)하면 A, $Ae^{-\zeta\omega_n t_1}$, $Ae^{-\zeta\omega_n t_2}$, $Ae^{-\zeta\omega_n t_3}$ 등이 된다. 이것으로부터 계수 $\zeta\omega_n$에 대한 값을 얻는다. m과 k를 알면 ζ와 c를 $\zeta\omega_n$으로부터 결정할 수 있다.

여기서 **대수 감소율**(*logarithmic decrement*)의 개념이 생겨나는데, δ로 표시하고 다음과 같이 정의한다.

$$\delta = \ln \frac{x(t)}{x(t + T)} \tag{1.79}$$

이때 T는 진동주기이다. 식 (1.36)의 부족감쇠응답에 대한 이론적 표현을 대입하면 다음과 같다.

$$\delta = \ln \frac{Ae^{-\zeta\omega_n t}\sin(\omega_d t + \phi)}{Ae^{-\zeta\omega_n (t+T)}\sin(\omega_d t + \omega_d T + \phi)} \tag{1.80}$$

$\omega_d T = 2\pi$이므로 분모는 $e^{-\zeta\omega_n(t+T)}\sin(\omega_d t + \phi)$가 되며, 감쇠율에 대한 식은 다음과 같다.

$$\delta = \ln e^{\zeta\omega_n T} = \zeta\omega_n T \tag{1.81}$$

이 경우 주기 T는 감쇠주기(damped period, $2\pi/\omega_d$)이므로 다음과 같이 나타낼 수 있으며,

$$\delta = \zeta\omega_n \frac{2\pi}{\omega_n\sqrt{1 - \zeta^2}} = \frac{2\pi\zeta}{\sqrt{1 - \zeta^2}} \tag{1.82}$$

이 식을 ζ에 대해 풀면 다음 식을 얻을 수 있다.

$$\zeta = \frac{\delta}{\sqrt{4\pi^2 + \delta^2}} \tag{1.83}$$

이 식은 대수 감소율값으로 감쇠비를 결정하는 식이다.

그러므로 어느 두 개의 연속적인 피크에서 $x(t)$의 값을, 즉 $x(t_1)$과 $x(t_2)$를 그림 1.37의 선도에서 측정하면, 식 (1.79)는 δ의 측정값을 구하는 데 이용될 수 있고, 식 (1.83)은 감쇠비를 결정하는 데 이용될 수 있다. 감쇠비의 공식인 식 (1.29)와 (1.30), 그리고 m과 k를 알면 감쇠계수 c의 값을 얻을 수 있다. 근접한 피크에서의 측정에 대한 정확도를 증가시키기 위해 주기의 정수배(연습문제 1.107 참조)에 대한 피크 측정을 이용할 수 있다.

연습문제 1.107의 계산 결과는 다음과 같다.

$$\delta = \frac{1}{n}\ln\left(\frac{x(t)}{x(t + nT)}\right)$$

여기서 n은 연속해서 나타나는 피크의 수를 나타내는 정수이다. 이 식으로 δ 계산의 정확도를 개선할 수 있지만, 요즘은 주로 7장에서 논의할 모드해석법을 통해 감쇠비를 측정한다.

예제 1.6.2

질량이 2 kg인 그림 1.10에 있는 1자유도 감쇠 시스템의 자유응답이 그림 1.37에서 주어진 형태로 기록되었다. 정적 변형시험을 했더니 강성이 1.5×10^3 N/m인 것으로 결정되었다. t_1과 t_2에서의 변위는 각각 9 mm와 1 mm인 것으로 측정되었다. 감쇠계수를 계산하라.

풀이 대수 감소율의 정의로부터 다음 식을 얻을 수 있다.

$$\delta = \ln\left[\frac{x(t_1)}{x(t_2)}\right] = \ln\left[\frac{9 \text{ mm}}{1 \text{ mm}}\right] = 2.1972$$

식 (1.83)으로부터 다음을 얻을 수 있다.

$$\zeta = \frac{2.1972}{\sqrt{4\pi^2 + 2.1972^2}} = 0.33 \text{ 또는 } 33\%$$

그리고

$$c_{cr} = 2\sqrt{km} = 2\sqrt{(1.5 \times 10^3 \text{ N/m})(2 \text{ kg})} = 1.095 \times 10^2 \text{ kg/s}$$

식 (1.30)으로부터 감쇠계수를 계산하면 다음과 같다.

$$c = c_{cr}\zeta = \left(1.095 \times 10^2\right)(0.33) = 36.15 \text{ kg/s}$$

예제 1.6.3

질량과 강성은 보통 1.3절에서 제안한 간단한 방법으로 측정한다. 하지만 이러한 간단한 방법을 이용하지 못하게 되는 상황이 있다. 이러한 경우에 미리 알려진 양의 질량을 부가한 후 진동수를 측정하고 부가하기 전 진동수를 측정하면 원래 진동 시스템의 질량과 강성을 계산할 수 있다. 그림 1.38(a)에 있는 시스템의 진동수가 2 rad/s라 하고 부가질량 1 kg이 있는 그림 1.38(b)의 진동수는 1 rad/s라고 하자. m과 k를 계산하라.

풀이 고유진동수의 정의로부터 다음 식을 얻을 수 있다.

$$\omega_1 = 2 = \sqrt{\frac{k}{m}} \quad \text{그리고} \quad \omega_0 = 1 = \sqrt{\frac{k}{m+1}}$$

m과 k에 대해 풀면 다음과 같다.

$$4m = k \quad \text{그리고} \quad m + 1 = k$$

또는

$$m = \frac{1}{3}\text{kg} \quad \text{그리고} \quad k = \frac{4}{3}\text{N/m}$$

이 계산은 어떠한 시스템의 질량 변화를 측정하는 데 이용될 수도 있다. 예를 들면 침대에 있는 환자

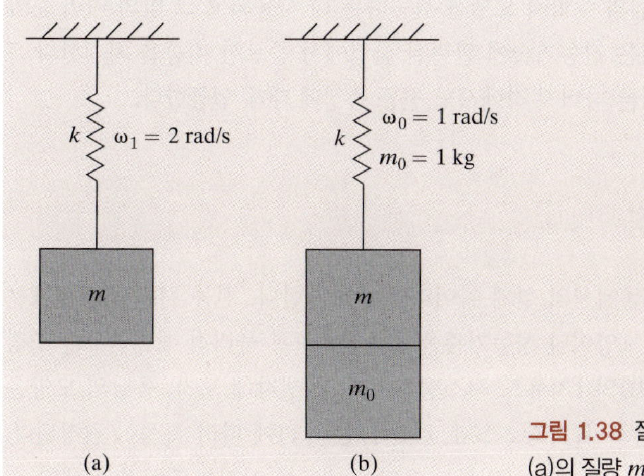

그림 1.38 질량이 추가된 시스템 (b)와 원래 시스템 (a)의 질량 m과 강성 k를 결정하기 위한 진동수 측정

의 진동수는 환자를 침대에서 옮기지 않고 환자의 체중 변화를 조사하는 데 이용할 수 있다. 이 경우 m_0를 원래 시스템의 질량 변화라고 생각하자. 원래의 질량과 진동수를 안다면, 진동수 ω_0의 측정은 질량 변화 m_0를 결정하는 데 이용될 수 있다. 원래의 무게가 120 lb(54.4 kg), 원래의 진동수가 100.4 Hz였던 환자-침대 시스템의 진동수가 100 Hz로 변한다고 할 때, 환자의 체중 변화를 구하라.

두 개의 진동수 관계로부터 다음을 구할 수 있다.

$$\omega_1^2 m = k$$

$$\omega_0^2(m + m_0) = k$$

따라서 $\omega_1^2 m = \omega_0^2 (m + m_0)$가 된다. 질량 변화 m_0에 대해 풀면 다음 식을 얻는다.

$$m_0 = m\left(\frac{\omega_1^2}{\omega_0^2} - 1\right)$$

g를 곱하고 진동수를 헤르츠 단위로 바꾸면 다음과 같다.

$$W_0 = W\left(\frac{f_1^2}{f_0^2} - 1\right)$$

또는

$$W_0 = 120 \text{ lb}\left[\left(\frac{100.4 \text{ Hz}}{100 \text{ Hz}}\right)^2 - 1\right]$$

$$= 0.96 \text{ lb } (0.4\text{kg})$$

진동수가 감소했기 때문에 환자는 거의 1파운드가 늘었다. 왜냐하면 진동수의 증가는 무게의 감소를 의미하기 때문이다.

m, c, k, ω_n, ζ의 측정은 진동 시스템의 수학적 모델을 검증하는 데 사용되고 그 밖의 여러 분야에서도 사용된다. 진동 시스템의 측정은 진동기술에 관련된 산업에서 중요한 비중을 차지한다. 7장에서 특별히 측정에 대해 다루고, 다른 나머지 장에서도 진동 측정에 대해 언급한다.

1.7 설계상 고려할 점

이 절에서는 5장의 주제인 진동 시스템에서의 설계 아이디어를 소개한다. 진동 시스템의 설계는 그 진동 시스템의 진동응답이 특별한 모양이나 성능기준을 충족시키도록 물리적 매개변수를 조정하는 것을 뜻한다. 예를 들어 그림 1.10의 1자유도 시스템의 응답을 생각해 보자. 응답의 모양은 응답이 과도감쇠냐 부족감쇠냐 임계감쇠냐(각각 $\zeta > 1$, $\zeta < 1$, $\zeta = 1$)에 따라 특성이 결정된다. 그리고 감쇠비는 m, c, k 값에 의존한다. 설계자는 원하는 응답을 내도록 이러한 값들을 선택할 수 있다.

강성을 설명하고 있는 1.5절은 실제적으로 설계에 대한 서론이라 볼 수 있다. 그 절에서 강성을 재료물성치와 기하학적 치수로 표현할 수 있는 공식을 제시했으며, 그 공식들은 정해진 고유진동수를 갖게 하는 진동 시스템 설계에 이용될 수 있다. 예제 1.5.2에서 설계에 대한 중요한 문제 중 하나를 지적했다. 즉 운용조건에 따라 설계 관심 부분인 고유진동수가 쉽게 변할 수 있다는 것이다. 또한 예제 1.5.2에서는 항공기가 연료를 소비함에 따라 고유진동수가 많이 변하고 있음을 보여주고 있다.

설계에서 또 다른 중요한 문제는 실제 사용 가능한 장치를 얻을 수 있는가이다. 예를 들어 그림 1.32에서 주어진 공식을 예제 1.5.6에서 설명한 것처럼 이미 시장에서 구할 수 있는 스프링 몇 개를 적절히 조합하여 원하는 스프링상수를 얻는 식으로 활용할 수 있다. 공학에서 설계라는 의미는 원하는 용도에 적합한 형상을 만드는 데 활용 가능한 제품을 사용하는 것을 포함한다. 스프링강성의 경우, 스프링은 보통 대량생산되어 값이 싸고 몇 개의 스프링상수값으로 제한되어 생산되고 있다. 따라서 스프링의 직렬 및 병렬 연결에 대한 공식은 원하는 스프링상수를 구하는 데 매우 유용하다. 만일 비용이 제한조건이 아니라면 표 1.3에서 주어진 공식을 이용하여 원하는 스프링상수의 단일 스프링을 설계할 수도 있다. 물론 원하는 고유진동수를 갖는 스프링-질량 시스템을 설계하더라도 정적 변위가 허용 가능한 범위를 벗어날 수도 있다. 따라서 설계과정은 매우 복잡하다. 설계는 종종 타협점을 찾아야 하고 가능한 많은 해답 중 하나를 선택해야 하는 분야이므로, 공학 분야에서 설계는 매우 흥미롭고 역동적인 분야 중 하나이다.

불행히도 m, c, k 값은 여러 구속조건을 갖고 있다. 특히 그 기기의 크기와 재질이 이러한 매개변수들을 결정한다. 따라서 설계과정에서 절충을 요구하게 된다. 예를 들면 기하학적인 이유로 어떠한 기기의 질량이 2 kg과 3 kg 사이로 제한될 수 있고, 정적 변위조건으로 강성은 200 N/m보다 커야 할 필요가 있을지도 모른다. 이 경우에 고유진동수는 다음의 구간에 있어야 한다.

$$8.16 \text{ rad/s} \leq \omega_n \leq 10 \text{ rad/s} \tag{1.84}$$

이러한 점이 다음의 예제에서 보여주듯이 진동응답의 설계를 심하게 제한하게 된다.

예제 1.7.1

부등식 (1.84)와 같은 조건식을 만족하는 질량 및 강성을 갖는 시스템(그림 1.10 참조)을 고려한다. 시스템은 항상 300 mm/s보다 작은 초기속도를 갖는다고 가정하고, 이 시스템의 초기변위는 영이다(즉 $x_0 = 0$, $v_0 \leq 300$ mm/s). 이러한 조건을 만족하는 질량 및 강성에 대해 진동진폭이 항상 25 mm보다 작아지게 하는 감쇠계수값을 선택하라.

풀이 이 문제는 설계와 연관된 예제이다. 따라서 전형적인 설계계산에서와 마찬가지로, 해답을 구하는 분명하고 깔끔한 공식은 없다. 오히려 해는 이론과 매개변수 연구를 통해야만 구할 수 있다. 먼저 초기변위조건을 고려한다. 응답은 식 (1.38)을 이용하면 다음과 같이 나타낼 수 있다.

$$x(t) = \frac{v_0}{\omega_d} e^{-\zeta\omega_n t} \sin(\omega_d t)$$

이 주기함수의 진폭은 다음과 같다.

$$\frac{v_0}{\omega_d} e^{-\zeta\omega_n t}$$

진폭은 ω_d의 값이 작을수록 큰 값을 갖게 된다. 따라서 관심 있는 주파수 범위에 대해 최악의 경우(가장 큰 진폭)는 진동수 $\omega_n = 8.16$ rad/s에서 발생함을 알 수 있다. 또한 진폭은 v_0가 증가함에 따라 증가하므로 $v_0 = 300$ mm/s에서 최대 진폭이 됨을 이용한다. 이제 v_0 및 ω_n을 고정하고 감쇠비를 변경함에 따라 진폭 $x(t)$의 최댓값이 어떻게 변하는지 조사하는 일이 남았다. 한 가지 접근 방법은 첫 번째 피크에서 응답의 진폭을 계산하는 일이다. 그림 1.11로부터 최대 진폭은 $x(t)$의 미분이 영이 되는 시간에서 발생함을 알 수 있다. $x(t)$의 미분을 취하고 그 값을 영으로 놓으면 첫 번째 피크가 발생하는 시간을 다음 식에서 구할 수 있다.

$$\omega_d e^{-\zeta\omega_n t} \cos(\omega_d t) - \zeta\omega_n e^{-\zeta\omega_n t} \sin(\omega_d t) = 0$$

시간 t에 대해 이 식을 풀고, 그 값을 T_m이라 하면 다음과 같으며,

$$T_m = \frac{1}{\omega_d} \tan^{-1}\left(\frac{\omega_d}{\zeta\omega_n}\right) = \frac{1}{\omega_d} \tan^{-1}\left(\frac{\sqrt{1-\zeta^2}}{\zeta}\right)$$

첫 번째 피크의 진폭 크기는 $x(t)$에 T_m을 대입하면 얻을 수 있다.

$$A_m(\zeta) = x(T_m) = \frac{v_0}{\omega_n\sqrt{1-\zeta^2}} e^{-\frac{\zeta}{\sqrt{1-\zeta^2}} \tan^{-1}\left(\frac{\sqrt{1-\zeta^2}}{\zeta}\right)} \sin\left(\tan^{-1}\left(\frac{\sqrt{1-\zeta^2}}{\zeta}\right)\right)$$

이 식을 간략히 정리하면 다음과 같다.

$$A_m(\zeta) = \frac{v_0}{\omega_n} e^{-\frac{\zeta}{\sqrt{1-\zeta^2}} \tan^{-1}\left(\frac{\sqrt{1-\zeta^2}}{\zeta}\right)}$$

고정된 초기속도(가능한 최댓값) 및 진동수(가능한 낮은 값)에 대해 $A_m(\zeta)$는 ζ의 변화에 따른 피크의 최댓값을 결정하는 식이 된다. 이 응답의 피크값을 25 mm 아래로 유지하는 ζ의 값은 $A_m(\zeta) = 0.025$(m)를 수치계산으로 풀면 구할 수 있다. 그 결과는 $\zeta = 0.281$이다. 질량값의 상한은 3 kg이므로 필요한 감쇠계수값은 다음과 같다.

$$c = 2m\omega_n\zeta = 2(3)(8.16)(0.281) = 13.76 \text{ kg/s}$$

이 감쇠값에 대해 응답은 결코 25 mm를 초과할 수 없다. 만일 감쇠가 없다면, 동일한 초기조건이 진폭 $A = v_0/\omega_n = 37$ mm를 발생시킬 것이다.

설계의 또 다른 예로서, 스프링–질량 시스템이 원하는 진동수를 갖도록 스프링을 선택하는 문제를 생각해 보자. 1.5절의 공식들은 스프링의 재료(탄성계수)와 구조를 고려해서 특별한 강성을 갖도록 스프링을 설계하는 방법을 제공한다. 다음 예제에서 이러한 점을 보여준다.

예제 1.7.2

10 kg의 질량을 매달 때 스프링–질량 시스템이 10 rad/s(약 1.6 Hz)의 진동수를 갖도록 헬리컬 스프링을 설계하라.

풀이 고유진동수의 정의로부터 스프링강성은 다음과 같아야 한다.

$$k = \omega_n^2 m = (10)^2(10) = 10^3 \text{ N/m}$$

헬리컬 스프링의 강성은 식 (1.66)으로 주어지며 다음과 같다.

$$k = 10^3 \text{ N/m} = \frac{Gd^4}{64nR^3} \quad \text{또는} \quad 6.4 \times 10^4 = \frac{Gd^4}{nR^3}$$

위 식은 어떠한 설계를 하기 위한 출발점이 된다. 선택할 수 있는 것은 사용할 재료(즉 여러 가지 값의 G), 재료의 직경 d, 코일의 반경 R, 그리고 감은 수 n 등이다. G와 d는 물론 얻을 수 있는 재료에 의해 제한되고, n은 정수가 되도록 제한되며, R은 기기의 크기에 따른 요구사항에 의해 제한을 받을 수 있다. 여기서 1 cm 직경의 강철을 사용할 수 있다고 가정한다. 강철의 전단계수는 대략 다음과 같으며,

$$G = 8.0 \times 10^{10} \text{ N/m}^2$$

강성 공식은 다음과 같다.

$$6.4 \times 10^4 \text{ N/m} = \frac{(8.0 \times 10^{10} \text{ N/m}^2)(10^{-2} \text{ m})^4}{nR^3}$$

또는

$$nR^3 = 1.25 \times 10^{-2}$$

코일의 반경을 10 cm로 선택하면 감은 수는 다음과 같아야 한다.

$$n = \frac{1.25 \times 10^{-2} \text{ m}^3}{10^{-3} \text{ m}^3} = 12.5, \text{ 즉 } 13$$

그러므로 1 cm 직경의 강철을 반경 10 cm로 13회 감으면, 스프링은 원하는 강성을 갖고 10 kg의 질량은 약 10 rad/s로 진동할 것이다. 엄밀한 값을 얻기 위해서는 강철의 전단계수가 변경되어야 한다. 다른 강철 합금을 사용하면 가능하겠지만 비용이 증가할 것이다. 따라서 주어진 경우에 필요한 정밀도에 따라 강철의 종류를 변경하는 것은 실용적일 수도 있고 아닐 수도 있다.

예제 1.7.2에서 원하는 설계가 되도록 몇몇 변수를 선택했다. 각 경우에서 설계변수(d, R 등)는 구속조건을 갖게 된다. 이러한 구속조건은 5장에서 정식으로 살펴본다. 진동설계의 다른 측면은 교재 전체에 걸쳐서 적당한 곳에서 설명된다. 설계를 할 때 따라야 할 정해진 법칙은 없다. 하지만 좀 더 체계적으로 설계를 하는 방법은 5장에서 설명한다. 다음 예제는 설계를 끝낸 후 작동 조건이 변할 때 무슨 일이 일어나는가를 살펴봄으로써 설계를 할 때의 어려운 점을 보여준다.

예제 1.7.3

마지막 예제로서 작은 스포츠카의 수직현가장치 모델링을 다음과 같은 형태인 1자유도 시스템으로 생각해 보자.

$$m\ddot{x} + c\dot{x} + kx = 0$$

여기서 m은 자동차의 질량, c와 k는 네 개의 충격흡수기-스프링 시스템의 등가 감쇠와 강성이다. 자동차는 자체 무게에 의해 현가장치를 0.05 m 변형시킨다. 현가장치는 감쇠계수 0.3이 되도록 선택(설계)되었다. (a) 차의 질량이 1361 kg(Porsche Boxster의 질량)이라면, 현가장치의 등가 감쇠와 강성계수는 얼마인가? (b) 승객 2명, 가솔린 연료, 화물 등 총 290 kg의 질량이 추가된다면, 감쇠비에 어떤 영향을 미치겠는가?

풀이 자동차의 질량은 1361 kg이고, 고유진동수는 다음과 같다.

$$\omega_n = \sqrt{\frac{k}{1361}}$$

따라서 다음과 같다.

$$k = 1361\,\omega_n^2$$

정지했을 때 자동차의 스프링은 정적 변형(*static deflection*)이라 불리는 Δ의 양만큼 자동차 무게에 의해 압축된다. 따라서 정적 평형에서의 힘의 평형 $mg = k\Delta$이므로 다음과 같다.

$$k = \frac{mg}{\Delta}$$

그리고

$$\omega_n = \sqrt{\frac{k}{m}} = \sqrt{\frac{g}{\Delta}} = \sqrt{\frac{9.8}{0.05}} = 14 \text{ rad/s}$$

그러므로 현가장치의 강성은 다음과 같다.

$$k = 1361(14)^2 = 2.668 \times 10^5 \text{ N/m}$$

감쇠계수 $\zeta = 0.3$일 때, 식 (1.30)은 다음과 같다.

$$c = 2\zeta m\omega_n = 2(0.3)(1361)(14) = 1.143 \times 10^4 \text{ kg/s}$$

이제 2명의 승객과 화물, 연료 등을 고려할 때 총질량은 1361 + 290 = 1651 kg으로 증가한다. 강성과 감쇠계수는 똑같이 유지되므로 새로운 정적 변형은 다음과 같다.

$$\Delta = \frac{mg}{k} = \frac{1651(9.8)}{2.668 \times 10^5} \approx 0.06 \text{ m}$$

따라서 새로운 진동수는 다음과 같다.

$$\omega_n = \sqrt{\frac{g}{\Delta}} = \sqrt{\frac{9.8}{0.06}} = 12.78 \text{ rad/s}$$

식 (1.29)와 (1.30)으로부터 감쇠비는 다음과 같이 얻을 수 있다.

$$\zeta = \frac{c}{c_{cr}} = \frac{1.143 \times 10^4}{2m\omega_n} = \frac{1.143 \times 10^4}{2(1651)(12.78)} = 0.27$$

그러므로 승객과 화물, 연료를 실은 자동차는 더 작은 감쇠를 보여줄 것이며 수직방향으로 더 큰 진폭의 진동을 할 것이다. 진동이 소멸되기까지 조금 더 시간이 걸릴 것이다.

이 예제는 자동차가 모든 승객 수에 대해 정확히 감쇠계수가 0.3이 될 수 없다는 의미에서 설계상의 어려운 점을 나타낸다는 것을 주목하라. 이 경우 감쇠계수 $\zeta = 0.3$이 이상적이었지만 실제로 달성할 수는 없었다. 하나의 매개변수가 작은 양만큼 변화할 때 커다란 변화가 생기는 설계를 **강건**(*robust*)하지 않다고 말한다. 이것은 다음 장들에서 해석적 방법에 대해 다룬 다음 5장에서 더 자세히 논한다.

1.8 안정성

앞 절에서 물리적 매개변수 m, c, k는 식 (1.27)에서 모두 양이라고 고려했다. 이것이 식 (1.27)의 해를 세 그룹, 즉 과도감쇠, 부족감쇠, 임계감쇠로 분류할 수 있게 했다. $c = 0$의 경우는 네 번째의 경우로 비감쇠라 한다. 이러한 네 경우의 해는 모두 시간에 따라 증가하지 않으며, 그들의 진폭은 유한하다는 의미에서 거동이 양호하다고 할 수 있다. 하지만 계수들이 양이 아닌 경우가 많이 있으며 이 경우 거동은 양호하다고 할 수 없다. 이러한 상황을 진동 시스템의 해에 대한 **안정성**(*stability*)으로 설명할 수 있다.

비감쇠($c = 0$) 경우의 해가 $\sin(\omega_n t + \phi)$의 형태로 된다는 것을 상기하면, 비감쇠응답은 한정되어 있다는 것을 쉽게 알 수 있다. 다시 말해 x의 절댓값을 $|x(t)|$로 나타내면 모든 값의 t와 어떠한 초기조건에 대해서도 다음과 같다.

$$|x(t)| \leq A|\sin(\omega_n t + \phi)| = A = \frac{1}{\omega_n}\sqrt{\omega_n^2 x_0^2 + v_0^2} \tag{1.85}$$

이 경우 응답은 거동이 양호하고 **안정성**[**한계안정성**(*marginally stable*)이라고도 함]이 있다고 한다. 한편 식 (1.2)에서 k의 값이 음이고 m이 양이면, 해는 t가 증가함에 따라 무한정 증가하는 다음과 같은 형태가 된다.

$$x(t) = A \sinh \omega_n t + B \cosh \omega_n t \tag{1.86}$$

이러한 해를 **발산**(*divergent*) 또는 **불안정**(*unstable*)이라고 한다. 그림 1.39는 안정성 응답을 나타내고 그림 1.40은 불안정성 또는 발산응답을 나타낸다.

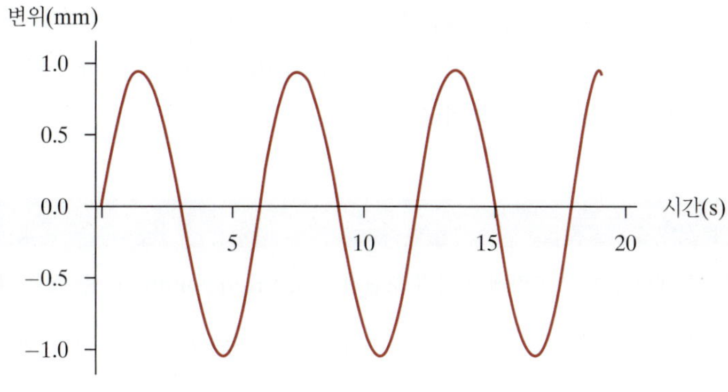

그림 1.39 안정한 1자유도 시스템응답의 해

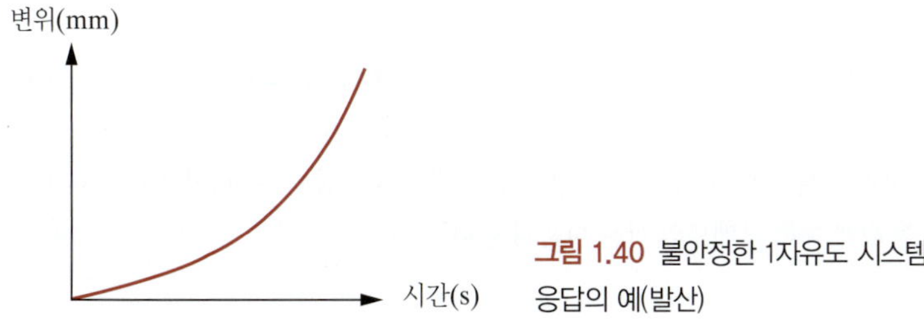

그림 1.40 불안정한 1자유도 시스템 응답의 예(발산)

양의 계수들로 이루어진 식 (1.27)의 감쇠 시스템 응답에 대해 생각해 보자. 그림 1.11, 1.12, 1.13, 1.14에 나타나 있듯이 지수적으로 감소하는 항 때문에 t가 커짐에 따라 $x(t)$가 영으로 접근하는 것은 분명하다. 이러한 해를 **점근 안정성**(*asymptotically stable*)이 있다고 한다. 여기서도 c 또는 k가 음이면(m은 양), 운동은 무한정 커지고 비감쇠의 경우와 같이 불안정해질 것이다. 그러나 감쇠계의 경우, 운동은 다음 두 가지 중 한 방식으로 불안정할 수 있다. 즉 응답이 진동하지 않으면서 무한정 커지는 경우와 진동하면서 무한정 커지는 경우이다. 비진동하는 경우를 **발산 불안정성**(*divergent instability*)이라 하며, 진동하는 경우를 **플러터 불안정성**(*flutter instability*) 또는 그냥 **플러터**(*flutter*)라고도 한다. 플러터 불안정성은 그림 1.41에 그려져 있다. 그림이 다 그려지진 않았

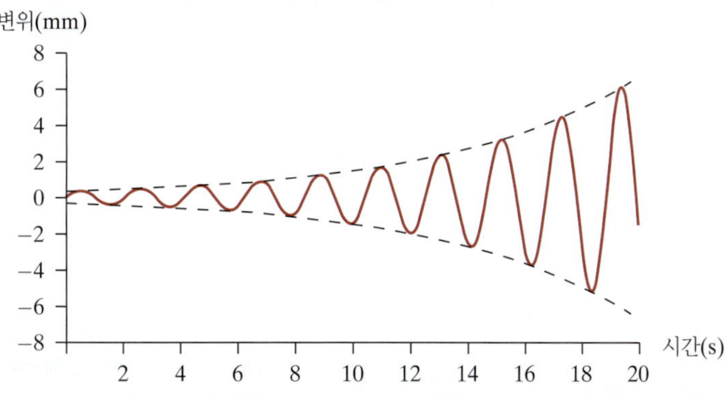

그림 1.41 진동하면서 불안정한 1자유도계(플러터 불안정한 계라 부름)의 응답

지만 큰 t에 대해 무한정 커지는 추세는 그림 1.40과 1.41에 나타나 있다. 이러한 형태의 불안정성은 많은 상황에서 종종 일어나는 **자려진동**(*self-excited vibration*)이라고 하며 에너지원을 필요로 한다. 다음 예제가 이러한 불안정성을 보여준다.

예제 1.8.1

그림 1.42와 같이 두 개의 같은 스프링에 연결된 도립진자(inverted pendulum)를 고려해 보자.

풀이 수직위치에 있을 때 스프링의 변위는 없고, 막대의 끝에 달린 공의 질량 m이 막대 자체의 질량보다 상당히 커서 막대의 질량은 무시할 만하다고 가정하자. 막대의 전체 길이는 l이고 스프링이 $l/2$의 지점에 붙어 있다. 중심점(점 O)에서 모든 모멘트의 합은 다음과 같다.

$$ml^2\ddot{\theta} = \sum M_O$$

여기서 세 가지 힘이 작용하고 있다. 스프링힘은 강성과 변위의 곱(kx)이고 여기서 변위 x는 $(l/2)\sin\theta$이다. 이러한 스프링이 2개 있기 때문에 스프링에 의해 진자에 작용하는 전체 힘은 $kl\sin\theta$이다. 이 힘은 $(l/2)\cos\theta$의 모멘트 팔 길이로 작용한다. 질량 m에 작용하는 중력은 mg이고 $l\sin\theta$의 모멘트 팔 길이로 작용한다. 점 O에 대해 모멘트의 합은 다음과 같다.

$$ml^2\ddot{\theta} = -\left(\frac{kl^2}{2}\sin\theta\right)\cos\theta + mgl\sin\theta$$

운동방정식은 다음과 같다.

$$ml^2\ddot{\theta} + \left(\frac{kl^2}{2}\sin\theta\right)\cos\theta - mgl\sin\theta = 0 \qquad (1.87)$$

θ가 $\pi/20$보다 작은 값에 대해 $\sin\theta$와 $\cos\theta$는 $\sin\theta \cong \theta$와 $\cos\theta \cong 1$로 근사시킬 수 있다. 이것을 식 (1.87)에 적용하면 다음과 같으며,

$$ml^2\ddot{\theta} + \frac{kl^2}{2}\theta - mgl\theta = 0$$

다시 배열하면 다음과 같다.

$$2ml\ddot{\theta}(t) + (kl - 2mg)\theta(t) = 0$$

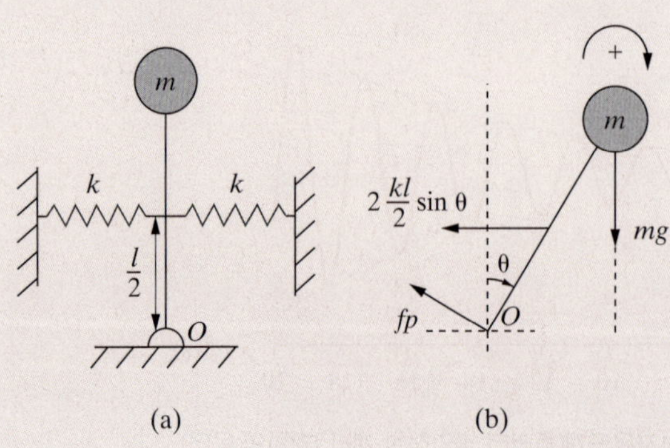

그림 1.42 (a) 도립진자 진동자와 (b) 자유물체도. 여기서 fp는 핀에서의 반력이고, 진자의 길이는 l이다.

이때 θ는 이제 작은 값으로 제한한다($\pi/20$보다 작은 값). θ의 계수, 즉 유효강성이 음이 되도록 k, l, m 값이 주어지면, 즉 다음과 같으면,

$$kl - 2mg < 0$$

진자운동은 그림 1.40에서 보듯이 발산하므로 불안정해질 것이다.

예제 1.8.2

비행기 날개의 진동은 대략적으로 다음과 같이 모델링할 수 있으며,

$$m\ddot{x} + c\dot{x} + kx = \gamma\dot{x}$$

m, c, k는 1자유도 시스템으로 모델링한 날개의 질량, 감쇠, 강성값이고, $\gamma\dot{x}$는 날개에 작용하는 공기역학적인 힘(고속에서 $\gamma > 0$)의 근사 모델이다.

풀이 이 식을 다시 정렬하면 다음과 같이 나타낼 수 있다.

$$m\ddot{x} + (c - \gamma)\dot{x} + kx = 0$$

만일 γ와 c가 $c - \gamma > 0$이면, 이 시스템은 점근 안정성이 될 것이다. 그러나 γ가 $c - \gamma < 0$이면 $\zeta = (c - \gamma)/2m\omega_n < 0$이고, 해는 다음의 형태로 되며,

$$x(t) = Ae^{-\zeta\omega_n t}\sin(\omega_d t + \phi)$$

음의 감쇠항 때문에 모든 $t > 0$에 대해 $-\zeta\omega_n t > 0$이다. 이러한 해는 그림 1.41에 나타나 있듯이 시간에 따라 지수적으로 증가한다. 이것은 플러터 불안정성과 자려진동의 일례이다.

이 절에서 살펴본 안정성의 개념은 외부입력이 없는 선형 시스템에 적용할 수 있다. 비선형 시스템 및 외부입력이 있는 시스템에는 안정성에 대한 좀 더 복잡한 정의가 필요하다. 안정성에 대한 개념은 에너지의 변화로 다룰 수 있다. 안정한 시스템은 일정한 에너지를 가질 것이며, 불안정한 시스템은 에너지가 증가될 것이다. 또한 점근적으로 안정한 시스템은 에너지가 점점 감소하게 될 것이다. 또한 안정성이 초기조건에 따라 변할 수 있으며, 1.10절에서 논의하게 될 것이다. 이러한 경우는 비선형 진동 시스템에서 나타난다. 선형 시스템과 비선형 시스템의 근본적인 차이점은 시스템 안정성의 특성에서 발견할 수 있다.

1.9 시간응답의 수치해석

지금까지 진동 문제의 지배방정식은 이론적으로 해를 결정할 수 있는 선형 미분방정식으로 나타냈다. 이러한 방정식의 해는 응답의 특성을 이해하고 실제 진동응답을 쉽게 파악하기 위해 시간에 대한 그래프로 종종 나타냈다. 그러나 방정식의 해를 이론적으로 구할 수 없는 복잡한 경우가 더 많

이 있다. 예제 1.1.1에서 나타낸 비선형 단진자 방정식이 대표적인 예이다. 이 진자 방정식을 이론적으로 풀기 위해, $\sin(\theta) = \theta$로 근사시키는 기법을 사용했다. 이러한 기법은 θ가 $10°$ 이내에서 진동할 때, 근사해가 어느 정도 정확도를 갖는다. 초기조건이 $10°$보다 큰 값으로 주어질 때는, 운동방정식의 해를 구하고 그래프로 나타내기 위해 수치적분 기법이 사용되어야 한다. 수치적분 기법은 여러 가지 어려운 문제의 해를 구하는 데 적용할 수 있다. 그러나 이 절에서는 엄밀해가 알려진 단순한 문제에 적용해 보기로 한다. 왜냐하면 해의 정확도 등 근사화의 특성을 파악하기 위해서이다. 이 절의 뒷부분에서는 엄밀해가 없는 문제에 수치적분 기법을 적용하는 과정을 설명했다.

일반적으로 1자유도 시스템 방정식의 자유응답은 룽게-쿠타 방법(Runge-Kutta method)이나, 오일러 방법과 같은 단순한 수치 기법으로 구할 수 있다. 이 절에서는 이론해를 구하기 힘든 진동 문제를 풀기 위해 사용할 수 있는 대표적인 수치 기법을 다룬다. 룽게-쿠타 방법은 계산기에도 들어 있으며, 또한 Mathematica, Mathcad, Maple, MATLAB 등 상업용 수학적 패키지에도 들어 있다. 이 방법은 FORTRAN과 같은 전통적인 언어나 스프레드시트를 사용하여 쉽게 직접 프로그램을 만들 수 있다. 이 절에서는 미분방정식의 수치해를 구하는 기법을 정리하고, 앞 절에서 나타낸 진동 문제에 수치 기법을 적용하여 해를 구한다. 이러한 수치 기법은 다음 절의 비선형 진동 문제의 해를 구하는 데도 사용될 수 있다. 부록 F에서는 MATLAB을 사용하여 수치적분하는 방법 및 그래프를 그리는 방법을 소개했다. 최근 많은 교과과정에서 이러한 수치계산 기법 및 코드를 다루고 있으므로 이 절의 내용은 생략하거나 간단하게 언급해도 무방하다는 생각이 든다.

진동해석용으로 사용될 수 있는 미분방정식 수치해석 기법은 여러 가지가 있다. 이 절에서는 두 가지 기법을 소개하고자 한다. 상미분방정식 수치해의 기본 개념은 미분연산자를 유한차분으로 표현하는 것이다(윈도우 1.6에서 나타낸 도함수의 정의 참조). 상미분방정식의 수치해는 이산시간 $t_0 < t_1 < t_2 < \cdots < t_n$에서 해 $x(t)$의 근사값 $x_1, x_2, \cdots, x_n$을 구하는 과정이라 볼 수 있다. 즉 엄밀해인 $x(t)$는 연속함수인 데 비해, 수치해는 일련의 이산값 $x_i = x(t_i)$를 구하는 것이다. 진동 문제에서 초기조건은 이산값을 구하는 출발점으로 간주할 수 있다. 다음과 같은 1자유도 진동 시스템을 예로 들면 다음과 같다.

$$m\ddot{x} + c\dot{x} + kx = 0, \qquad x(0) = x_0 \qquad \dot{x}(0) = v_0 \tag{1.88}$$

초기조건 x_0, v_0는 수치해의 처음 두 점의 값을 제공한다. T_f를 구하고자 하는 해의 최종시간값이라 하자(즉 $0 < t < T_f$에서 방정식의 해를 구하고자 한다). 계산하고자 하는 시간 $T_f - 0$을 n 간격으로 나누면 $\Delta_t = T_f/n$이 된다. 다음에 식 (1.88)을 $t_0 = 0, t_1 = \Delta t, t_2 = 2\Delta t, \cdots, t_n = n\Delta t = T_f$에서 근사적으로 계산하면 수치해를 얻는다.

수치해의 개념을 쉽게 파악하기 위해, 1계 상미분방정식의 수치해를 계산해 보자. 이를 위해 다음과 같은 미분방정식을 고려하면 다음과 같다.

$$\dot{x}(t) = ax(t) \qquad x(0) = x_0 \tag{1.89}$$

1차 미분을 오일러 방법으로 표현하면 윈도우 1.6에서 주어진 기울기 형식의 도함수 정의에서 극한($\lim \Delta t \to 0$)을 취하기 전 모습과 동일하다.

윈도우 1.6 | 미분의 정의

> 시간 $t = t_i$에서 $x(t)$의 도함수의 정의는 다음과 같다.
>
> $$\frac{dx(t_i)}{dt} = \lim_{\Delta t \to 0} \frac{x(t_{i+1}) - x(t_i)}{\Delta t}$$
>
> 여기서 $t_{i+1} = t_i + \Delta t$이며, $x(t)$는 연속함수이다.

$$\frac{x_{i+1} - x_i}{\Delta t} = ax_i \tag{1.90}$$

여기서 x_i는 $x(t_i)$이며, x_{i+1}은 $x(t_{i+1})$을 나타내며, Δt는 t_i와 t_{i+1} 사이의 시간간격이다(즉 $\Delta t = t_{i+1} - t_i$). 이 표현식을 이용하여 다음 식을 얻을 수 있다.

$$x_{i+1} = x_i + \Delta t(ax_i) \tag{1.91}$$

위 식은 이전 값인 x_i와 시간간격 Δt, 시스템의 매개변수 a를 이용하여 응답 x_{i+1}의 값을 구하는 데 사용된다. 이러한 수치기법을 **오일러 방법**(*Euler method*) 혹은 **접선법**(*tangent line method*)이라 한다. 다음 예제에서 오일러 방법 사용을 설명하고자 한다.

예제 1.9.1

방정식 $\dot{x} = -3x$, $x(0) = 1$의 수치해를 오일러 방법으로 구하라. 단, 계산시간은 0부터 4까지이며 다양한 시간간격 Δt를 사용하고 그 결과를 엄밀해와 비교하라.

풀이 미분방정식을 적분하거나 해의 모양을 $x(t) = Ae^{\lambda t}$로 가정하여 엄밀해를 얻을 수 있다. 가정된 모양을 미분방정식 $\dot{x} = -3x$에 대입하면 $A\lambda e^{\lambda t} = -3Ae^{\lambda t}$를 얻는다. 즉 $\lambda = -3$이므로 해의 모양은 $x(t) = Ae^{-3t}$가 된다. 초기조건 $x(0) = 1$을 식에 적용하면 $A = 1$을 얻는다. 따라서 엄밀해 $x(t) = Ae^{-3t}$가 된다.

다음에는 식 (1.91)에서 제시한 오일러 방법을 사용하여 수치해를 계산해 보자. 여기서 $a = -3$이고, $x_{i+1} = x_i + \Delta t(-3x_i)$가 된다. 만일 시간간격 Δt를 다소 크게 한다면(즉 $\Delta t = 0.5$), 시간 $t = 0$에서 $t = 4$까지 해를 쉽게 얻을 수 있다. 따라서 식 (1.91)을 이용하여 얻은 해를 표 1.4에서 '오일러 방법의 수치해'로 표시한 열에 나타냈다.

$$\begin{aligned} x_0 &= 1 \\ x_1 &= x_0 + (0.5)(-3)(x_0) = -0.5 \\ x_2 &= -0.5 - (1.5)(-0.5) = 0.25 \\ &\vdots \end{aligned}$$

'엄밀해'로 표시한 열은 주어진 시간에서 e^{-3t} 값을 계산한 값이다. 오일러 방법으로 계산한 결과가 최종적으로는 참값에 수렴해 있으나, 중간과정에서는 0을 중심으로 많은 요동을 보이고 있다. 이것으로부터

표 1.4 방정식 $\dot{x} = -3x$, $x(0) = 1$의 엄밀해와 시간간격 $\Delta t = 0.5$일 때 오일러 방법의 결과를 시간영역 0에서 4까지에 대해 비교

번호	경과시간	엄밀해	오일러 방법의 수치해	절대오차
0	0	1.0000	1.0000	0
1	0.5000	0.2231	−0.5000	0.7231
2	1.0000	0.0498	0.2500	0.2002
3	1.5000	0.0111	−0.1250	0.1361
4	2.0000	0.0025	0.0625	0.0600
5	2.5000	0.0006	−0.0312	0.0318
6	3.0000	0.0001	0.0156	0.0155
7	3.5000	0.0000	−0.0078	0.0078
8	4.0000	0.0000	0.0039	0.0039

수치해에서 발생하는 오차의 원인을 짐작할 수 있다. 만일 Δt를 매우 작게 줄인다면 오일러 방법의 결과와 엄밀해의 차이는 매우 줄어들어 눈으로 판단하기 어려울 정도가 된다. 그림 1.43에서 $\Delta t = 0.1$일 때 오일러 방법의 결과를 나타냈다. 이 결과는 엄밀해 e^{-3t}와 매우 유사함을 알 수 있다.

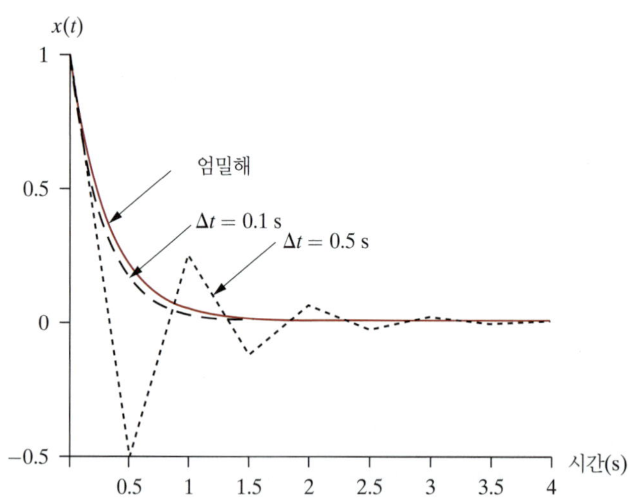

그림 1.43 시간간격이 다양할 때 식 (1.91)의 오일러 방법 결과를 엄밀해와 비교한 그림

이 예제로부터 오일러 방법을 사용하여 미분방정식의 수치해를 구할 때 두 종류의 오차가 수치해에 존재함을 알 수 있다. 하나는 엄밀해와 오일러 근사과정으로 얻은 수치해 사이의 차이인 절단 오차(*truncation error*)이다. 수치해는 이미 오차를 포함하고 있으므로 이전 값을 가지고 새로운 값을 구하는 수치해에서는 시간이 증가할수록 오차가 누적되는 효과가 있다. 이 오차는 방정

식의 모양과 시간간격에 따라 다소 조절될 수 있다. 또 다른 오차는 기계연산에 따른 **반올림 오차**(*round-off error*)이다. 물론 이 오차는 컴퓨터의 구조 및 성능에 의해 제어될 수 있다. 두 종류의 오차 모두 매우 심각하게 나타날 수 있다. 진동 문제의 컴퓨터 계산 결과를 해석할 때 두 종류의 오차를 모두 염두에 두고 다루어야 수치 해법을 무난하게 적용할 수 있는 것이다.

오일러 방법은 예제 1.9.1에서 나타낸 것처럼 시간간격을 작게 조정함으로써 정확도를 올릴 수 있다. 시간간격 Δt를 줄이지 않고 수치해의 정확도를 개선하는 다른 방법은 방정식 오차를 작게 하는 새로운 수치 기법을 사용해야 한다. 예를 들면 Boyce(2017)가 저술한 교재 등에 나타난 여러 수치적 기법(개선된 오일러 방법, 다양한 테일러 급수 방법 등)을 이용하면 된다. 이 절에서는 룽게-쿠타 방법을 설명하고자 한다.

룽게-쿠타 방법(Runge-Kutta method)은 1895년에서 1901년 사이에 두 명의 연구자(C. Runge와 M. W. Kutta)에 의해 독자적으로 개발된 수치해석 기법이다. 룽게-쿠타 방법은 시간간격 t_i와 $t_i + \Delta t$ 사이의 여러 점에서 미분방정식 우변의 값을 구한 다음 가중평균하여 다음 단계의 해를 구하는 기법이다. 룽게-쿠타 방법은 여러 가지가 있으며, 일반적으로 유도과정이 지루하기는 해도 어렵지 않으므로 이 절에서는 다루지 않았다(Boyce & DiPrima, 2017 참조). 미분방정식 $\dot{x} = f(x, t)$, $x(0) = x_0$에 적용할 수 있는 룽게-쿠타 방법 한 가지를 소개하면 다음과 같다. 여기서 f는 선형 또는 비선형 스칼라 함수이다.

$$x_{n+1} = x_n + \frac{\Delta t}{6}(k_{n1} + 2k_{n2} + 2k_{n3} + k_{n4}) \tag{1.92}$$

여기서

$$\begin{aligned}
k_{n1} &= f(x_n, t_n) \\
k_{n2} &= f\left(x_n + \frac{\Delta t}{2}k_{n1}, t_n + \frac{\Delta t}{2}\right) \\
k_{n3} &= f\left(x_n + \frac{\Delta t}{2}k_{n2}, t_n + \frac{\Delta t}{2}\right) \\
k_{n4} &= f(x_n + \Delta t k_{n3}, t_n + \Delta t)
\end{aligned}$$

식 (1.92)의 괄호 안에 덧셈은 각각 다른 시간에 기울기 $\dot{x}$를 계산한 여섯 개의 값을 평균하는 과정이라 볼 수 있다. 예를 들면 항 k_{n1}은 시간간격 왼쪽 끝에서 기울기함수 $f(x, t)$를 계산한 값이다.

이러한 공식은 Δt를 단계마다 변수로 처리함으로써 정확도를 개선할 수 있다. 매 시간 t_i에서, 변수 Δt_i는 해 $x(t)$가 어떻게 변하는지를 관찰하여 조절할 수 있다. 만일 해가 천천히 변하고 있다면, Δt_i의 값을 큰 오차 유발 없이 증가시킬 수 있다. 반면 해 $x(t)$가 빠르게 변하고 있다면, 방정식 오차를 최소한으로 유지하기 위해 Δt_i 값을 작은 값으로 선정해야 한다. 수치해를 계산할 때 시간간격 Δt_i가 자동으로 결정되도록 전산코드를 쉽게 작성할 수 있다. 룽게-쿠타 및 오일러 방법은 가장 일반적인 감쇠진동 문제를 1차형으로 바꿀 수 있다는 점에 착안하면 진동 문제에 적용할 수 있다.

감쇠진동 시스템의 운동방정식을 나타내면 다음과 같으며,

$$m\ddot{x}(t) + c\dot{x}(t) + kx(t) = 0, \; x(0) = x_0, \qquad \dot{x}(0) = \dot{x}_0 \tag{1.93}$$

오일러 방법인 식 (1.91)은 운동방정식을 두 개의 1계 미분방정식으로 표현한 후 쉽게 적용할 수 있다. 이를 위해 식 (1.93)을 질량 m으로 나누고 두 개의 새로운 변수를 정의한다. 즉 $x_1 = x(t)$, $x_2 = \dot{x}(t)$이다. 식 (1.93)을 새로운 변수 x_1, x_2로 표현하고 x_1과 x_2 사이의 관계식을 이용하면 다음과 같다.

$$\begin{aligned} \dot{x}_1(t) &= x_2(t) \\ \dot{x}_2(t) &= -\frac{c}{m}x_2(t) - \frac{k}{m}x_1(t) \end{aligned} \tag{1.94}$$

이 식의 초기조건은 $x_1(0) = x_0$, $x_2(0) = \dot{x}_0$이다. 식 (1.94)와 같이 주어진 두 개의 식은 다음과 같이 정의되는 크기 2 × 2인 행렬 A와 2 × 1인 벡터 $\mathbf{x}(t)$를 이용하면 하나의 식으로 기술된다.

$$A = \begin{bmatrix} 0 & 1 \\ -\dfrac{k}{m} & -\dfrac{c}{m} \end{bmatrix}, \quad \mathbf{x}(t) = \begin{bmatrix} x_1(t) \\ x_2(t) \end{bmatrix}, \quad \mathbf{x}(0) = \begin{bmatrix} x_1(0) \\ x_2(0) \end{bmatrix} \tag{1.95}$$

행렬 A는 **상태행렬**(*state matrix*)이라 하며, 벡터 $\mathbf{x}$는 **상태벡터**(*state vector*)라고 한다. 또한 위치 x_1, 속도 x_2는 **상태변수**(*state variable*)가 된다. 부록 C에서 정의된 벡터미분의 규칙, 행렬과 벡터의 곱을 이용하면, 식 (1.95)은 다음과 같다.

$$\dot{\mathbf{x}}(t) = A\mathbf{x}(t) \tag{1.96}$$

이 식의 초기조건은 $\mathbf{x}(0)$이다. 이제 식 (1.91)과 같은 오일러 방법은 식 (1.96)과 같은 벡터-행렬 방정식에 직접 적용될 수 있다. 다만 스칼라 x_i를 벡터 $\mathbf{x}_i$로, 스칼라 a를 행렬 A로 바꾸면 다음 식을 얻는다.

$$\mathbf{x}(t_{i+1}) = \mathbf{x}(t_i) + \Delta t A\mathbf{x}(t_i) \tag{1.97}$$

이 식은 초기조건 $\mathbf{x}(0)$와 함께 식 (1.92)와 같이 표현되는 일반적인 1자유도 진동 문제를 풀고 결과를 그림으로 그릴 수 있는 오일러 공식이 된다.

앞에서 설명한 것처럼, 오일러 방법보다 룽게-쿠타 방법을 사용함으로써 결과를 매우 개선할 수 있다. MATLAB은 8종류의 룽게-쿠타 알고리즘을 제공하고 있다. 그러나 이 책에서는 Δt를 자동으로 결정하는 기능을 갖고 있는 `ode23`, `ode45`를 사용한다. M 파일 `ode23`에서는 중급 정확도를 갖는 2차 및 3차 공식으로 구성되어 있으며, `ode45`는 고급 정확도를 위해 4차 및 5차 공식을 사용했다. 이 방법들에서 사용하는 각 공식은 식 (1.92)에서 표현한 식과 매우 유사하며, 가변 시간간격 Δt를 사용하고 있다. 일반적으로 룽게-쿠타 방법은 오일러 방법에 비해 매우 우수한 수치해를 제공한다.

예제 1.9.2

진동식 $3\ddot{x} + \dot{x} + 2x = 0$, 초기조건 $x(0) = 0$, $\dot{x}(0) = 0.25$의 수치해를 구하기 위해, M 파일 `ode45`를 사용하라. 계산시간은 $0 \le t \le 20$이다.

풀이 먼저 운동방정식을 1차 형태로 변환한다. 변환된 방정식은 다음과 같다.

$$\dot{x}_1 = x_2$$

$$\dot{x}_2 = -\tfrac{2}{3}x_1 - \tfrac{1}{3}x_2$$

다음 운동방정식을 코딩한 M 파일을 작성하고자 한다. M 파일 이름을 `sdof.m`이라 하고 다음과 같이 입력한다.

```
function xdot = sdof(t,x);
xdot = zeros(2,1);
xdot(1) = x(2);
xdot(2) = -(2/3)*x(1)-(1/3)*x(2);
```

그런 다음 명령 모드로 가서 아래 내용을 입력한다.

```
>> t0 = 0;tf = 20;
>> x0 = [0  0.25];
>> [t,x] = ode45('sdof',[t0 tf],x0
>> plot(t,x)
```

첫 번째 줄에서 초기시간(`t0`)과 최종시간(`tf`)을 설정한다. 다음 두 번째 줄에서 초기조건을 나타내는 벡터를 입력한다. 세 번째 줄에서는 시간을 나타내는 벡터 t와 매 시간 진동 시스템의 응답을 나타내는 벡터 x를 구한다. 이 줄에서 `sdof`에 입력된 운동방정식에 `ode45`를 적용하여 해를 구한다. 네 번째 줄에서는 벡터 `t`와 응답벡터 `x`를 이용하여 결과를 그림으로 그린다. 이 결과를 그림 1.44에 나타냈다.

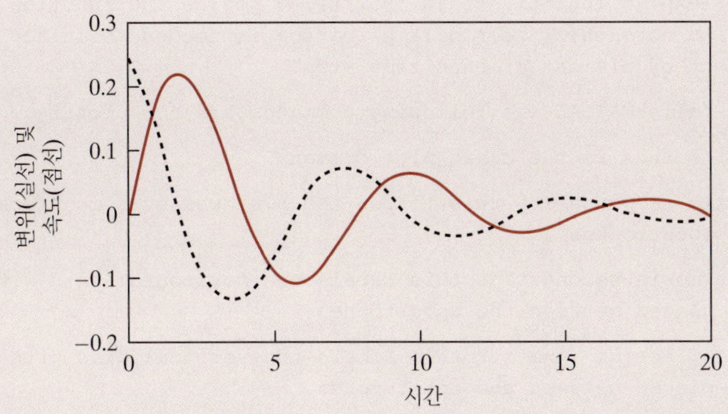

그림 1.44 예제 1.9.2에 사용된 1자유도 진동 시스템의 변위 선도[$x(t)$, 실선]와 속도 선도[$\dot{x}(t)$, 점선]

이 예제는 다른 방법, 즉 예를 들면 Mathematica, Mathcad, Maple 혹은 프로그램이 가능한 계산기를 사용하여 풀 수도 있다. 다음 예제에서는 이러한 내용을 다루고자 한다.

예제 1.9.3

예제 1.9.2에 설명된 진동 문제의 해석적 해를 결정하고 결과를 그려라. 얻은 그림을 이전에 얻은 수치해와 비교하라.

풀이 운동방정식으로부터 $m = 3$ kg, $c = 1$ kg/s, $k =$ N/m임을 얻었다. 예제 1.9.2의 값과 함께 고유진동수, 감쇠 고유진동수 및 감쇠비의 정의를 사용하면 다음과 같다.

$$\omega_n = \sqrt{\frac{k}{m}} = \sqrt{\frac{2}{3}} = 0.8164,\ \text{rad/s}\quad \zeta = \frac{c}{2\sqrt{km}} = 0.2041$$
$$\omega_d = \omega_n\sqrt{1-\zeta^2} = (0.8164)\sqrt{1-(0.2041)^2} = 0.7992\ \text{rad/s}$$

식(1.38)과 초기조건 $x_0 = 0$, $v_0 = 0.25$ m/s를 이용하면 적분상수는 다음과 같이 얻는다.

$$A = \frac{1}{\omega_n}\sqrt{\omega_n^2 x_0^2 + v_0^2} = \frac{v_0}{\omega_n} = \frac{0.25\ \text{m/s}}{0.8164\ \text{rad/s}} = 0.3062\ \text{m}$$
$$\phi = \tan^{-1}\left(\frac{x_0\omega_d}{v_0 + \zeta\omega_n x_0}\right) = \tan^{-1}\left(\frac{0}{v_0}\right) = 0$$

식 (1.36)으로부터 해석적 해는 다음과 같다.

$$x(t) = 0.3062e^{-\zeta\omega_n t}\sin(\omega_d t) = 0.3062e^{-0.1666t}\sin(0.7992t)\ \text{m}$$

이 결과 식을 그리기 위해 MATLAB 코드는 다음과 같이 작성할 수 있다. 그 결과 선도는 그림 1.45에 나타냈다.

```
>> t=0:20/100:20; % Specify the starting time, 0, increment, 20/100,
and end time, 20.

>> x=0.3062*(exp^-0.1666*t).*sin(0.7992*t); % define the function to
be plotted and note that the.* multiplication is needed to multiply e
by sin element by element at each time step.

>> figure % tells MATLAB the following commands are for plotting

>> plot(t,x) % this is the basic plot command

>> title('time response') % this titles the plot whatever is placed
between the apostrophes

>> xlabel('time in seconds') % this labels the horizontal axis with
whatever is placed between the apostrophes

>> ylabel('deflection in m') % this labels the vertical axis with
whatever is placed between the apostrophes
```

이 예제에서 선택된 질량, 감쇠, 강성 및 초기조건의 값은 스프링 변위 25 cm를 유발시킨다. 따라서 스프링이 탄성 한계를 초과하여 비선형이 될 수 있으므로 실용적이지 않게 된다. 이 경우 얻은 계산 결과는 무의미하게 된다. 이것은 공학적 계산을 할 때 매우 중요한 관점이다. 답이 나온다고 해서 그것이 모두 유용하거나 정확하다는 것은 아니다. 얻은 답은 직관적으로, 혹은 다른 방법 및 상식 등으로 다시 확인할 필요가 있다.

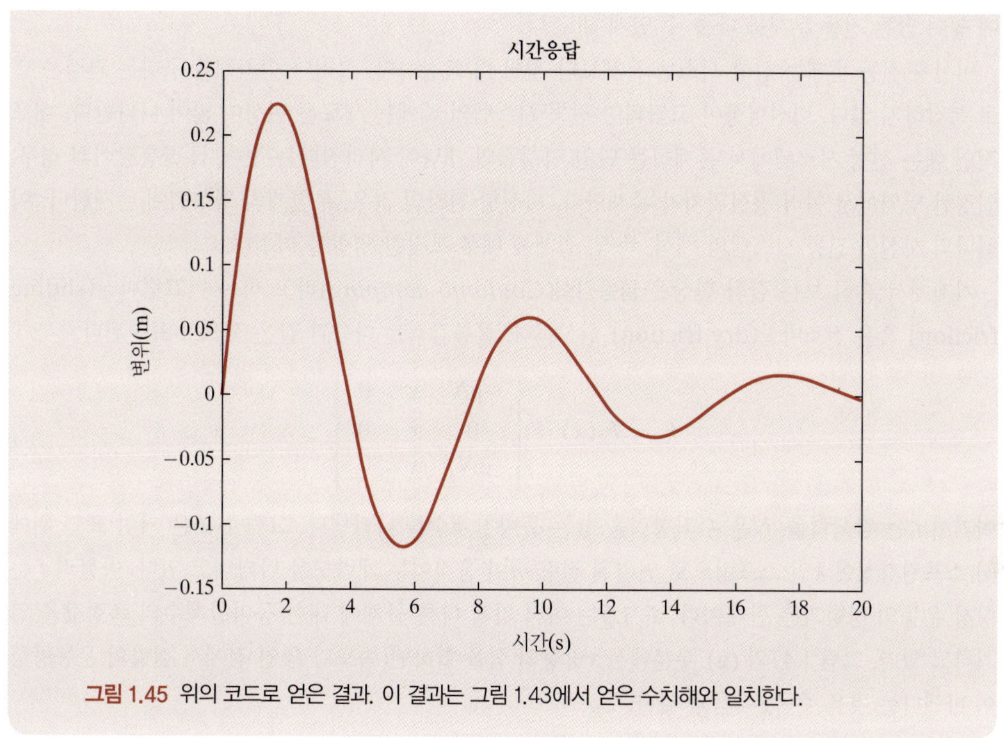

그림 1.45 위의 코드로 얻은 결과. 이 결과는 그림 1.43에서 얻은 수치해와 일치한다.

진동 시스템의 응답을 계산하기 위한 전산 프로그램의 사용은 크게 어려운 작업이 아니다. 각 프로그램에 대한 추가정보는 부록 F에 나와 있으며, 매뉴얼을 참고하거나 다양한 공학 문제를 풀기 위해 각 프로그램을 적용한 교재로부터 프로그램에 대한 많은 지식을 얻을 수 있다. 다양한 초기조건 및 계수값에 대해 예제 1.9.3을 풀어 볼 것을 권한다. 이렇게 함으로써 진동 현상을 이해하고 개념을 정립하는 데 큰 도움을 받을 수 있고, 원하는 성능이 나오게 하는 진동 시스템을 설계할 수 있게 된다.

본문에 주어진 코드에 대해 다음과 같은 언급이 필요하다. 이 판을 출간할 당시, 모든 코드는 타이핑된 대로 실행되었다. 그러나 매년 혹은 종종, 코드를 제공하는 회사들이 업데이트하거나 문법을 바꾸는 경우가 있다. 이러한 변경사항은 회사의 웹사이트에서 확인할 수 있으며 주어진 코드를 사용하는 데 어려움이 있다면 점검해 보라.

1.10 쿨롱마찰과 진자

앞의 절까지 다룬 모든 시스템은 선형이거나 선형화된 시스템이다. 또한 이론적 방법으로 해를 쉽게 구할 수 있는 시스템이다. 이 절에서는 단순한 이론해가 없는 두 종류의 비선형 진동 시스템을 다루고자 한다. 첫 번째는 미끄럼마찰(쿨롱감쇠)을 갖는 스프링–질량 시스템이고, 두 번째는 비선형 진자 방정식이다. 두 종류의 진동 시스템 모두 1.9절에서 설명한 수치적분법을 이용하여 해를 구할 수 있다. 수치해석을 통해 일반적인 비선형 시스템의 해를 구할 수 있는 능력은 복잡한 상황에 놓여 있는 진동 문제를 다룰 수 있게 해 준다.

비선형 진동 문제는 선형 시스템 문제보다 훨씬 더 복잡하다. 그러나 수치해를 구하는 과정은 별로 복잡하지 않다. 비선형항이 고려되면 진동 시스템의 해에는 새로운 현상이 많이 나타난다. 대표적인 예는 선형 시스템에서 존재하는 단일 평형점의 개념이 사라진다는 것이다. 쿨롱감쇠의 경우, 일정한 영역에서 여러 평형위치가 존재한다. 비선형 진자의 경우, 무한개의 평형점이 존재한다. 이 하나의 사실이 진동 시스템의 해석, 측정, 설계에 매우 복잡한 영향을 미친다.

기계에서 흔히 보는 감쇠 현상은 **쿨롱감쇠**(*Coulomb damping*)라고 하는 미끄럼마찰(sliding friction) 혹은 건조마찰(dry friction) 현상이다. 쿨롱감쇠는 다음과 같은 식으로 표현된다.

$$f_c = F_c(\dot{x}) = \begin{cases} -\mu N & \dot{x} > 0 \\ 0 & \dot{x} = 0 \\ \mu N & \dot{x} < 0 \end{cases}$$

여기서 f_c는 감쇠력을, N은 수직항력을, μ는 동마찰계수를 나타낸다. 그림 1.46은 거친 표면 위에서 스프링강성이 k인 스프링으로 연결된 질량 m이 움직이는 개략도를 나타내고 있다. 마찰력 f_c는 항상 운동의 방향과는 반대이다. 표 1.5는 여러 가지 다른 물체에 대한 동마찰계수의 측정값을 열거하고 있다. 그림 1.47의 (a) 부분에서 x방향의 힘을 합하면(속도가 영인 점에서 질량의 운동방향이 바뀐다는 것을 주목) 다음과 같다.

$$m\ddot{x} + kx = \mu mg \qquad (\dot{x} < 0\text{인 경우}) \tag{1.98}$$

여기서 수직방향 힘들의 합은 수직항력 N이 단지 무게 mg(g는 중력가속도)라는 사실을 말해 준다. 비슷한 방법으로 그림 1.47(b) 부분의 힘들을 합하면 다음을 얻는다.

$$m\ddot{x} + kx = -\mu mg \qquad (\dot{x} > 0\text{인 경우}) \tag{1.99}$$

$\dot{x}$의 부호가 반대로 작용하는 마찰력의 방향을 결정하기 때문에 식 (1.98)와 (1.99)는 다음과 같은

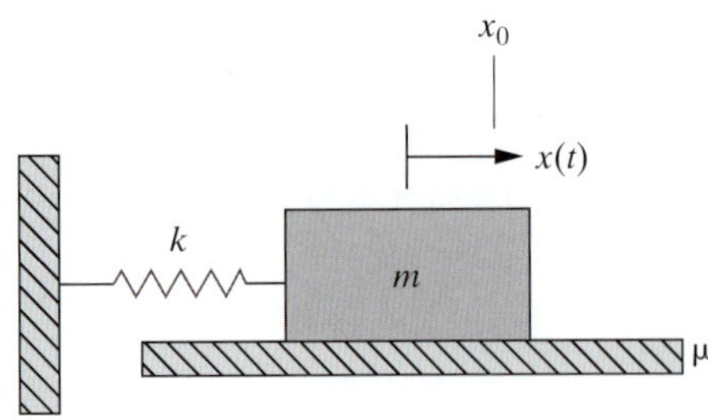

그림 1.46 동마찰계수 μ로 표면 위를 미끄러지는 스프링-질량 시스템

표 1.5 미끄러지는 물체에 대한 대략적인 마찰계수

재료	동마찰계수	정마찰계수
금속과 금속(윤활된 경우)	0.07	0.09
나무와 나무	0.2	0.25
강철과 강철(윤활이 안 된 경우)	0.3	0.75
고무와 강철	1.0	1.20

하나의 식으로 쓸 수 있다.

$$m\ddot{x} + \mu mg\,\text{sgn}(\dot{x}) + kx = 0 \tag{1.100}$$

여기서 sgn(π)는 $\pi > 0$일 때는 1의 값을, $\pi < 0$일 때는 -1의 값을, $\pi = 0$일 때는 0의 값을 갖는 **부호함수**(*signum function*)이다. 위 식은 매개변수 변화법이나 미정계수법과 같은 방법으로는 직접 풀 수 없다. 왜냐하면 식 (1.100)은 비선형 미분방정식이기 때문이다. 그러나 운동방향의 변화에 해당하는 부분으로 시간간격을 나눔으로써(즉 $\dot{x} = 0$에 의해 구분되는 시간간격에서) 식 (1.100)의 해를 구할 수 있고, 또 다른 방법으로는 식 (1.100)을 수치해석으로 풀 수 있다. 시스템의 운동방정식이 두 구간에서는 선형이 되므로 식 (1.98)과 (1.99)는 선형 방정식이며 이러한 시스템을 **겹선형**(*bilinear*) 시스템이라고 한다.

그림 1.47의 미끄러지는 블록이 움직이기 위해 영이 아닌 초기조건을 필요로 한다. 우선 초기속도는 영으로 가정하라. 다음 초기위치 x_0가 충분히 커서 스프링 힘 kx_0가 정지마찰력 $\mu_s mg$를 능가할 정도($kx_0 > \mu_s mg$)가 된다고 가정해야 블록의 운동이 시작된다. 여기서 μ_s는 정지마찰계수이며, 미끄럼면에서 발생하는 운동마찰계수값보다 항상 크다. 만일 x_0가 충분히 크지 않으면 운동이 발생하지 않는다. 운동이 일어나지 않는 x_0의 범위가 곧 이 시스템의 평형위치를 결정한다. 반면에 초기속도가 영이 아니면, 물체는 이 범위에서도 움직이게 된다. 비선형 시스템의 중요한 특성 중 하나는 다중 평형위치를 갖는다는 것이다. 운동이 일어나는 경우에 대해 운동방정식의 해는 다음과 같은 방법으로 구할 수 있다.

평형위치의 오른쪽에 위치한 x_0 때문에 질량은 왼쪽으로 움직이며, 마찰력은 오른쪽으로 작용하고 식 (1.98)이 성립한다. 식 (1.98)은 다음과 같은 해를 갖는다.

$$x(t) = A_1 \cos \omega_n t + B_1 \sin \omega_n t + \frac{\mu mg}{k} \tag{1.101}$$

여기서 $\omega_n = \sqrt{k/m}$이며 A_1과 B_1은 초기조건에 의해 결정되는 상수이다. 그러므로 초기조건을 적용하면 다음을 얻는다.

$$x(0) = A_1 + \frac{\mu mg}{k} = x_0 \tag{1.102}$$

$$\dot{x}(0) = \omega_n B_1 = 0 \tag{1.103}$$

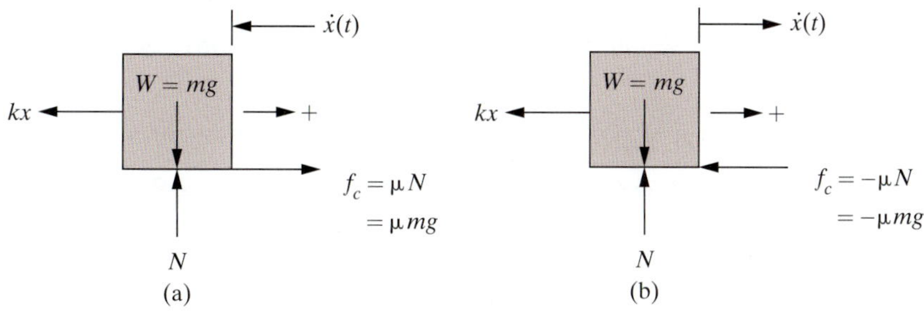

그림 1.47 그림 1.46의 미끄러지는 블록 시스템의 자유물체도: (a) 왼쪽으로 움직이는 질량($\dot{x} < 0$), (b) 오른쪽으로 움직이는 질량($\dot{x} > 0$). y 방향을 고려하면 $N = mg$이다.

따라서 식 (1.101)에서 상수들이 $B_1 = 0$이고 $A_1 = x_0 - \mu mg/k$이다. 그러므로 질량이 정지상태(x_0에서)로부터 왼쪽으로 움직이면 다음 식으로 움직인다.

$$x(t) = \left(x_0 - \frac{\mu mg}{k}\right)\cos \omega_n t + \frac{\mu mg}{k} \tag{1.104}$$

위의 운동은 $\dot{x}(t) = 0$이 되는 시간까지 계속된다. 즉 식 (1.104)를 미분한 것이 영일 때를 말하므로 다음과 같을 때이다.

$$\dot{x}(t) = -\omega_n\left(x_0 - \frac{\mu mg}{k}\right)\sin \omega_n t_1 = 0 \tag{1.105}$$

그러므로 $t_1 = \pi/\omega_n$일 때 $\dot{x}(t) = 0$이며 최대 마찰력 μmg를 이기도록 스프링 힘 kx가 충분히 크다면 질량은 오른쪽으로 움직이기 시작한다. 따라서 이제는 식 (1.99)가 이러한 운동을 나타낸다. 식 (1.99)을 풀면 $\pi/\omega_n < t < t_2$에서 다음과 같으며,

$$x(t) = A_2 \cos \omega_n t + B_2 \sin \omega_n t - \frac{\mu mg}{k} \tag{1.106}$$

t_2는 $\dot{x}$가 두 번째로 영이 되는 시간이다. 식 (1.106)에 대한 초기조건은 식 (1.104)로 주어진 이전의 해를 t_1에서 계산함으로써 얻을 수 있다. 즉 다음과 같다.

$$x\left(\frac{\pi}{\omega_n}\right) = \left(x_0 - \frac{\mu mg}{k}\right)\cos \pi + \frac{\mu mg}{k} = \frac{2\mu mg}{k} - x_0 \tag{1.107}$$

$$\dot{x}\left(\frac{\pi}{\omega_n}\right) = -\omega_n\left(x_0 - \frac{\mu mg}{k}\right)\sin \pi = 0 \tag{1.108}$$

식 (1.106)과 그 미분으로부터 상수 A_2와 B_2는 다음과 같다.

$$A_2 = x_0 - \frac{3\mu mg}{k} \qquad B_2 = 0 \tag{1.109}$$

그러면 두 번째 시간간격에 대한 해는 다음과 같다.

$$x(t) = \left(x_0 - \frac{3\mu mg}{k}\right)\cos \omega_n t - \frac{\mu mg}{k}, \quad \frac{\pi}{\omega_n} < t < \frac{2\pi}{\omega_n} \tag{1.110}$$

이러한 과정을 운동이 정지할 때까지 반복한다. 운동은 속도가 영($\dot{x} = 0$)이고 스프링 힘(kx)이 최대 마찰력(μmg)을 이기기에 충분하지 못할 때 정지할 것이다. 그림 1.48은 쿨롱감쇠에 의한 응답을 보이고 있다.

쿨롱마찰이 있는 자유응답과 점성감쇠가 있는 자유응답을 비교하면 주목할 점들이 있다. 첫째로 점성감쇠 시스템은 지수적으로 감소하는 데 비해, 쿨롱감쇠가 있으면 진폭은 다음과 같은 기울기로 선형적으로 감소한다.

$$-\frac{2\mu mg\omega_n}{\pi k} \tag{1.111}$$

둘째로 점성감쇠 시스템은 진폭이 무한히 작아지면서 단 하나의 평형위치 $x = 0$ 주위를 진동하는

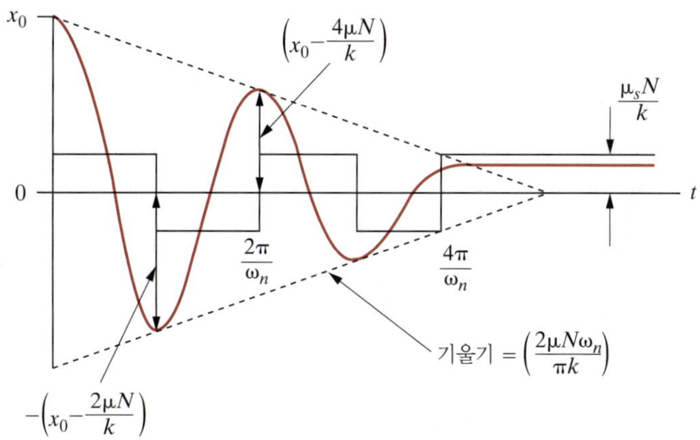

그림 1.48 쿨롱마찰이 있는 스프링–질량 시스템의 자유응답의 그래프

데 비해, 쿨롱마찰이 있는 운동은 처음에 정지해 있을 때와는 다른 평형위치에서 멈출 수 있다. 마지막으로 점성감쇠는 고유진동수를 변화시키는 데 비해 쿨롱감쇠가 있는 시스템의 진동주파수는 비감쇠 고유진동수와 같다.

예제 1.10.1

표면 위에서 진동하는 질량의 응답이 그림 1.48에서 나타낸 형태로 측정되었다. 초기위치는 정지위치로부터 30 mm로 측정되었고, 최종위치는 1초 동안에 4사이클의 진동 후에 정지위치로부터 3.5 mm로 측정되었다. 마찰계수를 구하라.

풀이 우선 1초 동안 4사이클이 일어나므로 운동주파수는 4 Hz 또는 25.13 rad/s이다. 감소하는 피크선의 기울기는 다음과 같다.

$$\frac{-30 + 3.5}{1} = -26.5 \text{ mm/s}$$

따라서 식 (1.111)으로부터 다음과 같이 나타낼 수 있다.

$$-26.5 \text{ mm/s} = \frac{-2\mu mg\omega_n}{\pi k} = \frac{-2\mu g}{\pi}\frac{\omega_n}{\omega_n^2} = \frac{-2\mu g}{\pi\omega_n}$$

위 식을 μ에 대해 풀면 다음을 얻을 수 있다.

$$\mu = \frac{\pi(25.13 \text{ rad/s})(-26.5 \text{ mm/s})}{(-2)(9.81 \times 10^3 \text{ mm/s}^2)} = 0.107$$

μ의 값이 작으므로 표면이 매우 매끈하거나 윤활상태라는 것을 의미한다.

식 (1.100)와 같은 방정식의 응답은 앞 절에서 설명한 수치적분 기법으로 구할 수 있는데, 이 방법은 앞에서 구간별로 해를 구성해 가는 것보다 훨씬 쉽다. 예를 들어 이 책의 VTB1_5는 시간간

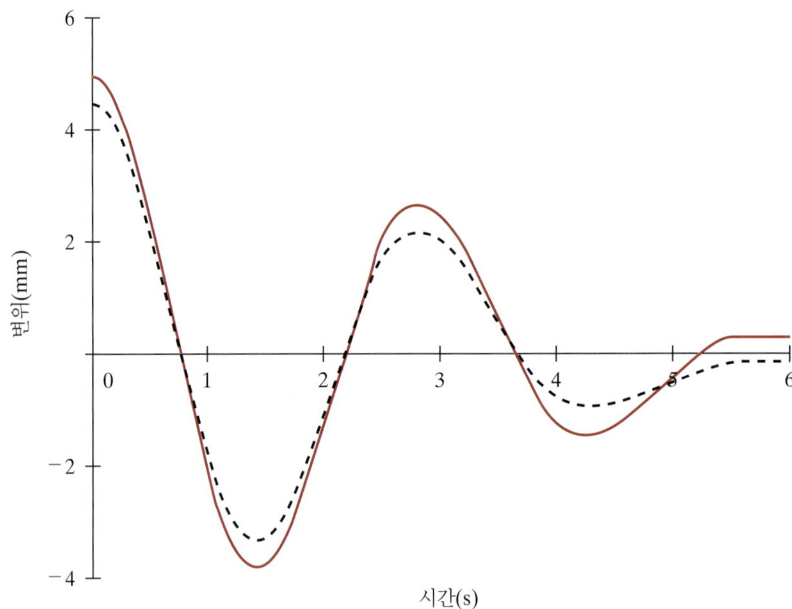

그림 1.49 쿨롱감쇠를 갖는 진동 시스템의 같은 물성치에 대한 두 종류 초기조건의 응답 비교 (변위-시간 선도). (실선은 초기위치가 5 mm, 점선은 초기위치가 4.5 mm로 둘 다 $v_0 = 0$이며, $m = 1000$ kg, $\mu = 0.3$, $k = 5000$ N/m)

격이 고정된 룽게-쿠타 방법을 사용하고 있다. 수치해법을 적용하기 위해 먼저 2차 형태의 운동방정식을 식 (1.96)과 같은 1차 형태로 변환한 후 식 (1.97)과 같은 오일러 방법 또는 표준 룽게-쿠타 방법을 적용할 수 있다. 그림 1.49에서는 쿨롱마찰을 갖는 진동 시스템의 응답을 두 종류의 초기조건에 대해 구한 결과를 나타내고 있다. 이 결과를 구할 때 사용한 기법은 시간간격이 고정된 룽게-쿠타 방법을 이용하여 구했다. 이 시스템에서는 초기조건에 따라 최종적으로 정지하는 평형위치 xf가 다르다는 사실을 주목해야 한다. 또한 이 시스템은 동일한 고유진동수를 갖고 있으며, 변위가 $x = \pm\mu smg\text{Y}k$로 정의되는 영역 내부 어떤 위치에서도 평형위치가 될 수 있다. 속도가 영인 상태에서 변위가 위에서 언급한 영역 내부에 처음으로 들어오는 순간에 응답이 정지하게 된다.

점성감쇠를 갖는 선형 스프링-질량 시스템(그림 1.11의 부족감쇠 시스템의 경우)의 응답과 쿨롱감쇠를 갖는 스프링-질량 시스템의 응답을 비교하면, 중요한 차이는 정지위치에 있다. 즉 비선형 시스템은 선형 시스템과는 달리 평형점이 한 곳이 아니라 여러 곳 혹은 어떤 영역이 될 수 있다.

시스템의 **평형위치**(*equilibrium point*)를 구하는 방법은 앞 절에서 수치해석을 할 때 사용한 방법과 동일하게 운동방정식을 상태공간에서 나타내는 것부터 시작된다. 일반적으로 1자유도 시스템의 운동방정식은 다음과 같다.

$$\ddot{x}(t) + f\big(x(t), \dot{x}(t)\big) = 0 \tag{1.112}$$

여기서 f는 선형 혹은 비선형 형태일 수 있다. 예를 들어 선형 시스템에서 함수 f는 $f(x, \dot{x}) = c\dot{x}(t) + kx(t)$가 되며, 이는 감쇠력이나 스프링 힘이 각각 속도와 변위에 선형적으로 의존하고 있음을 뜻한다. 비선형 시스템에서의 f는 이 상태변수의 비선형 함수로 표현된다. 예를 들어 예제 1.1.1에서 설명된 진자의 경우 f는 $f(\theta, \dot{\theta}) = (g/l)\sin(\theta)$로 표현된다. 여기서 θ는 각변위를 뜻하는 변수이다.

식 (1.94)와 식 (1.95)를 사용해 접근해 본다. 식 (1.112)와 같은 운동방정식을 상태공간 방정식으로 변환할 때 적용하는 절차는 다음과 같다. 먼저 두 개의 상태변수 $x_1 = x(t)$, $x_2 = \dot{x}(t)$를 정의하고, 운동방정식 (1.112)를 1차 형태로 기술하면 다음과 같다.

$$\begin{aligned}\dot{x}_1(t) &= x_2(t)\\ \dot{x}_2(t) &= -f(x_1, x_2)\end{aligned} \tag{1.113}$$

이러한 형태의 상태공간 표현식은 수치해를 구할 때 매우 유용할 뿐만 아니라 평형위치를 계산할 때도 매우 유용하다. 먼저 식 (1.96)에서 사용된 상태벡터 **x**와 다음 식과 같은 비선형 벡터함수 **F**를 정의한다.

$$\mathbf{F} = \begin{bmatrix} x_2(t) \\ -f(x_1, x_2) \end{bmatrix} \tag{1.114}$$

식 (1.113)은 다음과 같이 단순한 형태로 나타낼 수 있다.

$$\dot{\mathbf{x}} = \mathbf{F}(\mathbf{x}) \tag{1.115}$$

이 시스템의 평형점 $\mathbf{x}_e$는 $\mathbf{F}(\mathbf{x}) = 0$(영 위상 속도라고 한다)으로 놓고 이 식을 만족하는 상태벡터 **x**를 구하면 된다. 즉 다음 식을 만족하는 상수벡터가 평형점이다.

$$\mathbf{F}(\mathbf{x}_e) = 0 \tag{1.116}$$

만일 동역학 시스템의 상태가 시간에 대해 변하지 않으면 그 시스템은 평형상태에 있게 된다. 다시 말해, $\dot{x}$, $\ddot{x}$ 모두가 영이면 그 시스템은 평형상태에 있게 된다.

쿨롱마찰의 경우, 평형점은 쉽게 바로 구해지지 않는다. 이는 속도가 영일 때 불연속이 되는 부호함수(식 1.100 참조) 때문이다. 평형위치를 계산하기 위해 그림 1.46과 같은 시스템에 식 (1.116)을 고려한다. 즉 다음과 같이 나타낼 수 있다.

$$\begin{bmatrix} x_2 \\ \dfrac{f_c}{m} - \dfrac{k}{m}x_1 \end{bmatrix} = \begin{bmatrix} 0 \\ 0 \end{bmatrix}$$

이 두 개의 식을 풀면 다음과 같다.

$$x_2 = 0$$

그리고

$$f_c - kx_1 = 0$$

두 번째 식은 정적인 식임을 고려하면 다음 경우에 대해 이 표현식은 만족된다.

$$-\frac{\mu_s mg}{k} < x_1 < \frac{\mu_s mg}{k}$$

앞서 언급한 것처럼 스프링 힘 kx_1이 마찰력을 극복할 정도로 크지 않으면 마찰력은 평형을 이루는 정적 힘이 된다. 따라서 평형위치 x_1은 부등식의 형태로 표현된다.

이 식은 속도(x_2)가 영이고, 위치가 마찰력에 의해 정의되는 영역에 놓이는 경우를 뜻한다. 초기 조건에 따라 정지위치는 위에서 정의된 영역의 어떤 값 $\mathbf{x}_e$에서 멈추게 된다. 다음 예제에서처럼 평형점이 여러 값의 집합인 경우도 매우 많다.

예제 1.10.2

식 $\ddot{x} + x - \beta^2 x^3 = 0$으로 정의되는 비선형 시스템의 평형위치를 구하라. 이 식의 상태공간 표현식을 구하기 위해 $x_1 = x$로 놓는다.

$$\dot{x}_1 = x_2$$
$$\dot{x}_2 = x_1\left(\beta^2 x_1^2 - 1\right)$$

풀이 이 방정식은 스프링이 비선형성을 갖는 경우이며, 이와 같은 경우를 연화 '스프링(soft spring)'이라 한다. 예제 1.4.2에서 $\sin x \approx x - x^3/6$으로 근사화한 진자 문제와 동일한 경우이다. 평형위치를 구하기 위한 방정식은 다음과 같다.

$$x_2 = 0$$
$$x_1\left(\beta^2 x_1^2 - 1\right) = 0$$

위의 대수방정식을 풀면 세 개의 해가 존재한다. 즉 세 개의 평형위치가 존재한다.

$$\mathbf{x}_e = \begin{bmatrix} 0 \\ 0 \end{bmatrix}, \begin{bmatrix} \frac{1}{\beta} \\ 0 \end{bmatrix}, \begin{bmatrix} -\frac{1}{\beta} \\ 0 \end{bmatrix}$$

다음 예제는 그림 1.1과 1.50에서 설명되는 비선형 진자 방정식을 고려한다. 물리적으로 진자는 회전점을 중심으로 얼마든지 흔들릴 수 있으므로, 평형위치는 진자가 위아래로 바로 서 있는 두 경우이다. 이 결과를 그림 1.50(b)와 1.50(c)에 나타냈다.

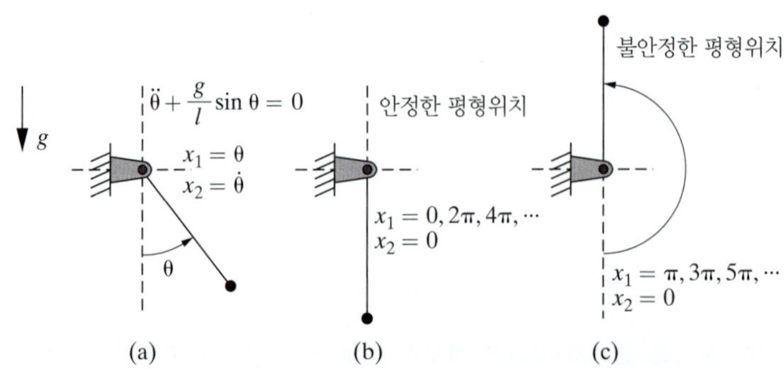

그림 1.50 (a) 질량 m, 길이 l로 구성된 단진자, (b) 수직 하부 평형점, (c) 수직 상부 평형점

예제 1.10.3

예제 1.1.1에서 주어진 운동방정식을 갖는, 그림 1.50에 나타나 있는 진자의 평형위치를 구하라.

풀이 상태공간에서 진자의 방정식은 다음과 같다.

$$\dot{x}_1 = x_2$$

$$\dot{x}_2 = -\frac{g}{l}\sin(x_1)$$

평형위치를 구하기 위해 벡터 방정식 $\mathbf{F}(\mathbf{x}) = \mathbf{0}$을 풀면 다음 결과를 얻는다.

$$x_2 = 0 \text{ 그리고 } x_1 = 0, \pi, 2\pi, 3\pi, 4\pi, 5\pi \ldots$$

이 식에서 $\sin(x_1) = 0$을 만족하는 위치가 π의 정수배에 해당하는 값이다. 이 해로부터 평형위치는 무한개가 존재한다는 것을 알 수 있으나, 실제로는 그림 1.50(b)의 경우와 그림 1.50(c)의 경우인 두 가지뿐이다. π의 짝수배에 해당되는 위치(안정한 평형점)의 부근값으로 초기값이 주어질 때, 해는 곧 평형위치를 중심으로 진동한다. 그러나 π의 홀수배에 해당되는 위치(불안정한 평형점)의 부근값으로 초기값이 주어질 때 응답은 평형점에서 멀어지며 한없이 증가함을 알 수 있다.

비선형 진동 시스템에서 평형점의 안정성 문제는 진동 시스템의 매우 중요한 성질이며 1.8절의 정의에 기초한다. 일반적으로 선형 시스템에서는 평형점이 한 개이며, 해의 안정성 특성이 전 상태공간에서 동일하다. 이러한 안정성 특성을 **전역 안정성**(*global stability*)이라 한다. 비선형 시스템에서는 평형점이 한 개 이상이며, 각 평형점마다 안정성 특성이 다르게 정의된다. 따라서 이러한 성질을 **지역 안정성**(*local stability*)이라 한다. 예를 들어 비선형 진자 문제에서 일부 평형점은 안정하나 나머지 평형점은 그렇지 않다. 더욱이 비선형 진동 시스템의 안정성은 초기조건에 의존하고 있다. 선형 시스템에서는 초기조건이 시스템의 안정성에 아무런 영향을 미치지 않으며, 다만 시스템의 매개변수와 방정식의 형태가 전적으로 응답의 안정성을 결정한다. 비선형 시스템의 평형점에서 안정성 특성을 보기 위해 그림 1.50에서 나타낸 진자를 다시 고려한다. 만일 초기변위 및 속도가 원점 부근에 있으면, 시스템의 응답은 안정하며 평형점 부근에서 진동한다. 반대로 진자의 초기조건이 $\theta = \pi$ rad인 평형점 부근에서 주어진다면, 응답은 무한정 증가하게 된다. 따라서 $\theta = \pi$ rad인 점은 불안정한 평형위치이다.

비록 비선형 시스템이 다중 평형점을 갖고 있고 또한 응답이 특이하다 하더라도, 그 응답을 앞 절에서 기술한 수치해석 기법을 활용하여 쉽게 계산할 수 있다. 이러한 사실을 다음 예제인 진자 문제에서 확인할 수 있다. 또한 이 예제에서 여러 초기조건에 대해 비선형 진자 방정식의 해와 예제 1.1.1과 1.4.2에서 다룬 선형화된 시스템의 해를 서로 비교했다.

예제 1.10.4

수치해석 기법을 사용하여 비선형 진자 방정식의 응답과 선형 진자 방정식의 응답을 비교하라. 단, $g/\ell = (0.1)^2$이며, 두 개의 초기조건에 대해 해를 구하고 그 결과를 그림으로 나타내라. 초기조건 (a)는 $x_0 = 0.1$ rad, $v_0 = 0.1$ rad/s이며, (b)는 $x_0 = 1$ rad, $v_0 = 1$ rad/s이다. 여기서 x 및 v는 컴퓨터 프로그램에서 사용된 변수 이름을 그대로 쓰기 위해 사용했으며, 실제로는 θ, $\dot{\theta}$를 뜻한다.

풀이 (a) 결과를 수치적으로 통합하고 플롯하기 위한 MATLAB 코드는 다음과 같이 두 개의 M 파일을 생성하고 두 개의 방정식을 각각 1차 형식으로 만들어야 한다.

```
function dydt=NLP(t,y)
dydt=[y(2);-(0.1)^2*sin(y(1))];
```

이 파일은 `NLP.m`으로 저장되어 있다.

```
function dxdt=LP(t,x)
dxdt=[x(2);-(0.1)^2*x(1)];
```

이 파일은 `LP.m`으로 저장되어 있다.

일단 이 2개의 M 파일이 생성되고 저장되면, 입력창에 다음 프로그램을 입력할 수 있다.

```
>> [t,x]=ode45(@LP,[0 200],[0.1 0.1]);
>> [t,y]=ode45(@NLP,[0 200],[0.1 0.1]);
>> sz=length(t); % define sz to be the time vector length
>> X1=x(:,1);X2=X1(1:sz); % reduce the length of the linear displace-
ment vector to that of the time vector
>> Y1=y(:,1);Y2=Y1(1:sz); % reduce the length of the nonlinear dis-
placement vector to that of of the time vector
>> figure %creates a blank figure
>> plot(t,X2,':',t,Y2,'-')
>> xlabel('time in sec')
>> ylabel('angle in rad')
>> title ('Linear, dots, and nonlinear, dashed, response for small
initial conditions')
```

이 프로그램은 다음 선도를 만들어 준다.

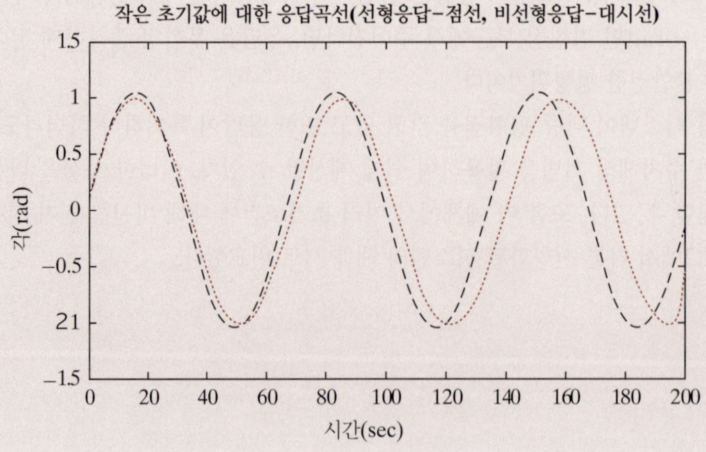

(b) 다음으로 그림 1.48c에 표시된 평형위치에서 시작된 진자의 선형 모델, 즉 진자의 불안정한 평형위치를 고려한다. 이러한 초기조건을 사용하여 명령창에 다음 프로그램을 입력한다.

```
>> figure
>> [t,x]=ode45(@LP,[0 200],[pi 0.1]);
>> plot(t,x)
>> xlabel('time in sec')
>> ylabel('angle in rad')
>> title('Response of the linear pendulum started at position theta =
pi')
```

이 프로그램은 다음 선도를 생성시킨다.

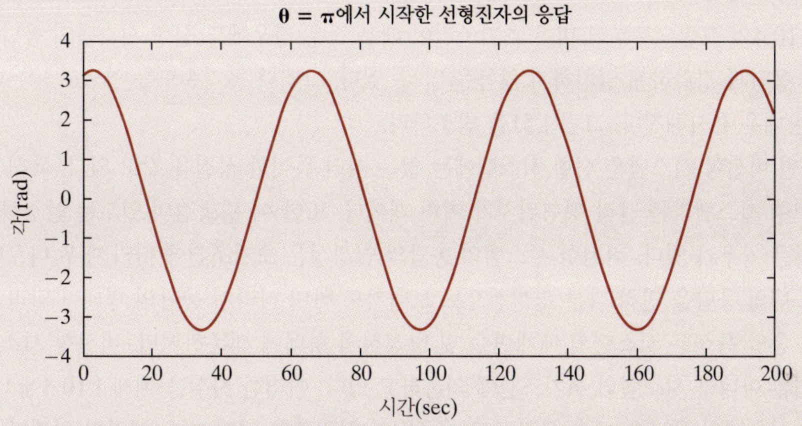

이 결과는 단순 조화운동을 보여주고 있다. 그냥 보기에는 안정된 모습이다. 그러나 우리가 동일한 초기조건을 원래의 비선형 운동방정식에 적용하면 결과는 완전히 다르게 나오게 된다.

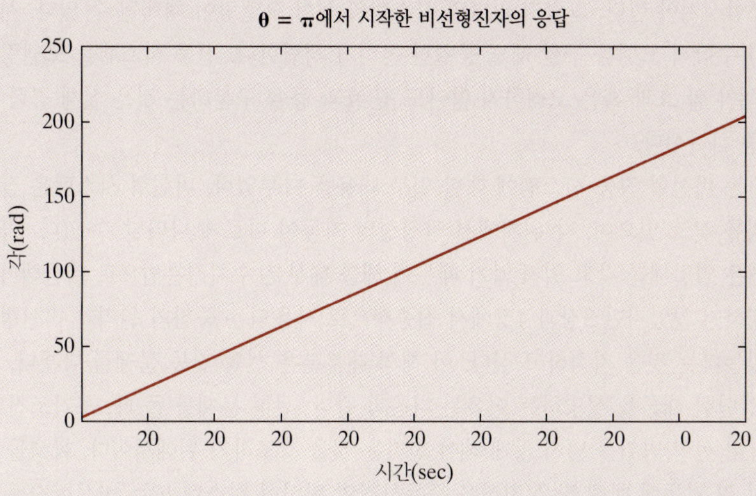

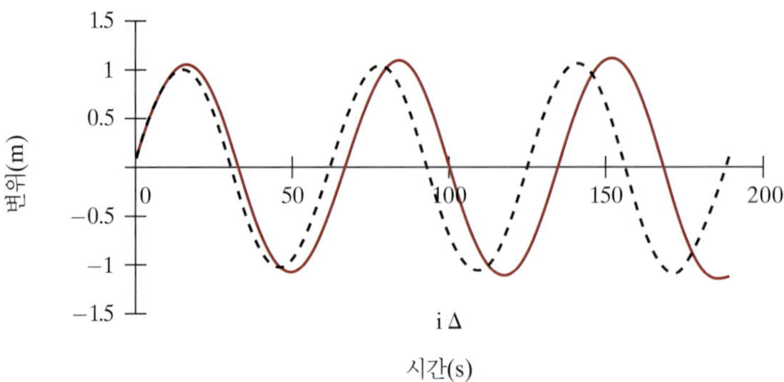

그림 1.51 예제 1.10.4에서 초기속도가 영일 때, 선형 시스템(점선) 및 비선형 시스템(실선)의 응답

예제 1.10.4의 그림으로부터 비록 초기조건이 매우 작은 경우에도 선형 시스템의 응답은 비선형 시스템의 응답과 정확하게 일치하지 않음을 알 수 있다. 그러나 초기속도를 영으로 놓는다면 그 해의 결과는 매우 유사해진다. 그림 1.51을 참조하라.

요약하면 비선형 시스템은 선형 시스템에는 없는 여러 특이한 성질을 갖고 있다. 특히 비선형 시스템은 선형 시스템과는 달리 평형위치가 여러 개이다. 또한 이 평형점의 일부는 안정하나 일부는 그렇지 않은 경우가 있다. 비선형 시스템의 응답의 안정성은 초기조건에 따라 매우 다르다. 초기조건은 시스템의 응답을 전혀 다른 평형점으로 보내기도 하며 따라서 응답의 형태가 달라진다. 선형 시스템의 응답 특성은 시스템의 매개변수 및 방정식의 형태에 의존하지만, 비선형 시스템의 응답 특성은 이뿐 아니라 시스템의 초기조건에 의존하고 있다. 이러한 사실을 예제 1.10.4에 나타냈다.

비선형 시스템의 응답은 매우 복잡하고 이론적인 엄밀해를 얻기 매우 어렵긴 하지만, 수치적분을 사용하면 비교적 쉽게 얻을 수 있다. 실제 시스템을 모델링하는 데 비선형성은 항상 존재한다. 비선형 시스템의 응답을 계산하는 데 모델의 비선형 부분을 포함시킬 것인가 말 것인가는 초기조건에 따라 다르다. 만일 초기조건 때문에 시스템의 비선형성이 응답에 크게 기여하면 비선형항을 방정식에 포함시켜야 한다. 그렇지 않다면 시스템의 선형 모델링이 채택될 수 있다. 시스템의 감쇠 현상에 대한 수학적 모델을 구할 때도 동일한 논리가 성립한다. 진동 시스템을 모델링하거나 해석할 때 고려해야 할 효과 혹은 고려하지 않아도 될 효과 등을 구분하는 것은 실제 공학에서 매우 중요한 분야 중 하나이다.

이 절에서는 비선형 진동 시스템에 대한 일부 내용을 다루었다. 비선형 시스템은 잠재적으로 다중 평형위치를 갖고 있으며, 각 위치에서 안정성의 거동이 다르게 나타날 수 있다. 일반적으로 비선형 시스템은 엄밀해를 갖고 있지 않기 때문에 해를 대부분 수치적분법으로 계산해야 한다. 이 절에서는 설명하지 않았지만 3장과 4장에서 집중적으로 사용되는 중첩의 원리가 비선형 시스템에는 적용되지 않는다는 것을 지적하고 싶다. 이 책의 대부분은 선형 진동 문제를 다룬다. 비선형 시스템에 대한 간단한 개론을 설명하는 이유는 다음과 같다. 선형 문제를 풀 때, 초기조건의 크기를 제한하여 응답이 선형 범위를 넘지 않게 해야 한다는 것을 강조하기 위해서이다. 학생들이 비선형 진동계의 해석 및 거동에 대해 많은 지식을 습득하려면 비선형 시스템 또는 비선형진동 과목을 수강하는 것이 바람직하다고 생각된다.

연습문제

1.1절(문제 1.1~1.30)

1.1 스프링-질량 지도계의 질량은 100 kg, 강성은 10,000 N/m이다. 이 진동계의 진동주기를 구하라.

1.2 어떤 승용차의 질량 및 강성이 각각 2500 kg, 161,255 N/m이다. 이 승용차의 진동수와 주기를 구하라. 또한 승객(몸무게 합 181 kg)이 승차했을 때 진동수와 주기를 구하라.

1.3 단순 진자(예제 1.1.1 참조)에서 질량이 2 kg, 길이가 0.5 m 일 때 복원력의 최댓값을 계산하라. 진자는 해수면 위에 있다고 가정한다.

1.4 중력가속도가 9.832 m/s^2로 추정되는 북극에서 진자의 길이가 1.0 m일 때, 이 진자의 진동주기를 계산하라.

1.5 그림 P1.5의 스프링이 질량 15 kg의 무게를 지탱하고 있을 때, 정적변위는 0.01 m이다. 이 스프링의 강성을 계산하라.

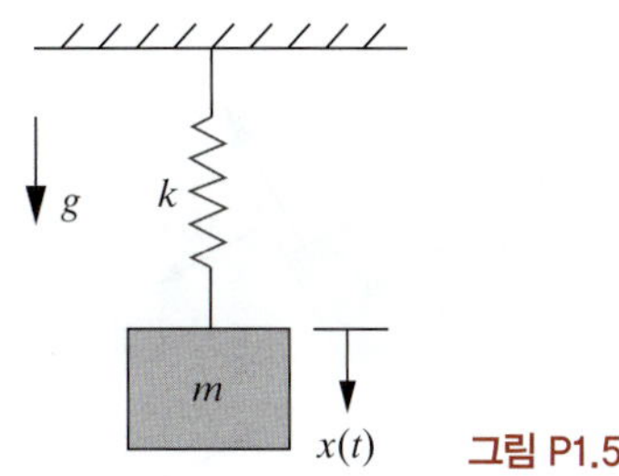

그림 P1.5

1.6 그림 P1.5의 스프링에 연속적으로 질량이 추가되었고 그에 따른 정적변위는 다음과 같다. 자료를 도시하고 스프링의 강성을 계산하라. 이 자료에 오차가 있음을 주목하라. 그리고 표준편차를 계산하라.

m(kg)	10	11	12	13	14	15	16
x(m)	1.14	1.25	1.37	1.48	1.59	1.71	1.82

1.7 그림 P1.7에 다시 나타낸 예제 1.1.1의 진자의 질량이 2 kg이고 길이가 0.5 m일 때 달 표면상에 있는 이 진자의 복원력의 최댓값을 계산하라.

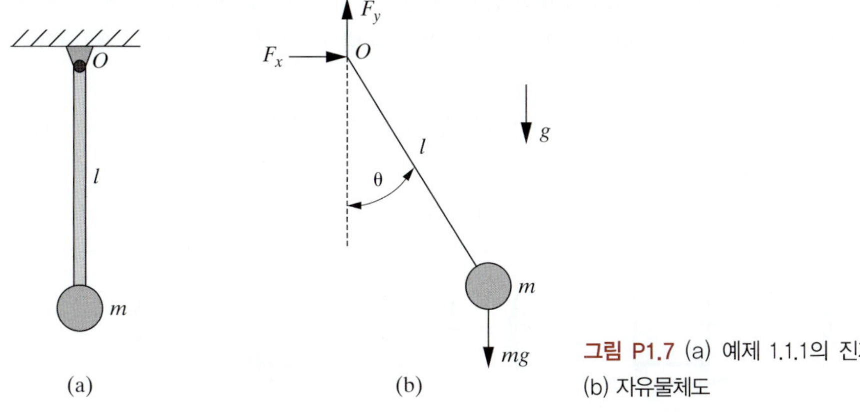

그림 P1.7 (a) 예제 1.1.1의 진자, (b) 자유물체도

1.8 예제 1.1.1의 진자의 질량이 2 kg, 길이가 0.5 m일 때 지구 표면상에 있는 이 진자의 선형화된 시스템에 대한 고유진동수(초당 라디안)를 계산하라. 진동주기는 초단위로 계산하면 얼마인가?

1.9 $m\ddot{x} + kx = 0$의 해를 유도하고 $\omega_n = 2$ rad/s, $x_0 = 1$ mm, $v_0 = \sqrt{5}$ mm/s의 경우에 대해 최소한 2주기 동안의 결과를 그려라.

1.10 $k = 4$N/m, $m = 1$ kg, $x_0 = 1$ mm, $v_0 = 0$일 때 $m\ddot{x} + kx = 0$의 해를 구하고 도시하라.

1.11 어떤 비감쇠 시스템의 진동 진폭이 1.0 mm로 측정되었다. $t = 0$일 때 위상차는 2 rad이고 고유진동수는 5 rad/s로 확인되었다. 이 진동을 발생시키는 초기조건을 계산하라. 응답형태는 $x(t) = A \sin(\omega_n t + \phi)$라고 가정한다.

1.12 질량이 100 kg이고 고유진동수가 10 Hz인 1자유도 스프링-질량 시스템의 강성을 결정하라.

1.13 그림 P1.13과 같은 시스템의 운동방정식과 고유진동수를 구하라. 그리고 뉴턴의 법칙 및 정적평형 개념을 사용하여 중력이 운동방정식 및 고유진동수에 미치는 영향을 평가하라. 단, 블록은 마찰 없이 미끄러진다고 가정한다.

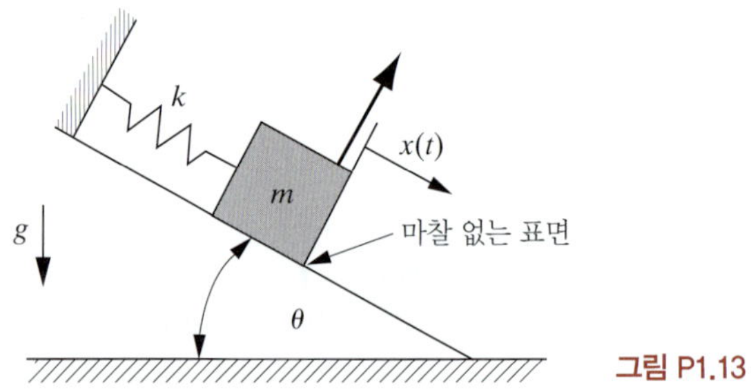

그림 P1.13

1.14 어떤 비감쇠 시스템이 진동수 10 Hz와 진폭 1.0 mm로 진동한다. 이 시스템의 속도와 가속도의 최대 진폭을 계산하라.

1.15 $A \sin(\omega_n t + \phi)$이 $A_1 \sin \omega_n t + A_2 \cos \omega_n t$로 표현될 수 있음을 계산으로 보여라. 그리고 A_1과 A_2를 A와 ϕ의 식으로 계산하라.

1.16 식 (1.2)의 해가 $x(t) = A_1 \sin \omega_n t + A_2 \cos \omega_n t$의 형태임을 사용해서 A_1과 A_2의 값을 초기조건 x_0와 v_0의 식으로 계산하라.

1.17 그림 1.7을 이용하여 식 (1.10)이 초기속도조건을 만족한다는 것을 증명하라.

1.18 0.5 kg의 질량이 강성이 0.1 N/m인 선형스프링에 달려 있다. (a) 이것의 고유진동수를 헤르츠 단위로 구하라. (b) 질량이 50 kg이고 강성이 10 N/m일 때 고유진동수를 구하고 문제 (a)의 결과와 비교하라.

1.19 그림 1.4에 나타낸 1자유도 진동 시스템의 해를 뉴턴의 제2법칙 $ma = -kx$ 및 $adx = vdv$를 사용하고 두 번 적분하여 구하라.

1.20 그림 P1.20에 나타나 있는 두 시스템의 고유진동수를 구하라.

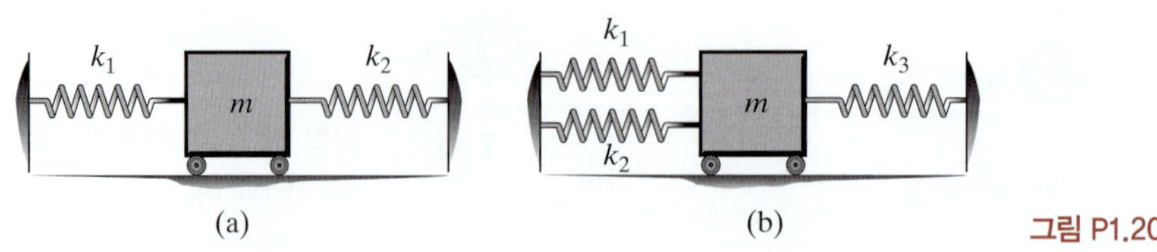

그림 P1.20

1.21 식 (1.10)에서 $k = 1000$ N/m이고 $m = 10$ kg일 때 각각의 초기조건에서 해를 두 주기구간에 걸쳐 도시하라. (a) $x_0 = 0$ m, $v_0 = 1$ m/s, (b) $x_0 = 0.01$ m, $v_0 = 0$ m/s, (c) $x_0 = 0.01$ m, $v_0 = 1$ m/s.

1.22 어떤 기계요소가 그림 P1.22에 나타낸 것처럼 스프링에 연결된 진자로 모델링될 수 있다. 진자막대의 질량을 무시하고 운동방정식을 구한 후, 예제 1.1.1에서 사용된 절차와 동일한 방법으로 운동방정식을 선형화하고 고유진동수를 구하라. 단, 진자의 회전각이 매우 작아 스프링은 수평방향으로만 변형이 일어난다고 가정한다.

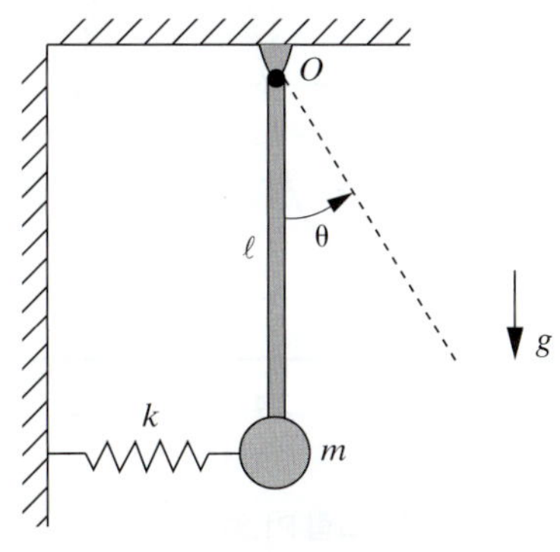

그림 P1.22

1.23 어떤 진자의 길이는 250 mm이다. 시스템의 고유진동수는 몇 Hz인가?

1.24 예제 1.1.1의 진자(그림 P1.7 참조)는 고유진동수가 1 Hz이다. 길이는 얼마여야 하는가?

1.25 근사화 $\sin\theta = \theta$는 θ가 10° 미만일 때 유효하다. 만일 길이가 0.5 m인 진자의 초기변위가 $\theta(0) = 0$일 때, 근사화과정이 유효할 진자의 초기각속도 $\dot{\theta}(0)$의 최댓값을 구하라(각은 라디안으로 나타내라).

1.26 간단한 스프링–질량 시스템으로 모델링된 어떤 기계가 단순조화운동으로 진동하고 있다. 이 기계의 가속도의 진폭은 8 Hz일 때 10,000 mm/s^{2}으로 측정되었다. 이 기계가 진동하는 동안 최대변위를 계산하라.

1.27 윈도우 1.4에서 해의 지수형태에 사용된 상수 a_1과 a_2를 해의 사인과 코사인 형태에 사용된 상수 A_1과 A_2의 식으로 나타내라. 사인과 코사인을 지수로 나타낼 때 식 (1.18)에 주어진 오일러 관계식을 사용하라.

1.28 지표면에 있는 진자의 경우에서 진자의 길이 범위 값(0~4 m)에 대해 진자의 길이가 고유진동수에 미치는 영향을 그림으로 나타내라.

1.29 강성계수 값의 범위가 120,000 N/m에서 170,000 N/m일 때, 질량 2500 kg의 자동차에서 고유진동수가 어떻게 변하는지를 그림으로 나타내라. 답은 Hz로 표현하라.

1.30 문제 1.13과 그림 P1.13의 시스템을 생각해 보자. 평면의 표면이 쿨롱마찰을 제공한다고 가정하고 진동 방정식을 구하라.

1.2절(문제 1.31~1.48)

1.31 스프링–질량 시스템으로 모델링된 어떤 기계부품의 가속도가 그림 P1.31과 같이 측정되었다. 이 질량의 변위의 진폭을 계산하라.

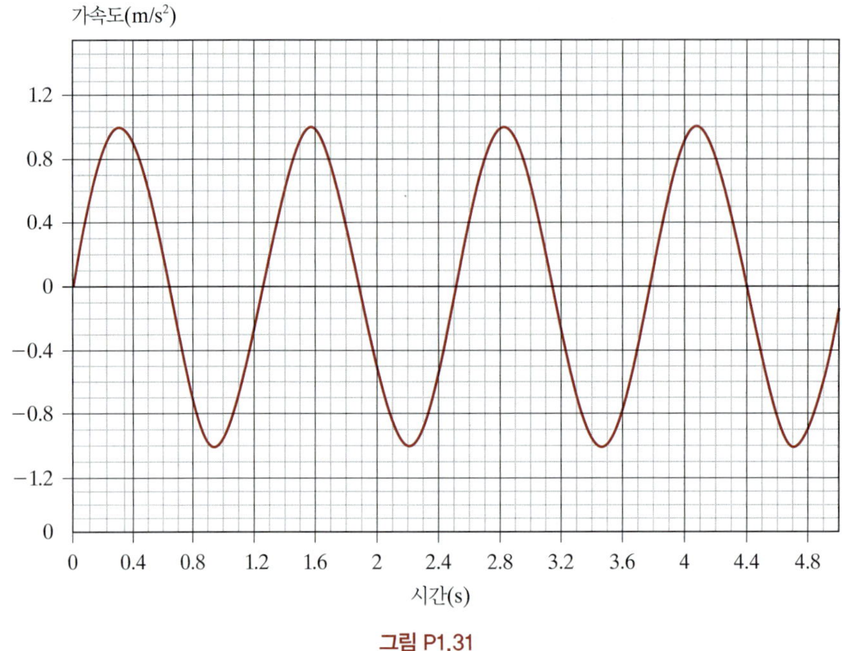

그림 P1.31

1.32 미국상용단위계를 사용하여 예제 1.2.1을 다시 풀어라.

1.33 예제 1.2.2를 참조하라. 이 예제에서 얻은 진동주기 공식을 사용하여 길이를 피트 단위로 구하라.

1.34 달의 중력가속도를 ft/s^2 단위로 구하라.

1.35 진동하는 스프링–질량의 가속도 진폭은 8 mm/s^2, 변위 진폭은 2 mm로 측정되었다. 이 시스템의 고유진동수를 계산하라.

1.36 어떤 스프링–질량 시스템의 주기는 5초이고 질량은 20 kg이다. 이 스프링의 강성을 구하라.

1.37 고유진동수 $\omega_n = 1$ rad/s, $x_0 = 2$ mm, $v_0 = 2$ mm/s인 선형 스프링–질량 시스템의 해를 적어도 2주기 이상의 그림으로 나타내라.

1.38 $m = 1$ kg, $k = 4$ N/m, $x_0 = 2$ mm, $v_0 = 0$ mm/s일 때 스프링–질량 시스템의 고유진동수를 구하고, 응답을 적어도 2주기 이상의 그림으로 나타내라.

1.39 선형 스프링–질량 시스템을 설계할 때 종종 시스템이 지정된 고유진동수를 갖도록 스프링 상수값을 구하는 문제가 많다. 시스템의 질량이 4 kg이고 강성은 100 N/m일 때, 시스템의 고유진동수를 10% 올리기 위한 스프링강성의 변화량을 구하라.

1.40 시카고 과학산업박물관에 있는 진자는 길이가 20 m이고, 이 지역의 중력가속도는 9.803 m/s^2이다. 이 진자의 주기를 계산하라.

1.41 식 (1.19)의 비감쇠 1자유도 시스템에서 위상이 0일 때 변위, 속도, 가속도의 RMS 값을 계산하라.

1.42 초기조건 $x_0 = 1$ mm, $v_o = 1$ mm/s 그리고 고유진동수가 10 rad/s로 주어질 때 윈도우 1.4에서 주어진 해의 계수 A_1 및 A_2를 구하고 해의 결과를 수식으로 표현하라.

1.43 어떤 기계의 페달 매커니즘이 그림 P1.43에서 나타낸 것처럼 스프링에 연결된 진자형태로 모델링될 수 있다. 스프링은 페달운동에 반력을 작용하기 위한 것이다. 페달이 수평에서 1° 내려간 상태를 유지하려면 스프링강성이 얼마가 되어야 할지 계산하고, 고유진동수도 계산하라. 단, 각변위는 비교적 작

다고 가정한다. 그리고 페달은 집중질량으로 간주하고, 진자막대는 질량이 없는 것으로 가정한다. 그림에서 $m = 0.5$ kg, $g = 9.8$ m/s^2, $l_1 = 0.2$ m, $l_2 = 0.3$ m이다.

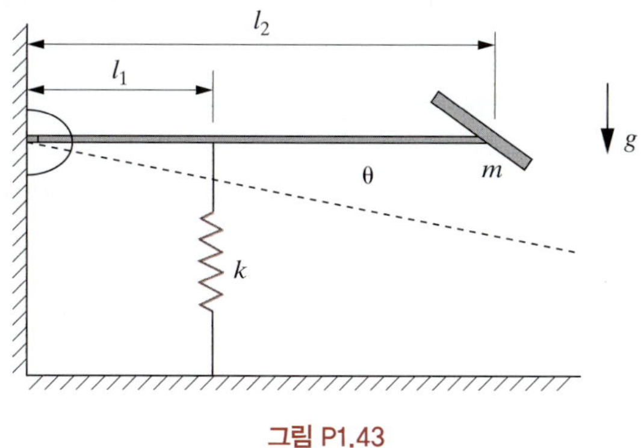

그림 P1.43

1.44 자동차를 강성 $k = 400{,}000$ N/m인 스프링에 의해 지지되는 1000 kg의 질량으로 모델링했다. 자동차가 진동할 때 최대 변형은 10 cm이다. 승객이 탔을 때는 질량이 1300 kg으로 증가한다. 최대 변형이 10 cm로 유지될 때 진동수, 속도진폭, 가속도진폭의 변화를 계산하라.

1.45 자동차의 전륜 현가장치는 그림 P1.45에서 보여주는 것처럼 자동차의 조정성 향상을 위해 비틀림 막대를 갖고 있다. (a) $x = 0.26$ m이고, 바퀴의 질량은 38 kg, 비틀림강성은 2000 N m/rad일 때 이 진동 시스템의 고유진동수를 계산하라. (b) 외관상 모양이나 성능 개선을 위해 형상이 다른 바퀴를 사용할 수도 있다 바퀴의 질량이 45 kg으로 증가하게 되면 고유진동수에 어떤 변화가 있는지 설명하라.

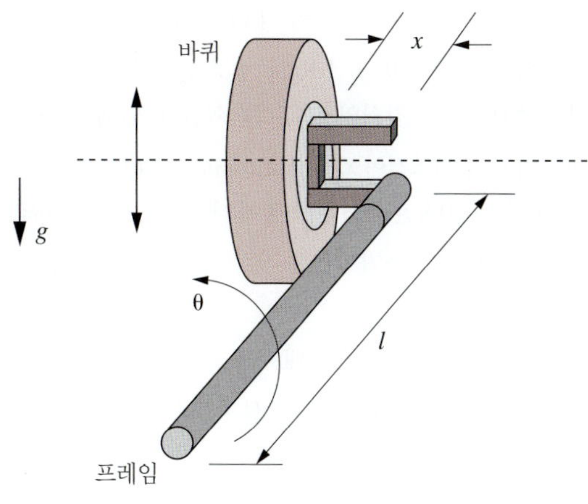

그림 P1.45

1.46 어떤 기계가 단순조화운동으로 진동하고 있으므로 비감쇠 1자유도 시스템으로 잘 모델링된 것으로 보인다. 가속도는 진폭이 7 Hz에서 10,000 mm/s^{2}으로 측정되었다. 이 기계의 최대 변위는 얼마인가?

1.47 단순 비감쇠 스프링–질량 시스템이 정지상태로부터 초기속도 100 mm/s에 의해 운동을 한다. 진동의 최대 진폭은 15 mm이다. 고유진동수는 얼마인가?

1.48 거친 도로 위를 움직이는 자동차가 최대 변위의 진폭 1 cm, 최대 가속도 2000 cm/s^{2}으로 수직방향으로 진동하고 있다. 자동차를 수직방향의 1자유도 시스템으로 모델링할 수 있다고 가정하고 자동차의 고유진동수를 계산하라.

1.3절(문제 1.49~1.72)

1.49 그림 1.10과 같은 스프링–질량–감쇠 시스템을 고려할 때 $m = 10$ kg, $c = 3$ kg/s, $k = 1000$ N/m이다. (a) 이 시스템은 과도감쇠인가, 부족감쇠인가, 임계감쇠인가? (b) 초기조건 $x_0 = 0.01$ m, $v_0 = 0$이 주어졌을 때 해를 구하라.

1.50 운동방정식이 $\ddot{x} + 0.2\dot{x} + 2x = 0$으로 주어진 스프링–질량–감쇠 시스템을 고려해 보자. 감쇠비를 계산하고 이 시스템이 과도감쇠인지, 부족감쇠인지, 임계감쇠인지 구하라.

1.51 $x_0 = 1$ mm, $v_0 = 0$ mm/s에 대해 $\ddot{x} + 4\dot{x} + x = 0$의 시스템이 과도감쇠인가, 부족감쇠인가, 임계감쇠인가? 해를 계산하고 시간이 지남에 따라 어떤 해가 더 우세한지 구하라. (한 해는 빨리 소멸하고 다른 해는 지속될 것이다.)

1.52 $x_0 = 0$ mm, $v_0 = 1$ mm/s에 대해 $\ddot{x} + 2\dot{x} + 2x = 0$의 해를 계산하라.

1.53 식 (1.28)로부터 식 (1.31)에 의해 주어진 λ_1과 λ_2의 형태와 감쇠비의 정의를 유도하라.

1.54 오일러 공식을 이용하여 식 (1.35)로부터 식 (1.36)을 유도하고, 윈도우 1.4에서 나열한 관계를 결정하라.

1.55 부족감쇠 시스템의 해의 형태로 식 (1.35)를 이용하여 상수 a_1과 a_2의 값들을 초기조건 x_0와 v_0의 항으로 계산하라.

1.56 상수 A, ϕ를 초기조건의 함수로 구함으로써 부족감쇠인 경우의 결과인 식 (1.38)을 증명하라.

1.57 상수 a_1, a_2를 초기조건의 함수로 구함으로써 과도감쇠인 경우의 결과인 식 (1.42), (1.43)을 증명하라.

1.58 상수 a_1, a_2를 초기조건의 함수로 구함으로써 임계감쇠인 경우의 결과인 식 (1.46)을 증명하라.

1.59 비감쇠 고유진동수 및 감쇠비의 정의를 이용하여 식 (1.48)을 식 (1.47)로부터 유도하라.

1.60 어떠한 감쇠 시스템에 대해 m, c, k가 $m = 1$ kg, $c = 2$ kg/s, $k = 10$ N/m로 알려져 있다. ζ와 ω_n의 값을 계산하라. 이러한 시스템은 과도감쇠인가, 부족감쇠인가, 임계감쇠인가?

1.61 고유진동수 $\omega_n = 2$ rad/s이고, 초기조건이 $x_0 = 1$ mm, $v_0 = 1$ mm이며, 다음과 같은 감쇠비 $\zeta = 0.01$, $\zeta = 0.1$, $\zeta = 0.2$, $\zeta = 0.4$, $\zeta = 0.8$인 감쇠 시스템에 대해 $x(t)$를 도시하라.

1.62 $\omega_n = 2$ rad/s, $\zeta = 0.1$, $v_0 = 0$이고, 초기변위가 각각 $x_0 = 10$ mm, $x_0 = 100$ mm인 부족감쇠 시스템의 응답 $x(t)$를 도시하라.

1.63 $x_0 = 1$, $v_0 = 0$일 때 $\ddot{x} + \dot{x} + x = 0$을 $x(t)$에 대해 풀고 응답을 도시하라.

1.64 스프링–질량–감쇠기 시스템의 질량은 100 kg, 강성은 3000 N/m, 감쇠계수는 300 kg/s이다. 시스템의 비감쇠 고유진동수, 감쇠비, 감쇠 고유진동수를 구하라. 이 시스템이 진동하고 있는지 확인하라.

1.65 내연기관에 사용되는 밸브 및 로커암 시스템이 그림 P1.65에 나타나 있다. 이 시스템을 스프링 및 질량에 연결된 진자로 모델링할 수 있다. 그리고 내부오일에 의해 선형 감쇠비 $\zeta = 0.01$이라고 가정한다. 진동 시스템의 운동방정식을 유도하고 비감쇠 고유진동수 및 감쇠 고유진동수를 구하라. 여기서 J는 중심점에 대한 로커암의 질량관성모멘트이고, k는 밸브스프링의 강성, m은 밸브장치의 질량을 뜻한다. 스프링의 질량은 무시할 수 있다고 본다.

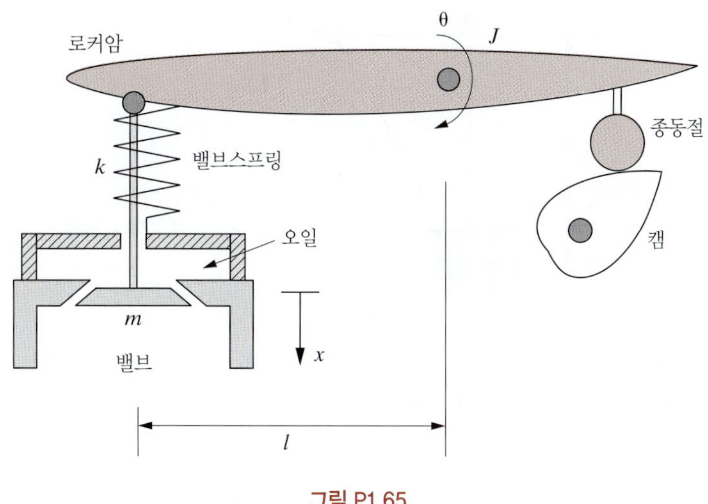

그림 P1.65

1.66 스프링–질량–감쇠기 시스템의 질량은 150 kg, 강성은 1500 N/m, 감쇠계수는 200 kg/s이다. 시스템의 비감쇠 고유진동수, 감쇠비, 감쇠 고유진동수를 구하라. 이 시스템이 부족감쇠인지, 임계감쇠인지, 과도감쇠인지 체크하라. 또한 이 시스템은 진동이 가능한 시스템인지 확인하라.

1.67 질량이 150 kg, 강성이 3000 N/m, 감쇠계수가 300 Ns/m인 스프링–질량–감쇠 시스템의 초기속도는 영이고 초기변위는 0.1 m이다. 응답의 형태를 구하고, 그 결과를 진동이 소멸되는 것으로 보이는 시점까지 그림으로 나타내라.

1.68 질량이 100 kg, 강성이 1500 N/m, 감쇠계수가 200 Ns/m인 스프링–질량–감쇠 시스템의 초기속도는 10 mm/s이고 초기변위는 −5 mm이다. 응답의 형태를 구하고, 그 결과를 진동이 소멸되는 것으로 보이는 시점까지 그림으로 나타내라. 진동이 소멸되는 데 걸리는 시간은 얼마인가?

1.69 질량이 200 kg이고, 강성이 2000 N/m인 스프링–질량–감쇠기 시스템에서 약 2초 후에 진동이 소멸되게 하는 감쇠계수값을 구하라. 이 경우의 초기조건은 $x_0 = 0$, $v_0 = 0.001$ mm/s이다.

1.70 그림 P1.70에 나타낸 진동 시스템의 운동방정식을 유도하라. 중력가속도가 시스템의 고유진동수 및 감쇠비에 미치는 효과를 논의하라.

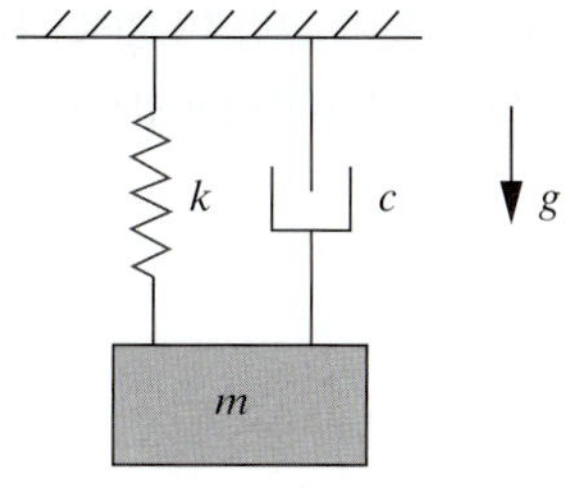

그림 P1.70

1.71 그림 P1.71의 시스템의 운동방정식을 유도하고 중력이 고유진동수와 감쇠비에 끼치는 영향을 논하라. 코사인의 근사가 필요할 것이다. 베어링에 의한 점성감쇠력이 오직 수직방향으로만 작용한다고 가정한다(A. Diaz-Jimenez, *South African Mechanical Engineer*, 26판, 65~69쪽, 1976).

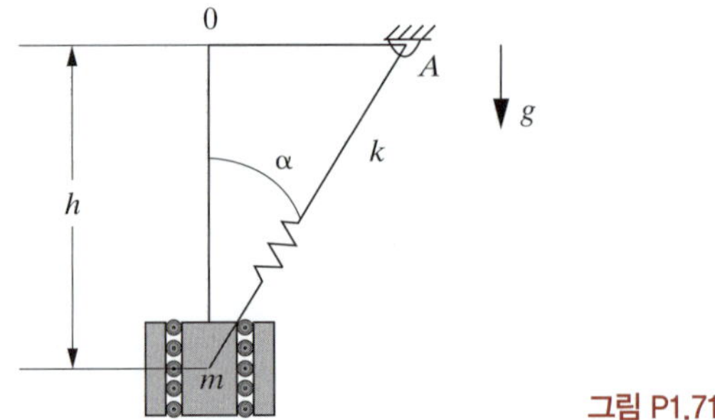

그림 P1.71

1.72 엠브라에르 ERJ-145 항공기는 비어 있을 때 질량이 12,007 kg이다. 세 개의 랜딩 기어 시스템이 하중을 균등하게 감당한다고 가정한다. 4000 kg의 하중이 실렸을 때 그림과 같은 착륙장치 시스템은 0.2 m 처짐이 생긴다. 착륙장치 시스템의 점성 댐핑계수 값은 어느 정도여야 시스템이 임계감쇠에 해당되는지 구하라.

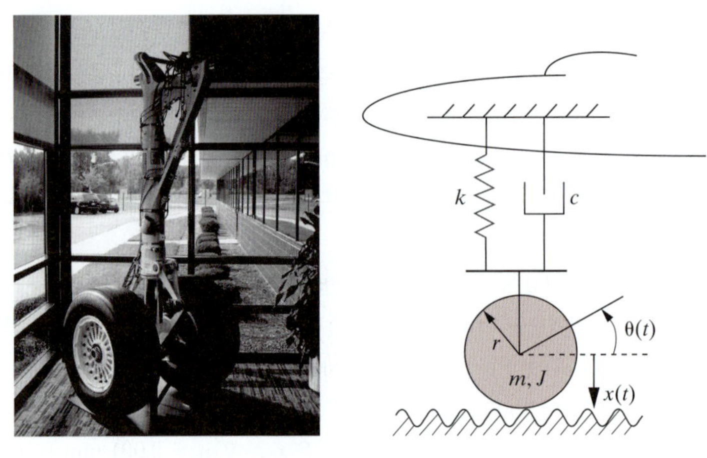

그림 P1.72

1.4절(문제 1.73~1.90)

1.73 질량 m_T를 질량 m인 막대의 끝에 달았을 때 그림 P1.73에 나타나 있는 복합진자의 진동수를 에너지 방법으로 계산하라. 단, 진자의 질량이 고루 분포되어 있으므로 무게중심은 진자길이 l의 중앙에 있다.

그림 P1.73 끝에 질량이 달린 복합진자

1.74 질량이 10 kg이고 진동수가 2.0 rad/s이며 감쇠비가 $\zeta = 0.01$인 감쇠 시스템에서, $x_0 = 0.1$ m이고 $v_0 = 0$일 경우의 전체 에너지를 계산하라. 시간에 대한 전체 에너지의 변화를 그래프로 그려라.

1.75 비행기 착륙장치의 앞바퀴(nose wheel)에 대한 조향기구의 운동방정식과 고유진동수를 에너지 방법으로 계산하라. 이 기구는 그림 P1.75에 나타낸 1자유도 시스템으로 모델링한다.

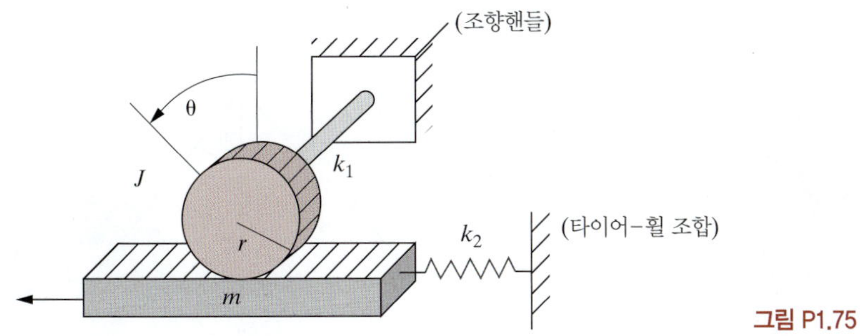

그림 P1.75

조향핸들과 타이어-휠 조합은 지면에 고정되어 있는 것으로 모델링한다. 조향막대 기어 시스템은 x 방향으로 진동하는 선형 스프링과 질량(m, k_2)으로 모델링한다. 축기어기구는 회전관성이 J인 원판과 비틀림강성이 k_2인 축으로 모델링한다. 기어 J는 원판이 질량 위에서 미끄러지지 않도록 각도 θ로 회전한다. 선형 운동 x에 관한 운동방정식을 구하라.

1.76 그림 P1.76의 진자-스프링 시스템이 있다. 여기서 진자막대의 질량은 무시할 만하다. 에너지 방법을 사용하여 운동방정식을 유도하라. 그리고 작은 각도에서 선형화하고 고유진동수를 구하라. 진자의 길이는 l, 끝에 달린 질량은 m, 스프링의 강성은 k이다.

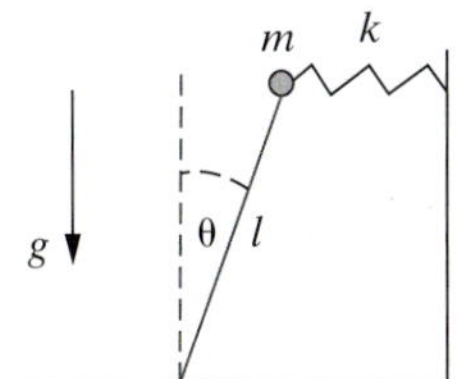

그림 P1.76 스프링에 부착된 단진자

1.77 예제 1.4.8에 있는 그림 1.22와 같은 진자를 고려하자. 여기서 θ가 작다고 가정하고 에너지를 선형화시키는 방법을 적용하여 라그랑주 방정식을 얻고 고유진동수를 구하라. 얻은 결과와 예제의 답을 비교하라.

1.78 비행기의 제어페달은 그림 Pl.78의 1자유도 시스템으로 모델링할 수 있다. 레버는 질량이 없는 축이고 페달은 축의 끝에 있는 집중질량으로 생각하자. θ에 대한 운동방정식을 에너지 방법으로 구하고, 이 시스템의 고유진동수를 계산하라. θ = 0일 때 스프링은 변형이 없고 중력은 아래 방향이라고 가정한다.

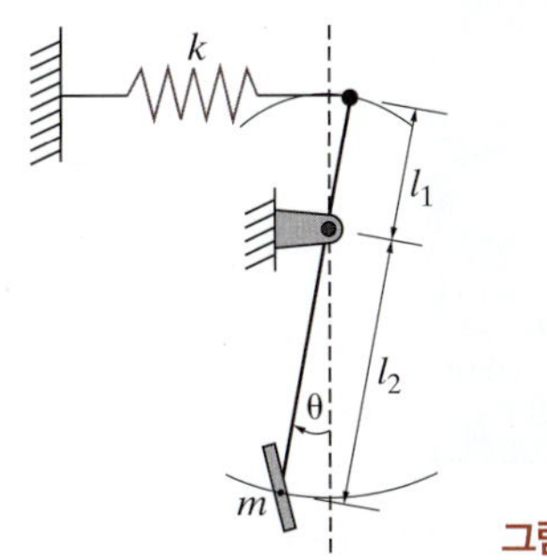

그림 P1.78

1.79 그림 P1.79에 나타낸 것처럼 두 개의 관을 운반할 때 공간을 절약하기 위해 하나를 다른 쪽의 안에 넣어서 운반한다. 작은 관(반경 R_1)이 큰 관(반경 R)의 안에서 좌우로 구르며 진동할 때의 고유진동수를 계산하라. 에너지 방법을 사용하고, 안쪽의 관이 미끄럼 없이 구르며, 질량이 m이라고 가정하라.

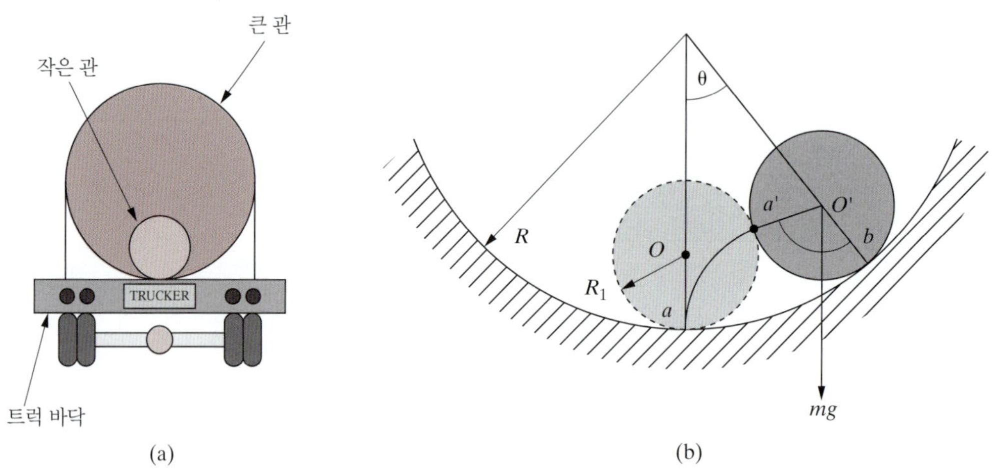

그림 P1.79 (a) 트럭바닥에 쌓여 있는 관들. (b) 내부 관의 진동 모델

1.80 예제 1.4.2에서 살펴본 단순진자의 예를 생각해 보자. 진자운동은 감쇠비가 $\zeta = 0.001$로 감쇠하고 있는 것으로 관찰되었다. 감쇠계수를 결정하고 진자 방정식에 점성감쇠항을 넣어라.

1.81 예제 1.4.3의 원판–막대 시스템의 감쇠계수를 계산하라. 감쇠는 막대의 재료 특성 때문이라고 가정하고, 감쇠비가 $\zeta = 0.01$일 때 막대의 c를 구하라.

1.82 윈도우 1.1의 막대와 원판이 비틀림진동을 하고 있다. $J = 1000\ \text{m}^2\cdot\text{kg}$, $c = 20\ \text{N}\cdot\text{m}\cdot\text{s/rad}$, $k = 400\ \text{N}\cdot\text{m/rad}$일 때 감쇠 고유진동수를 계산하라.

1.83 그림 P1.83의 시스템을 생각해 보면, 이 시스템은 비행기 착륙장치 시스템의 단순한 모델을 나타낸다. $x = r\theta$로 가정한다. 이 시스템의 감쇠 고유진동수는 얼마인가?

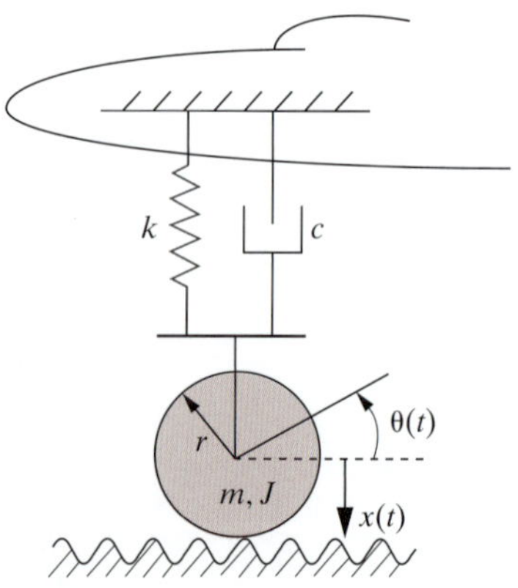

그림 P1.83

1.84 문제 1.83에서 $k = 400{,}000$ N/m, $m = 1500$ kg, $J = 100$ $\mathrm{m^2 \cdot kg/rad}$, $r = 25$ cm, $c = 8000$ kg/s일 때를 고려해 보자. 감쇠비와 감쇠 고유진동수를 계산하라. 회전관성이 비감쇠 고유진동수에 얼마나 영향을 미치는가?

1.85 라그랑주 방법을 사용하여 그림 P1.85에 나타낸 시스템의 운동방정식 및 고유진동수를 구하라. 풀리의 질량은 없다고 가정하고, 풀리를 지지하는 막대는 스프링강성이 k인 스프링으로 간주한다.

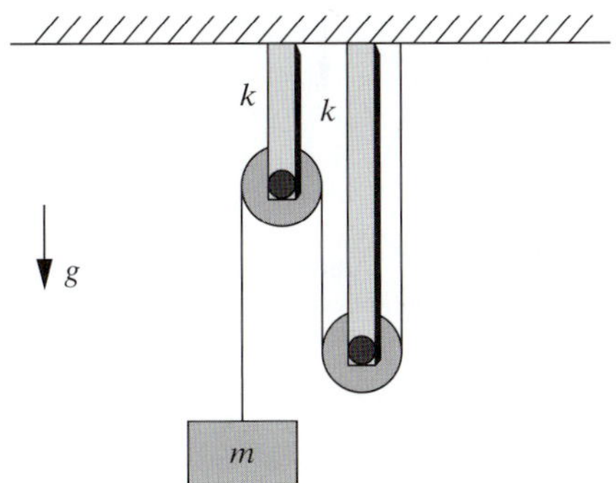

그림 P1.85

1.86 라그랑주 방법을 사용하여 그림 P1.86에 나타낸 시스템의 운동방정식 및 고유진동수를 구하라. 이 그림은 날개에 연결된 제트엔진의 단순한 모델이다. 엔진마운트는 강성 k 및 질량 m_s를 갖는 시스템으로 모델링할 수 있다. 엔진은 관성모멘트 J, 질량 m을 갖는 강체로 모델링할 수 있으며, 엔진의 수직 변위 $x(t)$와 회전각 $\theta(t)$ 사이의 관계식은 $x = r_0\theta$이다. r_0는 반경을 의미한다.

(Sergioboccardo/Shutterstock 사진 제공)

날개 구조
마운트, k, m_s
l
θ
엔진, J, m
$x(t)$

그림 P1.86

1.87 그림 P1.78에 스프링에 연결된 도립단진자가 있다. 라그랑주 방법을 사용하여 운동방정식을 유도하라.

1.88 라그랑주 방법은 식 (1.63)의 우변에 비보존 작용력을 추가함으로써 비보존 시스템의 운동방정식을 유도하는 데도 활용될 수 있다. 결과는 다음 식과 같다.

$$\frac{d}{dt}\left(\frac{\partial T}{\partial \dot{q}_i}\right) - \frac{\partial T}{\partial q_i} + \frac{\partial U}{\partial q_i} + \frac{\partial R_i}{\partial \dot{q}_i} = 0$$

여기서 R_i는 점성 감쇠기에서 정의될 수 있는 레일리 소산함수(*Rayleigh dissipation function*)이며, 다음과 같은 모양이다.

$$R_i = \frac{1}{2}c\dot{q}_i^2$$

이렇게 얻은 확장라그랑주 방정식을 사용하여 그림 P1.88에 나타낸 자동차 현가장치의 운동방정식을 유도하라. 단, 이 시스템은 $x = r\theta$를 만족한다고 가정한다.

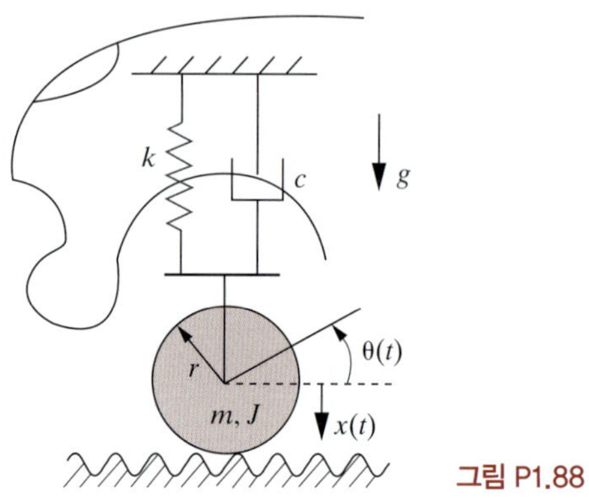

그림 P1.88

1.89 두 개의 스프링에 연결된 그림 P1.89의 원판을 생각해 보자. $\theta(t)$가 작다고 가정할 때 에너지 방법을 이용하여 이 시스템의 고유진동수를 계산하라.

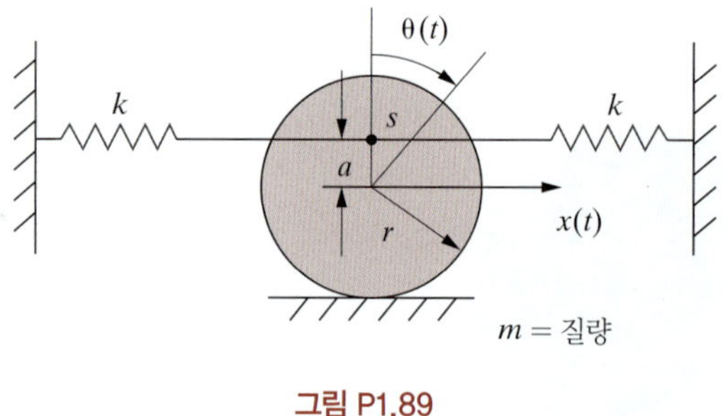

그림 P1.89

1.90 그림 P1.90과 같이 무시할 만한 질량을 가진 진자막대의 길이 l의 중간지점에 강성이 k인 스프링이 연결되어 있다. 진자막대에 두 개의 질량이 부착되어 있는데 하나는 연결부위에, 나머지 하나는 꼭대기에 위치하고 있다. 라그랑주 방법을 사용하여 운동방정식을 유도하고, 방정식을 선형화하고, 시스템의 고유진동수를 계산하라. 단, 각도는 충분히 작아서 스프링은 수평방향으로만 늘어난다고 가정한다.

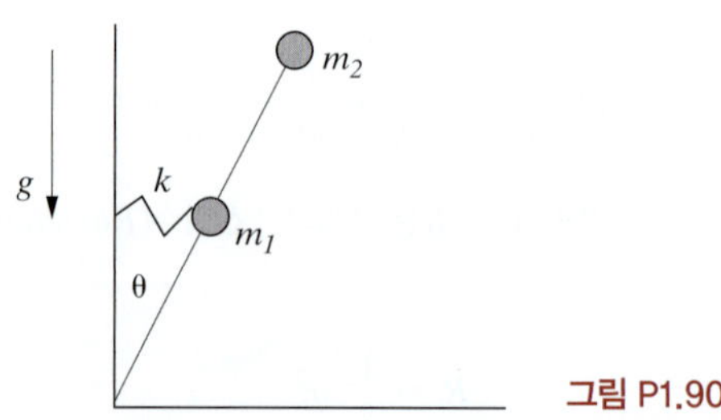

그림 P1.90

1.5절(문제 1.91~1.105)

1.91 그림 P1.91은 막대의 끝에 질량 m인 물체가 달려 있는 철판천공장치의 지지대를 나타낸다. 질량과 막대로 구성되는 지지대에 가해지는 충격으로 막대가 진동하게 되는데, 작업 속도가 이 진동수와 간섭을 일으키지 않도록 해야 한다. 질량은 50 kg, 강철로 만들어진 막대의 길이는 0.25 m, 단면적은 0.01 m^2이다. 막대의 질량은 무시한다. 이 시스템의 고유진동수를 계산하라.

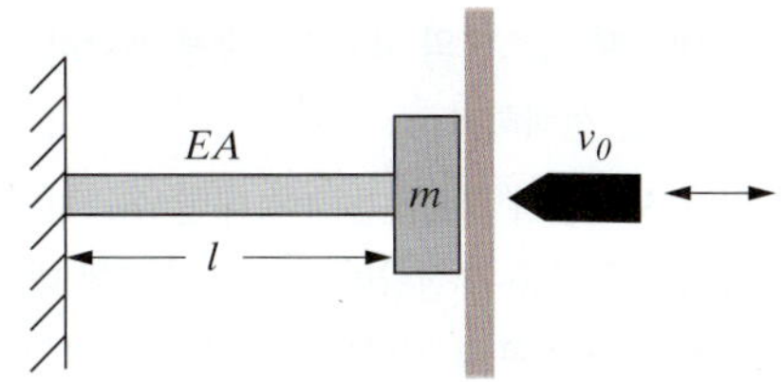

그림 P1.91 펀치 지지대의 막대 모델

1.92 그림 P1.91에서 초기속도가 10 m/s로 주어지고, 끝에 달린 질량이 1000 kg, 강철로 만들어진 막대의 길이가 0.25 m, 단면적이 0.01 m^2이라면 질량의 최대변위는 무엇인가?

1.93 그림 P1.91에서 펀치가 질량의 중심을 벗어나 충격을 가해 강철 막대가 비틀림 진동하는 것이 가능해졌다. 질량은 1000 kg이고 막대의 길이는 0.25 m이고 정사각단면의 한 변의 길이는 0.1 m이다. 끝에 부착된 질량의 질량관성모멘트는 10 kg/m^2이다. 정사각막대의 극관성모멘트는 $b^4/6$이고 여기서 b는 정사각형의 한 변의 길이이다. 비틀림 진동수와 길이방향 진동수를 계산하라. 어느 것이 더 큰가?

1.94 지표면에서 3000 kg/m의 스프링이 5 cm 압축된다. 이 스프링을 압축하는 데 사용된 힘을 구하라.

1.95 화성탐사 로버는 JPL의 테스트 트랙에 내려놓을 때 5 cm 정도 변위가 발생된다(그림 P1.95 참조). 만일 화성 표면에 내려놓으면 변위가 얼마나 생길지 구하라.

(Ales Zvolanek/123RF 사진 제공)

그림 P1.95

1.96 어떤 헬리콥터의 착륙장치는 비행기에서 사용되는 코일 스프링 현가장치와는 달리 금속 프레임으로 이루어졌다. 이 프레임의 수직방향 진동은 그림 1.24에서와 같이 가는 막대의 종방향 진동으로 모델링할 수 있다. 여기서 l = 0.4 m, E = 20 × 10^{10} N/m^2, m = 100 kg이다. 고유진동수 f_n = 500 Hz라면 단면적을 얼마로 해야 하는가?

1.97 다이빙 보드 위에 있는 사람의 진동은 그림 1.27과 같이 보의 횡방향 진동으로 모델링할 수 있다. m을 그 사람의 질량(m = 100 kg), l = 1.5 m라고 하자. 만일 그 사람이 3 Hz에서 진동하기를 원한다면, 다이빙 보드 재료의 EI 값은 얼마여야 하는가?

1.98 k_1, k_2, k_3, k_4로 표시된 4개의 스프링이 직렬로 연결되어 있다고 가정한다. 등가 강성계수에 대한 공식을 구하라.

1.99 그림 1.33의 스프링 시스템을 생각해 보자. $k_1 = k_5 = k_2 = 100$ N/m이고, $k_3 = 50$ N/m, $k_4 = 1$ N/m라고 하면 등가 강성은 얼마인가?

1.100 강성값이 10, 100, 1000 N/m인 스프링이 있다. 이 값만을 사용하여 100 kg의 질량이 1.5 rad/s의 진동수를 갖도록 스프링 시스템을 설계하라.

1.101 그림 1.33(a)에서 $k_1 = k_2 = 0$일 때 시스템의 고유진동수를 계산하라. 고유진동수가 100 Hz가 되도록 m과, 0이 아닌 k_3, k_4, k_5의 값을 선택하라.

1.102 예제 1.4.4는 단순 스프링-질량 시스템의 고유진동수에 대한 스프링의 질량 효과를 설명하고 있다. 예제에서 얻은 관계식을 사용하여 고유진동수(질량이 없는 스프링에 대한 고유진동수 ω_n으로 나눠 정규화된 고유진동수)와 집중질량에 대한 스프링 질량의 백분율 사이의 관계를 플롯하라. 그 그림(또는 대수학)을 사용해서 고유잔동수가 1%만큼 변화하는, 즉 스프링 질량이 무시되어서는 안 되는 백분율을 구하라.

1.103 그림 P1.103에서 주어진 시스템의 고유진동수와 감쇠비를 구하라. 그림에서 $m = 10$ kg, $c = 100$ kg/s, $k_1 = 4000$ N/m, $k_2 = 200$ N/m, $k_3 = 1000$ N/m이다. 롤러의 마찰은 없는 것으로 가정할 때 이 진동 시스템은 과도감쇠, 부족감쇠, 임계감쇠 중 어떤 것인가?

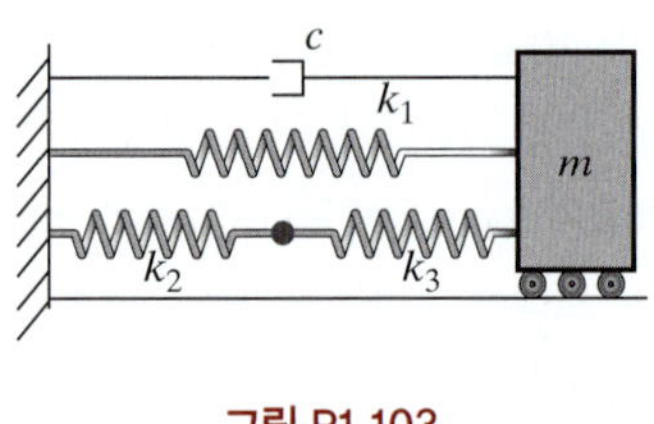

그림 P1.103

1.104 그림 P1.104에 나타낸 진동 시스템에 대해 고유진동수와 감쇠비를 구하라. 롤러에 작용하는 마찰은 없다고 가정할 때 이 진동시스템은 과도감쇠, 부족감쇠, 임계감쇠 중 어떤 것인가?

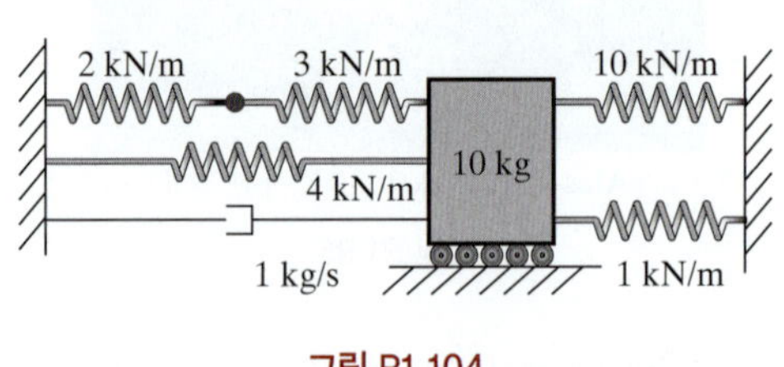

그림 P1.104

1.105 어떤 생산자가 지정된 고유진동수를 갖게 하는 외팔보 스프링 판을 강철($E = 2 \times 10^{11}$ N/m^2)로 제작했다. 그 후 무게를 줄이기 위해 스프링재료를 알루미늄($E = 7.1 \times 10^{10}$ N/m^2)으로 대체했다. 진동 시스템의 총질량에 비해 스프링의 질량은 무시할 만하다고 할 때, 시스템의 진동수는 얼마만큼 증감했는지 계산하라.

1.6절(문제 1.106~1.113)

1.106 진동하는 스프링-질량-감쇠 시스템의 변위가 그림 P1.106에 $x-y$ 그래프로 나와 있다. y축의 변위는 cm 단위이고 x축의 시간은 초 단위이다. 그림으로부터 고유진동수, 감쇠비, 감쇠고유진동수를 구하라.

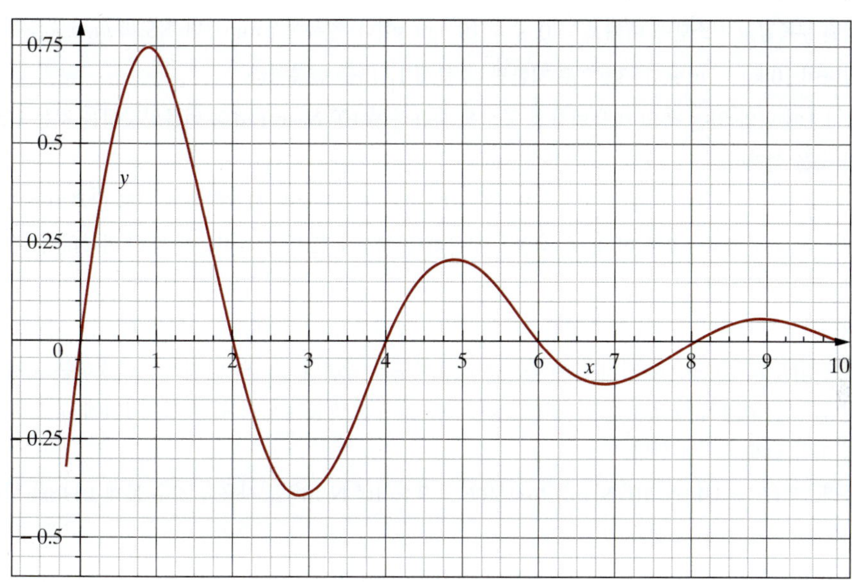

그림 P1.106 진동시스템의 변위-시간 그래프

1.107 대수 감소율이 다음과 같음을 보여라.

$$\delta = \frac{1}{n} \ln \frac{x_0}{x_n}$$

여기서 x_n은 n사이클 후의 진동의 진폭이다.

1.108 삼중선 현수장치(trifalar suspension system) 식 (1.78)을 유도하라.

1.109 어떤 물체를 복합재료로 만들었는데 그것의 탄성계수는 모르고 있다. 이 재료의 길이가 1 m이고 면적 관성모멘트가 $I = 10^{-9}$ m^{4}이며 끝에 10 kg의 질량이 달린 외팔보 막대로 만들어 실험했다. 초기변위가 주어지고 이 시스템은 주기가 0.5초로 진동하는 것을 알았다. 탄성계수 E를 계산하라.

1.110 강성이 k = 400,000 N/m인 1000 kg 자동차의 자유응답은 그림 1.36에 주어진 형태로 관찰되었다. 자동차를 수직방향으로 진동하는 1자유도로 모델링하여 t_1에서의 변위가 2 cm이고 t_2에서 0.22 cm일 때 감쇠계수를 구하라.

1.111 진자가 1주기 동안 10 cm에서 1 cm로 감쇠한다. 감쇠비를 구하라.

1.112 대수 감소율 δ와 감쇠비 ζ의 관계는 종종 $\delta = 2\pi\zeta$로 근사화한다. 이 관계가 식 (1.82)를 나타내는 좋은 근사화가 되려면 ζ 값은 얼마여야 하는가?

1.113 어떤 감쇠 시스템을 그림 1.10과 같이 모델링했다. 이 시스템의 질량은 5 kg이고 스프링상수는 5000 N/m이다. 자유진동하는 동안에 진폭이 5사이클 후 초기값의 0.25배로 감쇠되었다. 점성감쇠계수 c를 계산하라.

1.7절(문제 1.114~1.122)

1.114 10 kg 질량이 부착된 강성이 10^3 N/m인 헬리컬 스프링으로 구성된 예제 1.7.2의 시스템이 있다. 대시폿을 예제 1.7.2와 같이 스프링과 병렬로 놓을 때 감쇠고유진동수가 9 rad/s로 감소하도록 점성감쇠값을 구하라.

1.115 어떤 부족감쇠 시스템에 대해 $x_0 = 0$, $v_0 = 10$ mm/s이다. 진폭이 1 mm보다 작도록 m, c, k를 결정하라.

1.116 질량이 10 kg $< m <$ 15 kg으로 제한될 때 문제 1.115를 반복하라.

1.117 표 1.1에 나와 있는 축의 비틀림강성 공식을 사용하여 10^5 N·m/rad의 비틀림강성을 갖는 1 m 길이의 축을 설계하라.

1.118 10 kg 질량을 부착하면 고유진동수가 10 rad/s인 스프링-질량 시스템이 되도록 알루미늄으로 헬리컬 스프링을 설계하고자 한다. 즉 강철을 사용했던 예제 1.7.2를 알루미늄에 대해 반복하라. 주목할 만한 차이는 무엇인가?

1.119 예제 1.7.2의 헬리컬 스프링과 같은 강성을 갖는 막대를 설계하라(즉 $k = 10^3$ N/m). 이것은 헬리컬 스프링($R = 10$ cm)과 거의 같은 공간을 점유하도록 막대의 길이와 단면적을 결정하는 문제에 해당된다. 그림 1.24에 나와 있는 막대의 강성공식에 의해 모델링이 되기 위해서는 너비에 대해 최소한 10배 이상 길게 되어야 한다.

1.120 플라스틱($E = 1.40 \times 10^9$ N/m^2)과 고무($E = 7 \times 10^6$ N/m^2)를 사용할 경우 문제 1.118을 반복하라. 이들 중 실제 가능한 것이 있는가?

1.121 그림 P1.121의 다이빙보드를 고려하자. 다이버를 위해 어느 정도의 정적 처짐은 바람직하며, 이를 Δ로 나타낸다. 정적 처짐, 다이버의 평균질량 m, 보드의 탄성계수가 주어질 때, 보드의 치수(b, h, l)를 구하는 설계공식을 유도하라.

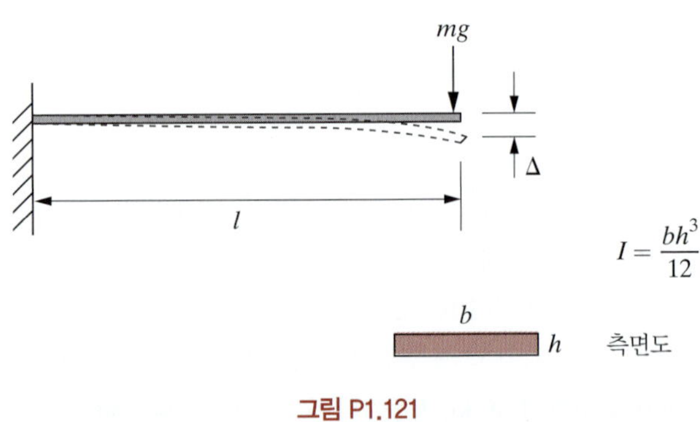

그림 P1.121

1.122 스프링-질량-감쇠 시스템인 '1/4차 모델'에서 자동차의 현가장치를 설계할 때, 가장 이상적인 감쇠비는 $\zeta = 0.25$이다. 만약 질량이 750 kg이고, 고유진동수가 15 Hz라면 감쇠계수는 얼마가 되어야 하는가?

1.8절(문제 1.123~1.127)

1.123 그림 P1.123의 시스템을 고려하자. (a) 수직막대의 회전각 w에 대한 운동방정식을 유도하라. 스프링은 선형으로 변형한다고 가정하고 운동방정식을 선형화하라. (b) 선형 시스템의 해의 안정성을 물리적 상수 m, k, l의 관점에서 논의하라. 막대의 무게는 그림에 나타낸 중심점에 작용한다고 가정한다.

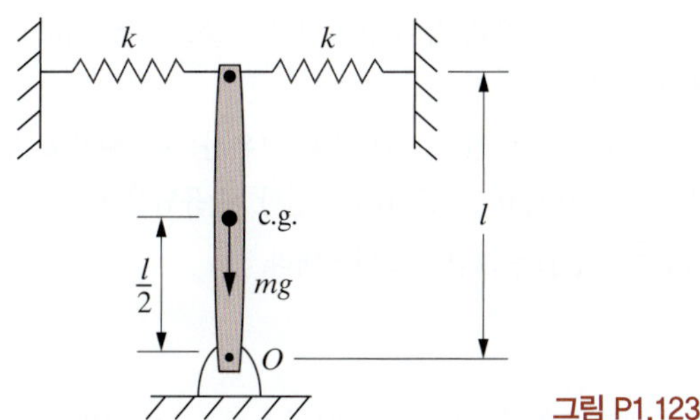

그림 P1.123

1.124 예제 1.8.1에서 다루고 그림 P1.124에 반복된 그림 1.42의 도립진자를 생각해 보자. 대시폿(감쇠계수 c)도 두 개의 스프링에 평행하게 진자에 작용한다고 가정하라. 이것이 진자의 안정성에 어떻게 영향을 미치는가?

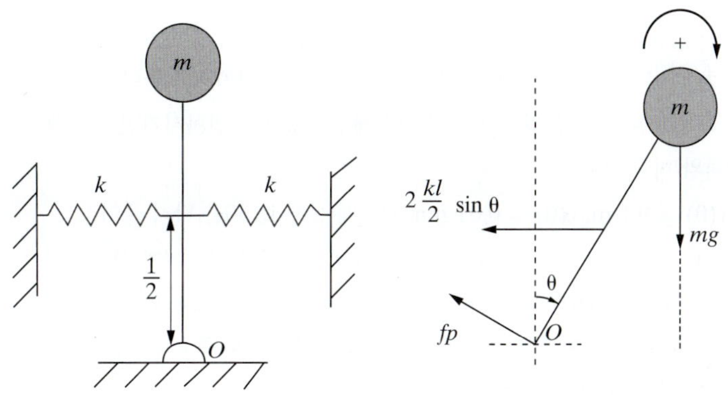

그림 P1.124 예제 1.8.1의 도립진자

1.125 그림 P1.124에 있는 도립진자의 질량이 없는 막대 대신에 그림 1.21(b)에 있는 복합진자로 대치하라. 운동방정식을 구하고, 이 시스템이 안정성을 갖기 위한 매개변수의 관계에 대해 논하라.

1.126 항공기 제어핀의 모델링이 그림 P1.126에 나타나 있다. 힌지점에 대한 제어핀의 운동방정식은 다음 식과 같이 θ에 대해 기술되어 있다.

$$J\ddot{\theta} + (c - f_d)\dot{\theta} + k\theta = 0$$

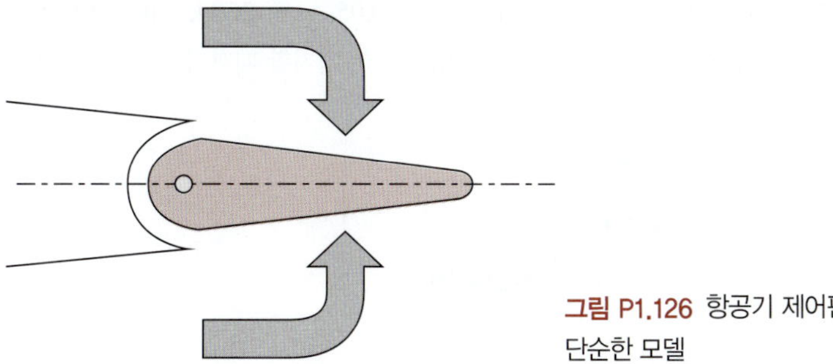

그림 P1.126 항공기 제어핀의 단순한 모델

여기서 θ는 중심선에서 측정한 각도이며, J는 관성모멘트, k는 힌지의 회전강성, c는 힌지의 회전감쇠계수, $f_d\dot{\theta}$은 공력에 의해 발생되는 음의 감쇠력(그림의 화살표 참조)이다. 이 시스템의 안정성을 매개변수 c 및 f_d의 관점에서 논의하라.

1.127 설계에서 감쇠의 영향을 이해하기 위해 고정된 진폭, 고유진동수, 위상을 가진 1자유도 시스템에서 감쇠비의 값이 $\zeta = 0.01, 0.05, 0.1, 0.2, 0.3, 0.4$로 변할 때 응답을 비교하라. 따라서 각각의 ζ 값에서 $x(t) = e^{-10\zeta t}\sin(10\sqrt{1-\zeta^2}t)$를 그림으로 나타내라.

1.9절(문제 1.128~1.134)

1.128 0.1과 0.5의 시간간격에 대해 오일러 방법을 사용하여 $\dot{x} = -3x$, $x(0) = 1$의 응답을 계산하고 그려라. 또한 엄밀해를 그려 그림 1.43을 다시 그려보라.

1.129 $m = 1361$ kg, $k = 2.688 \times 10^5$ N/m이며, $c = 3.81 \times 10^3$ kg/s이고 $x(0) = 0$, $v_0(0) = 0.01$ mm/s일 때 예제 1.7.3을 수치적분법으로 풀어라. 수치적분을 통해 얻은 결과와 엄밀해(1.3절의 결과 이용)를 동일한 그래프에 그려 비교하라.

1.130 문제 1.117과 같은 감쇠 시스템에서 진동이 2초 후에 소멸될 수 있도록 감쇠기를 설계하라. 이를 위해 최소한 두 가지 이상의 방법이 있다. 여기서는 예제 1.9.2, 1.9.3의 방법처럼 수치적분법을 이용하여 설계하라. 즉 원하는 응답을 얻을 때까지 감쇠계수 c를 계속 변화시키면서 설계하라. 이 결과를 예제 1.3.5의 결과와 비교하라.

1.131 초기조건 $x(0) = 0.1$ m, $v(0) = 0.01$ mm/s일 때 문제 1.130을 다시 풀어라.

1.132 크기가 100 kg인 질량에 그림 1.10과 같은 배열로 스프링과 감쇠기가 부착되어 있다. 시스템의 초기조건은 $x(0) = 0.1$ m, $v(0) = 1$ mm/s이다. 시스템의 응답이 2초 후에 정지하며 또한 2사이클 이상 진동하지 않도록 하기 위해 스프링과 감쇠기의 값을 설계하라(즉 k와 c를 구하라). 되도록이면 c의 값을 최소화하라. 감쇠비 ζ도 구하라.

1.133 수치적분법을 사용하여 예제 1.7.1을 다시 풀어라.

1.134 초기조건 $x(0) = 0.01$ m, $v(0) = 1$ mm/s에 대해 예제 1.7.1을 다시 풀어라.

1.10절(문제 1.135~1.147)

1.135 질량 2 kg인 물체에 스프링계수가 10^3 N/m인 스프링이 연결되어 움직일 때 미끄럼마찰력 3 N의 힘을 받는다. 물체가 진동할 때 진폭은 20 cm만큼 줄었다. 얼마나 오랫동안 진동이 일어난 것인지 구하라.

1.136 그림 1.46에서 질량 $m = 5$ kg, $k = 9 \times 10^3$ N/m이며, 마찰력은 6 N이다. 초기진폭이 4 cm일 때 1사이클 후 진폭이 얼마인지 구하라. 또한 감쇠 고유진동수도 구하라.

1.137 그림 P1.137에서 $x_0 = 0.1$ m, $v_0 = 0.1$ m/s, $\mu = 0.05$, $m = 250$ kg, $\theta = 20°$, $k = 3000$ N/m일 때 응답을 구하고 그 결과를 그림으로 나타내라. 진동이 정지할 때까지 걸리는 시간은 얼마인가?

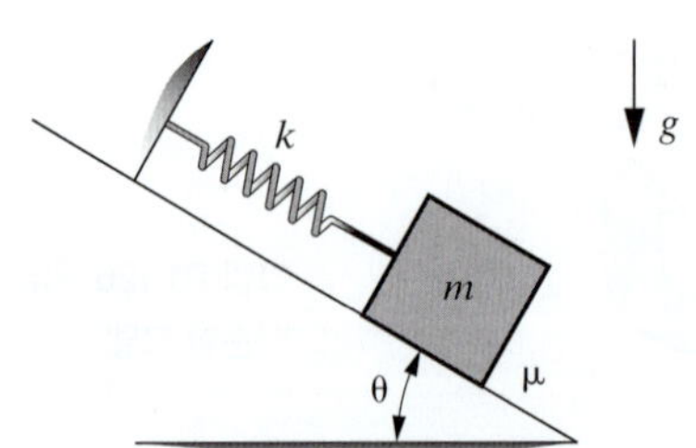

그림 P1.137

1.138 $x_0 = 0.5$ m, $v_0 = 0$, $\mu = 0.1$, $m = 100$ kg, $k = 1500$ N/m일 때 쿨롱감쇠 시스템의 운동방정식 (1.100)의 응답을 구하고 그 결과를 그림으로 나타내라. 진동이 정지할 때까지 걸리는 시간은 얼마인가?

1.139 그림 P1.139와 같이 유체 내의 한 물체가 미끄럼마찰을 받으며 움직이고 있다. 저속유동(즉 선형 점성 감소)과 미끄럼에 따른 쿨롱마찰을 더해서 감쇠력을 모델링하라. 시스템의 매개변수는 $m = 250$ kg, $\mu = 0.01$, $c = 25$ kg/s, $k = 3000$ N/m이다. (a) 초기조건 $x_0 = 0.1$ m, $v_0 = 0.1$ m/s에 대해 응답을 구하고 그림으로 나타내라. (b) 초기조건 $x_0 = 0.1$ m, $v_0 = 1$ m/s에 대해 응답을 구하고 그림으로 나타내라. 각 경우에서 진동이 소멸되는 데 걸리는 시간을 계산하라.

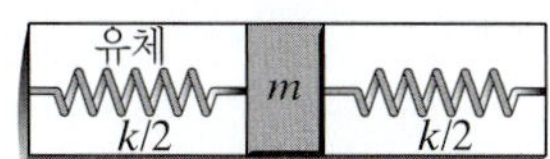

그림 P1.139

1.140 문제 1.139(a)의 경우에서 진동이 1사이클 후 소멸되게 하는 새로운 감쇠계수 c를 구하라.

1.141 $\ddot{x} + \omega_n^2 x + \beta x^2 = 0$에서 평형위치를 구하라. 몇 개나 있는가?

1.142 $\ddot{x} + \omega_n^2 x - \beta^2 x^3 + \gamma x^5 = 0$에서 평형위치를 구하라. 몇 개나 있는가?

1.143 예제 1.10.3과 같은 진자에서 길이는 1 m이고, 초기조건은 $\theta_0 = \pi/10$ rad, $\dot{\theta}_0 = 0$이다. 진자 방정식을 선형화했을 때[$\sin(\theta) = \theta$] 응답과 비선형 진자 방정식의 응답을 4주기 동안에 대해 그림으로 비교하라.

1.144 초기변위가 $\theta_0 = \pi/2$ rad일 때 문제 1.143을 다시 풀어라.

1.145 만일 예제 1.10.3의 진자가 평형위치 $\theta_0 = \pi$ rad, $\dot{\theta}_0 = 0$ 부근에서 운동을 시작한다면, 진자가 평형점 주위에서 진동할 수 있는지 조사하라.

1.146 문제 1.132의 시스템이 초기조건 $x_0 = 0.01$ m, $v_0 = 0$에 대해 진동할 때 시스템의 응답을 구하라. 단, $\beta = 100$, $\gamma = 0$이고 고유진동수는 3 rad/s이다.

1.147 문제 1.146의 선형화 문제($\beta = 0$)에 대해 시스템의 응답을 구한 후, 동일한 그래프에 결과를 나타내고 선형 문제와 비선형 문제의 차이점을 비교하라.

2 조화가진응답

(Timothy Wade 사진 제공)

이 장의 초점은 진동해석에서 가장 기본적인 개념인 공진이다. 공진은 어떤 시스템에 그 고유진동수와 일치하는 주파수의 주기적인 외력이 가해질 때 발생한다. 오른쪽 위 사진의 헬리콥터처럼 회전부로부터 가진력이 생길 때 주로 이와 같은 공진 현상이 발생한다. 회전하는 날개는 헬리콥터 동체에 조화가진력을 전달한다. 만일 날개의 회전수가 동체의 고유진동수와 일치하게 되면 2.1절에서 설명하는 것처럼 공진이 일어난다. 공진은 탄성한계를 넘어서는 큰 변형을 일으켜 그 구조물을 파손시키는 결과를 초래한다. 우리에게 친숙한 또 다른 예는 자동차에서 편심타이어(오른쪽 아래 사진)에 의해 발생되는 공진이다. 타이어 회전속도는 구동주파수에 해당된다. 어떤 특정 속도에서 편심타이어가 공진을 일으키게 되고 이는 핸들축의 떨림으로 느껴진다. 자동차가 그보다 더 빨리 또는 더 천천히 가게 되면, 그 주파수는 구동주파수와 고유진동수가 정확히 일치하는 공진상태에서 벗어나고 핸들의 떨림이 멎게 된다.

이 장에서는 1장에서 소개한 스프링–질량–감쇠기로 이루어진 1자유도 시스템의 조화가진응답을 다루고자 한다. 조화가진(harmonic excitation)은 하나의 진동수를 갖는 사인 형태의 외력이 시스템에 가해지는 것을 말한다. 기초 물리학에서 배우듯이 공진은 시스템의 고유진동수와 같은 주파수로 가진될 때 그 시스템이 더 많은 에너지를 흡수하는 경향이다. 이 현상은 기계, 음향, 생물, 전기 등의 시스템에서 종종 나타난다. 공진의 예로는 악기에서 나타나는 음향 공진, 바닷물의 조석 공진, 생물의 청각계에 있는 달팽이관 기저막 공진, 편심타이어에 기인하는 자동차 전륜 현가장치의 진동 등을 들 수 있다. 우리는 어린 시절 놀이터에서 그네(1장에서 배운 진자로 모델링할 수 있음) 타기를 배울 때 공진을 알게 된다.

조화가진은 기계나 구조물에 가해지는 매우 흔한 형태의 외력이다. 선풍기, 전기모터, 왕복기관과 같은 회전기계는 인접 요소에 사인함수 형태로 변화하는 힘을 전달하게 된다. 또한 푸리에 정리(Fourier theorem)에 의하면, 다양한 형태의 힘을 나타내는 함수를 조화항의 무한 급수로 나타낼 수 있다. 여기서 고려하고 있는 운동방정식은 선형이므로 급수의 각 항에 대한 응답을 알 때 전체에 대한 응답은 각 항의 응답의 합으로 나타낼 수 있다. 이를 중첩의 원리(principle of superposition)라고 한다. 이러한 방법으로 하나의 조화입력에 대한 응답을 알면 다른 다양한 형태의 주기적 외란(disturbance)에 대한 응답을 계산할 수 있다. 일반적인 주기 외란(periodic disturbance)은 3장에서 다루기로 하자.

조화입력에 대한 응답은 수학적으로 쉽게 해를 구할 수 있다는 장점 때문에 진동 교재에서 가장 먼저 취급하게 된다. 조화입력에 대한 1자유도 시스템의 응답은 진동 측정의 기초가 될 뿐 아니라 원치 않는 진동으로부터 기계를 보호하기 위한 장치의 설계와 진동 측정에 사용되는 변환기(transducer) 설계의 기초가 된다. 조화가진은 실험실에서 간단히 구현할 수 있기 때문에 감쇠와 강성 특성을 연구하는 데 매우 유용하다.

2.1 비감쇠 시스템의 조화가진

그림 2.1과 같은 시스템에서 감쇠를 무시할 수 있는 경우($c = 0$)를 생각해 보자. 조화가진력을 수식으로 표현하는 방법이 몇 가지 있는데, $F(t)$는 한 개의 주파수로 이루어진 사인이나 코사인 함수 형태이므로 구동력 $F(t)$를 다음과 같은 형태로 표시하자.

$$F(t) = F_0 \cos \omega t \tag{2.1}$$

여기서 F_0는 가해진 힘의 크기 또는 최대 진폭이며, ω는 그 힘의 주파수이다. 주파수 ω는 **입력주파수**(input frequency), **구동주파수**(driving frequency) 또는 **가진주파수**(forcing frequency)라고도 하며 단위는 rad/s이다. 책에 따라서는 구동주파수로 ω 대신에 Ω를 사용하기도 한다.

한편 조화구동력은 다음과 같은 사인함수로 표시하거나

$$F(t) = F_0 \sin \omega t$$

다음과 같은 복소 지수함수로 표현할 수도 있다.

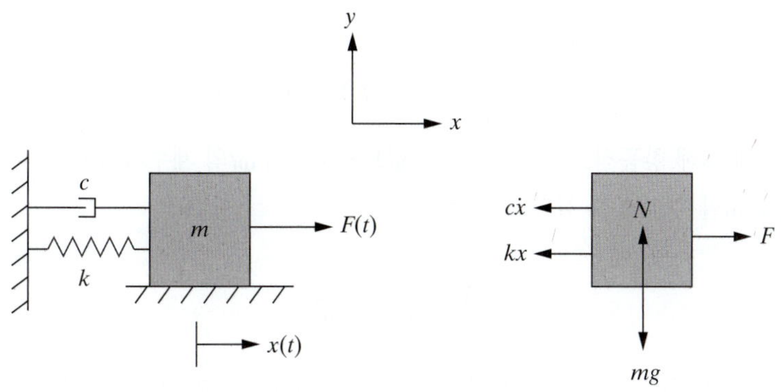

그림 2.1 외력 $F(t)$에 의해 마찰이 없는 표면을 미끄러지는 1자유도 시스템의 개략도. 오른쪽 그림은 마찰이 없는 스프링–질량–감쇠기 시스템의 자유물체도이다.

$$F(t) = F_0 e^{j\omega t}$$

여기서는 j는 허수 기호이다. $F(t)$의 이 세 가지 형태는 모두 동일한 결과를 산출하지만 경우에 따라서는 이 중 하나가 다른 것보다 계산하기 편리할 수 있으므로 경우에 맞게 사용할 것이다.

그림 2.1의 오른쪽 그림에서 y방향의 힘의 합은 $N = mg$가 되므로 y방향으로는 운동이 없다. 그림 2.1과 같이 x방향으로 질량에 가해진 힘들을 합하면 비감쇠의 경우 변위 $x(t)$는 다음 식을 만족하게 된다.

$$m\ddot{x}(t) + kx(t) = F_0 \cos\omega t \tag{2.2}$$

이 식은 변수 $x(t)$에 대한 선형 방정식임에 주목하라. 1장에서 살펴본 자유진동의 경우와 같이 위 식을 편의상 질량 m으로 나누면 다음과 같으며,

$$\ddot{x}(t) + \omega_n^2 x(t) = f_0 \cos\omega t \tag{2.3}$$

이때 $f_0 = F_0/m$이다. 이 방정식을 풀기 위해서는 미분방정식에서 배운 다양한 방법을 이용할 수 있다.

우선 식 (2.3)이 선형 비제차방정식(nonhomogeneous equation)이므로 미분방정식에서 배운 대로 이 방정식의 해는 제차해(homogeneous solution)(즉 $f_0 = 0$인 경우의 해)와 특수해(particular solution)의 합이다. 특수해는 대개 가진함수와 같은 형태를 갖는다고 가정하여 구할 수 있으며, 이 점은 관측 결과와도 일치한다. 따라서 $f_0 \cos \omega t$에 의한 1자유도 시스템의 진동은 다음과 같은 형태가 된다.

$$x_p(t) = X \cos\omega t \tag{2.4}$$

여기서 x_p는 특수해를 나타내며, X는 강제응답(forced response)의 진폭이다. 가정한 식 (2.4) 형태의 해를 운동방정식 (2.3)에 대입하면($\ddot{x}_p = -\omega^2 X \cos \omega t$) 다음과 같은 식을 얻는다.

$$-\omega^2 X \cos\omega t + \omega_n^2 X \cos\omega t = f_0 \cos\omega t \tag{2.5}$$

cos ωt를 인수로 묶어내면 다음과 같다.

$$(-\omega^2 X + \omega_n^2 X - f_0)\cos\omega t = 0$$

cos ωt는 모든 t에 대해 항등적으로 영이 될 수 없으므로 cos ωt의 계수가 영이 되어야 한다. X에 대해 풀면, $\omega_n \neq \omega$일 때 다음과 같다.

$$X = \frac{f_0}{\omega_n^2 - \omega^2} \tag{2.6}$$

따라서 구동주파수와 고유진동수가 같지 않으면(즉 $\omega_n \neq \omega$) 특수해는 다음과 같은 형태가 된다.

$$x_p(t) = \frac{f_0}{\omega_n^2 - \omega^2}\cos\omega t \tag{2.7}$$

이렇게 $x_p = X$ cos ωt로 가정하고 특수해를 결정하는 방법을 **미정계수법**(method of undetermined coefficient)이라고 한다.

시스템이 선형이므로 전체 해 $x(t)$는 식 (1.19)로 주어진 제차해와 식 (2.7)의 특수해의 합이 된다. A sin($\omega_n t + \phi$)를 A_1 sin $\omega_n t + A_2$ cos $\omega_n t$(윈도우 2.1 참조)로 나타내면, 전체 해는 다음과 같은 형태로 나타낼 수 있다.

$$x(t) = A_1 \sin\omega_n t + A_2 \cos\omega_n t + \frac{f_0}{\omega_n^2 - \omega^2}\cos\omega t \tag{2.8}$$

여기서 A_1, A_2는 초기조건들로부터 결정되는 상수이다. 초기위치와 속도가 전과 같이 상수 x_0와 v_0 로 주어지면, 식 (2.8)은 다음과 같다.

$$x(0) = A_2 + \frac{f_0}{\omega_n^2 - \omega^2} = x_0 \tag{2.9}$$

그리고

$$\dot{x}(0) = \omega_n A_1 = v_0 \tag{2.10}$$

식 (2.9)와 (2.10)을 A_1과 A_2에 대해 풀어 식 (2.8)에 대입하면, 전체 응답은 다음과 같이 쓸 수 있다.

$$x(t) = \frac{v_0}{\omega_n}\sin\omega_n t + \left(x_0 - \frac{f_0}{\omega_n^2 - \omega^2}\right)\cos\omega_n t + \frac{f_0}{\omega_n^2 - \omega^2}\cos\omega t \tag{2.11}$$

식 (2.11)에 주어진 **전체 응답**에 대한 계수 A_1과 A_2는 윈도우 2.1에 있는 **자유응답**에 대한 결과와는 다르다. 만일 가진력이 영이면, 즉 식 (2.11)에서 $f_0 = 0$이면, 전체 응답에 대한 A_1과 A_2는 자유응답에 대한 결과와 같게 된다. 그림 2.2는 조화가진과 특정 초기조건에 대한 비감쇠 시스템의 전체 응답 선도를 나타낸다.

윈도우 2.1 | 1장에서 공부한 비감쇠 자유진동 문제의 해

$x(0) = x_0$, $\dot{x}(0) = v_0$인 $m\ddot{x} + kx = 0$은 $x(t) = A\sin(\omega_n t + \phi)$의 해를 가지며, 상수 A와 ϕ를 초기조건으로부터 계산하면 다음과 같다.

$$x(t) = \frac{\sqrt{x_0^2\omega_n^2 + v_0^2}}{\omega_n}\sin\left(\omega_n t + \tan^{-1}\frac{x_0\omega_n}{v_0}\right)$$

여기서 $\omega_n = \sqrt{k/m}$은 고유진동수이다. 간단한 삼각함수 관계식을 이용하면, 이 해를 다음과 같은 형태로 쓸 수 있다.

$$x(t) = A_1\sin\omega_n t + A_2\cos\omega_n t = \frac{v_0}{\omega_n}\sin\omega_n t + x_0\cos\omega_n t$$

여기서 상수 A_1, A_2, A, ϕ는 다음과 같이 연관된다.

$$A = \sqrt{A_1^2 + A_2^2}, \quad \tan\phi = \frac{A_2}{A_1}$$

구동주파수가 고유진동수와 같아지면(즉 $\omega = \omega_n$이면) 식 (2.11)의 두 번째, 세 번째 항은 모두 성립되지 않음을 알 수 있다. 또한 구동주파수가 고유진동수에 근접함에 따라 진동진폭이 매우 커진다는 것도 알 수 있다. 이와 같이 진폭이 증가하는 현상이 **공진**(resonance)이며 진동해석에서 가장 중요한 개념 중 하나이다. 아래 예제를 살펴본 다음에 공진을 정의하고 이에 대해 상세히 설명할 것이다.

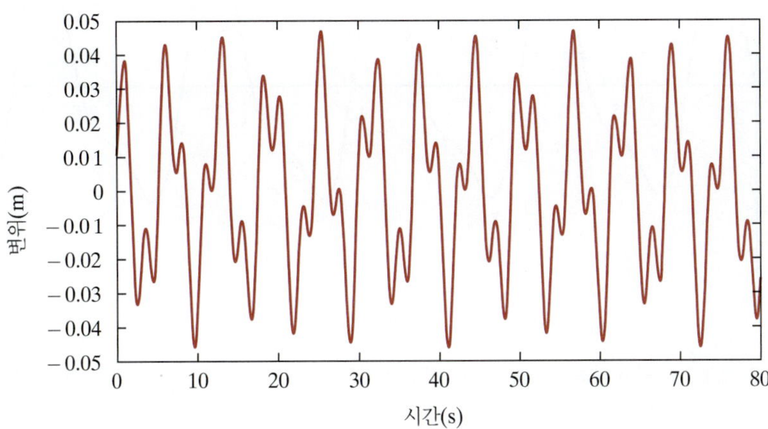

그림 2.2 조화가진 $\omega = 2.6$ rad/s와 초기조건 $x_0 = 0.01$ m, $v_0 = 0.01$ m/s와 크기 $f_0 = 0.1$ N/kg에 대한 $\omega_n = 1$ rad/s인 비감쇠 시스템의 응답. 운동은 서로 다른 주파수를 갖는 두 사인곡선의 합이다.

예제 2.1.1

가진력의 크기가 23 N, 구동주파수가 고유진동수의 2배, 초기조건이 $x_0 = 0$ m, $v_0 = 0.2$ m/s일 때, 식 (2.2)로 모델링되는 스프링-질량 시스템의 응답을 계산하여 그래프로 나타내라. 시스템의 질량은 10 kg이고 스프링강성은 1000 N/m이다.

풀이 먼저 식 (2.11)의 응답식에 대한 계수들을 계산한다. 고유진동수, 가진주파수, 질량정규화된 가진력 진폭은 다음과 같다.

$$\omega_n = \sqrt{\frac{1000\ \text{N/m}}{10\ \text{kg}}} = 10\ \text{rad/s},\quad \omega = 2\omega_n = 20\ \text{rad/s},\quad f_0 = \frac{23\ \text{N}}{10\ \text{kg}} = 2.3\ \text{N/kg}$$

응답의 세 항의 계수는 다음과 같다($x_0 = 0$임에 주목).

$$\frac{v_0}{\omega_n} = \frac{0.2\ \text{m/s}}{10\ \text{rad/s}} = 0.02\ \text{m},\quad \frac{f_0}{\omega_n^2 - \omega^2} = \frac{2.3\ \text{N/kg}}{(10^2 - 20^2)\ \text{rad}^2/\text{s}^2} = -7.667 \times 10^{-3}\ \text{m}$$

이 값들을 대입하면, 식 (2.11)은 다음과 같다.

$$x(t) = 0.02 \sin 10t + 7.667 \times 10^{-3} (\cos 10t - \cos 20t)\ \text{m}$$

이 시간응답의 그래프는 그림 2.3과 같다. 1.9절이나 부록 G에서 설명한 소프트웨어 패키지 중 하나를 사용하면 이 시간 선도를 그릴 수 있다.

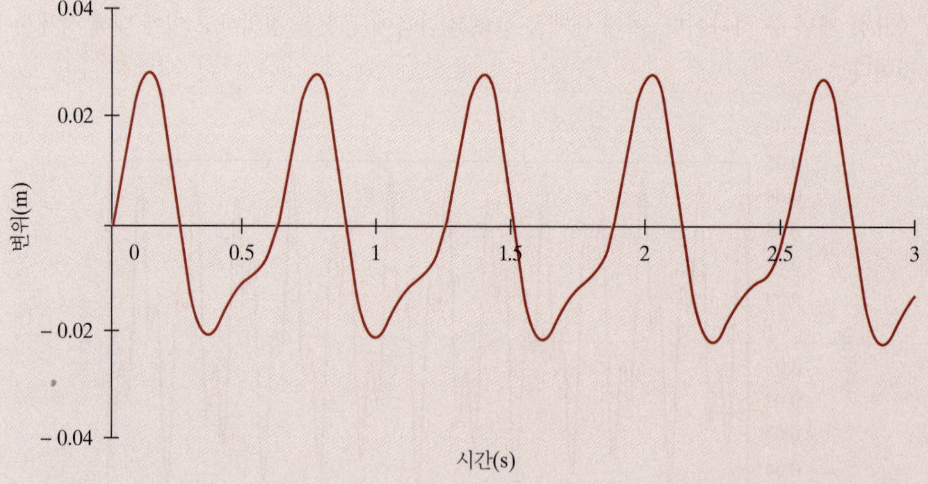

그림 2.3 예제 2.1.1의 비감쇠 시스템의 시간응답. 초기조건과 가진함수의 영향을 모두 보여주고 있다.

예제 2.1.2

2000 N/m의 스프링에 연결된 질량 m이 10 Hz(20π rad/s)에서 20 N의 조화가진력으로 가진되는 강제진동을 생각해 보자. 진동의 최대 진폭은 0.1 m이고 운동은 정지상태($x_0 = v_0 = 0$)로부터 시작하는 것으로 가정한다. 이 시스템의 질량을 계산하라.

풀이 식 (2.11)로부터 $x_0 = v_0 = 0$인 응답은 다음과 같다.

$$x(t) = \frac{f_0}{\omega_n^2 - \omega^2}(\cos\omega t - \cos\omega_n t) \tag{2.12}$$

다음과 같은 간단한 삼각함수 공식을 이용하면

$$\cos u - \cos v = 2\sin\left(\frac{v-u}{2}\right)\sin\left(\frac{v+u}{2}\right)$$

식 (2.12)는 다음과 같이 정리할 수 있다.

$$x(t) = \frac{2f_0}{\omega_n^2 - \omega^2}\sin\left(\frac{\omega_n - \omega}{2}t\right)\sin\left(\frac{\omega_n + \omega}{2}t\right) \tag{2.13}$$

따라서 식 (2.13)에서 전체 응답의 최댓값은 다음과 같다.

$$\frac{2f_0}{\omega_n^2 - \omega^2} = 0.1\,\text{m}$$

$\omega_n^2 = k/m$, $f_0 = F_0/m$을 이용하여 m에 대해 풀면 다음과 같다.

$$m = \frac{(0.1\text{ m})(2000\text{ N/m}) - 2(20\text{ N})}{(0.1\text{ m})(10 \times 2\pi\text{ rad/s})^2} = \frac{4}{\pi^2} = 0.405\text{ kg}$$

구동주파수가 시스템의 고유진동수에 가까워질 때, 매우 중요한 두 가지 현상이 나타난다. 먼저 $(\omega_n - \omega)$가 매우 작아지는 경우를 생각해 보자. 초기조건이 영일 때 응답은 식 (2.13)으로 주어지며 그림 2.4에 나타냈다. $(\omega_n - \omega)$는 그 값이 매우 작고 $(\omega_n + \omega)$는 상대적으로 크기 때문에 $\sin[(\omega_n - \omega)/2]t$ 항은 $\sin[(\omega_n + \omega)/2]t$보다 훨씬 더 긴 주기로 진동하게 된다. 진동의 주기 T는 $2\pi/\omega$로 정의되고, 이 경우에 $4\pi/(\omega_n + \omega)$로 되므로, 결국 이 운동은 진폭이 서서히 변하는 빠른 진동이 되며 이것을 **맥놀이**(beat)라고 한다.

맥놀이 주파수(beat frequency)는 그림 2.4에서 점선으로 표현되는 진동의 주기에 기초한다. 즉 진폭이 최대가 되는 시점과 다음 최대가 되는 시점 사이의 시간차이가 맥놀이의 주기이고 그림 2.4에서 점선의 완전한 한 주기의 반에 해당된다. 또는 다음과 같다.

$$\omega_{\text{beat}} = |\omega_n - \omega|$$

수학적으로 $f(t + T) = f(t)$가 되는 가장 짧은 시간이 주기 T로 정의된다는 점을 생각하면 이 사실이 더 분명하다. 그림 2.4의 실선을 보면 점선 주기의 반마다 반복됨을 알 수 있다. 이 주기는 주파수 $|\omega_n - \omega|$에 해당된다.

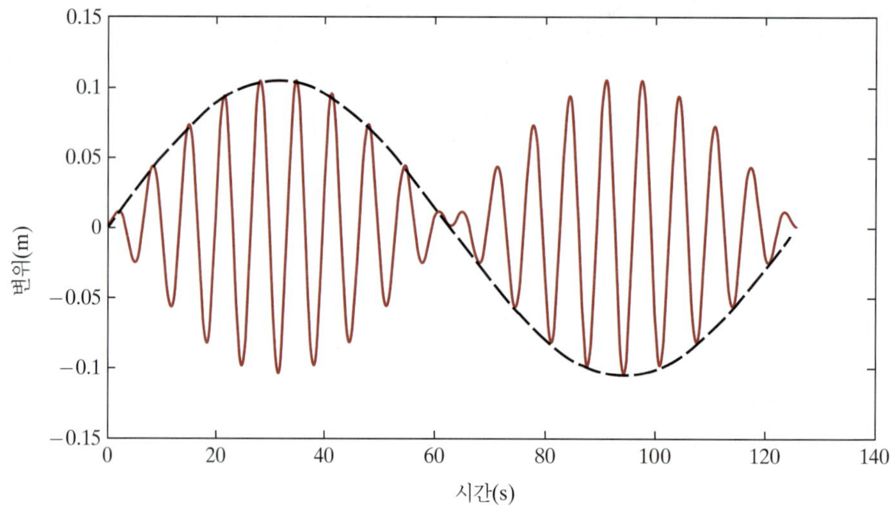

그림 2.4 맥놀이 현상을 나타내는 $\omega_n - \omega$가 작은 식 (2.13)에 대한 비감쇠 시스템의 응답. 그림에서 $f_0 = 0.1$ N/kg, $\omega_n = 1$ rad/s, $\omega = 0.9\ \omega_n$ rad/s이다. 점선은 $\frac{2f_0}{\omega_n^2 - \omega^2}\sin\left(\frac{\omega_n - \omega}{2}t\right)$의 그래프이다.

ω가 정확하게 시스템의 고유진동수와 같아지면, 식 (2.11)의 해는 더 이상 성립되지 않는다. 이 경우 함수 $X\cos\omega t$는 제차방정식의 해가 되기 때문에 특수해로 선택할 수 없으므로, 특수해는 다음과 같은 형태가 된다(Boyce et al., 2017).

$$x_p(t) = tX\sin\omega t \tag{2.14}$$

식 (2.14)를 식 (2.3)에 대입하고 X에 대해 풀면, 다음을 얻는다.

$$x_p(t) = \frac{f_0}{2\omega}t\sin\omega t \tag{2.15}$$

따라서 이 경우 전체 해는 다음의 형태가 된다($\omega = \omega_n$).

$$x(t) = A_1\sin\omega t + A_2\cos\omega t + \frac{f_0}{2\omega}t\sin\omega t \tag{2.16}$$

앞에서와 같이 초기변위 x_0와 초기속도 v_0를 사용해서 계수들을 계산하면 다음 식이 된다.

$$x(t) = \frac{v_0}{\omega}\sin\omega t + x_0\cos\omega t + \frac{f_0}{2\omega}t\sin\omega t \tag{2.17}$$

$x(t)$는 그림 2.5와 같으며, $x(t)$가 무한정 증가하는 것을 알 수 있다. 이러한 현상을 **공진**(*resonance*, 즉 $\omega = \omega_n = \sqrt{k/m}$에서 진동의 진폭이 무한히 커지는 현상)이라고 한다. 공진이 일어나면 스프링은 파괴될 것이다.

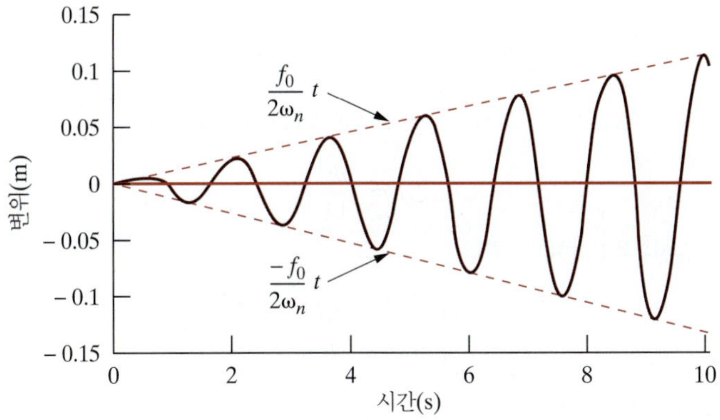

그림 2.5 고유진동수로 조화구동되는($\omega = \omega_n$) 스프링–질량 시스템의 강제 응답(공진)

예제 2.1.3

뒷골목 건물에 그림 2.6의 왼쪽에 보이는 것처럼 보안카메라를 설치하려고 한다. 이 경우 바람으로 인해 $F_0 \cos \omega t$의 가진력을 받을 것으로 예상되는데 측정된 F_0의 최대치는 15 N이다. 이 가진력에 의해 카메라가 진동할 때 변위가 0.01 m 이하가 되도록 받침대를 설계해야 한다. 바람에 의한 가진주파수는 10 Hz이고, 카메라의 질량은 3 kg이며, 받침대의 재료는 단면 치수가 0.01 × 0.01 m인 알루미늄이다. 진동진폭이 요구 규격인 0.01 m 이하가 되도록 받침대를 설계하라(비틀림 진동은 무시하고 초기조건은 모두 영으로 가정하자). 시계 확보를 위해 받침대의 길이는 0.2 m 이상이 되어야 한다.

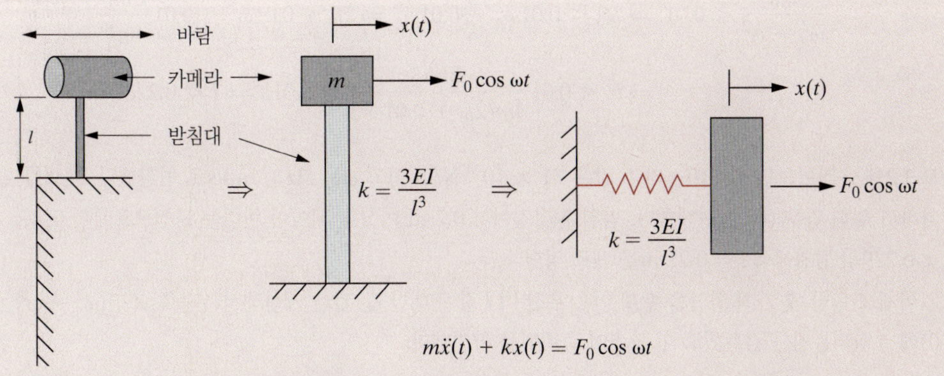

그림 2.6 바람으로 인해 조화가진력을 받는 카메라와 받침대의 간략한 모델. 왼쪽은 개념도, 가운데는 재료역학 모델, 오른쪽은 스프링–질량 모델이다.

풀이 그림 2.6의 왼쪽의 개념도로부터 이 시스템이 그림 1.27에 나타낸 보–질량계의 횡진동 모델임을 알 수 있다. 보–질량 시스템 모델은 다시 그림 2.6의 오른쪽과 같이 스프링–질량 시스템으로 간략화된다. 운동방정식은 그림에 표시된 강성을 써서 식 (2.2)와 같이 세울 수 있다. 즉

$$m\ddot{x}(t) + \frac{3EI}{l^3}x(t) = F_0 \cos \omega t$$

재료역학에서 배운 대로 직사각 단면 보의 면적관성모멘트 I는 다음과 같다.

$$I = \frac{bh^3}{12}$$

따라서 시스템의 고유진동수는 다음과 같다.

$$\omega_n^2 = \frac{3Ebh^3}{12ml^3} = \frac{Ebh^3}{4ml^3}\left(\frac{\text{rad}^2}{\text{s}^2}\right)$$

이 식에서 길이 l이 설계하고자 하는 물리량이다.

다음으로 예제 2.1.2에서 계산한 최대 변위 식을 생각해 보자. 진폭이 0.01 m 이하가 되는 조건을 충족하는 경우로는 다음과 같은 두 경우가 있다.

$$\left|\frac{2f_0}{\omega_n^2 - \omega^2}\right| < 0.01 \Rightarrow \text{(a)} - 0.01 < \frac{2f_0}{\omega_n^2 - \omega^2} \quad \text{그리고} \quad \text{(b)}\ \frac{2f_0}{\omega_n^2 - \omega^2} < 0.01$$

먼저 $\omega_n^2 - \omega^2 < 0$인 영역에서 성립되는 (a)의 경우를 생각해 보자.

$$-0.01 < \frac{2f_0}{\omega_n^2 - \omega^2} \Rightarrow 2f_0 < 0.01\omega^2 - 0.01\omega_n^2 \Rightarrow 0.01\omega^2 - 2f_0 > 0.01\frac{Ebh^3}{4ml^3}$$

$$\Rightarrow l^3 > 0.01\frac{Ebh^3}{4m(0.01\omega^2 - 2f_0)} = 0.02 \Rightarrow l > 0.2781 \text{ m}$$

다음으로 $\omega_n^2 - \omega^2 > 0$인 영역에서 성립되는 (b)의 경우를 생각해 보자.

$$\frac{2f_0}{\omega_n^2 - \omega^2} < 0.01 \Rightarrow 2f_0 < 0.01\omega_n^2 - 0.01\omega^2 \Rightarrow 2f_0 + 0.01\omega^2 < 0.01\frac{Ebh^3}{4ml^3}$$

$$\Rightarrow l^3 < 0.01\frac{Ebh3}{4m(2f_0 + 0.01\omega^2)} = 0.012 \Rightarrow l < 0.2287 \text{ m}$$

표 1.2에서 찾아보면 알루미늄의 E 값은 7.1×10^{10} N/m^{2}이고 ω는 Hz를 rad/s로 변환했다. 재료를 절약하기 위해 경우 (b)를 선택했다. 받침대의 길이가 0.2 m 이상이 되어야 한다는 조건으로부터 $0.2 < l < 0.229$의 범위에서 $l = 0.22$ m를 해로 정했다.

이제 간단한 몇 가지 검산을 수행한다. 우선 이 l 값에 대한 ω_n 값을 계산해서 부등호 조건($\omega_n^2 - \omega^2 > 0$)에 부합되는지를 검토했고 이 조건이 충족됨을 확인했다.

$$\omega_n^2 - \omega^2 = \frac{3Ebh^3}{12ml^3} - (20\pi)^2 = (74.543)^2 - (20\pi)^2 = 1609 > 0$$

받침대의 질량은 무시되었는데 이 가정이 옳은지 반드시 검증해야 한다. 알루미늄의 밀도(표 1.2 참조)를 사용하면 받침대의 질량은 다음과 같다.

$$m = \rho lbh = \left(2.7 \times 10^3\right)(0.22)(0.01)(0.01) = 0.149 \text{ kg}$$

이 값은 카메라 질량(약 5%)에 비해 작으므로 예제 1.4.4에 따라 스프링의 질량을 무시할 수 있다.

예제 2.1.4

예제 2.1.3의 보안카메라 설계 문제에서 그림 2.7에 표시한 것과 같은 비틀림 진동은 고려하지 않았다. 이 예제의 목적은 비틀림을 무시한다는 가정이 옳은지를 검토하는 것이다. 이것을 판정하기 위해 10 Hz로 진동하는 크기 15 N의 풍하중으로 인해 카메라가 0.01 m 이상 움직이게 될지를 계산하라.

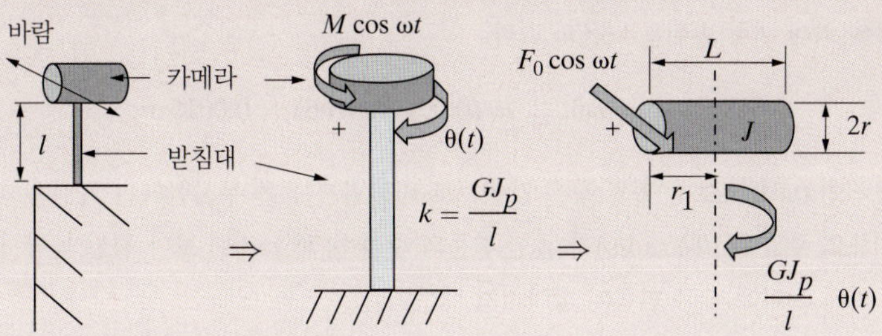

그림 2.7 바람으로 인해 조화가진력을 받는 카메라와 받침대의 간략한 모델. 왼쪽은 개념도, 가운데는 재료역학 모델, 오른쪽은 스프링–질량 모델이다.

풀이 이 문제에서는 풍하중이 중심축에서 $r_1 = 0.09$ m 떨어진 카메라의 끝부분에 집중적으로 작용하여 $M(t) = r_1F_0 \cos 20\,\pi t$ Nm의 비틀림모멘트를 발생시키는 것으로 생각한다. 그림 2.6의 모멘트 선도(자유물체도)로부터 운동방정식은 다음과 같이 나타낼 수 있다.

$$J\ddot{\theta}(t) + k\theta(t) = r_1F_0 \cos(20\pi t)$$

여기서 θ는 축(카메라 지지대)을 중심으로 한 카메라의 각변위를 나타낸다. 카메라를 원통으로 생각하고 질량관성모멘트를 구하면 다음과 같다.

$$J = \frac{m}{12}(3r^2 + L^2)$$

여기서 m은 질량, 반경은 $r = 0.05$ m, 길이는 $L = 2r_1 = 0.18$ m이다. 그림 1.25로부터 지지대의 비틀림강성은 다음과 같다.

$$k = \frac{GJ_p}{l}$$

여기서 G는 알루미늄의 전단계수(표 1.2에서 $G = 2.67 \times 10^{10}$ N/m^2)이고, 사각단면 막대의 극관성모멘트는 $J_p = 0.1667a^4$($a = 0.01$ m는 한 변의 길이. 표 1.3 참조), l의 값은 예제 2.1.3의 해인 $l = 0.22$ m를 사용한다. 이들을 대입하여 비틀림강성을 계산하면 다음을 얻는다.

$$k = \frac{GJ_p}{l} = \frac{(2.67 \times 10^{10})\left(\frac{\text{N}}{\text{m}^2}\right)\left((0.1667)\ (0.01^4)\right)(\text{m}^4)}{0.22 \cdot (\text{m})} = 202.3132 \text{ Nm}$$

$$\omega_n = \sqrt{\frac{k}{J}} = \sqrt{\frac{202.31 \text{ Nm}}{0.01 \text{ kg}\cdot\text{m}^2}} = 142.2368 \text{ rad/s}$$

예제 2.1.2에서 살펴본 바와 같이 영 초기조건에 대한 응답의 최대치를 비틀림 진동 문제에 적용하여 다음을 구할 수 있다.

$$\theta_{max} = \left| \frac{2\,\frac{r_1 F_0}{J}}{\omega_n^2 - \omega^2} \right| = \left| \frac{2\,\frac{(0.09)(15)}{0.01}}{(142.2368)^2 - (62.832)^2} \right| = 0.0166 \text{ rad}$$

카메라 끝 부분의 최대 선형 변위는 다음과 같다.

$$X_{max} = r_1 \theta_{max} = (0.09)\,(0.0166) = 0.0015\,\text{m}$$

이 값은 요구조건인 0.01 m보다 훨씬 작은 값이므로 비틀림 진동을 무시한다는 가정은 타당하다. 이는 주로 비틀림 진동의 주파수(142 rad/s)가 굽힘 진동의 주파수(75 rad/s) 보다 훨씬 높아서 최대 변형 계산식의 분모가 커지고 이에 따라 변형이 작아지기 때문이다.

이제까지의 유도과정에서는 조화가진력을 코사인함수로 표기했다. 조화가진력은 앞서 언급한 것처럼 사인함수로도 표기할 수 있다. 이 경우 식 (2.2)는 다음과 같이 나타낼 수 있다.

$$m\ddot{x}(t) + kx(t) = F_0 \sin \omega t \quad \text{또는} \quad \ddot{x}(t) + \omega_n^2 x(t) = f_0 \sin \omega t \tag{2.18}$$

앞에서와 마찬가지로 미정계수법을 사용하면 사인가진력에 대한 특수해는 다음과 같다.

$$x_p(t) = X \sin \omega t \tag{2.19}$$

이와 같이 가정된 해를 식 (2.18)에 대입하면 다음을 얻는다.

$$-\omega^2 X \sin \omega t + \omega_n^2 X \sin \omega t = f_0 \sin \omega t \tag{2.20}$$

$\sin \omega t\,(\neq 0)$로 묶어내고, X에 대해 풀면 다음과 같으므로,

$$X = \frac{f_0}{\omega_n^2 - \omega^2} \tag{2.21}$$

특수해는 다음과 같다.

$$x_p(t) = \frac{f_0}{\omega_n^2 - \omega^2} \sin \omega t \tag{2.22}$$

전체 해는 제차해와 특수해의 합이므로 다음과 같다.

$$x(t) = A_1 \sin \omega_n t + A_2 \cos \omega_n t + \frac{f_0}{\omega_n^2 - \omega^2} \sin \omega t \tag{2.23}$$

계수 A_1과 A_2는 초기조건 x_0, v_0로부터 계산된다. 식 (2.23)과 1차 미분에서 $t = 0$으로 놓으면 다음 관계식을 구할 수 있다.

$$x(0) = x_0 = A_2 \quad \text{그리고} \quad \dot{x}(0) = \omega_n A_1 + \frac{\omega f_0}{\omega_n^2 - \omega^2} = v_0 \tag{2.24}$$

$$\Rightarrow \quad A_1 = \frac{v_0}{\omega_n} - \frac{\omega}{\omega_n}\frac{f_0}{\omega_n^2 - \omega^2} \quad \text{그리고} \quad A_2 = x_0$$

따라서 가진력이 사인함수로 표현될 때 전체 해는 다음과 같다.

$$x(t) = x_0 \cos \omega_n t + \left(\frac{v_0}{\omega_n} - \frac{\omega}{\omega_n}\frac{f_0}{\omega_n^2 - \omega^2}\right)\sin \omega_n t + \frac{f_0}{\omega_n^2 - \omega^2}\sin \omega t \tag{2.25}$$

사인가진력에 대한 스프링-질량 시스템의 응답을 나타내는 식 (2.25)와 코사인가진력에 대한 응답을 나타내는 식 (2.11)의 차이점을 아는 것이 중요하다.

식 (2.17)은 식 (2.11)에서 $\omega \rightarrow \omega_n$의 극한을 취해서 유도할 수도 있다.

2.2 감쇠 시스템의 조화가진

1장에서도 언급했듯이 진동 시스템에는 항상 어떤 종류의 감쇠나 에너지 소산이 존재한다(윈도우 2.2 참조). 이 절에서는 조화가진을 받는 1자유도 점성감쇠 시스템의 응답을 생각해 보자. 그림 2.1에서 질량에 가해진 x방향의 힘을 합하면 다음 식을 얻는다.

$$m\ddot{x} + c\dot{x} + kx = F_0 \cos \omega t \tag{2.26}$$

질량 m으로 나누면 다음과 같으며,

$$\ddot{x} + 2\zeta\omega_n\dot{x} + \omega_n^2 x = f_0 \cos \omega t \tag{2.27}$$

전과 같이 $\omega_n = \sqrt{k/m}$, $\zeta = c/(2m\omega_n)$, $f_0 = F_0/m$이다. 감쇠의 경우에도 특수해의 계산은 비감쇠의 경우와 비슷하며 미정계수법을 이용한다.

미분방정식 이론에 의하면, 감쇠 시스템의 강제응답은 구동력과 같은 주파수에 다른 진폭과 위상을 갖는 조화함수 형태라는 것을 알 수 있다. 감쇠력의 영향 때문에 위상차(phase shift)가 생긴다. 미정계수법에 의하면 특수해는 다음의 형태로 가정할 수 있다.

$$x_p(t) = X \cos(\omega t - \theta) \tag{2.28}$$

계산을 쉽게 하기 위해 위 식을 다음 형태로 쓸 수 있다.

$$x_p(t) = A_s \cos \omega t + B_s \sin \omega t \tag{2.29}$$

여기서 상수 $A_s = X \cos \theta$와 $B_s = X \sin \theta$는 다음을 만족하는 미정계수이다.

$$X = \sqrt{A_s^2 + B_s^2} \quad \text{그리고} \quad \theta = \tan^{-1}\frac{B_s}{A_s} \tag{2.30}$$

윈도우 2.2 | 1장에서 다룬 감쇠자유진동 문제($0 < \zeta < 1$)의 해

$x(0) = x_0$, $\dot{x}(0) = v_0$인 $m\ddot{x} + c\dot{x} + kx = 0$은 다음과 같은 해를 갖는다.

$$x(t) = Ae^{-\zeta\omega_n t}\sin(\omega_d t + \phi)$$

여기서

$$\omega_n = \sqrt{\frac{k}{m}} \text{ 는 비감쇠 고유진동수}$$

$$\zeta = \frac{c}{2m\omega_n} \text{ 는 감쇠비}$$

$$\omega_d = \omega_n\sqrt{1 - \zeta^2} \text{ 은 감쇠 고유진동수}$$

상수 A와 ϕ는 초기조건에 의해 결정되며 다음과 같다.

$$A = \sqrt{x_0^2 + \left(\frac{v_0 + \zeta\omega_n x_0}{\omega_d}\right)^2}$$

$$\phi = \tan^{-1}\frac{x_0\omega_d}{v_0 + \zeta\omega_n x_0}$$

다음과 같이 해를 표현할 수도 있다.

$$x(t) = e^{-\zeta\omega_n t}\left[\frac{v_0 + \zeta\omega_n x_0}{\omega_d}\sin\omega_d t + x_0\cos\omega_d t\right]$$

식 (2.29)로 가정된 해를 미분하면 다음과 같다.

$$\dot{x}_p(t) = -\omega A_s \sin\omega t + \omega B_s \cos\omega t \tag{2.31}$$

그리고

$$\ddot{x}_p(t) = -\omega^2(A_s\cos\omega t + B_s\sin\omega t) \tag{2.32}$$

x_p, $\dot{x}_p$, $\ddot{x}_p$를 식 (2.27)의 운동방정식에 대입하고 $\sin\omega t$와 $\cos\omega t$의 계수항으로 묶으면 다음과 같다.

$$\left(-\omega^2 A_s + 2\zeta\omega_n\omega B_s + \omega_n^2 A_s - f_0\right)\cos\omega t + \left(-\omega^2 B_s - 2\zeta\omega_n\omega A_s + \omega_n^2 B_s\right)\sin\omega t = 0 \tag{2.33}$$

이 식이 모든 시간 t에 대해 항등적으로 성립해야 하므로 $t = \pi/2\omega$에서는 $\sin\omega t$의 계수가 영이 되어야 한다. 같은 방법으로 $t = 0$에 대해 $\cos\omega t$의 계수도 영이 되어야 한다. 따라서 미정계수 A_s와 B_s에 대해 다음 두 식을 얻는다.

$$\begin{aligned}\left(\omega_n^2 - \omega^2\right)A_s + \left(2\zeta\omega_n\omega\right)B_s &= f_0\\ \left(-2\zeta\omega_n\omega\right)A_s + \left(\omega_n^2 - \omega^2\right)B_s &= 0\end{aligned} \tag{2.34}$$

이 두 선형 방정식은 다음과 같이 하나의 행렬방정식으로 표현할 수 있다.

$$\begin{bmatrix} \omega_n^2 - \omega^2 & 2\zeta\omega_n\omega \\ -2\zeta\omega_n\omega & \omega_n^2 - \omega^2 \end{bmatrix} \begin{bmatrix} A_s \\ B_s \end{bmatrix} = \begin{bmatrix} f_0 \\ 0 \end{bmatrix}$$

이 두 개의 식을 미정계수 A_s와 B_s에 대해 풀면 다음과 같다(역행렬을 계산해서 곱한다. 부록 C 참조. 역자 주: Cramer의 공식을 사용하면 더 편리하다).

$$\begin{aligned} A_s &= \frac{(\omega_n^2 - \omega^2)f_0}{(\omega_n^2 - \omega^2)^2 + (2\zeta\omega_n\omega)^2} \\ B_s &= \frac{2\zeta\omega_n\omega f_0}{(\omega_n^2 - \omega^2)^2 + (2\zeta\omega_n\omega)^2} \end{aligned} \tag{2.35}$$

이 값들을 식 (2.30)과 (2.28)에 대입하면 특수해를 얻을 수 있으며 다음과 같다.

$$x_p(t) = \overbrace{\frac{f_0}{\sqrt{(\omega_n^2 - \omega^2)^2 + (2\zeta\omega_n\omega)^2}}}^{X} \cos\left(\omega t - \overbrace{\tan^{-1}\frac{2\zeta\omega_n\omega}{\omega_n^2 - \omega^2}}^{\theta}\right) \tag{2.36}$$

역시 전체 해는 특수해와 1.3절에서 얻은 제차해의 합이 되며, 부족감쇠의 경우($0 < \zeta < 1$) 다음과 같이 표현된다.

$$x(t) = Ae^{-\zeta\omega_n t}\sin(\omega_d t + \phi) + X\cos(\omega t - \theta) \tag{2.37}$$

여기서 X와 θ는 식 (2.36)에 의해 정의된 특수해의 계수이고, A와 ϕ(윈도우 2.2와는 다름)는 초기조건에 의해 결정된다. t 값이 커지면 첫 번째 항, 즉 제차해는 영으로 접근하며, 전체 해는 특수해로 접근하게 된다. 따라서 $x_p(t)$를 **정상상태응답**(steady-state response)이라고 하며, 식 (2.37)의 첫 번째 항은 **과도응답**(transient response)이라고 한다.

식 (2.37)의 적분상수값은 식 (2.11)에서 비감쇠 시스템의 응답을 계산할 때 사용했던 것과 동일한 과정을 거쳐 초기조건으로부터 계산된다. 적분상수를 진폭과 위상으로 쓰기보다는 식 (2.29)에서와 같이 $A \sin \omega_d t + C \cos \omega_d t$의 형태로 과도항을 표현하고, 특수해는 식 (2.29)에 주어진 형태로 표현한다. 부족감쇠의 경우 전체 응답은 다음과 같다.

$$\begin{aligned} x(t) = e^{-\zeta\omega_n t}\Bigg\{&\left(x_0 - \frac{f_0(\omega_n^2 - \omega^2)}{(\omega_n^2 - \omega^2)^2 + (2\zeta\omega_n\omega)^2}\right)\cos\omega_d t \\ &+ \left(\frac{\zeta\omega_n}{\omega_d}\left(x_0 - \frac{f_0(\omega_n^2 - \omega^2)}{(\omega_n^2 - \omega^2)^2 + (2\zeta\omega_n\omega)^2}\right)\right. \\ &\left.- \frac{2\zeta\omega_n\omega^2 f_0}{\omega_d[(\omega_n^2 - \omega^2)^2 + (2\zeta\omega_n\omega)^2]} + \frac{v_0}{\omega_d}\right)\sin\omega_d t\Bigg\} \\ &+ \frac{f_0}{(\omega_n^2 - \omega^2)^2 + (2\zeta\omega_n\omega)^2}\left[(\omega_n^2 - \omega^2)\cos\omega t + 2\zeta\omega_n\omega\sin\omega t\right] \end{aligned} \tag{2.38}$$

이것은 식 (2.37)의 다른 표현이고 응답의 과도부에 대한 가진함수의 직접적인 영향을 보여준다(즉 지수함수가 포함된 항의 계수). 식 (2.38)에서 감쇠를 영으로 하면, 여기서 구한 부족감쇠 시스템의 강제응답은 식 (2.11)로 주어지는 비감쇠 시스템의 강제응답으로 귀결된다. 연습문제 2.22는 식 (2.37)의 상수 A와 ϕ의 계산에 관한 문제이다. 자유응답과 강제응답에 대한 위상과 진폭 공식을 윈도우 2.3에 요약해 두었다.

식 (2.37)에서 과도응답을 나타내는 상수 A와 ϕ는 식 (1.38)이나 윈도우 2.2에서 주어진 자유응답의 경우에 대해 계산한 것과는 다르다는 것에 주목하라. 그 이유는 식 (2.37)에서의 과도항은 식 (2.38)에 보인 것처럼 초기조건과 가진력 모두의 영향을 받기 때문이다.

윈도우 2.3 | 비감쇠 및 부족감쇠 1자유도 시스템에서 자유응답 $F(t) = 0$과 강제응답 $F(t) = F_0 \cos \omega t$에 대한 위상과 진폭관계식의 요약

비감쇠 시스템의 일반응답은 다음과 같다.

$$x(t) = A \sin\left(\omega_n t + \phi\right) + X \cos \omega t$$

여기서 자유응답은 다음과 같다.

$$\phi = \tan^{-1} \frac{\omega_n x_0}{v_0}, \quad A = \sqrt{x_0^2 + \frac{v_0^2}{\omega_n^2}}, \quad X = 0$$

강제응답은 다음과 같다.

$$\phi = \tan^{-1} \frac{\omega_n\left(x_0 - X\right)}{v_0}, A = \sqrt{\left(\frac{v_0}{\omega_n}\right)^2 + \left(x_0 - X\right)^2}, X = \frac{f_0}{\omega_n^2 - \omega^2}$$

부족감쇠 시스템의 일반응답은 다음과 같다.

$$x(t) = Ae^{-\zeta\omega_n t} \sin\left(\omega_d t + \phi\right) + X \cos\left(\omega t - \theta\right)$$

여기서 자유응답은 다음과 같다.

$$\phi = \tan^{-1} \frac{x_0 \omega_d}{v_0 + \zeta\omega_n x_0}, A = \frac{1}{\omega_d} \sqrt{\left(v_0 + \zeta\omega_n x_0\right)^2 + \left(x_0 \omega_d\right)^2}, X = 0$$

강제응답은 다음과 같다.

$$\theta = \tan^{-1} \frac{2\zeta\omega_n\omega}{\omega_n^2 - \omega^2}, \quad X = \frac{f_0}{\sqrt{\left(\omega_n^2 - \omega^2\right)^2 + \left(2\zeta\omega_n\omega\right)^2}},$$

$$\phi = \tan^{-1} \frac{\omega_d\left(x_0 - X \cos\theta\right)}{v_0 + \left(x_0 - X\cos\theta\right)\zeta\omega_n - \omega X \sin\theta}, \quad A = \frac{x_0 - X\cos\theta}{\sin\phi}$$

예제 2.2.1

감쇠 진동시스템의 강제응답을 계산할 때 물리량의 단위를 검토해 보자. 운동방정식의 각 항의 단위는 보통 N으로 주어지고 초기변위와 속도는 mm, mm/s를 사용한다. 초기조건을 정확한 단위로 표시하는 것이 중요하다.

풀이 우선 질량으로 정규화한 운동방정식인 식 (2.27)을 다시 써 보면 다음과 같다.

$$\ddot{x} + 2\zeta\omega_n\dot{x} + \omega_n^2 x = f_0 \cos \omega t$$

f_0의 단위는 N/kg = m/s²으로서 가속도의 단위이고 이는 식의 첫 항의 단위와 일치한다. 감쇠비는 무차원이므로 감쇠항의 계수는 ω_n과 같은 단위로서 rad/s이고 여기에 속도를 곱하면 감쇠항의 단위는 역시 m/s²이다. 따라서 식 (2.27)의 각 항의 단위들은 모두 일치한다.

다음으로 해의 단위를 생각해 보자. 특수해의 진폭 X의 단위는 m이고(f_0 단위: N/kg 또는 m/s²),

$$X = \frac{f_0}{\sqrt{(\omega_n^2 - \omega^2)^2 + (2\zeta\omega_n\omega)^2}}\left(\frac{\mathrm{m}/\mathrm{s}^2}{\mathrm{rad}/\mathrm{s}^2}\right) = \frac{f_0}{\sqrt{(\omega_n^2 - \omega^2)^2 + (2\zeta\omega_n\omega)^2}}(\mathrm{m})$$

진폭 A에 분자 $x_0 - X\cos(\theta)$ 항이 포함되어 있으므로(윈도우 2.3 하단) 초기조건의 단위는 반드시 m이 된다. 마찬가지로 위상각 ϕ에도 초기속도와 $X\zeta\omega_n$이 더해진 항이 있으며 이 항의 단위는 m/s이다. 따라서 감쇠 시스템의 강제응답을 구하는 데 있어서 초기조건에 운동방정식에서 사용된 단위와 일치하는 단위를 사용하는 것이 중요하다.

예제 2.2.2

$m = 100$ kg, $c = 100$ kg/s, $k = 910$ N/m인 감쇠 스프링-질량 시스템에 $10\cos(3t)$ N의 가진력이 작용한다. 초기조건이 $x_0 = 1$ mm, $v_0 = 20$ mm/s일 때 계의 응답 $x(t)$를 계산하라.

풀이 주어진 값을 식 (2.26)에 대입하면 운동방정식은 다음과 같이 나타낼 수 있다.

$$100\ddot{x}(t) + 100\dot{x}(t) + 910x(t) = 10\cos 3t,\ x_0 = 0.001\ \mathrm{m},\ v_0 = 0.02\ \mathrm{m/s}$$

여기서 초기조건의 단위(이에 따라 숫자도)는 앞의 예제에서 살펴보았듯이 방정식과 일치하도록 변경되었다. 물리량들을 질량으로 나누면 진동 물성치들은 다음과 같다.

$$f_0 = \frac{F_0}{m} = \frac{10}{100} = 0.1\,\frac{\mathrm{m}}{\mathrm{s}^2},\ \omega_n = \sqrt{\frac{k}{m}} = \sqrt{\frac{910}{100}} = 3.017\,\frac{\mathrm{rad}}{\mathrm{s}},$$

$$\zeta = \frac{c}{2\sqrt{mk}} = \frac{100}{2\sqrt{100\cdot 910}} = 0.166,$$

$$\omega_d = \omega_n\sqrt{1-\zeta^2} = 3.017\sqrt{1-0.166^2} = 2.975\ \mathrm{rad/s}$$

$\omega = 3$ rad/s이므로 계는 거의 공진에 가깝다. 윈도우 2.3에 주어진 식을 사용해서 특수해의 진폭과 위상을 계산하면 다음과 같다.

$$X = \frac{f_0}{\sqrt{(\omega_n^2 - \omega^2)^2 + (2\zeta\omega_n\omega)^2}} = \frac{0.1}{\sqrt{(3.017^2 - 3^2)^2 + (2\cdot 0.166\cdot 3.017\cdot 3)^2}} = 0.033 \text{ m}$$

$$\theta = \tan^{-1}\frac{2\zeta\omega_n\omega}{\omega_n^2 - \omega^2} = \tan^{-1}\frac{2\cdot 0.166\cdot 3.017\cdot 3}{3.017^2 - 3^2} = 1.537 \text{ rad}$$

다음으로 과도응답의 위상을 계산하면 다음과 같다.

$$\phi = \tan^{-1}\frac{\omega_d(x_0 - X\cos\theta)}{v_0 + (x_0 - X\cos\theta)\zeta\omega_n - \omega X\sin\theta}$$

$$= \frac{2.975(0.001 - 0.033\cdot 0.033)}{0.02 + (0.001 - 0.033\cdot 0.033)0.166\cdot 3.017 - 3\cdot 0.033\cdot 0.999} = 4.089\times 10^{-3} \text{ rad}$$

과도응답의 진폭은 다음과 같다.

$$A = \frac{x_0 - X\cos\theta}{\sin\phi} = \frac{0.001 - 0.033\cdot 0.0333}{4.089\times 10^{-3}} = -0.027 \text{ m}$$

식 (2.37)처럼 정리하면 전체 응답은 다음과 같다.

$$x(t) = Ae^{-\zeta\omega_n t}\sin(\omega_d t + \phi) + X\cos(\omega t - \theta)$$
$$= -0.027e^{-0.5t}\sin(2.975t + 4.089\times 10^{-3}) + 0.033\cos(3t - 1.537) \text{ m}$$

예제 2.2.3

식 (2.37)의 적분상수 A와 ϕ를 계산하고 윈도우 2.2에 주어진 자유진동에 대한 A, ϕ 값과 비교하라. 여기서 $\omega_n = 10$ rad/s, $\omega = 5$ rad/s, $\zeta = 0.01$, $F_0 = 1000$ N, $m = 100$ kg, 초기조건은 $x_0 = 0.05$ m, $v_0 = 0$이다.

풀이 먼저 식 (2.36)에서 X와 θ를 계산해서 특수해(강제응답)를 구한다. 그 값들은 다음과 같다.

$$X = \frac{f_0}{\sqrt{(\omega_n^2 - \omega^2)^2 + (2\zeta\omega_n\omega)^2}} = 0.133 \text{ m} \quad \text{그리고} \quad \theta = \tan^{-1}\left(\frac{2\zeta\omega_n\omega}{\omega_n^2 - \omega^2}\right) = 0.013 \text{ rad}$$

따라서 특수해의 위상은 거의 영(0.76°)이다. 식 (2.37)로 주어지는 해는 다음과 같다.

$$x(t) = Ae^{-0.1t}\sin(9.999t + \phi) + 0.133\cos(5t - 0.013)$$

이 식을 미분해서 속도 표현식을 얻는다.

$$v(t) = -0.1Ae^{-0.1t}\sin(9.999t + \phi) + 9.999Ae^{-0.1t}\cos(9.999t + \phi) - 0.665\sin(5t - 0.013)$$

$x(t)$에서 $x(0) = 0.05$로 놓고 A에 대해 푼다.

$$A = \frac{0.005 - 0.133\cos(-0.013)}{\sin(\phi)} = \frac{-0.083}{\sin(\phi)}$$

이 A를 속도식에 대입하고 $v(0) = 0$으로 놓으면, 속도식은 다음과 같다.

$$0 = -0.1(-0.083) + 9.999(-0.083)\cot(\phi) + 0.665\sin(0.013)$$

ϕ에 대해 풀면 $\phi = 1.55$ rad(88.8°), $A = -0.083$ m가 되며 이 값들은 해의 과도응답(초기조건과 가진력의 영향이 포함된)의 위상과 진폭을 나타낸다.

다음에 동일한 초기조건으로 자유진동($F_0 = 0$)하는 경우에 대한 상수 A와 ϕ를 계산해 보자. 이렇게 하면(윈도우 2.2 참조) 다음과 같이 틀린 진폭과 위상값을 얻게 된다.

$$A = \sqrt{(0.05)^2 + \left[\frac{(0.01)(10)(0.05)}{10\sqrt{1-(0.01)^2}}\right]^2} = 0.05\,\text{m}$$

그리고

$$\phi = \tan^{-1}\left(\frac{9.999}{0.05(10)}\right) = 1.521 \text{ rad } (87.137°)$$

두 가지 조합의 진폭 A와 위상 ϕ를 비교해 보면, 매우 다르다는 것을 알 수 있다. 따라서 적분상수값은 가진항의 영향을 크게 받는다. 특히 가진력의 영향으로 과도항의 진폭이 크게 증가하고 위상은 감소한다.

예제 2.2.4

이 예제에서는 감쇠가 없을 때 비트를 생성하는 시스템에서 감쇠의 효과를 고려한다. 그림 2.8은 $X_0 = 0$, $v_0 = 0$, $\omega_n = 10$ rad/s, $\omega = 9$ rad/s, $f_0 = 10$ N 및 $\zeta = 0.01$일 때 식 (2.28)을 이용한 예측 결과를 보여준다.

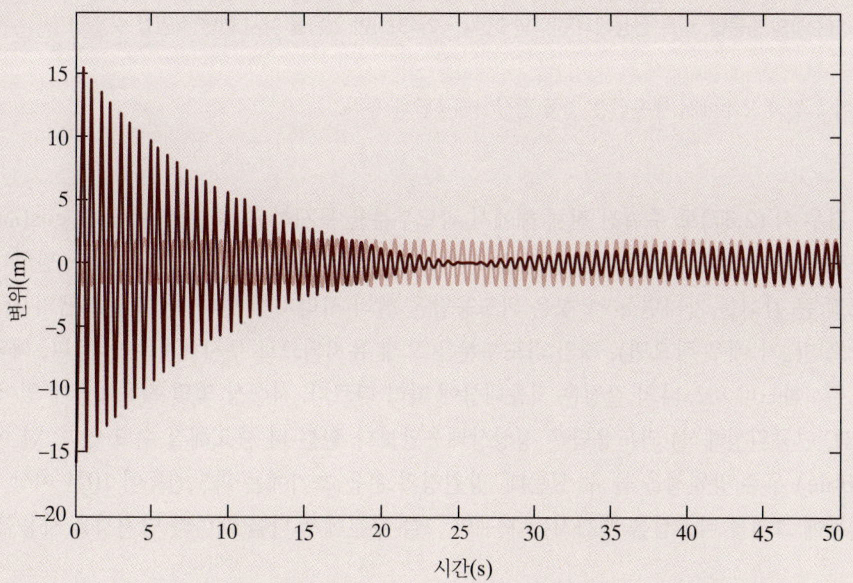

그림 2.8 감쇠 플롯(파란색)은 전체 응답이고 비감쇠 플롯(청록색)은 정상상태응답이다. 비트가 '0'(약 t = 25.7초)으로 줄어들고 40초 정도 후에 과도 현상이 사라진다. 반면에 감쇠되지 않은 비트는 매 주기마다 값이 0이 된다.

이를 다른 관점에서 보기 위해 그림 2.9는 주파수가 더 가깝고 감쇠가 더 높은 경우 응답을 보여준다. 식 (2.38)에서 $x_0 = 0$, $v_0 = 0$, $\omega_n = 10$ rad/s, $\omega = 9.9$ rad/s, $f_0 = 10$ N 및 $\zeta = 0.1$을 이용해서 예측된 응답을 보여준다.

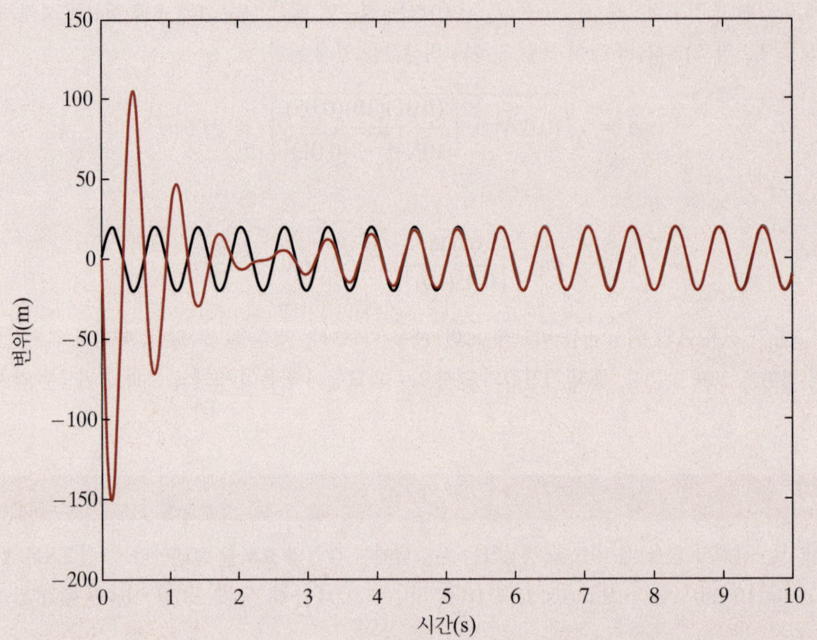

그림 2.9 주파수가 더 가깝고($\Delta\omega$ = 0.1) 더 높은 감쇠(ζ =0.1) 시스템(파란색)과 정상상태(검은색)의 총응답. 비트 현상에서 하나의 0점(t =2.43초)만 있음을 다시 한번 확인할 수 있다.

두 예측 결과 모두에서 총응답은 결국 정상상태응답과 같다.

많은 경우 식 (2.37)로 주어진 전체 해에서 과도부분을 무시하고 정상상태응답 $X\cos(\omega t - \theta)$에만 중점을 두게 된다. 정상상태응답만을 고려해도 되는 이유는 감쇠비 ζ 때문이다. 만약 시스템이 비교적 큰 감쇠를 가지면 $e^{-\zeta\omega_n t}$항은 과도응답을 빨리 사라지게 한다. 한편 시스템의 감쇠력이 매우 작으면(ζ가 매우 작으면), 해의 과도부분은 오래 유지되므로 무시해서는 안 된다. 해의 과도부분을 무시하느냐 마느냐의 결정은 적용대상에 따라 다르다. 사실상 몇몇 적용대상에 있어서(예: 지진해석, 인공위성해석) 과도응답은 정상상태응답보다 훨씬 더 중요해질 수도 있다. 한 예로 허블(Hubble) 우주 망원경을 들 수 있는데, 망원경의 운용 초기에는 과도진동이 10분 이상 지속되었기 때문에 그것을 바로잡을 때까지는 지구의 그늘 부분에서 나올 때마다 망원경을 사용할 수 없었다.

과도응답의 진폭이 비교적 크면 매우 중요할 수도 있다. 보통 기기들은 정상상태에 대해 설계되고 해석되지만, 과도상태를 무시하는 것이 타당한가 아니면 심각하게 고려해야 하는가를 확인하기 위해 항상 과도응답을 검토해야 한다.

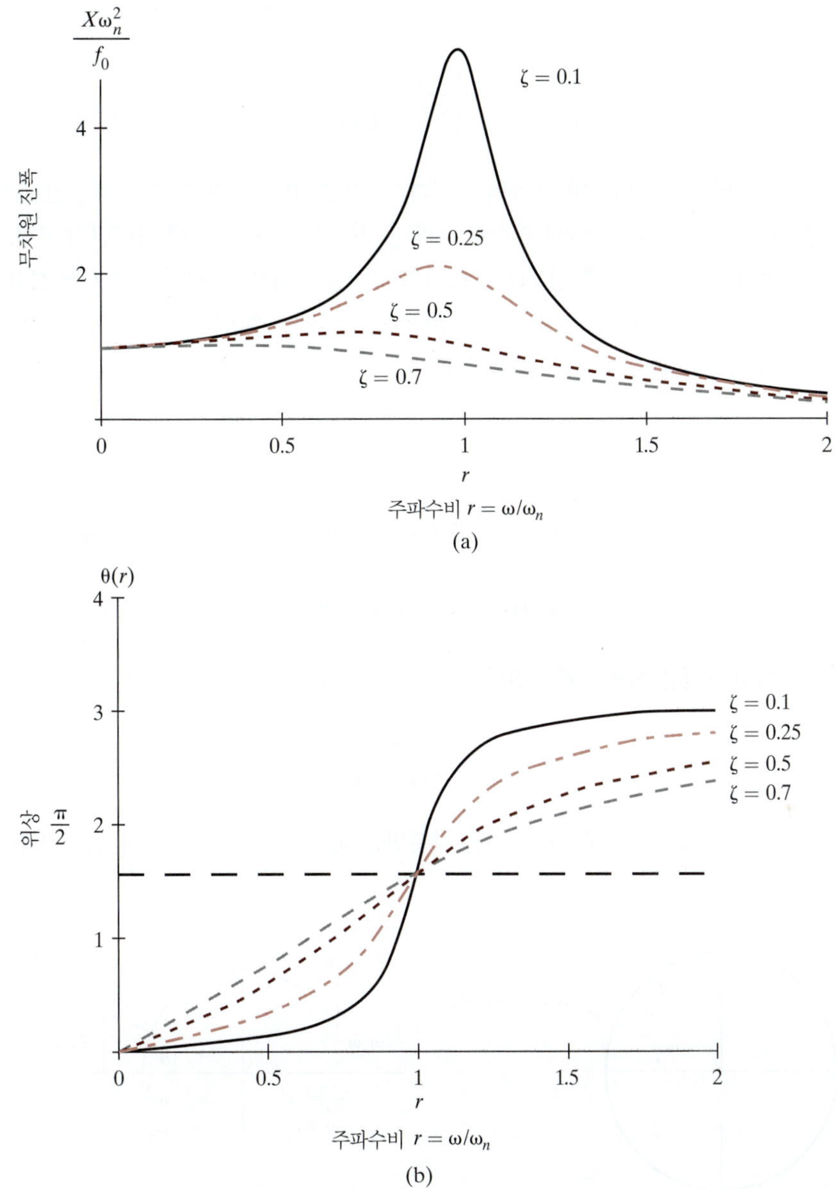

그림 2.10 여러 감쇠비 ζ 값에 대해 식 (2.40)으로 주어지는 정상상태응답을 주파수비로 표현한 무차원 진폭($X\omega_n^2/f_0 = Xk/F_0$) 선도 (a)와 위상 선도 (b)

이러한 사항을 염두에 두고 정상상태의 진폭 X와 위상 θ를 구동주파수의 함수로 표현하고자 한다. 식 (2.36)의 모양을 검토하고 가정된 $X\cos(\omega_d t - \theta)$와 비교하면 진폭 X와 위상 θ는 다음과 같다는 사실을 알 수 있다.

$$X = \frac{f_0}{\sqrt{(\omega_n^2 - \omega^2)^2 + (2\zeta\omega_n\omega)^2}}, \quad \theta = \tan^{-1}\frac{2\zeta\omega_n\omega}{\omega_n^2 - \omega^2} \tag{2.39}$$

ω_n^2으로 나누고 F_0/m으로 진폭을 나누면, 진폭과 위상에 대한 식들은 다음과 같이 쓸 수 있다.

$$\frac{Xk}{F_0} = \frac{X\omega_n^2}{f_0} = \frac{1}{\sqrt{(1 - r^2)^2 + (2\zeta r)^2}}, \quad \theta = \tan^{-1}\frac{2\zeta r}{1 - r^2} \tag{2.40}$$

여기서 $r = \omega/\omega_n$은 주파수비이며 무차원 수이다. 그림 2.10은 몇 가지 감쇠비 ζ 값에 대해 식 (2.40)의 진폭과 위상을 주파수비 r의 함수로 나타낸 것이다. 윈도우 2.4에 나타낸 것처럼, 위상은 0과 π 사이에 놓인다. 감쇠가 작은 경우($\zeta \leq 0.1$)의 곡선을 살펴보면 구동주파수가 비감쇠 고유진동수로 접근할 때($r \rightarrow 1$) 진폭은 최댓값으로 접근하는 것을 알 수 있다. 또한 구동주파수가 비감쇠 고유진동수에 접근할 때 위상차는 90°를 통과하는 것도 알 수 있다. 이것으로 감쇠의 경우에 대

윈도우 2.4 | 부족감쇠 시스템 강제응답에 대한 특수해에서의 위상차

가진력 $F_0 \cos \omega t$에 대한 특수해를 그림 (a)에서 보인 것처럼 다음과 같이 가정한다.

$$x_p(t) = X\cos(\omega t - \theta)$$

여기서 위상차 θ는 다음 식으로 주어진다.

$$\theta = \tan^{-1}\left(\frac{2\zeta\omega_n\omega}{\omega_n^2 - \omega^2}\right)$$

인수의 분자가 항상 양수이므로 θ가 놓이는 사분면은 $\omega_n^2 - \omega^2$의 부호에 의해 결정된다.

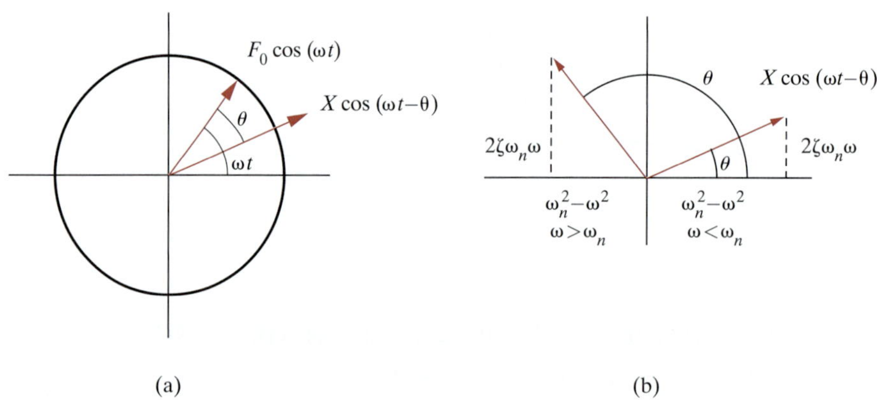

(a) (b)

위상차는 역탄젠트 함수에 의해 계산되는데 그 값은 그림 (b)의 극좌표 선도에서 보는 바와 같이 θ가 $0 \leq \theta \leq \pi$ 사이에 놓이는 것으로 가정하고 계산해야 한다. 그러나 역탄젠트의 기본 정의는 $-\pi/2 \leq \theta \leq \pi/2$ 사이에서 θ를 계산하므로 컴퓨터 코드나 계산기를 사용할 때는 'atan2' 함수를 사용하도록 한다. 이 함수는 탄젠트의 음수값을 분모와 분자의 부호에 따라 구분하여 취급한다.

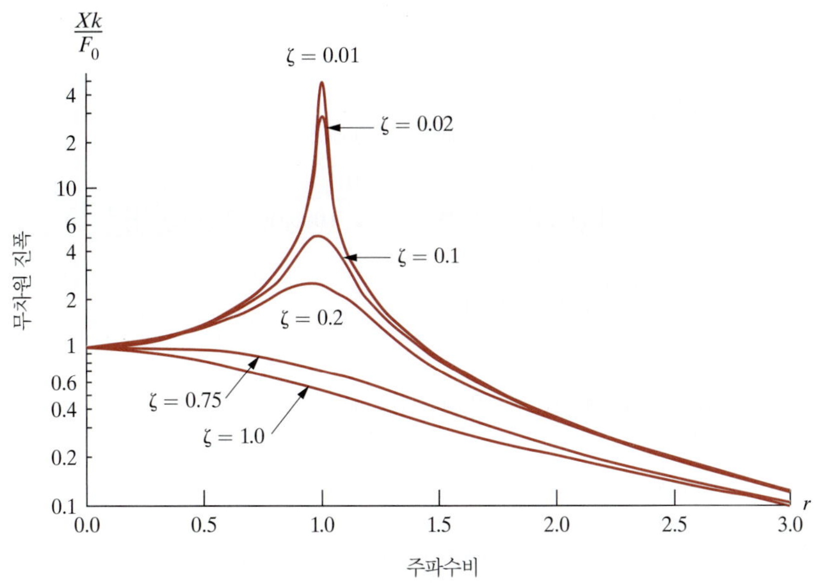

그림 2.11 여러 감쇠비 ζ 값에 대한 정상상태응답의 진폭(로그좌표)과 주파수비 선도

한 공진을 정의한다. 이 두 가지 사실은 진동의 설계와 측정 모두에서 요긴하게 사용된다. ω가 영에 근접함에 따라 진폭은 f_0/ω_n^2으로 수렴해 가며, ω가 커짐에 따라 진폭은 점근적으로 영으로 수렴한다.

또한 감쇠비의 변화가 정상상태진동의 진폭에 어떤 영향을 미치는지는 설계 관점에서 볼 때 중요하다. 이것은 그림 2.11과 예제 2.2.5를 통해 알 수 있다. 그림 2.11은 그림 2.10의 진폭 선도를 로그좌표에 다시 그린 것이다. 로그좌표를 사용하면 감쇠비가 작은 경우와 큰 경우를 동일한 그래프에서 자세하게 나타낼 수 있다. 로그좌표로 진폭을 표시하는 것은 진동해석과 측정에서 자주 사용되는 방법이다. 감쇠비가 증가함에 따라 진폭 선도의 피크점은 내려가고 결국에는 사라지게 된다. 그러나 감쇠비가 감소하면, 피크점은 올라가고 더 뾰족해진다. ζ가 영으로 무한히 접근하게 되면, 공진에서의 비감쇠응답(그림 2.5 참조)에서 보듯이 피크점이 무한대로 올라간다. 또한 감쇠가 변함에 따라 공진에서의 진폭 피크값이 아주 크게 변화한다는 것도 알 수 있다.

예제 2.2.5

$m = 49.2 \times 10^{-3}$ kg, $c = 0.11$ kg/s, $k = 857.8$ N/m인 단순 스프링–질량 시스템을 생각해 보자. $f_0 = 10$ N/kg에 대해 $\omega = 132$ rad/s일 때의 정상상태응답을 계산하라. 또한 $\omega = 125$ rad/s일 때 진폭의 변화를 계산하라.

풀이 고유진동수와 감쇠비는 각기 다음과 같다.

$$\omega_n = \sqrt{\frac{k}{m}} = 132 \text{ rad/s}, \quad \zeta = \frac{c}{2\sqrt{mk}} = 0.0085$$

식 (2.39)로부터 $x_p(t)$의 크기는 다음과 같다.

$$|x_p(t)| = X = \frac{f_0}{\sqrt{(\omega_n^2 - \omega^2) + (2\zeta\omega_n\omega)^2}}$$

$$= \frac{10}{\{[(132)^2 - (132)^2]^2 + [2(0.0085)(132)(132)]^2\}^{1/2}}$$

$$= \frac{10}{2(0.0085)(132)^2}$$

$$= 0.034 \text{ m}$$

만약 구동주파수가 125 rad/s로 변하면 진폭은 다음과 같다.

$$\frac{10}{\{[(132)^2 - (125)^2]^2 + [2(0.0085)(132)(125)]^2\}^{1/2}} = 0.005 \text{ m}$$

따라서 구동주파수가 공진 근처인 132 rad/s에서 125 rad/s로 약간만(약 5%) 이동해도 정상상태응답 진폭의 자릿수가 변할 정도로 감소한다.

중요한 점은 공진이 $\omega = \omega_n$(즉 구동주파수가 비감쇠 고유진동수와 일치할 때)으로 정의된다는 점이다. 따라서 90°($\pi/2$)의 위상차가 생긴다. 하지만 공진주파수는 정확히 정상상태응답 진폭이 최대가 되는 값과 일치하지 않는다. 이 점은 다음 예제에서 간단한 계산으로 알 수 있다.

예제 2.2.6

무차원 진폭에 대한 식 (2.40)을 유도하고 정상상태응답의 크기가 최댓값이 되는 $r = \omega/\omega_n$을 계산하라.

풀이 식 (2.36)으로부터 정상상태응답의 진폭은 다음과 같다.

$$X = \frac{f_0}{\sqrt{(\omega_n^2 - \omega^2)^2 + (2\zeta\omega_n\omega)^2}} = \frac{F_0/m}{\sqrt{(\omega_n^2 - \omega^2) + (2\zeta\omega_n\omega)^2}}$$

분모에서 ω_n^2을 빼내고 $\omega_n^2 = k/m$을 이용하면 다음과 같이 나타낼 수 있다.

$$X = \frac{F_0/m}{\omega_n^2\sqrt{\left[1 - \left(\frac{\omega}{\omega_n}\right)^2\right]^2 + \left[2\zeta\left(\frac{\omega}{\omega_n}\right)\right]^2}} = \frac{F_0/k}{\sqrt{(1 - r^2)^2 + (2\zeta r)^2}}$$

여기서 $r = \omega/\omega_n$이다. 양변을 F_0/k로 나누면 식 (2.40)을 얻는다. X의 최댓값은 X/F_0의 1차 미분이 영일 때, 즉 다음과 같을 때 일어난다.

$$\frac{d}{dr}\left(\frac{Xk}{F_0}\right) = \frac{d}{dr}\{[(1 - r^2)^2 + (2\zeta r)^2]^{-1/2}\} = 0$$

따라서

$$r_{peak} = \sqrt{1 - 2\zeta^2} = \frac{\omega_p}{\omega_n} \tag{2.41}$$

식 (2.41)은 진폭의 피크값이 나타나는 구동주파수 값이다. 이 사실은 $\zeta < 1/\sqrt{2}$인 부족감쇠 시스템에서만 유효하다. 그렇지 않은 경우, 즉 ζ 값이 $1/\sqrt{2}$보다 큰 경우에는 $\sqrt{1 - 2\zeta^2}$이 허수가 되기 때문에 영보다 큰 모든 ω 값에 대해 진폭 선도에서 최댓값 또는 피크값이 존재하지 않는다. 여기서도 주목할 것은 이러한 피크가 다음과 같기 때문에

$$r_{peak} = \sqrt{1 - 2\zeta^2} < 1$$

공진($r = 1$)의 약간 왼쪽에서 나타난다는 점이다. 이 점은 그림 2.8과 2.9에서 알 수 있다. r_{peak}에서의 진폭은 다음과 같으며,

$$\frac{Xk}{F_0} = \frac{1}{2\zeta\sqrt{1 - \zeta^2}} \tag{2.42}$$

$r_{peak} = \sqrt{1 - 2\zeta^2}$을 무차원 진폭 Xk/F_0에 대입함으로써 간단히 얻을 수 있다.

통상적으로 감쇠 시스템에 대해서도 공진을 비감쇠의 경우와 같이 $r = 1$ 혹은 $\omega_n = \omega$로 정의함에 유의하자. 하지만 이러한 조건은 엄밀히 말해서 식 (2.40) 및 그림 2.11에서 보는 것과 같은 정상상태응답의 진폭 피크값을 의미하는 것이 아니다. 이 점이 예제 2.2.6의 요점인데, Xk/F_0의 최댓값이 $0 < \zeta < 1/\sqrt{2}$인 경우에는 $r = \sqrt{1 - 2\zeta^2}$에서 나타나고, $\zeta > 1/\sqrt{2}$인 경우에는 $r = 0$에서 나타난다는 것을 보이고 있다. 감쇠가 작은 경우($\zeta < 1/\sqrt{2}$)에 대해 Xk/F_0가 최댓값일 때의 구동주파수값을 **피크주파수**(*peak frequency*)라고 하며 ω_p로 나타내고, 앞에서 유도한 것처럼 다음과 같은 값을 갖는다.

$$\omega_p = \omega_n\sqrt{1 - 2\zeta^2} \qquad \left(0 \le \zeta \le \frac{1}{\sqrt{2}} = 0.707\text{인 경우}\right) \tag{2.43}$$

감쇠가 감소함에 따라 ω_p는 ω_n으로 접근하며 일반적인 비감쇠 공진조건이 된다는 점에 주목하라. ζ가 0부터 증가함에 따라 그림 2.11에서의 선도는 수직선 $r = 1$에서 점점 더 떨어진 위치에 피크를 갖는다. 결국 감쇠비가 $1/\sqrt{2}$보다 커지면 Xk/F_0의 최댓값은 $r = 0$에서 일어난다. 실제로 많은 경우에 ζ는 작으므로 $\sqrt{1 - 2\zeta^2}$ 값은 1에 매우 가까워진다. 따라서 비감쇠 공진조건 $\omega = \omega_n$(즉 $r = 1$)을 감쇠가 작은 경우에도 종종 사용하게 된다. 예를 들면 $\zeta = 0.1$에 대해 비감쇠 고유진동수가 200 Hz인 시스템은 198 Hz에서 피크값을 갖는데, 이 오차는 1%보다 작다(즉 $r = 1$ 대신에 $r = 0.9899$). 따라서 실용적으로는 종종 비감쇠 고유진동수를 피크주파수로 생각할 수 있다.

강제응답에 대한 진폭 함수로부터 Q로 표시되는 품질계수라고 하는 산업계에서 자주 사용되는 감쇠의 또 다른 형태의 특성화를 유추한다. 품질계수는 초기에 전기 엔지니어가 최대 진폭을 달성하기 위해 회로를 조정하고 신호의 대역폭을 논의하기 위해 사용되었다. 품질계수는 방정식(2.43)을 만족하는 감쇠가 있는 시스템에 대해 방정식 (2.40)으로 주어진 무차원 진폭을 기반으로 한다. 작은 ζ 값의 경우 진폭(공진)의 최댓값은 $r = 1$, 즉 $\omega_n = \omega$에서 발생한다. $r = 1$일 때 방정식

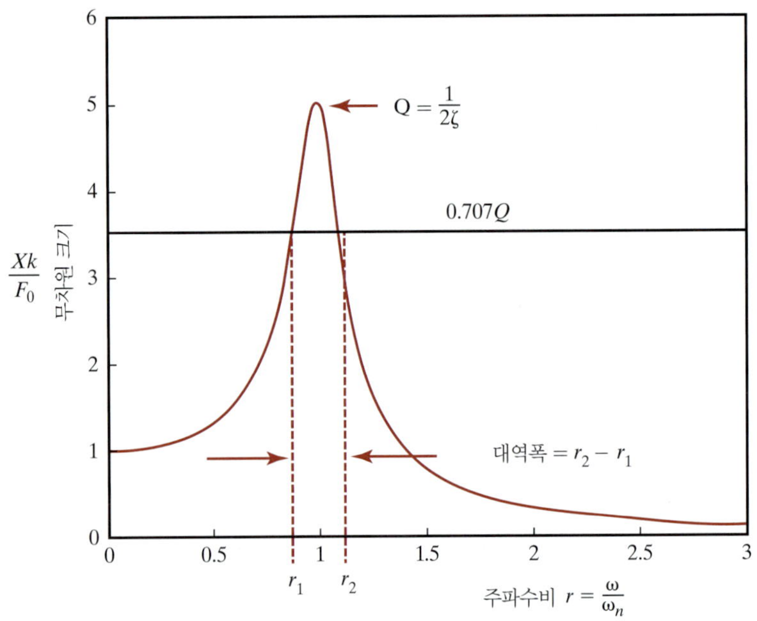

그림 2.12 저감쇠 시스템에 대한 무차원 크기 대 주파수 비율, 즉 Q 계수를 설명하는 식 (2.40)의 해석

(2.40)에서 계산되는 최댓값은 다음과 같다.

$$\frac{Xk}{F_0} = \frac{1}{\sqrt{(1-1^2)^2 + (2\zeta)^2}} = \frac{1}{2\zeta} \tag{2.44}$$

이 식에서 품질계수 Q는 다음과 같이 정의된다.

$$Q = \frac{1}{2\zeta} \tag{2.45}$$

품질계수 또는 더 일반적으로 불리는 Q 계수는 그림 2.11의 다양한 곡선을 검토하여 볼 수 있는 공명곡선의 선명도를 나타낸다. 감쇠비가 감소함에 따라 Q 값이 커지고 곡선이 '두꺼워진다'. 따라서 작은 Q는 날카로운 봉우리에 해당한다.

그림 2.12에 주어진 무차원 크기 플롯과 최댓값 Q의 0.707에 그려진 수평선을 고려해 보라. 이 선은 r축을 따라 $r = 1$의 양쪽에서 r_1과 r_2 두 개 점에서 교차한다. 두 점사이의 차이, 즉 $r_2 - r_1$은 해당하는 피크의 **대역폭**을 정의하며, 피크 폭의 척도가 된다. 이 선이 ζ와 관련하여 교차하는 점을 풀면 다음과 같은 관계가 유도된다(문제 2.44 참조).

$$Q \cong \frac{\omega_n}{\omega_2 - \omega_1} \cong \frac{1}{2\zeta} \tag{2.46}$$

이는 ζ가 작은 값일 때에 해당된다. 이 표현은 구조의 감쇠를 측정하는 방법으로 진동시험에서 광범위하게 사용된다(7장 참조).

예제 2.2.7

그림 2.13에 표시된 것과 유사한 터빈 엔진의 팬 블레이드를 고려한다. F_0의 정적 힘이 블레이드 끝에 적용되어 0.05인치의 변형이 발생한다. $F_0 \cos(\omega t)$의 조화력이 적용되어 $X = 0.1$ in.의 최대 변형이 발생한다. 이때 Q와 ζ의 값을 계산하라.

그림 2.13 제트 엔진용 팬 블레이드(ID1974/Shutterstock 사진 제공)

풀이 정적 변형에서 다음의 관계가 유도된다.

$$F_0 = kX_s \Rightarrow F_0 = 0.05k \Rightarrow \frac{F_0}{k} = 0.05 \text{ in.}$$

Q 팩터의 정의, 즉 정규화된 크기의 최댓값은 다음과 같다.

$$\frac{Xk}{F_0} = \frac{1}{2\zeta} = Q \Rightarrow Q = 0.1\frac{k}{F_0} = (0.1 \text{ in.})\left(\frac{1}{0.05 \text{ in}}\right) = 2 \Rightarrow \underline{Q = 2}$$

Q 값으로부터 감쇠비는 다음과 같이 계산된다.

$$Q = \frac{1}{2\zeta} = 2 \Rightarrow \underline{\zeta = 0.25}$$

부족감쇠 시스템에 대해 진폭응답의 피크값을 감쇠비의 함수로 검토해 보면 흥미로운 사실을 알 수 있다. 그림 2.14의 아래 그래프는 식 (2.41)과 같이 Xk/F_0를 ζ의 함수로 표현한 것으로, 감쇠가 피크진폭에 미치는 영향을 보여주고 있다. 위쪽의 그래프는 피크주파수가 감쇠비에 따라 어떻게 변하는지를 보여준다. 그림에서 감쇠가 변함에 따라($0 \le \zeta \le 0.707$) 진폭이 1,000배까지 변화하는 것을 알 수 있다. 또 감쇠비가 증가하면, 피크값은 $r = 1$의 왼쪽으로 이동한다.

공진 현상을 물리적으로 설명하기 위해 가진력이 $F_0 \cos(\omega t)$이고, 변위와 속도가 각각 $x_p(t) = X\cos(\omega t - \theta)$, $\dot{x}_p(t) = -\omega X \sin(\omega t - \theta)$인 정상상태 강제응답을 고려해 보자. 공진에서 $\theta = \pi/2$이므로 $\dot{x}_p(t)_{(\text{resonance})} = \omega X \cos(\omega t)$가 된다. 따라서 공진에서는 속도와 가진력이 크기만 다르고 완전히 같은 위상이라는 사실을 알 수 있다. 이것의 물리적 의미는 가진력이 항상 속도와 같은 방향으로 작용하고 그 크기와 방향은 속도와 동일한 방식으로 변한다는 것이다. 공진에서는 가진력이 절대로 속도에 역행하지 않으므로 이 상태에서는 시스템 진동의 진폭이 최댓값에 도달하게 된다.

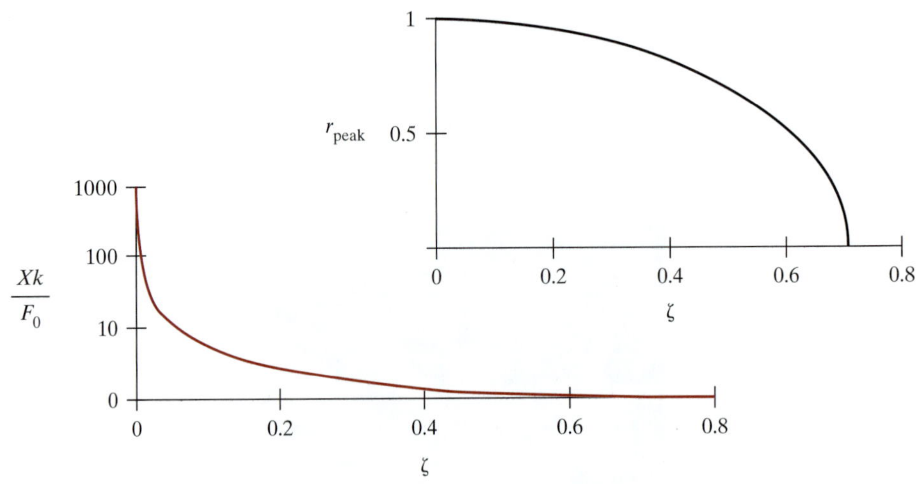

그림 2.14 아래쪽의 그래프는 식 (2.41)을 로그좌표로 나타낸 것으로 감쇠가 증가함에 따라 어떻게 피크응답이 감소하는지를 보여준다. 오른쪽 위의 그래프는 감쇠가 증가함에 따라 피크주파수가 $r = 1$로부터 얼마나 이동하는지를 보여준다. 이 그래프들은 $\zeta \leq 0.707$에 대해서만 유효하다.

2.3 다른 표현들

조화력에 의해 가진되는 스프링-질량-감쇠기 시스템에 대한 미분방정식의 해를 구하는 데는, 즉 식 (2.26)을 푸는 데는 다양한 방법이 있다. 2.2절에서는 미정계수법이 사용되었고 이 절에서는 이러한 문제를 푸는 다른 세 가지 방법(도식법, 복소수응답법, 전달함수법)을 살펴보자.

2.3.1 도식법(geometric method)

도식법은 각 힘을 벡터로 취급하여 식 (2.26)을 푸는 것이다. x_p, $\dot{x}_p$, $\ddot{x}_p$가 각각 서로 90°의 위상차가 있다는 것을 상기하자. 처음에 가정한 해 $x_p = X\cos(\omega t - \theta)$로부터 $\dot{x}_p = \omega X\cos(\omega t - \theta + 90°)$, $\ddot{x}_p = -\omega^2 X\cos(\omega t - \theta)$이므로 이들 각각을 그림으로 나타내면 그림 2.15와 같다. 이 세 개의 양을 벡터로 더한다는 것은 직각삼각형 ABC의 변들로부터 X를 F_0의 함수로 풀 수 있다는 것을 의미한다. 즉 다음과 같다.

$$F_0^2 = (k - m\omega^2)^2 X^2 + (c\omega)^2 X^2 \tag{2.47}$$

또는

$$X = \frac{F_0}{\sqrt{(k - m\omega^2)^2 + (c\omega)^2}} \tag{2.48}$$

그리고

$$\theta = \tan^{-1}\frac{c\omega}{k - m\omega^2} \tag{2.49}$$

$F_0 = mf_0$와 $c = 2m\omega_n\zeta$를 대입하면 여기서 구한 해가 미정계수법으로 유도한 식 (2.36)과 일

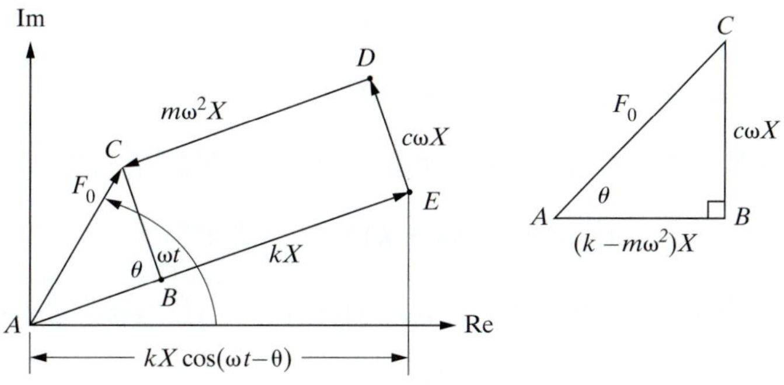

그림 2.15 식 (2.26)의 해에 대한 도식적 표현

치한다. 그림에서 주목할 것은 공진 $\omega^2 = k/m$에서 직선 CD와 AE는 같은 길이가 된다는 것이다. 따라서 각도 θ는 공진에서 위상차가 90°, 즉 직각이 된다.

식 (2.26)을 푸는 도식적 방법은 다른 구동함수나 더욱 복잡한 문제에 적용하기가 어렵기 때문에 유용한 방법이라기보다는 시각적 방법이다. 여기서는 간단한 1자유도 시스템의 강제진동을 명쾌히 설명하는 방법이기 때문에 언급했다. 특히 그림 2.15를 살펴보면 공진($\theta = 90°$)에서는 가진력과 감쇠력이 같은 방향이며, 복원력(스프링힘)과 관성력은 크기가 같고 방향이 반대라는 점을 알 수 있다.

도식적 방법과 유사한 또 다른 방법은 식 (2.26)의 해를 복소수함수로 다루는 것이다. 이것은 강제조화운동을 설명하는 주파수응답법으로 연결되며, 다자유도의 복잡한 문제를 푸는 데는 더 유용한 방법이다. 복소수함수는 부록 A에서 다룬다.

2.3.2 복소수응답법(complex response method)

삼각함수에 대한 오일러 공식에 의하면 지수함수와 조화운동 간에 다음과 같은 복소수 관계가 있다.

$$Ae^{j\omega t} = A\cos\omega t + (A\sin\omega t)j \tag{2.50}$$

여기서 $j = \sqrt{-1}$이다. 따라서 $Ae^{j\omega t}$는 실수부가 $A\cos\omega t$이고 허수부가 $A\sin\omega t$인 복소수함수이다. 부록 A에서 복소수와 복소수함수에 대해 설명했다. 이러한 표기법을 염두에 두면 $Ae^{j\omega t}$는 조화함수를 나타내며, 식 (2.26)을 복소수방정식으로 고쳐 써서 강제조화운동을 해석하는 데 이용할 수 있다.

$$m\ddot{x} + c\dot{x} + kx = F_0\cos\omega t$$

복소수방정식으로 나타내면 다음과 같다.

$$m\ddot{x}(t) + c\dot{x}(t) + kx(t) = F_0e^{j\omega t} \tag{2.51}$$

여기서 복소수 해의 실수부가 실제 해 $x(t)$에 해당한다. 이러한 방법은 진동 측정 시스템(7장)을 이해할 때뿐만 아니라 다자유도 시스템(4장)을 풀 때도 매우 유용하다.

이 방법의 첫 단계는 식 (2.51)의 복소수 특수해가 다음과 같은 형태가 된다고 가정하는 것이다.

$$x_p(t) = Xe^{j\omega t} \tag{2.52}$$

여기서 X는 결정해야 될 복소수 상수이다. 이것을 식 (2.51)에 대입하면 다음을 얻는다.

$$(-\omega^2 m + cj\omega + k)Xe^{j\omega t} = F_0 e^{j\omega t} \tag{2.53}$$

$e^{j\omega t}$는 결코 영이 될 수 없기 때문에 소거할 수 있고, 위의 마지막 식은 다음과 같이 다시 쓸 수 있다.

$$X = \frac{F_0}{(k - m\omega^2) + (c\omega)j} = H(j\omega)F_0 \tag{2.54}$$

다음 식으로 정의된 복소수함수 $H(j\omega)$는 다음과 같으며,

$$H(j\omega) = \frac{1}{(k - m\omega^2) + (c\omega j)} \tag{2.55}$$

(복소) **주파수응답함수**(frequency response function)라고 한다. 복소수 연산규칙에 따르면(즉 자신의 켤레복소수를 곱하고 부록 A에서와 같이 크기와 편각으로 나타내면) 다음을 얻는다.

$$X = \frac{F_0}{\left[(k - m\omega^2)^2 + (c\omega)^2\right]^{1/2}} e^{-j\theta} \tag{2.56}$$

여기서

$$\theta = \tan^{-1}\frac{c\omega}{(k - m\omega^2)} \tag{2.57}$$

X에 대한 값을 식 (2.52)에 대입하면 다음 식을 얻는다.

$$x_p(t) = \frac{F_0}{\left[(k - m\omega^2)^2 + (c\omega)^2\right]^{1/2}} e^{j(\omega t - \theta)} \tag{2.58}$$

위 식의 실수부는 미정계수법으로 얻은 식 (2.36)으로 주어진 해에 해당한다. 강제조화응답을 얻기 위한 복소수 지수 방법은 x축을 $e^{j\omega t}$의 실수부로, y축을 허수부로 써 주면 그림 2.15에서 설명한 도식적 방법과 같아진다.

예제 2.3.1

식 (2.2)로 주어지는 비감쇠 시스템에 대한 특수해의 진폭을 주파수응답법을 사용하여 구하라.

$$m\ddot{x}(t) + kx(t) = F_0 \cos \omega t$$

풀이 먼저 식 (2.2)를 복소수 지수함수로 모델링된 가진함수로 나타낸다.

$$m\ddot{x}(t) + kx(t) = F_0 e^{j\omega t}$$

양변을 m으로 나누면 다음과 같다.

$$\ddot{x}(t) + \omega_n^2 x(t) = f_0 e^{j\omega t}$$

식 (2.52)와 같은 형태로 특수해를 가정하여 이 식에 대입하면 다음과 같고,

$$\left(-\omega^2 + \omega_n^2\right) X e^{j\omega t} = f_0 e^{j\omega t}$$

X에 대해 풀면 다음을 얻는다.

$$X = \frac{f_0}{\omega_n^2 - \omega^2}$$

이 결과는 가진함수를 코사인으로 표현해서 구한 식 (2.7)과 똑같다. 이것은 또 식 (2.36)에서 $\zeta = 0$으로 한 것과도 일치한다.

여기서 강제응답을 구하기 위해 사용한 방법과 그 결과로 얻은 주파수응답함수는 진동 문제를 푸는 고유값 방법(eigenvalue approach)과 매우 비슷하다. 1.3절에서 소개된 이 방법은 4장에서 광범위하게 이용될 것이다. 앞에서 설명한 것처럼 이 방법에서는 시간에 대한 지수함수로 가정된 해를 이용한다.

2.3.3 전달함수법(transfer function method)

다음은 식 (2.26)의 특수해를 얻기 위한 방법으로 라플라스 변환(Laplace transform, 부록 B와 3.4절 참조)을 생각해 보자. 라플라스 변환법은 다양한 구동함수(3.4절 참조)에 대해 사용할 수 있는 강력한 방법이며, 다자유도 시스템에도 쉽게 적용할 수 있다. 다음의 식 (2.26)을 라플라스 변환하고

$$m\ddot{x}(t) + c\dot{x}(t) + kx(t) = F_0 \cos\omega t$$

초기조건들은 영이라고 가정하면, 다음 식을 얻는다.

$$\left(ms^2 + cs + k\right) X(s) = \frac{F_0 s}{s^2 + \omega^2} \tag{2.59}$$

여기서 s는 복소수 변환변수이고, $X(s)$는 찾고자 하는 함수 $x(t)$의 라플라스 변환이다. 찾고자 하는 함수 $X(s)$에 대해 대수적으로 풀면 다음과 같으며,

$$X(s) = \frac{F_0 s}{\left(ms^2 + cs + k\right)\left(s^2 + \omega^2\right)} \tag{2.60}$$

라플라스 변환된 해를 나타낸다. $X(s)$의 라플라스 역변환을 계산하려면 식 (2.60)의 우변을 라플라스 변환표에서 찾거나 식 (2.60)의 우변을 이미 알고 있는 간단한 라플라스 역변환의 조합으로 바꾸는 부분분수법(method of partial fraction)을 이용할 수 있다. 역변환절차로 얻은 해는 물론 식 (2.36)과 (2.58)로 주어진 해와 같다. 이러한 방법으로 해를 찾는 기법은 3.4절에서 더 자세히 다루기로 한다.

식 (2.55)로 정의된 주파수응답함수는 특별한 용도가 있는데, 이 함수는 진동 시스템의 라플라스

변환과 관계가 있다. 식 (2.26)과 이 식의 라플라스 변환을 생각하면 다음과 같이 정리할 수 있다.

$$(ms^2 + cs + k)X(s) = F(s) \tag{2.61}$$

여기서 $F(s)$는 구동함수(driving function), 즉 식 (2.26)의 우변을 라플라스 변환한 것 이다. 식 (2.61)을 정리하면 다음 식을 얻는다.

$$\frac{X(s)}{F(s)} = \frac{1}{(ms^2 + cs + k)} = H(s) \tag{2.62}$$

이 식은 초기조건들이 영인 경우에 출력(응답)의 라플라스 변환과 입력(구동력)의 라플라스 변환의 비를 나타낸다. 이 비를 $H(s)$로 나타내고 시스템의 **전달함수**(transfer function)라 하며, 나머지 장에서 설명하게 될 진동해석, 설계, 측정에서 중요한 도구가 된다.

라플라스 변환변수 s가 복소수라는 점을 생각해 보자. 만약 s 값이 복소수평면에서 허수축을 따라서만 움직이도록 제한된다면(즉 $s = j\omega$) 전달함수는 다음과 같으며,

$$H(j\omega) = \frac{1}{k - m\omega^2 + c\omega j} \tag{2.63}$$

식 (2.55)와 비교해 보면 시스템의 주파수응답함수라는 것을 알 수 있다. 따라서 시스템의 주파수응답함수는 $s = j\omega$를 따라서 계산한 시스템의 전달함수이다. 전달함수와 주파수 응답함수 모두 4장과 7장에서 사용할 것이다.

예제 2.3.2

그림 2.16의 현가 시스템을 생각해 보자. J는 축에 대한 바퀴의 질량관성모멘트, k는 시스템의 비틀림강성이다. 그림에 표시된 것과 같이 현가 시스템에 조화가진력이 작용한다. 라플라스 변환법을 사용하여 강제응답을 구하라(초기조건은 영이고 바퀴가 지면에 닿지 않는다고 가정한다).

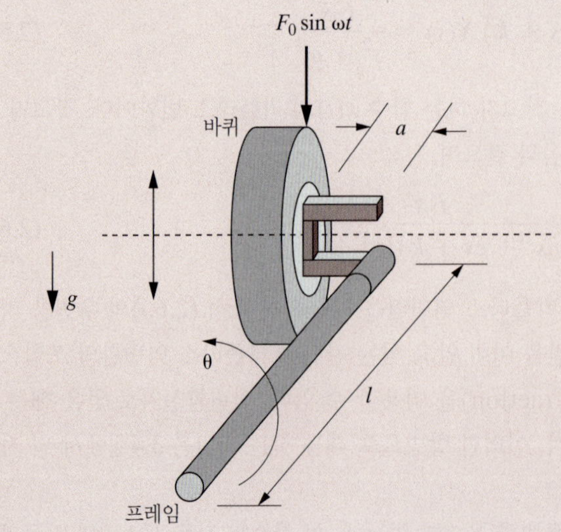

그림 2.16 비틀림 현가장치의 개략도

풀이 이 시스템을 비틀림 진동 문제로 생각해서 축에 대한 모멘트를 합산하면 운동방정식은 다음과 같이 유도된다.

$$J\ddot{\theta} + k\theta = aF_0 \sin\omega t$$

운동방정식을 라플라스 변환(부록 B 참조)하면 다음과 같다.

$$Js^2X(s) + kX(s) = aF_0 \frac{\omega}{s^2 + \omega^2}$$

여기서 $X(s)$는 $\theta(t)$의 라플라스 변환이다. $X(s)$에 대한 대수방정식을 풀어 다음 해를 얻는다.

$$X(s) = a\omega F_0 \frac{1}{(s^2 + \omega^2)(Js^2 + k)}$$

라플라스 역변환을 계산하기 위해 표(부록 B)를 이용하면 $\theta(t)$는 다음과 같다.

$$\theta(t) = L^{-1}(X(s)) = a\omega F_0 L^{-1}\left(\frac{1}{(s^2 + \omega^2)(Js^2 + k)}\right)$$

$$= \frac{a\omega F_0}{J} L^{-1}\left(\frac{1}{(s^2 + \omega^2)(s^2 + \omega_n^2)}\right) = \frac{a\omega F_0}{J} \frac{1}{\omega^2 - \omega_n^2}\left(\frac{1}{\omega}\sin\omega t - \frac{1}{\omega_n}\sin\omega_n t\right)$$

여기서 L^{-1}은 라플라스 역변환을 나타내고, 고유진동수는 다음과 같다.

$$\omega_n = \sqrt{\frac{k}{J}}$$

여기서 라플라스 변환을 이용해 구한 해는 초기조건이 영인 경우에 미정계수법을 사용해 구한 식 (2.25)와 부합함을 알 수 있다.

이 시스템의 전달함수는 다음 식처럼 간단히 구할 수 있다.

$$\frac{X(s)}{F(s)} = H(s) = \frac{1}{Js^2 + k}$$

이 결과는 식 (2.62)에서 $c = 0$인 경우와 동일하다.

예제 2.3.3

라플라스 변환을 이용하여 제차미분방정식의 해를 구하는 한 예로서 다음과 같은 비감쇠 1자유도 시스템을 생각해 보자.

$$\ddot{x}(t) + \omega_n^2 x(t) = 0, \qquad x(0) = x_0, \qquad \dot{x}(0) = v_0$$

풀이 이와 같이 영이 아닌 초기조건에 대해 부록 B의 정의식을 직접 적용하여 $\ddot{x} + \omega_n^2 x = 0$의 라플라스 변환을 시행하면 라플라스 변환의 선형성으로부터 다음과 같은 결과를 얻는다.

$$s^2X(s) - sx_0 - v_0 + \omega_n^2 X(s) = 0$$

이 식을 $X(s)$에 대해 풀면 다음과 같다.

$$X(s) = \frac{x_0 + sv_0}{s^2 + \omega_n^2}$$

표 B.1의 (5)와 (6)항을 참조하여 $L^{-1}[X(s)] = x(t)$를 구하면 해는 다음과 같이 구할 수 있다.

$$x(t) = x_0 \cos \omega_n t + \frac{v_0}{\omega_n} \sin \omega_n t$$

이 결과는 당연히 1장에서 구한 해와 동일하다.

이 절에서는 조화가진 시스템의 특수해를 구하는 세 가지 방법을 제시했다. 각 방법으로 구한 결과는 모두 동일하다. 이렇게 해를 구하는 과정에서 제시된 개념들은 이후의 장에서 일반화되어 더 복잡한 문제를 푸는 데 사용된다.

2.4 바닥가진

종종 기계나 기계 부품은 스프링이나 감쇠기로 모델링될 수 있는 탄성마운트(elastic mount)를 통해 조화가진을 받는다. 예를 들어 자동차는 노면의 가진력이 현가장치의 충격흡수기를 통해 전달됨으로써 가진되며, 그 충격흡수기는 병렬로 연결된 선형 스프링과 선형 감쇠기로 모델링할 수 있다. 다른 예는 자동차 엔진의 진동을 프레임으로부터 혹은 비행기 엔진의 진동을 날개나 꼬리부로부터 분리시키는 고무마운트(rubber motor mount)를 들 수 있다. 이러한 경우는 시스템이 지지대의 운동에 의해 가진되는 것으로 생각하여 모델링할 수 있다. 그림 2.17은 **바닥가진**(*base excitation*) 혹은 **지지대운동**(*support motion*) 문제를 나타낸다.

질량 m에 관계된 힘들을 합하면(즉 관성력 $m\ddot{x}$는 m에 작용하는 두 개의 힘의 합과 같고, 중력은 앞 장에서 설명한 것처럼 스프링의 정적 변위와 균형을 유지한다) 그림 2.17로부터 다음 식을 얻는다.

$$m\ddot{x} + c(\dot{x} - \dot{y}) + k(x - y) = 0 \tag{2.64}$$

여기서 스프링이 $(x - y)$만큼 변형하고 감쇠기 양 끝의 속도 차이는 $(\dot{x} - \dot{y})$라는 점에 주목하자. 바닥가진 문제에서는 바닥이 조화운동하는 것으로 가정한다. 즉

$$y(t) = Y \sin \omega_b t \tag{2.65}$$

여기서 Y는 바닥운동의 진폭을 나타내며, ω_b는 바닥진동의 진동수를 나타낸다. 식 (2.65)의 $y(t)$를 식 (2.64)의 운동방정식에 대입하고 정리하면 다음을 얻는다.

$$m\ddot{x} + c\dot{x} + kx = cY\omega_b \cos \omega_b t + kY \sin \omega_b t \tag{2.66}$$

이 식은 두 개의 조화입력이 있는 스프링–질량–감쇠기 시스템을 나타낸다고 할 수 있다. 위 식은 추가항인 $kY \sin \omega_b t$를 제외하고는 $F_0 = cY\omega_b$와 $\omega = \omega_b$인 강제조화응답에 대한 식 (2.26)의

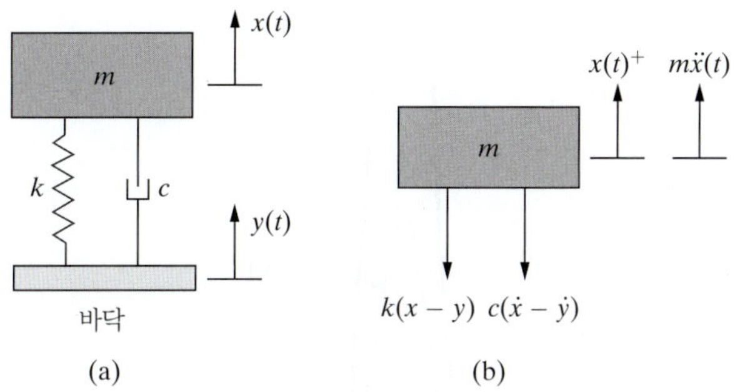

그림 2.17 스프링과 감쇠기를 통해 작용하는 조화변위에 의해 물체의 질량 m이 가진되는 것으로 모델링한 바닥가진 문제

문제와 매우 유사하다. 해는 운동방정식의 선형성을 이용하여 구한다. 즉 입력을 $cY\omega_b \cos \omega_b t$라고 가정함으로써 얻은 특수해 $x_p^{(1)}$과, 입력을 $kY \sin \omega_b t$라고 가정함으로써 얻은 특수해 $x_p^{(2)}$를 합하면 해가 된다.

2.2절의 계산 방법으로 이러한 특수해들을 구할 수 있다. 식 (2.66)을 m으로 나누고 감쇠비와 고유진동수의 정의를 이용하면 다음과 같은 식을 얻는다.

$$\ddot{x} + 2\zeta\omega_n\dot{x} + \omega_n^2 x = 2\zeta\omega_n\omega_b Y\cos\omega_b t + \omega_n^2 Y\sin\omega_b t \tag{2.67}$$

따라서 $f_0 = 2\zeta\omega_n\omega_b Y$를 식 (2.36)에 대입하면, 특수해 $x_p^{(1)}$은 다음과 같으며,

$$x_p^{(1)} = \frac{2\zeta\omega_n\omega_b Y}{\sqrt{\left(\omega_n^2 - \omega_b^2\right)^2 + \left(2\zeta\omega_n\omega_b\right)^2}}\cos\left(\omega_b t - \theta_1\right) \tag{2.68}$$

여기서 θ_1은 다음과 같다.

$$\theta_1 = \tan^{-1}\frac{2\zeta\omega_n\omega_b}{\omega_n^2 - \omega_b^2} \tag{2.69}$$

$x_p^{(2)}$를 계산하기 위해 조화입력 $\omega_n^2 Y \sin \omega bt$에 대해 미정계수법을 다시 적용하여, 식 (2.36)을 계산할 때 이용한 순서를 따르면 다음을 얻는다.

$$x_p^{(2)} = \frac{\omega_n^2 Y}{\sqrt{\left(\omega_n^2 - \omega_b^2\right)^2 + \left(2\zeta\omega_n\omega_b\right)^2}}\sin\left(\omega_b t - \theta_1\right) \tag{2.70}$$

$\zeta = 0$ 일 때 식 (2.70)은 당연히 비감쇠인 경우의 식 (2.22)와 일치함을 알 수 있다.

여기서 특수해는 $x_p^{(2)} = X\sin\left(\omega_b t - \theta_1\right)$으로 가정했다. 위상각이 가진의 진폭과는 무관하기 때문에(즉 ζ, ω_n, ω_b는 변하지 않음) θ_1은 식 (2.69)에서 주어진 것과 같다. 두 특수해 사이의 위상차는 사인과 코사인 해에서 고려되어 있다. 두 특수해의 인수가 $(\omega_b t - \theta_1)$으로 같으므로 삼각관계식을 이용하여 쉽게 더할 수 있다.

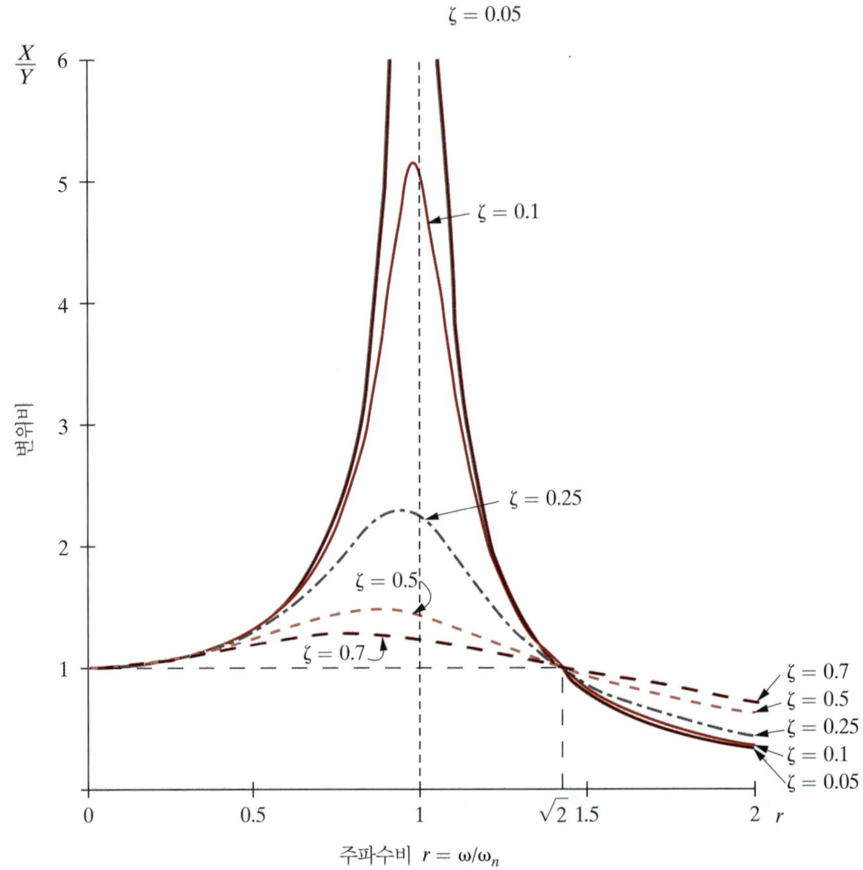

그림 2.18 다양한 감쇠비에 대해 바닥운동의 주파수가 증가함에 따라 무차원 변위 X/Y가 어떻게 변화하는가를 보여주는, 주파수비의 함수로 나타낸 변위전달률

선형 시스템에 대한 중첩의 원리로부터 전체 특수해는 식 (2.68)와 (2.70)의 합(즉 $x_p = x_p^{(1)} + x_p^{(2)}$)이 된다. 해 (2.68)과 (2.70)을 합하면 다음과 같다.

$$x_p = \omega_n Y\left[\frac{\omega_n^2 + (2\zeta\omega_b)^2}{(\omega_n^2 - \omega_b^2)^2 + (2\zeta\omega_n\omega_b)^2}\right]^{1/2}\cos(\omega_b t - \theta_1 + \theta_2) \tag{2.71}$$

여기서

$$\theta_2 = \tan^{-1}\left(\frac{c\omega_b}{k}\right) = \tan^{-1}(2\zeta r) \tag{2.72}$$

특수해 $x_p(t)$의 진폭을 X라고 하면 다음과 같이 표현된다.

$$X = Y\left[\frac{1 + (2\zeta r)^2}{(1 - r^2)^2 + (2\zeta r)^2}\right]^{1/2} \tag{2.73}$$

여기서 주파수비 $r = \omega_b/\omega_n$이다. 마지막 식을 바닥운동의 진폭 Y로 나누면 다음과 같다.

$$\frac{X}{Y} = \left[\frac{1 + (2\zeta r)^2}{(1 - r^2)^2 + (2\zeta r)^2}\right]^{1/2} \tag{2.74}$$

이 식은 응답의 최대 진폭과 입력변위 진폭의 비를 나타낸다. 이 비를 **변위전달률**(displacement transmissibility)이라고 하며, 바닥의 진동변위가 질량으로 얼마나 전달되었는가를 주파수비 ω_b/ω_n의 함수로 나타낸다. 이 비는 그림 2.18에 나타낸 것과 같다. 주목할 것은 $r = \omega_b/\omega_n = 1$ 근처 혹은 공진에서, 바닥운동이 가장 크게 질량의 변위로 전달된다는 점이다.

그림을 보면 $r < \sqrt{2}$일 때는 전달률비가 1보다 커지며, 이러한 시스템변수(ω_n)와 바닥진동수(ω_b)의 값에 대해 질량의 운동이 바닥의 운동보다 커진다는 것을 주목할 수 있다. 또한 주어진 r 값에 대해 감쇠비 ζ는 진동이 증폭되는 정도를 결정한다는 것도 눈여겨보라. 특히 ζ가 클수록 전달률비는 작아진다.

$r > \sqrt{2}$일 때는 전달률비가 1보다 작아지며, 모든 ζ에 대해 질량의 변위 진폭은 바닥운동의 변위 진폭보다 작다(그러나 ζ가 증가할수록 증가한다). 이 고주파 영역에서 감쇠의 효과는 저주파 영역에서와 정반대로 나타난다. 고주파 영역에서는 감쇠가 증가하면 진폭비도 증가하지만, 부족감쇠의 경우 진폭비는 항상 1보다 작다. $r > \sqrt{2}$인 주파수 영역에서의 거동은 5.2절에서 상세히 다룰 진동절연의 중요한 개념적 근거가 된다.

바닥가진의 중요한 특성은 특정한 감쇠비(예: $\zeta = 0.01$)에 대해 $r < \sqrt{2}$인 영역에서는 질량변위진폭이 바닥진동진폭보다 크고 $r > \sqrt{2}$인 영역에서는 바닥진폭보다 작다는 점이다. 공진 영역에서는 바닥운동이 대부분 증폭되어 질량이 큰 진폭으로 진동하게 된다.

그림 2.18과 식 (2.74)로 주어지는 바닥가진에 대한 전달률 선도와 그림 2.11과 식 (2.40)으로 주어지는 질량의 조화가진에 대한 정상상태 진폭 선도를 비교해 보자. 우선 정의에 의하면 주파수비 r은 두 경우 모두 감쇠와 무관하다. 그러나 피크주파수비 r_{peak}와 감쇠비의 관계는 서로 다르다(예제 2.2.6의 피크값 계산 참조). 특히 바닥가진에 대해 질량의 조화가진에 대한 그림 2.14와 유사한 그림을 그린다면 다른 그림이 나올 것이다. 이 차이는 바닥가진 문제에서는 분자에 항이 하나 더 있기 때문에 생긴 것이다. 이 항 $2\zeta r$은 감쇠기를 통해 가해지는 하중으로부터 생긴 항이므로 질량이 직접 가진되는 경우에는 식 (2.40)에서처럼 나타나지 않는다. 바닥가진 문제에서 관심 있는 또 다른 물리량은 바닥의 조화변위로 인해 질량에 전달되는 힘이다. 질량에 전달되는 힘은 스프링과 감쇠기를 통해 전달된다. 따라서 질량에 전달되는 힘은 스프링에서의 힘과 감쇠기에서의 힘의 합이며, 자유물체도(그림 2.17)를 고려하면 다음과 같이 표시할 수 있다.

$$F(t) = k(x - y) + c(\dot{x} - \dot{y}) \tag{2.75}$$

이 힘은 질량 m의 관성력과 평형을 이루므로 다음과 같다.

$$F(t) = -m\ddot{x}(t) \tag{2.76}$$

정상상태의 경우 x에 대한 해는 식 (2.71)로 주어진다. 식 (2.71)을 두 번 미분하고 식 (2.76)에 대

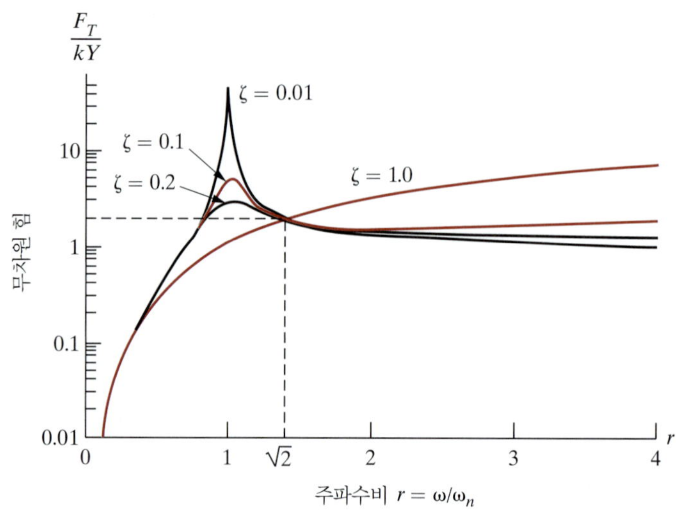

그림 2.19 주파수비의 함수로 나타낸 질량에 전달되는 힘. 네 개의 다른 감쇠비 ($\zeta = 0.01, 0.1, 0.2, 1.0$)에 대해 바닥운동의 진동수가 증가함에 따라 얼마나 무차원 힘의 비가 변화하는가를 보여준다.

입하면 다음과 같다.

$$F(t) = m\omega_b^2\omega_n Y\left[\frac{\omega_n^2 + (2\zeta\omega_b)^2}{(\omega_n^2 - \omega_b^2)^2 + (2\zeta\omega_n\omega_b)^2}\right]^{1/2}\cos(\omega_b t - \theta_1 + \theta_2) \tag{2.77}$$

위 식은 간단히 다음과 같이 표현된다.

$$F(t) = F_T\cos(\omega_b t - \theta_1 + \theta_2) \tag{2.78}$$

여기서 전달된 힘 F_T의 크기는 주파수비 r을 사용하여 다음과 같이 주어진다.

$$F_T = kYr^2\left[\frac{1 + (2\zeta r)^2}{(1 - r^2)^2 + (2\zeta r)^2}\right]^{1/2} \tag{2.79}$$

식 (2.79)는 다음과 같이 힘전달률(*force transmissibility*)을 정의하는 데 이용된다.

$$\frac{F_T}{kY} = r^2\left[\frac{1 + (2\zeta r)^2}{(1 - r^2)^2 + (2\zeta r)^2}\right]^{1/2} \tag{2.80}$$

위의 힘전달률비 F_T/kY는 무차원 수로서, 진폭이 Y인 바닥의 변위가 얼마만한 크기의 힘으로 질량에 전달되는가를 나타내는 척도이다. 식 (2.78)과 (2.71)로부터 질량에 전달되는 힘은 질량의 변위와 위상이 같음을 알 수 있다. 그림 2.19는 네 개의 감쇠비에 대해 힘전달률을 주파수비의 함수로 나타낸 것이다. 주목할 것은 $r > \sqrt{2}$일 때 변위전달률과는 달리 전달된 힘은 반드시 작아지지는 않는다는 사실이다. 사실상 $r > \sqrt{2}$일 때 감쇠가 증가할수록 전달되는 힘은 크게 증가한다.

예제 2.4.1

물리량이 다음과 같이 주어진 바닥가진 문제를 생각해 보자. $m = 100$ kg, $c = 30$ kg/s, $k = 2{,}000$ N/m, $Y = 0.03$ m, $\omega_b = 6$ rad/s. 변위전달률과 힘전달률의 크기를 계산하라.

풀이 우선 물리량들을 질량으로 나누어 통상적으로 사용하는 인자로 변환한다.

$$\omega_n = \sqrt{\frac{2000}{100}} = 4.472 \text{ rad/s}, \ \zeta = \frac{c}{2\sqrt{mk}} = \frac{30}{2\sqrt{2\times 10^5}} = 0.034$$

$$r = \frac{\omega_b}{\omega_n} = \frac{6}{4.472} = 1.342$$

식 (2.71)을 사용하여 특수해의 진폭을 계산하면 다음을 얻는다.

$$\frac{X}{Y} = \left[\frac{1+(2\zeta r)^2}{\left(1-r^2\right)^2 + (2\zeta r)^2}\right]^{1/2} = \left[\frac{1+(2\cdot 0.034\cdot 1.342)^2}{\left(1-(1.342)^2\right)^2 + (2\cdot 0.034\cdot 1.342)^2}\right]^{1/2} = 1.247$$

힘전달률은 다음과 같다.

$$\frac{F_T}{kY} = r^2\,\frac{X}{Y} = (1.342)^2\ (1.245) = 2.245$$

만약 감쇠가 $c = 300$ kg/s로 변하면 힘전달률은 1.117이고 변위전달률은 2.011이다. 따라서 감쇠가 증가하면 힘전달률과 변위전달률이 모두 증가한다.

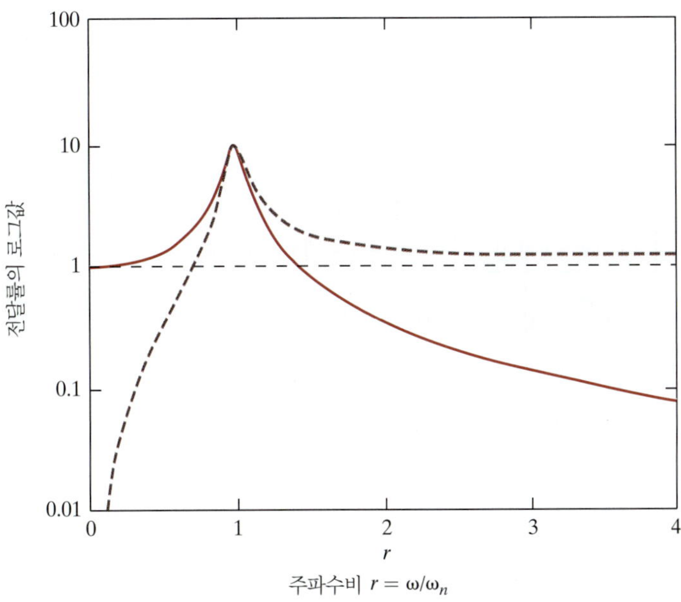

그림 2.20 감쇠비 $\zeta = 0.05$에 대해 식 (2.74)와 (2.80)을 반로그(semilog)선도로 나타낸 힘전달률(점선)과 변위전달률(실선)의 비교

그림 2.20은 힘전달률(질량에 가해지는 힘을 바닥변위의 진폭으로 정규화)과 변위전달률(질량의 변위를 바닥변위의 진폭으로 정규화)을 비교해 보여준다.

힘과 변위의 전달률에 대한 공식들은 원치 않는 진동을 차단하도록 진동 시스템을 설계할 때 매우 유용하다. 진동절연을 다루는 5.2절에서 이 점에 대해 상세히 언급하며, 고정된 바닥에 대해 전달률비를 유도하고 이 절의 결과와 비교한다(윈도우 5.1 참조). 다음 예제는 바닥가진 문제에서 전달률의 실제적인 값을 보여준다.

예제 2.4.2

바닥운동의 대표적인 예는 그림 2.21과 같이 거친 도로 위를 지나는 자동차나 거친 활주로를 지나는 비행기에 대한 1자유도 문제이다. 바닥운동 변위가 사인함수인 다음이 되도록 도로의 단면을 근사화했다.

$$y(t) = (0.01\text{ m})\sin\omega_b t$$

앞의 식에서

$$\omega_b = v(\text{km/h})\left(\frac{1}{0.006\text{ km}}\right)\left(\frac{\text{hour}}{3600\text{ s}}\right)\left(\frac{2\pi\text{ rad}}{\text{cycle}}\right) = 0.2909v\text{ rad/s}$$

여기서 v는 km/h로 나타낸 자동차의 속도이다. 따라서 자동차의 속력이 바닥운동의 주파수를 결정한다. 속력과 자동차의 질량이 자동차변위의 진폭에 미치는 영향을 계산하라. 현가 장치는 4×10^4 N/m의 등가 강성과 20×10^2 N·s/m의 등가 감쇠를 갖는다고 가정한다.

풀이 우선 자동차운동의 진폭에 대한 속력의 영향을 구하기 위해 위의 계산을 보면 ω_b, 즉 r이 자동차의 속도에 따라 선형적으로 변화한다는 것에 주목하자. 따라서 속도와 변위비의 선도는 그림 2.18과 매우 비슷할 것이다. 구체적인 값들은 식 (2.73)으로부터 계산할 수 있는데, 20 km/h에서 ω_b = 5.818이다. 만약 자동차가 작거나 스포츠카라면 질량은 약 1007 kg이 되므로, 고유진동수는 다음과 같다.

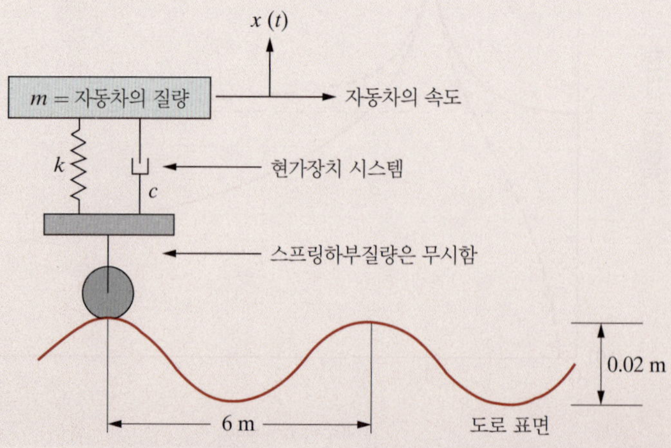

그림 2.21 요철을 사인함수로 근사화 한 거친 도로 위를 일정한 속도로 움직이고 있는 자동차의 단순 모델

$$\omega_n = \sqrt{\frac{4 \times 10^4\ \text{N}/m}{1007\ \text{kg}}} = 6.303\ \text{rad/s}\ (\approx 1\ \text{Hz})$$

따라서 $r = 5.818/6.303 = 0.923$이고 다음과 같이 정리할 수 있다.

$$\zeta = \frac{c}{2\sqrt{km}} = \frac{2000\ \text{N}\cdot\text{s/m}}{2\sqrt{(4 \times 10^4\ \text{N/m})(1007\ \text{kg})}} = 0.158$$

그러므로 식 (2.73)으로부터 자동차의 변위진폭은 다음과 같이 계산된다.

$$X = (0.01\ \text{m})\sqrt{\frac{1 + [2(0.158)(0.923)]^2}{[1 - (0.923)^2]^2 + [2(0.158)(0.923)]^2}} = 0.0319\ (\text{m})$$

이것은 노면에서의 1 cm 요철이 자동차의 차체로 3.2 cm의 진동으로 전달되며, 이것이 자동차의 탑승자에게까지 전달된다는 것을 의미한다. 따라서 이런 경우에는 현가장치가 거친 노면의 요철을 증폭시키게 되므로 매우 바람직하지 않다.

표 2.1은 1 cm의 요철 위를 네 가지 속력으로 지나는 두 종류의 자동차에서의 차량 변위를 열거하고 있다. 주파수비가 r_1인 자동차 1은 1007 kg의 스포츠카이고, 자동차 2는 주파수비가 r_2이고 중량이 1585 kg인 승용차이다. 자동차의 제원에 따라 현가장치를 설계해야 한다(5장 참조)는 점을 강조하기 위해 여기서는 두 차에 동일한 현가장치를 적용한다. 주목할 점은 탑승자는 고속에서 진동을 덜 느낀다는 것이다. 또한 선택된 현가장치의 변수(k와 c)는 아주 저속을 제외하고는 일반적으로 큰 차에 더 적합하다는 것이다.

표 2.1 두 종류의 차종에 대한 자동차 속도, 진동수, 변위의 비교

속도(km/h)	ω_b	r_1	r_2	x_1 (cm)	x_2 (cm)
20	5.817	0.923	1.158	3.19	2.32
80	23.271	3.692	4.632	0.12	0.07
100	29.088	4.615	5.79	0.09	0.05
150	43.633	6.923	8.686	0.05	0.03

예제 2.4.3

큰 회전기계는 공장바닥을 조화진동시키는 원인인데, 펀치프레스를 회전기계가 놓여 있는 동일한 바닥에 설치하려고 한다(그림 2.22). 프레스가 설치될 바닥의 변위는 $y(t) = 0.1 \sin \omega_b t$ (cm)로 측정되었다. 질량 $m = 3000$ kg인 프레스를 탄성이 $k = 40{,}000$ N/m, 감쇠가 $c = 900$ N·s/m인 고무판으로 된 받침대에 설치할 때 이 절에서 배운 바닥가진 모델을 써서 공진상태에서 펀치프레스에 전달되는 힘의 최댓값을 계산하라.

풀이 기계에 전달되는 힘은 식 (2.80)으로 주어진다. 공진상태 $r = 1$에서 식 (2.80)은 다음과 같다.

$$\frac{F_T}{kY} = \left[\frac{1 + (2\zeta)^2}{(2\zeta)^2}\right]^{1/2}$$

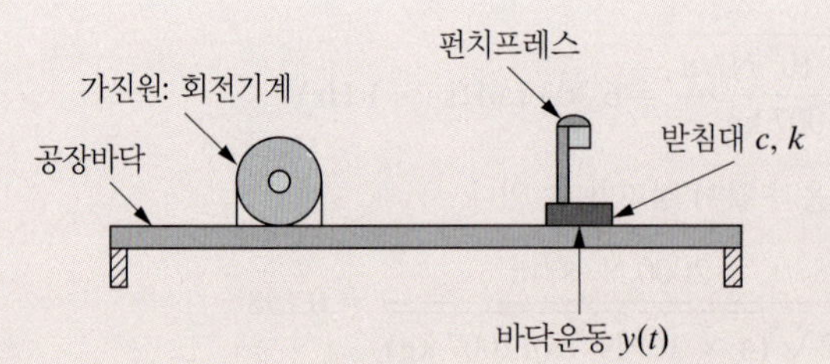

그림 2.22 지지대운동을 유발하는 기계의 모델

또는

$$F_T = \frac{kY}{2\zeta}\left(1 + 4\zeta^2\right)^{1/2}$$

ζ의 정의와 위에서 주어진 m, c, k 값으로부터 다음과 같이 나타낼 수 있다.

$$\zeta = \frac{c}{2\sqrt{km}} = \frac{900}{2\left[(40{,}000)(3000)\right]^{1/2}} \cong 0.04$$

측정된 가진은 $Y = 0.001$ m이므로 다음과 같이 계산된다.

$$F_T = \frac{kY}{2\zeta}\left(1 + 4\zeta^2\right)^{1/2} = \frac{(40{,}000\ \text{N/m})(0.001\ \text{m})}{2(0.04)}\left[1 + 4(0.04)^2\right]^{1/2}$$
$$= 501.6\ \text{N}$$

여기서 설명한 바닥운동해석은 진동절연설계에 매우 유용하다. 이것은 5장 내용의 기초가 되는데, 특히 5.2절에서 고정바닥과 운동바닥 모델의 진동절연 문제에 관해 좀 더 상세하게 다룰 것이다. 5.2절에서는 충격절연에 대해서도 논의한다. 전달률의 개념이 어떻게 바닥절연 문제에 적용되는지 알아보고 싶다면 지금 바로 5.2절로 넘어가도 좋다.

예제 2.4.4

65 lb 계측기의 지지대는 계측기에서 발생하는 진동에 의한 힘의 10%만 지지부로 전달되도록 장착되어야 한다. 계측기는 580 rpm에서 구동력을 발생시킨다. 감쇠를 사용하지 않을 때 계측기와 계측기 베이스 사이에 사용해야 하는 스프링 상수를 구하라.

풀이 감쇠를 무시할 때 힘전달률 방정식은 (2.80)과 같다.

$$\frac{F}{kY} = \frac{r^2}{\left(1 - r^2\right)}$$

이를 10%로 제한하는 r^2에 대해 식을 정리하면 다음과 같다.

$$\frac{r^2}{(1 - r^2)} = 0.1 \Rightarrow r^2 = \left(\frac{\omega}{\omega_n}\right)^2 = \frac{0.1}{1.1}$$

위 식은 다음과 같이 다시 쓸 수 있다.

$$\omega^2\left(\frac{1.1}{0.1}\right) = \omega_n^2 = \frac{k}{m} \Rightarrow k = \omega^2 m\left(\frac{1.1}{0.1}\right)$$

그 후 다음 식을 통해 65 lb를 질량으로 변환한다.

$$m = \frac{W}{g} = \frac{65\ \text{lb}}{386\ \text{in/sec}^2}$$

구동주파수 ω를 얻으려면 580 rpm을 rad/sec로 변환하면 된다.

$$\omega = \frac{580\ \text{rpm}}{60\ \text{sec/m}} \times 2\pi\frac{\text{rad}}{\text{rev}} = 60.73\frac{\text{rad}}{\text{sec}}$$

주어진 m과 ω값을 이용하여 k에 대한 식으로 변환하면 다음을 얻는다.

$$k = \left(60.73\frac{\text{rad}}{\text{sec}}\right)^2\left(\frac{1.1}{0.1}\right)\left(\frac{65\ \text{lb}}{386\ \text{in/sec}^2}\right) \approx 6832\ \text{lb/in}$$

2.5 회전불균형

회전기계는 진동 문제를 일으키는 대표적인 원인이다. 많은 기계나 기기는 보통 전동기로 구동되므로 회전하는 기계요소를 갖게 된다. 회전요소에서 질량이 조금만 불균일하게 분포되어도 상당한 진동을 야기할 수 있는데, 이것을 **회전불균형**(*rotating unbalance*)이라 한다. 회전 중심으로부터 거리 e만큼 떨어진 회전불균형 질량(편심질량) m_0의 개략도를 그림 2.23에 나타냈다.

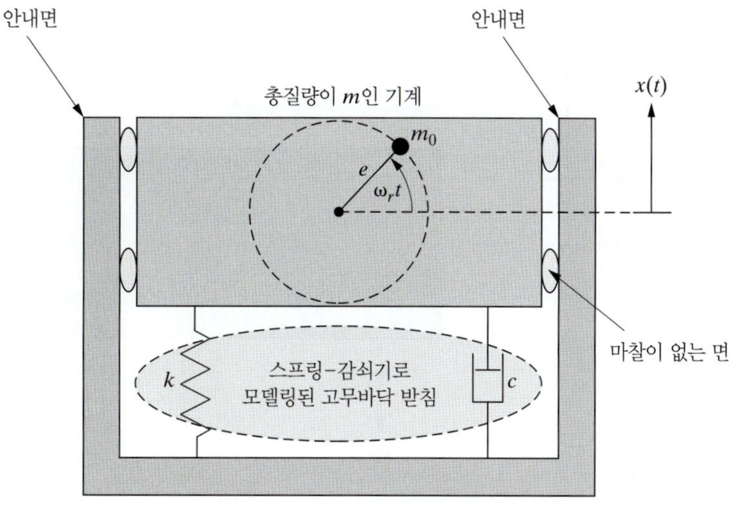

그림 2.23 회전불균형 m_0를 포함하는 기계의 모델

기계의 회전주파수는 ω_r로 표시한다. 그림 2.24(a)에 주어진 편심질량에 대한 자유물체도에서 수직방향(x방향)의 힘을 더하면 다음과 같으며,

$$m_0(\ddot{x} + \ddot{x}_r) = -F_r \tag{2.81}$$

그림 2.20(b)에 주어진 기계의 자유물체도에서 힘을 더하면 다음과 같다.

$$(m - m_0)\ddot{x} = F_r - c\dot{x} - kx \tag{2.82}$$

식 (2.81)과 (2.82)를 결합하면 다음과 같은데,

$$m\ddot{x} + m_0\ddot{x}_r + c\dot{x} + kx = 0 \tag{2.83}$$

수평방향의 힘은 안내면에 의해 지지되므로 여기서는 고려할 필요가 없다.

기계가 일정한 회전수 ω_r로 회전한다고 가정하면, 질량 m_0의 가속도의 x 성분은 $x_r = e\sin\omega_r t$ 이므로 다음과 같다.

$$\ddot{x}_r = -e\omega_r^2 \sin\omega_r t \tag{2.84}$$

식 (2.84)을 식 (2.83)에 대입하고 정리하면 다음과 같다.

$$m\ddot{x} + c\dot{x} + kx = m_0 e\omega_r^2 \sin\omega_r t \tag{2.85}$$

식 (2.85)는 구동함수의 위상차를 제외하고는(즉 $\cos\omega t$ 대신에 $\sin\omega_r t$) $F_0 = m_0 e\omega_r^2$ 일 때의 식 (2.26)과 유사하다. 앞 절에서 두 번째 특수해로 사인가진에 대해 논의했고, 그 해는 식 (2.70)과 같다. 해를 구하는 동일한 절차를 따라가면 다음과 같은 형태의 특수해를 얻는다.

$$x_p(t) = X\sin(\omega_r t - \theta) \tag{2.86}$$

여기서 $r = \omega_r/\omega_n$이라 하면 다음과 같이 나타낼 수 있다.

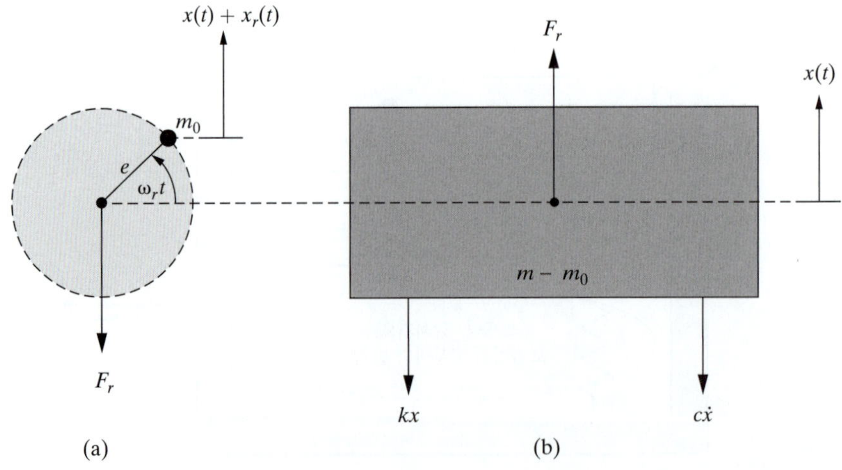

그림 2.24 편심질량(a)과 기계(b)의 자유물체도

$$X = \frac{m_0 e}{m} \frac{r^2}{\sqrt{(1 - r^2)^2 + (2\zeta r)^2}} \tag{2.87}$$

그리고

$$\theta = \tan^{-1} \frac{2\zeta r}{1 - r^2} \tag{2.88}$$

위의 두 식은 편심질량 m_0에 의해 생기는 질량 m의 운동의 진폭과 위상이다. 식 (2.87)에서 m은 불균형 질량 m_0를 포함한 기계 전체 질량이다.

정상상태변위의 진폭 X는 여러 감쇠비 값에 대해 그림 2.25에 보이는 것처럼 무차원 변위진폭 mX/m_0e를 회전속도비 r의 함수로 나타낼 수 있다. 주목할 점은 식 (2.87)이 예제 2.2.5에서 해석한 진폭과 비슷하다는 것이다. 분모의 모양을 고려하면, $\zeta \geq 1$인 시스템에 대해서는 최대 변위가 1보다 작거나 같다는 것을 알 수 있다. 이것은 시스템의 감쇠를 증가시킴으로써 불균형으로 인한 진폭의 증가를 억제할 수 있다는 것을 의미한다. 그러나 감쇠가 큰 것이 항상 실용적인 것은 아니다. 그림 2.25를 보면, r이 클 때 무차원 변위의 진폭은 1로 접근한다. 따라서 구동주파수 ω_r이 $r \gg 1$일 경우에는 불균형의 영향은 제한적이다. r 값이 큰 경우에는 각 ζ 값에 대한 모든 진폭곡선이 1로 접근하므로 r이 클 때는 감쇠계수의 선택이 중요하지 않다. 이러한 결론은 그림 2.25의 선도를 검토하거나 r이 무한대로 갈 때의 mX/m_0e의 극한값을 살펴보면 알 수 있다. 이러한 내용은 회전기계를 설계하는 데 중요한 의미가 있다.

회전불균형 모델은 편심 타이어가 달린 자동차의 거동을 설명하는 데도 이용될 수 있다. 여기서 ω_r은 자동차의 속력에 의해 정해지고, e는 바퀴의 직경에 의해 결정된다. 변위 x_p는 조향 기구를 통해 핸들이 떨리는 것으로 느낄 수 있다. 이러한 상황은 어떤 특정한 속력($r = 1$ 부근)에서만 일어난다. 운전자가 속력을 증가시키거나 감소시킴에 따라 조향핸들의 떨림은 감소한다. 이러한 속력의 변화는 그림 2.25에서 피크 양쪽 편에서의 운전조건에 해당된다.

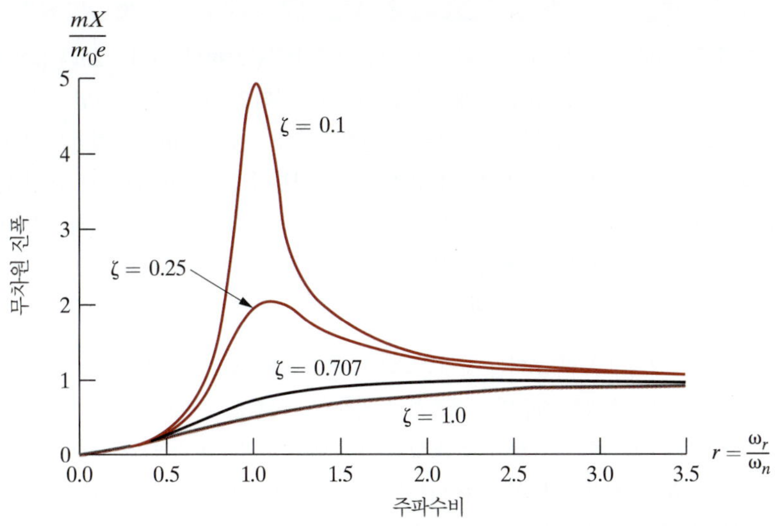

그림 2.25 질량 m_0와 반경 e인 회전불균형에 기인한 무차원 변위의 진폭과 주파수비의 선도

예제 2.5.1

그림 2.23에서와 같이 회전불균형이 있는 기계를 생각해 보자. 공진에서의 최대 변위는 0.1 m였다. 시스템의 자유감쇠응답으로부터 측정한 감쇠비는 $\zeta = 0.05$이고, 가공데이터로부터 추정된 불균형 질량은 10%이다. 반경 e를 구하여 불균형 질량의 대략적인 위치를 구하라. 또한 공진에서의 변위를 0.01 m로 줄이기 위해 시스템에 얼마만큼의 질량을 (균일하게) 더해야 하는가?

풀이 공진에서 $r = 1$이므로 다음 식이 성립한다.

$$\frac{mX}{m_0 e} = \frac{1}{2\zeta} = \frac{1}{2(0.05)}$$

따라서

$$(10)\frac{(0.1\,\text{m})}{e} = \frac{1}{2\zeta} = \frac{1}{0.1} = 10$$

$e = 0.1$ m가 된다. 즉 공진에서 다음과 같다.

$$\frac{m}{m_0}\left(\frac{X}{0.1\,\text{m}}\right) = 10$$

만약 m을 Δm만큼 변화시켜서 $X = 0.01$ m가 되게 하려면 위의 공진에 대한 표현은 다음과 같다.

$$\frac{m + \Delta m}{m_0}\left(\frac{0.01}{0.1}\right) = 10 \quad \text{또는} \quad \frac{m + \Delta m}{(0.1)m} = 100$$

위 식에서 $\Delta m = 9$ m가 된다. 따라서 변위를 1 cm로 감소시키기 위해 전체 질량은 9배가 증가해야 한다.

예제 2.5.2

회전불균형은 헬리콥터나 프로펠러 비행기와 같은 항공기에서도 중요하다. 그림 2.26과 같은 헬리콥터의 꼬리날개[요(yaw) 제어와 토크 균형을 제공하기 위해 헬리콥터의 뒷부분에 수직면상에서 회전하는 작은 회전체]는 (꼬리부에서 수직방향으로 생기는) 강성이 $k = 1 \times 10^5$ N/m이고 회전체 질량이 20 kg인 회전불균형 문제로 모델링할 수 있다. 수직강성을 주는 꼬리부의 질량은 60 kg이다. 회전축으로부터 15 cm 되는 거리에 500 g의 질량이 날개 중의 하나에 붙었다고 가정하자. 꼬리날개가 1500 rpm으로 회전할 때 헬리콥터 꼬리부 변위의 진폭을 계산하라. 감쇠비는 0.01로 가정한다. 꼬리날개의 회전수가 얼마일 때 변위가 최대가 되는가? 최대 변위를 계산하라.

풀이 날개 시스템은 그림 2.27에 보이는 것처럼 스프링에 부착된 질량 20.5 kg의 기계로 모델링된다. 이 문제에서는 꼬리부의 수직방향 진동만 모델링하고 헬리콥터 본체를 고정된 물체로 생각한다. 꼬리 부분을 단순화한 스프링의 질량이 무시할 수 없을 만큼 크기 때문에 외팔보 스프링의 등가 질량을 고려하기 위해 1.5절 식 (1.76)을 사용한다. 이 경우에는 스프링의 질량이 커서 무시할 수 없음에 유의한다. 날개 시스템의 고유진동수는 다음과 같다.

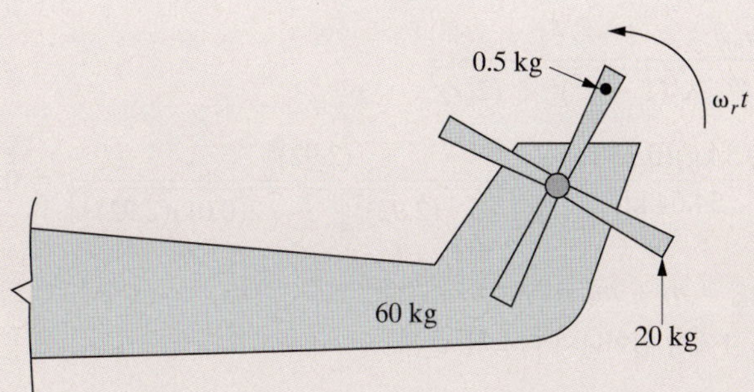

그림 2.26 꼬리날개를 나타내는 헬리콥터 꼬리부의 개략도. 꼬리날개는 상승과 수평운동을 제공하는 주날개에 의해 생기는 시계방향(헬리콥터의 위에서 봤을 때) 추력(thrust)에 대항하는 반시계방향의 추력을 제공한다. 불균형 날개는 해로운 진동을 일으킬 수 있고 헬리콥터의 성능을 제한할 수 있다.

$$\omega_n = \sqrt{\frac{k}{m + \frac{33}{140} m_s}} = \sqrt{\frac{10^5\ \text{N/m}}{20.5 + \frac{33}{140} 60\ \text{kg}}} = 53.727\ \text{rad/s}$$

rad/s로 표기한 회전주파수는 다음과 같다.

$$\omega_r = 1500\ \text{rpm} = 1500 \frac{\text{rev}}{\text{min}} \frac{\text{min}}{60\ \text{s}} \frac{2\pi\ \text{rad}}{\text{rev}} = 157\ \text{rad/s}$$

따라서 주파수비 r은 다음과 같다.

$$r = \frac{\omega_r}{\omega_n} = \frac{157\ \text{rad/s}}{53.727\ \text{rad/s}} = 2.92$$

$r = 2.92$이고 $\zeta = 0.01$일 때 식 (2.87)로부터 꼬리날개 진동의 변위는 다음과 같이 얻을 수 있다.

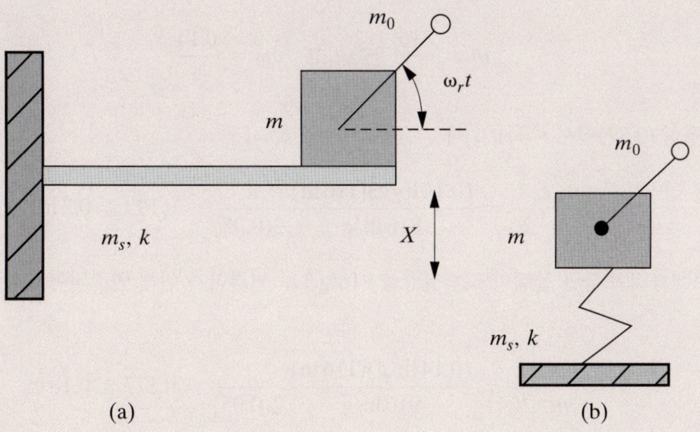

그림 2.27 (a) 회전불균형 기계가 장착된 길고 가는 막대 스프링으로 모델링한 꼬리부의 수직 진동 모델, (b) 불균형 문제의 스프링-질량 모델 개략도(그림 2.23에 따라 m은 m_0를 포함)

$$X = \frac{m_0 e}{m} \frac{r^2}{\sqrt{(1 - r^2)^2 + (2\zeta r)^2}}$$

$$= \frac{(0.5\text{ kg})(0.15\text{ m})}{34.64\text{ kg}} \frac{(2.92)^2}{\sqrt{[1 - (2.92)^2]^2 - [2(0.01)(2.92)]^2}} = 0.002\text{ m}$$

여기서 등가질량은 $m_{eq} = m + m_s = 34.64$ kg이다.

최대 변위는 약 $r = 1$에서 일어나며 다음과 같다.

$$\omega_r = \omega_n = 53.72\text{ rad/s} = 53.72\ \frac{\text{rad}}{\text{s}} \frac{\text{revs}}{2\pi\text{ rad}} \frac{60\text{ s}}{\text{min}} = 513.1\text{ rpm}$$

이 경우에 (최대) 변위는 다음과 같다.

$$X = \frac{(0.5\text{ kg})(0.15)}{34.34\text{ kg}} \frac{1}{2(0.01)} = 0.108\text{ m} = 10.8\text{ cm}$$

꼬리부 변형이 허용할 수 없을 정도로 커지는 것을 알 수 있다. 따라서 꼬리날개는 513.1 rpm으로 회전시켜서는 안 된다.

예제 2.5.3

그림 2.13에 표시된 것과 같은 제트 엔진의 팬 블레이드는 때때로 블레이드 중 하나에 물체가 부딪혀 손상된다(이른바 이물질 손상). 이 상황에 대한 간단한 모델은 불균형 공식 (2.85)이다. 각각 34 lb의 무게를 가진 24개의 블레이드가 있으며, 감쇠비는 0.05, 반지름은 116 in. 허브의 무게는 100 lb라고 할 때 (a) 0.14 lb의 블레이드 팁 조각이 허브의 무게를 무시하고 누락한 경우 공진 시 발생하는 불균형으로 인한 편향을 구하고 (b) 허브 무게를 포함한 편향을 구하라.

풀이 (a) 총무게는 24 × 34 = 816 lb이다. 먼저 관련 무게를 질량으로 변환하면(여기서는 $g = 32.2$ ft/sec^2) 다음과 같다.

$$m = \frac{816}{g} \quad \text{그리고} \quad m_0 = \frac{0.14}{g}$$

공진 시 변형식 (2.87)에서 $r = 1$일 때

$$X = \frac{m_0 e}{m} \frac{1}{2\zeta} = \frac{(0.14\text{ lb}/g)(116\text{ in})}{816\text{ lb}/g} \frac{1}{2(0.05)} = 0.199 \cong 0.2\text{ in.}$$

(b) 허브의 무게를 고려하면 블레이드는 질량을 916/g으로 변경하기 위해 연결되어 있다. 그 결과는 다음 식과 같다.

$$X = \frac{m_0 e}{m} \frac{1}{2\zeta} = \frac{(0.14\text{ lb}/g)(116\text{ in})}{916\text{ lb}/g} \frac{1}{2(0.05)} = 0.177 \cong 0.18\text{ in.}$$

모델링은 항상 가정을 따르기 때문에 어떤 효과나 용어를 생략할 때 그것이 어떤 차이를 만드는지, 그리고 그것이 유의미한가를 확인하는 것이 필요하다.

회전 시스템의 또 다른 특성에 대해서는 5.7절에서 논의한다. 5.7절에서는 회전기계와 관련된 진동 문제인 위험속도에 대해 논의한다. 어떤 책에서는 회전불균형 바로 다음에 회전축의 위험속도에 대해 논의하기도 한다. 따라서 여기서 5.7절로 건너뛰어도 무방하다. 회전체 동역학(rotor dynamics)과 관련된 진동 문제는 중요하고 또 방대하므로 별도의 과목으로 다루기도 한다.

2.6 측정기기

2.2절과 2.4절에서 설명한 강제 조화진동해석과 바닥가진 문제의 중요한 응용분야는 진동 측정장치의 설계이다. 기계적인 운동을 전압으로(혹은 역으로) 변환시켜 주는 기기를 **변환기**(*transducer*)라고 한다. 그림 2.28~2.30은 몇몇 변환기의 개략도를 보여준다. 이러한 기기들은 기계적인 진동을 가속도에 비례하는 전압으로 바꾸어 준다.

그림 2.28에 있는 가속도계(accelerometer)를 보면, 질량 m에 가해지는 힘들을 더해서 다음 식을 얻는다.

$$m\ddot{x} = -c(\dot{x} - \dot{y}) - k(x - y) \tag{2.89}$$

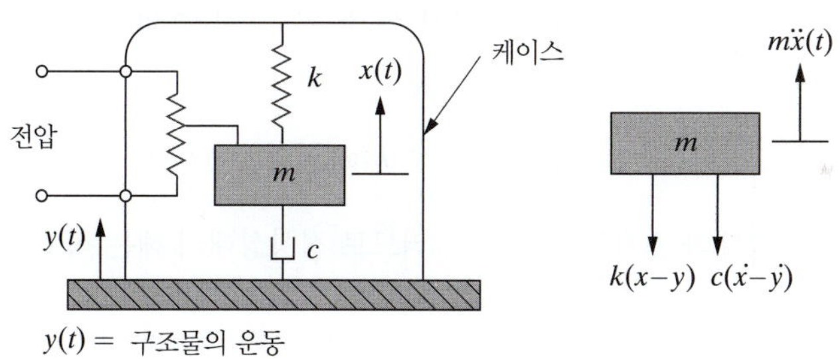

그림 2.28 구조물에 장치된 가속도계의 개략도. 오른쪽 그림은 질량 m에 작용하는 힘을 나타낸다. 힘 $k(x - y)$와 감쇠력은 모두 지면으로 연결되기 때문에 사실상 두 힘은 병렬이다.

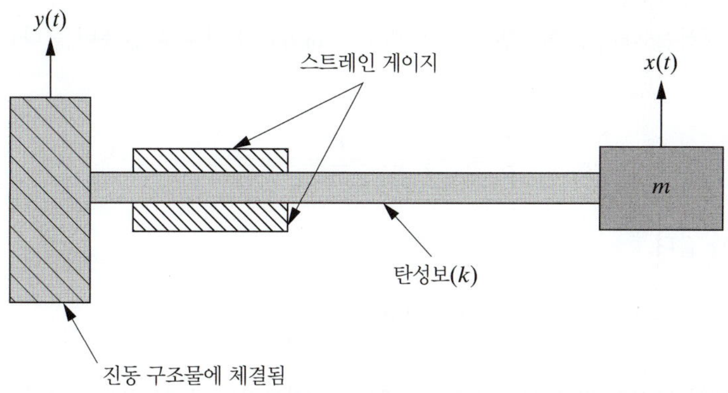

그림 2.29 작은 보로 만들어진 지진 가속도계(seismic accelerometer)의 개략도

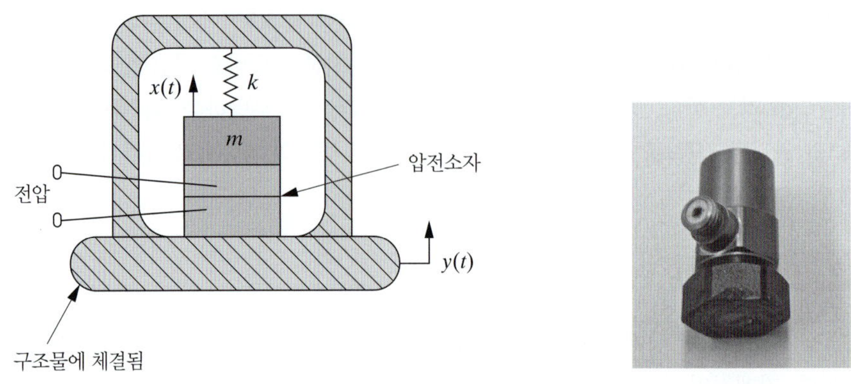

그림 2.30 시판되는 압전가속도계(piezoelectric accelerometer)의 개략도와 실제 제품 사진

여기서 진동측정 대상인 구조물에 고정되는 가속도계의 바닥은 $y = Y\cos\omega_b t$로 진동(즉 측정 대상 구조물이 단순조화 진동함)하는 것으로 가정한다. 바닥에 대한 가속도계 질량의 상대운동을 $z(t)$라 하고 다음과 같이 정의한다.

$$z(t) = x(t) - y(t) \tag{2.90}$$

그러면 식 (2.89)는 상대변위 $z(t)$의 항으로 다시 쓸 수 있고, 식 (2.89)는 다음과 같이 친숙한 식이 된다.

$$m\ddot{z} + c\dot{z} + kz = m\omega_b^2 Y\cos\omega_b t \tag{2.91}$$

위 식은 식 (2.26)의 형태와 정확하게 같다. 그러므로 정상상태의 해는 식 (2.36)과 같은 형태가 될 것이므로 다음과 같이 나타낼 수 있다.

$$z(t) = \frac{\omega_b^2 Y}{\sqrt{(\omega_n^2 - \omega_b^2)^2 + (2\zeta\omega_n\omega_b)^2}}\cos\left[\omega_b t - \left(\tan^{-1}\frac{2\zeta\omega_n\omega_b}{\omega_n^2 - \omega_b^2}\right)\right] \tag{2.92}$$

식 (2.36)과 (2.92)의 차이는 후자는 상대변위(z)에 대한 것이고 전자는 절대변위(x)에 대한 것이라는 점이다.

식 (2.92)의 진폭을 다시 표현하면, 주파수비 $r = \omega_b/\omega_n$의 함수로 진폭비를 다음과 같이 쓸 수 있다.

$$\frac{Z}{Y} = \frac{r^2}{\sqrt{(1 - r^2)^2 + (2\zeta r)^2}} \tag{2.93}$$

위상차는 다음과 같다.

$$\theta = \tan^{-1}\frac{2\zeta r}{1 - r^2} \tag{2.94}$$

주파수비에 대한 Z/Y의 진폭 선도인 그림 2.31을 살펴보자. 주목할 점은 r 값이 클 때(즉 $r \geq 3$) 진폭비는 1로 접근하므로 $Z/Y = 1$ 혹은 $Z = Y$가 되며 상대변위와 바닥의 변위는 같은 진폭을

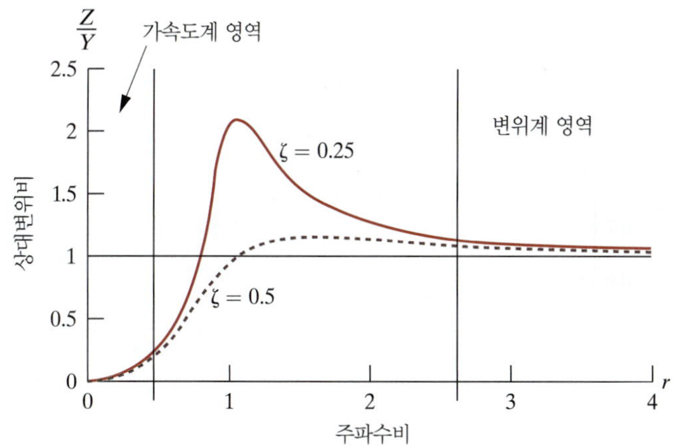

그림 2.31 가속도와 변위를 측정하는 데 사용되는 변환기에 대한 상대변위의 진폭과 주파수 선도

갖게 된다. 따라서 그림 2.28의 가속도계는 바닥변위의 주파수가 최소한 가속도계의 고유진동수보다 3배 이상일 경우에 바닥의 조화변위를 측정하는 데 사용할 수 있다.

다음으로, r이 작을 경우에 그림 2.28에 있는 시스템의 방정식을 생각해 보자. 분모를 ω_n^2으로 묶으면, 식 (2.92)는 다음과 같이 쓸 수 있다.

$$\omega_n^2 z(t) = \frac{1}{\sqrt{(1-r^2)^2 + (2\zeta r)^2}}\,\omega_b^2 Y\cos(\omega_b t - \theta) \tag{2.95}$$

$y = Y\cos(\omega_b t - \theta)$이므로, 마지막 항은 $-\ddot{y}(t)$가 된다. 따라서 다음과 같다.

$$\omega_n^2 z(t) = \frac{-1}{\sqrt{(1-r^2)^2 + (2\zeta r)^2}}\,\ddot{y}(t) \tag{2.96}$$

이 식은 r이 작은 경우에 $\omega_n^2 z(t)$가 바닥가속도 $\ddot{y}(t)$에 비례한다는 것을 보이고 있다. 왜냐하면 다음과 같기 때문이다.

$$\lim_{r\to 0} \frac{1}{\sqrt{\left(1-r^2\right)^2 + (2\zeta r)^2}} = 1 \tag{2.97}$$

실제로는 $r < 0.5$인 값에 대해서는 위의 계수를 1에 가까운 것으로 간주한다. 이것은 바닥운동의 주파수가 이 범위에 있게 되면 상대위치 $z(t)$가 바닥가속도에 비례한다는 것을 의미한다. 상대변위와 바닥가속도 사이의 비례상수에 대한 가속도계 내부감쇠 ζ의 영향은 그림 2.32에서 보이고 있는데, 이 그림은 $r < 1$에서 다양한 ζ 값에 대해 위의 비례상수와 주파수비의 선도를 나타낸다. 그림을 살펴보면, $\zeta = 0.7$에 해당하는 곡선이 $r < 1$의 가장 큰 범위에 걸쳐 일정하게 1에 가장 가깝다. 이 곡선상에서는 0에서 약 0.2 사이의 r 값에 대해 크기가 비교적 일정하다. 사실상 이 영역 내

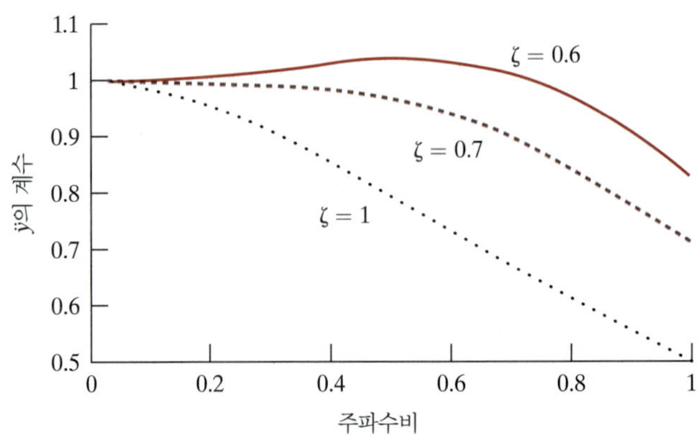

그림 2.32 가속도계의 바닥가속도와 상대변위(전압) 간의 비례상수에 대한 감쇠의 영향

에서는 이 곡선이 거의 1에 가깝고 1% 이내로 변한다. 여기서 가속도계를 사용하는 데 유용한 범위를 다음과 같이 정의할 수 있다.

$$0 < \frac{\omega_b}{\omega_n} < 0.2 \tag{2.98}$$

여기서 ω_n은 기기의 고유진동수이다. 이 부등식에 기기의 고유진동수를 곱하면

$$0 < \omega_b < 0.2\omega_n \quad \text{또는} \quad 0 < f_m < 0.2f_n \tag{2.99}$$

가속도계로 측정할 진동의 주파수 f_m을 얻으며 그 단위는 Hz이다. 그림 2.28의 기계적인 가속도계는 고유진동수가 100 Hz 정도이다. 그러므로 부등식 (2.99)에 의하면 기기에 의해 유효하게 측정될 수 있는 최고의 주파수는 20 Hz(0.2×100)가 된다.

많은 구조물이나 기계는 20 Hz 이상의 주파수로 진동한다. 그림 2.30에 나타낸 압전가속도계는 고유진동수가 약 8×10^4 Hz가 되도록 설계되어 있다. 이런 경우 부등식에 의해 16,000 Hz까지 주파수의 진동을 측정할 수 있음을 알 수 있다. 진동 측정은 7장에서 더 자세히 다루고자 하며, 가속도계로 측정한 신호의 위상 및 진폭 분포와 같은 실제적인 문제를 설명할 것이다.

예제 2.6.1

이 예제에서는 별도의 가속도 측정으로 변환기의 기계적 특성을 측정하는 방법을 보여준다. 6000 rpm(628 rad/s)에서 작동하는 비행기의 엔진에 의해 생기는 비행기 날개의 진동을 측정하기 위해 가속도계를 사용했다. 별도의 측정을 통해 이 엔진속도에서 날개의 진동가속도가 1.0 g임을 알고 있으며, 이 진동을 가속도계는 10 m/s^{2}의 가속도로 측정했다. 만약 가속도계가 0.01 kg의 움직이는 질량으로 되어 있고 감쇠 고유진동수가 100 Hz(628 rad/s)라면 측정된 값과 알고 있는 가속도값의 차이로부터 가속도계의 감쇠 및 강성 값을 계산할 수 있다.

풀이 식 (2.96)으로부터 측정된 가속도값의 크기 $|\omega_n^2 z(t)|$는 다음 식에 의해

$$\frac{|\omega_n^2 z(t)|}{|\ddot{y}(t)|} = \frac{1}{\sqrt{(1-r^2)^2+(2\zeta r)^2}} = \frac{10\ \mathrm{m/s^2}}{9.8\ \mathrm{m/s^2}} = 1.02$$

실제의 가속도값 $|\ddot{y}(t)|$ 사이에는 다음 식과 같은 관계가 있다. 이 식을 다시 쓰면 ζ와 r에 대한 다음과 같은 하나의 식이 된다.

$$(1-r^2)^2+(2\zeta r)^2 = 0.96$$

ζ와 r에 대한 또 다른 하나의 식은 감쇠 고유진동수의 정의로부터 얻을 수 있다.

$$\frac{\omega_b}{\omega_d} = \frac{\omega_b}{\omega_n}\frac{1}{\sqrt{1-\zeta^2}} = r\frac{1}{\sqrt{1-\zeta^2}} = \frac{628\ \mathrm{rad/s}}{628\ \mathrm{rad/s}} = 1$$

그러므로 ζ와 r에 대한 두 번째 식 $r=\sqrt{1-\zeta^2}$을 얻는다. 이것으로부터 $\zeta^2=(1-r^2)$을 얻는데, 위의 r과 ζ에 대한 식에 대입하면 다음 식을 얻는다.

$$\zeta^4 + 4\zeta^2(1-\zeta^2) = 0.96$$

이 식은 ζ^2에 대한 다음과 같은 2차 방정식이 된다.

$$3\zeta^4 - 4\zeta^2 + 0.96 = 0$$

이 2차 방정식으로부터 두 개의 근 $\zeta = 0.56, 1.01$을 얻는다. 부족감쇠에 해당되는 $\zeta = 0.56$을 선택하면($\sqrt{1-\zeta^2} = 0.83$, $\omega_n = \omega_d/\sqrt{1-\zeta^2} = 758.0$ rad/s), 감쇠계수는 다음과 같다.

$$c = 2m\omega_n\zeta = 2(0.01)(758.0)(0.56) = 8.49\ \mathrm{N\cdot s/m}$$

같은 방법으로 가속도계의 강성은 다음과 같다.

$$k = m\omega_n^2 = (0.01)(758.0)^2 = 5745.6\ \mathrm{N/m}$$

전통적인 가속도계 설계의 어려움 중 하나는 저주파에서 높은 감도를 얻는 것이며 또 하나는 센서의 크기이다. 마이크로 전자 제조 산업에서 개발된 마이크로 전기 기계 시스템(MEMS) 분야의 비교적 최근의 발전은 매우 가벼우며 작은 크기로 제작되어 0 Hz 근처까지 주파수를 측정할 수 있는 가속도계를 생산했다. MEMS 가속도계는 피에조 저항형 및 가변 용량형의 두 가지 범주로 나뉜다. 피에조 저항형은 충격에 좋고 감도는 낮지만 범위가 넓은 반면 저주파(0 Hz 근처까지) 구조 진동을 측정할 경우 가변 용량형이 좋다. 두 유형 모두 온도, 전압 조절에 대한 보상과 보호를 위한 마이크로 전자 회로를 포함한다. 그들의 일반적인 크기는 7.62 × 25.2 × 21.6 mm(0.3 × 1 × 0.85 in.)로 매우 작고 무게도 매우 가볍다(약 10 g 또는 0.35 oz). 그림 2.33은 도식과 상업적인 예이다.

가변 용량성 MEMS 가속도계는 지지스프링에 매달려 질량과 플레이트 사이에 두 개의 콘덴서를 형성하는 질량으로 구성된다. 질량이 갭에서 이동하면 정전 용량은 가속도에 비례하여 변화한다.

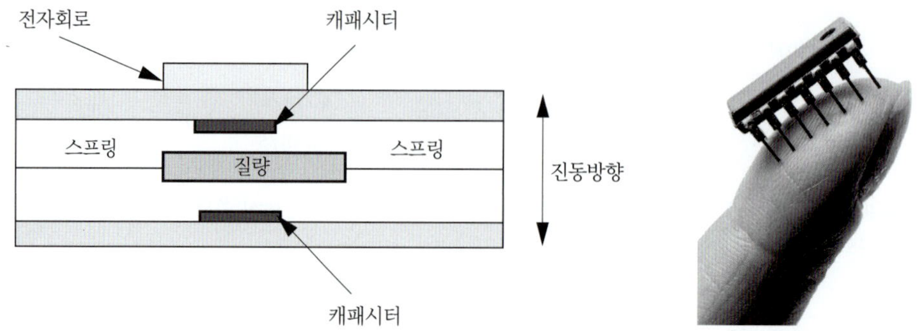

그림 2.33 가변 용량형 MEMS 가속도계의 개략도 및 무게가 0.35 oz인 상용 버전의 사진(Vlabo/Shutterstock 사진 제공)

2.7 다른 형태의 감쇠

이제까지 고려한 감쇠는 1.10절에서 다룬 쿨롱감쇠를 제외하고는 모두 선형 점성감쇠였다. 이 절에서는 쿨롱감쇠에 대해 더 알아보고 그 외 다른 형태의 감쇠도 소개한다. 감쇠는 수학적으로 모델링하기도 어렵고 측정하기도 힘들기 때문에 정확한 감쇠 형태를 선택한다는 것은 쉬운 일이 아니다. 따라서 종종 앞 절에서 사용된 것처럼 속도에 선형적으로 비례하는 것으로 근사화한다. 그러나 수학적으로는 불편해도 다른 감쇠 모델이 진동 시스템의 감쇠 현상을 더 정확하게 기술하는 경우도 있다. 쿨롱(또는 마찰)감쇠가 그 한 예이다. 그 외 수학적으로 다른 형태의 감쇠도 여러 가지가 있다. 이 절에서는 진동 중에 소산된 에너지에 근거한 등가 선형 시스템을 검토함으로써 강제응답의 경우에 대해 이러한 모든 형태의 감쇠를 다루는 방법을 설명하고자 한다. 2.9절에서는 이러한 비선형 감쇠 시스템을 수치적분하여 응답을 구하고 여기서 논의한 등가 선형 응답과 비교할 것이다.

먼저 1.10절에서 소개한 쿨롱감쇠 시스템의 조화가진력에 대한 응답을 고려해 본다. 그림 1.45와 그림 1.46의 시스템에서 자유응답은 식 (1.101)로 표현되므로 강제 진동의 운동방정식은 다음과 같다.

$$m\ddot{x} + \mu mg\,\mathrm{sgn}(\dot{x}) + kx = F_0 \sin \omega t \tag{2.100}$$

위 식을 직접 풀어 식 (2.100)의 해를 구하는 대신에 1사이클 동안에 같은 양의 에너지를 소산시키는 점성 감쇠 시스템의 응답으로 근사화할 수 있다. 만약 외력의 크기가 쿨롱힘보다 훨씬 크다면($F_0 \gg \mu mg$) 이러한 근사화가 타당하다. 여기서도 정상상태응답이 다음과 같은 형태가 된다고 가정하고 위의 근사화를 수행한다.

$$x_{ss}(t) = X \sin \omega t \tag{2.101}$$

점성감쇠계수가 c인 점성감쇠 시스템에서 1사이클 동안 소산된 에너지 ΔE는 다음과 같이 주어진다.

$$\Delta E = \oint F_d dx = \int_0^{2\pi/\omega} c\dot{x}\frac{dx}{dt}dt = \int_0^{2\pi/\omega} c\dot{x}^2 dt \tag{2.102}$$

정상상태에서 $x = X \sin \omega t$, $\dot{x} = \omega X \cos \omega t$이므로 식 (2.102)는 다음과 같으며,

$$\Delta E = c\int_0^{2\pi/\omega} (\omega^2 X^2 \cos^2\omega t)dt = \pi c\omega X^2 \tag{2.103}$$

점성감쇠기에서 1사이클 동안 소산된 에너지를 나타낸다. 한편 1사이클 동안 수평면에서 쿨롱마찰에 의해 소산된 에너지는 다음과 같으므로,

$$\Delta E = \mu mg\int_0^{2\pi/\omega} \left[\mathrm{sgn}(\dot{x})\dot{x}\right]dt \tag{2.104}$$

정상상태속도를 위 식에 대입하고 $\dot{x}$의 부호가 변하는 구간별로 따로 나누어 적분하면 다음을 얻는다.

$$\Delta E = \mu mgX\left(\int_0^{\pi/2} \cos u\, du - \int_{\pi/2}^{3\pi/2} \cos u\, du + \int_{3\pi/2}^{2\pi} \cos u\, du\right) \tag{2.105}$$

여기서 $u = \omega t$, $du = \omega dt$이다. 적분을 수행하면 쿨롱마찰에 의해 소산된 에너지는 다음과 같다.

$$\Delta E = 4\mu mgX \tag{2.106}$$

같은 양의 에너지가 손실되는 점성감쇠 시스템을 만들기 위해 식 (2.103)의 점성감쇠에 대한 에너지 손실을 식 (2.106)으로 주어진 쿨롱마찰에 의한 에너지 손실과 같다고 하면 다음을 얻는다.

$$\pi c_{\mathrm{eq}}\omega X^2 = 4\mu mgX \tag{2.107}$$

여기서 c_{eq}는 등가 점성감쇠계수(equivalent viscous damping coefficient)이다. c_{eq}에 대해 풀면 다음을 얻는다.

$$c_{\mathrm{eq}} = \frac{4\mu mg}{\pi\omega X} \tag{2.108}$$

등가 감쇠비 ζ_{eq}의 항으로 나타내면, 식 (2.108)은 $2\zeta_{\mathrm{eq}}\omega_n m$과 같아야 하므로 다음의 관계가 성립하며,

$$\zeta_{\mathrm{eq}} = \frac{2\mu g}{\pi\omega_n\omega X} \tag{2.109}$$

식 (2.100)에 의해 표현되는 쿨롱 시스템과 같은 양의 에너지를 소산시키는 점성감쇠 시스템은 다음과 같이 표현된다.

$$\ddot{x} + 2\zeta_{\mathrm{eq}}\omega_n\dot{x} + \omega_n^2 x = f_0 \sin\omega t \tag{2.110}$$

식 (2.110)을 식 (2.100)의 근사식으로 생각하고 식 (2.100)의 정상상태응답의 근사진폭과 위상을 계산할 수 있다. 식 (2.109)으로 주어진 등가 점성감쇠비를 식 (2.40)의 진폭에 대입하면 정상상태응답의 진폭 X를 다음과 같이 얻는다.

$$X = \frac{F_0/k}{\sqrt{(1-r^2)^2 + (2\zeta_{\mathrm{eq}}r)^2}} = \frac{F_0/k}{\left[(1-r^2)^2 + (4\mu mg/\pi kX)^2\right]^{1/2}} \tag{2.111}$$

위 식을 진폭 X에 대해 풀면 다음을 얻는다.

$$X = \frac{F_0}{k}\frac{\sqrt{1 - (4\mu mg/\pi F_0)^2}}{|(1 - r^2)|} \tag{2.112}$$

식 (2.40)으로 주어진 위상은 다음과 같다.

$$\theta = \tan^{-1}\frac{2\zeta_{eq}r}{1 - r^2} = \tan^{-1}\frac{4\mu mg}{\pi kX(1 - r^2)} \tag{2.113}$$

위상에 대한 식에 식 (2.112)로 주어진 X 값을 대입하면 다음과 같은 식을 얻는다.

$$\theta = \tan^{-1}\frac{\pm 4\mu mg}{\pi F_0\sqrt{1 - (4\mu mg/\pi F_0)^2}} \tag{2.114}$$

여기서 ± 부호는 식 (2.112)의 절댓값으로부터 생겨났다. 그러므로 θ는 $r < 1$이면 양, $r > 1$이면 음이 된다. 또한 식 (2.114)에서 주목할 것은, 주어진 F_0와 μ에 대해 θ가 일정하며 구동주파수와는 무관하다는 것이다.

쿨롱마찰이 있을 때 응답의 근사적인 위상과 진폭의 거동은 점성마찰의 경우와 비교하면 몇 가지 차이가 있다. 첫째로 공진인 $r = 1$에서 식 (2.112)의 진폭이 점성감쇠의 경우와는 달리 무한대가 된다. 둘째로 위상은 점성감쇠의 경우에는 공진에서 90°를 통과하는 데 비해 쿨롱마찰의 경우에는 불연속적이다. 식 (2.114)에서 유의할 점은 식 (2.112)의 제곱근 안의 수가 양일 때만 근사화가 유효하다는 것이다. 즉 다음과 같다.

$$4\mu mg < \pi F_0 \tag{2.115}$$

이것은 최초에 설정한 물리적 가정(즉 미끄럼 마찰력보다 외력이 충분히 커야 마찰을 이기고 물체가 움직인다)을 정량적으로 확인해 준다.

예제 2.7.1

강성 $k = 1.5 \times 10^4$ N/m이고 구동주파수 25 Hz인 90 N의 조화가진력으로 10 kg의 질량을 진동시키는, 식 (2.100)으로 기술되는 미끄럼마찰 스프링-질량 시스템을 고려해 보자. 질량과 표면이 모두 강철(윤활이 안 된)이라고 할 때 정상상태운동의 근사진폭을 계산하라.

풀이 우선 표 1.5를 보면 마찰계수 $\mu = 0.3$이다. 부등식 (2.115)로부터 다음을 얻는다.

$$\begin{aligned} 4\mu mg &= 4(0.3)(10\,\text{kg})(9.8\,\text{m/s}^2) = 117.6\,\text{N} \\ &< (90\,\text{N})(3.1415) = 282.74 = \pi F_0 \end{aligned}$$

위에서 유도한 정상상태 진폭의 근사화가 가능하다. 25 Hz를 157 rad/s로 변환하고 식 (2.112)를 이용하면 다음과 같이 근사진폭을 얻는다.

$$X = \frac{90\,\text{N}}{1.5 \times 10^4\,\text{N/m}}\frac{\sqrt{1 - (117.6\,\text{N}/282.74\,\text{N})^2}}{|1 - (2.467 \times 10^4/1.5 \times 10^3)|} = 3.53 \times 10^{-4}\,\text{m}$$

따라서 진동의 진폭은 1 mm 이하가 될 것이다.

점성이나 쿨롱감쇠 외에도 기계적 장치나 구조물을 모델링할 때 몇 가지 다른 형태의 감쇠를 이용할 수 있다. 보통은 조화가진력을 가했을 때 1사이클 동안 소산되는 에너지를 계산함으로써 감쇠 메커니즘을 해석한다. 종종 힘과 변위 선도나 응력과 변형률 선도를 이용해 손실된 에너지를 측정하여 그 시스템의 감쇠를 결정하기도 한다.

1사이클 동안 손실된 에너지는 식 (2.103)에 주어진 것처럼 $\pi c\omega X^2$이 되며, 1사이클당 감쇠에너지를 최대 위치에너지로 나눈 $\Delta E/U$ 값을 사용하여 **비감쇠용량**(*specific damping capacity*)을 정의한다. 더 일반적으로 사용되는 양은 라디안당 손실에너지를 최대 위치에너지나 변형에너지 $U_{\max}$로 나눈 것을 **손실계수**(*loss factor* 혹은 *loss coefficient*)로 정의하고 η로 표시하며, 다음과 같이 주어진다.

$$\eta = \frac{\Delta E}{2\pi U_{\max}} \tag{2.116}$$

여기서 $U_{\max}$는 최대 변위 X에서의 위치에너지(또는 변형에너지)로 정의한다.

공진상태에서 손실계수는 점성감쇠 시스템의 감쇠비와 관계가 있다. 이것을 보이기 위해 식 (2.103)의 ΔE의 값을 식 (2.116)에 대입하면 다음을 얻는다.

$$\eta = \frac{\pi c\omega X^2}{2\pi\left(\frac{1}{2}kX^2\right)} \tag{2.117}$$

공진에서는 $\omega = \omega_n = \sqrt{k/m}$이고, 식 (2.117)은 다음과 같이 나타낼 수 있다.

$$\eta = \frac{c}{\sqrt{km}} = 2\zeta \tag{2.118}$$

따라서 공진에서의 손실계수는 감쇠비의 2배가 된다.

다음으로 점성감쇠 시스템의 힘–변위 선도를 생각해 보자. 질량을 움직이는 데 필요한 힘은 스프링과 감쇠력을 이기는 데 필요한 힘이므로 다음과 같다.

$$F = kx + c\dot{x} \tag{2.119}$$

식 (2.101)로 주어진 정상상태에서 위 식은 다음과 같이 나타낼 수 있다.

$$F = kx + cX\,\omega\cos\omega t \tag{2.120}$$

삼각함수공식($\sin^2\phi + \cos^2\phi = 1$)을 $\cos\omega t$의 항에 이용하면 다음 관계를 얻는다.

$$\begin{aligned} F &= kx \pm c\omega X(1 - \sin^2\omega t)^{1/2} \\ &= kx \pm c\omega\left[X^2 - (X\sin\omega t)^2\right]^{1/2} \\ &= kx \pm c\omega\sqrt{X^2 - x^2} \end{aligned} \tag{2.121}$$

위 식을 제곱하고 정리하면 다음 식을 얻으며,

$$F^2 + (c^2\omega^2 + k^2)x^2 - (2k)xF - c^2\omega^2X^2 = 0 \tag{2.122}$$

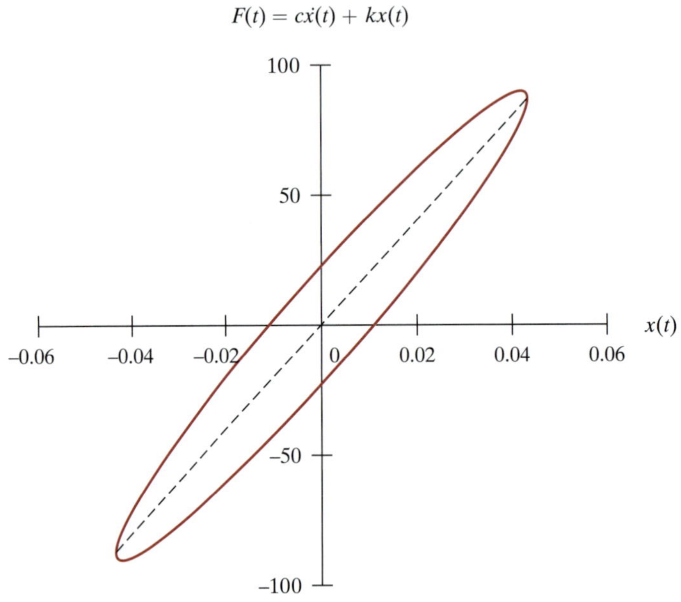

그림 2.34 점성감쇠 시스템에 대한 이력곡선을 정의하는 힘–변위 선도

F-x 평면의 원점에 대해 회전시킨 타원($c^2\omega^2 > 0$)을 나타내는 일반적인 식이 된다. 이것을 그림 2.34에 그렸다. 그림 2.34의 타원은 이력(히스테리시스)곡선(hysteresis loop)이라고 하며, 둘러싸인 면적은 식 (2.103)에서 계산한 사이클당 손실에너지이고 $\pi c\omega X^2$과 같다. 주목할 점은, $c = 0$이면 그림 2.34의 타원은 그림에서 점선으로 주어진 기울기가 k인 직선으로 압축된다는 것이다.

재료의 감쇠 측정을 위해 흔히 정상상태 조화하중을 가하고 재료의 응력(힘)과 변형률(변위)을 측정하여 재료를 시험하게 된다. 재료가 변형할 때 재료 내의 여러 평면 간에는 내부 마찰이 생기며, 이러한 실험 결과로 그림 2.35에서와 같은 형태의 이력곡선을 얻게 된다. 주목할 것은 증가하는 변형(하중 증가)에 대한 궤적이 감소하는 변형(하중 제거)에 대한 궤적과는 다르다는 것이다. 이러한 형태의 에너지 소산을 **이력감쇠**(*hysteretic damping*), **고체감쇠**(*solid damping*) 혹은 **구조 감쇠**(*structural damping*)라고 한다.

이력곡선에 의해 둘러싸인 면적은 역시 에너지 손실과 같다. 일정한 진폭으로 여러 다른 주파수에 대해 실험을 반복해 보면, 이 면적은 주파수와는 무관하며 진동의 진폭 제곱과 강성에 비례한다는 것을 알 수 있다. 즉

$$\Delta E = \pi k \beta X^2 \tag{2.123}$$

여기서 k는 강성, X는 진동의 진폭이고, β는 **이력감쇠상수**(*hysteretic damping constant*)로 정의된다. 어떤 문헌에서는 위 식에서 이력감쇠상수를 $h = k\beta$로 정의하여 이 식을 다르게 표현하기도 한다.

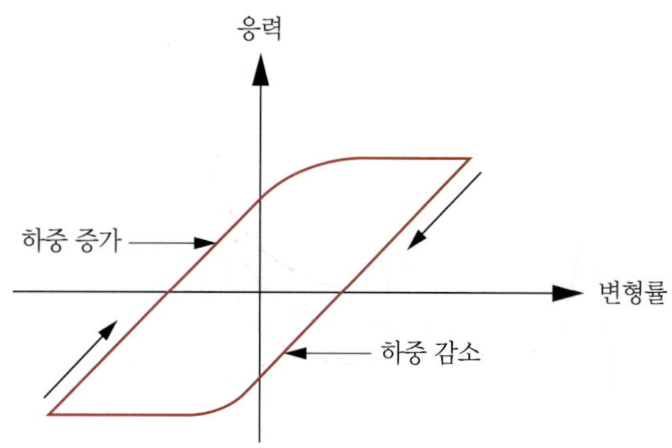

그림 2.35 정상상태에서 1사이클 동안 조화하중을 받는 재료의 내부 감쇠와 연관된 이력곡선을 보이고 있는 응력–변형률 실험 선도

다음으로 쿨롱감쇠에 대해 사용한 등가 점성감쇠의 개념을 여기에 적용하면, 점성감쇠 시스템에 의해 소산된 에너지와 이력 시스템의 소산에너지를 같게 놓는 것은 그림 2.34의 곡선과 같은 면적으로 이루어진 그림 2.24의 타원을 찾는 것과 마찬가지이다. 그러므로 식 (2.123)을 점성감쇠 시스템에 대해 식 (2.103)에서 계산한 에너지와 같다고 놓으면 다음과 같은 식을 얻는다.

$$\pi c_{\text{eq}}\omega X^2 = \pi k\beta X^2 \tag{2.124}$$

위 식을 풀면 사이클당 이력 시스템과 같은 양의 에너지를 소산하는 점성감쇠 시스템은 다음과 같은 등가 감쇠상수를 갖는다.

$$c_{\text{eq}} = \frac{k\beta}{\omega} \tag{2.125}$$

여기서 β는 실험을 통해 이력곡선으로부터 결정된다.

이력감쇠 시스템의 정상상태 근사응답은 위의 등가 감쇠식을 다음과 같이 운동방정식에 대입함으로써 구할 수 있다.

$$m\ddot{x} + \frac{\beta k}{\omega}\dot{x} + kx = F_0 \cos\omega t \tag{2.126}$$

이 경우 정상상태 응답을 $x_{ss}(t) = X\cos(\omega t - \phi)$으로 가정하여 근사화한다. 2.2절의 절차를 따르면 식 (2.40)으로 주어진 응답의 진폭 X는 다음과 같다.

$$X = \frac{F_0/k}{\sqrt{(1-r^2)^2 + (2\zeta_{\text{eq}}r)^2}} \tag{2.127}$$

여기서 ζ_{eq}는 $c_{\text{eq}}/(2\sqrt{km})$이고 $r = \omega/\omega_n$이다. ζ_{eq}를 대입하면 다음을 얻는다.

$$X = \frac{F_0/k}{\sqrt{(1-r^2)^2 + \beta^2}} \tag{2.128}$$

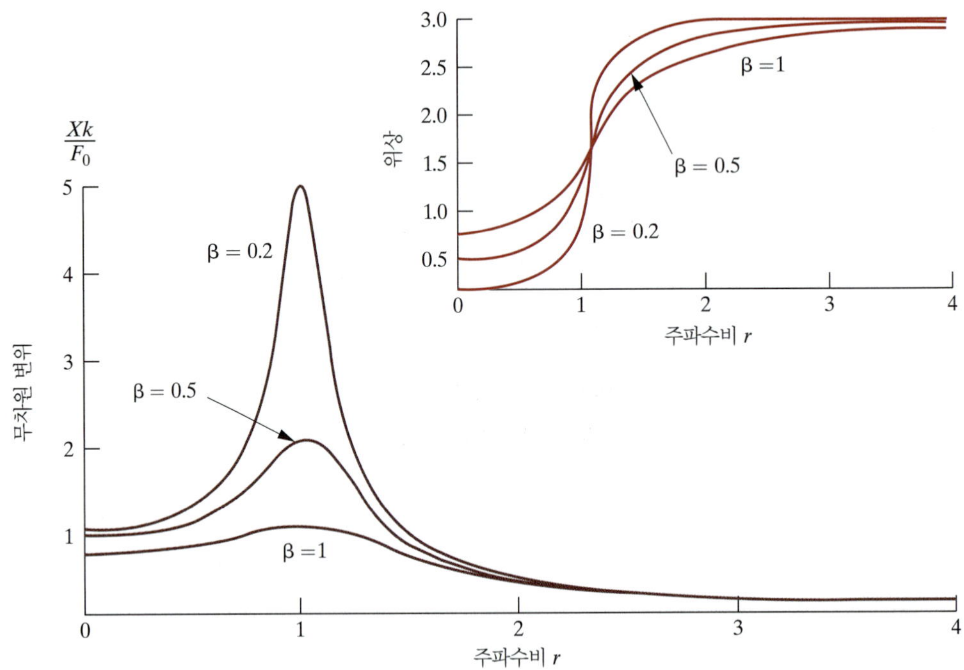

그림 2.36 이력감쇠계수가 β인 시스템을 점성감쇠 시스템으로 근사시킨 경우의 정상상태 진폭 선도와 위상 선도

같은 방법으로 위상은 다음과 같다.

$$\phi = \tan^{-1}\frac{\beta}{1 - r^2} \tag{2.129}$$

여러 β 값에 대한 진폭과 위상의 그래프를 그림 2.36에 나타냈다.

점성감쇠 시스템과 비교하면 이력 시스템의 진폭은 $F_0/\beta k$의 최댓값을 갖는다. 점성감쇠의 경우에는 공진보다 낮은 주파수에서 최댓값이 나타난 것에 비해 여기서는 공진주파수에서 최댓값을 얻을 수 있으므로 식 (2.128)에서 $r = 1$을 대입하면 이 최댓값을 구할 수 있다. 위상차를 잘 살펴보면 점성감쇠의 경우와는 다르게 이력 시스템의 응답과 외력의 위상은 결코 같아지지 않는다는 것을 알 수 있다.

2.3절에서는 조화입력을 나타내기 위해 복소수 지수함수를 사용했다. 식 (2.51)을 이용하면, 등가 선형화된 이력 시스템은 다음과 같이 쓸 수 있다.

$$m\ddot{x} + \frac{\beta k}{\omega}\dot{x} + kx = F_0 e^{j\omega t} \tag{2.130}$$

가정한 해 $x(t) = Xe^{j\omega t}$을 속도항에만 대입하면 다음을 얻는다.

$$m\ddot{x} + k(1 + j\beta)x = F_0 e^{j\omega t} \tag{2.131}$$

위 식으로부터 **복소수 강성**(*complex stiffness*) 혹은 **복소수 탄성계수**(*complex modulus*)라는 용

예제 2.7.2

스프링강성이 $k = 4 \times 10^4$ N/m인 이력 시스템에 대해 실험을 했다. 이 시스템을 공진상태에서 구동했더니 이력곡선의 면적이 $\Delta E = 30$ N·m이고, 진폭 X는 $X = 0.02$ m였다. 구동력의 크기와 이력감쇠상수를 계산하라.

풀이 공진에서 식 (2.128)는 다음과 같으며,

$$X = \frac{F_0}{k\beta}$$

$k\beta = F_0/X$이다. 이력곡선에 의해 둘러싸인 면적은 $\pi k\beta X^2$과 같으므로 다음을 얻는다.

$$30\,\text{N}\cdot\text{m} = \pi k\beta X^2 = \pi\frac{F_0}{X}X^2$$

따라서 다음과 같이 계산된다.

$$F_0 = \frac{30\,\text{N}\cdot\text{m}}{\pi X} = \frac{30\,\text{N}\cdot\text{m}}{\pi(0.02\,\text{m})} = 477.5\,\text{N}$$

공진에서의 식으로부터 다음 식은 등가 점성감쇠의 원리로 계산한 이력감쇠상수가 된다.

$$\beta = \frac{F_0}{Xk} = \frac{477.5}{(0.02\text{ m})(4 \times 10^4\text{ N/m})} = 0.60$$

어가 나온다. 구조감쇠 문제는 식 (2.131)에서와 같이 복소수 강성계수 $k(1 + j\beta)$의 비감쇠 문제로 나타낼 수 있다. 재료학 분야에서는 감쇠를 이와 같이 표현하는 방식이 널리 쓰인다.

다른 유용한 감쇠 모델도 등가 점성감쇠 방법을 이용하여 해석할 수 있다. 예를 들어 어떤 물체가 공기(혹은 유체) 중에서 진동한다면 종종 속도의 제곱에 비례하는 힘을 받게 된다(Blevins, 1977). 그러한 진동에 대한 운동방정식은 다음과 같이 표현할 수 있다.

$$m\ddot{x} + \alpha\,\text{sgn}(\dot{x})\dot{x}^2 + kx = F_0\cos\omega t \tag{2.132}$$

감쇠력은 다음과 같으므로,

$$F_d = \alpha\,\text{sgn}(\dot{x})\dot{x}^2 = \frac{C\rho A}{2}\text{sgn}(\dot{x})\dot{x}^2$$

쿨롱마찰과 같이 운동의 방향과 반대로 생기며 속도의 제곱, 물체의 항력(drag force)계수 C, 유체의 밀도 ρ, 물체의 단면적 A에 의존하는데, 이러한 형태의 감쇠는 **공기감쇠**(*air damping*), **2차 감쇠**(*quadratic damping*) 혹은 **속도제곱감쇠**(*velocity-squared damping*)라고 한다. 쿨롱마찰의 경우와 마찬가지로, 위 식은 비선형 방정식이며 해석하기가 어려워서 수치해석으로만 풀 수 있는 반면에(2.8절 참조), 정상상태 조화가진에 대한 해의 근사적 거동은 등가 점성 감쇠법으로 알 수 있다. 해가 $x = X\sin\omega t$라고 가정하고 식 (2.105)의 계산절차에 따라 에너지 적분을 계산하면 사이클당 소산된 에너지는 다음과 같다.

$$\Delta E = \frac{8}{3}\alpha X^3\omega^2 \tag{2.133}$$

다시 위 식을 식 (2.103)으로 주어진 점성감쇠 시스템에 의해 소산된 에너지와 같게 놓으면 다음을 얻는다.

$$c_{\text{eq}} = \frac{8}{3\pi}\alpha\omega X \tag{2.134}$$

위의 등가 점성감쇠 값은 선형 점성감쇠 조화운동에 대한 진폭과 위상 공식을 써서 근사적으로 정상상태응답을 구하는 데 사용될 수 있다.

예제 2.7.3

속도제곱감쇠에 대한 공진에서의 근사진폭을 계산하라.

풀이 점성감쇠일 경우 공진에서의 진폭식을 이용하면($r = 1$, $\omega = \omega_n$), 식 (2.40)과 식 (1.30)의 감쇠비로부터 다음을 얻는다.

$$X = \frac{f_0}{2\zeta\omega\omega_n} = \frac{mf_0}{c_{\text{eq}}\omega}$$

식 (2.134)를 대입하면 다음과 같다.

$$X = \frac{mf_0}{(8/3\pi)\alpha\omega^2 X}$$

따라서 다음과 같다는 것을 알 수 있다.

$$X = \sqrt{\frac{3\pi m f_0}{8\alpha\omega^2}} = \sqrt{\frac{3\pi f_0 m^2}{8kC\rho A}}$$

예상했던 대로 유체의 질량밀도와 단면적의 항력계수가 클 경우에는 공진에서 진폭이 작아진다.

만일 여러 가지 감쇠가 존재할 경우에는 각 형태의 감쇠에 대한 사이클당 에너지 손실을 계산하여 모두 더하고 하나의 점성감쇠기에 의한 에너지 손실과 비교함으로써 조화응답을 구하게 되는데, 식 (2.40)의 진폭과 위상에 대한 공식을 이용하여 응답을 근사화한다. 사이클당 i번째 감쇠기구의 소산에너지가 ΔEi인 n개의 감쇠기구에 대해 등가 점성감쇠상수는 다음과 같다.

$$c_{\text{eq}} = \frac{\sum_{i=1}^{n}\Delta E_i}{\pi\omega X^2} \tag{2.135}$$

표 2.2는 각종 감쇠 모델에 대해 요약한 것이다. 보다 자세한 것은 참고문헌(Bandstra, 1983)을 참조하라. 구조특성에 대한 측정만으로는 구조 감쇠와 재료 감쇠를 물리적으로 구별하는 것이 어렵다. 계측된 결과를 가장 잘 나타낼 수 있는 감쇠 모델을 선택해야 한다.

표 2.2 감쇠 모델

명칭	감쇠력	c_{eq}	근원
선형 점성감쇠	$c\dot{x}$	c	저속유동
공기감쇠	$\alpha\text{sgn}(\dot{x})\dot{x}^2\alpha$	$\dfrac{8\alpha\omega X}{3\pi}$	고속유동
쿨롱감쇠	$\beta\,\text{sgn}(\dot{x})$	$\dfrac{4\beta}{\pi\omega X}$	미끄럼마찰
변위제곱감쇠	$d\,\text{sgn}(\dot{x})x^2$	$\dfrac{4dX}{3\pi\omega}$	재료감쇠
고체(구조)감쇠	$b\,\text{sgn}(\dot{x})\lvert x\rvert$	$\dfrac{2b}{\pi\omega}$	내부감쇠

예제 2.7.4

쿨롱마찰을 제공하는 표면을 따라 5 Hz에서 10 N의 힘에 의해 조화롭게 구동되는 강성 6×10^3 kN/m 및 질량이 5 kg인 스프링-질량 슬라이딩을 고려한다. 질량과 미끄러지는 표면은 모두 윤활강으로 만들어졌다(따라서 $\mu = 0.07$). 정상상태에서의 대략적인 진폭을 구하라.

풀이 시스템의 고유 주파수는 다음 식과 같다.

$$\omega_n = \sqrt{\frac{k}{m}} = \sqrt{\frac{6 \times 10^3 (\text{kg} \cdot \text{m/s}^2)/\text{m}}{5\text{ kg}}} = 34.64 \text{ rad/s}$$

5 Hz를 rads로 변경하면 $\omega = 5(2\pi) = 10\,\pi$ rad/s로

$$r = \frac{10\pi \text{ rad/s}}{34.64 \text{ rad/s}} = 0.8574$$

최종적인 근사 진폭은 식 (2.112)를 참고하여 구하면 된다.

$$X = \frac{10\text{ N}}{6 \times 10^3 \text{ N/m}} \frac{\sqrt{1 - (4(0.07)(10\text{ kg})(9.81\text{ m/s}^2/(10\pi\text{ N}))^2}}{\lvert(1 - (0.8574)^2\rvert} = 0.006\text{ m}$$

2.8 수치계산과 설계

이제까지는 조화가진력으로 가진되는 여러 1자유도 시스템의 응답을 이론적으로 유도하는 데 중점을 두었다. 이러한 이론식은 설계하고 물리적 현상을 이해하는 데 매우 유용한데, 응답의 성질과 특징을 이해하기 위해 시간 선도와 정상상태의 진폭과 위상 선도를 그린 바 있다. 응답을 표현하는 이론적 함수의 그래프 대신에 오일러 또는 룽게-쿠타 적분을 이용하거나 1.8절에서 소개한 계산용 소프트웨어 패키지를 이용해서 시간응답을 수치적으로 계산할 수도 있다. 이와 같은 수

치해는 엄밀하지는 않지만 비선형항을 고려할 수 있게 한다. 게다가 이러한 패키지를 이용하면 앞 절에서 주어진 위상, 진폭, 시간응답의 모든 선도를 그릴 수 있다(사실 이 책의 모든 그래프는 MATLAB으로 그린 것이고 경우에 따라 Mathcad로 그리기도 했다). 계산용 패키지는 기호연산을 통해 식 (2.38)과 같은 표현식을 유도하는 데 사용될 수도 있다. 계산용 패키지의 가장 큰 장점은 아마도 여러 변수값에 대해 시간응답을 신속히 분석할 수 있는 능력일 것이다. 해를 신속히 그릴 수 있으면, 엔지니어는 감쇠가 변했을 때 또는 가진력의 크기가 변했을 때 어떻게 되는지를 검토할 수 있다. 그와 같은 시간응답의 변수해석은 주어진 시스템에 대한 직관을 키우고 설계하는 데 유용하다.

조화입력에 대한 강제응답을 수치적으로 풀기 위해서는 식 (1.97)을 약간 수정해서 가진력을 포함시켜야 한다. 식 (2.27)의 1차(first-order) 또는 상태공간(state-space) 형태는 다음과 같다.

$$\begin{aligned}\dot{x}_1(t) &= x_2(t)\\ \dot{x}_2(t) &= -2\zeta\omega_n x_2(t) - \omega_n^2 x_1(t) + f_0\cos\omega t\end{aligned} \tag{2.136}$$

여기서 x_2는 속도 $\dot{x}(t)$를 나타내며 x_1은 위치 $x(t)$를 나타낸다. 이 식의 초기조건은 $x_1(0) = x_0$와 $x_2(0) = v_0$이다. ω, ω_n, ζ, f_0, x_0, v_0가 주어지면 식 (2.136)의 해를 수치계산할 수 있다. 식 (2.136)을 행렬로 표현하면 다음과 같다.

$$\dot{\mathbf{x}}(t) = A\mathbf{x}(t) + \mathbf{f}(t) \tag{2.137}$$

여기서 $\mathbf{x}$와 A는 식 (1.96)에서 정의된 상태벡터와 상태행렬이다. 벡터 $\mathbf{f}$는 가진력이고 다음과 같은 형태를 취한다.

$$\mathbf{f}(t) = \begin{bmatrix} 0 \\ f_0\cos\omega t \end{bmatrix} \tag{2.138}$$

식 (2.137)의 오일러 공식은 다음과 같다.

$$\mathbf{x}(t_i + 1) = \mathbf{x}(t_i) + A\mathbf{x}(t_i)\Delta t + \mathbf{f}(t_i)\Delta t \tag{2.139}$$

룽게-쿠타 방법을 적용하여 이 식의 해를 구할 수 있으며, 대부분의 코드는 룽게-쿠타 해를 위한 내부명령어를 갖고 있다.

이론해는 엄밀한 반면 시스템의 응답을 결정하기 위한 수치적분은 근사값이다. 그렇다면 다음과 같은 의문이 떠오른다. "왜 해를 구하기 위해 번거롭게 수치적분을 하는가?" 그 이유는 1.10절에서 보인 것처럼 비선형항을 고려하는 경우에는 종종 엄밀해가 존재하지 않을 수 있기 때문이다. 이 절에서는 비교를 하기 위해 엄밀해가 존재하는 환경에서 수치적분을 사용하여 구한 강제응답 해를 생각해 본다. 이 절의 예제에서는 강제응답을 계산하기 위한 수치적분을 소개하고 이것을 엄밀해와 비교한다.

다음 예제에서는 해를 계산하고 그래프를 그리기 위해 여러 종류의 프로그램을 사용한다.

예제 2.8.1

부족감쇠 시스템의 응답을 수치적분하여 그래프로 표현하라. 이때 $m = 100$ kg, $k = 2000$ N/m, $c = 200$ kg/s, 그리고 $x_0 = 0.01$ m 및 $v_0 = 0.1$ m/s의 초기조건과 가진력이 $F(t) = 150 \cos 10t$로 주어져 있다. 그리고 방정식 (2.38)에 의해 계산된 엄밀해를 구하고 수치계산 결과와 비교하라.

풀이 수치적분을 위해 다음과 같은 m 파일이 필요하다(EX.m.에 저장).

```
function dxdt=EX(t,x)
m=100;k=2000;c=200;w=10;F0=150;f0=F0/m;
dxdt=[x(2);-(k/m)*x(1)-(c/m)*x(2)+f0*cos(w*t)];
```

다음 m 파일은 방정식 (2.38)의 계수를 설정한다(Eq2pt38.m에 저장).

```
m=100;k=2000;c=200;wn=sqrt(k/m);w=10;F0=150;f0=F0/m;
x0=0.01;v0=0.1;z=c/(2*sqrt(k*m));wd=wn*sqrt(1-z^2);
D=(wn^2-w^2)^2+(2*z*w*wn)^2;
A=x0-f0*(wn^2-w^2)/D;
B=(z*wn/wd)*A-(2*z*w*f0*wn^2)/(wd*D)+v0/wd;
```

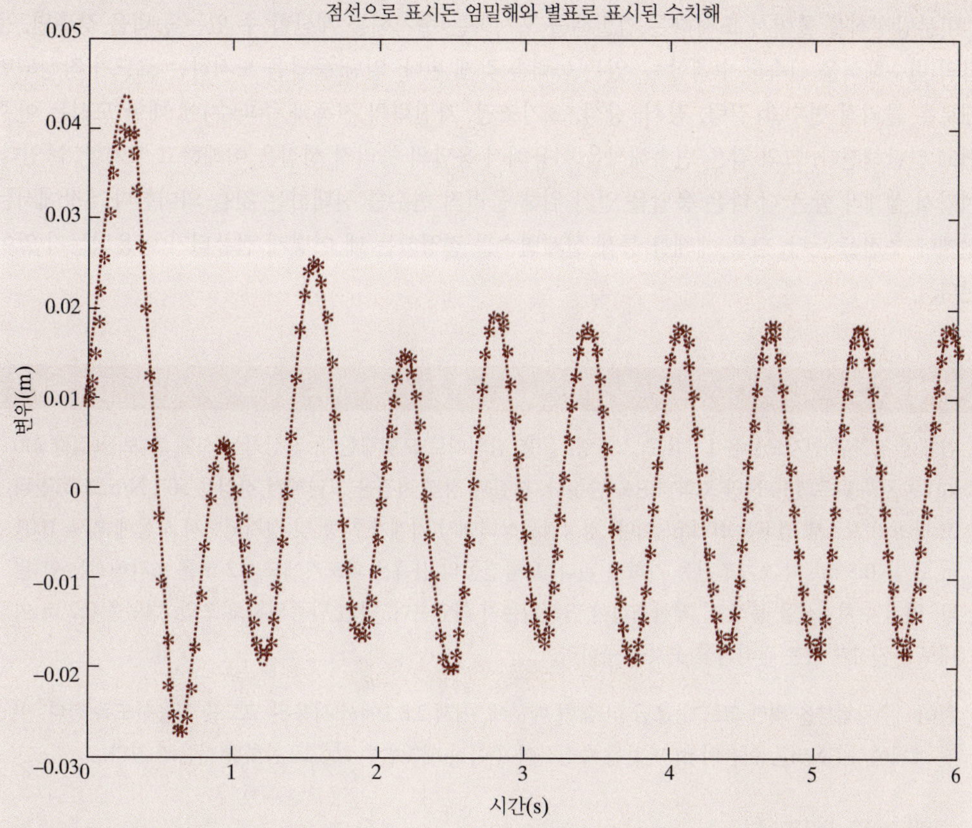

그림 2.37 수치해(파란색 별)와 엄밀해(점선)가 정확하게 정렬되어 있음을 보여준다. 엄밀해(점선)와 룽게–쿠타 해(실 선)가 한 그래프에 표시되어 있다.

```
C1=(f0/D)*(wn^2-w^2);
C2=2*z*wn*w*f0/D;
```

이 두 개의 m 파일을 저장한 상태에서 명령창에 다음을 입력한다.

```
» [t,x]=ode45(@EX,[0 6],[0.01 0.1]);
» sz= length(t)
» X1=x(:,1);X2=X1(1:sz);
» Eq2pt38
» xa=exp(-z*wn*t).*(A*cos(wd*t)+B*sin(wd*t))+C1*cos(w*t)+C2*sin(w*t);
» figure
» plot(t,X2,'*',t, xa,':')
» xlabel('time in sec')
» ylabel('displacement inn meters')
» title('analytical solution in dashed line and numerical in stars')
```

그림 2.37을 보면 수치해와 엄밀해가 일치함을 알 수 있다. 그러나 수치적분 결과는 단지 근사값임을 항상 명심해야 한다.

미분방정식을 풀어서 도시하든 엄밀해를 도시하든 수치해를 계산할 수 있는 능력을 갖추면, 응답의 변수해석을 신속히 수행할 수 있는 능력을 갖게 된다. 일단 응답을 도시하는 코드가 작성되면 새로운 물리적 변수값(질량, 감쇠, 강성, 초기조건, 가진력의 진폭과 주파수)에 대한 도시는 아주 쉽고 간단해진다. 그와 같은 변수해석을 이용해서 응답의 물리적 성질을 이해하고 설계할 수 있다. 여기서 설계라 함은 더 나은 응답을 얻기 위해 물리적 변수를 선택하는 것을 의미한다. 5장에서는 설계에 초점을 둔다. 다음 예제를 통해 설계변수를 결정하는 데 어떻게 컴퓨터가 이용되는지 알아본다.

예제 2.8.2

기계에 장착된 전자모듈을 1자유도 스프링, 질량, 감쇠기로 모델링한다. 정상작동 시에 그 모듈(질량 100 kg)은 5 rad/s로 150 N의 조화가진을 받는다. 재질과 정적 처짐을 고려해서 강성은 500 N/m로 고정되고 당초의 시스템 감쇠는 10 kg/s이다. 정상작동상태에서 기계가 시동 및 정지되면서 모듈에 $x_0 = 0.01$ m, $v_0 = 0.5$ m/s의 초기조건을 가하게 된다. 모듈진동의 진폭은 과도기에도 0.2 m를 초과해서는 안 된다. 먼저 수치계산을 통해 이 제한조건이 만족되는지 확인한다. 만일 만족되지 않으면, 변형을 0.2 m 이내로 유지하게 하는 감쇠의 최솟값을 구하라.

풀이 수치적분을 위한 코드가 조금 더 짧기 때문에, 예제 2.8.1에서 사용된 코드를 사용하도록 한다. 이전 예제에서 EX라는 이름의 m 파일을 수정하여 주어진 매개변수 값을 포함하면 다음과 같다.

```
function dxdt=EX(t,x)
m=100;k=500;c=10;w=5;F0=150;f0=F0/m;
dxdt=[x(2);-(k/m)*x(1)-(c/m)*x(2)+f0*cos(w*t)];
```

명령창에 다음을 입력한다.

```
» [t,x]=ode45(@EX,[0 40],[0.001 0.5]);
» sz=length(t);%determines the lenght of t
» X1=x(:,1);X2=X1(1:sz);%makes x and t the same length
» figure
» plot(t,X2)
» xlabel('time in seconds')
» ylabel('displacement in meters')
```

그 결과 그림 2.38을 얻을 수 있다.

계산된 응답 선도를 보면 과도항이 정상상태 항보다 크다는 것과 $x(t) \le 0.2$ m의 구속조건에 위배된다는 사실을 알 수 있다. 따라서 과도응답의 진폭을 줄이기 위해 감쇠를 증가시켜야 한다. 앞의 코드를 단순히 c 값만 증가시켜 가며 반복 실행시킴으로써 설계가 수행된다. 이 과정을 응답이 0.2 m 밑으로 떨어질 때까지 반복한다. 감쇠를 추가하는 데는 비용이 많이 들어가므로 각 단계에서 감쇠 증분량은 아주 작게 한다. 이와 같은 '설계'를 통해 감쇠계수 $c = 195$ kg/s($\zeta = 0.436$)에 대해 그림 2.39와 같은 그래프를 얻게 된다.

감쇠가 195 kg/s보다 조금만 작아도 응답은 0.2 m를 넘어서게 된다. 이것은 감쇠값 치고는 꽤 큰 값이므로 설계자가 주의를 기울여야 한다.

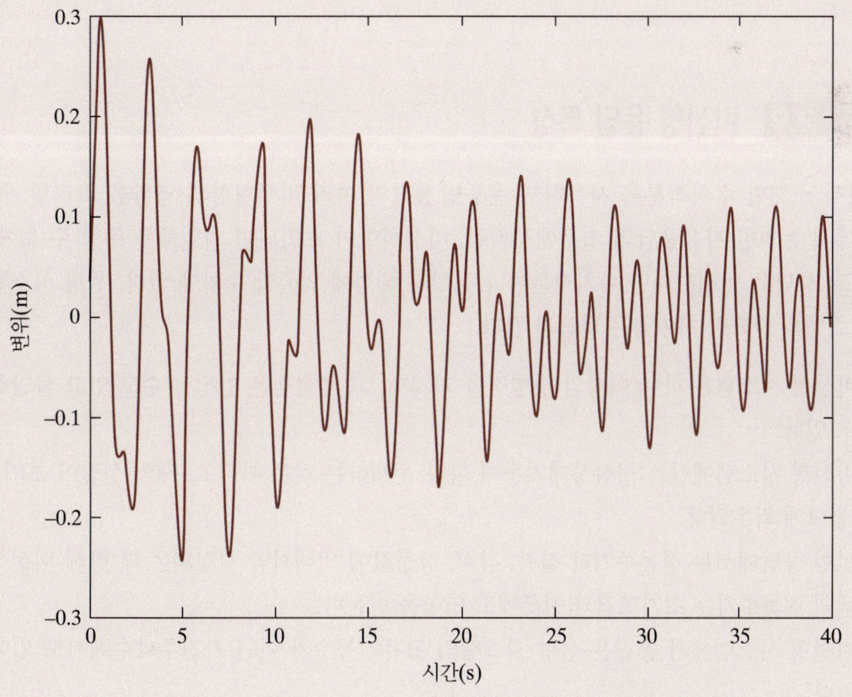

그림 2.38 $c = 10$ kg/s에 대한 응답으로 과도응답이 0.2 m를 초과한다.

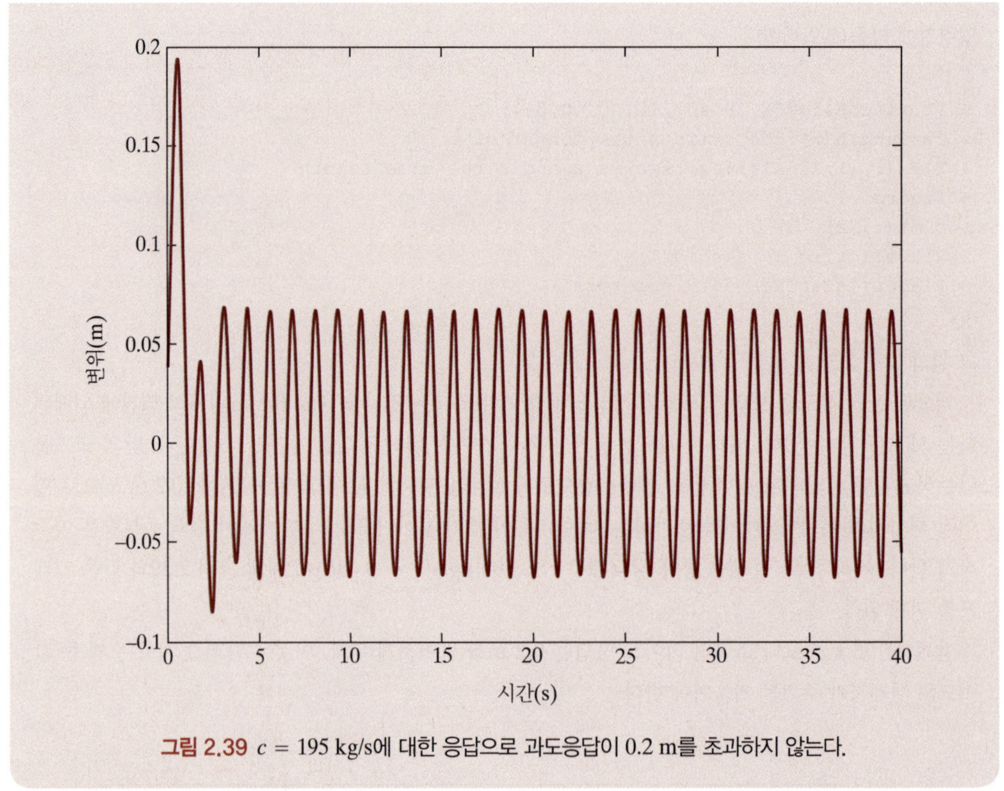

그림 2.39 c = 195 kg/s에 대한 응답으로 과도응답이 0.2 m를 초과하지 않는다.

2.9 비선형 응답 특성

앞 절에서 소개한 수치적분을 사용하면 운동방정식의 여러 비선형항의 영향을 고려할 수 있다. 1.10절에서 논의한 자유응답의 경우에서처럼, 비선형항이 도입되면 엄밀해를 구할 수 없게 되고, 따라서 그 응답을 이해하려면 수치적분이나 정성적 해석에 의존할 수밖에 없다. 선형 시스템과 비선형 시스템의 중요한 차이점은 다음과 같다.

1. 비선형 시스템은 하나 이상의 평형점을 가지며, 그 평형점은 안정할 수도 있고 불안정할 수도 있다.

2. 비선형 시스템에서는 정상상태거동이 항상 존재하는 것은 아니고, 해의 성질이 초기조건값에 크게 좌우된다.

3. 선형 응답에서는 진동주기가 질량, 감쇠, 강성값에 의해서만 결정되는 데 반해 비선형 시스템의 진동주기는 초기조건과 진폭에도 영향을 받는다.

4. 비선형 시스템에서 공진은 선형 시스템의 고유진동수가 아닌 가진주파수에서도 일어날 수 있다.

5. 비선형 시스템에 대해서는 2.4절에서 이용했던 중첩의 원리를 사용할 수 없다.

6. 비선형 시스템은 조화가진에 대해 비주기적 또는 무질서한 운동으로 응답할 수 있다.

이와 같은 현상은 매우 복잡하므로 진동 입문 수준을 넘어서는 고도의 해석 기법을 요구한다. 그러나 앞 절에서 다룬 수치해를 이용하면 진동해석에서 비선형 효과를 조금은 이해할 수 있다. 이 절에서는 여러 비선형 시스템의 응답을 수치계산하고 그에 대응하는 선형 응답과 비교한다.

1.10절을 참고하여 운동방정식이 비선형인 경우 일반적인 1자유도 시스템은 다음과 같이 쓸 수 있다.

$$\ddot{x}(t) + f[x(t), \dot{x}(t)] = 0 \tag{2.140}$$

여기서 함수 f는 선형 또는 비선형의 어떤 형태라도 될 수 있다. 이 장에서 고려하는 강제응답에 대해 운동방정식은 다음과 같다.

$$\ddot{x}(t) + f[x(t), \dot{x}(t)] = f_0 \cos \omega t \tag{2.141}$$

식 (2.141)을 상태공간 또는 1차형으로 표현하면 다음과 같다.

$$\begin{aligned} \dot{x}_1(t) &= x_2(t) \\ \dot{x}_2(t) &= -f(x_1, x_2) + f_0 \cos \omega t \end{aligned} \tag{2.142}$$

여러 코드에서 수치계산을 위해 이 상태공간형 방정식이 사용된다. 식 (1.96)에서 사용된 상태벡터 $\mathbf{x} = [x_1(t), x_2(t)]^T$를 정의하고 비선형 벡터함수 $\mathbf{F}$를 다음과 같이 정의하면

$$\mathbf{F}(\mathbf{x}) = \begin{bmatrix} x_2(t) \\ -f(x_1, x_2) \end{bmatrix} \tag{2.143}$$

식 (2.142)는 다음과 같이 1차 벡터형으로 쓸 수 있다.

$$\dot{\mathbf{x}} = \mathbf{F}(\mathbf{x}) + \mathbf{f}(t) \tag{2.144}$$

식 (2.144)는 식 (1.116)의 강제진동 형태이다. 여기서 $\mathbf{f}(t)$는 단순히 다음과 같다.

$$\mathbf{f}(t) = \begin{bmatrix} 0 \\ f_0 \cos \omega t \end{bmatrix} \tag{2.145}$$

그러면 1차형 운동방정식의 오일러 적분법은 다음과 같이 정리된다.

$$\mathbf{x}(t_{i+1}) = \mathbf{x}(t_i) + \mathbf{F}[\mathbf{x}(t_i)]\Delta t + \mathbf{f}(t_i)\Delta t \tag{2.146}$$

이 식은 비선형 시스템의 강제응답을 계산하기 위한 수치적분의 기본적인 방법을 나타내며, 식 (1.100)와 식 (2.137)의 비선형 강제응답 형태이다.

비선형 시스템은 이론해석뿐만 아니라 수치해석도 어렵다. 따라서 수치계산 결과는 주의 깊게 검토해 봐야 한다. 사실 비선형 시스템에 대해서는 룽게-쿠타와 같은 좀 더 정교한 적분법을 사용하기를 권장한다. 또한 가능하다면 항상 정성적인 거동을 이용해서 수치해석 결과를 점검해야 한다.

다음 예제에서 그림 2.40과 같은 비선형 스프링과 감쇠요소를 갖는 1자유도 시스템을 고려한다. 비선형 시스템의 거동을 구하기 위해 수치계산을 이용하고 그에 상응하는 선형 시스템과 비교해 보는 예제들이다.

예제 2.9.1

그림 2.40의 시스템에서 감쇠는 선형 점성이고, 스프링은 다음과 같은 비선형 연화 스프링(nonlinear softening spring; 변위가 커질수록 스프링의 강성이 작아지는 스프링)인 경우의 응답을 계산하라.

$$f_k(x) = kx - k_1x^3$$

시스템은 고유진동수의 약 1/3 정도 되는 주파수($\omega = \omega_n/2.964$)로 1500 N의 조화가진을 받고 있고, 초기조건은 $x_0 = 0.1$ m, $v_0 = 0.1$ m/s이다. 시스템의 질량은 100 kg, 감쇠계수는 170 kg/s, 선형 스프링 상수는 2000 N/m이다. k_1 값은 520 N/m^{3}이다. (a) 해를 계산하고 선형해($k_1 = 0$)와 비교하라. (b) 가진력이 거의 선형 공진에 가까운 경우($\omega = 1.1\omega_n$)의 응답을 계산하라.

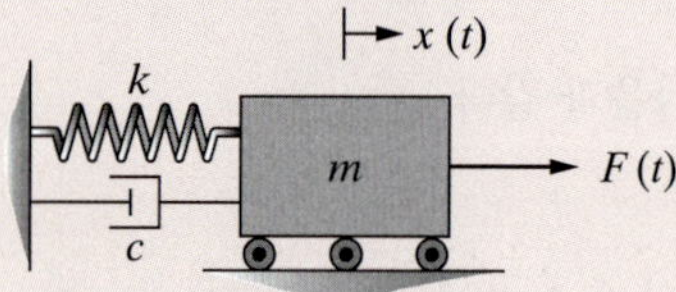

그림 2.40 비선형 스프링 요소를 갖는 스프링–질량–감쇠기 시스템

풀이 운동방정식은 다음과 같다.

$$m\ddot{x}(t) + c\dot{x}(t) + kx(t) - k_1x^3(t) = 1500\cos\omega t$$

질량으로 나누면 다음과 같다.

$$\ddot{x}(t) + \frac{c}{m}\dot{x}(t) + \frac{k}{m}x(t) - \frac{k_1}{m}x^3(t) = 15\cos\omega t$$

이 방정식을 상태공간형으로 표현하면 다음 식을 얻는다.

$$\dot{x}_1(t) = x_2(t)$$

$$\dot{x}_2(t) = -\frac{c}{m}x_2(t) - \frac{k}{m}x_1(t) + \frac{k_1}{m}x_1^3(t) + 15\cos\omega t$$

이 연립방정식은 MATLAB에서 수치적분을 해서 시간응답을 얻는 데 사용된다. 하나의 파일은 $k_1 = 0$에 해당하는 선형 방정식으로 설정되어 있다. 그림 2.42에 표시된 (b)는 $k_1 = 520$을 이용해 적분한 결과이다. 그림 2.42(a)는 첫 번째 줄에 지정된 이름으로 저장된 다음의 m 파일을 사용하여 나타낸다.

```
% code for simulation ODEPlot.m
tspan=[0 20];
[t,x]=ode45(@f,tspan,[0.1 0.1]);
[t,x1]=ode45(@f1,tspan,[0.1 0.1]);
sz=length(t); %fix the length of the vectors
X1=x(:,1);X2=X1(1:sz);
Y1=x1(:,1);Y2=Y1(1:sz);
figure
plot(t,X2,'r',t,Y2,'-')
```

```
xlabel('time in sec')
ylabel('displacement')

*************************************

function v=f(t,x) % saved as v.m
m=100;k=2000;c=170;f0=1500/m;wn=sqrt(k/m);w=wn/2.964;
v=[x(2);-(k/m)*x(1)-(c/m)*x(2)+f0*cos(w*t)];

********************************************

function v=f1(t,x) % saved as v1.m
m=100;k=2000;c=170;f0=1500/m;wn=sqrt(k/m);w=wn/2.964;
k1=520;
v=[x(2);-(k/m)*x(1)-(c/m)*x(2)+(k1/m)*x(1)^3+f0*cos(w*t)]

********************************************
```

명령창에 ODEPlot을 입력하면 그림 2.41이 생성된다. 그래프에서 선형응답(실선)이 비선형 응답(점선)보다 진폭이 작음을 알 수 있다. 게다가 비선형 그래프에 위상을 할당하면 선형의 경우와는 반대의 위상을 가진다.

(b)는 동일한 m 파일을 사용하지만 가진주파수를 `w = 1.1 * wn`으로 변경하여 선형 시스템을 공진 근처로 설정한 경우이다. 그림 2.42에서 이 경우의 응답을 보여준다. 공진 근처에 있기 때문에 선형

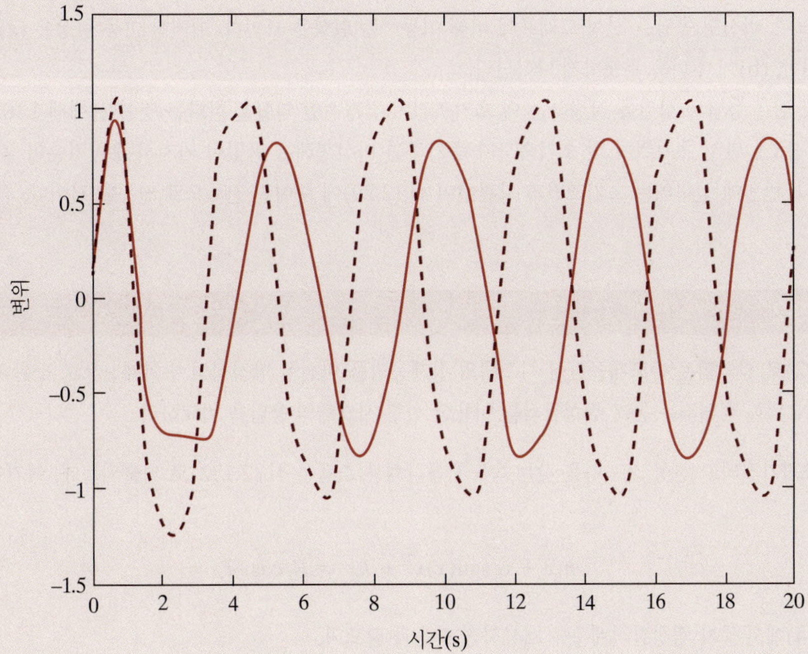

그림 2.41 가진 주파수가 고유진동수에서 멀리 벗어난 경우에 대해 점선은 비선형 시스템의 응답 선도이고 실선은 해당하는 선형 시스템의 응답 선도를 나타낸다.

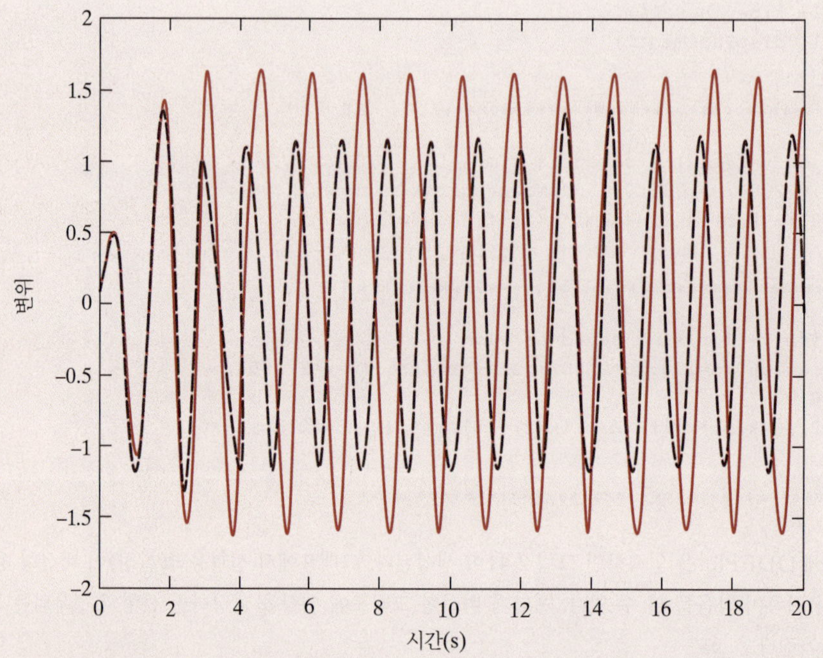

그림 2.42 가진 주파수가 고유진동수 근처일 경우에 대해 점선은 비선형 시스템의 응답 선도이고 실선은 해당하는 선형 시스템의 응답 선도를 나타낸다.

진폭이 크며, 비선형 응답은 선형 그래프에 비해 이동하는 현상을 보인다. 이러한 이동 현상은 (a)에서도 나타나지만, (b)에서 더욱 뚜렷하게 나타난다.

중요한 점은 응답의 성질을 결정하는 데 초기조건이 결정적인 역할을 한다는 것이다(예제 1.10.4의 진자 문제 참조). 만일 초기위치 및 초기속도가 증가하면 비선형해는 한없이 커져서 수치적분이 불가능해질 것이다. 반면에 선형해는 초기조건과 상관없이 식 (2.39)에 주어진 진폭으로 진동할 것이다.

예제 2.9.2

식 (2.132)로 정의되는 속도제곱감쇠 시스템의 강제응답을 비선형 방정식의 수치계산으로 구한 것과 식 (2.134)에 의해 정의되는 등가 점성감쇠를 이용한 선형 시스템의 응답을 비교하라.

풀이 조화가진되고 선형 스프링을 갖는 속도제곱감쇠 시스템은 식 (2.132)로 기술되는데, 여기에 다시 쓴다.

$$m\ddot{x} + \alpha \operatorname{sgn}(\dot{x})\dot{x}^2 + kx = F_0 \cos \omega t$$

식 (2.134)에서 등가 점성감쇠계수를 계산하면 다음과 같으며,

$$c_{\text{eq}} = \frac{8}{3\pi}\alpha\omega X$$

공진 근처에서 진폭 X를 근사화할 수 있다. 예제 2.7.3에서 계산된 값은 다음과 같다.

$$X = \sqrt{\frac{3\pi m f_0}{8\alpha\omega^2}}$$

마지막 두 식을 결합하면 등가 점성감쇠값을 얻게 된다.

$$c_{\text{eq}} = \sqrt{\frac{8m\alpha f_0}{3\pi}}$$

이 값을 감쇠계수로 사용하면 식 (2.134)로 근사화되는 선형 시스템을 얻게 된다. 그림 2.43과 2.44는 항력계수의 영향을 받는 변수 α의 다른 두 값에 대해 등가 점성감쇠를 이용한 선형 시스템과 식 (2.132)로 주어지는 완전한 비선형 시스템의 수치계산 결과를 보여준다. 이 두 선도로부터 몇 가지 결론을 내릴 수 있다.

첫째, 그림 2.43과 2.44를 비교하면, 항력계수가 클수록 선형 및 비선형해의 진폭이 서로 가까워진다. 둘째, 비선형 응답의 진동주파수는 두 그림에서 모두 변화하지만, 높은 감쇠에서 선형과 비선형 사이에 더 큰 위상 변화가 있다. 그림 2.45는 공진과 멀리 떨어진 고감쇠 경우를 비교하여, 이 오프 공진 상황에서는 c_{eq}가 근사한 결과를 내지 못하는 것을 보여준다.

다음 MATLAB 스크립트는 이러한 결과를 생성하는 데 사용된다. 유일한 차이점은 alpha 값을 변경하여 그림 2.44를 얻거나, 공진에서 벗어난 주파수를 변경하여 그림 2.45를 얻는 것이다. 공진에서 멀어지는 경우, 두 곡선은 매우 다르게 된다. 이는 c_{eq}가 공진에서만 합리적인 근사치임을 나타내는 것이다.

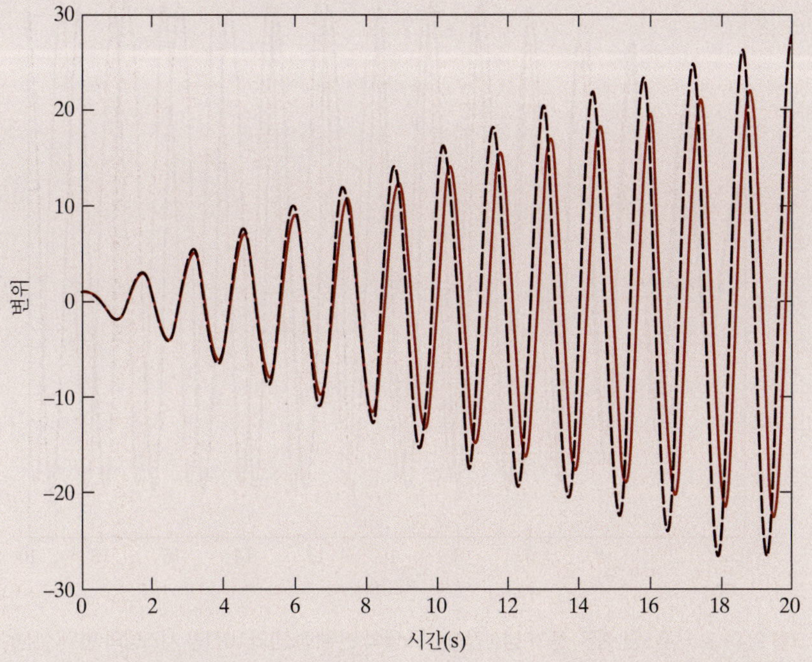

그림 2.43 $\alpha = 0.005$인 경우 등가 점성감쇠 시스템의 변위(점선)와 비선형 시스템의 변위(실선)

```
****************************************

function v=f(t,x)
m=10;k=200;alp=0.005;f0=150/m;wn=sqrt(k/m);w=wn;
ceq=sqrt(8*alp*m*f0/(3*pi));
v=[x(2);-(k/m)*x(1)-(ceq/m)*x(2)+f0*cos(w*t)];
*****************************************

function v=f1(t,x)
m=10;k=200;alp=0.005;f0=150/m;wn=sqrt(k/m);w=wn;
v=[x(2);-(k/m)*x(1)-(alp/m)*x(2)^2.*sign(x(2))+f0*cos(w*t)];
***********************************

>> % command window for Figure 2.43
>> [t,x]=ode45(@f,[0 20],[1 0.1]);
>> [t,x1]=ode45(@f1,[0 20],[1 0.1]);
>> sz=length(t); %fix the length of the vectors
>> X1=x(:,1);X2=X1(1:sz); % define new nonlinear response of length sz
>> Y1=x1(:,1);Y2=Y1(1:sz);% define new linear response of length sz
>> figure
>> plot(t,X2,'r',t,Y2,'--')
>> xlabel('time in sec')
>> ylabel('displacement')
```

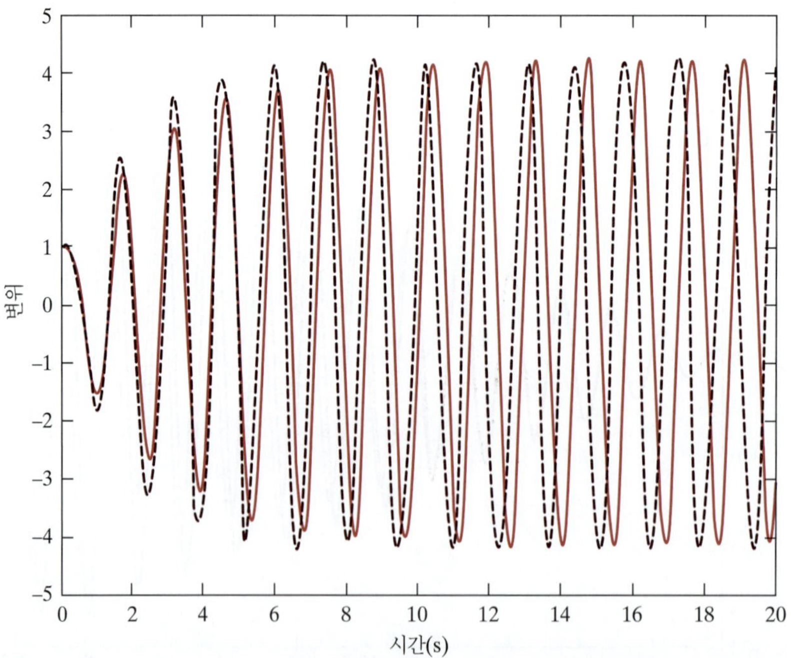

그림 2.44 $\alpha = 0.5$인 경우, 등가 점성감쇠 시스템의 변위(점선)와 비선형 시스템의 변위(실선)

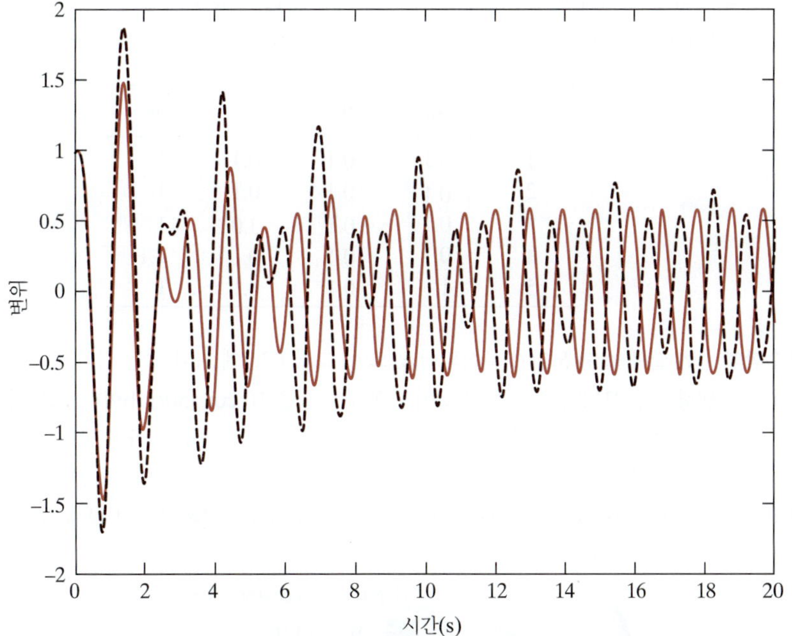

그림 2.45 감쇠가 크지만 가진주파수가 공진주파수에서 멀리 떨어질 때($\omega = 1.5\omega_n$) 등가 점성감쇠 시스템의 변위(실선)와 비선형 시스템의 변위(점선)

연습문제

2.1절(문제 2.1~2.21)

2.1 1자유도 스프링-질량 시스템의 강제응답을 다음과 같이 수식으로 표현할 수 있다. (단위는 N)

$$3\ddot{x}(t) + 12x(t) = 3\cos\omega t$$

$\omega = 2.1$ rad/s와 $\omega = 2.5$ rad/s인 두 가지 경우에 대해 강제응답의 진폭을 계산하라. 둘 중 하나는 다른 경우보다 진폭이 왜 더 큰지를 설명하라.

2.2 다음과 같은 수식으로 표현되는 1자유도 스프링-질량 시스템의 강제응답을 생각해 보자. (단위는 N)

$$3\ddot{x}(t) + 12x(t) = 3\cos\omega t$$

가진력의 주파수가 2.5 rad/s이고 초기변위, 초기속도가 모두 영일 때 시스템의 전체 응답을 구하라.

2.3 힘의 크기가 23 N이고 가진 주파수가 고유진동수의 2배인 가진력이 작용하고 초기조건이 $x_0 = 0$ m, $v_0 = 0.2$ m/s일 때 식 (2.2)로 표시되는 스프링-질량 시스템의 응답을 계산하라. 질량은 10 kg, 스프링의 강성은 1000 N/m이고 1 kg의 스프링 질량을 고려한다. 스프링의 질량을 고려하지 않으면 고유진동수가 몇 % 달라지는가?

별표(*)가 있는 문제는 계산 프로그램을 이용하여 해를 계산하라.

2.4 강제응답의 특성에 익숙해지기 위해 초기조건과 f_0 및 v_n의 값을 다음의 표와 같이 변화해가면서 $m\ddot{x}(t) + kx(t) = F_0 \cos \omega t$의 전체 응답을 그래프로 그려보라. 여기서 ω는 2 rad/s이다.

Case	x_0	v_0	f_0	ω_n
1	0.1	0.1	0.1	1
2	−0.1	0.1	0.1	1
3	0.1	0.1	1.0	1
4	0.1	0.1	0.1	2.1
5	1	0.1	0.1	1

2.5 잠수함의 선반 끝에 소형 모터가 부착되어 있으며, 그림 P2.5에 나와 있는 바와 같이 팁 질량이 있는 구조로 모델링했다. 모터가 작동할 때 팁에 가해지는 힘은 10 cos [50*t*] lb이다. 모터의 무게는 10 lb 이다. 선반은 길이는 50 in, 너비는 20 in이며 두께는 0.5 in이다. (a) 선반이 철강으로 만들어진 경우 진동 크기를 계산하라($E = 29 \times 10^{-6}$ psi). (b) 선반이 알루미늄으로 만들어진 경우 진동 크기를 계산하라($E = 10 \times 10^{-6}$ psi). (c) 어떤 재료로 만들어진 선반이 진폭이 가장 낮게 나타나는가?

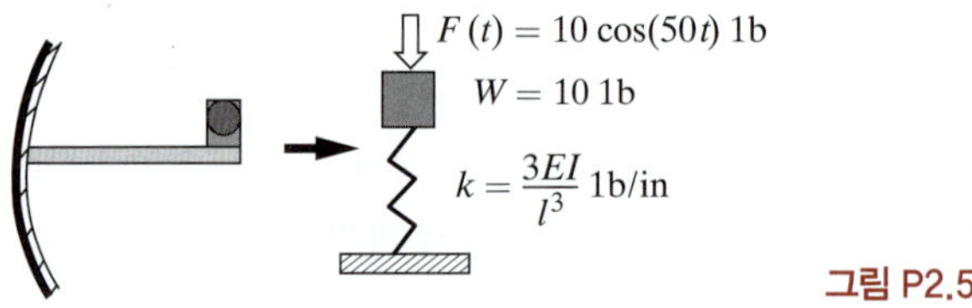

그림 P2.5

2.6 삼각함수 공식을 이용하여 $x(t) = \dfrac{f_0}{\omega_n^2 - \omega^2}\left[\cos\omega t - \cos\omega_n t\right]$를 다음의 식으로 표현할 수 있음을 증명하라.

$$x(t) = \frac{f_0}{2(\omega_n^2 - \omega^2)} \sin\frac{\omega t + \omega_n t}{2} \sin\frac{\omega_n t - \omega t}{2}$$

2.7 변위응답이 0.2 πs 주기의 맥놀이 현상을 보이도록 스프링–질량 시스템을 정지상태로부터 조화가진시킨다. 진동의 주기는 0.02 πs로 측정되었다. 이 시스템의 고유진동수와 가진 주파수를 계산하라.

2.8 고유진동수 40 Hz의 스프링–질량 시스템으로 모델링한 비행기의 날개는 엔진 회전에 의해 39.9 Hz에서 조화가진된다. 그 결과 생기는 맥놀이의 주기를 계산하라.

2.9 $k = 1000$ N/m, $m = 10$ kg이고 $F(t) = 100$과 8.162 rad/s의 조화력을 받는 스프링–질량 시스템의 전체 응답을 계산하여 그래프로 나타내라. 초기조건은 $x_0 = 0.01$ m, $v_0 = 0.01$ m/s이다.

2.10 그림 P2.10에 대해 운동방정식을 유도하고 (a) 처음에 평형상태의 시스템, (b) 초기변위가 0.05 m인 시스템에 대한 응답을 계산하라.

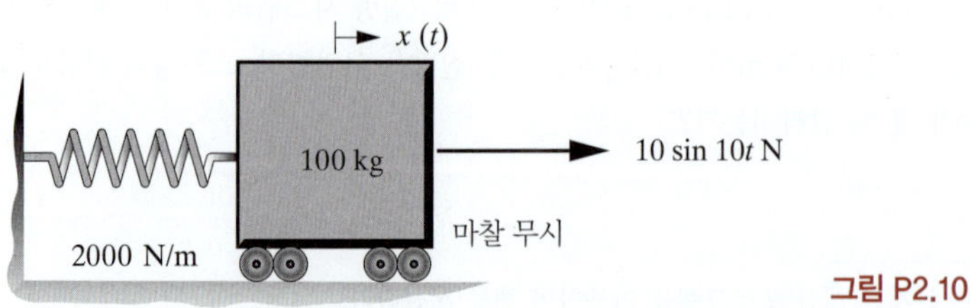

그림 P2.10

2.11 그림 P2.11에 대해 운동방정식을 유도하고, $k_1 = 100$ N/m, $k_2 = 500$ N/m, $m = 89$ kg이고 처음에 평형위치에서 정지해 있던 시스템의 응답을 계산하라.

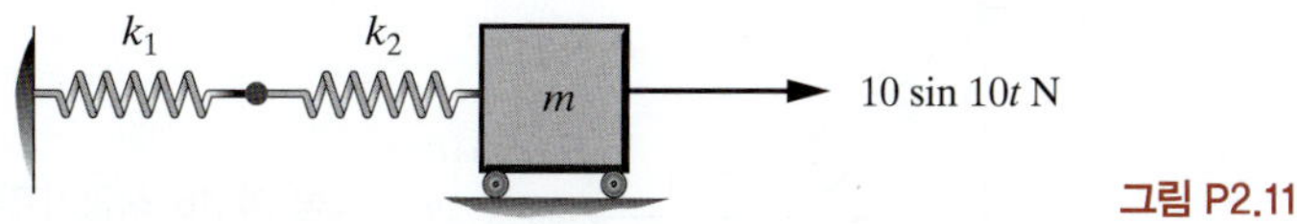

그림 P2.11

2.12 그림 P2.12에 대해 운동방정식을 유도하고, $\theta = 30°$, $k = 1000$ N/m, $m = 50$ kg이고 처음에 평형위치에서 정지해 있던 시스템의 응답을 계산하라.

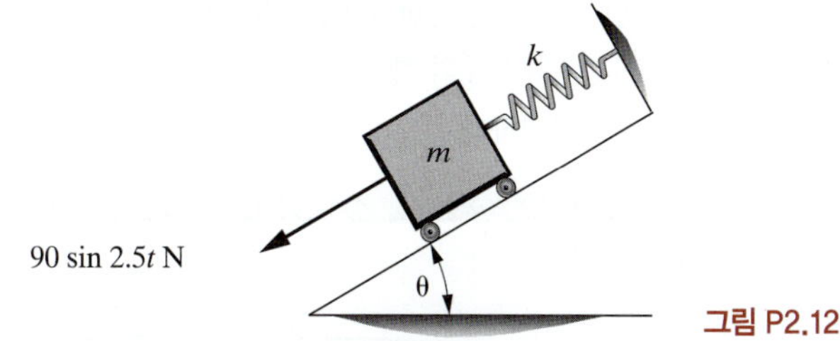

그림 P2.12

2.13 $m\ddot{x} + kx = F_0 \cos \omega t$의 응답이 단 하나의 주파수($\omega$)로만 진동하게 되는 초기조건을 구하라.

2.14 그림 P2.14에 보이는 질량 65 kg인 사람의 수직방향, 즉 종방향 고유진동수를 측정했더니 4.5 Hz였다. (a) 이 사람의 종방향 등가 강성은 얼마인가? (b) 이 사람을 길이 1.8 m, 단면적 0.58 m^2인 가는 막대로 모델링하면 탄성계수는 얼마가 되는가?

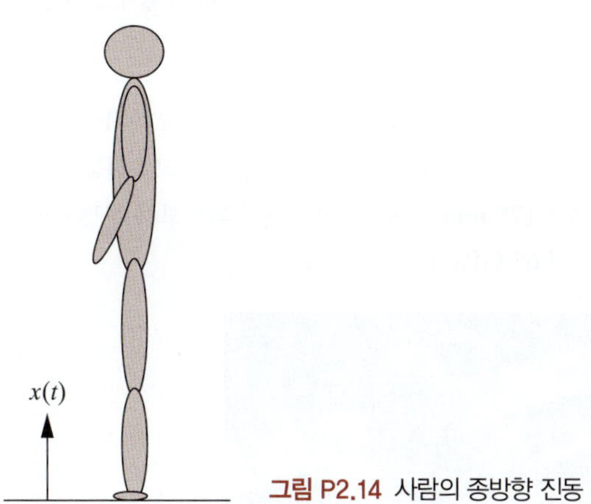

그림 P2.14 사람의 종방향 진동

2.15 문제 2.14의 사람이 바닥으로부터 주파수 4.49 Hz, 진폭 1 N(아주 작은 힘)의 가진력을 받고 있다면 이 사람은 얼마의 종진동을 체험하게 되는가? 초기조건은 모두 영으로 가정하라.

2.16 신체 부위의 진동은 기계나 구조물을 설계할 때 고려해야 할 중요한 문제이다. 착암기를 조작하는 사람이 그로 인해 조화가진력을 받는 상황을 모델링하기 위해 팔뚝을 그림 P2.16에 보이는 것처럼 조화가진력을 받는 복합진자(즉 질량 6 kg, 길이 44.2 cm)로 생각하자. O점을 고정 회전축으로 생각하라. 착암기가 2 Hz, 10 N의 힘을 가할 때 손 끝의 최대 변위를 계산하라.

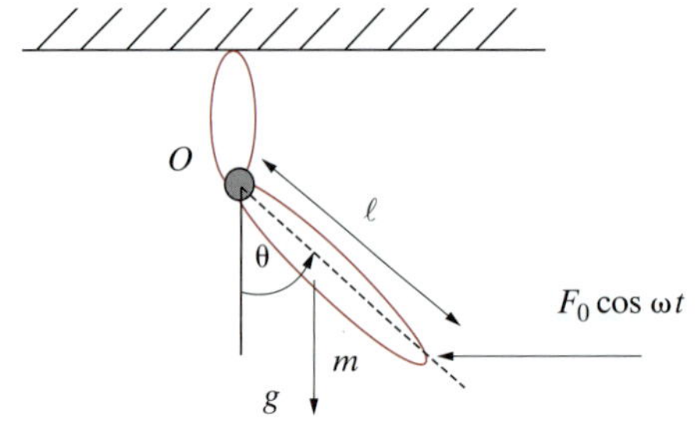

그림 P2.16 착암기로부터 가진력을 받는 팔의 진동 모델

2.17 날개형상의 공기역학적인 성질을 알기 위해 날개를 풍동에 설치했다. 그림 P2.17에 보이는 것처럼 풍동에 설치된 날개는 바닥에 고정된 지지대에 비틀림 스프링을 설치하고 이 스프링에 강체가 매달린 것으로 간단히 모델링할 수 있다. 강체의 각변위가 5° 이하가 되도록 스프링강성 k를 질량관성모멘트 J, 가진모멘트의 크기 M_0, 가진주파수 ω의 함수로 계산하라. 초기조건은 모두 영이고 가진주파수는 $\omega_n^2 - \omega^2 > 0$인 범위에 있다고 가정하라.

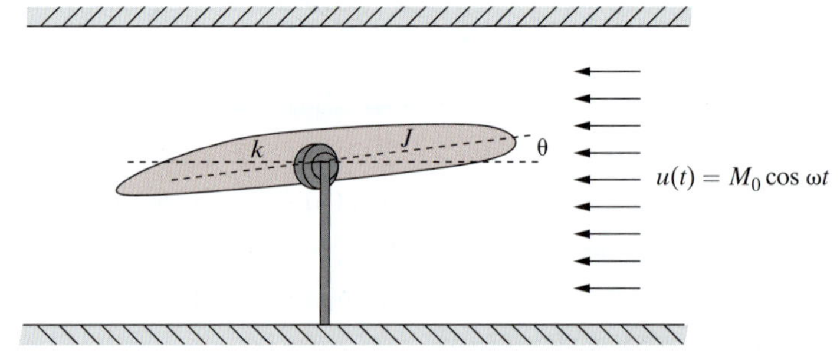

그림 P2.17 풍동에 설치한 날개의 진동 모델

2.18 비행기 날개의 날개보(spar)는 날개 속에 길이방향으로 뻗어 있는 비교적 견고한 보를 가리킨다. 보통 날개보를 비행기 동체에 고정된 외팔보로 단순화한다. 그림 P.2.18은 그 예를 보여준다. 1.5절의 모델링 방법을 사용하여 날개보의 1자유도 모델을 만들고 고유진동수를 구하라. 날개보는 길이 560 mm, 폭 38 mm, 두께 3.175 mm, 질량 13.975 g인 외팔보로 모델링한다. 보 재료의 탄성계수는 10.29 GPa, 전단계수는 1.65 GPa이다.

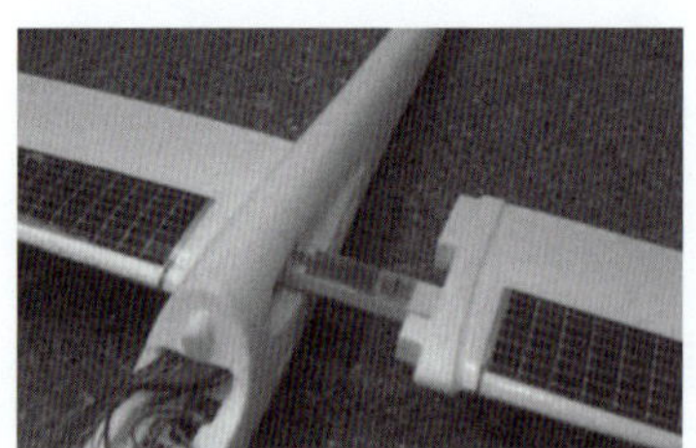

그림 P2.18 소형 무인 비행기의 날개보

2.19 그림 P.2.19에 나타낸 것과 같이 축–원판 시스템에 다음과 같은 외력 모멘트가 작용할 때 응답을 계산하라.

$$M = 10 \sin 312t$$

처음에 축은 정지해 있다고 가정한다. 질량관성모멘트는 $J = 0.5$ kg m^2, 전단계수는 $G = 8 \times 10^{10}$ N/m^2, 길이 1 m, 축의 직경은 5 cm이고 재질은 강철이다.

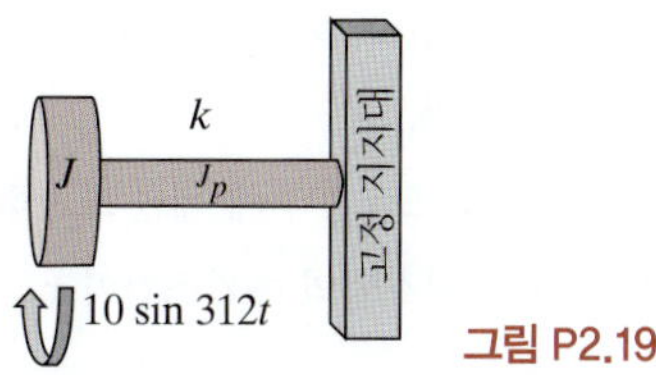

그림 P2.19

2.20 처음에 정지해 있는 스프링-질량 시스템을 다음과 같이 표현할 때 시스템의 응답의 형태를 구하라.

$$\ddot{x}(t) + 4x(t) = 12\cos 2t, \;\; x(0) = 0, \dot{x}(0) = 0$$

2.21 처음에 정지해 있는 스프링-질량 시스템을 다음과 같이 표현할 때 시스템의 응답의 형태를 구하라.

$$\ddot{x}(t) + 4x(t) = 10\sin 5t, \quad x(0) = 0, \dot{x}(0) = 0$$

2.2절(문제 2.22~2.44)

2.22 다음 식에 주어진 강제응답의 경우에 임의의 초기조건 x_0와 v_0에 대해 상수 A와 ϕ를 계산하라.

$$x(t) = Ae^{-\zeta\omega_n t}\sin(\omega_d t + \phi) + X\cos(\omega t - \theta)$$

이 해를 가진력이 없을 때(즉 $F_0 = 0$) 얻은 과도응답과 비교하라.

2.23 다음 식으로 정의되는 스프링-질량 시스템을 생각해 보자.

$$4\ddot{x}(t) + 24\dot{x}(t) + 100x(t) = 16\cos 5t$$

먼저 이 시스템이 부족감쇠, 임계감쇠, 과도감쇠 가운데 어느 것인지 판정하고, 정상상태 응답의 진폭과 위상을 계산하라.

2.24 다음의 두 식이 같음을 증명하라.

$$x_p(t) = X\cos(\omega t - \theta), \quad x_p(t) = A_s\cos\omega t + B_s\sin\omega t$$

2.25 $m = 1$ kg, $\zeta = 0.01$, $\omega_n = 2$ rad/s, $f_0 = 3$ N/kg, $\omega = 10$ rad/s, 초기조건이 $x_0 = 1$ m, $v_0 = 1$ m/s 일 때 식 $\ddot{x} + 2\zeta\omega_n\dot{x} + \omega_n^2 x = f_0\cos\omega t$의 해를 그려라.

2.26 그림 P2.26에 나와 있는 정적 힘 F_0(그림의 왼쪽)과 동일한 크기의 조화힘(그림의 오른쪽)에 의해 영향을 받는 외팔보를 고려한다. 동역학 수업에서 배운 바에 따르면 동적 하중은 항상 더 크다. 정적 처짐량 X와 $\zeta = 0.1$ 및 $\zeta = 0.01$인 경우 보의 공진 시 최대 진폭 X를 비교하라. 이 보는 탄성계수 E, 길이 l, 관성모멘트 I를 갖는다.

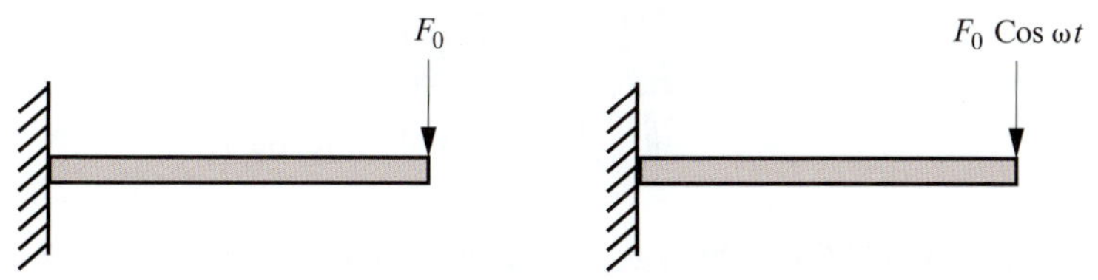

그림 P2.26 정적 하중을 받는 보(왼쪽)와 동일한 크기의 동적 하중을 받는 보(오른쪽)

2.27 강성이 30×10^3 N/m이고 점성감쇠계수가 1000 Ns/m인 스프링에 100 kg의 질량이 매달려 있다.

질량은 처음에 평형상태에서 정지해 있다. 이 질량이 3 Hz에서 80 N의 조화력에 의해 가진될 때 정상상태 변위의 진폭과 위상을 계산하라.

2.28 문제 2.27의 시스템에 대해 과도해를 포함한 전체 해를 도시하라.

2.29 다음 식으로 정의되는 스프링–질량 시스템의 초기조건이 $x_0 = 1$, $v_0 = 20$ mm/s로 주어졌다. 시스템의 전체 응답을 계산하라.

$$100\dot{x}(t) + 10x(t) + 1700x(t) = 1000\cos 4t$$

2.30 그림 P2.30의 진자는 O점에 핀으로 고정되어 회전할 수 있다. 작은 회전각에 대해 비감쇠 고유진동수와 감쇠 고유진동수를 구하라. 막대, 스프링, 감쇠기의 질량은 무시할 수 있다. 공진이 일어나는 가진력의 주파수는 얼마인가?

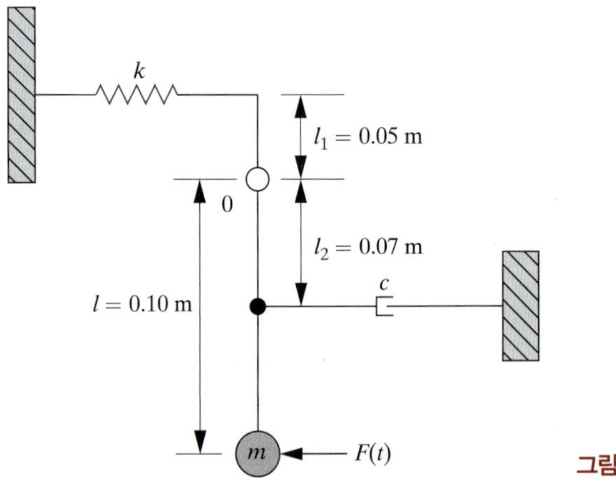

그림 P2.30

2.31 그림 P2.30의 회전 기구에서 $k = 4 \times 10^3$ N/m, $l_1 = 0.05$ m, $l_2 = 0.07$ m, $l = 0.10$ m, $m = 40$ kg인 경우를 생각해 보자. O점에 핀으로 고정되어 회전할 수 있는 보의 질량은 40 kg이고 변형되지 않는다고 가정한다. 계의 감쇠비가 0.2가 되도록 감쇠기를 설계하라(즉 c를 계산하라). 그림에 표시된 것처럼 10 rad/s의 주파수, 10 N의 크기를 갖는 가진력이 작용할 때 정상상태 응답의 진폭을 계산하라.

2.32 그림 P2.32에 보이는 것처럼 축–원판 시스템에 $M = 10 \sin 312t$의 모멘트가 작용할 때 응답을 계산하라. 처음에 축은 정지상태였고 원판의 질량관성모멘트는 $J = 0.5$ kg m^2, 강철 축의 전단계수는 $G = 8 \times 10^{10}$ N/m^2, 길이는 1 m, 직경 5 cm이다. 강철의 감쇠비는 $\zeta = 0.01$로 가정하라.

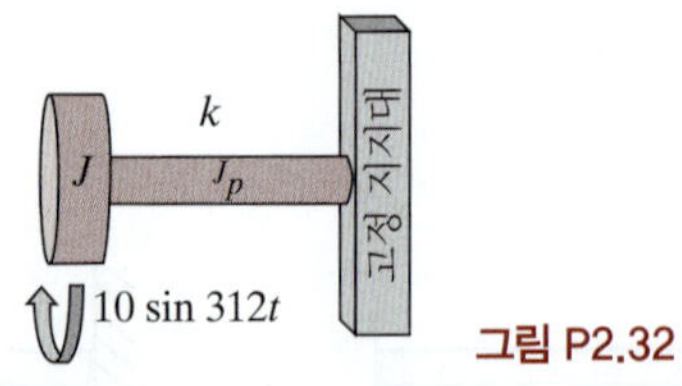

그림 P2.32

2.33 감쇠, 강성, 질량이 각각 $c = 200$ kg/s, $k = 2000$ N/m, $m = 100$ kg인 스프링–질량–감쇠기 시스템에 진폭 $F_0 = 15$ N, 주파수 10 rad/s인 조화가진력이 작용하고, 초기조건이 $x_0 = 0.01$ m, $v_0 = 0.1$ m/s로 주어지는 강제응답을 계산하여 도시하라. 과도응답이 소멸되기까지 시간이 얼마나 걸리는가?

2.34 그림 P2.34의 시스템에서 정상상태응답의 진폭이 0.01 m가 되도록 감쇠계수 c 값을 계산하라.

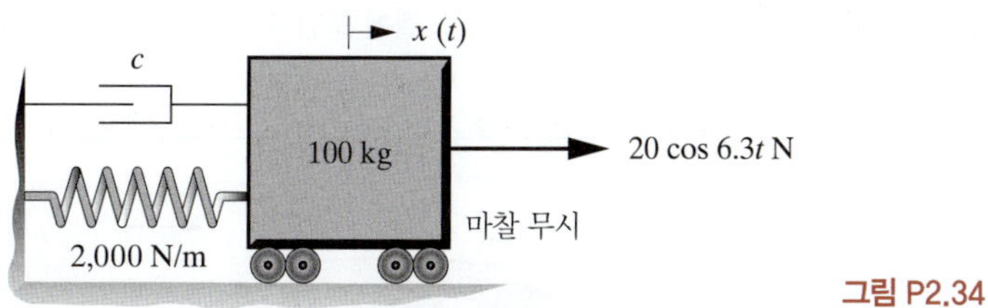

그림 P2.34

2.35 그림 P2.34와 같은 질량, 감쇠, 강성이 각각 m = 100 kg, c = 100 kg/s, k = 3000 N/m인 스프링–질량–감쇠기 시스템에, 진폭 F_0 = 25 N, 주파수 ω =5.47 rad/s인 조화가진력이 작용한다. 정상상태 응답의 진폭을 계산하고 비감쇠 시스템의 강제응답 진폭과 비교하라.

2.36 그림 P2.36에서 k_1 = 100 N/m, k_2 = 500 N/m, c = 20 kg/s, m = 89 kg일 때 처음에 정지해 있던 시스템의 응답을 계산하라.

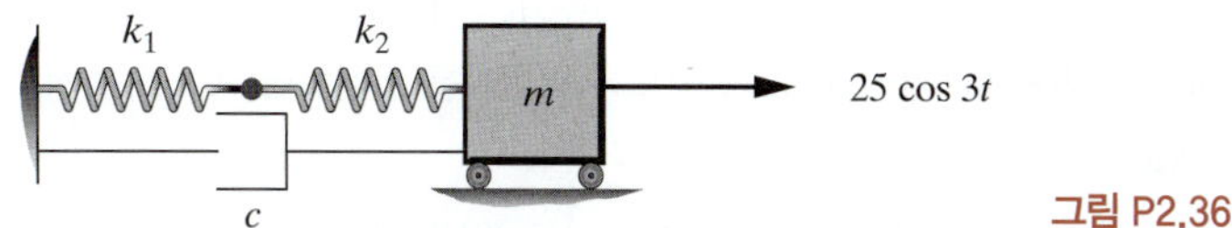

그림 P2.36

2.37 $F(t) = F \cos \omega t$이고 표면의 마찰을 무시하는 경우에 대해 그림 P2.37로 주어지는 시스템의 운동방정식을 구하라. 각도 θ가 진동의 진폭에 영향을 주는가?

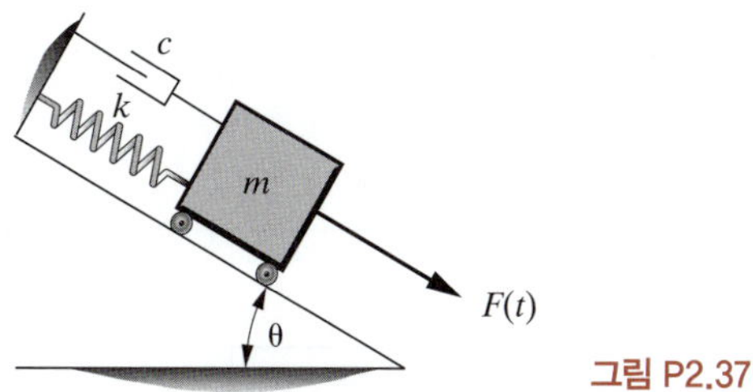

그림 P2.37

2.38 피아노의 페달을 그림 P2.38과 같이 모델링한다. k = 2000 N/m, c = 25 kg/s, m = 25 kg, $F(t)$ = 50 cos $2\pi t$ N인 경우에 대해 시스템이 정지상태로부터 시작한다고 가정하고 정상상태 응답을 계산하라. 미소각 근사화(small angle approximation)를 이용한다.

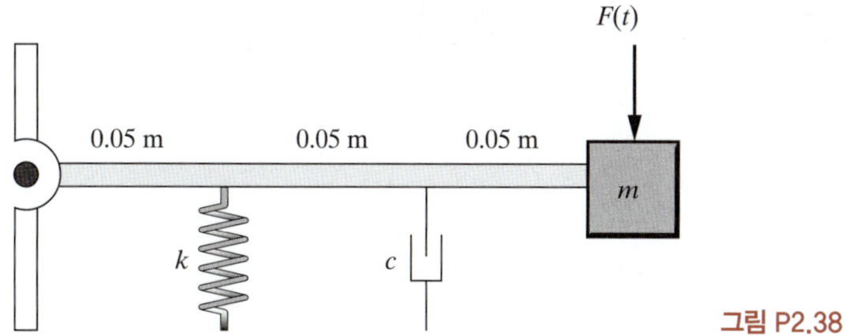

그림 P2.38

2.39 문제 2.17의 시스템에 감쇠를 추가한 시스템을 그림 P2.39에 나타냈다. 날개의 질량관성모멘트는 J = 25 kg m^2, 비틀림 스프링의 강성은 k = 2000 Nm/rad이고 주파수가 1.432 Hz인 5 Nm의 가진모멘트가 r = 0.5 m인 날개에 작용하고 있다. 측정된 감쇠비가 ζ = 0.01이라 하면 정상상태응답의 크기

가 얼마가 될지를 계산하라. 이 응답을 감쇠가 모델에 포함되지 않은 경우의 응답과 비교하라.

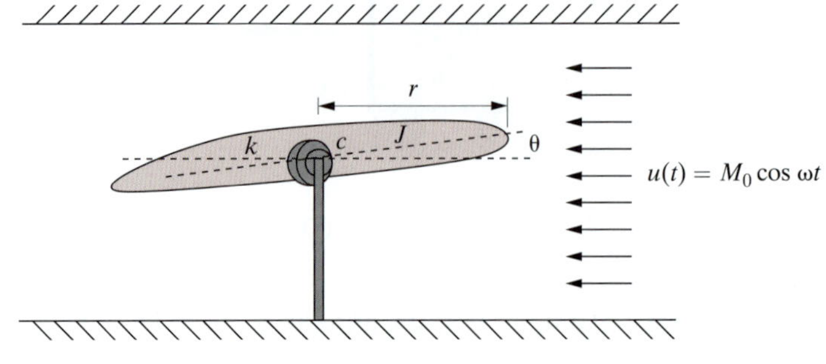

그림 P2.39 풍동에 설치한 날개의 감쇠진동 모델

2.40 선형 스프링-질량-감쇠기 시스템으로 모델링되는 기계에서 공진이 발생한다($\omega_n = \omega = 2$ rad/s). 정상상태에서 최대 변위가 0.05 m가 되도록 감쇠기를 설계하라(즉 c를 결정하라). 기계의 강성은 $k = 2000$ kg/m이고 가진력의 진폭은 100 N이다.

2.41 제차해가 $x_h(t) = e^{-\zeta\omega_n t}(A_1 \sin\omega_d t + A_2 \cos\omega_d t)$임을 이용하여 x_0, υ_0의 초기조건에 대한 계의 전체 응답을 유도함으로써 부족감쇠 시스템의 강제응답인 식 (2.38)을 증명하라.

2.42 그림 2.13의 터빈에 있는 팬 날개의 품질계수는 $Q = 500$이며, 고유 주파수는 50 Hz이다. 감쇠비와 대역폭을 계산하라.

2.43 그림 P2.43에 있는 Xk/F_0, $r = \omega/\omega_n$의 관계에서 시스템의 고유 주파수가 $f_n = 5$ Hz로 주어져 있을 때 Q와 ζ을 결정하고 대역폭(Hz)을 계산하라.

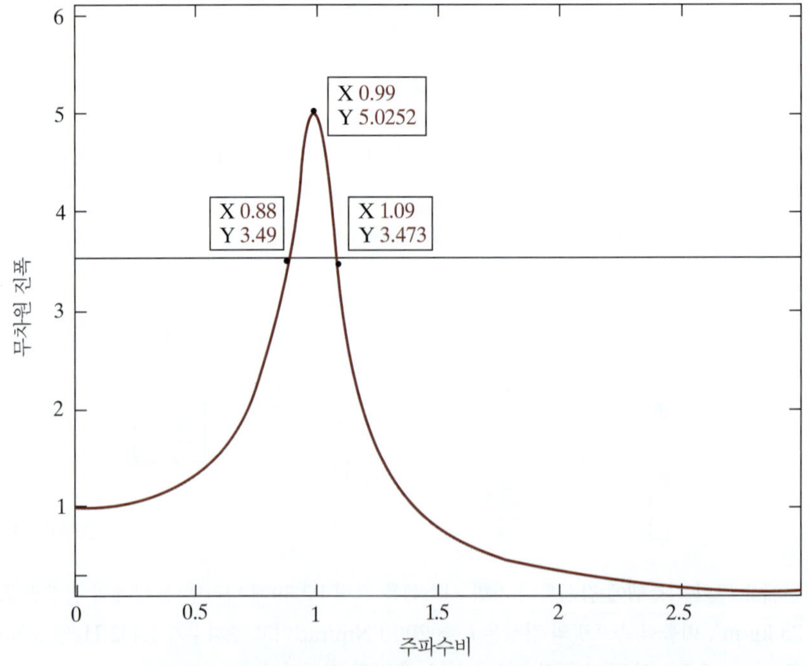

그림 P2.43 1자유도 시스템에 대한 주파수 응답 선도. 수평선은 0.707 Q에 위치하고 있다.

2.44 식 (2.45)를 유도해 보라.

2.3절(문제 2.45~2.51)

2.45 그림 2.11을 참조하여 $m = 100$ kg, $c = 4000$ N·s/m, $k = 10{,}000$ N/m인 경우의 진폭 X에 대한 해를 도식법으로 구하라. 이 시스템은 공진상태에서 10 N의 힘으로 가진된다고 가정하라.

2.46 도식법을 이용하여 $\omega = \omega_n/2$와 $\omega = 2\,\omega_n$인 경우에 대해 $m = 100$ kg, $c = 4000$ N·s/m, $k = 10{,}000$ N/m, $F_0 = 10$ N인 시스템의 위상차를 계산하라.

2.47 강성 30 kN/m인 스프링과 감쇠계수 1000 Ns/m인 감쇠기에 매달려 있는 질량 10 kg인 물체가 크기 80 N, 진동수 3 Hz의 조화력에 의해 가진되어 진동한다. 도식법을 이용하여 변위의 진폭을 계산하고 변위와 가진력 간의 위상차를 계산하라.

2.48 다음의 식 (2.58)의 실수부를 계산하여

$$x_p(t) = \frac{F_0}{\left[\left(k - m\omega^2\right)^2 + (c\omega)^2\right]^{1/2}} e^{j(\omega t - \theta)}$$

다음의 식 (2.36)이 되는 것을 증명함으로써

$$X_p = \frac{f_0}{\sqrt{\left(\omega_n^2 - \omega^2\right)^2 + (2\zeta\omega_n\omega)^2}}$$

감쇠진동 문제를 푸는 데 복소수 지수 방법도 동등한 결과를 산출함을 보여라.

2.49 다음의 식 (2.59)와

$$\left(ms^2 + cs + k\right)X(s) = \frac{F_0 s}{s^2 + \omega^2}$$

부록 B의 라플라스 변환표를 이용하여 해 $x(t)$를 계산하고, 이러한 방법으로 얻은 해가 식 (2.36)과 같다는 것을 보여라.

2.50 라플라스 변환 방법과 부록 B의 표를 이용하여 다음 시스템의 해 $x(t)$를 계산하라.

$$m\ddot{x}(t) + kx(t) = F_0 \cos\omega t, \quad x(0) = x_0, \quad \dot{x}(0) = v_0$$

미정계수법으로 구한 해 (2.11)과 이러한 방법으로 얻은 해를 비교하라.

2.51 진동 시스템의 라플라스 변환은 다음과 같다.

$$X(s) = \frac{0.1 + 0.2s}{S^2 + 9}$$

(a) 이 시스템의 고유 주파수를 구하라. (b) 시간응답을 계산하라.

2.4절(문제 2.52~2.68)

2.52 바닥가진 시스템의 진동방정식이 다음과 같을 때

$$m\ddot{x} + c\dot{x} + kx = cY\omega_b \cos\omega_b t + kY \sin\omega_b t$$

특수해의 진폭을 계산하라. 여기서 $m = 100$ kg, $c = 50$ kg/s, $k = 1000$ N/m, $Y = 0.03$ m, $\omega_b = 3$ rad/s이다. 또한 전달률도 계산하라.

2.53 바닥가진 시스템의 진동방정식이 다음과 같고

$$m\ddot{x} + c\dot{x} + kx = cY\omega_b \cos\omega_b t + kY \sin\omega_b t$$

여기서 $m = 100$ kg, $c = 50$ N·s/m, $Y = 0.03$ m, $\omega_b = 3$ rad/s일 때 전달률이 0.75 이하가 되도록 만드는 강성 k의 최댓값을 구하라.

2.54 무게가 2000 N인 기계가 그림 P2.54와 같이 받침대에 놓여 있다. 받침대는 기계의 무게에 의해 약 5 cm의 변형이 생긴다. 마루에 어느 정도 유연성이 있어서 근처에 놓여 있는 기계의 운동 때문에 공진 근방($r = 1$)에서 0.2 cm의 진폭으로 조화운동한다. 마루를 바닥운동으로 모델링하고, 감쇠비가 $\zeta = 0.01$인 것으로 가정하여 전달되는 힘과 전달되는 변위의 크기를 계산하라.

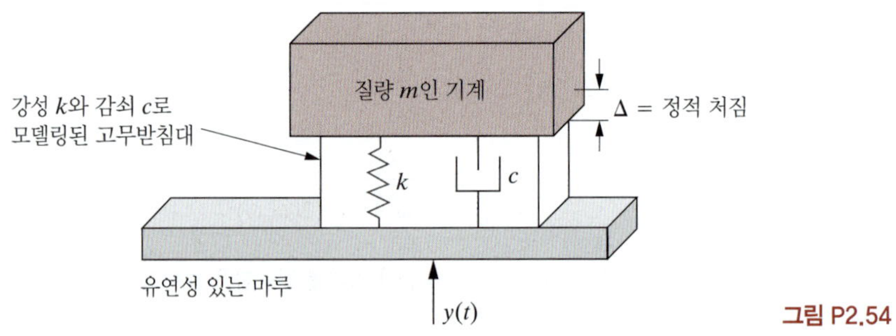

그림 P2.54

2.55 화물 비행기의 바닥에 위성 구성 요소를 운반하는 화물 상자가 부착되어 있다. 화물 비행기의 바닥은 엔진 진동과 공기 역학적 하중의 조합으로 인해 진동한다. 화물 상자는 스프링과 댐퍼로 모델링된 완충재를 통해 바닥에 부착된다. 화물상자($w = 1500$ N)는 완충재 위에 실려 있을 때 37 mm만큼 정적 처짐이 발생한다. 비행 중에는 상자의 진동 진폭이 10 mm이고 비행기 바닥은 공진상태라고 가정하여 1.25 mm만큼 진동한다. 완충재의 감쇠와 힘 증폭을 추정하라.

2.56 다음의 식 (2.71)로부터

$$x_p(t) = \omega_n Y\left[\frac{\omega_n^2 + (2\zeta\omega_b)^2}{\left(\omega_n^2 - \omega_b^2\right)^2 + (2\zeta\omega_n\omega_b)^2}\right]^{1/2} \cos(\omega_b t - \theta_1 + \theta_2)$$

다음의 식 (2.73)을 유도하라.

$$X = Y\left[\frac{1 + (2\zeta r)^2}{\left(1 - r^2\right)^2 + (2\zeta r)^2}\right]^{1/2}$$

2.57 그림 2.18을 설명하는 식으로부터 점 $(\sqrt{2}, 1)$이 TR > 1 값에 해당하는 것을 보여라(즉 모든 $r < \sqrt{2}$에 대해 TR > 1).

2.58 그림 P2.58과 같은 바닥가진 문제를 생각해 보자. 이 경우 바닥운동은 감쇠기, 즉 순수 감쇠요소를 통해 전달되는 변위이다. 정상상태에서 지지대에 전달되는 힘에 관한 식을 유도하라.

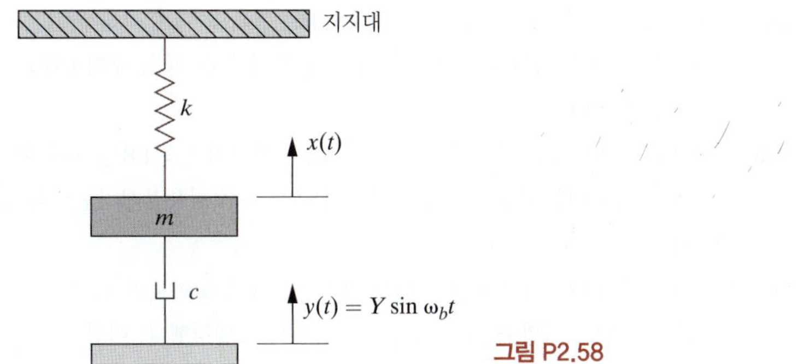

그림 P2.58

2.59 바닥가진의 비근한 예로 거친 도로를 주행하는 자동차의 1자유도 모델을 들 수 있다. 도로는 $y(t) = (0.01) \sin (5.818t)$ m의 바닥변위로 모델링할 수 있다. 자동차의 질량은 1007 kg이고, 현가장치는 등가 강성 $k = 3.273 \times 10^4$ N/m, 감쇠계수 $c = 231$ kg/s로 모델링된다. 자동차 질량의 절대변위 진폭을 계산하라.

2.60 300 kg의 질량이, 강성이 40,000 N/m인 스프링과 감쇠계수를 모르는 감쇠기를 통해 질량 없는 지지대에 설치되어 진동하고 있다. 진동을 측정했더니 진폭이 10 mm였고, 지지대의 진동은 2.5 mm였다 (공진상태에서 측정). 감쇠계수와 지지대에 작용하는 힘의 크기를 계산하라.

2.61 예제 2.4.2에서 자동차 1이 공진상태가 되는 속력은 얼마인가? 자동차 2가 공진상태가 되는 속력은 얼마인가? 공진에서 두 자동차의 최대 변위를 계산하라.

2.62 예제 2.4.2의 자동차에 대해 $r = 2$인 경우에 $\zeta = 0.01$, $\zeta = 0.1$, $\zeta = 0.2$에 대한 진폭을 비교할 때, 가능한 한 전달률이 작아지도록 하는 최선의 감쇠계수는 얼마인가? 지면의 '진동수'가 변화하면 어떻게 되겠는가?

2.63 그림 2.17과 같이 모델링한 시스템의 질량이 225 kg이고, 스프링강성이 3.5×10^4 N/m이다. 바닥이 0.3 cm의 진폭(Y)으로 고유진동수에서 구동될 경우 시스템의 변위(X)가 0.7 cm일 때의 감쇠계수를 계산하라.

2.64 그림 P2.64에 보이는 것과 같은 예제 2.4.2의 자동차 1에 모두 합해 200 kg이 되는 세 명의 탑승자가 차에 탄다고 가정해 보자. 20, 80, 100, 150 km/h의 속도에서 승객의 질량이 변위에 미치는 영향을 계산하라. 승객의 질량이 자동차 2에 미치는 영향은 어떻게 되는가?

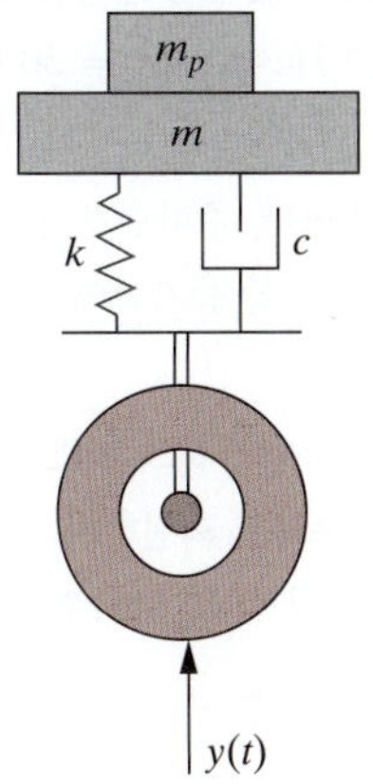

그림 P2.64 탑승자의 질량 m_p가 포함된 자동차 서스펜션 모델

2.65 예제 2.4.2에서 1 cm의 요철 위를 50 km/h로 통과할 때 승객에게 전달되는 진폭이 가능한 한 작아지도록 자동차 2(세단)의 현가장치의 c와 k 값을 정하라. 또한 구한 c와 k 값에 대해 100 km/h의 경우의 진폭을 계산하라.

2.66 그림 2.17의 바닥운동 문제를 고려하자. (a) 주파수비 $r = 1.8$에 대해 변위전달률을 0.55 이하로 유지하기 위한 감쇠비를 계산하라. (b) 앞에서 구한 최대 허용감쇠비 ζ에 대해 이 시스템의 힘전달률은 얼마인가?

2.67 항공기 질량의 변화가 착륙 시스템에 미치는 영향을 살펴보기 위해 착륙 시스템을 그림 P2.64에 보이는 자동차 현가장치와 유사한 바닥가진 문제로 모델링했다. 어떤 국내선 제트기의 질량은 텅 비었을 때 13,236 kg이고 최대 이륙질량은 21,523 kg이다. 바퀴가 35 rad/s의 주파수에서 진폭 0.5 m의 변위로 움직일 때 이 두 가지 질량에 대해 최대 변위를 계산하라. 감쇠비는 $\zeta = 0.1$, 강성은 4.22×10^6 N/m이다.

2.68 그림 P2.68에 보이는 것처럼 움직이는 지반 위에 세워진 건물을 1자유도 스프링-질량 시스템으로 모델링한다. 건물 벽체의 굽힘은 두 개의 보로 모델링하고 건물 질량은 이 보 위에 집중된 것으로 생각한다. 지반 진동주파수가 7.5 rad/s이고 변위진폭은 0.1 m라고 가정하자. 건물 질량은 근사적으로 10^5 kg이고 벽체를 대표하는 보 하나의 강성은 3.519×10^6 N/m일 때 건물 끝의 변위진폭을 계산하라.

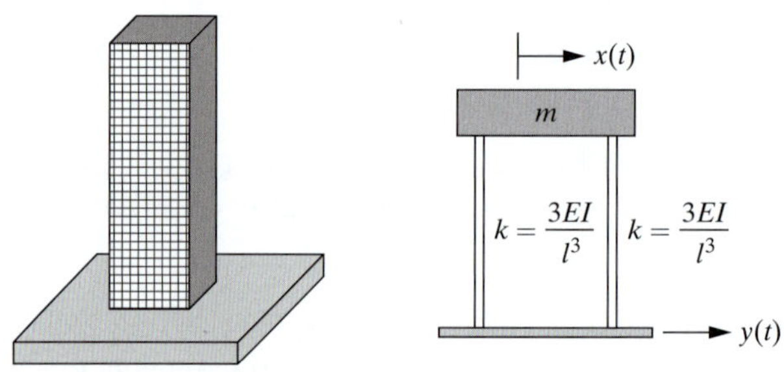

그림 P2.68 지진과 같은 지반운동을 받는 건물의 단순 모형

2.5절(문제 2.69~2.77)

2.69 선반(lathe)은 강철 테이블 위에 설치된 전기모터로 모델링할 수 있다. 테이블과 모터의 질량은 50 kg이다. 선반의 회전부는 중심으로부터 0.1 m의 거리에 5 kg의 불균형 질량을 갖는다. 시스템의 감쇠비는 $\zeta = 0.06$(점성감쇠)으로 측정되었고, 고유진동수는 7.5 Hz이다. $\omega_r = 30$ Hz로 가정할 때 모터의 정상상태변위의 진폭을 계산하라.

2.70 그림 2.23의 시스템은 주파수가 변화하는 강제진동을 야기한다. 주파수가 변함에 따라 공진에서는 변위의 진폭이 10 mm였다. 주파수가 공진을 지나서 수십 배 이상 증가함에 따라 변위의 진폭은 1 mm로 일정했다. 이 시스템의 감쇠비를 계산하라.

2.71 편심질량 10 kg(전체 질량 100 kg의 10%)을 갖고 있는 전기모터(그림 P2.71)를 두 개의 같은 스프링(k = 3200 N/m) 위에 설치했다. 모터는 1750 rpm의 속도로 회전하며, 편심질량은 중심으로부터 100 mm의 거리에 있다. 스프링은 250 mm 떨어져 설치되어 있고, 모터축이 그 중심에 위치한다. 감쇠를 무시하고 수직방향 진동의 변위를 계산하라.

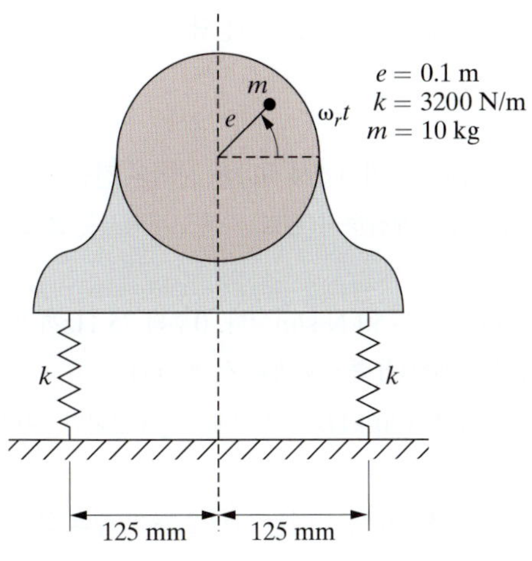

그림 P2.71 편심질량을 갖는 전기모터의 진동 모델

2.72 전기모터의 회전부품인 전기자(armature)는 중심질량이 회전축으로부터 0.1 in 벗어난 방식으로 마모된다. 전기자는 20 lb이며, 전체 모터는 60 lb이고 600 lb/in의 강성을 가진 베이스에 장착되어 있다. (a) 시스템의 공진 주파수와 공진에 해당하는 속도(rpm)를 계산하라. (b) 식 (2.87)을 사용하여 모터가 공진에 해당하는 속도의 3배 속도에서 작동할 경우 수직 굴절의 진폭을 구하라. 스프링의 감쇠비는 0으로 가정한다.

2.73 그림 P2.71의 회전불균형 시스템을 생각하자. 1750 rpm에서의 변위는 0.05 m였고, 감쇠비는 $\zeta = 0.1$로 측정되었다. 편심질량은 10%인 것으로 추정된다. e를 계산함으로써 편심질량의 위치를 결정하라.

2.74 질량 45 kg인 선풍기가 불균형 질량으로 인해 조화가진력을 받고 있다. 선풍기의 바닥에 전달되는 힘을 최소화하기 위해 스프링-감쇠기 시스템을 설계했다. 감쇠기는 감쇠비가 $\zeta = 0.2$인 것을 사용했다. 선풍기가 10,000 rpm으로 회전할 때 바닥에 전달되는 힘이 10% 이하가 되도록 스프링강성을 계산하라.

2.75 불균형 회전질량 문제에서 $\zeta = 0.05$일 때 무차원 변위진폭과 주파수비의 선도(그림 2.25)를 그려라.

2.76 그림 P2.76과 같은 전형적인 회전불균형 문제에서 기계의 질량은 120 kg이고, 받침대의 강성은 800 kN/m이며, 감쇠계수는 500 kg/s이다. 불균형력의 진폭은 3000 rev/min의 운전속도에서 374 N으로 측정되었다. (a) 편심에 의해 생기는 운동의 진폭을 계산하라. (b) 편심질량이 전체 질량의 1%라 할 때 e 값을 계산하라.

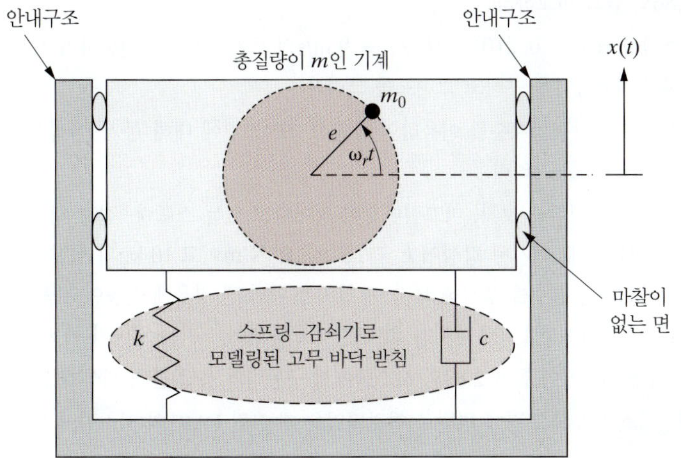

그림 P2.76 전형적인 회전불균형 기계 문제

2.77 문제 2.67에서 초기조건을 영으로 가정할 때 질량의 정상상태응답 선도를 그려라.

2.6절(문제 2.78~2.83)

2.78 작동부 질량이 0.04 kg인 그림 2.28의 가속도계가 0에서 50 Hz 사이의 진동을 5% 이내의 오차로 측정할 수 있도록 가속도계의 감쇠와 강성값을 계산하라(힌트: 가속도계에서는 $Z/\omega_b^2 Y$ = '일정'한 것이 바람직하다).

2.79 그림 2.30과 같은 특정 가속도계의 감쇠계수는 50 N·s/m이다. 0부터 75 Hz까지의 주파수 범위에서 최대 3%의 오차가 생기는 가속도계를 설계하라(즉 m과 k를 선택하라).

2.80 그림 2.28과 같은 가속도계의 고유진동수가 120 kHz이고 감쇠비는 0.2이다. 60 kHz의 조화진동을 측정할 때 오차를 계산하라.

2.81 0에서 50 Hz의 주파수 범위에서 1%까지 정확도를 보이는 그림 2.28의 매우 작은 질량의 가속도계를 설계하라(즉 m, c, k를 선택하라).

2.82 그림 2.33에 나와 있는 MEMS 가속도계에서 질량은 0.1 oz이고 50 Hz에서 진동을 직접적으로 측정할 수 있을 때(수식으로 표현하면 $Z = Y$를 만족) 스프링의 강성계수를 계산하라.

2.83 고유주파수가 1 cps인 비감쇠 가속도계를 이용하여 4 cps에서 발생하는 구조물의 진동을 측정한다. 증명 질량과 프레임(베이스) 사이에서 0.2 in의 진폭을 나타낸다. 구조물의 실제 처짐량은 얼마인가?

2.7절(문제 2.84~2.101)

2.84 강성이 1.2×10^4 N/m이고, 질량은 10 kg인 스프링-질량 시스템이 쿨롱마찰면을 따라 미끄러진다. 이 시스템은 10 Hz에서 50 N의 조화력으로 구동된다. 질량과 마찰면을 모두 윤활된 강철로 가정할 때 정상상태운동의 근사진폭을 계산하라.

2.85 질량이 10 kg, 강성이 2000 N/m이고, 마찰계수가 0.1인 쿨롱감쇠 스프링-질량 시스템이 10 Hz에서 조화가진되고 있다. 정상상태에서의 진폭은 5 cm이다. 가진력의 크기를 계산하라.

2.86 질량이 10 kg, 강성이 1.5×10^4 N/m인 시스템이 쿨롱감쇠를 받고 있다. 질량이 25 Hz에서 90 N의 힘으로 조화가진될 때, 마찰계수가 0.1이라면 등가 점성감쇠계수는 얼마가 되겠는가?

2.87 질량이 10 kg이고 강성이 1.5×10^4 N/m인 시스템은 쿨롱감쇠에 영향을 받는다. 질량이 25 Hz에서 90 N의 힘에 의해 조화적으로 가진되고 마찰계수가 0.2인 경우 등가 점성감쇠계수를 결정하라. (선택사항) 이를 문제 2.86의 답과 비교하라.

2.88 **a.** 문제 2.86의 시스템이 $x(0) = 0$, $\dot{x}(0) = |F_0/m| = 9$ m/s의 초기조건으로 진동하기 시작할 때 1.10절의 해를 이용하여 자유응답을 구하고 그래프를 그려라.

b. 문제 2.75에서 계산한 등가점성계수를 이용하여 동일한 초기조건에 대해 '등가' 점성감쇠 시스템의 자유응답을 구하고 그래프를 그려라.

2.89 예제 2.7.1의 시스템을 다시 생각해 보자. 미끄럼마찰이 일어나고 있는 스프링-질량 시스템의 운동은 식 (2.100)과 같이 표현되는데, 여기서 강성이 $k = 1.5 \times 10^4$ N/m이고 10 kg의 질량이 25 Hz에서 90 N의 힘으로 조화가진되는 경우를 생각해 보자. 강철이 윤활이 된 경우에 진동이 지속되기 위해 필요한 구동력의 크기는 얼마여야 하는가? 윤활을 없애면 이 구동력의 크기는 얼마가 될 것인가?

2.90 등가 점성감쇠 근사법을 이용하여 문제 2.89의 시스템에서 구동력과 응답 간의 위상차를 계산하라.

2.91 감쇠상수가 c인 점성감쇠기가 스프링에 병렬로 연결되었을 때 그림 P2.91의 시스템에 대한 진동방정

식을 유도하라. 에너지 손실을 계산하고, 등가 감쇠 시스템의 강제응답에 대해 진폭 및 위상 관계식을 구하라.

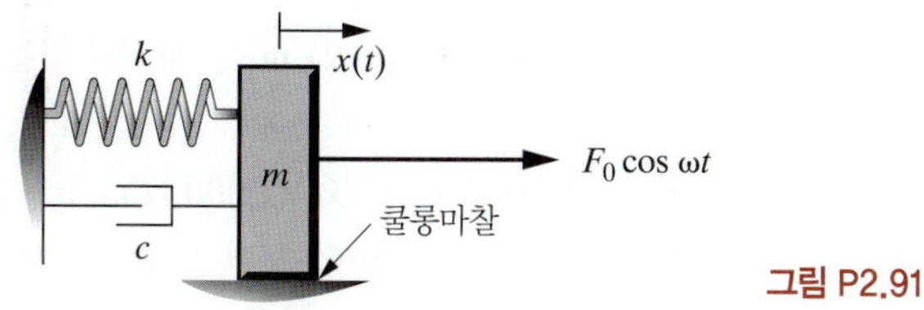

그림 P2.91

2.92 어떤 종류의 감쇠인지를 알 수 없는 시스템에 가진 주파수가 10 Hz이고 진폭은 조절 가능한 가진력이 작용한다. 가진력 진폭을 다섯 가지로 변화시키면서 한 주기당 에너지 손실과 진폭을 측정하여 다음과 같은 결과를 얻었다. 이 시스템의 감쇠는 점성감쇠 또는 쿨롱감쇠 가운데 어느 것인가?

ΔE(J)	0.25	0.45	0.8	1.16	3.0
X(m)	0.01	0.02	0.04	0.08	0.15

2.93 쿨롱감쇠 시스템에 대한 등가 손실계수를 계산하라.

2.94 스프링-질량 시스템(m = 10 kg, $k = 4 \times 10^3$ N/m)이 마찰계수가 $\mu = 0.15$인 표면 위에서 수평 방향으로 진동하고 있다. 5 Hz에서 조화가진할 때 질량의 정상상태변위는 5 cm이다. 조화력의 크기를 계산하라.

2.95 등가 점성감쇠 방법을 사용하여 공기감쇠를 갖는 계의 변위를 계산하라.

2.96 식 (2.122)의 타원의 장축과 단축을 계산하라. 그리고 타원의 면적을 계산하라. c = 10 kg/s, ω = 2 rad/s, X = 0.01 m를 이용하라.

2.97 그림 2.34의 힘-변위 선도의 면적은 2.5 N·m로 측정되었고 최대 변위는 8 mm이다. 타원의 기울기로부터 강성은 5×10^4 N/m로 측정되었다. 이력감쇠계수를 계산하라. 이 시스템이 10 Hz에서 구동될 때 등가 점성감쇠계수는 얼마인가?

2.98 이력감쇠 시스템의 이력곡선의 면적은 5 N·m로 측정되었고, 최대 변위는 1 cm였다. 20 Hz의 구동력에 대한 등가 점성감쇠계수를 계산하라. $2\pi \le \omega \le 100\pi$ rad/s의 범위에서 ω에 대한 c_{eq}의 선도를 그려라.

2.99 점성감쇠와 이력감쇠가 모두 있는 시스템의 비보존에너지를 계산하라.

2.100 감쇠력이 $F_d = c(\dot{x})^n$ (n은 정수)으로 표현되는 감쇠를 등가 점성감쇠로 등가화하는 식을 유도하라.

2.101 등가 점성감쇠 방법으로 쿨롱감쇠와 점성감쇠를 모두 갖는 시스템의 조화가진력에 대한 정상상태응답을 식으로 표현하라.

2.8절(문제 2.102~2108)

* **2.102** 다음과 같은 부족감쇠 시스템의 응답을 수치적분하여 선도로 표현하라. m = 100 kg, k = 20,000 N/m, c = 200 kg/s, 초기조건은 x_0 = 0.01 m와 v_0 = 0.1 m/s, 가진력은 $F(t) = 150 \cos 5t$이다. 식 (2.33)으로 주어지는 엄밀해를 선도로 표현하고, 엄밀해와 수치계산 선도를 비교하라.

* **2.103** 다음과 같은 부족감쇠 시스템의 응답을 여러 감쇠계수값에 대해 수치적분하여 선도로 표현하라. m = 150 kg, k = 4000 N/m, 초기조건은 x_0 = 0.01 m와 v_0 = 0.1 m/s, 가진력은 $F(t) = 15 \cos 10t$이다.

이 '프로그램'을 이용하여 과도항이 3초 안에 소멸되게 하는 감쇠값을 정하라. 일반적으로 감쇠를 더하는 데는 비용이 많이 든다는 것을 고려해서 최솟값을 찾아 본다.

***2.104** $m = 10$ kg, $k = 1000$ N/m 인 스프링-질량계에 진폭이 $F_0 = 100$ N, 주파수 8.162 rad/s인 가진력이 작용하고 초기조건이 $x_0 = 0.01$ m와 $\upsilon_0 = 0.01$ m/s일 때 수치적분으로 전체 응답을 계산하고 그래프를 그려라.

***2.105** 피아노의 페달을 그림 P2.105와 같이 모델링한다. $k = 2000$ N/m, $c = 25$ kg/s, $m = 25$ kg, $F(t) = 50 \cos 2\pi t$ N인 경우에 대해 시스템이 정지상태로부터 시작한다고 가정하고 응답을 수치적으로 계산하라. 미소각 근사화(small angle approximation)를 이용한다.

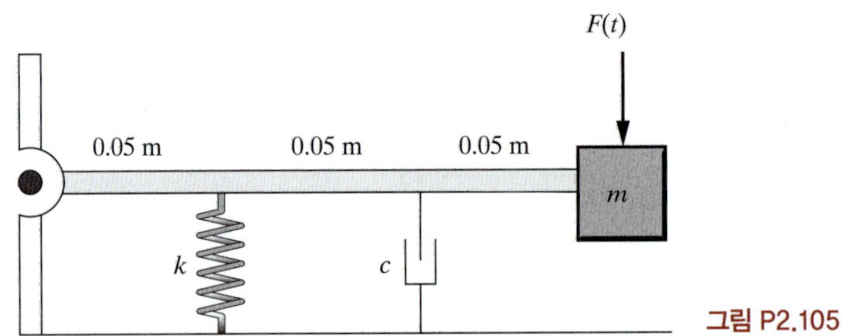

그림 P2.105

***2.106** $m = 100$ kg, $k = 2000$ N/m, $c = 200$ kg/s인 부족감쇠 시스템이 $F(t) = \cos 10t$의 외부 힘에 의해 가진된다. 다음의 초기조건에 대해 시스템 응답을 각각 수치적분으로 구하고 그래프를 그려라.

(a) $x_0 = 0.0$ m와 $\upsilon_0 = 0.1$ m/s

(b) $x_0 = 0.01$ m와 $\upsilon_0 = 0.0$ m/s

(c) $x_0 = 0.05$ m와 $\upsilon_0 = 0.0$ m/s

(d) $x_0 = 0.0$ m와 $\upsilon_0 = 0.5$ m/s

이 선도들을 한 그래프에 그리고, 응답의 과도부에 대한 초기조건의 영향을 살펴보라.

***2.107** 섀시에 장착된 DVD 드라이브를 1자유도 스프링, 질량, 감쇠기로 모델링한다. 정상작동시에 이 드라이브(질량 0.4 kg)는 10 rad/s로 1 N의 조화가진을 받는다. 재질과 정적 처짐을 고려해서 강성은 500 N/m로 고정되고 시스템의 당초 감쇠는 10 kg/s이다. 정상작동 상태에서 DVD가 시동 및 정지되면서 모듈에 $x_0 = 0.001$ m, $\upsilon_0 = 0.5$ m/s의 초기조건을 가하게 된다. DVD 드라이브 진동의 진폭은 과도기에도 0.008 m를 초과해서는 안 된다. 먼저 수치계산을 통해 이 제한조건이 만족되는지 확인하고, 만족되지 않으면 변형을 0.008 m 이내로 유지하게 하는 감쇠의 최솟값을 구하라.

2.108 그래프 작성 프로그램을 사용하여 $k = 1500$ N/m, $k = 2500$ N/m, $k = 700$ N/m인 세 가지 경우에 대해 특수해(비감쇠 시스템에 대해)의 그래프를 그려서 그림 2.17의 바닥가진 문제를 검토하라. 또 각 경우에 주파수비와 입력에 대한 진폭의 비를 구하라. $\omega_b = 4.4$ rad/s, $m = 100$ kg, $Y = 0.05$ m이다.

2.9절(문제 2.109~2.114)

***2.109** 그림 P2.110의 시스템에서 감쇠는 선형 점성이고, 스프링은 다음과 같은 비선형 연화 스프링인 경우의 응답을 계산하라.

$$k(x) = kx - k_1 x^3$$

시스템은 고유진동수의 약 1/3 정도 되는 주파수($\omega = \omega_n/3$)로 300 N의 조화가진을 받고 있고, 초기조건은 $x_0 = 0.01$ m, $v_0 = 0.1$ m/s이다. 시스템의 질량은 100 kg, 감쇠계수는 170 kg/s, 선형 스프링상수는 2000 N/m이다. k_1 값은 10,000 N/m^{3}이다. 해를 계산하고 선형해($k_1 = 0$)와 비교하라. 어느 시스템의 진폭이 더 큰가?

***2.110** 그림 P2.110의 시스템에서 감쇠는 선형 점성감쇠고, 스프링은 다음과 같은 비선형 경화 스프링인 경우의 응답을 계산하라.

$$k(x) = kx + k_1x^3$$

시스템은 고유진동수와 같은 주파수($\omega = \omega_n$)로 300 N의 조화가진을 받고 있고, 초기조건은 $x_0 = 0.01$ m, $v_0 = 0.1$ m/s이다. 시스템의 질량은 100 kg, 감쇠계수는 170 kg/s, 선형 스프링상수는 2000 N/m이다. k_1 값은 10,000 N/m^{3}이다. 해를 계산하고 선형해($k_1 = 0$)와 비교하라. 어느 시스템의 진폭이 더 큰가?

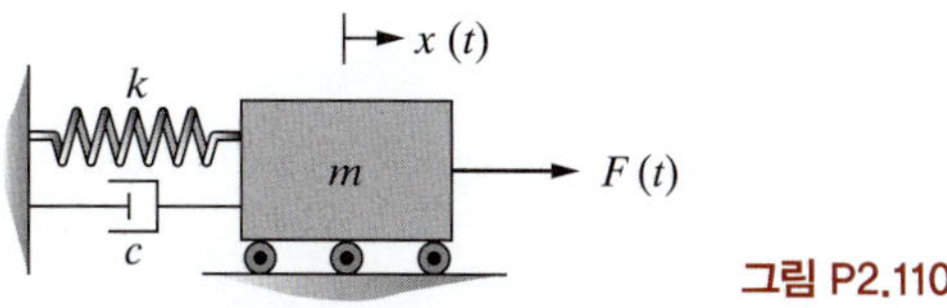

그림 P2.110

***2.111** 그림 P2.110의 시스템에서 감쇠는 선형 점성이고 스프링은 다음과 같은 비선형 연화 스프링인 경우의 응답을 계산하라.

$$k(x) = kx - k_1x^3$$

시스템은 고유진동수와 같은 주파수($\omega = \omega_n/3$)로 300 N의 조화가진을 받고 있고, 초기조건은 $x_0 = 0.01$ m, $v_0 = 0.1$ m/s이다. 시스템의 질량은 100 kg, 감쇠계수는 15 kg/s, 선형 스프링상수는 2000 N/m이다. k_1 값은 100 N/m^{3}이다. 해를 계산하고 경화 스프링 해[$k(x) = kx + k_1x^3$]와 비교하라.

***2.112** 그림 P2.110의 시스템에서 감쇠는 선형 점성이고, 스프링은 다음과 같은 비선형 연화 스프링인 경우 응답을 계산하라.

$$k(x) = kx - k_1x^3$$

시스템은 고유진동수와 같은 주파수($\omega = \omega_n$)로 300 N의 조화가진을 받고 있고, 초기조건은 $x_0 = 0.01$ m, $v_0 = 0.1$ m/s이다. 시스템의 질량은 100 kg, 감쇠계수는 15 kg/s, 선형 스프링상수는 2000 N/m이다. k_1 값은 1000 N/m^{3}이다. 해를 계산하고 2차 연화 스프링 해[$k(x) = kx - k_1x^2$]와 비교하라.

***2.113** 속도제곱감쇠 시스템의 강제응답을 다음과 같은 비선형 방정식의 수치계산으로 구한 응답과 식 (2.134)에서 정의된 등가 점성감쇠를 이용하여 구한 선형 시스템의 응답을 비교하라.

$$m\ddot{x} + \alpha\,\mathrm{sgn}(\dot{x})\dot{x}^2 + kx = F_0\cos\omega t$$

초기조건은 $x_0 = 0.01$ m이고, $v_0 = 0.1$ m/s이다. 질량 10 kg, 강성 25 N/m, 가진력 150 $\cos(\omega_n t)$, 항력계수 $\alpha = 250$이다.

$$c_{eq} = \frac{8}{3\pi}\alpha\omega X$$

***2.114** 구조감쇠 시스템(표 2.2 참조)의 강제응답을 비선형 방정식의 수치계산으로 구한 것과 표 2.2에서 정의된 등가 점성감쇠를 이용한 선형 시스템의 응답을 비교하라. 초기조건은 $x_0 = 0.01$ m, $v_0 = 0.1$ m/s이다. 질량 10 kg, 강성 25 N/m, 가진력 150 cos($\omega_n t$), 고체감쇠계수 $b = 25$이다.

3 일반 강제응답

이 장은 충격하중, 즉 임펄스를 받는 시스템의 응답으로 시작한다. 충격하중의 예로서 비행기 착륙 시 랜딩기어를 통해 동체에 가해지는 하중을 들 수 있다. 오른쪽 위의 그림은 비행기 동체에 대한 충격을 완화시키는 강성과 감쇠 구조(5장 참조)를 갖고 있는 비행기 랜딩 기어를 보여준다. 랜딩 기어에 작용하는 하중은 2장에서 살펴본 입력과 같이 완전히 주기적 특성을 갖지는 않으며 앞으로 이 장에서 논의하는 랜덤 충격 특성과 기타 성분 특성을 갖는다.

단일 진동수(2장에서 다룬 진동)가 아닌 또 다른 진동원의 예로서 인간의 심장을 들 수 있다. 인간의 심장은 활동성과 감정 상태에 따라 여러 다른 박동수로 진동한다. 심장병 환자들은 오른쪽 아래 그림과 같이 심장박동기(pacemaker)를 이용하여 박동수를 조절할 필요가 있다. 환자의 심장박동기는 배터리로 구동되며 7~10년마다 심장수술을 통해 교체해야 한다. 최근 진동을 연구하는 학자들은 심장 박동에 의해 유발되는 흉곽진동(chest-cavity vibration)을 전기에너지로 변환하는 에너지 수확 장치(energy harvesting device)를 개발했다. 이렇게 얻은 에너지는 심장박동기 배터리를 재충전하는 데 사용된다. 심장박동기 안에 에너지 수확기를 장착하기 위해서는 진동에 대한 기본적 이해가 필요하며, 특히 이 장에서 논의하는 여러 다른 진동수의 에너지를 갖는 진동 입력에 대한 구조물(여기서는 에너지 수확기)의 진동응답 모델에 대한 이해가 필요하다.

2장에서는 특별한 경우로 조화가진력에 대한 1자유도 시스템의 강제진동응답을 고려했다. **조화가진**(*harmonic excitation*)이란 단일주파수의 사인함수 형태로 가해지는 힘을 의미한다. 3장에서는 임의의 가진력에 대한 강제응답을 계산하는 일반적인 계산법 외에도 여러 가지 힘에 대한 시스템의 응답을 고려한다. 여기서 다루고 있는 1자유도 시스템은 선형 시스템이므로 어느 특정 힘에 대한 개별적인 응답을 기초로 해서 중첩의 원리를 사용하면 여러 가지 힘의 조합에 대한 응답을 구할 수 있다.

중첩(*superposition*)이란 선형 운동방정식, 예를 들어 $\ddot{x} + \omega_n^2 x = 0$에서 x_1과 x_2가 각각 그 방정식의 해라면 $x = a_1x_1 + a_2x_2$도 해가 된다는 사실을 의미한다. 여기서 a_1과 a_2는 임의의 상수이다. 또 이 개념은 만약 x_1이 $\ddot{x} + \omega_n^2 x = f_1$의 해이고 x_2가 $\ddot{x} + \omega_n^2 x = f_2$의 해라면, $x_1 + x_2$는 $\ddot{x} + \omega_n^2 x = f_1 + f_2$의 해라는 것을 의미한다. 따라서 일련의 간단한 문제를 풀고, 이 중첩의 원리를 이용하면 복잡한 가진함수에 대한 해를 구할 수 있다. 2.3절에서 바닥가진 문제를 풀 때 실제로 이 중첩의 원리를 사용한 바 있다. 선형 시스템에서 중첩의 원리는 매우 유용하며 널리 사용되고 있다.

기계 시스템에 작용하여 진동을 일으키는 힘에는 여러 종류가 있다. 지진력(earthquake force)은 시간이 지남에 따라 크기가 작아지는 주기력 또는 조화력의 합으로 모델링되기도 한다. 강풍은 구조물에서 충격 또는 계단하중의 원인이 될 수 있다. 울퉁불퉁한 도로 때문에 자동차에는 다양한 조건의 가진력이 발생한다. 바닷물은 선박에 힘을 가한다. 기계제작 공정 중에 발생하는 힘은 랜덤, 주기적, 비주기적 또는 과도적일 수 있다. 공기와 비행기의 상대운동은 비행기 날개에 힘을 가해 진동하게 한다. 이 모든 힘이 진동을 일으킬 수 있다.

주기력(periodic force)은 시간에 따라 반복되는 힘이다. 그 한 예는 서로 다른 주파수를 갖는 두 조화력의 합으로 구성되는 힘이다. 비주기력(nonperiodic force)은 시간에 따라 반복되지 않는 힘이다. 계단함수(step function)는 비주기 가진력의 한 예이다. 과도력(transient force)은 유한한(보통은 짧은) 시간이 경과한 후에 소멸되는 힘이다. 충격 하중(shock loading)은 과도력의 한 예이다. 앞에서 언급한 힘들은 모두 확정적인 가진이다(즉 그 힘들은 정확하게 시간에 대한 함수로 표시된다). 반면에 랜덤가진(random excitation)은 시간에 대해 예측이 불가능하고, 확률 및 통계적으로 기술되어야 한다. 이 장에서는 여러 종류의 가진력을 소개하고, 그것들이 1자유도 스프링-질량-감쇠기 시스템에 가해졌을 때 결과적으로 나타나는 운동을 어떻게 계산하고 해석하는가에 대해 논의한다.

3.1 임펄스응답함수

가장 흔한 진동의 원인 중 하나는 짧은 순간에 갑자기 힘이 작용하는 것으로서 임펄스라고 한다. 임펄스가진(impulse excitation)은 매우 짧은 시간 동안 가해지는 힘으로 **충격 하중**(*shock loading*)의 한 예를 나타내고, 비주기적인 힘이다. 임펄스에 대한 시스템의 응답은 특정 초기조건에 대한 시스템의 자유응답과 동일하다. 이 사실은 다음에 설명될 것이다. 많은 유용한 경우에 작용력 $F(t)$는 임펄스 특성을 갖게 된다(즉 매우 짧은 시간에 큰 힘으로 작용한다).

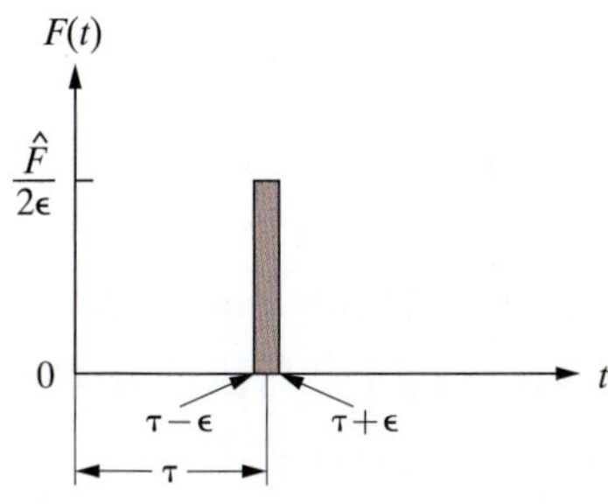

그림 3.1 짧은 순간에 크게 작용하는 충격하중을 모델링하기 위한 임펄스 시간 선도

먼저 임펄스 가진의 수학적 모델을 고려하자. 임펄스 모델의 시간 선도가 그림 3.1에 나타나 있다. 이것은 크기가 매우 크고 폭(duration, 작용시간)이 좁은 사각펄스(rectangular pulse)이다.

그림 3.1의 함수는 다음과 같이 기술된다.

$$F(t) = \begin{cases} 0 & t \leq \tau - \varepsilon \\ \dfrac{\hat{F}}{2\varepsilon} & \tau - \varepsilon < t < \tau + \varepsilon \\ 0 & t \geq \tau + \varepsilon \end{cases} \tag{3.1}$$

여기서 ε은 작은 양수이다. 이 간단한 함수 $F(t)$를 적분하여 **충격량**(*impulse*)을 정의한다. 힘 $F(t)$의 충격량은 다음과 같이 적분 $I(\varepsilon)$으로 정의한다.

$$I(\varepsilon) = \int_{\tau-\varepsilon}^{\tau+\varepsilon} F(t)\, dt$$

이것이 힘 $F(t)$의 세기의 척도가 된다. $\tau - \varepsilon$부터 $\tau + \varepsilon$까지의 구간 밖에서는 $F(t)$가 영이므로, $I(\varepsilon)$의 적분구간은 다음과 같이 확장되고

$$I(\varepsilon) = \int_{-\infty}^{\infty} F(t)\, dt \tag{3.2}$$

단위는 N · s이다.

이 경우에 식 (3.1)을 이용해서 곡선 밑의 면적을 계산함으로써 식 (3.2)의 적분을 구하면 다음과 같다.

$$I(\varepsilon) = \int_{-\infty}^{\infty} F(t) dt = \frac{\hat{F}}{2\varepsilon} 2\varepsilon = \hat{F} \tag{3.3}$$

이것은 $\varepsilon \neq 0$인 한, ε의 값에 무관하다. $\varepsilon \to 0$이면(그러나 $\varepsilon \neq 0$), 적분의 극한값은 $I(\varepsilon) = \hat{F}$가 된다. 이것은 **임펄스함수**(*impulse function*)를 다음과 같은 두 가지 특성을 갖는 함수 $F(t)$로 정의하는 데 이용된다.

$$F(t - \tau) = 0 \quad (t \neq \tau\text{일 때}) \tag{3.4}$$

그리고

$$\int_{-\infty}^{\infty} F(t-\tau)\, dt = \hat{F} \tag{3.5}$$

만일 $\hat{F}$의 크기가 1이면, 이것은 $\delta(t)$로 표시되는 **단위임펄스함수**(*unit impulse function*)의 정의가 되고 **디랙델타함수**(*dirac delta function*)라고도 한다(델타함수에 대한 더 자세한 것은 미분방정식 교재 참조). 임펄스함수는 델타함수의 상수배 또는 $\hat{F} = d\delta(t)$로 정의되며, 이 때 d는 영이 아닌 상수이다.

처음에 정지해 있던 다음과 같은 1자유도 시스템의 충격 하중에 대한 응답은

$$m\ddot{x}(t) + c\dot{x}(t) + kx(t) = F(t), \quad x(0) = 0, \quad \ddot{x}(0) = 0$$

충격량이 물체에 운동량의 변화를 일으킨다는 물리적 법칙을 이용해서 계산한다(윈도우 3.1 참조).

윈도우 3.1 | 1장에서 다룬 1자유도 시스템 자유응답

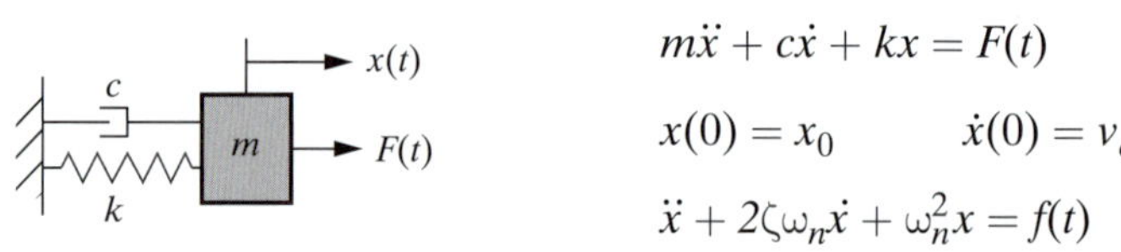

$$m\ddot{x} + c\dot{x} + kx = F(t)$$

$$x(0) = x_0 \qquad \dot{x}(0) = v_o$$

$$\ddot{x} + 2\zeta\omega_n\dot{x} + \omega_n^2 x = f(t)$$

이 시스템은 부족감쇠인 경우(즉 $0 < \zeta < 1$)에 다음과 같은 자유응답[즉 $f(t) = 0$]을 갖는다.

$$x(t) = \frac{\sqrt{(v_0 + \zeta\omega_n x_0)^2 + (x_0\omega_d)^2}}{\omega_n\sqrt{1-\zeta^2}}\; e^{-\zeta\omega_n t}\sin(\omega_d t + \phi)$$

여기서

$$\omega_d = \omega_n\sqrt{1-\zeta^2} \qquad \text{그리고} \qquad \phi = \tan^{-1}\frac{x_0\omega_d}{v_0 v + \zeta\omega_n x_0}$$

이때 $\omega_n = \sqrt{k/m}$, $\zeta = c/(2m\omega_n)$이고, 위의 해가 유효하기 위해서는 $0 < \zeta < 1$이 성립해야 한다[식 (1.36)과 (1.38)로부터].

설명을 간단하게 하기 위해 충격량의 정의에서 $\tau = 0$으로 한다. 충격량이 작용되기 직전에 질량이 정지상태에 있다고 생각하자. 이 순간을 0^-로 나타낸다. 마찬가지로 $t = 0$ 바로 이후의 시간은 0^+로 나타낸다. 시스템이 처음에 정지상태였기 때문에 초기조건은 모두 영이다. 따라서 $x(0^-) = \dot{x}(0^-) = 0$이 된다. 그러나 충격량이 작용한 후의 속도는 $\dot{x}(0^+)$가 된다. 따라서 충돌 시 운동량의 변화는 $m\dot{x}(0^+) - m\dot{x}(0^-) = mv_0$이므로 초기변위는 계속 영인 반면 $\hat{F} = F\Delta t = mv_0 - 0 = mv_0$

이다. 따라서 1자유도 스프링-질량 시스템에 임펄스를 가하는 것은 영의 초기변위와 $v_0 = F\Delta t/m$의 초기속도를 가하는 것과 같다.

초기조건 $x_0 = 0$, $v_0 = \hat{F}/m$에 대한 부족감쇠 시스템($0 < \zeta < 1$)의 응답은 다음과 같이 윈도우 3.1에서 보는 것처럼

$$x(t) = \frac{v_0}{\omega_d} e^{-\zeta\omega_n t} \sin \omega_d t$$

식 (1.36)과 (1.38)에 의해 다음과 같이 구할 수 있다($\hat{F} = F\Delta t$, 단위는 N · s).

$$x(t) = \frac{\hat{F}e^{-\zeta\omega_n t}}{m\omega_d} \sin \omega_d t \tag{3.6}$$

이 해를 다음과 같이 표현하면 편리하다.

$$x(t) = \hat{F}h(t) \tag{3.7}$$

여기서 $h(t)$는 다음과 같이 정의한다.

$$h(t) = \frac{1}{m\omega_d} e^{-\zeta\omega_n t} \sin \omega_d t \tag{3.8}$$

여기서 $h(t)$는 시간 $t = 0$인 순간 가해진 단위임펄스에 대한 응답임에 주목하라. 만일 시간 $t = \tau(\tau \neq 0)$인 순간에 단위임펄스가 가해졌다면, 이것은 다음과 같이 쓸 수 있고(위의 t 대신 $t - \tau$를 대입해서)

$$h(t - \tau) = \frac{1}{m\omega_d} e^{-\zeta\omega_n (t-\tau)} \sin \omega_d (t - \tau) \quad t > \tau \tag{3.9}$$

이것은 $0 < t < \tau$ 구간에서 영이 된다. 함수 $h(t)$와 $h(t - \tau)$를 각각 시스템의 **임펄스응답함수**(*impulse response function*)라 한다.

임펄스란 무한히 짧은 시간 동안에 가해지는 무한히 큰 힘의 수학적인 개념이지만, 실제 응용 면에서는 짧은 시간 동안에 가해지는 힘의 아주 좋은 모델이 된다. 임펄스응답은 물리적으로 보면, 초기변위가 없을 때(즉 $\tau = 0$일 때 위상차가 없다)의 초기속도에 대한 응답으로 해석할 수 있다. 임펄스응답함수는 3.2절에서 논의되는 것처럼 중첩의 원리를 이용하여 일반적인 가진에 대한 시스템의 응답을 계산하는 데 유용하다.

보통, 그와 같은 임펄스가진을 야기하는 것은 충격(impact)이다. 진동시험을 할 때는 주로 시험하고자 하는 기계에 충격을 가하고 그 응답을 측정해서 시스템의 진동 특성을 파악한다. 충격은 주로 충격력을 측정할 수 있는 장치가 있는 해머로 시험물을 가격함으로써 발생시킨다. 임펄스응답을 이용한 진동시험은 7장에서 또 논의된다. 실제로 어떤 힘의 작용시간(Δt)이 구조물의 비감쇠 고유진동수에 따른 주기 $T = 2\pi/\omega_n$에 비해 매우 짧으면 충격력으로 간주할 수 있다. 일반적인 진동시험에서 Δt는 10^{-3}초 정도이다.

예제 3.1.1

스프링–질량–감쇠 시스템($m = 100$ kg, $c = 10$ kg/s, $k = 2000$ N/m)에 0.01s 동안 1000 N의 충격력이 작용한다. 응답을 계산하라.

풀이 0.01s 동안 1000 N의 힘이 작용할 때의 충격량 $\hat{F} = F\Delta t = 1000 \cdot 0.01 = 10$ N·s가 된다. 이 값을 이용하면 운동방정식은 다음과 같고

$$100\ddot{x}(t) + 10\dot{x}(t) + 2000x(t) = 10\delta(t)$$

이 식으로부터 고유진동수, 감쇠비 및 감쇠고유진동수는 다음과 같다.

$$\omega_n = \sqrt{\frac{2000}{100}} = 4.472\,\text{rad/s}, \zeta = \frac{10}{2\sqrt{100 \cdot 2000}} = 0.011,$$
$$\omega_d = 4.472\sqrt{1 - 0.011^2} = 4.472\,\text{rad/s}$$

식 (3.6)을 이용하면 응답은 다음과 같다.

$$x(t) = \frac{\hat{F}e^{-\zeta\omega_y t}}{m\omega_d}\sin\omega_d t = 0.022e^{-0.049t}\sin(4.472\text{t})$$

예제 3.1.2

그림 3.2에 다시 나타나 있듯이 예제 2.1.3의 보안 카메라에 질량 1 kg의 새가 날아와서 부딪친다고 하자. 새가 72 km/h로 부딪칠 때 예제 2.1.3의 설계에 의거하여 충격에 의해 야기되는 최대 변형량을 계산하라. 최대 변형량은 설계 구속조건을 침해하는가? 감쇠는 무시한다.

풀이 예제 2.1.3의 설계 결과로부터 카메라 받침대의 강성은 다음과 같다($I = bh^3/12$).

$$k = \frac{3Ebh^3}{12l^3} = \frac{(7.1 \times 10^{10}\ \text{N/m}^2)(0.02\ \text{m})(0.02\ \text{m})^3}{4(0.55\ \text{m})^3} = 1.707 \times 10^4\ \text{N/m}$$

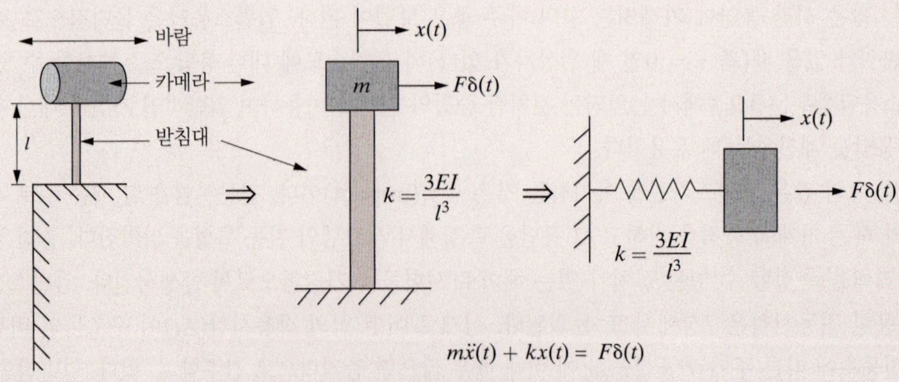

그림 3.2 보안 카메라와 받침대의 진동 모델

카메라 질량 $m_c = 3$ kg이다. 따라서 고유진동수는 75.43 rad/s이다. $\zeta = 0$에 대해 식 (3.7)과 식 (3.8)을 결합하면 응답은 다음과 같다.

$$x(t) = \frac{F\Delta t}{m_c\omega_n}\sin\omega_n t = \frac{m_b v}{m_c\omega_n}\sin\omega_n t$$

여기서 $m_b v$는 새의 선형 운동량을 나타내며 카메라에 충격력 F를 전달한다. 따라서 충격량은 다음과 같다.

$$m_b v = 1\text{ kg}\cdot 72\,\frac{\text{km}}{\text{hour}}\cdot\frac{1000\text{ m}}{\text{km}}\cdot\frac{\text{hour}}{3600\text{ s}} = 20\text{ kg}\cdot\text{m/s}$$

이로 인한 최대 진폭은 다음과 같다.

$$X = \left|\frac{F\Delta t}{m_c\omega_n}\right| = \left|\frac{m_b v}{m_c\omega_n}\right| = \left|\frac{20\text{ kg}\cdot\text{m/s}}{3\text{ kg}\cdot 75.43\text{ rad/s}}\right| = 0.088\text{ m}$$

따라서 예제 2.1.3에서 요구하는 카메라 진동을 0.01 m 이내로 유지해야 하는 설계 구속조건은 새의 충돌에 의해 충족되지 못한다.

예제 3.1.3

진동시험에서는 어떤 장치를 가진시키기 위해 충격력을 가하고 동시에 충격력을 측정하기 위해 계측장치가 달린 충격해머(impact hammer)를 주로 사용한다. 만일 시험대상 장치가 1자유도 시스템이라면, $m = 1$ kg, $c = 0.5$ kg/s, $k = 4$ N/m, $\hat{F} = 0.2$ N·s일 때의 응답을 그래프로 표시하라. 해머로 단일 충격을 가한다는 것은 그다지 쉬운 일이 아니다. 때때로 '이중 가격(double hit)'이 일어날 수도 있는데, 그 경우에 가진력은 다음 식처럼 표현될 것이다.

$$F(t) = 0.2\delta(t) + 0.1\delta(t-\tau)$$

같은 시스템의 이중 가격에 대한 응답을 그림으로 나타내고, 단일 충격의 경우와 비교하라. 초기조건은 영으로 가정한다.

풀이 시간 $t = 0$에서의 단일 충격에 대한 해는 식 (3.7)과 (3.8)에 $\omega_n = \sqrt{4} = 2$ rad/s와 $\zeta = c/(2m\omega_n) = 0.125$를 대입하여 구할 수 있다. 따라서 $\hat{F} = 0.2\delta(t)$인 경우 다음과 같이 나타낼 수 있으며,

$$\begin{aligned} x_1(t) &= \frac{0.2}{(1)\left(2\sqrt{1-(0.125)^2}\right)}e^{-(0.125)(2)t}\sin 2\sqrt{1-(0.125)^2}\,t \\ &= 0.1008e^{-0.25t}\sin(1.984t)\text{m} \end{aligned}$$

그 결과는 그림 3.3(a)에 실선으로 나타냈다. 마찬가지로 $0.1\delta(t-\tau)$에 대한 응답은 식 (3.7)과 (3.9)로부터 다음과 같이 쓸 수 있다.

$$x_2(t) = 0.0504e^{-0.25(t-\tau)}\sin 1.984(t-\tau)\text{ m}\quad t > \tau$$

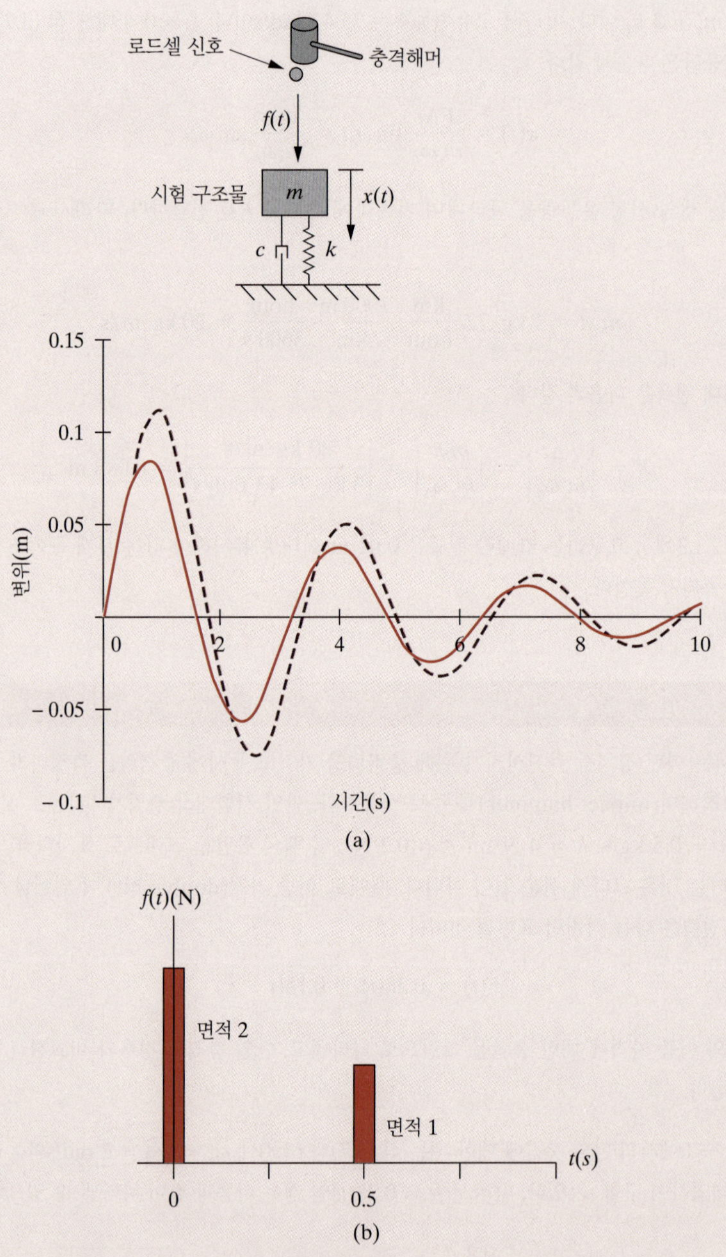

그림 3.3 (a) $\tau = 0.5$ s일 때 단일 충격(실선)과 이중 충격(점선)에 대한 1자유도 시스템의 응답. 그림 (b)는 이중 충격에 대한 힘–시간 곡선을 나타낸다. 이중 충격의 경우에 진폭이 더 큼에 주목하라.

$0 < t < \tau = 0.5$일 때 $x_2(t) = 0$이 된다. 가진력 $F(t)$를 그림 3.3(b)에 나타냈다. 여기서 중요한 사실은 시간 $t = \tau$가 될 때까지는 x_2가 아무런 기여도 하지 않는다는 점이다. 선형 시스템에서의 중첩의 원리를 이용하면, '이중 가격'에 대한 응답은 위의 두 임펄스응답의 합이 된다.

$$x(t) = x_1(t) + x_2(t)$$
$$= \begin{cases} 0.1008e^{-0.25t}\sin(1.984t) & 0 < t < \tau \\ 0.1008e^{-0.25t}\sin(1.984t) + 0.0504e^{-0.25(t-\tau)}\sin 1.984(t-\tau) & t > \tau \end{cases}$$

$\tau = 0.5$초일 때의 결과가 그림 3.3(a)에 점선으로 표시되어 있다.

두 응답 사이의 뚜렷한 차이점은 '이중 가격' 응답이 $\tau = t = 0.5$에서 '스파이크(spike)'처럼 튀고 이 때문에 진폭이 커진다는 사실이다. 시간 τ는 두 가격 사이의 시간지연(time delay)을 의미한다.

다음 예제는 가진 임펄스와 초기조건이 모두 작용할 때 응답을 구하는 과정을 나타내며 이 응답이 시스템의 전체 응답이 된다. 또한 응답을 나타내기 위해 헤비사이드 계단함수(Heaviside step function)를 이용한다.

예제 3.1.4

다음과 같은 (질량 정규화된) 시스템을 생각해 보자.

$$\ddot{x}(t) + 2\dot{x}(t) + 4x(t) = \delta(t) - \delta(t-4)$$

초기조건 $x_0 = 1$ mm, $v_0 = -1$ mm/s일 때 응답을 계산하고 그림으로 나타내라.

풀이 변위항의 계수로부터 고유진동수는 $\omega_n = 2$ rad/s이다. 속도항의 계수를 살펴보면 다음과 같다.

$$2 = 2\zeta\omega_n \quad 또는 \quad \zeta = 0.5$$

그러므로 이 시스템은 부족감쇠이며 윈도우 3.1에 나타낸 응답 공식이 적용된다. 감쇠 고유진동수를 계산하면 다음과 같다.

$$\omega_d = \omega_n\sqrt{1-\zeta^2} = 2\sqrt{1-\left(\frac{1}{2}\right)^2} = \sqrt{3}$$

먼저 $0 \le t \le 4$ s의 시간구간 동안의 응답을 계산하자. 이 시간 동안에는 처음 임펄스만 유효하다. 이것에 해당하는 임펄스해는 식 (3.6)으로부터 다음과 같이 구할 수 있다.

$$x_I(t) = \frac{\hat{F}}{m\omega_d}e^{-\zeta\omega_n t}\sin\omega_d t = \frac{1}{\sqrt{3}}e^{-t}\sin\sqrt{3}t, \qquad 0 \le t < 4$$

처음 시간구간 동안의 전체 해는 제차해와 임펄스해의 합이 되는데, 제차해는 다음과 같다.

$$x_h(t) = e^{-t}(A\sin\omega_d t + B\cos\omega_d t), \qquad 0 \le t < 4$$

여기서 A와 B는 초기조건으로부터 결정되는 적분상수이며, 하첨자 h는 초기조건으로 인한 해라는 것을 나타낸다. 변위를 미분하여 속도를 계산하면 다음과 같으며,

$$\dot{x}_h(t) = -e^{-t}(A\sin\sqrt{3}t + B\cos\sqrt{3}t) + e^{-t}(\sqrt{3}A\cos\sqrt{3}t - \sqrt{3}B\sin\sqrt{3}t)$$

변위와 속도식에서 $t = 0$으로 놓고 초기조건을 적용하면 다음과 같은 방정식을 얻을 수 있다.

$$x_h(0) = 1 = B$$
$$\dot{x}_h(0) = -1 = -B + \sqrt{3}A$$

A와 B에 대해 풀면 $A = 0,\ B = 1$이 되고 이를 대입하면 $x_h(t) = e^{-t}\cos\sqrt{3}t$가 된다. 다음으로 $t = 0$에서 임펄스에 의한 응답을 계산한다. 이 문제는 $x_I(0) = 0$와 $\dot{x}_I(0) = 1$인 초기값 문제를 푸는 것과 동일하다. 같은 방법과 순서에 따라 임펄스로 인한 응답의 적분상수를 구하면

$$B = 1\text{과} \quad A = \frac{1}{\sqrt{3}}\text{이 되고 } x_I(t) = \frac{e^{-t}}{\sqrt{3}}\sin\sqrt{3}t\text{가 된다.}$$

제차응답(homogeneous response)과 임펄스응답을 합하면 다음과 같다.

$$x_1(t) = e^{-t}\left(\cos\sqrt{3}t + \frac{1}{\sqrt{3}}\sin\sqrt{3}t\right), \qquad 0 \le t < 4$$

다음으로 $t = 4$ s에 작용하는 두 번째 임펄스로 인한 시스템의 응답을 계산하자. 식 (3.9)에 $\tau = 4$ s를 대입하면 두 번째 임펄스에 대한 응답은 다음과 같다.

$$x_2(t) = \frac{\hat{F}}{m\omega_d}e^{-\zeta\omega_n(t-\tau)}\sin\omega_d(t-\tau) = -\frac{1}{\sqrt{3}}e^{-t+4}\ \sin\sqrt{3}(t-4), \qquad t > 4$$

다음 식으로 정의되는 헤비사이드 계단함수는 일정한 시간이 지난 다음 그때부터 동작하는 함수를 표현하는 데 이상적이다.

$$\Phi(t-\tau) = \begin{Bmatrix} 0, & t < \tau \\ 1, & t \ge \tau \end{Bmatrix}$$

헤비사이드 함수는 $H(t-\tau)$로 표시하기도 한다. 중첩의 원리를 이용하면 전체 해는 $x = x_1 + x_2$인데, x_2가 $\tau = 4$ 이후부터 동작하는 것을 표시하는 데 헤비사이드 함수를 사용한다. 해는 다음과 같이 쓸 수 있다.

$$x(t) = e^{-t}\left(\cos\sqrt{3}t + \frac{1}{\sqrt{3}}\sin\sqrt{3}t\right) - \left[\frac{e^{-(t-4)}}{\sqrt{3}}\sin\sqrt{3}(t-4)\right]\Phi(t-4)\ \text{mm}$$

이것을 그림 3.4에 나타냈다. 두 번째 충격이 가해질 때 응답이 급격히 변하는 것에 주목하라. 이는 앞의 예제에서 보인 이중 가격과 대비가 된다. 앞 예제에서는 두 번째 충격이 현재의 응답과 동일한 '방향'으로 작용했다. 그러나 이 예제에서는 두 번째 충격이 첫 충격에 대한 응답과 위상이 반전되어 나타났고, 따라서 방향에 급격한 변화가 나타나게 되었다.

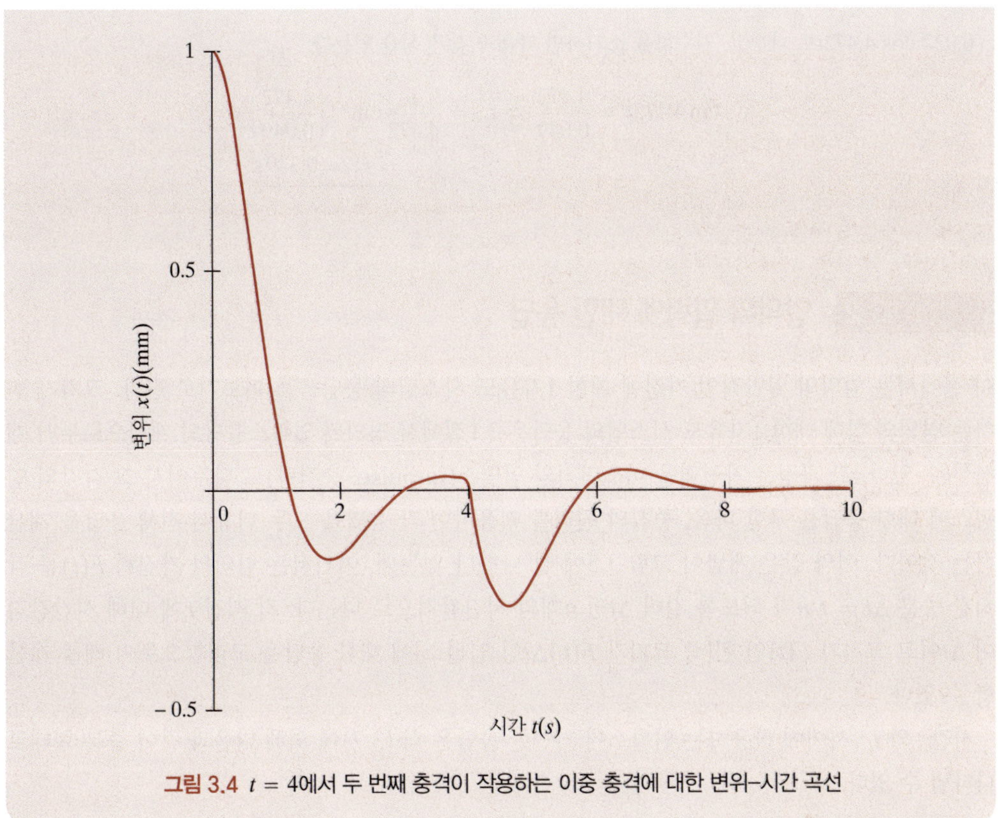

그림 3.4 t = 4에서 두 번째 충격이 작용하는 이중 충격에 대한 변위−시간 곡선

예제 3.1.5

예제 3.1.1의 스프링−질량−감쇠 시스템 문제에서 응답이 최댓값에 도달하는데 걸리는 시간[피크시간(peak time)이라고도 함]을 계산하라.

풀이 다음 운동방정식의 시간응답에 대한 해는

$$1000\ddot{x}(t) + 10\dot{x}(t) + 2000x(t) = 10\delta(t)$$

예제 3.1.1에 다음과 같이 주어진다.

$$x(t) = 0.22e^{-0.049t}\sin(4.472t)$$

피크시간은 속도가 영일 때 발생하므로,

$$\frac{dx(t)}{dt} = \frac{d}{dt}\left[0.22e^{-0.049t}\sin(4.472t)\right] = 0$$

미분하면 다음과 같은 식을 얻는다.

$$0.022\left[-0.049e^{-0.049t}\sin 4.472t + 4.472e^{-0.049t}\cos 4.472t\right] = 0$$

0.022 cos 4.472t로 나누고, 지수항을 소거하면 다음과 같은 식을 얻는다.

$$\tan 4.472t = \frac{4.472}{0.049} \Rightarrow t_p = \frac{1}{4.472}\tan^{-1}\left(\frac{4.472}{0.049}\right)$$
$$\Rightarrow t_p = 0.349\,\text{s}$$

3.2 임의의 입력에 대한 응답

이 절에서는 임의의 일반적인 가진에 대한 1자유도 시스템의 응답을 살펴보기로 한다. 크기가 변하는 임의의 힘에 대한 1자유도 시스템의 응답은 3.1절에서 정의된 임펄스응답의 개념으로부터 계산할 수 있다. 그 과정은 가진력을 미소면적의 임펄스(impulse, 충격량)로 나누어서 그 각각의 임펄스에 대한 응답을 구한 다음, 중첩의 원리를 적용하여 각 응답을 모두 더해서 전체 응답을 계산하는 것이다. 이와 같은 개념이 그림 3.5에 잘 나타나 있는데, 여기서는 임의의 가진력 $F(t)$를 각 시간 증분 $\Delta t = t/n$가 되도록 길이 Δt인 n개의 시간간격으로 나눈다. 각 시간 t_i에 대해 시간간격이 Δt이고 크기가 $F(t)$인 힘[즉 크기가 $F(t_i)\Delta t$인 임펄스]에 대한 응답을 고려함으로써 해를 계산할 수 있다.

시간 t_i와 t_{i+1} 사이에 작용하는 임펄스에 기인한 응답은 식 (3.7)에 의해 다음과 같이 증분 형태로 나타낼 수 있다.

$$\Delta x(t_i) = F(t_i)h(t - t_i)\Delta t \tag{3.10}$$

최종 응답은 n개의 시간간격 동안에 작용한 각각의 임펄스의 응답을 모두 합하여 얻게 되며 다음과 같다.

$$x(t_n) = \sum_{i=1}^{n} F(t_i)h(t - t_i)\Delta t \tag{3.11}$$

여기서 다시 한번 운동방정식이 선형이라는 사실을 이용하여 중첩의 원리를 적용했다. 부분합을 연속적으로 구하고 $\Delta t \to 0(n \to \infty)$의 극한을 취하면, 적분의 기본 정의로부터 다음 식을 얻는다.

$$x(t) = \int_0^t F(\tau)h(t - \tau)d\tau \tag{3.12}$$

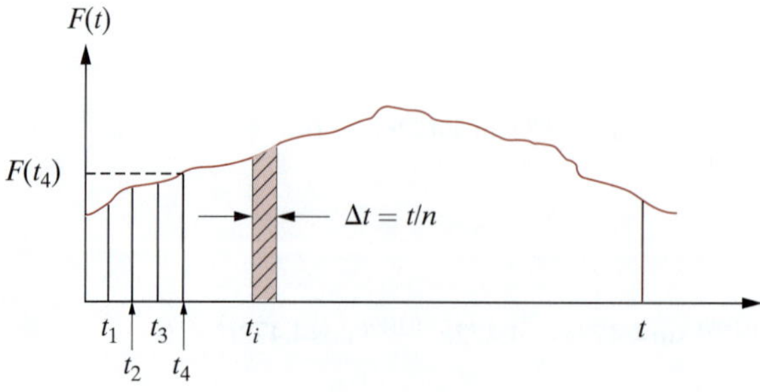

그림 3.5 임의의 가진력 $F(t)$를 n개의 임펄스로 나눔

식 (3.12) 형태의 적분을 **컨벌루션 적분**(*convolution integral*)이라 한다. 컨벌루션 적분은 두 함수 중의 하나가 적분변수만큼 이동한 두 함수의 곱의 적분이다. 3.4절에서는 적분변환을 할 때 컨벌루션이 유용한 도구로 사용된다. 윈도우 3.2는 컨벌루션 적분의 추가 성질을 나타낸 것이다.

윈도우 3.2 | 컨벌루션 적분의 유용한 성질

$\alpha = t - \tau$라 하자. 따라서 고정된 t에 대해 $d\alpha = -d\tau$이다. τ가 0부터 t 사이의 값이므로 α는 t부터 0 사이의 값이다. 컨벌루션의 정의에 이러한 변수변환을 대입하면 다음의 식은

$$x(t) = \int_0^t F(\tau)h(t - \tau)d\tau$$

다음과 같이 되고,

$$x(t) = -\int_t^0 F(t - \alpha)h(\alpha)d\alpha = \int_0^t F(t - \alpha)h(\alpha)d\alpha$$

따라서 다음과 같다.

$$\int_0^t F(\tau)h(t - \tau)d\tau = \int_0^t F(t - \tau)h(\tau)d\tau$$

부족감쇠 1자유도 시스템의 임펄스응답함수 $h(t - \tau)$는 식 (3.9)에 의해 주어진다. 임펄스응답함수 (3.9)를 식 (3.12)에 대입하면 다음의 형태를 갖는 임의의 입력 $F(t)$에 대한 부족감쇠 시스템은 다음과 같으며,

$$m\ddot{x}(t) + c\dot{x}(t) + kx(t) = F(t), \quad x_0 = 0, v_0 = 0$$

응답은 초기조건이 모두 영인 경우에 다음과 같이 주어진다.

$$\begin{aligned} x(t) &= \frac{1}{m\omega_d} e^{-\zeta\omega_n t} \int_0^t \left[F(\tau)e^{\zeta\omega_n \tau} \sin \omega_d (t - \tau)\right] d\tau \\ &= \frac{1}{m\omega_d} \int_0^t F(t - \tau)e^{-\zeta\omega_n \tau} \sin \omega_d \tau d\tau \end{aligned} \tag{3.13}$$

식 (3.13)에서의 적분은 함수 중의 하나가 임펄스응답함수인(그래서 적분 안에서 시간축상으로 이동한) 컨벌루션 적분이다. 시스템의 응답을 계산하는 데 사용되는 컨벌루션 적분을 프랑스 수학자 J. M. C. 뒤아멜(Duhamel, 1797~1872)의 이름을 따서 **뒤아멜 적분**(*Duhamel integral*)이라고도 한다. 뒤아멜 적분은 입력함수가 어떤 수학적인 조건을 충족하기만 하면 임의의 입력에 대한 응답을 계산하는 데 이용할 수 있다. 다음 예제는 그 과정을 보여준다.

예제 3.2.1

그림 3.6과 같은 가진력을 고려하자. 시간 t_0까지는 힘이 영이고 t_0부터 일정한 크기 F_0로 튀어 오른다. 이것은 계단함수(*step function*)라고 하며, 1자유도 시스템을 가진하는 데 사용되어 어떤 기계의 작동 또는 보도의 연석처럼 높이가 다른 표면을 주행하는 자동차의 운동을 해석하는 데 사용된다. 예제 3.1.4에서 정의한 단위 크기를 갖는 계단함수를 헤비사이드 계단함수라고 한다. $x_0 = v_0 = 0$이고 $F(t)$가 그림 3.6과 같이 주어질 때, 다음 식의 해를 구하라.

$$m\ddot{x} + c\dot{x} + kx = F(t) = \begin{Bmatrix} 0, & 0 < t < t_0 \\ F_0, & t \geq t_0 \end{Bmatrix} \tag{3.14}$$

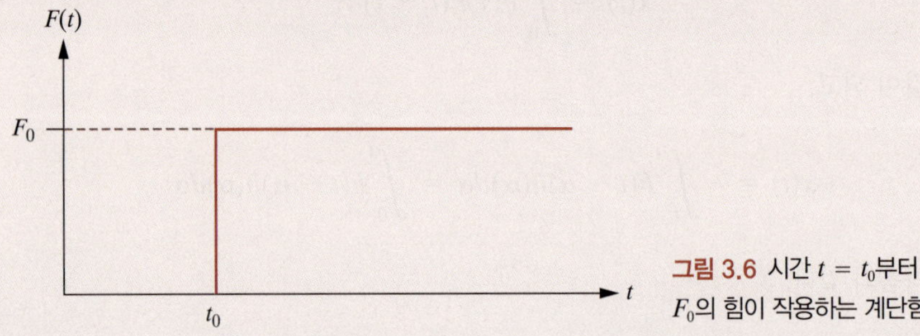

그림 3.6 시간 $t = t_0$부터 크기 F_0의 힘이 작용하는 계단함수

여기서 m, c, k 값은 시스템이 부족감쇠($0 < \zeta < 1$)가 되도록 주어진다고 가정한다.

풀이 식 (3.13)에 의해 주어진 컨벌루션 적분을 직접 적용하여 다음 결과를 얻는다.

$$\begin{aligned} x(t) &= \frac{1}{m\omega_d} e^{-\zeta\omega_n t}\left[\int_0^{t_0} (0)e^{\zeta\omega_n\tau}\sin\omega_d(t-\tau)d\tau + \int_{t_0}^{t} F_0 e^{\zeta\omega_n\tau}\sin\omega_d(t-\tau)d\tau\right] \\ &= \frac{F_0}{m\omega_d} e^{-\zeta\omega_n t}\int_{t_0}^{t} e^{\zeta\omega_n\tau}\sin\omega_d(t-\tau)d\tau \end{aligned}$$

적분표를 이용하여 이 적분값을 계산하면 다음과 같다.

$$x(t) = \frac{F_0}{k} - \frac{F_0}{k\sqrt{1-\zeta^2}} e^{-\zeta\omega_n(t-t_0)}\cos[\omega_d(t-t_0) - \theta] \quad t \geq t_0 \tag{3.15}$$

여기서

$$\theta = \tan^{-1}\frac{\zeta}{\sqrt{1-\zeta^2}} \tag{3.16}$$

만일 $t_0 = 0$이면, 식 (3.15)는 다음과 같이 되고,

$$x(t) = \frac{F_0}{k} - \frac{F_0}{k\sqrt{1-\zeta^2}} e^{-\zeta\omega_n t}\cos(\omega_d t - \theta) \tag{3.17}$$

또한 감쇠가 없으면($\zeta = 0$), 이것은 더 간단히 다음과 같이 정리할 수 있다.

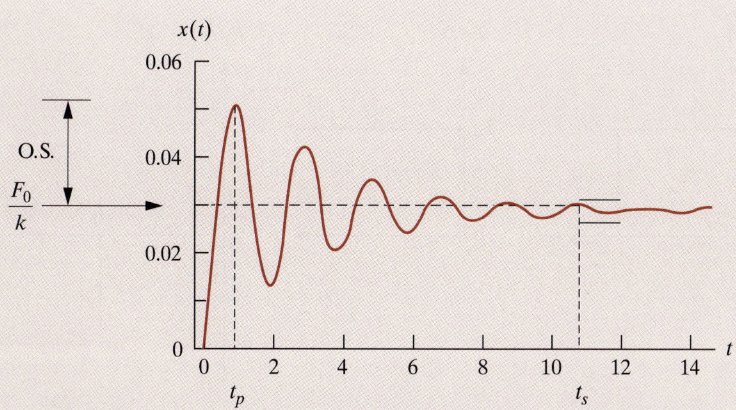

그림 3.7 $\zeta = 0.1$, $\omega_n = 3.16$ rad/s인 경우, 그림 3.6의 계단가진에 대한 부족감쇠 시스템의 응답(여기서 $F_0 = 30$ N, $k = 1000$ N/m, $t_0 = 0$)

$$x(t) = \frac{F_0}{k}(1 - \cos\omega_n t) \tag{3.18}$$

식 (3.17)에 주어진 감쇠응답을 살펴보면, 시간이 많이 경과하면 응답의 두 번째 항은 소멸되고, 정상상태는 다음과 같다.

$$x_{ss}(t) = \frac{F_0}{k} \tag{3.19}$$

사실상 식 (3.15)와 (3.17)에 의해 주어지는 부족감쇠 계단응답은 그림 3.7에서 보는 것처럼 일정한 함수 F_0/k에서 감쇠되는 진동을 뺀 것과 같다.

계단입력을 받는 진동 시스템의 설계에서 응답이 최댓값에 도달되는 시간을 **피크시간**(*time to peak*)이라 하고, 그림 3.7에서 t_p로 표시되어 있다. 이것은 응답의 성질을 평가하는 데 사용된다. 계단응답의 특성을 나타내는 또 다른 양으로, 정상상태값을 초과하는 응답의 최댓값, 그림 3.7에서 O.S.로 표시되는 **오버슈트**(*overshoot*)와 t_s로 표시되는 **정착시간**(*settling time*)이 있다. 정착시간이란 응답이 정상상태응답의 어떤 비율 내에 도달하여 머무는 데 걸리는 시간을 말한다. $t_0 = 0$인 경우에 t_p와 t_s는 $t_p = \pi/\omega_d$와 $t_s = 3.5/\zeta\omega_n$으로 주어진다. 여기서 피크시간은 엄밀한 값이고(연습문제 3.25 참조), 정착시간은 응답이 정상상태값에서 3% 이내에 머물게 되는 근사값이다.

예제 3.2.2

진동에서 또 다른 일반적인 가진은 짧은 시간 동안 가해졌다가 제거되는 일정한 크기의 힘이다. 그림 3.8은 그러한 힘의 대략적인 모델을 나타낸다. 이 가진에 대한 부족감쇠 시스템의 응답을 계산하라.

풀이 이 펄스 모양의 하중은 그림 3.8에서 보는 것처럼 예제 3.2.1에서 계산된 계단함수의 조합으로 나타낼 수 있다. 선형 시스템이므로 $F(t) = F_1(t) + F_2(t)$에 대한 1자유도 시스템의 응답은 $F_1(t)$에 대한 응답과 $F_2(t)$에 대한 응답의 합이다. 먼저 $F_1(t)$에 대한 부족감쇠 시스템의 응답을 고려한다. 이 응답

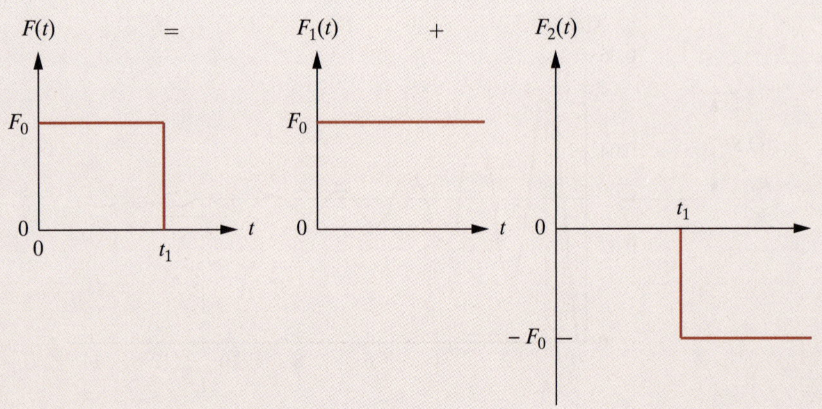

그림 3.8 t_1초 동안 지속되는 크기 F_0의 사각 펄스 가진은 0에서 시작되는 크기 F_0의 계단함수와 t_1에서 시작되는 크기 $-F_0$의 계단함수의 합으로 나타낼 수 있다[즉 $F(t) = F_1(t) + F_2(t)$].

은 예제 3.2.1에서 $t_0 = 0$에 대해 계산되었고 식 (3.17)과 같다. 다음에는 $F_2(t)$에 대한 시스템 응답을 고려한다. 이것은 식 (3.15)에서 F_0 대신 $-F_0$, t_0 대신 t_1을 대입한 결과와 같다. 따라서 식 (3.17)에서 식 (3.15)를 빼면 그림 3.8의 사각펄스에 대한 응답은 다음과 같다.

$$x(t) = \frac{F_0 e^{-\zeta\omega_n t}}{k\sqrt{1-\zeta^2}}\{e^{\zeta\omega_n t_1}\cos[\omega_d(t-t_1)-\theta] - \cos(\omega_d t - \theta)\}, \qquad t > t_1$$

여기서 θ는 식 (3.16)에 의해 정의된다. 그림 3.9는 서로 다른 펄스폭 t_1에 대한, 위의 응답곡선을 보여준다. 여기서 주목할 만한 것은 $t_1 > \pi/\omega_n$인 경우의 응답이 $t_1 < \pi/\omega_n$인 경우의 응답과 상당히 다르고 최대 진폭이 약 5배나 되는 점이다. 또한 정상상태응답은 (즉 상당 시간 경과 후) 이 경우에 영이다.

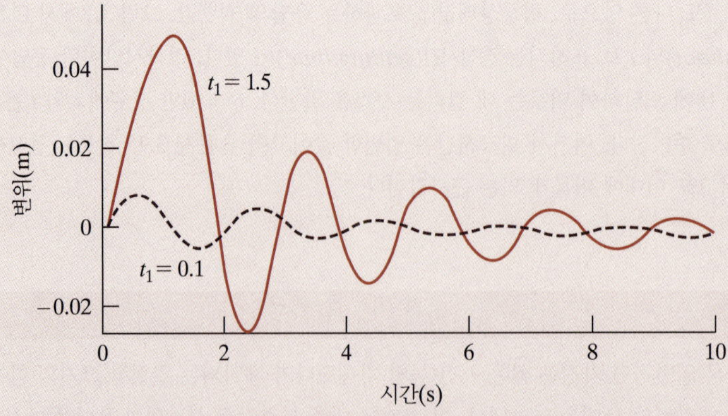

그림 3.9 폭 t_1인 사각펄스 입력에 대한 부족감쇠 시스템의 응답. 점선은 $t_1 = 0.1 < \pi/\omega_n$인 경우이고, 실선은 $t_1 = 1.5 > \pi/\omega_n$인 경우이다. 두 곡선 모두 $F_0 = 30$ N, $k = 1000$ N/m, $\zeta = 0.1$, $\omega_n = 3.16$ rad/s인 경우이다.

예제 3.2.3

질량 m_d의 흙더미를 트럭 적재함 바닥에 쏟아 부었다. 트럭 적재함은 스프링–질량–감쇠기 시스템(각각 값이 k, m, c)으로 모델링된다. 하중은 그림 3.10에서처럼 스프링–질량–감쇠기 시스템에 $F(t) = m_d g$의 힘을 가하는 것으로 모델링된다. 이것은 트럭에 화물을 실을 때 트럭 현가장치의 응답을 대략적으로 해석할 수 있게 해 준다. 트럭 적재함의 진동응답을 계산하고 정적 하중에 대한 최대 변위와 비교하라.

풀이 이 경우에 입력 힘은 단순히 상수이다[즉 $F(t) = m_d g$]. 따라서 진동방정식은 다음과 같다.

$$m\ddot{x} + c\dot{x} + kx = \begin{cases} m_d g & t > 0 \\ 0 & t \leq 0 \end{cases}$$

예제 3.2.1의 식 (3.17)로부터 응답은 ($F_0 = m_d g$라고 하면) 다음과 같다.

$$x(t) = \frac{m_d g}{k}\left[1 - \frac{1}{\sqrt{1-\zeta^2}} e^{-\zeta\omega_n t}\cos(\omega_d t - \theta)\right]$$

이 결과의 특성에 대해 대략적인 아이디어를 얻기 위해 이것의 비감쇠값을 고려하면 다음과 같고,

$$x(t) = \frac{m_d g}{k}(1 - \cos\omega_n t)$$

이것의 최대 진폭(t가 $\cos\omega_n t = -1$이 되는 값을 가질 때)은 다음과 같다.

$$x_{\max} = 2\frac{m_d g}{k}$$

이것은 정적 변위의 2배가 된다(즉 흙더미가 트럭에 서서히 그리고 조심스럽게 놓일 때 트럭에 생기는 변위의 2배). 따라서 만일 안전계수도 없이 정적 하중만을 고려하여 트럭의 스프링을 설계했다면, 같은 중량의 화물이 트럭에 동적으로 가해질 때(즉 떨어뜨려질 때) 트럭의 스프링은 파손되거나 영구 변형될 것이다. 따라서 동적 하중이 예상되는 구조물을 설계할 때는 진동(동적)응답을 고려해야 한다.

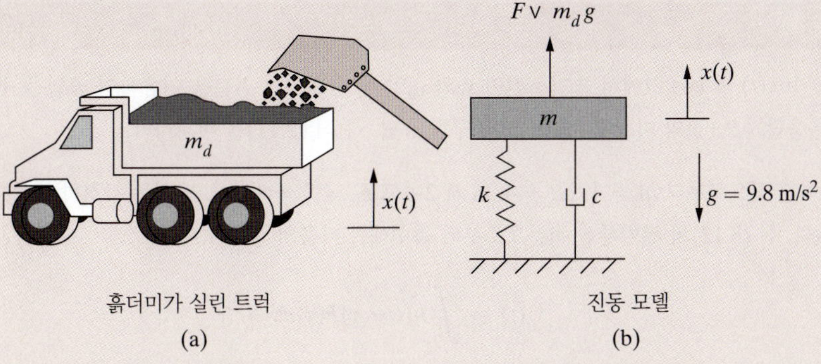

그림 3.10 무게 $m_d g$의 흙더미가 실리고 있는 트럭의 모델과 흙더미의 무게를 일정한 힘으로 간주하는 진동 모델

식 (3.12)의 적분을 앞의 예제들처럼 엄밀하게 구할 수 없는 경우라 할지라도 어느 입력 힘에 대해서나 1자유도 시스템의 응답은 수치계산으로 구할 수 있다. 대략적으로 식 (3.10)에 기초한 일반적인 수치해법 과정은 3.8절에서 논의되는데, 여기서는 2.8절에서 논의한 수치해법을 적용한다. 임의의 가진력함수가 포함된 진동 문제의 해는 수치적분을 써서 구한다.

일반적인 외란(입력) 힘에 대한 응답에는 영이 아닌 초기조건 때문에 나타날 수 있는 응답이 포함되지 않는다. 영이 아닌 초기조건이 주어진 경우에 충격 외란으로 인한 전체 응답에 대해서는 예제 3.1.4에서 다룬 바 있다. 비감쇠 시스템에서 초기조건이 영이 아닐 때 임의의 가진력에 대한 전체 응답은 다음과 같이 컨벌루션을 이용하여 나타낸다.

$$x(t) = x_0 \cos \omega_n t + \frac{v_0}{\omega_n} \sin \omega_n t + \int_0^t h(t - \tau)F(\tau)\, d\tau$$

$t = 0$일 때 특수해와 그 미분(속도)의 컨벌루션은 둘 다 영이므로 제차응답에 미치는 가진력의 효과는 영이라는 점에 주목하라. 반면에 특수해 $x_p(t)$나 그 미분이 $t = 0$에서 영이 아니라면 전체 응답의 형태는 다음과 같다.

$$x(t) = A \cos \omega_n t + B \sin \omega_n t + x_p(t)$$

여기서 상수 A와 B는 초기조건으로부터 정해져야 하며 $t = 0$에서의 x_p와 그 미분값에 의해 영향받게 된다. 맨 나중의 경우에 적분상수 A와 B는 다음과 같다.

$$A = x_0 - x_p(0) \quad \text{그리고} \quad B = \frac{v_0 - \dot{x}_p(0)}{\omega_n}$$

감쇠 시스템에 대해서도 유사한 결과를 얻을 수 있다.

컨벌루션 적분의 수행이 항상 쉬운 것은 아니기 때문에 대개 계산은 수치적으로 한다. 컨벌루션 적분에 라플라스 변환이 종종 유용하게 사용되기도 하나 실제로는 수치적분과 수치계산으로 해를 구한다. 그렇지만 컨벌루션은 신호처리와 수치계산 결과를 이해하는 데 중요한 개념이다.

예제 3.2.4

식 $\ddot{x}(t) + 16x(t) = \cos 2t$에서 초기조건이 x_0와 v_0일 때 컨벌루션 적분을 이용하여 응답을 구하라. 이렇게 구한 응답과 2.1절의 미정계수법에 의해 구한 응답, 즉 식 (2.11)을 비교하라.

풀이 주어진 식으로부터 $m = 1$, $\omega_n = 4$, $\omega = 2$이고 $F_0 = f_0 = 1$이다. 단위는 적정하게 주어진 것으로 가정한다. 식 (3.12)의 컨벌루션 적분으로부터 특수해는 다음의 형태가 된다.

$$x_p(t) = \int_0^t h(t - \tau)F(\tau)d\tau$$

여기서 비감쇠 시스템에 대한 임펄스응답함수 $h(t - \tau)$는 식 (3.8)에서 $\zeta = 0$인 경우에 해당한다. 질량과 진동수에 대해 위의 값을 대입하면 임펄스응답함수는 다음과 같다.

$$h(t - \tau) = \frac{1}{4}\sin(4t - 4\tau)$$

따라서 특수해에 대한 컨벌루션 적분은 다음과 같으며,

$$x_p(t) = \frac{1}{4}\int_0^t \sin(4t - 4\tau)\cos(2\tau)d\tau$$

위의 식을 적분하면(기호 연산 프로그램 또는 삼각함수 공식을 반복적으로 이용하여) 다음과 같다.

$$x_p(t) = \frac{1}{4}\left(\frac{\cos(4t - 2\tau)}{4} + \frac{\cos(4t - 6\tau)}{12}\right)_0^t = \frac{1}{12}(\cos 2t - \cos 4t)$$

따라서 전체 해는 다음의 형태가 되며,

$$x(t) = A\sin 4t + B\cos 4t + \frac{1}{12}(\cos 2t - \cos 4t)$$

적분상수 A와 B를 구하기 위해 초기조건을 이용하면 다음을 얻는다.

$$x(0) = x_0 = A\sin(0) + B\cos(0) + \frac{1}{12}(\cos(0) - \cos(0)),$$

$$\dot{x}(0) = v_0 = 4A\cos(0) + 4x_0\sin(0) - \frac{2}{12}\sin(0) + \frac{4}{12}\sin(0)$$

위의 식을 A와 B에 대해 풀면 다음과 같다.

$$A = \frac{v_0}{4} \text{ 그리고 } B = x_0$$

이 값을 대입하면 전체 해는 다음과 같다.

$$x(t) = \frac{v_0}{4}\sin 4t + (x_0 - \frac{1}{12})\cos 4t + \frac{1}{12}\cos 2t$$

이렇게 구한 해는 $m = 1$, $\omega_n = 4$, $\omega = 2$, $F_0 = f_0 = 1$, 그리고 $\omega_n^2 - \omega^2 = 12$일 때 식 (2.11)의 해와 완전히 일치한다.

이 예제를 통해 두 개의 다른 방법이 예상대로 같은 결과를 낳는다는 것을 알 수 있다. 미정계수법은 계산상으로 더 간단하기는 하나 오직 조화가진 강제함수에 대해서만 적용할 수 있다. 컨벌루션 적분법은 더 복잡하기는 하나 어떤 형태의 가진강제함수에도 적용할 수 있기 때문에 더 일반적 방법이라고 할 수 있다.

3.3 임의의 주기입력에 대한 응답

이 절에서는 주기입력(periodic input)이라는 특별한 경우를 고려한다. 주기입력에 대한 응답도 3.2절의 방법으로 계산할 수 있다. 그러나 주기적인 교란은 흔히 발생하기 때문에 특별히 고려할 만한 가치가 있다. 2장에서 조화입력에 대한 응답을 고려한 바 있다. **조화입력**(***harmonic input***)이란 용어는 단일 주파수의 사인파 구동함수(sinusoidal driving function)를 의미한다. 3장에서는

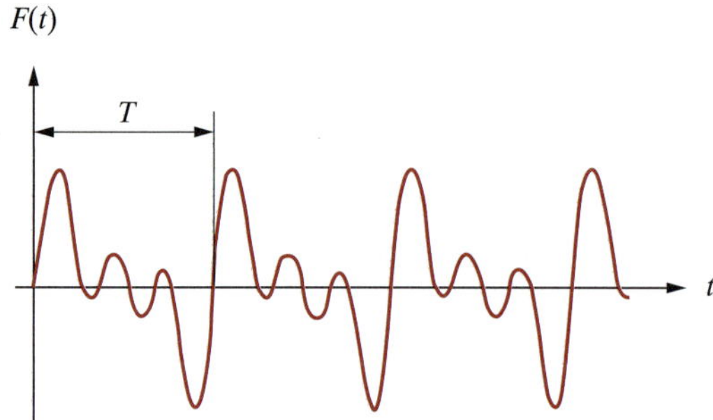

그림 3.11 주기 T인 일반적 주기함수의 예

임의의 주기입력에 대한 응답을 고려한다. 주기함수(periodic function)는 시간에 따라 반복되는 모든 함수를 가리킨다[즉 주기라고 하는 어떤 고정된 시간 T가 존재해서 시간 t의 모든 값에 대해 $f(t) = f(t + T)$를 만족시키는 모든 함수]. 간단한 예로, 서로 다른 주파수의 두 사인파의 합으로 이루어진 함수를 들 수 있다. 그림 3.11은 주기가 T인 일반적인 주기함수 $F(t)$의 예를 보여준다. 그림에서 주기함수는, 만일 주기 T보다 작은 구간에서 보면 주기적으로 보이지 않음에 주목하라. 그러나 이 함수는 T초마다 계속 반복된다.

푸리에(Fourier)의 정리에 의하면, 주기가 T인 임의의 주기함수 $F(t)$는 다음과 같이 무한급수(infinite series)로 표시할 수 있다.

$$F(t) = \frac{a_0}{2} + \sum_{n=1}^{\infty}(a_n \cos n\omega_T t + b_n \sin n\omega_T t) \tag{3.20}$$

여기서 $\omega_T = 2\pi/T$이고 주어진 주기함수 $F(t)$에 대해 계수 a_0, a_n, b_n은 다음 식으로 계산된다.

$$a_0 = \frac{2}{T}\int_0^T F(t)dt \tag{3.21}$$

$$a_n = \frac{2}{T}\int_0^T F(t)\cos n\omega_T t\, dt \quad n = 1, 2, \cdots \tag{3.22}$$

$$b_n = \frac{2}{T}\int_0^T F(t)\sin n\omega_T t\, dt \quad n = 1, 2, \cdots \tag{3.23}$$

첫 번째 계수 a_0는 함수 $F(t)$의 1주기 평균의 2배가 된다. 계수 a_0, a_n, b_n을 푸리에 계수(*Fourier coefficient*)라 한다. 식 (3.20)의 급수는 푸리에 급수(*Fourier series*)라 하고, 이 푸리에 급수에 대한 더 자세한 설명은 대부분의 미분방정식 입문 교재에 나와 있다(예: Boyce et al, 2017).

푸리에 급수는 이 급수에 사용되는 삼각함수의 특별한 성질 때문에 유용하고 비교적 간단히 적용된다. 직교성(*orthogonality*)이라 하는 이 특별한 성질은 다음과 같이 기술된다.

$$\int_0^T \sin n\omega_T t \sin m\omega_T t\, dt = \begin{cases} 0 & m \neq n \\ T/2 & m = n \end{cases} \tag{3.24}$$

$$\int_0^T \cos n\omega_T t \cos m\omega_T t \, dt = \begin{cases} 0 & m \neq n \\ T/2 & m = n \end{cases} \tag{3.25}$$

$$\int_0^T \cos n\omega_T t \sin m\omega_T t \, dt = 0 \tag{3.26}$$

여기서 m과 n은 정수이다. 이 세 직교성 조건은 직접 적분에 의해 증명된다. 이 직교성(즉 두 함수의 곱의 적분이 영이 된다)은 진동해석에서 반복적으로 사용되며 특히 4, 6, 7, 8장에서 많이 사용된다. 직교성은 정역학과 동역학에서도 사용된다(즉 단위벡터는 직교한다).

푸리에 해석에서 구간 $0 < t < T$에서의 사인과 코사인함수의 직교성은 식 (3.21), (3.22), (3.23)을 유도하는 데 사용된다. 이 계수값은 다음과 같이 유도된다. 식 (3.20)에 $\cos m\omega_T t$를 곱하고 주기 T의 구간에서 적분해서 푸리에 계수 a_n을 구한다. 마찬가지로 계수 b_n은 $\sin m\omega_T t$를 곱하고 적분해서 구한다. 삼각함수의 직교성에 의해 식 (3.20)의 우변의 합은 한 항만을 제외하고 모두 영이 된다. 위에 언급된 직교성에 의해 적분곱 $\int_0^T F(t) \sin m\omega_T t \, dt$의 모든 항은 b_m을 포함하는 항을 제외하고 모두 영이다. 이렇게 해서 식 (3.23)을 얻게 된다. 마찬가지로 a_m을 포함하는 항을 제외한 급수 $\int_0^T F(t) \cos m\omega_T \, dt$의 모든 항은 영이 된다. 이렇게 해서 식 (3.22)를 얻는다. 계속해서 푸리에 급수의 합 중에서 n의 모든 값에 대해 이 과정을 반복할 수 있다. 다음 예제는 간단한 힘에 대해 푸리에 계수를 구하는 과정을 보여준다.

예제 3.3.1

그림 3.12에 나타나 있는 주기 T의 삼각파(triangular wave)는 다음과 같이 기술된다.

$$F(t) = \begin{cases} \frac{4}{T}t - 1 & 0 \leq t \leq \frac{T}{2} \\ 1 - \frac{4}{T}\left(t - \frac{T}{2}\right) & \frac{T}{2} \leq t \leq T \end{cases}$$

이 함수에 대한 푸리에 계수를 구하라.

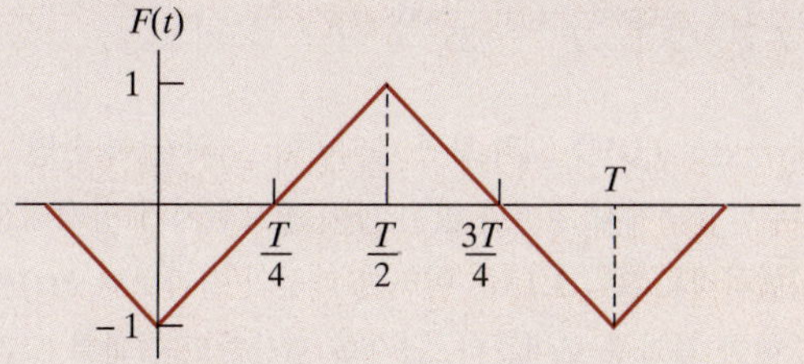

그림 3.12 주기가 T인 삼각파

풀이 식 (3.21)의 직접 적분에 의해 다음을 얻는다.

$$a_0 = \frac{2}{T}\int_0^{T/2}\left(\frac{4}{T}t - 1\right)dt + \frac{2}{T}\int_{T/2}^{T}\left[1 - \frac{4}{T}\left(t - \frac{T}{2}\right)\right]dt = 0$$

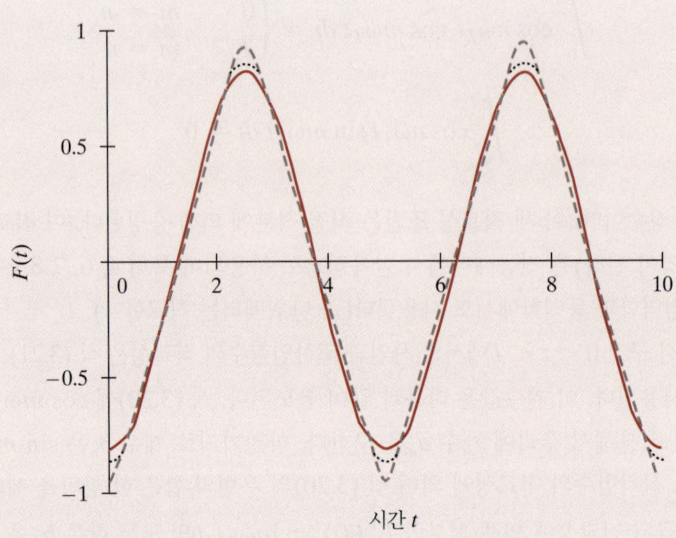

그림 3.13 푸리에 급수에서 하나의 항(두꺼운 점선), 두 항(점선), 네 항(실선)을 사용하여 $F(t)$를 계산한 결과가 어떻게 그림 3.12의 $F(t)$ 선도에 접근하는지를 나타낸다.

또한 이것은 한 주기에 걸친 삼각파의 평균값에 해당된다. 마찬가지로, 식 (3.23)의 적분은 모든 n에 대해 $b_n = 0$의 결과를 준다. 식 (3.22)에 의해 다음과 같다.

$$a_n = \frac{2}{T}\int_0^{T/2}\left(\frac{4}{T}t - 1\right)\cos n\omega_T t\,dt + \frac{2}{T}\int_{T/2}^{T}\left[1 - \frac{4}{T}\left(t - \frac{T}{2}\right)\right]\cos n\omega_T t\,dt$$

$$= \begin{cases} 0 & n \text{ 짝수} \\ \dfrac{-8}{\pi^2 n^2} & n \text{ 홀수} \end{cases}$$

따라서 이 함수의 푸리에 표시는 다음과 같으며

$$F(t) = -\frac{8}{\pi^2}\left[\cos\frac{2\pi}{T}t + \frac{1}{9}\cos\frac{6\pi}{T}t + \frac{1}{25}\cos\frac{10\pi}{T}t \ldots\right]$$

주파수는 $2\pi/T$이다. 한 번에 한 항씩 더해 가면서 $F(t)$를 그려 보면 유익하다. 이와 같이 하면 그림 3.12와 같은 $F(t)$의 적당한 표현을 얻기 위해 무한급수에서 얼마나 많은 항이 필요한지가 명백해진다(이러한 수렴성을 살펴보려면 MATLAB을 실행하라). 그림 3.13은 이러한 과정의 결과로서 $F(t)$를 푸리에 급수의 첫 항부터 네 번째 항까지 차례로 더한 결과를 보여준다. 급수를 계산하고 결과를 그리기 위한 MATLAB 코드는 3.8절에 주어져 있다.

푸리에 급수를 사용하여 불연속점이 있는 주기함수를 근사적으로 나타낼 때는 불연속점에서 급수의 오버슈트(즉 떨림 현상)가 나타나는 점에 주목해야 한다. 이러한 오버슈트를 깁스(Gibbs)

현상이라 한다.

주기적으로 작용하는 일반적인 힘은 사인과 코사인의 합으로 표시되고 고려대상 시스템이 선형이므로, 1자유도 시스템의 응답은 푸리에 급수의 각 항에 대한 응답을 계산하고 그 결과를 더함으로써 얻는다. 이 과정은 1자유도 시스템에 대한 입력이 하나의 사인과 코사인 항의 합으로 이루어졌던 식 (2.63)의 바닥가진 문제의 해를 구하는 과정과 비슷하다. 이것이 중첩과 푸리에 급수를 같이 이용하여, 임의의 주기입력에 대한 해를 구하는 방법이다. 즉 $F(t)$가 주기함수일 때, 다음 식이 되는데,

$$m\ddot{x} + c\dot{x} + kx = F(t) \tag{3.27}$$

특수해 $x_p(t)$는 다음과 같이 쓸 수 있다.

$$x_p(t) = x_1(t) + \sum_{n=1}^{\infty}[x_{cn}(t) + x_{sn}(t)] \tag{3.28}$$

여기서 특수해 $x_1(t)$는 다음 식을 만족하고,

$$m\ddot{x}_1(t) + c\dot{x}_1(t) + kx_1(t) = \frac{a_0}{2} \tag{3.29}$$

특수해 $x_{cn}(t)$는 모든 n 값에 대해 다음 식을 만족하고,

$$m\ddot{x}_{cn} + c\dot{x}_{cn} + kx_{cn} = a_n \cos n\omega_T t \tag{3.30}$$

특수해 $x_{sn}(t)$는 모든 n 값에 대해 다음 식을 만족한다.

$$m\ddot{x}_{sn} + c\dot{x}_{sn} + kx_{sn} = b_n \sin n\omega_T t \tag{3.31}$$

식 (3.30)과 (3.31)의 해는 2.2절에서 계산되었고, 식 (3.29)의 해는 3.2절에서 계산되었다. 만일 시스템이 영이 아닌 초기조건을 갖게 되면, 그것도 고려해야 한다.

식 (3.29)의 특수해는 식 (3.17)에서 $F_0 = a_0/2$인 경우에 계산된 계단응답과 같고, 그 결과는 다음과 같다.

$$x_1(t) = \frac{a_0}{2k} \tag{3.32}$$

식 (3.30)의 특수해는 식 (2.36)에 의해 계산되어 다음과 같고,

$$x_{cn}(t) = \frac{a_n/m}{[[\omega_n^2 - (n\omega_T)^2]^2 + (2\zeta\omega_n n\omega_T)^2]^{1/2}} \cos(n\omega_T t - \theta_n) \tag{3.33}$$

여기서 다음과 같이 나타낼 수 있다.

$$\theta_n = \tan^{-1}\frac{2\zeta\omega_n n\omega_T}{\omega_n^2 - (n\omega_T)^2}$$

마찬가지로 식 (3.31)의 특수해는 다음과 같이 계산된다.

$$x_{sn}(t) = \frac{b_n/m}{[[\omega_n^2 - (n\omega_T)^2]^2 + (2\zeta\omega_n n\omega_T)^2]^{1/2}} \sin(n\omega_T t - \theta_n) \tag{3.34}$$

그러면 식 (3.27)의 전체 특수해는 식 (3.28)에서 보듯이 식 (3.32), (3.33), (3.34)의 합으로 주어진다. 전체 해 $x(t)$는 위에서 계산한 특수해 $x_p(t)$와 1.3절에서 구한 제차해의 합으로 표시된다. 부족감쇠의 경우($0 < \zeta < 1$), 이 해는 다음과 같다.

$$x(t) = Ae^{-\zeta\omega_n t} \sin(\omega_d t + \phi) + \frac{a_0}{2k} + \sum_{n=1}^{\infty} [x_{cn}(t) + x_{sn}(t)] \tag{3.35}$$

여기서 A와 ϕ는 초기조건에 의해 결정된다. 식 (2.37)과 같은 단순조화입력의 경우와 마찬가지로 과도응답을 나타내는 상수 A와 ϕ는 식 (1.38)에 주어진 자유응답에 대한 계산 결과와는 달라진다. 그 이유는 식 (3.35)의 과도항(transient term) 중 일부는 초기조건에 의한 것이고, 나머지 일부는 가진력 $F(t)$에 의한 것이기 때문이다.

윈도우 3.3 | 2.4절에서 다룬 바닥가진 문제

바닥가진 문제는 스프링–감쇠기 연결을 통해 주파수 ω_b와 진폭 Y의 조화변위에 의해 가진되는 질량의 운동 $x(t)$를 구하기 위해 다음 식의 해를 구하는 것이다.

$$\ddot{x} + 2\zeta\omega_n\dot{x} + \omega_n^2 x = 2\zeta\omega_n\omega_b Y \cos\omega_b t + \omega_n^2 Y \sin\omega_b t$$

이것은 식 (3.37)의 우변 두 번째 항과 같은 특수해를 갖는다.

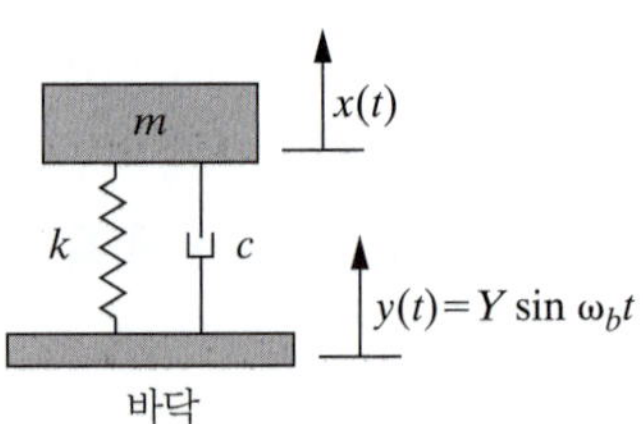

예제 3.3.2

2.4절에서의 바닥가진 문제를 고려하고(윈도우 3.3 참조), 초기조건 $x_0 = 0.01$ m와 $v_0 = 3.0$ m/s에 대한 시스템의 전체 응답을 계산하라. $\omega_b = 3$ rad/s, $m = 1$ kg, $c = 10$ kg/s, $k = 1000$ N/m, $Y = 0.05$ m로 가정하라.

풀이 운동방정식은 다음과 같은 주기입력을 갖는 식 (2.66)으로 주어진다.

$$F(t) = cY\omega_b \cos\omega_b t + kY \sin\omega_b t \tag{3.36}$$

계수를 식 (3.20)의 푸리에 전개와 비교하면, $a_0 = 0$, $a_n = b_n = 0(n > 1$인 경우), 그리고 다음을 얻는다.

$$a_1 = cY\omega_b = (10\ \text{kg/s})(0.05\ \text{m})(3\ \text{rad/s}) = 1.5\ \text{N}$$
$$b_1 = kY = (1000\ \text{N/m})(0.05\ \text{m}) = 50\ \text{N}$$

식 (3.30)의 $x_{c1}(t)$에 대한 해는 식 (2.68)과 (2.69)로 구하고, 식 (3.31)의 $x_{s1}(t)$에 대한 해는 식 (2.69)와 (2.70)으로 구한다. 식 (3.28)에 나타난 해의 합은 식 (2.71)로 구해서 전체 해는 다음과 같으며,

$$x(t) = Ae^{-\zeta\omega_n t}\sin(\omega_d t + \phi) + \omega_n Y\left[\frac{\omega_n^2 + (2\zeta\omega_b)^2}{(\omega_n^2 - \omega_b^2)^2 + (2\zeta\omega_n\omega_b)^2}\right]^{1/2}\cos(\omega_b t - \theta_1 - \theta_2) \quad (3.37)$$

여기서 A와 ϕ는 초기조건에 의해 결정되고, θ_1과 θ_2는 식 (2.69)와 (2.72)로 정의된다. 그리고 $\zeta = c/(2\sqrt{km}) = 0.158$, $\omega_n = \sqrt{k/m} = 31.62\ \text{rad/s}$이므로 위상각은 다음과 같고,

$$\theta_1 = \tan^{-1}\left(\frac{2(0.158)(31.62)(3)}{(31.62)^2 - (3)^2}\right) = 0.03\ \text{rad}$$
$$\theta_2 = \tan^{-1}\left(\frac{31.62}{(2)(0.158)(3)}\right) = 1.541\ \text{rad}$$

크기는 다음과 같다.

$$\omega_n Y\left[\frac{\omega_n^2 + (2\zeta\omega_b)^2}{(\omega_n^2 - \omega_b^2)^2 + (2\zeta\omega_n\omega_b)^2}\right]^{1/2} = (31.62)(0.05)\left\{\frac{(31.62)^2 + [2(0.158)(3)]^2}{[(31.62)^2 - (3)^2]^2 + [2(0.158)(3)(31.62)]^2}\right\}^{1/2}$$
$$= 0.05\ \text{m}$$

식 (3.37)에서 주어진 해는 다음과 같은 형태가 되고,

$$x(t) = Ae^{-5t}\sin(31.22t + \phi) + 0.05\cos(3t - 1.571) \quad (3.38)$$

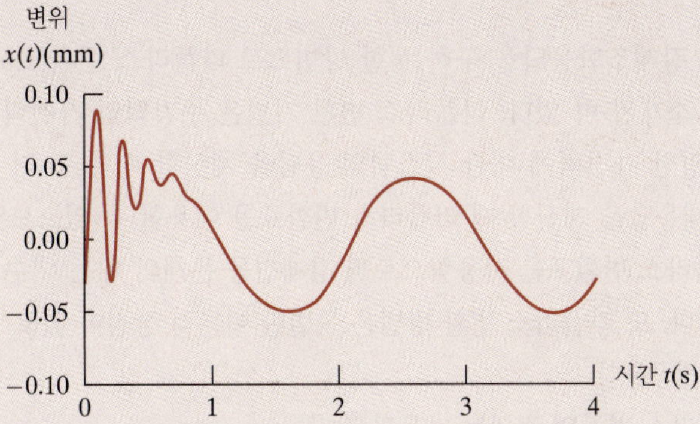

그림 3.14 예제 3.3.1에서 구한 바닥가진에 대한 스프링-질량-감쇠기 시스템의 전체 시간응답

여기서 $\omega_d = \omega_n\sqrt{1 - \zeta^2} = 31.225$ rad/s이다. 이것은 $t = 0$에서 다음과 같다.

$$x(0) = A\sin(\phi) + 0.05\cos(-1.571)$$

또는

$$0.01 = A\sin\phi + (0.05)(-0.00204) \tag{3.39}$$

$x(t)$를 미분하면 다음과 같고

$$\dot{x}(t) = Ae^{-5t}\cos(31.225t + \phi)(31.225) - 5Ae^{-5t}\sin(31.225t + \phi) - 0.15\sin(3t - 1.571)$$

이것은 $t = 0$일 때 다음과 같다.

$$3 = (31.225)A\cos(\phi) - 5A\sin(\phi) - 0.15\sin(-1.571) \tag{3.40}$$

식 (3.39)와 (3.40)은 적분상수 A와 ϕ 두 미지수에 대한 두 개의 방정식을 나타낸다. 이 식을 풀면 $A = -0.0096$ m와 $\phi = 0.1083$ rad을 얻고, 따라서 전체 해는 다음과 같다.

$$x(t) = 0.09341e^{-5t}\sin(31.225t + 0.1074) + 0.05\cos(3t - 1.571)$$

그림 3.14는 이 해를 보여준다. 1초 후에는 과도 성분이 눈에 띄지 않음에 주목하라. 3.9절의 예제 3.9.3을 보면 동일한 문제의 수치해와 비교해 볼 수 있다.

복잡한 입력에 대한 응답을 해석적 방법으로 계산하려면 지루한 연산이 필요하다. 계산 소프트웨어가 발달함에 따라 실무 기술자가 해를 구하기 위해 수치해법을 더 많이 사용하게 될 것이다. 비록 근사계산이지만 수치해법을 사용하면 계단함수와 주기가 긴 외란을 포함하는 복잡한 입력에 대해 시스템의 응답을 신속하게 계산할 수 있다. 수치해법은 3.9절에서 다룬다.

3.4 변환법

1자유도 시스템의 강제조화응답을 구하는 한 방법으로 라플라스 변환(Laplace transform)이 2.3절에서 간단히 소개된 바 있다. 라플라스 변환 기법은 주기적인 가진력이나 비주기적인 가진력을 막론하고 다양한 가진력에 대한 시스템의 응답을 계산할 때 한층 더 유용하다. 미분방정식을 풀 때, 특히 강제응답을 계산할 때 라플라스 변환표를 이용할 수 있으므로 라플라스 변환 기법이 쓸모 있다. 라플라스 변환표를 사용함으로써 강제진동 문제의 해는 대수 계산과 표 찾기(table lookup)로 귀결된다. 또 라플라스 변환 방법은 특별한 이론적 장점이 있고 실험에서 진동 측정 시 매우 유용한 식을 제공한다.

함수 $f(t)$의 라플라스 변환의 정의는 다음과 같다.

$$L[f(t)] = F(s) = \int_0^\infty f(t)e^{-st}dt \tag{3.41}$$

여기서 $f(t)$는 $t < 0$일 때 $f(t) = 0$이 되는 적분 가능한 함수이다. 변수 s는 복소수이다. 라플라스 변환은 함수의 영역을 양의 실직선(t)으로부터 복소평면(s)으로 바꾸어 준다. 다음 예제에서 볼 수 있듯이 라플라스 변환과정에서 적분을 수행하면 미분이 곱셈으로 바뀐다.

예제 3.4.1

도함수 $\dot{f}(t)$의 라플라스 변환을 계산하라.

풀이

$$L[\dot{f}(t)] = \int_0^\infty \dot{f}(t)e^{-st}dt = \int_0^\infty e^{-st}\frac{d[f(t)]}{dt}dt$$

부분적분을 하면 다음과 같다.

$$L[\dot{f}(t)] = e^{-st}f(t)\Big|_0^\infty + s\int_0^\infty e^{-st}f(t)\,dt$$

위 식 마지막 항의 적분이 $F(s)$의 정의임을 상기하면 다음과 같이 정리할 수 있다.

$$L[\dot{f}(t)] = sF(s) - f(0)$$

여기서 $F(s)$는 $f(t)$의 라플라스 변환을 의미한다. $\ddot{f}(t)$에 대해 이 과정을 반복하면 다음을 얻는다.

$$L[\ddot{f}(t)] = s^2F(s) - sf(0) - \dot{f}(0)$$

예제 3.4.2

식 (3.14)의 우변에 의해 정의되고 $t_0 = 0$인 경우 $\Phi(t)$로 표시되는 단위계단함수(unit step function)의 라플라스 변환을 계산하라.

풀이

$$L[\Phi(t)] = \int_0^\infty e^{-st}dt = -\frac{e^{-st}}{s}\Big|_0^\infty = -\frac{e^{-\infty}}{s} + \frac{e^{-0}}{s} = \frac{1}{s}$$

기계 시스템의 강제응답을 계산하는 과정은 다음과 같다. 먼저 운동방정식을 라플라스 변환한다. 변환된 식을 응답의 라플라스 변환인 $X(s)$에 대해 대수적으로 푼다. 이것의 역변환을 라플라스 변환표를 이용해서 구하면, 구하고자 하는 응답 $x(t)$를 얻게 된다. 다음 예제는 이 과정을 보여준다. 표 3.1은 라플라스 변환표의 일부를 보여준다.

표 3.1 주요 함수의 라플라스 변환[a]

$F(s)$	$f(t)$
1. 1	$\delta(t)$ 단위임펄스
2. $1/s$	1, 단위계단 $\Phi(t)$
3. $\dfrac{1}{s+a}$	e^{-at}
4. $\dfrac{1}{(s+a)(s+b)}$	$\dfrac{1}{b-a}\left(e^{-at}-e^{-bt}\right)$
5. $\dfrac{\omega_n}{s^2+\omega_n^2}$	$\sin\ \omega_n t$
6. $\dfrac{s}{s^2+\omega_n^2}$	$\cos\ \omega_n t$
7. $\dfrac{1}{s(s^2+\omega_n^2)}$	$\dfrac{1}{\omega_n^2}(1-\cos\omega_n t)$
8. $\dfrac{1}{s^2+2\zeta\omega_n s+\omega_n^2}$	$\dfrac{1}{\omega_d}\ e^{-\zeta\omega_n t}\ \sin\omega_d t,\ \zeta<1,\ \omega_d=\omega_n\sqrt{1-\zeta^2}$
9. $\dfrac{\omega_n^2}{s(s^2+2\zeta\omega_n s+\omega_n^2)}$	$1-\dfrac{\omega_n}{\omega_d}\ e^{-\zeta\omega_n t}\ \sin\left(\omega_d t+\phi\right),\ \phi=\cos^{-1}\zeta,\ \zeta<1$
10. $\dfrac{1}{\left(s^2+\omega_n^2\right)\left(s^2+\omega^2\right)}$	$\dfrac{1}{\omega\left(\omega_n^2-\omega^2\right)}\sin\omega t-\dfrac{1}{\omega_n\left(\omega_n^2-\omega^2\right)}\sin\omega_n t$
11. $\dfrac{s}{\left(s^2+\omega_n^2\right)\left(s^2+\omega^2\right)}$	$\dfrac{\cos\omega t-\cos\omega_n}{\left(\omega_n^2-\omega^2\right)}$
12. e^{-as}	$\delta(t-a)$
13. $F(s-a)$	$e^{at}f(t)\geq 0$
14. $e^{-as}F(s)$	$f(t-a)\Phi(t-a)$

[a]헤비사이드 계단함수 또는 단위계단함수를 여기서는 Φ로 표기했다. 이 함수를 나타내는 다른 기호로는 μ와 H가 있다. 더 자세한 변환표는 부록 B를 참조하라.

예제 3.4.3

비감쇠 스프링-질량 시스템의 단위계단함수에 대한 강제응답을 구하라. 초기조건은 모두 영으로 가정하라.

풀이 운동방정식은 다음과 같다.

$$m\ddot{x}(t)+kx(t)=\Phi(t)$$

이 방정식의 라플라스 변환을 취하면 다음과 같으며

$$(ms^2+k)X(s)=\frac{1}{s}$$

$X(s)$에 대해 대수적으로 풀면 다음을 얻는다.

$$X(s) = \frac{1}{s(ms^2 + k)} = \frac{1/m}{s(s^2 + \omega_n^2)}$$

라플라스 변환의 정의를 생각해 보면, 계수 $1/m$은 적분기호 밖으로 나갈 수 있음에 주목하라. 위의 $X(s)$에 대한 시간함수는 표 3.1의 7번 식으로 구할 수 있다. 이것은 다음과 같다.

$$x(t) = \frac{1/m}{\omega_n^2}(1 - \cos\omega_n t) = \frac{1}{k}(1 - \cos\omega_n t)$$

물론 $F_0 = 1$인 경우에 식 (3.18)로 주어지는 해와 일치한다.

예제 3.4.4

단위임펄스에 대한 부족감쇠 스프링-질량 시스템의 응답을 계산하라. 초기조건은 모두 영으로 가정하라.

풀이 운동방정식은 다음과 같다.

$$m\ddot{x} + c\dot{x} + kx = \delta(t)$$

예제 3.4.1과 표 3.1의 1번 식을 이용하여 양변에 라플라스 변환을 취하면 다음 식을 얻는다.

$$\left(ms^2 + cs + k\right)X(s) = 1$$

$X(s)$에 대해 풀면 다음과 같다.

$$X(s) = \frac{1/m}{s^2 + 2\zeta\omega_n s + \omega_n^2}$$

$\zeta < 1$이라고 가정하고, 표 3.1의 8번 식을 참조하면 다음을 얻는다.

$$x(t) = \frac{1/m}{\omega_n\sqrt{1-\zeta^2}} e^{-\zeta\omega_n t}\sin\left(\omega_n\sqrt{1-\zeta^2}t\right) = \frac{1}{m\omega_d} e^{-\zeta\omega_n t}\sin\omega_d t$$

이것은 식 (3.6)에 부합된다.

예제 3.4.5

다음 운동방정식에서 $t = \pi$ s에 임펄스가 작용하는 스프링-질량-감쇠기 시스템의 해를 구하라.

$$\ddot{x}(t) + 2\dot{x}(t) + 2x(t) = \delta(t - \pi), \qquad x_0 = v_0 = 0$$

풀이 위 식의 계수로부터 다음을 얻는다.

$$\omega_n = \sqrt{2}\ \text{rad/s}, \quad \zeta = \frac{2}{2\sqrt{2}} = \frac{1}{\sqrt{2}}, \quad \omega_d = \sqrt{2}\sqrt{1 - (1/\sqrt{2})^2} = 1\ \text{rad/s}$$

운동방정식을 라플라스 변환하면 다음과 같고,

$$(s^2 + 2s + 2)X(s) = e^{-\pi s}$$

$X(s)$에 대해 대수적으로 풀면 다음을 얻는다.

$$X(s) = \frac{e^{-\pi s}}{s^2 + 2s + 2} = (e^{-\pi s})\left(\frac{1}{s^2 + 2s + 2}\right)$$

마지막 항을 역변환하면(표 3.1의 8번 항으로부터) 다음과 같이 나타낼 수 있다.

$$L^{-1}\left(\frac{1}{s^2 + 2s + 1}\right) = e^{-t}\sin t$$

표 3.1의 12번 항으로부터 $X(s)$의 역라플라스 변환은 다음과 같다.

$$x(t) = e^{-(t-\pi)}\sin(t - \pi)\Phi(t - \pi) = \begin{cases} 0 & t < \pi \\ e^{-(t-\pi)}\sin(t - \pi) & t \geq \pi \end{cases}$$

예제 3.4.6

초기조건이 x_0, v_0일 때 라플라스 변환을 이용하여 운동방정식 (2.2)를 풀고 식 (2.11)을 증명하라.

풀이 식 (2.2)는 다음과 같다.

$$m\ddot{x}(t) + kx(t) = F_0 \cos \omega t \Rightarrow \ddot{x}(t) + \omega_n^2 x(t) = f_0 \cos \omega t$$

초기조건을 포함한 라플라스 변환을 취하면 다음과 같은 식을 얻는다. ($f_0 = F_0/m$)

$$\left(s^2 + \omega_n^2\right)X(s) - sx_0 - v_0 = f_0\frac{s}{s^2 + \omega^2}$$

여기서 초기조건을 변환하기 위해 예제 3.4.1을 이용했다. $X(s)$를 구하면 다음과 같다.

$$X(s) = f_0\frac{s}{\left(s^2 + \omega_n^2\right)\left(s^2 + \omega^2\right)} + \frac{sx_0}{\left(s^2 + \omega_n^2\right)} + \frac{v_o}{\left(s^2 + \omega_n^2\right)}$$

다음으로 표 3.1의 5, 6, 10번 항목을 이용하여 각 항을 라플라스 역변환하면 다음과 같은 식을 얻는다.

$$x(t) = \frac{f_0}{\left(\omega_n^2 - \omega^2\right)^2}\cos \omega t - \frac{f_0}{\left(\omega_n^2 - \omega^2\right)^2}\cos \omega_n t + x_0 \cos \omega_n t + \frac{v_0}{\omega_n}\sin \omega_n t$$

이는 식 (2.11)과 일치한다.

예제 3.4.7

전자제품을 보호하기 위한 비감쇠 스프링-질량 시스템이 진폭이 0.5인 10 Hz의 바닥운동에 노출된다. 질량의 무게는 100 lb이고, 1000 lb/in의 강성을 갖는 스프링에 의해 바닥과 연결된다. 질량은 초기변위 0.01 in와 초기속도 영을 갖는다. 라플라스 변환법을 이용하여 질량의 응답을 계산하라.

풀이 윈도우 3.3에서 다룬 운동방정식은 비감쇠 시스템에서 다음과 같다.

$$\ddot{x}(t) + \omega^2 x(t) = \omega_n^2 Y \sin \omega_b t$$

라플라스 변환을 취하면 다음과 같다.

$$\left(s^2 + \omega_n^2\right) X(s) - sx_0 - v_0 = \omega_n^2 Y \frac{\omega_b}{s^2 + \omega_b^2}$$

$X(s)$에 대해 간단히 대수적으로 풀면 다음을 얻는다.

$$X(s) = \frac{1}{s^2 + \omega_n^2} \frac{\omega_b \omega_n^2 Y}{s^2 + \omega_b^2} + \frac{sx_0}{s^2 + \omega_n^2} + \frac{v_0}{s^2 + \omega_n^2}$$

표 3.1의 10번과 5번 항목을 참조하면 다음과 같다.

$$X(t) = \frac{\omega_b \omega_n^2 Y}{\omega_n^2 - \omega_b^2} \left[\frac{1}{\omega_b} \sin \omega_b t - \frac{1}{\omega_n} \sin \omega_n t \right] + \frac{v_0}{\omega_n} \sin \omega_n t + x_0 \cos \omega_n t$$

50 Hz에 2π를 곱하여 라디안으로 변환하면 $\omega_b = 62.16$ rad/sec이고, 무게를 질량으로 변환하여 고유진동수를 계산하면 다음과 같다.

$$\omega_n = \sqrt{\frac{k}{W/g}} = \sqrt{\frac{1000 \text{ lb/in} \cdot 386.4 \text{ in/sec}^2}{100 \text{ lb}}} = 62.16 \text{ rad/sec}$$

주어진 값을 이론해에 대입하면 다음과 같다.

$$\begin{aligned} x(t) &= -4.6585 \sin 62.83t + 4.6584 \sin 62.16t + 0.0161 \sin 62.16t + 0.1 \cos 62.16t \\ &= -4.6585 \sin 62.83t + 4.6745 \sin 62.16t + 0.1 \cos 62.16t \text{ in} \end{aligned}$$

이는 공진에 매우 가깝기 때문에, 강제응답 항이 초기조건 응답을 지배한다. 하지만 ω_p와 ω_n이 많이 다르다면 반대의 경우도 성립할 수 있다.

라플라스 변환을 사용해서 문제를 풀 때 표에 나와 있지 않은 경우에는 식 (3.41)의 적분을 역변환한다. $j = \sqrt{-1}$로 표시하면 역변환은 다음과 같다.

$$x(t) = \frac{1}{2\pi j} \int_{-\infty}^{\infty} X(s) e^{st} ds \tag{3.42}$$

라플라스 역변환에 대해서는 부록 B에 더 자세히 설명되어 있다.

라플라스 변환 해석에서 자주 사용되는 기법이 3.2절에서 소개한 컨벌루션의 개념이다. 사실 컨벌루션 적분은 보통 라플라스 변환에서 먼저 정의된다. 영의 초기조건을 가정하고 식 (3.12)의 컨벌루션 적분으로 표현된 응답의 라플라스 변환을 수행하면 다음 관계식을 얻는다.

$$X(s) = F(s)H(s) \tag{3.43}$$

이 관계를 보렐의 정리(Borel's theorem)라고 한다. 여기서 $F(s)$는 가진력 $f(t)$의 라플라스 변환이고, $H(s)$는 임펄스응답함수 $h(t)$의 라플라스 변환이다. 식 (3.8)로 정의된 $h(t)$를 변환하고 표 3.1의 8번 항을 이용하여 $H(s)$를 구하면 다음과 같다.

$$H(s) = \frac{1/m}{s^2 + 2\zeta\omega_n s + \omega_n^2} \tag{3.44}$$

이것이 2.3절의 식 (2.62)로 정의된 1자유도 진동 시스템의 전달함수이다.

또 다른 변환으로, 비주기함수의 푸리에 급수를 고려할 때 나타나는 **푸리에 변환**(*Fourier transform*)이 있다. 함수 $x(t)$의 푸리에 변환은 $X(\omega)$로 표시되며, 다음과 같이 정의되는데,

$$X(\omega) = \frac{1}{2\pi}\int_{-\infty}^{\infty} x(t)e^{-j\omega t}dt \tag{3.45}$$

이것은 변수 $x(t)$를 시간의 함수로부터 주파수 ω의 함수로 변환시킨다. 이 변환의 역변환은 다음 적분으로 구한다.

$$x(t) = \int_{-\infty}^{\infty} X(\omega)e^{j\omega t}d\omega \tag{3.46}$$

식 (3.45)에 의해 정의되는 푸리에 변환은, 식 (3.20)의 푸리에 급수 표현을 복소수 형태로 쓰고 주기를 무한대로 함으로써 얻는다[상세한 것은 Newland(2005), 39쪽 참조].

푸리에 변환과 라플라스 변환의 정의는 서로 비슷하다. 실제로 식 (3.45)와 (3.46)에 의해 주어지는 푸리에 변환쌍은 식 (3.41)과 (3.42)로 주어지는 라플라스 변환쌍에 $s = j\omega$를 대입함으로써 얻는다. 물론 이것은 엄밀한 정의는 아니지만, 두 변환 사이의 관계를 말해 준다.

진동 문제를 풀 때 푸리에 변환은 라플라스 변환만큼 자주 쓰이지는 않는다. 그러나 푸리에 변환은 랜덤진동 문제를 다룰 때와 진동변수의 측정 시 널리 사용된다. 부록 B에 더 자세한 사항이 설명되어 있다. 여러 가지 변환의 사용, 성질, 응용 등에 대한 자세한 설명은 Churchill(1972)을 참조하라.

3.5 랜덤입력에 대한 응답

이제까지 고려했던 모든 구동력은 시간에 대해 확정적인(deterministic) 함수였다. 이것은 시간 t가 정해지면 그 함수값 $F(t)$를 정확히 알 수 있다는 것이다. 이 절에서는 랜덤가진 입력(random force input) $F(t)$를 받고 있는 시스템의 응답에 대해 알아본다. 어떤 주어진 시간 t에 대한 $F(t)$의 값이 통계적으로만 알려져 있을 때, 그 교란을 랜덤하다고 한다. 즉 랜덤신호는 어떤 명확한 형태도 갖지 않는다. 랜덤신호에 대해서는 순수한 확정적 신호에서처럼 신호를 엄밀하게 해석할 수 없다. 따라서 랜덤신호는 통계적 성질에 의해 분류되고 처리된다.

진동해석의 랜덤성(randomness)은 동일한 환경에서 동일한 방법으로 수행된 일련의 실험이 (약간) 다른 응답을 보여주는 것이라고 생각할 수 있다. 그러한 진동을 기술하기 위해서는 하나의 기록 또는 시간 이력(time history)만으로는 불충분하고, 오히려 모든 가능한 응답을 통계적으로 기술해야 한다. 이 경우에 진동응답 $x(t)$는 단일 신호로 생각해서는 안 되고, 동일 조건(즉 동일한 시스템, 동일하게 제어된 환경, 동일한 시간구간)하에서 가능한 모든 시간이력의 집합 또는 **앙상블**

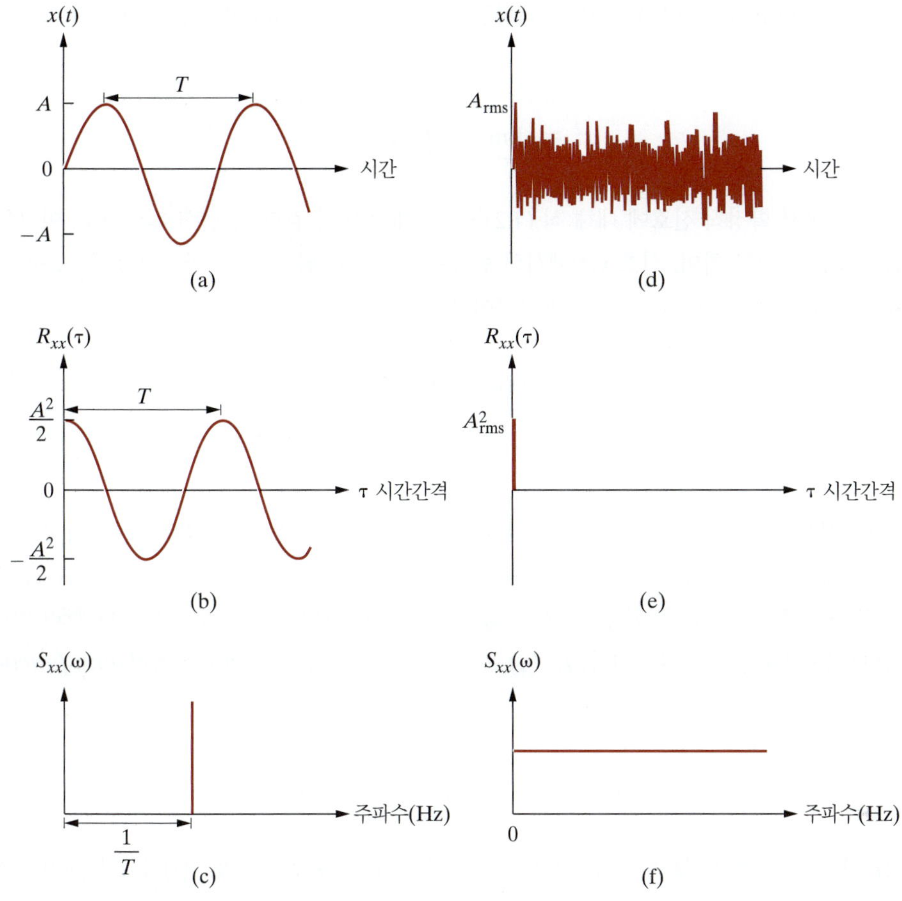

그림 3.15 (a) 단순사인함수, (b) 단순사인함수의 자기상관함수, (c) 단순사인함수의 파워스펙트럼밀도, (d) 랜덤신호, (e) 랜덤신호의 자기상관함수, (f) 랜덤신호의 파워스펙트럼밀도

(*ensemble*)로 고려해야 한다. 그와 같은 앙상블의 한 요소를 **표본함수**(*sample function*) 또는 표본응답이라 한다.

그림 3.15(d)에 표시된 랜덤신호(또는 표본) $x(t)$를 고려하자. 랜덤 시간이력에 대해 먼저 결정해야 할 특성은 그 신호가 **정상적**(*stationary*)인가 혹은 아닌가이다. 한 랜덤신호의 통계적 성질이 (보통, 평균값 또는 제곱평균값) 시간에 대해 변화하지 않을 때 그 신호는 정상적이다. 랜덤신호 $x(t)$의 **평균**(*average*)은 다음과 같이 정의되고,

$$\bar{x} = \lim_{T \to \infty} \frac{1}{T} \int_0^T x(t)dt \tag{3.47}$$

이것은 1.2절에서 확정적 신호에 대해 식 (1.20)으로 소개된 바와 같다. 여기서는 편의상 평균값이 영인 경우[즉 $\bar{x} = 0$]를 고려한다. 만약 $\bar{x}(t) \neq 0$이면, 새로운 변수 $x' = x - \bar{x}$를 정의할 수 있기 때문에, 앞에서의 가정은 큰 제약은 아니다. 이제 새 변수 x'의 평균값은 영이 된다.

랜덤변수(random variable) $x(t)$의 제곱평균값(*mean-square value*)은 $\overline{x^2}$로 표시되고, 다음과 같이 정의된다.

$$\overline{x^2} = \lim_{T \to \infty} \frac{1}{T} \int_0^T x^2(t)\, dt \tag{3.48}$$

이것은 1.2절에서 확정적 신호에 대해 식 (1.21)로 소개된 바와 같다. 랜덤신호의 경우, 이것은 **분산**(*variance*)이라고도 하며, 신호 $x(t)$에서의 변동량의 척도가 된다. 이와 관련된 양으로, **평균제곱근**(*root mean square, rms*)은 분산의 제곱근이다.

$$x_{\text{rms}} = \sqrt{\overline{x^2}} \tag{3.49}$$

이 정의는 시간 이력에서 단일 응답의 값에 적용되기도 하고, 어떤 고정된 시간에서의 앙상블값에 적용될 수도 있다.

랜덤변수에서 또 하나의 중요한 척도는 그 변수값이 얼마나 빨리 변화하느냐이다. 이것은 의미 있는 통계값을 계산하는 데 필요한 충분한 수의 표본을 측정하는 데 얼마나 긴 시간이 걸리는가에 관한 문제이다. 측정되는 많은 진동신호가 랜덤이기 때문에, 그와 같이 변수가 얼마나 빨리 변하느냐를 나타내는 지표는 매우 유용하다. $R_{xx}(\tau)$로 표시되는 **자기상관함수**(*autocorrelation function*)는 다음과 같이 정의되고,

$$R_{xx}(\tau) = \lim_{T \to \infty} \frac{1}{T} \int_0^T x(t)x(t + \tau)dt \tag{3.50}$$

신호 $x(t)$가 얼마나 빨리 변화하는가를 나타내는 척도가 된다. τ 값은 신호 $x(t)$를 표본채취한 시간 사이의 간격이다. 접두사 **자기**(*auto*)는 $x(t)x(t + \tau)$ 항이 동일한 표본의 다른 두 시간에서의 값의 곱이라는 사실을 의미한다. 정상랜덤신호(stationary random signal)라는 특별한 경우에 자기상관함수는 시간간격 τ만의 함수이다. 그림 3.15(e)는 랜덤신호의 자기상관함수를 나타내고, 그림 3.15(b)는 사인함수의 자기상관함수를 나타낸다. 자기상관함수의 푸리에 변환으로 **파워스펙트럼 밀도**(*power spectral density, PSD*)를 정의한다. PSD를 $S_{xx}(\omega)$로 표시하고, 식 (3.45)의 정의에 따라 다음 식을 얻는다.

$$S_{xx}(\omega) = \frac{1}{2\pi} \int_{-\infty}^{\infty} R_{xx}(\tau)e^{-j\omega\tau}d\tau \tag{3.51}$$

여기서 $R_{xx}(\tau)$의 적분은 실수 τ를 주파수 영역의 변수 ω로 바꾸게 된다. 그림 3.15(c)는 순수한 사인신호의 PSD를, 그림 3.15(f)는 랜덤신호의 PSD를 나타낸다. 식 (3.50)과 (3.51)로 각각 정의되는 자기상관함수와 파워스펙트럼밀도는 스프링-질량 시스템의 랜덤가진에 대한 응답을 고려할 때 사용될 수 있다.

3.2절에서 본 것처럼 스프링-질량-감쇠기 시스템의 임의의 가진함수 $F(t)$에 대한 응답 $x(t)$는 부족감쇠 시스템에 대해 식 (3.9)로 주어지는 임펄스응답함수 $h(t - \tau)$를 이용하여 나타낼 수 있다. 함수 $h(t - \tau)$의 푸리에 변환은 부족감쇠 시스템의 랜덤입력의 PSD를 시스템 응답의 PSD에

연관시키는 데 사용될 수 있다. 먼저 식 (3.8), 예제 3.4.4, 그리고 표 3.1의 8번 식으로부터, 1자유도 시스템에 대한 $h(t)$의 라플라스 변환은 다음과 같다.

$$\begin{aligned} L[h(t)] &= L\left[\frac{1}{m\omega_d} e^{-\zeta\omega_n t}\sin\omega_d t\right] = \frac{1}{m\omega_d} L\left[e^{-\zeta\omega_n t}\sin\omega_d t\right] \\ &= \frac{1}{ms^2 + cs + k} = H(s) \end{aligned} \tag{3.52}$$

여기서 $H(s)$는 식 (2.59)에 의해 정의된 시스템 전달함수이다. 이 경우에 $h(t)$의 푸리에 변환은 식 (3.52)의 라플라스 변환에 $s = j\omega$를 대입함으로써 얻는다. 이것은 다음과 같다.

$$H(j\omega) = \frac{1}{k - \omega^2 m + c\omega j} \tag{3.53}$$

이 식을 (2.63) 및 식 (2.55)와 비교해 보면, 이것 역시 1자유도 진동자(oscillator)의 주파수응답함수(frequency response function)이다. 임펄스응답함수 $h(t)$의 푸리에 변환을 $H(\omega)$로 표시하면, 식 (3.45)와 식 (3.53)으로부터 다음을 얻는다.

$$H(\omega) = \frac{1}{2\pi}\int_{-\infty}^{\infty} h(t)e^{-j\omega t}\,dt \tag{3.54}$$

여기서 편의상 H의 변수에서 j를 생략했다. 따라서 2.3절의 주파수응답함수는 임펄스응답함수의 푸리에 변환과 연관지을 수 있다. 이것은 7장에서 다루는 진동 측정에서 매우 중요한 사실이 된다.

다음은 임펄스응답함수를 이용한 진동 문제 해석을 다시 생각해 보자. 식 (3.12)로부터 가진력 $F(t)$에 대한 응답 $x(t)$는 다음과 같이 간단하게 나타낼 수 있다.

$$x(t) = \int_0^t F(\tau)h(t - \tau)d\tau \tag{3.55}$$

$t < \tau$이면 $h(t - \tau) = 0$이므로, 적분의 상한은 양의 무한대로 확장될 수 있다. $t < 0$이면 $F(t) = 0$이므로 적분의 하한은 음의 무한대로 확장할 수 있다. 따라서 식 (3.55)는 다음과 같이 다시 쓸 수 있다.

$$x(t) = \int_{-\infty}^{\infty} F(\tau)h(t - \tau)d\tau \tag{3.56}$$

다음은 적분변수 τ를 $\tau = t - \theta$를 이용하여 θ로 바꾸면 $d\tau = -d\theta$가 되고, 앞에서의 적분은 다음과 같이 표현된다.

$$x(t) = -\int_{\infty}^{-\infty} F(t - \theta)h(\theta)d\theta = \int_{-\infty}^{\infty} F(t - \theta)h(\theta)d\theta \tag{3.57}$$

따라서 임펄스응답함수에 의한 강제진동 문제의 또 다른 형태의 해를 제공한다.

마지막으로 식 (3.51)에 의해 주어진 응답 $x(t)$의 PSD를 고려해 보자.

$$S_{xx}(\omega) = \frac{1}{2\pi}\int_{-\infty}^{\infty} R_{xx}(\tau)e^{-j\omega\tau}d\tau \tag{3.58}$$

식 (3.50)으로부터 $R_{xx}(\tau)$의 정의를 대입하면, 위 식은 다음과 같다.

$$S_{xx}(\omega) = \frac{1}{2\pi}\int_{-\infty}^{\infty}\left[\lim_{T\to\infty}\frac{1}{T}\int_{0}^{T} x(\sigma)x(\sigma+\tau)d\sigma\right]e^{-j\omega\tau}d\tau \tag{3.59}$$

적분기호 안의 $x(t)$의 표현을 식 (3.57)을 이용하여 계산하면, 다음 식을 얻는데

$$S_{xx}(\omega) =$$

$$\frac{1}{2\pi}\int_{-\infty}^{\infty}\left[\lim_{T\to\infty}\frac{1}{T}\int_{0}^{T}\left[\int_{-\infty}^{\infty}F(\sigma-\theta)h(\theta)d\theta\int_{-\infty}^{\infty}F(\sigma-\theta+\tau)h(\theta)\,d\theta\right]d\sigma\right]e^{-j\omega\tau}d\tau \tag{3.60}$$

$$= \frac{1}{2\pi}\int_{-\infty}^{\infty}\lim_{T\to\infty}\frac{1}{T}\int_{0}^{T}\left[F(\hat{t})F(\hat{t}+\tau)\int_{-\infty}^{\infty}h(\theta)e^{-j\omega\theta}d\theta\int_{-\infty}^{\infty}h(\theta)e^{j\omega\theta}d\theta\right]d\hat{t}e^{-j\omega\tau}d\tau \tag{3.61}$$

여기서 안의 적분에 $e^{(\hat{t}-\hat{t})j\omega} = 1$을 삽입하고 F의 변수에 대해 변수변환($\hat{t} = \sigma - \theta$)을 하고 난 후, F를 적분기호 밖으로 옮겼다. 식 (3.54)에 따르면, 식 (3.61)의 괄호 안의 두 적분은 $H(\omega)$와 그것의 켤레복소함수 $H(-\omega)$이다. 식 (3.61)에서 주파수응답함수 $H(\omega)$와 $H(-\omega)$를 사용하면, 이 식은 다시 다음과 같이 쓸 수 있다.

$$S_{xx}(\omega) = |H(\omega)|^2\left[\frac{1}{2\pi}\int_{-\infty}^{\infty}R_{ff}(\tau)e^{-j\omega\tau}d\tau\right]$$

또는 단순히 다음과 같이 정리할 수 있다.

$$S_{xx}(\omega) = |H(\omega)|^2\,S_{ff}(\omega) \tag{3.62}$$

여기서 R_{ff}는 가진함수 $F(t)$의 자기상관함수를, S_{ff}는 $F(t)$의 PSD를 나타낸다. $|H(\omega)|^2$은 복소 주파수응답함수 크기의 제곱을 나타낸다. 이 결과의 더 자세한 유도과정은 Newland(2017)에서 찾아볼 수 있다. 현재 단계에서는 유도과정보다 결과[즉 식 (3.62)]를 이해하는 것이 더 중요하다.

식 (3.62)는 가진력의 파워스펙트럼밀도, 구조물의 동특성, 그리고 응답의 파워스펙트럼밀도 간의 중요한 상관관계를 나타낸다. 확정적인 경우에는 시스템에 가해지는 조화력과 그 응답을 관련지음으로써 해를 구했다(2장). 입력이 랜덤가진인 경우에 해에 해당되는 것은 식 (3.62)이고, 그것은 (랜덤)가진력의 변화속도와 응답 $x(t)$의 변화속도 사이의 관계를 나타낸다. 조화가진력과 같은 확정적인 경우에 대한 응답은 새로운 크기와 위상의, 그러나 가진력과 같은 주파수의 조화함수라고 결론지을 수 있다. 어떤 점에서는 식 (3.62)는 랜덤가진에 대해 위와 상응하는 내용을 의미한다고 할 수 있다(윈도우 3.4 참조). 가진이 정상랜덤과정이면 그 응답도 정상랜덤과정이고, 그 응답은 수정된 진폭으로 가진력의 변화속도와 같은 속도로 변화한다. 확정적인 경우와 랜덤인 경우 모두에 대해 응답의 진폭은 구조물의 주파수응답함수에 연관된다.

예제 3.5.1

랜덤(백색 소음, white noise)입력 $F(t)$를 받는 윈도우 3.1의 1자유도 시스템을 고려하자. 가진력의 PSD가 일정한 값 S_0로 주어질 때 응답 $x(t)$의 파워스펙트럼밀도를 계산하라.

풀이 운동방정식은 다음과 같다.

$$m\ddot{x} + c\dot{x} + kx = F(t)$$

식 (2.62) 또는 (3.53)으로부터 주파수응답함수는 다음과 같다.

$$H(\omega) = \frac{1}{k - m\omega^2 + c\omega j}$$

따라서

$$|H(\omega)|^2 = \left|\frac{1}{k - m\omega^2 + c\omega j}\right|^2 = \frac{1}{(k - m\omega^2) + c\omega j}\cdot\frac{1}{(k - m\omega^2) - c\omega j}$$
$$= \frac{1}{(k - m\omega^2)^2 + c^2\omega^2}$$

식 (3.62)로부터 응답의 PSD는 다음과 같다.

$$S_{xx} = |H(\omega)|^2 S_{ff} = \frac{S_0}{(k - m\omega^2)^2 + c^2\omega^2}$$

이것이 의미하는 것은, 만약 1자유도 시스템이 일정한 값 S_0의 파워스펙트럼밀도를 갖는(일정한 평균값과 rms 값의) 정상랜덤가진력(stationary random force)에 의해 가진되면, 시스템의 응답도 역시 랜덤이 되는데, 그 PSD는 일정치 않은(즉 주파수에 따라 변하는) $S_{xx}(\omega) = S_0/[(k - m\omega^2)^2 + c^2\omega^2]$이다.

랜덤진동에 대한 시스템의 응답을 논의하는 데 유용한 또 하나의 양은 기댓값이다. $x(t)$의 기댓값(*expected value*) 또는 더 적절한 표현으로 **앙상블 평균**(*ensemble average*)은 $E[x]$로 표시되고, 다음과 같이 정의된다.

$$E[x] = \lim_{T\to\infty}\int_0^T \frac{x(t)}{T}\,dt \tag{3.63}$$

이것 역시 식 (3.47)에 따르면 평균값 $\bar{x}$이다. 또 기댓값은 **확률밀도함수**(*probability density function*) $p(x)$를 통해 주어진 구간 내에 $x(t)$가 존재할 확률과도 연관된다. $p(x)$의 한 예로는 잘 알려진(종 모양의) 가우스분포함수(Gaussian distribution function)가 있다. 확률밀도함수로 기댓값을 정의하면 다음과 같다.

$$E[x] = \int_{-\infty}^{\infty} xp(x)dx \tag{3.64}$$

두 함수 $x(t)$와 $x(t + \tau)$의 곱의 평균은 함수 $x(t)$의 시간에 따른 변화속도를 나타내고, 정상랜덤과정에 대해서는 식 (3.50)과 비교해 볼 때 자기상관함수가 된다.

$$E\left[x(t)x(t+\tau)\right] = \lim_{T\to\infty}\frac{1}{T}\int_0^T x(t)x(t+\tau)dt = R_{xx}(\tau) \tag{3.65}$$

식 (3.48)에 따르면 제곱평균값은 다음과 같다.

$$\overline{x^2} = R_{xx}(0) = E\left[x^2\right] \tag{3.66}$$

식 (3.45)와 (3.46)의 푸리에 변환쌍을 이용하여 식 (3.51)의 역변환을 취하면 파워스펙트럼밀도와 제곱평균값의 관계를 구할 수 있다. 이것은 다음과 같다.

$$R_{xx}(\tau)_{\tau=0} = \int_{-\infty}^{\infty} S_{xx}(\omega)d\omega = E\left[x^2\right] \tag{3.67}$$

식 (3.62)는 응답 $x(t)$의 PSD와 가진력 $F(t)$의 PSD 및 주파수응답함수 사이의 관계를 나타낸다. 식 (3.62)와 식 (3.67)을 결합하면 다음과 같다.

$$E\left[x^2\right] = \int_{-\infty}^{\infty} |H(\omega)|^2 S_{ff}(\omega)\, d\omega \tag{3.68}$$

윈도우 3.4 | 스프링–질량–감쇠기 시스템의 확정적 가진과 랜덤가진에 대한 응답 계산의 비교

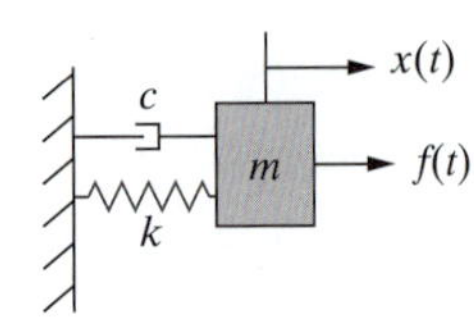

전달함수: $H(s) = \dfrac{1}{ms^2 + cs + k}$

주파수응답함수: $H(j\omega) = H(\omega) = \dfrac{1}{k - m\omega^2 + c\omega j}$

임펄스응답함수: $h(t) = \dfrac{1}{m\omega_d} e^{-\zeta\omega_n t}\sin\omega_d t$

임펄스응답함수의 라플라스 변환은 다음과 같다.

$$L[h(t)] = \frac{1}{ms^2 + cs + k} = H(s)$$

임펄스응답함수의 푸리에 변환은 바로 주파수응답함수 $H(\omega)$이다. 이들로부터 다음과 같이 입력과 응답 간의 관계를 구할 수 있다.

확정적 $f(t)$에 대해		랜덤 $f(t)$에 대해
$X(s) = H(s)F(s)$	↔	$S_{xx}(\omega) = \lvert H(\omega)\rvert^2 S_{ff}(\omega)$
$x(t) = \int_0^t h(t-\tau)f(\tau)d\tau$	↔	$E[x^2] = \int_{-\infty}^{\infty} \lvert H(\omega)\rvert^2 S_{ff}(\omega)d\omega$

이 식은 응답의 제곱평균값을 (랜덤)가진력의 PSD와 시스템의 동특성으로 나타낸다. 식 (3.68)과 식 (3.62)는 정상랜덤가진력에 대한 랜덤진동해석의 기초가 된다. 이 표현은 확정적 진동가진을 기술하기 위해 임펄스응답함수와 주파수응답함수를 사용하는 것에 해당된다(윈도우 3.4 참조).

식 (3.68)을 사용하려면 $|H(\omega)|^2$을 포함하는 적분을 계산해야 한다. 많은 유용한 경우에 $S_{ff}(\omega)$는 상수이다. 따라서 $\int|H(\omega)|^2$의 값은 도표화되어 있다(Newland, 2017 참조). 예를 들면 다음과 같다.

$$\int_{-\infty}^{\infty}\left|\frac{B_0}{A_0 + j\omega A_1}\right|^2 d\omega = \frac{\pi B_0^2}{A_0 A_1} \tag{3.69}$$

그리고

$$\int_{-\infty}^{\infty}\left|\frac{B_0 + j\omega B_1}{A_0 + j\omega A_1 - \omega^2 A_2}\right|^2 d\omega = \frac{\pi\left(A_0 B_1^2 + A_2 B_0^2\right)}{A_0 A_1 A_2} \tag{3.70}$$

이러한 적분값들과 식 (3.68)을 이용하면 다음 예제와 같이 기댓값을 계산할 수 있다.

예제 3.5.2

예제 3.5.1에 기술된 시스템 응답의 제곱평균값을 계산하라. 운동방정식은 $m\ddot{x} + c\dot{x} + kx = F(t)$로 나타낼 수 있으며 여기서 가진력 $F(t)$의 PSD는 S_0로 일정한 크기를 갖는다.

풀이 가진력의 PSD가 상수 S_0이므로, 식 (3.68)은 다음과 같이 나타낼 수 있다.

$$E\left[x^2\right] = S_0\int_{-\infty}^{\infty}\left|\frac{1}{k - m\omega^2 + jc\omega}\right|^2 d\omega$$

이를 식 (3.70)과 비교하면 $B_0 = 1$, $B_1 = 0$, $A_0 = k$, $A_1 = c$, $A_2 = m$이다. 따라서 다음과 같다.

$$E\left[x^2\right] = S_0\frac{\pi m}{kcm} = \frac{\pi S_0}{kc}$$

스프링-질량-감쇠기 시스템이 일정한 PSD S_0로 표현되는 랜덤가진에 의해 가진되면, 그것은 제곱평균값 $\pi S_0/kc$의 랜덤응답 $x(t)$를 갖는다.

이 절에서는 랜덤입력에 의해 가진되는 스프링-질량-감쇠기 시스템의 해석 에 필요한 두 기본 관계를 기술했다. 랜덤하게 가진된 시스템의 출력 또는 응답은 역시 랜덤이고, 확정적 시스템과는 달리 엄밀하게 예측할 수 없다. 따라서 응답과 가진력의 관계는 파워스펙트럼밀도와 제곱평균값 같은 통계적인 양들을 써서 표현한다. 확정적 입력과 랜덤입력에 대한 응답계산의 비교는 윈도우 3.4를 참조하라. 확정적 진동 문제에서는 설계의 관심이 보통 기지의(known) 확정적 가진함수에 대한 응답의 크기와 위상을 계산하는 것이다. 이 절에서는 가진함수가 랜덤일 때 확정적인 경우와 동일한 문제를 다루었다. 가진함수의 통계적 성질, 예를 들어 평균값을 알고 있을 때 우리는 기껏해야 응답의 평균값을 구할 수 있을 뿐이다.

예제 3.5.3

비감쇠 구조물이 정상랜덤과정에 의해 가진되고 있고, 자기상관함수는 다음과 같이 주어진다.

$$R_{ff}(\tau) = be^{-a|\tau|}$$

a와 b는 주어진 상수일 때 해당 정상랜덤과정의 파워스펙트럼 밀도와 응답의 파워스펙트럼 밀도를 계산하라.

풀이 식 (3.51)으로부터 정상랜덤과정 R_{ff}의 파워스펙트럼 밀도를 구하면 다음과 같다.

$$S_{ff}(\omega) = \frac{1}{2\pi}\int_{-\infty}^{\infty} R_{ff}(\omega)e^{-j\omega\tau}\,d\tau = \frac{1}{2\pi}\int_{-\infty}^{0} be^{a\tau}\,e^{-j\omega\tau}\,d\tau + \frac{1}{2\pi}\int_{-\infty}^{\infty} be^{-a\tau}\,e^{-j\omega\tau}\,d\tau$$

$$= \frac{b}{2\pi}\left[\frac{1}{a-\omega j}\left(e^{a-j\omega}\right)_{-\infty}^{0} - \frac{1}{a+\omega j}\left(e^{j-a\omega}\right)_{0}^{\infty}\right]$$

$$\Rightarrow S_{ff}(\omega) = \frac{b}{2\pi}\left[\frac{1}{a-\omega j} + \frac{1}{a+\omega j}\right] = \frac{1}{\pi}\frac{ab}{a^2+\omega^2}$$

비감쇠 구조물의 주파수응답함수는 다음과 같다.

$$H(\omega) = \frac{1}{k - m\omega^2}$$

식 (3.62)로부터 응답의 파워스펙트럼 밀도는 다음과 같다.

$$S_{xx}(\omega) = |H(\omega)|^2\,S_{ff}(\omega) = \frac{ab}{\pi\left(a^2+\omega^2\right)\left(k-m\omega^2\right)^2}$$

3.6 충격 스펙트럼

대부분의 교란은 본질적으로 갑작스럽게 가해진다. 임펄스는 갑작스럽게 가해지는 힘의 한 예이다. 이와 같이 갑작스럽게 가해지는 힘이나 과도응답을 야기하는 다른 형태의 교란 등을 **충격**(*shock*)이라고 한다. 충격입력(shock input)은 자주 일어나기 때문에 충격에 대한 응답을 표현하는 특별한 방법을 개발하여 설계 및 해석의 표준도구로 사용한다. 이 표현 방법은 **충격 스펙트럼**(*shock spectrum*) 또는 **응답 스펙트럼**(*response spectrum*)이라고 하며, 시스템 시간응답의 최대 절댓값과 시스템 고유진동수의 선도로 구성된다.

3.1절에서 논의된 임펄스응답은 충격입력에 대한 시스템 응답을 살펴볼 수 있는 수단을 제공한다. 임펄스응답함수 $h(t)$는 짧은 시간 동안 작용하는 큰 크기의 힘 $\delta(t)$를 고려해서 얻었고, 어떤 입력에 대해서든 시스템 응답을 계산하는 데 사용될 수 있다는 사실을 돌이켜 보자. 임펄스응답함수는 여기 소개한 응답 스펙트럼을 계산하는 기본이 된다.

식 (3.12)를 생각해 보면 임의의 입력 $F(t)$에 대한 시스템 응답은 다음과 같이 쓸 수 있다.

$$x(t) = \int_{0}^{t} F(\tau)h(t-\tau)d\tau \tag{3.71}$$

여기서 $h(t - \tau)$는 시스템의 임펄스응답함수이다. 부족감쇠 시스템에 대해 $h(t - \tau)$는 식 (3.9)에 의해 주어지고

$$h(t-\tau) = \frac{1}{m\omega_d} e^{-\zeta\omega_n(t-\tau)} \sin \omega_d(t-\tau) \qquad t > \tau \tag{3.72}$$

비감쇠 시스템의 경우는 다음과 같다.

$$h(t-\tau) = \frac{1}{m\omega_n} \sin \omega_n(t-\tau) = \frac{\omega_n}{k} \sin \omega_n(t-\tau) \tag{3.73}$$

중간 항에 $1 = k/k$를 곱하면 $1/(m\omega_n) = \omega_n/k$가 나타남에 주목하라. 응답 스펙트럼은 주파수에 대한 응답의 피크값 또는 최댓값의 선도로 정의된다. 비감쇠 시스템의 경우 식 (3.71)과 (3.73)을 결합하면 다음과 같이 최대 변위값을 얻는다.

$$x(t)_{\max} = \frac{1}{m\omega_n} \left| \int_0^t F(\tau) \sin [\omega_n(t-\tau)] d\tau \right|_{\max} \tag{3.74}$$

응답 스펙트럼을 계산하는 과정은, 적당한 $F(t)$를 식 (3.74)에 대입한 후 비감쇠 고유진동수에 대한 $x(t)_{\max}$의 선도를 그리면 된다.

충격하중은 우주선과 발사체, 운송 수단과 선박, 그리고 건물에 대한 지진 영향의 모델링에서 일반적이다. 실제 하중은 복잡하고 시간 영역에서 해석적으로 쉽게 표현되지 않는다. 따라서 실제로 측정된 하중을 사용하기보다는 종종 충격하중을 해석적 임펄스로 모델링하여 해석한다. 이러한 방법으로 구조적 시스템에 가해지는 잠재적인 손상에 대한 몇몇의 예측이 이루어질 수 있다. 다음 예제는 컨벌루션 적분을 이용하여 충격응답 스펙트럼을 계산하는 방법을 나타낸다. 많은 경우에서 수치계산이 사용된다.

예제 3.6.1

그림 3.16에 주어진 가진함수가 선형 스프링-질량 시스템에 작용할 때 응답 스펙트럼을 계산하라. 응답의 돌발성(abruptness)은 시간 t_1에 의해 특징지어진다.

풀이 예제 3.2.2에서와 같이 그림 3.16에 나타낸 함수 $F(t)$는 두 간단한 함수의 합으로 쓸 수 있다. 이 경우에 입력은 다음 식의 합이다.

$$F_1(t) = \frac{t}{t_1} F_0$$

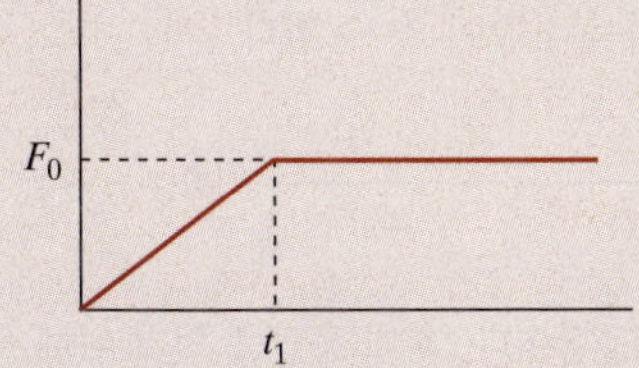

그림 3.16 상승시간(rise time) t_1초의 스텝 교란(step disturbance)

그리고

$$F_2(t) = \begin{cases} 0 & 0 < t < t_1 \\ -\dfrac{t - t_1}{t_1} F_0 & t \geq t_1 \end{cases}$$

예제 3.2.2의 단계대로, $F_1(t)$와 $F_2(t)$의 응답을 별도로 계산한다. 다음에 선형성을 이용하여 $F(t) = F_1(t) + F_2(t)$에 대한 전체 응답을 구한다.

$x_1(t)$를 계산하기 위해 비감쇠 시스템의 임펄스응답함수가 식 (3.73)에 의해 주어졌고, 식 (3.71)에 임펄스응답함수와 $F_1(\tau)$을 대입하면 다음과 같다.

$$x_1(t) = \frac{\omega_n}{k}\int_0^t \frac{F_0\tau}{t_1}\sin[\omega_n(t-\tau)]d\tau = \frac{\omega_n F_0}{kt_1}\int_0^t \tau\sin[\omega_n(t-\tau)]d\tau$$

부분적분($\int v\,du = uv - \int u\,dv$를 참고하라. 이때 $u = \tau$, $dv = \sin[\omega_n(t - \tau)]d\tau$이다)을 이용하면 다음과 같은 식을 얻는다.

$$x_1(t) = \frac{\omega_n F_0}{t_1 k}\left\{\frac{\tau}{\omega_n}\cos[\omega_n(t-\tau)d\tau]\bigg|_0^t + \int_0^t \cos[\omega_n(t-\tau)d\tau]\right\}$$

$x = \omega_n(t - \tau)$로 치환하면 $dx = -\omega_n d\tau$이다. 따라서 $d\tau = -dx/\omega_n$이고, 사인의 적분은 $-$코사인이므로 음의 부호는 소거되어 $v = \dfrac{1}{\omega_n}\cos[\omega_n(t - \tau)d\tau]$이다. 남은 적분을 수행하면 다음과 같다.

$$x_1(t) = \frac{F_0}{k}\left(\frac{t}{t_1} - \frac{\sin\omega_n t}{\omega_n t_1}\right), \quad 0 \leq t \leq t_1 \tag{3.75}$$

마찬가지로 $F_2(t)$에 대한 응답은 $x_2(t)$로 표시되고 다음과 같다.

$$x_2(t) = \int_0^t F_2(\tau)\,\frac{1}{m\omega_n}\,\sin\omega_n(t-\tau)d\tau = \frac{-F_0}{m\omega_n}\int_{t_1}^t \frac{\tau - t_1}{t_1}\,\sin\omega_n(t-\tau)\,d\tau$$

이것은 다시 다음과 같이 쓸 수 있다.

$$x_2(t) = -\frac{F_0}{k}\left[\frac{t-t_1}{t_1} - \frac{\sin\omega_n(t-t_1)}{\omega_n t_1}\right] \tag{3.76}$$

따라서 전체 응답은 합 $x(t) = x_1(t) + x_2(t)$가 된다.

$$x(t) = \begin{cases} \dfrac{F_0}{k}\left(\dfrac{t}{t_1} - \dfrac{\sin\omega_n t}{\omega_n t_1}\right) & t < t_1 \\ \dfrac{F_0}{k\omega_n t_1}[\omega_n t_1 - \sin\omega_n t + \sin\omega_n(t-t_1)] & t \geq t_1 \end{cases} \tag{3.77}$$

다른 방법으로 헤비사이드 계단함수를 사용하면 해를 다음과 같이 쓸 수 있다.

$$x(t) = \frac{F_0}{k}\left(\frac{t}{t_1} - \frac{\sin\omega_n t}{\omega_n t_1}\right) - \frac{F_0}{k}\left(\frac{t-t_1}{t_1} - \frac{\sin\omega_n(t-t_1)}{\omega_n t_1}\right)\Phi(t-t_1) \tag{3.78}$$

식 (3.77)은 그림 3.16의 가진에 대한 비감쇠 시스템의 응답이다. 최대 응답을 얻기 위해 식 (3.77)의 미분을 영으로 놓고 최댓값이 되는 시간 t_p에 대해 푼다. 식 (3.77)에 의해 주어진 응답 $x(t)$에 이 시간 t_p를 대입해서 최대 응답 $x(t_p)$를 얻는다. $t > t_1$에 대해 식 (3.77)을 미분하면 $\dot{x}(t_p) = 0$ 또는 다음과 같다.

$$-\cos \omega_n t_p + \cos \omega_n (t_p - t_1) = 0 \tag{3.79}$$

$\cos(\alpha - \beta)$ 공식과 식 (3.79)를 사용하면 다음과 같다.

$$\cos \omega_n t_p \left(\cos \omega_n t_1 - 1\right) + \sin \omega_n t_p \sin \omega_n t_1 = 0$$

양변을 $\cos \omega_n t_p$로 나누고 정리하면 다음과 같으며,

$$\tan \omega_n t_p = \frac{1 - \cos \omega_n t_1}{\sin \omega_n t_1} \tag{3.80}$$

이에 상응하는 직각삼각형은 제2사분면의 $-x$방향으로$(1 - \cos \omega_n t_1)$, $-y$방향으로 $\sin \omega_n t_1$이다. 따라서 빗변의 길이는 다음과 같다.

$$h = \sqrt{\sin^2 \omega_n t_1 + (1 - \cos \omega_n t_1)^2} = \sqrt{2(1 - \cos \omega_n t_1)}$$

탄젠트의 정의를 사용하고 식 (3.80)에 $[(1/h)/(1/h)]$을 곱하면 다음과 같다.

$$\tan \omega_n t_p = \frac{\sin \omega_n t_p}{\cos \omega_n t_p} = \frac{(1 - \cos \omega_n t_1)/h}{\sin \omega_n t_1/h} \tag{3.81}$$

식 (3.81)의 분자는 다음과 같이 나타낼 수 있다.

$$\sin \omega_n t_p = \frac{1 - \cos \omega_n t_1}{\sqrt{2(1 - \cos \omega_n t_1)}} = \sqrt{\frac{1}{2}(1 - \cos \omega_n t_1)} \tag{3.82}$$

식 (3.82)의 분모는 다음과 같이 나타낼 수 있다.

$$-\cos \omega_n t_p = \frac{\sin \omega_n t_1}{\sqrt{2(1 - \cos \omega_n t_1)}} \Rightarrow \cos \omega_n t_p = \frac{-\sin \omega_n t_1}{\sqrt{2(1 - \cos \omega_n t_1)}} \tag{3.83}$$

제2사분면에 각이 존재하기 때문에 식 (3.83)은 음의 부호를 포함하고 있다. 식 (3.77)을 시간 t_p에 대해 $\sin(\alpha - \beta)$를 이용해 다시 쓰면 다음과 같다.

$$x(t_p) = x_{\max} = \frac{F_0}{k\omega_n t_1}\left[\omega_n t_1 - \sin \omega_n t_p + \sin \omega_n t_p \cos \omega_n t_1 - \sin \omega_n t_1 \cos \omega_n t_p\right]$$

양변에 k/F_0를 곱하고, $\sin \omega_n t_p$와 $\cos \omega_n t_p$에 식 (3.82)와 (3.83)을 대입하면 다음과 같다.

$$\frac{x_{\max} k}{F_0} = 1 + \frac{1}{\omega_n t_1}\sqrt{2(1 - \cos \omega_n t_1)} \tag{3.84}$$

여기서 좌변은 무차원 최대 변위를 나타낸다. 통상적으로 다음과 같은 무차원 주파수(dimensionless frequency)에 대해 응답 스펙트럼(무차원) 선도를 그린다.

$$\frac{t_1}{T} = \frac{\omega_n t_1}{2\pi} \tag{3.85}$$

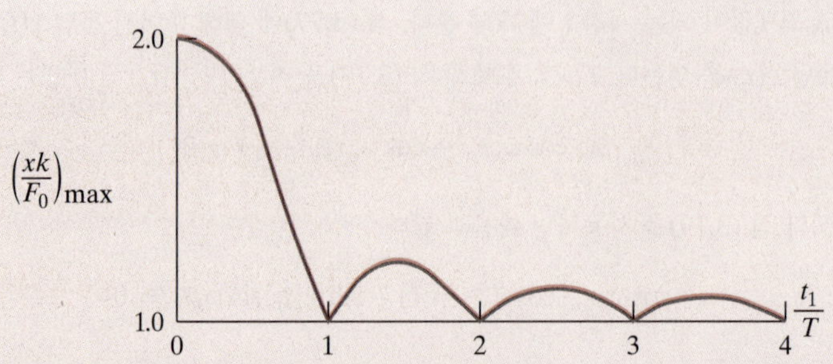

그림 3.17 그림 3.16의 입력에 대한 응답 스펙트럼. 수직축은 무차원 최대 응답이고, 수평축은 무차원 주파수(또는 상승시간)이다.

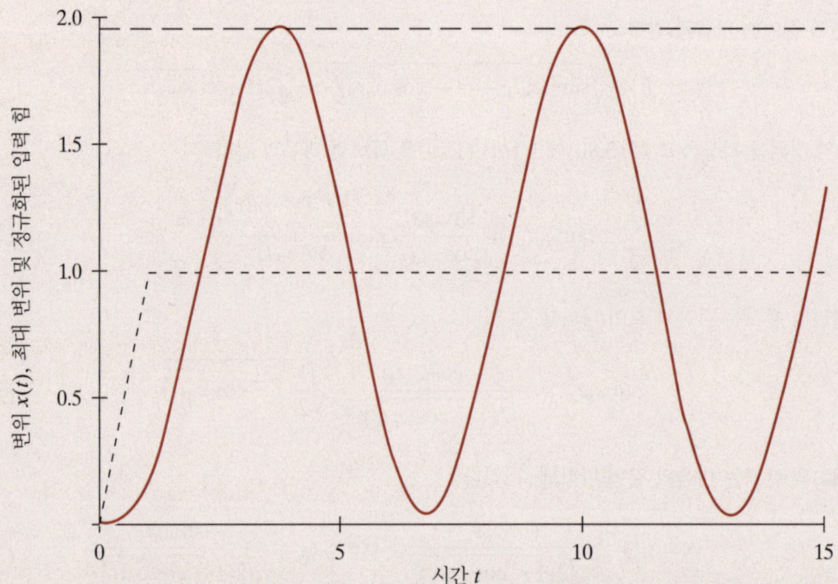

그림 3.18 그림 3.16의 입력에 대한 비감쇠 시스템의 시간응답(실선). $k = 10$ N/m, $m = 10$ kg, $F_0 = 10$ N 및 $t_1 = 1$ s의 매개변수에 대해 최대 진폭(긴 점선)과 입력함수(짧은 점선)도 표시했다.

여기서 T는 구조물의 고유주기(natural period)이다. 무차원 주파수는 입력 특성시간 t_1에 관련된 척도를 제공한다. 그림 3.17은 그림 3.16의 램프입력에 대한 응답 스펙트럼 선도이다. 이 선도의 각 점은 가진의 서로 다른 상승시간 t_1에 해당됨에 주목하라. 수직축은 구조물과 가진의 상승시간 간의 관계를 나타내는 척도이다.

식 (3.84)로 주어지는 최대 진폭과 경사입력함수와 식 (3.77)의 응답을 한 그래프에 그리면 그림 3.18과 같다. 이 그림에서 응답진폭이 증폭되어 입력 힘의 레벨보다 크다는 점에 주목하라. 만약 t_1을 한 주기(그림 3.17의 최소점)와 비슷하게 택하면 응답은 이(그림에 나타난) 값보다는 작아지며 최대 응답은 입력레벨과 같아질 것이다. 여러 가지 매개변수의 효과는 충격절연에서 다룰 내용(5.2절, 이 단계에서 읽어 봐도 무방하다)이며 3.9절에서 수치계산으로 살펴볼 것이다.

3.7 전달함수에 의한 측정

진동 시스템의 강제응답은 시스템의 물리적 변수를 측정하는 데 매우 유용하다. 1.6절에서 기술한 것처럼 시스템의 감쇠계수는 동적으로만 측정할 수 있다. 그러나 어떤 시스템에서는 감쇠가 너무 커서 자유감쇠 측정이 가능할 만큼 진동이 충분히 지속되지 못한다. 이 절에서는 시스템의 질량, 감쇠, 강성 등을 측정하기 위해 앞 절들에서 소개된 강제응답, 전달함수, 랜덤진동해석 등을 사용하는 방법을 살펴본다.

전달함수를 써서 구조물의 성질을 측정하는 방법은 원래 전기공학에서 도입된 것이다. 회로 응용 시 함수발생기를 이용하여 회로에 사인전압신호를 가하고, 지정된 입력 주파수 범위에 걸쳐 출력을 측정한다. 그러면 두 신호의 라플라스 변환 사이의 비가 시험회로의 전달함수가 된다. 기계 구조물에 대해서도 비슷한 실험을 할 수 있다. 신호발생기를 이용하여 힘 발생장치[**가진기**(*shaker*)라고도 함]를 구동시키는데, 이 장치는 정해진 진폭과 위상으로 주어진 주파수 범위에 걸쳐 구조물을 사인파 가진력으로 구동시킨다. 여러 가지 변환기(transducer)를 이용해 입력(가진력)과 응답(가속도, 속도, 변위 중 하나)을 측정하고, 입력과 출력 신호의 변환을 계산하여 시스템의 주파수응답함수를 결정한다. 이렇게 구한 주파수응답함수의 진폭과 위상으로부터 물리적 변수를 찾아낸다. 자세한 측정과정은 7장에서 논의한다. 여기서는 주파수응답함수로부터 물리적 변수를 추출하는 방법을 소개한다.

변위, 속도, 가속도 중 어느 것이 측정되는가에 따라 진동 측정에서 여러 가지 다른 전달함수가 사용되는데 표 3.2에 이러한 전달함수를 나타냈다. 예를 들면, **액셀러런스 전달함수**(*accelerance transfer function*)와 그에 대응되는 주파수응답함수는 가속도응답의 변환을 가진력의 변환으로 나누어서 구한다.

표 3.2의 세 전달함수는 미분에 해당하는 변환변수 s의 간단한 곱으로 서로 연관되어 있다. 따라서 다음과 같이 표시되는 **리셉턴스 전달함수**(*receptance transfer function*)[**컴플라이언스**(*compliance*) 또는 **어드미턴스**(admittance)라고도 함]에 대해서

$$\frac{X(s)}{F(s)} = H(s) = \frac{1}{ms^2 + cs + k} \tag{3.86}$$

$sX(s)$가 속도의 변환이므로 **모빌리티 전달함수**(*mobility transfer function*)는 다음과 같다.

$$\frac{sX(s)}{F(s)} = sH(s) = \frac{s}{ms^2 + cs + k} \tag{3.87}$$

표 3.2 진동 측정에서 사용되는 전달함수

측정응답	전달함수	역전달함수
가속도	액셀러런스(accelerance)	겉보기질량(apparent mass)
속도	모빌리티(mobility)	임피던스(impedance)
변위	리셉턴스(receptance)	동적 강성(dynamic stiffness)

마찬가지로 $s^2X(s)$는 가속도의 변환이고 액셀러런스[또는 이너턴스(*inertance*)] 전달함수는 다음과 같다.

$$\frac{s^2X(s)}{F(s)} = s^2H(s) = \frac{s^2}{ms^2 + cs + k} \tag{3.88}$$

각 식에 $s = j\omega$를 대입하면 대응되는 주파수응답함수가 정의된다.

식 (2.56) 또는 (3.86)으로부터 복소컴플라이언스 $H(j\omega)$의 크기를 계산해 보자. 식 (2.73)에서 예상되듯이

$$|H(j\omega)| = \frac{1}{\sqrt{(k - m\omega^2)^2 + (c\omega)^2}} \tag{3.89}$$

이러한 크기의 최댓값은 $k - m\omega^2 = 0$(가진주파수가 비감쇠 고유진동수와 같을 때, 즉 $\omega = \omega_n = \sqrt{k/m}$) 근처에서 일어난다. 2.2절에서 90°의 위상차에 해당된다는 것을 알 수 있다. 이 사실은 측정된 시스템 전달함수의 진폭 선도로부터 시험대상물 진동의 고유진동수를 정하는 데 사용된다. 그림 3.19는 전달함수를 보여주며, 피크주파수의 정확한 값은 예제 2.2.5에서 유도했다.

원칙적으로 전달함수에서의 각 물리적 변수는 실험으로 구한 주파수응답함수의 진폭 선도로부터 정할 수 있다. 고유진동수 ω_n은 피크의 위치에 의해 결정된다. 감쇠상수 c는 식 (3.89)로부터 다음과 같다.

$$\left|H\left(j\sqrt{\frac{k}{m}}\right)\right| = \frac{1}{\sqrt{(c\omega_n)^2}} = \frac{1}{c\omega_n} \tag{3.90}$$

따라서 그 주파수값과 $\omega = \sqrt{k/m}$에서 측정된 크기 $|H(j\omega)|$에 의해 근사적으로 계산된다. 1.6절에서 설명된 대수 감소율 방법 대신 이 방법으로 감쇠계수를 측정할 수 있다. 다음은 주파수가 영인 점으로부터 강성을 계산할 수 있다. $\omega = 0$인 경우 식 (3.89)는 다음과 같다.

$$|H(0)| = \frac{1}{\sqrt{k^2}} = \frac{1}{k} \tag{3.91}$$

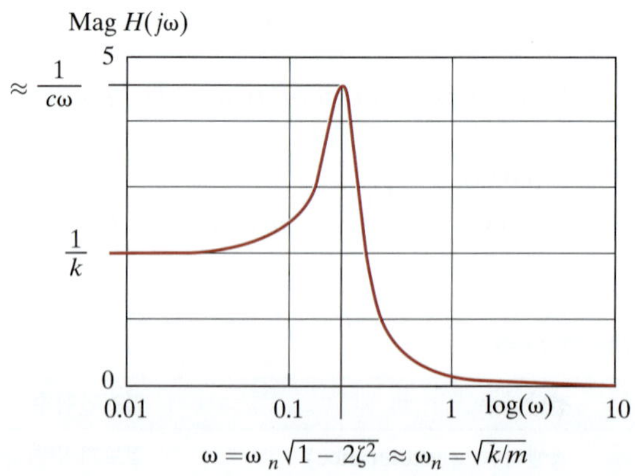

그림 3.19 스프링–질량–감쇠기 시스템의 컴플라이언스 전달함수의 진폭 선도. 고유진동수와 강성을 결정한다.

$\omega_n = \sqrt{k/m}$이므로, ω_n과 k를 알면 m 값을 구할 수 있다. 이와 같이 $|H(j\omega)|$의 측정에 의해 m, c, k, ω_n, ζ를 모두 결정할 수 있다. 좀 더 실용적인 방법에 대해서는 7장에서 논의한다. 물론 비교를 하기 위해 흔히 m과 k를 정적 실험으로도 측정한다.

이상의 해석은 모두 실험으로 결정되는 함수 $|H(j\omega)|$에 기초한 것이다. 대부분의 실험은 여러 가지 원인의 잡음을 포함하므로 $|H(j\omega)|$의 깨끗한 선도는 얻기 힘들다. 보통 하는 방법은 실험을 여러 번 반복해서 본질적으로 데이터를 평균한다(즉 앙상블 평균을 사용). 실제적으로는 서로 대응하는 입력시간 선도 $f(t)$와 응답시간 선도 $x(t)$를 식 (3.48)로 평균하여 $R_{ff}(t)$와 $R_{xx}(t)$를 얻는다. 다음에 식 (3.51)을 이용하여 이 평균값들의 푸리에 변환을 취해서 PSD 함수 $S_{ff}(\omega)$와 $S_{xx}(\omega)$를 구한다. 다음에 식 (3.62)를 이용하여 측정된 입력과 응답의 PSD 값들로부터 $|H(j\omega)|$을 계산한다. 이 과정은 평균이 영인 랜덤가진력을 사용하는 경우뿐만 아니라 잡음이 포함된 데이터를 평균시키는 데도 사용된다. $|H(j\omega)|$을 얻는 데 필요한 변환 및 계산은 진동시험 전용 컴퓨터에서 주로 디지털 연산으로 수행된다. 7장에서 이에 대해 더 자세히 설명한다.

3.8 안정성

1.8절에서 자유진동과 관련하여 안정성의 개념을 소개한 바 있다. 여기서는 자유진동에 대한 안정성 정의를 확장해 강제응답의 경우도 포함한다. 식 (1.86)을 다시 생각해 보면 자유응답은 모든 시간에 대해 유한한 범위 내에 머물면 안정하다고 한다(윈도우 3.5 참조). 이 안정한 응답의 개념은 진동 시스템의 강제운동에도 적용될 수 있다. 사실상 어떻게 보면 예제 1.8.1의 도립진자는 중력을 가진력으로 간주하면 하나의 강제응답해석이다.

시스템 강제응답의 안정성은 작용력 또는 입력의 성질을 고려해서 정의할 수 있다. 모든 한정입력(*bounded input*) $F(t)$에 대해 출력 또는 응답 $x(t)$가 어느 초기조건에 대해서든지 한정되면 다

윈도우 3.5 | 1.8절에서 다룬 자유응답의 안정성

모든 $t > 0$에 대해 다음과 같은 유한한 수 M이 존재하면,

$$|x(t)| < M$$

해 $x(t)$는 안정(*stable*)하다고 한다. 만일 이 조건이 만족되지 않으면, 응답 $x(t)$는 불안정(*unstable*)하다고 한다.

응답 $x(t)$가 안정하고, t가 증가함에 따라 $x(t)$가 영으로 접근하면, 해 $x(t)$는 점근 안정(*asymptotically stable*)하다고 한다. 비감쇠 스프링-질량 시스템은 m과 k가 양수이면 안정하고, M 값이 바로 진폭 A이다[즉 $M = A$, 여기서 $x(t) = A\sin(\omega_n t + \phi)$]. 감쇠 시스템은 m, c, k가 모두 양수이면 점근적으로 안정하다[즉 t가 증가함에 따라 $x(t) = Ae^{-\zeta\omega_n t}\sin(\omega_d t + \phi)$가 영으로 접근한다].

음의 시스템은

$$m\ddot{x} + c\dot{x} + kx = F(t) \tag{3.92}$$

한정입력–한정출력 안정(bounded-input, bounded-output stable, 또는 단순히 BIBO 안정)하다고 정의한다. BIBO 안정한 시스템은 공진에서도 유한한 값을 가지며 '발산(blow up)'하지 않는다.

식 (3.92)에서 비감쇠 경우는 BIBO 안정하지 않음에 주의하라. 이것을 확인하자면 $c = 0$인 경우 $F(t)$를 $F(t) = \sin\,[(k/m)^{1/2}t]$로 선택하면, 응답 $x(t)$는 그림 2.5에서 볼 수 있듯이 분명히 무한정이다. 또한 비감쇠 시스템의 강제응답의 크기가 $f_0/[\omega_n^2 - \omega^2]$임을 생각해 보면, ω가 ω_n에 접근함에 따라 그 크기는 무한대로 커진다(윈도우 3.6 참조). 그러나 입력 $F(t)$는 항상 다음과 같으므로 한정된다.

$$|F(t)| = \left|\sin\left(\sqrt{\frac{k}{m}}t\right)\right| \leq 1 \tag{3.93}$$

따라서 어떤 한정된 입력에 대해 응답이 무한정이 되고, 이것은 BIBO 안정의 정의에 위배된다. 이 상태는 공진(resonance)에 해당된다. 명백히 비감쇠 시스템은 공진상태에서는 좋은 거동을 하지 않는다.

다음으로 양의 감쇠계수를 갖는 경우($c > 0$)를 고려하면 위의 공진 예는 더 이상 무한정이 아니라는 것을 알 수 있다. 그림 2.10에 주어진 강제응답 진폭 선도는 모든 한정된 주기적 가진력에 대

윈도우 3.6 | 조화가진에 대한 1자유도 시스템의 강제응답

다음과 같은 비감쇠 시스템의

$$m\ddot{x} + kx = F_0 \cos \omega t \qquad x(0) = x_0, \qquad \dot{x}(0) = v_0$$

해는 다음과 같다.

$$x(t) = \frac{v_0}{\omega_n} \sin \omega_n t + \left(x_0 - \frac{f_0}{\omega_n^2 - \omega^2}\right) \cos \omega_n t + \frac{f_0}{\omega_n^2 - \omega^2} \cos \omega t \tag{2.11}$$

여기서 $f_0 = F_0/m$, $\omega_n = \sqrt{k/m}$, 그리고 x_0와 v_0는 초기조건이다. 부족감쇠 시스템은

$$m\ddot{x} + c\dot{x} + kx = F_0 \cos \omega t$$

다음과 같은 정상상태의 해를 갖는데,

$$x(t) = \frac{f_0}{\sqrt{(\omega_n^2 - \omega^2)^2 + (2\zeta\omega_n\omega)^2}} \cos\left(\omega t - \tan^{-1}\frac{2\zeta\omega_n\omega}{\omega_n^2 - \omega^2}\right) \tag{2.36}$$

여기서 감쇠비 ζ는 $0 < \zeta < 1$을 만족시킨다.

해 응답이 항상 한정됨을 나타낸다. 부족감쇠 시스템의 응답이 어떤 한정입력에 대해서든 한정되는가를 알아보기 위해 임의의 가진력에 대한 해는 식 (3.12)에서 임펄스응답함수를 사용해서 다음과 같이 주어진다는 것을 고려한다.

$$x(t) = \int_0^t F(\tau)h(t - \tau)d\tau \tag{3.94}$$

이 식의 양변에 절댓값을 취하면, 다음을 얻는다.

$$|x(t)| = \left|\int_0^t F(\tau)h(t - \tau)d\tau\right| \le \int_0^t |F(\tau)h(t - \tau)|\,d\tau \tag{3.95}$$

여기서 부등호는 적분을 부분합의 극한으로 정의함으로써 비롯된다. $|hf| \le |h||f|$이므로,

$$|x(t)| \le \int_0^t |F(\tau)||h(t - \tau)|d\tau \le M\int_0^t |h(t - \tau)|d\tau \tag{3.96}$$

여기서 $F(t)$는 M에 의해 한정된다고 가정한다[즉 $|F(t)| < M$]. 상수 M의 선택은 자유이고, 항상 편리하게 선택하면 된다. 다음은 부등식 (3.96)의 적분을 부족감쇠의 경우에 대해 계산해 본다. 부족감쇠 시스템에 대한 임펄스응답은 식 (3.9)에 의해 주어진다. 식 (3.9)를 식 (3.96)에 대입하면, 모든 $t > 0$에 대해 $|\sin \omega_d (t - \tau)| \le 1$이고, $1 - e^{-\zeta\omega_n t} < 1$이므로 다음을 얻는다.

$$\begin{aligned}|x(t)| &\le M\int_0^t \frac{1}{m\omega_d}|e^{-\zeta\omega_n(t-\tau)}||\sin\omega_d(t - \tau)|d\tau \\ &\le \frac{M}{m\omega_d}e^{-\zeta\omega_n t}\int_0^t e^{\zeta\omega_n\tau}d\tau = \frac{M}{m\zeta\omega_n\omega_d}(1 - e^{-\zeta\omega_n t}) \le M\end{aligned} \tag{3.97}$$

따라서 다음과 같다.

$$|x(t)| \le M$$

위의 계산은 입력이 (예를 들어 M으로) 한정되기만 하면, 부족감쇠 시스템의 응답 $x(t)$도 한정되어 시스템이 BIBO 안정함을 보여준다.

2.1절의 결과로부터 명백히 알 수 있는 것은 비감쇠 시스템의 응답은 조화입력이 고유진동수 근처에만 있지 않으면 한정되어 잘 거동한다는 것이다(윈도우 3.6 참조). 실제로 식 (2.11)에 의해 주어지는 응답은 $\omega \ne \omega_n$이기만 하면 최대 진폭이 어떤 상수보다 작아짐을 보여준다. 이것을 확인하기 위해 식 (2.11)의 절댓값을 취하면 다음과 같다.

$$|x(t)| \le \left|\frac{v_0}{\omega_n}\right| + \left|x_0 - \frac{f_0}{\omega_n^2 - \omega^2}\right| + \left|\frac{f_0}{\omega_n^2 - \omega^2}\right| < M \tag{3.98}$$

여기서 각 항이 유한하므로, $\omega \ne \omega_n$이기만 하면 M은 유한하다. 여기서 v_0와 x_0는 각각 초기속도와 초기변위를 나타낸다. 따라서 비감쇠 강제응답은 어떤 때는 잘 거동하고 어떤 때는 그렇지 못하

다. 그런 시스템은 **라그랑주 안정**(*Lagrange stable*)하다고 정의한다. 구체적으로 어떤 주어진 입력에 대한 모든 초기조건에서 시스템 응답이 한정되면, 그 시스템은 라그랑주 안정 또는 한정된다고 정의한다. 비감쇠 시스템은 많은 입력에 대해 라그랑주 안정하다. 이 정의는 $F(t)$가 완전히 알려져 있거나 어느 특정한 범주에 속한다고 알려져 있을 때 유용하다. 윈도우 3.6의 감쇠해와 비감쇠해 모두 $\omega_n \neq \omega$에 대해 라그랑주 안정하다.

일반적으로 제차해가 점근 안정하면 강제응답은 BIBO 안정하다. 만약 제차응답이 안정하면, 즉 한계 안정(marginally stable)하면 강제응답은 단지 라그랑주 안정하다. 다음 예제에서 보는 것처럼 불안정 제차 시스템의 강제응답은 여전히 BIBO 안정할 수 있다.

예제 3.8.1

그림 3.20에 나타나 있는 예제 1.8.1의 도립진자를 고려하고 안정성에 대해 논의하라.

풀이 회전중심점에 대한 모멘트를 합하여 다음의 운동방정식을 얻는다.

$$\sum M_0 = ml^2\ddot{\theta}(t) = [-kl\sin\theta(t)][l\cos\theta(t)] + mg[l\sin\theta(t)]$$

위의 도립진자 방정식에 대해 미소각 근사화(small angle approximation)를 하면 식은 다음과 같다.

$$ml^2\ddot{\theta}(t) + kl^2\theta(t) = mgl\theta(t)$$

만일 $mgl\theta$를 작용력으로 생각하면 m, l, k가 모두 양수이므로 제차해는 안정하다. 운동방정식을 제1차방정식으로 쓰면 다음과 같다.

$$ml^2\ddot{\theta}(t) + \left[kl^2 - mgl\right]\theta(t) = 0$$

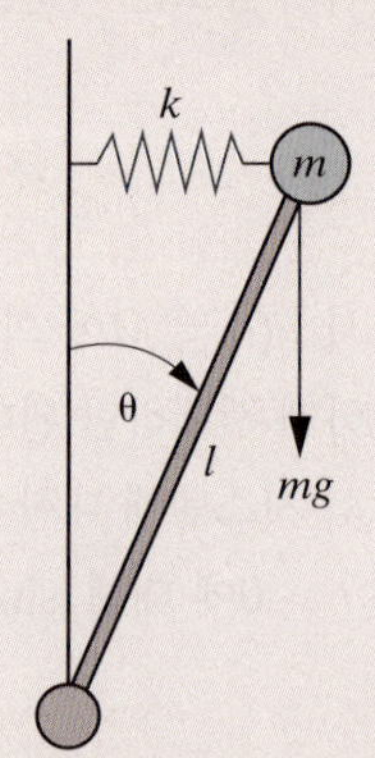

그림 3.20 예제 3.8.1의 스프링 지지 도립진자

그러나 강제응답은 $kl > mg$가 아니면 한정되지 않고, 예제 1.8.1에서 이 경우에 발산한다는 것(즉 한정되지 않음)을 보여준 바 있다. 따라서 이 시스템의 강제응답은 $kl > mg$이면 $F(t) = mgl\theta$에 대해 라그랑주 안정하고, $kl < mg$이면 한정되지 않는다(불안정).

예제 3.8.2

예제 3.8.1의 도립진자를 다시 생각한다. $kl < mg$인 경우에 응답이 한정되도록 작용력 $F(t)$를 정하라.

풀이 문제는 다음 식을 만족시키는 θ가 한정되도록 $F(t)$를 결정하는 것이다.

$$ml^2\ddot{\theta}(t) + (kl^2 - mgl)\theta(t) = F(t)$$

$F(t)$의 형태가 다음과 같다는 가정으로부터 출발한다.

$$F(t) = -a\theta(t) - b\dot{\theta}(t)$$

여기서 a와 b는 안정성 해석으로부터 결정된다. 이 형태는 비제차 문제를 제차 문제로 변환시켜 준다는 점에서 주목할 만하다. 그러면 운동방정식은 다음과 같다.

$$ml^2\ddot{\theta}(t) + (kl^2 - mgl)\theta(t) = -a\theta(t) - b\dot{\theta}(t)$$

이 식은 다음과 같이 제차방정식으로 쓸 수 있다.

$$ml^2\ddot{\theta}(t) + b\dot{\theta} + (kl^2 - mgl + a)\theta = 0$$

1.8절에서 알려진 바와 같이 각 계수가 양이면 응답은 점근 안정하므로 분명히 한정된다. 따라서 b는 $b > 0$이 되도록 선택하고, a는 다음과 같이 되도록 선택하면, 강제응답은 한정된다.

$$kl^2 - mgl + a > 0$$

예제 3.8.3

스프링-질량-감쇠기 시스템의 진동을 제어하기 위해 사용되는 피드백 제어 시스템의 단순화된 모델은 다음과 같이 쓸 수 있다.

$$m\ddot{x}(t) + c\dot{x}(t) + kx(t) = g_1x(t) + g_2\dot{x}(t)$$

여기서 상수 g_1과 g_2는 응답 $x(t)$의 형태를 제어하기 위해 조정된다. 상수 g_1과 g_2가 양의 값 내에서 변할 때 이 시스템의 안정성에 대해 논의하라.

풀이 풀고자 하는 방정식을 정리하면 다음과 같다.

$$m\ddot{x}(t) + (c - g_2)\dot{x}(t) + (k - g_1)x(t) = 0$$

따라서 1.8절의 방법을 사용할 수 있다. 실제로 $g_1 = 0$인 경우 안정성에 대한 논의는 예제 1.8.2에서 보여준 바 있다. 따라서 $k - g_1 > 0$이고 $c - g_2 < 0$인 경우 시스템의 안정성은 예제 1.8.2에서 언급된 것과 같이 플러터 불안정성의 일례이며 응답은 한정되지 않는다. $c - g_2 > 0$이고 $k - g_1 < 0$으로 가정할 때 특성방정식에 대한 해는 다음과 같다(1.3절 참조).

$$\ddot{x} + a\dot{x} + bx = 0, \quad \text{여기서 } a = \frac{c - g_2}{m},\ b = \frac{k - g_1}{m}$$

$$\Rightarrow \lambda = -\frac{b}{2} \pm \frac{1}{2}\sqrt{a^2 - 4b}$$

b가 음수이므로, λ에 대한 두 개의 근은 모두 양수이므로 응답은 (윈도우 1.5로부터) 다음과 같은 형태이다.

$$x(t) = a_1e^{\lambda_1 t} + be^{\lambda_2 t}$$

따라서 $x(t)$는 지수적으로 증가하여 한정되지 않기 때문에 불안정하다. 이 때문에 제어 엔지니어가 안정성을 지속적으로 고려하여 제어 법칙을 설계(상수 g_1과 g_2의 선택)하게 된다.

예제 3.8.3에서 설명한 것과 같이 작용력은 안정(또는 점근 안정) 시스템의 응답을 불안정하게도 할 수 있다. 이것을 보이기 위해 다음 시스템을 고려한다.

$$\ddot{x}(t) + \dot{x}(t) + 4x(t) = f(t) \tag{3.99}$$

여기서 $f(t) = ax + b\dot{x}$이다. 만약 $a = 2$, $b = 2$이면, 운동방정식은 다음과 같으며,

$$\ddot{x}(t) - \dot{x}(t) + 2x(t) = 0 \tag{3.100}$$

이 방정식의 해는 지수적으로 증가하고, 플러터 불안정성(flutter instability)을 나타낸다. 이것은 일견 위에서 언급된 점근 안정 제차 시스템은 BIBO 안정하다는 사실에 위배되는 것처럼 보이나, 입력 $f(t)$가 한정되지 않으므로 위의 정의를 위배하지 않는다. 작용력은 무한정 증가하는 변위와 속도의 함수이다.

3.9 응답의 수치해석

1.9절에서 자유응답, 2.8절에서 조화입력의 응답에 대해 언급했던 수치해석 기법을 사용하여 임의의 가진함수에 대한 응답을 계산하고 그림을 그릴 수 있다. 수치해석은 이론해석을 최소한도로 요하고 실험데이터(지진의 시간이력 따위)를 포함한 어떠한 형태의 입력가진력에도 적용할 수 있으므로 응답을 계산하는 데 선호되고 있다. 수치해석은 이론해석 결과를 검증하는 데도 사용될 수 있으며 수치해석 결과는 가능한 한 자주 이론해석을 통해 검증되어야 한다. 이 절에서는 일반적인 가진력에 대한 시스템의 응답을 수치적분을 통해 계산하고 그림을 그리는 데 흔히 사용되는 프로그램을 보여주고자 한다.

앞 절에서는 다양한 가진력으로 가진되는 여러 가지 1자유도 시스템의 응답에 대해 이론적 표현식을 유도하는 데 많은 노력을 기울였다. 이론적 표현식은 설계나 몇몇 물리 현상을 이해하는 데 아주 쓸모 있다. 시간응답 선도는 응답의 특징과 성질을 알아보기 위해 작성되었다. 응답을 표현하는 해석적 함수를 그리는 대신에 1.8절 및 2.8절에 소개된 오일러(Euler)나 룽게-쿠타(Runge-Kutta) 적분을 사용하여 시간응답을 수치계산할 수도 있다. 이와 같은 수치해가 엄밀한 것은 아니지만 비선형항을 고려할 수 있고 이론해를 구하기 어려운 복잡한 가진력항에 대한 시스템의 응답을 구할 수 있다.

임의의 입력에 대한 강제응답을 수치해석으로 풀기 위해 식 (2.136)을 임의의 가진력에 알맞도록 형태를 조금 바꿔야 한다. 임의의 가진력에 대해 임의의 초기조건을 갖는 다음 방정식의 수치 근사해를 구할 수 있다.

$$m\ddot{x}(t) + c\dot{x}(t) + kx(t) = F(t) \tag{3.101}$$

대부분의 프로그램에서는 x를 x_1으로 놓고 식 (3.101)을 1차 또는 상태공간 형태로 바꿔야 하며 1차 상태공간식은 다음과 같다.

$$\begin{aligned}\dot{x}_1(t) &= x_2(t)\\ \dot{x}_2(t) &= -2\zeta\omega_n x_2(t) - \omega_n^2 x_1(t) + f(t)\end{aligned} \tag{3.102}$$

여기서 x_2는 속도 $\dot{x}(t)$를 나타내고 x_1은 앞에서와 마찬가지로 위치 $x(t)$를 나타내며 $f(t) = F(t)/m$

이다. 초기조건은 $x_1(0) = x_0$와 $x_2(0) = v_0$이다. ω_n, ζ, f_0, x_0, v_0의 값과 이론 또는 수치 형태의 $F(t)$가 주어지면 식 (3.101)의 해는 수치해석으로 구할 수 있다. 식 (3.102)의 행렬형태 식은 다음과 같다.

$$\dot{\mathbf{x}}(t) = A\mathbf{x}(t) + \mathbf{f}(t) \tag{3.103}$$

$\mathbf{x}$와 A는 앞에서 식 (1.96)에서 정의된 것처럼 상태벡터와 상태행렬이며 여기서 다시 쓴다.

$$\mathbf{x} = \begin{bmatrix} x_1 \\ x_2 \end{bmatrix} \quad \text{그리고} \quad A = \begin{bmatrix} 0 & 1 \\ -\omega_n^2 & -2\zeta\omega_n \end{bmatrix}$$

$\mathbf{f}$ 벡터는 가진력으로 다음과 같은 형태가 된다.

$$\mathbf{f}(t) = \begin{bmatrix} 0 \\ f(t) \end{bmatrix} \tag{3.104}$$

식 (3.103)의 오일러 형태는 다음과 같다.

$$\mathbf{x}(t_{i+1}) = \mathbf{x}(t_i) + A\mathbf{x}(t_i)\Delta t + \mathbf{f}(t_i)\Delta t \tag{3.105}$$

이처럼 $\mathbf{f}(t)$가 임의의 가진력인 경우 $\mathbf{f}$의 해석적 형태를 알고 있으면 $\mathbf{f}(t_i)$는 각 순간에서 계산된 $\mathbf{f}$이고 $\mathbf{f}$가 수치 자료나 실험치로 주어져 있으면 $\mathbf{f}(t_i)$는 이산시간이력(discrete time history)이다. 이 식은 MATLAB에서 사용되는 룽게-쿠타 방법에 맞출 수도 있다.

이론적으로 구한 응답은 엄밀한 반면에 시스템의 응답을 수치적분으로 구한 것은 근사해이다. 따라서 다음과 같은 질문이 따르게 된다. "왜 해를 구하기 위해 수치적분을 하느라 애를 쓰는가?" 그 대답은 1.10절에서 보였듯이 비선형항을 포함하는 문제처럼 실제 많은 문제에는 엄밀한 이론해가 없다는 것이다. 이 절에서는 엄밀해가 존재하는 경우에 대해 수치적분을 써서 강제응답의 해를 논의한다. 이 절의 예제들에서 수치적분을 써서 강제 응답을 계산하고 엄밀해와 비교함으로써 MATLAB을 활용한 수치적분에 신뢰를 갖게 된다.

예제 3.9.1

그림 3.7에 주어진 변수를 사용하여 예제 3.2.1에 있는 시스템의 응답을 수치적으로 구하라. 운동방정식은 다음과 같다.

$$m\ddot{x} + c\dot{x} + kx = F(t) = \begin{cases} 0, & t_0 > t > 0 \\ F_0, & t \geq t_0 \end{cases}$$

[$\zeta = 0.1$, $\omega_n = 3.16$ rad/s ($F_0 = 30$ N, $k = 1000$ N/m, $t_0 = 0$)을 이용하라.] 수치해를 예제 3.2.1에서 구한 이론해와 비교하라.

풀이 그림 3.7의 변수값을 사용하여 식 (3.15)의 이론해를 구하면 다음과 같다.

$$x(t) = (0.03 - 0.03e^{-0.316(t-t_0)}\cos[3.144(t - t_0) - 0.101])\Phi(t - t_0) \tag{3.106}$$

여기서 Φ는 헤비사이드 계단함수로서 시간 t가 t_0가 될 때까지 $x(t)$가 영이라는 것을 나타낸다. 운동방정식의 상태방정식은 다음과 같이 쓸 수 있다.

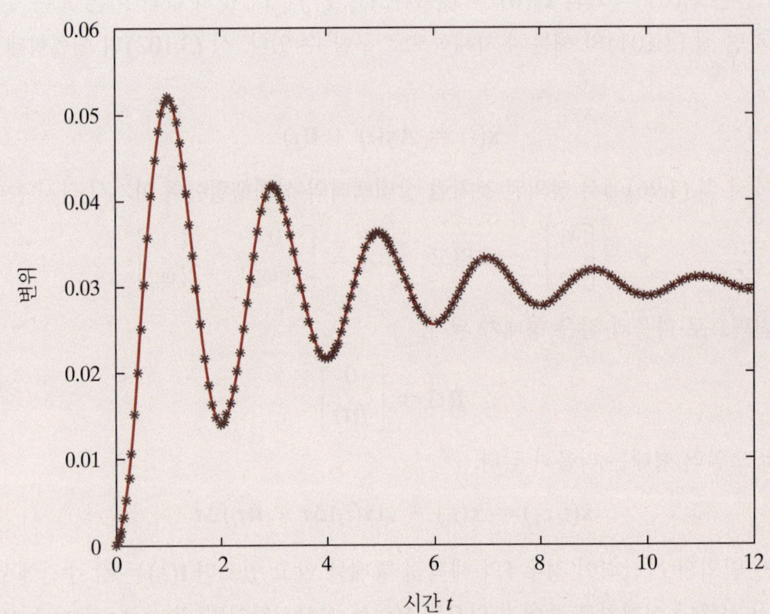

그림 3.21 예제 3.9.1의 수치해(별)와 이론해(실선)

$$\begin{bmatrix} \dot{x}_1 \\ \dot{x}_2 \end{bmatrix} = \begin{bmatrix} 0 & 1 \\ -\dfrac{k}{m} & -\dfrac{c}{m} \end{bmatrix} \begin{bmatrix} x_1 \\ x_2 \end{bmatrix} + \begin{bmatrix} 0 \\ \dfrac{F_0}{m}\Phi(t - t_0) \end{bmatrix} \tag{3.107}$$

이론해인 식 (3.106)의 선도와 식 (3.107)을 수치적분하고 선도로 나타낸 것이 그림 3.21이다. 이 선도는 이론해를 나타낸 그림 3.7과 사실상 똑같다는 점에 주목하라. 수치해와 이론해를 구하는 MATLAB 코드는 다음과 같다. `ode45`는 변위와 속도를 모두 반환한다는 점에 주목하라. 따라서 변위만을 지정하기 위해 한 줄의 코드가 필요하며 이는 `x1=x(:,1)`이다.

수치적분을 위해 다음 함수를 저장하라.

```
function dxdt=Num1(t,x)
z=0.1;wn=3.16;F0=30;k=1000;t0=0;m=k/wn^2;
H=heaviside(t0);
dxdt=[x(2);-2*z*wn*x(2)-wn^2*x(1)+2*(F0/m)*H];
```

명령창에 다음과 같이 입력하라.

```
>> [t,x]=ode45(@Num1,[0 12],[0 0]);
>> z=0.1;wn=3.16;F0=30;k=1000;t0=0;m=k/wn^2;
>> th=tan(z/sqrt(1-z^2));wd=wn*sqrt(1-z^2);
>> xa=F0/k-(F0/(k*sqrt(1-z^2)))*exp(-z*wn*t).*cos(wd*t-th);
>> x1=x(:,1);
>> figure
>> plot(t,x1,'*',t,xa,'--')
>> xlabel('Time, t')
>> ylabel('Displacement')
```

다음으로 가진력이 일정한 시간 동안만 작용하는 시스템의 응답을 계산해 보자. 이러한 문제는 컨벌루션 적분에서 변수변환을 사용해야 하므로 이론적으로 풀기가 어렵다. 대신에 예제 3.2.2에서 보인 것처럼 여러 개의 응답을 이론적으로 구해야 한다. 다음 예제에서는 이런 형태의 가진력 함수에 대해 응답을 구하기 위해 수치적분을 사용한다.

예제 3.9.2

그림 3.9에 주어진 값을 이용하여 예제 3.2.2의 해를 수치적으로 구하라($F_0 = 30$ N, $k = 1000$ N/m, $\zeta = 0.1$ 및 $\omega_n = 3.16$ rad/s). 그림에 주어진 두 개의 펄스에 대해 응답을 그림으로 나타내라(즉 펄스폭 $t_1 = 0.1$과 $t_1 = 1.5$ s).

풀이 먼저 가진력을 나타내는 헤비사이드 계단함수를 써서 운동방정식을 나타낸다. 가진력을 표현하는 데 헤비사이드 함수를 써서 운동방정식을 정리하면 다음과 같다.

$$m\ddot{x}(t) + c\dot{x}(t) + kx(t) = F_0\left[1 - \Phi(t - t_1)\right] \tag{3.108}$$

다음 MATLAB 코드는 수치적분을 사용하여 두 개의 서로 다른 펄스폭의 계단입력에 대한 예제 3.2.2의 시스템 응답의 선도를 그리기 위해 사용된다. 이를 위해 다음과 같이 두 개의 m 파일을 설정해야 한다.

```
function dxdt=e392(t,x)
F0=30;k=1000;wn=3.16;z=0.1;t0=0.1;m=k/wn^2;
dxdt=[x(2);-2*z*wn*x(2)-wn^2*x(1)+(F0/m)*(1-stepfun(t,t0))];
```

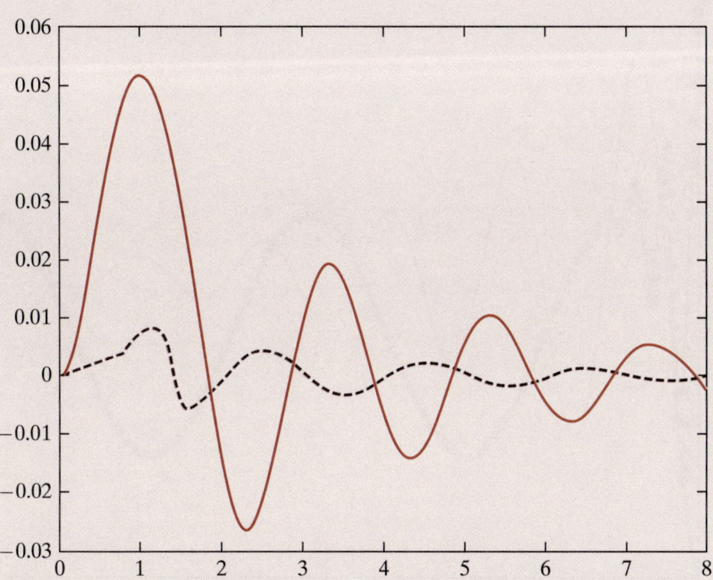

그림 3.22 $k = 1000$ N/m, $m = 100.14$ kg, $\zeta = 0.1$, $F_0 = 30$ N일 때 펄스폭 $t_1 = 0.1$ s (점선) 및 $t_1 = 1.5$ s(실선)인 사각펄스 입력에 대한 스프링-질량-감쇠기 시스템의 응답

```
function dxdt=e392b(t,xb)
F0=30;k=1000;wn=3.16;z=0.1;t0=1.5;m=k/wn^2;
dxdt=[xb(2);-2*z*wn*xb(2)-wn^2*xb(1)+(F0/m)*(1-stepfun(t,t0))];
```

그런 다음 명령창에 다음과 같이 입력하여 그림 3.22를 생성한다.

```
>> [t,x]=ode45(@e392,[0 8], [0 0]);
>> [t,xb]=ode45(@e392b,[0 8], [0 0]);
>> x1=x(:,1);
>> xb1=xb(:,1);
>> figure
>> plot(t,x1,'--',t,xb1)
```

예제 3.9.3

예제 3.3.2의 바닥가진 문제에서 응답을 수치계산하라. 한 그래프에 이론해와 수치해를 같이 그려서 계산 결과를 비교해 보라.

풀이 이 예제에서 풀고자 하는 운동방정식은 다음과 같다.

$$\ddot{x}(t) + 10\dot{x}(t) + 1000x(t) = 1.5\cos 3t + 50\sin 3t \tag{3.109}$$

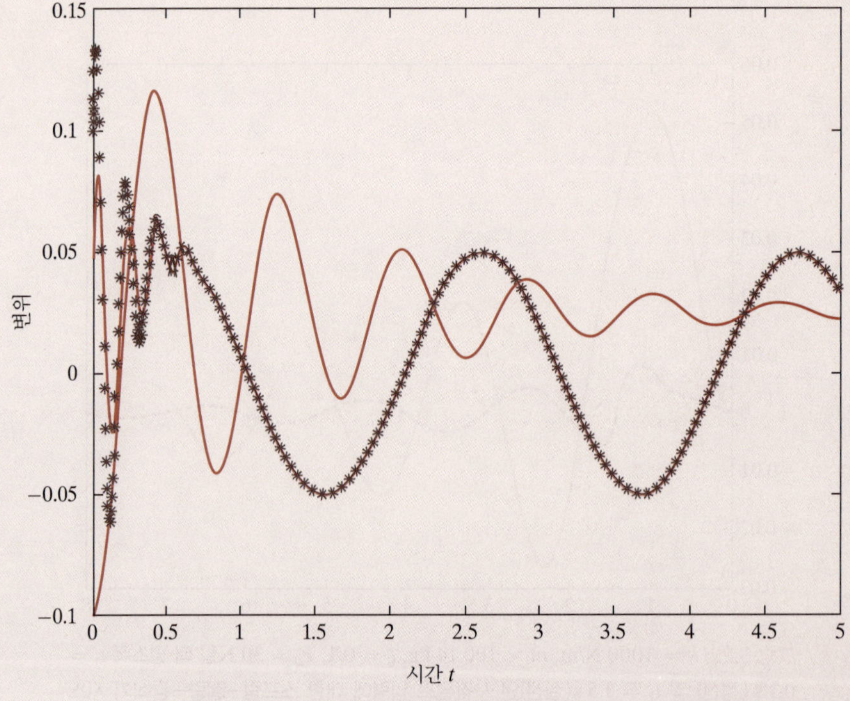

그림 3.23 수치해는 *로 표시되고 예제 3.3.2의 시스템에 대한 이론해는 실선으로 표시

예제 3.3.2로부터 이론해는 다음과 같다.

$$x(t) = 0.09341e^{-5t}\sin(31.225t + 0.1074) + 0.05\cos(3t - 1.571)$$

운동방정식은 식 (3.109)를 상태공간 형태로 바꾸고 MATLAB에서 룽게-쿠타 방법을 써서 수치해를 구할 수 있다. 수치해와 이론해의 선도가 그림 3.23에 나타나 있고, 잘 일치함을 보여준다.

MATLAB에서 이 시스템의 응답을 수치적으로 계산하고 이론해와 함께 선도를 그리기 위한 코드는 다음과 같다.

다음 m 파일을 저장하라.

```
function dxdt=Num2(t,x)
m=1;c=10;k=1000;wb=3;wn=sqrt(k/m);z=c/(2*sqrt(m*k));
wd=wn*sqrt(1-z^2);Y=0.05;
dxdt=[x(2);-2*z*wn*x(2)- wn^2*x(1)+(c/m)*Y*wb*cos(wb*t)+
(k/m)*Y*sin(wb*t)];
```

그런 다음 명령창에 다음과 같이 입력하라.

```
>> [t,x]=ode45(@Num2, [0 5],[0.1 3]);
>> xa=0.09341*exp(-5*t).*sin(31.225*t+0.1074)+0.05*cos(3*t-1.571);
>> x1=x(:,1);
>> figure
>> plot(t,x1,'*',t,xa,'--')
>> xlabel('Time, t')
>> ylabel('Displacement')
```

예제 3.9.4

예제 3.6.1을 참조하여 식 (3.84)에서 주어진 형태의 해에 대한 충격 응답 스펙트럼의 선도를 그려라. 식을 다시 나타내면 다음과 같다.

$$\frac{x_{\max}k}{F_0} = 1 + \frac{1}{\omega_n t_1}\sqrt{2(1 - \cos\omega_n t)}$$

풀이 명령창에 다음과 같이 입력하라.

```
>> t1=0:0.01:8*pi;
>> x=1+(1./t1).*sqrt(2*(1-cos(t1)));
>> figure
>> plot(t1,x)
>> xlabel('delay time')
>> ylabel('dimensionless maximum response')
```

이 명령어는 그림 3.24의 선도를 생성한다. 코사인 항이 +1이 되는 지연시간(delay time)에 가장 작은 최댓값 1을 갖는다는 점을 유의하라.

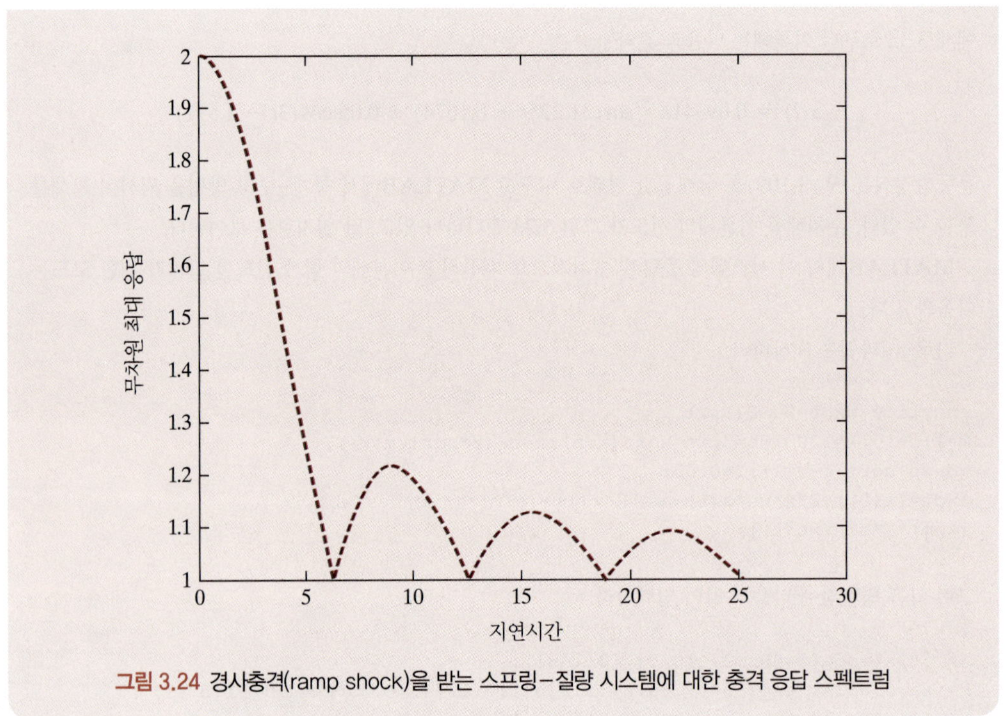

그림 3.24 경사충격(ramp shock)을 받는 스프링-질량 시스템에 대한 충격 응답 스펙트럼

수치적분을 사용하면 여러 가지 서로 다른 가진력함수에 대한 시스템의 응답을 비교적 쉽게 계산할 수 있다. 게다가 해를 구하는 과정을 프로그램으로 작성하면 매개변수를 바꿔 가면서 응답을 반복 계산하기가 아주 편해진다. 또 간단한 그래프로 응답을 도시함으로써 시스템의 동적 거동을 이해하고 설계할 수 있게 된다.

3.10 비선형 응답 특성

앞 절에서 소개한 수치적분을 사용하면 운동방정식에 포함된 여러 가지 비선형항의 효과를 고려할 수 있다. 1.10절에서 자유응답의 경우와 2.9절에서 조화가진력에 대한 응답에 관해 언급한 것처럼 비선형항이 있으면 엄밀해를 찾을 수 없게 되므로 그 응답을 이해하려면 수치적분과 정성적 해석에 의존할 수밖에 없다. 선형 시스템과 비선형 시스템의 중요한 차이점이 2.9절에 요약되어 있다. 특히 비선형 시스템을 다룰 때 비선형 시스템이 하나 이상의 평형점을 가지며 각 평형점은 안정할 수도 있고 불안정할 수도 있다는 점을 반드시 염두에 두어야 한다. 게다가 비선형 시스템에서는 이 장의 앞 절들에서 사용한 중첩의 개념을 사용할 수 없다.

많은 비선형 현상은 아주 복잡해서 진동학 입문보다 높은 수준의 해석 기법이 필요하다. 그러나 앞 절에서 다룬 수치해석 방법을 사용하면 진동해석에서 비선형 효과에 대해 다소나마 초보적인 이해가 가능하다. 이 절에서는 비선형 시스템의 응답에 대한 몇 가지 수치계산을 수행해 보고 그에 대응하는 선형 시스템과 비교해 보기로 한다.

2.9절에서 소개했던 것처럼 만일 운동방정식이 비선형이면 일반적인 1자유도 시스템의 운동방정식은 다음과 같이 쓸 수 있다.

$$\ddot{x}(t) + f(x(t), \dot{x}(t)) = F(t) \tag{3.110}$$

여기서 f는 선형이든 비선형이든 간에 임의의 형태를 갖는 함수이며 가진력항 $F(t)$는 거의 아무 함수(주기적이든 아니든)나 상관이 없고 f와 F 각 항은 질량으로 나눈 것이다. 마지막 식을 상태공간 또는 1차 형태로 바꾸면 식 (3.110)은 다음과 같은 형태가 된다.

$$\begin{aligned} \dot{x}_1(t) &= x_2(t) \\ \dot{x}_2(t) &= -f(x_1, x_2) + F(t) \end{aligned} \tag{3.111}$$

이 상태공간방정식 형태는 몇몇 코드에서 수치계산에 사용된다. 식 (3.111)에서 상태벡터를 $\mathbf{x} = [x_1(t)\ x_2(t)]^T$로 정의하고 비선형 벡터함수 $\mathbf{F}$를 다음과 같이 정의하면,

$$\mathbf{F}(\mathbf{x}) = \begin{bmatrix} x_2(t) \\ -f(x_1, x_2) \end{bmatrix} \tag{2.143}$$

식 (3.111)은 이제 다음과 같은 1차 벡터 형태로 쓸 수 있다.

$$\dot{\mathbf{x}} = \mathbf{F}(\mathbf{x}) + \mathbf{f}(t) \tag{3.112}$$

식 (3.112)는 식 (1.115)에 외부 가진력이 추가된 형태이며, 여기서 $\mathbf{f}(t)$는 단순히 다음과 같다.

$$\mathbf{f}(t) = \begin{bmatrix} 0 \\ F(t) \end{bmatrix} \tag{3.113}$$

이제 1계 미분방정식 형태의 운동방정식에 대한 오일러 적분방법은 다음과 같다.

$$\mathbf{x}(t_{i+1}) = \mathbf{x}(t_i) + \mathbf{F}(\mathbf{x}(t_i))\Delta t + \mathbf{f}(t_i)\Delta t \tag{3.114}$$

이 식은 비선형 시스템의 강제응답을 계산하기 위한 수치적분의 기본적인 접근 방법이며, 식 (1.98)과 (2.137)의 비선형 일반 강제응답 버전이다. 이것은 가진력 $\mathbf{f}$의 의미만 다를 뿐 기본적으로 식 (2.146)과 동일하다.

비선형 시스템은 해석적으로 해를 구하기가 어려울 뿐만 아니라 수치적으로도 어렵다. 이 때문에 수치계산 결과는 주의를 기울여 검토해 봐야 한다. 실제로 비선형 시스템에 대해서는 룽게-쿠타처럼 더 정교한 적분 방법을 사용하는 것이 바람직하다. 나아가 가능하면 정성적인 거동을 이용하여 수치해석 결과가 맞는지 따져 봐야 한다.

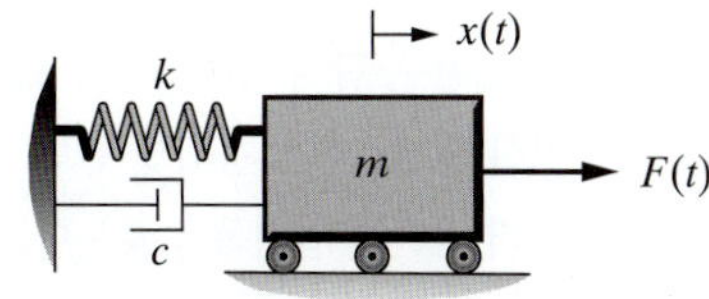

그림 3.25 일반 가진력을 받는 비선형 요소로 구성된 스프링-질량-감쇠기 시스템

다음 예제에서는 그림 3.25에 나타낸 것처럼 비선형 스프링을 갖는 1자유도 시스템에 일반 가진력이 작용하는 문제를 고려한다. 수치해석을 사용하여 비선형 시스템의 거동을 살펴보고 여기에 상응하는 선형 시스템과 비교해 본다.

예제 3.10.1

선형 점성감쇠와 다음과 같이 비선형적으로 '경화'되는 스프링을 갖는

$$k(x) = kx + k_1x^3 \tag{3.115}$$

그림 3.25의 비선형 시스템에 아래 형태의 가진력이 작용할 때 응답을 구하라.

$$F(t) = 1500[\Phi(t - t_1) - \Phi(t - t_2)]\text{N} \tag{3.116}$$

초기조건은 $x_0 = 0.01$ m, $v_0 = 1$ m/s이다. 여기서 Φ는 헤비사이드 계단함수를 나타내며 시간 $t_1 = 1.5$ s, $t_2 = 5$ s이다. 이 가진력을 그림 3.26에 나타냈다. 이 시스템의 질량은 100 kg, 감쇠계수는 20 kg/s, 선형 강성계수는 2000 N/m이며 k_1 값은 300 N/m^{3}이다. 해를 구하고 선형해($k_1 = 0$인 경우)와 비교하라.

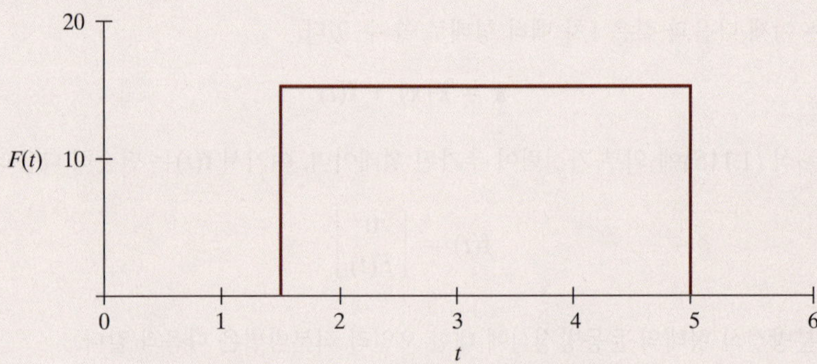

그림 3.26 식 (3.116)으로 정의되는 펄스입력함수

풀이 수평방향으로 작용하는 힘의 합력으로부터 운동방정식은 다음과 같다.

$$m\ddot{x}(t) + c\dot{x}(t) + kx(t) + k_1x^3(t) = 1500[\Phi(t - t_1) - \Phi(t - t_2)]$$

각 항을 질량으로 나누면,

$$\ddot{x}(t) + 2\zeta\omega_n\dot{x}(t) + \omega_n^2x(t) + \alpha x^3(t) = 15[\Phi(t - t_1) - \Phi(t - t_2)]$$

상태공간 형태로 표현하면 다음과 같은 식을 얻는다.

$$\dot{x}_1(t) = x_2(t)$$
$$\dot{x}_2(t) = -2\zeta\omega_nx_2(t) - \omega_n^2x_1(t) - \alpha x_1^3(t) + 15[\Phi(t - t_1) - \Phi(t - t_2)]$$

MATLAB을 써서 이 연립미분방정식을 수치적분함으로써 시간응답을 구할 수 있다. 그림 3.27은 선형 시스템과 비선형 시스템의 응답을 함께 나타낸 것이다. 실선은 비선형 시스템의 응답인 반면 점선은 선형 시스템의 응답이다. 이 경우 비선형 시스템이 선형 시스템보다 더 작은 응답진폭을 갖는다는 점이 선

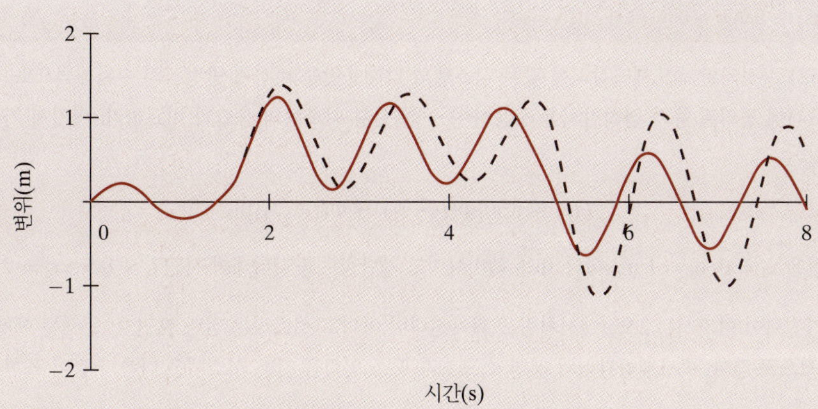

그림 3.27 그림 3.26의 입력가진력에 대한 그림 3.25 시스템의 응답. 실선은 비선형 시스템의 응답이고 점선은 선형 시스템의 응답이다.

형 시스템과 비선형 시스템의 차이점이다. 이 그림으로부터 경화 스프링을 사용하면 충격 형태의 입력에 대해 진동 진폭을 줄일 수 있다는 것을 알 수 있으므로 이러한 선형 시스템과 비선형 시스템의 차이점은 설계에 유용하다.

비선형 절연 스프링을 설계할 수 있는 방법 중 하나는 이 예제의 뒷부분에 보인 수치해석 코드를 써서 요구되는 응답을 얻을 때까지 매개변수(감쇠, 질량, 강성)를 변화시켜 보는 것이다.

그러나 비선형 요소를 써서 설계하면 불안정할 수도 있는 새로운 평형점이 생긴다는 사실을 반드시 염두에 두어야 한다. 그러므로 비선형 스프링을 써서 응답의 크기를 감소시키려 할 때는 추가적인 문제점이 생기지 않도록 유의해야 한다. 다음 코드를 사용해서 해를 구하고 선도를 그릴 수 있다.

MATLAB 코드는 다음과 같다.

```
xo=[0.01; 1];
ts=[0 8];

[t,x]=ode45('f',ts,xo);
plot(t, x(:,1)); hold on     % The response of nonlinear system
[t,x]=ode45('f1',ts,xo);
plot(t,x(:,1),'—'); hold off     % The response of linear system

%----------------------------------------------
function v=f(t,x)
m=100; k=2000; c=20; wn=sqrt(k/m); zeta=c/2/sqrt(m*k); Fo=1500;
alpha=3; t1=1.5; t2=5;
v=[x(2); x(2).*-2*zeta*wn + x(1).*-wn^2 - x(1)^3.*alpha+...
Fo/m*(stepfun(t,t1)-stepfun(t,t2))];

%----------------------------------------------
function v=f1(t,x)
m=100; k=2000; c=20; wn=sqrt(k/m); zeta=c/2/sqrt(m*k); Fo=1500;
alpha=0; t1=1.5; t2=5;
v=[x(2); x(2).*-2*zeta*wn + x(1).*-wn^2 - x(1)^3.*alpha+...
Fo/m*(stepfun(t,t1)-stepfun(t,t2))];
```

예제 3.10.2

식 (2.132)로 정의된 속도제곱감쇠를 갖는 시스템의 강제응답을 비선형 방정식의 수치해석으로 구하고, 식 (2.134)에 정의된 등가 점성감쇠를 사용하여 구한 선형 시스템의 응답과 비교하라. 여기서 가진력은 다음과 같고,

$$F(t) = 150[\Phi(t - t_1) - \Phi(t - t_2)]\text{m}$$

초기조건은 $x_0 = 0$, $v_0 = 1$ m/s이다. Φ는 헤비사이드 계단함수를 나타내며 시간 $t_1 = 0.5$ s, $t_2 = 2$ s이다.

풀이 가진력이 여기서는 2.9절에서처럼 조화가진력이 아니고 펄스라는 점만 빼면 이 문제는 예제 2.9.2와 본질적으로 같다. 속도제곱감쇠와 선형 스프링과 펄스 입력을 갖는 시스템은 다음과 같이 표현된다.

$$m\ddot{x} + \alpha\,\text{sgn}(\dot{x})\dot{x}^2 + kx = 150[\Phi(t - t_1) - \Phi(t - t_2)]$$

식 (2.134)로 등가 점성감쇠계수를 계산하면 다음과 같다.

$$c_{\text{eq}} = \frac{8}{3\pi}\alpha\omega X$$

이 값은 조화운동을 가정하고 계산된 것이므로 여기서는 다소 맞지 않는다. 진폭 X는 공진 근처에서 근사화될 수 있다. 예제 2.9.2에서 이 값의 계산치는 다음과 같다.

$$X = \sqrt{\frac{3\pi m f_0}{8\alpha\omega^2}}$$

마지막 두 식을 조합하면 등가 점성감쇠값은 다음과 같다.

$$c_{\text{eq}} = \sqrt{\frac{8m\alpha f_0}{3\pi}}$$

이 값을 감쇠계수로 사용하면 식 (2.134)를 근사화한 선형 시스템을 얻을 수 있다. 그림 3.28은 $m = 10$

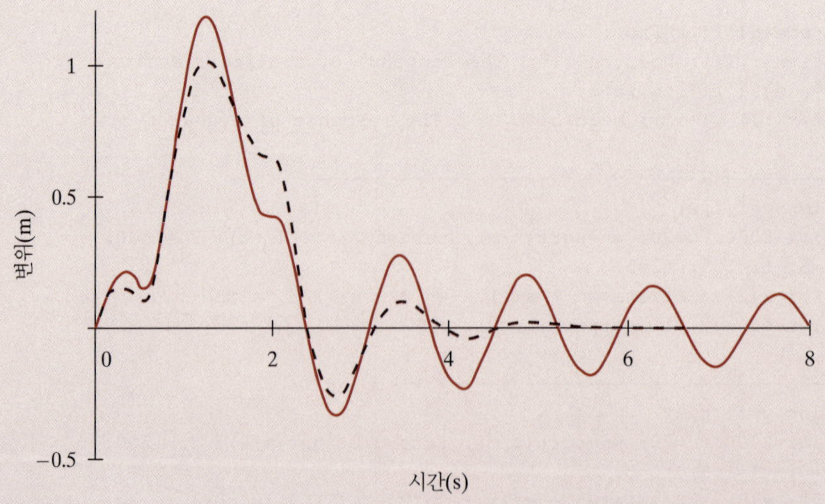

그림 3.28 비선형 시스템의 응답(실선)과 등가 점성감쇠의 개념을 사용한 선형 시스템의 응답(점선)

kg, k = 200 N/m, α = 5인 경우 선형 응답과 비선형 응답을 나타낸다. 선형 응답이 실제 응답보다 최대 10% 정도 과소추정된 것에 유의하라. 시간이 더 길어지면 선형 시스템의 응답은 비선형 시스템의 응답보다 더 빠르게 줄어들어 큰 오차를 나타내게 된다.

MATLAB에서 해를 생성하고 그림 3.28을 그리기 위한 코드는 다음과 같다.

```
xo=[0; 1];
ts=[0 8];

[t,t]=ode45('f',ts,xo);
plot(t,x(:,1)); hold on     % The response of nonlinear system

[t,x]=ode45('f1',ts,xo);
plot(t,x(:,1),'--'); hold off     % The response of linear system

%-----------------------------------------------
function v=f(t,x)
m=10; k=200; wn=sqrt(k/m); Fo=150; alpha=5; t1=0.5; t2=2;
v=[x(2); x(1).*-wn^2 + x(2)^2.*-alpha/m.*sign(x(2))+...
Fo/m*(stepfun(t,t1)-stepfun(t,t2))];

%-----------------------------------------------
function v=f1(t,x)
m=10; k=200; wn=sqrt(k/m); Fo=150; alpha=5; t1=0.5; t2=2;
ceq=sqrt(8*alpha*m/3/pi*Fo/m); zeta=ceq/2/sqrt(m*k);
v=[x(2); x(2).*-2*zeta*wn + x(1).*-wn^2+...
Fo/m*(stepfun(t,t1)-stepfun(t,t2))];
```

연습문제

3.1절(문제 3.1~3.18)

3.1 다음 식의 해를 계산하라.

$$1000\ddot{x}(t) + 20\dot{x}(t) + 2000x(t) = 100\delta(t), x_0 = 0, v_0 = 0$$

3.2 m = 1 kg, c = 2 kg/s이고 k = 2000 N/m인 스프링-질량-감쇠 시스템에 10,000 N의 충격력이 0.01 s 동안 작용한다. 응답을 계산하라.

3.3 다음 식의 해를 계산하고, 응답 선도를 그려라.

$$\ddot{x} + 2\dot{x} + 2x = \delta(t - \pi)$$
$$x(0) = 1 \qquad \dot{x}(0) = 0$$

3.4 다음 식의 해를 계산하고, 응답 선도를 그려라.

$$\ddot{x} + 2\dot{x} + 3x = \sin t + \delta(t - \pi)$$
$$x(0) = 0 \qquad \dot{x}(0) = 1$$

별표(∗)가 있는 문제는 계산 프로그램을 이용하여 해를 계산하라.

3.5 임계감쇠 시스템(critically damped system)의 임펄스응답함수를 계산하라.

3.6 과도감쇠 시스템(overdamped system)의 임펄스응답함수를 계산하라.

3.7 식 (1.36)과 (1.38)로부터 식 (3.6)을 유도하라.

3.8 그림 P3.8에서 보이는 비행기 날개의 간단한 모델을 고려하자. 근사적으로 볼 때 날개는 그 평면 내에서 앞뒤로 진동하고, (질량 m인) 미사일 운반 시스템과 비교해 볼 때 날개의 질량은 무시할 수 있다. 날개의 탄성계수와 관성모멘트는 각각 E와 I이고, 날개의 길이는 l이다. 임펄스함수 $F\delta(t)$로 모델링할 수 있는 미사일 발사에 따른 진동을 예측하기 위해 날개는 간단한 외팔보 막대로 모델링한다. 길이 2 m, $m = 1000$ kg, $\zeta = 0.01$이고 $I = 0.5\ \text{m}^4$의 알루미늄 날개에 대한 응답을 계산하고, 결과를 그래프로 표시하라. F는 0.01 s 동안 1000 N의 크기로 작용하는 것으로 모델링한다.

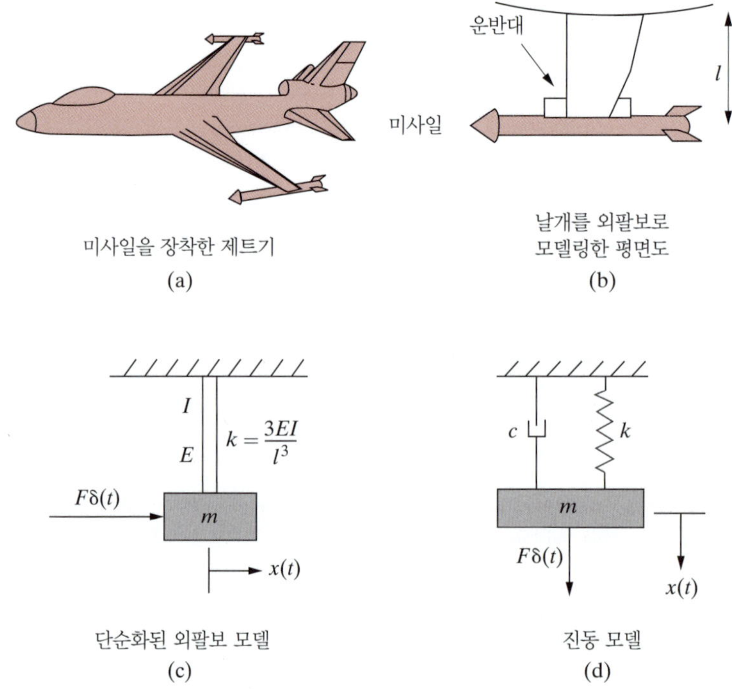

그림 P3.8 미사일 발사로 인한 날개진동의 모델링. 그림 (a) 대상 시스템, (b) 관심 부분의 단순화, (c) 날개의 간단한 모델인 외팔보 막대(그림 1.28 참조), (d) 날개의 질량을 무시하고 응답을 계산하는 데 사용되는 진동 모델

3.9 어떤 큰 기계의 캠을 0.005초 동안 10,000 N의 힘을 가하는 것으로 모델링한다. 이 캠은 다음과 같은 물리적 변수를 갖는 것으로 모델링되는 밸브를 가진하고 있다. $m = 10$ kg, $c = 18$ Ns/m이고 강성 $k = 9000$ N/m이다. 캠은 1초마다 한 번씩 밸브를 가격한다. 밸브가 캠에 의해 가격될 때의 진동응답 $x(t)$를 계산하라. 밸브의 정지 위치와 실제 위치 사이의 거리가 0.0001 m 이내이면 밸브는 닫힌 것으로 간주된다. 캠이 한 번 충격을 가한 후 그다음 번에 밸브에 충격을 가할 때 밸브는 닫혀 있는가?

3.10 높이 h(m)에서 낙하하는 상자의 진동은 그림 P3.10에서와 같이 개략적으로 모델링할 수 있다. 지면과의 충돌은 접촉 순간에 시스템에 작용하는 임펄스(impulse)로 모델링할 수 있다. 시스템이 낙하하여 지면에 부딪힐 때 질량 m의 진동을 계산하라. 시스템은 부족감쇠(underdamped)로 가정하라.

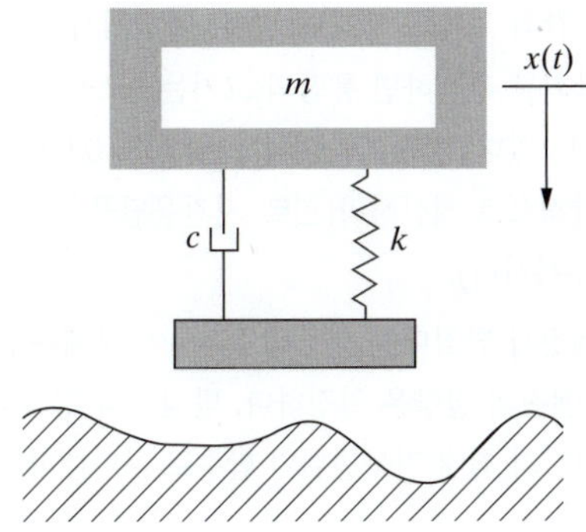

그림 P3.10 지면에 낙하하는 상자의 진동 모델

3.11 초기조건이 영일 때 다음 식의 응답을 계산하라. 단위는 뉴턴(N)이다. 응답 선도를 그려라.

$$3\ddot{x}(t) + 12\dot{x}(t) + 12x(t) = 3\delta(t)$$

3.12 다음 식의 응답을 계산하라.

$$3\ddot{x}(t) + 12\dot{x}(t) + 12x(t) = 3\delta(t)$$

초기조건은 $x(0) = 0.01$ m이고 $v(0) = 0$이다. 단위는 뉴턴(N)이다. 응답 선도를 그려라.

3.13 다음 식의 응답을 계산하라.

$$3\ddot{x}(t) + 6\dot{x}(t) + 12x(t) = 3\delta(t) - \delta(t-1)$$

초기조건은 $x(0) = 0.01$ m이고 $v(0) = 1$ m/s이다. 단위는 뉴턴(N)이다. 응답 선도를 그려라.

3.14 그림 P3.14에서 보는 바와 같이 차대동력계(chassis dynamometer)를 이용하여 스프링 하부질량(unsprung mass)을 연구한다. 이 문제는 예제 1.4.1에서 논의한 바 있다. 0.01초 동안 5000 N의 충격력에 의한 임펄스가 x방향으로 작용할 때 바퀴중심의 최대 진폭을 계산하라. 바퀴질량 $m = 15$ kg, 스프링강성 $k = 500{,}000$ N/m, 충격흡진기(shock absorber)에 의한 감쇠비 $\zeta = 0.3$, 회전관성 $J = 2.323$ kg m^{2}으로 가정하라. 또한 동력계는 $x = r\theta$가 되도록 제어된다고 가정하라. 0.01초 동안 5000 N의 충격력에 의한 임펄스가 작용할 때 바퀴 시스템의 응답을 계산하고 응답 선도를 그려라. 감쇠 시스템과 비감쇠 시스템의 최대 진폭을 비교하라($r = 0.457$ m).

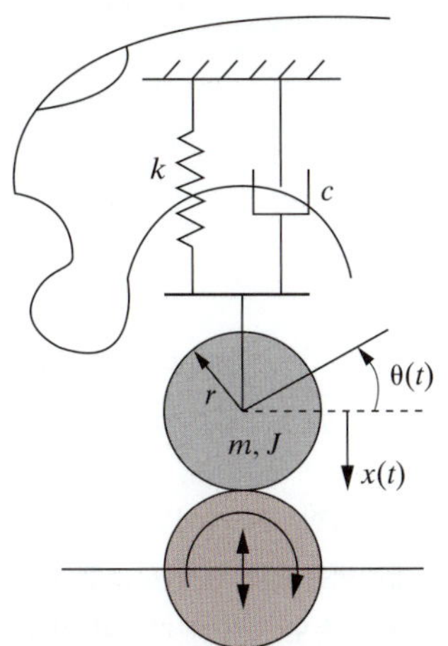

그림 P3.14 차대동력계에 장착된 자동차 현가 시스템의 단순 모델. 자동차 바퀴(반경 r)의 회전은 $\theta(t)$, 수직변위는 $x(t)$로 나타낸다.

3.15 예제 3.1.2의 새에 의한 충돌 문제에서 감쇠 효과를 생각해 보자. 예제에서 충돌로 인해 카메라의 진동이 한계값을 벗어났음을 상기하라. 감쇠를 추가하면 응답의 크기는 어느 정도 감소하지만 카메라가 0.01 m 한계를 벗어나는 진동을 할 수도 있다. 알루미늄의 감쇠비 $\zeta = 0.05$라 할 때 카메라가 한계값보다 큰 상태로 진동하는 시간을 대략적으로 계산하라(힌트: 시간응답을 그림으로 나타내고 진폭이 0.01 m 이내가 되기 시작하는 시간을 주목하라).

3.16 그림 P3.16에 나타낸 바와 같이 제트 엔진과 받침대를 생각해 보자. 이 문제는 그림 1.27에서 보의 끝에 매달린 질량으로 모델링한 바 있다. 엔진의 질량은 일정하다. 받침대의 횡방향 강성 k를 새의 상대속도 υ, 새의 질량, 엔진 질량, 그리고 엔진의 최대 진동변위의 함수로 나타내라.

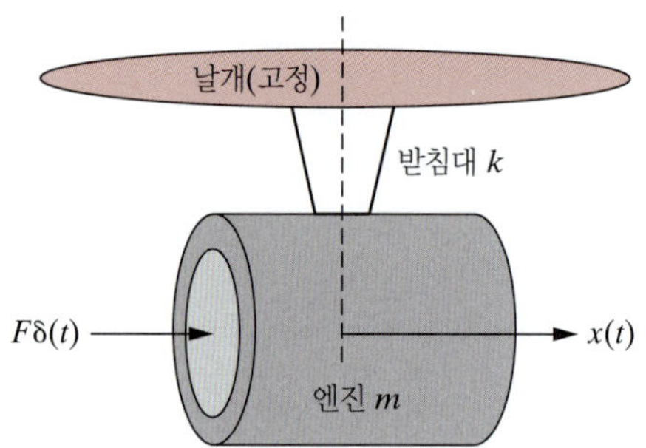

그림 P3.16 새의 충돌에 의한 제트 엔진의 횡방향 진동 모델

3.17 어떤 기계 부품이 제조 공정중에 규칙적으로 0.01초 동안 350 N의 힘을 받는다. 부품의 질량이 100 kg 이고 강성이 1250 N/m일 때 감쇠기를 설계하라(즉 부품의 변형이 0.01 m보다 크지 않도록 감쇠계수 c를 선택하라).

3.18 충격이 작용하는 스프링-질량-감쇠기 시스템의 운동방정식의 일반적인 형태는 다음과 같다.

$$m\ddot{x}(t) + c\dot{x}(t) + kx(t) = \hat{F}(t)$$

ω_d와 ζ를 사용하여 피크시간(peak time)에 대한 식을 유도하라.

3.2절(문제 3.19~3.30)

3.19 임의의 비주기적 가진에 대한 과도감쇠 1자유도 시스템의 응답을 해석적으로 계산하라.

3.20 그림 P3.20에 보이는 가진에 대한 부족감쇠 시스템의 응답을 계산하라. 그림에서 펄스는 π초에서 끝난다.

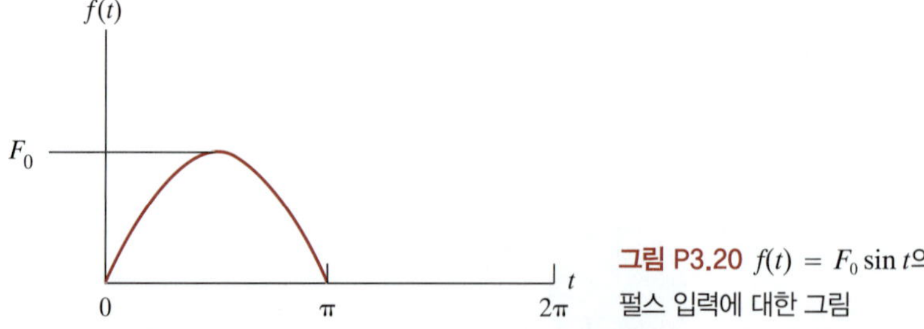

그림 P3.20 $f(t) = F_0 \sin t$의 펄스 입력에 대한 그림

3.21 운전자로 하여금 감속하도록 하기 위해 과속방지턱을 이용한다. 그림 P3.21은 과속방지턱을 넘어가는 자동차를 모델링한 것이다. 예제 2.4.2에서 제공된 매개변수값과 현가 시스템에 대한 비감쇠 모델(즉 $k = 4 \times 10^5$ N/m, $m = 1007$ kg)을 이용하여, 자동차 속도에 대한 자동차 질량의 최대 상대변위의

관계식을 구하라. 과속방지턱은 길이 40 cm, 높이 20 cm인 반사인파로 모델링하라. 이 경우는 바닥 가진 문제임에 주목해야 한다.

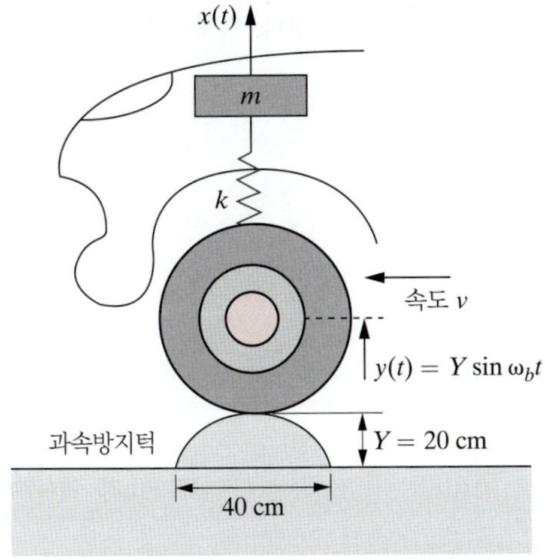

그림 P3.21 과속방지턱을 넘어가는 자동차의 모델

3.22 t_1의 유한한 상승시간을 갖는 계단함수에 대해 비감쇠 시스템의 응답을 계산하고 그림으로 나타내라. 여기서 $m = 1$ kg, $k = 1$ N/m, $t_1 = 4$ s, $F_0 = 20$ N이다. 이 함수는 다음과 같이 표현된다.

$$F(t) = \begin{cases} \dfrac{F_0 t}{t_1} & 0 \le t \le t_1 \\ F_0 & t > t_1 \end{cases}$$

3.23 배가 지나가면서 생기는 파도가 제방을 치고 있다. 그 결과 발생하는 진동을 계산하고자 한다. 그림 P3.23은 이 상황을 보여주고 있으며 이에 대한 모델을 제시한다. 그림 P3.23의 힘은 다음과 같이 표현할 수 있다.

$$F(t) = \begin{cases} F_0\left(1 - \dfrac{t}{t_0}\right) & 0 \le t \le t_0 \\ 0 & t > t_0 \end{cases}$$

이러한 힘에 대한 제방 시스템의 응답을 계산하라.

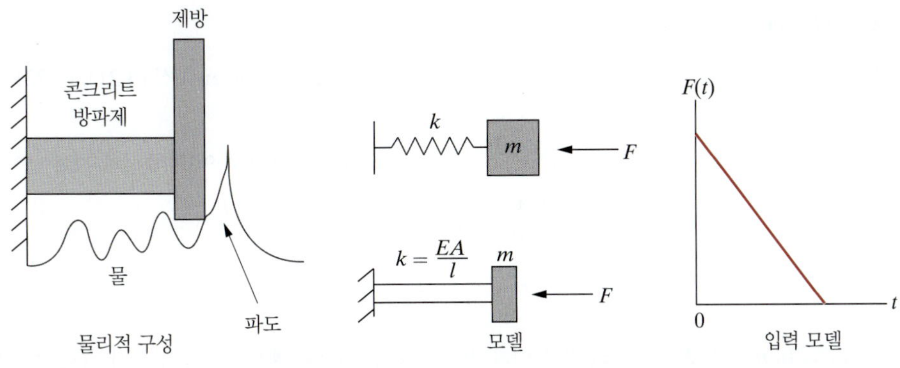

그림 P3.23 비감쇠 1자유도, 스프링-질량 시스템을 가진하는 비주기적 힘으로 모델링된 제방을 치는 파도

3.24 $F(t) = F_0 t$(F_0는 상수) 형태의 램프입력에 대한 비감쇠 시스템의 응답을 계산하라. $m = 1$ kg, $k = 100$ N/m이고 $F_0 = 50$ N의 경우에 대해 응답을 세 번째 주기까지 그려라.

3.25 탄성 지지대에 놓여 있는 기계는 수직방향으로 움직이는 1자유도 스프링-질량 시스템으로 모델링 할 수 있다. 지면은 그림 P3.25에 보이는 형태의 운동 $y(t)$를 한다. 기계의 질량은 5000 kg이고 지지대의 강성은 1.5×10^3 N/m이다. 기계의 진동을 계산하라.

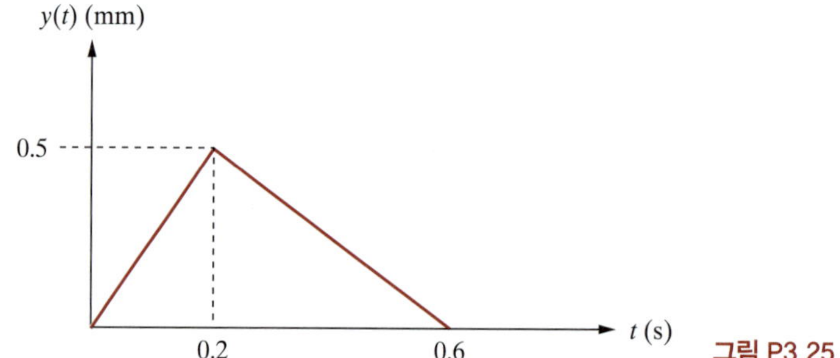

그림 P3.25 삼각펄스 입력함수

3.26 그림 3.7과 예제 3.2.1에 기술된 계단응답을 고려하자. 곡선의 첫 번째 피크, 즉 임계점이 일어난다는 점을 주목하고 그 점이 일어나는 시간 t_p를 해석적으로 계산하라.

3.27 예제 3.2.1의 시스템에 대해 오버슈트(O.S.)를 계산하라. 예제로부터 오버슈트는 피크시간 $t_p = \pi/\omega_d$에서 일어나며 t_p에서의 응답과 정상상태응답과의 차이가 된다는 점을 주목하라.

3.28 계단응답이 3초의 정착시간(settling time)과 1초의 피크시간을 갖도록 시스템을 설계하고자 한다. 이 설계에서 사용할 적정 고유진동수와 감쇠비를 계산하라.

3.29 예제 3.2.1의 그림 3.8에서 크기가 $F_0 = 30$ N이고 펄스폭이 시스템의 고유주기와 같은 사각펄스 입력에 대해(즉 $t_1 = \pi\omega_n$) 스프링-질량-감쇠기 시스템의 응답을 그려라. $k = 1000$ N/m, $\zeta = 0.1$이고 $\omega_n = 3.16$ rad/s이다.

3.30 스프링-질량 시스템의 운동방정식과 초기조건이 다음과 같다.

$$m\ddot{x}(t) + kx(t) = F_0 \sin \omega t, \quad x_0 = 0.01\,\text{m}, \quad v_0 = 0$$

예제 3.2.4에서 간단히 기술한 컨벌루션 적분법을 이용하여 시스템의 응답을 계산하라. 여기서 $m =$ 100 kg, $k = 2500$ N/m, $\omega = 10$ rad/s이고 $F_0 = 10$ N이다. 이 결과를 식 (2.25)를 이용하여 검증하라.

3.3절(문제 3.31~3.39)

3.31 식 (3.24), (3.25), (3.26)을 증명하고, 푸리에 계수(Fourier coefficient) 식 (3.21), (3.22), (3.23)을 유도하라.

3.32 예제 3.3.1에서 다음 식으로 주어지는 삼각파형 힘(triangular force)에 대해 b_n을 계산하여

$$F(t) = \begin{cases} \dfrac{4}{T}t - 1 & 0 \le t \le \dfrac{T}{2} \\ 1 - \dfrac{4}{T}\left(t - \dfrac{T}{2}\right) & \dfrac{T}{2} \le t \le T \end{cases}$$

$b_n = 0, n = 1, 2, \cdots, \infty$임을 보여라. 또한 지시된 적분을 계산하여 a_n을 구하라(힌트: 적분변수를 t에서 $x = 2\,\pi nt/T$로 변환하라).

3.33 그림 P3.33에 보이는 구형파(rectangular wave)에 대해 푸리에 급수를 구하라.

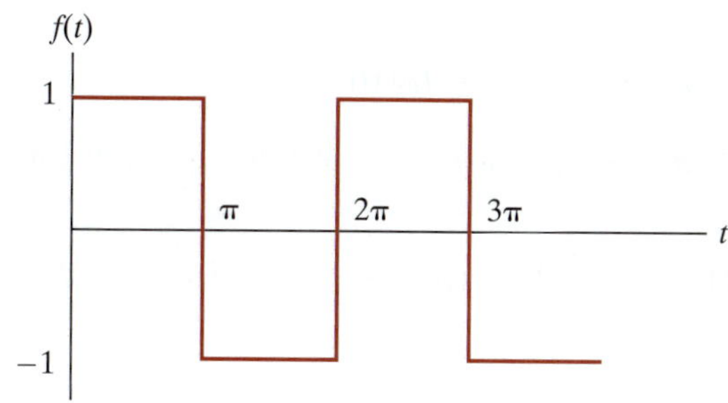

그림 P3.33 구형파 주기신호

3.34 그림 P3.34에 보이는 톱니파(sawtooth curve)에 대해 푸리에 급수를 구하라.

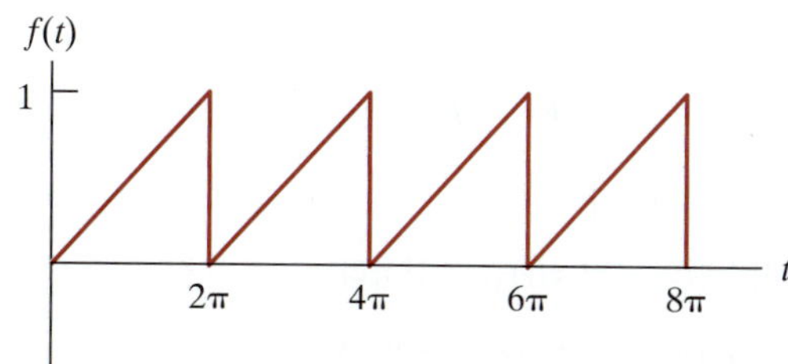

그림 P3.34 톱니파 주기신호

3.35 바닥운동이 다음과 같은 속도로 주어지는 바닥가진 문제의 응답을 계산하고 응답 선도를 그려라.

$$\dot{y}(t) = 3e^{-t/2}\phi(t)\,\text{m/s}$$

여기서 $\Phi(t)$는 단위계단함수이고, $m = 10$ kg, $\zeta = 0.01$, $k = 1000$ N/m이고, 초기조건은 모두 영으로 가정한다.

3.36 최댓값이 1 N이고 다음 식으로 정의되는 힘이 작용하는 스프링–질량–감쇠기 시스템의 응답을 계산하고 응답 선도를 그려라.

$$F(t) = \begin{cases} \dfrac{4}{T}t - 1 & 0 \le t \le \dfrac{T}{2} \\ 1 - \dfrac{4}{T}\left(t - \dfrac{T}{2}\right) & \dfrac{T}{2} \le t \le T \end{cases}$$

여기서 $m = 10$ kg, $\zeta = 0.01$, $k = 1000$ N/m이고 초기조건은 영으로 가정한다. 또한 $T = 2\pi$초로 한다.

3.37 예제 3.3.2의 시스템에서 바닥운동 가진진동수 $\omega_b = 3.162$ rad/s이고 진폭 $Y = 0.05$ m, 초기조건이 $x_0 = 0.01$ m, $v_0 = 3.0$ m/s일 때 응답을 계산하라. 여기서 $m = 1$ kg, $c = 10$ kg/s, $k = 1000$ N/m이다.

3.38 무게가 816 lb인 스프링–질량–감쇠기 시스템이 진폭이 1이고 진동수가 50 rad/sec인 바닥운동(base motion)에 노출된다. 스프링은 6000 lb/in의 강성을 가지고 있으며 감쇠기는 20 lb-s/in의 감쇠계수를 가지고 있다. 질량의 정상상태응답을 계산하라.

3.39 문제 3.38의 시스템을 다시 생각한다. 강성을 600 lb/in로 변경하고 그 결과 나타나는 고유진동수를 문제 3.38의 것과 비교하라. 또한 그에 따른 정상상태 진폭을 계산하고 이전 문제와 비교하라. 설계에서 질량의 변위를 최소화하는 것이 목표인 경우 어떤 결론을 내릴 수 있는가?

3.4절(문제 3.40~3.45)

3.40 다음 식의 응답을 계산하라.

$$m\ddot{x} + c\dot{x} + kx = F_0\Phi(t)$$

여기서 $\phi(t)$는 단위계단함수이고 초기조건 $x_0 = \upsilon_0 = 0$이다. 라플라스 변환을 이용하고, 시스템은 부족감쇠로 가정하라.

3.41 과도감쇠의 경우에 대해($\zeta > 1$) 다음의 운동방정식을 갖는 시스템의 응답을 라플라스 변환법을 이용하여 계산하라.

$$m\ddot{x}(t) + c\dot{x}(t) + kx(t) = \delta(t), \qquad x_0 = 0,\ v_0 = 0$$

$m = 1$ kg, $k = 100$ N/m이고 $\zeta = 1.5$인 경우에 응답 선도를 그려라.

3.42 다음 식으로 주어지는 부족감쇠 시스템의 응답을 라플라스 변환법을 이용하여 계산하라.

$$m\ddot{x} + c\dot{x} + kx = F_0e^{-at}$$

$a > 0$이고, 초기조건은 모두 영으로 가정한다.

3.43 라플라스 변환을 이용해서 다음 시스템의 응답 $x(t)$를 계산하라.

$$100\ddot{x}(t) + 2000x(t) = 50\delta(t)$$

여기서 단위는 N이고, 초기조건은 모두 영이다.

3.44 라플라스 변환을 이용해서 운동방정식과 초기조건이 다음과 같이 주어지는 스프링-질량 시스템의 응답을 구하라.

$$\ddot{x}(t) + x(t) = \sin 2t, \qquad x_0 = 0,\ v_0 = 1$$

단위는 방정식의 항에 따라 적정하게 주어졌다고 가정하라(힌트: 부록 B의 예제 참조).

3.45 200 lb의 장비를 보호하기 위해 사용되는 비감쇠 스프링-질량 시스템이 진폭이 1인 5 Hz의 바닥운동에 노출된다. 질량은 1000 lb/in의 강성을 가지는 스프링에 의해 바닥과 연결된다. 질량의 초기변위는 0.1 in이고 초기속도는 1 in/sec이다. 라플라스 변환법을 사용하여 질량의 응답을 계산하라.

3.5절(문제 3.46~3.50)

3.46 PSD의 크기가 S_0로 일정한 입력에 대해 주파수응답함수 $H(\omega) = 10/(3 + 2j\omega)$인 시스템의 제곱평균(mean-square)응답을 계산하라.

3.47 예제 2.4.2의 자동차 모델에 적용되었고 그림 2.17에 보인, 2.4절의 바닥가진 문제를 고려하자. 자동차는 스프링-질량-감쇠기 시스템으로 모델링하며 $m = 1007$ kg, $c = 2000$ kg/s, $k = 40{,}000$ N/m이다. 이 문제에서 도로는 PSD가 S_0인 랜덤정상(random stationary) 단면을 하고 있다. 응답의 PSD와 제곱평균값을 계산하라.

3.48 상관함수에 대한 개념을 이해할 수 있도록 확정신호 $A \sin \omega_n t$의 자기상관함수 $R_{xx}(\tau)$를 구하라.

3.49 어떤 신호의 자기상관함수가 다음 식으로 주어진다.

$$R_{xx}(\tau) = 10 + \frac{4}{3 + 2\tau + 4\tau^2}$$

신호의 제곱평균값을 계산하라.

3.50 식 (3.47)의 정의를 이용해서 평균을 계산하여 $x - \bar{x}$의 평균이 영임을 증명하라.

3.6절(문제 3.51~3.52)

3.51 변압기가 달려 있는 전신주는 다음과 같이 모델링된다.

$$m\ddot{x} + kx = -A\ddot{y}$$

여기서 x와 y는 그림 P3.51에 표시되어 있다. 전신주가 다음과 같이 지진에 의한 바닥가진을 받고 있을 때 상대변위 $(x - y)$의 응답을 계산하라(초기조건은 영으로 가정).

$$A\ddot{y}(t) = \begin{cases} A\left(1 - \dfrac{t}{t_0}\right) & 0 \le t \le 2t_0 \\ 0 & t > 2t_0 \end{cases}$$

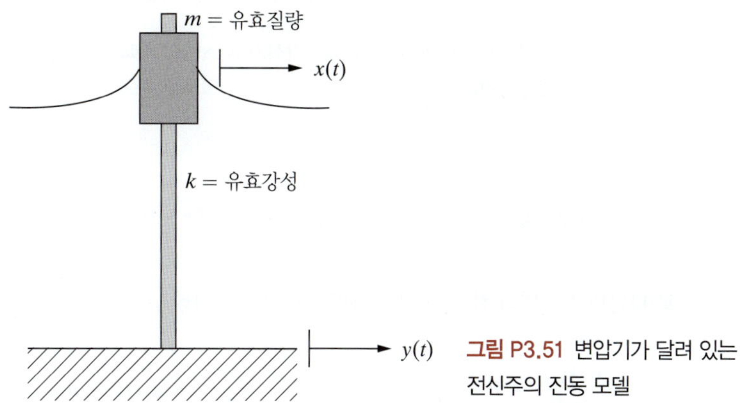

그림 P3.51 변압기가 달려 있는 전신주의 진동 모델

3.52 초기조건을 영으로 가정하고, 그림 P3.52에서 하프 사인 가진함수에 대한 비감쇠 시스템의 응답 스펙트럼을 계산하라.

$$F(t) = \begin{cases} F_0 \sin \dfrac{\pi t}{t_1} & 0 \le t \le t_1 \\ 0 & t > t_1 \end{cases}$$

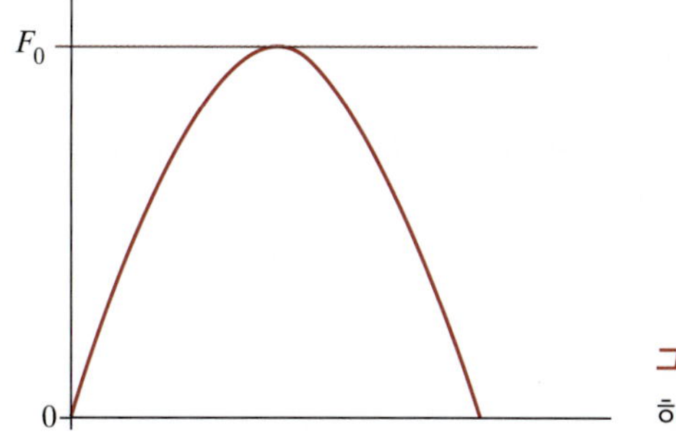

그림 P3.52 종료 시간이 t_1인 하프 사인 임펄스

3.7절(문제 3.53~3.59)

3.53 복소수 계산을 이용하여 식 (3.86)과 $s = j\omega$로부터 식 (3.89)를 유도하라.

3.54 그림 P3.54의 주파수-진폭 응답 선도를 이용하여 시스템 매개변수 m, c, k와 고유진동수값을 추정하라.

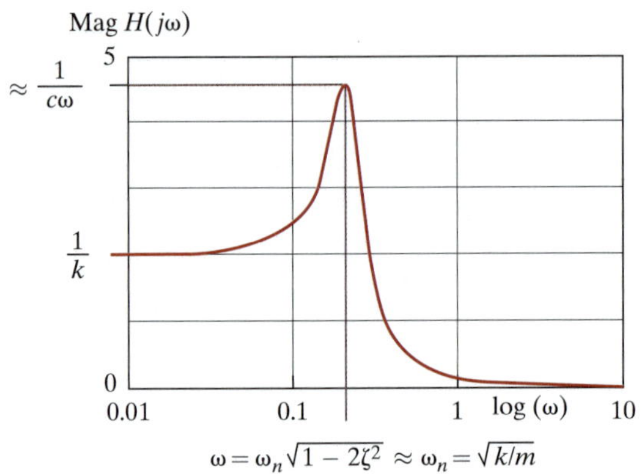

그림 P3.54 스프링-질량-감쇠기 시스템의 주파수-진폭 응답 선도

3.55 스프링-질량-감쇠기 시스템의 컴플라이언스 전달함수로부터 강성은 0.5 N/m, 고유진동수는 0.25 rad/s, 감쇠계수는 0.087 kg/s로 결정되었다. 이 시스템에 대한 모빌리티 전달함수의 진폭과 위상 선도를 그려라.

3.56 다음 식으로 나타낸 시스템의 컴플라이언스 전달함수를 계산하라.

$$a\frac{d^4x(t)}{dt^4} + b\frac{d^3x(t)}{dt^3} + c\frac{d^2x(t)}{dt^2} + \frac{dx(t)}{dt} + ex(t) = f(t)$$

여기서 $f(t)$는 입력이고, $x(t)$는 변위이다.

3.57 다음 식으로 나타낸 시스템의 컴플라이언스에 대해 주파수응답함수를 계산하라.

$$a\frac{d^4x(t)}{dt^4} + b\frac{d^3x(t)}{dt^3} + c\frac{d^2x(t)}{dt^2} + \frac{dx(t)}{dt} + ex(t) = f(t)$$

***3.58** 다음 값을 사용하여 문제 3.57의 시스템에 대해 주파수응답함수의 진폭 선도를 그려라.

$$a = 1,\ b = 4,\ c = 11,\ d = 16,\ e = 8$$

3.59 그림 P3.59는 실험으로 구한(컴플라이언스) 진폭 선도를 보여주고 있다. ω, ζ, c, m, k를 구하라. 수직축의 단위는 m/N이라고 가정하라.

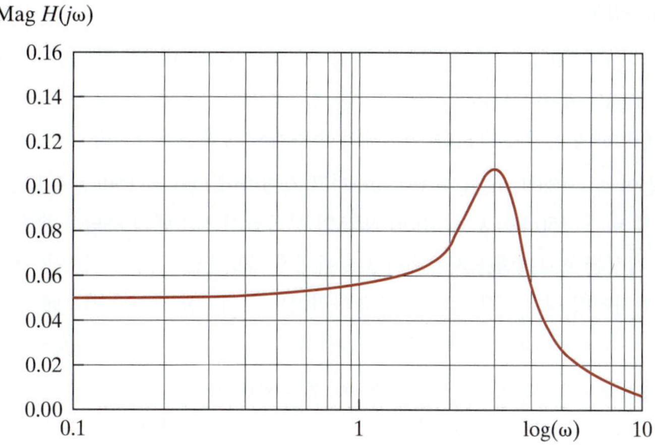

그림 P3.59 실험으로 구한 컴플라이언스 진폭 선도

3.8절(문제 3.60~3.65)

3.60 임계감쇠(critically damped) 시스템은 한정입력-한정출력(BIBO) 안정임을 보여라.

3.61 과도감쇠(overdamped) 시스템은 한정입력-한정출력(BIBO) 안정임을 보여라.

3.62 다음 미분방정식 $2\ddot{x} + 18x = 4\cos 2t + \cos t$의 해는 라그랑주 안정인가?

3.63 다음 식으로 나타낸 시스템의 응답을 계산하라.

$$\ddot{x}(t) + \dot{x}(t) + 4x(t) = ax(t) + b\dot{x}(t)$$

여기서 초기조건 $x_0 = 0$, $v_0 = 1$이고 $a = 4$, $b = 0$이다. 응답은 한정되는가?

3.64 항공기 날개는 다음 식과 같이 단순하게 모델링할 수 있다.

$$100\ddot{x}(t) + 25\dot{x}(t) + 2000x(t) = a\dot{x}(t)$$

여기서 인자 a는 날개에 대해 공기역학적으로 결정되며 공기속도에 비례한다. 매개변수 a가 얼마일 때에 시스템이 플러터 불안정해지는가?

3.65 그림 P3.65는 도립진자를 나타낸다. 도립진자의 선형시스템 모델을 안정하게 하는 강성 k의 값을 계산하라. 진자의 막대는 질량이 없는 것으로 가정하라.

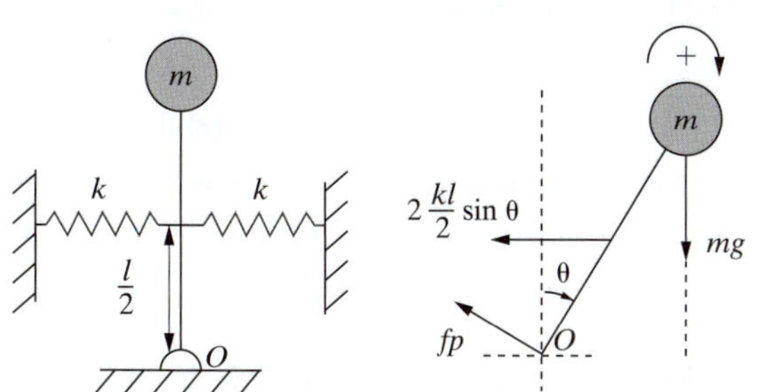

그림 P3.65 도립진자

3.9절(문제 3.66~3.73)

***3.66** 초기조건이 $x_0 = 0$, $v_0 = 0$이고 가진력 $F(t) = 30\Phi(t-1)$인 경우에 $m = 100$ kg, $k = 1000$ N/m, $c = 20$ kg/s인 부족감쇠 시스템의 응답을 수치해석으로 구하고 응답 선도를 그려라. 또 식 (3.17)로 계산된 엄밀해의 응답을 그려라. 엄밀해와 수치계산 결과를 비교하라.

***3.67** 초기조건이 $x_0 = 0.01$ m, $v_0 = 0.1$ m/s이고 가진력이 $F(t) = 15\Phi(t-1)$인 경우에 여러 가지 감쇠값에 대해 $m = 150$ kg, $k = 4000$ N/m인 부족감쇠 시스템의 응답을 수치해석으로 구하고 응답을 그려라. 작성한 프로그램을 사용해서 3초 이내에 과도응답이 사라지는 감쇠값을 구하라. 감쇠를 추가적으로 가하려면 대개 비용이 많이 들게 마련이므로 이러한 감쇠값 가운데 최솟값을 찾도록 하라.

***3.68** 예제 3.3.2의 바닥가진 문제에서 초기조건이 $x_0 = 0.01$ m, $v_0 = 3.0$ m/s이고 매개변수 $\omega_b = 3$ rad/s, $m = 1$ kg, $c = 10$ kg/s, $k = 1000$ N/m, $Y = 0.05$ m일 때 해석적 해를 이용하지 말고 수치해석으로 응답을 구하라. 그림 3.14와 같은 응답 선도를 그려 비교하고 두 결과가 같음을 보여라.

***3.69** 그림 P3.69에 보이는 바닥운동 $y(t)$에 대한 1자유도 스프링-질량 시스템의 응답을 수치해석으로 계산하고 응답 선도를 그려라. 질량은 5000 kg이고 강성은 1.5×10^3 N/m이다.

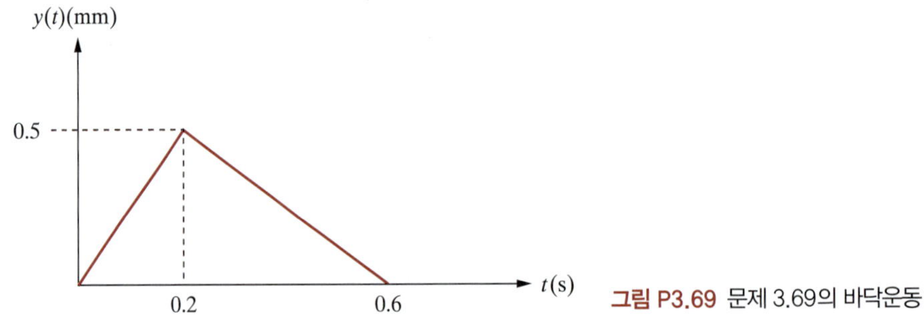

그림 P3.69 문제 3.69의 바닥운동

***3.70** 상승시간이 t_1인 계단함수 입력에 대한 비감쇠 시스템의 응답을 수치해석으로 계산하라. 이 시스템에서 $m = 1$ kg, $k = 1$ N/m, $t_1 = 4$ s이고 $F_0 = 20$ N이다. 계단함수는 다음과 같이 나타낼 수 있다.

$$F(t) = \begin{cases} \dfrac{F_0 t}{t_1} & 0 \le t \le t_1 \\ F_0 & t > t_1 \end{cases}$$

응답 선도를 그려라.

***3.71** 문제 3.23의 시스템에서 콘크리트 방파제의 길이는 2 m이고 단면적은 0.03 m^2, 질량은 1000 kg으로 한쪽 끝에 집중된 것으로 모델링한다. $F_0 = 100$ N, $t_0 = 0.25$ s인 경우에 수치해석으로 응답 선도를 그려라.

***3.72** 경사입력(ramp input)에 대한 비감쇠 시스템의 응답을 수치적으로 계산하라. 경사입력은 $F(t) = F_0 t$의 형태이며 F_0는 일정하다. $m = 1$ kg, $k = 100$ N/m, $F_0 = 50$ N일 때 3주기 시간 동안의 응답을 그려라.

***3.73** 수치해석을 이용하여 다음 시스템의 응답을 계산하라.

$$10\ddot{x}(t) + 20\dot{x}(t) + 1500x(t) = 20\sin 25t + 10\sin 15t + 20\sin 2t$$

여기서 초기조건은 $x_0 = 0.01$ m, $v_0 = 1.0$ m/s이다.

3.10절(문제 3.74~3.80)

***3.74** 그림 3.25의 시스템이 선형 점성감쇠와 다음 형태의 비선형 연화 스프링을 갖는다.

$$k(x) = kx - k_1x^3$$

시스템에 다음 형태의 가진력이 작용하며($t_1 = 1.5$, $t_2 = 1.6$)

$$F(t) = 1500[\Phi(t - t_1) - \Phi(t - t_2)]\text{ N}$$

초기조건이 $x_0 = 0.01$ m, $v_0 = 1.0$ m/s인 경우에 시스템의 응답을 계산하라. 이 시스템은 100 kg의 질량, 30 kg/s의 감쇠계수와 2000 N/m의 선형 강성계수를 갖는다. k_1 값은 300 N/m^{3}으로 주어졌다. 해를 계산하고 선형해($k_1 = 0$일 때)와 비교하라. 어느 시스템이 더 큰 진폭을 나타내는가? 계산 결과를 예제 3.10.1의 결과와 비교하라.

***3.75** 스프링–질량 시스템이 선형 점성감쇠와 다음 형태의 비선형 연화 스프링을 갖는다.

$$k(x) = kx - k_1x^3$$

시스템에 다음 형태의 가진력이 작용하며($t_1 = 1.5$, $t_2 = 1.6$)

$$F(t) = 1500[\Phi(t - t_1) - \Phi(t - t_2)]\text{ N}$$

초기조건이 $x_0 = 0.01$ m, $v_0 = 1.0$ m/s인 경우에 시스템의 응답을 계산하라. 이 시스템은 100 kg의 질량, 30 kg/s의 감쇠계수와 2000 N/m의 선형 강성계수를 갖는다. k_1 값은 300 N/m^{3}으로 주어졌다. 해를 계산하고 선형해($k_1 = 0$일 때)와 비교하라. 선형 시스템의 응답과 비선형 시스템의 응답이 얼마나 다른가? $t_2 = 2$일 때 이 계산을 다시 해 보고 펄스폭의 영향에 대해 설명하라.

***3.76** 스프링–질량–감쇠기 시스템이 선형 점성감쇠와 다음 형태의 스프링강성을 갖는다.

$$k(x) = kx - k_1x^2$$

시스템에 다음 형태의 가진력이 작용하며($t_1 = 1.5$, $t_2 = 2.5$)

$$F(t) = 1500[\Phi(t - t_1) - \Phi(t - t_2)]\text{ N}$$

초기조건이 $x_0 = 0.01$ m, $v_0 = 1.0$ m/s인 경우에 시스템의 응답을 계산하라. 이 시스템은 100 kg의 질량, 30 kg/s의 감쇠계수와 2000 N/m의 선형 강성계수를 갖는다. k_1 값은 450 N/m^{3}으로 주어졌다. 어느 시스템의 진폭이 더 큰가?

***3.77** 스프링–질량–감쇠기 시스템이 선형 점성감쇠와 다음 형태의 스프링강성을 갖는다.

$$k(x) = kx + k_1x^2$$

시스템에 다음 형태의 가진력이 작용하며($t_1 = 1.5$, $t_2 = 2.5$)

$$F(t) = 1500[\Phi(t - t_1) - \Phi(t - t_2)]\text{ N}$$

초기조건이 $x_0 = 0.01$ m, $v_0 = 1.0$ m/s인 경우에 시스템의 응답을 계산하라. 이 시스템은 100 kg의 질량, 30 kg/s의 감쇠계수와 2000 N/m의 선형 강성계수를 갖는다. k_1 값은 450 N/m^{3}으로 주어졌다. 어느 시스템의 진폭이 더 큰가?

***3.78** 스프링–질량–감쇠기 시스템이 선형 점성감쇠와 다음 형태의 스프링강성을 갖는다.

$$k(x) = kx - k_1x^2$$

시스템에 다음 형태의 가진력이 작용하며($t_1 = 1.5$, $t_2 = 2.5$)

$$F(t) = 150[\Phi(t - t_1) - \Phi(t - t_2)]\text{ N}$$

초기조건이 $x_0 = 0.01$ m, $v_0 = 1$ m/s인 경우에 시스템의 응답을 계산하라. 이 시스템은 100 kg의 질량, 30 kg/s의 감쇠계수와 2000 N/m의 선형 강성계수를 갖는다. k_1 값은 5500 N/m^{3}으로 주어졌다. 어느 시스템의 과도진폭이 더 큰가? 어느 시스템의 정상상태 진폭이 더 큰가?

***3.79** 비선형 방정식의 수치해석으로 식 (2.132)에서 정의된 속도제곱감쇠를 갖는 시스템의 강제응답을 구하고 이 결과를 식 (2.134)에서 정의된 등가 점성감쇠를 사용하여 계산한 선형 시스템의 응답과 비교하라. 초기조건이 $x_0 = 0.01$ m, $v_0 = 0.1$ m/s이고 질량은 10 kg, 강성은 25 N/m이고 가진력은 다음과 같은 형태이며($t_1 = 1.5$, $t_2 = 2.5$)

$$F(t) = 15[\Phi(t - t_1) - \Phi(t - t_2)]\text{ N}$$

항력계수(drag coefficient)는 $\alpha = 25$이다.

***3.80** 비선형 방정식의 수치해석으로 구조감쇠(표 2.2 참조)를 갖는 시스템의 강제응답을 구하고 이 결과를 표 2.2에서 정의된 등가 점성감쇠를 사용해서 구한 선형 시스템의 응답과 비교하라. 초기조건은 $x_0 = 0.01$ m, $v_0 = 0.1$ m/s이고 질량은 10 kg, 강성은 25 N/m이고 가진력은 다음과 같은 형태이며($t_1 = 1.5$, $t_2 = 2.5$)

$$F(t) = 15[\Phi(t - t_1) - \Phi(t - t_2)]\text{ N}$$

고체 감쇠계수 $b = 8$이다. 등가 점성감쇠로 선형화하면 응답을 과대추정하는가 아니면 과소추정하는가?

다자유도 시스템

이 장에서는 2자유도 이상의 진동 시스템을 이해하는 데 필요한 해석 방법을 설명한다. 시스템의 자유도는 움직이는 부분의 수와 각 부분이 움직일 수 있는 방향의 수로 결정된다. 2자유도 이상이면 고유진동수가 2개 이상이라는 것이므로 공진이 일어날 확률이 크게 증가한다. 이 장에서는 모드형상이라는 중요한 개념과 함께 다자유도 시스템의 응답을 구할 때 많이 사용되는 모드해석법도 소개한다. 대부분의 구조물은 다자유도 시스템으로 모델링된다. 위 사진의 전지형 차량(all-terrain vehicle) 현가장치는 다자유도 시스템으로 모델링할 수 있다. 승차감과 내구성을 향상시키기 위해서는 설계자가 진동응답을 예측할 수 있어야 한다. 아래 사진의 제트엔진 블레이드도 다자유도 해석을 필요로 하는데, 여기서는 훨씬 더 많은 자유도가 필요하다. 비행기, 인공위성, 자동차 등은 모두 이 장에서 소개할 다자유도 해석을 통해 모델링되는 진동 시스템의 좋은 예이다.

이제까지 고려했던 문제에서는 좌표 하나와 2계 미분방정식 하나면 충분히 그 기계장치의 진동을 기술할 수 있었다. 그러나 1자유도 모델만으로는 제대로 모델링할 수 없는 기계장치와 구조물도 매우 많다. 예를 들어, 바닥가진 문제에서 바닥운동이 2.4절에서 가정했듯이 미리 주어지지 않는다면, 주 질량 좌표와 함께 바닥 좌표도 필요하게 된다. 만일 바닥운동이 미리 주어지지 않고 바닥도 상당한 질량을 가지게 되면, 좌표 y도 2계 미분방정식을 만족시킬 것이고 따라서 진동시스템은 2자유도 모델이 된다. 작동부가 많은 기계는 더 많은 자유도를 필요로 한다.

이 장에서는 다자유도 시스템과 관련된 특별한 현상을 설명하기 위해 먼저 2자유도 모델을 사용한다. 그리고 이 현상을 임의의 유한한 자유도로 확장한다. 시스템의 각 좌표를 표시하기 위해 벡터와 행렬을 도입해서 사용한다. 이렇게 하면 표기가 간편해질 뿐만 아니라 행렬 이론, 선형대수학, 컴퓨터 코드 등의 분야를 활용하여 진동 이론을 연구할 수 있게 된다.

4.1 2자유도 모델(비감쇠)

이 절에서는 2자유도 시스템을 소개하고 그것을 어떻게 풀어서 각 자유도의 응답을 구할 것인가를 설명한다. 여기서 제시된 방법은 모든 자유도 시스템을 해석할 수 있는 기초를 제공하는 것이 목적이므로 아주 자세히 설명할 것이다. 사실상 복잡한 시스템의 응답을 구할 때 최근 가장 널리 사용되는 것은 컴퓨터 해법이다. 그런데 과거 대부분의 진동 교재가 집필될 당시에는 사정이 달랐다. 따라서 이 책에서 채택한 접근 방법은, 실전 문제 풀이용 컴퓨터 코드에서 사용되는 행렬과 벡터로 진동 문제를 표시하는 데 초점을 둔다는 점에서 더 전통적이고 오래된 진동 교재에서 취한 방법과는 차별화된다.

1자유도 시스템으로부터 2 또는 그 이상의 자유도로 넘어가는 과정에서 두 가지 중요한 물리적 현상이 발생한다. 첫 번째 중요한 차이점은 2자유도 시스템은 두 개의 고유진동수를 갖는다는 것이다. 두 번째 중요한 현상은 1자유도 시스템에서는 볼 수 없는 모드형상(mode shape)에 관한 것이다. 모드형상은 두 질량 또는 두 자유도 사이의 상대운동을 나타내는 벡터이다. 이 다중 고유진동수 및 모드형상의 중요한 개념은 행렬 이론의 고유값(eigenvalue) 및 고유벡터(eigenvector)라는 수학적 개념과 밀접하게 연결된다. 따라서 진동 문제를 벡터와 행렬로 표시할 필요성이 제기된다.

그림 4.1(a)와 같은 2질량 시스템(two-mass system)을 고려해 보자. 이 비감쇠 시스템은 바닥운동이 미리 주어지지 않았고 바닥이 질량을 갖고 있다는 점을 제외하고는 그림 2.13의 시스템과 비슷하다. 그림 4.1(b)는 두 방향으로 움직일 수 있는 단일질량 시스템을 나타내고 있고, 따라서 2자유도 시스템의 한 예가 된다. 그림 4.1(c)는 병진(translation)과 함께 축 주위로 회전(rotation)도 할 수 있는 단일 강체질량을 도시한다. 이 세 가지 경우 각각에 대해 하나의 좌표만으로는 시스템의 진동을 제대로 기술할 수 없다. 그림 4.1의 세 경우는 모두 2자유도 시스템을 구성한다. 각 시스템의 실례로는 (a) 2층 건물, (b) 드릴프레스의 진동, (c) 자동차나 비행기의 요동 등을 들 수 있다.

그림 4.1(a)의 각 질량에 작용하는 스프링력을 표시한 자유물체도는 그림 4.2와 같다. 중력은 그림 1.14에서 설명한 원리(즉 정적 처짐이 중력과 균형을 이루고 마찰력을 무시함)에 따라 표시하

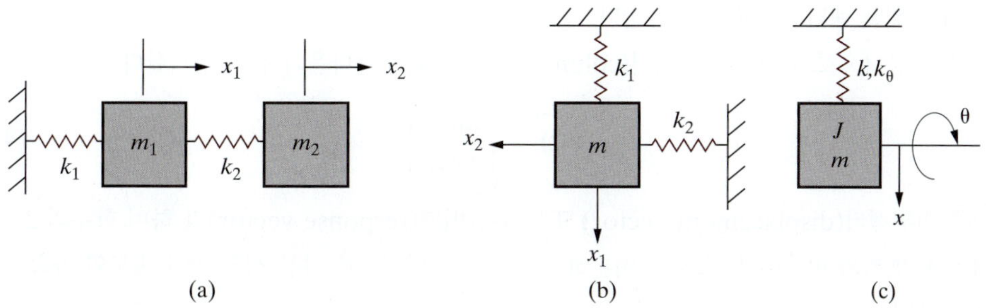

그림 4.1 (a) 두 스프링으로 직렬연결된 두 질량으로 구성되는 2자유도 모델, (b) 2자유도를 갖는 단일질량(즉 x_1과 x_2 방향으로 움직이는 질량), (c) 병진자유도와 회전자유도를 갖는 단일질량

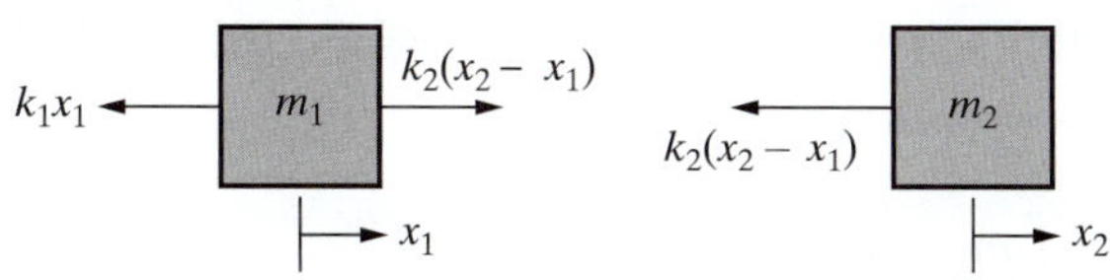

그림 4.2 그림 4.1(a)의 각 질량에 대해 스프링에 의한 복원력을 나타내는 자유물체도

지 않는다. 각 질량에 대해 수평방향의 힘을 합치면 다음과 같다.

$$\begin{aligned} m_1\ddot{x}_1 &= -k_1x_1 + k_2(x_2 - x_1) \\ m_2\ddot{x}_2 &= -k_2(x_2 - x_1) \end{aligned} \tag{4.1}$$

두 식을 재정렬하면 다음과 같다.

$$\begin{aligned} m_1\ddot{x}_1 + (k_1 + k_2)x_1 - k_2x_2 &= 0 \\ m_2\ddot{x}_2 - k_2x_1 + k_2x_2 &= 0 \end{aligned} \tag{4.2}$$

식 (4.2)는 상수계수를 갖는 두 개의 연립 2계 상미분방정식으로 구성되며, 각각 두 개의 초기조건을 필요로 한다. 따라서 이 두 연립방정식은 다음과 같은 4개의 초기조건을 필요로 한다.

$$x_1(0) = x_{10} \quad \dot{x}_1(0) = \dot{x}_{10} \quad x_2(0) = x_{20} \quad \dot{x}_2(0) = \dot{x}_{20} \tag{4.3}$$

여기서 상수 $\dot{x}_{10}$, $\dot{x}_{20}$와 x_{10}, x_{20}는 두 질량 각각의 초기속도와 초기변위를 나타낸다. 이 초기조건은 알고 있거나 주어진다고 가정된다. 따라서 초기조건은 두 개의 2계 미분방정식을 풀어서 각 질량의 자유응답을 구할 때 필요한 4개의 적분상수를 제공해 준다.

초기조건 (4.3)과 m_1, m_2, k_1, k_2 값이 주어졌을 때, 응답 $x_1(t)$와 $x_2(t)$를 구하기 위해 식 (4.2)를 푸는 데는 여러 가지 방법이 있다. 먼저 각 식은 모두 x_1과 x_2를 포함하기 때문에(즉 두 식이 연립되어 있기 때문에) 어떤 식도 그 자체만으로는 풀 수 없다는 데 주목하라. 물리적으로 설명하자면, x_1의 운동이 x_2의 운동에 영향을 미치고 그 반대로도 영향을 미친다. 이와 같은 연립방정식을 푸는 편리한 방법은 벡터와 행렬을 이용하는 것이다. 이 간단한 2자유도 문제를 푸는 벡터 해법은 임의의 유한 자유도로 바로 확장될 수 있고, 컴퓨터 코드로 활용될 수도 있다. 1.9절에서 1자유도 진동 문제를 MATLAB과 같은 수치해석 프로그램에 적용할 때 벡터와 행렬을 소개한 바 있다. 여기서 다시 벡터와 행렬을 간단히 소개한다. 더 자세한 것은 부록 C를 참조하라. 여기서는 식 (4.1)의 해를 구하기 위해 벡터와 행렬을 사용한다.

두 개의 응답으로 구성되는 열벡터(column vector) $\mathbf{x}(t)$를 다음과 같이 정의한다.

$$\mathbf{x}(t) = \begin{bmatrix} x_1(t) \\ x_2(t) \end{bmatrix} \tag{4.4}$$

이것은 변위벡터(displacement vector) 또는 응답벡터(response vector)라 하며 함수의 2×1 배열이다. 벡터의 미분은 각 요소를 미분하는 것으로 정의되므로 다음 식은 각각 속도와 가속도 벡터를 나타낸다.

$$\dot{\mathbf{x}}(t) = \begin{bmatrix} \dot{x}_1(t) \\ \dot{x}_2(t) \end{bmatrix} \text{ 그리고 } \ddot{\mathbf{x}}(t) = \begin{bmatrix} \ddot{x}_1(t) \\ \ddot{x}_2(t) \end{bmatrix} \tag{4.5}$$

정방행렬(square matrix)은 숫자들의 정방배열(square array)이며, 예를 들어 두 개의 2×1 열벡터를 결합하면 2×2 행렬이 된다. 2×2 행렬의 예는 다음과 같다.

$$M = \begin{bmatrix} m_1 & 0 \\ 0 & m_2 \end{bmatrix} \tag{4.6}$$

여기서 행렬을 나타내기 위해 이탤릭체 대문자를 썼고 벡터를 나타내기 위해 볼드체 소문자를 쓴 데 주목하라.

행렬과 벡터를 곱하는 방법은 여러 가지가 있다. 행렬과 벡터의 곱을 정의하는 가장 유용한 방법은 행렬의 각 '행'을 벡터로 보고 벡터의 내적으로 구성되는 요소들로 이루어진 벡터가 행렬과 벡터의 곱이 되도록 정의하는 것이다. 벡터의 **내적**(*dot product*)은 다음과 같이 스칼라로 정의한다.

$$\mathbf{x}^T\mathbf{x} = [x_1 \quad x_2]\begin{bmatrix} x_1 \\ x_2 \end{bmatrix} = x_1^2 + x_2^2 \tag{4.7}$$

기호 $\mathbf{x}^T$는 벡터의 전치(transpose)를 나타내며 열벡터를 행벡터(row vector)로 바꾸어 준다. 식 (4.7)은 벡터 $\mathbf{x}$와 그 자신의 **내적**(*inner product*) 또는 **스칼라곱**(*scalar product*)이라고도 한다. 스칼라 a와 벡터 $\mathbf{x}$의 곱은 간단히 $a\mathbf{x} = [ax_1 \quad ax_2]^T$(즉 각 요소에 스칼라를 곱한 같은 차원의 벡터)로 정의된다. 다 아는 것처럼 스칼라는 임의의 실수 또는 복소수이다. 이와 같은 벡터 연산규칙은 기본역학(정역학과 동역학) 교재에서 많이 봤을 것이다.

다음 예제는 행렬과 벡터의 곱셈 규칙을 보여준다.

예제 4.1.1

식 (4.6)의 행렬 M과 식 (4.5)의 가속도 벡터 $\ddot{\mathbf{x}}$의 곱을 구해 보자. 이 곱은 다음과 같다.

$$M\ddot{\mathbf{x}} = \begin{bmatrix} m_1 & 0 \\ 0 & m_2 \end{bmatrix}\begin{bmatrix} \ddot{x}_1 \\ \ddot{x}_2 \end{bmatrix} = \begin{bmatrix} m_1\ddot{x}_1 + 0\ddot{x}_2 \\ 0\ddot{x}_1 + m_2\ddot{x}_2 \end{bmatrix} = \begin{bmatrix} m_1\ddot{x}_1 \\ m_2\ddot{x}_2 \end{bmatrix} \tag{4.8}$$

여기서 곱의 첫째 요소는 행벡터 $[m_1 \quad 0]$과 열벡터 $\ddot{\mathbf{x}}$의 내적으로 정의되고, 둘째 요소는 행벡터 $[0 \quad m_2]$와 열벡터 $\ddot{\mathbf{x}}$의 내적으로 정의된다. 행렬과 벡터의 곱은 벡터가 됨에 주목하라.

예제 4.1.2

다음과 같이 2×2 행렬 K를 정의할 때,

$$K = \begin{bmatrix} k_1 + k_2 & -k_2 \\ -k_2 & k_2 \end{bmatrix} \tag{4.9}$$

곱 $K\mathbf{x}$를 계산하라.

풀이 곱의 첫째 요소는 행벡터 $[k_1 + k_2 \quad -k_2]$와 열벡터 $\mathbf{x}$의 내적으로 주어지고, 곱 벡터 $K\mathbf{x}$의 둘째 요소는 행벡터 $[-k_2 \quad k_2]$와 열벡터 $\mathbf{x}$의 내적으로 주어진다. 그 결과는 다음과 같다.

$$K\mathbf{x} = \begin{bmatrix} k_1 + k_2 & -k_2 \\ -k_2 & k_2 \end{bmatrix}\begin{bmatrix} x_1 \\ x_2 \end{bmatrix} = \begin{bmatrix} (k_1 + k_2)x_1 - k_2x_2 \\ -k_2x_1 + k_2x_2 \end{bmatrix} \tag{4.10}$$

서로 대응되는 요소들이 동일하면 같은 차원의 두 벡터는 서로 같다고 한다. 이것을 염두에 두고 다음과 같은 **벡터방정식**(*vector equation*)을 고려하자.

$$M\ddot{\mathbf{x}} + K\mathbf{x} = \mathbf{0} \tag{4.11}$$

여기서 $\mathbf{0}$은 각 요소가 0인 열벡터이다.

$$\mathbf{0} = \begin{bmatrix} 0 \\ 0 \end{bmatrix}$$

식 (4.6)의 M 값과 식 (4.9)의 K 값을 식 (4.11)에 대입하면 다음과 같다.

$$\begin{bmatrix} m_1 & 0 \\ 0 & m_2 \end{bmatrix}\begin{bmatrix} \ddot{x}_1 \\ \ddot{x}_2 \end{bmatrix} + \begin{bmatrix} k_1 + k_2 & -k_2 \\ -k_2 & k_2 \end{bmatrix}\begin{bmatrix} x_1 \\ x_2 \end{bmatrix} = \begin{bmatrix} 0 \\ 0 \end{bmatrix}$$

예제 4.1.1과 식 (4.10)에서 보여준 것처럼 곱셈을 수행하면 다음과 같다.

$$\begin{bmatrix} m_1\ddot{x}_1 \\ m_2\ddot{x}_2 \end{bmatrix} + \begin{bmatrix} (k_1 + k_2)x_1 - k_2x_2 \\ -k_2x_1 + k_2x_2 \end{bmatrix} = \begin{bmatrix} 0 \\ 0 \end{bmatrix}$$

방정식 좌변의 두 벡터를 대응하는 요소끼리 더하면 다음과 같다.

$$\begin{bmatrix} m_1\ddot{x}_1 + (k_1 + k_2)x_1 - k_2x_2 \\ m_2\ddot{x}_2 - k_2x_1 + k_2x_2 \end{bmatrix} = \begin{bmatrix} 0 \\ 0 \end{bmatrix} \tag{4.12}$$

식 (4.12)에서 두 벡터의 대응요소를 등식으로 표현하면 다음과 같다.

$$\begin{aligned} m_1\ddot{x}_1 + (k_1 + k_2)x_1 - k_2x_2 &= 0 \\ m_2\ddot{x}_2 - k_2x_1 + k_2x_2 &= 0 \end{aligned} \tag{4.13}$$

이것은 식 (4.2)와 동일하다. 따라서 연립방정식 (4.2)는 벡터방정식 (4.11)과 같이 쓸 수 있고, 여기서 계수행렬(coefficient matrix)은 식 (4.6)과 (4.9)의 행렬로 정의된다. 식 (4.6)으로 정의되는 행렬 M은 **질량행렬**(*mass matrix*)이라 하고, 식 (4.9)로 정의되는 행렬 K는 **강성행렬**(*stiffness *matrix*)이라 한다. 이제까지의 계산 및 비교 과정은 진동 이론과 행렬 이론 사이의 매우 중요한 연결고리가 된다. 이 간단한 연결고리는 복잡한 진동 문제를 컴퓨터를 이용해서 빨리 풀 수 있게 해준다(4.10절에서 논의). 또한 이 연결고리는 이 장 및 이 책 나머지 내용의 기초를 형성한다.

앞에서 언급한 질량행렬 및 강성행렬, M과 K는 대칭이라는 특별한 성질을 지니고 있다. 어떤 행렬이 자신의 전치와 같으면 그 행렬은 **대칭행렬**(*symmetric matrix*)이다. A^T로 표시되는 **전치**(*transpose*)는 행과 열을 맞바꾸어 얻는다. 즉 A^T의 첫째 행은 A의 첫째 열이 되고 같은 방법으로 계속하면 된다. 질량행렬 M은 **관성행렬**(*inertia matrix*)이라고도 하며, 힘벡터 $M\ddot{\mathbf{x}}$은 그림 4.1(a)에서 관성력에 해당된다. 마찬가지로 힘 $K\mathbf{x}$는 그림 4.1(a)에서 탄성복원력을 나타낸다.

예제 4.1.3

다음과 같이 정의되는 행렬 A를 고려하자.

$$A = \begin{bmatrix} a & b \\ c & d \end{bmatrix}$$

여기서 a, b, c, d는 실수이다. 행렬 A가 대칭이 되도록 이 상수들을 결정하라.

풀이 A가 대칭이 되려면 $A = A^T$, 즉 다음과 같이 되어야 한다.

$$A = \begin{bmatrix} a & b \\ c & d \end{bmatrix} = \begin{bmatrix} a & c \\ b & d \end{bmatrix} = A^T$$

A와 A^T의 요소들을 비교하면 $c = b$가 성립해야 행렬 A가 대칭이 된다. 식 (4.9)로 주어지는 행렬 K를 보면 c 와 b 위치의 요소들이 서로 같음을 알 수 있다. 따라서 $K = K^T$이다.

만일 열벡터 $\mathbf{x}$가 다음과 같으면,

$$\mathbf{x} = \begin{bmatrix} x_1 \\ x_2 \end{bmatrix}$$

$\mathbf{x}^T$는 행벡터(즉 $\mathbf{x}^T = [x_1 \quad x_2]$)라는 사실을 알면 유용하다. 이것은 열벡터를 편리하게 한 줄로 쓸 수 있게 해 준다. 예를 들어, 열벡터 $\mathbf{x}$를 $\mathbf{x} = [x_1 \quad x_2]^T$로 쓸 수도 있다. 전치를 계속하면 원래 벡터로 되돌아간다. 즉 $(A^T)^T = A$이다.

초기조건도 다음과 같이 벡터로 표현할 수 있다.

$$\mathbf{x}_0 = \begin{bmatrix} x_1(0) \\ x_2(0) \end{bmatrix} \qquad \dot{\mathbf{x}}_0 = \begin{bmatrix} \dot{x}_1(0) \\ \dot{x}_2(0) \end{bmatrix} \tag{4.14}$$

여기서 $\mathbf{x}_0$는 초기변위 벡터를 나타내고, $\dot{\mathbf{x}}_0$는 초기속도 벡터를 나타낸다. 이제 1자유도 시스템을 푸는 과정을 따라가면서 행렬 이론에서 나온 몇 가지 결과를 적용하면 식 (4.12)를 풀 수 있게 된다.

1.2절에서 1자유도 문제를 풀 때 조화해(harmonic solution)를 가정하고 그 가정된 식의 상수값을 계산했던 것을 상기하라. 여기서도 똑같은 방법을 사용한다. 식 (1.13)에서 (1.19)에 이르기까지 사용했던 논리를 따라 다음과 같은 형태로 해를 가정한다.

$$\mathbf{x}(t) = \mathbf{u}e^{j\omega t} \tag{4.15}$$

여기서 $\mathbf{u}$는 영이 아닌 미정 상수벡터, ω는 미정 상수, $j = \sqrt{-1}$이다. $e^{j\omega t} = \cos \omega t + j \sin \omega t$이므로 $e^{j\omega t}$는 조화운동을 나타낸다. 벡터 $\mathbf{u}$는 절대로 영이 될 수 없다. 만일 영이면 아무 운동도 일어나지 않는다.

이와 같이 가정된 형태의 해를 벡터 운동방정식에 대입하면 다음과 같다.

$$(-\omega^2 M + K)\mathbf{u}e^{j\omega t} = \mathbf{0} \tag{4.16}$$

여기서 공통인수 $\mathbf{u}e^{j\omega t}$를 오른쪽으로 모아 정리했다. 스칼라 $e^{j\omega t}$는 임의의 t 값에 대해 $e^{j\omega t} \neq 0$임에 주목하라. 따라서 식 (4.16)으로부터 ω와 $\mathbf{u}$는 다음과 같은 벡터방정식을 만족시켜야 한다.

$$(-M\omega^2 + K)\mathbf{u} = \mathbf{0},\ \mathbf{u} \neq \mathbf{0} \tag{4.17}$$

이 식은 3개의 미지수(ω, u_1, u_2, 여기서 $\mathbf{u} = [u_1 \quad u_2]^T$)에 대한 2개의 대수방정식을 나타낸다는 데 주목하라.

이 제차 연립대수방정식이 영이 아닌 해(벡터 $\mathbf{u}$)를 가지려면 계수행렬 $(-M\omega^2 + K)$의 역행렬이 존재하지 않아야 한다. 이걸 확인하기 위해 $(-M\omega^2 + K)$의 역행렬이 존재한다고 가정해 보자. 그러면 식 (4.17)의 양변에 $(-M\omega^2 + K)^{-1}$을 곱해서 $\mathbf{u} = \mathbf{0}$이라는 무용해(trivial solution)를 얻고, 이것은 정지상태를 의미한다. 따라서 식 (4.11)의 해는 어느 정도 역행렬과 관련된다. 다음 예제는 **역행렬**(*matrix inverse*)에 관한 것이다.

예제 4.1.4

다음과 같이 정의되는 2×2 행렬 A를 고려하자.

$$A = \begin{bmatrix} a & b \\ c & d \end{bmatrix}$$

이 행렬의 역행렬을 구하라.

풀이 정방행렬 A의 역행렬은 A^{-1}로 표시되는 같은 차원의 행렬이고 다음과 같이 정의된다.

$$AA^{-1} = A^{-1}A = I$$

여기서 I는 단위행렬(identity matrix)이다. 이 경우에 I는 다음과 같다.

$$I = \begin{bmatrix} 1 & 0 \\ 0 & 1 \end{bmatrix}$$

일반적인 2×2 행렬의 역행렬은 $\det A \neq 0$이라는 가정하에 다음과 같이 정의된다.

$$A^{-1} = \frac{1}{\det A}\begin{bmatrix} d & -b \\ -c & a \end{bmatrix} \tag{4.18}$$

여기서 $\det A$는 행렬 A의 **행렬식**(*determinant*)을 나타낸다. 행렬 A의 행렬식은 다음과 같은 값을 갖는다.

$$\det A = ad - bc$$

식 (4.18)이 사실상 역행렬이라는 것을 확인하기 위해 다음과 같은 계산을 해 본다.

$$A^{-1}A = \frac{1}{ad - bc}\begin{bmatrix} d & -b \\ -c & a \end{bmatrix}\begin{bmatrix} a & b \\ c & d \end{bmatrix}$$
$$= \frac{1}{ad - bc}\begin{bmatrix} ad - bc & bd - bd \\ ac - ac & ad - bc \end{bmatrix} = \begin{bmatrix} 1 & 0 \\ 0 & 1 \end{bmatrix}$$

여기서 중요한 것은 행렬 A의 역행렬이 존재할 필요충분조건은 $\det A \neq 0$이라는 사실이다. 따라서 $\det A = 0$이면 A의 역행렬은 존재하지 않는다. 역행렬이 존재하지 않는 행렬을 **특이행렬**(*singular matrix*)이라 한다. 만일 행렬 A가 대칭이면, $c = b$이고, 따라서 A^{-1}도 대칭이 된다.

식 (4.17)의 계수행렬에 특이조건(condition of singularity)을 적용하면, 영이 아닌 해 $\mathbf{u}$가 존재하기 위해 다음 식이 만족되어야 한다.

$$\det(-\omega^2 M + K) = 0 \tag{4.19}$$

이 식은 하나의 미지수 ω^2에 대한 대수방정식이다. 여기에 행렬 M과 K의 값을 대입하면 다음과 같다.

$$\det\begin{bmatrix} -\omega^2 m_1 + k_1 + k_2 & -k_2 \\ -k_2 & -\omega^2 m_2 + k_2 \end{bmatrix} = 0 \tag{4.20}$$

행렬식의 정의를 사용하면 미지수 ω^2은 다음 식을 만족시켜야 한다.

$$m_1 m_2 \omega^4 - (m_1 k_2 + m_2 k_1 + m_2 k_2)\omega^2 + k_1 k_2 = 0 \tag{4.21}$$

이 표현식을 시스템의 **특성방정식**(*characteristic equation*)이라 한다. 일단 물리적 매개변수 m_1, m_2, k_1, k_2의 값이 주어지면 식 (4.15)와 같은 형태로 가정된 해에 대해 이 특성방정식을 풀어서 상수 ω를 구할 수 있다.

예제 4.1.5

식 (4.21)로 주어지는 특성방정식의 해 ω를 계산하라. 물리적 변수값은 $m_1 = 9$ kg, $m_2 = 1$ kg, $k_1 = 24$ N/m, $k_2 = 3$ N/m이다.

풀이 물리적 변수값을 대입하면 특성방정식 (4.21)은 다음과 같다.

$$\omega^4 - 6\omega^2 + 8 = (\omega^2 - 2)(\omega^2 - 4) = 0$$

따라서 $\omega_1^2 = 2$, $\omega_2^2 = 4$이다. 두 근이 존재하고 각 근은 가정된 형태의 해에서 상수 ω의 두 값에 대응된다.

$$\omega_1 = \pm\sqrt{2}\text{ rad/s}, \qquad \omega_2 = \pm 2\text{ rad/s}$$

식 (4.17)에서는 ω가 아니라 ω^2이 나타난다는 데 주목하라. 그러나 시간 영역에서 해를 구하다 보면 진동주파수는 ω가 되고 ω의 ± 부호는 다음 쪽들에서 볼 수 있듯이 지수함수를 삼각함수로 바꿔 쓰는 과정에서 사라진다.

일단 식 (4.15)에서 ω의 값이 주어지면 상수벡터 $\mathbf{u}$의 값은 주어진 ω^2 값에 대해 방정식 (4.17)을 $\mathbf{u}$에 대해 풀어서 얻는다. 다시 말하면 ω^2의 각 값에 대해(즉 ω_1^2, ω_2^2) 식 (4.17)을 만족시키는 벡터 $\mathbf{u}$가 존재한다. ω_1^2에 대해 벡터 $\mathbf{u}_1$은 다음 식을 만족하고

$$(-\omega_1^2 M + K)\mathbf{u}_1 = \mathbf{0} \tag{4.22}$$

ω_2^2에 대해 벡터 $\mathbf{u}_2$는 다음 식을 만족한다.

$$(-\omega_2^2 M + K)\mathbf{u}_2 = \mathbf{0} \tag{4.23}$$

이 두 식으로부터 벡터 $\mathbf{u}_1$과 $\mathbf{u}_2$의 방향은 결정할 수 있으나 크기는 구할 수 없다. 이 사실을 확인하려면 $\mathbf{u}_1$이 식 (4.22)를 만족할 때 영이 아닌 임의의 상수 a에 대해 $a\mathbf{u}_1$도 그 식을 만족한다는 데 주목하라. 따라서 식 (4.22)와 (4.23)을 만족시키는 벡터는 임의의 크기를 갖는다. 다음 예제는 예제 4.1.5의 값에 대해 $\mathbf{u}_1$과 $\mathbf{u}_2$를 계산하는 방법을 보여준다.

예제 4.1.6

예제 4.1.5의 ω, K, M 값에 대해 식 (4.22)와 (4.23)을 만족하는 벡터 $\mathbf{u}_1$과 $\mathbf{u}_2$를 계산하라.

풀이 $\mathbf{u}_1 = [u_{11} \quad u_{21}]^T$라 하자. 그러면 $\omega^2 = \omega_1^2 = 2$일 때 식 (4.22)는 다음과 같다.

$$\begin{bmatrix} 27 - 9(2) & -3 \\ -3 & 3 - (2) \end{bmatrix} \begin{bmatrix} u_{11} \\ u_{21} \end{bmatrix} = \begin{bmatrix} 0 \\ 0 \end{bmatrix}$$

곱셈법칙에 따라 연산을 하고 등식으로 표시하면 다음과 같은 두 식을 얻는다.

$$9u_{11} - 3u_{21} = 0 \quad \text{그리고} \quad -3u_{11} + u_{21} = 0$$

이 두 식은 서로 종속이고 같은 결과를 내준다는 점에 주목하라. 즉

$$\frac{u_{11}}{u_{21}} = \frac{1}{3} \quad \text{또는} \quad u_{11} = \frac{1}{3}u_{21}$$

여기서는 오직 성분 간의 비만 결정되므로 식 (4.17)로는 벡터의 방향만 결정될 뿐 크기는 결정되지 않는다. 앞에서 언급한 것처럼 만일 $\mathbf{u}$가 식 (4.17)을 만족하면 영이 아닌 임의의 상수 a에 대해 $a\mathbf{u}$도 그 식을 만족하기 때문이다.

벡터 $\mathbf{u}$의 각 요소에 대한 수치값은 요소 중 하나에 임의의 값을 부여함으로써 얻을 수 있다. 예를 들어, $u_{21} = 1$이라 하자. 그러면 $\mathbf{u}_1$의 값은 다음과 같다.

$$\mathbf{u}_1 = \begin{bmatrix} \frac{1}{3} \\ 1 \end{bmatrix}$$

이 과정을 $\omega_2^2 = 4$에 대해 반복하면 $\mathbf{u}_2$의 요소들은 다음 식을 만족해야 한다.

$$-9u_{12} - 3u_{22} = 0 \quad \text{또는} \quad u_{12} = -\frac{1}{3}u_{22}$$

$u_{22} = 1$을 선택하면 다음 결과를 얻는다.

$$\mathbf{u}_2 = \begin{bmatrix} -\frac{1}{3} \\ 1 \end{bmatrix}$$

이 벡터는 식 (4.23)을 만족한다. 여기서 설명한 것 말고도 벡터의 크기를 결정하는 방법이 여러 가지 있다. 다른 방법은 예제 4.2.3과 식 (4.44)에서 제시될 것이다. 복잡한 문제에서는 다음 절에서 설명할 정규화라는 더 체계적인 방법이 사용된다.

초기조건 $\mathbf{x}_0$와 $\dot{\mathbf{x}}_0$를 만족하는 식 (4.11)의 해는 실수 $\pm\omega_1$, $\pm\omega_2$와 벡터 $\mathbf{u}_1$과 $\mathbf{u}_2$로 나타낼 수 있다. 이는 1.2절에서 설명한 1자유도 시스템의 해를 구하는 과정과 비슷하다. 풀어야 할 방정식이 선형이므로, 임의의 두 해의 합도 역시 하나의 해가 된다. 앞의 계산에 따르면 식 (4.15)의 형태를 갖는 해가 네 개 존재하게 되는데, 이는 네 개의 ω 값과 두 개의 벡터로 구성된다.

$$\mathbf{x}(t) = \mathbf{u}_1 e^{-j\omega_1 t}, \quad \mathbf{u}_1 e^{+j\omega_1 t}, \quad \mathbf{u}_2 e^{-j\omega_2 t}, \quad \mathbf{u}_2 e^{+j\omega_2 t} \tag{4.24}$$

따라서 이들의 선형조합으로 정의되는 일반해는 다음과 같다.

$$\mathbf{x}(t) = (ae^{j\omega_1 t} + be^{-j\omega_1 t})\mathbf{u}_1 + (ce^{j\omega_2 t} + de^{-j\omega_2 t})\mathbf{u}_2 \tag{4.25}$$

여기서 a, b, c, d는 임의의 적분상수이며 초기조건에 따라 결정된다.

식 (4.25)에 삼각함수에 대한 오일러 공식을 적용하면 다음과 같은 형태의 해를 얻는다.

$$\mathbf{x}(t) = A_1 \sin(\omega_1 t + \phi_1)\mathbf{u}_1 + A_2 \sin(\omega_2 t + \phi_2)\mathbf{u}_2 \tag{4.26}$$

여기서는 적분상수가 진폭 A_1, A_2와 위상차 ϕ_1, ϕ_2의 형태로 주어진다. 이 과정은 식 (1.17), (1.18), (1.19)에서 사용된 것과 같은 것임을 기억하라. 이 상수는 초기조건 $\mathbf{x}_0$와 $\dot{\mathbf{x}}_0$를 적용해서 계산할 수 있다. 2자유도에 대한 식 (4.26)은 1자유도에 대한 식 (1.19)에 상응하는 식이다.

식 (4.26)과 같은 형태는 해에 물리적 의미를 부여하게 된다. 이 식을 보면 각 질량이 일반적으로 두 개의 진동수 ω_1과 ω_2로 진동한다는 것을 알 수 있다. 이를 시스템의 **고유진동수**(*natural frequency*)라 한다. 게다가 $A_2 = 0$이 되도록 초기조건을 선택하면, 각 질량은 단지 하나의 진동수 ω_1으로 진동하게 되고, 모든 순간에 각 질량의 상대위치는 벡터 $\mathbf{u}_1$의 성분에 따라 결정된다. 따라서 $\mathbf{u}_1$을 시스템의 **첫 번째 모드형상**(*first mode shape*)이라 한다. 마찬가지로 $A_1 = 0$이 되도록 초기조건을 선택하면, 모든 좌표는 진동수 ω_2로 진동하고, 상대위치는 **두 번째 모드형상**(*second mode shape*)이라고 하는 벡터 $\mathbf{u}_2$에 따라 결정된다. 모드형상과 고유진동수는 다음 예제들과 다음 절에서 더 자세히 논의될 것이다. 모드형상은 진동공학에서 하나의 표준이 되었고 진동해석에서 광범위하게 사용되고 있다. 고유진동수와 모드형상은 매우 중요한 개념이며 진동 분야에서 사용되는 주요 내용으로 꼽히고 있다.

식 (4.26)을 유도할 때, ω 값이 모두 영이 되지는 않는다고 가정했다. 어떤 경우에 하나는 영이 될 수도 있다. 그러나 그때 해는 다른 모양으로 나타나게 된다. 그래도 **u**의 값은 영이 될 수 없다. 진동수는 영이 될 수 있어도 모드형상은 영이 될 수 없다. 진동수가 영인 경우는 강체운동(rigid body motion)에 해당되며 연습문제 4.13의 내용이다. 강체운동의 개념은 4.4절에서 자세히 다루기로 한다.

식 (4.19)의 해에서 볼 수 있는 ω에 붙는 ± 부호는 삼각함수에 대한 오일러 공식을 적용해서 식 (4.25)를 (4.26)으로 바꿔 쓰는 과정에서 해결된다. 따라서 식 (4.26)의 ω는 양수값만을 갖는다. 식 (4.26)에서는 ω가 진동주파수를 의미하게 되므로 반드시 양수여야 한다. 이는 식 (1.19)에서 1자유도의 경우에 대해 했던 설명과 비슷한 내용이다.

예제 4.1.7

다음과 같은 초기조건에 대해 예제 4.1.5에서 주어진 시스템의 해를 계산하라.

$$x_1(0) = 1\text{ mm},\ x_2(0) = 0,\ \dot{x}_1(0) = \dot{x}_2(0) = 0$$

풀이 문제를 풀기 위해 식 (4.26)을 다음과 같이 쓴다.

$$\begin{bmatrix} x_1(t) \\ x_2(t) \end{bmatrix} = [\mathbf{u}_1 \quad \mathbf{u}_2]\begin{bmatrix} A_1 & \sin(\omega_1 t + \phi_1) \\ A_2 & \sin(\omega_2 t + \phi_2) \end{bmatrix}$$

$$= \begin{bmatrix} \frac{1}{3}A_1 \sin(\sqrt{2}t + \phi_1) - \frac{1}{3}A_2 \sin(2t + \phi_2) \\ A_1 \sin(\sqrt{2}t + \phi_1) + A_2 \sin(2t + \phi_2) \end{bmatrix} \tag{4.27}$$

$t = 0$에서 이 식은 다음과 같다.

$$\begin{bmatrix} 1 \\ 0 \end{bmatrix} = \begin{bmatrix} \frac{1}{3}A_1 \sin\phi_1 - \frac{1}{3}A_2 \sin\phi_2 \\ A_1 \sin\phi_1 + A_2 \sin\phi_2 \end{bmatrix} \tag{4.28}$$

식 (4.27)을 미분하고 $t = 0$에서 그 결과를 표시하면 다음과 같다.

$$\begin{bmatrix} \dot{x}_1(0) \\ \dot{x}_2(0) \end{bmatrix} = \begin{bmatrix} 0 \\ 0 \end{bmatrix} = \begin{bmatrix} \frac{\sqrt{2}}{3}A_1 \cos\phi_1 - \frac{2}{3}A_2 \cos\phi_2 \\ \sqrt{2}A_1 \cos\phi_1 + 2A_2 \cos\phi_2 \end{bmatrix} \tag{4.29}$$

식 (4.28)과 (4.29)는 4개의 미지 적분상수 A_1, A_2, ϕ_1, ϕ_2에 대한 4개의 방정식을 나타낸다. 이 네 방정식은 다음과 같이 쓸 수 있다.

$$3 = A_1 \sin\phi_1 - A_2 \sin\phi_2 \tag{4.30}$$

$$0 = A_1 \sin\phi_1 + A_2 \sin\phi_2 \tag{4.31}$$

$$0 = \sqrt{2}A_1 \cos\phi_1 - 2A_2 \cos\phi_2 \tag{4.32}$$

$$0 = \sqrt{2}A_1 \cos\phi_1 + 2A_2 \cos\phi_2 \tag{4.33}$$

식 (4.32)와 (4.33)을 더하면 다음 식을 얻는다.

$$2\sqrt{2}A_1 \cos\phi_1 = 0$$

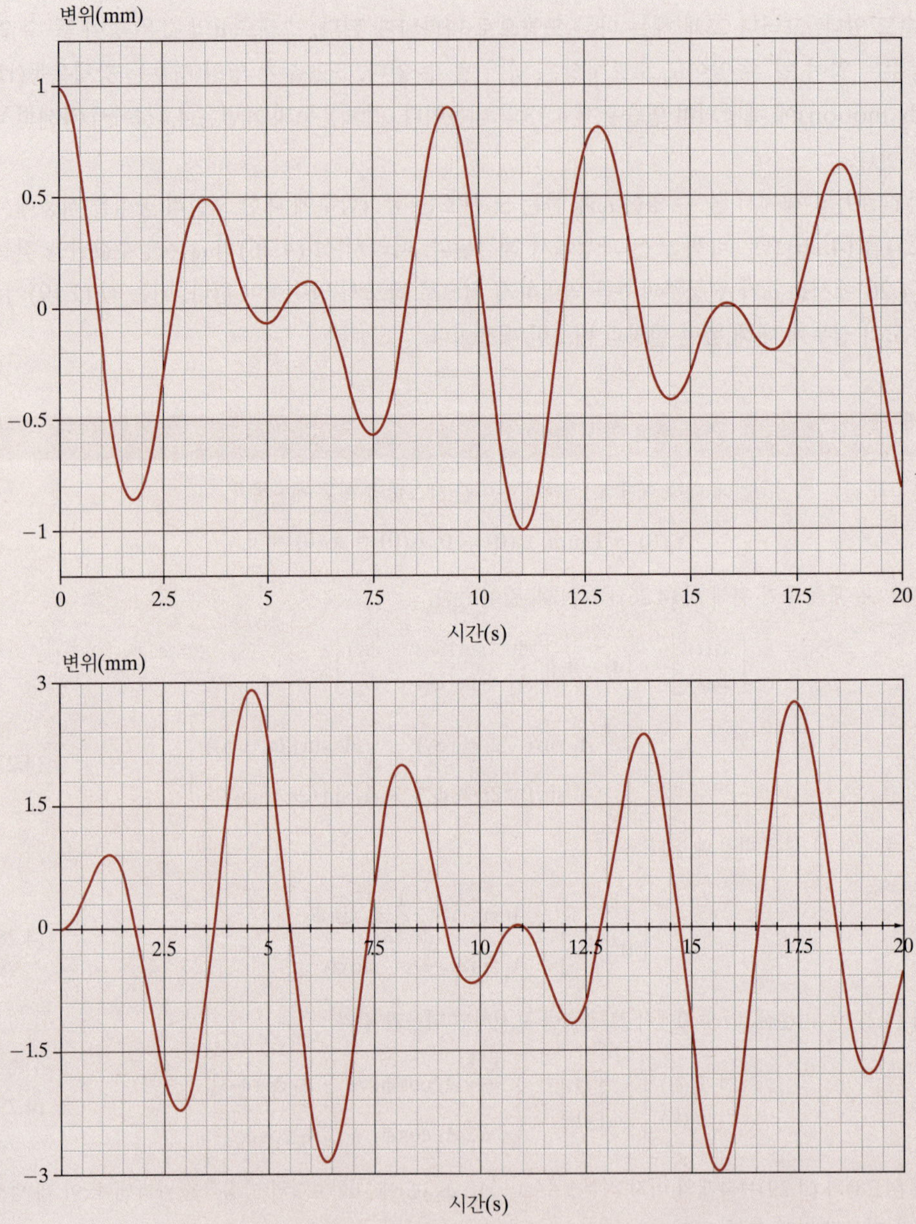

그림 4.3 예제 4.1.7에서 구한 응답 $x_1(t)$(위)와 $x_2(t)$(아래)의 선도

따라서 $\phi_1 = \pi/2$이다. 이 결과를 이용하면 식 (4.33)은 다음과 같다.

$$2A_2 \cos\phi_2 = 0$$

따라서 $\phi_2 = \pi/2$이다. 식 (4.30)과 (4.31)에 ϕ_1과 ϕ_2 값을 대입하면 다음과 같다.

$$3 = A_1 - A_2 \text{ 그리고 } 0 = A_1 + A_2$$

이 식의 해는 $A_1 = 3/2$ mm, $A_2 = -3/2$ mm가 된다. 따라서 다음과 같다.

$$\begin{aligned} x_1(t) &= 0.5\sin\left(\sqrt{2}t + \frac{\pi}{2}\right) + 0.5\sin\left(2t + \frac{\pi}{2}\right) = 0.5(\cos\sqrt{2}t + \cos 2t)\text{ mm} \\ x_2(t) &= \frac{3}{2}\sin\left(\sqrt{2}t + \frac{\pi}{2}\right) - \frac{3}{2}\sin\left(2t + \frac{\pi}{2}\right) = 1.5(\cos\sqrt{2}t - \cos 2t)\text{ mm} \end{aligned} \tag{4.34}$$

이 결과를 그림 4.3에 선도로 표시한다. 다음 절에서는 더 효율적으로 해를 계산하는 방법을 소개한다. 수치해석을 통해 해를 계산하는 방법에 대해서는 4.10절에서 논의한다.

이 경우에 주목해야 할 것은 각 질량의 응답이 시스템의 두 진동수를 모두 포함한다는 사실이다. 다시 말해 응답 $x_1(t)$와 $x_2(t)$ 모두 두 진동수 ω_1과 ω_2를 포함하는 신호의 조합(즉 두 조화신호의 합)이다. 식 (4.34)를 전개해서 모드형상이 두 조화신호의 상대적 크기를 결정한다는 사실을 확인하라.

예제 4.1.6에서 모드형상 벡터 $\mathbf{u}_1$과 $\mathbf{u}_2$의 크기를 임의로 정했지만 그것이 예제 4.1.7에서 해를 구하는 데 아무런 영향을 미치지 않는다. 왜냐하면 적분상수 A_1과 A_2를 이 벡터에 곱하기 때문이다. 그러고 나서 초기조건으로 이 벡터의 크기를 결정한다. 따라서 식 (4.34)로 주어지는 해는 예제 4.1.6에서 벡터의 크기를 어떻게 정하는가에 상관없이 똑같게 되고 다음 예제에서 그 사실을 확인할 수 있다.

예제 4.1.8

벡터 $\mathbf{u}_1$과 $\mathbf{u}_2$의 크기 선택은 임의로 할 수 있고 어떻게 선택하든 상관없이 유일한 변위 해를 얻게 된다는 것을 강조하기 위해 예제 4.1.6에서 구했던 벡터에 임의의 스칼라를 곱한 벡터를 사용해서 예제 4.1.7을 다시 풀어보기로 한다. 즉 $\mathbf{u}_1$에 3을 곱하고 $\mathbf{u}_2$에 −3을 곱한 후 다시 해를 구해 보라.

풀이 이 경우에 $\mathbf{u}_1$과 $\mathbf{u}_2$는 다음과 같다.

$$\mathbf{u}_1 = 3 \times \begin{bmatrix} 1/3 \\ 1 \end{bmatrix} = \begin{bmatrix} 1 \\ 3 \end{bmatrix} \quad \text{그리고} \quad \mathbf{u}_1 = -3 \times \begin{bmatrix} -1/3 \\ 1 \end{bmatrix} = \begin{bmatrix} 1 \\ -3 \end{bmatrix}$$

식 (4.27)에서 주어진 해는 다음과 같다.

$$\begin{bmatrix} x_1(t) \\ x_2(t) \end{bmatrix} = \begin{bmatrix} 1 & 1 \\ 3 & -3 \end{bmatrix} \begin{bmatrix} A_1 \sin(\omega_1 t + \phi_1) \\ A_2 \sin(\omega_2 t + \phi_2) \end{bmatrix} = \begin{bmatrix} A_1 \sin(\omega_1 t + \phi_1) + A_2 \sin(\omega_2 t + \phi_2) \\ 3A_1 \sin(\omega_1 t + \phi_1) - 3A_2 \sin(\omega_2 t + \phi_2) \end{bmatrix}$$

예제 4.1.7에서 주어진 초기조건을 적용하고 동일한 계산 단계를 거치면 다음과 같은 네 개의 방정식을 얻는다.

$$\begin{aligned} 1 &= A_1 \sin\phi_1 + A_2 \sin\phi_2 \\ 0 &= 3A_1 \sin\phi_1 - 3A_2 \sin\phi_2 \\ 0 &= A_1\omega_1 \cos\phi_1 + A_2\omega_2 \cos\phi_2 \\ 0 &= 3A_1\omega_1 \cos\phi_1 - 3A_2\omega_2 \cos\phi_2 \end{aligned}$$

마지막 식을 3으로 나누고 세 번째 식과 더하면 $\phi_1 = \pi/2$가 되고 이 값을 셋째 또는 넷째 식에 대입하면 $\phi_2 = \pi/2$가 된다. 이 각도 값들을 처음 두 식에 대입하면 다음을 얻는다.

$$1 = A_1 + A_2 \quad \text{그리고} \quad 0 = A_1 - A_2$$

이 값들을 앞에서 구한 x_1과 x_2에 대입하면 다음을 얻는다.

$$x_1(t) = 0.5 \sin\left(\sqrt{2}t + \frac{\pi}{2}\right) + 0.5 \sin\left(2t + \frac{\pi}{2}\right)$$
$$x_2(t) = 1.5 \sin\left(\sqrt{2}t + \frac{\pi}{2}\right) - 1.5 \sin\left(2t + \frac{\pi}{2}\right)$$

이것은 예제 4.1.7에서 구한 결과와 완전히 동일하다는 데 주목하라.

진동수 2자유도 시스템의 두 고유진동수 ω_1과 ω_2가 같은 요소로 구성된 두 1자유도 시스템의 고유진동수 중 어느 것과도 같지 않다는 것은 매우 흥미롭고 중요한 사실이다. 이를 확인하기 위해 예제 4.1.5에서 $\sqrt{k_1/m_1}$을 계산하면 $\sqrt{k_1/m_1} = 1.63$이 되는데, 이것은 ω_1과 ω_2 어느 것과도 같지 않다(즉 $\omega_1 = \sqrt{2}$, $\omega_2 = 2$). 마찬가지로 $\sqrt{k_2/m_2} = 1.732$인데, 이것은 같은 스프링과 질량으로 구성된 2자유도 시스템의 어느 고유진동수와도 일치하지 않는다.

맥놀이 예제 2.1.2에서 소개된 1자유도 시스템의 강제응답에 대한 맥놀이 현상(beat phenomenon)은 2 또는 그 이상의 자유도 시스템의 자유응답에서도 생길 수 있다. 그림 4.1(a)의 시스템에서 질량과 강성값이 두 고유진동수가 서로 근접하도록 주어진다면, 예제 4.1.7에서 구한 해는 맥놀이 현상을 나타낼 것이다. 실제로 그림 4.3의 응답 선도를 자세히 검토해 보면 응답 $x_2(t)$의 모양이 그림 2.4에 도시된 맥놀이 현상과 비슷하다는 것을 알 수 있다. 이것은 예제 4.1.7의 두 고유진동수가 서로 꽤 가깝기 때문이다(1.414와 2). 두 고유진동수가 가까워질수록 맥놀이 현상은 더 뚜렷해진다(연습문제 4.17 참조). 그러므로 진동 시스템에서 맥놀이 현상은 두 가지 상황에서 발생할 수 있는데, 첫째는 구동주파수(driving frequency)가 고유진동수에 가까운 경우의 강제진동 상황(예제 2.1.2)이고, 둘째는 두 고유진동수가 서로 가까운 자유진동 상황(연습문제 4.17)이다.

단위 행렬 방정식도 단위 규약을 따른다는 데 유의하라. 질량행렬과 강성행렬의 구성 요소들의 단위는 일관성 있게 주어져야 한다. 진동수가 rad/s로 주어지려면 질량은 kg, 강성은 N/m로 주어져야 한다.

계산 방법 이 절에서 고유진동수와 모드형상을 계산할 때 사용한 방법은 진동 문제를 푸는 가장 효율적인 방법은 아니다. 또한 이 방법이 2자유도 시스템 진동의 물리적 성질을 가장 잘 보여주는 것도 아니다. 예제 4.1.5와 4.1.6에 제시된 계산 방법은 교육적이기는 하나 좀 번거롭다. 게다가 이 예제의 접근 방법에서는 모드형상의 직교성(orthogonality) 및 운동방정식의 분리(decoupling)와 같은 중요한 주제를 비껴가고 있다. 그런데 이는 진동의 해석, 설계, 측정을 이해하는 데 꼭 필요한 핵심 개념이다. 다음 절에서 이 주제를 다루게 될 텐데, 거기서는 고유진동수와 모드형상을 계산하는 진동 문제를 고유값과 고유벡터를 계산하는 수학문제로 연결시키게 된다. 일단 고유진동수/모드형상 계산이 대수 고유값/고유벡터 문제로 연결되면, 앞의 예제에서와 같이 번거로운 계산을 거치지 않고, 수학계산용 소프트웨어를 사용해서 고유진동수와 모드형상을 구할 수 있게 된다. 진동 문제와 대수 고유값 문제의 연결은 7장에서 논의할 진동시험의 내용을 이해하는 데도 꼭 필요하다.

4.2 고유값과 고유진동수

4.1절에서 설명한 해법을 확장하고 정식화하면 대칭 대수 고유값 문제(symmetric algebraic eigenvalue problem)를 활용할 수 있게 된다. 이렇게 하면 진동 문제를 푸는 데 수학 기법을 쓸 수 있고, 수학계산용 소프트웨어를 사용할 수 있으며, 임의의 자유도 시스템을 해석하는 데 필요한 기초를 확립하게 된다. 게다가 비감쇠 진동 문제를 대수 고유값 문제와 같은 수학 이론으로 연결시킴으로써 고유진동수와 모드형상 같은 중요한 개념들을 일반화할 수 있게 된다.

진동 문제의 해를 대수 고유값 문제로 연결시키는 방법은 여러 가지가 있다. 그중에서 가장 좋은 방법은 대칭성에 관련된 특성을 이용할 수 있도록 진동 문제를 대칭 고유값 문제로 전환하는 것이다. 질량 및 강성행렬은 그 속성상 주로 대칭행렬로 주어진다. 따라서 이 대칭성을 계속 유지하는 것이 진동 문제를 푸는 자연스러운 방법이다.

질량행렬은 대칭행렬인 동시에 양한정(positive definite) 행렬이다. 영이 아닌 임의의 모든 벡터 **x**에 대해 2차형(quadratic form)으로 정의되는 스칼라값이 다음과 같은 부등식을 만족시키면, 행렬 M은 양한정이다.

$$\mathbf{x}^T M\mathbf{x} > 0 \tag{4.35}$$

양한정의 개념은 부록 C 와 4.9절에서 더 자세히 설명될 것이다. 지금까지 봐온 예제에서 행렬 M은 우연히 대각행렬(diagonal matrix)이었는데, 이 특별한 경우에 양한정이라 함은 M의 대각요소들이 모두 영이 아닌 양수라는 것을 의미한다.

일반적인 진동 시스템에서 강성행렬 K도 대칭행렬이다. 질량행렬과 강성행렬이 대칭행렬이므로 진동 문제를 대칭 고유값 문제로 전환할 수 있게 된다. 대칭 고유값 문제(symmetric eigenvalue problem)는 계산과 이론 측면에서 독특한 장점을 갖고 있다(윈도우 4.1 참조). 만일 두 개의 대칭행렬 M과 K로 주어진 진동 문제를 적당한 좌표변환을 사용하여 하나의 대칭행렬 A로 표현할 수 있다면, 다음과 같은 대칭 대수 고유값 문제로 전환시킬 수 있다.

$$A\mathbf{v} = \lambda\mathbf{v} \tag{4.36}$$

위와 같은 대칭 고유값 문제는 윈도우 4.1에서 설명한 특성을 갖고 있으므로 진동 문제의 해석과 계산을 아주 간편하게 해 준다. 그러나 중간에 좌표변환을 하게 되면 전체 풀이과정이 불필요하게 복잡해지므로 최근의 진동해석 분야에서는 행렬 M과 K를 그대로 두고 고유값 문제를 유도하는 방법을 채택하고 있다. 이 경우에는 다음과 같은 일반화 고유값 문제(generalized eigenvalue problem)를 얻게 된다.

$$K\mathbf{u} = \lambda M\mathbf{u} \tag{4.37}$$

이 일반화 고유값 문제를 행렬 K와 M에 관한 고유값 문제라고도 한다. 행렬 K와 M이 대칭행렬이면 식 (4.37)의 일반화 고유값 문제도 윈도우 4.1에서 소개한 대칭 고유값 문제의 유용한 성질을 그대로 유지하게 된다. 과거에는 계산속도 때문에 식 (4.36)과 같은 표준 고유값 문제(standard eigenvalue problem)로 변환해서 사용하기도 했으나, 최근 컴퓨터 계산 기법이 발달함에 따라 식 (4.37)과 같은 일반화 고유값 문제에 대해서도 거의 동일한 계산속도를 얻게 되었으므로 논의를 간편하게 하기 위해 앞으로는 식 (4.37)과 같은 일반화 고유값 문제를 사용해서 진동 문제를 풀기로 한다.

다자유도 시스템의 비감쇠 자유진동 문제는 다음과 같이 벡터방정식으로 표현된다.

$$M\ddot{\mathbf{x}}(t) + K\mathbf{x}(t) = \mathbf{0} \tag{4.38}$$

이 진동 문제를 풀기 위해 일단 해를 $\mathbf{x}(t) = \mathbf{u}e^{j\omega t}$의 형태로 가정한다. 여기서 $\mathbf{u}$는 영이 아닌 상수벡터이다. 이와 같이 가정된 형태의 해를 벡터 운동방정식 (4.38)에 대입하면 다음과 같다.

$$(-\omega^2 M + K)\mathbf{u}e^{j\omega t} = \mathbf{0} \tag{4.39}$$

이 식을 영이 아닌 스칼라 $e^{j\omega t}$로 나누고 항을 정리하면 다음 식을 얻는다.

$$K\mathbf{u} = \omega^2 M\mathbf{u} \tag{4.40}$$

여기서 강조할 사항은 운동이 일어나려면 상수벡터 $\mathbf{u}$는 절대로 영이 될 수 없다는 점이다. 이제 식 (4.40)에서 $\lambda = \omega^2$으로 놓으면 다음 식을 얻는다.

윈도우 4.1 | 대칭 고유값 문제의 특성

대수 고유값 문제는 다음 식을 만족하는 스칼라 λ와 영이 아닌 벡터 $\mathbf{v}$를 계산하는 문제이다.

$$A\mathbf{v} = \lambda\mathbf{v}$$

여기서 A는 $n \times n$ 실수 대칭행렬이고, $\mathbf{v}$는 $n \times 1$ 벡터이다. n개의 스칼라 값 λ를 고유값(*eigenvalue*)이라 하고, 각 λ 값에 대응하는 n개의 벡터 $\mathbf{v}$를 행렬 A의 고유벡터(*eigenvector*)라 한다.

- A의 고유값은 모두 실수이다.
- A의 고유벡터는 모두 실수값을 갖는다.
- A의 고유값이 모두 양수가 되기 위한 필요충분조건은 A가 양한정이다.
- A의 고유벡터는 서로 직교한다(고유값이 중복되는 경우에도).

또 대칭성은 고유벡터의 집합이 선형독립(linearly independent)이라는 것을 의미하며 마치 푸리에 급수처럼 임의의 벡터를 고유벡터의 합으로 전개할 수 있게 해 준다. 이것은 해석과 실험(7장)에서 모두 사용되는 모드전개법(mode expansion method)의 기초가 된다. 게다가 고유값과 고유벡터를 계산할 때 사용되는 수치 알고리즘은 A가 대칭행렬인 경우에 더 빠르고 더 효율적으로 된다.

예제 4.2.1

행렬 K와 M이 대칭이어도 $M^{-1}K$는 대칭이 되지 않음을 보여라. 만일 M이 대칭이면 M^{-1}도 대칭임을 앞 절에서 확인한 바 있다. 이는 M이 대각행렬이면 당연한 사실이고 꽉 찬 행렬이어도 성립한다.

풀이 어떤 행렬이 대칭임을 보여주기 위해 같은 차원의 임의의 두 정방행렬에 대한 법칙 $(AB)^T = B^TA^T$를 사용하면 $(M^{-1}K)^T = K^T(M^{-1})^T = KM^{-1}$이 된다. 그런데 두 행렬의 곱에 대해서는 교환법칙이 성립하지 않으므로 $KM^{-1} \neq M^{-1}K$이다. 따라서 $(M^{-1}K)^T \neq M^{-1}K$이므로 $M^{-1}K$는 대칭이 되지 않는다.

$$K\mathbf{u} = \lambda M\mathbf{u} \tag{4.41}$$

여기서 $\mathbf{u} \neq \mathbf{0}$이다. 이 식은 바로 일반화 대수 고유값 문제이다. 영이 아닌 벡터 $\mathbf{u}$에 대해 식 (4.41)을 만족하는 스칼라 λ를 **고유값**이라 하고 벡터 $\mathbf{u}$를 그에 대응하는 **고유벡터**라 한다. 행렬 K와 M이 대칭이므로 이 식은 **대칭 고유값 문제**가 된다. 고유벡터 $\mathbf{u}$는 4.1절에서 설명한 모드형상에 해당된다.

자유롭게 움직이는 각 자유도를 변위 $x_i(t)$로 나타내는 n 자유도 시스템에서 행렬 K와 M은 $n \times n$ 차원이 되고, 벡터 $\mathbf{x}(t)$와 $\mathbf{u}$는 $n \times 1$차원이 된다. 하첨자 i는 각 자유도를 나타내는데 1부터 n까지의 범위에 걸쳐 있고, 벡터 $\mathbf{x}(t)$는 n자유도의 집합을 나타낸다. 진동수 ω와 고유벡터 $\mathbf{u}$도 하첨자 i로 구분하면 편리하다. 즉 ω_i와 $\mathbf{u}_i$는 각각 i번째 고유진동수와 그에 대응하는 i번째 고유벡터를 의미한다. 이 절에서는 $n = 2$인 경우만 고려하지만 이 표기법은 모든 자유도에 대해 유용하게 쓸 수 있다.

식 (4.41)은 보존계의 자유진동응답을 구하는 문제를 대칭 고유값 문제와 같은 수학 문제로 연결시킨다. 이 식은 수학에서 얻은 결과를 진동 문제에 직접 적용하게 한다. 이 상관관계는 이론적인 측면에서 아주 중요한 장점을 제공하므로 이 절에서 적극 활용하기로 한다. 이 특성은 윈도우 4.1에 요약되어 있고 부록 C에서도 설명된다. 계산상의 이점도 상당한데 그것은 4.9절에서 논의한다.

예제 4.2.2

예제 4.1.5에서 주어진 다음에 대해

$$M = \begin{bmatrix} 9 & 0 \\ 0 & 1 \end{bmatrix}, \quad K = \begin{bmatrix} 27 & -3 \\ -3 & 3 \end{bmatrix}$$

행렬 $M^{-1}K$를 계산하라.

풀이 예제 4.1.1에서 소개한 행렬과 벡터의 곱에 관한 정의를 확장해서 같은 차원의 행렬에 대해 행렬곱을 정의한다. 그 결과는 같은 차원의 행렬이 된다. 행렬 A에 행렬 B의 첫째 열을 벡터로 간주하고 곱해서 행렬곱 AB의 첫째 열을 얻게 되고, 같은 방식으로 계속한다. 이 과정을 확인하기 위해 곱 $M^{-1}K$를 구해 보자.

먼저 M^{-1}를 계산하면 다음과 같다.

$$M^{-1} = \begin{bmatrix} 9 & 0 \\ 0 & 1 \end{bmatrix}^{-1} = \frac{1}{9}\begin{bmatrix} 1 & 0 \\ 0 & 9 \end{bmatrix} = \begin{bmatrix} \frac{1}{9} & 0 \\ 0 & 1 \end{bmatrix}$$

M이 대칭이므로 M^{-1}도 대칭이다. 이제 행렬곱의 정의에 따라 $M^{-1}K$를 계산한다.

$$M^{-1}K = \begin{bmatrix} \frac{1}{9} & 0 \\ 0 & 1 \end{bmatrix}\begin{bmatrix} 27 & -3 \\ -3 & 3 \end{bmatrix} = \begin{bmatrix} \left(\frac{1}{9}\right)(27) + (0)(-3) & \left(\frac{1}{9}\right)(-3) + (0)(3) \\ (0)(27) + (1)(-3) & (0)(-3) + (1)(3) \end{bmatrix} = \begin{bmatrix} 3 & -\frac{1}{3} \\ -3 & 3 \end{bmatrix}$$

이 결과를 보면 $M^{-1}K$는 비대칭행렬이다. 따라서 만일 단순히 식 (4.41)에 M^{-1}을 곱해서 $M^{-1}K\mathbf{u} = \lambda\mathbf{u}$의 형태로 고유값 문제를 만들게 되면, 대칭 고유값 문제가 안 되므로 앞에서 논의한 여러 가지 장점을 이용할 수 없게 된다. 그리고 4.9절에서 설명하겠지만 계산상으로도 비효율적인 결과를 낳게 된다.

대칭 고유값 문제는 여러 가지 장점이 있고 그 내용은 윈도우 4.1에 요약되어 있다. 예를 들어 식 (4.41)의 해는 실수라는 것을 쉽게 증명할 수 있다. 또 식 (4.41)을 만족하는 고유벡터는 역학에서 사용했던 단위벡터($\hat{\mathbf{i}}$, $\hat{\mathbf{j}}$, $\hat{\mathbf{k}}$, $\hat{\mathbf{e}}_1$, $\hat{\mathbf{e}}_2$, $\hat{\mathbf{e}}_3$)와 마찬가지로 절대로 영이 아니고 서로 직교한다는 사실을 알 수 있다(고유값의 중복 여부와 무관).

일반적으로 두 벡터 $\mathbf{v}_1$과 $\mathbf{v}_2$는 그 내적이 영이면(즉 $\mathbf{v}_1^T\mathbf{v}_2 = 0$이면) 서로 **직교**(*orthogonal*)한다고 정의한다(ortho는 그리스어로 곧음 또는 수직을 의미). 그러나 식 (4.41)과 같은 일반화 고유값 문제의 고유벡터 직교성은 약간 다르게 정의한다. 즉 두 고유벡터 $\mathbf{u}_1$과 $\mathbf{u}_2$는 다음과 같이 정의되는 내적이 영일 때, M**에 관해 직교**(*orthogonal with respect to M*)한다고 정의한다.

$$\mathbf{u}_1^T M \mathbf{u}_2 = 0 \tag{4.42}$$

식 (4.41)을 만족하는 고유벡터의 크기는 임의로 정할 수 있다. 기본역학에서와 마찬가지로 고유벡터는 그 크기가 1이 되도록 정규화(normalization)할 수도 있다. 그러나 식 (4.41)의 형태와 식 (4.42)의 직교성을 고려해서 임의의 고유벡터 $\mathbf{u}$에 대해 다음과 같이 M에 관한 정규화(normalization with respect to M), 즉 질량정규화(mass normalization)를 채택한다.

$$\sqrt{\mathbf{u}^T M \mathbf{u}} = 1 \tag{4.43}$$

식 (4.42)와 (4.43)을 만족하는 고유벡터의 집합을 M에 관해 **직교정규**(*orthonormal*)한다고 정의한다. 앞으로는 고유벡터가 식 (4.42)를 만족하면 M에 관해 직교, 식 (4.43)을 만족하면 M에 관해 정규화(질량정규화), 두 식을 모두 만족하면 M에 관해 직교정규라고 지칭한다.

고유벡터 $\mathbf{u}_1 = [1/3 \quad 1]^T$ 또는 임의의 고유벡터를 질량정규화하려면, 크기조정 벡터 $\alpha\mathbf{u}_1$이 다음 식을 만족하도록 미지의 스칼라 α를 정해야 한다.

$$(\alpha\mathbf{u}_1)^T M(\alpha\mathbf{u}_1) = 1$$

위 식에 $\mathbf{u}_1 = [1/3 \quad 1]^T$, $M = \begin{bmatrix} 9 & 0 \\ 0 & 1 \end{bmatrix}$을 대입하면 다음 식을 얻는다.

$$\alpha^2(2) = 1$$

즉 $\alpha = 1/\sqrt{2}$이다. 따라서 새로운 벡터 $\alpha \mathbf{u}_1 = [1/3\sqrt{2} \quad 1/\sqrt{2}]^T$는 벡터 $\mathbf{u}_1$을 M에 관해 정규화한 벡터이다. 고유값 문제는 고유벡터의 방향만 결정할 뿐 그 크기는 임의로 남는다는 것을 기억하라. 정규화과정은 각 고유벡터, 즉 모드형상의 크기를 정하는 한 체계적인 방법일 뿐이다. 일반적으로 고유벡터 $\mathbf{u}$는 다음 식과 같이 계산함으로써 간단하게 M에 관해 정규화할 수 있다.

$$\frac{1}{\sqrt{\mathbf{u}^T M \mathbf{u}}}\mathbf{u} \tag{4.44}$$

임의의 고유벡터가 어떤 크기를 갖더라도 식 (4.44)를 사용하면 M에 관해 정규화(질량정규화)할 수 있다. 고유벡터 $\mathbf{u}$는 절대로 영이 아니므로 분모가 영이 되는 경우는 절대 없음을 다시 한번 주목하라.

고유벡터를 정규화하면서 벡터 안에서 어떤 요소를 임의로 선택할 필요가 없도록 하는 것이 예제 4.1.6의 끝에서 언급한 체계적 방법이다. 예제 4.1.6에서 했던 것처럼 벡터의 한 요소를 1로 만드는 방법에 대한 합리적 대안이 바로 정규화이다.

다음 예제는 고유값 문제, 벡터의 질량정규화 과정, 직교벡터의 개념 등을 설명한다.

예제 4.2.3

예제 4.2.2의 2자유도 시스템에 대해 고유값 문제를 풀어라. 고유벡터를 질량정규화하고, 서로 직교하는지 확인하고, 예제 4.1.6의 모드형상과 비교하라.

풀이 고유값 문제란 식 (4.41)을 만족하는 고유값 λ와 고유벡터 $\mathbf{u}$를 계산하는 것이다. 식 (4.41)을 다음과 같이 다시 쓴다.

$$(K - \lambda M)\mathbf{u} = \mathbf{0}$$

또는

$$\begin{bmatrix} 27-9\lambda & -3 \\ -3 & 3-\lambda \end{bmatrix}\mathbf{u} = \mathbf{0} \tag{4.45}$$

여기서 $\mathbf{u}$는 절대로 영이 아니다. 따라서 계수행렬은 특이행렬이 되어야 하므로 그 행렬식이 영이 되어야 한다.

$$\det\begin{bmatrix} 27-9\lambda & -3 \\ -3 & 3-\lambda \end{bmatrix} = \lambda^2 - 6\lambda + 8 = 0$$

마지막 식은 특성방정식이고 두 근을 갖는다.

$$\lambda_1 = 2 \quad \text{그리고} \quad \lambda_2 = 4$$

이 값들은 이 문제의 고유값이다. 이것들은 예제 4.1.5에서 계산된 바와 같이 고유진동수의 제곱 ω_i^2이다.

λ_1에 대응되는 고유벡터는 식 (4.41)에 $\lambda = \lambda_1 = 2$와 $\mathbf{u}_1 = [u_{11} \quad u_{21}]^T$를 대입해서 계산한다.

$$(K - \lambda_1 M)\mathbf{u}_1 = \mathbf{0} = \begin{bmatrix} 27-18 & -3 \\ -3 & 3-2 \end{bmatrix}\begin{bmatrix} u_{11} \\ u_{21} \end{bmatrix} = \begin{bmatrix} 0 \\ 0 \end{bmatrix}$$

이 식으로부터 서로 종속인 두 스칼라 방정식을 얻을 수 있다.

$$9u_{11} - 3u_{21} = 0 \quad \text{그리고} \quad -3u_{11} + u_{21} = 0$$

따라서 $3u_{11} = u_{21}$이고, 이것은 벡터 $\mathbf{u}_1$의 방향을 정의한다.

$\mathbf{u}_1$ 요소들의 값을 정하기 위해 식 (4.43)의 질량정규화 조건을 사용해서 $\mathbf{u}_1$의 크기를 정한다($3u_{11} = u_{21}$ 대입).

$$1 = \sqrt{\mathbf{u}_1^T M \mathbf{u}_1} = \sqrt{9u_{11}^2 + 9u_{11}^2} = 3\sqrt{2}u_{11}$$

u_{11}에 대해 풀면 다음과 같다.

$$u_{11} = \frac{1}{3\sqrt{2}}$$

따라서 질량정규화된 벡터 $\mathbf{u}_1$은 다음과 같다.

$$\mathbf{u}_1 = \frac{1}{3\sqrt{2}}\begin{bmatrix} 1 \\ 3 \end{bmatrix}$$

마찬가지로 식 (4.41)에 $\lambda_2 = 4$를 대입하여 $\mathbf{u}_2$를 구하고 질량정규화하면 다음과 같다.

$$\mathbf{u}_2 = \frac{1}{3\sqrt{2}}\begin{bmatrix} -1 \\ 3 \end{bmatrix}$$

이제 $\mathbf{u}_1^T M \mathbf{u}_2$를 계산해 보면 다음과 같다.

$$\mathbf{u}_1^T M \mathbf{u}_2 = \frac{1}{3\sqrt{2}}[1 \quad 3]\begin{bmatrix} 9 & 0 \\ 0 & 1 \end{bmatrix}\frac{1}{3\sqrt{2}}\begin{bmatrix} -1 \\ 3 \end{bmatrix} = \frac{1}{18}(-9 + 9) = 0$$

따라서 질량정규화된 벡터 $\mathbf{u}_1$과 $\mathbf{u}_2$는 서로 M에 관해 직교함을 알 수 있다. 결과적으로 $\mathbf{u}_1$과 $\mathbf{u}_2$는 윈도우 4.2에서 기술한 것과 같은 직교정규 집합(orthonormal set)을 형성한다. 여기서 고유벡터인 동시에 모드형상인 $\mathbf{u}_1$과 $\mathbf{u}_2$는 M에 관해 직교정규임을 다시 한번 강조한다.

앞의 예제는 진동 문제와 관련된 대칭 고유값 문제의 고유값과 고유벡터를 계산하는 방법을 보여준다. 4.1절에서 했던 모드형상과 고유진동수 계산과 이 예제를 비교해 보면, 고유값은 정확하게 고유진동수의 제곱과 같고, 고유벡터는 모드형상과 같다. 특히 여기서 설명한 고유벡터의 직교성은, 연립 운동방정식을 독립 방정식으로 분리시켜 1자유도 시스템 문제로 바꿔주므로 4.3절에서 논의할 모드해석(modal analysis)에서 매우 중요한 위치를 차지한다.

예제 4.2.3에서 본 것처럼 대칭행렬에 대한 고유벡터는 서로 직교하며 항상 정규화할 수 있다. 이런 벡터를 윈도우 4.2에 요약되어 있는 것처럼 **직교정규**라 한다. 이 사실로부터 질량정규화된 고유벡터로 각 벡터가 한 열을 형성하도록 새로운 행렬 S를 구성하면 비감쇠 시스템의 운동방정식을 분리할 수 있게 된다. 따라서 행렬 S는 다음과 같이 정의된다.

$$S = [\mathbf{u}_1 \ \mathbf{u}_2 \ \mathbf{u}_3 \ \cdots \ \mathbf{u}_n] \tag{4.46}$$

윈도우 4.2 | M에 관한 직교정규 벡터의 요약

두 벡터 $\mathbf{u}_1$과 $\mathbf{u}_2$는 $\mathbf{u}_1^T M \mathbf{u}_2 = 0$이면 M에 관해 직교이고, 다음 식을 만족하면 M에 관해 정규(질량정규)이다.

$$\mathbf{u}_1^T M \mathbf{u}_1 = 1 \quad \text{그리고} \quad \mathbf{u}_2^T M \mathbf{u}_2 = 1$$

만일 $\mathbf{u}_1$과 $\mathbf{u}_2$가 M에 관해 직교이고 질량정규이면 M에 관해 **직교정규**(*orthonormal with respect to M*)라 한다. 또는 **질량 직교정규**(mass orthonormal)라 한다. 이를 간단히 표시하면 다음과 같다.

$$\mathbf{u}_i^T M \mathbf{u}_j = \delta_{ij} \quad i = 1, 2, \quad j = 1, 2$$

여기서 δ_{ij}는 **크로네커 델타**(*Kronecker delta*)라 하고, 다음과 같이 정의한다.

$$\delta_{ij} = \begin{cases} 0 & i \neq j\text{인 경우} \\ 1 & i = j\text{인 경우} \end{cases}$$

만일 n개의 벡터 집합 $\{\mathbf{u}_i\}_{i=1}$이 M에 관해 직교정규이면, 다음과 같이 쓸 수 있다.

$$\mathbf{u}_i^T M \mathbf{u}_j = \delta_{ij} \quad i, j = 1, 2, \cdots n$$

여기서 정의한 크로네커 델타 δ_{ij}, 1.6절의 대수감소율 $\delta = \ln[x(t)/x(t+T)]$, 3.1절에서 임펄스함수를 나타내는 디랙델타 $\delta(t - t_j)$, 5.2절의 정적 처짐 δ_s를 서로 혼동하지 않도록 주의하라.

여기서 n은 시스템의 자유도를 나타낸다(이 절의 예제에서는 $n = 2$). 행렬 S는 $S^T MS = I$라는 독특한 성질을 갖는다. 이것은 바로 $S^T MS$의 ij번째 요소가 S^T의 i번째 행벡터와 행렬 M과 S의 j번째 열벡터를 곱한 것이라는 행렬곱의 정의로부터 나온 것이다. $S^T MS = I$를 만족하는 행렬 S를 M에 관한 **직교행렬**(*orthogonal matrix with respect to M*)이라고 한다.

예제 4.2.4

예제 4.2.3의 시스템에 대해 행렬 S를 구하고, $S^T MS$를 계산하라.

풀이 예제 4.2.3으로부터 질량 직교정규 벡터 $\mathbf{u}_1$과 $\mathbf{u}_2$를 이용하면 다음과 같다.

$$S = [\mathbf{u}_1 \quad \mathbf{u}_2] = \frac{1}{3\sqrt{2}} \begin{bmatrix} 1 & -1 \\ 3 & 3 \end{bmatrix}$$

따라서 $S^T MS$는 다음과 같다.

$$S^T MS = \frac{1}{3\sqrt{2}} \begin{bmatrix} 1 & 3 \\ -1 & 3 \end{bmatrix} \begin{bmatrix} 9 & 0 \\ 0 & 1 \end{bmatrix} \frac{1}{3\sqrt{2}} \begin{bmatrix} 1 & -1 \\ 3 & 3 \end{bmatrix} = \frac{1}{18} \begin{bmatrix} 18 & 0 \\ 0 & 18 \end{bmatrix} = \begin{bmatrix} 1 & 0 \\ 0 & 1 \end{bmatrix} = I$$

또 하나의 흥미롭고 유용한 행렬계산은 세 행렬의 곱인 S^TKS이다. 이 곱도 대각행렬이 된다는 것을 보일 수 있다(부록 C 참조). 게다가 대각요소는 고유값, 즉 시스템 고유진동수의 제곱이 된다. 이 결과는 다음과 같이 표현된다.

$$\Lambda = \text{diag}(\lambda_i) = S^TKS \tag{4.47}$$

여기서 Λ를 K의 스펙트럼행렬(*spectral matrix*)이라 한다. 다음 예제는 이 계산을 보여준다.

예제 4.2.5

예제 4.2.2의 2자유도 시스템에 대해 S^TKS를 계산하라.

$$S^TKS = \frac{1}{3\sqrt{2}}\begin{bmatrix} 1 & 3 \\ -1 & 3 \end{bmatrix}\begin{bmatrix} 27 & -3 \\ -3 & 3 \end{bmatrix}\frac{1}{3\sqrt{2}}\begin{bmatrix} 1 & -1 \\ 3 & 3 \end{bmatrix}$$

$$= \frac{1}{18}\begin{bmatrix} 1 & 3 \\ -1 & 3 \end{bmatrix}\begin{bmatrix} 27 & -3 \\ -3 & 3 \end{bmatrix}\begin{bmatrix} 1 & -1 \\ 3 & 3 \end{bmatrix}$$

$$= \frac{1}{18}\begin{bmatrix} 36 & 0 \\ 0 & 72 \end{bmatrix} = \begin{bmatrix} 2 & 0 \\ 0 & 4 \end{bmatrix} = \Lambda$$

스펙트럼행렬 Λ의 대각요소가 고유진동수 ω_1과 ω_2의 제곱임을 확인하라. 즉 예제 4.2.3으로부터 $\omega_1^2 = 2$, $\omega_2^2 = 4$이다. 따라서 $\Lambda = \text{diag}(\omega_1^2 \quad \omega_2^2) = \text{diag}(2 \quad 4)$이다.

예제 4.2.5의 풀이를 검토하고 예제 4.1.5의 고유진동수와 비교하면 일반적으로 다음과 같이 쓸 수 있다.

$$\Lambda = \text{diag}(\lambda_i) = \text{diag}(\omega_i^2) \tag{4.48}$$

이 식은 고유값과 고유진동수를 연결해 준다(즉 $\lambda_i = \omega_i^2$). 다음 예제는 이 절에서 설명한 진동해석의 행렬해법을 보여주고 전체적으로 요약해 준다.

예제 4.2.6

그림 4.4의 시스템을 고려하여 운동방정식을 행렬형식으로 쓰고, 고유값과 고유벡터를 계산하라. 즉 시스템의 고유진동수를 구하라($m_1 = 1$ kg, $m_2 = 4$ kg, $k_1 = k_3 = 10$ N/m, $k_2 = 2$ N/m). 또 행렬 S와 Λ를 계산하고 식 (4.47)과 $S^TMS = I$가 성립함을 확인하라.

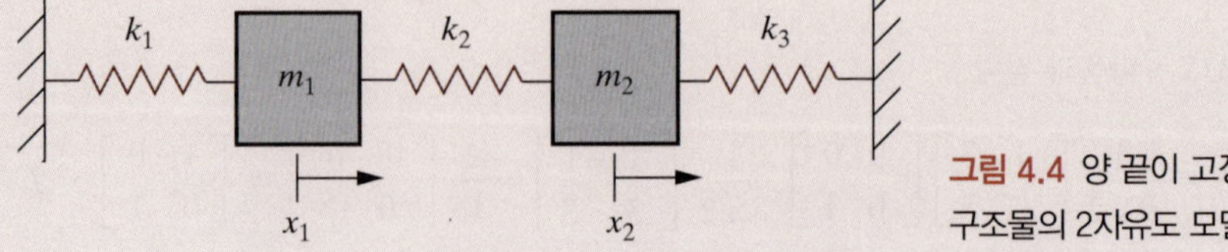

그림 4.4 양 끝이 고정된 구조물의 2자유도 모델

풀이 두 질량 각각에 대해 자유물체도를 그리면 다음과 같은 운동방정식을 얻는다.

$$m_1\ddot{x}_1 + (k_1 + k_2)x_1 - k_2x_2 = 0 \quad (4.49)$$
$$m_2\ddot{x}_2 - k_2x_1 + (k_2 + k_3)x_2 = 0$$

이 식을 행렬형식으로 쓰면 다음과 같다.

$$\begin{bmatrix} m_1 & 0 \\ 0 & m_2 \end{bmatrix}\ddot{\mathbf{x}} + \begin{bmatrix} k_1 + k_2 & -k_2 \\ -k_2 & k_2 + k_3 \end{bmatrix}\mathbf{x} = \mathbf{0} \quad (4.50)$$

물리적 변수 m_i와 k_i에 대한 수치값을 대입하면 다음 식을 얻는다.

$$M = \begin{bmatrix} 1 & 0 \\ 0 & 4 \end{bmatrix} \qquad K = \begin{bmatrix} 12 & -2 \\ -2 & 12 \end{bmatrix}$$

식 (4.41)로부터 고유값을 계산하면 다음과 같다.

$$\det(K - \lambda M) = \det\begin{bmatrix} 12 - \lambda & -2 \\ -2 & 12-4\lambda \end{bmatrix} = \lambda^2 - 15\lambda + 35 = 0$$

이 2차 방정식의 근은 다음과 같다.

$$\lambda = \frac{15}{2} \pm \frac{1}{2}\sqrt{85}$$

따라서

$$\lambda_1 = 2.8902 \qquad \lambda_2 = 12.1098$$
$$\omega_1 = \sqrt{\lambda_1} = 1.7\,\text{rad/s} \qquad \omega_2 = \sqrt{\lambda_2} = 3.48\,\text{rad/s}$$

λ_1에 대한 고유벡터는 다음과 같이 계산한다.

$$\begin{bmatrix} 12 - 2.8902 & -2 \\ -2 & 12 - (4)(2.8902) \end{bmatrix}\begin{bmatrix} u_{11} \\ u_{21} \end{bmatrix} = \begin{bmatrix} 0 \\ 0 \end{bmatrix}$$

따라서 벡터 $\mathbf{u}_1 = [u_{11} \quad u_{21}]^T$는 다음 식을 만족한다.

$$9.1098u_{11} = 2u_{21}$$

벡터 $\mathbf{u}_1$을 M에 관해 정규화하면 다음과 같다.

$$1 = \sqrt{\mathbf{u}_1^T M\mathbf{u}_1} = \sqrt{\begin{bmatrix} u_{11} & \dfrac{9.1098}{2}u_{11} \end{bmatrix}\begin{bmatrix} 1 & 0 \\ 0 & 4 \end{bmatrix}\begin{bmatrix} u_{11} \\ \dfrac{9.1098}{2}u_{11} \end{bmatrix}}$$
$$= \sqrt{u_{11}^2 + (9.1098)^2u_{11}^2} = \sqrt{1 + (9.1098)^2}\,u_{11}$$

u_{11}에 대해 풀면 다음을 얻는다.

$$u_{11} = \frac{1}{\sqrt{1 + (9.1098)^2}} = 0.1091$$

$$u_{21} = \frac{9.1098}{2}u_{11} = 0.4970$$

따라서 M에 관해 정규화된 고유벡터 $\mathbf{u}_1$은 $\mathbf{u}_1 = [0.1091 \quad 0.4970]^T$이다.

마찬가지로 고유값 λ_2에 대응하는 고유벡터 $\mathbf{u}_2$를 구하고 M에 관해 정규화하면 $\mathbf{u}_2 = [-0.9940 \quad 0.0546]^T$가 된다. $\mathbf{u}_1^T M \mathbf{u}_2 = 0$이고 $\sqrt{\mathbf{u}_1^T M \mathbf{u}_1} = 1$, $\sqrt{\mathbf{u}_2^T M \mathbf{u}_2} = 1$임을 확인하라. 고유벡터의 행렬 S는 다음과 같이 구성된다.

$$S = [\mathbf{u}_1 \quad \mathbf{u}_2] = \begin{bmatrix} 0.1091 & -0.9940 \\ 0.4970 & 0.0546 \end{bmatrix}$$

행렬 Λ는 다음과 같다.

$$\Lambda = S^T K S = \begin{bmatrix} 0.1091 & 0.4970 \\ -0.9940 & 0.0546 \end{bmatrix} \begin{bmatrix} 12 & -2 \\ -2 & 12 \end{bmatrix} \begin{bmatrix} 0.1091 & -0.9940 \\ 0.4970 & 0.0546 \end{bmatrix} = \begin{bmatrix} 2.8902 & 0 \\ 0 & 12.1098 \end{bmatrix}$$

이것은 행렬 S가 강성행렬 K를 고유진동수의 제곱으로 이루어지는 대각행렬로 변환시킨다는 것을 보여준다. 또 다음 결과도 확인하라.

$$S^T M S = \begin{bmatrix} 0.1091 & 0.4970 \\ -0.9940 & 0.0546 \end{bmatrix} \begin{bmatrix} 1 & 0 \\ 0 & 4 \end{bmatrix} \begin{bmatrix} 0.1091 & -0.9940 \\ 0.4970 & 0.0546 \end{bmatrix} = \begin{bmatrix} 1 & 0 \\ 0 & 1 \end{bmatrix}$$

앞 예제에서의 계산은 1.9, 2.8, 3.9절에서 사용했던 MATLAB을 사용하면 4.9절에서 보인 것처럼 할 수 있지만 대부분의 공학용 계산기로도 쉽게 할 수 있다. 고유진동수와 고유벡터를 직접 손으로 계산해 보는 것은 진동 문제를 이해하는 데 많은 도움이 된다. 그러나 문제가 복잡해지면 컴퓨터 코드를 사용하여 계산의 정확성을 기할 필요가 있다.

앞에서 고유벡터의 질량정규화에 대해 설명한 바 있다. 이것은 매우 중요한 내용이므로 다시 한 번 자세히 설명하기로 한다. 여기서 질량정규화란 식 (4.41)에 기초한 질량행렬 M에 관한 정규화를 의미한다. 고유진동수 ω_i에 대응하는 고유벡터 $\mathbf{u}_i$를 질량행렬 M에 관해 정규화하려면 벡터 $\mathbf{w}_i = \alpha_i \mathbf{u}_i$가 다음 식을 만족해야 한다.

$$(\alpha_i \mathbf{u}_i)^T M (\alpha_i \mathbf{u}_i) = 1 \tag{4.51}$$

또는

$$\alpha_i^2 \mathbf{u}_i^T M \mathbf{u}_i = \mathbf{w}_i^T M \mathbf{w}_i = 1$$

이 식을 만족하는 α_i 값은 $\alpha_i = 1/\sqrt{\mathbf{u}_i^T M \mathbf{u}_i}$이다.

질량행렬 M에 관해 정규화된 벡터 $\mathbf{w}_i$를 **질량정규화**(*mass normalized*)되었다고 간단하게 말하기도 한다. 식 (4.41)에 스칼라 α_i를 곱하면($i = 1, 2$에 대해) 다음 식을 얻는다.

$$-\omega_i^2 M \mathbf{w}_i + K \mathbf{w}_i = \mathbf{0} \tag{4.52}$$

여기에 $\mathbf{w}_i^T$를 왼쪽으로부터 곱하면 두 스칼라 관계식을 얻는다.

$$\omega_i^2 = \mathbf{w}_i^T K \mathbf{w}_i \qquad i = 1, 2 \tag{4.53}$$

여기서 좌변의 결과는 식 (4.51)의 질량정규화식 $\mathbf{w}_i^T M \mathbf{w}_i = 1$을 이용한 것이다.

진동 문제가 더 복잡해지면 시스템의 거동을 모델링하는 데 더 많은 자유도가 필요하게 된다. 따라서 비록 고유값/고유진동수 및 고유벡터/모드형상의 기본원리는 그대로이지만 4.1절에서 정의한 질량 및 강성 행렬의 차원이 커지고 그 계산은 더욱 복잡해진다. 진동 문제를 더 잘 이해하기 위해 행렬 및 선형대수 이론을 활용할 수 있다. 비감쇠 진동 문제를 행렬 이론으로 나타낼 때, 다음과 같은 세 가지 방법을 사용할 수 있다.

$$\text{(i) } \omega^2 M\mathbf{u} = K\mathbf{u} \qquad \text{(ii) } \omega^2\mathbf{u} = M^{-1}K\mathbf{u} \qquad \text{(iii) } \omega^2\mathbf{v} = M^{-1/2}KM^{-1/2}\mathbf{v}$$

이 중 어느 방법을 써도 수치적으로 동일한 고유진동수와 모드형상을 얻는다. 이 세 고유값 문제는 간단한 행렬변환을 통해 서로 연결된다. 이들의 차이점을 요약하면 다음과 같다.

(i) 일반화 대칭 고유값 문제: 이 방법은 가장 간단한 방법이다. 그러나 질량행렬에 관해 고유벡터 $\mathbf{u}_i$의 직교성과 정규화를 정의한다는 점에 유의해야 한다. 질량행렬과 강성행렬이 대칭행렬이므로 대칭 고유값 문제의 특성이 그대로 적용된다. 과거에는 계산시간이 오래 걸린다는 지적이 있었으나 컴퓨터 알고리즘의 개발에 힘입어 이제는 표준 고유값 문제와 거의 동일한 계산시간이 소요된다. 특히 MALTAB을 사용하는 경우에 일반화 고유값 문제의 고유벡터를 계산할 때 자동적으로 질량정규화된 결과를 주기 때문에 매우 편리하다. 무엇보다도 이 방법의 최대 장점은 고유벡터가 바로 모드형상이 된다는 점이고 다음 절의 모드해석에서 좌표변환을 한 번만 하면 된다는 사실이다.

(ii) 비대칭 고유값 문제: 식 (4.17)에 M^{-1}을 곱해서 표준 고유값 문제를 만들면 예제 4.2.1에서 본 것처럼 $M^{-1}K$가 비대칭행렬이 된다. 이 경우는 대칭 고유값 문제의 장점을 이용하지도 못하고, 역행렬 계산의 부담도 크기 때문에 실제로 거의 사용되지 않는다.

(iii) 대칭 고유값 문제: 먼저 콜레스키 분해(Cholesky decomposition)를 사용하여 제곱근 행렬 $M^{1/2}$을 계산하고, 이것으로 대칭성을 보존하면서 고유값 문제를 유도하면 단일행렬로 구성되는 대칭 고유값 문제를 얻는다. 이 경우는 질량행렬 M과 관계없이 고유벡터의 직교성 및 정규화를 정의하므로 일견 쉽게 생각되지만 고유벡터가 바로 모드형상이 되지 못한다는 치명적인 단점 때문에 진동 문제를 이해하는 데 걸림돌이 된다. 계산시간 측면에서 유리하다는 장점이 주장되고 있으나 이것도 최신 소프트웨어의 개발에 따라 의미를 상실하게 되었다.

여기서 다음과 같은 질문이 제기된다. "어떤 방법을 쓸 것인가?" 대칭형 (iii)이 대칭 고유값 문제의 이론적인 특성을 직접 이용할 수 있고, 직교정규 고유벡터와 계산시간 측면에서 장점이 있다 하여 이 책의 원서에서는 이 방법을 채택했다. 그러나 다자유도 진동 문제를 처음 접하는 학생들에게는 개념과 계산과정을 가능한 한 간단하게 하는 편이 유리하다. 따라서 이 번역서에서는 일반화 고유값 문제 방법(i)을 채택했다. 이 방법은 물리적 의미를 그대로 보존하면서 대칭성도 보존하기 때문에 이론과 계산 측면에서 모두 유리하다. 특히 고유벡터가 직접 모드형상이 된다는 사실은 진동과 수학을 바로 연결시켜 주기 때문에 매우 중요한 장점이다. 또 다음 절의 모드해석에서 좌표변환을 한 번만 해도 된다는 것도 일반화 고유값 문제의 아주 유용한 결과이고 이 방법을 채택해야 하는 주된 이유이다.

일반화 대칭 고유값 문제의 고유벡터로 구성되는 변환행렬 S는 M과 K를 동시에 대각행렬로 변환시키기 때문에 운동방정식을 분리할 수 있게 된다. 이와 같은 대각화 과정을 모드해석이라 하고 다음 절에서 자세히 설명한다.

4.3 모드해석

4.2절에서 구한 고유벡터 행렬 S를 사용하면 연립 진동방정식을 두 개의 독립된 방정식으로 분리할 수 있다. 분리된 두 방정식은 각각 2계 1자유도 방정식이므로 1장에서 공부한 방법으로 풀고 해석할 수 있다. 행렬 S는 해를 원래의 좌표계로 되돌리는 변환에 다시 사용된다. 행렬 S를 **변환행렬**(*transformation matrix*)이라 하는데 서로 다른 좌표계 사이에서 진동 문제를 변환하는 데 사용된다. 보통 모드행렬(modal matrix)이라고도 하는 변환행렬 S는 진동 시스템의 모드형상과 관련되므로 이 과정을 **모드해석**(*modal analysis*)이라 한다.

진동방정식을 행렬형태로 표시한 다음 식을 고려하자.

$$M\ddot{\mathbf{x}}(t) + K\mathbf{x}(t) = \mathbf{0} \tag{4.54}$$

초기조건은 다음과 같다.

$$\mathbf{x}(0) = \mathbf{x}_0 \qquad \dot{\mathbf{x}}(0) = \dot{\mathbf{x}}_0$$

여기서 $\mathbf{x}_0 = [x_1(0) \quad x_2(0)]^T$는 초기변위 벡터이고, $\dot{\mathbf{x}}_0 = [\dot{x}_1(0) \quad \dot{x}_2(0)]^T$는 초기속도 벡터이다. 4.2절에서 설명한 것처럼, 해를 $\mathbf{x}(t) = \mathbf{u}e^{j\omega t}$의 형태로 가정하고 벡터 운동방정식 (4.54)에 대입하면 다음과 같다.

$$(-\omega^2 M + K)\mathbf{u}e^{j\omega t} = \mathbf{0} \tag{4.55}$$

이 식을 영이 아닌 스칼라 $e^{j\omega t}$로 나누고 항을 정리하면 다음 식을 얻는다.

$$K\mathbf{u} = \omega^2 M\mathbf{u} \tag{4.56}$$

일반화 대칭 고유값 문제인 식 (4.56)을 풀어서 고유값과 고유벡터를 구한 후, 다음과 같이 새로운 좌표계 $\mathbf{r}(t) = [r_1(t) \quad r_2(t)]^T$를 정의한다.

$$\mathbf{x}(t) = S\mathbf{r}(t) \tag{4.57}$$

여기서 S는 식 (4.56)으로 정의되는 일반화 고유값 문제의 질량직교정규 고유벡터로 구성되는 행렬이다. 벡터 $\mathbf{x}(t) = S\mathbf{r}(t)$를 식 (4.54)에 대입하고 S^T를 양변에 곱하면 다음 식을 얻는다.

$$S^T MS\ddot{\mathbf{r}}(t) + S^T KS\,\mathbf{r}(t) = \mathbf{0} \tag{4.58}$$

앞 절에서 구한 $S^T MS = I$와 식 (4.47)을 대입하면 다음과 같이 간단히 정리된다.

$$I\ddot{\mathbf{r}}(t) + \Lambda\mathbf{r}(t) = \mathbf{0} \tag{4.59}$$

행렬연산 규칙에 따르면 식 (4.59)는 다음과 같이 쓸 수 있다.

$$\begin{bmatrix} 1 & 0 \\ 0 & 1 \end{bmatrix}\begin{bmatrix} \ddot{r}_1(t) \\ \ddot{r}_2(t) \end{bmatrix} + \begin{bmatrix} \omega_1^2 & 0 \\ 0 & \omega_2^2 \end{bmatrix}\begin{bmatrix} r_1(t) \\ r_2(t) \end{bmatrix} = \begin{bmatrix} 0 \\ 0 \end{bmatrix} \tag{4.60}$$

$$\begin{bmatrix} \ddot{r}_1(t) + \omega_1^2 r_1(t) \\ \ddot{r}_2(t) + \omega_2^2 r_2(t) \end{bmatrix} = \begin{bmatrix} 0 \\ 0 \end{bmatrix} \tag{4.61}$$

위의 벡터 항등식으로부터 두 개의 분리된 방정식을 얻는다.

$$\ddot{r}_1(t) + \omega_1^2 r_1(t) = 0 \tag{4.62}$$

그리고

$$\ddot{r}_2(t) + \omega_2^2 r_2(t) = 0 \tag{4.63}$$

이 두 방정식에 필요한 초기조건도 원래 좌표계 $\mathbf{x}(t)$로부터 새로운 좌표계 $\mathbf{r}(t)$로 변환되어야 한다. 초기변위를 변환하면 다음과 같다.

$$\mathbf{r}_0 = \begin{bmatrix} r_{10} \\ r_{20} \end{bmatrix} = S^{-1}\mathbf{x}_0 \tag{4.64}$$

여기서 $\mathbf{x}(t) = S\mathbf{r}(t)$에 S^{-1}을 곱하여 $\mathbf{r}(t) = S^{-1}\mathbf{x}(t)$를 얻었다. 마찬가지로 분리된 좌표계 $\mathbf{r}(t)$에 대한 초기속도는 다음과 같다.

$$\dot{\mathbf{r}}_0 = \begin{bmatrix} \dot{r}_{10} \\ \dot{r}_{20} \end{bmatrix} = S^{-1}\dot{\mathbf{x}}_0 \tag{4.65}$$

식 (4.62)와 (4.63)은 모드방정식(*modal equation*)이라 하고, 좌표계 $\mathbf{r}(t) = [r_1(t) \quad r_2(t)]^T$는 모드좌표계(*modal coordinate system*)라 한다. 식 (4.62)와 (4.63)은 각각 하나의 좌표에 대한 식이기 때문에 분리되었다고 한다. 따라서 각 방정식은 1.1절과 1.2절에서 설명한 방법(윈도우 4.3 참조)을 사용하여 독립적으로 풀 수 있다. 초기조건을 r_{10}, $\dot{r}_{10}$, r_{20}, $\dot{r}_{20}$과 같이 개별적으로 표시하고 식 (1.10)을 사용하면, 모드방정식 (4.62)와 (4.63)의 해는 ω_1과 ω_2가 영이 아니라는 가정하에 다음과 같다.

$$r_1(t) = \frac{\sqrt{\omega_1^2 r_{10}^2 + \dot{r}_{10}^2}}{\omega_1}\sin\left(\omega_1 t + \tan^{-1}\frac{\omega_1 r_{10}}{\dot{r}_{10}}\right) \tag{4.66}$$

$$r_2(t) = \frac{\sqrt{\omega_2^2 r_{20}^2 + \dot{r}_{20}^2}}{\omega_2}\sin\left(\omega_2 t + \tan^{-1}\frac{\omega_2 r_{20}}{\dot{r}_{20}}\right) \tag{4.67}$$

윈도우 4.3 | 1.1절과 윈도우 1.2에서 설명한 1자유도 비감쇠 시스템의 해

초기조건 $x(0) = x_0$와 $\dot{x}(0) = v_0$를 만족하는 $m\ddot{x} + kx = 0$ 또는 $\ddot{x} + \omega_n^2 x = 0$의 해는 다음과 같다.

$$x(t) = \sqrt{x_0^2 + \frac{v_0^2}{\omega_n^2}}\sin\left(\omega_n t + \tan^{-1}\frac{\omega_n x_0}{v_0}\right) \tag{1.10}$$

여기서 $\omega_n = \sqrt{k/m} \neq 0$이다.

일단 모드해(modal solution) (4.66)과 (4.67)을 구하고 나면, 변환행렬 S를 사용해서 벡터 $\mathbf{r}(t) = [r_1(t) \quad r_2(t)]^T$로부터 물리적 좌표 $x_1(t)$와 $x_2(t)$로 표시되는 해 $\mathbf{x}(t)$로 복원할 수 있다. 벡터 $\mathbf{r}$로부터 벡터 $\mathbf{x}$를 구하기 위해 다음 식을 사용한다.

$$\mathbf{x}(t) = S\mathbf{r}(t) \tag{4.68}$$

행렬 S는 다음과 같이 정의된다.

$$S = [\mathbf{u}_1 \quad \mathbf{u}_2] \tag{4.69}$$

S는 M과 같은 2×2 행렬이다. 행렬 S는 각 열이 모드형상 벡터이므로 **모드형상 행렬**(*mode shape matrix*) 또는 **모드행렬**(modal matrix)이라 한다. **모드해석**이라고 하는 이 과정은 2자유도 진동 문제의 해를 행렬연산으로 구하는 방법을 제공한다. 이 방법의 유용성은 컴퓨터 코드(심지어 계산기)를 사용하여 행렬연산을 쉽게 처리할 수 있다는 점이다. 게다가 모드해석 과정은 다음 절에서 보는 것처럼 임의의 다자유도 시스템으로 쉽게 확장된다. 그림 4.5는 모드해석에서 사용되는 좌표변환을 도시한다. 변환행렬 S를 사용한 모드해석 과정은 매우 중요하므로 다시 한번 요약해서 설명하고자 한다. 그다음 예제에서는 예제 4.1.6을 모드해석을 이용하여 다시 풀어 본다.

그림 4.5는 진동 문제에서 모드행렬 S가 어떻게 연립 운동방정식을 1자유도 문제들의 집합으로 변환시키는지를 보여준다. 행렬 S는 풀기 복잡한 다자유도 문제를 쉬운 1자유도 문제(1장 참조)로 효과적으로 변환시킨다. 게다가 모드 변환행렬 S를 사용하여 얻은 1자유도 문제는 모두 단위질량으로 표시되므로($\ddot{r}_i$의 계수가 1), 각 식은 시스템 고유진동수의 제곱에 해당하는 강성값을 갖는다. 그림 4.5에서 오른쪽에 제시된 모드좌표계 표현은 이론적 해석이 쉬울 뿐만 아니라 7장에서 논의되듯이 모드시험법이라고 하는 대부분의 진동시험의 토대가 된다. 모드해석의 개념은 고유진동수와 공진의 개념과 함께 진동해석의 기본을 형성한다. 따라서 행렬 S의 성질은 매우 중요하다.

먼저 S의 역행렬을 구하기 위해 다음과 같은 역행렬의 정의를 고려한다.

$$S^{-1}S = I \quad \text{그리고} \quad SS^{-1} = I \tag{4.70}$$

한편 앞 절에서 설명한 질량정규화의 정의에 따라 다음 식이 성립한다.

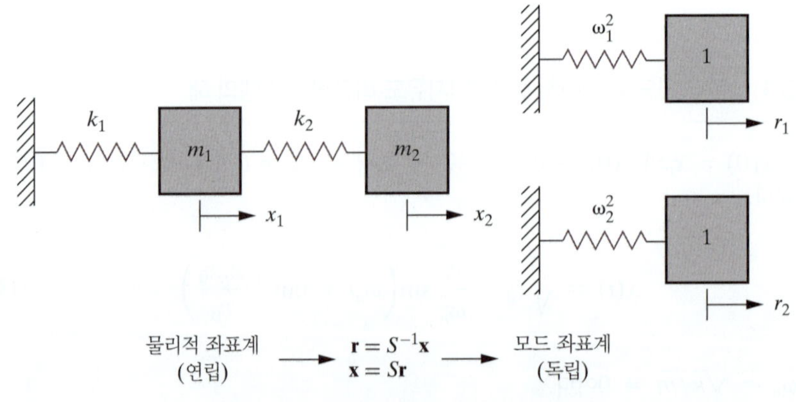

그림 4.5 모드해석과 모드행렬 S를 사용한 운동방정식의 분리

$$S^T M S = I \tag{4.71}$$

양변에 S^{-1}을 오른쪽에서 곱하고 단위행렬과 역행렬의 성질을 이용하면 다음 식을 얻는다.

$$S^{-1} = S^T M \tag{4.72}$$

이 식을 사용하면 비효율적인 역행렬 계산을 피할 수 있으므로 모드해석으로 식 (4.54)를 풀 때 도움이 된다.

식 (4.54)의 모드해석은 $\mathbf{x}(t) = S\mathbf{r}(t)$를 식 (4.54)에 대입하는 것으로부터 시작된다. 그다음에 양변을 S^T로 곱하면 다음과 같다.

$$S^T M S \ddot{\mathbf{r}}(t) + S^T K S \mathbf{r}(t) = \mathbf{0} \tag{4.73}$$

앞 절에서 본 것처럼 모드행렬 S는 질량행렬과 강성행렬을 다음과 같이 대각화한다.

$$S^T M S = I = \begin{bmatrix} 1 & 0 \\ 0 & 1 \end{bmatrix} \tag{4.74}$$

$$S^T K S = \Lambda = \begin{bmatrix} \lambda_1 & 0 \\ 0 & \lambda_2 \end{bmatrix} = \begin{bmatrix} \omega_1^2 & 0 \\ 0 & \omega_2^2 \end{bmatrix} \tag{4.75}$$

위 결과를 식 (4.73)에 적용하면 다음과 같다.

$$\ddot{\mathbf{r}}(t) + \Lambda \mathbf{r}(t) = \mathbf{0} \tag{4.76}$$

이것은 두 개의 분리된 방정식 (4.62)와 (4.63)을 나타낸다. 이 식을 **모드방정식**이라 하고 $\mathbf{r}(t)$를 **모드좌표계**라 한다. 대각행렬 Λ는 고유진동수의 제곱으로 구성된다.

$\mathbf{r}(t)$에 대한 초기조건은 식 (4.68)을 $\mathbf{r}(t)$에 대해 풀어서 계산한다. 식 (4.68)에 S^{-1}을 곱하면 $\mathbf{r}(t) = S^{-1}\mathbf{x}(t)$가 되는데, 여기에 식 (4.72)를 대입하면 다음 식을 얻는다.

$$\mathbf{r}(t) = S^{-1}\mathbf{x}(t) = S^T M \mathbf{x}(t) \tag{4.77}$$

따라서 초기조건은 다음과 같다.

$$\mathbf{r}(0) = S^{-1}\mathbf{x}_0 = S^T M \mathbf{x}_0 \quad \text{그리고} \quad \dot{\mathbf{r}}(0) = S^{-1}\dot{\mathbf{x}}_0 = S^T M \dot{\mathbf{x}}_0 \tag{4.78}$$

이것은 식 (4.64), (4.65)와 동일한 결과이다. 모드좌표로 변환된 초기조건 (4.78)을 만족하는 모드방정식 (4.76)의 해는 모드좌표계 $\mathbf{r}(t)$에서 구한 해이다. 원래의 물리적 좌표계 $\mathbf{x}(t)$에서 해를 구하기 위해서는 변환행렬 S를 다시 한번 사용하면 된다.

$$\mathbf{x}(t) = S\mathbf{r}(t) \tag{4.79}$$

위 식은 물리적 좌표계에서의 해를 의미한다. 식 (4.79)는 효과적으로 해를 그림 4.5의 오른쪽에서 다시 왼쪽으로 옮겨 준다. 모드해석의 기본 개념은 운동방정식이 연립되어 있어 풀기 어려운 물리적 좌표계의 진동 문제를 S^{-1}을 사용하여 모드좌표계로 가져가서 분리된 운동방정식을 쉽게 풀어서 모드해를 구하는 것이다. 그리고는 모드행렬 S를 사용해서 그 해를 원래 문제에 해당되는 물리적 좌표계로 되돌리는 것이다. 이 과정을 윈도우 4.4에 요약하고 다음 예제에서 설명한다.

윈도우 4.4 | 모드해석으로 식 (4.54)를 푸는 단계

1. 일반화 고유값 문제 $K\mathbf{u} = \lambda M\mathbf{u}$로부터 고유값 ω_i^2과 고유벡터 $\mathbf{u}_i$를 계산한다.
2. $\mathbf{u}_i$를 M에 대해 정규화하고 행렬 $S = [\mathbf{u}_1 \quad \mathbf{u}_2]$를 구성한다.
3. $S^{-1} = S^T M$을 계산한다.
4. 모드 초기조건 $\mathbf{r}(0) = S^{-1}\mathbf{x}_0$, $\dot{\mathbf{r}}(0) = S^{-1}\dot{\mathbf{x}}_0$를 계산한다.
5. $\mathbf{r}(0)$와 $\dot{\mathbf{r}}(0)$의 성분을 식 (4.66)과 (4.67)에 대입해서 모드해 $\mathbf{r}(t)$를 계산한다.
6. $\mathbf{r}(t)$에 S를 곱해서 해 $\mathbf{x}(t) = S\mathbf{r}(t)$을 계산한다.

모드행렬 S는 모드형상 행렬, 즉 고유벡터 행렬을 의미한다.

예제 4.3.1

다음과 같은 2자유도 시스템의 해를 구하라.

$$M = \begin{bmatrix} 9 & 0 \\ 0 & 1 \end{bmatrix} \quad K = \begin{bmatrix} 27 & -3 \\ -3 & 3 \end{bmatrix} \quad \mathbf{x}(0) = \begin{bmatrix} 1 \\ 0 \end{bmatrix} \quad \dot{\mathbf{x}}(0) = \mathbf{0}$$

여기서 구한 결과를 예제 4.1.7에서 동일한 시스템과 초기조건에 대해 구했던 결과와 비교하라.

풀이 예제 4.1.5, 4.2.2, 4.2.4, 4.2.5로부터 다음과 같은 결과를 얻은 바 있다.

$$S = \frac{1}{3\sqrt{2}}\begin{bmatrix} 1 & -1 \\ 3 & 3 \end{bmatrix} \qquad \Lambda = \mathrm{diag}(2 \quad 4)$$

이 결과는 윈도우 4.5의 첫 두 단계에서 필요한 내용을 제공한다. 다음 단계에서는 S^{-1}을 계산한다.

$$S^{-1} = S^T M = \frac{1}{3\sqrt{2}}\begin{bmatrix} 1 & 3 \\ -1 & 3 \end{bmatrix}\begin{bmatrix} 9 & 0 \\ 0 & 1 \end{bmatrix} = \frac{1}{\sqrt{2}}\begin{bmatrix} 3 & 1 \\ -3 & 1 \end{bmatrix}$$

계산 결과의 확인은 $SS^{-1} = I$를 만족하는지 보면 되고, 또 직교정규 여부는 $S^T MS = I$인지 확인하면 된다. 모드 초기조건은 식 (4.78)로 계산한다.

$$\mathbf{r}(0) = S^{-1}\mathbf{x}_0 = \frac{1}{\sqrt{2}}\begin{bmatrix} 3 & 1 \\ -3 & 1 \end{bmatrix}\begin{bmatrix} 1 \\ 0 \end{bmatrix} = \begin{bmatrix} \frac{3}{\sqrt{2}} \\ \frac{-3}{\sqrt{2}} \end{bmatrix}$$

$$\dot{\mathbf{r}}(0) = S^{-1}\dot{\mathbf{x}}_0 = S^{-1}\mathbf{0} = \mathbf{0}$$

따라서 $r_1(0) = 3/\sqrt{2}$, $r_2(0) = -3/\sqrt{2}$이고 $\dot{r}_1(0) = \dot{r}_2(0) = 0$이다. 식 (4.66)과 (4.67)로부터 다음과 같이 모드해를 구한다.

$$r_1(t) = \frac{3}{\sqrt{2}}\sin\left(\sqrt{2}t + \frac{\pi}{2}\right) = \frac{3}{\sqrt{2}}\cos\sqrt{2}t$$

$$r_2(t) = \frac{-3}{\sqrt{2}}\sin\left(2t + \frac{\pi}{2}\right) = \frac{-3}{\sqrt{2}}\cos 2t$$

물리적 좌표계 $\mathbf{x}(t)$에서의 해는 다음과 같이 계산된다.

$$\mathbf{x}(t) = S\mathbf{r}(t) = \frac{1}{\sqrt{2}}\begin{bmatrix} \frac{1}{3} & -\frac{1}{3} \\ 1 & 1 \end{bmatrix}\begin{bmatrix} \frac{3}{\sqrt{2}}\cos\sqrt{2}t \\ -\frac{3}{\sqrt{2}}\cos 2t \end{bmatrix} = \begin{bmatrix} (0.5)(\cos\sqrt{2}t + \cos 2t) \\ (1.5)(\cos\sqrt{2}t - \cos 2t) \end{bmatrix}$$

당연히 이 결과는 예제 4.1.7에서 구하여 그림 4.3에 도시한 해와 동일하다.

예제 4.3.2

초기변위 $\mathbf{x}(0) = [1 \quad 1]^T$와 초기속도 $\dot{\mathbf{x}}(0) = \mathbf{0}$에 대해 예제 4.2.6에서 고려했던 그림 4.4와 같은 시스템이 주어졌을 때

$$\begin{bmatrix} 1 & 0 \\ 0 & 4 \end{bmatrix}\ddot{\mathbf{x}}(t) + \begin{bmatrix} 12 & -2 \\ -2 & 12 \end{bmatrix}\mathbf{x}(t) = \mathbf{0}$$

이 식의 응답을 모드해석을 통해 계산하라.

풀이 윈도우 4.4에서 설명한 단계에 따라 먼저 고유값 문제를 풀어서 S와 Λ를 구한다.

$$S = \begin{bmatrix} 0.1091 & 0.9940 \\ 0.4970 & -0.0546 \end{bmatrix} \qquad \Lambda = \text{diag}(2.8902 \qquad 12.1098)$$

S^{-1}을 계산하면 다음과 같다.

$$S^{-1} = S^T M = \begin{bmatrix} 0.1091 & 0.4970 \\ 0.9940 & -0.0546 \end{bmatrix}\begin{bmatrix} 1 & 0 \\ 0 & 4 \end{bmatrix} = \begin{bmatrix} 0.1091 & 1.9881 \\ 0.9940 & -0.2182 \end{bmatrix}$$

중간점검을 위해 다음 결과를 확인한다.

$$S^T MS = I \qquad S^T KS = \Lambda$$

모드 초기조건은 다음과 같이 계산된다.

$$\mathbf{r}(0) = S^{-1}\mathbf{x}_0 = \begin{bmatrix} 0.1091 & 1.9881 \\ 0.9940 & -0.2182 \end{bmatrix}\begin{bmatrix} 1 \\ 1 \end{bmatrix} = \begin{bmatrix} 2.0972 \\ 0.7758 \end{bmatrix}$$

$$\dot{\mathbf{r}}(0) = S^{-1}\dot{\mathbf{x}}_0 = \mathbf{0}$$

여기서 구한 $r_1(0)$, $r_2(0)$, $\dot{r}_1(0)$, $\dot{r}_2(0)$의 값을 식 (4.66)과 (4.67)에 대입하면 다음과 같은 모드해를 얻는다.

$$r_1(t) = 2.0972\cos(1.7001t)$$

$$r_2(t) = 0.7758\cos(3.4799t)$$

변환 $\mathbf{x}(t) = S\mathbf{r}(t)$를 사용해서 물리적 좌표계에서의 해를 구한다.

$$\mathbf{x}(t) = \begin{bmatrix} 0.2288\cos(1.7001t) + 0.7711\cos(3.4799t) \\ 1.0423\cos(1.7001t) - 0.0424\cos(3.4799t) \end{bmatrix}$$

당연한 결과지만 $\mathbf{x}(t)$는 초기조건을 만족함을 확인하라. 그림 4.6은 이 응답 선도를 나타낸다.

그림에서 $x_2(t)$ 선도는 질량 m_2가 두 번째 고유진동수의 영향을 별로 받지 않는다는 사실을 보여준다. 그 이유는 m_2가 $\omega_2 = 3.4799$ rad/s에서 많이 진동하지 않도록 이 문제의 초기조건이 주어졌기 때문이다 [$x_2(t)$를 나타내는 식에서 cos(3.4799t)의 계수를 주목]. 그러나 $x_1(t)$ 선도는 두 진동수가 모두 존재한다는 것을 뚜렷이 보여준다. 이것은 초기조건이 이 좌표에 대해 두 모드(즉 두 진동수)를 다 강하게 진동시키기 때문이다. 초기조건의 변화가 응답에 미치는 영향은 4.9절에서 논의한 것처럼 MATLAB을 사용하여 알아볼 수 있다.

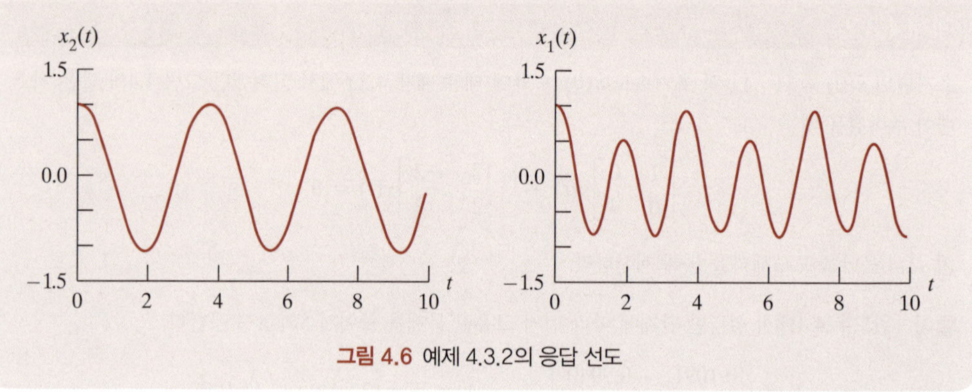

그림 4.6 예제 4.3.2의 응답 선도

이 절에서는 2자유도 시스템의 모드해석 계산에 대해 설명했다. 다음 절에서 논의하겠지만 이 전체 과정은 임의의 다자유도 시스템으로 쉽게 확장된다. 게다가 4.9절에서 볼 수 있듯이 모드해석 과정은 최신 수학계산용 소프트웨어 중 어느 것을 사용하든지 쉽게 수행된다. 이 절의 내용은 감쇠 시스템의 응답(4.5절)과 강제진동 문제(4.6절)에 응용되는 등 이 장 나머지 부분의 기초가 된다. 또 모드해석의 개념은 분포 시스템(6장)과 진동시험(7장)을 다룰 때에도 사용될 것이다. 이 모든 내용은 모드행렬 S를 어떻게 계산하고 그 물리적 의미는 무엇인지(그림 4.5)를 얼마나 잘 이해하느냐에 달려 있다.

4.4 다자유도 시스템

구조물, 기계, 기계장치들 중에는 진동운동을 기술하는 데 많은 좌표를 필요로 하는 경우가 종종 있다. 예를 들어, 앞 장에서 자동차 현가장치를 1자유도로 모델링한 바 있으나 자동차는 바퀴가 네 개이므로 4자유도, 즉 4개의 좌표를 사용하면 더 정확하게 모델링된다. 또 자동차는 롤(roll), 피치(pitch), 요(yaw)와 같은 운동을 하므로 그 운동을 기술하려면 더 많은 좌표를 쓰는 게 적절할 것이다. 임의의 유한한 수의 자유도 시스템은 윈도우 4.4에서 설명한 모드해석 절차에 따라 해석될 수 있다.

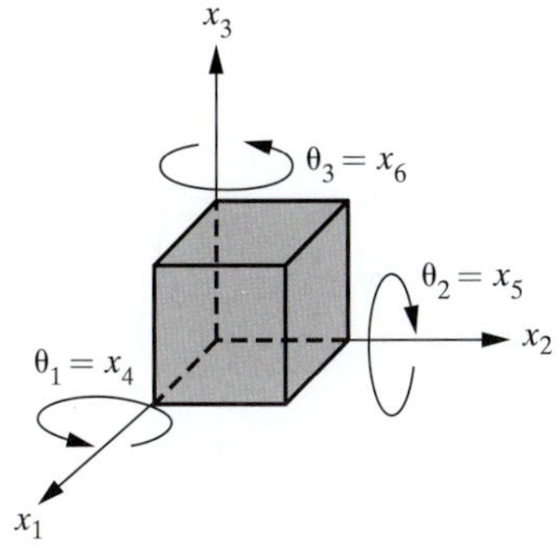

그림 4.7 가능한 자유도가 모두 표시된 단일 질량요소. 강체의 6자유도는 3개의 회전운동과 3개의 병진운동으로 구성된다. 만일 비행기와 같이 물체의 주 진행방향이 x_2 방향이면, θ_2는 롤, θ_3는 요, θ_1은 피치라 한다.

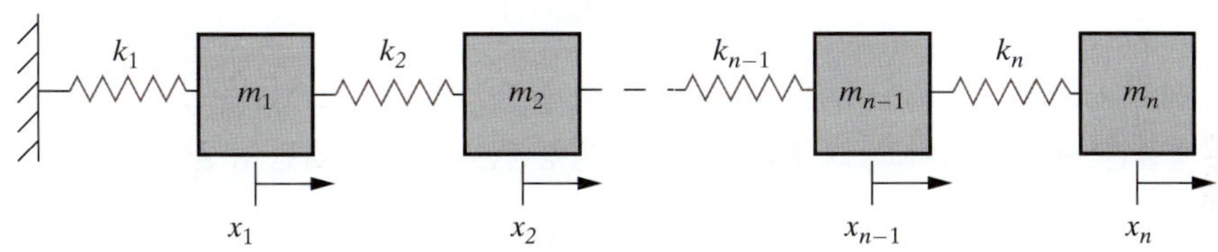

그림 4.8 n자유도 시스템의 예

시스템의 각 질량, 즉 각 자유도에 대해 그 1차원 운동을 기술하는 좌표 $x_i(t)$를 대응시킨다. 그러면 $n \times 1$ 벡터 $\mathbf{x}(t)$를 얻고 이 벡터는 $n \times n$ 질량행렬 M과 $n \times n$ 강성행렬 K와 함께 다음 식을 만족한다.

$$M\ddot{\mathbf{x}}(t) + K\mathbf{x}(t) = \mathbf{0} \tag{4.80}$$

각 질량이 회전하거나, y와 z 방향 또는 피치와 요 방향으로 움직이는 경우에도 식 (4.80)의 형태는 유지된다. 이 경우에 벡터 $\mathbf{x}$는 각 질량에 대해 6개의 좌표까지 반영할 수 있고 질량과 강성행렬도 추가적인 관성 및 강성 양을 반영하도록 수정될 것이다. 그림 4.7은 한 질량요소에 대해 가능한 좌표들을 도시한다. 그러나 설명을 간단하게 하기 위해 처음 논의는 질량요소가 한 방향으로만 움직일 수 있는 경우로 한정한다.

일반적인 예로 그림 4.8과 같이 n개의 스프링으로 연결된 n개의 질량을 고려하자. n개의 질량 각각에 대해 작용하는 힘을 더하면 n개의 방정식을 얻는다.

$$m_i\ddot{x}_i + k_i(x_i - x_{i-1}) - k_{i+1}(x_{i+1} - x_i) = 0 \quad i = 1, 2, \cdots, n \tag{4.81}$$

여기서 m_i는 i번째 질량, k_i는 i번째 스프링상수를 나타낸다. 이 식을 행렬형태로 표현하면 식 (4.80)과 같다. 여기서 질량행렬은 다음과 같고,

$$M = \operatorname{diag}(m_1,\ m_2, \cdots,\ m_n) \tag{4.82}$$

강성행렬은 다음과 같다.

$$K = \begin{bmatrix} k_1 + k_2 & -k_2 & 0 & 0 & \dots & 0 \\ -k_2 & k_2 + k_3 & -k_3 & & & \vdots \\ 0 & -k_3 & k_3 + k_4 & & & \\ \vdots & & & & k_{n-1} + k_n & -k_n \\ 0 & \dots & & & -k_n & k_n \end{bmatrix} \tag{4.83}$$

한편 $n \times 1$ 벡터 $\mathbf{x}(t)$는 다음과 같다.

$$\mathbf{x}(t) = \begin{bmatrix} x_1(t) \\ x_2(t) \\ \vdots \\ x_n(t) \end{bmatrix} \tag{4.84}$$

n자유도 문제를 풀 때도 윈도우 4.4의 표기법을 직접 쓸 수 있고, 각 단계는 완전히 동일하다. 그러나 모든 행렬연산은 $n \times n$이고, 그 결과 얻는 모드방정식은 n개의 분리된 방정식이다.

$$\begin{aligned} \ddot{r}_1(t) + \omega_1^2 r_1(t) &= 0 \\ \ddot{r}_2(t) + \omega_2^2 r_2(t) &= 0 \\ &\vdots \\ \ddot{r}_n(t) + \omega_n^2 r_n(t) &= 0 \end{aligned} \tag{4.85}$$

따라서 $n \times n$ 행렬로 정의되는 고유값 문제의 고유값에 해당하는 n개의 고유진동수 ω_i가 존재한다. n개의 고유값은 다음과 같은 특성방정식으로부터 결정된다.

$$\det(K - \lambda M) = 0 \tag{4.86}$$

이 식은 λ에 관한 n차 다항식이다. $n \times n$ 행렬 A에 대한 행렬식은 다음과 같다.

$$\det A = \sum_{s=1}^{n} a_{ps} |A_{ps}| \tag{4.87}$$

여기서 p는 1과 n 사이의 임의의 고정된 값이다. a_{ps}는 행렬 A에서 p번째 행과 s번째 열에 있는 요소이고, $|A_{ps}|$은 A에서 p번째 행과 s번째 열을 빼낸 부분행렬(submatrix)의 행렬식에 $(-1)^{p+s}$를 곱한 값이다. 다음 예제는 식 (4.87)의 활용 예이다.

예제 4.4.1

$p = 1$로 놓고 식 (4.87)을 전개해서 다음 행렬식을 계산하라.

$$\begin{aligned} \det A &= \det \begin{bmatrix} 1 & 3 & -2 \\ 0 & 1 & 1 \\ 2 & 5 & 3 \end{bmatrix} \\ &= 1[(1)(3) - (1)(5)] - 3[(0)(3) - (2)(1)] - 2[(0)(5) - (1)(2)] = 8 \end{aligned}$$

일단 식 (4.86)으로부터 ω_i^2을 결정한 후, 예제 4.2.3에서 제시한 방법에 따라 질량정규화된 고유벡터를 구한다. 윈도우 4.4에서 설명한 모드해석 절차를 통해 다자유도 시스템과 2자유도 시스템을 푸는 과정의 핵심적인 차이는 특성방정식을 풀어서 그 근 ω_i^2을 구하는 부분과 질량정규화된 고유벡터를 계산하는 부분이다. 행렬 S와 Λ의 계산만 제외하면, 모드해석 절차의 나머지 부분은 단순한 행렬곱셈이다. 다음 예제에서는 3자유도 시스템의 모드해석 절차를 설명한다.

예제 4.4.2

그림 4.8의 n자유도 시스템의 해를 $n = 3$인 경우에 대해 모드해석을 이용해서 구하라. $m_1 = m_2 = m_3 = 4$ kg, $k_1 = k_2 = k_3 = 4$ N/m이고 초기조건은 $x_1(0) = 1$ m이며 나머지 모든 변위와 속도는 영이다.

풀이 $n = 3$인 경우에 주어진 값에 대한 질량 및 강성 행렬은 다음과 같다.

$$M = 4I \qquad K = \begin{bmatrix} 8 & -4 & 0 \\ -4 & 8 & -4 \\ 0 & -4 & 4 \end{bmatrix}$$

윈도우 4.4에서 제시한 단계를 따라간다.

1.
$$\begin{aligned} \det(K - \lambda M) &= \det\left(\begin{bmatrix} 8-4\lambda & -4 & 0 \\ -4 & 8-4\lambda & -4 \\ 0 & -4 & 4-4\lambda \end{bmatrix}\right) \\ &= (8-4\lambda)\det\left(\begin{bmatrix} 8-4\lambda & -4 \\ -4 & 4-4\lambda \end{bmatrix}\right) \\ &\quad -(-4)\det\left(\begin{bmatrix} -4 & -4 \\ 0 & 4-4\lambda \end{bmatrix}\right) + (0)\det\left(\begin{bmatrix} -4 & 8-4\lambda \\ 0 & -4 \end{bmatrix}\right) \\ &= (8-4\lambda)\,[(8-4\lambda)(4-4\lambda) - (-4)(-4)] + 4\,[(-4)(4-4\lambda) - 0\,] \\ &= 64\lambda^3 - 320\lambda^2 + 384\lambda - 64 \\ &= \lambda^3 - 5\lambda^2 + 6\lambda - 1 = 0 \end{aligned}$$

이 3차 방정식의 근은 다음과 같다.

$$\lambda_1 = 0.1981 \qquad \lambda_2 = 1.5550 \qquad \lambda_3 = 3.2470$$

따라서 시스템의 고유진동수는 다음과 같이 계산된다.

$$\omega_1 = 0.4450 \qquad \omega_2 = 1.2470 \qquad \omega_3 = 1.8019$$

첫 번째 고유벡터를 구하기 위해 $\lambda_1 = 0.1981$을 $(K - \lambda M)\mathbf{u}_1 = \mathbf{0}$에 대입하고 $\mathbf{u}_1 = [u_{11} \quad u_{21} \quad u_{31}]^T$에 대해 푼다.

$$\begin{bmatrix} 8-4\lambda & -4 & 0 \\ -4 & 8-4\lambda & -4 \\ 0 & -4 & 4-4\lambda \end{bmatrix}\begin{bmatrix} u_{11} \\ u_{21} \\ u_{31} \end{bmatrix} = \begin{bmatrix} 0 \\ 0 \\ 0 \end{bmatrix}$$

행렬연산을 해서 얻은 3개의 방정식 중 두 식만 서로 독립이다.

$$(1.8019)u_{11} - u_{21} = 0$$
$$-u_{11} + (1.8019)u_{21} - u_{31} = 0$$
$$-u_{21} + (0.8019)u_{31} = 0$$

첫 번째 식과 세 번째 식을 풀면 다음 결과를 얻는다.

$$u_{11} = 0.4450u_{31} \text{ 그리고 } u_{21} = 0.8019u_{31}$$

두 번째 식은 종속이므로 더 이상 새로운 내용이 없다. 위에서 구한 결과를 벡터 $\mathbf{u}_1$에 대입하면 다음과 같다.

$$\mathbf{u}_1 = u_{31}\begin{bmatrix} 0.4450 \\ 0.8019 \\ 1 \end{bmatrix}$$

2. $\mathbf{u}_1$을 M에 관해 정규화하기 위해 다음 식을 계산한다.

$$\mathbf{u}_1^T M\mathbf{u}_1 = u_{31}^2[(0.4450)^2 + (0.8019)^2 + 1^2](4) = 1$$

u_{31}에 대해 풀어서 $\mathbf{u}_1$에 다시 대입하면, M에 관해 정규화된 고유벡터 $\mathbf{u}_1$은 다음과 같다.

$$\mathbf{u}_1 = \begin{bmatrix} 0.1640 \\ 0.2955 \\ 0.3685 \end{bmatrix}$$

마찬가지로 $\mathbf{u}_2$와 $\mathbf{u}_3$을 구하고 질량정규화하면 다음과 같다.

$$\mathbf{u}_2 = \begin{bmatrix} -0.3685 \\ -0.1640 \\ 0.2955 \end{bmatrix} \quad \mathbf{u}_3 = \begin{bmatrix} -0.2955 \\ 0.3685 \\ -0.1640 \end{bmatrix}$$

행렬 S는 다음과 같이 구성된다.

$$S = \begin{bmatrix} 0.1640 & -0.3685 & -0.2955 \\ 0.2955 & -0.1640 & 0.3685 \\ 0.3685 & 0.2955 & -0.1640 \end{bmatrix}$$

($S^TMS = I$와 $S^TKS = \Lambda$가 됨을 꼭 확인하라.)

3. S^{-1}는 다음과 같이 계산한다.

$$S^{-1} = S^TM = \begin{bmatrix} 0.1640 & 0.2955 & 0.3685 \\ -0.3685 & -0.1640 & 0.2955 \\ -0.2955 & 0.3685 & -0.1640 \end{bmatrix}\begin{bmatrix} 4 & 0 & 0 \\ 0 & 4 & 0 \\ 0 & 0 & 4 \end{bmatrix} = \begin{bmatrix} 0.6560 & 1.1820 & 1.4740 \\ -1.4740 & -0.6560 & 1.1820 \\ -1.1820 & 1.4740 & -0.6560 \end{bmatrix}$$

($S^{-1}S = I$가 됨을 꼭 확인하라.)

4. 모드좌표계에서 초기조건은 다음과 같다.

$$\dot{\mathbf{r}}(0) = S^{-1}\dot{\mathbf{x}}_0 = S^{-1}\mathbf{0} = \mathbf{0}$$

그리고

$$\mathbf{r}(0) = S^{-1}\mathbf{x}_0 = \begin{bmatrix} 0.6560 & 1.1820 & 1.4740 \\ -1.4740 & -0.6560 & 1.1820 \\ -1.1820 & 1.4740 & -0.6560 \end{bmatrix} \begin{bmatrix} 1 \\ 0 \\ 0 \end{bmatrix} = \begin{bmatrix} 0.6560 \\ -1.4740 \\ -1.1820 \end{bmatrix}$$

5. 식 (4.67)과 같은 형태로 주어지는 식 (4.85)의 모드해는 다음과 같이 얻는다.

$$r_1(t) = (0.6560)\sin\left(0.4450t + \frac{\pi}{2}\right) = 0.6560\cos(0.4450t)$$

$$r_2(t) = (-1.4740)\sin\left(1.247t + \frac{\pi}{2}\right) = -1.4740\cos(1.2470t)$$

$$r_3(t) = (-1.1820)\sin\left(1.8019t + \frac{\pi}{2}\right) = -1.1820\cos(1.8019t)$$

6. 물리적 좌표계에서의 해는 다음과 같이 계산된다.

$$\mathbf{x} = S\mathbf{r}(t) = \begin{bmatrix} 0.1640 & -0.3685 & -0.2955 \\ 0.2955 & -0.1640 & 0.3685 \\ 0.3685 & 0.2955 & -0.1640 \end{bmatrix} \begin{bmatrix} 0.6560\cos(0.4450t) \\ -1.4740\cos(1.2470t) \\ -1.1820\cos(1.8019t) \end{bmatrix}$$

$$\begin{bmatrix} x_1(t) \\ x_2(t) \\ x_3(t) \end{bmatrix} = \begin{bmatrix} 0.1075\cos(0.4450t) + 0.5443\cos(1.2470t) + 0.3492\cos(1.8019t) \\ 0.1938\cos(0.4450t) + 0.2417\cos(1.2470t) - 0.4355\cos(1.8019t) \\ 0.2417\cos(0.4450t) - 0.4355\cos(1.2470t) + 0.1935\cos(1.8019t) \end{bmatrix}$$

이 예제는 계산이 약간 복잡하다. 그러나 다행히도 4.9절에서와 같이 MATLAB을 사용하면 이 계산을 쉽게 할 수 있다. 사실 고유진동수를 계산하고 고유벡터를 구해서 모드행렬 S를 얻고자 할 때, 행렬식으로부터 시작하는 방법은 별로 좋은 방법이 아니다. 그보다는 대칭 대수 고유값 문제를 직접 푸는 방법을 사용해야 하며 이것은 4.9절에서 소개할 MATLAB과 같은 소프트웨어를 사용하면 쉽게 해결된다. 이 예제의 해를 나타내는 선도는 4.10절에서 수치해의 선도와 비교될 것이다.

4.4.1 모드합성법

모드해석을 수행하는 또 하나의 방법은 **모드합성법**(*mode summation method*), 즉 **모드전개법**(*mode expansion method*)을 이용하는 것이다. 이 방법은 실대칭행렬(real symmetric matrix)의 고유벡터는 완전집합(complete set)을 구성한다는 선형대수학 이론(모든 n차원 벡터는 $n \times n$ 대칭행렬 고유벡터의 선형조합으로 나타낼 수 있다. 윈도우 4.1 참조)에 근거한다. 진동방정식은 다음과 같은 행렬형태로 표현된 바 있다.

$$M\ddot{\mathbf{x}}(t) + K\mathbf{x}(t) = \mathbf{0} \tag{4.88}$$

$\mathbf{u}_i$는 n개의 고유벡터를 나타내고 $\lambda_i \neq 0$는 그에 대응하는 고유값을 나타낸다고 하자. 식 (4.41)에 이르기까지의 논의에 따르면 식 (4.88)의 해는 다음과 같이 쓸 수 있다($\lambda_i = \omega_i^2$).

$$\mathbf{x}_i(t) = \mathbf{u}_i e^{\pm j\sqrt{\lambda_i}t} \tag{4.89}$$

이 식은 두 해를 나타내고 있으며 식 (1.18)과 같이 두 해의 합으로 나타내면 다음과 같다.

$$\mathbf{x}_i(t) = (a_i e^{j\sqrt{\lambda_i}t} + b_i e^{-j\sqrt{\lambda_i}t})\mathbf{u}_i \tag{4.90}$$

오일러 공식을 사용하면 다음과 같이 쓸 수 있다.

$$\mathbf{x}_i(t) = d_i \sin(\omega_i t + \phi_i)\mathbf{u}_i \tag{4.91}$$

여기서 d_i와 ϕ_i는 초기조건으로 결정할 수 있는 상수이다. 벡터 $\mathbf{u}_i$, $i = 1, 2, \cdots, n$의 집합은 대칭 행렬의 고유벡터이므로, 선형조합을 써서 임의의 $n \times 1$ 벡터를 나타낼 수 있다. 특히 해벡터 $\mathbf{x}(t)$를 나타내면 다음과 같다.

$$\mathbf{x}(t) = \sum_{i=1}^{n} d_i \sin(\omega_i t + \phi_i)\mathbf{u}_i \tag{4.92}$$

상수 d_i와 ϕ_i는 다음과 같이 초기조건으로 결정한다.

$$\mathbf{x}(0) = \sum_{i=1}^{n} d_i \sin\phi_i \mathbf{u}_i \tag{4.93}$$

그리고

$$\dot{\mathbf{x}}(0) = \sum_{i=1}^{n} \omega_i d_i \cos\phi_i \mathbf{u}_i \tag{4.94}$$

식 (4.93)에 $\mathbf{u}_j^T M$을 곱하고 $\mathbf{u}_i$의 직교성을 이용하면(모든 지수 $i = 1, 2, \cdots, n$에 대해 $i = j$인 경우를 제외하면 $\mathbf{u}_i^T M \mathbf{u}_j = 0$; 윈도우 4.2 참조) $j = 1, 2, \cdots, n$의 각 값에 대해 다음 식을 얻는다.

$$\mathbf{u}_j^T M \mathbf{x}(0) = d_j \sin\phi_j \tag{4.95}$$

마찬가지로 식 (4.94)에 $\mathbf{u}_j^T M$을 곱하면 $j = 1, 2, \cdots, n$의 각 값에 대해 다음 식을 얻는다.

$$\mathbf{u}_j^T M \dot{\mathbf{x}}(0) = \omega_j d_j \cos\phi_j \tag{4.96}$$

식 (4.95)와 (4.96)을 연립해서 풀고 하첨자를 바꾸면 다음과 같다.

$$\phi_i = \tan^{-1}\frac{\omega_i \mathbf{u}_i^T M \mathbf{x}(0)}{\mathbf{u}_i^T M \dot{\mathbf{x}}(0)} \quad i = 1, 2, \cdots, n \tag{4.97}$$

$$d_i = \frac{\mathbf{u}_i^T M \mathbf{x}(0)}{\sin\phi_i} \quad i = 1, 2, \cdots, n \tag{4.98}$$

식 (4.92), (4.97), (4.98)은 모드합성 형태의 해를 나타낸다. 식 (4.92)를 전개정리(*expansion theorem*)라고도 하며 함수를 푸리에 급수로 표현하는 것과 같은 원리이다. 상수 d_i를 전개계수(expansion coefficient)라고도 한다.

식 (4.97)에서 바로 알 수 있는 것은, 초기속도가 영이면, 즉 $\dot{\mathbf{x}}(0) = \mathbf{0}$이면 각 좌표는 90°만큼 위상차를 갖게 된다는 사실이다.

$$\phi_i = \frac{\pi}{2} \tag{4.99}$$

좌표계 $\mathbf{x}(t)$에서의 초기조건을 모든 $i = 2, 3, \cdots, n$ 값에 대해 $d_i = 0$이 되도록 택할 수 있다. 이 경우 합성식 (4.92)는 단일항으로 줄어든다.

$$\mathbf{x}(t) = d_1 \sin(\omega_1 t + \phi_1)\mathbf{u}_1 \tag{4.100}$$

이 식은 모든 좌표 $x_i(t)$가 동일한 진동수와 위상으로 진동한다는 것을 의미한다. 즉 시스템의 초기조건이 $d_2 = d_3 = \cdots = d_n = 0$이 되도록 주어지면, 식 (4.100)이 전체 해가 되고 모든 질량은 첫 번째 고유진동수 ω_1으로 진동하게 된다. 게다가 벡터 $\mathbf{u}_1$은 진동하는 각 질량의 평형위치에 대한 상대진폭을 의미한다. 따라서 $\mathbf{u}_1$을 **첫 번째 모드형상**이라 한다. 첫 번째 모드형상은 바로 첫 번째 고유벡터이다. 두 번째, 세 번째 모드형상에 대해 이와 같은 논의를 반복하면 각각 다음과 같이 전체 해가 주어진다.

$$\mathbf{x}(t) = d_2 \sin(\omega_2 t + \phi_2)\mathbf{u}_2 \tag{4.101}$$

그리고

$$\mathbf{x}(t) = d_3 \sin(\omega_3 t + \phi_3)\mathbf{u}_3 \tag{4.102}$$

이 논의를 전체 모드형상에 대해 적용하면 다음과 같이 급수형태의 일반해를 얻는다.

$$\mathbf{x}(t) = \sum_{i=1}^{n} d_i \sin(\omega_i t + \phi_i)\mathbf{u}_i \tag{4.103}$$

이 급수해는 어떻게 각 모드형상이 시스템의 전체 응답을 구성하는지를 보여준다.

적분상수 d_i는 각 모드가 전체 응답에서 차지하는 비율을 나타낸다. d_i가 클수록 i번째 모드가 응답에 더 많은 영향을 미친다. 따라서 d_i를 **모드기여계수**(*modal participation factor*)라 한다.

시스템을 단일모드로 가진하기 위한 초기조건은 식 (4.98)로부터 결정될 수 있다. 만일 $\mathbf{x}(0)$를 고유벡터 $\mathbf{u}_j$ 중 하나로 택하면, 고유벡터의 직교성 때문에 $i = j$인 경우를 제외한 모든 d_i가 0이 된다. 따라서 예를 들어 구조물을 두 번째 모드로 가진하려면, $\mathbf{x}(0) = \mathbf{u}_2$, $\dot{\mathbf{x}}(0) = \mathbf{0}$을 택하면 된다. 그러면 식 (4.92)로 주어지는 해는 다음과 같다.

$$\mathbf{x}(t) = d_2 \sin\left(\omega_2 t + \frac{\pi}{2}\right)\mathbf{u}_2 \tag{4.104}$$

이 경우 $\mathbf{x}(t)$의 모든 좌표는 진동수 ω_2로 진동한다. 따라서 시스템을 두 번째 모드형상과 동일한 초기변위로 가진하면 모든 질량이 두 번째 고유진동수로 진동하게 된다. 다음 예제에서 모드합성법을 설명한다.

예제 4.4.3

그림 4.9는 4층 건물 수평방향 진동의 간단한 모델을 보여준다. 바람 때문에 건물에 다음과 같은 초기변위와 영인 초기속도가 생긴다.

$$\mathbf{x}(0) = [0.001 \quad 0.010 \quad 0.020 \quad 0.025]^T$$

풀이 건물을 모델링할 때, 질량의 대부분은 각 층 바닥에 집중되어 있고 벽체는 수평방향 강성을 제공하는 질량이 없는 기둥으로 간주할 수 있다고 알려져 있다. 그림 4.9로부터 각 층에 대한 운동방정식은 다음과 같다.

$$m_1\ddot{x}_1 + (k_1 + k_2)x_1 - k_2x_2 = 0$$

$$m_2\ddot{x}_2 - k_2x_1 + (k_2 + k_3)x_2 - k_3x_3 = 0$$

$$m_3\ddot{x}_3 - k_3x_2 + (k_3 + k_4)x_3 - k_4x_4 = 0$$

$$m_4\ddot{x}_4 - k_4x_3 + k_4x_4 = 0$$

이 네 방정식을 행렬형식으로 쓰면 다음과 같다.

$$\begin{bmatrix} m_1 & 0 & 0 & 0 \\ 0 & m_2 & 0 & 0 \\ 0 & 0 & m_3 & 0 \\ 0 & 0 & 0 & m_4 \end{bmatrix} \ddot{\mathbf{x}} + \begin{bmatrix} k_1 + k_2 & -k_2 & 0 & 0 \\ -k_2 & k_2 + k_3 & -k_3 & 0 \\ 0 & -k_3 & k_3 + k_4 & -k_4 \\ 0 & 0 & -k_4 & k_4 \end{bmatrix} \mathbf{x} = \mathbf{0}$$

건물에 대한 적당한 값으로 $m_1 = m_2 = m_3 = m_4 = 4000$ kg과 $k_1 = k_2 = k_3 = k_4 = 5000$ N/m를 사용하면 행렬 M과 K는 다음과 같다.

$$M = 4000I \qquad K = \begin{bmatrix} 10{,}000 & -5000 & 0 & 0 \\ -5000 & 10{,}000 & -5000 & 0 \\ 0 & -5000 & 10{,}000 & -5000 \\ 0 & 0 & -5000 & 5000 \end{bmatrix}$$

계산을 간단하게 하기 위해 각 행렬을 1,000으로 나눈다. 이는 운동방정식이 제차이므로, 행렬방정식의 양변을 1,000으로 나눈 것과 마찬가지이다. 따라서 등식은 계속 성립한다. 초기조건은 다음과 같다.

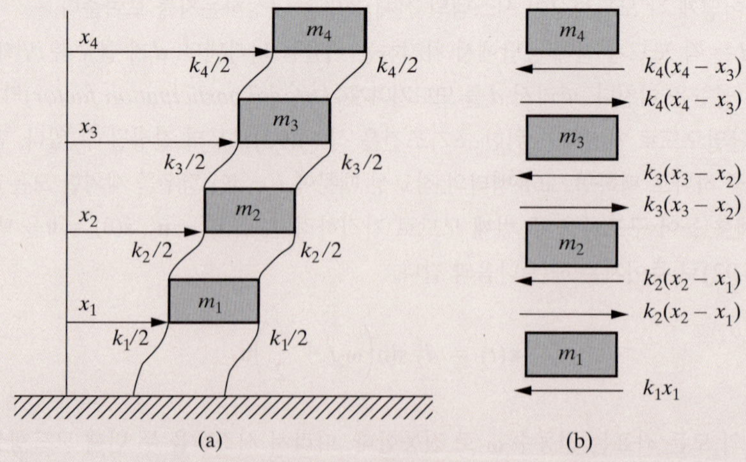

그림 4.9 (a) 4층 건물의 수평방향 진동 모델. 각 층의 바닥은 집중질량으로 모델링되고 벽체는 수평방향 강성으로 모델링된다. (b) 각 층의 질량(바닥)에 작용하는 복원력

$$\mathbf{x}(0) = \begin{bmatrix} 0.001 \\ 0.010 \\ 0.020 \\ 0.025 \end{bmatrix} \qquad \dot{\mathbf{x}} = \begin{bmatrix} 0 \\ 0 \\ 0 \\ 0 \end{bmatrix}$$

고유값 계산 프로그램을 이용하여 고유값 문제를 풀면 다음과 같이 고유값과 고유벡터를 얻는다(자세한 것은 4.9절 참조).

$$\lambda_1 = 0.1508 \qquad \lambda_2 = 1.2500 \qquad \lambda_3 = 2.9341 \qquad \lambda_4 = 4.4151$$

$$\mathbf{u}_1 = \begin{bmatrix} 0.1140 \\ 0.2143 \\ 0.2887 \\ 0.3283 \end{bmatrix} \quad \mathbf{u}_2 = \begin{bmatrix} 0.2887 \\ 0.2887 \\ 0.0 \\ -0.2887 \end{bmatrix} \quad \mathbf{u}_3 = \begin{bmatrix} 0.3283 \\ -0.1140 \\ -0.2887 \\ 0.2143 \end{bmatrix} \quad \mathbf{u}_4 = \begin{bmatrix} -0.2143 \\ 0.3283 \\ -0.2887 \\ 0.1140 \end{bmatrix}$$

$\omega_i = \sqrt{\lambda_i}$를 사용하여 고유값을 고유진동수로 바꾸면 다음과 같다.

$$\omega_1 = 0.3883 \qquad \omega_2 = 1.1180 \qquad \omega_3 = 1.7129 \qquad \omega_4 = 2.1012$$

$\dot{\mathbf{x}}(0) = \mathbf{0}$이므로 식 (4.96)에서 위상차는 모두 $\phi_i = \pi/2$가 되고, 식 (4.98)은 다음과 같다.

$$d_i = \frac{\mathbf{u}_i^T M\mathbf{x}(0)}{\sin(\pi/2)} = \mathbf{u}_i^T M\mathbf{x}(0)$$

여기에 $\mathbf{u}_i^T$와 $\mathbf{x}(0)$을 대입하면 다음과 같은 모드기여계수값을 얻는다.

$$d_1 = 0.065 \qquad d_2 = -0.016 \qquad d_3 = -4.9 \times 10^{-3} \qquad d_4 = 5.8 \times 10^{-4}$$

식 (4.103)으로 주어지는 해는 다음과 같다(단위는 미터).

$$\mathbf{x}(t) = \begin{bmatrix} 0.007 \\ 0.014 \\ 0.019 \\ 0.021 \end{bmatrix} \cos(0.3883t) + \begin{bmatrix} -4.67 \times 10^{-3} \\ -4.67 \times 10^{-3} \\ 0 \\ 4.67 \times 10^{-3} \end{bmatrix} \cos(1.1180t)$$

$$+ \begin{bmatrix} -1.61 \times 10^{-3} \\ 5.60 \times 10^{-4} \\ 1.42 \times 10^{-3} \\ -1.05 \times 10^{-3} \end{bmatrix} \cos(1.7129t) + \begin{bmatrix} -1.24 \times 10^{-4} \\ 1.91 \times 10^{-4} \\ -1.68 \times 10^{-4} \\ 6.62 \times 10^{-5} \end{bmatrix} \cos(2.101t)$$

그림 4.10은 모드형상 $\mathbf{u}_1$, $\mathbf{u}_2$, $\mathbf{u}_3$, $\mathbf{u}_4$를 나타낸다. 모드기여계수 d_4가 다른 것들에 비해 매우 작다는 데 주목하라. 따라서 2.101 rad/s의 진동은 거의 나타나지 않을 것이다. x_3의 응답은 거의 대부분 첫 번째 고유진동수로만 나타날 것이다.

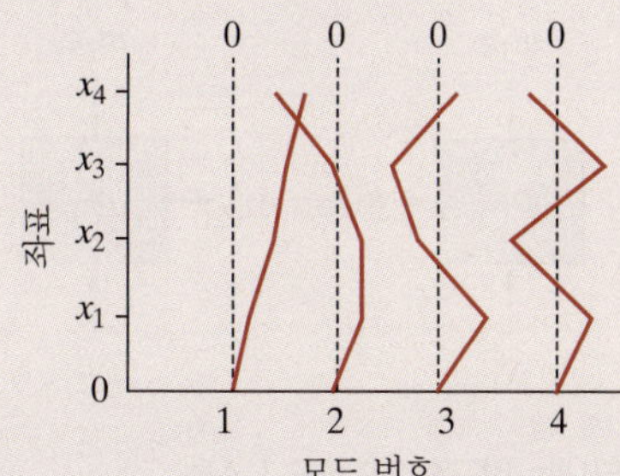

그림 4.10 그림 4.9의 시스템에 대한 해를 구성하는 4개의 모드형상 선도(척도 무시)

4.4.2 모드의 절점

모드형상의 절점(node)은 모드형상 벡터에서 그 값이 항상 영이 되는 좌표를 의미한다. 예를 들어 예제 4.4.3의 두 번째 모드형상은 좌표 $x_3(t)$에 해당하는 위치에서 영이 된다. 따라서 세 번째 좌표가 두 번째 모드의 절점이 된다. 만일 시스템이 두 번째 고유진동수로만 진동하도록 초기조건이 주어진다면, 세 번째 좌표는 움직이지 않을 것이다. 따라서 절점이란 특정 초기조건에 대해 운동이 생기지 않는 곳을 말한다. 만일 센서를 세 번째 질량에 장착한다면, 두 번째 고유진동수에서는 어떤 운동도 측정할 수 없을 것이다. 이는 ω_2에서 그 질량의 응답이 없기 때문이다. 따라서 절점은 기계를 설치하기에 아주 좋은 위치가 된다. 8장에서 유한요소법을 다룰 때는 **절점**이라는 단어를 다른 의미로 사용한다.

4.4.3 강체모드

나머지 다른 좌표들은 평형점에 대해 진동하는 반면, 진동 시스템의 한 좌표가 평형위치로부터 벗어나 병진운동이나 회전운동을 하는 경우가 종종 생긴다. 이런 시스템은 비구속(unrestrained)되었다고 하며 1.8절에서 소개한 안정조건에 위배된다. 한 예를 들자면 집중질량으로 모델링한 각 객차 간의 연결장치를 스프링으로 모델링한 기차(연습문제 4.13 참조)를 들 수 있다. 기차가 철로를 따라 강체 비구속운동을 하는 동시에 각 객차는 상대방에 대해 진동한다. 그림 4.11은 비구속 2자유도 시스템의 예를 보여준다.

운동방정식에 비구속 자유도가 있게 되면 운동해석이 약간 바뀌게 된다. 첫째, 운동은 병진에 진동을 더한 것으로 구성된다. 둘째, 강성행렬이 특이행렬이 되고 고유값 문제를 풀면 고유진동수 중 하나가 영이 된다. 고유진동수가 영이면, 식 (4.66)을 적용할 수 없게 되고 식 (4.95), (4.96)으로 주어지는 모드기여계수도 다시 정의해야 한다. 다음 예제에서는 비구속운동을 하는 시스템에 대해 어떻게 이 식들을 수정하는가와 어떻게 응답을 계산하는지를 설명한다.

예제 4.4.4

그림 4.11의 비구속 시스템의 응답을 모드해석법과 모드합성법을 사용하여 구하라. $m_1 = 1$, $m_2 = 4$, $k = 4$, $\mathbf{x}_0 = [1 \quad 0]^T$, $\mathbf{v}_0 = \mathbf{0}$이다. 단위는 적절하게 주어졌다고 가정한다.

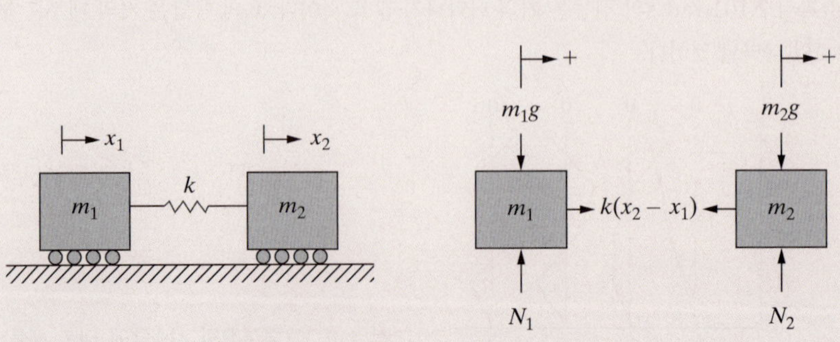

그림 4.11 강체 병진과 진동을 모두 나타내는 비구속 2자유도 시스템

풀이 그림 4.11의 각 자유물체도에서 수평방향의 힘을 더하면 다음 식을 얻는다.

$$m_1\ddot{x}_1 = k(x_2 - x_1)$$
$$m_2\ddot{x}_2 = -k(x_2 - x_1)$$

모든 힘을 좌변으로 이항하고 행렬형식으로 쓰면 다음과 같다.

$$\begin{bmatrix} 1 & 0 \\ 0 & 4 \end{bmatrix}\begin{bmatrix} \ddot{x}_1 \\ \ddot{x}_2 \end{bmatrix} + 4\begin{bmatrix} 1 & -1 \\ -1 & 1 \end{bmatrix}\begin{bmatrix} x_1 \\ x_2 \end{bmatrix} = \begin{bmatrix} 0 \\ 0 \end{bmatrix}$$

강성행렬 K는 행렬식이 영인 특이행렬이므로 영의 고유값을 갖는다(부록 C 참조). M과 K의 값을 대입하고 윈도우 4.4의 단계를 따르면 다음과 같다.

1. 다음 행렬에 대한 고유값 문제를 푼다.

$$M = \begin{bmatrix} 1 & 0 \\ 0 & 4 \end{bmatrix} \quad K = \begin{bmatrix} 4 & -4 \\ -4 & 4 \end{bmatrix}$$

따라서

$$\det(K - \lambda M) = \det\left(\begin{bmatrix} 4-\lambda & -4 \\ -4 & 4-4\lambda \end{bmatrix}\right) = \lambda^2 - 5\lambda = 0$$

이 식을 풀면 $\lambda_1 = 0$, $\lambda_2 = 5$이므로 $\omega_1 = 0$, $\omega_2 = \sqrt{5}$ rad/s = 2.236 rad/s이다. 고유값, 즉 고유진동수 중 하나가 영임에 주목하라. 그러나 λ_1에 대한 고유벡터는 영이 아니다(고유벡터는 결코 영이 될 수 없다). $\lambda_1 = 0$에 대한 고유벡터의 계산은 다음과 같다.

$$\begin{bmatrix} 4-0 & -4 \\ -4 & 4-0 \end{bmatrix}\begin{bmatrix} u_{11} \\ u_{21} \end{bmatrix} = \begin{bmatrix} 0 \\ 0 \end{bmatrix}$$

따라서 $u_{11} = u_{21}$, 즉 $\mathbf{u}_1 = [1 \quad 1]^T$이다. λ_2에 대해 같은 방법으로 계산하면 $\mathbf{u}_2 = [-4 \quad 1]^T$이다.

2. $\mathbf{u}_1$과 $\mathbf{u}_2$를 M에 대해 정규화하면 다음과 같다.

$$\mathbf{u}_1 = \begin{bmatrix} 0.4472 \\ 0.4472 \end{bmatrix} \quad \text{그리고} \quad \mathbf{u}_2 = \begin{bmatrix} -0.8944 \\ 0.2236 \end{bmatrix}$$

고유값 $\lambda_1 = 0$에 대응하는 고유벡터 $\mathbf{u}_1$이 영이 아니라는 데 주목하라. 두 벡터를 묶어서 모드행렬을 구성하면 다음과 같다.

$$S = \begin{bmatrix} 0.4472 & -0.8944 \\ 0.4472 & 0.2236 \end{bmatrix}$$

검산을 하는 의미에서 다음 관계를 확인해 본다.

$$S^TMS = I \quad \text{그리고} \quad S^TKS = \text{diag}[0 \quad 5]$$

3. S^{-1}을 계산하면 다음과 같다.

$$S^{-1} = S^TM = \begin{bmatrix} 0.4472 & 1.7889 \\ -0.8944 & -0.8944 \end{bmatrix}$$

4. 모드 초기조건을 계산한다.

$$\mathbf{r}(0) = S^{-1}\mathbf{x}_0 = \begin{bmatrix} 0.4472 & 1.7889 \\ -0.8944 & 0.8944 \end{bmatrix}\begin{bmatrix} 1 \\ 0 \end{bmatrix} = \begin{bmatrix} 0.4472 \\ -0.8944 \end{bmatrix}$$
$$\dot{\mathbf{r}}(0) = S^{-1}\mathbf{v}_0 = \mathbf{0}$$

5. 이 단계에서 영의 고유값 때문에 차이가 발생한다. 즉 식 (4.66)과 (4.67)은 두 번째 고유진동수에만 적용할 수 있다. 첫 번째 모드의 모드방정식은 $\ddot{r}_1 = 0$이고 그 해는 $r_1(t) = a + bt$이다. 여기서 a와 b는 모드 초기조건으로부터 결정되는 적분상수이다. 모드 초기조건을 적용하면 다음 두 식을 얻는다.

$$r_1(0) = a = 0.4472$$
$$\dot{r}_1(0) = b = 0$$

따라서 첫 번째 모드방정식의 해는 다음과 같이 상수가 된다.

$$r_1(t) = 0.4472$$

두 번째 모드에 대한 해는 식 (4.67)로부터 직접 구할 수 있다.

$$r_2(t) = -0.894\cos\left(\sqrt{5}t\right)$$

따라서 모드 응답벡터는 다음과 같다.

$$\mathbf{r}(t) = \begin{bmatrix} 0.447 \\ -0.894\cos\left(\sqrt{5}t\right) \end{bmatrix}$$

6. 물리적 좌표계로 되돌아가는 변환을 해서 해 $\mathbf{x}(t)$를 구한다.

$$\mathbf{x}(t) = S\mathbf{r}(t) = \begin{bmatrix} 0.4472 & -0.8944 \\ 0.4472 & 0.2236 \end{bmatrix}\begin{bmatrix} 0.447 \\ -0.894\cos\left(\sqrt{5}t\right) \end{bmatrix}$$
$$= \begin{bmatrix} 0.2 + 0.8\cos\left(\sqrt{5}t\right) \\ 0.2 - 0.2\cos\left(\sqrt{5}t\right) \end{bmatrix}$$

두 물리적 좌표는 일정한 거리(0.2 단위)를 움직인 후에 두 번째 고유진동수로 진동한다.

다음은 고유진동수가 영이면 모드합성법을 적용하는 데 어떤 영향을 미치는지 알아보자. 이 경우 식 (4.90)은 다음과 같다.

$$\mathbf{x}_1(t) = (a + bt)\mathbf{u}_1$$

그리고 식 (4.93)과 (4.94)는 다음과 같다.

$$\mathbf{x}(0) = (a + b0)\mathbf{u}_1 + d_2\sin\phi_2\mathbf{u}_2 \quad \text{그리고} \quad \dot{\mathbf{x}}(0) = b\mathbf{u}_1 + \omega_2 d_2\cos\phi_2\mathbf{u}_2$$

앞에서와 같은 단계를 거치고 직교성을 적용하면 다음과 같다.

$$a = \mathbf{u}_1^T M\mathbf{x}(0) \qquad \text{그리고} \qquad b = \mathbf{u}_1^T M\dot{\mathbf{x}}(0)$$

이것은 고유진동수가 영인 모드에 대한 모드적분상수 d_i와 ϕ_i를 대신한다. 식 (4.97)과 (4.98)에 따라 d_2와 ϕ_2를 계산하고 식 (4.103)과 같이 두 모드를 더하면 다음과 같은 해를 얻는다. 그림 4.12는 이 해를 나타낸다.

$$\mathbf{x}(t) = a\mathbf{u}_1 + d_2\cos(\sqrt{5}t)\mathbf{u}_2 = \begin{bmatrix} 0.2 + 0.8\cos\left(\sqrt{5}t\right) \\ 0.2 - 0.2\cos\left(\sqrt{5}t\right) \end{bmatrix}$$

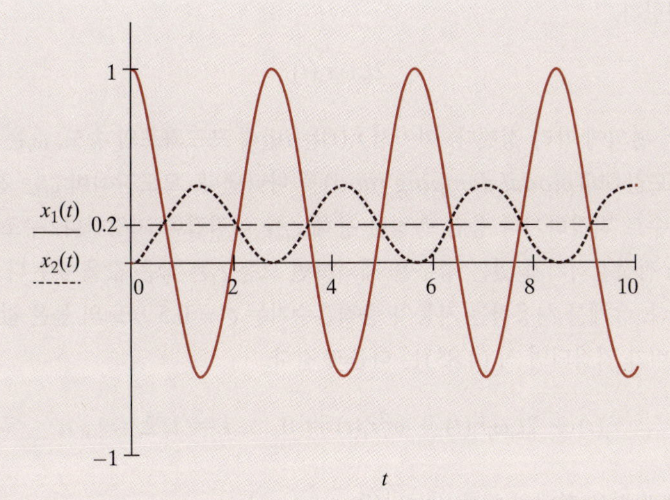

그림 4.12 강체모드에 실려서 나타나는 진동을 보여주는 예제 4.4.4에 대한 해의 시간 선도. 두 모드가 다 강체모드 변위인 파선($x = 0.2$)을 중심으로 진동한다.

이제까지의 모든 예제에서 3자유도 이상인 경우를 보면 보면 강성행렬 K가 띠행렬(*banded matrix*)임을 알 수 있다. 즉 대각요소와 그 위아래로 한 요소만 영이 아니고 나머지 요소는 모두 영인 행렬이다. 이것은 구조물 모델에서는 전형적인 현상이지만 기계요소나 기타 기계장치에서는 반드시 그렇게 되지는 않는다.

이 절에서 설명하고 예제 4.4.3에서 도시한 모드형상의 개념은 매우 중요하다. 모드, 모드형상, 고유진동수와 같은 용어는 복잡한 진동 시스템을 논의하는 데 기초가 된다. 일반적으로 **모드**라는 단어는 고유진동수와 그에 대응하는 모드형상을 총칭한다. 모드형상은 변형을 수학적으로 표현한 것이다. 진동 시스템이 특정 고유진동수로만 진동할 때, 진동하는 모양을 나타내는 것이 모드형상이다. 모드형상은 만져지는 것도 아니고 쉽게 볼 수 있는 것도 아니다. 그러나 모드형상은 복잡한 대상의 진동을 논의하거나 이해하는 간단한 길을 제시한다. 모드형상의 물리적 중요성은 시스템의 모든 진동응답은 모드형상의 조합으로 구성된다는 사실에 있다. 이제까지의 모든 산업은 모드의 개념에 따라 형성되어 왔다고 할 수 있다.

4.5 점성감쇠 시스템

앞에서 설명한 모드해석 해에 점성에너지의 소산(dissipation)을 반영하는 방법은 두 가지가 있다. 다시 한번 강조하지만 1자유도 시스템 모델링에서와 마찬가지로 점성감쇠는 물리적 사실보다는 수학적 편의 때문에 사용된다. 그러나 점성감쇠는 많은 경우에 아주 우수한 모델이 되기도 하고, 비감쇠 모델에 비해 상당히 개선된 결과를 나타낸다. 감쇠를 모델링하는 가장 간단한 방법은 **모드감쇠**(*modal damping*)를 이용하는 것이다. 모드감쇠는 다음과 같은 형태로 에너지소산항을 식 (4.85)에 추가한다.

$$2\zeta_i\omega_i\dot{r}_i(t) \tag{4.105}$$

이 형태는 수학적 편의에 따라 정했다. 여기서 $\dot{r}_i(t)$는 i번째 모드좌표의 속도, ω_i는 i번째 고유진동수, ζ_i는 i번째 **모드감쇠비**(*modal damping ratio*)를 나타낸다. 모드감쇠비 ζ_i는 경험에 의거해서 0에서 1 사이의 수로 지정하거나 응답 측정을 통해 ζ_i를 어림잡아 지정한다. 구조물이 점탄성 재료를 포함하거나 점성감쇠기가 있는 경우를 제외하면 보통 ζ_i는 작은 값을 갖는다. 일반적인 값은 $0 \leq \zeta < 0.05$이다. 유체를 사용하는 자동차 충격흡수기는 $\zeta = 0.5$ 정도의 높은 값을 갖는다.

일단 모드감쇠비가 지정되면 식 (4.85)는 다음과 같다.

$$\ddot{r}_i(t) + 2\zeta_i\omega_i\dot{r}_i(t) + \omega_i^2 r_i(t) = 0 \qquad i = 1, 2, \cdots, n \tag{4.106}$$

이 방정식은 다음과 같은 형태의 해를 갖는다($0 < \zeta_i < 1$).

$$r_i(t) = A_i e^{-\zeta_i\omega_i t}\sin(\omega_{di}t + \phi_i) \qquad i = 1, 2, \cdots, n \tag{4.107}$$

여기서 A_i와 ϕ_i는 초기조건에 따라 결정되는 상수이고 $\omega_{di} = \omega_i\sqrt{1 - \zeta_i^2}$은 윈도우 4.5와 같이 주어진다. 일단 이 모드해를 구하면 윈도우 4.4에서 설명한 모드해석법을 써서 물리적 좌표계로 변환한다.

한 가지 차이점은 식 (4.107)로 단계 5를 수행한다는 점이다. 여기서($\omega_i \neq 0$)

$$A_i = \left[\frac{(\dot{r}_{i0} + \zeta_i\omega_i r_{i0})^2 + (r_{i0}\omega_{di})^2}{\omega_{di}^2}\right]^{1/2} \tag{4.108}$$

$$\phi_i = \tan^{-1}\frac{r_{i0}\omega_{di}}{\dot{r}_{i0} + \zeta_i\omega_i r_{i0}} \tag{4.109}$$

여기서 r_{i0}와 $\dot{r}_{i0}$는 각각 $\mathbf{r}(0)$와 $\dot{\mathbf{r}}(0)$의 i번째 요소이다. 식 (4.107)과 동일한 형태로 주어진 1자유도

윈도우 4.5 | 1자유도 감쇠 시스템

$m\ddot{x} + c\dot{x} + kx = 0$, $x(0) = x_0$, $\dot{x}(0) = \dot{x}_0$ 또는 $\ddot{x} + 2\zeta\omega_n\dot{x} + \omega_n^2 x = 0$의 해(부족감쇠인 경우, $0 < \zeta < 1$)는 식 (1.36), (1.37), (1.38)로부터 다음과 같이 주어진다.

$$x(t) = Ae^{-\zeta\omega_n t}\sin(\omega_d t + \theta)$$

여기서 $\omega_n = \sqrt{k/m}$, $\zeta = c/(2m\omega_n)$, $\omega_d = \omega_n\sqrt{1 - \zeta^2}$

$$A = \left[\frac{(\dot{x}_0 + \zeta\omega_n x_0)^2 + (x_0\omega_d)^2}{\omega_d^2}\right]^{1/2} \qquad \theta = \tan^{-1}\frac{x_0\omega_d}{\dot{x}_0 + \zeta\omega_n x_0}$$

시스템 해에 대해 유도된 식 (1.38)로부터 식 (4.108)과 (4.109)를 직접 구할 수 있다. 이 식은 각 모드감쇠비가 부족감쇠이고 강체운동이 존재하지 않는 경우에만 성립한다. 만일 한 고유진동수가 영이면, 예제 4.4.4의 방법을 써야 한다. 다음 예제는 모드감쇠를 가정한 진동 시스템에 대한 해법을 보여준다.

예제 4.5.1

예제 4.3.1의 시스템을 다시 고려하자.

$$\begin{bmatrix} 9 & 0 \\ 1 & 0 \end{bmatrix}\ddot{\mathbf{x}}(t) + \begin{bmatrix} 27 & -3 \\ -3 & 3 \end{bmatrix}\mathbf{x}(t) = \mathbf{0}, \quad \mathbf{x}(0) = \begin{bmatrix} 1 \\ 0 \end{bmatrix}, \quad \dot{\mathbf{x}}(0) = \mathbf{0}$$

모드감쇠를 $\zeta_1 = 0.05$와 $\zeta_2 = 0.1$로 가정한 경우의 해를 구하라.

풀이 예제 4.3.1로부터 $\omega_1 = \sqrt{2}$, $\omega_2 = 2$이다. 부족감쇠 시스템에 대한 감쇠 고유진동수는 각각 $\omega_{d1} = \sqrt{2}[1 - (0.05)^2]^{1/2} = 1.4124$, $\omega_{d2} = 2[1 - (0.1)^2]^{1/2} = 1.9900$이다. 예제 4.3.1에서 계산한 바와 같이 모드 초기조건은 $r_{10} = r_{20} = 3/\sqrt{2}$와 $\dot{r}_{10} = \dot{r}_{20} = 0$이다. 이 값들을 식 (4.108)과 (4.109)에 대입하면 다음 결과를 얻는다.

$$A_1 = 2.1240 \qquad \phi_1 = 1.52 \text{ rad} \qquad (87.13°)$$

$$A_2 = 2.1320 \qquad \phi_2 = 1.47 \text{ rad} \qquad (84.26°)$$

비감쇠 시스템의 진폭 A_i 및 위상 ϕ_i와 비교해 보면, 진폭은 아주 조금만 차이가 난다. 그러나 위상은 감쇠 때문에 각각 3°와 6°만큼 차이가 난다. 해는 다음과 같이 쓸 수 있다.

$$\mathbf{x}(t) = S\mathbf{r}(t) = \frac{1}{\sqrt{2}}\begin{bmatrix} \frac{1}{3} & \frac{1}{3} \\ 1 & -1 \end{bmatrix}\begin{bmatrix} 2.1240e^{-0.0706t}\sin(1.4124t + 1.52) \\ 2.1320e^{-0.2t}\sin(1.9900t + 1.47) \end{bmatrix}$$

또는

$$\mathbf{x}(t) = \begin{bmatrix} 0.5006e^{-0.0706t}\sin(1.4124t + 1.52) + 0.5025e^{-0.2t}\sin(1.9900t + 1.47) \\ 1.5019e^{-0.0706t}\sin(1.4124t + 1.52) - 1.5076e^{-0.2t}\sin(1.9900t + 1.47) \end{bmatrix}$$

그림 4.13은 $x_1(t)$와 $x_2(t)$의 t에 대한 선도를 보여준다.

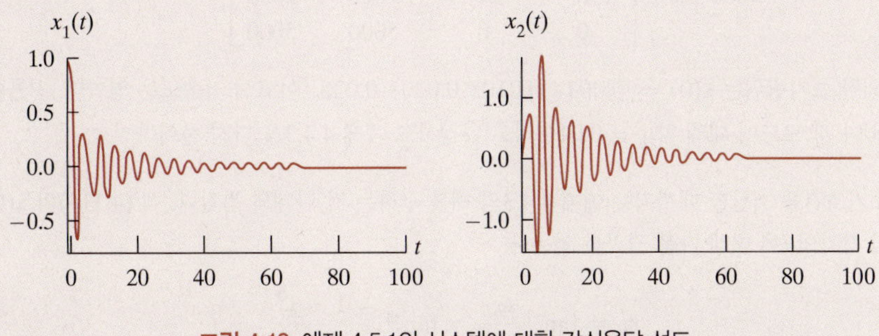

그림 4.13 예제 4.5.1의 시스템에 대한 감쇠응답 선도

모드감쇠비 방법은 4.4절의 모드합성법에도 쉽게 적용할 수 있다. 이 경우 감쇠를 고려하면 식 (4.91)을 다음과 같이 쓸 수 있다.

$$\mathbf{x}_i(t) = d_i e^{-\zeta_i\omega_i t}\sin(\omega_{di}t + \phi_i)\mathbf{u}_i \tag{4.110}$$

초기변위조건을 계산하면 다음과 같이 되므로 식 (4.95)는 계속 성립된다.

$$\mathbf{x}_i(0) = d_i \sin(\phi_i)\mathbf{u}_i \tag{4.111}$$

그러나 속도는 다음과 같다.

$$\dot{\mathbf{x}}_i(t) = d_i[\omega_{di}e^{-\zeta_i\omega_i t}\cos(\omega_{di}t + \phi_i) - \zeta_i\omega_i e^{-\zeta_i\omega_i t}\sin(\omega_{di}t + \phi_i)]\mathbf{u}_i \tag{4.112}$$

또는 $t = 0$에서

$$\dot{\mathbf{x}}_i(0) = d_i(\omega_{di}\cos\phi_i - \zeta_i\omega_i\sin\phi_i)\mathbf{u}_i \tag{4.113}$$

식 (4.111)과 (4.113)에 $\mathbf{u}_i^T M$을 왼쪽에서 곱하고 상수 ϕ_i와 d_i에 대해 풀면 다음과 같다.

$$\begin{aligned}\phi_i &= \tan^{-1}\frac{\omega_{di}\mathbf{u}_i^T M\mathbf{x}(0)}{\mathbf{u}_i^T M\dot{\mathbf{x}}(0) + \zeta_i\omega_i\mathbf{u}_i^T M\mathbf{x}(0)}\\ d_i &= \frac{\mathbf{u}_i^T M\mathbf{x}(0)}{\sin\phi_i}\end{aligned} \tag{4.114}$$

다시 경험 또는 측정에 의거해서 ζ_i의 값을 지정한 후, 식 (4.114)로 주어지는 초기조건을 사용하여 4.4절의 계산을 수행한다. 식 (4.103)으로 주어졌던 해는 다음과 같이 감쇠응답을 나타내는 해로 바뀐다.

$$\mathbf{x}(t) = \sum_{i=1}^{n} d_i e^{-\zeta_i\omega_i t}\sin(\omega_{di}t + \phi_i)\mathbf{u}_i \tag{4.115}$$

예제 4.5.2

예제 4.4.3의 건물진동 모델은 다음 방정식으로 표현되고,

$$4000I\ddot{\mathbf{x}}(t) + \begin{bmatrix} 10{,}000 & -5000 & 0 & 0 \\ -5000 & 10{,}000 & -5000 & 0 \\ 0 & -5000 & 10{,}000 & -5000 \\ 0 & 0 & -5000 & 5000 \end{bmatrix}\mathbf{x}(t) = \mathbf{0}$$

바람에 의한 초기변위는 $\mathbf{x}(0) = [0.001 \quad 0.010 \quad 0.020 \quad 0.025]^T$이고 초기속도는 영이다. 건물에서 측정한 감쇠가 각 모드에 대해 약 $\zeta = 0.01$이라고 가정하고 예제 4.4.3을 다시 풀어라.

풀이 초기조건을 계산할 때까지는 예제 4.4.3의 해를 구하는 각 단계와 똑같다. 식 (4.114)와 $\dot{\mathbf{x}}(0) = \mathbf{0}$으로부터 각각의 i에 대해 다음 결과를 얻는다.

$$\phi_i = \tan^{-1}\frac{\omega_{di}}{\zeta_i\omega_i} = \tan^{-1}\frac{\sqrt{1-\zeta_i^2}}{\zeta_i}$$

$\zeta_i = 0.01$을 대입하면 다음과 같다.

$$\phi_i = 89.42° \qquad i = 1, 2, 3, 4 \qquad (\text{또는 } 1.56\ \text{rad})$$

작은 감쇠값 때문에 $1/\sin(89.42°) = 1.00005$이므로 확장계수 d_i는 예제 4.4.3과 같이 간단하게 $\mathbf{u}_i^T M\mathbf{x}(0)$로 계산된다고 볼 수 있다. 고유진동수는 $\omega_1 = 0.3883$, $\omega_2 = 1.1180$, $\omega_3 = 1.7129$, $\omega_4 = 2.1012$ rad/s이다. 각 모드에 감쇠비 값으로 0.01이 부여되었으므로, 감쇠 고유진동수 $\omega_{di} = \omega_i\sqrt{1 - \zeta_i^2}$의 값은 거의 소수점 세 자리까지 고유진동수 값과 같다. 지수감소항에서 지수값은 다음과 같다.

$$-\zeta_1\omega_1 = -0.004, \quad -\zeta_2\omega_2 = -0.011, \quad -\zeta_3\omega_3 = -0.017, \quad -\zeta_4\omega_4 = -0.021$$

모드형상은 변하지 않으므로 해는 다음과 같다.

$$\mathbf{x}(t) = \begin{bmatrix} 0.007 \\ 0.014 \\ 0.019 \\ 0.021 \end{bmatrix} e^{-0.004t}\cos(0.388t + 1.56) + \begin{bmatrix} -4.67 \times 10^{-3} \\ -4.67 \times 10^{-3} \\ 0 \\ 4.67 \times 10^{-3} \end{bmatrix} e^{-0.011t}\cos(1.118t + 1.56)$$
$$+ \begin{bmatrix} -1.61 \times 10^{-3} \\ 5.60 \times 10^{-4} \\ 1.42 \times 10^{-3} \\ -1.05 \times 10^{-3} \end{bmatrix} e^{-0.017t}\cos(1.713t + 1.56) + \begin{bmatrix} -1.24 \times 10^{-4} \\ 1.91 \times 10^{-4} \\ -1.68 \times 10^{-4} \\ 6.62 \times 10^{-5} \end{bmatrix} e^{-0.021t}\cos(2.101t + 1.56)$$

그림 4.14는 $\mathbf{x}(t)$의 각 좌표에 대한 응답 선도이다. 각 선도로부터 여러 진동수가 동시에 나타나고 가볍게 감쇠되었음을 알 수 있다. 윈도우 4.6은 모드합성법에 모드감쇠를 적용하는 과정을 설명한다.

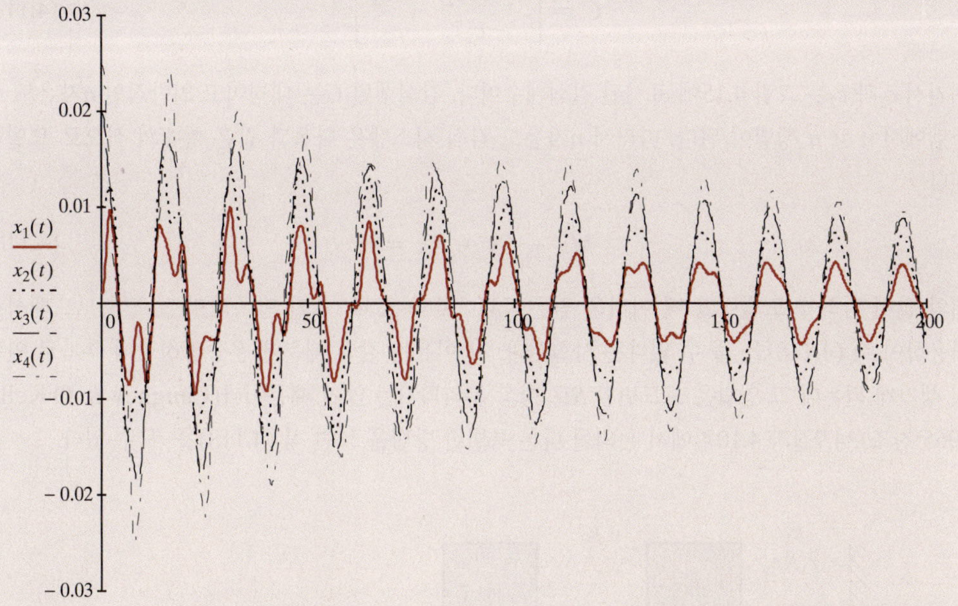

그림 4.14 예제 4.4.3의 건물에서 각 모드마다 $\zeta = 0.01$의 감쇠를 갖는 예제 4.5.2의 시스템에 대한 감쇠응답 선도

윈도우 4.6 | 모드감쇠를 적용한 모드합성법

먼저 비감쇠 운동방정식으로부터 ω_i와 $\mathbf{u}_i$를 계산한다. 모드감쇠비를 선택한 후 다음과 같이 해를 표현한다.

$$\mathbf{x}(t) = \sum_{i=1}^{n} d_i e^{-\zeta_i \omega_i t} \sin(\omega_{di} t + \phi_i)\mathbf{u}_i$$

여기서

$$K\mathbf{u}_i = \omega_i^2 M\mathbf{u}_i,\ \omega_{di} = \omega_i\sqrt{1-\zeta_i^2},\ d_i = \frac{\mathbf{u}_i^T M\mathbf{x}(0)}{\sin\phi_i},\ \phi_i = \tan^{-1}\frac{\omega_{di}\mathbf{u}_i^T M\mathbf{x}(0)}{\mathbf{u}_i^T M\dot{\mathbf{x}}(0) + \zeta_i\omega_i\mathbf{u}_i^T M\mathbf{x}(0)}$$

감쇠를 직접 모델링할 수도 있다. 예를 들어, 그림 4.15와 같은 시스템을 고려하자. 앞에서와 같이 각 질량에 작용하는 힘을 더해서 이 시스템의 운동방정식을 구할 수 있다. 이 식을 행렬형식으로 쓰면 다음과 같다.

$$\begin{bmatrix} m_1 & 0 \\ 0 & m_2 \end{bmatrix}\ddot{\mathbf{x}} + \begin{bmatrix} c_1 + c_2 & -c_2 \\ -c_2 & c_2 \end{bmatrix}\dot{\mathbf{x}} + \begin{bmatrix} k_1 + k_2 & -k_2 \\ -k_2 & k_2 \end{bmatrix}\mathbf{x} = \mathbf{0} \tag{4.116}$$

여기서 $\mathbf{x} = [x_1(t) \quad x_2(t)]^T$이다. 식 (4.116)에는 다음과 같이 정의되는 감쇠행렬(damping matrix)이 포함된다.

$$C = \begin{bmatrix} c_1 + c_2 & -c_2 \\ -c_2 & c_2 \end{bmatrix} \tag{4.117}$$

여기서 c_1과 c_2는 그림 4.15에 표시된 감쇠계수이다. 감쇠행렬 C는 대칭이고 일반적인 n자유도 시스템에서 $n \times n$ 행렬이 된다. 따라서 n자유도 감쇠 시스템은 다음과 같은 형태의 식으로 모델링된다.

$$M\ddot{\mathbf{x}} + C\dot{\mathbf{x}} + K\mathbf{x} = \mathbf{0} \tag{4.118}$$

이와 같이 감쇠를 모델링할 때 어려운 점은 $CM^{-1}K = KM^{-1}C$가 만족되지 않으면 모드해석을 사용하여 식 (4.118)을 풀 수 없다는 사실이다. 그 이유는 감쇠 때문에 운동방정식에 추가로 연립이 생기게 되는데 그 연립은 모드변환 S로 항상 분리되지는 않기 때문이다(Caughey & O'Kelly, 1965 참조). 4.9절과 4.10절에서 논의될 다른 특별한 방법을 쓰면 식 (4.118)을 풀 수 있다.

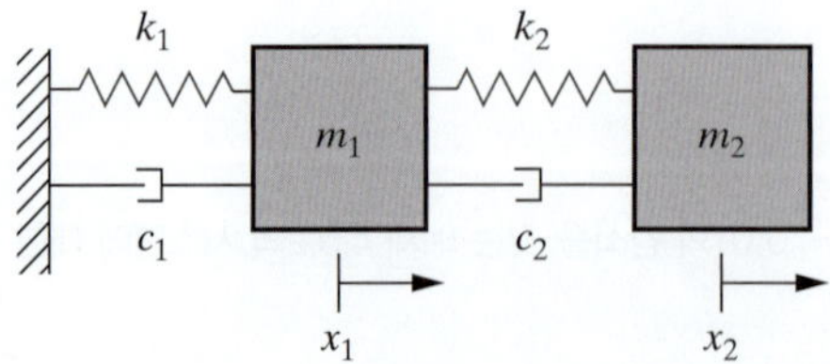

그림 4.15 2자유도 점성감쇠 시스템

모드해석을 이용해서 직접 식 (4.118)을 풀려면 감쇠행렬 C를 다음과 같이 질량과 강성행렬의 선형조합으로 쓸 수 있으면 된다.

$$C = \alpha M + \beta K \tag{4.119}$$

여기서 α와 β는 상수이다. 이와 같은 형태의 감쇠를 비례감쇠(*proportional damping*)라 한다. 식 (4.119)를 식 (4.118)에 대입하면 다음과 같다.

$$M\ddot{\mathbf{x}}(t) + (\alpha M + \beta K)\dot{\mathbf{x}}(t) + K\mathbf{x}(t) = \mathbf{0} \tag{4.120}$$

여기에 $\mathbf{x}(t) = S\mathbf{r}(t)$를 대입하고 양변에 S^T를 곱하면 다음과 같다.

$$S^TMS\ddot{\mathbf{r}}(t) + S^T(\alpha M + \beta K)S\dot{\mathbf{r}}(t) + S^TKS\mathbf{r}(t) = \mathbf{0} \tag{4.121}$$

여기서 $S^TMS = I$와 $S^TKS = \Lambda$를 사용하면 다음 식을 얻는다.

$$\ddot{\mathbf{r}}(t) + (\alpha I + \beta\Lambda)\dot{\mathbf{r}}(t) + \Lambda\mathbf{r}(t) = \mathbf{0} \tag{4.122}$$

이 식은 n개의 분리된 모드방정식에 해당된다.

$$\ddot{r}_i(t) + 2\zeta_i\omega_i\dot{r}_i(t) + \omega_i^2 r_i(t) = 0 \tag{4.123}$$

여기서 $2\zeta_i\omega_i = \alpha + \beta\omega_i^2$, 또는

$$\zeta_i = \frac{\alpha}{2\omega_i} + \frac{\beta\omega_i}{2} \qquad i = 1, 2, \cdots, n \tag{4.124}$$

여기서 α와 β는 모드감쇠비 ζ_i가 측정된(또는 설계에서 요구되는) 값을 갖도록 정할 수 있다. 반면에 만일 α와 β를 알면 식 (4.124)로 모드감쇠비 ζ_i의 값을 계산한다. 부족감쇠의 경우($0 < \zeta_i < 1$) 식 (4.123)의 해는 다음과 같다.

$$r_i(t) = A_i e^{-\zeta_i\omega_i t}\sin(\omega_{di}t + \phi_i) \tag{4.125}$$

여기서 A_i와 ϕ_i는 $\mathbf{r}(t)$에 대한 초기조건으로 결정된다. 물리적 좌표계에서의 해는 $\mathbf{x}(t) = S\mathbf{r}(t)$로 계산한다. 가장 일반적인 비례감쇠는 $CM^{-1}K = KM^{-1}C$가 성립하는 경우이다. 따라서 만일 식 (4.119)가 성립하면, $CM^{-1}K = KM^{-1}C$도 만족된다.

4.6 강제응답의 모드해석

다자유도 시스템의 강제응답도 모드해석을 써서 계산할 수 있다. 한 예로 그림 4.9의 건물 4층에 힘 $F_4(t)$가 작용하는 경우를 생각해 보자. 예를 들어 이 힘은 4층에 설치된 불균형 회전장치 때문에 생길 수 있다. 운동방정식은 다음과 같다.

$$M\ddot{\mathbf{x}} + C\dot{\mathbf{x}} + K\mathbf{x} = B\mathbf{F}(t) \tag{4.126}$$

여기서 $\mathbf{F}(t) = [0 \quad 0 \quad 0 \quad F_4(t)]^T$이고 행렬 B는 다음과 같이 주어진다.

$$B = \begin{bmatrix} 0 & 0 & 0 & 0 \\ 0 & 0 & 0 & 0 \\ 0 & 0 & 0 & 0 \\ 0 & 0 & 0 & 1 \end{bmatrix}$$

반면에 각 자유도에 서로 다른 힘이 가해지면, B와 $\mathbf{F}(t)$는 다음과 같다.

$$B = \begin{bmatrix} 1 & 0 & 0 & 0 \\ 0 & 1 & 0 & 0 \\ 0 & 0 & 1 & 0 \\ 0 & 0 & 0 & 1 \end{bmatrix}, \quad \mathbf{F}(t) = \begin{bmatrix} F_1(t) \\ F_2(t) \\ F_3(t) \\ F_4(t) \end{bmatrix} \tag{4.127}$$

만일 한 좌표에 한 힘만 작용한다면 행렬 B를 벡터 $\mathbf{b}$로 줄여 쓸 수 있고 작용력은 스칼라 $F(t)$로 쓸 수 있다. 예를 들어 네 번째 좌표에 작용하는 단일력 $F_4(t)$는 식 (4.126)에서 $\mathbf{b}F_4(t)$로 나타낼 수 있고, 이때 $\mathbf{b} = [0 \quad 0 \quad 0 \quad 1]^T$이다.

모드해석 과정은 윈도우 4.4의 단계를 따르는데, 좌표변환을 통해 식 (4.126)을 n개의 분리된 비제차 모드방정식으로 전환한다. 그리고 모드좌표계에서 각각의 강제응답을 3장의 방법을 써서 구한다. 마지막으로 모드해를 좌표변환해서 물리적 좌표계로 되돌아온다.

모드해석을 하기 위해 감쇠행렬 C가 식 (4.119)로 주어지는 비례감쇠라고 가정한다. 윈도우 4.4의 절차에 따라 $\mathbf{x}(t) = S\mathbf{r}(t)$를 식 (4.126)에 대입하고 S^T로 곱하면 다음과 같다.

$$S^TMS\ddot{\mathbf{r}}(t) + S^TCS\dot{\mathbf{r}}(t) + S^TKS\mathbf{r}(t) = S^TB\mathbf{F}(t) \tag{4.128}$$

여기서 $S^TMS = I$와 $S^TKS = \Lambda$를 사용하면 다음 식을 얻는다.

$$\ddot{\mathbf{r}}(t) + \text{diag}[2\zeta_i\omega_i]\dot{\mathbf{r}}(t) + \Lambda\mathbf{r}(t) = S^TB\mathbf{F}(t) \tag{4.129}$$

여기서 행렬 $\text{diag}[2\zeta_i\omega_i]$는 식 (4.123)에서 온 것이다. 벡터 $S^TB\mathbf{F}(t)$의 각 요소를 $f_i(t)$로 표현하는데, 이는 각 질량에 작용하는 힘 F_i의 선형조합이다. 따라서 분리된 모드방정식은 다음과 같다.

$$\ddot{r}_i(t) + 2\zeta_i\omega_i\dot{r}_i(t) + \omega_i^2 r_i(t) = f_i(t) \tag{4.130}$$

3.2절을 보면(윈도우 4.7에 부족감쇠의 경우 설명), 이 방정식의 해는 다음 식으로 주어진다.

$$r_i(t) = d_i e^{-\zeta_i\omega_i t}\sin(\omega_{di}t + \phi_i) + \frac{1}{\omega_{di}}e^{-\zeta_i\omega_i t}\int_0^t f_i(\tau)e^{\zeta_i\omega_i\tau}\sin\omega_{di}(t - \tau)\,d\tau \tag{4.131}$$

여기서 d_i와 ϕ_i는 모드 초기조건으로 결정되어야 하고, $\omega_{di} = \omega_i\sqrt{1 - \zeta_i^2}$이다. 하나 이상의 힘이 작용하는 경우 f_i는 이 힘들의 조합이 될 것이다. 또한 힘이 시스템의 한 질량에만 작용해도 다음 예제에서 보는 것처럼 이 힘은 변환 S를 통해 모드방정식 (4.131) 각각에 모두 적용된다.

윈도우 4.7 | 3.2절에서 다룬 부족감쇠 시스템의 강제응답

다음과 같은 부족감쇠 시스템($0 < \zeta < 1$)의 응답은

$$m\ddot{x}(t) + c\dot{x}(t) + kx(t) = F(t)$$

초기조건이 모두 영인 경우에 다음과 같이 주어진다.

$$x(t) = \frac{1}{m\omega_d} e^{-\zeta\omega_n t} \int_0^t F(\tau) e^{\zeta\omega_n\tau} \sin \omega_d(t - \tau)\, d\tau$$

여기서 $\omega_n = \sqrt{k/m}$, $\zeta = c/(2m\omega_n)$, $\omega_d = \omega_n\sqrt{1 - \zeta^2}$이다. 초기조건이 영이 아닌 경우는 다음과 같다.

$$x(t) = Ae^{-\zeta\omega_n t} \sin(\omega_d t + \phi) + \frac{1}{\omega_d} e^{-\zeta\omega_n t} \int_0^t f(\tau) e^{\zeta\omega_n\tau} \sin \omega_d(t - \tau)\, d\tau$$

여기서 $f(t) = F(t)/m$이고, A와 ϕ는 초기조건으로 결정하는 상수이다.

예제 4.6.1

그림 4.16과 같이 한 질량에 조화력이 작용하는 간단한 2자유도 시스템을 고려하자.

이 예제에서 $m_1 = 9$ kg, $m_2 = 1$ kg, $k_1 = 24$ N/m, $k_2 = 3$ N/m이다. 또 $\alpha = 0$, $\beta = 0.1$인 비례 감쇠를 가정하면 $c_1 = 2.4$ N·s/m, $c_2 = 0.3$ N·s/m가 된다. 정상상태응답을 계산하라.

풀이 행렬형식으로 표현된 운동방정식은 다음과 같다.

$$\begin{bmatrix} 9 & 0 \\ 0 & 1 \end{bmatrix}\ddot{\mathbf{x}} + \begin{bmatrix} 2.7 & -0.3 \\ -0.3 & 0.3 \end{bmatrix}\dot{\mathbf{x}} + \begin{bmatrix} 27 & -3 \\ -3 & 3 \end{bmatrix}\mathbf{x} = \begin{bmatrix} 0 & 0 \\ 0 & 1 \end{bmatrix}\begin{bmatrix} 0 \\ F_2(t) \end{bmatrix}$$

고유값 문제를 풀면 다음과 같은 결과를 얻는다.

$$\lambda_1 = 2 \qquad \lambda_2 = 4 \qquad S = \begin{bmatrix} 0.2357 & -0.2357 \\ 0.7071 & 0.7071 \end{bmatrix}$$

따라서 시스템의 고유진동수는 $\omega_1 = \sqrt{2}$, $\omega_2 = 2$이다. 행렬 S^TCS와 S^TKS는 다음과 같다.

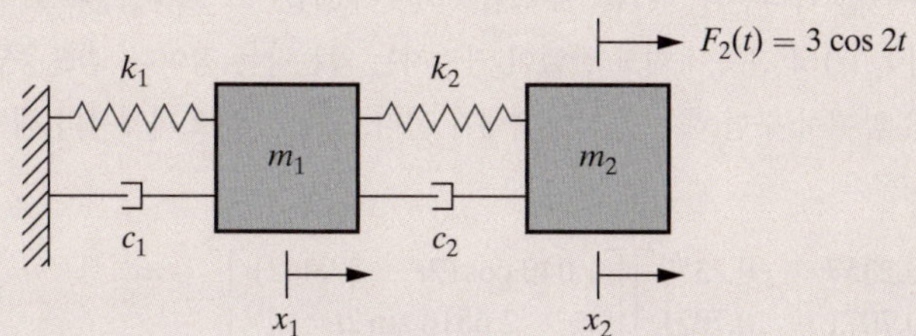

그림 4.16 예제 4.6.1의 2자유도 감쇠 시스템

$$S^TCS = \begin{bmatrix} 0.2 & 0 \\ 0 & 0.4 \end{bmatrix} \qquad S^TKS = \begin{bmatrix} 2 & 0 \\ 0 & 4 \end{bmatrix}$$

벡터 $\mathbf{f}(t) = S^TB\mathbf{F}(t)$는 다음과 같다.

$$\mathbf{f}(t) = \begin{bmatrix} 0.2357 & 0.7071 \\ -0.2357 & 0.7071 \end{bmatrix}\begin{bmatrix} 0 \\ F_2(t) \end{bmatrix} = 0.7071\begin{bmatrix} F_2(t) \\ F_2(t) \end{bmatrix}$$

그러면 다음과 같이 분리된 모드방정식을 얻는다.

$$\ddot{r}_1 + 0.2\dot{r}_1 + 2r_1 = 0.7071(3)\cos 2t = 2.1213\cos 2t$$

$$\ddot{r}_2 + 0.4\dot{r}_2 + 4r_2 = 0.7071(3)\cos 2t = 2.1213\cos 2t$$

각 경우에 $\dot{r}_i$의 계수를 $2\zeta_i\omega_i$와 비교하면 다음 결과를 얻는다.

$$\zeta_1 = \frac{0.2}{2\sqrt{2}} = 0.0707$$

$$\zeta_2 = \frac{0.4}{2(2)} = 0.1000$$

따라서 감쇠 고유진동수는 다음과 같다.

$$\omega_{d1} = \omega_1\sqrt{1-\zeta_1^2} = 1.4106 \approx 1.41$$

$$\omega_{d2} = \omega_2\sqrt{1-\zeta_2^2} = 1.9899 \approx 1.99$$

힘 F_2는 질량 m_2에만 작용하지만 모드좌표계로 변환하면 두 좌표에 다 작용한다는 데 주목하라. r_1과 r_2에 대한 모드방정식은 식 (4.131)과 같은 해를 갖게 되는데, 이 경우는 단순조화가진이므로 특수해를 식 (2.36)으로 직접 구할 수 있다.

$$r_{1p}(t) = \frac{2.1213}{\sqrt{(2-4)^2 + [2(0.0707)\sqrt{2}(2)]^2}}\cos\left(2t - \tan^{-1}\frac{2(0.0707)\sqrt{2}(2)}{\sqrt{2}^2 - 2^2}\right)$$

$$= (1.040)\cos(2t + 0.1974) = 1.040\cos(2t - 2.9442)$$

역탄젠트함수의 인수(argument)가 음수이므로($\sqrt{2}^2 - 2^2 < 0$) 2사분면의 각을 사용해야 하고(윈도우 2.4 참조), 따라서 편각은 2.9442라디안이 된다. 두 번째 모드의 특수해는 다음과 같다.

$$r_{2p}(t) = \frac{2.1213}{\sqrt{(4-4)^2 + (2(0.1)(2)(2))^2}}\cos\left(2t - \tan^{-1}\frac{2(0.1)(2)(2)}{2^2 - 2^2}\right)$$

$$= 2.6516\cos\left(2t - \frac{\pi}{2}\right) = 2.6516\sin 2t$$

여기서 r_{ip}는 i번째 모드방정식의 특수해를 나타낸다. 여기서 주목할 사항은 $r_2(t)$가 그 고유진동수로 가진되지만 감쇠가 비교적 크기 때문에 $r_{2p}(t)$의 진폭이 커도 한없이 커지지는 않는다는 점이다. 과도응답을 무시하면[식 (2.37)에 따라 소멸], 앞에서 구한 해는 정상상태해가 된다. 물리적 좌표계에서의 해는 다음과 같다.

$$\mathbf{x}_{ss}(t) = S\mathbf{r}(t) = \begin{bmatrix} 0.2357 & -0.2357 \\ 0.7071 & 0.7071 \end{bmatrix}\begin{bmatrix} 1.040\cos(2t - 2.9442) \\ 2.6516\sin 2t \end{bmatrix}$$

따라서 정상상태해는 다음과 같다.

$$x_1(t) = 0.2451\cos(2t - 2.9442) - 0.6249\sin 2t$$
$$x_2(t) = 0.7354\cos(2t - 2.9442) + 1.8749\sin 2t$$

공진모드(resonant mode)에 상당한 양의 감쇠가 있는데도, 각 좌표는 공진주파수 근처에서 더 큰 진동 성분을 갖는다는 사실에 주목하라.

4.6.1 공진

다자유도 시스템에 대한 공진의 개념은 2.2절에서 소개한 1자유도 시스템에 대한 것과 비슷하다. 공진의 개념은, 조화가진력이 시스템을 고유진동수로 가진하면 비감쇠의 경우는 진폭이 무한히 커지고, 감쇠가 있는 경우는 최대 진폭을 갖게 된다는 사실에 기초한다. 그러나 다자유도 시스템에서는 n개의 고유진동수 및 모드형상의 영향으로 공진의 개념이 복잡해진다. 기본적으로 힘벡터가 가진주파수의 모드형상과 직교하도록 작용하면 어느 주파수에서도 공진은 발생하지 않는다. 이 사실은 설계에 사용될 수 있다. 다음 예제는 2자유도 시스템에서의 공진을 보여준다.

예제 4.6.2

다음과 같은 시스템에서 가진주파수가 공진을 일으키는지 알아보라.

$$\begin{bmatrix} 4 & 0 \\ 0 & 9 \end{bmatrix}\ddot{\mathbf{x}} + \begin{bmatrix} 30 & -5 \\ -5 & 5 \end{bmatrix}\mathbf{x}(t) = \begin{bmatrix} 1 \\ 0 \end{bmatrix}\sin(2.757t)$$

만일 그렇다면 어느 모드가 공진하는가? 이 공진으로 두 좌표가 모두 공진하는가?

풀이 먼저 일반화된 고유값 문제 $K\mathbf{u} = \lambda M\mathbf{u}$를 풀면 $\lambda_1 = 0.45696$, $\lambda_2 = 7.5986$을 얻게 되므로 $\omega_1 = 0.676$ rad/s, $\omega_2 = 2.757$ rad/s가 된다. 두 번째 고유진동수가 가진주파수와 반올림 오차 범위 내에서 같으므로 이 시스템은 공진 시스템이다. 다음은 모드방정식을 계산한다. 식 (4.129)에 따르면, 모드힘 벡터는 다음과 같이 계산된다.

$$S^T\mathbf{b} = \begin{bmatrix} 0.059 & 0.331 \\ 0.497 & -0.039 \end{bmatrix}\begin{bmatrix} 1 \\ 0 \end{bmatrix} = \begin{bmatrix} 0.059 \\ 0.497 \end{bmatrix}$$

따라서 모드방정식은 다음과 같다.

$$\ddot{r}_1(t) + (0.676)^2 r_1(t) = 0.059\sin(2.757t)$$
$$\ddot{r}_2(t) + (2.757)^2 r_2(t) = 0.497\sin(2.757t)$$

따라서 분명히 두 번째 모드만 공진한다. 그러나 다시 물리적 좌표계로 되돌아오면 각각의 질량은 두 모드 모두의 영향을 받는다. 즉 $x_1(t)$, $x_2(t)$는 $r_1(t)$, $r_2(t)$의 선형조합이다. 따라서 각 질량은 모두 공진하게 된다. 이 이유는 물리적 좌표계로 되돌아오는 변환에서 모드방정식이 결합되기 때문이다.

4.6.2 모드합성법에 의한 강제응답

먼저 강제응답의 특수해를 계산하기 위해 다음 식을 고려하자.

$$M\ddot{\mathbf{x}}(t) + K\mathbf{x}(t) = \mathbf{F}(t) \tag{4.132}$$

여기서 $\mathbf{F}(t)$는 일반적인 입력 힘이다. 주어진 입력에 대해 계산한 특수해를 $\mathbf{x}_p$로 표시하고 모드합성법으로 자유응답을 계산한다. 먼저 다음과 같은 고유값 문제를 풀어 고유진동수와 모드형상을 구한다.

$$K\mathbf{u} = \lambda M\mathbf{u} \tag{4.133}$$

식 (4.92)로부터 모드합성 형태로 제차해를 구하면 다음과 같다.

$$\mathbf{x}_h(t) = \sum_{i=1}^{n} d_i \sin(\omega_i t + \phi_i)\mathbf{u}_i \tag{4.134}$$

여기서 $\mathbf{u}_i$는 고유벡터, 즉 모드형상을 나타낸다. 이 식을 직교형으로 고쳐 쓰고(즉 진폭과 위상 대신에 사인 더하기 코사인으로) 특수해를 더하면 다음과 같다.

$$\mathbf{x}(t) = \underbrace{\sum_{i=1}^{n} \left[b_i \sin\omega_i t + c_i \cos\omega_i t\right]\mathbf{u}_i}_{\text{제차해}} + \underbrace{\mathbf{x}_p(t)}_{\text{특수해}} \tag{4.135}$$

이제 남은 것은 $\mathbf{x}_p$를 구하고 주어진 초기조건에 따라 적분상수 b_i와 c_i를 계산하는 것이다. 식 (4.135)에서 $t = 0$으로 하면 다음과 같다.

$$\mathbf{x}(0) = \mathbf{x}_0 = \sum_{i=1}^{n} [b_i \sin\omega_i 0 + c_i \cos\omega_i 0]\mathbf{u}_i + \mathbf{x}_p(0) \tag{4.136}$$

마찬가지로 식 (4.135)를 시간에 대해 미분한 후 $t = 0$을 대입하면 다음과 같다.

$$\dot{\mathbf{x}}(0) = \dot{\mathbf{x}}_0 = \sum_{i=1}^{n} \omega_i [b_i \cos\omega_i 0 - c_i \sin\omega_i 0]\mathbf{u}_i + \dot{\mathbf{x}}_p(0) \tag{4.137}$$

위의 두 식에 $\mathbf{u}_i^T M$을 왼쪽에서 곱하면 다음 두 식을 얻는다.

$$\mathbf{u}_i^T M\mathbf{x}_0 = c_i + \mathbf{u}_i^T M\mathbf{x}_p(0) \tag{4.138}$$

$$\mathbf{u}_i^T M\dot{\mathbf{x}}_0 = \omega_i b_i + \mathbf{u}_i^T M\dot{\mathbf{x}}_p(0) \tag{4.139}$$

식 (4.138)과 (4.139)를 풀어서 적분상수를 구하면 다음과 같다.

$$c_i = \mathbf{u}_i^T M\left(\mathbf{x}_0 - \mathbf{x}_p(0)\right) \tag{4.140}$$

$$b_i = \frac{1}{\omega_i}\mathbf{u}_i^T M\left(\dot{\mathbf{x}}_0 - \dot{\mathbf{x}}_p(0)\right) \tag{4.141}$$

4.7 라그랑주 방정식

1.4절에서 운동방정식을 유도하는 에너지 방법에 이어서 라그랑주 방정식을 소개한 바 있다. 예제 1.4.7에서는 식 (1.62)와 (1.63)을 사용하여 1자유도 시스템에 라그랑주 방정식을 적용했다. 연습문제 1.64에서는 라그랑주 정식화(Lagrange formulation)를 하는 과정에 감쇠의 개념을 도입했다. 1자유도의 경우와 마찬가지로 다자유도 시스템을 모델링할 때도 자유물체도를 명확히 그리기 어려우면 뉴턴의 법칙(힘과 모멘트의 합산) 대신에 라그랑주 정식화를 사용할 수 있다. 라그랑주 정식화에서는 힘과 모멘트를 구하는 대신 시스템의 에너지를 구해야 하고 일반화좌표(generalized coordinate)를 사용해야 한다. 여기서는 라그랑주 정식화를 간단히 설명하기로 한다. 더 엄밀하고 자세한 설명은 Meirovitch(1997)와 같은 참고문헌에 나와 있다.

이 방법은 각 운동부에 일반화좌표를 부여하는 것으로부터 시작된다. 표준 직교좌표계는 일반화좌표의 한 예이다. 그러나 물체의 위치를 언제든지 유일하게 정의해 줄 수만 있다면 길이나 각도, 또는 그 외 어떤 좌표든지 일반화좌표가 될 수 있다. 보통 독립좌표계를 선택하는 것이 바람직하다. 통상적으로 q에 하첨자를 써서 일반화좌표를 나타내므로 n개의 일반화좌표 집합은 q_1, $q_2, \cdots, q_n$으로 쓸 수 있다.

그림 4.17은 일반화좌표의 한 예를 보여준다. 그림에서 두 질량의 위치는 네 개의 좌표 x_1, y_1, x_2, y_2나 두 개의 좌표 θ_1, θ_2로 나타낼 수 있다. θ_1과 θ_2가 서로 독립이므로 일반화좌표로 잡는다. 직교좌표(x_1, x_2, y_1, y_2)는 서로 독립이 아니므로 일반화좌표로는 바람직하지 않다. 직교좌표 사이의 의존관계를 표시하면 다음과 같다.

$$x_1^2 + y_1^2 = l_1^2 \quad \text{그리고} \quad (x_2 - x_1)^2 + (y_2 - y_1)^2 = l_2^2 \tag{4.142}$$

식 (4.142)를 구속방정식(*equation of constraint*)이라 한다.

그림 4.17의 이중진자에서 일반화좌표 $q_1 = \theta_1$과 $q_2 = \theta_2$를 각각 δq_1과 δq_2만큼 변화시켜서 새로운 형상을 얻는다. 여기서 δq_i를 가상변위(*virtual displacement*)라 하는데, 이것은 구속조건을 위배하지 않으면서 시스템의 형상을 크게 변화시키지 않는 미소변위(infinitesimal displacement)로 정의된다. δW로 표시하는 가상일(*virtual work*)은 가상변위를 하는 동안에 작용력이 한 일이다. 가상일의 원리(principle of virtual work)는 여러 힘을 받으면서 정지상태(즉 평형상태)에 있던 시스템이 가상변위만큼 움직이게 되면 그 힘들이 한 가상일은 영이 된다는 것이다. i번째 좌표에 대한 일반화힘(genererailzed force)은 Q_i로 표시되며 q_i를 δq_i만큼 변화시키는 데 행해진

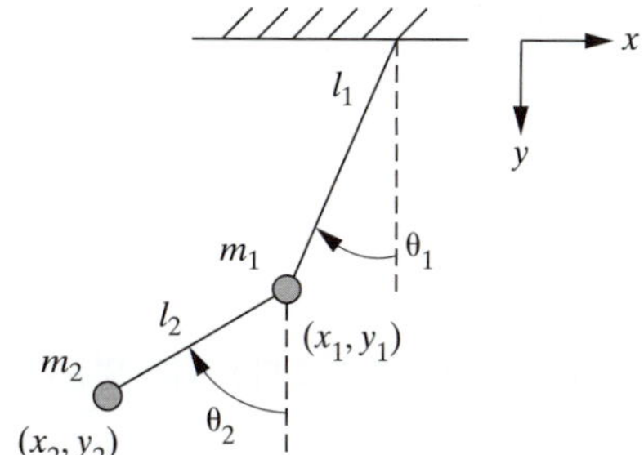

그림 4.17 이중진자의 일반화좌표와 구속조건의 예

일과 관련되고 다음과 같이 정의된다.

$$Q_i = \frac{\delta W}{\delta q_i} \tag{4.143}$$

만일 q_i가 회전좌표이면 Q_i는 모멘트가 되고, 병진좌표이면 힘이 된다.

변분원리(variational principle)에 따라 라그랑주 정식화를 수행하면, 진동 시스템의 운동방정식은 다음 식으로부터 유도된다.

$$\frac{d}{dt}\left(\frac{\partial T}{\partial \dot{q}_i}\right) - \frac{\partial T}{\partial q_i} + \frac{\partial U}{\partial q_i} = Q_i \qquad i = 1, 2, \cdots, n \tag{4.144}$$

여기서 $\dot{q}_i = \partial q_i / \partial t$는 일반화속도(generalized velocity), T는 시스템의 운동에너지, U는 시스템의 위치에너지, Q_i는 q_i에 대한 모든 비보존력을 나타낸다. 여기서 $\partial / \partial q_i$는 좌표 q_i에 대한 편미분을 나타낸다. 보존 시스템에서는 $Q_i = 0$이므로 식 (4.144)는 다음과 같다.

$$\frac{d}{dt}\left(\frac{\partial T}{\partial \dot{q}_i}\right) - \frac{\partial T}{\partial q_i} + \frac{\partial U}{\partial q_i} = 0 \qquad i = 1, 2, \cdots, n \tag{4.145}$$

식 (4.144)와 (4.145)는 각 일반화좌표당 하나의 식이 있다는 것을 의미한다. 복잡한 시스템에 대해 이 식을 쓰면, 자유물체도를 그리고 힘과 모멘트를 합산하지 않고도 운동방정식을 구할 수 있게 된다. 라그랑지안(Lagrangian) L을 $L = (T - U)$, 즉 운동에너지와 위치에너지의 차로 정의하면 라그랑주 방정식을 약간 더 간단한 형태로 쓸 수 있다. $\partial U / \partial \dot{q}_i = 0$인 경우 라그랑주 방정식(Lagrange equation)은 다음과 같다[식 (1.63)과 동일].

$$\frac{d}{dt}\left(\frac{\partial L}{\partial \dot{q}_i}\right) - \frac{\partial L}{\partial q_i} = 0 \qquad i = 1, 2, \cdots, n \tag{4.146}$$

다음 예제들은 라그랑주 방법을 적용하는 예이다.

예제 4.7.1

그림 4.18의 시스템에 대한 운동방정식을 라그랑주 방정식을 이용해서 구하라.

풀이 이 시스템의 운동은 두 좌표 x와 θ로 기술할 수 있으므로 $q_1(t) = x(t)$와 $q_2(t) = \theta(t)$를 일반화좌표로 잡는 것이 좋다. 운동에너지는 다음과 같다.

$$T = \frac{1}{2} m\dot{q}_1^2 + \frac{1}{2} J\dot{q}_2^2$$

위치에너지는 다음과 같다.

$$U = \frac{1}{2} k_1 q_1^2 + \frac{1}{2} k_2 (r q_2 - q_1)^2$$

여기서 $Q_1 = 0$, $Q_2 = M(t)$이다. 식 (4.145)를 사용하면 $i = 1$인 경우에 다음 식을 얻는다.

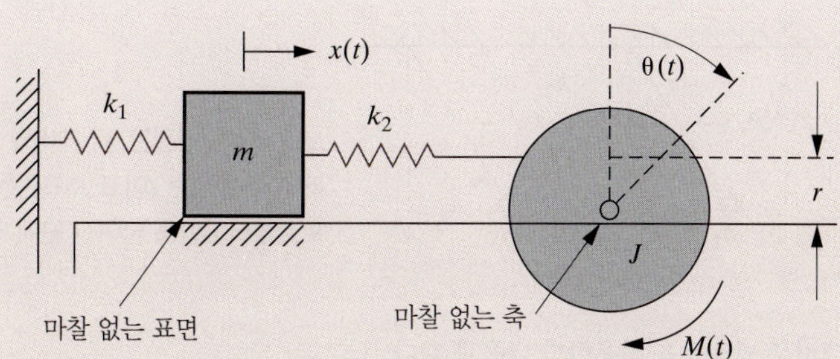

그림 4.18 간단한 기계요소의 진동 모델. $M(t)$는 작용모멘트를 나타낸다. 원판은 병진 없이 회전만 한다.

$$\frac{d}{dt}(m\dot{q}_1 + 0) - 0 + k_1 q_1 + k_2(rq_2 - q_1)(-1) = 0$$

또는

$$m\ddot{q}_1 + (k_1 + k_2)q_1 - k_2 r q_2 = 0 \tag{4.147}$$

마찬가지로 $i = 2$에 대해 식 (4.144)는 다음 결과를 준다.

$$J\ddot{q}_2 + k_2 r^2 q_2 - k_2 r q_1 = M(t) \tag{4.148}$$

식 (4.147)과 (4.148)을 결합해서 행렬형식으로 표현하면 다음과 같다.

$$\begin{bmatrix} m & 0 \\ 0 & J \end{bmatrix}\ddot{\mathbf{x}}(t) + \begin{bmatrix} k_1 + k_2 & -rk_2 \\ -rk_2 & r^2 k_2 \end{bmatrix}\mathbf{x}(t) = \begin{bmatrix} 0 \\ M(t) \end{bmatrix} \tag{4.149}$$

여기서 벡터 $\mathbf{x}(t)$는 다음과 같다.

$$\mathbf{x}(t) = \begin{bmatrix} q_1(t) \\ q_2(t) \end{bmatrix} = \begin{bmatrix} x(t) \\ \theta(t) \end{bmatrix}$$

예제 4.7.2

가벼운 링크로 연결된 세 레버로 구성되는 기계부품이 있다. 이 부품의 진동 모델은 그림 4.19와 같다. 라그랑주 방법을 써서 진동방정식을 구하라. 각도를 일반화좌표로 선정하라. 결과를 선형화하고 행렬형태로 표시하라.

풀이 운동에너지는 다음과 같다.

$$T = \frac{1}{2}m_1 l^2\dot{\theta}_1^2 + \frac{1}{2}m_2 l^2\dot{\theta}_2^2 + \frac{1}{2}m_3 l^2\dot{\theta}_3^2$$

위치에너지는 다음과 같다.

$$U = m_1 gl(1 - \cos\theta_1) + m_2 gl(1 - \cos\theta_2) + m_3 gl(1 - \cos\theta_3) + \frac{1}{2}k_1(\alpha\theta_2 - \alpha\theta_1)^2 + \frac{1}{2}k_2(\alpha\theta_3 - \alpha\theta_2)^2$$

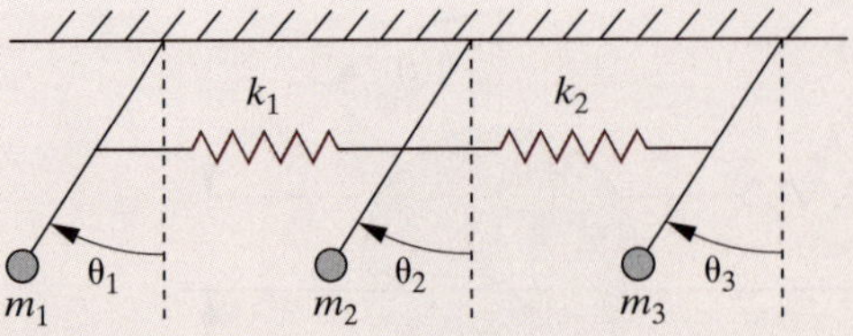

그림 4.19 연결된 세 레버의 진동 모델. 레버의 길이는 l이고 스프링은 회전중심으로부터 α만큼 떨어진 곳에 있다.

$i = 1$에 대해 라그랑주 방정식을 적용하면 다음과 같다.

$$m_1 l^2 \ddot{\theta}_1 + m_1 g l \sin\theta_1 - \alpha k_1(\alpha\theta_2 - \alpha\theta_1) = 0$$

$i = 2$에 대해 라그랑주 방정식을 적용하면 다음과 같다.

$$m_2 l^2 \ddot{\theta}_2 + m_2 g l \sin\theta_2 + \alpha k_1(\alpha\theta_2 - \alpha\theta_1) - \alpha k_2(\alpha\theta_3 - \alpha\theta_2) = 0$$

$i = 3$에 대해 라그랑주 방정식을 적용하면 다음과 같다.

$$m_3 l^2 \ddot{\theta}_3 + m_3 g l \sin\theta_3 + \alpha k_2(\alpha\theta_3 - \alpha\theta_2) = 0$$

θ가 작다고 가정하면 $\sin\theta \sim \theta$이므로 이 세 방정식을 선형화할 수 있다. 이와 같은 선형화는 운동방정식을 다 유도한 다음에 해야 한다. 이 결과를 행렬형식으로 나타내면 다음과 같다.

$$\begin{bmatrix} m_1 l^2 & 0 & 0 \\ 0 & m_2 l^2 & 0 \\ 0 & 0 & m_3 l^2 \end{bmatrix} \ddot{\mathbf{x}}(t)$$
$$+ \begin{bmatrix} m_1 g l + \alpha^2 k_1 & -\alpha^2 k_1 & 0 \\ -\alpha^2 k_1 & m_2 g l + \alpha^2(k_1 + k_2) & -\alpha^2 k_2 \\ 0 & -\alpha^2 k_2 & m_3 g l + \alpha^2 k_2 \end{bmatrix} \mathbf{x}(t) = \mathbf{0}$$

여기서 $\mathbf{x}(t) = [q_1 \quad q_2 \quad q_3]^T = [\theta_1 \quad \theta_2 \quad \theta_3]^T$는 일반화좌표이다.

예제 4.7.3

그림 4.20과 같은 날개진동 모델을 고려하자. 스프링 부착점의 수직운동을 $x(t)$로, 그 점의 회전운동을 $\theta(t)$로 나타내고, 라그랑주 방법을 사용해서 운동방정식을 구하라. 미소각 근사화(small-angle approximation)를 하고(예제 1.4.6의 진자 참조), 운동방정식을 행렬형태로 표시하라. G는 질량중심, e는 회전중심과 질량중심 사이의 거리를 나타낸다. 중력은 무시하라.

풀이 날개 단면의 질량을 m으로 나타내고 점 G에 대한 질량관성모멘트를 J로 나타내면 운동에너지는 다음과 같다.

$$T = \frac{1}{2} m \dot{x}_G^2 + \frac{1}{2} J \dot{\theta}^2$$

여기서 x_G는 점 G의 변위이다. 이 변위와 스프링 부착점의 좌표 $x(t)$의 관계는 다음과 같다.

$$x_G(t) = x(t) - e\sin\theta(t)$$

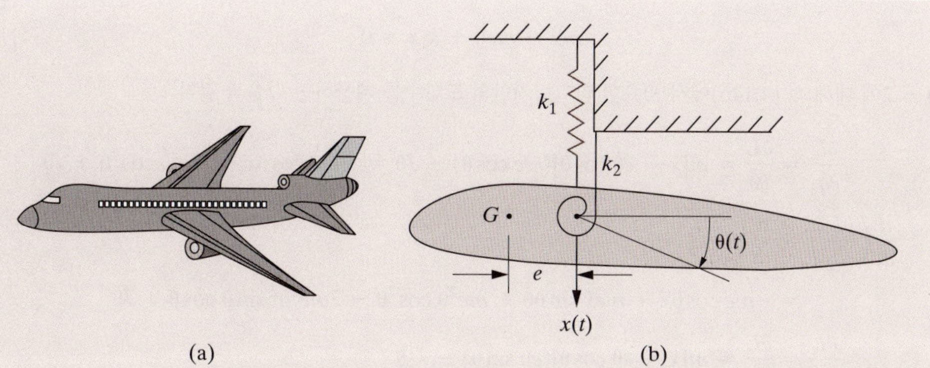

그림 4.20 날아가는 비행기 (a)는 여러 가지 진동 모델로 나타낼 수 있다. (b)는 그중 하나이다. (b)에 스케치한 비행 중인 날개의 진동 모델은 굽힘과 비틀림 운동을 나타낸다. 이것은 날개가 선형 스프링 k_1과 비틀림 스프링 k_2를 통해 고정면(이 경우는 비행기 동체)에 연결된 것으로 모델링한 결과이다.

이 식은 그림 4.20의 기하학을 검토해서 얻는다. 따라서 $\dot{x}_G(t)$는 다음과 같다.

$$\dot{x}_G(t) = \dot{x}(t) - e\cos\theta(t)\frac{d\theta}{dt} = \dot{x}(t) - e\dot{\theta}\cos\theta$$

운동에너지를 일반화좌표 $q_1 = x$와 $q_2 = \theta$로 나타내면 다음과 같다.

$$T = \frac{1}{2}m[\dot{x} - e\dot{\theta}\cos\theta]^2 + \frac{1}{2}J\dot{\theta}^2$$

위치에너지는 다음과 같다.

$$U = \frac{1}{2}k_1x^2 + \frac{1}{2}k_2\theta^2$$

이 식은 이미 일반화좌표로 표현되어 있다. 라그랑지안 L은 다음과 같다.

$$L = T - U = \frac{1}{2}m[\dot{x} - e\dot{\theta}\cos\theta]^2 + \frac{1}{2}J\dot{\theta}^2 - \frac{1}{2}k_1x^2 - \frac{1}{2}k_2\theta^2$$

$i = 1$에 대해 식 (4.146)에서 필요한 도함수를 계산하면 다음과 같다.

$$\frac{\partial L}{\partial \dot{q}_1} = \frac{\partial L}{\partial \dot{x}} = m[\dot{x} - e\dot{\theta}\cos\theta]$$

$$\frac{d}{dt}\left(\frac{\partial L}{\partial \dot{x}}\right) = m\ddot{x} - me\ddot{\theta}\cos\theta + me\dot{\theta}^2\sin\theta$$

$$\frac{\partial L}{\partial q_1} = \frac{\partial L}{\partial x} = -k_1x$$

따라서 식 (4.146)은 다음과 같다.

$$m\ddot{x} - me\ddot{\theta}\cos\theta + em\dot{\theta}^2\sin\theta + k_1x = 0$$

작은 운동을 가정하면 $\cos\theta \to 1$과 $\sin\theta \to \theta$의 근사화가 성립된다. 또 $\dot{\theta}^2\theta$가 충분히 작다고 가정하면 다음과 같이 $x(t)$에 대한 선형 방정식을 얻는다.

$$m\ddot{x} - me\ddot{\theta} + k_1 x = 0$$

$i = 2$에 대해 식 (4.146)에서 필요한 라그랑지안의 도함수를 계산하면 다음과 같다.

$$\frac{\partial L}{\partial \dot{q}_2} = \frac{\partial L}{\partial \dot{\theta}} = m[\dot{x} - e\dot{\theta}\cos\theta](-e\cos\theta) + J\dot{\theta} = -me\cos\theta\dot{x} + me^2\dot{\theta}\cos^2\theta + J\dot{\theta}$$

$$\frac{d}{dt}\left(\frac{\partial L}{\partial \dot{q}_2}\right) = \frac{d}{dt}\left(\frac{\partial L}{\partial \dot{\theta}}\right)$$

$$= -me\cos\theta\ddot{x} + me\dot{x}\sin\theta\dot{\theta} + me^2\ddot{\theta}\cos^2\theta - 2me^2\dot{\theta}^2\sin\theta\cos\theta + J\ddot{\theta}$$

$$\frac{\partial L}{\partial q_2} = \frac{\partial L}{\partial \theta} = m[\dot{x} - e\dot{\theta}\cos\theta](e\dot{\theta}\sin\theta) - k_2\theta$$

$$= me\dot{x}\dot{\theta}\sin\theta - me^2\dot{\theta}^2\sin\theta\cos\theta - k_2\theta$$

따라서 식 (4.146)은 다음과 같다.

$$J\ddot{\theta} - me\cos\theta\ddot{x} + me^2\cos^2\theta\ddot{\theta} - me^2\dot{\theta}^2\sin\theta\cos\theta + k_2\theta = 0$$

다시 한번 작은 각, 작은 운동 근사화(즉 $\sin\theta \to \theta$, $\cos\theta \to 1$, $\dot{\theta}^2\theta \to 0$)를 하면 다음과 같이 $\theta(t)$에 대한 선형 방정식을 얻는다.

$$(J + me^2)\ddot{\theta} - me\ddot{x} + k_2\theta = 0$$

$i = 1$과 $i = 2$에 대한 식을 결합하여 일반화벡터 $\mathbf{x} = [q_1(t) \quad q_2(t)]^T = [x(t) \quad \theta(t)]^T$에 대한 벡터방정식으로 표현하면 다음과 같다.

$$\begin{bmatrix} m & -me \\ -me & me^2 + J \end{bmatrix}\begin{bmatrix} \ddot{x}(t) \\ \ddot{\theta}(t) \end{bmatrix} + \begin{bmatrix} k_1 & 0 \\ 0 & k_2 \end{bmatrix}\begin{bmatrix} x(t) \\ \theta(t) \end{bmatrix} = \begin{bmatrix} 0 \\ 0 \end{bmatrix}$$

이 두 운동방정식은 예제 4.7.2 처럼 강성항(stiffness term)으로 연립되어 있지 않고 관성항(inertia term)으로 연립되어 있음에 유의하라. 이러한 시스템을 동적연립(*dynamically coupled*)이라고 하는데, $x(t)$에 관한 식과 $\theta(t)$에 관한 식이 질량행렬을 통해 연립된다는 것을 의미한다(즉 질량행렬이 비대각행렬). 앞의 모든 예제에서는 질량행렬이 대각행렬이고 강성행렬이 비대각행렬이었다. 그러한 시스템을 정적연립(*statically coupled*)이라 한다.

예제 4.7.3은 동적연립 시스템을 예시해 줄 뿐만 아니라 운동방정식을 유도할 때 뉴턴의 제2법칙을 쓰는 것보다 라그랑주 방법을 쓰는 것이 더 쉬운 경우를 예시한다. 사실 일부 진동 교재에서는 앞의 예제 문제에 라그랑주 방법을 쓰지 않고 힘과 모멘트의 합을 사용함으로써 잘못된 운동방정식을 구하고 있다.

4.7.1 감쇠

비보존력인 점성감쇠를 모델링하기 위해 레일리 소산함수(Rayleigh dissipation function)를 정의한다. 이 함수는 감쇠력이 속도에 비례한다고 가정한다. 레일리 소산함수는 다음과 같이 표현된다(연습문제 1.79 참조).

$$F = \frac{1}{2}\sum_{r=1}^{n}\sum_{s=1}^{n} c_{rs}\dot{q}_r\dot{q}_s \tag{4.150}$$

여기서 감쇠계수는 대칭이고($c_{rs} = c_{sr}$), n은 일반화좌표의 수를 나타낸다. 이 식을 이용하면 점성 감쇠에 대한 일반화힘은 다음 식으로부터 유도될 수 있다.

$$Q_j = -\frac{\partial F}{\partial \dot{q}_j}, \quad j = 1, 2, \cdots, n \tag{4.151}$$

이제 점성감쇠에 대한 운동방정식을 유도하려면 식 (4.150)을 (4.151)에 대입하고 식 (4.151)을 (4.144)에 대입하면 된다. 다음 예제는 이 과정을 설명한다.

예제 4.7.4

예제 4.7.1의 시스템을 다시 생각하자. 감쇠계수가 c_1인 점성감쇠기가 스프링 k_1과 병렬로 연결되고, c_2인 점성감쇠기가 스프링 k_2와 병렬로 연결된다. 라그랑주 방정식을 이용해서 시스템의 운동방정식을 유도하라.

풀이 식 (4.150)으로 주어지는 소산함수는 다음과 같다.

$$F = \frac{1}{2}[c_1\dot{q}_1^2 + c_2(r\dot{q}_2 - \dot{q}_1)^2]$$

식 (4.151)에 대입해서 일반화힘을 구한다.

$$Q_1 = -\frac{\partial F}{\partial \dot{q}_1} = -c_1\dot{q}_1 - c_2(r\dot{q}_2 - \dot{q}_1)(-1) = -(c_1 + c_2)\dot{q}_1 + c_2 r\dot{q}_2$$

$$Q_2 = -\frac{\partial F}{\partial \dot{q}_2} = -c_2(r\dot{q}_2 - \dot{q}_1)(r) = -c_2 r^2\dot{q}_2 + rc_2\dot{q}_1$$

예제 4.7.1에 표시된 모멘트를 더하면 두 번째 일반화힘은 다음과 같다.

$$Q_2 = M(t) - c_2 r^2\dot{q}_2 + rc_2\dot{q}_1$$

예제 4.7.1에서 구한 T와 U를 쓰고 식 (4.144)를 사용해서 운동방정식을 다시 계산하면 $i = 1$에 대해 다음 식을 얻는다.

$$m\ddot{q}_1 + (k_1 + k_2)q_1 - k_2 q_2 = Q_1 = -(c_1 + c_2)\dot{q}_1 + c_2 r\dot{q}_2 \text{ 또는}$$
$$m\ddot{q}_1 + (c_1 + c_2)\dot{q}_1 - c_2 r\dot{q}_2 + (k_1 + k_2)q_1 - k_2 q_2 = 0$$

$i = 2$에 대해서는 다음 식을 얻는다.

$$J\ddot{q}_2 + k_2 r^2 q_2 - k_2 r q_1 = Q_2 = M(t) - c_2 r^2\dot{q}_2 + rc_2\dot{q}_1 \text{ 또는}$$
$$J\ddot{q}_2 + c_2 r^2\dot{q}_2 - rc_2\dot{q}_1 + k_2 r^2 q_2 - k_2 r q_1 = M(t)$$

$i = 1$과 $i = 2$에 대한 식을 결합하면 다음과 같이 행렬형식의 운동방정식을 얻는다.

$$\begin{bmatrix} m & 0 \\ 0 & J \end{bmatrix}\ddot{\mathbf{x}}(t) + \begin{bmatrix} c_1 + c_2 & -rc_2 \\ -rc_2 & r^2c_2 \end{bmatrix}\dot{\mathbf{x}}(t) + \begin{bmatrix} k_1 + k_2 & -rk_2 \\ -rk_2 & r^2k_2 \end{bmatrix}\mathbf{x}(t) = \begin{bmatrix} 0 \\ M(t) \end{bmatrix}$$

4.8 예제

이 절에서는 다자유도 시스템과 그 개략도 및 운동방정식에 관한 예제들을 소개한다. 진동해석과 설계에서 핵심은 주어진 구조물이나 기계를 나타내기 위해 얼마나 적절한 수학적 모델을 선택하는가에 달려 있는 경우가 종종 있다. 다음 예제들은 모델링과 해석에 관한 보충 연습문제들이다.

예제 4.8.1

그림 4.21(a)는 선반과 같은 벨트구동 기계의 구동축을 나타낸다. 그림 4.21(b)는 이 시스템의 진동 모델을 자유물체도와 함께 보여준다. 운동방정식을 행렬형태로 구하고, 다음 경우에 대해 해를 구하라. $J_1 = J_2 = J_3 = 10\ \text{kg}\cdot\text{m}^2/\text{rad}$, $k_1 = k_2 = 10^3\ \text{N}\cdot\text{m/rad}$, $c = 2\ \text{N}\cdot\text{m}\cdot\text{s/rad}$이고 초기조건은 모두 영이다. 그리고 작용모멘트 $M(t)$는 단위임펄스함수이다.

풀이 그림 4.21(a)에서 베어링과 축 윤활유는 집중(lumped) 점성감쇠로 모델링하고 축은 비틀림 스프링으로 모델링한다. 풀리와 원판은 회전관성체로 모델링한다. 모터는 단순히 풀리에 모멘트를 전달하는 것으로 모델링한다. 그림 4.21(b)는 세 원판 각각의 자유물체도를 나타내고, 거기서 감쇠는 각 질량

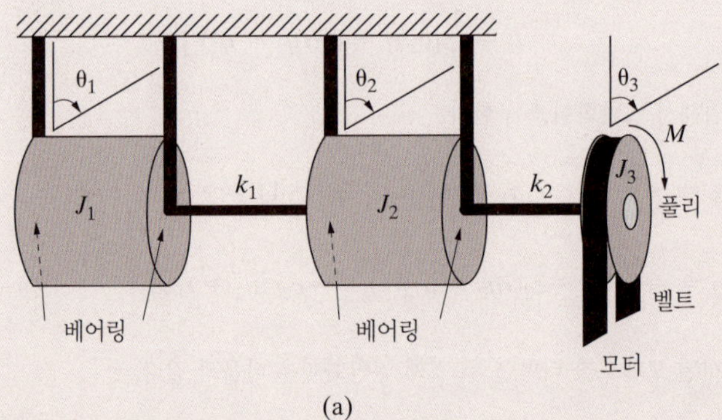

(a)

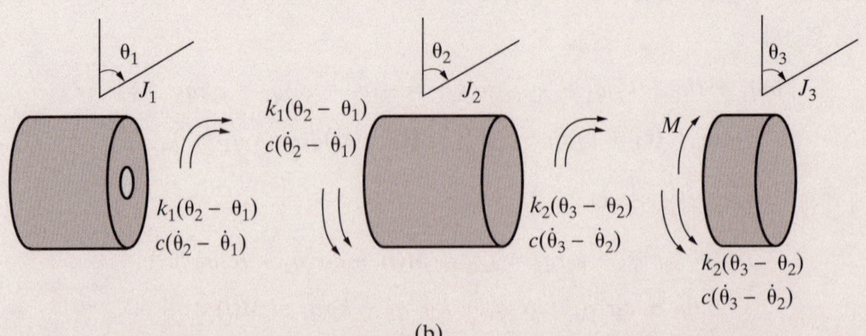

(b)

그림 4.21 (a) 선반 운동부의 개략도. 회전축을 지지하는 베어링은 점성감쇠를, 축은 강성을, 벨트는 토크를 주는 것으로 모델링한다. (b) 회전 시스템의 세 관성요소의 자유물체도. 강성을 주는 축은 비틀림 스프링으로, 베어링은 비틀림 감쇠기로 모델링한다.

의 상대운동에 비례하고 각 좌표에서 같은 값을 갖는 것으로 가정한다(다른 감쇠 모델이 더 적합할 수 있으나 계산 편의를 위해 이 모델을 선택한다).

그림 4.21(b)의 자유물체도에서 각 원판에 작용하는 모멘트를 더하면 다음 식을 얻는다.

$$J_1\ddot{\theta}_1 = k_1(\theta_2 - \theta_1) + c(\dot{\theta}_2 - \dot{\theta}_1)$$
$$J_2\ddot{\theta}_2 = k_2(\theta_3 - \theta_2) + c(\dot{\theta}_3 - \dot{\theta}_2) - k_1(\theta_2 - \theta_1) - c(\dot{\theta}_2 - \dot{\theta}_1)$$
$$J_3\ddot{\theta}_3 = -k_2(\theta_3 - \theta_2) - c(\dot{\theta}_3 - \dot{\theta}_2) + M(t)$$

여기서 θ_1, θ_2, θ_3는 그림 4.21에 표시한 것과 같이 회전좌표를 나타낸다. θ의 단위는 라디안이다. 이 식을 재배열하면 다음과 같다.

$$J_1\ddot{\theta}_1 + c\dot{\theta}_1 + k_1\theta_1 - c\dot{\theta}_2 - k_1\theta_2 = 0$$
$$J_2\ddot{\theta}_2 + 2c\dot{\theta}_2 - c\dot{\theta}_1 - c\dot{\theta}_3 + (k_1 + k_2)\theta_2 - k_1\theta_1 - k_2\theta_3 = 0$$
$$J_3\ddot{\theta}_3 + c\dot{\theta}_3 - c\dot{\theta}_2 - k_2\theta_2 + k_2\theta_3 = M(t)$$

행렬형식으로 쓰면 다음과 같다.

$$\begin{bmatrix} J_1 & 0 & 0 \\ 0 & J_2 & 0 \\ 0 & 0 & J_3 \end{bmatrix}\ddot{\boldsymbol{\theta}} + \begin{bmatrix} c & -c & 0 \\ -c & 2c & -c \\ 0 & -c & c \end{bmatrix}\dot{\boldsymbol{\theta}} + \begin{bmatrix} k_1 & -k_1 & 0 \\ -k_1 & k_1 + k_2 & -k_2 \\ 0 & -k_2 & k_2 \end{bmatrix}\boldsymbol{\theta} = \begin{bmatrix} 0 \\ 0 \\ M(t) \end{bmatrix}$$

여기서 $\boldsymbol{\theta}(t) = [\theta_1(t) \quad \theta_2(t) \quad \theta_3(t)]^T$이다. 문제에서 주어진 계수값을 대입하면 다음과 같다.

$$\begin{bmatrix} 10 & 0 & 0 \\ 0 & 10 & 0 \\ 0 & 0 & 10 \end{bmatrix}\ddot{\boldsymbol{\theta}} + 2\begin{bmatrix} 1 & -1 & 0 \\ -1 & 2 & -1 \\ 0 & -1 & 1 \end{bmatrix}\dot{\boldsymbol{\theta}} + 10^3\begin{bmatrix} 1 & -1 & 0 \\ -1 & 2 & -1 \\ 0 & -1 & 1 \end{bmatrix}\boldsymbol{\theta} = \begin{bmatrix} 0 \\ 0 \\ \delta(t) \end{bmatrix}$$

감쇠행렬이 강성행렬에 비례하므로 모드해석을 이용하여 해를 구할 수 있다는 데 주목하라. 예제 4.6.1의 단계를 따라가면 다음과 같은 고유값을 얻는다.

$$\lambda_1 = 0 \quad \lambda_2 = 100 \quad \lambda_3 = 300$$

고유값 중 하나는 영이다. 따라서 행렬 K는 특이행렬이다. 이 예제에서 이것의 물리적 의미를 설명할 것이다. 질량정규화된 고유벡터로부터 다음 결과를 얻을 수 있다.

$$S = \begin{bmatrix} 0.1826 & 0.2236 & 0.1291 \\ 0.1826 & 0 & -0.2582 \\ 0.1826 & -0.2236 & 0.1291 \end{bmatrix} \qquad S^T = \begin{bmatrix} 0.1826 & 0.1826 & 0.1826 \\ 0.2236 & 0 & -0.2236 \\ 0.1291 & -0.2582 & 0.1291 \end{bmatrix}$$

더 계산하면 다음 결과를 얻을 수 있다.

$$S^TCS = \text{diag}[0 \quad 0.2 \quad 0.6]$$
$$S^TKS = \text{diag}[0 \quad 100 \quad 300]$$
$$S^T\mathbf{F}(t) = \begin{bmatrix} 0.1826 \\ -0.2236 \\ 0.1291 \end{bmatrix}\delta(t)$$

분리된 모드방정식은 다음과 같다.

$$\ddot{r}_1(t) = 0.1826\delta(t)$$
$$\ddot{r}_2(t) + 0.2\dot{r}_2(t) + 100r_2(t) = -0.2236\delta(t)$$
$$\ddot{r}_3(t) + 0.6\dot{r}_3(t) + 300r_3(t) = 0.1291\delta(t)$$

물론 $\omega_1 = 0$, $\omega_2 = 10$ rad/s, $\omega_3 = 17.3205$ rad/s이다.

$\dot{r}_i$의 계수와 $2\zeta_i\omega_i$를 비교하면 다음과 같이 모드감쇠비를 얻는다.

$$\zeta_1 = 0$$
$$\zeta_2 = \frac{0.2}{2(10)} = 0.01$$
$$\zeta_3 = \frac{0.6}{2(17.3205)} = 0.01732$$

따라서 둘째, 셋째 모드는 부족감쇠이다. 두 감쇠 고유진동수는 다음과 같다.

$$\omega_{d2} = \omega_2\sqrt{1 - \zeta_2^2} = 9.9995 \text{ rad/s}$$
$$\omega_{d3} = \omega_3\sqrt{1 - \zeta_3^2} = 17.3179 \text{ rad/s}$$

예제 4.6.1의 경우와 마찬가지로 단지 한 물리적 지점에만 모멘트가 작용하지만 이 모멘트는 세 모드좌표계 각각에 다 작용된다. r_2와 r_3에 대한 모드방정식의 해는 식 (3.6)으로 주어진다. 영의 고유값($\omega_1 = 0$)에 해당하는 해는 직접 적분 또는 라플라스 변환법으로 계산할 수 있다. 라플라스 변환을 취하면 다음과 같다.

$$s^2r(s) = 0.1826 \quad \text{또는} \quad r(s) = \frac{0.1826}{s^2}$$

이 마지막 식에 라플라스 역변환을 하면 다음과 같다(부록 B 참조).

$$r_1(t) = (0.1826)t$$

이것의 물리적 의미는 축의 비구속운동이다(즉 축은 계속 360° 회전한다). 이것을 강체모드(*rigid-body mode*, 예제 4.6.2 참조) 또는 제로모드(*zero mode*)라 하고 K가 특이행렬(즉 영의 고유값)이기 때문에 발생한다. 이러한 시스템을 반한정(*semidefinite*)이라 하고, 부록 C에서 자세히 설명한다.

식 (3.6)에 따르면 $r_2(t)$와 $r_3(t)$에 대한 해는 다음과 같다.

$$r_2(t) = \frac{f_2}{\omega_{d2}}e^{-\zeta_2\omega_2 t}\sin\omega_{d2}t = -0.0224e^{-0.1t}\sin 9.9995t$$
$$r_3(t) = \frac{f_3}{\omega_{d3}}e^{-\zeta_3\omega_3 t}\sin\omega_{d3}t = 0.0075e^{-0.2999t}\sin 17.3179t$$

물리적 좌표계에서의 전체 해는 $\boldsymbol{\theta}(t) = S\mathbf{r}(t)$로 구한다.

$$\boldsymbol{\theta}(t) = \begin{bmatrix} 0.0333t - 0.0050e^{-0.1t}\sin(9.9995t) + 0.0010e^{-0.2999t}\sin(17.3179t) \\ 0.0333t - 0.0019e^{-0.2999t}\sin(17.3179t) \\ 0.0333t - 0.0053e^{-0.1t}\sin(9.9995t) + 0.0010e^{-0.2999t}\sin(17.3179t) \end{bmatrix}$$

세 해 $\theta_1(t)$, $\theta_2(t)$, $\theta_3(t)$를 그림 4.22에 나타냈다. 그림 4.23은 세 개의 해에서 강체항을 제외한 결과이다. 이것은 각 원판이 회전하는 도중에 일어나는 진동을 나타낸다.

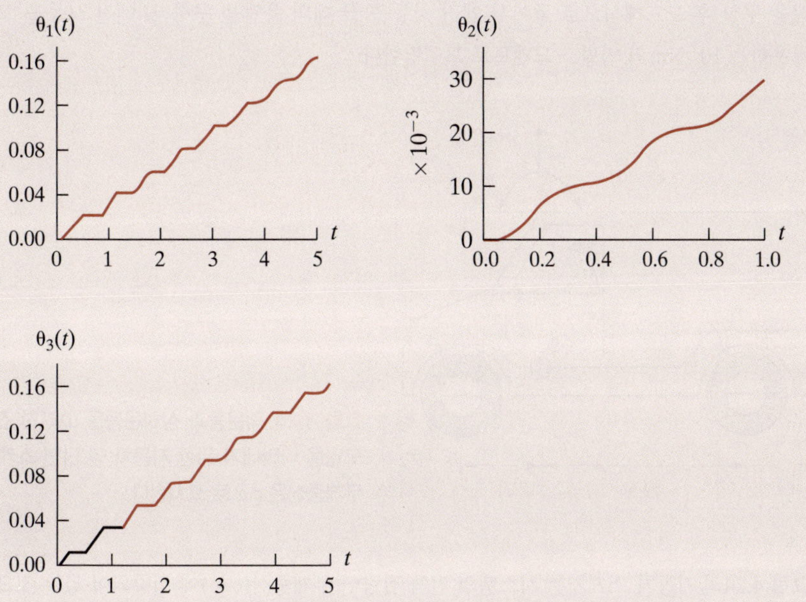

그림 4.22 그림 4.21에서 θ_3에 임펄스가 작용할 때 각 원판의 강체회전 효과를 포함한 응답

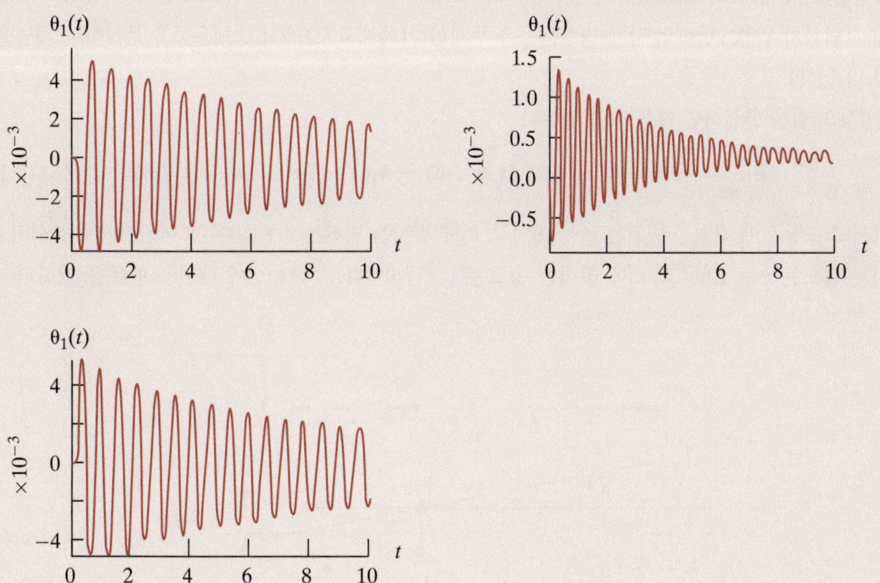

그림 4.23 그림 4.21에서 θ_3에 임펄스가 작용할 때 강체모드를 제외한 응답. 각 원판의 진동을 나타낸다.

예제 4.8.2

그림 2.17에서 자동차를 1자유도 시스템으로 모델링한 바 있다. 이 예제에서는 자동차에 대해 상하운동과 피치운동을 허용하는 2자유도 모델을 사용한다. 이 모델은 그림 4.24의 간략도로 나타낼 수 있다. 운동방정식을 구한 후 모드해석으로 풀어서 엔진 시동을 끌 때의 응답을 구하라. 엔진 시동을 끄는 것은 $\theta(t)$에 작용하는 10^3 Nm의 임펄스 모멘트로 모델링한다.

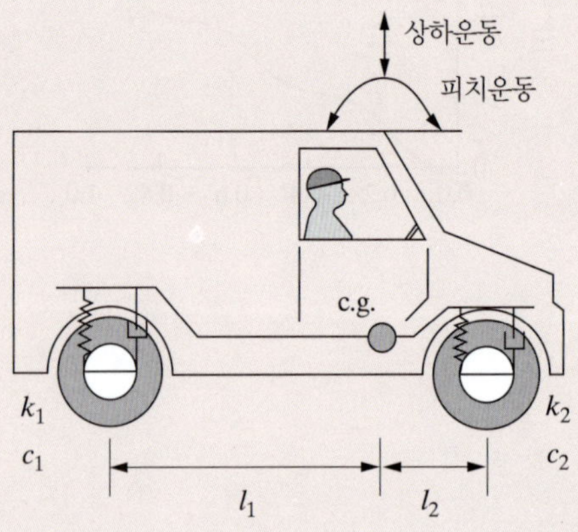

그림 4.24 각운동과 상하운동을 고려한 진동 모델을 나타내기 위한 자동차 옆 단면 스케치. 무게중심은 c.g.로 표시한다.

풀이 그림 4.24의 자동차 스케치는 시스템의 전체 질량이 무게중심(c.g.)에 집중되어 있는 것으로 모델링하면 단순화될 수 있다. 타이어/휠 어셈블리는 그림 4.25와 같이 간단한 스프링–감쇠기 배열로 근사화한다. $x-y$평면에서 자동차의 회전은 각 $\theta(t)$로 표시하고 상하운동은 $x(t)$로 표시한다. 각 $\theta(t)$는 시계방향을 양의 방향으로 하고, 자동차 변위는 밑으로 내려가는 것을 양의 방향으로 한다. 자동차의 진동 특성에 전념하기 위해 y방향의 강체 병진운동은 무시한다(예제 4.8.1에서 강체운동을 무시하는 개념을 설명한 바 있다).

x방향의 힘을 합산하면 다음 식을 얻는다.

$$m\ddot{x} = -c_1(\dot{x} - l_1\dot{\theta}) - c_2(\dot{x} + l_2\dot{\theta}) - k_1(x - l_1\theta) - k_2(x + l_2\theta) \tag{4.152}$$

여기서 스프링 k_1에 걸리는 변위는 $x - l_1\theta$이고, k_2에 걸리는 변위는 $x + l_2\theta$이다. 마찬가지로 감쇠기 c_1에 걸리는 속도는 $\dot{x} - l_1\dot{\theta}$이고, c_2에 걸리는 속도는 $\dot{x} + l_2\dot{\theta}$이다. 무게중심에 대한 모멘트를 취하면 다음

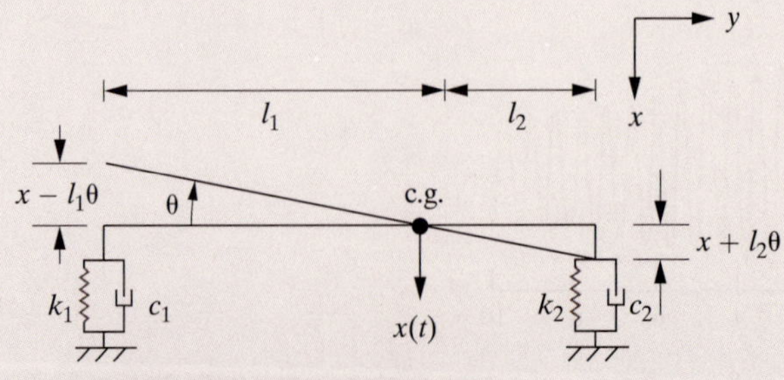

그림 4.25 모든 질량이 무게중심 c.g.에 집중되어 있고, c.g.에 관한 피치각 $\theta(t)$와 c.g.의 변위 $x(t)$로 구성되는 2자유도로 모델링한 그림 4.24의 자동차

과 같다.

$$J\ddot{\theta} = c_1l_1(\dot{x} - l_1\dot{\theta}) - c_2l_2(\dot{x} + l_2\dot{\theta}) + k_1l_1(x - l_1\theta) - k_2l_2(x + l_2\theta) \tag{4.153}$$

여기서 $J = mr^2$이고, r은 자동차의 관성 회전반경이다(예제 1.4.6 참조). 식 (4.152)와 (4.153)을 다시 쓰면 다음과 같다.

$$m\ddot{x} + (c_1 + c_2)\dot{x} + (l_2c_2 - l_1c_1)\dot{\theta} + (k_1 + k_2)x + (l_2k_2 - l_1k_1)\theta = 0$$
$$mr^2\ddot{\theta} + (c_2l_2 - c_1l_1)\dot{x} + (l_2^2c_2 + l_1^2c_1)\dot{\theta} + (k_2l_2 - k_1l_1)x + (l_1^2k_1 + l_2^2k_2)\theta = 0 \tag{4.154}$$

이 두 연립방정식을 행렬형태로 쓰면 다음과 같다.

$$m\begin{bmatrix} 1 & 0 \\ 0 & r^2 \end{bmatrix}\ddot{\mathbf{x}} + \begin{bmatrix} c_1 + c_2 & l_2c_2 - l_1c_1 \\ l_2c_2 - l_1c_1 & l_2^2c_2 + l_1^2c_1 \end{bmatrix}\dot{\mathbf{x}} + \begin{bmatrix} k_1 + k_2 & k_2l_2 - k_1l_1 \\ k_2l_2 - k_1l_1 & l_1^2k_1 + l_2^2k_2 \end{bmatrix}\mathbf{x} = \mathbf{0} \tag{4.155}$$

여기서 벡터 $\mathbf{x}$는 다음과 같이 정의된다.

$$\mathbf{x} = \begin{bmatrix} x(t) \\ \theta(t) \end{bmatrix}$$

트럭에 대해 적당한 값은 다음과 같다.

$$r^2 = 0.64\text{ m}^2 \quad m = 4000\text{ kg} \quad c_1 = c_2 = 2000\text{ N}\cdot\text{s/m}$$
$$k_1 = k_2 = 20{,}000\text{ N/m} \quad l_1 = 0.9\text{ m} \quad l_2 = 1.4\text{ m}$$

이 값을 대입하면 식 (4.155)는 다음과 같이 쓸 수 있다.

$$\begin{bmatrix} 4000 & 0 \\ 0 & 2560 \end{bmatrix}\ddot{\mathbf{x}} + \begin{bmatrix} 4000 & 1000 \\ 1000 & 5540 \end{bmatrix}\dot{\mathbf{x}} + \begin{bmatrix} 40{,}000 & 10{,}000 \\ 10{,}000 & 55{,}400 \end{bmatrix}\mathbf{x} = \begin{bmatrix} 0 \\ 0 \end{bmatrix} \tag{4.156}$$

$C = (0.1)K$, 즉 비례감쇠임에 주목하라. 모멘트 $M(t)$가 각도좌표 $\theta(t)$에 작용하면, 운동방정식은 다음과 같다.

$$\begin{bmatrix} 4000 & 0 \\ 0 & 2560 \end{bmatrix}\ddot{\mathbf{x}} + \begin{bmatrix} 4000 & 1000 \\ 1000 & 5540 \end{bmatrix}\dot{\mathbf{x}} + \begin{bmatrix} 40{,}000 & 10{,}000 \\ 10{,}000 & 55{,}400 \end{bmatrix}\mathbf{x} = \begin{bmatrix} 0 \\ \delta(t) \end{bmatrix}10^3$$

모드해석의 일반적인 절차에 따라 고유값을 구하면 다음과 같다.

$$\lambda_1 = 9.2141 \quad \text{그리고} \quad \lambda_2 = 22.4265$$

따라서 고유진동수는 다음과 같다.

$$\omega_1 = 3.0355\text{ rad/s} \quad \text{그리고} \quad \omega_2 = 4.7357\text{ rad/s}$$

고유벡터를 구해 모드행렬을 구성하면 다음과 같다.

$$S = \begin{bmatrix} 0.0153 & 0.0039 \\ -0.0048 & 0.0192 \end{bmatrix} \quad \text{그리고} \quad S^T = \begin{bmatrix} 0.0153 & -0.0048 \\ 0.0039 & 0.0192 \end{bmatrix}$$

따라서 다음 결과를 얻는다.

$$S^TKS = \text{diag}[9.2141 \quad 22.4265] \quad \text{그리고} \quad S^TCS = \text{diag}[0.9214 \quad 2.2426]$$

S^TCS의 요소와 ω_1, ω_2로부터 모드감쇠비를 구하면 다음과 같다.

$$\zeta_1 = \frac{0.9214}{2(3.0355)} = 0.1518 \quad \text{그리고} \quad \zeta_2 = \frac{2.2426}{2(4.7357)} = 0.2369$$

윈도우 4.7의 감쇠 고유진동수에 관한 공식을 쓰면 $\omega_{d1} = 3.0003$ rad/s와 $\omega_{d2} = 4.6009$ rad/s를 얻는다. 모드힘(modal force)을 계산하면 다음과 같다.

$$S^T \begin{bmatrix} 0 \\ \delta(t) \end{bmatrix} 10^3 = \begin{bmatrix} 0.0153 & -0.0048 \\ 0.0039 & 0.0192 \end{bmatrix} \begin{bmatrix} 0 \\ \delta(t) \end{bmatrix} 10^3 = \begin{bmatrix} -4.8202\ \delta(t) \\ 19.1674\ \delta(t) \end{bmatrix}$$

분리된 모드방정식은 다음과 같다.

$$\ddot{r}_1(t) + 0.9214\dot{r}_1(t) + 9.2141 r_1(t) = -4.8202\ \delta(t)$$
$$\ddot{r}_2(t) + 2.2426\dot{r}_2(t) + 22.4265 r_2(t) = 19.1674\ \delta(t)$$

식 (3.6)을 이용하여 해를 구하면 다음과 같다.

$$r_1(t) = \frac{-4.8202}{m\omega_{d1}} e^{-\zeta_1\omega_1 t} \sin\omega_{d1}t = \frac{-4.8202}{(1)(3.0003)} e^{-(0.1518)(3.0355)t} \sin(3.0003t)$$
$$= -1.6066 e^{-0.4607t} \sin(3.0003t)$$

$$r_2(t) = \frac{19.1674}{4.6009} e^{-(0.2368)(4.7357)t} \sin(4.6009t)$$
$$= 4.1659 e^{-1.1213t} \sin(4.6009t)$$

물리적 좌표계에 대한 해는 다음 식을 사용해서 구한다.

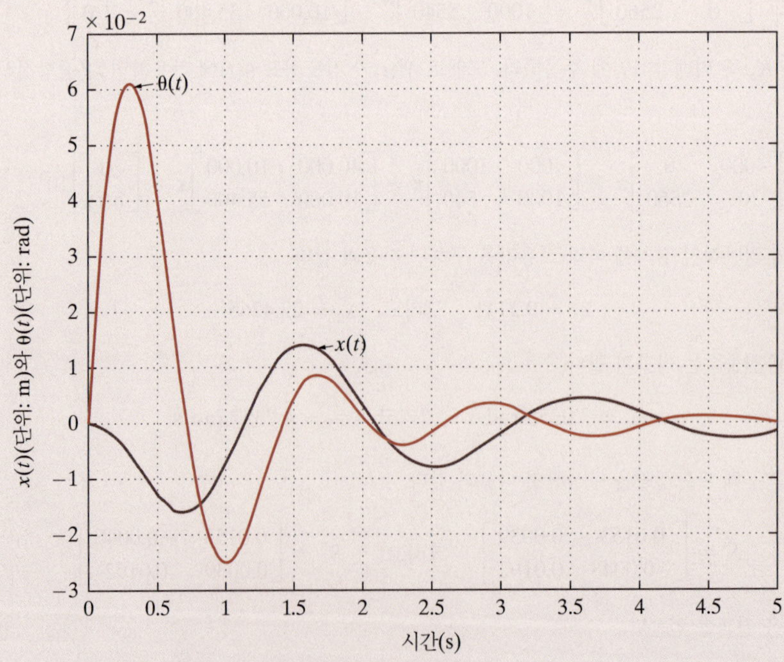

그림 4.26 엔진을 끌 때 그림 4.24에 나타난 자동차의 상하진동과 피치진동 선도

$$\begin{bmatrix} x(t) \\ \theta(t) \end{bmatrix} = S\mathbf{r}(t)$$

S를 대입하여 계산하면 다음과 같다.

$$x(t) = -0.0246\, e^{-0.4607t} \sin(3.0003t) + 0.0162\, e^{-1.1213t} \sin(4.6009t)$$

$$\theta(t) = 0.0077\, e^{-0.4607t} \sin(3.0003t) + 0.0799\, e^{-1.1213t} \sin(4.6009t)$$

그림 4.26은 이 좌표들의 선도를 나타낸다.

예제 4.8.3

그림 4.27의 펀치프레스를 그림 4.28의 3자유도 시스템으로 모델링하여 x방향 진동해석을 할 수 있다. m_1에 가해지는 충격에 대한 응답을 모드해석을 이용하여 구하라.

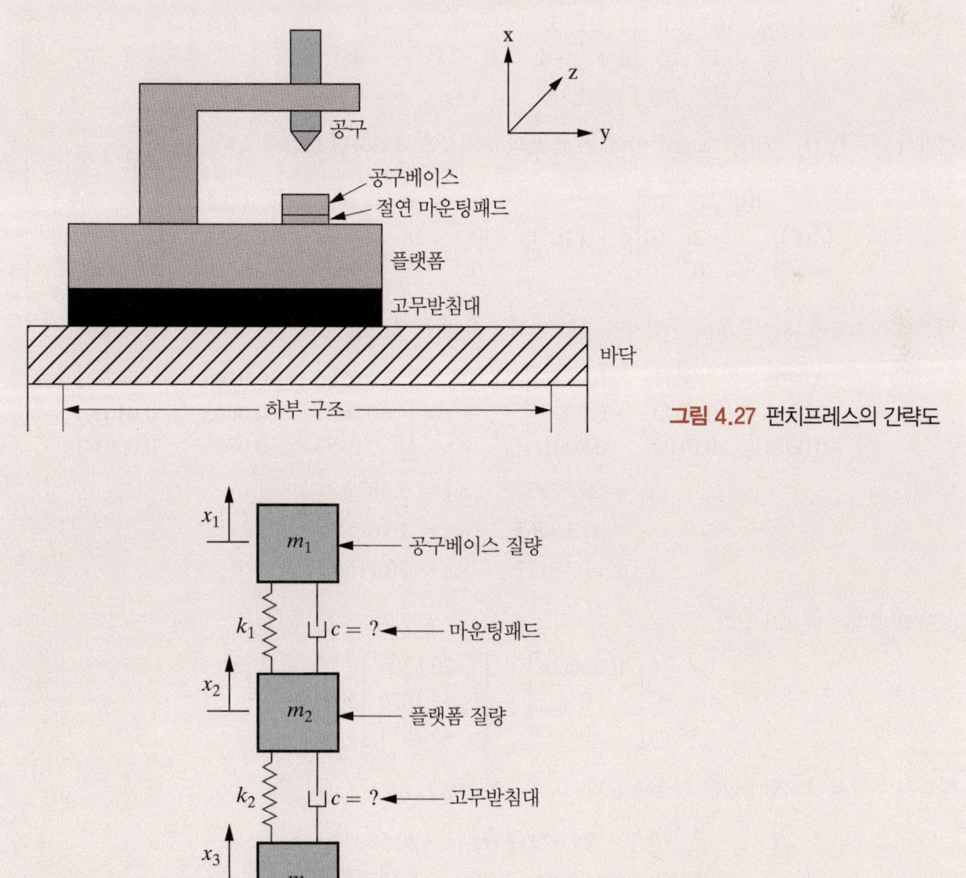

그림 4.27 펀치프레스의 간략도

그림 4.28 그림 4.27에 나타난 펀치프레스의 진동 모델

풀이 여러 요소의 질량 및 강성은 1장에서 제시한 정적 방법(static method)을 이용해서 쉽게 근사화할 수 있다. 그러나 감쇠계수의 값을 정하는 것은 매우 어렵다. 따라서 모드감쇠비는 경험에 따라 예측한 값을 사용한다. 이와 같은 예측은 종종 경험이나 대수감소율과 같은 측정에 의거하여 수행된다. 이 경우 여러 질량 및 강성값은 다음과 같다[SI 단위계, $f(t) = 1000\delta(t)$].

$$m_1 = 400\,\text{kg} \qquad m_2 = 2000\,\text{kg} \qquad m_3 = 8000\,\text{kg}$$
$$k_1 = 300{,}000\,\text{N/m} \qquad k_2 = 80{,}000\,\text{N/m} \qquad k_3 = 800{,}000\,\text{N/m}$$

각 질량의 자유물체도에서 x방향의 힘을 더하면 다음과 같은 세 연립방정식을 얻는다.

$$m_1\ddot{x}_1 = -k_1(x_1 - x_2) + f(t)$$
$$m_2\ddot{x}_2 = k_1(x_1 - x_2) - k_2(x_2 - x_3)$$
$$m_3\ddot{x}_3 = -k_3x_3 + k_2(x_2 - x_3)$$

이 연립방정식을 행렬형식으로 쓰면 다음과 같다.

$$\begin{bmatrix} m_1 & 0 & 0 \\ 0 & m_2 & 0 \\ 0 & 0 & m_3 \end{bmatrix}\ddot{\mathbf{x}} + \begin{bmatrix} k_1 & -k_1 & 0 \\ -k_1 & k_1 + k_2 & -k_2 \\ 0 & -k_2 & k_2 + k_3 \end{bmatrix}\mathbf{x} = \begin{bmatrix} f(t) \\ 0 \\ 0 \end{bmatrix}$$

여기서 $\mathbf{x} = [x_1(t) \quad x_2(t) \quad x_3(t)]^T$이다. m_i와 k_i의 수치값을 대입하면 다음과 같다.

$$(10^3)\begin{bmatrix} 0.4 & 0 & 0 \\ 0 & 2 & 0 \\ 0 & 0 & 8 \end{bmatrix}\ddot{\mathbf{x}} + (10^4)\begin{bmatrix} 30 & -30 & 0 \\ -30 & 38 & -8 \\ 0 & -8 & 88 \end{bmatrix}\mathbf{x} = \begin{bmatrix} 1000\delta(t) \\ 0 \\ 0 \end{bmatrix}$$

비감쇠 시스템에 대한 모드해석 절차에 따라 먼저 고유값 문제를 풀면 다음과 같은 결과를 얻는다.

$$S = \begin{bmatrix} -0.0206 & -0.0051 & 0.0453 \\ -0.0198 & -0.0043 & -0.0095 \\ -0.0024 & 0.0109 & 0.0001 \end{bmatrix} \qquad S^T = \begin{bmatrix} -0.0206 & -0.0198 & -0.0024 \\ -0.0051 & -0.0043 & 0.0109 \\ 0.0453 & -0.0095 & 0.0001 \end{bmatrix}$$

$$\lambda_1 = 29.0223 \qquad \omega_1 = 5.3872$$
$$\lambda_2 = 113.9665 \qquad \omega_2 = 10.6755$$
$$\lambda_3 = 907.0112 \qquad \omega_3 = 30.1166$$

모드힘 벡터는 다음과 같다.

$$S^T\begin{bmatrix} 1000\delta(t) \\ 0 \\ 0 \end{bmatrix} = \begin{bmatrix} -20.5805 \\ -5.1026 \\ 45.2814 \end{bmatrix}\delta(t)$$

따라서 비감쇠 모드방정식은 다음과 같다.

$$\ddot{r}_1(t) + 29.0223\,r_1(t) = -20.5805\delta(t)$$
$$\ddot{r}_2(t) + 113.9665\,r_2(t) = -5.1026\delta(t)$$
$$\ddot{r}_3(t) + 907.0112\,r_3(t) = 45.2814\delta(t)$$

감쇠를 모델링하기에 앞서 각 모드형상 벡터에서 우세한 요소에 주목한다. 행렬 S의 첫 번째 열을 보면 처음 두 요소의 값이 세 번째 요소의 값보다 크다. 따라서 시스템이 첫 번째 모드로만 진동한다면 $x_1(t)$

와 $x_2(t)$의 운동이 주로 발생할 것이다. 이 경우에는 고무받침대로부터 큰 감쇠력을 받게 되므로 큰 감쇠비 $\zeta_1 = 0.1$을 사용한다. 마찬가지로 두 번째 모드는 세 번째 요소의 값이 크고 이는 $x_3(t)$의 운동에 해당된다. 이 부분은 주로 금속으로 되어 있으므로 낮은 감쇠비 $\zeta_2 = 0.01$을 사용한다. 세 번째 모드형상에서는 첫 번째 요소의 값이 크고 이것은 마운팅패드에 해당된다. 따라서 중간 정도의 감쇠비 $\zeta_3 = 0.05$를 사용한다. 모드좌표계에서 속도계수는 $2\zeta_i\omega_i$의 형태로 주어지므로, 감쇠 모드좌표에서 $2\zeta_1\omega_1 = 2(0.1)(5.3872) = 1.0774$, $2\zeta_2\omega_2 = 2(0.01)(10.6755) = 0.2135$, $2\zeta_3\omega_3 = 2(0.05)(30.1166) = 3.0117$이 된다. 감쇠 모드방정식은 다음과 같다.

$$\begin{aligned}
\ddot{r}_1(t) + 1.0774\dot{r}_1(t) + 29.0223\,r_1(t) &= -20.5805\delta(t) \\
\ddot{r}_2(t) + 0.2135\dot{r}_2(t) + 113.9665\,r_2(t) &= -5.1026\delta(t) \\
\ddot{r}_3(t) + 3.0117\dot{r}_3(t) + 907.0112\,r_3(t) &= 45.2814\delta(t)
\end{aligned}$$

이 방정식들은 식 (3.6)으로 주어지는 해를 갖는다.

$$\begin{aligned}
r_1(t) &= -3.8395e^{-0.5387t}\sin(5.3602t) \\
r_2(t) &= -0.4780e^{-0.1068t}\sin(10.6750t) \\
r_3(t) &= 1.5054e^{-1.5058t}\sin(30.0789t)
\end{aligned}$$

변환 $\mathbf{x}(t) = S\mathbf{r}(t)$를 적용하면 다음 결과를 얻는다.

$$\begin{aligned}
x_1(t) &= 0.0790e^{-0.5387t}\sin(5.3602t) + 0.0024e^{-0.1068t}\sin(10.6750t) + 0.0682e^{-1.5058t}\sin(30.0789t) \\
x_2(t) &= 0.0760e^{-0.5387t}\sin(5.3602t) + 0.0021e^{-0.1068t}\sin(10.6750t) - 0.0143e^{-1.5058t}\sin(30.0789t) \\
x_3(t) &= 0.0094e^{-0.5387t}\sin(5.3602t) - 0.0052e^{-0.1068t}\sin(10.6750t) + 0.0002e^{-1.5058t}\sin(30.0789t)
\end{aligned}$$

그림 4.29는 이 해들을 도시한다.

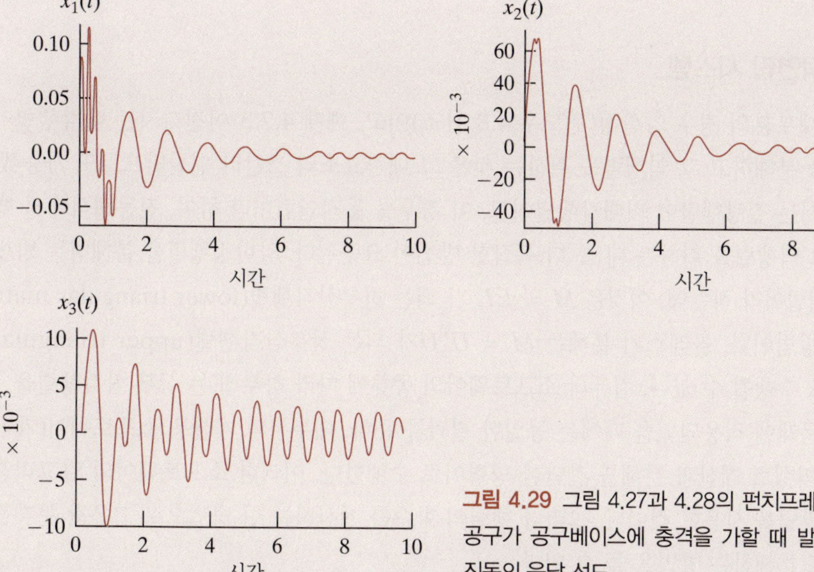

그림 4.29 그림 4.27과 4.28의 펀치프레스에서 공구가 공구베이스에 충격을 가할 때 발생하는 진동의 응답 선도

이 예제는 이론적인 모델에 모드감쇠값을 도입하는 절차를 보여준다. 이것은 경험에 따른 추측의 범주에 속하는 것으로 어느 정도 자의적인 과정이다. 더 정교한 방법으로는 7장에서 논의될 모드감쇠를 측정하는 방법을 들 수 있다. 바닥의 진동, 즉 $x_3(t)$가 기계부품들의 진동보다 더 오래 지속된다는 사실에 주목하라. 이것이 기계를 건물의 바닥 어디에 어떻게 설치할 것인가를 설계하는 데 고려해야 할 사항이다.

4.9 진동에 관한 전산 고유값 문제

이 절에서는 고유값 문제를 푸는 여러 방법과 어떻게 진동 문제를 이와 같은 고유값 문제로 풀 수 있는가를 검토한다. 이것은 MATLAB에 의거하여 설명한다. 더 자세한 내용은 Datta(1995), Golub & Van Loan(2013), Meirovitch(1997)와 같은 참고문헌을 참조하라. 부록 C에서도 더 자세한 내용을 볼 수 있다. 앞 절에서 행한 행렬 연산 및 처리는 대부분의 공학용 소프트웨어에 있는 표준 기능으로 쉽게 해결될 수 있다. 따라서 모드해석과 고유값 문제의 해를 구하는 지루한 과정이 자동화될 수 있고, 자유도의 수가 아주 큰 시스템을 푸는 데 사용될 수 있다. 이 절에서는 여러 종류의 고유값 문제를 소개하고, MATLAB을 사용하여 필요한 계산을 어떻게 수행하는가를 설명한다. 실제로 알고리즘이 어떻게 작동되는가를 알고 싶다면 부록 C와 참고문헌을 참조하라.

식 (4.11)의 n자유도 비감쇠 진동 문제를 다시 고려하자.

$$M\ddot{\mathbf{x}}(t) + K\mathbf{x}(t) = \mathbf{0} \tag{4.157}$$

여기서 변위벡터 $\mathbf{x}$는 $n \times 1$이고, 행렬 M과 K는 $n \times n$이면서 대칭이다. 식 (4.157)을 고유값 문제의 수학으로 연결시키는 방법은 여러 가지가 있다(301쪽 참조). 예제와 컴퓨터 응용을 통해 이 방법들을 설명한다.

4.9.1 동적연립 시스템

행렬 M은 대부분의 경우 양한정(윈도우 4.8 참조)이고, 예제 4.7.3 이전까지는 대각행렬이었다. 따라서 M을 분해하고 그 역행렬을 취하는 것은 그 대각요소의 스칼라 연산만으로도 가능했다. 예제 4.7.3에서는 질량행렬이 비대각행렬이고, 이 경우를 동적연립이라 하며, 진동해석에서 행렬 M을 분해하고 역행렬을 취하는 데 좀 더 복잡한 방법이 요구된다. 양한정행렬을 분해하는 방법을 콜레스키 분해법이라 하는데, 이것은 $M = LL^T$가 되는 하부삼각행렬(lower triangular matrix) L을 구하는 방법이다. 콜레스키 분해는 $M = U^TU$가 되는 상부삼각행렬(upper triangular matrix) U로도 수행될 수 있다. 컴퓨터 소프트웨어의 종류에 따라 하부 또는 상부 삼각행렬을 사용하지만 진동 문제에 적용되었을 때에는 동일한 결과를 준다. 대부분의 계산용 소프트웨어(계산기 포함)에서는 역행렬 계산과 분해를 간단한 명령어로 수행한다. 이러한 소프트웨어의 알고리즘은 가장 정교한 방법을 사용한 것이다. 그러나 행렬의 함수를 계산하는 한 방법으로 고유값 문제를 사용하여 행렬을 분해하는 방법을 들 수 있다.

윈도우 4.8 | 양한정의 정의

영이 아닌 모든 벡터 $\mathbf{x}$에 대해 스칼라 $\mathbf{x}^T M\mathbf{x} > 0$이면 대칭행렬 $M(M = M^T)$은 양한정(*positive definite*)이다. 또한 M이 양한정일 필요충분조건은 M의 모든 고유값이 양수일 때이다. 영이 아닌 모든 벡터 $\mathbf{x}$에 대해 스칼라 $\mathbf{x}^T A\mathbf{x} \geq 0$이면 행렬 A는 반양한정(positive semidefinite)이다. 행렬이 반양한정일 필요충분조건은 행렬 A의 모든 고유값이 영보다 크거나 같을 때이다. 특히 강체운동이 있는 경우에 행렬 A는 하나 또는 그 이상의 영인 고유값을 가질 수 있다.

M을 대칭 양한정 행렬이라 하고, f를 양수에 대해 정의되는 임의의 함수라 하자. 행렬 M(M, K 시스템이 아니라 단지 행렬 M)의 고유값을 μ로 표시하고, M의 정규화된 고유벡터의 행렬을 R로 표시하자. 그러면

$$f(M) = R\begin{bmatrix} f(\mu_1) & 0 & \cdots & 0 \\ 0 & f(\mu_2) & \cdots & 0 \\ \vdots & \vdots & \ddots & \vdots \\ 0 & 0 & \cdots & f(\mu_n) \end{bmatrix} R^T \tag{4.158}$$

특히

$$M^{-1} = R\begin{bmatrix} 1/\mu_1 & 0 & \cdots & 0 \\ 0 & 1/\mu_2 & \cdots & 0 \\ \vdots & \vdots & \ddots & \vdots \\ 0 & 0 & \cdots & 1/\mu_n \end{bmatrix} R^T$$

그리고

$$M^{-1/2} = R\begin{bmatrix} 1/\sqrt{\mu_1} & 0 & \cdots & 0 \\ 0 & 1/\sqrt{\mu_2} & \cdots & 0 \\ \vdots & \vdots & \ddots & \vdots \\ 0 & 0 & \cdots & 1/\sqrt{\mu_n} \end{bmatrix} R^T$$

이 결과는 모드해석에 사용되는 행렬의 계산에 사용될 수 있다. 이러한 분해법은 대칭행렬의 역행렬과 제곱근행렬이 대칭임을 증명하는 데에도 사용된다. 그러나 MATLAB은 더 수치적으로 정교한 기법을 사용하는데, 그것은 이 책의 범위를 넘어선다. 사실 역행렬을 직접 계산하지 말고 수정가우스 소거법(modified Gaussian elimination)을 사용해서 계산하는 것이 좋다(예: MATLAB에서 `M\I`). 동적연립된 경우 행렬제곱근을 구하는 것보다 콜레스키 분해를 사용하는 것이 훨씬 좋다. 다음 예제에서 이 내용을 설명한다.

예제 4.9.1

다음과 같은 질량행렬에 대해 역행렬과 인수행렬을 구하라.

$$M = \begin{bmatrix} 5 & 2 & 0 \\ 2 & 4 & 1 \\ 0 & 1 & 3 \end{bmatrix}$$

풀이 MATLAB에서 역행렬은 다음 명령어로 계산하고

```
inv(M)
```

행렬의 콜레스키 인수(Cholesky factor)는 다음 명령어로 계산한다.

```
Chol(M) 또는 Chol(M,'lower')
```

앞에 열거한 명령어를 사용하여 질량행렬의 역행렬을 구한다.

$$M^{-1} = \begin{bmatrix} 0.2558 & -0.1395 & 0.0465 \\ -0.1395 & 0.3488 & -0.1163 \\ 0.0465 & -0.1163 & 0.3721 \end{bmatrix}$$

질량행렬의 인수는 다음과 같다.

$$L = \begin{bmatrix} 2.23607 & 0 & 0 \\ 0.89443 & 1.78885 & 0 \\ 0 & 0.55902 & 1.63936 \end{bmatrix} \text{그리고 } L^T = \begin{bmatrix} 2.23607 & 0.89443 & 0 \\ 0 & 1.78885 & 0.55902 \\ 0 & 0 & 1.63936 \end{bmatrix}$$

따라서 $M = LL^T$이다. 또 $L^{-1}M(L^T)^{-1} = I$, 즉 단위행렬이 된다. MATLAB은 상부삼각 콜레스키 분해를 사용한다. 따라서 질량행렬은 `M = chol(M)'*chol(M)`으로 분해되고, `inv(chol(M)')*M*inv(chol(M))=I`이다. 따라서 MATLAB을 사용할 때는 적절하게 수정되어야 한다. 아니면 하부삼각 콜레스키 인수를 계산하는 명령어 `L = chol(M,'lower')`를 사용한다.

동적연립 시스템에 대해 방정식 (4.157)을 모드해석으로 푸는 경우에는 다음과 같이 $M^{-1/2}$을 행렬 L로 대신한다.

질량정규화 강성행렬(mass normalized stiffness matrix)은 다음과 같이 계산된다.

$$\widetilde{K} = L^{-1}K(L^T)^{-1} \tag{4.159}$$

당연히 이것은 대칭행렬이다. 모드형상 행렬 S를 다음과 같이 계산할 수도 있다.

$$S = (L^T)^{-1}P \text{ 그리고 } S^{-1} = P^TL^T \tag{4.160}$$

4.9.2 MATLAB 사용법

다음 몇 개의 예제를 통해 시스템의 고유값과 고유벡터를 계산하고 고유진동수와 모드형상을 구하는 데 MATLAB을 어떻게 사용하는가를 설명한다. 대수고유값 문제의 계산은 지난 30년간 집중적으로 연구되어 왔고, 그 결과 매우 정교한 방법이 개발되었다. 이러한 연구 중 많은 부분이 정

부기관으로부터 지원을 받았으므로 그 결과가 일반대중에게 개방되어 있다(예: python.org에서 python 참조). 컴퓨터 기술의 발전에 따라 일부 하이레벨 프로그램들은 공학자들이 쉽고 정확하게 고유값 계산을 할 수 있는 방향으로 진보하게 되었다. 오늘날 거의 모든 소프트웨어나 계산기에는 고유값 문제 풀이 기능이 포함되어 있다. 수학용 소프트웨어를 사용하는 데 약간의 번거러움은 수학자들은 고유값을 큰 것부터 배열하고 공학자들은 고유진동수를 작은 것부터 배열한다는 사실이다. 따라서 어떤 경우에는 고유값과 고유벡터를 크기순으로 재배열할 필요가 생긴다. 다음 예제들은 고유진동수와 모드형상을 구하기 위해 MATLAB을 사용하는 방법을 보여준다. 이와 같은 소프트웨어들은 자주 업데이트되고 있으므로 이 책의 프로그램에서 구문 오류가 나타나면 해당 웹사이트에서 업데이트 내용을 확인하라.

예제 4.9.2

수학용 소프트웨어를 사용해서 예제 4.2.6의 해를 구하라.

풀이

MATLAB에서는 행의 요소 사이에는 빈칸을 사용하고 새 행의 시작은 세미콜론을 써서 행렬을 입력한다.

```
>> % enter M and K
>> M=[1  0;0  4]; k=[12  -2;-2  12];
>> % solve generalized eigenvalue problem and put eifenvectors in
>> % the matrix S, eigenvalues in the diagonal matrix D
>> [S  D]=eig(K,M)
S =
 -0.1091    -0.9940
 -0.4970     0.0546
D =
 2.8902    0
   0    12.1098
>> % check to see that S is orthonormal with respect to M
>> S'*M*S
ans =
 1.0000      0
     0    1.0000
>> % check to see that S diagonalizes K
>> S'*K*S
ans =
   2.8902    -0.0000
 -0.0000    12.1098
```

예제 4.9.3

예제 4.6.1의 감쇠 강제응답 문제에 대한 모드방정식의 계수를 계산하라.

풀이

MATLAB 풀이는 다음과 같다.

```
>>% enter M, C, and K
>>M=[9  0;0  1];K=[27  -3;-3  3];C=K/10;b=[0;3];
>>% Compute eigensolution
>>[S  D]=eig(K,M)
S =
    -0.2357    -0.2357
    -0.7071    0.7071
D =
    2    0
    0    4
>> S'*M*S
ans =
    1.0000    -0.0000
    0.0000    1.0000
>> S'*C*S
ans =
    0.2000    -0.0000
    0.0000    0.40000
>> S'*K*S
ans =
    2.0000    -0.0000
   -0.0000    4.0000
>> bt=S'*b
bt =
    -2.1213
    2.1213
```

4.9.3 여러 형태의 고유값 문제

진동 문제를 고유값 문제와 연관시키는 방법은 여러 가지가 있다. 식 (4.157)에 $\mathbf{x}(t) = e^{j\omega t}\mathbf{u}$를 대입하면 다음과 같은 일반화 고유값 문제를 얻는다.

$$K\mathbf{u} = \lambda M\mathbf{u} \tag{4.161}$$

여기서 $\lambda = \omega^2$이고 $\mathbf{u}$는 모드형상이다. 이것은 가장 직접적인 방법이다. 식 (4.157)의 해는 다음과 같다.

$$\mathbf{x}(t) = \sum_{i=1}^{n} c_i \sin(\omega_i t + \phi_i)\mathbf{u}_i \tag{4.162}$$

여기서 c_i와 ϕ_i는 초기조건으로 결정하는 상수이다.

다음은 식 (4.157)에 행렬 M^{-1}을 곱해 보자. 다시 해를 $\mathbf{x}(t) = e^{j\omega t}\mathbf{u}$의 형태로 가정하면 다음 식을 얻는다.

$$-\omega^2\mathbf{u} + M^{-1}K\mathbf{u} = \mathbf{0} \tag{4.163}$$

또는

$$(M^{-1}K)\mathbf{u} = \lambda\mathbf{u} \tag{4.164}$$

이것은 **표준 대수 고유값 문제**이다. 행렬 $M^{-1}K$는 대칭도 아니고 띠행렬도 아니다. 그래도 n개의 고유값 λ_i(고유진동수의 제곱인 ω_i^2)와 n개의 고유벡터 $\mathbf{u}_i$가 존재한다. 식 (4.157)의 해는 다시 다음과 같이 쓸 수 있다.

$$\mathbf{x}(t) = \sum_{i=1}^{n} c_i \sin(\omega_i t + \phi_i)\mathbf{u}_i \tag{4.165}$$

여기서 c_i와 ϕ_i는 초기조건으로 결정하는 상수이다. 따라서 $\mathbf{u}_i$는 고유벡터인 동시에 모드형상이다. $M^{-1}K$가 비대칭이므로, 대수 고유값 문제의 해는 복소수 고유값과 고유벡터가 될 수도 있다. 그러나 식 (4.161)의 일반화 고유값 문제와 같은 고유값과 고유벡터를 갖기 때문에 어차피 실수값을 갖는다는 것을 알고 있다.

다음은 좌표변환 $\mathbf{x}(t) = (L^T)^{-1}\mathbf{q}(t)$를 식 (4.157)에 대입하고 L^{-1}로 곱하면 다음과 같다.

$$\ddot{\mathbf{q}}(t) + \tilde{K}\mathbf{q}(t) = \mathbf{0} \tag{4.166}$$

여기서 행렬 $\tilde{K}$는 대칭이지만, M이 대각행렬이 아니면 반드시 희소행렬(sparse matrix)이나 띠행렬이 되지는 않는다. 식 (4.166)의 해는 $\mathbf{q}(t) = e^{j\omega t}\mathbf{v}$의 형태로 가정해서 구하고 $\mathbf{v}$는 영이 아닌 상수벡터이다. 이 가정된 해를 식 (4.166)에 대입하면 다음과 같다.

$$-\omega^2\mathbf{v} + \tilde{K}\mathbf{v} = \mathbf{0} \tag{4.167}$$

또는

$$\tilde{K}\mathbf{v} = \lambda\mathbf{v} \tag{4.168}$$

여기서 $\lambda = \omega^2$이다. 이것은 **대칭 고유값 문제**이고 n개의 고유값 λ_i(고유진동수의 제곱인 ω_i^2)와 n개의 고유벡터 $\mathbf{v}_i$를 갖는다. 식 (4.166)의 해는 다음과 같다.

$$\mathbf{q}(t) = \sum_{i=1}^{n} c_i \sin(\omega_i t_i + \phi_i)\mathbf{v}_i \tag{4.169}$$

여기서 c_i와 ϕ_i는 적분상수이다. 원 좌표계에서의 해 $\mathbf{x}(t)$는 행렬 $(L^T)^{-1}$을 곱해서 얻을 수 있다.

$$\mathbf{x}(t) = (L^T)^{-1}\mathbf{q}(t) = \sum_{i=1}^{n} c_i \sin(\omega_i t + \phi_i)(L^T)^{-1}\mathbf{v}_i \tag{4.170}$$

따라서 모드형상은 벡터 $(L^T)^{-1}\mathbf{v}_i$이고 $\mathbf{v}_i$는 대칭행렬 $\tilde{K}$ 의 고유벡터이다. 여기서 고유값 문제가 대칭이므로, 고유값과 고유벡터, 즉 모드형상도 실수값을 갖는다. 게다가 $\mathbf{v}_i$의 직교성으로 인해 모드 초기조건의 계산이 쉬워진다. 그러나 수치계산상의 이점도 없고 불필요하게 콜레스키 분해에 관한 계산도 추가되고 무엇보다도 고유벡터가 모드형상이 아니므로 진동의 물리적 의미가 사라지는 치명적인 단점이 있으므로 진동 분야에서는 거의 사용되지 않는다.

다시 식 (4.157)로 정의되는 진동 문제를 고려하자.

$$\ddot{\mathbf{x}} + M^{-1}K\mathbf{x} = \mathbf{0} \tag{4.171}$$

이 방정식을 1계 벡터 미분방정식으로 변환하기 위해 다음과 같이 두 개의 $n \times 1$ 벡터, $\mathbf{y}_1(t)$과 $\mathbf{y}_2(t)$를 정의한다.

$$\mathbf{y}_1(t) = \mathbf{x}(t), \qquad \mathbf{y}_2(t) = \dot{\mathbf{x}}(t) \tag{4.172}$$

$\mathbf{y}_1(t)$은 변위벡터이고 $\mathbf{y}_2(t)$는 속도벡터이다. 이 두 벡터를 미분하면 다음과 같다.

$$\begin{aligned} \dot{\mathbf{y}}_1(t) &= \dot{\mathbf{x}}(t) = \mathbf{y}_2(t) \\ \dot{\mathbf{y}}_2(t) &= \ddot{\mathbf{x}}(t) = -M^{-1}K\mathbf{y}_1(t) \end{aligned} \tag{4.173}$$

여기서 $\dot{\mathbf{y}}_2$에 대한 식은 $\ddot{\mathbf{x}}$에 대한 식 (4.171)을 풀어서 전개했다. 식 (4.173)은 다음과 같이 1계 벡터 미분방정식으로 볼 수 있다.

$$\dot{\mathbf{y}}(t) = A\mathbf{y}(t) \tag{4.174}$$

여기서 다음은 상태행렬(*state matrix*)이라 한다.

$$A = \begin{bmatrix} 0 & I \\ -M^{-1}K & 0 \end{bmatrix} \tag{4.175}$$

여기서 0은 $n \times n$ 영행렬, I는 $n \times n$ 단위행렬이고, 상태벡터(*state vector*) $\mathbf{y}(t)$는 다음과 같이 $2n \times 1$ 벡터로 정의된다.

$$\mathbf{y}(t) = \begin{bmatrix} \mathbf{y}_1(t) \\ \mathbf{y}_2(t) \end{bmatrix} = \begin{bmatrix} \mathbf{x}(t) \\ \dot{\mathbf{x}}(t) \end{bmatrix} \tag{4.176}$$

식 (4.174)의 해는 지수형태 $\mathbf{y}(t) = \mathbf{z}e^{\lambda t}$로 가정해서 구할 수 있다. 여기서 $\mathbf{z}$는 영이 아닌 상수벡터이고, λ는 스칼라이다. 식 (4.174)에 대입하면 $\lambda\mathbf{z} = A\mathbf{z}$ 또는 다음 식과 같다.

$$A\mathbf{z} = \lambda\mathbf{z} \qquad \mathbf{z} \neq \mathbf{0} \tag{4.177}$$

이것은 다시 표준 대수 고유값 문제가 된다. 행렬 A의 많은 요소가 영이지만 어쨌든 이것은 $2n \times 2n$ 고유값 문제이다. $\lambda_i = \omega_i j$의 관계를 통해 n개의 고유값 λ_i는 n개의 고유진동수 ω_i에 대응된다. 나머지 n개의 고유값은 $\lambda_i = -\omega_i j$이므로 여전히 n개의 고유진동수 ω_i만 존재한다. 그러나 행렬 A에 대한 $2n$개의 고유벡터 $\mathbf{z}$는 다음과 같은 형태로 된다.

$$\mathbf{z}_i = \begin{bmatrix} \mathbf{u}_i \\ \lambda_i\mathbf{u}_i \end{bmatrix} \tag{4.178}$$

여기서 $\mathbf{u}_i$는 해당 진동 문제의 모드형상이다. 행렬 A는 비대칭이고(윈도우 4.9 참조), 따라서 고유값 λ_i와 고유벡터 $\mathbf{z}_i$는 복소수가 될 것이다. 실제로 이 경우에 고유값 λ_i는 $\omega_i j$ 형태의 허수가 된다.

윈도우 4.9 | 기호 A의 여러 쓰임새

행렬 A가 혼동되기 쉬운데, 어느 행렬이든지 기호 A로 나타낼 수 있다. 몇 가지 예를 들면 이 절에서 다음과 같은 행렬을 나타내기 위해 A를 사용했다.

$$A = M^{-1}K$$

$$A = \begin{bmatrix} 0 & I \\ -M^{-1}K & -M^{-1}C \end{bmatrix} \quad A = \begin{bmatrix} 0 & I \\ M^{-1}K & 0 \end{bmatrix}$$

어느 행렬 A가 논의되고 있는지는 문맥에 따라 명백히 알 수 있다.

4.9.4 감쇠 시스템

고차 시스템에 대해 식 (4.177)의 고유값을 계산하는 것은 차수가 n이 아니라 $2n$이므로 수치적으로 더 어려워진다. 상태공간형(state space form)의 유리한 점은 수치계산을 할 때와 이어서 설명할 다자유도 감쇠진동 문제를 풀 때 주로 발휘된다. 다음과 같은 형태의 감쇠진동 문제를 고려하자.

$$M\ddot{\mathbf{x}}(t) + C\dot{\mathbf{x}}(t) + K\mathbf{x}(t) = \mathbf{0} \tag{4.179}$$

여기서 C는 시스템의 점성감쇠를 나타내는데(4.5절 참조), 대칭이면서 반양한정인 것으로 가정한다. 식 (4.179)와 같은 비보존 진동 문제를 기술할 때도 상태행렬과 그에 따른 식 (4.177)의 표준 고유값 문제를 사용할 수 있다. 식 (4.179)에 행렬 M^{-1}을 곱하면 다음과 같다.

$$\ddot{\mathbf{x}}(t) + M^{-1}C\dot{\mathbf{x}}(t) + M^{-1}K\mathbf{x}(t) = \mathbf{0} \tag{4.180}$$

그런데 식 (4.172)처럼 두 개의 $n \times 1$ 벡터 $\mathbf{y}_1 = \mathbf{x}$와 $\mathbf{y}_2 = \dot{\mathbf{x}}$를 정의해서 이 식을 1계, 즉 상태공간형으로 고쳐 쓰면 유용해진다. 그러면 식 (4.173)은 다음과 같다.

$$\begin{aligned} \dot{\mathbf{y}}_1(t) &= \dot{\mathbf{x}}(t) = \mathbf{y}_2(t) \\ \dot{\mathbf{y}}_2(t) &= \ddot{\mathbf{x}}(t) = -M^{-1}K\mathbf{x}(t) - M^{-1}C\dot{\mathbf{x}}(t) \end{aligned} \tag{4.181}$$

여기서 $\ddot{\mathbf{x}}$에 대한 식은 감쇠 시스템에 관한 식 (4.180)에서 $M^{-1}C\dot{\mathbf{x}}$과 $M^{-1}K\mathbf{x}$를 우변으로 이항해서 얻는다. 식 (4.181)에서 $\mathbf{y}_1 = \mathbf{x}$와 $\mathbf{y}_2 = \dot{\mathbf{x}}$를 대입하고 행렬로 표시하면 다음과 같다.

$$\dot{\mathbf{y}}(t) = \begin{bmatrix} \dot{\mathbf{y}}_1(t) \\ \dot{\mathbf{y}}_1(t) \end{bmatrix} = \begin{bmatrix} 0\mathbf{y}_1(t) + I\mathbf{y}_2(t) \\ -M^{-1}K\mathbf{y}_1(t) - M^{-1}C\mathbf{y}_2(t) \end{bmatrix} = \begin{bmatrix} 0 & I \\ -M^{-1}K & -M^{-1}C \end{bmatrix} \begin{bmatrix} \mathbf{y}_1(t) \\ \mathbf{y}_2(t) \end{bmatrix} = A\mathbf{y}(t) \tag{4.182}$$

여기서 벡터 $\mathbf{y}(t)$는 식 (4.176)의 상태벡터로 정의되고, 감쇠 시스템에 대한 상태행렬 A는 다음과 같이 분할형(partitioned form)으로 정의된다.

$$A = \begin{bmatrix} 0 & I \\ -M^{-1}K & -M^{-1}C \end{bmatrix} \tag{4.183}$$

연립방정식 (4.182)에 대한 고유값 해석은 식 (4.174)의 비감쇠 상태행렬 시스템과 마찬가지로 바로 진행된다.

다시 식 (4.182)의 해를 $\mathbf{y}(t) = \mathbf{z}e^{\lambda t}$로 가정해서 식 (4.182)에 대입하면 식 (4.177)과 같은 고유값 문제를 얻는다(즉 $A\mathbf{z} = \lambda\mathbf{z}$). 이것은 $2n \times 2n$ 차원의 표준 고유값 문제를 정의한다. 이 경우 해는 복소수값을 가질 수 있는 $2n$개의 λ_i이다. 식 (4.178)로 기술된 $2n$개의 고유벡터 $\mathbf{z}_i$도 만일 대응하는 λ_i가 복소수이면 복소수값을 가질 수 있다. 따라서 물리적 모드형상 $\mathbf{u}_i$ 및 자유응답 벡터 $\mathbf{x}(t)$도 복소수값을 갖게 된다.

그러나 다행스럽게도 식 (4.182)로 주어지는 고유값 문제의 상태공간 표현으로 결정되는 복소수 고유값, 복소수 모드, 복소수 해 등에는 합리적인 물리적 의미가 존재한다. 실제 시간응답 $\mathbf{x}(t)$는 벡터 $\mathbf{y}(t)$의 처음 n개의 좌표에서 실수부를 취하면 되고 다음과 같이 계산된다.

$$\mathbf{x}(t) = \sum_{i=1}^{2n} c_i \mathbf{u}_i e^{\lambda_i t} \tag{4.184}$$

식 (4.115)에서 소개한 시간응답은 4.10절에서 더 자세히 논의될 것이다. 복소수 고유값 λ_i의 물리적 의미는 1.3절의 식 (1.33)과 (1.34)로 주어지는 비감쇠 1자유도 시스템의 해에 나오는 복소수로부터 직접 찾을 수 있다. 특히 복소수 고유값 λ_i는 다음과 같이 켤레복소수 형태로 된다.

$$\begin{aligned} \lambda_i &= -\zeta_i\omega_i - \omega_i\sqrt{1-\zeta_i^2}\,j \\ \lambda_{i+1} &= -\zeta_i\omega_i + \omega_i\sqrt{1-\zeta_i^2}\,j \end{aligned} \tag{4.185}$$

여기서 $j = \sqrt{-1}$, ω_i는 i번째 모드의 비감쇠 고유진동수, ζ_i는 i번째 모드에 관련되는 모드감쇠비이다. 식 (4.183)의 상태행렬 A에 대한 고유값 문제의 해는 $\lambda_i = \alpha_i + j\beta_i$ 형태의 복소수 집합으로 주어진다. 여기서 $\mathrm{Re}(\lambda_i) = \alpha_i$이고 $\mathrm{Im}(\lambda_i) = \beta_i$이다. 이것을 식 (4.185)와 비교하면 다음 결과를 얻는다.

$$\omega_i = \sqrt{\alpha_i^2 + \beta_i^2} = \sqrt{\mathrm{Re}(\lambda_i)^2 + \mathrm{Im}(\lambda_i)^2} \tag{4.186}$$

$$\zeta_i = \frac{-\alpha_i}{\sqrt{\alpha_i^2 + \beta_i^2}} = \frac{-\mathrm{Re}(\lambda_i)}{\sqrt{\mathrm{Re}(\lambda_i)^2 + \mathrm{Im}(\lambda_i)^2}} \tag{4.187}$$

이 결과를 통해 고유값이 부족감쇠의 경우에 대한 고유진동수와 감쇠비의 물리적 개념으로 연관된다[과도감쇠와 임계감쇠의 경우는 Inman(2017) 참조].

복소수값을 갖는 모드형상벡터 $\mathbf{u}_i$도 켤레복소수 쌍으로 나타나기 때문에 복소모드(*complex mode*)라 한다. 복소모드의 물리적 의미는 다음과 같다. 복소모드의 각 요소는 시스템이 그 모드로만 가진될 때 그 요소에 해당되는 자유도 운동의 상대적인 크기와 위상을 나타낸다. 비감쇠 실수모드(real-mode)의 경우에는 모드형상 벡터가 실수이므로(4.1절 참조) 단일 진동수로 진동하는 임의의 순간에 각 질량의 상대위치를 나타낸다. 실수모드와 복소모드의 차이점은 다음과 같다. 즉 복소모드에서는 각 질량의 상대위치가 모드형상 요소의 복소부로 지정되는 양만큼 위상차가 날 수 있다(복소수는 실수부와 허수부보다는 크기와 위상으로 생각될 수 있다).

식 (4.183)으로 주어지는 행렬 A에 대한 고유값 문제의 상태공간 정식화는 가장 일반적인 선형 진동 문제와 연관된다. 또한 이것은 앞서 논의한 다섯 가지 문제 중에서 가장 어려운 고유값 계산 문제이다. 다음 예제는 상태행렬 방법을 사용하여 고유진동수와 감쇠비를 계산하는 방법을 설명한다.

예제 4.9.4

다음과 같은 시스템에 대해 고유진동수와 감쇠비를 계산하라. 이 시스템은 모드방정식으로 분리되지 않으므로 복소모드를 갖는다는 사실에 유의하라.

$$\begin{bmatrix} 2 & 0 \\ 0 & 1 \end{bmatrix}\ddot{\mathbf{x}} + \begin{bmatrix} 1 & -0.5 \\ -0.5 & 0.5 \end{bmatrix}\dot{\mathbf{x}} + \begin{bmatrix} 3 & -1 \\ -1 & 1 \end{bmatrix}\mathbf{x} = \mathbf{0}$$

풀이 다음 코드에서는 M, C, K 행렬을 입력하고 문제를 상태공간형으로 바꾼 후 해를 구한다. 고유진동수와 감쇠비는 식 (4.186)과 (4.187)을 사용해서 구한다.

MATLAB 풀이과정에서는 실수부와 허수부를 정의해야 하고, 해를 구하는 과정은 다음과 같다.

```
>> M=[2 0;0 1];C=[1 -0.5;-0.5 0.5];K=[3 -1;-1 1]; %entering coefficient matrices
>> A=[zeros(2) eye(2);-M\K -M\C]; %calculate the state matrix
>> [V,D]=eig(A); %solve the state matrix eigenvalue problem
>> omega=sqrt(real(real(D)^2+imag(D)^2)) % compute the natural frequencies

omega =

    1.4078         0         0         0
         0    1.4078         0         0
         0         0    0.7103         0
         0         0         0    0.7103

>> zeta=-real(D)/omega %computed the damping ratios

zeta =

    0.2962         0         0         0
         0    0.2962         0         0
         0         0    0.1169         0
         0         0         0    0.1169

>> D % display the eigenvalues

D =

  -0.4169 + 1.3446i   0.0000 + 0.0000i   0.0000 + 0.0000i   0.0000 + 0.0000i
   0.0000 + 0.0000i  -0.4169 - 1.3446i   0.0000 + 0.0000i   0.0000 + 0.0000i
   0.0000 + 0.0000i   0.0000 + 0.0000i  -0.0831 + 0.7055i   0.0000 + 0.0000i
   0.0000 + 0.0000i   0.0000 + 0.0000i   0.0000 + 0.0000i  -0.0831 - 0.7055i
```

```
>> V % display the state space eigenvectors.

V =

  0.1932 + 0.3410i  0.1932 - 0.3410i -0.3696 - 0.0423i -0.3696 + 0.0423i
 -0.1263 - 0.4072i -0.1263 + 0.4072i -0.7255 + 0.0000i -0.7255 + 0.0000i
 -0.5391 + 0.1175i -0.5391 - 0.1175i  0.0605 - 0.2572i  0.0605 + 0.2572i
  0.6002 + 0.0000i  0.6002 + 0.0000i  0.0603 - 0.5118i  0.0603 + 0.5118i
```

상태공간 행렬의 첫 번째 고유값을 상태공간 고유벡터 첫 번째 열의 첫 번째와 두 번째 요소에 곱하면, 식 (4.178)에 따라 첫 번째 상태공간 고유벡터의 세 번째와 네 번째 요소가 된다.

MATLAB으로 쓰면 다음과 같다.

```
>> V(1:2,1) % Picks off the first two elements of the first column

ans =

      0.1932 + 0.3410i
      -0.1263 - 0.4072i

>> D(1)*V(1:2,1) % multiplies the first eigenvalue, D(1) times the
first physical mode shape yields the velocity mode shape

ans =

      -0.5391 + 0.1175i
      0.6002 + 0.0000i
```

4.10 시간응답의 수치해석

이 절은 1.9, 2.8, 3.9절 내용의 연장이며, 수치적분을 사용하여 진동응답을 계산하고 선도로 표시하는 방법을 검토한다. 수치해석으로 시스템의 응답을 구하는 것은 이제까지 강조했던 모드분리(modal decomposition)를 사용해서 응답을 구하는 것보다 훨씬 쉽다. 그러나 설계를 수행하거나 시스템의 동특성을 이해하기 위해서는 모드 기법이 필요하다. 중요한 설계 기준이 시간응답으로부터 직접 주어지지 않고 모드정보(modal information)로 주어지는 경우가 종종 있다. 또한 모드정보는 수치해석 결과의 검증에도 사용될 수 있다. 반대로 해석 결과의 검증에 수치해를 사용할 수도 있다.

선형 감쇠 시스템의 강제응답을 고려하자. 가장 일반적인 경우는 다음과 같이 쓸 수 있다.

$$M\ddot{\mathbf{x}} + C\dot{\mathbf{x}} + K\mathbf{x} = B\mathbf{F}(t) \qquad \mathbf{x}(0) = \mathbf{x}_0, \quad \dot{\mathbf{x}}(0) = \dot{\mathbf{x}}_0 \tag{4.188}$$

식 (4.181)을 유도하는 과정을 따라 $\mathbf{y}_1 = \mathbf{x}$와 $\mathbf{y}_2 = \dot{\mathbf{x}}$으로 정의하면 $\dot{\mathbf{y}}_1 = \mathbf{y}_2$가 된다. 그리고 식 (4.188)에 M^{-1}을 곱하면 다음과 같이 1계 연립 벡터방정식을 얻는다.

$$\dot{\mathbf{y}}_1(t) = \mathbf{y}_2(t)$$
$$\dot{\mathbf{y}}_2(t) = -M^{-1}K\mathbf{y}_1(t) - M^{-1}C\mathbf{y}_2(t) + M^{-1}B\mathbf{F}(t) \tag{4.189}$$

초기조건은 $\mathbf{y}_1(0) = \mathbf{x}_0$, $\mathbf{y}_2(0) = \dot{\mathbf{x}}_0$이다. 식 (4.189)는 다음과 같이 하나의 1계 방정식으로 쓸 수 있다.

$$\dot{\mathbf{y}}(t) = A\mathbf{y}(t) + \mathbf{f}(\mathrm{t}) \qquad \mathbf{y}(0) = \mathbf{y}_0 \tag{4.190}$$

여기서 A는 식 (4.183)으로 주어지는 상태행렬이다.

$$A = \begin{bmatrix} 0 & I \\ -M^{-1}K & -M^{-1}C \end{bmatrix}$$

그리고

$$\mathbf{y}(t) = \begin{bmatrix} \mathbf{y}_1(t) \\ \mathbf{y}_2(t) \end{bmatrix} \qquad \mathbf{f}(t) = \begin{bmatrix} 0 \\ M^{-1}B\mathbf{F}(t) \end{bmatrix} \qquad \mathbf{y}_0 = \begin{bmatrix} \mathbf{y}_1(0) \\ \mathbf{y}_2(0) \end{bmatrix} = \begin{bmatrix} \mathbf{x}_0 \\ \dot{\mathbf{x}}_0 \end{bmatrix}$$

여기서 $\mathbf{y}(t)$는 $(2n \times 1)$ 상태벡터인데, 처음 $n \times 1$ 요소는 변위 $\mathbf{x}(t)$에 해당되고 그다음 $n \times 1$ 요소는 속도 $\dot{\mathbf{x}}(t)$에 해당된다.

3.9절의 오일러 수치해법, 즉 식 (3.105)를 식 (4.190)으로 주어지는 벡터(상태공간) 방정식에 직접 적용할 수 있다.

$$\mathbf{y}(t_{i+1}) = \mathbf{y}(t_i) + \Delta t A\mathbf{y}(t_i) \tag{4.191}$$

이 식은 식 (4.190)으로 기술되는 일반적인 진동 문제를 입력힘이 영인 경우에 대해 적분하기 위한 오일러 공식이다. 이 식에 $\mathbf{f}_i = \mathbf{f}(t_i)$ 항을 포함시키면 강제응답의 경우로 확장된다.

$$\mathbf{y}_{i+1} = \mathbf{y}_i + \Delta t A\mathbf{y}_i + \mathbf{f}_i \tag{4.192}$$

여기서 $\mathbf{y}_{i+1}$은 $\mathbf{y}(t_{i+1})$을 나타내고, 초기값으로 $\mathbf{y}(0)$를 사용한다.

1.9, 2.8, 3.9절에서와 마찬가지로 대부분의 코드에서는 더 정확한 근사해를 얻기 위해 룽게-쿠타 적분법을 사용한다. 다음 예제에서는 진동 문제를 풀기 위해 MATLAB을 써서 수치적분을 수행하는 방법을 보여준다.

예제 4.10.1

다음 식으로 주어지는 시스템을 고려한다.

$$\begin{bmatrix} 4 & 0 \\ 0 & 9 \end{bmatrix}\begin{bmatrix} \ddot{x}_1 \\ \ddot{x}_2 \end{bmatrix} + \begin{bmatrix} 30 & -5 \\ -5 & 5 \end{bmatrix}\begin{bmatrix} x_1 \\ x_2 \end{bmatrix} = \begin{bmatrix} 0.23500 \\ 2.97922 \end{bmatrix}\sin(2.756556t)$$

고유값 계산을 해보면 구동주파수가 두 번째 모드의 고유진동수와 일치한다는 것을 바로 알 수 있다. 그러나 힘 분포벡터 $\mathbf{b}$가 첫 번째 모드형상에 비례하므로 공진은 일어나지 않는다. 즉 힘 분포벡터가 두 번째 모드와 서로 직교하기 때문에 시스템이 공진하지 않는 것이다. 수치해석으로 이 결과를 입증하라.

풀이 문제를 상태공간형으로 바꾸고 수치해를 구한다.

해를 계산하고 그 해를 그림 4.30과 같이 플롯하기 위한 MATLAB 코드는 다음과 같다.

먼저 다음 함수를 `f.m`으로 저장하고

```
function v=f(t,x)
M=[4 0;0 9];K=[30 -5;-5 5];
B=[0.23500; 2.97922];w=2.75655;
A=[zeros(2) eye(2);-inv(M)*K zeros(2)];
f=inv(M)*B;
v=A*x+[0;0;f].*sin(w*t);
```

그리고 명령창에 다음과 같이 입력하라.

```
>> x0=[0;0;0;0];ts=[0 20];
>> [t,x]=ode45('f',ts,x0);
>> figure
>> plot(t,x(:,1),t,x(:,2),'--')
>> xlabel('time in seconds')
>> ylabel('displacements')
```

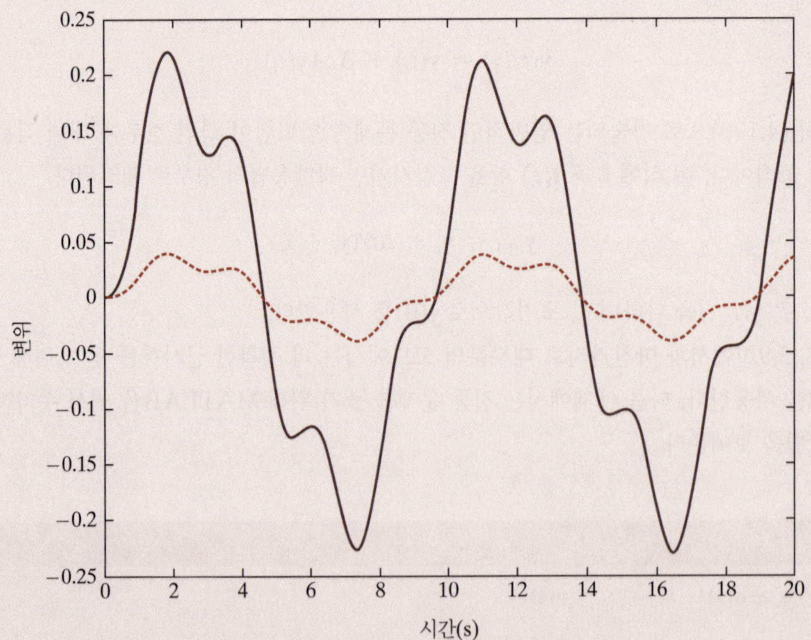

그림 4.30 예제 4.10.1의 해를 MATLAB 수치적분으로 구한 결과. 실선은 $x_1(t)$, 점선은 $x_2(t)$

예제 4.10.2

다음과 같은 시스템의 시간응답을 계산하고 선도로 표시하라(단위: N)

$$\begin{bmatrix} 2 & 0 \\ 0 & 1 \end{bmatrix}\begin{bmatrix} \ddot{x}_1 \\ \ddot{x}_2 \end{bmatrix} + \begin{bmatrix} 3 & -0.5 \\ -0.5 & 0.5 \end{bmatrix}\begin{bmatrix} \dot{x}_1 \\ \dot{x}_2 \end{bmatrix} + \begin{bmatrix} 3 & -1 \\ -1 & 1 \end{bmatrix}\begin{bmatrix} x_1 \\ x_2 \end{bmatrix} = \begin{bmatrix} 1 \\ 1 \end{bmatrix} \sin(2t)$$

초기조건은 다음과 같다.

$$\mathbf{x}_0 = \begin{bmatrix} 0 \\ 0.1 \end{bmatrix}\text{m}, \qquad \mathbf{v}_0 = \begin{bmatrix} 1 \\ 0 \end{bmatrix}\text{m/s}$$

풀이 시스템을 식 (4.190)으로 주어지는 상태공간 방정식으로 정식화하고 룽게-쿠타 방법을 적용한다.

MATLAB으로 수치적분 해를 구해서 그림 4.31과 같이 플롯하기 위해 먼저 다음 함수를 `f.m`으로 저장한다.

```
function v=f(t,x)
M=[2 0;0 1];K=[3 -1;-1 1];C=[3 -0.5;-0.5 0.5];
B=[1; 1];w=2;
A=[zeros(2) eye(2);-inv(M)*K -inv(M)*C];
f=inv(M)*B;
v=A*x+[0;0;f].*sin(w*t);
```

그리고 명령창에 다음과 같이 입력하라.

```
>> x0=[0;0;0;0];ts=[0 20];
>> [t,x]=ode45('f',ts,x0);
>> figure
>> plot(t,x(:,1),t,x(:,2),'--')
>> xlabel('time in seconds')
>> ylabel('displacements')
```

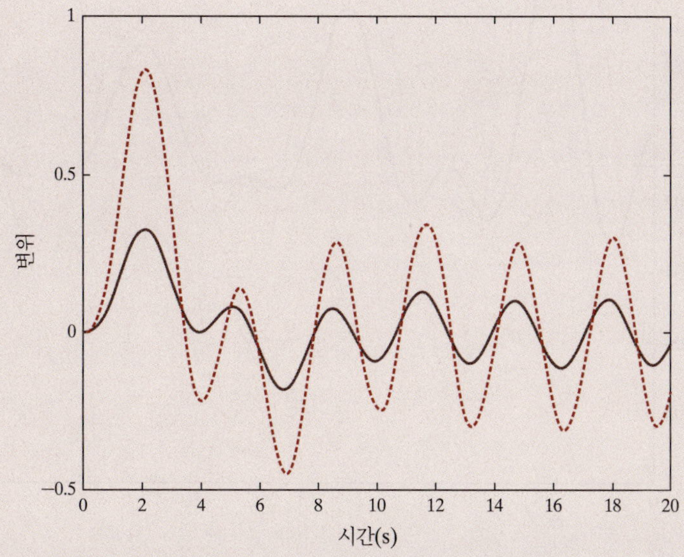

그림 4.31 예제 4.10.2의 해를 MATLAB 수치적분으로 구한 결과. 실선은 $x_1(t)$, 점선은 $x_2(t)$

예제 4.10.3

0.1초 동안 지속되는 펄스로 가진되는 시스템을 고려하자(단위: N).

$$\begin{bmatrix} 2 & 0 \\ 0 & 1 \end{bmatrix}\begin{bmatrix} \ddot{x}_1 \\ \ddot{x}_2 \end{bmatrix} + \begin{bmatrix} 0.3 & -0.05 \\ -0.05 & 0.05 \end{bmatrix}\begin{bmatrix} \dot{x}_1 \\ \dot{x}_2 \end{bmatrix} + \begin{bmatrix} 3 & -1 \\ -1 & 1 \end{bmatrix}\begin{bmatrix} x_1 \\ x_2 \end{bmatrix} = \begin{bmatrix} 0 \\ 1 \end{bmatrix}[\Phi(t-1) - \Phi(t-1.1)]$$

초기조건은 다음과 같다.

$$\mathbf{x}_0 = \begin{bmatrix} 0 \\ -0.1 \end{bmatrix}\text{m}, \qquad \mathbf{v}_0 = \begin{bmatrix} 0 \\ 0 \end{bmatrix}\text{m/s}$$

시스템의 응답을 계산하고 선도로 표시하라. 여기서 Φ는 3.2절에서 소개한 헤비사이드 계단함수이다.

풀이 이 문제도 앞의 예제와 같은 포맷에 따라 운동방정식을 상태행렬꼴로 표시하고 MATLAB을 사용해서 해를 구한다.

MATLAB으로 수치적분 해를 구해서 그림 4.32와 같이 플롯하기 위해 먼저 다음 함수를 `f.m`으로 저장한다.

```
function v=f(t,x)
M=[2 0;0 1];K=[3 -1;-1 1];C=[0.3 -0.05;-0.05 0.05];
B=[1; 1];w=2;
A=[zeros(2) eye(2);-inv(M)*K -inv(M)*C];
f=inv(M)*B;t1=1;t2=1.1;
v=A*x+[0;0;f].*(stepfun(t,t1)-stepfun(t,t2));
```

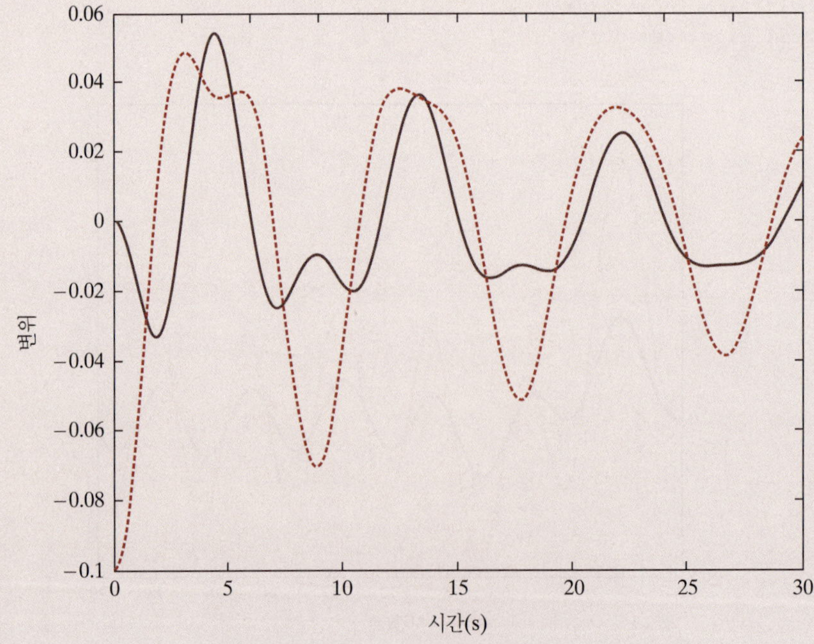

그림 4.32 예제 4.10.3의 해를 MATLAB 수치적분으로 구한 결과. 실선은 $x_1(t)$, 점선은 $x_2(t)$

그리고 명령창에 다음과 같이 입력하라.

```
>> x0=[0;-0.1;0;0];ts=[0 30];
>> [t,x]=ode45('f',ts,x0);
>> figure
>> plot(t,x(:,1),t,x(:,2),'--')
>> xlabel('time in seconds')
>> ylabel('displacements')
```

앞의 예제들은 진동 문제를 MATLAB을 사용해서 풀 때 나타나는 기본적인 특징을 보여준다. 예제들은 모두 간단한 2자유도 시스템이지만 방법과 절차는 자유도의 수에 관계없이 적용되고 단지 특정 코드에서 사용 가능한 배열의 크기에 의해서만 제한된다. 앞의 세 예제 모두 파일 `f.m`에서 가진함수와 계수행렬만 바꿔줌으로써 쉽게 해결됨에 주목하라.

연습문제

4.1절(문제 4.1~4.20)

4.1 그림 P4.1과 같은 시스템을 고려하라. $c_1 = c_2 = c_3 = 0$인 경우에 운동방정식을 유도하고 질량행렬과 강성행렬을 구하라. 여기서 구한 답에서 $k_3 = 0$으로 하면 식 (4.9)로 주어지는 강성행렬이 된다는 것을 확인하라.

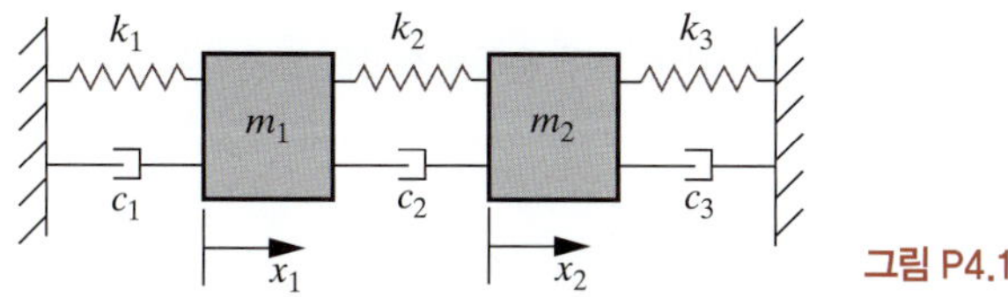

그림 P4.1

4.2 다음과 같은 경우에 문제 4.1에 대한 특성방정식을 구하고 시스템의 고유진동수를 계산하라.

$$m_1 = 9 \text{ kg} \quad m_2 = 1 \text{ kg} \quad k_1 = 24 \text{ N/m} \quad k_2 = 3 \text{ N/m} \quad k_3 = 3 \text{ N/m}$$

4.3 문제 4.2에 대해 벡터 $\mathbf{u}_1$과 $\mathbf{u}_2$를 계산하라.

4.4 초기조건 $\mathbf{x}(0) = [1 \quad 0]^T$와 $\dot{\mathbf{x}}(0) = [0 \quad 0]^T$인 경우 문제 4.2의 시스템에 대한 자유응답을 계산하고 응답 선도 $x_1(t)$과 $x_2(t)$를 그려라.

4.5 초기조건 $\mathbf{x}(0) = \mathbf{0}$와 $\dot{\mathbf{x}}(0) = [1 \quad 0]^T$인 경우 다음과 같은 예제 4.1.7의 시스템에 대한 응답을 계산하고 플롯한 후 그림 4.3의 결과와 비교하라.

$$\begin{bmatrix} 9 & 0 \\ 0 & 1 \end{bmatrix} \ddot{\mathbf{x}}(t) + \begin{bmatrix} 27 & -3 \\ -3 & 3 \end{bmatrix} \mathbf{x}(t) = \mathbf{0}$$

별표(∗)가 있는 문제는 계산 프로그램을 이용하여 해를 계산하라.

4.6 $k_1 = k_3 = 0$인 경우 그림 P4.1의 시스템에 대한 운동방정식을 구하고, 질량행렬과 강성행렬을 구하라.

4.7 다음 시스템에 대해 특성방정식을 구하고 그 근을 구하라.

$$\begin{bmatrix} 9 & 0 \\ 0 & 1 \end{bmatrix} \ddot{\mathbf{x}}(t) + 10 \begin{bmatrix} 1 & -1 \\ -1 & 1 \end{bmatrix} \mathbf{x}(t) = \mathbf{0}$$

4.8 다음 시스템에 대해 고유진동수를 구하라.

$$\begin{bmatrix} 6 & 2 \\ 2 & 4 \end{bmatrix} \ddot{\mathbf{x}}(t) + \begin{bmatrix} 3 & -1 \\ -1 & 1 \end{bmatrix} \mathbf{x}(t) = \mathbf{0}$$

4.9 다음 문제의 해를 구하고 그림 4.3의 응답과 비교하라.

$$\begin{bmatrix} 9 & 0 \\ 0 & 1 \end{bmatrix} \ddot{\mathbf{x}}(t) + \begin{bmatrix} 27 & -3 \\ -3 & 3 \end{bmatrix} \mathbf{x}(t) = \mathbf{0}, \qquad \mathbf{x}(0) = \begin{bmatrix} \frac{1}{3} \\ 1 \end{bmatrix} \qquad \dot{\mathbf{x}}(0) = \mathbf{0}$$

4.10 다음 문제의 해를 구하고 그림 4.3의 응답과 비교하라. 만약 문제 4.9를 풀었으면 그 응답과도 비교하라.

$$\begin{bmatrix} 9 & 0 \\ 0 & 1 \end{bmatrix} \ddot{\mathbf{x}}(t) + \begin{bmatrix} 27 & -3 \\ -3 & 3 \end{bmatrix} \mathbf{x}(t) = \mathbf{0}, \qquad \mathbf{x}(0) = \begin{bmatrix} -\frac{1}{3} \\ 1 \end{bmatrix} \qquad \dot{\mathbf{x}}(0) = \mathbf{0}$$

4.11 다음 시스템에 대해 고유진동수와 모드형상을 구하라.

$$\begin{bmatrix} 4 & 0 \\ 0 & 1 \end{bmatrix} \ddot{\mathbf{x}}(t) + \begin{bmatrix} 4 & -2 \\ -2 & 1 \end{bmatrix} \mathbf{x}(t) = \mathbf{0}$$

4.12 그림 P4.12과 같은 비틀림시스템에 대한 운동방정식을 행렬형식으로 구하고 고유진동수와 모드형상을 계산하라. 축의 비틀림강성은 같고($k_1 = k_2$) 원판 1의 회전관성은 원판 2의 3배($J_1 = 3J_2$)라고 가정하라.

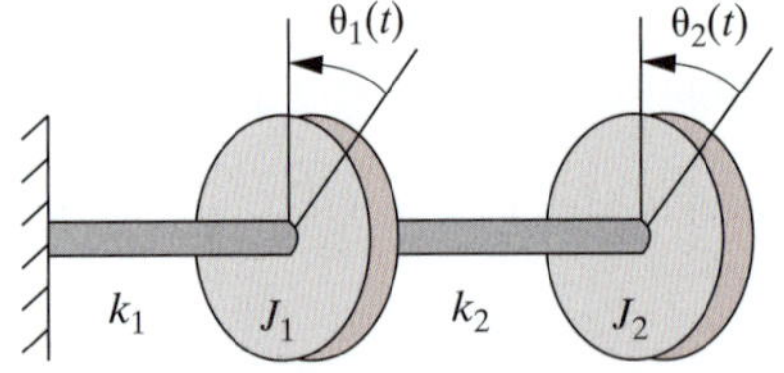

그림 P4.12 두 원판, 즉 2자유도의 비틀림 시스템

4.13 그림 P4.13의 두 객차의 질량은 각각 2000 kg이고 커플러로 연결되어 있다. 커플러는 강성 k = 280,000 N/m인 스프링으로 모델링할 수 있다. 운동방정식을 구하고 고유진동수와 정규화된 모드형상을 구하라.

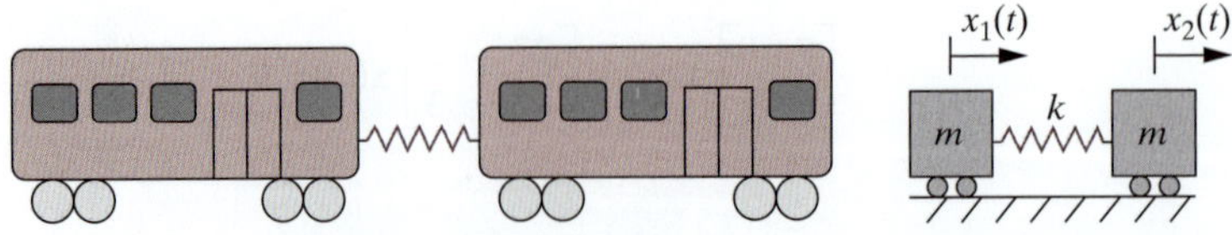

그림 P4.13 질량을 무시할 수 있는 커플러로 연결된 두 객차의 진동 모델

4.14 문제 4.13의 객차에 초기변위 $x_{10} = 0$, $x_{20} = 0.1$ m, 초기속도 $v_{10} = v_{20} = 0$이 주어졌을 때 객차의 응답을 구하라.

4.15 그림 P4.15는 차량현가장치의 좀 더 정교한 모델이다. 운동방정식을 행렬형식으로 구하라. $k_1 = 10^3$ N/m, $k_2 = 10^4$ N/m, $m_1 = 2000$ kg, $m_2 = 50$ kg인 경우에 고유진동수를 계산하라.

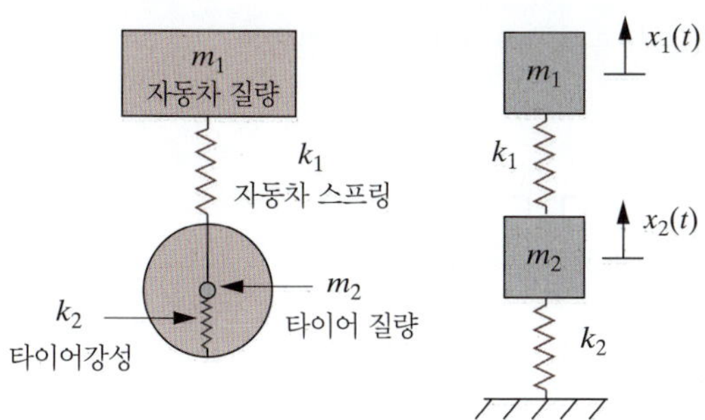

그림 P4.15 차량현가장치의 2자유도 모델

4.16 그림 4.1(a)의 시스템에서 초기조건이 응답 $x_1(t)$과 $x_2(t)$에 미치는 영향을 다음과 같이 검토하라. 먼저 다음과 같은 예제 4.1.7의 해를

$$\begin{bmatrix} x_1(t) \\ x_2(t) \end{bmatrix} = \begin{bmatrix} \frac{1}{3}A_1 \sin(\sqrt{2}t + \phi_1) - \frac{1}{3}A_2 \sin(2t + \phi_2) \\ A_1 \sin(\sqrt{2}t + \phi_1) + A_2 \sin(2t + \phi_2) \end{bmatrix}$$

$x_{10} = 0$, $x_{20} = 1$, $\dot{x}_{10} = 0$, $\dot{x}_{20} = 0$에 대해 풀고 그다음에 $x_{10} = 0$, $x_{20} = 0$, $\dot{x}_{10} = 0$, $\dot{x}_{20} = 1$에 대해 풀어서 각 경우의 시간응답 선도를 그리고 그 결과를 그림 4.3과 비교하라.

4.17 다음과 같은 시스템을 고려하라.

$$\begin{bmatrix} 9 & 0 \\ 0 & 1 \end{bmatrix}\ddot{\mathbf{x}} + \begin{bmatrix} 24 + k_2 & -k_2 \\ -k_2 & k_2 \end{bmatrix}\mathbf{x}(t) = \mathbf{0}$$

초기조건 $x_1(0) = 1$ mm, $x_2(0) = 0$, $\dot{x}_1(0) = \dot{x}_2(0) = 0$에 대해 이 문제를 풀고 k_2의 값이 각각 0.3, 3, 30, 300인 경우에 대해 응답 $x_1(t)$와 $x_2(t)$를 구하여 응답 선도를 그린 후, 그 결과를 비교하라. 어떤 결론을 얻게 되는가?

4.18 다음과 같은 시스템을 고려하라.

$$\begin{bmatrix} m_1 & 0 \\ 0 & m_2 \end{bmatrix}\begin{bmatrix} \ddot{x}_1 \\ \ddot{x}_2 \end{bmatrix} + \begin{bmatrix} k_1 + k_2 & -k_2 \\ -k_2 & k_2 \end{bmatrix}\begin{bmatrix} x_1 \\ x_2 \end{bmatrix} = \begin{bmatrix} 0 \\ 0 \end{bmatrix}$$

고유진동수를 변수 m_1, m_2, k_1, k_2로 표시하라. 이것과 두 개의 1자유도 진동수 $\omega_1 = \sqrt{k_1/m_1}$과 $\omega_2 = \sqrt{k_2/m_2}$는 어떻게 다른가?

4.19 그 1자유도 응답이 $x_1(t) = 0.5(\cos\sqrt{2}t + \cos 2t)$로 주어지는 예제 4.1.7을 고려하라. $x_1(t)$가 맥놀이 현상을 나타냄을 삼각함수 공식을 사용하여 보이고, 응답 선도를 그려서 맥놀이 현상을 확인하라.

4.20 예제 4.1.6에서 구한 벡터에 스칼라 $a = 5$를 곱한 후 예제 4.1.7을 다시 풀어보라.

4.2절(문제 4.21~4.37)

4.21 다음 행렬의 제곱근을 계산하라.

$$M = \begin{bmatrix} 13 & -10 \\ -10 & 8 \end{bmatrix}$$

[힌트: $M^{1/2} = \begin{bmatrix} a & -b \\ -b & c \end{bmatrix}$로 놓고 $(M^{1/2})^2$을 계산한 후 M과 비교한다.]

4.22 다음 벡터들을 정규화하라.

$$\begin{bmatrix} 1 \\ -2 \end{bmatrix}, \begin{bmatrix} 0 \\ 5 \end{bmatrix}, \begin{bmatrix} -0.1 \\ 0.1 \end{bmatrix}$$

먼저 1에 대해 정규화하고(즉 $\mathbf{x}^T\mathbf{x} = 1$), 그다음에 행렬 M에 대해 정규화한다(즉 $\mathbf{x}^T M\mathbf{x} = 1$). 여기서

$$M = \begin{bmatrix} 3 & -0.1 \\ -0.1 & 2 \end{bmatrix}$$

4.23 다음과 같은 진동 시스템을 고려하라.

$$\begin{bmatrix} 4 & 0 \\ 0 & 1 \end{bmatrix}\ddot{\mathbf{x}}(t) + \begin{bmatrix} 4 & -2 \\ -2 & 1 \end{bmatrix}\mathbf{x}(t) = \mathbf{0}$$

고유값, 질량정규 고유벡터, 행렬 S를 계산하고, $S^TMS = I$와 $S^TKS = \Lambda$임을 보여라.

4.24 다음과 같은 시스템에 대해 일반화된 고유값 문제를 구하라.

$$\begin{bmatrix} m_1 & 0 \\ 0 & m_2 \end{bmatrix}\begin{bmatrix} \ddot{x}_1 \\ \ddot{x}_2 \end{bmatrix} + \begin{bmatrix} k_1 + k_2 & -k_2 \\ -k_2 & k_2 \end{bmatrix}\begin{bmatrix} x_1 \\ x_2 \end{bmatrix} = \mathbf{0}$$

4.25 다음과 같은 진동 시스템을 고려하라.

$$\begin{bmatrix} 4 & 0 \\ 0 & 1 \end{bmatrix}\ddot{\mathbf{x}}(t) + \begin{bmatrix} 4 & -2 \\ -2 & 2 \end{bmatrix}\mathbf{x}(t) = \mathbf{0}$$

고유값, 질량정규 고유벡터, 행렬 S를 계산하고, $S^TMS = I$와 $S^TKS = \Lambda$임을 보여라.

4.26 식 (4.54)의 모드형상과 일반화 고유값 문제의 고유벡터가 동일하다는 사실에 대해 논의하라.

4.27 행렬 M과 K의 각 요소들의 단위는 무엇인가?

4.28 다음과 같은 문제 4.15의 자동차 모델에 대해 스펙트럼 행렬 Λ와 모드행렬 S를 계산하라.

$$\begin{bmatrix} 2000 & 0 \\ 0 & 50 \end{bmatrix}\ddot{\mathbf{x}}(t) + \begin{bmatrix} 11{,}000 & -10{,}000 \\ -10{,}000 & 10{,}000 \end{bmatrix}\mathbf{x}(t) = \mathbf{0}$$

4.29 다음과 같은 시스템에 대해 스펙트럼 행렬 Λ와 모드행렬 S를 계산하라.

$$\begin{bmatrix} 2000 & 0 \\ 0 & 2000 \end{bmatrix}\ddot{\mathbf{x}}(t) + \begin{bmatrix} 300{,}000 & -280{,}000 \\ -280{,}000 & 280{,}000 \end{bmatrix}\mathbf{x}(t) = \mathbf{0}$$

4.30 다음과 같은 비틀림 진동 시스템에 대해 일반화 고유값 문제를 구하라.

$$J_2\begin{bmatrix} 3 & 0 \\ 0 & 1 \end{bmatrix}\ddot{\boldsymbol{\theta}}(t) + k\begin{bmatrix} 2 & -1 \\ -1 & 1 \end{bmatrix}\boldsymbol{\theta}(t) = \mathbf{0}$$

4.31 그림 P4.31을 고려하라. 여기서 $m_1 = 1$ kg, $m_2 = 4$ kg, $k_1 = 240$ N/m, $k_2 = 300$ N/m이다. 운동방정식을 벡터형식으로 표현하고 다음 항목을 계산하라.

(a) 고유진동수

(b) 모드형상

(c) 고유값

(d) 고유벡터

(e) 모드형상의 직교성

(f) 모드좌표계에서의 운동방정식

이 문제의 의도는 여러 물리량의 차이점을 보이기 위한 것이다.

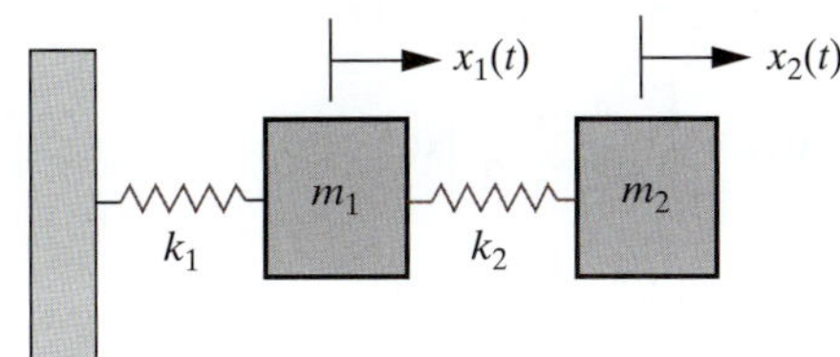

그림 P4.31 2자유도 시스템

4.32 다음과 같은 시스템을 고려하라.

$$\begin{bmatrix} 1 & 0 \\ 0 & 4 \end{bmatrix}\ddot{\mathbf{x}}(t) + \begin{bmatrix} 3 & -1 \\ -1 & 1 \end{bmatrix}\mathbf{x}(t) = \mathbf{0}$$

여기서 질량의 단위는 kg, 강성의 단위는 N/m이다. (a) 시스템의 고유값을 계산하라. (b) 고유벡터를 계산하고 질량정규화하라.

4.33 그림 P4.33은 비행기 날개의 비틀림 진동을 모델링한 것이다. 운동방정식을 행렬형식으로 쓰고, 고유진동수를 날개의 회전관성과 강성으로 표현하라.

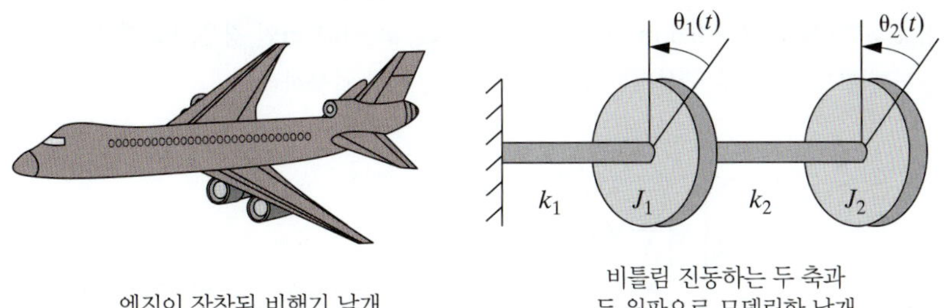

그림 P4.33 문제 4.12의 두 축과 두 원판시스템으로 구성되는 날개 비틀림 진동의 간략한 모델. 날개의 비틀림 고유진동수를 계산할 수 있다. 원판의 관성은 엔진의 관성을 근사화한 것이다.

4.34 $\mathbf{x}_1 = [a \quad 1 \quad 1]^T$과 $\mathbf{x}_2 = [1 \quad 0 \quad 1]^T$이 서로 직교하도록 스칼라 a의 값을 계산하라.

4.35 문제 4.34의 벡터를 정규화하라. 두 벡터는 여전히 직교인가?

4.36 다음 벡터 중 어느 것이 정규화되었는가? 어느 것이 서로 직교하는가?

$$\mathbf{x}_1 = \begin{bmatrix} \frac{1}{\sqrt{2}} \\ 0 \\ \frac{1}{\sqrt{2}} \end{bmatrix} \qquad \mathbf{x}_2 = \begin{bmatrix} 0.1 \\ 0.2 \\ 0.3 \end{bmatrix} \qquad \mathbf{x}_3 = \begin{bmatrix} 0.4 \\ 0.3 \\ 0.4 \end{bmatrix}$$

4.37 그림 P.41의 2질량, 3스프링 시스템에 대해 $m_1 = m$, $m_2 = 2m$, $k_1 = k_2 = k_3 = k$, $c_1 = c_2 = c_3 = 0$일 때 고유진동수를 계산하라.

4.3절(문제 4.38~4.49)

4.38 모드행렬 S와 모드좌표 r의 단위를 구하라.

4.39 다음 운동방정식을 분리해서 두 개의 독립 운동방정식을 구하라.

$$\begin{bmatrix} 4 & 0 \\ 0 & 1 \end{bmatrix}\ddot{\mathbf{x}}(t) + \begin{bmatrix} 4 & -2 \\ -2 & 2 \end{bmatrix}\mathbf{x}(t) = \mathbf{0}$$

4.40 모드해석으로 다음 식으로 주어지는 문제 4.12의 해를 구하라.

$$J_2\begin{bmatrix} 3 & 0 \\ 0 & 1 \end{bmatrix}\ddot{\boldsymbol{\theta}} + k\begin{bmatrix} 2 & -1 \\ -1 & 1 \end{bmatrix}\boldsymbol{\theta} = \mathbf{0}$$

축의 강성은 같고(즉 $k_1 = k_2$), 원판의 회전관성은 $J_1 = 3J_2$이다. 초기조건은 $\mathbf{x}(0) = [1 \quad 0]^T$과 $\dot{\mathbf{x}}(0) = \mathbf{0}$이다.

4.41 다음 식으로 주어지는 예제 4.3.1의 시스템을 고려하자.

$$\begin{bmatrix} 9 & 0 \\ 0 & 1 \end{bmatrix}\ddot{\mathbf{x}}(t) + \begin{bmatrix} 27 & -3 \\ -3 & 3 \end{bmatrix}\mathbf{x}(t) = \mathbf{0}$$

시스템의 두 질량이 모두 단일 진동수 2 rad/s로 진동하도록 $\mathbf{x}(0)$와 $\dot{\mathbf{x}}(0)$의 값을 결정하라.

4.42 그림 P4.42와 같이 두 진자가 스프링으로 연결된 시스템을 고려하자. 고유진동수와 모드형상을 구하라. $k = 20$ N/m, $l = 0.5$ m, $m_1 = m_2 = 10$ kg, $a = 0.1$ m인 경우, 모드형상을 계산해서 플롯하고, 첫 번째 모드형상으로 구성되는 초기조건에 대한 해를 플롯하라.

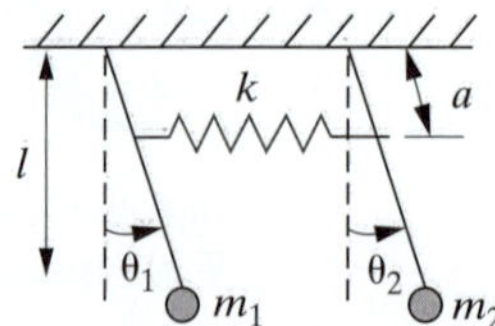

그림 P4.42 스프링으로 연결되는 같은 길이의 두 진자

4.43 초기조건이 $\mathbf{x}(0) = [1 \quad 1]^T$과 $\dot{\mathbf{x}}(0) = \mathbf{0}$으로 주어지는 다음과 같은 시스템의 응답을 계산하고 플롯하라. 예제 4.3.2의 그림 4.6의 선도와 비교하라.

$$\begin{bmatrix} 1 & 0 \\ 0 & 10 \end{bmatrix}\ddot{\mathbf{x}}(t) + \begin{bmatrix} 12 & -2 \\ -2 & 12 \end{bmatrix}\mathbf{x}(t) = \mathbf{0}$$

4.44 초기조건이 $\mathbf{x}(0) = [0 \quad 1]^T$과 $\dot{\mathbf{x}}(0) = [0 \quad 0]^T$으로 주어지는 다음과 같은 방정식의 해를 모드해석으로 구하라.

$$\begin{bmatrix} 1 & 0 \\ 0 & 4 \end{bmatrix}\ddot{\mathbf{x}}(t) + \begin{bmatrix} 3 & -1 \\ -1 & 1 \end{bmatrix}\mathbf{x}(t) = \mathbf{0}$$

4.45 다음 행렬에 대해 S^{-1}, S^T, S^TM을 계산하고, 식 (4.72)가 성립함을 보여라.

$$M = \begin{bmatrix} 9 & 0 \\ 0 & 1 \end{bmatrix} \qquad S = \frac{1}{3\sqrt{2}}\begin{bmatrix} 1 & -1 \\ 3 & 3 \end{bmatrix}$$

4.46 다음과 같이 정의되는 2자유도시스템을 고려하자.

$$\begin{bmatrix} 9 & 0 \\ 0 & 1 \end{bmatrix}\ddot{\mathbf{x}}(t) + \begin{bmatrix} 27 & -3 \\ -3 & 3 \end{bmatrix}\mathbf{x}(t) = \mathbf{0}$$

다음과 같은 초기조건에 대한 시스템의 응답을 계산하라.

$$\mathbf{x}_0 = \frac{1}{\sqrt{2}}\begin{bmatrix} \frac{1}{3} \\ 1 \end{bmatrix} \qquad \dot{\mathbf{x}}_0 = \mathbf{0}$$

이 해를 예제 4.3.1의 해와 비교할 때 특별한 점은 무엇인가?

4.47 다음과 같이 정의되는 2자유도시스템을 고려하자.

$$\begin{bmatrix} 9 & 0 \\ 0 & 1 \end{bmatrix}\ddot{\mathbf{x}}(t) + \begin{bmatrix} 27 & -3 \\ -3 & 3 \end{bmatrix}\mathbf{x}(t) = \mathbf{0}$$

다음과 같은 초기조건에 대한 시스템의 응답을 계산하라.

$$\mathbf{x}_0 = \mathbf{0} \quad \text{그리고} \quad \dot{\mathbf{x}}_0 = \frac{1}{\sqrt{2}}\begin{bmatrix} \frac{1}{3} \\ -1 \end{bmatrix}$$

이 해를 예제 4.3.1과 비교할 때 특별한 점은 무엇인가?

4.48 다음과 같이 정의되는 2자유도시스템을 고려하자.

$$\begin{bmatrix} 100 & 0 \\ 0 & 100 \end{bmatrix}\ddot{\mathbf{x}}(t) + \begin{bmatrix} 25{,}000 & -15{,}000 \\ -15{,}000 & 25{,}000 \end{bmatrix}\mathbf{x}(t) = \mathbf{0}$$

다음 초기조건에 대한 시스템의 자유응답을 모드해석으로 계산하라.

$$\mathbf{x}(0) = [1 \quad 0]^T \qquad \dot{\mathbf{x}}(0) = \mathbf{0}$$

4.49 문제 4.15와 그림 P4.15와 같은 자동차 모델에 대한 운동방정식은 다음과 같다.

$$\begin{bmatrix} 2000 & 0 \\ 0 & 50 \end{bmatrix}\ddot{\mathbf{x}} + \begin{bmatrix} 11{,}000 & -10{,}000 \\ -10{,}000 & 10{,}000 \end{bmatrix}\mathbf{x}(t) = \mathbf{0}$$

타이어가 과속방지턱에 부딪치는 것이 다음과 같은 초기조건에 해당된다고 가정하자.

$$\mathbf{x}(0) = [0 \quad 0.01]^T \qquad \dot{\mathbf{x}}(0) = \mathbf{0}$$

모드해석으로 자동차의 응답 $x_1(t)$를 계산하고, 세 주기까지의 응답 선도를 그려라.

4.4절(문제 4.50~4.62)

4.50 자동차 파워트레인의 진동 모델을 그림 P4.50과 같이 3자유도 시스템으로 표시한다. 초기조건 $\mathbf{x}(0) = \mathbf{0}$과 $\dot{\mathbf{x}}(0) = [0 \quad 0 \quad 1]^T$인 경우 비감쇠 자유응답(즉 $M(t) = F(t) = 0$, $c_1 = c_2 = 0$)을 계산하라. 허브 강성은 10,000 N/m, 차축/서스펜션 강성은 20,000 N/m로 가정하라. 회전요소 J를 75 kg의 병진질량으로 가정하라.

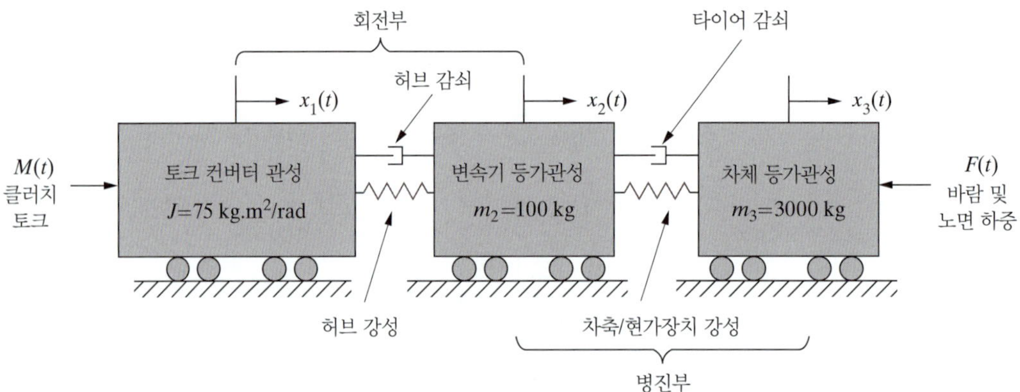

그림 P4.50 파워트레인의 진동해석을 위한 간략화된 자동차 모델. 주어진 변수값은 전형적인 값으로 엄밀한 값은 아니다.

4.51 다음 식에 대해 고유진동수와 질량정규화된 모드형상을 계산하라.

$$\begin{bmatrix} 4 & 0 & 0 \\ 0 & 2 & 0 \\ 0 & 0 & 1 \end{bmatrix} \ddot{\mathbf{x}} + \begin{bmatrix} 4 & -1 & 0 \\ -1 & 2 & -1 \\ 0 & -1 & 1 \end{bmatrix} \mathbf{x} = \mathbf{0}$$

4.52 비행기와 그 날개의 수직방향 진동은, 동체에 질량 하나, 그리고 양 날개에 각각 질량 하나씩 3자유도 시스템으로 모델링할 수 있다. 세 질량을 연결해 주는 강성은 날개의 강성에 해당되며 날개의 탄성계수 E의 함수이다. 운동방정식은 다음과 같다.

$$m\begin{bmatrix} 1 & 0 & 0 \\ 0 & 4 & 0 \\ 0 & 0 & 1 \end{bmatrix} \begin{bmatrix} \ddot{x}_1(t) \\ \ddot{x}_2(t) \\ \ddot{x}_3(t) \end{bmatrix} + \frac{EI}{l^3} \begin{bmatrix} 3 & -3 & 0 \\ -3 & 6 & -3 \\ 0 & -3 & 3 \end{bmatrix} \begin{bmatrix} x_1(t) \\ x_2(t) \\ x_3(t) \end{bmatrix} = \begin{bmatrix} 0 \\ 0 \\ 0 \end{bmatrix}$$

이 모델은 그림 P4.52와 같다. 고유진동수와 모드형상을 구하라. 모드형상을 그려보고 그것을 비행기의 변형과 관련지어 설명하라.

4.53 문제 4.52의 시스템에 대해 자유응답을 구하라. 단, $E = 6.9 \times 10^9$ N/m², $l = 2$ m, $m = 3000$ kg, $I = 5.2 \times 10^{-6}$ m⁴이다. 돌풍에 해당되는 초기변위는 초기조건 $\dot{\mathbf{x}}(0) = \mathbf{0}$과 $\mathbf{x}(0) = [0.2 \quad 0 \quad 0]^T$ m으로 줄 수 있다. 해를 구하고 그 해에 대해 논의하라.

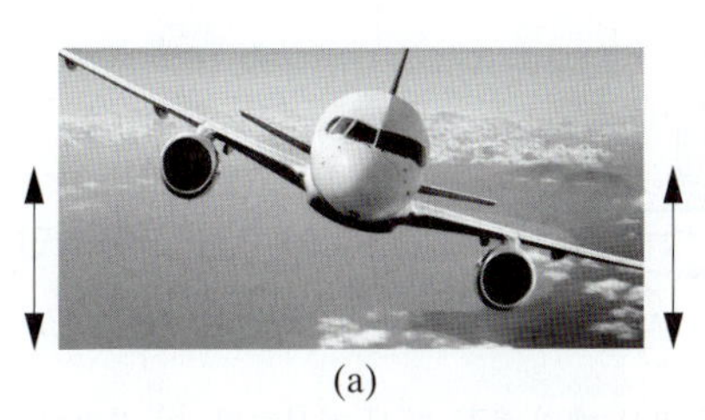
(a)

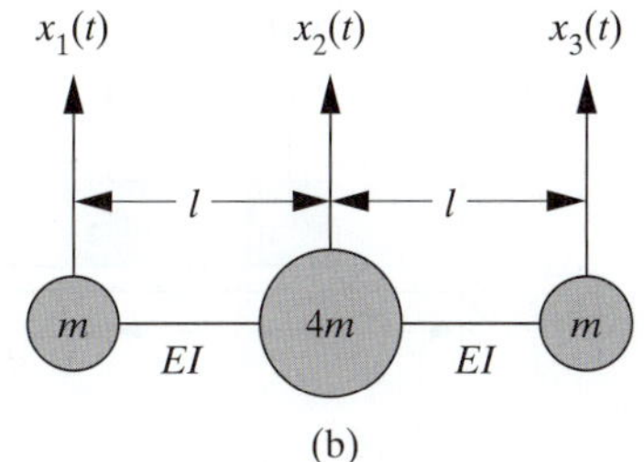

(b)

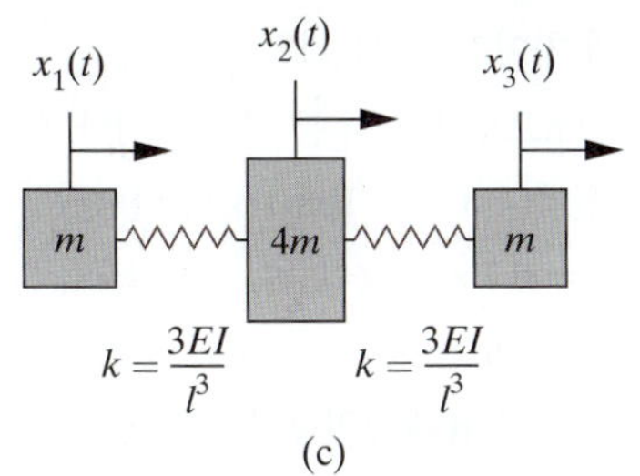

(c)

그림 P4.52 비행기 날개 진동 모델. (a) 수직 방향 날개 진동, (b) 집중질량/보 변형 모델, (c) 스프링–질량 모델

4.54 그림 P4.54와 같은 2질량 시스템을 고려하자. 이 시스템은 $x_1 - x_2$ 평면상에서 자유롭게 움직인다. 즉 각 질량은 2자유도를 갖는다. 선형 운동방정식을 유도하고 행렬형식으로 표현하라. $m = 10$ kg, $k = 100$ N/m일 때, 고유값과 고유벡터를 계산하라.

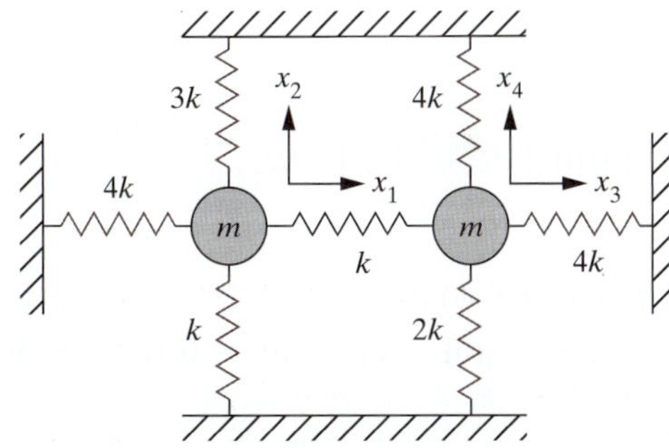

그림 P4.54 두 방향으로 자유롭게 움직이는 2질량 시스템

4.55 문제 4.54에서 논의한 시스템을 다시 생각하자. 왼쪽 질량을 x_2방향으로 정확히 0.01 m만큼 올렸다가 놓았을 때 응답을 모드해석으로 구하라.

4.56 무거운 상자가 놓여 있는 건물바닥의 진동을 그림 P4.56과 같이 모델링한다. 각 질량은 같은 간격으로 놓여 있고 바닥의 질량보다 충분히 크다고 가정한다. 그러면 운동방정식은 다음과 같다($m_1 = m_2 = m_3 = m$).

$$mI\ddot{\mathbf{x}} + \frac{EI}{l^3}\begin{bmatrix} 18.8571 & -12.0 & 5.1429 \\ -12.0 & 15 & -12.0 \\ 5.1429 & -12.0 & 18.8571 \end{bmatrix}\begin{bmatrix} x_1 \\ x_2 \\ x_3 \end{bmatrix} = \mathbf{0}$$

고유진동수와 모드형상을 계산하라. 상자 m_2를 바닥에 천천히 내려놓을 때 생기는 진동은 m_2에서의 초기변위를 0.05 m로 가정해서 구할 수 있다고 가정하자. $l = 2$ m, $m = 200$ kg, $E = 0.6 \times 10^9$ N/m^2, $I = 4.17 \times 10^{-5}$ m^{4}이다. 응답을 계산하고 선도로 표시하라.

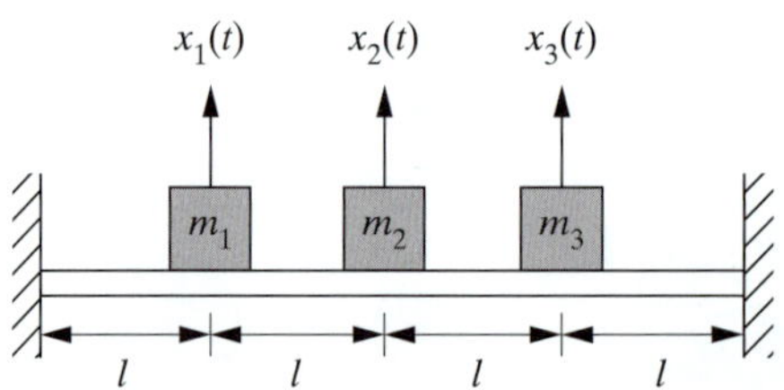

그림 P4.56 건물바닥에 놓인 상자의 집중질량 모델

4.57 문제 4.56에서 m_2의 질량을 2000 kg으로 올렸을 때의 해를 다시 계산하라. 이 결과를 문제 4.56의 결과와 비교하라. 무거운 질량이 놓이는 위치에 따라 차이가 생기는가?

4.58 문제 4.52에서 비행기 몸체의 질량을 4m 대신 10m으로 한 경우를 다시 풀어라. 이것이 응답에 어떤 영향을 미치는가? 진동을 줄이기 위해서는 어떤 설계(4m 또는 10m)가 더 바람직한가?

4.59 자동차 설계에서 특정 부품의 질량을 줄일 수 없는 경우가 종종 있다. 예를 들어, 그림 P4.50에 나타낸 파워트레인 모델을 고려하자. 토크컨버터와 변속기의 질량은 차에 따라 상대적으로 크게 변하지 않는다. 그러나 차의 질량은 1000 kg까지도 차이날 수 있다(예: 2인승 스포츠카와 가족용 세단). 이것을 염두에 두고 자동차 질량이 2000 kg으로 감소된 경우에 대해 문제 4.50을 다시 풀어라. 어느 경우에 진폭이 작아지는가?

4.60 모드합성법을 사용하여 다음과 같은 2자유도 시스템의 응답을 계산하라.

$$\begin{bmatrix} 1 & 0 \\ 0 & 4 \end{bmatrix}\ddot{\mathbf{x}}(t) + \begin{bmatrix} 540 & -300 \\ -300 & 300 \end{bmatrix}\mathbf{x}(t) = \mathbf{0}$$

초기조건은 다음과 같다.

$$\mathbf{x}_0 = \begin{bmatrix} 0 \\ 0.01 \end{bmatrix}, \quad \dot{\mathbf{x}}_0 = \begin{bmatrix} 0 \\ 0 \end{bmatrix}$$

4.61 고유값, 즉 고유진동수가 영인 경우에 해당되는 시간응답은 어떻게 되는가? 바꿔 질문하면, 영이 아닌 고유진동수에 대한 모드해의 형태는 $A\sin(\omega_n t + \phi)$인데, 고유진동수가 영인 경우에 해당되는 모드해는 어떤 형태로 주어지는가? 모드 초기조건이 $r_1(0) = 0.1$과 $\dot{r}_1(0) = 0.01$인 경우 적분상수를 계산하라.

4.62 초기조건이 $\mathbf{x}(0) = [1 \quad 0]^T$과 $\dot{\mathbf{x}}(0) = \mathbf{0}$으로 주어지는 다음과 같은 시스템의 변위응답 선도를 구하라.

$$\begin{bmatrix} 1 & 0 \\ 0 & 4 \end{bmatrix}\ddot{\mathbf{x}}(t) + \begin{bmatrix} 400 & -400 \\ -400 & 400 \end{bmatrix}\mathbf{x}(t) = \mathbf{0}$$

4.5절(문제 4.63~4.75)

4.63 모드감쇠비가 $\zeta_1 = 0.01$, $\zeta_2 = 0.1$이라 가정하고 다음과 같은 2자유도 시스템의 응답을 구하라.

$$\begin{bmatrix} 5 & 0 \\ 0 & 1 \end{bmatrix}\ddot{\mathbf{x}}(t) + \begin{bmatrix} 20 & -3 \\ -3 & 3 \end{bmatrix}\mathbf{x}(t) = \mathbf{0}, \qquad \mathbf{x}_0 = \begin{bmatrix} 0.1 \\ 0.05 \end{bmatrix}, \ \dot{\mathbf{x}}_0 = \mathbf{0}$$

4.64 문제 4.50에서 논의한 자동차 파워트레인의 예를 고려하자.

$$\begin{bmatrix} 75 & 0 & 0 \\ 0 & 100 & 0 \\ 0 & 0 & 3000 \end{bmatrix}\ddot{\mathbf{x}} + 10{,}000\begin{bmatrix} 1 & -1 & 0 \\ -1 & 3 & -2 \\ 0 & -2 & 0 \end{bmatrix}\mathbf{x} = \mathbf{0}$$

$$\mathbf{x}(0) = \mathbf{0} \quad \text{그리고} \quad \dot{\mathbf{x}}(0) = [0 \quad 0 \quad 1]^T$$

각 좌표에 10%의 모드감쇠를 가한 후, 시스템의 응답을 계산하고 선도로 표시하라.

4.65 모드감쇠비가 $\zeta_1 = 0.05$, $\zeta_2 = 0.01$이라 가정하고 다음과 같은 2자유도 시스템의 응답을 구하고 선도로 표시하라.

$$\begin{bmatrix} 50 & 0 \\ 0 & 1 \end{bmatrix} \ddot{\mathbf{x}}(t) + \begin{bmatrix} 20 & -9 \\ -9 & 9 \end{bmatrix} \mathbf{x}(t) = \mathbf{0}, \qquad \mathbf{x}_0 = \begin{bmatrix} 0.05 \\ 0.09 \end{bmatrix}, \ \dot{\mathbf{x}}_0 = \mathbf{0}$$

4.66 문제 4.52와 그림 P4.52의 비행기 모델은 다음과 같다.

$$\begin{bmatrix} 3000 & 0 & 0 \\ 0 & 12{,}000 & 0 \\ 0 & 0 & 3000 \end{bmatrix} \ddot{\mathbf{x}} + \begin{bmatrix} 13{,}455 & -13{,}455 & 0 \\ -13{,}455 & 26{,}910 & -13{,}455 \\ 0 & -13{,}455 & 13{,}455 \end{bmatrix} \mathbf{x} = \mathbf{0}$$

초기조건은 $\mathbf{x}(0) = [0.02 \quad 0 \quad 0]^T$ m와 $\dot{\mathbf{x}}(0) = \mathbf{0}$으로 주어진다. (a) 날개의 진동에 수반되는 감쇠가 각 모드에 대해 $\zeta_i = 0.01$이라고 가정하고 문제를 풀어서 응답을 계산하라. (b) 비행 중에는 감쇠력이 $\zeta_i = 0.1$로 급격히 증가한다. 응답을 다시 계산하고 약하게 감쇠된 (a)의 경우와 비교하라.

4.67 문제 4.56의 바닥진동 문제는 다음과 같다.

$$200\ddot{\mathbf{x}} + 3.197 \times 10^{-4} \begin{bmatrix} 18.8571 & -12 & 5.1479 \\ -12 & 15 & -12 \\ 5.1479 & -12 & 18.8571 \end{bmatrix} \mathbf{x} = \mathbf{0}$$

초기조건은 $\mathbf{x}(0) = [0 \quad 0.05 \quad 0]^T$ m와 $\dot{\mathbf{x}}(0) = \mathbf{0}$으로 주어진다. 다음과 같은 모드감쇠비에 대해 응답을 구하라.

$$\zeta_1 = 0.01 \qquad \zeta_2 = 0.1 \qquad \zeta_3 = 0.2$$

4.68 모드감쇠비가 $\zeta_1 = \zeta_2 = \zeta_3 = 0.1$로 일정한 경우에 대해 문제 4.67을 다시 풀고 그 결과를 문제 4.67의 해와 비교하라.

4.69 그림 P4.69와 같은 감쇠시스템을 고려하자. 감쇠행렬을 구하고 식 (4.119)를 써서 이 시스템이 비례감쇠가 되도록 감쇠계수 c_i의 값을 결정하라.

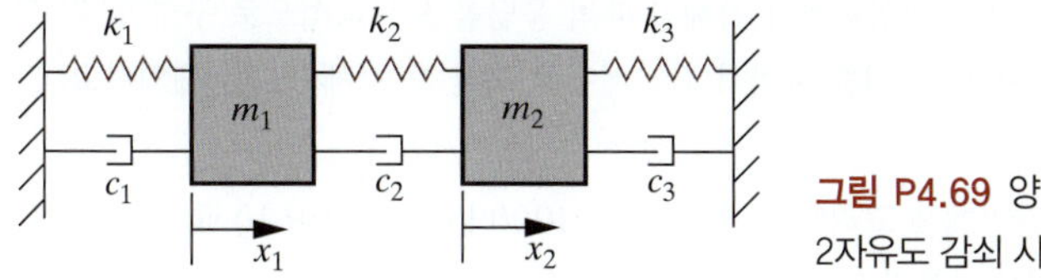

그림 P4.69 양 끝이 고정된 2자유도 감쇠 시스템

4.70 문제 4.69에서 $k_3 = 0$이라 하자. 또 $m_1 = 1$, $m_2 = 4$, $k_1 = 2$, $k_2 = 1$이라 하고, $\zeta_1 = 0.01$과 $\zeta_2 = 0.1$이 되도록 c_1, c_2, c_3를 구하라.

4.71 다음과 같은 2자유도 시스템에 대해 모드감쇠비가 $\zeta_1 = \zeta_2 = 0.3$이 되도록 상수 α와 β의 값을 계산하라.

$$\begin{bmatrix} 1 & 0 \\ 0 & 4 \end{bmatrix} \ddot{\mathbf{x}} + (\alpha M + \beta K)\dot{\mathbf{x}} + \begin{bmatrix} 3 & -1 \\ -1 & 1 \end{bmatrix} \mathbf{x} = \mathbf{0}$$

4.72 식 (4.124)는 단지 두 개의 미지수에 대한 n개의 방정식을 나타낸다. 따라서 $n > 2$인 시스템에 대해 모든 모드감쇠비를 다 지정할 수는 없다. 문제 4.56의 바닥진동 시스템에서 측정된 감쇠값이 $\zeta_1 = 0.01$과 $\zeta_2 = 0.05$일 때, ζ_3의 값을 구하라.

4.73 문제 4.72의 시스템에서 감쇠행렬을 계산하라. 감쇠행렬을 구성하는 요소들의 단위는 무엇인가?

4.74 다음 식을 분리할 수 있는가? 만일 그렇다면 모드형상을 계산하고 방정식을 분리된 형태로 표시하라.

$$\begin{bmatrix} 1 & 0 \\ 0 & 1 \end{bmatrix}\ddot{\mathbf{x}} + \begin{bmatrix} 5 & -3 \\ -3 & 3 \end{bmatrix}\dot{\mathbf{x}} + \begin{bmatrix} 5 & -1 \\ -1 & 1 \end{bmatrix}\mathbf{x} = \mathbf{0}$$

4.75 만일 감쇠행렬이 $C = \alpha M + \beta K$를 만족한다면, $CM^{-1}K$가 대칭이고 따라서 $CM^{-1}K = KM^{-1}C$가 됨을 보여라.

4.6절(문제 4.76~4.85)

4.76 예제 4.6.1에서 논의된 그림 P4.76의 시스템에서 $F_2(t) = \delta(t)$이고 초기조건이 영인 경우에 대한 응답을 계산하라. 이것은 과속방지턱과 부딪치는 자동차의 2자유도 모델에 해당될 수 있다.

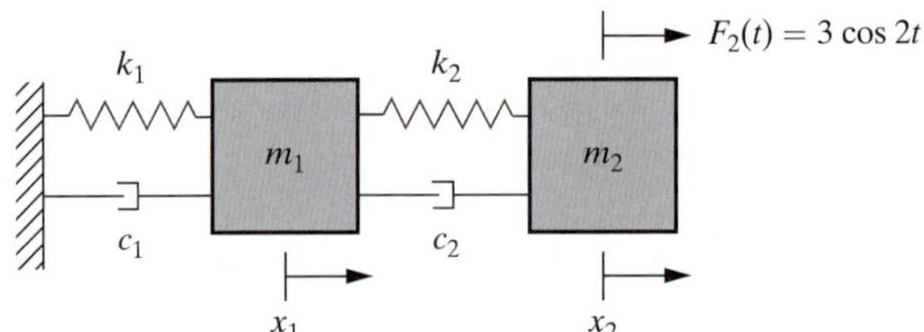

그림 P4.76 2자유도 감쇠 시스템

4.77 비감쇠 2자유도 시스템에서 한 고유진동수 또는 두 고유진동수 모두에서 공진이 일어남을 보여라.

4.78 문제 4.50의 파워트레인 시스템 모델은 다음과 같다.

$$\begin{bmatrix} 75 & 0 & 0 \\ 0 & 100 & 0 \\ 0 & 0 & 3000 \end{bmatrix}\ddot{\mathbf{x}} + 10{,}000\begin{bmatrix} 1 & -1 & 0 \\ -1 & 3 & -2 \\ 0 & -2 & 2 \end{bmatrix}\mathbf{x} = \mathbf{0}$$

차체(즉 x_3 위치)에 단위임펄스가 가해질 때의 응답을 모드해석으로 구하라. 각 모드에 대해 10%의 모드감쇠비를 사용하라. 해를 물리적 좌표계에서 구한 후 강체모드를 제외하고, 각 부분의 응답을 비교하라.

4.79 그림 4.28의 공작기계를 고려하자. 질량 $m = 1000$ kg인 바닥이 10 sin$t$(단위: N)의 힘을 받고 있을 때의 운동방정식은 다음과 같다.

$$(10^3)\begin{bmatrix} 0.4 & 0 & 0 \\ 0 & 2 & 0 \\ 0 & 0 & 1 \end{bmatrix}\ddot{\mathbf{x}}(t) + (10^4)\begin{bmatrix} 30 & -30 & 0 \\ -30 & 38 & -8 \\ 0 & -8 & 88 \end{bmatrix}\mathbf{x}(t) = \begin{bmatrix} 0 \\ 0 \\ 10\sin t \end{bmatrix}$$

응답을 계산하라. 예제 4.8.3의 결과와 비교해 볼 때 바닥진동이 기계의 공구베이스에 얼마나 영향을 미치는가?

4.80 각 모드에서 감쇠값 $\zeta_i = 0.1$을 갖는 그림 P4.52의 비행기를 고려하자. 비행기가 돌풍을 만나 왼쪽 날개 끝에 $3\delta(t)$, 오른쪽 날개 끝에 $\delta(t)$의 임펄스가 가해진다고 가정하자. 동체의 진동 $x_2(t)$를 구하라.

4.81 각 모드에서 10%의 모드감쇠를 갖는 그림 P4.52의 비행기를 다시 고려하자. 이 비행기는 기수에 내연기관이 장착된 프로펠러 비행기라고 가정한다. 어떤 운항속도에서 엔진마운트(engine mount)는 50 sin 10t 형태의 조화력을 동체질량(x_2에 위치한 $4m$)에 가한다. 이 기수에서의 조화가진력이 날개 끝에 미치는 영향을 병진 또는 강체운동을 빼고 계산하라.

4.82 그림 P4.15로 표현되는 문제 4.15의 자동차 모델은 다음과 같다.

$$\begin{bmatrix} 2000 & 0 \\ 0 & 50 \end{bmatrix}\ddot{\mathbf{x}} + \begin{bmatrix} 1000 & -1000 \\ -1000 & 11{,}000 \end{bmatrix}\mathbf{x} = \mathbf{0}$$

이 모델에 $\zeta_1 = 0.01$과 $\zeta_2 = 0.2$인 모드감쇠를 더하라. 두 번째 질량 m_2에 가해지는 10 sin3t N의 조화입력에 대한 차체의 응답 $x_1(t)$를 계산하라.

4.83 다음 시스템에 대해 모드방정식을 구하고 이 시스템에서 공진발생 여부를 논하라.

$$\ddot{\mathbf{x}} + \begin{bmatrix} 2 & -1 \\ -1 & 1 \end{bmatrix}\mathbf{x} = \begin{bmatrix} 1 \\ 0 \end{bmatrix}\sin(0.618t)$$

4.84 모드합성법을 사용하여 다음과 같은 시스템에 대한 해를 계산하라.

$$M = \begin{bmatrix} 9 & 0 \\ 0 & 1 \end{bmatrix}, \quad K = \begin{bmatrix} 27 & -3 \\ -3 & 3 \end{bmatrix}, \quad \mathbf{x}(0) = \begin{bmatrix} 1 \\ 0 \end{bmatrix}, \quad \dot{\mathbf{x}}(0) = \begin{bmatrix} 0 \\ 0 \end{bmatrix}$$

4.85 다음과 같은 두 시스템에 대해 공진이 일어나는지 판정하라.

(a) $$\begin{bmatrix} m_1 & 0 \\ 0 & m_2 \end{bmatrix}\begin{bmatrix} \ddot{x}_1 \\ \ddot{x}_2 \end{bmatrix} + \begin{bmatrix} k_1 + k_2 & -k_2 \\ -k_2 & k_2 \end{bmatrix}\begin{bmatrix} x_1 \\ x_2 \end{bmatrix} = \begin{bmatrix} 0.642 \\ 0.761 \end{bmatrix}\sin(2t)$$

(b) $$\begin{bmatrix} m_1 & 0 \\ 0 & m_2 \end{bmatrix}\begin{bmatrix} \ddot{x}_1 \\ \ddot{x}_2 \end{bmatrix} + \begin{bmatrix} k_1 + k_2 & -k_2 \\ -k_2 & k_2 \end{bmatrix}\begin{bmatrix} x_1 \\ x_2 \end{bmatrix} = \begin{bmatrix} 0.23500 \\ 2.97922 \end{bmatrix}\sin(2.756556t)$$

여기서 $m_1 = 4$ kg, $k_1 = 25$ N/m, $m_2 = 9$ kg, $k_2 = 5$ N/m이다.

4.7절(문제 4.86~4.89)

4.86 그림 4.21에 나타낸 선반의 비감쇠 운동방정식을 라그랑주 방정식을 이용하여 유도하라.

4.87 그림 4.25에 나타낸 예제 4.8.2의 자동차에서 $c_1 = c_2 = 0$인 경우의 운동방정식을 라그랑주 방정식을 이용하여 다시 유도하라.

4.88 그림 4.9에 나타낸 예제 4.4.3의 건물 모델에서 비감쇠 운동방정식을 라그랑주 방정식을 이용하여 다시 유도하라.

4.89 그림 4.25의 자동차 진동 모델을 다시 고려하자. 여기에 그림 P4.89와 같이 타이어 동역학을 포함시킨다. 비감쇠인 경우의 운동방정식을 라그랑주 방정식을 이용하여 유도하라. 무게중심(c.g.)에 작용하는 차의 질량을 m_3로 나타낸다.

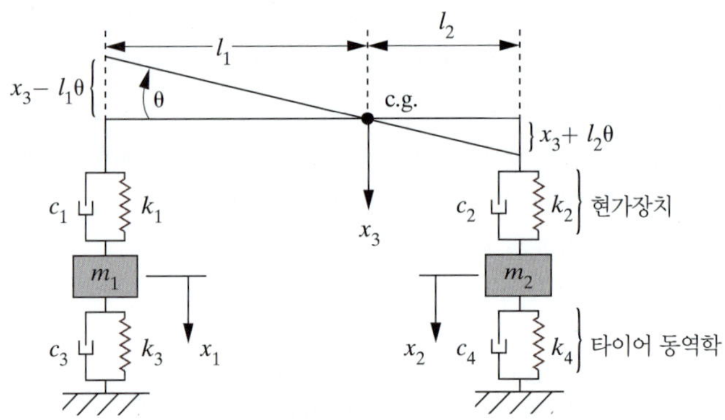

그림 P4.89 타이어 동역학을 포함한 자동차 진동 모델

4.9절(문제 4.90~4.100)

*__4.90__ 다음과 같은 질량행렬을 고려하자.

$$M = \begin{bmatrix} 10 & -1 \\ -1 & 1 \end{bmatrix}$$

M^{-1}과 $M^{-1/2}$, 그리고 M의 콜레스키 인자 L을 계산하고, 다음 식이 성립함을 보여라.

$$LL^T = M$$
$$M^{-1/2} M^{-1/2} = I$$
$$M^{1/2} M^{1/2} = M$$

*__4.91__ 다음과 같은 행렬과 벡터를 고려하자.

$$A = \begin{bmatrix} 1 & -\varepsilon \\ -\varepsilon & \varepsilon \end{bmatrix} \quad \boldsymbol{b} = \begin{bmatrix} 10 \\ 10 \end{bmatrix}$$

컴퓨터 코드를 사용하여 $\varepsilon = 1, 0.1, 0.01, 0.001, 10^{-6}$에 대한 고유값 문제 $A\mathbf{x} = \boldsymbol{b}$의 해를 구하라.

*__4.92__ 예제 4.8.3의 시스템에 대한 고유진동수와 모드형상을 계산하라. 식 (4.161)의 형태로 주어지는 비감쇠 방정식을 사용하라.

*__4.93__ 식 (4.164) 및 (4.168)의 정식화를 사용해서 비감쇠인 경우에 예제 4.8.3의 시스템에 대한 고유진동수와 모드형상을 계산하라. 두 결과를 비교하라.

*__4.94__ 컴퓨터 코드를 사용하여 다음과 같은 시스템에 대한 모드정보를 구하라.

$$\begin{bmatrix} 9 & 0 \\ 0 & 1 \end{bmatrix} \ddot{\mathbf{x}}(t) + \begin{bmatrix} 27 & -3 \\ -3 & 3 \end{bmatrix} \mathbf{x}(t) = \mathbf{0}$$

*__4.95__ 벡터 $\mathbf{x} = [0.4450 \quad 0.8019 \quad 1]^T$를 정규화하는 프로그램을 작성하라.

*__4.96__ 컴퓨터 코드를 사용하여 다음과 같은 시스템에 대한 고유진동수와 모드형상을 계산하라.

$$\begin{bmatrix} 1 & 0 \\ 0 & 4 \end{bmatrix} \ddot{\mathbf{x}}(t) + \begin{bmatrix} 12 & -2 \\ -2 & 12 \end{bmatrix} \mathbf{x}(t) = \mathbf{0}$$

*__4.97__ 윈도우 4.4의 모드해석 절차에 따라 문제 4.97의 시스템에 대한 시간응답을 계산하는 프로그램을 작성하라. 초기조건은 $\mathbf{x}(0) = [1 \quad 1]^T$과 $\dot{\mathbf{x}}(0) = \mathbf{0}$으로 주어진다.

*4.98 컴퓨터 코드를 사용하여 다음과 같은 감쇠진동 문제를 풀어서 고유진동수, 감쇠비, 모드형상을 계산하라.

$$\begin{bmatrix} 9 & 0 \\ 0 & 1 \end{bmatrix}\ddot{\mathbf{x}} + \begin{bmatrix} 2.7 & -0.3 \\ -0.3 & 0.3 \end{bmatrix}\dot{\mathbf{x}} + \begin{bmatrix} 27 & -3 \\ -3 & 3 \end{bmatrix}\mathbf{x}(t) = \mathbf{0}$$

*4.99 그림 P4.52로 주어지는 문제 4.52와 4.53의 비행기 진동을 고려하자. 질량행렬과 강성행렬은 다음과 같다.

$$M = m\begin{bmatrix} 1 & 0 & 0 \\ 0 & 4 & 0 \\ 0 & 0 & 1 \end{bmatrix} \qquad K = \frac{EI}{l^3}\begin{bmatrix} 3 & -3 & 0 \\ -3 & 6 & -3 \\ 0 & -3 & 3 \end{bmatrix}$$

여기서 $m = 3000$ kg, $l = 2$ m, $I = 5.2 \times 10^{-6}$ m^4, $E = 6.9 \times 10^9$ N/m^{2}이고 감쇠행렬 C는 $C = (0.002)\ K$로 주어진다. 고유진동수, 정규화된 모드형상, 감쇠비를 계산하라.

*4.100 다음과 같은 비례감쇠 동적연립 시스템을 고려하자.

$$M = \begin{bmatrix} 9 & -1 \\ -1 & 1 \end{bmatrix} \qquad C = \begin{bmatrix} 3 & -1 \\ -1 & 1 \end{bmatrix} \qquad K = \begin{bmatrix} 49 & -2 \\ -2 & 2 \end{bmatrix}$$

모드형상, 고유진동수, 감쇠비를 계산하라.

4.10절(문제 4.101~4.108)

*4.101 예제 1.7.3의 자동차 수직현가장치는 $m\ddot{x}(t) + c\dot{x}(t) + kx(t) = 0$으로 모델링된다. $m = 1361$ kg, $k = 2.668 \times 10^5$ N/m, $c = 3.81 \times 10^4$ kg/s이고 초기조건은 $x(0) = 0$와 $\dot{x}(0) = 0.01$ m/s이다. 이 문제를 수치적분으로 풀고 응답 선도를 구하라.

*4.102 예제 4.4.3(즉 그림 4.9의 4층 건물)의 시간응답을 구하라.

$$4000\begin{bmatrix} 1 & 0 & 0 & 0 \\ 0 & 1 & 0 & 0 \\ 0 & 0 & 1 & 0 \\ 0 & 0 & 0 & 1 \end{bmatrix}\ddot{\mathbf{x}}(t) + \begin{bmatrix} 10{,}000 & -5000 & 0 & 0 \\ -5000 & 10{,}000 & -5000 & 0 \\ 0 & -5000 & 10{,}000 & -5000 \\ 0 & 0 & -5000 & 5000 \end{bmatrix}\mathbf{x}(t) = \mathbf{0}$$

초기변위는 $\mathbf{x}(0) = [0.001 \quad 0.010 \quad 0.020 \quad 0.025]^T$이고 초기속도는 영이다. 모드해석으로 구한 해와 수치적분으로 구한 해를 비교하라.

*4.103 예제 4.5.1의 2자유도 시스템에 대한 그림 4.13의 선도를 수치적분 코드를 사용하여 다시 그려라.

$$\begin{bmatrix} 9 & 0 \\ 0 & 1 \end{bmatrix}\ddot{\mathbf{x}}(t) + \begin{bmatrix} 27 & -3 \\ -3 & 3 \end{bmatrix}\mathbf{x}(t) = \mathbf{0}, \qquad \mathbf{x}(0) = \begin{bmatrix} 1 \\ 0 \end{bmatrix}, \qquad \dot{\mathbf{x}}(0) = \mathbf{0}$$

*4.104 예제 4.8.3을 고려하자. (a) 주어진 감쇠비를 사용하여 물리적 좌표계에 대한 감쇠행렬을 구하라. (b) 수치적분을 사용하여 응답을 계산하고 플롯하라. (c) 컴퓨터 코드를 사용해서 세 물리적 좌표가 모두 5초 이내에 소멸되도록 진동 시스템을 설계하라(즉 원하는 응답 결과가 나올 때까지 감쇠행렬을 수정하라).

*4.105 다음과 같은 시스템의 시간응답을 계산하고 플롯하라(단위: N).

$$\begin{bmatrix} 5 & 0 \\ 0 & 1 \end{bmatrix}\begin{bmatrix} \ddot{x}_1 \\ \ddot{x}_2 \end{bmatrix} + \begin{bmatrix} 3 & -0.5 \\ -0.5 & 0.5 \end{bmatrix}\begin{bmatrix} \dot{x}_1 \\ \dot{x}_2 \end{bmatrix} + \begin{bmatrix} 3 & -1 \\ -1 & 1 \end{bmatrix}\begin{bmatrix} x_1 \\ x_2 \end{bmatrix} = \begin{bmatrix} 1 \\ 1 \end{bmatrix}\sin(4t)$$

초기조건은 다음과 같다.

$$\mathbf{x}_0 = \begin{bmatrix} 0 \\ 0.1 \end{bmatrix} \text{m}, \qquad \mathbf{v}_0 = \begin{bmatrix} 1 \\ 0 \end{bmatrix} \text{m/s}$$

***4.106** 다음과 같이 0.1초간 지속되는 펄스로 가진되는 시스템을 고려하자(단위: N).

$$\begin{bmatrix} 2 & 0 \\ 0 & 1 \end{bmatrix}\begin{bmatrix} \ddot{x}_1 \\ \ddot{x}_2 \end{bmatrix} + \begin{bmatrix} 0.3 & -0.05 \\ -0.05 & 0.05 \end{bmatrix}\begin{bmatrix} \dot{x}_1 \\ \dot{x}_2 \end{bmatrix} + \begin{bmatrix} 3 & -1 \\ -1 & 1 \end{bmatrix}\begin{bmatrix} x_1 \\ x_2 \end{bmatrix} = \begin{bmatrix} 0 \\ 1 \end{bmatrix}[\Phi(t-1) - \Phi(t-1.1)]$$

초기조건은 다음과 같다.

$$\mathbf{x}_0 = \begin{bmatrix} 0 \\ 0.1 \end{bmatrix} \text{m}, \qquad \mathbf{v}_0 = \begin{bmatrix} 0 \\ 0 \end{bmatrix} \text{m/s}$$

시스템의 응답을 계산하고 플롯하라. 여기서 Φ는 3.2절에서 소개한 헤비사이드 계단함수이다.

***4.107** 다음과 같은 시스템의 시간응답을 계산하고 플롯하라(단위: N).

$$\begin{bmatrix} 5 & 0 \\ 0 & 1 \end{bmatrix}\begin{bmatrix} \ddot{x}_1 \\ \ddot{x}_2 \end{bmatrix} + \begin{bmatrix} 3 & -0.5 \\ -0.5 & 0.5 \end{bmatrix}\begin{bmatrix} \dot{x}_1 \\ \dot{x}_2 \end{bmatrix} + \begin{bmatrix} 30 & -1 \\ -1 & 1 \end{bmatrix}\begin{bmatrix} x_1 \\ x_2 \end{bmatrix} = \begin{bmatrix} 1 \\ 1 \end{bmatrix}\sin(4t)$$

초기조건은 다음과 같다.

$$\mathbf{x}_0 = \begin{bmatrix} 0 \\ 0.1 \end{bmatrix} \text{m}, \qquad \mathbf{v}_0 = \begin{bmatrix} 1 \\ 0 \end{bmatrix} \text{m/s}$$

***4.108** 다음과 같은 시스템의 시간응답을 계산하고 플롯하라(단위: N).

$$\begin{bmatrix} 4 & 0 & 0 & 0 \\ 0 & 3 & 0 & 0 \\ 0 & 0 & 2.5 & 0 \\ 0 & 0 & 0 & 6 \end{bmatrix}\begin{bmatrix} \ddot{x}_1 \\ \ddot{x}_2 \\ \ddot{x}_3 \\ \ddot{x}_4 \end{bmatrix} + \begin{bmatrix} 4 & -1 & 0 & 0 \\ -1 & 2 & -1 & 0 \\ 0 & -1 & 2 & -1 \\ 0 & 0 & -1 & 1 \end{bmatrix}\begin{bmatrix} \dot{x}_1 \\ \dot{x}_2 \\ \dot{x}_3 \\ \dot{x}_4 \end{bmatrix}$$

$$+ \begin{bmatrix} 500 & -100 & 0 & 0 \\ -100 & 200 & -100 & 0 \\ 0 & -100 & 200 & -100 \\ 0 & 0 & -100 & 100 \end{bmatrix}\begin{bmatrix} x_1 \\ x_2 \\ x_3 \\ x_4 \end{bmatrix} = \begin{bmatrix} 0 \\ 0 \\ 0 \\ 1 \end{bmatrix}\sin(4t)$$

초기조건은 다음과 같다.

$$\mathbf{x}_0 = \begin{bmatrix} 0 \\ 0 \\ 0 \\ 0.01 \end{bmatrix} \text{m}, \qquad \mathbf{v}_0 = \begin{bmatrix} 1 \\ 0 \\ 0 \\ 0 \end{bmatrix} \text{m/s}$$

진동 억제 설계

이 장에서는 가능한 한 진동을 줄일 수 있도록 기계를 설계하는 데 유용한 기법을 소개한다. 진동 문제는 종종 제품이 설계되어 시제품으로 만들어져 시험을 마친 후에 발생하곤 한다. 많은 경우, 진동 문제는 공정과정에서 늦게 발견되어 종종 다시 설계를 하게 한다. 이 장에서는 진동 설계에서 중요한 방법인 충격과 진동절연 및 진동 흡수의 중요한 개념들이 소개된다. 또한 최적화 설계도구와 점탄성재료(감쇠 추가)의 사용 및 회전기계에서의 위험속도 개념이 소개된다.

위의 그림에 표시된 송전선에 사용된 케이블의 스페이서 댐퍼는 보통의 바람에 의해 야기된 진동으로 발생한 케이블의 울림을 감소시키고 도선(conductor)이 강한 바람(혹은 공진)에 의해 서로 부딪치는 것을 방지하기 위해 사용된다. 이 장에서는 그러한 장치의 설계에 기초가 되는 개념을 소개한다. 케이블 자체에 대해서는 6장에서 모델링한다.

지상차량의 현가장치는 일반적인 설계 문제의 예이다. 오프로드 자동차에 대한 스프링과 댐퍼의 시스템은 아래쪽 그림에 표시되어 있다. 자동차의 크기와 질량 및 도로 조건은 모두 도로의 조건과 속력에 의해 야기된 충격과 진동으로부터 탑승자를 보호하는 기능을 수행하기 위한 현가장치의 성능에 영향을 미친다.

이번 장에서 진동은 유익하지 못하므로 억제되어야 하는 현상으로 가정한다. 이전 장들에서는 여러 가지 입력에 대한 다양한 시스템의 진동응답을 해석하는 많은 기술과 방법이 제시되었다. 이번 장의 주요 내용은 진동응답이 어떤 특정한 형상이나 성능 기준을 충족시키도록 시스템이나 장치의 물리적 매개변수를 조절하는 방법을 결정하기 위해 앞 장에서 소개한 이론을 사용한다. 이것이 1.7절에서 소개한 **설계**이며, 이번 장의 핵심이다.

진동 때문에 종종 원하지 않는 상황이 많이 발생한다. 예를 들어, 자동차나 트럭의 진동은 운전자를 불편하게 만들어 결과적으로 피곤하게 한다. 또한 계속되는 진동으로부터 기계나 구조물의 파손이 생길 수 있다(예: 비행기 날개 등에서의 균열). 비행기, 자동차, 기계 등에 사용되고 있는 전자 부품도 진동, 충격, 그리고 지속적으로 가해지는 진동 때문에 파손될 수 있다.

주어진 장치가 진동에 얼마나 잘 견딜 수 있는지, 즉 장치의 '취성도(fragility level)'는 몇몇 국가기관 뿐만 아니라 국제표준기구(ISO)에 의해 규정되어 있다. 군용으로 생산된 거의 모든 장치는 견뎌 낼 수 있는 진동의 크기가 정해진 군사규격(mil spec)을 충족시켜야만 한다. 정부나 국제기구 외에도 어떤 상품에 대해서는 필요한 진동성능 기준을 제조업체가 정하고 있다. 만약에 특정한 장치가 이러한 규격을 충족시키지 못한다면 규격을 충족하도록 장치를 다시 설계해야 한다. 이 장에서는 요구되는 진동 규격을 충족시키기 위한 여러 가지 장치와 구조물을 설계 및 재설계하는 데 유용한 몇 가지 공식을 제시한다.

설계는 항상 간단하게 해결되지 않는 어려운 과제이다. 일반적으로 설계 문제는 하나의 해결책만을 갖지 않는다. 서로 다른 여러 개의 설계가 모두 적절한 결과를 줄 수도 있다. 때로는 설계라는 것이 단순히 기존의 여러 장치를 조합해서 요구되는 특성을 갖는 새로운 장치를 개발하는 일이 될 수도 있다. 여기서는 시스템이 원하는 상태로 작동하도록 진동응답을 일으키는 시스템의 물리적 매개변수를 조정하는 데 설계의 초점을 맞추겠다.

5.1 진동의 허용 기준

진동응답의 관점에서 어떤 장치를 설계하려면 원하는 응답이 명확히 기술되어 있어야 한다. 진동의 허용 기준을 측정하고 기술하는 다양한 방법이 제시되어 왔다. 변위, 속도, 가속도 중에서 어느 것을 평가 기준으로 삼고 그것을 어떻게 측정할 것인가를 명확히 한 후에야 비로소 설계를 시작할 수 있다. 고유한 용도에 따라 이러한 선택이 달라질 수 있다. 실제로 예를 들면, 구조물 손상 가능성의 가장 좋은 지표로 구조물의 속도 진폭이 일반적으로 이용되고, 사람은 가속도의 진폭에 가장 민감하다. 표 5.1은 일반적인 진동의 주파수와 변위의 범위를 나타낸 것이다.

ISO(국제표준화기구, www.iso.org)는 제작자와 소비자 사이의 의사소통을 촉진하는 제도적 장치를 마련하려는 취지에서 발간된 진동의 표준화된 허용 기준을 제공한다. 진동의 표준화된 허용 기준은 변위, 속도, 가속도의 제곱평균(rms) 값으로 측정된다. rms(평균제곱근, root mean square) 값(1.2절에서 정의되었음)은 어떤 양의 제곱에 대한 시간 평균의 제곱근이다. 변위 $x(t)$에 대해 rms 값은 다음과 같이 식 (1.21)에 주어져 있다.

표 5.1 진동의 주파수와 변위의 범위

	진동수(Hz)	변위진폭(mm)
원자의 진동	10^{12}	10^{-7}
인체의 진동감각 한계	1~8	10^{-2}
기계나 건물의 진동	10~100	10^{-2}~1
고층건물의 흔들림	1~5	10~1000

$$x_{\text{rms}} = \left[\lim_{T\to\infty} \frac{1}{T} \int_0^T x^2(t)dt \right]^{1/2}$$

ISO 표준에 의한 진동의 허용 값을 표현하는 편리한 방법은 그림 5.1에 보이는 것처럼 노모그래프(nomograph)상에 진동값을 그리는 것이다. 여러 가지 예와 노모그래프의 상세한 자료는 Niemkiewicz, J.(2002)가 만들었다.

그림 5.1의 노모그래프는 비감쇠 1자유도시스템에 대한 변위, 속도, 가속도와 주파수 사이의 관계를 도식적으로 나타낸 것이다. 그림 5.1의 노모그래프는 진동 기준을 분류하기 위해 ISO가 제

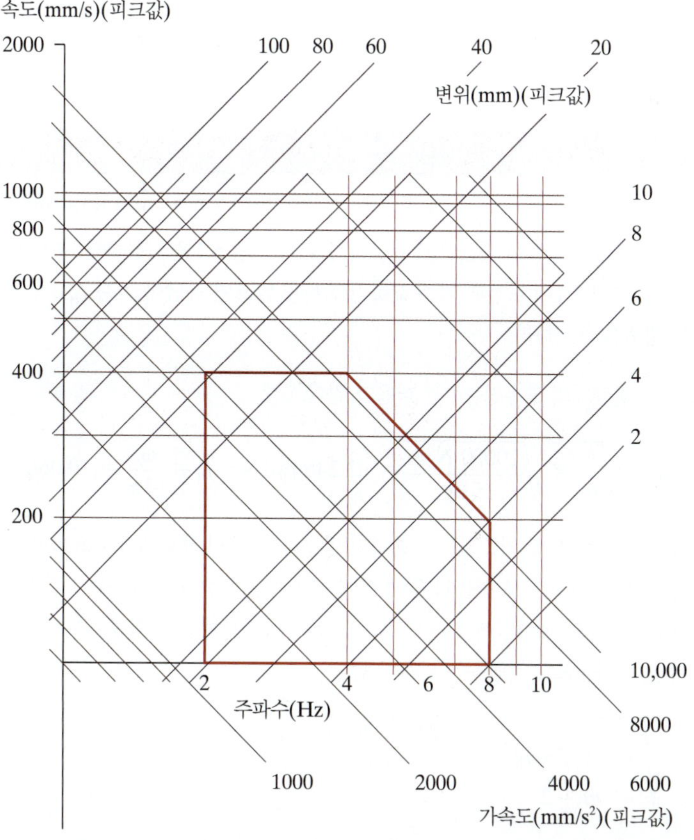

그림 5.1 진동의 허용한계 레벨에 대한 노모그래프 예

시한 예로서 대형 기계 주변에서 발생한 진동을 기초로 하여 표시되어 있다. 이때 허용진동레벨은 주파수와 연관해 세 가지의 물리적인 응답인 변위, 속도, 가속도의 항으로 나타나고 있다. 변위에 대한 해는 다음과 같이 식 (1.19)에 주어져 있다.

$$x(t) = A\sin\omega_n t$$

(위상이 영인 경우) 여기서 A는 진폭을 나타낸다. 변위에 대한 해를 미분하면 $A\omega_n$의 진폭을 갖는 속도를 얻는다.

$$v(t) = \dot{x}(t) = A\omega_n\cos\omega_n t$$

이 식을 한 번 더 미분하면 진폭 $A\omega_n^2$을 갖는 가속도를 얻는다.

$$a(t) = \ddot{x}(t) = -A\omega_n^2\sin\omega_n t$$

크기에 대한 이들 세 가지 표현식과 rms 값의 정의를 사용하면 그림 5.1과 같은 노모그래프를 구성할 수 있다. 식 (1.21)로부터 $x(t) = A\sin\omega_n t$의 제곱평균값은 다음과 같다.

$$\overline{x^2} = \lim_{T\to\infty}\frac{1}{T}\int_0^T A^2\sin^2\omega_n t\,dt = \lim_{T\to\infty}\left[\frac{A^2}{2T\omega_n}\omega_n T - \frac{1}{2}\frac{A^2}{T\omega_n}(\sin\omega_n T\cos\omega_n T)\right] = \frac{A^2}{2}$$

따라서 $\bar{x} = A/\sqrt{2}$이며, 같은 방법으로 $\bar{v} = A\omega_n/\sqrt{2}$, $\bar{\alpha} = A\omega_n^2/\sqrt{2}$가 된다.

예제 5.1.1

기계부품의 진폭(rms)은 6 mm이고, 질량과 강성도는 각각 5 kg과 20,000 N/m이다. 그림에 표시된 허용 영역을 근거로 이러한 값들이 괜찮은지 판단하기 위해 그림 5.1을 사용하라. 부품에 발생하는 속도와 가속도를 구하라. 그림 5.1에 표현된 기준 값을 만족하지 않으면 응답이 기준 값을 만족하도록 베어링 캡을 재설계하는 방법을 제시하라.

풀이 단순 스프링-질량계의 고유진동수는 다음과 같다.

$$\omega_n = \sqrt{\frac{k}{m}} = \sqrt{\frac{20000\ \text{N/m}}{5\ \text{kg}}} = 63.246\ \text{rad/s},\quad f_n = \frac{\omega_n}{2\pi} = 10.066\ \text{Hz}$$

이 주파수는 허용 영역 밖이므로 기준치를 만족하지 않는다. 그래서 재설계가 필요하다.

주파수를 허용 기준 범위 이내로 만들기 위해 베어링의 질량과 강성을 진동수가 감소하도록 변경해야 한다. 예로서 2 kg의 질량을 베어링에 추가시키고, 2500 N/m(그림 1.32 참조)인 스프링을 직렬로 베어링강성에 추가하면, 결과적으로 진동수는 다음과 같다.

$$\omega_n = \sqrt{\frac{\dfrac{1}{1/k + 1/2500}}{m+2}} = \sqrt{\frac{2222.2\ \text{N/m}}{7kg}} = 17.817\ \text{rad/s},\quad f_n = \frac{\omega_n}{2\pi} \approx 2.8\ \text{Hz}$$

이 값은 허용 주파수 범위 이내로 설계되었으나 강성도가 너무 감소하여 허용할 수 없다. 도표에서

6 mm는 약 2000 mm/s^{2}의 가속도와 약 200 mm/s의 속도에서 박스 내 2.8 Hz와 교차한다. 보다 정밀한 값을 구하기 위해 공식을 사용하여 계산하면 다음과 같다.

$$\bar{v} = \omega_n \bar{x} = (17.817\,\text{rad/s})(6\text{mm}) = 103.1\,\text{mm/s}$$
$$\bar{a} = \omega_n^2 \bar{x} = (17.817\,\text{rad/s})^2\,(6\text{mm}) = 1.904 \times 10^3\,\text{mm/s}^2$$

재설계로 진동레벨을 감소시키고자 하는 목표는 달성했지만, 베어링강성의 크기가 절반으로 내려갔다. 이것은 기계의 다른 부품에 부정적인 효과가 있을 수도 있다(예: 5.7절의 위험속도 참조). 이 예제는 설계의 어려움과 발생할 수 있는 문제를 나타낸 것이다. 하나의 규격(specification)을 만족시키기 위해 설계를 변경하면 다른 규격에 문제가 발생할 수도 있다.

이 예제에 소개한 설계 과정은 지나치게 단순화된 것이긴 하지만 많은 설계 문제가 제한적으로 허용 가능한 특성을 갖고 있다는 사실을 이해하는 데 도움이 된다. 해석은 설계 과정에서 하나의 도구로 사용된다. 여기서 필요한 설계 기준은 노모그래프에 나타난 ISO 표준으로부터 제공되었다. $\omega_n = \sqrt{k/m}$의 공식 및 직렬로 결합된 스프링에 대한 합성 공식과 함께 이러한 도표는 해석 도구로 사용된다.

설계를 수행하는 절차에서 어떤 오류가 존재할 수 있다고 생각해 보는 것은 매우 중요하다. 위의 예에도 몇몇 잘못이 있을 가능성이 있다. 한 가지 중요한 점은 부품의 동역학을 단순한 1자유도 스프링–질량 모델로 얼마나 잘 나타낼 수 있느냐는 것이다. 더욱 복잡한 다자유도 모델이 요구될 수도 있다(예제 4.8.2 참조). 설계 변경안을 만들 때 나타날 수 있는 또 다른 문제는 하중 요구조건(정적 변형) 또는 기타 다른 설계 구속조건 때문에 부품의 강성이 어떤 값 이하로는 허용되지 않을 수도 있다는 것이다. 이 경우 질량을 변경하면 되지만 그것에는 역시 다른 구속조건이 있을 수 있다. 어떤 경우에는 요구되는 진동응답을 갖도록 설계하는 것이 불가능할 수도 있다. 즉 모든 설계 문제가 다 해를 가지는 것은 아니다.

엔지니어에게는 광학테이블이나 정교한 의료장비처럼 0.1에서 1 Hz 사이의 약 10^{-4} mm 정도부터 높은 빌딩의 경우처럼 0.1에서 5 Hz 사이에서의 미터단위의 변위까지가 관심 있는 진동의 범위이다. 기계의 진동은 10 Hz부터 1000 Hz까지의 주파수 범위와 밀리미터 이하부터 수 센티미터까지의 변형범위에서 나타날 수 있다. 기술의 발달에 따라 진동의 한계와 허용 기준이 바뀌고

예제 5.1.2

그림 5.2에 주어진 스테레오 턴테이블과 자동차의 1자유도 모델에 대한 고유진동수와 감쇠비 그리고 감쇠 고유진동수를 계산하고 비교하라. 또한 그들의 주파수응답함수와 임펄스응답함수를 도시하고 비교하라. 이들 두 장치의 유사점과 차이점에 대해 논의하라.

풀이 자동차의 비감쇠 고유진동수, 감쇠비, 감쇠 고유진동수를 계산하는 것은 간단하다. 정의로부터 다음을 얻는다.

$$\omega_n = \sqrt{\frac{k}{m}} = \sqrt{\frac{400{,}000}{1000}} = 20 \text{ rad/s}$$

$$\zeta = \frac{c}{2m\omega_n} = \frac{8000}{2(1000)(20)} = 0.2$$

$$\omega_d = \omega_n\sqrt{1 - \zeta^2} = 20\sqrt{1 - (0.2)^2} = 19.5959 \text{ rad/s}$$

스테레오 턴테이블에 대해서도 같은 계산을 하면 다음과 같다.

$$\omega_n = \sqrt{\frac{k}{m}} = \sqrt{\frac{400}{1}} = 20 \text{ rad/s}$$

$$\zeta = \frac{c}{2m\omega_n} = \frac{8}{2(1)(20)} = 0.2$$

$$\omega_d = \omega_n\sqrt{1 - \zeta^2} = 20\sqrt{1 - (0.2)^2} = 19.5959 \text{ rad/s}$$

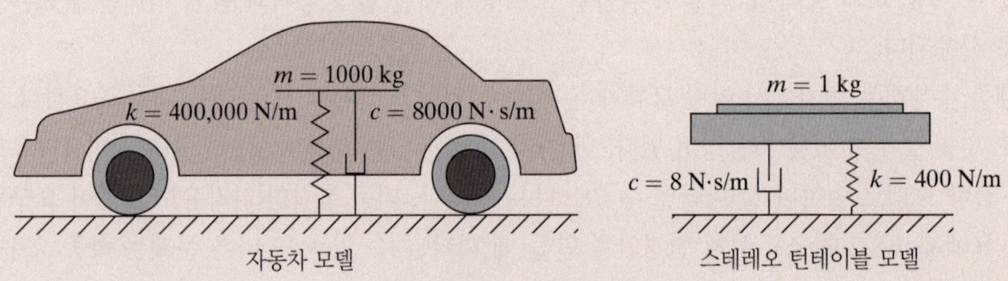

그림 5.2 같은 진동수를 갖는 자동차와 스테레오 턴테이블의 1자유도 모델

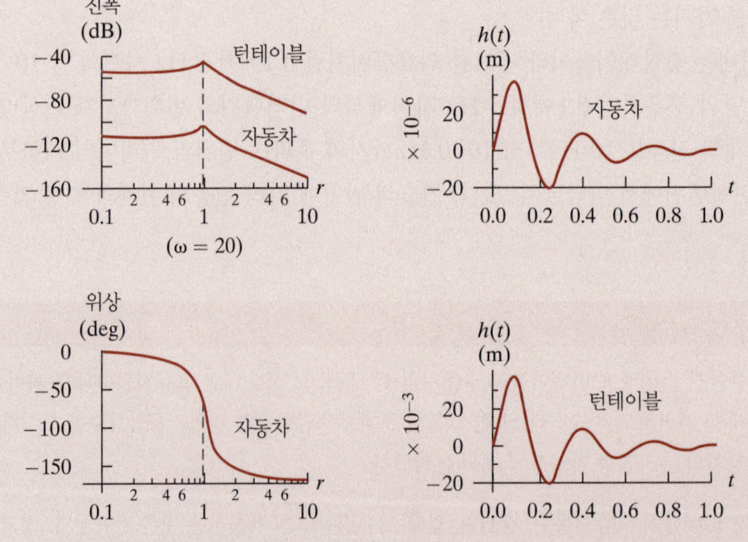

그림 5.3 그림 5.2의 자동차와 스테레오 턴테이블에 대한 주파수응답함수와 임펄스응답함수

이것은 매우 크기가 다른 두 진동 시스템이 같은 고유진동수와 감쇠비를 가질 수 있다는 것을 나타낸다.

그림 5.3은 각각에 대한 임펄스응답함수와 전달함수를 나타낸다. 이 그림에서 진동시스템의 차이점을 발견할 수 있다. 자동차와 턴테이블에 대한 각 전달함수의 위상 선도는 같지만, 진폭 선도는 일정한 차이가 있음을 알 수가 있다. 각 진동 시스템에서 감쇠비(ζ), 즉 대수 감소율이 같기 때문에 동시에 응답이 소멸될지라도, 자동차의 임펄스응답함수가 더 작은 크기를 갖는다. 자동차에 대한 진동 허용 기준이 턴테이블의 허용 기준보다는 훨씬 더 클 것이다. 예를 들어, 턴테이블에 대한 10 mm의 변위진폭은 턴테이블 바늘이 레코드 홈을 건너뛰게 만들 것이고 따라서 기능을 제대로 발휘할 수가 없게 된다(자동차에서는 전축 판을 사용하지 않는 이유가 된다. 블루투스 기술 상품과 mp3 플레이어 덕분에). 반면 자동차의 경우 유사한 크기의 진동진폭은 그림 5.1의 노모그래프에서 나타난 감지한계 아래에 있다.

있다. 따라서 이러한 숫자는 대략적으로 표시한 값으로 생각해야 한다.

진동응답을 나타낼 때 고려해야 하는 중요한 점은 응답을 일으키는 입력 또는 구동력의 특성을 파악하는 것이다. 외란 혹은 입력은 대개 입력이 얼마나 오래 지속되는가에 따라 **충격** 혹은 진동으로 분류된다. 만약 입력이 날카롭고 비주기적인 비교적 짧은 시간 동안의 외란이라면 입력은 충격으로 간주된다. 반대로 입력이 오랫동안 지속되고 다소 반복적인 특성을 갖는다면 진동입력으로 간주될 것이다.

충격과 진동 외란은 종류도 많고 분류하기도 매우 어려우므로 충격과 진동의 구별이 항상 분명한 것은 아니다. 2장에서는 진동입력(예: 조화입력)만을 논의했다. 3장에서는 충격(impulse)과 일반적인 주기적 입력(진동)을 포함하는 다양한 입력에 대한 1자유도시스템의 응답을 다루었다. 이러한 입력신호는 도로상의 과속방지턱(차의 경우), 난류(비행기의 경우), 회전기계 등에 기인하기도 하며, 혹은 단순히 물체를 떨어뜨림으로써 발생할 수도 있다.

입력은 많은 경우 3장에서 다룬 것들과 위에서 논의된 형태들의 조합이다. 게다가 입력은 종종 정확하게 알려져 있지 않은 채 근사적으로 어떤 크기 이하의 범위에서 일정한 시간 이내에 작용한다는 정도로만 알 수 있을 때도 있다. 예를 들어, 과속방지턱에 부딪칠 때 자동차에 주어지는 충격입력의 형태는 아마도 그림 5.4의 빗금친 영역 내부에 그릴 수 있는 단일 값 곡선(single-valued curve)일 것이다.

별로 유해하지 않은 진동도 많은 장치에서 발생한다. 예를 들어, 자동차는 지속적으로 진동하지만, 자동차가 손상되거나 승객에게 해가 되지는 않는다. 그러나 지진으로 생기는 심한 진동이나 자동차에서 불균형 타이어(out-of-balance tire)의 경우와 같은 진동은 큰 피해를 유발한다. 설계자

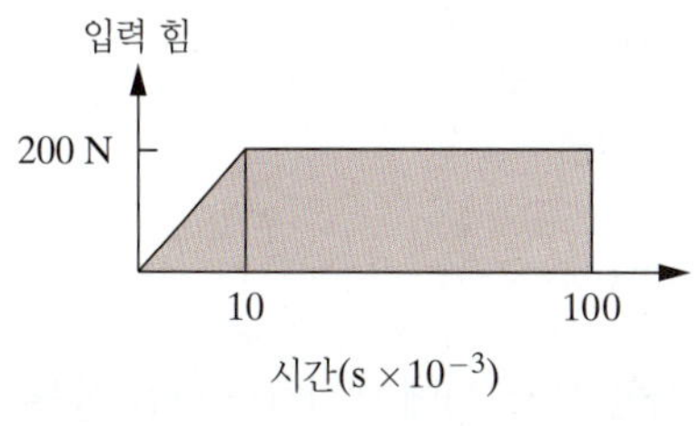

그림 5.4 정확한 형태는 알려지지 않고, 크기와 시간이력의 한계만 알려져 있는 자동차에 대한 충격입력 예

에게 가장 어려운 문제는 진동의 허용 기준과 장치의 손상을 야기하거나 불편해서 고객이 장치를 사용하지 않게 되는 진동 기준 사이에 적당한 값을 정하는 것이다. 일단 허용 기준을 세우면 기계 시스템과 구조물의 충격과 진동응답을 허용 기준 이내로 맞추기 위해 여러 가지 기법을 사용할 수 있다. 다음 절에서 이러한 기술에 대해 논의할 것이다.

5.2 진동절연

원하지 않는 진동을 감소시키는 가장 효과적인 방법은 진동원(vibration source)의 가동을 중지하거나 수정하는 것이다. 만약 그렇게 할 수 없으면, 문제가 되는 시스템으로부터 진동원을 절연시키거나 진동원으로부터 장치를 절연시키는 **진동절연 시스템**(*vibration isolation system*)을 설계할 수 있다. 진동원과 진동으로부터 보호받아야 할 장치 사이에 고무 같은 감쇠가 큰 재료를 사용해서 강성과 감쇠를 변화시킴으로써 진동원을 절연할 수 있다. 진동원으로부터 장치를 절연시키는 문제는 2.4절에서 논의했고 윈도우 5.1에 요약된 것처럼 바닥운동을 통해 전달되는 **진동변위**를 감소시키는 문제로 해석할 수 있다. 진동원을 주위로부터 절연시키는 문제는 2.4절과 윈도우 5.1에 요약된 것처럼 장착 지점들을 통해 진동원으로부터 전달되는 **힘**을 감소시키는 문제로 볼 수 있다. 힘전달률과 변위전달률을 모두 **절연 문제**라고 한다.

2.4절에서 소개된 힘 또는 변위전달률의 개념이 절연기를 설계하는 데 사용되는 해석 방법이다. 복습을 위해 (질량으로 모델된) 기계에 의해 조화가진 형태로 발생된 힘(윈도우 5.1 참조)과 스프링과 감쇠기를 통해 바닥에 전달되는 힘의 크기 비로 정의되는 **전달률비**(*transmissibility ratio*) T.R.을 계산하는 문제를 생각해 보자. 기호로는 T.R. = F_T/F_0이다. T.R.의 값을 계산하기 위해 우선 전달된 힘을 고려하자. 윈도우 5.1에서 고정된 바닥에 전달된 힘 $F_T(t)$는 스프링과 감쇠기를 통해 바닥에 전달되는 힘이며 다음과 같이 표시된다.

$$F_T(t) = kx(t) + c\dot{x}(t) \tag{5.1}$$

구동력이 $F_0 \cos \omega t$ 형태의 조화함수인 경우 해는 2.2절에서 주어진 식 (2.37)이고 다음과 같은 형태이다.

$$x(t) = Ae^{-\zeta\omega_n t} \sin(\omega_d t + \theta) + X\cos(\omega t - \phi)$$

정상상태에서(즉 얼마간의 시간이 경과한 후) 첫 번째 항은 영으로 접근하고 응답은 다음과 같이 모델링된다.

$$x(t) = X\cos(\omega t - \phi) \tag{5.2}$$

식 (5.2)를 미분하면 정상상태에서의 속도는 다음과 같다.

$$\dot{x}(t) = -\omega X \sin(\omega t - \phi) \tag{5.3}$$

식 (5.2)와 식 (5.3)을 정상상태에서 전달된 힘에 대한 식 (5.1)에 대입하면 다음 식을 얻는다.

윈도우 5.1 | 힘과 변위전달률에 대한 진동절연 전달률 공식의 정리

왼쪽의 바닥운동 모델은 접점(바닥)의 운동으로부터 장치를 보호하기 위한 절연을 설계할 때 이용된다. 오른쪽의 모델은 질량의 진동으로부터 접점(지면)을 보호하기 위해 이용된다.

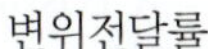

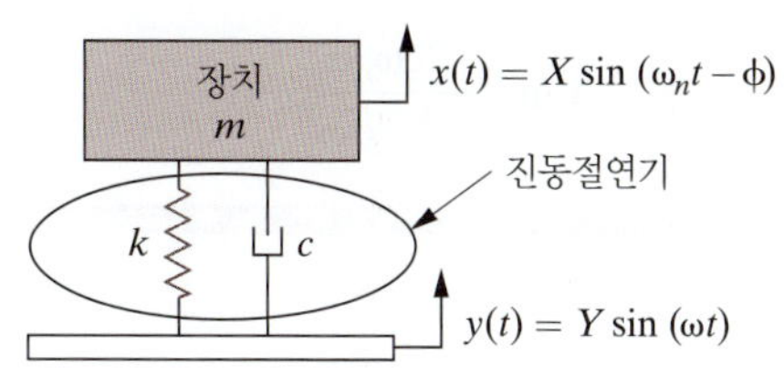

움직이는 바닥(진동원)

힘전달률

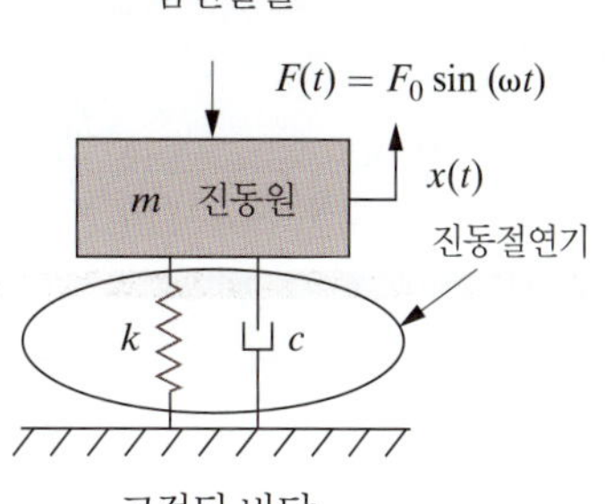

바닥운동으로 모델링된 진동원

여기서 $y(t) = Y\sin\omega t$는 외란이고 식 (2.74)는

$$\frac{X}{Y} = \left[\frac{1 + (2\zeta r)^2}{(1 - r^2)^2 + (2\zeta r)^2}\right]^{1/2}$$

변위전달률을 정의하며 그림 2.18에 나타냈다. 식 (2.80)은

$$\frac{F_T}{kY} = r^2\left[\frac{1 + (2\zeta r)^2}{(1 - r^2)^2 + (2\zeta r)^2}\right]^{1/2}$$

관계된 힘의 전달률을 정의하고 그림 2.19에 나타냈다.

절연기에 장착된 진동원

여기서 $F(t) = F_0\sin\omega t$는 외란이고 다음 식은

$$\frac{F_T}{F_0} = \left[\frac{1 + (2\zeta r)^2}{(1 - r^2)^2 + (2\zeta r)^2}\right]^{1/2}$$

5.2절에서 유도한 진동원을 절연시키는 데 쓰이는 힘전달률로 정의한다.

$$\begin{aligned} F_T(t) &= kX\cos(\omega t - \phi) - c\omega X\sin(\omega t - \phi) \\ &= kX\cos(\omega t - \phi) + c\omega X\cos(\omega t - \phi + \pi/2) \end{aligned} \tag{5.4}$$

$F_T(t)$의 크기는 F_T로 나타내며 식 (5.4)로부터 두 개의 항이 서로 위상차가 90°($\pi/2$)이며 두 개의 수직벡터로 간주할 수 있다는 점(2.3절의 그림 2.15 참조)에 착안하여 식 (5.4)로부터 계산될 수 있다. 따라서 $F_T(t)$의 크기는 식 (5.4)의 오른쪽 두 개의 항을 벡터로 합하여 계산할 수 있다. 그러므로 전달된 힘의 크기는 아래와 같다.

$$F_T = \sqrt{(kX)^2 + (c\omega X)^2} = X\sqrt{k^2 + c^2\omega^2} \tag{5.5}$$

윈도우 5.2 | 2.2절에서 다룬 조화가진을 받는 부족감쇠 시스템의 정상상태응답

> 다음 식에서
>
> $$\ddot{x} + 2\zeta\omega_n\dot{x} + \omega_n^2 x = f_0 \cos\omega t$$
>
> $\omega_n = \sqrt{k/m}$, $\zeta = c/(2m\omega_n)$이고 $f_0 = F_0/m$이다. 정상상태응답은 $x(t) = X\cos(\omega t - \phi)$이다. 여기서
>
> $$X = \frac{f_0}{\sqrt{(\omega_n^2 - \omega^2)^2 + (2\zeta\omega_n\omega^2)}}, \quad \phi = \tan^{-1}\frac{2\zeta\omega_n\omega}{\omega_n^2 - \omega^2}$$

정상상태에서 진동의 크기인 X의 값은 윈도우 5.2에 주어졌으며 다음과 같다.

$$X = \frac{f_0}{\left[(\omega_n^2 - \omega^2)^2 + (2\zeta\omega_n\omega)^2\right]^{1/2}} = \frac{F_0/k}{\left[(1 - r^2)^2 + (2\zeta r)^2\right]^{1/2}}$$

여기서 $r = \omega/\omega_n$이다. 위의 X 값을 식 (5.5)에 대입하면 다음과 같다.

$$\begin{aligned} F_T &= \frac{F_0/k}{\left[(1 - r^2)^2 + (2\zeta r)^2\right]^{1/2}}\sqrt{k^2 + c^2\omega^2} \\ &= \frac{F_0\sqrt{1 + c^2\omega^2/k^2}}{\left[(1 - r^2)^2 + (2\zeta r)^2\right]^{1/2}} = F_0\sqrt{\frac{1 + (2\zeta r)^2}{(1 - r^2)^2 + (2\zeta r)^2}} \end{aligned} \tag{5.6}$$

여기서 $c^2\omega^2/k^2 = (2m\omega_n\zeta)^2\omega^2/k^2 = (2\zeta r)^2$이다. T.R.로 표시되는 **전달률비**는 전달된 힘과 작용한 힘의 크기 비로 정의된다. 식 (5.6)으로부터 간단히 다음을 얻을 수 있다.

$$\text{T.R.} = \frac{F_T}{F_0} = \sqrt{\frac{1 + (2\zeta r)^2}{(1 - r^2)^2 + (2\zeta r)^2}} \tag{5.7}$$

윈도우 5.1에서 주어진 변위전달률과 위의 힘전달률을 비교해 보면 이들이 동일하다는 것을 알 수 있다. 그러나 이들이 같은 값을 가질지라도 이들은 서로 다른 절연 문제로부터 발생하며 다른 현상을 묘사한다는 점을 인식해야 한다.

윈도우 5.1의 왼쪽 열에 주어진 변위전달률은 절연기 위에 설치된 기기에서 정상상태 바닥의 변위(Y)가 얼마나 기기의 운동(X)으로 전달이 되는가를 설명한다. 그림 5.5는 다양한 감쇠비 ζ와 주파수 비 r에 대한 T.R.의 그림이다. T.R.의 값이 클수록 질량운동의 진폭도 더 커진다. 이러한 곡선들은 절연기를 설계하는 데 유용하다. 특히 설계과정은 사용 가능한 절연기 재질의 범위 내에서 T.R.이 작도록 ζ나 r의 값을 선택하는 것을 의미한다.

그림 5.5로부터 주목할 것은 주파수비 r이 $\sqrt{2}$보다 큰 경우에는 장치의 진동 크기가 외란 크기 Y보다 더 작아지고 진동이 절연된다는 점이다. $\sqrt{2}$보다 작은 r에 대해서는 진폭 X가 증가한다(즉 X가 Y보다 크다). 감쇠비의 값(그림 5.5에서 각 곡선은 각기 다른 ζ에 상응한다)은 주어진 주파수

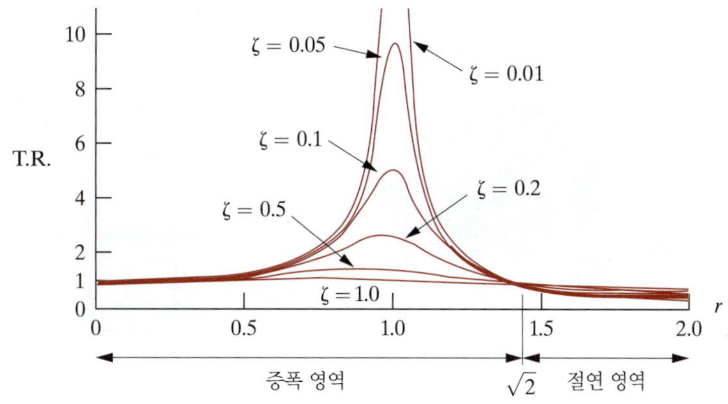

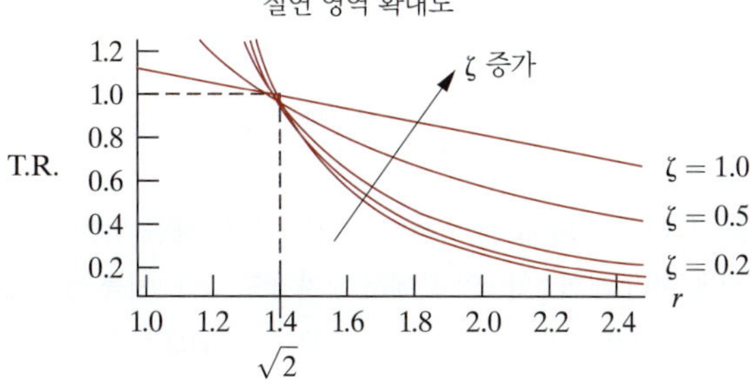

그림 5.5 다양한 감쇠비 ζ와 주파수비 r에 대한 T.R.의 값을 나타내는 전달률비 T.R.의 선도. 이것은 그림 2.18을 다시 그린 것이며, 식 (5.7)의 그림이다.

비에 대해 진동의 진폭 감소를 결정한다. 공진 근처에서 T.R.은 ζ의 값에 의해(즉 절연기의 감쇠에 의해) 전적으로 결정된다. 절연 영역에서는 ζ의 값이 작을수록 T.R. 값이 작아지며 절연이 더 잘된다. 또한 고정된 ω에 대해 r 값이 증가함에 따라 T.R.의 값이 감소함을 주목하라. 이것은 질량을 증가시키거나 절연기의 강성을 감소시키는 것에 해당된다.

예제 5.2.1

자동차 엔진의 전자제어 장치를 그림 5.6에 보이는 것처럼 자동차의 엔진실 내부의 펜더 위에 설치하려고 한다. 제어장치는 전자적으로 엔진 타이밍, 연료/공기 혼합 등을 계산하고 제어함으로써 엔진을 완전히 제어한다. 피로나 파괴로부터 제어장치를 보호하기 위해 노면과 엔진 진동에 의해 차체에 전달된 진동으로부터 제어장치를 절연시키려고 한다. 그러므로 제어장치는 절연기 위에 장착된다. 만약 제어장치의 질량이 3 kg이고 펜더의 주된 진동이 대략 $y(t) = 0.01\ (\sin 35t)$ m일 때 절연기를 설계하라(즉 c와 k를 선택하라). 여기서 제어장치의 변위가 항상 0.005 m보다 적게 유지되어야 한다. 일단 절연기에 대한 설계값이 정해지면 절연기를 통해 제어장치에 전달되는 힘의 크기를 계산하라.

풀이 제어장치의 진동 $x(t)$가 0.005 m보다 작게 유지되어야 하므로 응답 진폭은 $X = 0.005$ m이다. $y(t)$의 진폭은 $Y = 0.01$ m이므로 원하는 변위전달률비는 다음과 같다.

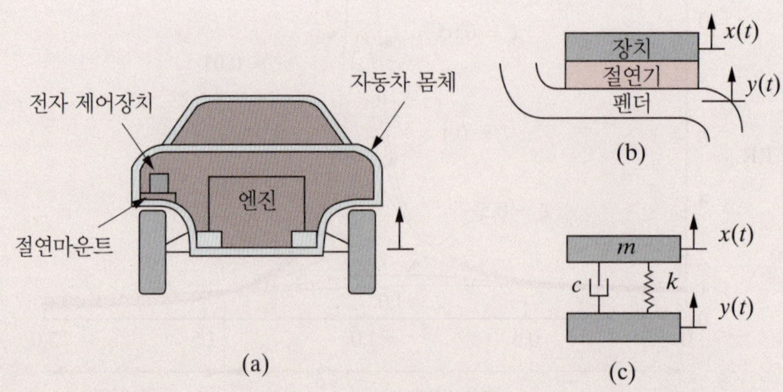

그림 5.6 (a) 자동차 전자 제어장치의 위치를 나타내는 자동차 엔진실 내부도, (b) 내부펜더의 절연기 위에 설치한 제어장치 상세도, (c) 제어장치 절연기의 진동 모델

$$\text{T.R.} = \frac{X}{Y} = \frac{0.005}{0.01} = 0.5$$

그림 5.5의 전달률 곡선을 살펴보면 ζ와 ω_n에 대해 몇 가지 가능한 해를 얻을 수 있다. 그림 5.7에서와 같이 T.R. = 0.5의 수평선은 여러 개의 ζ와 r의 값에서 교차하고 있다. 예를 들어, $\zeta = 0.02$곡선은 $r = 1.73$에서 T.R. = 0.5의 직선과 교차한다. 그러므로 $r = 1.73$, $\zeta = 0.02$는 가능한 설계해 중의 하나이다.

$r = \omega/\omega_n = 1.73$과 $\omega = 35$ rad/s이므로 절연기의 고유진동수는 약 $\omega_n = 35/1.73 = 20.231$ rad/s가 된다. 장치의 질량이 $m = 3$ kg이므로 강성은 아래와 같다($\omega_n = \sqrt{k/m}$ 이용).

$$k = m\omega_n^2 = (3\text{ kg})(20.231\text{ rad/s})^2 = 1228\text{ N/m}$$

그러므로 절연마운트는 이러한 강성을 갖는(또는 보강재 추가) 재질로 만들어져야 한다. 감쇠비 ζ는 식 (1.30)에 의해 감쇠상수 c와 연관되어 있다.

$$\begin{aligned} c &= 2\zeta m\omega_n = 2(0.02)(3\text{ kg})(20.231\text{ rad/s}) \\ &= 2.428\text{ kg/s} \end{aligned}$$

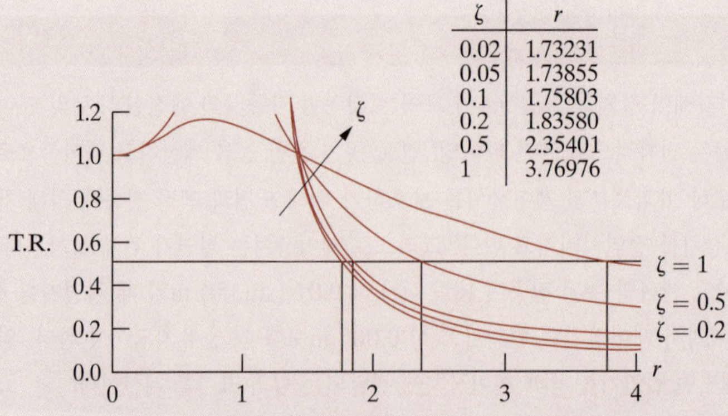

ζ	r
0.02	1.73231
0.05	1.73855
0.1	1.75803
0.2	1.83580
0.5	2.35401
1	3.76976

그림 5.7 예제 5.2.1의 가능한 설계해를 보여주는 그림 5.6의 전달률 곡선. 일정한 값을 갖는 ζ의 곡선과 교차하는 각 점은 원하는 T.R.을 나타낸다.

이러한 c와 k의 값들은 제어장치의 기하학적 크기와 펜더의 모양과 함께 절연마운트 재질을 선택하는 데 이용될 수 있다. 이 시점에서 설계자는 이러한 값에 가까운 재질과 절연마운트가 존재하는지를 찾기 위해 제품 목록들을 살펴봐야 할 것이다. 이러한 값을 정확하게 충족시키는 재질이 없으면 그림 5.7의 곡선들을 참고하여 다른 해들 중의 하나가 현재의 절연 재질에 더 가까운 다른 해가 있는지 알아보아야 한다. 물론 식 (2.74) 또는 (5.7)은 그림 5.7에서의 이 값들 사이에 놓여 있는 해를 계산하기 위해 사용될 수 있다.

만약 기존 재질 중 하나를 찾아낸 다음에도 여러 가지 다른 선택이 가능하다면, 마운트의 선택은 가격, 조립의 용이성, 온도범위, 판매자의 신뢰도, 제품 공급, 요구되는 품질 등의 인자를 고려해서 '최적화'할 수 있다. 결국 좋은 설계는 이러한 모든 면을 고려한 것이어야 한다.

전자 제어장치가 견딜 수 있는 힘의 크기에는 한계가 있을 수 있다. 힘의 크기를 측정하는 또 하나의 방법은 2.4절에서 설명한 이론으로, 특히 식 (2.80)을 사용하는 것이고 윈도우 5.1에 다시 표시했다. 이 식은 절연기를 통해 펜더의 운동으로부터 제어장치에 전달되는 힘과 연관되어 있다. 식 (2.80)에서 위에서 계산된 값을 사용하면 아래와 같다.

$$\begin{aligned} F_T &= kYr^2\left[\frac{1 + (2\zeta r)^2}{(1 - r^2)^2 + (2\zeta r)^2}\right]^{1/2} = kYr^2(\text{T.R.}) \\ &= (1228\ \text{N/m})(0.01\ \text{m})(1.73)^2(0.5) = 18.375\ \text{N} \end{aligned}$$

만약 이 힘이 너무 크면 다시 설계해야 한다. 전달된 최대 힘을 추가적으로 고려하여 요구된 설계 규격들을 만족시키는 r과 ζ의 값을 선택할 때 그림 2.19의 곡선도 참조해야 한다. 이렇게 설계하면 정적 변위는 $\delta = mg/k = 0.024$ m가 된다. 정적변위와 진폭비 X/Y는 **진동공간**(*rattle space*), 즉 절연기가 그 안에서 움직일 수는 물리적인 치수를 정한다. 자동차에서 2.4 cm는 허용할 수 있지만 만약 노트북 컴퓨터에서 CD 드라이브의 진동을 절연하는 경우라면 2.4 cm는 노트북 컴퓨터의 두께에 비해서 크기 때문에 허용될 수 없을 것이다. 정적변위와 진동공간은 설계 시 고려해야 할 중요한 사항이며 이 때문에 좋은 진동 절연기를 설계하기가 쉽지 않은 경우가 종종 있다.

예제 5.2.1은 매우 타당한 것처럼 보일지 모른다. 그러나 최종 결과에 도달할 때까지 여러 가지를 가정했는데, 이러한 모든 것들을 꼼꼼히 검토해 보아야 한다. 예를 들어, 펜더의 운동이 $y(t) = (0.01)\sin 35t$ 형태의 조화함수라는 가정은 매우 제한적이다. 사실 운동이 랜덤할 수도 있고 최소한 ω의 값이 주파수 범위에 걸쳐 변화하게 된다. 이것은 예제 5.2.1에서 제시된 해가 소용없다는 것이 아니라 설계자는 그 해의 한계를 염두에 두어야 한다는 것이다. 비록 시스템의 실제 입력이 랜덤하더라도 선택된 진폭 $Y = 0.01$ m와 주파수 $\omega = 35$ rad/s는 시스템에 가해지는 모든 가능한 입력의 확정적인(deterministic) 경계를 나타낼 수도 있다(즉 모든 외란의 진폭은 $Y = 0.01$ m 보다 작고 모든 가진주파수는 $\omega = 35$ rad/s보다 클 수도 있다). 따라서 실제로 많은 경우 설계자는 20 Hz과 200 Hz 사이에서 5 g의 가속도로 가해지는 진동으로부터 부품을 보호할 수 있는 절연기를 선택해야 하는 문제에 직면하게 되거나, ω에 대한 PSD의 선도(3.5절 참조)가 주어질 때 절연기를 설계하고자 할 수도 있다. 5.9절은 절연 제품 제조업체와의 실제 작업 측면에서 절연 문제를 검토한다.

충격절연 시스템은 3.6절에서 소개된 충격 스펙트럼을 고찰함으로써 설계가 이루어진다. 진동절연과 명확히 비교하기 위해 고유진동수와 펄스의 지속시간 t_1의 곱을 x축으로 하고 외란 가속도진폭(즉 $\ddot{y}(t)$의 진폭)과 응답의 최대 가속도진폭(즉 ω^2X)의 비를 y축으로 그린 충격 스펙트럼을 다시 생각해 보자. 여기서 외란 $y(t)$는 그림 5.8에서와 같이 반사인곡선(half sinusoid)의 형태로 모델링된다.

$$y(t) = \begin{cases} Y \sin \omega_p t & 0 \le t \le t_1 = \dfrac{\pi}{\omega_p} \\ 0 & t > t_1 = \dfrac{\pi}{\omega_p} \end{cases} \tag{5.8}$$

이러한 형태의 외란은 종종 **충격펄스**(*shock pulse*)라고 한다. 주파수 ω_p와 그에 상응하는 시간 $t_1 = \pi/\omega_p$는 얼마나 오랫동안 충격펄스가 지속될지를 결정한다. 진동절연 시스템을 설계할 때 주파수비를 횡축으로 사용한 반면에, 충격전달률을 그릴 때는 고유주파수와 지속시간의 곱 $\omega_n t_1$이 횡축으로 많이 사용된다.

그림 5.8은 $\omega_n t_1$에 대한 가속도진폭비의 선도를 나타낸다. 이 그림은 응답의 가속도진폭을 계산하고 그 값을 입력외란가속도의 크기와 비교함으로써 그릴 수 있다. 펄스폭이 길어져서 가로좌표가 증가함에 따라 장치의 가속도는 입력가속도보다 더 커진다. 그림 5.8을 살펴보면 절연에 의한 가속도의 감소는 전달률이 숫자 1을 통과하는 수평선 아래에 있을 때만 일어난다는 것을 알 수 있다. 예를 들어 $\zeta = 0.5$인 선을 고려한다. 충격절연이 발생하기 위해서는 다음과 같은 조건이 필요하다.

$$\frac{\omega_n t_1}{\pi} < 1.0, \quad \text{또는} \quad k < \frac{m\pi^2}{t_1^2}$$

그러므로 충격절연은 절연재료의 강성 한계를 설정한다.

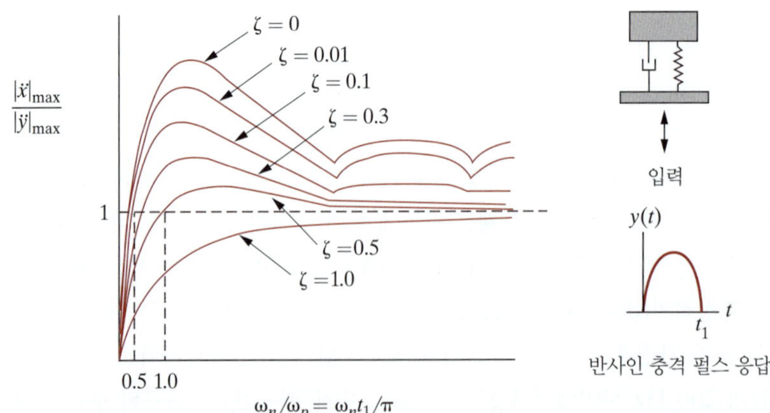

그림 5.8 다양한 감쇠비값에 대해 바닥가진이 충격펄스 형태인 1자유도 시스템의 주파수비 (ω_n/ω_p)에 따른 출력가속도 크기와 입력가속도 크기의 비에 대한 선도. 여기서 큰 ω_p 값은 충격펄스의 폭이 좁은 것을 뜻한다.

다음으로 충격절연에 대한 감쇠효과를 고려한다. 그림 5.8을 살펴보면 감쇠가 증가하면 최대가속도가 크게 감소한다는 사실을 알 수 있다. 즉 임계감쇠($\zeta = 1.0$) 상태에서는 펄스 지속시간(t_1)에 관계없이 절연이 된다. 그래서 우수한 충격절연기는 높은 감쇠를 필요로 한다.

다음에는 조화진동원을 주변으로부터 절연시키는 문제를 고려하자. 이것은 질량에 조화가진력이 가해져 절연기를 통해 전달되는 힘을 감소시키는 것과 관련해서 윈도우 5.1의 오른쪽에서 설명된 고정된 바닥의 절연 문제이다. 일반적인 예로, 일정한 주파수에서 조화력을 발생시키는 회전기계를 들 수 있다(그림 2.22 참조). 전기모터, 증기터빈, 내연기관, 발전기, 세탁기, 디스크 드라이브 모터 등이 이런 기계들이다.

그림 5.5의 전달률 곡선을 살펴보면, 절연기의 강성값이 $\omega/\omega_n > \sqrt{2}$를 넘어갈 때 진동절연이 시작됨을 알 수 있다. 이 영역에서는 전달률이 1보다 작아지며 바닥에 전달된 힘은 회전기계에 의해 발생된 힘보다 작다. 보통 질량은 기계의 특성상 일정하기 때문에 절연마운트는 대개 $r > \sqrt{2}$을 만족하는 강성을 기초로 하여 선택된다. 만약 이 방법이 적절한 해를 주지 못한다면(저주파수 가진력에 대해) 때때로 기계에 질량을 추가할 수 있다$\left(\omega_n = \sqrt{k/m}\right)$. 진동수비는 $r = \omega/\sqrt{k/m}$으로 표현되기 때문에 낮은 강성 값은 큰 값의 r에 해당되고 보다 우수한 절연(좀 더 작은 T.R. 값)이 이루어진다.

$r > \sqrt{2}$의 범위에서 고정된 r에 대해 감쇠가 증가하면 T.R.의 값도 증가하므로 작은 감쇠가 자주 사용된다. 그러나 멈춰 있던 기계를 가동시켜 정상속도에 도달할 때까지 일정한 주파수 범위의 조화가진력을 일으키는 경우에는 대개 공진점($r = 1$)을 통과하게 되고 공진점에서 전달률을 감소시키기 위해 감쇠가 반드시 요구되므로 어느 정도의 감쇠는 바람직하다. 전달률 곡선을 살펴보면 충분히 큰 진동수비($r > 3$)와 충분히 작은 감쇠($\zeta < 0.2$)에 대해서, T.R. 값은 감쇠값에 영향을 받지 않는다는 것을 알 수 있다. 대부분의 스프링은 매우 작은 내부 감쇠를 가지기 때문에(예: 0.01보다 작은), $(2\zeta r)^2$의 항은 매우 작아진다[예: $r = 3$에 대해 $(2\zeta r)^2 = 0.0036$]. 따라서 보통 식 (5.7)에서 감쇠를 무시하고 진동절연기를 설계한다. 이 경우(양의 T.R. 값을 얻기 위해 음의 제곱근을 택하면) T.R.은 다음과 같다.

$$\text{T.R.} = \frac{1}{r^2 - 1} \quad (r > 3) \tag{5.9}$$

식 (5.9)는 회전기계의 마운팅을 위해 진동절연 패드를 선택하는 설계 도표를 만드는 데 사용할 수 있다.

기계의 구동주파수는 대개 회전속도 혹은 분당 회전수(rpm)로 표시된다. 만약 n이 rpm으로 나타낸 모터속도라면 회전 각속도는 다음과 같다.

$$\omega = \frac{2\pi n}{60} \tag{5.10}$$

또한 스프링은 종종 $\Delta = W/k = mg/k$로 정의되는 정적 변형(static deflection)의 관점에서 분류된다. 여기서 m은 기계의 질량이고 g는 중력가속도이다. 절연기를 설계하는 매우 일반적인 방법은 기계의 회전속도 n과 정적 변형 Δ를 이용하는 것이다. 다음 변수 R은 **전달저감률**(*reduction* *in transmissibility*)로 정의되며

$$R = 1 - \text{T.R.} \tag{5.11}$$

보통 진동절연기의 성능을 표시하는 양으로 사용된다.

비감쇠 T.R. 값을 식 (5.11)에 대입하고 r에 대해 풀면 다음을 얻는다.

$$r = \frac{\omega}{\sqrt{k/m}} = \sqrt{\frac{2 - R}{1 - R}} \tag{5.12}$$

ω 대신 식 (5.10)을 대입하고 $k = mg/\Delta$로 대체하면 다음과 같다.

$$n = \frac{30}{\pi}\sqrt{\frac{g(2 - R)}{\Delta(1 - R)}} = 29.9093\sqrt{\frac{2 - R}{\Delta(1 - R)}} \tag{5.13}$$

위 식은 모터의 속도를 전달저감률과 스프링의 정적 변형의 함수로 나타내고 있다. 식 (5.13)에 상용로그를 취하면 설계곡선을 작성할 수 있다. 이것은 각 R 값에 대해 로그-로그 선도상의 직선으로 나타나며 다음과 같다.

$$\log n = -\frac{1}{2}\log\Delta + \log\left(29.9093\sqrt{\frac{2 - R}{1 - R}}\right) \tag{5.14}$$

이 식은 정적 변형에 대한 모터속도를 나타낸 그림 5.9의 설계 선도를 만드는 데 사용된다.

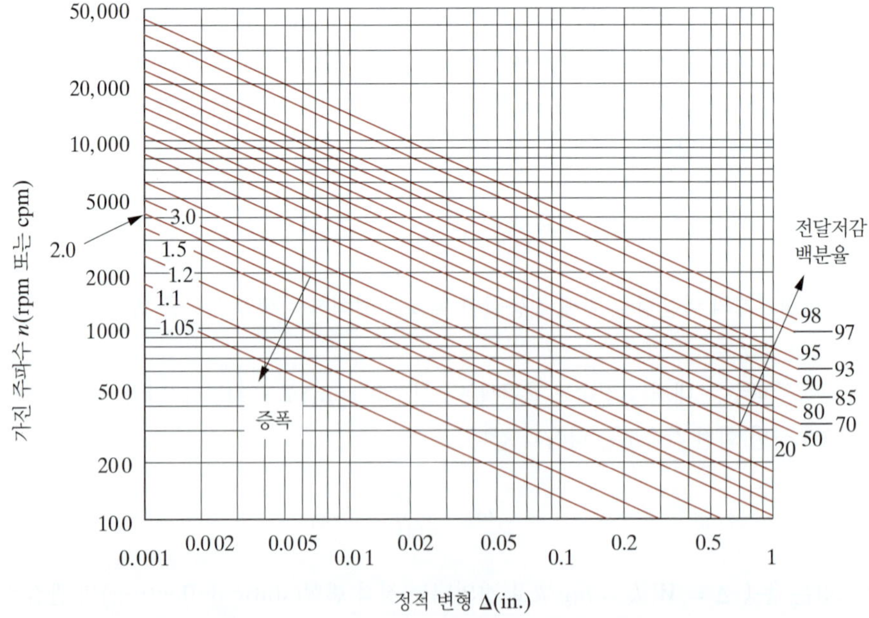

그림 5.9 여러 전달저감 백분율 값에 대해 정적 변형(혹은 강성)과 회전속도의 선도로 구성된 설계 선도

예제 5.2.2

그림 5.10의 컴퓨터 디스크 드라이브를 보자. 디스크 드라이브 모터는 절연패드(스프링)를 통해 컴퓨터 섀시에 설치되어 있다. 모터의 질량은 3 kg이고 5000 rpm으로 작동된다. 섀시(바닥과 동일하다고 가정)에 전달되는 힘을 95% 감소시키기 위한 절연기의 강성을 계산하라. 모터와 섀시 사이에는 얼마의 간격이 필요한가?

풀이 그림 5.9로부터 $n = 5000$ rpm의 속도에 해당하는 선은 0.03 in 또는 0.0762 cm의 정적 변형에서 95% 감소에 상응하는 그래프와 교차한다. 이것은 스프링의 강성이 아래와 같은 경우에 해당한다.

$$k = \frac{mg}{\Delta} = \frac{(3\text{ kg})(9.8\text{ m/s}^2)}{0.000762\text{ m}} = 38{,}582\text{ N/m}$$

절연이 되려면 스프링이 인장되고 압축될 공간이 있어야 하므로 간격(즉 모터와 섀시 사이의 필요한 거리)은 정적 변형의 2배 이상이 되도록 선정해야 한다.

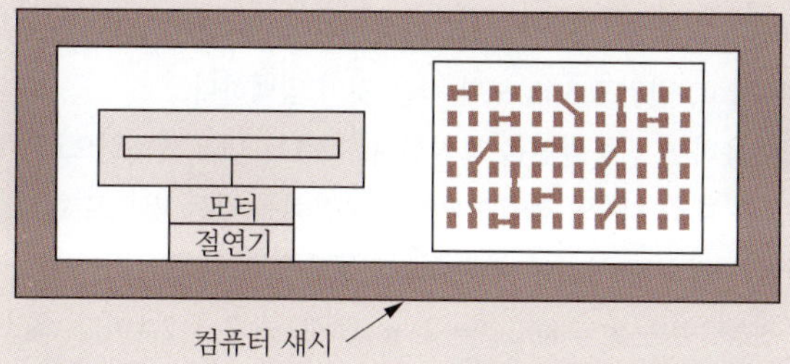

그림 5.10 모터에 의해 작동되는 디스크 드라이브 시스템을 나타내는 개인용 컴퓨터의 개략 모델. 작은 양의 모터 불균형이 적절히 절연되지 않으면 섀시 및 회로판과 다른 구성요소에 조화력을 전달할 수 있다.

큰(무거운) 기계에 대해 조화력을 절연시키는 문제는 바로 정적 변형의 문제가 된다. 완벽한 절연을 요구하는 기계에는 낮은 진동수에서 요구되는 큰 정적 변형을 주기 위해 코일스프링이 사용된다. 이것은 그림 5.9에서 낮은 값의 n에 대해 98%그래프를 고찰함으로써 알 수 있다. 어떤 경우에는 요구된 정적 변형이 너무 커서 작은 장치에서 물리적으로 얻지 못할 수도 있다. 이와 같은 예는 컴퓨터의 소형화에서 볼 수 있다. 노트북 컴퓨터의 생산자는 얼마나 소형화할 수 있는지, 특히 섀시를 얼마나 얇게 할 수 있는지에 따라 컴퓨터의 판매가 달려 있다고 믿는다. 이 경우 디스크 드라이브 모터 또는 다른 부품들에 필요한 절연장치가 두께를 감소시키는 데 제한요소가 될 수 있다.

진동절연기의 설계에서 충격과 진동(조화)가진의 두 가지에 대해 효과적으로 작동하는 절연기를 설계하는 것은 어려운 일이다. 그 한 가지 이유는 진동절연에 대한 그림 5.7과 충격절연에 대한 그림 5.8을 관찰함으로써 알 수 있다. 그림 5.7에서 절연은 $r > \sqrt{2}$의 영역에서 일어나고, 이 영역에서는 감쇠의 증가가 효과적인 진동절연을 감소시키는 것이 명백하다. 그래서 진동절연을 위해서는 작은 감쇠가 필요하다. 그러나 그림 5.8의 충격절연 그림을 관찰해 보면 효과적인 충격절연을 위해서는 큰 감쇠가 필요하다. 이러한 두 가지의 요구는 다음 예제에서 지적한 것과 같이 종종 상충된다.

예제 5.2.3

이 예제에서의 설계목표는 진동절연 시스템에 의해 지지된 진동하는 장치에서 바닥(base)까지 힘전달률 측면에서 허용할 수 있는 진동절연 레벨을 제공하는 동시에 바닥발생 충격운동에 대해서도 효과적인 진동절연기를 개발하는 것이다. 실제 진동절연의 응용에서는 효과적으로 충격과 진동 복합 절연 시스템을 설계하기가 종종 어려울 수가 있다. 앞에서 언급한 것처럼 효과적인 진동절연기는 매우 작은 감쇠여야 하지만 효과적인 충격절연기는 큰 감쇠력을 필요로 한다는 사실이 그림 5.7과 5.8에서 명백하다. 일반적인 설계 문제에서 중요한 구속조건은 절연기와 같은 부품은 일정한 규격의 강성 및 감쇠값으로만 이용할 수 있다는 것이다. 여기서 세 개의 규격품 절연기(off-the-shelf isolators, 마운트)의 세트를 사용할 수 있도록 제안하고, 그 고유진동수는 각각 5 Hz, 6 Hz, 7 Hz이며 모두 8%의 감쇠를 갖는다. 절연될 충격입력은 15 g이고, 그림 5.8에 표시되어 있듯이 $t_1 = 40$ ms인 경우인 반사인곡선 펄스이다. 이러한 입력에 대해 마운트의 응답은 15 g까지, 마운트의 변위는 3 in.(76.2 mm)까지 제한한다. 진동절연의 목표는 15 Hz의 진동원으로부터 20 dB의 진동절연이다.

그림 5.11과 그림 5.12는 세 개의 마운트에서 충격입력에 대한 마운트 변위와 마운트 응답 시뮬레이션 결과를 나타낸다. 그림 5.11과 5.12에서 7 Hz 마운트만이 충격절연 목표를 모두 만족한다는 것이, 즉 마운트 응답이 15 g보다 작고, 변위도 3 in.보다 작은 것이 명백하다.

이제 같은 마운트를 사용하여 진동절연을 고찰한다. 15 Hz 내부진동원으로부터 최소 20 dB의 진동절연이 요구된다. 마운트는 대략 8%의 점성감쇠인 내부감쇠를 갖는 것으로 한다. 진동절연 성능을 결정하기 위해 그림 5.13에 8% 감쇠 절연기에 대해 힘전달률을 도시한다.

이 예제에서 고려한 진동수비는 $r = \omega/\omega_n = 2\cdot\pi\cdot 15/2\cdot\pi\cdot 7 \approx 2.1$이다. 최소 20 dB의 진동절연이 요구되었으나, 그림 5.13에서 단지 약 9.4 dB의 절연이 이루어졌다. 필요한 진동절연을 수행하기 위해 절연기 내부에 있는 것보다 더 낮은 감쇠비(그림 5.7 참조)가 필요하다. 감쇠는 절연재료의 고정된 특성이므로 감쇠비를 더 낮추는 것은 불가능하다. 감쇠는 외부감쇠기의 추가나 감쇠재료의 층(layer)의 추가

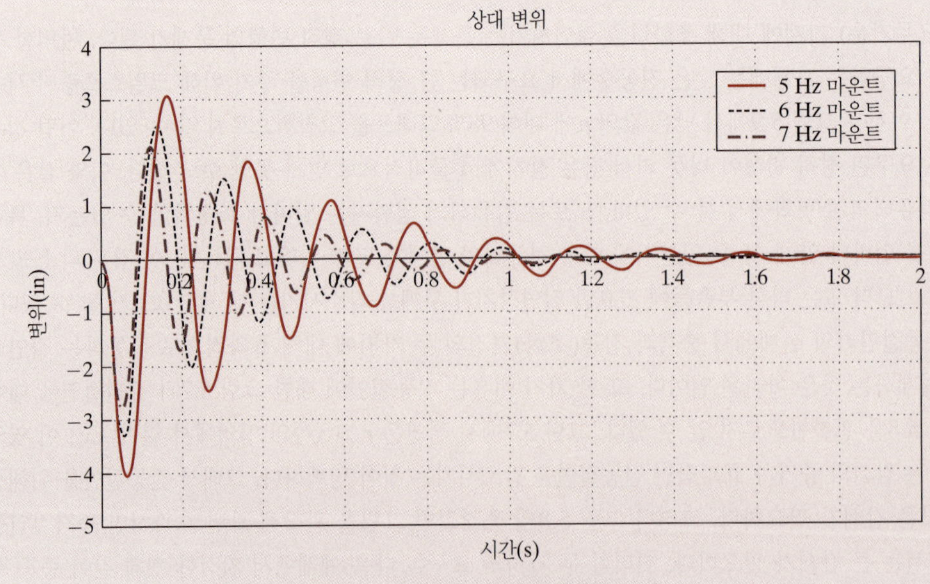

그림 5.11 시뮬레이션 응답[상대변위, $z(t)$]

등으로 증가시킬 수 있으나, 마운트 설계의 확실한 수정 없이 감소시킬 수 없다. 그래서 이러한 충격 및 진동절연 설계 요구조건을 동시에 만족시키지 못한다. 이는 설계에서 흔히 발생하는 상황이다.

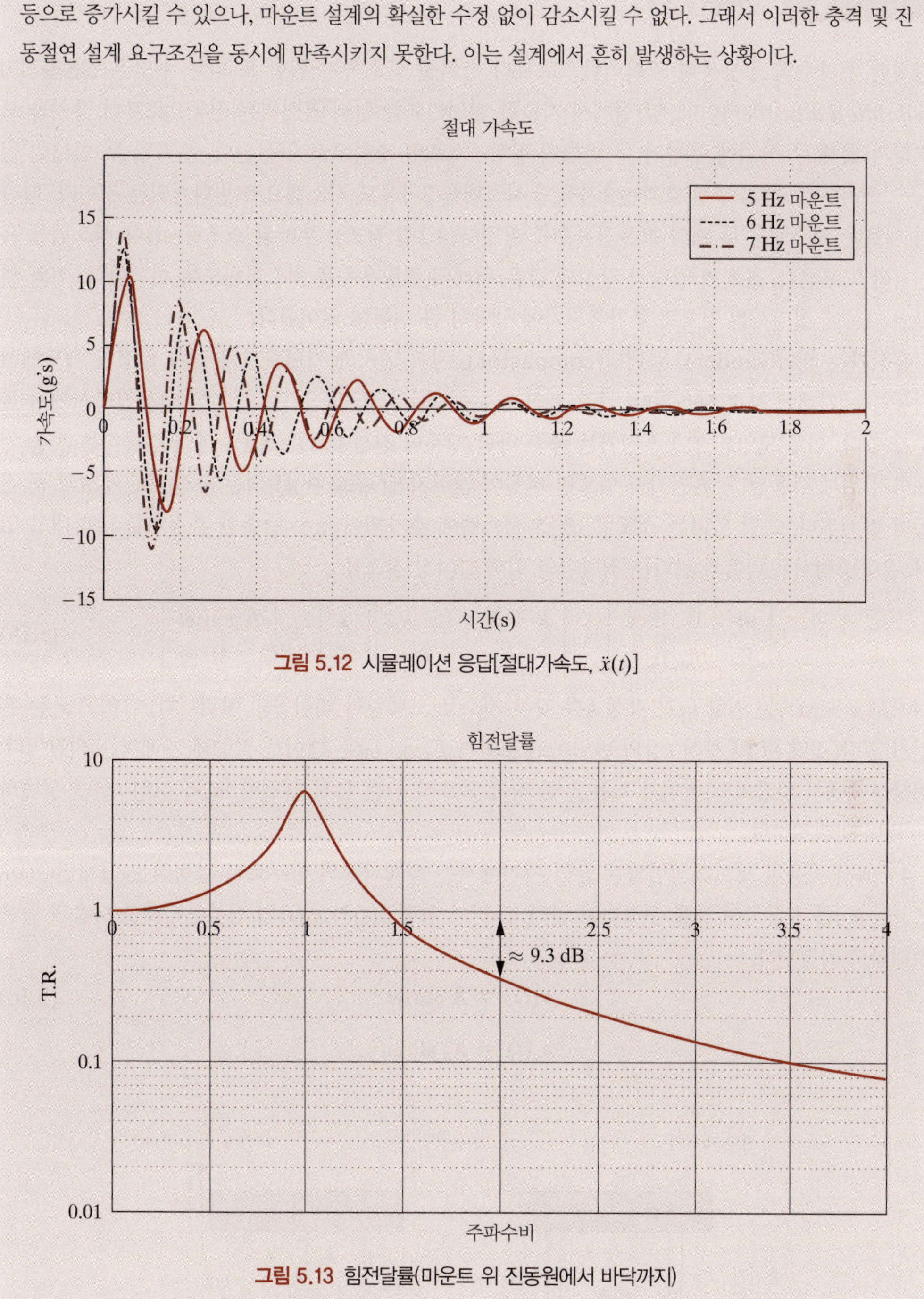

그림 5.12 시뮬레이션 응답[절대가속도, $\ddot{x}(t)$]

그림 5.13 힘전달률(마운트 위 진동원에서 바닥까지)

절연 마운트의 설계에서는 핵심사항이 두 가지이다. 첫 번째는 진동에 대한 설계인가 또는 충격에 대한 설계인가를 결정하는 것이다. 다음은 정적 변위를 점검하는 것이다. 다음 절에서는 조화진동에서 진동을 감소시키기 위해 흡진기를 사용하는 것을 고찰한다.

5.3 진동흡진기

일정한 주파수의 정상상태 조화외란으로부터 장치를 보호하기 위한 또 다른 수단은 **진동흡진기**(*vibration absorber*)이다. 앞 절에서 기술한 절연기와는 달리 흡진기는 진동으로부터 장치를 보호하기 위해 주 장치에 부가된 두 번째의 질량–스프링 조합으로 구성된다. 부가된 두 번째의 질량–스프링 시스템의 주된 효과는 1자유도 시스템을 2자유도 시스템으로 변화시키는 것이다. 따라서 새로운 시스템은 두 개의 고유진동수를 가진다(4.1절 참조). 부착된 스프링–질량 시스템을 흡진기라고 부른다. 흡진기 질량과 강성의 값은 원래의 질량운동을 최소화하도록 선택한다. 이와 더불어 다음에 설명하는 것처럼 부가흡진기에 상당히 큰 진동이 일어난다.

흡진기는 샌더(sander), 컴팩터(compactor), 왕복기구, 전기면도기와 같이 일정한 속도에서 작동하는 기계에 자주 사용된다. 가장 흔하게 눈에 띄는 진동흡진기는 송전선이나 전화선에서 볼 수가 있다. 아령 모양의 진동흡진기는 종종 바람 때문에 전선이 고유진동수에서 진동하는 것을 억제하기 위해 사용된다. 흡진기가 있으면 전선이 끊어지게(피로 현상) 되는 공진 부근에서의 큰 진동이 방지된다. 그림 5.14는 스프링–질량 시스템에 추가되어 있는 단순한 흡진기를 나타내고 있다. 운동방정식은 다음과 같다[수직방향의 힘의 합(4장 참조)].

$$\begin{bmatrix} m & 0 \\ 0 & m_a \end{bmatrix}\begin{bmatrix} \ddot{x} \\ \ddot{x}_a \end{bmatrix} + \begin{bmatrix} k + k_a & -k_a \\ -k_a & k_a \end{bmatrix}\begin{bmatrix} x \\ x_a \end{bmatrix} = \begin{bmatrix} F_0 \sin \omega t \\ 0 \end{bmatrix} \tag{5.15}$$

여기서 $x = x(t)$는 질량 m과 강성 k를 갖는 것으로 모델링한 테이블의 변위이다. 그리고 x_a는 흡진기 질량(질량 m_a와 강성 k_a)의 변위이고 조화력 $F_0 \sin \omega t$는 테이블 질량에 가해지는 외란이다. 정상상태에서 주장치의 변위가 가능한 한 작게 되도록 하는 흡진기(질량 m_a와 강성 k_a)를 설계하는 것이 바람직하다.

4장에서 사용한 모드해석법과는 달리 여기에서는 설계과정의 일부로서 결정하는 매개변수(m, k, m_a, k_a)를 사용하여 해를 구하려고 한다. 그러기 위해 $x(t)$와 $x_a(t)$의 정상상태해를 다음과 같은 형태라고 가정한다.

$$\begin{aligned} x(t) &= X \sin \omega t \\ x_a(t) &= X_a \sin \omega t \end{aligned} \tag{5.16}$$

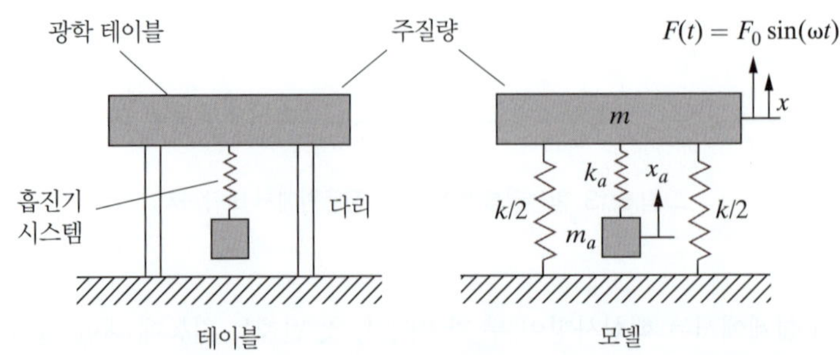

그림 5.14 진동흡진기를 부착시킴으써 보호되는 광학 테이블. 테이블과 지지하는 다리들은 질량 m과 강성 k의 1자유도 시스템으로 모델링했다.

윈도우 5.3 |

2 × 2 행렬 A가 다음과 같이 주어졌다.

$$A = \begin{bmatrix} a & b \\ c & d \end{bmatrix}$$

역행렬은 다음과 같이 정의되며

$$A^{-1} = \frac{1}{\det A}\begin{bmatrix} d & -b \\ -c & a \end{bmatrix}$$

여기서 $\det A$는 다음과 같다.

$$\det A = ad - bc$$

이러한 정상상태의 해를 식 (5.15)에 대입하면 아래와 같다.

$$\begin{bmatrix} k + k_a - m\omega^2 & -k_a \\ -k_a & k_a - m_a\omega^2 \end{bmatrix}\begin{bmatrix} X \\ X_a \end{bmatrix}\sin\omega t = \begin{bmatrix} F_0 \\ 0 \end{bmatrix}\sin\omega t \tag{5.17}$$

이것은 벡터 $[X \quad X_a]^T$의 방정식이다. 양변을 $\sin\omega t$로 나누고 $[X \quad X_a]^T$의 계수행렬의 역행렬을 왼편에 곱하면 아래와 같다(윈도우 5.3 참조).

$$\begin{aligned}\begin{bmatrix} X \\ X_a \end{bmatrix} &= \frac{1}{(k + k_a - m\omega^2)(k_a - m_a\omega^2) - k_a^2}\begin{bmatrix} k_a - m_a\omega^2 & k_a \\ k_a & k + k_a - m\omega^2 \end{bmatrix}\begin{bmatrix} F_0 \\ 0 \end{bmatrix} \\ &= \frac{1}{(k + k_a - m\omega^2)(k_a - m_a\omega^2) - k_a^2}\begin{bmatrix} (k_a - m_a\omega^2)F_0 \\ k_aF_0 \end{bmatrix}\end{aligned} \tag{5.18}$$

식 (5.18)로 주어진 벡터의 요소들을 같다고 놓으면 장치(테이블)의 정상상태 진폭은 다음과 같다.

$$X = \frac{(k_a - m_a\omega^2)F_0}{(k + k_a - m\omega^2)(k_a - m_a\omega^2) - k_a^2} \tag{5.19}$$

반면에 흡진기 질량의 진폭은 다음과 같다.

$$X_a = \frac{k_aF_0}{(k + k_a - m\omega^2)(k_a - m_a\omega^2) - k_a^2} \tag{5.20}$$

식 (5.19)를 주목하면 흡진기의 매개변수 k_a와 m_a는 테이블의 정상상태 진폭이 정확하게 영이 되게 선택할 수 있다. 이것은 식 (5.19)에서 F_0의 계수가 영이 되게 선택하면 된다.

$$\omega^2 = \frac{k_a}{m_a} \tag{5.21}$$

따라서 만약 흡진기의 매개변수가 식 (5.21)의 조정조건(tuning condition)을 만족하도록 선택되면, 주질량의 정상상태운동은 영이 된다(즉 $X = 0$). 이러한 경우 흡진기 질량의 정상상태운동은 $k_a = m_a\omega^2$을 이용하여 식 (5.20)과 식 (5.16)으로부터 다음과 같이 계산된다.

$$x_a(t) = -\frac{F_0}{k_a}\sin\omega t \tag{5.22}$$

그러므로 흡진기의 질량은 구동주파수에서 진폭 $X_a = F_0/k_a$로 진동한다.

흡진기 질량에 가해지는 힘의 크기는 $k_a x_a = k_a(-F_0/k_a) = -F_0$임에 주목하라. 따라서 흡진기가 구동주파수에 맞춰지고 정상상태에 도달할 때, 흡진기 질량에 가해지는 힘은 외란 힘과 크기는 같고 방향은 반대이다. 이때 주질량에 가해지는 최종 힘은 영이 되어 주진동 시스템의 질량은 움직이지 않고 주진동 시스템의 운동은 흡진기의 질량의 운동에 의해 모두 '흡수'된다. 특이한 점은 가진력이 흡진기 질량의 운동으로 완전히 흡수되지만 $\sqrt{k_a/m_a}$가 2자유도 시스템의 고유진동수가 아니므로 시스템 전체에는 공진이 일어나지 않는다는 것이다.

위에서 논의된 좋은 진동흡진기는 몇 가지 요소에 의해 결정된다. 첫째로, 조화가진력이 잘 알려져야 하고 주파수가 일정 값으로부터 많이 벗어나지 않아야 한다. 만약 구동주파수가 많이 변하면, 조정조건은 만족되지 않으며 주질량은 어느 정도 진동을 하게 된다. 또한 구동주파수가 조합된 시스템의 공진주파수 중 하나에 도달할 위험이 있으며 그런 경우 시스템의 좌표 중 하나의 공진으로 고장을 일으킬 수 있다. 시스템을 설계하기 위한 해석에서는 감쇠가 없이도 시스템은 구성할 수 있다고 가정한다. 만약 감쇠가 존재한다면 식이 항상 독립적인 모드로 분리되는 것은 아니며 주질량의 변위 크기가 영이 되지도 않을 것이다. 그러나 어떤 감쇠는 항상 존재할 뿐만 아니라 특히 주시스템에서 필요하며, 이것은 예시 5.3.3에서 논의된 바와 같이 과도응답을 감소시키는 데 필요하다. 사실 감쇠는 조정된 흡진기의 목표 자체를 방해하기 때문에 가진력의 주파수 범위가 너무 넓어서 흡진기를 효과적으로 작동시킬 수 없는 경우에만 필요하다. 이것은 다음 절에서 논의될 것이다. 흡진기 설계에서 또 다른 주요 인자는 흡진기의 스프링강성 k_a가 최대 가진력을 견딜 수 있으며 이에 상응하는 변형을 할 수 있어야 한다는 점이다. 흡진기 질량값뿐만 아니라 스프링 크기와 변형의 문제는 흡진기의 설계상 기하학적 제한조건이 된다.

구동주파수가 변화하는 경우 흡진기 설계에서 공진을 피하는 문제는 주질량에 대한 흡진기 질량의 비로 정의된 질량비 μ를 고찰함으로써 정량화할 수 있다.

$$\mu = \frac{m_a}{m}$$

또한 다음과 같은 진동수를 정의하는 것이 편리하다.

$\omega_p = \sqrt{\dfrac{k}{m}}$ 흡진기가 부착되지 않은 주진동 시스템의 원래 고유진동수

$\omega_a = \sqrt{\dfrac{k_a}{m_a}}$ 주진동 시스템에 부착되기 전 흡진기의 고유진동수

이러한 정의와 함께 또한 주목할 것은 다음 식이다.

$$\frac{k_a}{k} = \mu\frac{\omega_a^2}{\omega_p^2} = \mu\beta^2 \tag{5.23}$$

여기서 진동수비 β는 $\beta = \omega_a/\omega_p$이다. 식 (5.19)에 μ, ω_p, ω_a의 값을 대입하면 주질량의 진동진폭은 다음 식과 같다.

$$\frac{Xk}{F_0} = \frac{1 - \omega^2/\omega_a^2}{\left[1 + \mu\left(\omega_a/\omega_p\right)^2 - \left(\omega/\omega_p\right)^2\right]\left[1 - \left(\omega/\omega_a\right)^2 - \mu\left(\omega_a/\omega_p\right)^2\right]} \tag{5.24}$$

$\mu = 0.25$의 경우 위 식의 절댓값을 그림 5.15에 그렸다. 이와 같은 그림은 흡진기 설계에서 구동주파수가 얼마나 변화할 여유가 있는가를 보이는 데 이용할 수 있다. 만약 ω가 $0.781\omega_a$나 $1.281\omega_a$로 변화하면, 조합된 시스템은 공진이 발생하여 고장이 날 것이다. 왜냐하면 이들은 조합된 시스템의 고유진동수이기 때문이다. 사실상 구동주파수가 $|Xk/F_0| > 1$인 상태로 있게 되면 주장치에 전달되는 힘은 증폭되고 흡진기는 주장치의 성능을 원래보다 악화시키게 된다. 그림 5.15의 빗금친 영역은 $|Xk/F_0| \leq 1$이 되는 ω/ω_a의 값을 나타내고 있다. 이것은 흡진기 설계의 유용한 작동범위를 나타낸다(즉 $0.908\ \omega_a < \omega < 1.118\ \omega_a$). 따라서 구동주파수가 이 범위 안에 있으면 흡진기는 여전히 정상상태진동의 크기를 줄임으로써 주장치를 어느 정도 보호하게 된다.

흡진기 설계는 질량비 μ와 $\beta = \omega_a/\omega_p$로서 정의된 주파수비 β를 고찰함으로써 보다 쉽게 설명될 수 있다. 이러한 두 개의 무차원 수는 간접적으로 흡진기의 질량과 강성을 나타낸다. 두 개의 질량 시스템에 대한 주파수방정식(특성방정식)은 식 (5.17)의 계수행렬에 대한 행렬식[즉 식 (5.18)의 분모]을 영으로 놓고 ω를 시스템의 고유진동수 ω_n으로 간주함으로써 얻는다. β 값을 대입하고

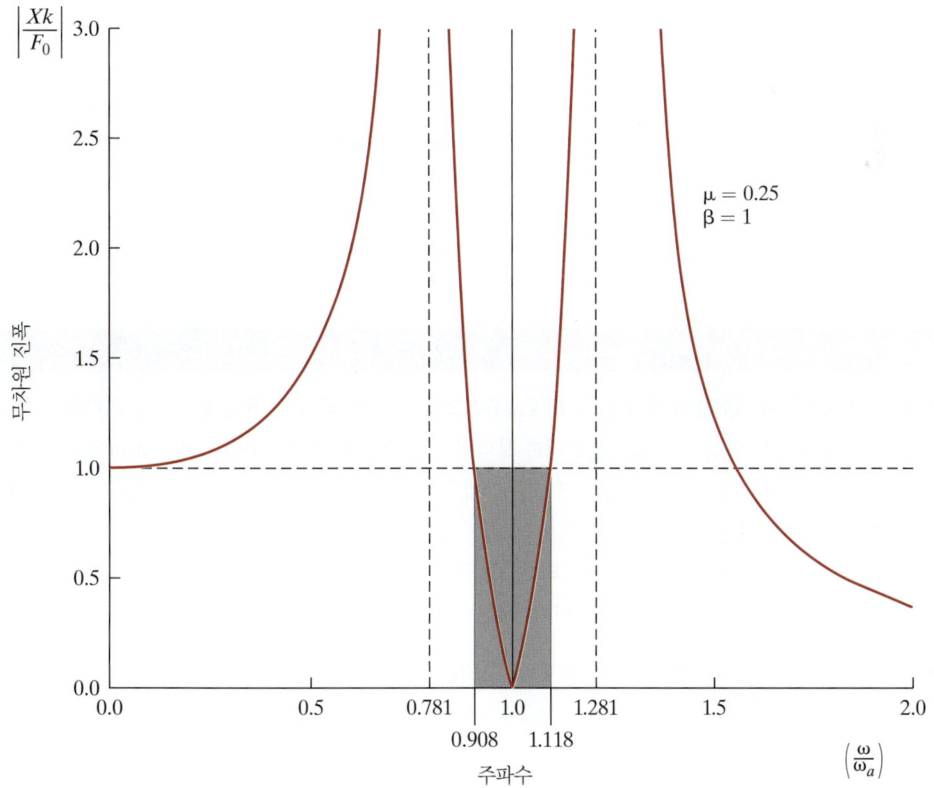

그림 5.15 $\mu = 0.25$일 때 무차원 구동주파수에 대한 주질량의 무차원 진폭의 선도. 시스템의 두 개의 고유진동수는 0.781과 1.281이다.

다시 정리하면 다음과 같다.

$$\beta^2\left(\frac{\omega_n^2}{\omega_a^2}\right)^2 - \left[1 + \beta^2(1 + \mu)\right]\frac{\omega_n^2}{\omega_a^2} + 1 = 0 \tag{5.25}$$

위 식은 (ω_n^2/ω_a^2)에 대한 2차방정식이다. 이것을 풀면 다음과 같다.

$$\left(\frac{\omega_n}{\omega_a}\right)^2 = \frac{1 + \beta^2(1 + \mu)}{2\beta^2} \pm \frac{1}{2\beta^2}\sqrt{\beta^4(1 + \mu)^2 - 2\beta^2(1 - \mu) + 1} \tag{5.26}$$

이것은 질량비 μ와 주파수비 β에 따라 시스템의 고유진동수가 어떻게 변화하는지를 설명하고 있다. 그림 5.16은 이 식을 $\beta = 1$에 대해 그린 것이다. μ가 증가함에 따라 고유진동수가 더 멀리 분산되고 흡진기의 작동점 $\omega = \omega_a$로부터 더 멀리 벗어난다. 그러므로 만약 μ가 너무 작으면, 조합된 시스템은 구동주파수가 많이 변화하는 것을 견디지 못하고 고장이 날 것이다. μ는 대개 0.05에서 0.25 사이(즉 $0.05 \le \mu \le 0.25$)를 택하는데 μ가 이보다 커지면 좋지 못한 설계로 생각하는 경향이 있기 때문이다. 만약 흡진기의 운동과 관련된 $x_a(t)$와 응력이 크다면 흡진기는 피로 때문에 고장 날 것이다. 그러므로 설계자는 종종 X_a의 최댓값을 제한하게 된다. 다음의 예는 흡진기 설계 사례를 보여준다.

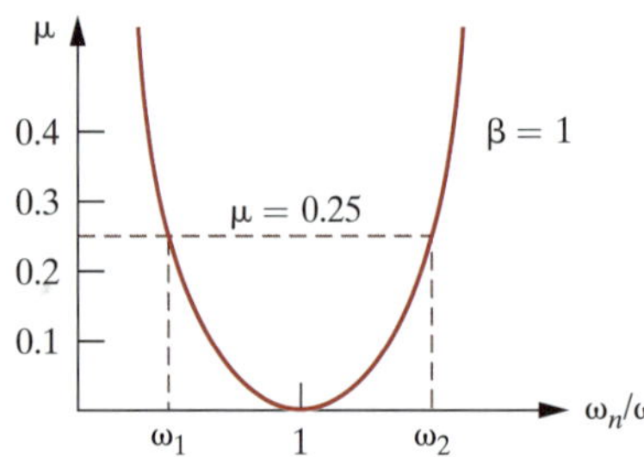

그림 5.16 질량비와 시스템의 고유진동수(흡진기의 진동수로 정규화)의 선도. 질량비를 증가시키면 진동흡진기의 유용한 진동수 영역이 증가한다는 것을 보여준다. 여기서 ω_1과 ω_2는 시스템의 고유진동수를 정규화한 값이다.

예제 5.3.1

어떤 원형 기계톱의 테이블의 질량은 73.16 kg이며 그림 5.17에서와 같이 톱날을 돌리는 모터에 의해 조화 구동된다. 모터는 일정한 속도로 운전되며 모터의 작은 불균형 때문에 180 cycles/min에서 13 N의 힘이 발생한다. 결과적으로 발생하는 강제진동이 제품이 생산된 후에야 비로소 검출되었다. 제작사에서는 단순히 테이블에 흡진기를 설치함으로써 테이블 진동이 영이 되도록 진동흡진기를 설계하고자 한다. 테이블 다리에 의한 강성은 2600 N/m이라 가정하고 흡진기를 설계하라. 또한 흡진기는 테이블 안쪽에 설치되어야 하며, 최대 변형은 0.2 cm이어야 한다.

풀이 변형 요구조건을 만족시키기 위해 먼저 흡진기 강성을 결정하자. $X = 0$이라고 가정하면 $k_a = m_a\omega^2$이므로 식 (5.20)으로부터 $|X_a k_a| = |F_0|$이 된다. 즉 질량 m_a가 모든 가진력을 흡수한다. 따라서 다음과 같다.

$$k_a = \frac{F_0}{X_a} = \frac{13\text{ N}}{0.2\text{ cm}} = \frac{13\text{ N}}{0.002\text{ m}} = 6500\text{ N/m}$$

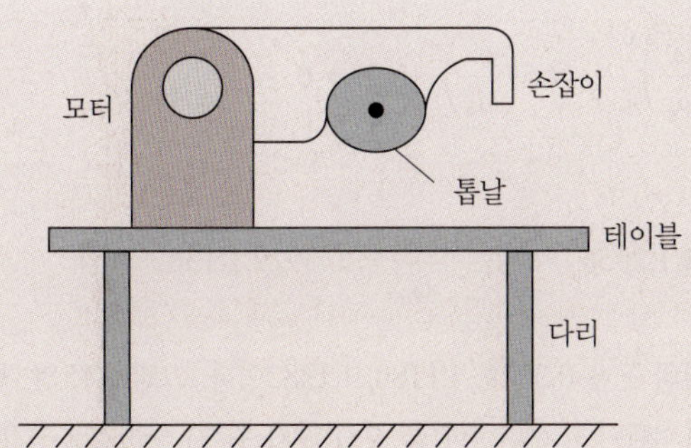

그림 5.17 진동흡진기가 필요한 원형기계 톱 시스템의 개략도

흡진기는 $\omega = \omega_a$가 되도록 설계되므로 다음과 같다.

$$m_a = \frac{k_a}{\omega^2} = \frac{6500 \text{ N/m}}{[2\pi(180/60)]^2} = 18.29 \text{ kg}$$

이 경우 $\mu = 18.29/73.16 = 0.25$임을 주목하라.

예제 5.3.2

예제 5.3.1의 흡진기 설계에서 흡진기의 작동 대역폭(bandwidth)을 계산하라. 흡진기의 유용한 범위는 $|Xk/F_0| < 1$으로 가정하라. $|Xk/F_0| > 1$의 값에 대해 기계는 쉽게 공진상태로 접어들고 진동의 진폭은 유효구동력 진폭보다 커진다.

풀이 $Xk/F_0 = 1$을 이용하면 식 (5.24)로부터 다음을 얻는다.

$$1 - \left(\frac{\omega}{\omega_a}\right)^2 = \left[1 + \mu\left(\frac{\omega_a}{\omega_p}\right)^2 - \left(\frac{\omega}{\omega_p}\right)^2\right]\left[1 - \left(\frac{\omega}{\omega_p}\right)^2\right] - \mu\left(\frac{\omega_a}{\omega_p}\right)^2$$

이것을 ω/ω_a에 대해 풀면 다음과 같은 두 개의 해가 나온다.

$$\frac{\omega}{\omega_a} = \pm\sqrt{1 + \mu}$$

예제 5.3.1의 시스템에 대해 $\mu = 0.25$이므로 해는 다음과 같다.

$$\frac{\omega}{\omega_a} = 1.1180$$

$|Xk/F_0| = 1$은 $Xk/F_0 = -1$에 대해서도 충족되는 조건이다. 이것을 식 (5.24)에 대입하고 정리하면 다음과 같다.

$$\left(\frac{\omega_a}{\omega_p}\right)^2\left(\frac{\omega}{\omega_a}\right)^4 - \left[2 + (\mu + 1)\left(\frac{\omega_a}{\omega_p}\right)^2\right]\left(\frac{\omega}{\omega_a}\right)^2 + 2 = 0$$

이것은 $(\omega/\omega_a)^2$에 대한 2차 방정식이다. 이 방정식은 절댓값의 음수 근으로부터 도출되었기 때문에 식 (5.25)와 다르다. $\omega_a^2 = 6500/18.29$, $\omega_p^2 = 2600/73.16$과 $\mu = 0.25$의 값을 이용하면 다음과 같이 간단히 정리된다.

$$10\left(\frac{\omega}{\omega_a}\right)^4 - 14.5\left(\frac{\omega}{\omega_a}\right)^2 + 2 = 0$$

ω/ω_a에 대해 풀면 다음과 같다.

$$\left(\frac{\omega}{\omega_a}\right)^2 = 0.1544, 1.2956 \quad \text{또는} \quad \frac{\omega}{\omega_a} = 0.3929, 1.1382$$

그러므로 $|Xk/F_0| = 1$을 만족하는 세 개의 근은 0.3929, 1.1180, 1.1382이다. 그림 5.15의 예로부터 주 질량의 응답이 증폭되지 않기 위해(즉 시스템이 공진의 위험을 갖지 않기 위해) 구동진동수가 $0.3929\omega_a$와 $1.1180\omega_a$ 사이에 있어야 한다. 혹은 $\omega_a = 18.857$이므로 ω는 다음의 범위에서 변화할 수 있다는 것을 가리킨다.

$$7.4089 < \omega < 21.0821 \text{ (rad/s)}$$

예제 5.3.3

MATLAB을 이용하여 예제 5.3.1의 시간 영역의 응답을 수치적 적분과 함수를 활용한 명령을 통해 계산하라.

풀이 예시 5.3.1에서 주어진 값들을 식 (5.15)에 삽입하면 다음과 같은 결과가 나온다.

$$\begin{bmatrix} 73.16 & 0 \\ 0 & 18.29 \end{bmatrix}\begin{bmatrix} \ddot{x}(t) \\ \ddot{x}_a(t) \end{bmatrix} + \begin{bmatrix} 9100 & -6500 \\ -6500 & 6500 \end{bmatrix}\begin{bmatrix} x(t) \\ x_a(t) \end{bmatrix} = \begin{bmatrix} F_0 \sin 6\pi t \\ 0 \end{bmatrix}$$

본 식의 MATLAB 적분 코드는 아래의 함수 형식으로 `f5.m`으로 저장한다.

```
function v=f5(t,x)
M=[73.16 0;0 18.29];K=[7=9100 -6500;-6500 6500];
B=[1; 0];w=6*pi;
A=[zeros(2) eye(2);-inv(M)*K -zeros(2)];
f=inv(M)*B;
v=A*x+[0;0;f].*sin(w*t);
```

그다음 입력창에 아래의 명령을 입력한다.

```
>> x0=[0;0;0;0]; ts=[0 4];
>> [t,x]=ode45('f5',ts,x0);
>> figure
>> plot(t,x(:,1),t,x(:,2),'--')
>> xlabel('time in seconds')
>> ylabel('displacements')
```

이 결과는 그림 5.18에 도시된다.

분명 주질량의 응답이 0이 아니므로 무언가 잘못되었다. 이는 수치적인 해법이 과도상태 응답을 포함하고 있으며 이 절에서 비감쇠 진동흡진기에 대해 수행한 모든 계산은 특수해(정상상태)만 고려하여 수행하였기 때문이다. 방정식이 비감쇠 조건인 경우 과도응답이 여전히 존재한다. 여기서 언급해야 할 두

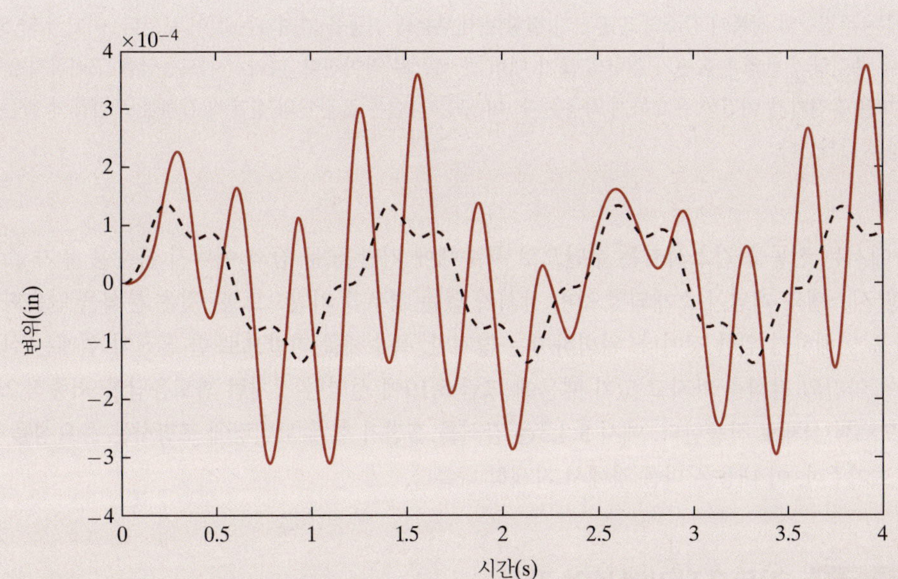

그림 5.18 예제 5.3.1의 흡진기 설계에 대한 점선의 주질량 $x(t)$와 실선의 흡진기 질량 $x_a(t)$ 응답 그래프

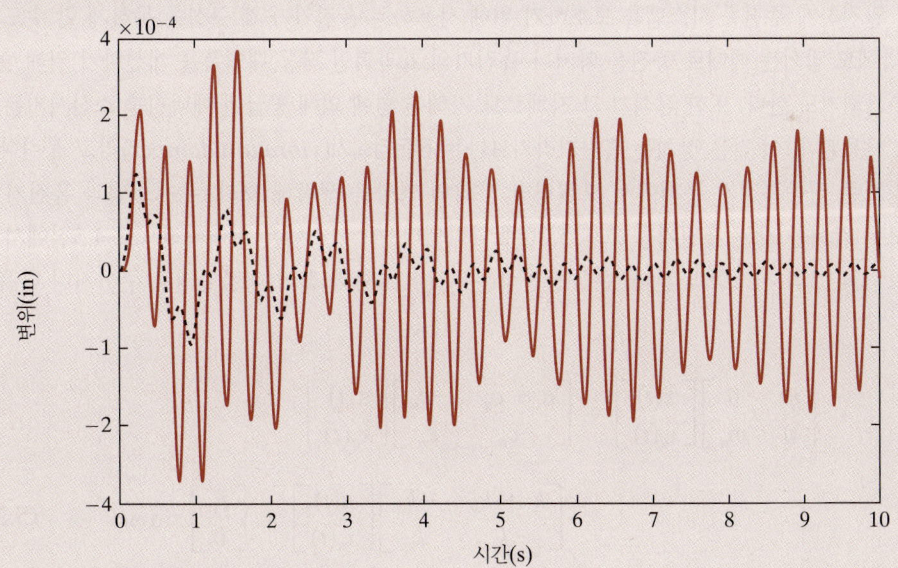

그림 5.19 주질량–스프링 시스템에 감쇠($\zeta = 0.1$)을 추가한 예제 5.3.1 흡진기에 대한 점선의 주질량 $x(t)$와 실선의 흡진기 질량 $x_a(t)$ 응답 그래프

가지 중요한 점이 있다. 첫째, 흡진기 질량이 여전히 대부분의 진동에너지를 가져가고, 주질량의 진폭이 흡진기 진폭의 약 1/3로 감소한다. 둘째, 실제 상황에서는 항상 어느 정도의 감쇠가 존재를 하며, 작은 양의 감소라도 과도응답을 최종적으로 줄일 수 있다. 이것은 주질량–스프링 시스템에 약간이 감쇠를 포함하여 그림 5.18과 동일한 시스템을 다시 계산함으로써 설명된다. 결과는 그림 5.19에 표현되어 있으며,

여기에는 주질량의 진폭이 감소하고 흡진기 질량이 대부분의 진동을 가져가는 것이 보인다. 여기서 약 5초 후에 주질량의 반영은 흡진기 질량의 크기 대비 큰 폭으로 작아진다. 따라서 과도응답을 고려하지 않고 설계된 흡진기가 여전히 유효하게 작동한다. 이 모든 사실은 흡진기의 설계에 감쇠를 포함해야 하는 중요성을 나타낸다.

이 장에서는 진동을 감소시키는 수단으로 특수해에 기반을 둔 감쇠 에너지 흡수용 추가 스프링-질량 시스템의 개념이 소개되었으며, 감쇠가 없는 경우를 기반으로 한 것은 분석을 단순화하고 현상을 이해하기 위한 것이다. 완벽하지는 않지만, 특수해를 기반으로 한 흡진기 설계는 실제 시스템이 약간의 감쇠를 가지고 있기 때문에 그림 5.19에 설명한 것처럼 과도응답을 최종적으로 제거함으로써 실제로 작동한다. 예시 5.3.3은 감쇠를 흡진기 설계 모델링에 포함하는 중요성을 명확하게 보여주며, 이 내용은 다음 장에서 자세히 다룬다.

5.4 진동흡진기에서의 감쇠

5.3절에서 언급한 것처럼 장치 자체가 감쇠를 가지고 있을 수 있으며 이 감쇠는 X를 영이 되게 함으로써 완전하게 주진동 시스템을 보호하기 위해 사용하는 흡진기가 제 구실을 못하게 할 수도 있다. 그밖에도 감쇠는 때때로 공진을 막거나 흡진기의 효과적인 작동 대역폭을 개선하기 위해 흡진기에 추가되기도 한다. 또한 감쇠기 그 자체로도 가해진 힘에 의해 공급된 에너지를 소산시키는 흡진기로 사용된다. 이 같은 장치는 흡진기라기보다는 **진동감쇠기**(*vibration damper*)라고 불린다.

우선 표준 진동흡진기 문제에서 모델링한 감쇠의 영향을 생각해 보자. 주시스템과 흡진기 시스템 모두 감쇠를 갖는 흡진기를 그림 5.20에 나타냈다. 이 시스템은 동역학적으로 4.5절에서 살펴본 그림 4.15의 시스템과 같다. 운동방정식은 식 (4.116)과 같이 행렬형태로 주어지며 다음과 같다.

$$\begin{bmatrix} m & 0 \\ 0 & m_a \end{bmatrix}\begin{bmatrix} \ddot{x}(t) \\ \ddot{x}_a(t) \end{bmatrix} + \begin{bmatrix} c + c_a & -c_a \\ -c_a & c_a \end{bmatrix}\begin{bmatrix} \dot{x}(t) \\ \dot{x}_a(t) \end{bmatrix} + \begin{bmatrix} k + k_a & -k_a \\ -k_a & k_a \end{bmatrix}\begin{bmatrix} x(t) \\ x_a(t) \end{bmatrix} = \begin{bmatrix} F_0 \\ 0 \end{bmatrix}\sin\omega t \tag{5.27}$$

4.5절에서 언급된 것처럼 이러한 식들은 분리되지 않으므로($KM^{-1}C \neq CM^{-1}K$) 4장의 모드해석법을 사용하여 해를 구할 수 없다. 그러나 정상상태해는 비감쇠의 경우에 대한 앞 절의 역행렬 기법과 2.3절에서 논의된 지수함수 방법을 복합적으로 사용해서 계산할 수 있다.

따라서 식 (5.27)에서 $F_0 \sin \omega t$는 지수함수 형태의 식 $F_0 e^{j\omega t}$로 나타내고 정상상태의 해를 다음 형태로 가정한다.

$$\mathbf{x}(t) = \mathbf{X}e^{j\omega t} = \begin{bmatrix} X \\ X_a \end{bmatrix} e^{j\omega t} \tag{5.28}$$

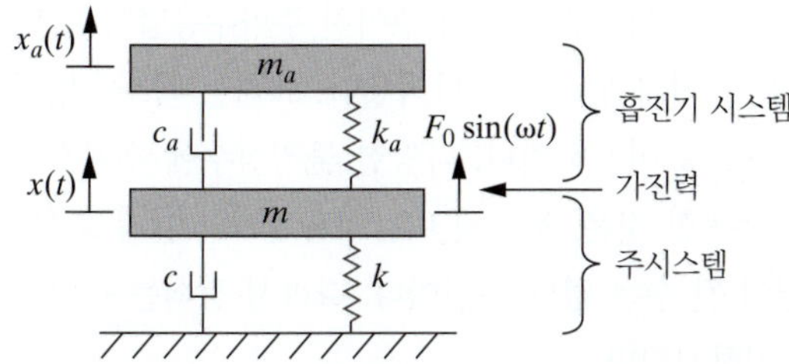

그림 5.20 주시스템과 흡진기 시스템 모두 감쇠를 갖는 진동흡진기의 개략도

여기서 X는 주질량의 진폭이며, X_a는 흡진기 질량의 진폭이다. 식 (5.27)에 대입하면 다음 식을 얻는다.

$$\begin{bmatrix} \left(k + k_a - m\omega^2\right) + (c + c_a)\omega j & -k_a - c_a\omega j \\ -k_a - c_a\omega j & \left(k_a - m_a\omega^2\right) + c_a\omega j \end{bmatrix}\begin{bmatrix} X \\ X_a \end{bmatrix} e^{j\omega t} = \begin{bmatrix} F_0 \\ 0 \end{bmatrix} e^{j\omega t} \tag{5.29}$$

벡터 $\mathbf{X}$의 계수행렬이 복소수 요소를 갖는다는 점에 주목한다. 영이 아닌 스칼라 $e^{j\omega t}$로 식 (5.29)를 나누면 진폭 X와 X_a에 대한 복소수 연립방정식을 얻는다. 윈도우 5.3에서 보여준 예제 4.1.4의 공식을 사용하여 역행렬을 계산하고 식 (5.29)에 역행렬을 왼편으로부터 곱하면 다음을 얻는다.

$$\begin{bmatrix} X \\ X_a \end{bmatrix} = \frac{\begin{bmatrix} \left(k_a - m_a\omega^2\right) + c_a\omega j & k_a + c_a\omega j \\ k_a + c_a\omega j & k + k_a - m\omega^2 + (c + c_a)\omega j \end{bmatrix}\begin{bmatrix} F_0 \\ 0 \end{bmatrix}}{\det\left(K - \omega^2 M + \omega j C\right)} \tag{5.30}$$

여기서 분모의 행렬식은 다음과 같이 주어진다(예제 4.1.4 참조).

$$\begin{aligned} \det\left(K - \omega^2 M + \omega j C\right) &= m m_a \omega^4 + \left(c_a c + m_a(k_a + k_a) + k_a m\right)\omega^2 + k_a k \\ &\quad + \left[(k c_a + c k_a)\omega - \left(c_a(m + m_a) + c m_a\right)\omega^3\right] j \end{aligned} \tag{5.31}$$

그리고 시스템의 계수행렬 M, C, K는 다음과 같이 주어진다.

$$M = \begin{bmatrix} m & 0 \\ 0 & m_a \end{bmatrix} \qquad C = \begin{bmatrix} c + c_a & -c_a \\ -c_a & c_a \end{bmatrix} \qquad K = \begin{bmatrix} k + k_a & -k_a \\ -k_a & k_a \end{bmatrix}$$

행렬과 벡터의 곱을 계산하면 다음과 같다.

$$X = \frac{\left[\left(k_a - m_a\omega^2\right) + c_a\omega j\right] F_0}{\det\left(K - \omega^2 M + \omega j C\right)} \tag{5.32}$$

$$X_a = \frac{\left(k_a + c_a\omega j\right) F_0}{\det\left(K - \omega^2 M + \omega j C\right)} \tag{5.33}$$

위 식들은 각각 주질량과 흡진기 질량의 응답 크기를 나타낸다. 이러한 값들은 복소수이고, 시간응답을 나타내기 위해서는 복소수값 $e^{j\omega t}$를 곱해야 한다.

식 (5.32)와 식 (5.33)은 식 (2.55)에서 1자유도 시스템에 대해 주어진 주파수응답함수를 2자유도화한 것이다. 이러한 값들의 복소수 특성은 크기와 위상으로 나타낸다. 크기는 복소수법칙에 따라 계산되며, 기호연산(symbolic) 컴퓨터 코드를 이용하거나, 다양한 물리상수에 수치값을 대입하면 쉽게 계산할 수 있다. 식 (5.32)로부터 주목할 것은, 조정된 비감쇠흡진기와 달리 조정조건이 충족되더라도 주장치의 응답이 정확하게 영이 될 수는 없다는 것이다. 따라서 감쇠는 주장치의 운동을 완전히 없앨 수 있는 흡진기의 능력을 저하시킨다.

몇 가지 특정한 경우에 대해 식 (5.32)와 식 (5.33)을 계산해 볼 수 있다. 첫 번째로, 주장치의 내부감쇠를 무시한 경우를 고려하자($c = 0$). 만약 주장치가 금속으로 만들어져 있다면, 내부감쇠는 매우 낮을 것이고 많은 경우 무시하는 것이 합당하다. 이러한 경우에 식 (5.31)의 행렬식은 다음과 같이 복소수로 된다.

$$\det(K - \omega^2 M + \omega C j) \tag{5.34}$$
$$= \left[\left(-m\omega^2 + k\right)\left(-m_a\omega^2 + k_a\right) - m_a k_a \omega^2\right] + \left[\left(k - (m + m_a)\omega^2\right)c_a\omega\right]j$$

주질량의 최대 변형은 식 (5.34)로 주어진 분모의 행렬식을 이용하여 식 (5.32)로 주어진다. 이 식은 두 복소수의 비이며 따라서 주질량의 응답 위상과 진폭을 나타내는 복소수이다. 복소수계산법을 사용하여(윈도우 5.4 참조) 주질량의 운동진폭을 다음과 같이 실수로 나타낼 수 있다.

윈도우 5.4 | 복소수 계산

식 (5.32)로 주어진 응답의 크기는 다음과 같은 두 복소수 비를 이용하여 나타낼 수 있다.

$$\frac{X}{F_0} = \frac{A_1 + B_1 j}{A_2 + B_2 j}$$

여기서 A_1, A_2, B_1, B_2는 실수이고 $j = \sqrt{-1}$이다. 이 식에 분모의 켤레복소수를 곱하면 다음을 얻는다.

$$\frac{X}{F_0} = \frac{(A_1 + B_1 j)(A_2 - B_2 j)}{(A_2 + B_2 j)(A_2 - B_2 j)} = \frac{(A_1 A_2 + B_1 B_2)}{A_2^2 + B_2^2} + \frac{B_1 A_2 - A_1 B_2}{A_2^2 + B_2^2} j$$

위 식은 어떻게 X/F_0를 $X/F_0 = a + bj$의 형태인 하나의 복소수로 쓸 수 있는가를 보여준다. 이것은 응답크기가 두 개의 성분을 갖는다고 해석할 수 있다. 하나는 가해진 힘과 같은 위상이고 또 하나는 반대 위상이다. X/F_0의 크기는 위의 복소수 크기이다(즉 $|X/F_0| = \sqrt{a^2 + b^2}$). 이것으로부터 다음 식을 얻는다.

$$\left|\frac{X}{F_0}\right| = \frac{A_1^2 + B_1^2}{A_2^2 + B_2^2}$$

위 식은 식 (5.35)로 주어진 식에 해당한다. 또한 부록 A를 참조하라.

$$\frac{X^2}{F_0^2} = \frac{\left(k_a - m_a\omega^2\right)^2 + \omega^2 c_a^2}{\left[\left(k - m\omega^2\right)\left(k_a - m_a\omega^2\right) - m_a k_a \omega^2\right]^2 + \left[k - (m + m_a)\omega^2\right]^2 c_a^2 \omega^2} \quad (5.35)$$

비감쇠 진동흡진기에 대해 5.3절에서 소개한 무차원 비의 관점에서 이 진폭을 고찰하는 것이 편리하다. 진폭 X는 주장치의 정적 변형 $\Delta = F_0/k$와의 비로 나타낸다. 또한 다음과 같이 정의된 혼합된 '감쇠비'를 고려하자.

$$\zeta = \frac{c_a}{2m_a\omega_p} \quad (5.36)$$

여기에서 $\omega_p = \sqrt{k/m}$은 흡진기가 부착되지 않은 주장치의 원래 고유진동수이다. 기준진동수비 $r = \omega/\omega_p$, 고유진동수비 $\beta = \omega_a/\omega_p$(여기서 $\omega_a = \sqrt{k_a/m_a}$), 질량비 $\mu = m_a/m$를 이용하면 식 (5.35)를 다음과 같이 쓸 수 있다.

$$\frac{X}{\Delta} = \frac{Xk}{F_0} = \sqrt{\frac{(2\zeta r)^2 + \left(r^2 - \beta^2\right)^2}{(2\zeta r)^2\left(r^2 - 1 + \mu r^2\right)^2 + \left[\mu r^2\beta^2 - \left(r^2 - 1\right)\left(r^2 - \beta^2\right)\right]^2}} \quad (5.37)$$

이것은 주장치의 무차원 진폭을 나타낸다. 식 (5.37)을 고찰해 보면 주장치 응답의 진폭이 네 개의 물리적 매개변수에 의해 결정됨을 알 수 있다.

- μ 흡진기의 질량과 주질량의 비
- β 분리된 고유진동수의 비
- γ 구동주파수와 주장치의 고유진동수의 비
- ζ 흡진기의 감쇠계수와 $2m_a\omega_p$의 비

이 네 개의 매개변수를 설계변수로 생각할 수 있는데 특정한 적용사례에 대해 주질량의 응답 진폭 X가 가능한 한 최솟값이 되도록 선택된다. 그림 5.21은 r이 변화함에 따라 $\mu = 0.25$, $\beta = 1$의 고정된 값에 대해 감쇠값 ζ가 응답에 미치는 영향을 나타낸다.

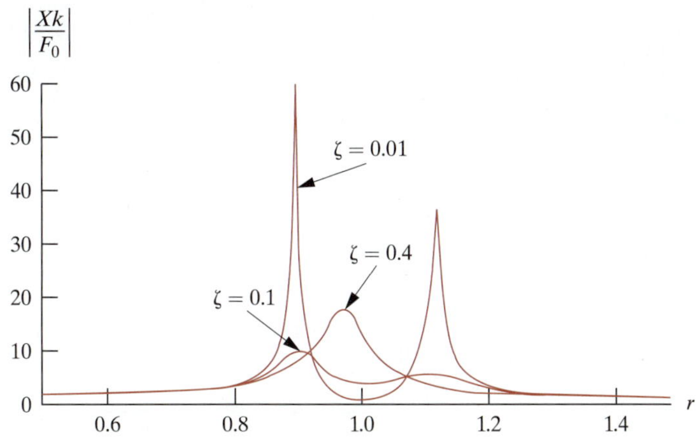

그림 5.21 주장치의 감쇠가 무시할 만한 경우에 대해 흡진기의 몇 가지 감쇠값에 대해 주파수비의 함수로 나타낸 주질량의 무차원 진폭[즉 식 (5.37) 그래프]

이 절의 첫 부분에서 언급된 것처럼 작동 대역폭을 향상시키기 위해 종종 흡진기에 감쇠를 부가한다. 이것의 효과는 그림 5.21에 나타나 있다. 만약 흡진기에 감쇠가 없다면($\zeta = 0$), 주파수비 r의 함수로 나타낸 주질량의 응답 크기는 그림 5.15에서 나타낸 것과 같다(즉 $r = 1$에서 영이지만 $r = 0.781$과 $r = 1.281$에서 무한대). 그러므로 완전한 비감쇠흡진기는 대역폭 특성이 매우 좋지 않다(즉 r이 조금 변하면 주질량의 진폭은 증가한다). 5.3절에서 강조했듯이 대역폭, 즉 비감쇠흡진기의 유용한 작동범위는 $0.908 \le r \le 1.118$이다. 이러한 값의 r에 대해 $|Xk/F_0| \le 1$이다. 그러나 흡진기에 감쇠를 더하면($\zeta \neq 0$) 그림 5.21의 결과로 대역폭, 혹은 유용한 작동범위는 확장된다. 이러한 작동범위가 증가된 반면에 $|Xk/F_0|$는 감쇠가 있는 경우 절대 영이 될 수 없다는 것이다(그림 5.21 참조).

그림 5.21을 관찰하면 ζ가 변함에 따라 r의 넓은 범위에서 $|Xk/F_0|$의 진폭이 감소될 수 있다. 이제 설계 문제는 다음처럼 정리된다. $0 \le r \le 2$의 범위에 걸쳐 크기 $|Xk/F_0|$를 가장 작게 만드는 질량비 μ, 흡진기 감쇠비 ζ, 진동수비 β의 값이 얼마인가? μ와 β를 고정시키고 감쇠만을 증가시킨다고 해서 반드시 가장 낮은 진폭을 얻는 것은 아니다. 그림 5.21에서 $\zeta = 0.4$인 경우보다 $\zeta = 0.1$인 경우에 더 넓은 r의 범위에서 진폭이 더 작아짐에 주목하라. 그림 5.22와 5.23은 ζ, μ, β의 다양한 조합에 대한 $|Xk/F_0|$의 그래프를 나타내며, 여러 가지 매개변수가 $|Xk/F_0|$의 크기에 어떻게 영향을 미치는지를 대략적으로 보여준다.

최적의 μ와 ζ를 선택하는 방법은 5.5절에서 다시 논의될 것이다. 그림 5.23을 살펴보면 $\mu = 0.25$, $\beta = 0.8$, $\zeta = 0.27$은 r의 넓은 범위에 걸쳐 $|Xk/F_0|$의 최솟값을 가져온다. 그러나 응답 진폭 X의 증폭은 여전히 발생하지만(즉 $r < \sqrt{2}$의 값들에 대해서는 $|Xk/F_0| > 1$), 비감쇠 흡진기의 경우처럼 $|X|$의 크기가 대폭 증가하지는 않는다.

다음은 그림 5.24에서 배열된 것과 같이 비감쇠 주질량에 부착된 흡진기 질량이 점성감쇠기에 의해서만 연결된 경우를 생각해 보자. 이러한 형태의 시스템은 엔진과 같이 작동속도(구동주파수)가 넓은 범위에 걸쳐 변화하는 회전 시스템에 대한 진동저감장치를 설계할 때 나타낸다. 이 경우 점성감쇠기는 그림 5.25에 나타낸 것처럼 크랭크축(또는 다른 회전장치)의 끝에 부착된다. 축은

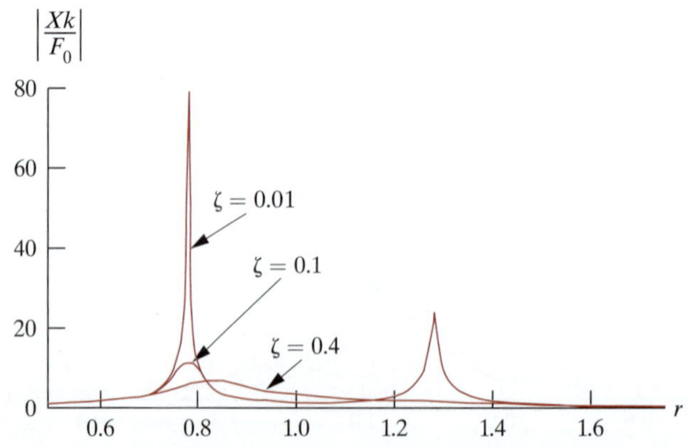

그림 5.22 몇 가지 ζ 값에 대해 $\mu = 0.25$와 $\beta = 0.9$일 때의 그림 5.21을 다시 그린 그림. $\zeta = 0.4$의 경우가 $\zeta = 0.1$보다 더 작은 진폭을 얻는다.

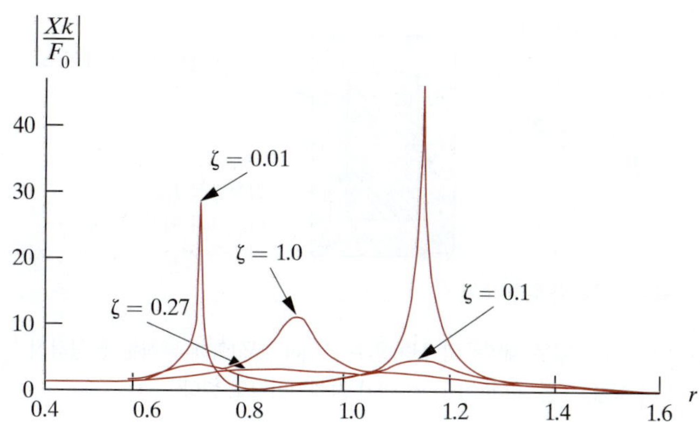

그림 5.23 몇 가지 ζ 값에 대해 $\mu = 0.25$와 $\beta = 0.8$일 때의 그림 5.21을 다시 그린 그림. $\zeta = 0.27$의 경우가 가장 큰 대역폭에 걸쳐 가장 작은 증폭이 일어난다.

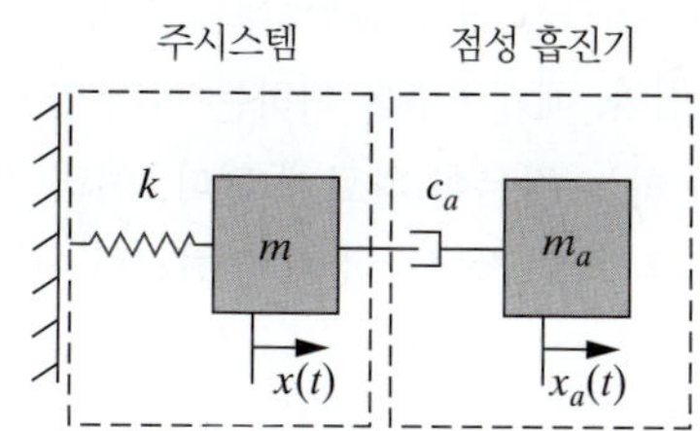

그림 5.24 점성 진동흡진기를 형성하도록 주질량(감쇠가 없는)에 부착된 감쇠기-질량 시스템

비틀림강성 k와 관성 J_1을 갖고 각도 θ_1으로 회전한다. 감쇠관성 J_2는 점성유막 안에서 각도 θ_2로 회전하며 이때 발생하는 감쇠력은 $c_a(\dot{\theta}_1 - \dot{\theta}_2)$이다. 만약 외부조화토크가 $M_0e^{\omega tj}$의 형태로 작용한다면 이 시스템의 운동방정식은 다음과 같다.

$$\begin{bmatrix} J_1 & 0 \\ 0 & J_2 \end{bmatrix}\begin{bmatrix} \ddot{\theta}_1 \\ \ddot{\theta}_2 \end{bmatrix} + \begin{bmatrix} c_a & -c_a \\ -c_a & c_a \end{bmatrix}\begin{bmatrix} \dot{\theta}_1 \\ \dot{\theta}_2 \end{bmatrix} + \begin{bmatrix} k & 0 \\ 0 & 0 \end{bmatrix}\begin{bmatrix} \theta_1 \\ \theta_2 \end{bmatrix} = \begin{bmatrix} M_0 \\ 0 \end{bmatrix} e^{\omega tj} \tag{5.38}$$

이것은 그림 5.24에 주어진 병진운동 모델과 동등한 회전진동 모델이다. 이와 같은 2자유도 시스템의 비감쇠 고유진동수를 계산하는 것은 쉬운 일이며, 이 값들은 다음과 같다.

$$\omega_p = \sqrt{\frac{k}{J_1}} \quad \text{그리고} \quad \omega_a = 0$$

이러한 식들의 해는 각각 m과 m_a를 J_1과 J_2로 바꾸고 $c = 0$, $k_a = 0$을 대입한 후 F_0를 M_0로 바꾸면 식 (5.32)와 (5.33)에 의해 주어진다. 식 (5.32)를 무차원 형태로 바꾸면 식 (5.37)이 된다. 따라서 식 (5.37)에서 $\beta = \omega_a/\omega_p = 0$으로 놓음으로써 주관성 J_1의 진동진폭[즉 $\theta_1(t)$의 진폭]은 다음과 같이 쓸 수 있다.

$$\frac{Xk}{M_0} = \sqrt{\frac{4\zeta^2 + r^2}{4\zeta^2(r^2 + \mu r^2 - 1)^2 + (r^2 - 1)^2 r^2}} \tag{5.39}$$

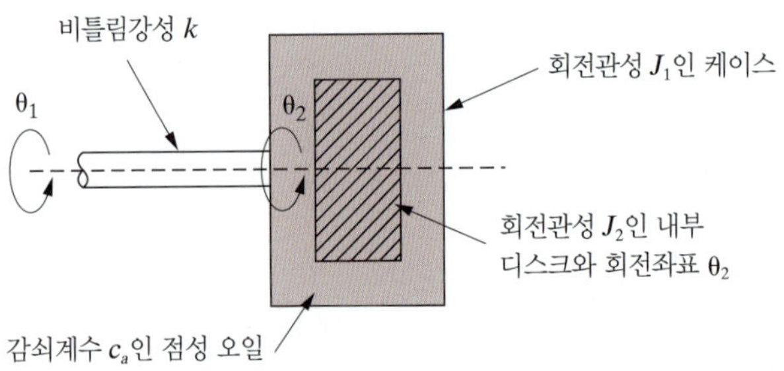

그림 5.25 넓은 대역폭의 진동흡수를 위해 회전축에 부착된 점성감쇠기와 질량. 종종 우다유(Houdaille) 감쇠기라고도 한다.

여기서 $\zeta = c/(2J_2\omega_p)$, $r = \omega/\omega_p$, $\mu = J_2/J_1$이다. 그림 5.26은 μ가 고정된 경우에 r의 함수로 다양한 ζ의 값에 대해 Xk/M_0를 그린 것이다. 가장 큰 감쇠가 가장 큰 진폭 감소에 해당하지 않음을 다시 주목하라.

비감쇠의 경우를 제외하고, 앞에서 논의된 여러 가지 흡진기 설계사례로부터 설계 매개변수를 결정하는 좋은 방안이 다양하게 있을 수 있음을 알 수 있다. 매개변수를 택하는 여러 가지 좋은 방안이 있을 때 당연히 그중 어느 것이 최선의 방안인가 하는 질문이 따르게 된다. 여러 가지 실현 가능한 방안이나 좋은 방안 중에서 가능한 최선의 방안은 다음 절에서 소개될 최적화 기법을 사용하여 체계적으로 찾아낼 수 있다.

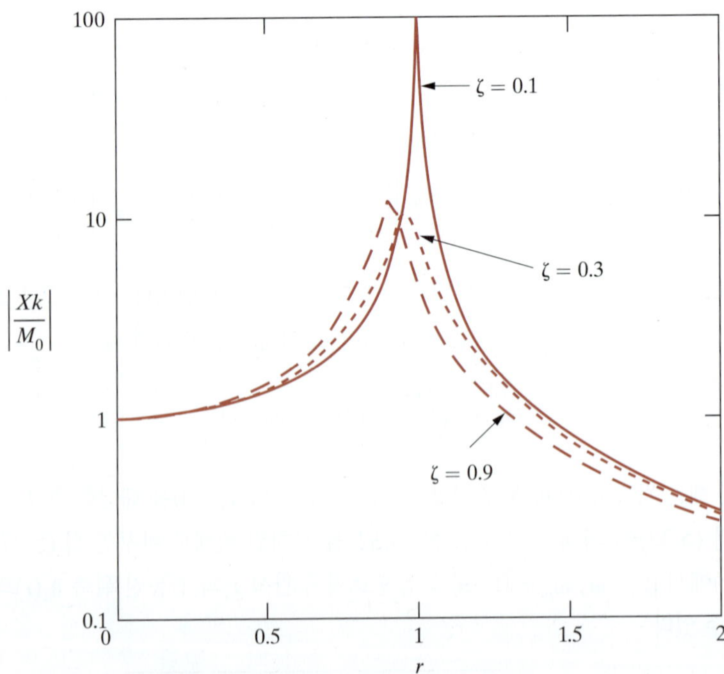

그림 5.26 $\mu = 0.25$인 경우 세 가지 다른 값 ζ에 대한 점성흡진기를 갖는 시스템의 진폭 선도. 즉 식 (5.39)의 선도

5.5 최적화

진동 시스템을 설계할 때는 종종 최적의 시스템 매개변수들을 찾게 된다. 5.3절의 비감쇠흡진기의 경우에는 흡진기의 질량과 강성값에 대한 최적의 선택은 주장치의 진폭을 나타내는 식을 고찰해 보면 분명해진다. 이 경우 흡진기의 질량과 강성을 구동주파수에 맞게 조정함으로써 진폭이 영이 되게 할 수 있다. 다른 경우에 있어서, 특히 감쇠가 포함되었을 경우, 최상의 응답을 얻기 위한 매개변수를 선택하기가 쉽지 않다. 그러한 경우 최상의 성능을 선택하는 데는 최적화 기법이 이용된다. 최적화 기법은 종종 명확하지 않은 결과를 제시한다. 한 예가 이전 절에서 거론한 비감쇠 주장치의 경우 혹은 감쇠흡진기 시스템이다. 이 경우에 그림 5.21부터 5.23까지는 직관적으로 택하기 쉬운 가장 높은 감쇠값이 최적의 매개변수가 아님을 알려주고 있다. 이 그림들은 시행착오에 의한 최적화를 나타낸다. 이 절에서는 미적분학을 이용하여 좀 더 체계적으로 최적화하는 방법을 제시한다.

특정 함수의 최대와 최소는 그 미분을 고찰함으로써 구할 수 있다는 것을 상기하자. 말하자면 함수의 1차 도함수가 영이 되고 2차 도함수가 양수이면 그 함수의 최솟값을 얻을 수 있다. 이 절에서는 여러 가지 진동절연장치와 흡진기로 가능한 한 최선의 진동저감을 얻기 위해 최적화 기법이 사용되는 몇 가지 사례를 소개한다. 최적화에서 중요한 첫째 과제는 해당 문제를 가장 잘 나타내기 위해 어떠한 양을 최소화해야 하는지를 결정하는 것이다. 둘째 관심사는 최적화과정에서 변화시킬 수 있는 변수들을 결정하는 것이다. 최적화 기법은 여러 해 동안 발전되어, 예컨대 최적화과정 중에 매개변수가 구속조건을 충족하게 되었다. 이러한 방법은 진동억제를 위한 설계에 종종 사용된다.

함수 $f(x)$가 다음 방정식의 해 $x = x_m$에서 최대(또는 최소) 값을 가짐을 미분적분학으로부터 상기하자.

$$f'(x_m) = \frac{d}{dx}[f(x_m)] = 0 \tag{5.40}$$

이러한 x의 값에서 2차 도함수 $f''(x_m)$이 영보다 작아지면, $x = x_m$에서의 $f(x)$의 값은 $x = x_m$ 근처의 영역에서 $f(x)$가 취하는 최댓값이 된다. 마찬가지로 만약 $f''(x_m)$이 영보다 크면 $f(x_m)$의 값은 x_m 근처의 구간에서 $f(x)$가 갖는 최솟값이 된다. $x = x_m$에서 $f''(x_m) = 0$이면 $f(x_m)$의 값은 $f(x)$에 대해 최대도 최소도 아니다. $f'(x)$가 영이 되는 점을 **임계점**(*critical point*)이라고 한다.

이러한 간단한 법칙들은 조화가진력을 받는 1자유도 시스템 정상상태 응답의 무차원 진폭의 최댓값이 발생하는 값(r_{peak})을 계산하기 위해 2.2절의 예제 2.2.5에서 사용되었다. 2차 도함수는 함수의 그래프가 명백히 최소보다는 오히려 전역 최댓값(global maximum value)을 갖는 곡선을 나타내고 있기 때문에 점검하지 않았다. 흡진기와 절연기의 설계에서는 응답의 진폭 선도를 사용하면 반드시 2차 도함수를 계산하지 않아도 된다(2차 도함수는 종종 계산이 복잡하다).

만약 최소화(또는 최대화)해야 할 함수 f가 두 변수의 함수라면[즉 $f = f(x, y)$] 위의 도함수 판정은 조금 더 복잡해지고 함수 $f(x, y)$의 여러 편미분을 계산해야 한다. 이러한 경우 임계점들은 다음 식들로부터 결정된다.

$$f_x(x, y) = \frac{\partial f(x, y)}{\partial x} = 0$$

$$f_y(x, y) = \frac{\partial f(x, y)}{\partial y} = 0 \tag{5.41}$$

이러한 임계점 (x, y)가 $f(x, y)$의 최댓값 또는 최솟값이 되는 것은 다음 조건에 따라 결정된다.

1. $f_{xx}(x, y) > 0$이고 $f_{xx}(x, y)f_{yy}(x, y) > f_{xy}^2(x, y)$이면 $f(x, y)$는 x, y에서 상대적으로 최솟값을 갖는다.
2. $f_{xx}(x, y) < 0$이고 $f_{xx}(x, y)f_{yy}(x, y) > f_{xy}^2(x, y)$이면 $f(x, y)$는 x, y에서 상대적으로 최대값을 갖는다.
3. $f_{xy}^2(x, y) > f_{xx}(x, y)f_{yy}(x, y)$이면 $f(x, y)$는 최대도 최소도 아니고 x, y점은 **안장점** (*saddle point*)이 된다.
4. $f_{xy}^2(x, y) = f_{xx}(x, y)f_{yy}(x, y)$이면 도함수 판정으로는 알 수 없고 x, y점은 위의 어느 하나이거나 아무것도 아니다.

$f(x, y)$의 그림도 주어진 임계점이 최대인지, 최소인지, 안장점인지, 그 어느 것도 아닌지를 결정하기 위해 사용될 수 있다. 경우에 따라서는 진동 설계 문제를 편리하고 쉽게 풀기 위해 이러한 법칙들을 사용할 수 있다. 진동 억제 시스템을 설계하기 위해 이 최적화 공식들을 사용하는 한 예로서 5.4절의 감쇠흡진기 시스템을 다시 고찰한다. 이 경우 입력힘(모멘트) 크기에 대해 정규화된 주질량의 진폭이 식 (5.39)에 주어져 있고 다음과 같다.

$$\frac{Xk}{M_0} = \sqrt{\frac{4\zeta^2 + r^2}{4\zeta^2\left(r^2 + \mu r^2 - 1\right)^2 + \left(r^2 - 1\right)^2 r^2}} = f(r, \zeta) \tag{5.42}$$

이것은 고정된 질량비 μ에 대해 혼합감쇠비 ζ와 진동수비 r의 함수로서 나타낸 것이다.

5.4절에서 $f(r, \zeta)$가 가장 작은 최댓값을 갖게 하는 ζ의 값을 찾기 위해 ζ의 몇 가지 값에 대해 $f(r)$을 그렸고, 이것을 그림 5.26에 나타냈다. 그림 5.27은 크기를 ζ와 r의 함수로 나타내고 있다. 그림에서 미분 $\partial f/\partial r = 0$으로부터 각각의 고정된 ζ에 대해 진폭의 최댓값이 구해짐을 알 수 있다.

ζ 축을 따라 살펴보면 편미분 $\partial f/\partial \zeta = 0$은 각각의 고정된 r의 값에 대해 $f(r, \zeta)$의 최솟값을 준다. 최대 진폭의 최소화에 해당하는 최상의 설계는 이처럼 그림 5.27에서 찾을 수 있는데 이러한 점은 안장점에 해당되고 적절한 1차 편미분값을 구함으로써 계산될 수 있다.

먼저 $\partial(Xk/M_0)/\partial\zeta$을 생각해 보자. 식 (5.42)로부터 미분할 함수는 다음과 같은 형태이다.

$$f = \frac{A^{1/2}}{B^{1/2}} \tag{5.43}$$

여기서 $A = 4\zeta^2 + r^2$이고, $B = 4\zeta^2(r^2 + \mu r^2 - 1)^2 + (r^2 - 1)^2 r^2$이다. 식 (5.43)을 미분하여 영으로 놓으면 다음과 같다.

$$\frac{\partial f}{\partial \zeta} = \frac{1}{2}\frac{A^{-1/2}dA}{B^{1/2}} - \frac{1}{2}A^{1/2}\frac{dB}{B^{3/2}} = 0 \tag{5.44}$$

이것을 풀면 $[B\,dA - A\,dB]/2B^{3/2} = 0$의 형태이며 다음 식이 된다.

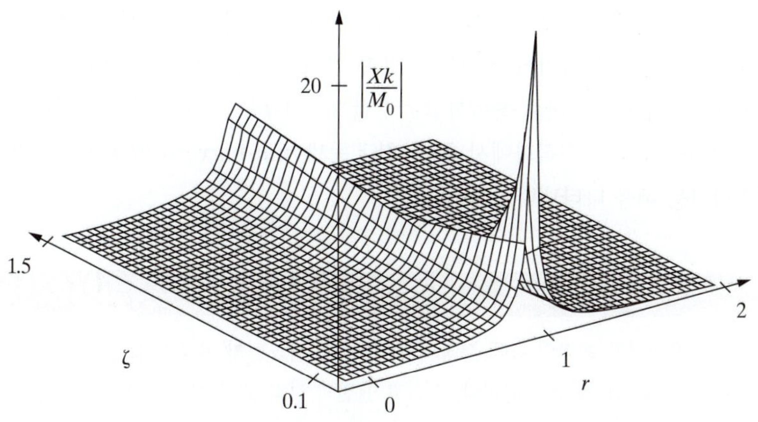

그림 5.27 ζ와 r의 두 값에 대한 정규화된 주장치의 진폭 선도[즉 $\mu = 0.25$에 대한 식 (5.42)의 2차원 선도]. 이 그림은 가장 바람직한 응답을 안장점에서 얻는다는 것을 보인다.

$$BdA = AdB \tag{5.45}$$

여기서 A와 B는 위에서 정의된 것과 같으며 다음과 같다.

$$dA = 8\zeta \quad \text{그리고} \quad dB = 8\zeta\left(r^2 + \mu r^2 - 1\right)^2 \tag{5.46}$$

이러한 A, dA, B, dB의 값들을 식 (5.45)에 대입하면 다음과 같다.

$$\left(1 - r^2\right)^2 = \left(1 - r^2 - \mu r^2\right)^2 \tag{5.47}$$

$\mu \neq 0$, $r > 0$인 경우에 이것의 해는 다음과 같다.

$$r = \sqrt{\frac{2}{2 + \mu}} \tag{5.48}$$

마찬가지로 r에 대해 식 (5.42)를 미분하고 위에서 얻은 r 값을 대입하면 다음과 같다.

$$\zeta_{\text{op}} = \frac{1}{\sqrt{2(\mu + 1)(\mu + 2)}} \tag{5.49}$$

식 (5.49)는 주질량의 응답에서 가장 큰 진폭의 점(공진점)에서 가장 작은 진폭을 주는 ζ의 값을 나타낸다. 최적 감쇠에 대한 변위의 최댓값은 다음과 같다.

$$\left(\frac{Xk}{M_0}\right)_{\max} = 1 + \frac{2}{\mu} \tag{5.50}$$

위 식은 식 (5.48)과 식 (5.49)를 식 (5.42)에 대입해서 얻는다. 이 마지막 식은 μ가 가능한 한 커야 한다는 것을 의미한다. 하지만 실제로는 주질량보다 흡진기의 질량이 더 작아야 하므로 $\mu \leq 1$이어야 한다. 따라서 $\mu = 0.25$가 매우 일반적이다.

함수 f가 안장점을 갖기 위한 2차 도함수 조건은(위의 세 번째 조건) 너무 번거로워서 계산하기 힘들다. 그러나 그림 5.27은 이러한 조건들이 만족된다는 것을 명백히 보여주고 있다. 더욱이 그 그래프는 ζ의 함수로서 f는 아래로 볼록하고 r의 함수로서 f는 위로 볼록함을 가리키는데 이것은 안장점의 조건이 응용수학과 최적화에서 **최소-최대 문제**(*min-max problem*)로 불리는 $f(r, \zeta)$의 최댓값을 최소화하는 해를 나타낸다.

예제 5.5.1

점성감쇠기-질량 흡진기가 엔진의 축에 부착되어 있다. 축 시스템의 질량관성모멘트는 1.5 kg·m²/rad 이고 비틀림강성은 6×10^3 N·m/rad이다. 그리고 엔진의 정격 운전속도는 2000 rpm이다. 주진동 시스템의 진폭비(Xk/M_0)가 모든 속도에 대해 5보다 작고 운전속도에서 가능한 한 작아지도록 부착된 감쇠기와 질량관성모멘트의 값을 계산하라.

풀이 $\omega_p = \sqrt{k/J}$이므로 엔진 시스템의 고유진동수는 다음과 같다.

$$\omega_p = \sqrt{\frac{6.0 \times 10^3\ \text{N}\cdot\text{m/rad}}{1.5\ \text{kg}\cdot\text{m}^2/\text{rad}}} = 63.24\ \text{rad/s}$$

엔진 운전속도는 2000 rpm, 즉 209.4 rad/s이고 이것은 구동진동수로 가정한다(실제로 이것은 실린더 수의 함수이다). 따라서 진동수비는 다음과 같다.

$$r = \frac{\omega}{\omega_p} = \frac{209.4}{63.24} = 3.31$$

따라서 운전속도는 그림 5.26과 5.27에 나타나 있듯이 최대 진폭으로부터 상당히 떨어져 있어서 엔진의 운전속도에서는 축을 보호하기 위한 흡진기가 필요 없다. 그러나 엔진은 운전속도에 이르기까지 약간의 시간이 걸리고, 종종 낮은 속도로 작동되기도 한다. 최대 응답은 식 (5.48)에서 주어진 것처럼 다음에서 일어나고

$$r_{\text{peak}} = \frac{\omega}{\omega_p} = \sqrt{\frac{2}{2+\mu}}$$

식 (5.50)에서 주어진 것처럼 다음의 값을 가진다.

$$\left(\frac{Xk}{M_0}\right)_{\max} = 1 + \frac{2}{\mu}$$

진폭비가 5로 제한되었으므로 다음과 같다.

$$1 + \frac{2}{\mu} \le 5 \quad \text{또는} \quad \mu \ge 0.5$$

그러므로 설계값으로 $\mu = 0.5$를 택한다. 주장치의 질량이 $J_1 = 1.5$ kg·m²/rad, $\mu = J_2/J_1$이므로, 흡진기의 질량은 다음과 같다.

$$J_2 = \mu J_1 = \frac{1}{2}(1.5)\ \text{kg}\cdot\text{m}^2/\text{rad} = 0.75\ \text{kg}\cdot\text{m}^2\cdot\text{rad}$$

식 (5.50)을 만족하기 위한 감쇠값은 식 (5.49)로 주어지며 다음과 같다.

$$\zeta_{op} = \frac{1}{\sqrt{2(\mu + 1)(\mu + 2)}} = \frac{1}{\sqrt{2(1.5)(2.5)}} = 0.3651$$

5.4절[식 (5.39)의 바로 뒤]로부터 $\zeta = c/(2J_2\omega_p)$임을 상기하면, 최적 감쇠상수는 다음과 같다.

$$c_{op} = 2\zeta_{op}J_2\omega_p = 2(0.3651)(0.75)(63.24) = 34.638\ \mathrm{N \cdot m \cdot s/rad}$$

위에서 주어진 J_2와 c의 두 값은 주축의 최대 변형이 $|Xk/M_0| < 5$를 만족하는 점성감쇠기-질량 흡진기 시스템을 설계하는 문제의 최적해가 된다. 이러한 해는 그림 5.27의 안장점에 해당하는 ζ의 선택이라는 면에서 최적이고 모든 최대진폭의 최솟값이 된다.

최적화 기법들은 어떤 형태의 진동절연 시스템을 설계할 때도 유용할 수 있다. 예를 들어, 그림 5.28에서 설명된 탄성감쇠기와 스프링 시스템에 장착된 기계의 모델을 고려하자. 그림 5.28의 시스템에 대한 운동방정식은 다음과 같으며,

$$\begin{aligned} m\ddot{x}_1 + c(\dot{x}_1 - \dot{x}_2) + k_1x_1 &= F_0 \cos \omega t \\ c(\dot{x}_1 - \dot{x}_2) &= k_2x_2 \end{aligned} \tag{5.51}$$

두 번째 식에는 질량항이 포함되지 않는다. 식 (5.51)은 다음과 같은 형태의 주기운동으로 가정하여 해를 얻을 수 있다.

$$x_1(t) = X_1e^{j\omega t} \quad \text{그리고} \quad x_2(t) = X_2e^{j\omega t} \tag{5.52}$$

식 (5.52)를 식 (5.51)에 대입하면 다음을 얻는다.

$$\begin{aligned} (k_1 - m\omega^2 + jc\omega)X_1 - jc\omega X_2 &= F_0 \\ jc\omega X_1 - (k_2 + jc\omega)X_2 &= 0 \end{aligned} \tag{5.53}$$

진폭 X_1과 X_2에 대해 풀면 다음과 같다.

$$X_1 = \frac{F_0(k_2 + jc\omega)}{k_2\left(k_1 + m\omega^2\right) + jc\omega\left(k_1 + k_2 - m\omega^2\right)} \tag{5.54}$$

그리고

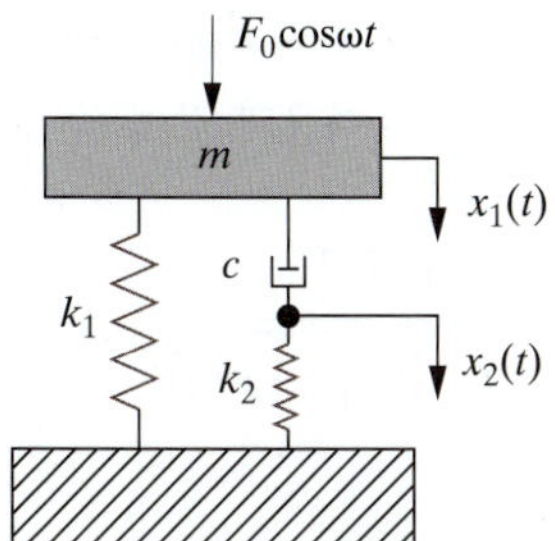

그림 5.28 진동절연을 위해 탄성감쇠기를 통해 탄성 기초에 장치된 기계의 모델

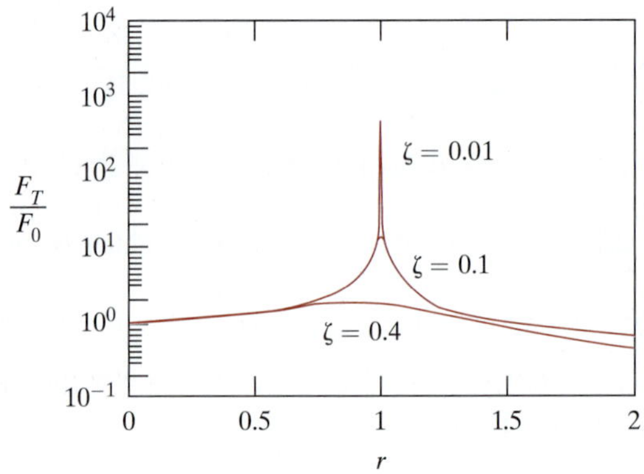

그림 5.29 바닥에 전달된 힘의 진폭에 대한 감쇠의 효과를 보여주는 식 (5.56)의 선도

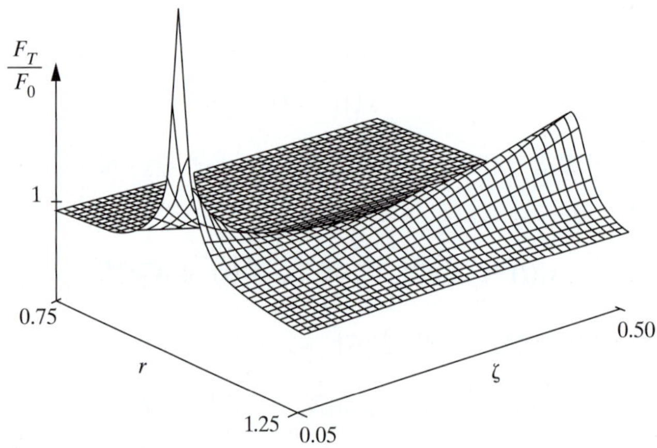

그림 5.30 ζ와 r에 대한 F_T/F_0를 보여주는 식 (5.56)의 3차원 선도. 그림은 최대 전달률을 최소화하는 감쇠값을 보여준다.

$$X_2 = \frac{c\omega F_0 j}{k_2\left(k_1 + m\omega^2\right) + c\omega\left(k_1 + k_2 - m\omega^2\right)j} \tag{5.55}$$

이들 두 진폭에 대한 식은 무차원 수인 $r = \omega/\sqrt{k_1/m}$, $\gamma = k_1/k_2$, $\zeta = c/\left(2\sqrt{k_1 m}\right)$을 대입함으로써 더욱 단순화할 수 있다. 바닥에 전달된 힘은 두 개의 힘 k_1x_1과 k_2x_2의 벡터 합이 된다. 복소수와 벡터합 공식(2.3절과 2.4절 참조)을 이용하면 전달된 힘은 다음과 같이 쓸 수 있다.

$$\text{T.R.} = \frac{F_T}{F_0} = \frac{\sqrt{1 + 4(1 + \gamma)^2\zeta^2 r^2}}{\sqrt{\left(1 - r^2\right)^2 + 4\zeta^2 r^2\left(1 + \gamma - r^2\gamma\right)^2}} \tag{5.56}$$

위 식은 그림 5.28의 시스템에 대한 전달률비를 나타낸다.

힘전달률비는 F_T/F_0를 r과 ζ의 함수로 생각하면 최적화될 수 있다. 그림 5.29는 $\gamma = 0.333$인 경우에 ζ의 몇 가지 값에 대해 r에 대한 F_T/F_0의 그림을 나타낸다. 이것은 공진에서 감쇠비가 전달률에 큰 영향을 미친다는 것을 나타낸다. r과 ζ에 대한 F_T/F_0의 3차원 도표가 그림 5.30에 주어졌는데, ζ와 r의 안장점 값이 전달된 최대 힘의 최소 전달률에 대한 최적의 설계가 된다.

그림 5.30에 보인 안장점은 식 (5.56)에서 주어진 것처럼 T.R.의 도함수로부터 찾을 수 있다. 이들의 편미분은 다음과 같다.

$$\frac{\partial(\text{T.R.})}{\partial\zeta} = 0\text{에서} \qquad r_{\max} = \frac{\sqrt{2(1+\gamma)}}{\sqrt{1+2\gamma}} \tag{5.57}$$

그리고

$$\frac{\partial(\text{T.R.})}{\partial r} = 0\text{에서} \qquad \zeta_{\text{op}} = \frac{\sqrt{2(1+2\gamma)/\gamma}}{4(1+\gamma)} \tag{5.58}$$

이와 같은 r의 값들은 이런 종류의 절연장치의 최적 설계에 해당한다. 안장점에서 T.R. 값은 다음과 같다.

$$(\text{T.R.})_{\max} = 1 + 2\gamma \tag{5.59}$$

위 식은 식 (5.57)과 식 (5.58)을 식 (5.56)에 대입한 결과이다. 이것은 $\gamma < 1$인 한, T.R. < 3이며 절연 시스템이 공진에서 큰 문제를 야기하지 않음을 뜻한다.

예제 5.5.2

그림 5.28의 시스템으로 모델링된 기계에 대한 진동절연 시스템을 설계하고자 한다(즉 탄성결합된 점성감쇠기). 기계의 질량은 $m = 100$ kg이고, 강성은 $k_1 = 400$ N/m이다. 정격운전조건에서 구동주파수는 10 rad/s이다. 임의의 속도에서 최대 전달률의 비가 2가 되도록(즉 '시동' 또는 '낮은 속도로부터 점점 가속되는 운전'에 대한 시스템 설계) 시스템을 설계하라(즉 k_2와 c를 구하라). 구동주파수가 10 rad/s의 정상운전조건에서 T.R.은 얼마인가?

풀이 $m = 100$ kg과 $k_1 = 400$ N/m, 즉 $\omega_n = \sqrt{400/100} = 2$ rad/s이므로 정상운전조건이 공진점으로부터 상당히 벗어나 있다(즉 운전조건에서 $r = \omega/\omega_n = 10/2 = 5$). 식 (5.59)로부터 다음과 같은 T.R.의 최댓값을 얻는다.

$$(\text{T.R.})_{\max} = 1 + 2\gamma \le 2$$

그러므로 $\gamma = 0.5$, $k_2 = (0.5)(k_1) = (0.5)(400\ \text{N/m}) = 200$ N/m이다. $\gamma = 0.5$에 대해 감쇠비의 최적 선택은 식 (5.58)에서 다음과 같이 주어진다.

$$\zeta_{\text{op}} = \frac{\sqrt{2(1+2\gamma)/\gamma}}{4(1+\gamma)} = 0.4714$$

따라서 감쇠계수의 최적 값은 다음과 같다.

$$c_{op} = 2\zeta_{op}\omega_n m = 2(0.4714)(2)(100) = 188.56 \text{ kg/s}$$

$\omega = 10$ rad/s의 정격운전주파수에서 T.R. 값은 식 (5.56)에서 ($r = 10/2 = 5$)로 주어지며 다음과 같다.

$$\text{T.R.} = \frac{\sqrt{1 + 4(1 + 0.5)^2(0.4714)^2(5)^2}}{\sqrt{(1 - 5^2)^2 + 4(0.4714)^2(5)^2[1 + 0.5 - 5^2(0.5)]^2}} = 0.12$$

따라서 $k_2 = 200$ N/m, $c = 188.56$ kg/s의 설계값은 0.12의 T.R.(즉 가해진 힘의 12%만이 바닥에 전달된다)로 주변을 보호하게 될 것이고, 공진 근처에서 전달된 힘을 2배 이하로 제한할 것이다.

5.6 점탄성감쇠 처리

과도 또는 정상상태 진동을 줄이는 일반적이고 매우 효과적인 방법은 더 많은 에너지를 소산하도록 시스템의 감쇠량을 증가시키는 것이다. 특히 이런 것은 흡진기 시스템의 부가질량이 실용적이지 못한 항공우주 구조물의 경우에 좀 더 유용하다. 감쇠 처리가 된 구조물의 진동방정식을 구체적으로 유도하는 것은 이 책의 범위를 벗어나지만, 이 절에서는 간단한 공식들을 제시하고 감쇠 처리를 하는 경우에 관한 설계 계산의 예를 살펴보고자 한다.

감쇠 처리는 고무와 같은 점탄성 물질의 층을 원래의 구조물에 덧붙이는 것이다. 감쇠재료와 구조물이 결합된 시스템은 종종 높은 감쇠도를 가짐으로써 원하지 않는 진동을 감소시킨다. 이러한 과정은 **복소수 강성**(*complex stiffness*) 표시법을 사용하여 기술할 수 있다. 복소수 강성 개념은 감쇠 시스템에서 다음과 같은 형태의 조화응답을 고려함으로써 도출할 수 있다.

$$m\ddot{x} + c\dot{x} + kx = F_0 e^{j\omega t} \tag{5.60}$$

식 (5.60)의 해는 2.3절에서 살펴봤던 것처럼 X가 상수이고 $j = \sqrt{-1}$인 $x(t) = Xe^{j\omega t}$의 형태로 가정함으로써 계산할 수 있다. 가정한 식을 식 (5.60)에 대입하고 영이 아닌 함수 $e^{j\omega t}$로 나누어 주면 다음을 얻는다.

$$[-m\omega^2 + (k + j\omega c)]X = F_0 \tag{5.61}$$

이것은 다시 다음과 같이 쓸 수 있다.

$$\left[-m\omega^2 + k\left(1 + \frac{\omega c}{k}j\right)\right]X = F_0 \tag{5.62}$$

또는 $k^* = k(1 + \overline{\eta}j)$라 하고 다음과 같이 나타낼 수 있다.

$$[-m\omega^2 + k^*]X = F_0 \tag{5.63}$$

여기서 $\overline{\eta} = \omega c/k$를 **손실계수**(*loss factor*)라고 하고 k^*는 **복소수 강성**이라 한다. 이것은 정상상태

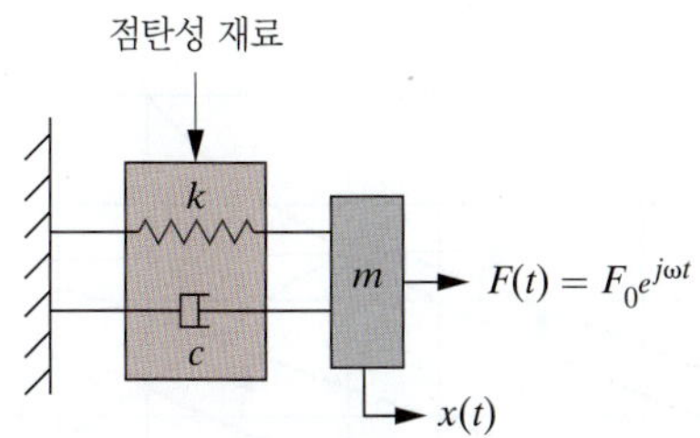

그림 5.31 켈빈-보이트 모델은 정상상태진동의 감쇠를 나타내는 복소수 강성 개념의 근원이다.

에서 점성감쇠 시스템은 복소수 강성을 갖는 비감쇠 시스템으로 나타낼 수 있다는 것을 보인다. 여기서 강성의 허수부인 $\bar{\eta}$는 시스템의 에너지 소산에 해당된다. 손실계수의 형태가 아래와 같기 때문에

$$\bar{\eta} = \frac{c}{k}\omega \tag{5.64}$$

손실계수는 구동주파수에 의존하고 따라서 주파수 의존적(frequency dependent)이라 한다. 따라서 에너지 소산항의 값은 구조물에 가해지는 외력의 구동주파수값에 의존한다.

위에서 소개한 복소수 강성의 개념은 재료의 **켈빈-보이트 모델**(*Kelvin–Voigt Model*)이라 한다. 이것은 그림 5.31에 나타낸 표준적인 스프링-감쇠기 형태에 해당되며, 처음 네 장에서 널리 사용되었다. 여기서 사용된 켈빈-보이트 모델과 앞 장에서 사용된 점성감쇠 모델의 차이점은 여기서 사용된 켈빈-보이트 모델은 단지 정상상태의 조화운동에서만 유효하다는 것이다. 복소수 강성과 그에 따른 주파수 의존 손실계수 $\bar{\eta} = \omega c/k$는 정상상태에서 주파수 ω의 조화가진력이 작용할 때에만 에너지 손실을 모델링한다. 1.3절에서 소개된 점성 감쇠기 표시는 다른 과도 감쇠는 물론 자유감쇠와 강제가진응답에서의 에너지 감쇠를 모델링한다. 그러나 켈빈-보이트 표현은 비록 제한적이기는 하지만 더 정확한 재료 내부감쇠 모델이다.

복소수 강성 방법은 선형 점탄성 재료의 응력-변형률의 관계에서 유도할 수도 있다. 그림 5.31에서처럼 켈빈-보이트 모델로 설명된 이러한 재료들은 **점성**과 **탄성**의 거동을 동시에 나타내므로 **점탄성**(*viscoelastic*) 재료라 한다. 이외에도 다른 점탄성 모델이 있지만 그 내용은 이 책의 범위를 벗어난다[Snowdon(1968)]. 예를 들어, 그림 5.28로 주어진 다른 점탄성 모델이 있다.

선형 점탄성 재료의 응력과 변형률 관계는 E로 표시되는 재료의 탄성계수(modulus)를 E^*로 표시되는 복소수 탄성계수로 확장하여 요약할 수 있다. 전과 같이 $j = \sqrt{-1}$이고 점탄성 재료의 손실계수가 η일 때 그 관계는 다음과 같다.

$$E^* = E(1 + \eta j) \tag{5.65}$$

식 (5.65)로 정의된 재료의 복소수탄성계수는 측정 가능하고 일반적으로 넓은 영역의 값에 걸쳐 주파수와 온도에 의존한다. 그림 5.32는 일정한 온도에 대한 주파수 특성 값의 예를 보여준다.

점탄성 거동을 보이는 재료들은 플렉시 유리(plexiglass), 비닐, 나일론뿐만 아니라 고무와 유사 고무 재질[예: 부틸(butyl) 합성고무, 네오프렌(neoprene), 폴리우레탄(polyurethane) 등]이다. 설계에서 이러한 점탄성 재료를 사용하는 것은 결합된 구조물의 감쇠를 증가시키기 위한 부가적

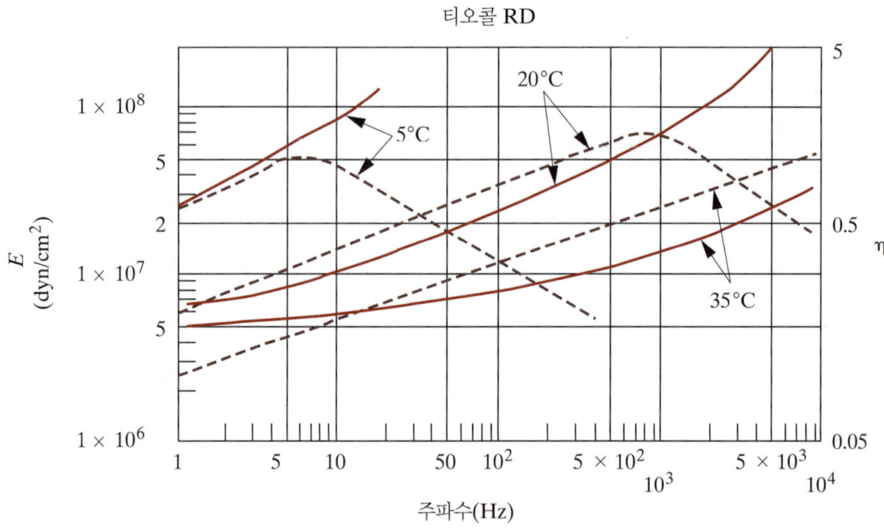

그림 5.32 몇 개의 일정 온도에서 주파수에 대한 탄성계수(실선), 손실계수(점선)의 예

표 5.2 50 PHRC[a]의 PARACRIL-BJ에 대한 복소수 탄성계수 자료(즉 E와 η)

E (psi)	η	T (°F)	f_d (Hz)	ω_d (rad/s)	E (N/m²)
3×10^3	0.21	75	10	62.8	2.068×10^7
4×10^3	0.28	75	100	628.3	2.758×10^7
7×10^3	0.55	75	1000	6283.2	4.826×10^7
4×10^3	0.25	50	10	62.8	2.758×10^7
6×10^3	0.5	50	100	628.3	4.137×10^7
13×10^3	1	50	1000	6283.2	8.963×10^7

[a]유니로열 회사 제품의 질화 고무 탄성중합체 재료.

출처: Nashif, Jones, and Henderson, 1985, Data Sheet 27.

감쇠 처리 혹은 절연효과를 위해서이다. 정적 하중에 대해 충분한 강성과 진동 제어를 위해 충분한 감쇠를 가지는 새로운 구조를 만들기 위해 종종 알루미늄이나 강철 같은 경감쇠 재료로 된 구조물에 점탄성 재료의 층을 덧붙인다. 표 5.2에는 두 개의 다른 온도와 몇 개의 주파수에서 점탄성 재료에 대한 E와 η의 값들이 열거되어 있다.

표 1.1과 1.5절에서 재료의 강성과 재료의 탄성계수가 연관되어 있는 것처럼 식 (5.64)에서 복소수 강성을 이용하여 정의된 손실계수 η는 식 (5.65)에서 복소수 탄성계수를 이용하여 정의된 손실계수 η과 관련이 있다. 예를 들어, 시편이 외팔보라면 외팔보 끝의 횡방향 처짐과 관련된 강성은 다음과 같이 탄성계수와 연관되어 있다.

$$k = \frac{3EI}{l^3} \tag{5.66}$$

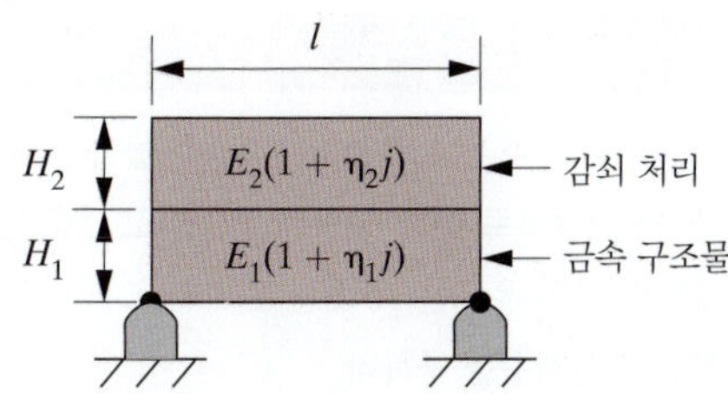

그림 5.33 비구속 감쇠처리된 단순지지보의 형상 및 물리적 변수

여기서 I는 면적관성모멘트이고 l은 보의 길이이다. 따라서 보가 점탄성 재료로 만들어졌다면 다음과 같으며,

$$k^* = \frac{3E^*I}{l^3} = \frac{3I}{l^3}E(1 + \eta j) = k(1 + \bar{\eta} j)$$

두 손실계수의 식은 같다. 즉 $\eta = \bar{\eta}$이다.

손실계수 η의 개념은 공진점에서만(즉 $\omega = \omega_n = \sqrt{k/m}$) 감쇠비 ζ의 정의와 관련이 있다. 구동주파수가 시스템의 고유주파수와 같을 때 $\eta = 2\zeta$이다. 이런 단순한 관계는 점탄성 재료의 자유감쇠(free decay)를 근사화할 때 종종 사용된다. 진동을 줄이기 위해 구조물을 설계할 때 종종 원래 구조물에 점탄성감쇠 처리를 더하는 방안이 사용된다. 많은 경우 구조물은 상대적으로 작은 내부감쇠를 가지는 금속과 합금으로 만들어진다. 점탄성(고무 같은) 감쇠 재료는 종종 구조물의 바깥 표면에 (**자유층 감쇠** 처리 또는 **비구속층 감쇠**로 불리는) 하나의 층으로 더해진다. 훨씬 효과적인 방법은 구속층 감쇠를 형성하도록 다른 금속층으로 자유층을 덮어 버리는 것이다. 구속층 감쇠 처리에 있어서 감쇠층은 점탄성층에서 전단 변형이 생기도록 대개 얇고 단단한 금속층으로 덮는다. 구속층 방법은 좀 더 높은 손실계수를 얻게 되므로 일반적으로 가격이 비싸다. 이러한 감쇠 재료는 쉽게 활용할 수 있도록 박판, 테이프, 접착물로 생산된다.

횡진동 또는 굽힘 진동에서 양단 핀지지보(표 6.4 참조)에 대한 자유층 감쇠 처리는 그림 5.33에 나타나 있다. 재료 1의 바닥층은 대개 적절한 강성을 갖는 금속이다. 탄성계수가 E_2이고 두께가 H_2인 두 번째 층은 감쇠 재료이다. 그림 5.33의 개념을 사용하면 결합된 강성 EI는 다음 식에 의해 원래의 강성 E_1I_1과 연관된다.

$$\frac{EI}{E_1I_1} = 1 + e_2h_2^3 + 3(1 + h_2)^2\frac{e_2h_2}{1 + e_2h_2} \tag{5.67}$$

여기서 $e_2 = E_2/E_1$과 $h_2 = H_2/H_1$은 무차원이다. 식 (5.67)에서 우변의 모든 값이 양수이므로 감쇠 처리는 시스템의 강성을 약간 증가시킨다($h_2 < 1$). 또한 결합된 시스템의 손실계수 η는 다음 식으로 주어진다[$(e_2h_2)^2 << e_2h_2$라 가정한다].

$$\eta = \frac{e_2h_2\left(3 + 6h_2 + 4h_2^2 + 2e_2h_2^3 + e_2^2h_2^4\right)}{\left(1 + e_2h_2\right)1 + 4e_2h_2 + 6e_2h_2^2 + 4e_2h_2^3 + e_2^2h_2^4}\eta_2 \tag{5.68}$$

식 (5.68)은 다음 예제에서 설명되는 것처럼 부가감쇠 처리 설계에 사용되는 공식이다.

예제 5.6.1

냉각팬을 구동하는 전기모터가 그림 5.34에서와 같이 전자부품(아마도 컴퓨터 본체)을 놓을 캐비닛 속의 알루미늄 선반(1 cm 두께) 위에 장치되어 있다. 모터의 진동으로 인해 선반이 흔들리고 주위의 케이스도 흔들린다. 모터는 진동수 100 Hz로 회전한다. 케이스 안의 온도는 75°F를 유지한다. 선반의 진동을 감소시키기 위해 감쇠 재료를 부착하려고 한다. 결합된 손실계수를 구하라.

풀이 식 (5.68)을 감쇠 처리 설계에 사용할 수 있도록 선반을 단순지지보로 모델링했다. 만약 질화 고무가 감쇠 재료로 사용된다면 $H_2 = 1$ cm일 때 75°F에서 결합된 시스템의 손실계수를 계산하자. 표 5.2에서 100 Hz와 75°F에서의 고무 탄성계수는 다음과 같다.

$$E_2 = 2.758 \times 10^7 \text{ Pa}$$

알루미늄의 탄성계수는 $E_1 = 7.1 \times 10^{10}$ Pa이므로 다음과 같다.

$$e_2 = \frac{2.758 \times 10^7}{7.1 \times 10^{10}} = 0.00039 = 3.885 \times 10^{-4}$$

선반과 감쇠 재료 두께를 같이 하면 $h_2 = 1$이다. 식 (5.68)로부터 결합된 손실계수는 다음과 같다.

$$\begin{aligned}\eta &= \frac{(0.00039)\left[3 + 6 + 4 + 2(0.00039) + (0.00039)^2\right]}{(1.00039)\left[1 + 4(0.00039) + 6(0.00039) + 4(0.00039) + (0.00039)^2\right]}\eta_2 \\ &= 5.021 \times 10^{-3}\eta_2\end{aligned}$$

표 5.2로부터 100 Hz, 75°C에서 $\eta_2 = 0.28$이므로 다음과 같다.

$$\eta = 0.00141$$

따라서 순수 알루미늄에 의해 주어진 손실계수보다 약 50%가 더 높다.

식 (5.68)에서 주어진 공식은 설계 작업을 하는 데는 약간 불편하다. 따라서 식 (5.68)을 다음과 같이 근사화한다.

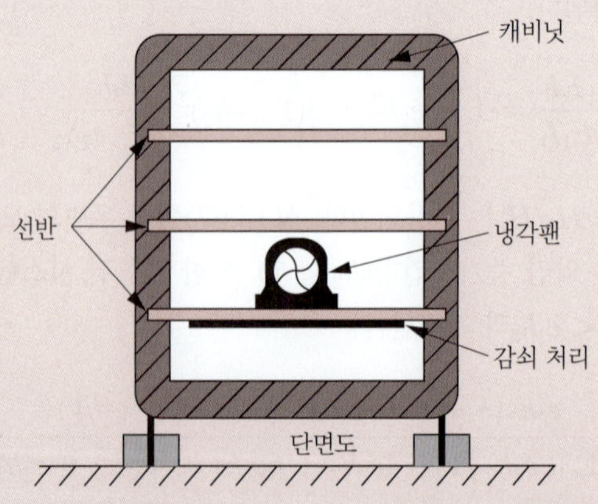

그림 5.34 감쇠 처리의 사용을 보여주는 냉각팬이 달린 전자 캐비닛

$$\eta = 14\left(e_2 h_2^2\right)\eta_2 \tag{5.69}$$

위 식은 많은 경우에 타당하다. e_2와 η_2의 값들은 재료와 작동온도의 선택에 따라 결정된다. 일단 이러한 매개변수가 결정되면 $h_2 = H_2/H_1$만이 선택해야 할 설계변수이다. H_1은 대개 강성을 고려함으로써 결정되므로 남은 설계사항은 감쇠층의 두께 H_2이다.

예제 5.6.2

알루미늄 선반에 시스템의 손실계수가 $\eta = 0.03$이 되도록 감쇠 재료를 부가하려고 한다. 실온에서 알루미늄 탄성계수의 1%(즉 $e_2 = 0.01$)인 고무 재료를 사용한다. 만약 감쇠 재료의 손실계수 $\eta_2 = 0.261$이고 알루미늄 선반의 두께가 1 cm라면 감쇠 재료의 두께는 얼마로 해야 되는가?

풀이 근사식 (5.69)로부터 다음을 얻는다.

$$\eta = 14\eta_2 e_2 h_2^2$$

주어진 값을 사용하면 이것은 다음과 같으며

$$0.03 = 14(0.261)(0.01)\frac{H_2^2}{(1\text{ cm})^2}$$

H_2^2에 대해 이것을 풀면 다음을 얻는다.

$$H_2^2 = \frac{0.03}{14(0.01)(0.261)}(\text{cm})^2 = 0.82\text{ cm}^2$$

따라서 $H_2 = 0.91$ cm이면 요구된 손실계수를 얻을 수 있다.

5.7 회전 원판의 위험속도

회전하는 기계장치의 설계에서 주요 관심사는 **위험속도**에서의 진동 현상이다. 이런 현상은 두 개의 베어링 사이에서 지지된 축을 중심으로 회전하는 제트엔진 터빈 블레이드처럼 원판이 달린 회전축이 축-원판 시스템의 굽힘 고유진동수와 같은 속도로 회전할 때 일어난다. 이것이 축이 큰 변형을 일으키고 시스템이 심하게 파손되는(즉 엔진이 파손되는) 공진조건이다. 안전이 보장되는 제품 설계를 위해 설계자는 반드시 공진의 특성과 공진 현상을 지배하는 인자를 알고 그 값들을 계산해 보아야 한다. 위험속도 문제를 이론적으로 정리해 보면 그러한 공진과 위험속도를 피하는 방법을 직관적으로 알 수 있다.

만약 원판으로 모델링된 회전질량이 결함으로 불균질하거나 대칭이 아니라면 그 물체의 기하학적인 중심과 무게중심은 서로 일치하지 않고 어느 정도 떨어져 있다(a라고 하자). 그림 5.35는 이것을 나타내며, 대형 전기모터(예: 날개 달린 터빈엔진)의 축과 로터(rotor) 시스템의 단순화된 모델을 나타낸다. 축은 두 개의 베어링에 의해 반경방향으로 움직일 수 없도록 구속되어 있다. 축이

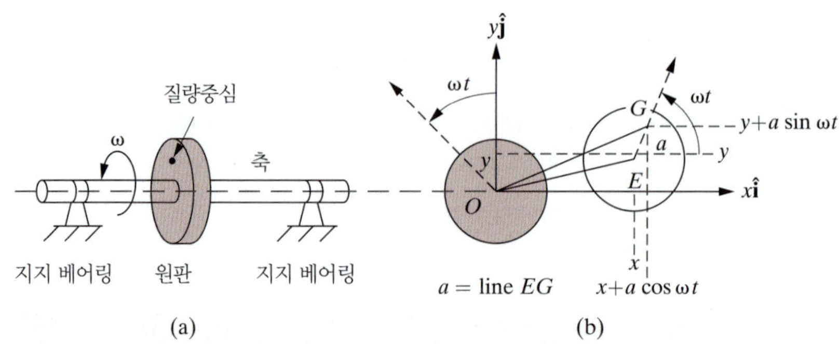

그림 5.35 축에 대해 회전하는 원판 모델의 개략도와 축의 중립축, O과 회전축 중심, E에 대한 원판의 질량중심, G의 대응하는 기하학적 형상. (a) 측면도, (b) 단면도. 위의 그림은 완전히 균형이 잡히지 않는(즉 $a \neq 0$) 회전기계(엔진, 터빈 압축기 등)의 선회를 모델링하는 데 유용하다.

각속도 ω로 회전하면 편심된 무게중심은 축을 중심선에서 벗어나게 끌어 당겨 축이 회전할 때 휘어지게 한다. 이것을 선회(*whirling*)라고 한다.

질량중심에 작용하는 힘은 관성력, (내부 또는 외부의) 임의의 감쇠력 그리고 축의 탄성력이다. 힘의 평형으로부터 벡터형태의 다음 식을 얻는다.

$$m\ddot{\mathbf{r}} = -kx\hat{\mathbf{i}} - ky\hat{\mathbf{j}} - c\dot{x}\hat{\mathbf{i}} - c\dot{y}\hat{\mathbf{j}} \tag{5.70}$$

여기서 $\hat{\mathbf{i}}$, $\hat{\mathbf{j}}$는 단위벡터, $\mathbf{r}$은 선분 OG로 정의된 위치벡터, m은 원판의 질량, c는 축시스템의 감쇠계수, k는 축시스템의 강성계수이다. 그림 5.35의 단면도를 고찰하면 위치벡터 $\mathbf{r}$은 다음 식과 같이 단위벡터 $\hat{\mathbf{i}}$와 $\hat{\mathbf{j}}$의 항으로 표시할 수 있다.

$$\mathbf{r} = (x + a\cos\omega t)\hat{\mathbf{i}} + (y + a\sin\omega t)\hat{j} \tag{5.71}$$

두 번 미분하면 질량중심의 가속도벡터를 얻는다.

$$\ddot{\mathbf{r}} = (\ddot{x} - a\omega^2\cos\omega t)\hat{\mathbf{i}} + (\ddot{y} - a\omega^2\sin\omega t)\hat{\mathbf{j}} \tag{5.72}$$

식 (5.72)를 식 (5.70)에 대입하면 다음과 같다.

$$\left(m\ddot{x} - ma\omega^2\cos\omega t + c\dot{x} + kx\right)\hat{\mathbf{i}} + \left(m\ddot{y} - ma\omega^2\sin\omega t + c\dot{y} + ky\right)\hat{\mathbf{j}} = \mathbf{0} \tag{5.73}$$

이 식은 벡터 방정식이므로 다음과 같은 두 개의 스칼라 방정식으로 나타낼 수 있다.

$$m\ddot{x} + c\dot{x} + kx = ma\omega^2\cos\omega t \tag{5.74}$$

$$m\ddot{y} + c\dot{y} + ky = ma\omega^2\sin\omega t \tag{5.75}$$

위의 두 식은 2.5절에서 논의된 스프링-질량 시스템의 회전 불균형에 대한 식 (2.85)와 정확히 같은 형식이다. 이 경우에 x와 y방향 운동은 2.5절에서 논의된 기계의 수직방향 병진운동 대신에 축의 굽힘 진동에 해당한다.

윈도우 5.5 | 2.5절에서 다룬 회전 불균형 방정식의 해

다음 식의 정상상태 해는 $X\sin(\omega t - \phi)$이다.

$$m\ddot{x} + c\dot{x} + kx = m_0 e\omega^2 \sin\omega t$$

여기서 ω는 불균형 질량의 구동주파수이고 m_0는 불균형 질량, e는 m_0로부터 회전중심까지의 거리이다. 여기서

$$X = \frac{m_0 e}{m}\frac{r^2}{\sqrt{(1 - r^2)^2 + (2\zeta r)^2}} \tag{2.87}$$

$$\phi = \tan^{-1}\frac{2\zeta r}{1 - r^2} \tag{2.88}$$

$r = \omega/\sqrt{k/m}$, $\zeta = c/2(m\omega_n)$이다.

윈도우 5.5를 참조해 보면 식 (5.75)의 해는 식 (2.87)로 주어진 정상상태응답 진폭을 갖는다(이 경우 $m = m_0$와 $e = a$이므로). 즉 식 (5.75)는 다음과 같은 정상상태해를 갖는다.

$$y(t) = \frac{ar^2}{\sqrt{(1 - r^2)^2 + (2\zeta r)^2}}\sin\left(\omega t - \tan^{-1}\frac{2\zeta r}{1 - r^2}\right) \tag{5.76}$$

비슷한 방법으로, 식 (5.74)는 아래와 같은 정상상태해를 가진다.

$$x(t) = \frac{ar^2}{\sqrt{(1 - r^2)^2 + (2\zeta r)^2}}\cos\left(\omega t - \tan^{-1}\frac{2\zeta r}{1 - r^2}\right) \tag{5.77}$$

식 (2.87)과 식 (2.88)로 주어진 해는 위상차가 90°이고 위상각 ϕ는 가진력의 위상과 무관하다. 식 (2.88)로 주어진 각 ϕ는 선분 OE와 EG 사이의 각이 된다. 그림 5.35에서 x축과의 선분 OE 사이의 각 θ는 다음과 같다.

$$\tan\theta = \frac{y}{x} = \frac{\sin(\omega t - \phi)}{\cos(\omega t - \phi)} = \tan(\omega t - \phi) \tag{5.78}$$

또는

$$\theta = \omega t - \phi \tag{5.79}$$

식 (5.79)를 t에 대해 미분하면 $\dot{\theta} = \omega$를 얻는다.

속도 $\dot{\theta}$는 선회속도이다. 선회는 축의 중립축(neutral axis) 둘레를 회전하는 변형된 축의 각운동이다. 식 (5.79)에 이르는 계산과 그 도함수는 선회속도가 축 둘레를 회전하는 원판의 속도와 같다는 것을 보여준다(즉 $\dot{\theta} = \omega$이다). 이것을 동위상 선회(*synchronous whirl*)라고 한다.

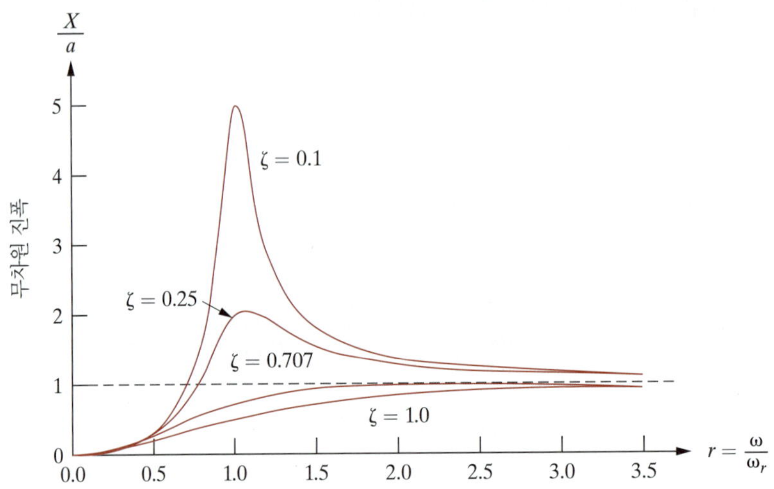

그림 5.36 그림 5.35의 원판과 축 시스템에 대해 네 개의 감쇠비값에 대한 주파수비와 변형반경(OE)과 원판 질량중심까지의 거리(a)의 비에 대한 선도

중립축에 대한 축중심의 선회진폭은 그림 5.35에 있는 단면도에서의 선분 $\mathbf{r} = OE$이다. 벡터 $OE = \mathbf{r} = x : OE = r = x\hat{\mathbf{i}} + y\hat{\mathbf{j}}$임을 주목하라. 이 벡터의 크기는 다음과 같다.

$$|\mathbf{r}(t)| = \sqrt{x^2 + y^2} = X\sqrt{\sin^2(\omega t - \phi) + \cos^2(\omega t - \phi)} = X \tag{5.80}$$

여기서 X는 $x(t)$의 크기이다. $X = Y$임에 유의하고, Y는 식 (5.76)에서 주어진 $y(t)$의 크기이다. 이 계산은 축(shaft)과 그 중립축과의 거리는 일정하고 크기는 다음과 같다는 것을 의미한다.

$$X = \frac{ar^2}{\sqrt{(1 - r^2)^2 + (2\zeta r)^2}} \tag{5.81}$$

이것은 물론 회전하는 불균형 질량에 의해 유도된 스프링-질량-감쇠기 시스템에 대해 그림 2.25에서 주어진 식 (2.87)의 진폭 선도와 정확히 같은 형태이다. 이 식에 대한 그림은 선회진폭인 경우에 대해 그림 5.36에 다시 그려져 있다. 공진 현상은 예상대로 $r = 1$ 근처에서 일어난다는 것을 알 수 있다. 경감쇠된 축에 대해 이것은 허용할 수 없는 큰 선회진폭에 해당한다. $r = 1$인 특별한 경우(즉 $\omega_r = \sqrt{k/m}$)를 로터 시스템의 위험속도(*critical speed*)라고 한다. 만약 로터 시스템이 위험속도로 회전한다면 큰 변형이 베어링에 큰 힘을 전달하여 결국에는 파손된다. 설계의 관점에서 보면 주어진 로터에 대해 구동속도, 질량과 강성을 검토하여 변형이 원판의 질량중심까지의 거리로 제한되도록 $r > 3$이 될 때까지 재설계해야 한다. 그러나 로터 시스템이 작동하기 시작할 때 반드시 $r = 1$이 되는 지점을 지나게 된다. 만약 이 시동과정이 너무 천천히 일어나면 공진 현상은 로터베어링에 손상을 입힐 수 있다. 따라서 시스템에서 어느 정도의 감쇠는 공진 시 과도한 진폭을 피하기 위해 필요하다. 그림 5.36에서 ζ가 증가함에 따라 공진에서의 X/a가 상당히 작아지는 것을 알 수 있다.

예제 5.7.1

1.4×10^7 N/m의 축강성을 갖는 55 kg의 압축기 로터가 6000 rpm의 속도로 운전되며 감쇠비 $\zeta = 0.05$인 내부감쇠를 갖고 있다고 하자. 로터는 최악의 경우 1000 μm($a = 0.001$ m)의 편심을 갖는다고 가정한다. (a) 로터의 위험속도, (b) 구동속도에서의 반경방향 선회진폭, (c) 시스템 위험속도에서의 선회진폭을 계산하라.

풀이 **(a)** 로터의 위험속도는 로터의 고유진동수와 같다. 따라서 다음과 같으며,

$$\omega_c = \sqrt{k/m} = \sqrt{\frac{1.4 \times 10^7 \text{ N/m}}{55 \text{ kg}}} = 504.5 \text{ rad/s}$$

이것은 다음과 같은 로터의 속도에 해당한다.

$$504.5 \frac{\text{rad}}{\text{s}} \times \frac{60 \text{ s}}{\text{min}} \times \frac{\text{cycle}}{2\pi \text{ rad}} = 4817.6 \text{ rpm}$$

(b) 운전속도에서 r의 값은 다음과 같다.

$$r = \frac{\omega}{\sqrt{k/m}} = \frac{(2\pi/60)}{(2\pi/60)\sqrt{k/m}} = \frac{6000}{4817.6} = 1.2454$$

또는 대략 1.25이다. 구동속도에서 회전의 반경방향 선회진폭값은 이 r의 값에 따라 식 (5.81)에서 주어진다.

$$X = |\mathbf{r}(t)| = \frac{ar^2}{\sqrt{(1 - r^2)^2 + (2\zeta r)^2}} = \frac{(0.001)(1.25)^2}{\sqrt{[1 - (1.25)^2]^2 + [2(0.05)(1.25)]^2}}$$
$$= 0.0027116 \text{ m}$$

또는 약 2.7 mm이다. 여기서 $r = 1.25$, $\zeta = 0.05$, $a = 0.001$이다. 만약 $r = 1.2454$로 사용한다면 $X = 0.0027455$ m가 된다. 이것은 정확하게 알고 있는 r 값에 대한 X 값의 민감도(sensitivity)를 어느 정도 예측할 수 있다. 구동속도가 10% 정도로 약간 변화하면 r이 1.12와 1.37 사이에서 변하게 된다.

(c) 위험속도에서 $r = 1$이고 X는 다음과 같다.

$$X = \frac{a}{2\zeta} = \frac{0.001}{2(0.05)} = 0.01 \text{ m}$$

즉 1 cm이다. 이것은 운전속도에서의 선회진폭보다 한 자릿수 더 크다.

예제 5.7.2

로터 시스템을 설계하는 데 앞에서 언급한 변형계산 외에 감쇠, 강성, 질량, 로터 시스템의 구동속도를 결정하는 많은 요소가 있다. 그러므로 설계자가 동적 변형과 위험속도를 염두에 두고 있는 경우에는 약간의 설계변경만 허용되는 경우가 종종 있다. 그렇지 않으면 비용이 많이 들 수도 있는 완전한 재설계를

수행해야 한다. 이것을 염두에 두고 다시 예제 5.7.1의 로터를 생각해 보자. 압축기 하우징 안에서 로터의 간극이 규격으로 주어져 있으므로 공진에서 선회진폭은 2 mm 이내가 되어야 한다. 운전속도에서의 선회진폭이 허용할 수 있는 값보다 크므로 이 시스템을 재설계하는 데 몇 퍼센트의 질량 변화가 필요한가? 강성을 몇 퍼센트 변경해야 동일한 설계 결과가 나오는가? 이러한 설계변경의 실현 가능성을 논의하라.

풀이 2 mm 변형에 대해 필요한 질량은 우선 2 mm에 해당하는 r의 값을 먼저 결정함으로써 식 (5.81)로부터 계산된다. 이것으로부터

$$X = 0.002\text{ m} = \frac{(0.001)r^2}{\sqrt{(1-r)^2 + \left[2(0.05)r^2\right]^2}}$$

또는 r은 $r^4 - 2.653r^2 + 1.3332 = 0$을 만족시켜야 한다. 이것은 r^2의 2차 방정식이고, 해는 $r^2 = 0.6737$, 1.979이며 진동수비의 값은 양수이고 실수여야 하므로 $r = 0.8207$, 1.406이다. 그림 5.36에서 크기 선도를 검토해 보면 관심이 되는 r의 값은 $r = 1.406$이다. 운전속도에서 다음을 얻는다.

$$r = \frac{6000\text{ rpm}\dfrac{\text{min}}{60\text{ s}} \cdot \dfrac{2\pi\text{ rad}}{\text{rev}}}{\sqrt{k/m}\text{ rad/s}} = \frac{628.12}{\sqrt{1.4 \times 10^7/m}} = 1.406$$

질량 m에 대해 풀면 다음과 같다.

$$m = 70.15\text{ kg}$$

원래의 원판의 질량에 대한 설계값은 55 kg이므로, 운전속도에서의 변형을 2 mm까지 제한하기 위해 질량은 27.5% 증가되어야 한다.

만약 압축기가 지면에 고정된(빌딩과 같은) 장치에 사용된다면, 베어링이 증가된 힘을 버틸 수 있다고 가정할 때 원판에 질량 15 kg을 더하는 것은 완벽하게 합리적인 해결책이다. 그러나 무게가 중요한 고려사항이 되는 항공기와 같은 수송기관에 사용될 압축기라면 질량의 27% 증가는 받아들일 수 없는 설계이다. 이 경우 식 (5.81)은 강성에 변화를 줌으로써 재설계를 하는 데 사용될 수 있다. 적당한 변수값을 사용하면 식 (5.81)은 다음과 같다.

$$r = 1.406 = \frac{628.12\text{ rad/s}}{\sqrt{k/55}}$$

k에 대해 풀면 다음을 얻는다.

$$k = 1.0977 \times 10^7\text{ N/m}$$

이것은 강성의 대략 27%의 변화이다. 불행히도 축의 강성은 쉽게 변경할 수 없으며 기하학적인 형상과 재료의 특성에 의해 결정된다. 재료는 종종 강성뿐만 아니라 온도, 가격을 고려하여 결정된다. 강성을 27% 변화시키는 것은 어려울 수 있다.

예제 5.7.2로부터 선회진폭이 질량의 변화와 강성의 변화에 민감하다는 사실에 유의한다. 또한 그림 5.36에서 만약 공진으로부터 충분히 멀리 선택된다면(즉 $r > 2$) 선회진폭에 대해 설계변수

를 선택할 때 감쇠값은 거의 고려할 필요가 없다는 점에 주목하라. 감쇠는 오히려 시동을 걸거나 정지할 때만 발생하는 공진점 부근에서 진폭을 제한하기 위해 선택된다(즉 공진에서 $X = a/2\zeta$이다). 여기서 소개한 위험속도와 회전체 동역학의 해석은 단순한 가정으로 주제에 대해 짧게 소개한 것이다. 회전체 동역학에 대한 주제는 별도의 학문 분야로 되어 있고, 회전체 동역학 교재에 상세히 설명되어있다(예: Ehrich, 1992, 혹은 Childs, 1993 참조).

5.8 근사 및 스케일링

공학 실무에서는 복잡한 시스템을 대개 대형 컴퓨터 코드를 사용하여 설계한다. 정확한 답변은 시스템 설계에 중요하며, 특히 복잡한 기하학적 구조를 가진 구조체와 기계에 대해서는 높은 정밀도를 얻기 위해 컴퓨터 코드를 자주 사용한다. 하지만 코드를 사용할 때 데이터나 코드 라인을 입력하는 데 간단한 실수를 하기가 매우 쉽다. 때때로 잘못된 데이터나 잘못된 코드 라인으로 인해 코드는 여전히 실행되고 수치적인 답변을 제공하지만 완전히 틀린 답변을 얻을 수 있다. 따라서 수치적으로 생성된 해답이 타당한지를 검토하는 것이 매우 중요하다. 때로는 직관을 사용하여 답변의 정확성을 판단할 수 있다. 예를 들어, 음수 감쇠나 잘못된 방향으로 움직이는 부분과 같은 상황을 고려할 수 있다. 답변을 확인하는 한 가지 방법은 매우 기본적인 해석적 방정식을 사용하여 복잡한 시스템을 간단히 근사하는 것이다. 이러한 근사는 초기 설계에도 유용하다.

단순한 해석적 근사는 재설계에도 사용될 수 있다. 종종 기존 제품은 경쟁력 강화, 소비자 요구사항, 또는 새로운 기술 때문에 크기, 형태 또는 질량을 변경해야 할 수 있다. 이 경우 현재 설계를 계속 사용할 수 있을지에 대한 질문이 제기된다. 특히 현재 설계가 새로운 크기로 스케일링될 수 있는지 여부가 중요하다. 이 점을 설명하기 위해 외팔보 형태와 유사한 어떤 구조물을 고려하고, 기하학적 및 물성에 따른 이의 첫 번째 고유진동주파수에 대한 해석적 식을 도출한다.

식 (1.76)을 끝단 질량이 있는 외팔보의 고유진동주파수를 기술하는 방정식으로 다시 여기에 고려한다.

$$\omega_n = \sqrt{\frac{k}{\frac{33}{140}M + m}}$$

여기서 M은 보의 질량, m은 부착된 끝단 질량이다. 만약 끝단 질량이 없다면 고유진동수는 아래와 같다.

$$\omega_n = \sqrt{\frac{k}{\frac{33}{140}M}}$$

보의 질량은 보의 부피와 밀도 ρ를 이용하여 $M = \rho \times l \times b \times h$로 표현할 수 있는데, l은 길이, b는 넓이, h는 보의 두께이다. 마찬가지로 빔의 강성은 표 1.3에 주어져 있다.

$$k = \frac{3EI}{l^3} = \frac{3E}{l^3}\frac{1}{12}b \cdot h^3$$

M과 k에 이러한 값들을 대입하면 기하학적 및 물성에 따른 첫 번째 고유진동수에 대한 아래의 근사값을 얻을 수 있다.

$$\omega_n = \sqrt{\frac{1}{\frac{33}{140}\rho \cdot l \cdot b \cdot h}\frac{3E}{l^3}\frac{1}{12}b \cdot h^3} = \sqrt{\frac{35}{33}\frac{E}{\rho}\frac{h^2}{l^4}} \sim \frac{h}{l^2}\sqrt{\frac{E}{\rho}}$$

따라서 터빈 날개, 선반, 데크 지지 등과 같은 구조물이 외팔보로 근사될 수 있다면, 해당 구조물의 휨 고유진동주파수는 다음과 같이 근사할 수 있다.

$$\omega_n \sim \frac{h}{l^2}\sqrt{\frac{E}{\rho}}$$

참고로, 이 공식은 영국식 단위계에서만 사용 가능하다. h와 l은 ft, 밀도는 slug/ft^3, 그리고 E는 lb/ft^2 단위로 각각 표시되어야 한다.

예제 5.8.1

기존 생산 모델에는 성공적인 팬 날개가 있다. 시장이 변화되어 새로운 크기의 엔진이 필요하다. 현재 현재 날개는 $h = 1$ in., $l = 5.56$ in.로 외팔보로 근사할 수 있으며, Inconel 718 재질로 만들어졌다(온도 500°F, $E = 28 \times 10^6$ lb in^2, $\rho = 0.296$ lb in^3). 새로운 디자인은 작동 온도인 500°F에서 현재 고유진동 주파수의 10% 내외 범위에 공진 주파수를 가져야 한다. 새로운 날개가 6 in. 길이가 필요한 경우, 새로운 공진 주파수가 허용 가능한 한계 내에 위치할까? 즉 현재 날개를 새로운 엔진에서 사용하기 위해 스케일을 확대할 수 있을까?

풀이 먼저 현재 주파수를 아래와 같이 근사할 수 있다.

$$\omega_n \sim \frac{h}{l^2}\sqrt{\frac{E}{\rho}} = \frac{1/12\,\text{ft}}{\left(5.56/12\right)^2\,\text{ft}^2}\sqrt{\frac{1.253 \times 10^8\,\text{slug/ft}^2 \cdot \text{sec}^2}{15.9\,\text{slug/ft}^3}} = 1.09 \times 10^3\,\text{rad/sec} = 173.7\,\text{Hz}$$

다음으로, 날개의 길이가 6 in.인 경우 주파수를 계산한다.

$$\omega_n \sim \frac{h}{l^2}\sqrt{\frac{E}{\rho}} = \frac{1/12\,\text{ft}}{(0.5)^2\,\text{ft}^2}\sqrt{\frac{1.253 \times 10^8\,\text{slug/ft}^2 \cdot \text{sec}^2}{15.9\,\text{slug/ft}^3}} = 935.8\,\text{rad/sec} = 148.9\,\text{Hz}$$

새로운 공진 주파수가 허용 주파수 내에 위치하지 않기 때문에 이 설계는 확대 스케일을 할 수 없으므로 새로운 설계를 고려해야 한다. 따라서 재료 특성과 기하학적 특성을 다시 설계해야 한다.

컴퓨터를 통한 대규모 수치해석 결과의 확인의 중요성을 강조하기 위해 저자는 초기 1980년대에 초기 우주 정거장 개념에 초점을 맞춘 연구 프로젝트에 참여했다. 그 당시에 하나의 주요 구성

요소는 큰(100 m) 트러스 구조였다. 우주항공 회사에 백만 달러의 계약이 주어져 트러스를 모델링하도록 했다. NASA의 과학자들은 감독을 담당하여 회사의 결과를 위에서 언급한 단순한 빔 공식을 사용하여 확인했고, 그 결과 첫 번째 고유진동 주파수가 숫자 한 자릿수 높은 값을 도출했다. 이로 인해 회사는 실수를 찾아내기 위해 노력할 수밖에 없었으며, 그 실수는 지수 값이 잘못 입력되었던 것으로 밝혀졌다. 이 모든 일이 설계 단계에서 발생했으며, 만약 이러한 실수가 발견되지 않았다면 얼마나 큰 비용과 위험이 발생했을지 상상할 수 있다.

예제 5.8.1과 위의 내용은 제트 엔진 제조업체로부터 가져온 것이다. 이 예제와 NASA의 예제를 결합하면 단순한 근사치를 사용하여 수치 결과와 설계를 지속적으로 확인해야 하는 동기를 부여받게 된다.

연습문제

5.1절(문제 5.1~5.5)

5.1 그림 5.1의 노모그래프를 사용하여, 기계진동이 8000 mm/s^{2}의 rms 가속도에서 만족스러운 수준으로 유지하기 위한 진동의 주파수 범위를 구하라.

5.2 그림 5.1의 노모그래프를 사용하여 2 mm 또는 그보다 작은 rms 변위에서 진동할 때, 구조물의 rms 가속도가 벽에 손상을 유발하지 않을 주파수 범위를 구하라.

5.3 핸드드릴의 진동 범위가 최소 10 μm의 rms 변위와 0.1 m/s^{2}의 rms 가속도로 제한된다면 핸드드릴이 가져야 할 고유진동수는 얼마인가? 또한 드릴이 갖게 될 rms 속도는 얼마인가?

5.4 기계 부품의 최대 rms 가속도는 4 Hz 주파수에서 5 m/s^{2}인 반면 rms 진폭은 1 cm보다 작아야 한다. 이 부품은 이러한 진동 요구 사항을 만족할까?

5.5 비감쇠 1자유도 시스템의 변위, 속도, 가속도의 진폭에 대한 공식을 이용하여 최대 변위 10 cm, 고유진동수 10 Hz인 시스템의 속도와 가속도의 진폭을 계산하라. 만약 이것이 바람에 의한 빌딩 벽의 진동이라면 허용할 수 있는 수준인가?

5.2절(문제 5.6~5.26)

5.6 질량이 100 kg인 기계가 강성 700 × 10^3 N/m인 절연기 위에 지지되어 있다. 그 기계는 3000 rpm의 회전수에서 350 N의 수직 외란 힘을 유발한다. 절연기의 감쇠비는 $\zeta = 0.2$이다. (a) 불균형 힘에 의한 운동의 진폭을 계산하라. (b) 전달률비를 계산하라. (c) 절연기를 통해 지면에 전달되는 힘의 크기를 계산하라.

5.7 $\zeta = 0.001$, $\zeta = 0.025$, $\zeta = 1.1$인 경우에 대해 연습문제 5.6의 T.R. 선도를 작성하라.

5.8 그림 P5.8에 단순화된 세탁기의 모델이 있다. 기계 안에 질량 10 kg(m_b)의 젖은 옷이 있어 회전 불균형을 유발한다. 회전질량은 20 kg(m_b 포함)이고 세탁통의 직경($2e$)은 50 cm이다. 회전수는 300 rpm으로 가정한다. $k = 1000$ N/m, $\zeta = 0.01$이라고 하자. 세탁기의 옆면에 전달되는 힘을 계산하라. 세탁기에 대한 지식을 고려하여 이 해석에서 사용한 가정이 타당한지 논의하라.

별표(*)가 있는 문제는 계산 프로그램을 이용하여 해를 계산하라.

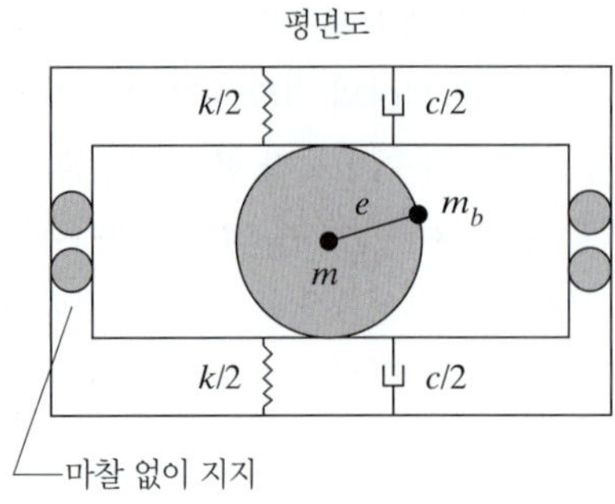

그림 P5.8 헹굼 사이클에서 젖은 옷의 불균일한 분포에 의해 생기는 불균형 회전에 의한 세탁기 진동의 단순 모델

5.9 문제 5.8에서 스프링상수(k)와 감쇠율이 변한다고 하자. 단 m, m_b, e, ω는 전과 같이 고정된 값이다. 세탁기의 옆면(고정된 것으로 간주)에 전달되는 힘이 100 N보다 작아지도록 절연기를 설계하라(즉 k와 c 값을 결정하라).

5.10 크기는 25 N이고 주파수는 180 cycles/min인 조화력이 질량 25 kg인 기계에 가해진다. 그 기계에 가해진 힘의 10%만이 기계를 지지하는 바닥에 전달되도록 기계의 지지 시스템을 설계하라(즉 k와 c 값을 결정하라).

5.11 측정된 감쇠비는 0.2이고 총강성은 30,000 N/m인 절연기를 통해 바닥에 설치된 질량 70 kg의 기계를 고찰한다. 정상상태 가동조건에서 그 기계는 주파수가 13 rad/s인 450 N의 조화력을 발생시킨다. (a) 기계의 운동진폭, (b) 운동의 위상변화(위상이 영인 가진에 대해), (c) 전달률비, (d) 바닥에 전달되는 최대의 동적힘, (e) 기계의 최대속도를 각각 구하라.

5.12 900 rpm으로 작동하는 70 lb의 작은 압축기가 있다. 압축기는 감쇠효과를 무시할 수 있는 금속으로 된 네 개의 지지대에 장치되어 있다.

(a) 압축기에 의해 발생하는 조화력의 15%만이 바닥에 전달될 수 있도록 하는 지지대들의 강성을 구하라.

(b) 1.5절을 이용하여 적절한 강성을 갖는 금속스프링을 설계하라(표 1.2의 재료 특성 참조).

5.13 일반적인 절연기의 설계에서 설계자는 임의의 연속적인 k와 c 값을 선택할 수 있는 것이 아니라 제작사에서 생산하는 절연기와 그것들의 물성(그리고 비용, 여기서 그 자세한 내용은 생략)이 기재된 카탈로그를 보고 설계를 한다. 표 5.3은 구입 가능한 절연기의 물성치를 열거해 놓고 있다. 이 표를 보고 정상상태에서 1500 rev/min으로 작동하는 500 kg의 압축기에 대한 절연기를 설계하라. 압축기는 대게 $r = 3$의 진동수비를 필요로 한다는 것에 유의하라.

표 5.3 다양한 절연기 제품의 강성 및 감쇠 카탈로그 값

부품번호[a]	R-1	R-2	R-3	R-4	R-5	M-1	M-2	M-3	M-4	M-5
k (10^3 N/m)	250	500	1000	1800	2500	75	150	250	500	750
c (N·s/m)	2000	1800	1500	1000	500	110	115	140	160	200

[a]부품번호의 'R'은 고무재질의 절연기를 나타내고, 'M'은 금속재질을 나타낸다. 일반적으로 금속재 절연기가 고무재질의 절연기보다 고가이다.

5.14 질량 10 kg인 전기모터가 그림 P5.14에서 보이는 것처럼 네 개의 같은 스프링 위에 장치되어 있다. 모터는 1750 rpm의 일정한 속도로 작동한다. 회전반경은 100 mm이다(회전반경의 정의는 예제 1.4.6

참조). 스프링이 비감쇠일 때 수직방향의 전달률비가 0.0194가 되게 강성을 결정하라. 이 k 값으로 비틀림 진동에 대해 전달률비를 결정하라(즉 변위좌표로 x 대신 θ를 사용하라).

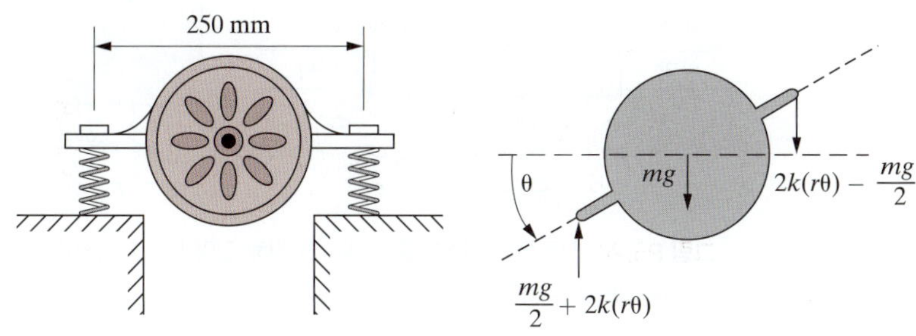

그림 P5.14 전기모터 마운트의 진동 모델

5.15 커다란 산업용 배기팬이 공장 안의 철제 프레임에 장치되어 있다. 공장장은 같은 프레임 위에 저장용 탱크를 하나 설치하려고 한다. 질량이 더해지면 시스템의 동역학적 특성이 근본적으로 바뀔 수 있다. 이 변화에 대해 시스템의 안전성을 확인하라. 팬지지 시스템의 원래 설계 내용은 알 수 없으므로 시스템의 동특성을 측정하기 위해 몇 가지 모터속도에서 바닥의 진폭을 측정하려 했다. 0에서 500 rpm까지는 아무런 공진 현상도 관찰되지 않았다. 변위 측정을 해보니 500 rpm에서 10 mm, 400 rpm에서 4.5 mm의 진폭이 측정되었다. 팬의 질량은 50 kg이고 추가하고자 하는 질량은 50 kg이다. 배기팬의 최적 운전속도는 공장 내의 환경조건에 따라 400 rpm과 500 rpm 사이이다.

5.16 350 kg의 회전기계가 800 cycles/min으로 작동한다. 하나의 진동절연 고무패드를 시스템에 더해서 전달률비를 평소의 1/4로 줄이려고 한다. 이때 얼마만큼의 정적 변형을 절연패드가 견딜 수 있어야 하는가?

5.17 68 kg의 전기모터가 1200 kg의 절연기 위에 설치되어 있다. 전체 시스템의 고유진동수는 160 cycles/min이고, 측정된 감쇠비는 $\zeta = 1$이다. 모터에 의해 발생된 불균형 힘이 뉴턴 단위로 $F(t) = 100 \sin(31.4t)$일 경우에 진동의 진폭과 바닥에 전달되는 힘을 구하라.

5.18 1000 kg의 편심 플라이휠($e = 0.22$ mm)에 의해 발생되는 힘이 뉴턴 단위로 $600 \cos(52.4t)$이다. 발생하는 힘의 1%만이 바닥에 전달되도록 절연기를 설계하라. 이때 감쇠값은 바닥에 전달되는 최대 힘이 발생하는 힘의 2배가 넘지 않도록 선택하라.

5.19 무게 4000 lb의 회전기계는 2000 rpm으로 작동한다. 절연패드를 이용하여 전달된 힘의 진폭을 80% 감소시키려 한다. 이러한 설계 목적을 달성하기 위해 절연패드에 필요한 강성을 구하라.

5.20 진동절연 특성을 향상시키기 위해 시스템의 질량을 바꿔야 하는 경우도 있다. 이러한 절연 시스템은 그림 P5.20에 나타낸 것처럼 공장 바닥에 무거운 압축기를 설치하고자 할 때 종종 사용된다. 이 경우에 바닥의 흙이 절연 시스템의 강성을 제공해 주므로(감쇠는 무시), 설계 문제는 콘크리트 블록/압축기 시스템의 질량을 정하는 문제로 귀착된다. 바닥 흙의 강성이 $k = 2.0 \times 10^7$ N/m라 할 때 절연 시스템이 전달력을 75%까지 줄일 수 있는 콘크리트 블록의 형상을 설계하라(즉 질량 m을 선택). 콘크리트 밀도 $\rho = 23{,}000$ N/m^3, 콘크리트 블록의 표면적은 4 m^2, 정상상태의 압축기의 작동속도는 1800 rpm이라 한다.

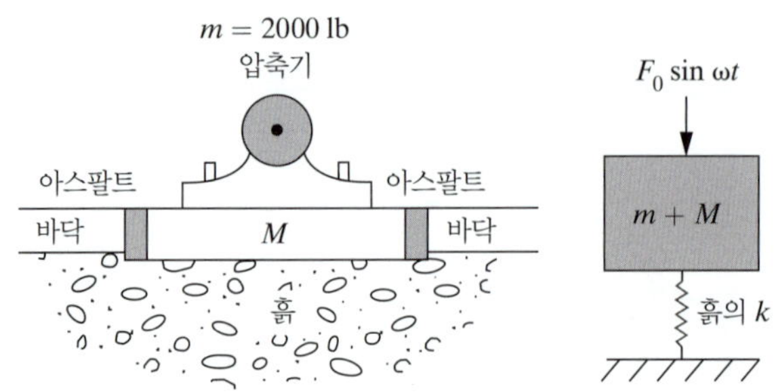

그림 P5.20 진동절연 시스템을 설계하기 위해 질량을 증가시키는 방법을 나타내는 바닥-설치 압축기의 모델

5.21 비행기 기체의 진동으로부터 계기를 보호하기 위해 계기판을 절연장치 위에 설치한다. 측정 결과 비행기의 주된 진동은 2000 rpm에서 발생함을 알게 되었다. 조종실 공간의 제약 때문에 절연기는 1/8 in.의 변형만이 허용된다. 계기판의 무게가 50 lb일 때 계기판에 몇 퍼센트의 진동이 전달되었는가?

5.22 50 Hz에서 지지부 변위의 10%만이 기기의 변위로 전달되도록 전자기기의 지지부 절연기를 설계하라. 전자기기의 질량은 5 kg이다. 지지부 운동의 주파수가 100 Hz로 바뀔 때 전달률은 어떻게 되는가? 또 25 Hz로 줄어들면 어떻게 되는가?

5.23 문제 5.22에서 가장 적은 전달률비가 50~75 Hz 범위에서 얻을 수 있도록 시스템을 다시 설계하라.

5.24 그림 P5.24에서와 같이 컴퓨터의 2 kg 회로판을 최대진폭 1 mm, 주파수 3 rad/s의 외부진동으로부터 절연시키고자 한다. 전달되는 변위가 바닥 운동의 10%가 되도록 비감쇠 절연기를 설계하라. 또 전달력의 범위를 계산하라.

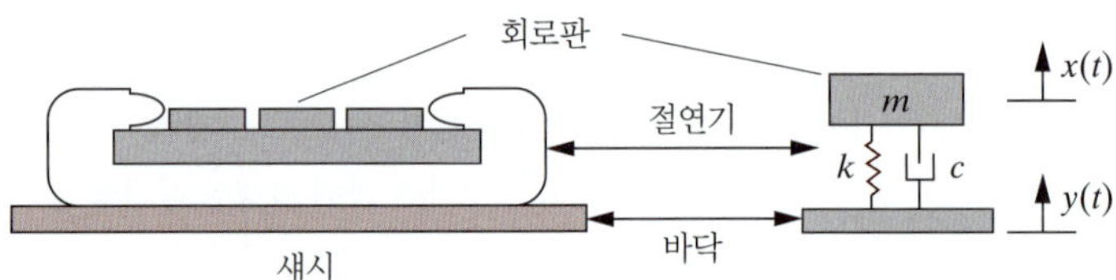

그림 P5.24 회로판의 절연 시스템

5.25 공진 시에 최대 전달률이 2가 되도록 선정된 감쇠 재료를 사용하여 문제 5.24의 절연기 설계를 변경하라.

5.26 임의의 감쇠절연 시스템에서 공진상태일 때 변위전달률을 4로 제한시킬 수 있는 감쇠비를 계산하라.

5.3절(문제 5.27~5.36)

5.27 플랫폼에 설치한 모터가 6000 rpm의 속도에서 250 N의 힘을 발생시키면서 과도하게 진동하는 것을 알았다. 플랫폼에 부착할 진동흡진기(비감쇠)를 설계하라. 이 경우 모양과 크기 제한 때문에 흡진기의 질량은 단지 2 mm만 움직일 수 있다.

5.28 $\beta = 1$, $\mu = 0.2$인 비감쇠 진동흡진기를 고려하자. $|Xk/F_0| \leq 0.5$를 만족하도록 흡진기의 작동 주파수 범위를 결정하라.

5.29 스프링을 통해 지면에 지지된 질량으로 모델링한 내연기관을 생각하자. 시스템의 공진주파수가 100 rad/s일 때 입력된 힘 10^2 N에 대해 0.01 m의 진폭을 갖게 하는 흡진기를 설계하라.

5.30 무게 50 lb의 작은 회전기계가 6000 rpm의 일정한 속력으로 가동된다. 기계는 건물 내에 설치되어 있고, 공진상태에서 작동되는 것을 발견했다. 가장 가까운 공진이 구동주파수에서 적어도 20% 떨어져 있도록 개조될 비감쇠흡진기를 설계하라.

5.31 3000 kg의 공작기계가 120 Hz에서 심한 공진을 나타낸다. 공장장은 그 기계에 120 Hz를 기준으로 설계한 600 kg의 흡진기를 부착하고자 한다. 흡진기를 부착했을 때 기계진동의 진폭이 부착 전보다 작아지는 주파수의 범위를 계산하라.

5.32 정상상태 작동속도가 2000~4000 rpm이 되도록 모터-발전기 장치를 설계했다. 그러나 기계 내부의 불균형으로 인해 3000 rpm 근방에서 심한 진동이 일어났다. 최초의 흡진기는 질량이 2 kg이고, 3000 rpm에 맞춰서 설계되었다. 그러나 그 결과 조합된 시스템의 고유진동수가 2500 rpm과 3500 rpm에 존재하게 되었다. 시스템의 안전을 위해 $\omega_1 < 2000$ rpm, $\omega_2 > 4000$ rpm이 되도록 흡진기를 재설계하라.

5.33 회전기계가 건물의 바닥에 설치되어 있다. 기계와 바닥의 질량은 합하여 2000 lb이다. 기계는 600 rpm에서 정상상태로 작동하고 건물의 바닥이 진동하는 원인이 된다. 바닥-기계 시스템은 그림 5.14의 광학 테이블과 유사하여 스프링-질량 시스템으로 모델링할 수 있다. 이 문제를 해결하기 위한 비감쇠흡진기 시스템을 설계하라. 밴드폭을 고려해야 한다.

5.34 공장으로 증기를 운반하는 파이프는 구동펌프가 300 rpm의 속도가 될 때 심하게 진동한다(그림 P5.34 참조). 흡진기를 설계하기 위해 시험적으로 질량 9 kg인 흡진기를 300 rpm으로 맞추어 설치했다. 펌프속도를 변화시킬 때 파이프-흡진기 시스템이 207 rpm에서 공진을 일으켰다. 고유진동수가 구동주파수로부터 40%만큼 떨어지도록 흡진기를 재설계하라.

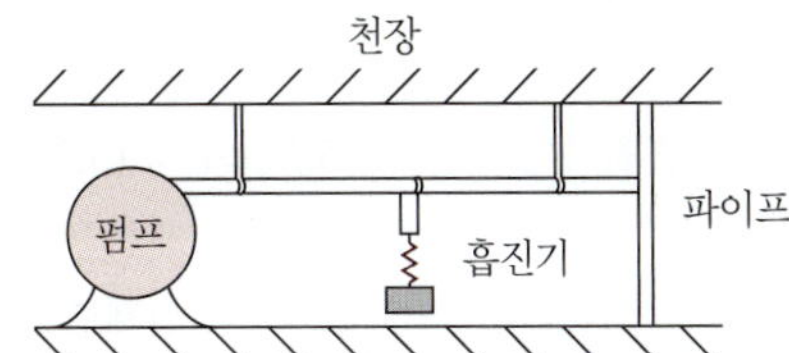

그림 P5.34 흡진기를 부착시킨 증기파이프 시스템의 개략도

5.35 400 cycles/min의 고유진동수를 가진 2500 kg의 주장치를 사용한 기계가 체를 앞뒤로 움직여 크기에 따라 볼트를 선별한다. 기계-흡진기 시스템이 160 cycles/min 이하와 320 rpm 이상의 고유진동수를 갖도록 진동흡진기를 설계하라. 이 기계는 그림 P5.35에 나타나 있다.

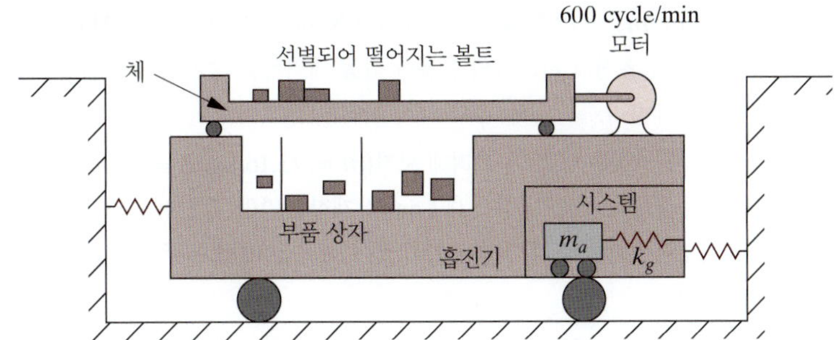

그림 P5.35 부품선별기계의 모델. 부품(여기서는 볼트)을 흔들리는 체 위에 놓는다. 작은 부품은 체를 통과해 밑에 있는 상자로 떨어진다. 큰 부품은 체 위에 남는다.

5.36 $\mu = 1/4$, $\omega_a = \omega_p$가 되도록 진동흡진기가 설계되었다. 진폭이 $|Xk/F_0| < 1$이 되는 주파수 범위를 계산하라.

5.4절(문제 5.37~5.52)

5.37 대부분 알루미늄으로 만들어진 100 kg의 기계가 2000 N/m의 스프링을 통해 지면에 설치되어 있다. 이 기계는 20 rad/s에서 100 N의 조화력을 받고 있다. 정상상태에서 이 기계가 진동하지 않도록 조정된 비감쇠흡진기 시스템을 설계하라(즉 m_a, k_a를 계산하라). 물론 알루미늄은 완전한 비감쇠 재질이 아니고 약 $\zeta = 0.001$ 정도 감쇠비가 생기게 하는 내부감쇠를 갖고 있다. 비슷하게 흡진기용 철제 스프링도 내부적으로 감쇠비 $\zeta_a = 0.0015$로 감쇠 작용을 한다. 식 (5.32)를 사용하여 크기 X를 결정함으로써 내부감쇠가 위의 흡진기 설계에 얼마만큼 영향을 미치는지 계산하라.

5.38 문제 5.37에서 내부감쇠가 있을 때와 없을 때 각각 계산된 주장치의 진폭의 크기를 도시하라. 내부감쇠를 고려하지 않고 설계한 흡진기의 대역폭과 성능에 이 감쇠가 어떤 영향을 끼치는지 논하라.

5.39 윈도우 5.4를 따라 식 (5.34)와 (5.32)로부터 감쇠흡진기에 대한 식 (5.35)를 유도하라. 또한 식 (5.35)로부터 무차원 형태의 식 (5.37)을 유도하라. 식 (5.36)에서 주어진 ζ의 정의는 문제 5.37과 문제 5.38에서 사용된 ζ 값과는 같지 않다는 점을 유의하라.

***5.40** (프로젝트 과제) 만약 3차원 도시 프로그램이 있다면 식 (5.37)을 도시하고[즉 μ와 β를 고정시키고, $0 < \zeta < 1$, $0 < r < 3$의 범위에서 r과 ζ에 대해 (X/Δ)를 도시하라], 얻은 결과에 대해 논의하라. 이 선도가 설계변수를 결정하는 데 명확한 지침이 되겠는가? 이것이 그림 5.21에서 5.23까지 일련의 선도들을 그려 얻은 정보들과 어떻게 비교될 수 있는가?(이러한 3차원 선도들이 일반화되고 있다.)

***5.41** (프로젝트 과제) ζ 및 μ의 값이 일정한 경우에 r과 β에 대한 $|X/\Delta|$를 도시함으로써 문제 5.40을 되풀이하라.

***5.42** (프로젝트 과제) 모든 감쇠를 다 고려한 진동흡진기에 대한 식 (5.32)와 식 (5.33)은 복잡한 복소수 연산 때문에 흡진기 설계에 별로 이용되지 못했다. 그러나 만약 기호연산 프로그램이 있다면, 식 (5.32)의 크기와 위상을 계산하는 코드를 사용해서 크기 X의 식을 계산하라. 설계변수로 m_a, k_a, ζ_a를 사용해서 문제 5.37에 있는 흡진기 설계에 결과를 적용하라(즉 흡진기를 설계하라).

5.43 200 kg의 기계가 10 rad/s에서 100 N의 힘으로 조화가진되고 있다. 그 기계의 강성은 20,000 N/m이다. 주파수 범위 8~12 rad/s에서 기계의 운동을 가능한 한 최대로 억제하기 위한 광대역 진동흡진기[즉 식 (5.37)]를 설계하라. 다른 구속조건은 부착된 흡진기의 질량을 최대 50 kg으로 제한한다.

5.44 예제 5.3.1에서와 같이 종종 흡진기 설계를 수정할 필요가 있다. 구동주파수가 예제 5.3.2(m = 73.16 kg, k = 2600 N/m, m_a = 18.29 kg, k_a = 6500 N/m, $7.4059 < \omega < 21.0821$ rad/s)에서 지정된 범위를 넘어설 경우에 흡진기 시스템의 유용한 작동 대역폭을 증가시키기 위해 그림 5.17의 흡진기에 부착할 감쇠기를 설계하라.

5.45 예시 5.3.1의 흡진기 설계를 한번 더 고려해 보자(m = 73.16 kg, k = 2600 N/m, 180 cycles/min에서 13 N의 힘이 발생하며 최대 변형을 0.2 cm로 제한). 만약 흡진기 스프링이 알루미늄으로 만들어져 있고 감쇠비가 $\zeta = 0.001$로 주어진다면, 이것이 예시 5.3.1에서 주어진 기계톱 설계의 변형에 미치는 영향을 계산하라.

5.46 그림 P5.46에 다시 표시한 그림 5.25과 같은 대응 회전체와 그림 5.24와 같이 모델링한 점성흡진기가 부착된 비감쇠 주진동 시스템을 고려하자. 만약 $\mu = 0.133$, $\zeta = 0.025$인 흡진기가 공진주파수에서 구동된다면 고유진동수 16.2 Hz를 갖는 400 kg 압축기의 증폭계수 $|Xk/M_0|$를 구하라.

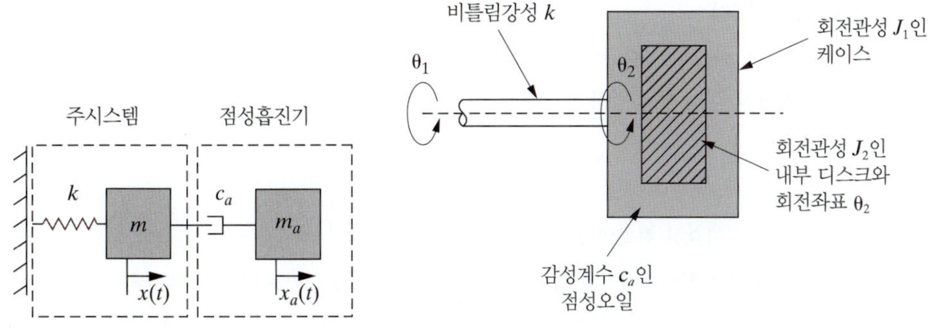

그림 P5.46 그림 5.24와 5.25 반복

5.47 문제 5.46의 압축기에 대해 감쇠비가 $\zeta = 0.1$로 바뀔 때 증폭계수 $|Xk/M_0|$를 다시 계산하라. $\zeta = 0.025$, $\zeta = 0.1$ 둘 중 어느 흡진기 설계가 주장치의 변위를 더 작게 하는가?

5.48 그림 P5.48과 같은 비행기(A-10) 기수의 1자유도 모델을 고려하자. 사격을 하는 동안 피로에 의한 균열이 기수에 생겼다. 이 문제는 그림 P5.48과 같이 감쇠흡진기 작용을 하는 점탄성 물질을 기수 외판 안쪽에 부착함으로써 해결되어 왔다. 이 진동 피로균열은 점탄성 감쇠 처리를 써서 장비를 개선함으로써 A-10에서는 없어졌다. $M = 100$ kg, $f = 31$ Hz, $F_0 = 100$ N, $k = 3.533 \times 10^6$ N/m일 때 응답의 최대치가 0.25 mm보다 작아지기 위해 필요한 감쇠비를 계산하라. 비행기의 질량은 항상 제한되어야 하므로 $\mu = 0.1$을 설계에 사용하라.

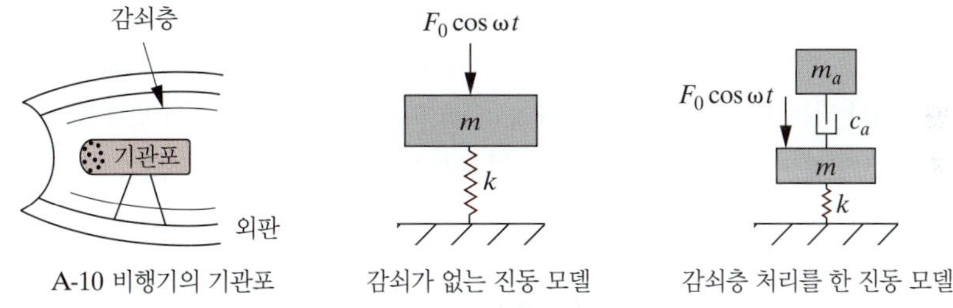

그림 P5.48 A-10 기관포 진동 문제의 단순한 모델. A-10 비행기의 기관포는 기수의 외판에 조화가진력 $F_0 \cos \omega t$를 가하는 것으로 모델링할 수 있다. 외판은 그림 1.27의 강성 모델(즉 $k = 3EI/l^3$)에 근거하여 스프링–질량 시스템으로 모델링할 수 있다.

5.49 몇 개의 μ 값에 대해서($\mu = 0.1, 0.25, 0.5, 1$) $\zeta = 0.02$일 때 식 (5.39)를 사용해 (그림 5.26과 같은) 증폭 선도를 그려라. 주장치의 응답에 미치는 질량비의 영향에 대해 어떤 결론을 도출할 수 있는가? μ가 커짐에 따라 $|(Xk/M_0)|$는 매우 작아짐에 유의하라. 흡진기 설계에서 매우 큰 μ를 쓰는 것은 어떤 관점에서 잘못되었는가?

5.50 자동차 엔진용 우다유(Houdaille) 감쇠기를 설계하려고 한다. 공진에서 증폭계수 $|Xk/M_0|$이 4로 제한될 때 ζ, μ를 선택하라(하나의 해는 $\mu = 1$, $\zeta = 0.129$이다).

5.51 $\zeta = 0.1$, $F_0 = 100$ N일 때 문제 5.46의 점성감쇠기에 대해 진동의 진폭을 결정하라.

5.52 (프로젝트 과제) 질량을 충격입력과 조화입력에서 보호할 수 있는 장치를 설계하기 위해 흡진기와 절연에 대한 이론을 활용하라. 그림 5.6에서 논의한 모듈처럼 특정 장치를 대상으로 하는 것이 도움이 될 것이다.

5.5절(문제 5.53~5.66)

5.53 1.5 kg·m^{2}의 관성과 33 Hz의 고유진동수를 갖도록 모델링된 엔진에 대해 우다유(Houdaille) 감쇠기를 설계하라. 최대 동적 증폭계수가 6보다 작도록 설계하라.

$$\left|\frac{Xk}{M_0}\right| < 6$$

이 설계는 J_2와 필요한 최적의 감쇠 c_a를 결정하는 것이다.

5.54 문제 5.53의 최적 진동흡진기의 설계는 정상상태의 응답을 근거로 했다. 주질량의 관성모멘트 J_1에 작용한 크기 M_0의 임펄스에 대한 주진동계의 응답을 계산하라. 과도응답의 최대진폭은 정상상태 진폭과 비교하여 어떠한가?

5.55 $\beta = 1/2$, $\mu = 0.25$로 고정될 때 식 (5.37)의 감쇠흡진기를 고려하자. $|X/\Delta|$를 최소화하는 ζ 값을 계산하라. 설계를 점검하기 위해 $0 < \zeta < 1$의 범위 내에서 몇 개의 ζ 값에 대해 이 함수를 그려라. 만약 해석적으로 이 값을 구할 수 없다면 설계를 실행하기 위해 r과 ζ에 대한 $|X/\Delta|$의 3차원 도표를 고려해 보라.

5.56 질량비 $\mu = 0.25$인 우다유 감쇠기를 사용하여 주장치의 진폭을 줄일 때 가장 효과적인 감쇠기의 최적 감쇠비와 최적 구동주파수를 계산하라.

5.57 문제 5.53의 시스템을 다시 고려하자. 만약 감쇠비 ζ가 0.1로 바뀐다면 $|Xk/M_0|$는 어떻게 되는가?

5.58 식 (5.35)로부터 식 (5.42)를 유도하고 최적 감쇠비에 대한 식 (5.49)를 유도하라.

5.59 예제 5.5.1(질량관성모멘트 1.5 kg m^2/rad, 비틀림강성 6×10^3 N m/rad, 운전속력 2000 rpm)에서 제안된 설계를 고려하자. 감쇠계수가 최적값으로부터 10% 변경될 때 최대 변위변화의 백분율을 계산하라. 만약 최적 감쇠값은 고정되지만 흡진기의 질량이 10% 변경되면 $|Xk/M_0|_{max}$의 변화의 백분율은 얼마나 되는가? 흡진기의 최적설계는 c_a, m_a의 변화 중 어느 것에 더 민감한가?

5.60 그림 P5.60에 다시 나타낸 그림 5.28과 같은 탄성절연 문제를 고려하자. 식 (5.53)으로부터 식 (5.54)와 (5.55)를 유도하라.

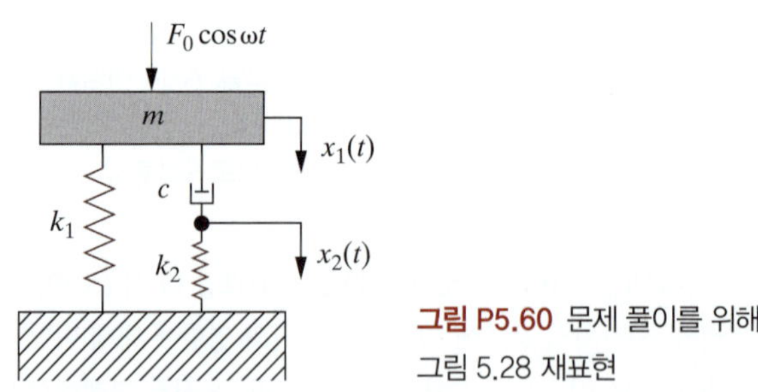

그림 P5.60 문제 풀이를 위해 그림 5.28 재표현

5.61 미분을 써서 최대와 최소를 구하는 방법으로 탄성 감쇠 시스템에 대한 식 (5.57)과 (5.58)을 유도하라.

5.62 1000 kg의 질량이 40,000 N/m의 스프링으로 지지되어 있다. 그림 P5.60에 나타난 것과 같은 점탄성 감쇠기가 이 시스템에 추가된다. 70 N의 조화가진력이 이 질량에 가해질 때 지면에 100 N 이상이 전달되지 않도록 절연기를 설계하라(k_2 와 c를 결정하라).

5.63 예제 5.5.2($r = 5$와 $\gamma = 0.5$인 경우 $c = 188.56$ kg/s, $k_2 = 200$ N/m)의 절연 설계를 생각하자. 감쇠계수의 값이 최적값(188.56 kg/s)으로부터 10% 변경되면 (T.R.)$_{max}$ 값 변화의 백분율은 얼마인가?

만약 c는 최적값으로 남고 k_2가 10% 변경되면 $(\text{T.R.})_{max}$의 변화의 백분율은 얼마인가? 이러한 형태의 절연 설계는 감쇠와 강성의 변화 중 어느 것에 더 민감한가?

5.64 3000 kg의 기계가 그림 P5.60에 나타낸 것처럼 탄성적으로 결합된 점성감쇠기를 갖는 절연기 위에 장착되었다. 기계의 강성 $k_1 = 2.943 \times 10^6$ N/m, $\gamma = 0.5$, $c = 56.4 \times 10^3$ N·s/m이다. 이 기계(대형 압축기)는 7 Hz에서 1000 N의 조화력을 발생한다. 이 기계의 진동 진폭을 구하라.

5.65 문제 5.64에 주어진 압축기 절연 설계를 다시 고려하자. 만약 절연 재료를 바꿔 절연기 내부 감쇠가 $\zeta = 0.15$가 되도록 하면 전달되는 힘은 얼마인가? 감쇠비의 최적값과 그에 따른 전달 힘을 계산하라.

5.66 문제 5.65의 최적 진동절연 설계를 고려하자. 압축기의 정상상태 구동주파수가 24.7 Hz로 변경될 때 최적 설계를 수행하라. 만약 잘못된 최적점이 사용되면(즉 7 Hz 구동주파수에 대한 최적 감쇠가 사용되었다면) 전달률비는 얼마인가?

5.6절(문제 5.67~5.73)

5.67 가진주파수가 100 Hz일 때 정상상태에서 질화 고무의 50°F와 75°F에서의 공진진폭을 비교하라. 표 5.2의 η 값을 사용하라.

5.68 식 (5.67)을 사용하여 75°F에서 100 Hz로 작동되는 두께 1 cm의 질화 고무로 덮인 $0.05 \times 0.01 \times 1$ m의 단순지지 알루미늄 부재의 새로운 탄성계수를 계산하라.

5.69 50°F에서 문제 5.68을 다시 계산하라. 이 온도의 변화가 층상 재료의 탄성계수에 몇 퍼센트의 영향을 미치는가?

5.70 예제 5.6.1($E_1 = 7.1 \times 10^{10}$ N/m^2, $h_2 = 1$)을 다음 조건에서 다시 설계하라.

(a) 작동주파수가 1000 Hz로 바뀔 때

(b) 작동온도가 50°F로 바뀔 때

위의 두 설계 중에 어느 것이 더 바람직한 시스템을 만드는지에 대해 논의하라.

5.71 예제 5.6.2를 다시 고려하라. 감쇠층 두께에 대한 손실계수의 선도를 그려라.

5.72 예제 5.6.1의 선반 중심에서 최대 전달률계수를 계산하라. 표 5.1을 사용하여 이 시스템의 주파수에 대한 최대 전달률비 선도를 각 온도에 대해 그려라.

5.73 강철의 감쇠비는 약 $\zeta = 0.001$이다. 예제 5.6.1의 선반을 강철로 바꾸면 어떤 차이가 생기는가? 강철 선반에 고무층을 부착하면 공진에서 몇 퍼센트만큼 감쇠비를 향상시키는지를 구하라.

5.7절(문제 5.74~5.80)

5.74 100 kg의 압축기 로터의 축강성은 1.4×10^7 N/m이다. 이 압축기는 6000 rpm의 속도에서 작동하도록 설계되었다. 로터축 시스템의 내부감쇠는 $\zeta = 0.01$로 측정되었다.

(a) 만약 로터가 1 cm의 편심반경을 갖는다면 로터 시스템의 위험속도는 얼마인가?

(b) 위험속도에서 선회진폭(whirl amplitude)을 계산하라. 계산결과를 예제 5.7.1의 결과와 비교하라.

5.75 로터의 질량을 변화시킴으로써 위험속도에서 선회진폭이 1 cm보다 작도록 문제 5.74의 로터 시스템을 다시 설계하라.

5.76 $r = 1$일 때 $0 < \zeta < 1$ 사이의 ζ 값에 대한 X를 그려서 예제 5.7.1($r = 1$, $\alpha = 0.001$ m)의 시스템에서 위험속도의 선회진폭 설계에 로터 시스템의 감쇠비가 미치는 영향을 계산하라.

5.77 예제 5.7.1($r = 1$, $\alpha = 0.001$ m)의 압축기 로터 시스템의 설계를 고려하자. 선회진폭은 매개변수 a, ζ, m, k, 구동주파수에 의존한다. 진폭에 가장 큰 영향을 미치는 매개변수는 무엇인가? 결과들에 대해 논의하라.

5.78 자동차 엔진 플라이휠의 질량은 약 50 kg이고 약 1 cm의 편심을 갖는다. 작동속도의 범위는 1200 rpm(공회전)에서 5000 rpm(한계속도)이다. 선회진폭이 1 mm보다 크지 않게 하는 나머지 매개변수를 선택하라.

5.79 위험속도에서 선회진폭은 전적으로 감쇠비와 편심에 의해 결정된다. 만약 로터가 1 cm의 편심을 갖는다면 변형을 1 cm로 제한하기 위한 감쇠비의 값은 얼마인가?

5.80 로터 시스템이 $\zeta < 0.05$로 제한된 감쇠를 갖는다. 만약 위험속도에서 최대 진폭이 1 cm보다 작아야 한다면 로터 설계에서 허용되는 최대 편심값은 얼마인가?

6 분포매개변수 시스템

(Nerthuz/123RF 사진 제공)

(P. Timothy Wade 사진 제공)

이제까지는 강체의 진동에 초점을 뒀는데, 이 장에서는 변형요소를 포함하는 시스템의 진동을 다루기 위한 해석 방법을 소개한다. 질량과 강성이 4장에서와 같이 집중된 위치에 있지 않고 구조물 전체에 걸쳐 분포되어 있는 것처럼 모델링을 하게 되면 구조물의 변형을 고려할 수 있게 된다. 그러한 시스템의 예로는 위의 사진과 같은 리퍼(Reaper)의 날개를 들 수 있다. 비행기 날개의 진동은 보통 이착륙 시 또는 난기류 시에 관측할 수 있다. 분포매개변수 시스템의 또 하나의 예로는 아래 사진의 풍력발전 블레이드를 들 수 있다. 풍력에너지의 사용이 증가함에 따라 더 크고 더 유연한 풍력발전 블레이드가 사용된다. 이 장에서 소개할 간단한 줄, 보, 평판 모델들을 이용하여 날개, 블레이드, 기타 다른 많은 구조물을 모델링할 수 있다. 그밖에 트럭, 건물, 무대, 컴퓨터 디스크드라이브 등과 같은 시스템도 이 장에서 설명하는 방법으로 모델링하고 해석할 수 있다. 여기서 중요한 개념은 분포매개변수 시스템에는 무한개의 고유진동수가 존재한다는 것이다. 이 장에서는 4장에서 사용했던 모드형상과 모드해석의 개념을 확장시켜 분포매개변수 시스템의 진동을 다룬다.

지금까지 앞 장에서 고려했던 모든 시스템은 집중매개변수 시스템(lumped-parameter system)으로 모델링되었다. 즉 고려대상 시스템에서 각 점의 운동은 마치 그 점에 질량이 집중되어 있는 것처럼 모델링되었다. 다자유도 시스템은 여러 집중질량이 스프링과 댐퍼로 분리되어 배열된 것으로 생각할 수 있다. 이 경우에 시스템 변수는 일정한 개수로 구성되는 이산량의 집합이 된다. 따라서 이러한 시스템을 이산 시스템(discrete system) 또는 유한차원 시스템(finite dimensional system)이라 한다. 한편 이 장에서는 구조물의 변형을 고려한다. 여기서는 물체의 질량이 무한히 작은 일련의 요소로 구조물 전체에 걸쳐 분포되어 있다고 생각한다. 구조물이 진동하면 이 무한개수의 질량 요소들은 연속적인 형태로 각기 서로 상대적으로 운동하게 된다. 따라서 이러한 시스템은 **무한차원 시스템**(*infinite dimensional system*), **연속 시스템**(*continuous system*), 또는 **분포매개변수 시스템**(*distributed parameter system*)이라 한다. 주어진 기계의 시스템을 집중매개변수 시스템으로 모델링할지 아니면 분포매개변수 시스템으로 모델링할지는 그 대상물의 특성뿐만 아니라 주어진 목적에 따라 결정된다. 우리가 수학적으로 엄밀해를 구할 수 있는 분포매개변수 모델은 극소수이다. 그러나 이와 같은 엄밀해는 수학적으로 풀리지 않는 다른 많은 문제에 중요한 정보를 제공하게 된다.

분포매개변수 시스템의 시간응답은 시스템을 따라 연속함수로 표현되는 상대위치좌표에 의해 공간적으로 기술된다. 반면에 집중매개변수 시스템의 시간응답은 시스템의 여러 이산점을 벡터로 구성함으로써 공간적으로 기술된다. 이 책은 수치적분이나 측정에서 사용되는 이산시간 시스템(discrete-time system)과의 혼동을 피하기 위해 이산(discrete)과 연속(continuous) 대신에 **집중매개변수**(*lumped parameter*)와 **분포매개변수**(*distributed parameter*)라는 용어를 사용한다. 구체적으로 이 장에서는 줄, 막대, 보, 박막, 평판의 진동을 다룬다. 이러한 구조물의 비근한 예로는 기타 줄의 진동과 다리 및 고층건물의 흔들림 등을 들 수 있다. 또 집중매개변수와 분포매개변수를 동시에 갖는 시스템도 고려한다.

1~3장까지 논의한 1자유도 시스템은 단 하나의 고유진동수($\omega_n = \sqrt{k/m}$)를 갖는다. 4장에서의 다자유도 시스템은 각 자유도에 대응되는 여러 개의 고유진동수(ω_i)를 갖는다. 공진을 피하기 위한 설계는 고유진동수가 많아지면 더 어려워진다. 그 이유는 조화가진 주파수가 여러 고유진동수들 중 하나와 일치하여 공진을 일으킬 확률이 고유진동수가 많을수록 더 높아지기 때문이다. 이 장에서 논의하는 분포매개변수 시스템은 무한자유도 시스템이므로 무한개의 고유진동수를 갖게 되고, 그에 따라 설계에서 공진을 더 많이 고려하게 된다.

분포매개변수 시스템의 여러 고유진동수도 1차원 구조물인 경우는 ω_n, 평면구조물인 경우는 ω_{nm}으로 표시한다. 따라서 일반적인 진동문헌에서 볼 수 있듯이 1자유도 시스템의 고유진동수와 분포 시스템의 n번째 고유진동수를 모두 ω_n으로 나타냄으로써 표기상의 일관성이 약간 결여되어 있지만 그 차이는 내용에 따라 뚜렷하게 구분할 수 있다.

6.1 줄 또는 케이블의 진동

현악기(기타, 바이올린 등)는 분포매개변수 시스템의 진동을 직관적으로 설명해 줄 수 있는 아주 좋은 예이다. 또한 줄은 집중매개변수 시스템 해석에서 해석의 기초가 된 단순 스프링질량 시스템과 마찬가지로 다른 분포매개변수 구조물을 풀이하고 접근하기 위한 체계적인 방법을 제공해주는 가장 쉬운 시스템이다. 그림 6.1과 같이 장력 τ를 받으며 양 끝이 고정되어 있는, 밀도 ρ, 단면적 A인 줄을 고려해 보자. 이 줄은 y방향, 즉 상하로 진동한다. 줄을 따라 임의의 점에서 운동은 시간 t와 줄의 길이방향의 좌표 x의 함수가 되어야 한다. 따라서 줄의 변위를 $w(x, t)$로 나타낸다. 줄을 따라 분포된 단위길이당 외력을 $f(x, t)$라 하고 그림 6.1과 같이 변형된 줄의 미소요소(길이 Δx)를 고려한다.

미소요소에 작용하는 y방향의 힘의 합력은 y방향의 관성력 $\rho A \Delta x(\partial^2 w/\partial t^2)$와 같아야 하므로 다음 식을 얻게 된다.

$$-\tau_1 \sin\theta_1 + \tau_2 \sin\theta_2 + f(x,t)\Delta x = \rho A \Delta x \frac{\partial^2 w(x,t)}{\partial t^2} \tag{6.1}$$

여기서 w는 두 변수의 함수이므로 가속도가 편미분($\partial^2/\partial t^2$)으로 표시된 것에 유의한다. 작은 변위를 가정하면 θ_1, θ_2가 작아지므로 식 (6.1)을 근사화할 수 있다. 이 경우 변형된 줄의 장력의 수평성분이 양 끝에서 각각 $\tau_1 \cos\theta_1$, $\tau_2 \cos\theta_2$로 표시되므로 줄의 장력 τ_1, τ_2는 줄의 초기장력 τ와 쉽게 연관된다. 작은 각을 가정하면 $\cos\theta_1 \simeq 1$, $\cos\theta_2 \simeq 1$이므로 $\tau_1 = \tau_2 = \tau$로 놓을 수 있다. 또 작은 θ_1, θ_2에 대해 다음 두 식을 얻을 수 있다.

$$\sin\theta_1 \simeq \tan\theta_1 = \left.\frac{\partial w(x,t)}{\partial x}\right|_{x_1} \tag{6.2}$$

그리고

$$\sin\theta_2 \simeq \tan\theta_2 = \left.\frac{\partial w(x,t)}{\partial x}\right|_{x_2} \tag{6.3}$$

여기서 $(\partial w/\partial x)|_{x_1}$은 x_1에서 줄의 기울기이고, $(\partial w/\partial x)|_{x_2}$는 위치 $x_2 = x_1 + \Delta x$에서 줄의 기울기이다. 전미분과 편미분에 대한 표기법은 윈도우 6.1에 나타나 있다.

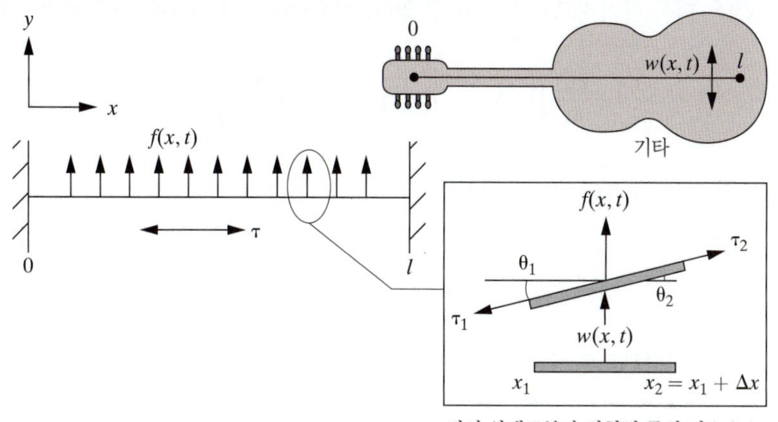

그림 6.1 가진력 $f(x, t)$와 변위 $w(x, t)$를 갖는 줄의 진동 문제

윈도우 6.1 | 분포된 질량과 강성으로 표시된 진동에 대한 표현

$f(x, y)$와 같은 다변수 함수의 미분은 다음 표현과 같이 편미분으로 취급한다.

$$f_x(x,y) = \frac{\partial f(x,y)}{\partial x} = \lim_{\Delta x \to 0}\left(\frac{f(x+\Delta x, y) - f(x,y)}{\Delta x}\right)$$

반면에 하나의 변수로 된 함수 $T(t)$의 전미분은 다음 식으로 표현된다.

$$\frac{dT(t)}{dt} = \dot{T}(t) = \lim_{\Delta t \to 0}\frac{T(t+\Delta t) - T(t)}{\Delta t}$$

완전 미분(exact differential)은 다음과 같다.

$$df = \frac{\partial f}{\partial x}dx + \frac{\partial f}{\partial y}dy$$

이상과 같은 근사화를 통해 식 (6.1)은 다음과 같다.

$$\left(\tau\frac{\partial w(x,t)}{\partial x}\right)\bigg|_{x_2} - \left(\tau\frac{\partial w(x,t)}{\partial x}\right)\bigg|_{x_1} + f(x,t)\Delta x = \rho A\frac{\partial^2 w(x,t)}{\partial t^2}\Delta x \tag{6.4}$$

기울기들은 $\tau(\partial w/\partial x)$를 위치 1 주변에서 테일러급수 전개(Taylor series expansion)함으로써 더욱 간략하게 표현할 수 있다. 따라서

$$\left(\tau\frac{\partial w}{\partial x}\right)\bigg|_{x_2} = \left(\tau\frac{\partial w}{\partial x}\right)\bigg|_{x_1} + \Delta x\frac{\partial}{\partial x}\left(\tau\frac{\partial w}{\partial x}\right)\bigg|_{x_1} + O(\Delta x^2) \tag{6.5}$$

여기서 $O(\Delta x^2)$은 Δx^2 및 그 이상의 고차항을 포함하는 테일러급수의 잔여항을 의미하며, Δx가 작을 때 $O(\Delta x^2)$은 더욱 작아지므로 생략할 수 있다. 식 (6.5)를 식 (6.4)에 대입하면 다음과 같다.

$$\frac{\partial}{\partial x}\left(\tau\frac{\partial w}{\partial x}\right)\bigg|_{x_1}\Delta x + f(x,t)\Delta x = \rho A\frac{\partial^2 w(x,t)}{\partial t^2}\Delta x \tag{6.6}$$

이 식을 Δx로 나누고 위치 1의 표시를 생략할 수 있으므로, 줄의 운동방정식은 다음과 같다.

$$\frac{\partial}{\partial x}\left(\tau\frac{\partial w(x,t)}{\partial x}\right) + f(x,t) = \rho A\frac{\partial^2 w(x,t)}{\partial t^2} \tag{6.7}$$

줄의 장력 τ는 항상 일정하므로, 외력이 없다고 가정하면 운동방정식은 다음과 같다.

$$c^2\frac{\partial^2 w(x,t)}{\partial x^2} = \frac{\partial^2 w(x,t)}{\partial t^2} \quad \text{또는} \quad \frac{\partial^2 w(x,t)}{\partial x^2} = \frac{1}{c^2}\frac{\partial^2 w(x,t)}{\partial t^2} \tag{6.8}$$

여기서 줄의 **파동속도**(*wave speed*) $c = \sqrt{\tau/\rho A}$는 줄의 물성치에만 의존한다. 앞의 장에서 언급한 감쇠계수의 기호와 혼동하지 않도록 주의한다. 식 (6.8)은 1차원 파동방정식(wave equation)이며, 또한 **줄의 방정식**(*string equation*)이라고도 한다. 이 식은 시간에 대한 2차 미분을 포함하므로 두 개의 초기조건이 필요하다. 이 초기조건은 $w(x, 0) = w_0(x)$ 및 $w_t(x,0) = \dot{w}_0(x)$로 나타낼 수 있고, 여기서 하첨자 t는 시간에 대한 미분을 뜻한다. $w_0(x)$ 및 $\dot{w}_0(x)$는 각각 줄의 초기변위 분포 및 초기속도 분포를 나타낸다. 식 (6.8)에서 위치에 대한 2차 미분은 두 개의 경계조건을 필요로 한다. 이 경계조건들을 이용하여 미분방정식을 적분할 때 발생되는 적분상수를 결정할 수 있다. 이 경계조건은 줄의 경계를 검토해서 정한다. 그림 6.1과 같은 경우에는 줄의 양 끝이 고정되어 있으므로, 양 끝에서 줄의 처짐이 항상 영이 되어야 한다. 따라서

$$w(0, t) = w(l, t) = 0 \qquad t > 0 \tag{6.9}$$

이러한 두 개의 경계조건식은 공간미분항을 적분할 때 발생되는 적분상수 두 개를 계산하는 데 이용된다. 이러한 조건식은 경계에서 얻을 수 있으므로 식 (6.8)과 식 (6.9) 및 초기조건으로 주어지는 문제를 **경계값 문제**(*boundary value problem*)라고 한다.

편미분에 대한 첨자기호를 사용하여 변위 $w(x, t)$의 여러 가지 미분의 물리적인 의미를 나타낼 수 있다. 즉 $w_x(x, t)$는 줄의 기울기를 나타내고, $\tau w_{xx}(x, t)$는 줄의 복원력을 뜻한다(즉 줄의 강성 또는 탄성을 의미). $w_t(x, t)$와 $w_{tt}(x, t)$는 주어진 위치 x 및 시간 t에서 줄의 속도와 가속도를 나타낸다.

이상과 같은 줄의 진동 문제는 분포매개변수 시스템의 진동을 이해하는 데 도움이 되는 편리하고 간단한 모델이다. 이것은 집중매개변수 시스템에서 기초가 되는 스프링–질량 모델(1.1절 참조)과 유사한 구실을 한다. 분포매개변수 시스템의 진동응답을 구하는 일반적인 방법을 제시하기 위해 양 끝이 고정된 줄의 진동 문제를 다음 절에서 다룬다. 줄의 진동방정식과 파동의 전달에 대한 이 방정식의 활용 등은 일반적으로 물리학 교재에 잘 소개되어 있으므로 참조하기 바란다. 또한 이 절에서 소개된 내용들은 줄뿐만 아니라 케이블의 운동에도 적용할 수 있다.

예제 6.1.1

그림 6.2에서 케이블의 한쪽 끝은 고정되어 있고, 다른 쪽 끝은 스프링에 연결되어 있다. 스프링에 연결된 끝은 마찰이 없는 슬라이더 내에서 운동하기 때문에 케이블의 장력이 일정하게 유지된다. 이 진동 시스템의 운동방정식을 유도하라.

풀이 케이블의 운동방정식은 줄의 경우와 같으며, 식 (6.8)과 같다. 초기조건도 동일하게 주어진다. 그러나 $x = l$인 점의 경계조건은 y방향으로 힘의 평형 방정식을 이용하여 얻을 수 있다. 즉

$$\sum_y F|_{x=l} = \tau \sin\theta + kw(l, t) = 0$$

여기서 k는 스프링의 강성을 나타낸다. 여기서 미소각 근사화(small-angle approximation)를 실행하면, 위 식은 다음과 같다.

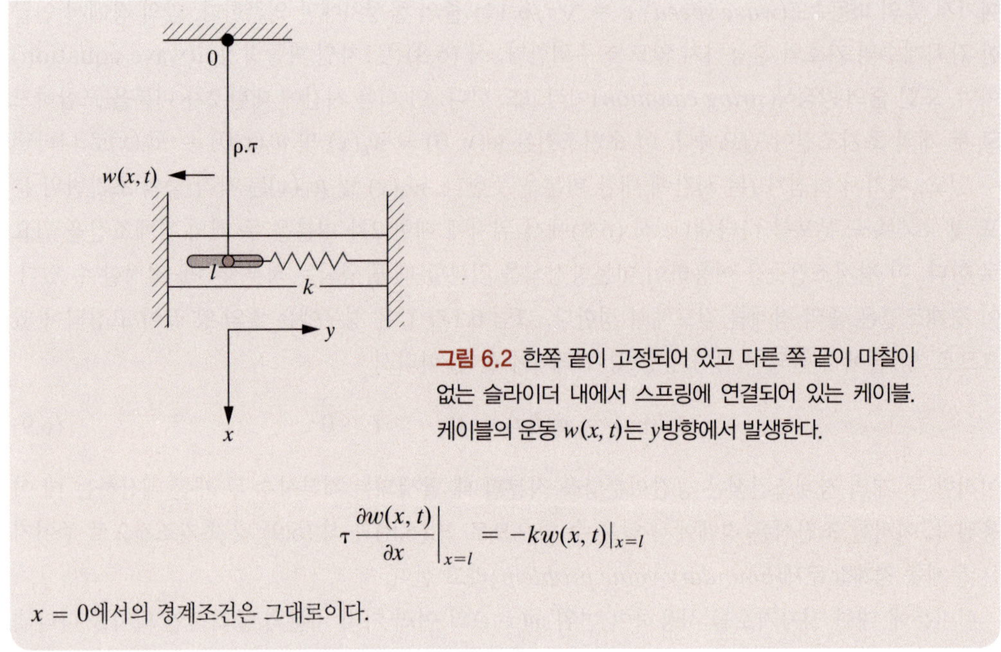

그림 6.2 한쪽 끝이 고정되어 있고 다른 쪽 끝이 마찰이 없는 슬라이더 내에서 스프링에 연결되어 있는 케이블. 케이블의 운동 $w(x, t)$는 y방향에서 발생한다.

$$\tau \frac{\partial w(x,t)}{\partial x}\bigg|_{x=l} = -kw(x,t)|_{x=l}$$

$x = 0$에서의 경계조건은 그대로이다.

6.2 모드와 고유진동수

이 절에서는 **변수분리법**(*separation of variable*)을 이용하여 양단-고정 경계조건인 경우에 대해 줄의 방정식을 풀이하고자 한다. 이 방법은 4장의 집중매개변수 시스템에서 많이 사용한 모드해석법 및 모드형상 그리고 고유진동수의 개념으로 자연스럽게 연결된다. 풀이 절차는 미분방정식 교재 Boyce et al(2017)에 자세히 소개되어 있으나, 이 절에서 다시 설명한다. 먼저 변위 $w(x, t)$는 x만의 함수 및 t만의 함수의 곱으로 표현할 수 있다고 가정한다. 즉

$$w(x,t) = X(x)T(t) \tag{6.10}$$

이렇게 변수분리된 형태의 식을 줄의 방정식 (6.8)에 대입하면 다음과 같다.

$$c^2X''(x)T(t) = X(x)\ddot{T}(t) \tag{6.11}$$

여기서 $X''(x)$의 상첨자 프라임(prime)은 x에 대해 두 번 미분한 것을 의미하고 $\ddot{T}(t)$의 상점(overdot)은 시간 t에 대한 미분을 뜻한다. 함수 $X(x)$나 $T(t)$가 각각 한 변수의 함수이므로, 편미분이 아닌 전미분형태가 된다. 식 (6.11)을 재배열하면 다음과 같다.

$$\frac{X''(x)}{X(x)} = \frac{\ddot{T}(t)}{c^2T(t)} \tag{6.12}$$

식 (6.12)에서 양변의 어느 쪽에 c^2을 놓을지는 임의로 정한다. 그것을 왼쪽에 놓도록 선택하기도 하고, 여기처럼 오른쪽에 놓도록 선택하기도 한다. 최종 해는 동일하다.

여기서 양변이 서로 다른 변수의 함수이므로 양변은 상수가 되어야 한다. 이를 확인하기 위해 식 (6.12)를 x에 대해 미분하면 다음과 같다.

$$\frac{d}{dx}\left(\frac{X''}{X}\right) = 0 \tag{6.13}$$

이 식을 적분하면 다음과 같다.

$$\frac{X''}{X} = \text{constant} = -\sigma^2 \tag{6.14}$$

이 경우 식 (6.14)의 우변이 음이 되도록 상수를 $-\sigma^2$으로 선택했다. 그러나 실제로는 이 상수에 대해 모든 가능성(음, 양, 영의 경우)을 다 검토해야 한다. 그러나 두 경우(양 및 영의 경우)는 물리적으로 받아들일 수 없는 결과를 유발하므로 제외했다(예제 6.2.1 참조). 따라서 식 (6.14)는 다음과 같다.

$$\frac{\ddot{T}(t)}{c^2T(t)} = -\sigma^2 \tag{6.15}$$

식 (6.14)를 재배열하면 함수 $X(x)$는 다음 식을 만족해야 한다.

$$X''(x) + \sigma^2X(x) = 0 \tag{6.16}$$

식 (6.16)의 해는 다음과 같이 나타낼 수 있다(예제 6.2.1 참조).

$$X(x) = a_1\sin\sigma x + a_2\cos\sigma x \tag{6.17}$$

여기서 a_1과 a_2는 적분상수이다. 이 적분상수들을 구하기 위해 식 (6.9)의 경계조건을 식 (6.10)과 같이 변수분리된 형태로 표현하면 다음과 같다.

$$X(0)T(t) = 0 \quad \text{그리고} \quad X(l)T(t) = 0 \qquad t > 0 \tag{6.18}$$

$T(t)$가 모든 시간 t에 대해 항상 영이 될 수는 없으므로[그렇게 되면 모든 시간에서 $w(x, t) = 0$인 무용해가 된다], 식 (6.18)은 다음과 같다.

$$X(0) = 0 \qquad X(l) = 0 \tag{6.19}$$

이러한 두 조건을 식 (6.17)에 적용하면, 다음과 같은 두 개의 연립방정식을 얻는다.

$$X(0) = a_2 = 0$$

$$X(l) = a_1\sin\sigma l = 0 \tag{6.20}$$

이 두 식 중 첫 번째 식으로부터 해의 코사인(cosine) 항이 지워진다. 두 번째 식에서는 $\sin\sigma l = 0$이 되어야 하므로 σ의 값을 얻을 수 있다. 이 방정식을 **특성방정식**(*characteristic equation*)이라 하며, $\sigma l = n\pi$의 해를 갖는다. 편각이 영이거나 π의 임의의 정수 곱일 때 사인함수는 영이 되므로 $n = 0, 1, 2, 3, \cdots$의 각 값에 대해 특성방정식은 한 개의 해를 갖는다. 그래서 $\sigma l = n\pi$의 조건을 만족하는 무한히 많은 σ의 값이 존재한다. 따라서 기호 σ를 σ_n으로 대치하면, 그 값은 다음과 같다($n = 0$는 영의 해를 의미한다).

$$\sigma_n = \frac{n\pi}{l} \qquad n = 1, 2, 3, \cdots \tag{6.21}$$

식 (6.20)과 같이 주어진 경계조건으로부터 얻은 두 개의 연립방정식은 다음과 같은 행렬형태로 나타낼 수도 있다.

$$\begin{bmatrix} \sin\sigma l & 0 \\ 0 & 1 \end{bmatrix} \begin{bmatrix} a_1 \\ a_2 \end{bmatrix} = \begin{bmatrix} 0 \\ 0 \end{bmatrix}$$

4.1절의 식 (4.19)로부터 이 벡터 방정식은 계수행렬의 행렬식이 영일 때 의미가 있는 해 a_1, a_2를 가짐을 알 수 있다. 그러므로 특성방정식을 얻는 또 다른 방법은 다음과 같다.

$$\det\begin{bmatrix} \sin\sigma l & 0 \\ 0 & 1 \end{bmatrix} = \sin\sigma l = 0$$

이러한 절차는 경계조건으로부터 특성방정식을 더 체계적으로 얻는 방법으로 활용되고 있다.

σ_n의 값이 무한개이므로 해 (6.17)은 무한개의 해로 표현될 수 있다.

$$X_n(x) = a_n \sin\left(\frac{n\pi}{l}x\right) \qquad n = 1, 2, 3, \cdots \tag{6.22}$$

여기서 X_n은 n번째 해이며 σ_n에 의존하고 있기 때문에 하첨자 n을 사용했다. 적분상수 a_n은 구해야 할 임의의 상수이며 추후에 결정될 값이다.

식 (6.22)는 줄의 진동 문제의 공간적 해를 나타내고 있으며, 함수 $X_n(x)$는 다음 경계값 문제를 만족한다.

$$-\frac{\partial^2}{\partial x^2}(X_n) = \lambda_n X_n$$

$$X_n(0) = X_n(l) = 0 \tag{6.23}$$

여기서 λ_n은 상수($\lambda_n = \sigma_n^2$)이며, 함수 X_n은 모든 x에 대해 동시에 영이 될 수가 없다. 이 결과를 4.2절에서 살펴본 행렬의 고유값 및 고유벡터 문제와 비교하면 매우 유사성이 있음을 알 수 있다. 상수값을 갖는 고유벡터 대신에 식 (6.23)에서는 미분방정식과 경계조건을 만족하면서 영이 아닌 **고유함수**(*eigenfunction*) $X_n(x)$를 정의한다. 상수 λ_n은 행렬의 경우와 동일하게 **고유값**(*eigenvalue*)이라 한다. 미분연산자 $-\partial^2/\partial x^2$은 이 고유값 문제의 행렬과 같은 구실을 한다. 고유함수는 4장의 고유벡터의 경우와 유사하게 상수배를 허용한다. 즉 $X_n(x)$가 고유함수이면 $aX_n(x)$도 고유함수이다. 여기서 a는 임의의 상수이다. 실제로 고유함수와 고유벡터의 개념은 수학적으로 동일하다. 계속해서 설명되는 것처럼 식 (6.20)으로 주어지는 특성방정식에서 얻는 고유값과 식 (6.22)의 고유함수는 각각 진동하는 줄의 고유진동수 및 모드형상을 나타낸다.

이것을 보이기 위해 식 (6.21)에서 얻은 σ_n을 식 (6.15)에 대입하면 다음과 같은 시간에 대한 미분방정식을 얻는다.

$$\ddot{T}_n(t) + \sigma_n^2 c^2 T_n(t) = 0 \qquad n = 1, 2, 3, \cdots \tag{6.24}$$

여기서 $T(t)$은 주어진 값 σ_n에 대한 해이기 때문에 하첨자 n을 사용한다. 시간에 대한 미분방정식 $T_n(t)$의 계수인 $\omega_n = c\sigma_n$에 의해 고유진동수를 구한다. 따라서

$$\omega_n = c\sigma_n = \frac{n\pi}{l}\sqrt{\frac{\tau}{\rho A}}\,\text{rad/s}$$

식 (6.24)의 일반해는 윈도우 1.4를 참조하여 다음과 같이 쓸 수 있다.

$$T_n(t) = A_n \sin\omega_n t + B_n \cos\omega_n t \tag{6.25}$$

여기서 A_n 및 B_n은 적분상수이다. 각각의 함수 $X_n(x)$와 $T_n(t)$는 n에 의존하고 있으므로 해 $w(x, t) = X_n(x)T_n(t)$도 역시 n의 함수여야 한다. 따라서

$$w_n(x, t) = c_n \sin\left(\frac{n\pi}{l}x\right)\sin\left(\frac{n\pi c}{l}t\right) + d_n \sin\left(\frac{n\pi}{l}x\right)\cos\left(\frac{n\pi c}{l}t\right) \qquad n = 1, 2, 3, \cdots \tag{6.26}$$

여기서 c_n과 d_n은 새로운 적분상수이다. 미지상수 c_n은 미지상수 a_n에 A_n을 곱해서 얻는다. 즉 $c_n = a_nA_n$ 그리고 $d_n = a_nB_n$이다. 줄의 방정식은 선형이므로 해의 선형조합도 역시 해가 된다. 그러므로 일반해는 다음과 같은 모양으로 표현된다.

$$w(x, t) = \sum_{n=1}^{\infty}(c_n \sin\sigma_n x \sin\sigma_n ct + d_n \sin\sigma_n x \cos\sigma_n ct) \tag{6.27}$$

각각의 상수집합 $\{c_n\}$ 및 $\{d_n\}$은 $w(x, t)$에 초기조건 식과 함수 $\sin(n\pi x/l)$의 직교성을 적용함으로써 구할 수 있다. 함수 $\sin(n\pi x/l)$의 직교성은 다음과 같이 기술된다.

$$\int_0^l \sin\frac{n\pi x}{l}\sin\frac{m\pi x}{l}\,dx = \begin{cases}\dfrac{l}{2} & n = m\\ 0 & n \neq m\end{cases} \tag{6.28}$$

이것은 4.2절에서 논의한 모드형상 벡터의 직교성과 동일한 것이다. 이러한 직교성은 간단한 삼각함수의 관계식과 적분을 통해 유도할 수 있다(3.3절 참조).

식 (6.27)에 적용할 변위의 초기조건을 고려해 보자.

$$w(x, 0) = w_0(x) = \sum_{n=1}^{\infty} d_n \sin\frac{n\pi x}{l}\cos(0) \tag{6.29}$$

식 (6.29)의 양변에 $\sin(m\pi x/l)$을 곱하고 줄의 길이에 대해 적분하면 다음 식을 얻는다.

$$\int_0^l w_0(x)\sin\frac{m\pi x}{l}\,dx = \sum_{n=1}^{\infty} d_n \int_0^l \sin\frac{n\pi x}{l}\sin\frac{m\pi x}{l}\,dx = d_m\left(\frac{l}{2}\right) \tag{6.30}$$

여기서 식 (6.29) 우변의 시그마 기호 안의 각 항은 식 (6.28)의 직교조건을 직접 적용하면 m^{th} 항을 제외하고 모두 영이 된다. 식 (6.30)은 m의 어떠한 정수 값에 대해서도 성립해야 한다. 즉

$$d_m = \frac{2}{l}\int_0^l w_0(x)\sin\frac{m\pi x}{l}dx \qquad m = 1, 2, 3, \cdots \tag{6.31}$$

여기서 지수 m은 모든 양수를 가리키므로 n으로 바꿔써도 무방하다. 즉 식 (6.31)에서 m은 자유지수(free index)이므로 아무 문자나 써도 상관없다. d_n으로 바꿔 쓰는 것이 가장 편하다.

상수 $\{c_n\}$에 대한 값은 초기속도 조건을 이용하여 비슷하게 결정할 수 있다. 식 (6.27)을 시간에 대해 미분하고 초기속도 조건을 적용하면 다음과 같으며

$$\dot{w}_0(x) = w_t(x, 0) = \sum_{n=1}^{\infty} c_n\sigma_n c \sin\frac{n\pi x}{l}\cos(0) \tag{6.32}$$

여기서 다시 $\sin m\pi x/l$을 양변에 곱하여 줄의 길이에 대해 적분하고 식 (6.28)의 직교성을 적용하면 다음과 같다.

$$c_n = \frac{2}{n\pi c}\int_0^l \dot{w}_0(x)\sin\frac{n\pi x}{l}dx \quad n = 1, 2, 3, \cdots \tag{6.33}$$

여기서도 지수를 n으로 바꾸었다. 식 (6.31)과 (6.33)은 식 (6.27)과 결합하여 줄 진동 문제의 완전해를 이룬다(즉 이 식들은 임의의 위치 x와 시간 t에서 줄의 진동응답을 기술하고 있다).

예제 6.2.1

이 절에서는 경계조건을 갖는 상수계수의 2계 상미분방정식의 해를 설명했다. 이 예제에서는 변수분리법의 절차에서 음의 부호의 상수를 선택한 이유를 설명하고, 상수계수의 2계 상미분방정식의 해를 구하는 방법을 복습한다(예: Boyce et al., 2017). 식 (6.14)를 다시 고려하자. 이번에는 상수를 $-\beta$로 선택하고, 여기서 β는 임의의 부호를 갖는다고 가정한다. 이 경우 식 (6.14)는 다음과 같으며,

$$X'' + \beta X = 0 \tag{6.34}$$

식 (6.34)의 해가 $X(x) = e^{\lambda x}$와 같은 모양을 갖는다고 가정한다. 여기서 λ는 결정해야 할 미지수이다. 이 가정을 식 (6.34)에 대입하면 다음과 같고,

$$(\lambda^2 + \beta)e^{\lambda x} = 0 \tag{6.35}$$

$e^{\lambda x}$는 절대로 영이 될 수 없으므로, 식 (6.35)는 다음 식이 된다.

$$\lambda = \pm\sqrt{-\beta} \tag{6.36}$$

여기서 λ는 변수분리 시 사용한 상수 β의 부호에 따라 허수 또는 실수가 된다. 따라서 일반해는 다음과 같이 두 개의 해의 합으로 표현할 수 있다.

$$X(x) = Ae^{-\sqrt{-\beta}x} + Be^{+\sqrt{-\beta}x} \tag{6.37}$$

이 식의 A, B는 경계조건에 의해 결정될 적분상수이다.

경계조건을 식 (6.37)에 적용하면 다음과 같다.

$$X(0) = A + B = 0$$
$$X(l) = Ae^{-\sqrt{-\beta}l} + Be^{\sqrt{-\beta}l} = 0 \tag{6.38}$$

이 식은 행렬형태의 식으로 표현할 수 있다.

$$\begin{bmatrix} 1 & 1 \\ e^{-\sqrt{-\beta}l} & e^{\sqrt{-\beta}l} \end{bmatrix}\begin{bmatrix} A \\ B \end{bmatrix} = \begin{bmatrix} 0 \\ 0 \end{bmatrix}$$

따라서 A, B가 영이 아닌 해가 되기 위해 계수행렬의 행렬식이 영이 되어야 한다(4.1절 참조). 즉 다음 식이 만족되어야 한다.

$$e^{+\sqrt{-\beta}l} - e^{-\sqrt{-\beta}l} = 0 \tag{6.39}$$

만일 β가 음의 실수, 즉 $\beta = -\sigma^2$이면 이 식은 다음과 같다[관계식 $\sinh u = (e^u - e^{-u})/2$를 이용].

$$e^{\sigma l} - e^{-\sigma l} = 2\sinh \sigma l = 0 \tag{6.40}$$

이 식은 의미 없는 해(trivial solution)만을 주므로 $\beta \neq -\sigma^2$이어야 한다. 이 사실은 식 (6.14)를 얻을 때, 변수분리 상수가 양이 될 수 없음을 뜻한다. 따라서 의미 있는 해를 갖기 위해서는 $\sqrt{-\beta}$는 반드시 복소수가 되어야 한다(즉 $\beta = \sigma^2$). 이제 식 (6.39)는 다음과 같다.

$$e^{j\sigma l} - e^{-j\sigma l} = 0 \tag{6.41}$$

여기서 $j = \sqrt{-1}$이다. 사인함수의 오일러 공식인 $\sin u = (e^{uj} - e^{-uj})/2j$를 이용하면 식 (6.41)은 다음 식으로 표현된다.

$$\sin \sigma l = 0 \tag{6.42}$$

이 식의 해는 식 (6.20)에서 얻은 바와 같이 $\sigma = n\pi/l$이다.

다음 점검해야 할 경우는 $\beta = 0$일 때이다. 이 경우 $X'' = 0$이 되며, 두 번 적분한 결과는 다음과 같다.

$$X(x) = a + bx \tag{6.43}$$

이 식에 경계조건을 적용하면 다음과 같으며,

$$X(0) = a = 0$$
$$X(l) = bl = 0 \tag{6.44}$$

이 식의 결과는 단지 의미 없는 해인 $a = b = 0$이 된다. 따라서 식 (6.14)에서 변수분리 상수를 $-\sigma^2$으로 선택하는 것이 정당하다는 것이 완전히 입증되었다. 이제 양 끝이 고정된 줄의 공간방정식의 해는 다음과 같은 모양으로 기술할 수 있다.

$$X_n(x) = a_n \sin\frac{n\pi x}{l} \qquad n = 1, 2, 3, \cdots$$

여기서 하첨자 n은 n번째 해를 나타내기 위해 사용되었다. 이 예제의 경우 각 정수 n에 대해 1개씩 해가 존재하므로 결국 무한개의 해가 존재하게 된다.

지금까지 설명한 줄의 공간방정식의 해는 1.1절에서 설명한 1자유도 진동 시스템의 해와 매우 유사하다. 이러한 내용을 윈도우 6.2에 요약했다. 그러나 이 해들 사이에는 두 가지 큰 차이점이 있다. 첫째 1자유도 진동 시스템의 계수의 부호는 물성치에 근거를 두고 결정되며(강성과 질량의 비는 양수), 둘째 1자유도 진동 시스템의 적분상수는 두 개 모두 초기조건에 의해 결정된다. 즉 줄의 공간방정식은 경계값 문제인 데 비해, 1자유도 시스템 진동방정식은 초기값 문제이다. 그러나 줄에 대한 시간방정식은 1자유도 진동 시스템의 방정식과 완전히 동일하다. 시간방정식은 초기값 문제이기 때문이다.

윈도우 6.2 | 1자유도 시스템의 해의 복습

$m\ddot{x} + kx = 0, x(0) = x_0, \dot{x}(0) = v_0, m, k > 0$의 해는 다음과 같다.

$$x(t) = \frac{\sqrt{\omega_n^2 x_0^2 + v_0^2}}{\omega_n} \sin\left(\omega_n t + \tan^{-1}\frac{\omega_n x_0}{v_0}\right) \tag{1.10}$$

여기서 $\omega_n = \sqrt{k/m}$이다.

지금까지 줄의 진동방정식의 수학적 해를 구했다. 이제 식 (6.27)의 여러 항의 물리적 의미를 고찰하자. 먼저 줄의 초기변위를 다음 식과 같이 주고

$$w_0(x) = \sin\frac{\pi x}{l} \tag{6.45}$$

초기속도를 $\dot{w}_0(x) = 0$으로 가정한다. 이러한 초기조건과 식 (6.31)과 식 (6.33)을 이용하여 식 (6.27)의 계수를 구하면 다음과 같다. 즉 모든 n에 대해 $c_n = 0$이 되고, $d_1 = 1, n = 2, 3, \cdots$인 경우 $d_n = 0$이 된다. 이러한 계수를 식 (6.27)에 대입하면 해는 다음과 같다.

$$w(x, t) = \sin\frac{\pi x}{l}\cos\frac{\pi c}{l}t \tag{6.46}$$

이 해는 식 (6.27)의 급수의 첫 번째 항이다. 식 (6.46)의 두 번째 요소와 $\cos \omega t$를 비교하면, 줄이 다음과 같은 주파수로 진동하고 있음을 알 수 있다.

$$\omega_1 = \frac{\pi c}{l} = \frac{\pi}{l}\sqrt{\frac{\tau}{\rho A}}\ \text{rad/s} \quad \text{또는} \quad f_1 = \frac{\omega_1}{2\pi}\ \text{Hz} \tag{6.47}$$

이 주파수의 단위는 rad/s이고, $c = \sqrt{\tau/\rho A}$이며, 공간형상은 $\sin(\pi x/l)$이다. 따라서 어떤 고정된 시간 t에서 줄은 사인곡선의 모양으로 변형됨을 알 수 있다. 줄의 각 점은 시간에 따라 상하로 진동하게 된다(진동의 주파수는 $\pi c/l$이다). 4장의 용어를 사용하면, 함수 $X1(x) = \sin(\pi x/l)$은 모드형상(*mode shape*) 혹은 모드(*mode*)가 되며, $\pi c/l$은 줄의 고유진동수(*natural frequency*)가 된다.

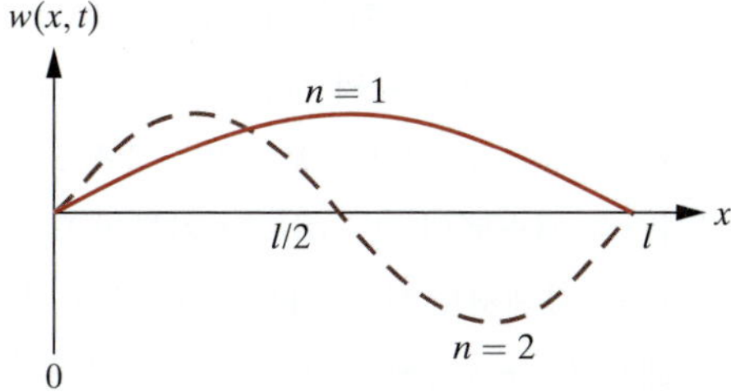

그림 6.3 어떤 고정된 시간에 위치 x의 처짐 $w(x, t)$를 나타내는 그림. 양 끝이 고정된 진동하는 줄의 처음 두 모드형상을 나타내고 있다.

지수 n의 모든 값에 대해 초기변위를 $\sin(n\pi x/l)$, 초기속도를 영으로 하여 동일한 절차를 반복하면 무한개의 모드형상 $\sin(n\pi x/l)$, 무한개의 고유진동수 $n\pi c/l$을 얻는다. 이러한 이유에 기인해 분포매개변수 시스템을 **무한차원 시스템**(*infinite dimensional system*)이라고 한다. 그림 6.3은 양 끝이 고정된 줄의 처음 두 개의 모드형상을 나타내고 있다. 만일 줄이 초기조건 $w_0 = \sin(2\pi x/l)$, $\dot{w}_0 = 0$으로 가진되면, 줄은 두 번째 모드형상으로 진동하고 있음을 $2\pi c/l$의 주파수로 점멸하는 스트로보스코프로 관측할 수 있다.

줄의 진동모드에서 흥미 있는 특성은 $\sin(n\pi x/l)$의 값이 영이 되는 점인데, 이 점들을 **절점**(*node*)이라고 한다. 그림 6.3으로부터 두 번째 모드의 절점은 위치가 $l/2$이 되는 점이다. 만일 줄의 초기변위를 두 번째 모드형상으로 만들면 $l/2$이 되는 점은 항상 정지해 있게 된다. 이러한 절점은 집중매개변수 시스템에서와 동일한 개념으로 줄이 그 모드로만 가진될 때 움직이지 않는 점을 뜻한다.

줄의 진동모드 및 고유진동수는 다자유도 시스템의 진동모드 및 고유진동수와 매우 유사하다. 다자유도 시스템의 경우에서는 모드형상이 벡터이며, 그 벡터의 각 요소는 시스템의 각 좌표의 진동의 상대진폭을 뜻한다. 줄의 모드형상인 고유함수에서도 동일한 개념이 적용된다. 다만 차이점은 벡터 대신에 함수로 나타내며, 고유함수는 줄의 모든 위치에 대한 상대진폭의 크기를 뜻한다.

식 (6.27)은 집중매개변수 시스템의 식 (4.103)에 의해 표현되는 모드 전개에 해당되는 분포매개변수 시스템의 표현식이다. 윈도우 6.3에 나타나 있듯이 집중매개변수 시스템의 해 $\mathbf{x}(t)$는 모드

윈도우 6.3 | 다자유도 시스템의 모드 전개해

$M\ddot{\mathbf{x}} + K\mathbf{x} = \mathbf{0}$, $\mathbf{x}(0) = \mathbf{x}_0$, $\dot{\mathbf{x}}(0) = \dot{\mathbf{x}}_0$의 해는 다음과 같으며,

$$\mathbf{x}(t) = \sum_{i=1}^{n} c_i \sin(\omega_i t + \phi_i)\mathbf{u}_i \tag{4.103}$$

$\mathbf{u}_i$는 행렬 $M^{-1/2}KM^{-1/2}$의 고유벡터이며, ω_i^2은 대응되는 $M^{-1/2}KM^{-1/2}$의 고유값이다. 상수 c_i와 ϕ_i는 $\mathbf{u}_i$의 직교성과 초기조건을 이용하여 다음과 같이 계산된다.

$$c_i = \frac{\mathbf{u}_i^T M\mathbf{x}(0)}{\sin\phi_i}$$

$$\phi_i = \tan^{-1}\frac{\omega_i \mathbf{u}_i^T M\mathbf{x}(0)}{\mathbf{u}_i^T M\dot{\mathbf{x}}(0)}$$

벡터 $\mathbf{u}_i$로 표현할 수 있는 반면에, 분포매개변수 시스템은 모드형상 함수 $\sin \sigma_n x$의 항으로 해를 표현할 수 있다. 집중매개변수 시스템에서 모드형상 벡터가 여러 질량의 운동의 상대적 크기를 결정하는 것처럼 분포매개변수 시스템에서 모드형상 함수는 분포된 질량의 운동의 상대적 크기를 결정한다. 이 절에서 지금까지 설명한 절차는 분포매개변수 시스템의 모드해석의 기본이 되고, 분포매개변수 시스템의 진동응답을 계산하는 방법으로 다음 절에서도 계속 반복된다. 감쇠 시스템의 모드해석법은 6.7절에서, 강제진동응답에 대한 모드해석법은 6.8절에서 다룬다.

예제 6.2.2

진동하는 줄의 문제에서 단위에 대한 감각을 익히기 위해 피아노 줄을 예로 든다. 피아노 줄은 그림 6.1에서와 같이 양 끝이 고정된 줄로 모델링할 수 있다. 이 피아노 줄의 길이는 1.4 m이고, 질량은 110 g, 장력은 $\tau = 11.1 \times 10^4$ N이다. 첫 번째 고유진동수는 다음과 같다.

$$\omega_1 = \frac{\pi c}{l} = \frac{\pi}{1.4\text{ m}} \sqrt{\frac{\tau}{\rho A}}\ \text{rad/s}$$

$\rho A = 110\text{ g}/1.4\text{ m} = 0.0786\text{ kg/m}$이므로, 고유진동수는 다음과 같다.

$$\omega_1 = \frac{\pi}{1.4\text{ m}} \left(\frac{11.1 \times 10^4\text{ N}}{0.0786\text{ kg/m}} \right)^{1/2} = 2666.69\text{ rad/s} \quad \text{또는} \quad f_1 = 424\text{ Hz}$$

예제 6.2.3

예제 6.1.1의 스프링-케이블 시스템의 모드형상과 고유진동수를 계산하라. 줄 방정식의 해를 구하는 방법은 경계조건에 의해 상수를 결정하는 것을 제외하고는 양 끝이 고정된 줄의 경우와 같다.

풀이 식 (6.17)을 이용하고, 이 식에 예제 6.1.1의 한쪽 끝의 경계조건을 적용하면 다음과 같다.

$$X(0) = a_2 = 0 \tag{6.48}$$

식 $w(x, t) = X(x)T(t)$를 다른 쪽 끝의 경계조건에 적용하면 다음과 같으며,

$$\tau X'(l)T(t) = -kX(l)T(t) \tag{6.49}$$

여기서 $X = a_1 \sin \sigma x$를 대입하면 다음과 같다.

$$\tau\sigma \cos \sigma l = -k \sin \sigma l \tag{6.50}$$

따라서

$$\tan \sigma l = -\frac{\tau\sigma}{k} \tag{6.51}$$

양 끝이 고정된 줄의 경우와 같이 두 번째 경계조건을 만족시키는 무한개의 σ의 값을 얻게 되어 σ는 σ_n이 되며, 여기서 σ_n은 식 (6.51)의 해이다. 이 값들은 그림 6.4에 나타나 있듯이 σ_n에 대해 $\tan \sigma l$과 $-\tau\sigma/k$를 그리면 쉽게 시각적으로 σ_n을 구할 수 있다. 따라서 스프링-케이블 시스템의 고유함수, 즉 모드형상은 다음과 같다.

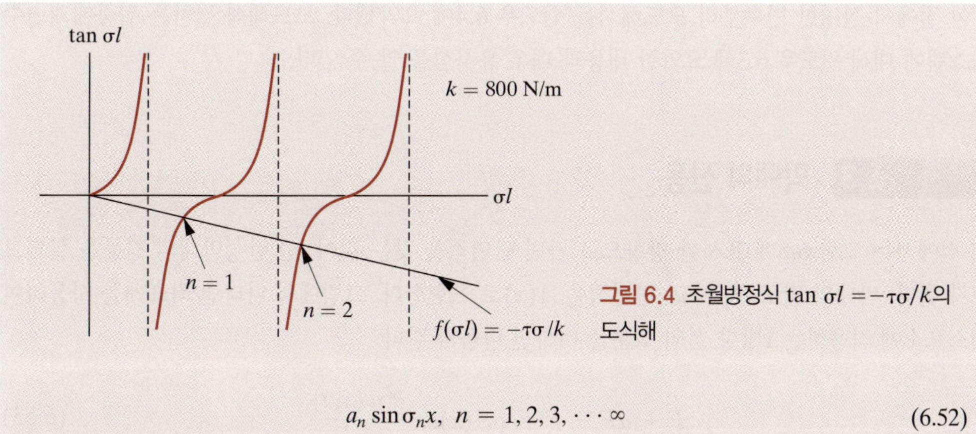

그림 6.4 초월방정식 $\tan\sigma l = -\tau\sigma/k$의 도식해

$$a_n \sin\sigma_n x,\ \ n = 1, 2, 3, \cdots \infty \tag{6.52}$$

여기서 σ_n은 주어진 k, τ, l에 대해 식 (6.51)을 이용하여 수치계산을 해야 한다. 그림 6.4를 자세히 검토해 보면, σ_n의 값(두 곡선의 교차점)은 n이 증가함에 따라 $(2n-1)\pi/2l$로 접근함을 알 수 있다.

윈도우 6.4 | 변수분리 해법의 요약

1. 편미분방정식의 해를 $w(x, t) = X(x)T(t)$의 형태로 가정한다(즉 변수분리한다).
2. 변수분리된 해를 운동의 편미분방정식에 대입하고, 등식의 한쪽으로는 $X(x)$를 포함하는 항을 모으고, 다른 한쪽으로는 $T(t)$를 포함하는 항을 모은다(이 과정이 항상 가능하지는 않다는 것에 유의).
3. 일단 변수분리된 형태로 쓰면, 식 (6.12)에서 설명한 경우와 같이 등식의 양쪽을 상수로 놓아 새로운 두 개의 방정식을 얻는데, $X(x)$를 기술하는 공간방정식과 $T(t)$를 기술하는 시간방정식을 얻는다. 이때 사용하는 상수는 변수분리 상수라 하며 σ^2으로 표시한다.
4. 공간방정식에서 경계조건을 적용하면 미분방정식의 고유값 문제가 만들어진다. 이 고유값 문제는 무한개의 변수분리 상수 σ_n과 무한개의 모드형상 $X_n(x)$를 해로 갖는다.
5. 절차 4에서 얻은 변수분리 상수를 시간방정식(temporal equation)에 대입하여 두 개의 적분상수를 갖는 해 $T_n(t)$를 구한다.
6. 얻은 무한개의 해 $w_n(x, t) = X_n(x)T_n(t)$를 합하면 급수형태의 해를 얻는다.

$$w(x, t) = \sum_{n=1}^{\infty} X_n(x)T_n(t)$$

   이 식은 두 미정상수의 집합을 포함한다.
7. 초기조건 $w(x, 0)$, $w_t(x, 0)$을 급수해에 적용한 다음, 모드 $X_m(x)$를 양변에 곱하고 x에 대해 적분한다. 직교성을 적용하면 미정상수를 초기조건의 간단한 식으로 표현할 수 있다. 식 (6.31)과 (6.33)이 그 예이다.
8. 절차 7에서 구한 상수를 사용하여 급수해를 표현하면, 이 해는 완전해가 된다.

이 절에서 설명한 변수분리 모드해석을 윈도우 6.4에 요약했다. 모드해석 절차는 집중매개변수 시스템에 대해 윈도우 6.3에 요약한 내용과 매우 유사함을 알 수 있다.

6.3 막대의 진동

이 절에서는 그림 6.5에 표시한 방향으로 가변 단면적을 갖는 길이 l인 탄성막대의 진동을 살펴보고자 한다. 막대의 밀도는 ρ이고, 단면적은 $A(x)$로 표현한다. 그림에서 나타낸 좌표계를 사용하여 미소요소에 작용하는 x방향 힘의 성분을 더하면 다음과 같다.

$$F + dF - F = \rho A(x)dx \frac{\partial^2 w(x, t)}{\partial t^2} \tag{6.53}$$

여기서 $w(x, t)$는 막대의 x방향으로의 변형, F는 미소요소 왼쪽에 작용하는 힘, $F + dF$는 오른쪽에 작용하는 힘을 뜻한다. 재료역학 이론에 의하면 힘 $F = \sigma_s A$로 정의되며, 여기서 σ_s는 x방향 응력이며, 크기는 $Ew_x(x, t)$이다. E는 영률(탄성계수)이며, w_x는 변형률을 나타낸다. 따라서

$$F = EA(x) \frac{\partial w(x, t)}{\partial x} \tag{6.54}$$

미분힘 dF는 편미분의 연쇄법칙을 이용하여 $dF = (\partial F/\partial x)\, dx$로 표현할 수 있다. 이 표현식을 식 (6.53)에 대입하고 양변을 dx로 나누면 다음과 같다.

$$\frac{\partial}{\partial x}\left(EA(x) \frac{\partial w(x, t)}{\partial x}\right) = \rho A(x) \frac{\partial^2 w(x, t)}{\partial t^2} \tag{6.55}$$

만일 단면적 $A(x)$가 일정하면, 이 식은 다음과 같다.

$$\left(\frac{E}{\rho}\right) \frac{\partial^2 w(x, t)}{\partial x^2} = \frac{\partial^2 w(x, t)}{\partial t^2} \tag{6.56}$$

이 식은 6.2절의 줄의 방정식과 정확히 동일한 모양이다. 계수 $c = \sqrt{E/\rho}$는 막대에서 응력파

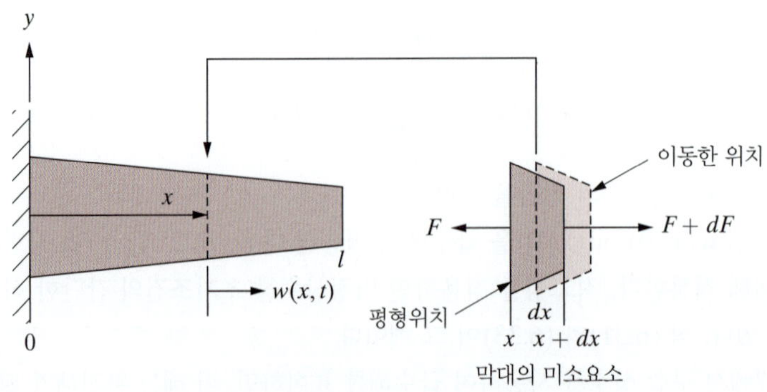

그림 6.5 종방향(길이방향) 진동을 하는 외팔보 막대

(stress wave)의 전파속도이다. 따라서 6.2절에서 사용된 해법은 이 절에서도 동일하게 적용될 수 있다.

막대는 자기 중량을 충분히 지지하므로 여러 가지 경계조건이 존재할 수 있다. 예를 들면 스프링, 질량, 감쇠기 등을 막대의 끝에 부착시켜 여러 가지 경계조건을 만들 수 있다. 이제 그림 6.5에서 나타낸 것처럼 한쪽 끝은 고정되고 다른 쪽 끝은 자유인 막대(외팔보 막대)의 경우를 고려해 보자. 고정단에서($x = 0$인 점) 변위는 항상 영이어야 하므로 다음과 같다.

$$w(0, t) = 0 \quad t > 0 \tag{6.57}$$

자유단에서($x = l$인 점)는 막대에 작용하는 응력은 항상 영이어야 하므로 다음과 같다.

$$EA \left.\frac{\partial w(x, t)}{\partial x}\right|_{x=l} = 0 \tag{6.58}$$

이 경계조건은 가장 간단한 경우의 예이다.

예제 6.3.1

그림 6.5에서 나타낸 외팔보 막대(고정지지-자유단)의 진동모드형상과 고유진동수를 계산하라. 단, 막대의 단면적은 일정하다고 가정한다.

풀이 윈도우 6.4에서 기술한 변수분리법에 따라 다음 식을 구하기 위해 식 (6.56)에서 $w(x, t) = X(x)T(t)$로 놓는다.

$$\frac{X''(x)}{X(x)} = \frac{\ddot{T}(t)}{c^2 T(t)} = -\sigma^2 \tag{6.59}$$

이 식으로부터 다음 공간방정식(spatial equation)을 얻고,

$$X''(x) + \sigma^2 X(x) = 0, \text{ 그리고 } X(0) = 0, AEX'(l) = 0$$

공간방정식은 다음과 같은 형태의 해를 갖는다.

$$X(x) = a \sin\sigma x + b \cos\sigma x$$

$x = 0$인 고정단의 경계조건을 적용하면 $b = 0$이 되며, $X(x)$는 다음과 같다.

$$X(x) = a \sin\sigma x$$

자유단에서($x = l$) 경계조건은 다음과 같다.

$$AEX'(l) = 0 = AE\sigma a \cos\sigma l \tag{6.60}$$

여기서 A, E, a, σ는 영이 아니므로, 식 (6.60)은 $\cos \sigma l = 0$을 만족해야 한다.

$$\sigma_n = \frac{2n - 1}{2l}\pi \qquad n = 1, 2, 3, \cdots \tag{6.61}$$

따라서 모드형상은 다음의 식과 같다.

$$a_n \sin\frac{(2n-1)\pi x}{2l} \tag{6.62}$$

이제 식 (6.59)에서 얻은 시간방정식(temporal equation)을 고찰한다.

$$\ddot{T}(t) + c^2\sigma^2 T(t) = 0 \Rightarrow T(t) = A\sin\sigma ct + B\cos\sigma ct$$

이것은 진동수 σc인 진동이 되고, 고유진동수는 다음과 같다.

$$\omega_n = \frac{(2n-1)\pi c}{2l} = \frac{(2n-1)\pi}{2l}\sqrt{\frac{E}{\rho}}\ \text{rad/s} \quad n = 1, 2, 3, \cdots \tag{6.63}$$

해는 식 (6.27)에 $c = \sqrt{E/\rho}$와 식 (6.61)로 주어지는 σ_n을 대입하여 얻는다.

분포매개변수 시스템에서 공간미분방정식의 형태는 강성항에 의해 결정된다. 경계조건과 함께 강성항의 미분형태는 고유함수(즉 모드 현상)의 직교성의 여부를 결정한다. 분포매개변수 시스템의 고유함수의 직교성은 집중매개변수 시스템의 고유벡터와 모드형상 직교성과 동일한 의미를 갖는다. 직교성에 대한 구체적인 내용은 이 교재의 범위를 벗어나므로, Inman(2017)을 참고하기 바란다. 예제 6.3.1의 모드형상, 식 (6.62)도 직교성을 갖고 있다[식 (6.28) 참조]. 집중매개변수 시스템의 경우처럼 분포매개변수 시스템의 모드형상 직교성은 시스템의 진동응답을 계산하는데 매우 유용하다. 다음 예제에서 주어진 초기조건에 대한 시스템의 응답을 모드의 직교성을 이용하여 계산하고자 한다.

예제 6.3.2

예제 6.3.1의 경우에서 초기변위는 영이고, 초기속도는 자유단에서 3 cm/s일 때 막대의 응답을 구하라. 이 경우 막대의 길이는 5 m이고, 밀도 $\rho = 8 \times 10^3$ kg/m^{3}이며, 탄성계수 $E = 20 \times 10^{10}$ N/m^{2}이다. 또한 위치 $x = l$ 및 $x = l/2$에서의 응답을 그래프로 나타내라.

풀이 외팔보 막대의 종방향 진동의 해 $w(x, t)$는 식 (6.27)로 주어진다.

$$w(x,t) = \sum_{n=1}^{\infty}(c_n \sin\sigma_n ct + d_n \cos\sigma_n ct)\sin\frac{(2n-1)\pi x}{2l}$$

여기서 σ_n은 예제 6.3.1에서 계산했으며 식 (6.61)로 주어진다. 계수 c_n과 d_n을 구하기 위해 $w(x, 0) = 0$ 및 $w_t(l, 0) = 0.03$ m/s를 이용한다. 따라서 식 (6.31)로부터 다음을 얻는다.

$$d_n = \frac{2}{l}\int_0^l w_0(x)\sin\frac{n\pi x}{l}\,dx = \frac{2}{l}\int_0^l (0)\sin\frac{n\pi x}{l}\,dx = 0$$

계수 c_n은 급수 $w(x, t)$를 미분하고 $t = 0$으로 놓으면 다음과 같다.

$$w_t(x, 0) = 0.03\delta(x - l) = \sum_{n=1}^{\infty} c_n\sigma_n c \sin\sigma_n x\cos(0)$$

여기서 δ는 디랙델타함수이다. $\sin\sigma_m x$를 곱하고 적분하면 다음과 같다.

$$0.03\int_0^l \delta(x-l)\sin(\sigma_m x)dx = \sum_{n=1}^{\infty} c_n\sigma_n c\int_0^l \sin(\sigma_n x)\sin(\sigma_m x)dx$$

$\{\sin\sigma_m x\}$는 직교함수의 집합이므로 $n = m$일 때의 한 항을 제외하고는 우변의 시그마 기호 안의 모든 항이 영이 된다.

$$\int_0^l \sin\left(\frac{2n-1}{2l}\pi x\right)\sin\left(\frac{2m-1}{2l}\pi x\right)dx = \begin{cases} l/2, & n = m \\ 0, & n \neq m \end{cases}$$

그리고 좌변의 적분은 3.1절로부터 디랙델타함수의 필터 특성 $\int f(x)\delta(x-a)dx = f(a)$를 이용하여 구할 수 있다. 따라서 위 식은 다음과 같다.

$$0.03\sin\left(\frac{(2m-1)\pi}{2}\right) = \frac{c\sigma_m l}{2}c_m$$

좌변의 사인함수는 m 값에 따라 ±1로 쓸 수 있다. c_m에 대해 풀고 물리적 상수를 대입한 후 m을 n으로 바꾸면 다음과 같은 식이 된다.

$$c_n = \frac{0.06(-1)^{n+1}}{c\sigma_n l} = \frac{0.6l(-1)^{n+1}}{c\pi(2n-1)} = 3.82\times10^{-6}\ \frac{(-1)^{n+1}}{(2n-1)}\ m,\ n = 1,\ 2,\ 3,\cdots$$

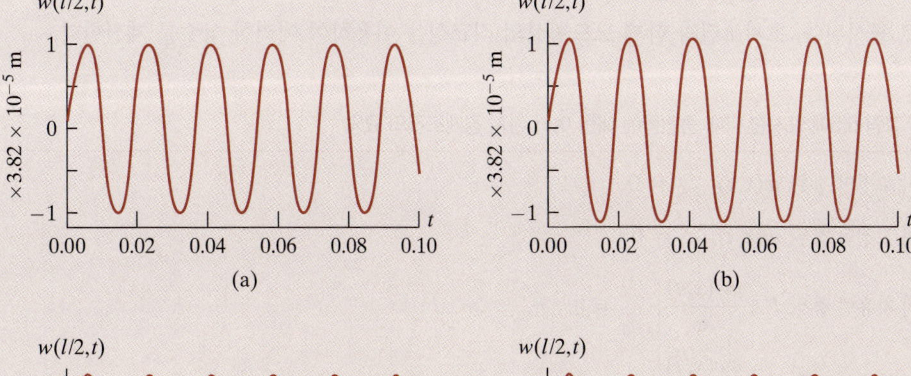

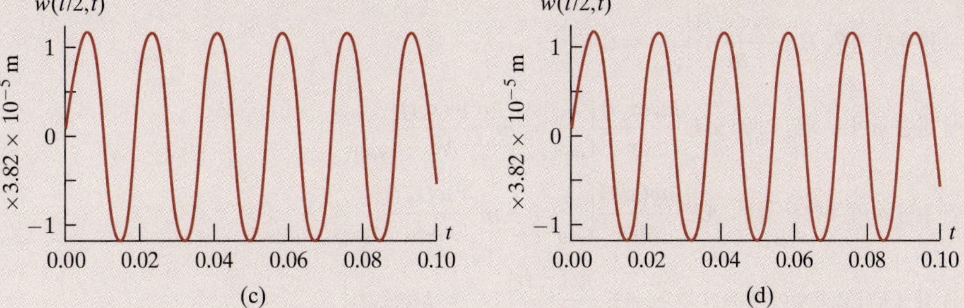

그림 6.6 예제 6.3.2의 막대의 응답($x = l/2$). (a) 급수해의 한 항만 사용, (b) 급수해의 두 항을 사용, (c) 급수해의 다섯 항을 사용, (d) 급수해의 열 항을 사용

따라서 전체해는 다음과 같으며,

$$w(x,\ t) = 3.82 \times 10^{-6} \sum_{n=1}^{\infty} \frac{(-1)^{n+1}}{(2n-1)} \sin \frac{(2n-1)\pi x}{2l} \sin [512.35(2n-1)\pi t] \mathrm{m}$$

위치 $x = l$에서 다음과 같다.

$$w(l,\ t) = 3.82 \times 10^{-6} \sum_{n=1}^{\infty} \frac{(-1)^{n+1}}{(2n-1)} \sin [512.35(2n-1)\pi t] \mathrm{m}$$

또한 위치 $x = l/2$에서의 응답은 다음과 같이 표현된다.

$$w(l/2,\ t) = 3.82 \times 10^{-5} \sum_{n=1}^{N} \frac{(-1)^{n+1}}{(2n-1)^2} \sin (512.35)(2n-1)\pi t \ \mathrm{m}$$

여기서 $N = \infty$이다. 이 결과식을 그래프로 나타내기 위해 무한급수 해를 적절히 절사(truncation)하여 근사화하면 계산량을 줄일 수 있다. 그림 6.6에서 $w(l/2,\ t)$의 응답을 그래프로 나타내기 위해 (a)의 경우 한 항을, (b)의 경우 두 항을, (c)의 경우 다섯 항을, (d)의 경우 열 항을 사용했다. 그림 6.6으로부터 처음 두 항은 중요한 항으로 간주할 수 있으나 다섯 번째 항 이하는 그림에 거의 영향을 미치지 못한다. 이것을 좀더 살펴보기 위해 MATLAB을 이용할 수 있다.

앞의 예제는 집중매개변수 시스템에 대해 4장에서 소개한 모드합성법으로 풀이했다. 절차는 여기서나 4.4절에서나 둘 다 동일하다. 기본적으로 해는 초기조건으로 결정되는 상수를 갖는 모드의 합으로 표시된다. 초기조건과 함께 모드형상의 직교성을 이용하여 이러한 상수를 계산한다.

표 6.1 그림 6.5에 표시한 막대 종진동에 대한 여러 가지 경계조건의 요약

좌단이 고정인 경우: $w(x, t)\big|_{x=0} = 0$

우단이 고정인 경우: $w(x, t)\big|_{x=l} = 0$

좌단이 자유인 경우: $EA \left.\dfrac{\partial w(x, t)}{\partial x}\right|_{x=0} = 0$

우단이 자유인 경우: $EA \left.\dfrac{\partial w(x, t)}{\partial x}\right|_{x=l} = 0$

좌단에 질량 m이 부착된 경우: $AE \left.\dfrac{\partial w(x, t)}{\partial x}\right|_{x=0} = m \left.\dfrac{\partial^2 w(x, t)}{\partial t^2}\right|_{x=0}$

우단에 질량 m이 부착된 경우: $AE \left.\dfrac{\partial w(x, t)}{\partial x}\right|_{x=l} = -m \left.\dfrac{\partial^2 w(x, t)}{\partial t^2}\right|_{x=l}$

좌단에 강성 k인 스프링이 부착된 경우: $AE \left.\dfrac{\partial w(x, t)}{\partial x}\right|_{x=0} = kw(x, t)\big|_{x=0}$

우단에 강성 k인 스프링이 부착된 경우: $AE \left.\dfrac{\partial w(x, t)}{\partial x}\right|_{x=l} = -kw(x, t)\big|_{x=l}$

집중매개변수 시스템과 분포매개변수 시스템의 해석은 고유진동수 및 모드형상을 계산해야 한다는 점에서 매우 유사하다. 집중매개변수 시스템에서 모드형상은 고유벡터이며, 분포매개변수 시스템에서는 고유함수이다. 그러나 집중매개변수 시스템의 시간응답은 공간적으로 이산(discrete) 되어 있으나, 분포매개변수 시스템의 시간응답은 공간적으로 연속분포되어 있다. 따라서 집중매개변수 시스템에 대해서는 한 좌표의 시간응답 $x_i(t)$를 얻을 수 있으나, 분포 시스템의 경우에서는 그림 6.6에서 설명한 것처럼 공간상의 한 점[즉 $w(l/2, t)$]의 시간응답을 그래프로 나타내는 경우가 많다. 집중매개변수 시스템은 유한자유도를 가지며, 따라서 유한개의 응답 $x_i(t)$, $i = 1, 2, 3, \cdots$, n을 고려한다. 분포매개변수 시스템에서는 공간변수 x가 0과 l 사이의 어떤 점이라도 될 수 있으므로 고려할 수 있는 응답 $w(x, t)$는 무한개가 된다. 표 6.1에 막대의 여러 가지 형상에 대한 경계조건을 정리했다. 표 6.2는 이러한 경계조건을 이용한 막대의 여러 가지 고유진동수와 모드형상을 정리했다.

표 6.2 길이 l인 균일막대의 종방향 진동에 대한 여러 가지 경계조건, 고유진동수 및 모드형상[a]

경계조건	고유진동수(rad/s) 또는 특성방정식	모드형상
자유–자유	$\omega_n = \dfrac{n\pi c}{l}, \; n = 0, 1, 2, \cdots$	$\cos \dfrac{n\pi x}{l}$[b]
고정–자유	$\omega_n = \dfrac{(2n-1)\pi c}{2l}, \; n = 0, 1, 2, \cdots$	$\sin \dfrac{(2n-1)\pi x}{2l}$
고정–고정	$\omega_n = \dfrac{n\pi c}{l}, \; n = 0, 1, 2, \cdots$	$\sin \dfrac{n\pi x}{l}$
고정–스프링 (k)	$\lambda_n \cot \lambda_n = -\left(\dfrac{kl}{EA}\right)$ $\omega_n = \dfrac{\lambda_n c}{l}$	$\sin \dfrac{\lambda_n x}{l}$
고정–질량 (m)	$\cot \lambda_n = \left(\dfrac{m}{\rho A l}\right)\lambda_n$ $\omega_n = \dfrac{\lambda_n c}{l}$	$\sin \dfrac{\lambda_n x}{l}$

[a]마지막 두 경우는 고유진동수를 계산하기 위해 수치해석 절차를 사용해야 한다. 여기서 $c = \sqrt{E/\rho}$이다.
[b]자유모드형상은 상수이다.

6.4 비틀림 진동

6.3절에서 고려한 막대는 그림 6.7의 원형 축에 나타낸 것처럼 비틀림 방향으로 진동할 수 있다. 이러한 경우 진동은 축의 단면적에 수직인 축 중심선에 대한 각변위 방향으로 발생한다. 축 중심선에 대한 각변위 θ는 축의 길이방향 위치 x와 시간 t의 함수이다. 즉 θ는 $\theta(x, t)$로 표시되는 두 변수의 함수이다. 운동방정식은 그림 6.7에서 보여준 막대의 미소요소 dx에 모멘트 방정식을 고려함으로써 구할 수 있다. 그림 6.7에 의하면 요소 dx(즉 위치 x에서)의 오른쪽에 작용하는 토크는 τ이고 (6.1절에서는 장력으로 표시했으나 이 절에서는 토크로 사용), 왼쪽 끝 $x + dx$에 작용하는 토크는 $\tau + \frac{\partial \tau}{\partial x} dx$이다. 재료역학 이론에 의하면 작용하는 토크와 비틀림 변위 사이의 관계는 다음 식으로 표현할 수 있다(Shames, 1989).

$$\tau = GJ \frac{\partial \theta(x, t)}{\partial x} \tag{6.64}$$

이 식에서 GJ 는 비틀림강성(torsional stiffness)이며, G는 전단계수이고, J는 단면의 극관성모멘트이다. 또한 J는 x의 함수로 표시할 수도 있으나, 이 절에서는 일정한 값으로 가정한다.

요소 dx에 작용하는 총토크는 다음과 같다.

$$\tau + \frac{\partial \tau}{\partial x} dx - \tau = J_0 \frac{\partial^2 \theta}{\partial t^2} dx \tag{6.65}$$

여기서 J_0는 단위길이당 축의 관성모멘트이고 $\partial^2\theta/\partial t^2$은 각가속도이다. 만일 축이 균일한 원형 단면이라면, J_0는 단순히 $J_0 = \rho J$가 된다. 여기서 ρ는 축 재료의 밀도이다. 식 (6.64)의 토크에 대한 식을 식 (6.65)에 대입하면 다음 식을 얻는다.

$$\frac{\partial}{\partial x}\left(GJ \frac{\partial \theta}{\partial x} \right) = \rho J \frac{\partial^2 \theta}{\partial t^2}$$

비틀림강성 GJ가 일정할 때 위 식을 간단하게 정리하면 다음과 같으며,

$$\frac{\partial^2 \theta(x, t)}{\partial t^2} = \left(\frac{G}{\rho} \right) \frac{\partial^2 \theta(x, t)}{\partial x^2} \tag{6.66}$$

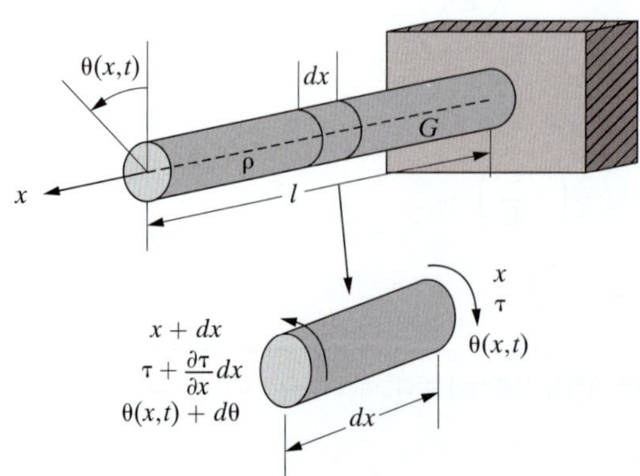

그림 6.7 각운동을 나타내는 원형 축, 각운동 $\theta(x, t)$는 전단계수 G, 길이 l, 밀도 ρ인 축의 미소길이 dx에 작용하는 모멘트 때문에 발생한다. 함수 $\theta(x, t)$는 비틀림 각을 의미한다.

막대의 비틀림 진동방정식이 된다. 이 식은 줄 혹은 케이블의 진동방정식 (6.8)이나 막대의 종방향 운동방정식 (6.56)과 동일한 형태의 운동방정식이다.

축의 단면이 원이 아닐 때에도 **비틀림 상수**(*torsional constant*) γ를 J 대신 사용함으로써 동일한 형태의 운동방정식을 근사적으로 사용할 수 있다. 비틀림 상수 γ는 단위길이의 축이 1 rad의 비틀림 변위를 일으키는 데 필요한 모멘트를 전단계수로 나눈 값이다. 따라서 단면적이 원이 아닌 축의 운동방정식은 다음과 같이 표현된다.

$$\frac{\partial^2\theta(x,t)}{\partial t^2} = \left(\frac{G\gamma}{\rho J}\right)\frac{\partial^2\theta(x,t)}{\partial x^2} \tag{6.67}$$

여러 종류의 단면형상에 대해 γ의 값이 표 6.3에 정리되어 있다. 식 (6.67)은 근사식이고, 특히 비틀림 진동과 굽힘 진동이 서로 간섭하지 않도록 회전중심과 질량중심이 일치한다고 가정한 결과임에 유의한다.

식 (6.66)의 해는 두 개의 초기조건, $\theta(x, 0)$, $\theta_t(x, 0)$과 두 개의 경계조건에 의해 결정된다. 축의 비틀림 진동 시 경계조건은 줄의 진동 및 막대의 종방향 진동의 경계조건과 유사하다(즉 고정단 경계조건에서는 각변위가 영이며, 자유단 경계조건에서는 토크가 영이다). 예를 들어 한쪽 끝

표 6.3 여러 가지 횡단면 형상에 대한 비틀림 상수 값

횡단면	비틀림 상수 γ
(원형 단면 그림: R)	원형 축 $\frac{\pi R^4}{2}$
(중공 원형 단면 그림: R_2, R_1)	중공 원형 축 $\frac{\pi}{2}(R_2^4 - R_1^4)$
(정사각형 단면 그림: a, a)	정사각형 축 $0.1406a^4$
(중공 직사각형 단면 그림: B, A, b, a)	중공 직사각형 축 $\frac{2AB(a-A)^2(b-B)^2}{aA+bB-A^2-B^2}$

은 고정되고 다른 쪽 끝은 자유인 축(그림 6.7 참조)의 경계조건은 다음과 같다.

$$(\text{위치 0에서의 변위})\ \theta(0, t) = 0 \tag{6.68}$$

$$(\text{위치 } l\text{에서의 토크})\ \gamma G\theta_x(l, t) = 0 \tag{6.69}$$

표 6.4에 축의 비틀림 진동의 일반적인 경계조건을 정리해 놓았다.

표 6.4 그림 6.7에 표시한 축의 비틀림 진동에 대한 여러 가지 경계 조건

좌단 고정: $\theta(x, t)|_{x=0} = 0$

우단 고정: $\theta(x, t)|_{x=l} = 0$

좌단 자유: $\gamma G \left.\frac{\partial\theta(x, t)}{\partial x}\right|_{x=0} = 0$

우단 자유: $\gamma G \left.\frac{\partial\theta(x, t)}{\partial x}\right|_{x=l} = 0$

좌단에 질량관성 J_1부착: $\gamma G \left.\frac{\partial\theta(x, t)}{\partial x}\right|_{x=0} = J_1 \left.\frac{\partial^2\theta(x, t)}{\partial t^2}\right|_{x=0}$

우단에 질량관성 J_1부착: $\gamma G \left.\frac{\partial\theta(x, t)}{\partial x}\right|_{x=l} = -J_1 \left.\frac{\partial^2\theta(x, t)}{\partial t^2}\right|_{x=l}$

좌단에 강성 k인 비틀림 스프링 부착: $\gamma G \left.\frac{\partial\theta(x, t)}{\partial x}\right|_{x=0} = k\theta(x, t)\Big|_{x=0}$

우단에 강성 k인 비틀림 스프링 부착: $\gamma G \left.\frac{\partial\theta(x, t)}{\partial x}\right|_{x=l} = -k\theta(x, t)\Big|_{x=l}$

예제 6.4.1

연삭기의 진동은 그림 6.8과 같이 한쪽 끝에 원판이 부착된 축으로 모델링할 수 있다. 축의 상단($x = 0$)은 풀리에 연결되어 있다. 구동벨트 및 모터의 영향은 풀리의 질량관성모멘트 J_1에 관성을 포함시켜서 고려했다. 이 진동시스템의 고유진동수를 구하라.

풀이 이 진동 시스템의 운동방정식은 식 (6.66)으로 표현되며, 이 시스템의 적절한 경계조건과 식 (6.66)을 이용하여 고유진동수를 계산할 수 있다. 일반적으로 경계조건은 그 끝에서 변위나 토크에 관한 식으로 표현된다. 이 예제의 $x = 0$에서는 변위가 주어지지는 않았지만 토크에 관한 식을 다음과 같이 얻을 수 있다.

$$GJ\frac{\partial\theta(0,t)}{\partial x} = J_1\frac{\partial^2\theta(0,t)}{\partial t^2} \tag{6.70}$$

유사한 방법으로 $x = l$에서 토크에 관한 식을 얻는다.

$$GJ\frac{\partial\theta(l,t)}{\partial x} = -J_2\frac{\partial^2\theta(l,t)}{\partial t^2} \tag{6.71}$$

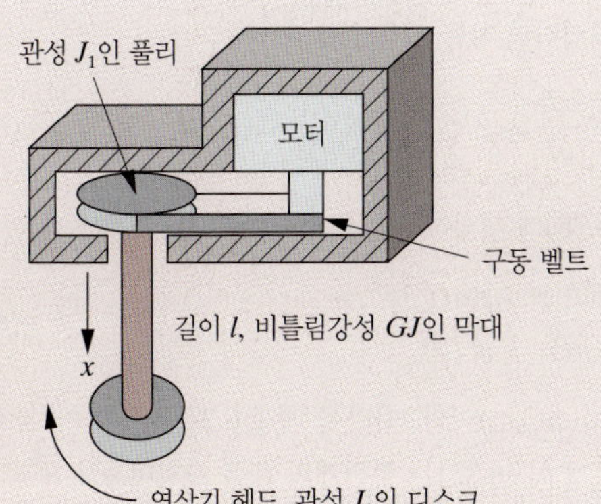

그림 6.8 연삭기 혹은 연마기의 간단한 모델

여기서 음의 부호는 오른손법칙에 기인한다. 6.2절의 방법을 이용하여 해 $\theta(x, t)$를 변수분리하여 $\theta(x, t) = \Theta(x)T(t)$로 표현할 수 있다고 가정한다. 이 변수분리된 $\theta(x, t)$를 식 (6.66)에 대입하고 정리하면 다음과 같다.

$$\frac{\Theta''(x)}{\Theta(x)} = \left(\frac{\rho}{G}\right)\frac{\ddot{T}(t)}{T(t)} = -\sigma^2 \tag{6.72}$$

여기서 $\rho/G = 1/c^2$으로 정의하고 식 (6.72)는 시간방정식과 공간방정식으로 나누어진다. 공간방정식은 다음과 같다.

$$\Theta''(x) + \sigma^2\Theta(x) = 0 \tag{6.73}$$

여기서 σ는 변수분리 상수이며 시스템 고유진동수와 다음과 같이 연관되어 있다.

$$\omega = \sigma c = \sigma\sqrt{\frac{G}{\rho}} \tag{6.74}$$

식 (6.70)으로부터 $x = 0$일 때 경계조건은 다음과 같다.

$$GJ\Theta'(0)T(t) = J_1\Theta(0)\ddot{T}(t) \tag{6.75}$$

또는

$$\frac{GJ\Theta'(0)}{J_1\Theta(0)} = \frac{\ddot{T}(t)}{T(t)} = -c^2\sigma^2 \tag{6.76}$$

식 (6.76)의 오른쪽 등식은 식 (6.72)의 오른쪽 항에서 얻는다. 좀 더 정리하면 식 (6.76)은 다음과 같다.

$$\Theta'(0) = -\frac{\sigma^2 J_1}{\rho J}\Theta(0) \tag{6.77}$$

$x = l$일 때의 경계조건은 식 (6.71)을 이용하여 유사한 방법으로 얻을 수 있다.

$$\Theta'(l) = \frac{\sigma^2 J_2}{\rho J}\Theta(l) \tag{6.78}$$

식 (6.73)의 일반해는 다음과 같다.

$$\Theta(x) = a_1\sin\sigma x + a_2\cos\sigma x \tag{6.79}$$

또한

$$\Theta'(x) = a_1\sigma\cos\sigma x - a_2\sigma\sin\sigma x \tag{6.80}$$

이 결과 식을 $x = 0$에서 경계조건인 식 (6.77)에 대입하면 다음 식을 얻는다.

$$a_1 = -\frac{\sigma J_1}{\rho J} a_2 \tag{6.81}$$

식 (6.79), (6.80), (6.81)을 $x = l$의 경계조건식 (6.78)에 대입하면 다음과 같은 특성방정식을 얻는다.

$$\tan \sigma I = -l \frac{\rho Jl(J_1 + J_2)(\sigma l)}{J_1 J_2(\sigma l)^2 - \rho^2 J^2 l^2} \tag{6.82}$$

이 식은 σl에 대한 초월방정식(transcendental equation)이다. 따라서 예제 6.2.3에서와 마찬가지로 수치계산을 해야 한다. 식 (6.82)의 탄젠트 항 때문에 식 (6.82)는 무한개의 해를 가지며 $\sigma_n l$, $n = 1, 2, 3, \cdots, \infty$로 표시한다. 수치해 σ_n을 식 (6.74)에 대입하면 시스템의 고유진동수를 계산할 수 있다.

$$\omega_n = \sigma_n \sqrt{\frac{G}{\rho}} \tag{6.83}$$

식 (6.82)의 첫 번째 해는 첫 번째 고유값에 해당하며 다음과 같다.

$$\omega_1 = 0$$

이 결과에서 $\omega_1 = \sigma_1 = 0$이므로, 시간에 대한 방정식 (6.72)은 $\ddot{T}_1(t) = 0$ 또는 $T_1(t) = a + bt$가 된다. 여기서 a, b는 초기조건에 의해 결정될 상수이다. 이 해는 축이 일정하게 회전하는 경우로, 시스템의 강체운동 모드에 해당한다. 이 모드형상은 식 (6.73)에 $\sigma = 0$을 대입함으로써 계산할 수 있다. 따라서 $\Theta_1''(x) = 0$, 즉 $\Theta_1(x) = a_1 + b_1 x$가 된다. 이 식에 $x = 0$에서의 경계조건을 적용하면 $GJ\,(b_1) = 0$이 되고, 결국 $b_1 = 0$이 된다. $x = l$에서의 경계조건을 적용해도 $b_1 = 0$이 된다. 이로 인해 첫 번째 모드형상, 즉 고유함수는 간단히 $\Theta_1(x) = a_1$이 되며, a_1는 영이 아닌 상수이다. 이것은 강체운동을 의미한다.

σl이 매우 커지면 식 (6.82)는 $\tan \sigma l = 0$으로 된다. 따라서 높은 고유진동수는 $\omega_n = n\pi c$로 접근한다. 식 (6.82)와 같은 특성방정식의 형태는 다음과 같이 나타낼 수 있다.

$$(bx^2 - a)\tan x = x \tag{6.84}$$

여기서 $x = \sigma l$, $a = \rho\, Jl/(J_1 + J_2)$, $b = J_1 J_2/[(J_1 + J_2)\rho\, Jl]$이 된다. 만일 $J_1 = J_2 = 10\ \mathrm{kg \cdot m^2/rad}$, $\rho = 7870\ \mathrm{kg/m^3}$, $J = 5\ \mathrm{m^4}$ 및 $l = 0.425$ m일 때 식 (6.84)의 해는 그림 6.9에서 보여주는 두 개의 곡선의 교차점이 된다. 이 교차점들은 식 (6.84)의 근을 구하기 위한 MATLAB 프로그램을 이용하여 구할 수 있다. $G = 80 \times 10^9$ Pa일 때, 고유진동수는 다음과 같으며,

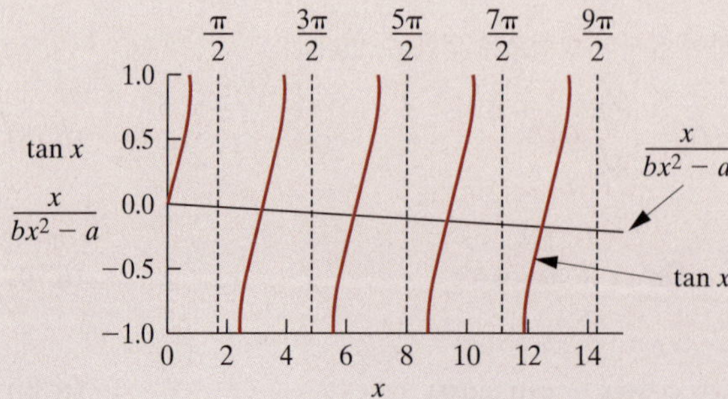

그림 6.9 함수 $\tan x$ 및 $x/(bx^2 - a)$의 그래프. 두 곡선의 교차점은 MATLAB의 `fzero` 명령어를 사용하여 계산할 수 있다. 이 명령어는 식 (6.84)의 근을 계산한다.

$$f_1 = 0 \qquad f_2 = 3{,}980 \text{ Hz} \qquad f_3 = 7{,}961 \text{ Hz}$$
$$f_4 = 11{,}940 \text{ Hz} \qquad f_5 = 15{,}920 \text{ Hz} \qquad f_6 = 19{,}900 \text{ Hz}$$

높은 진동수는 $n\pi c$(rad/s)에 접근한다.

표 6.5에 여러 가지 비틀림 진동 시스템의 고유진동수를 정리했다. 이 표는 종방향 진동의 경우인 표 6.2와 매우 유사하다. 다만 차이점은 운동의 물리적인 의미의 해석이다. 표 6.5와 표 6.3을 이용하면 단면이 원이 아닌 축의 비틀림 고유진동수를 근사적으로 계산할 수 있다. 좀 더 상세한 표는 Blevins(1987)를 참고하기 바란다.

표 6.5 길이 l인 균일한 축의 여러 가지 경계조건에 대한 비틀림 진동의 고유진동수와 모드형상[a]

경계조건	고유진동수(rad/s) 또는 특성방정식	모드형상
자유–자유	$\omega_n = \dfrac{n\pi c}{l}, \quad n = 0, 1, 2, \cdots$	$\cos \dfrac{n\pi x}{l}$[b]
고정–자유	$\omega_n = \dfrac{(2n-1)\pi c}{2l}, \quad n = 0, 1, 2, \cdots$	$\sin \dfrac{(2n-1)\pi x}{2l}$
고정–고정	$\omega_n = \dfrac{n\pi c}{l}, \quad n = 0, 1, 2, \cdots$	$\sin \dfrac{n\pi x}{l}$
고정–스프링(비틀림)	$\lambda_n \cot \lambda_n = -\dfrac{kl}{G\gamma}$ $\omega_n = \dfrac{\lambda_n c}{l}$	$\sin \dfrac{\lambda_n x}{l}$
고정–관성	$\cot \lambda_n = \dfrac{J_0}{\rho l \gamma} \lambda_n$ $\omega_n = \dfrac{\lambda_n c}{l}$	$\sin \dfrac{\lambda_n x}{l}$

[a]여기서 $c = \sqrt{G\gamma/\rho J}$이다. γ의 값은 표 6.3에서 찾을 수 있다. 예제 6.4.1에서 설명한 것처럼 마지막 두 경우의 고유진동수는 수치해석으로 계산해야 한다.

[b]자유모드형상은 상수이다.

6.5 보의 굽힘 진동

이 절에서는 그림 6.5의 보의 진동을 다시 고려하고자 한다. 그러나 이 절에서 고려되는 보의 진동은 보의 길이방향에 대한 수직방향의 운동이다. 따라서 이러한 진동은 보의 길이를 가로지르며 움직이므로 **횡진동**(*transverse vibration*) 혹은 **굽힘 진동**(*flexural vibration*)이라 한다. 예를 들어 다리 위를 걸어서 지나갈 때 이 횡방향 진동을 쉽게 느낄 수 있다.

6.5.1 오일러-베르누이 보 이론

그림 6.10은 외팔보의 횡진동을 나타내고 있다. 즉 변위 $w(x, t)$는 y방향 운동이다. 사각형 보는 단면적 $A(x)$, 두께 h_y, 폭 h_z, 길이 l이다. 또한 보의 굽힘 강성(flexural stiffness)은 $EI(x)$이며, E는 보의 탄성계수이고, $I(x)$는 'z축'에 대한 단면 관성모멘트이다. 재료역학 이론으로부터 보의 굽힘모멘트 $M(x, t)$와 보의 변위 $w(x, t)$ 사이에는 다음과 같은 관계가 있음을 알 수 있다.

$$M(x, t) = EI(x)\frac{\partial^2 w(x, t)}{\partial x^2} \tag{6.85}$$

굽힘 진동의 모델은 그림 6.10에서 나타낸 보의 미소요소 dx에 힘과 모멘트의 운동방정식을 각각

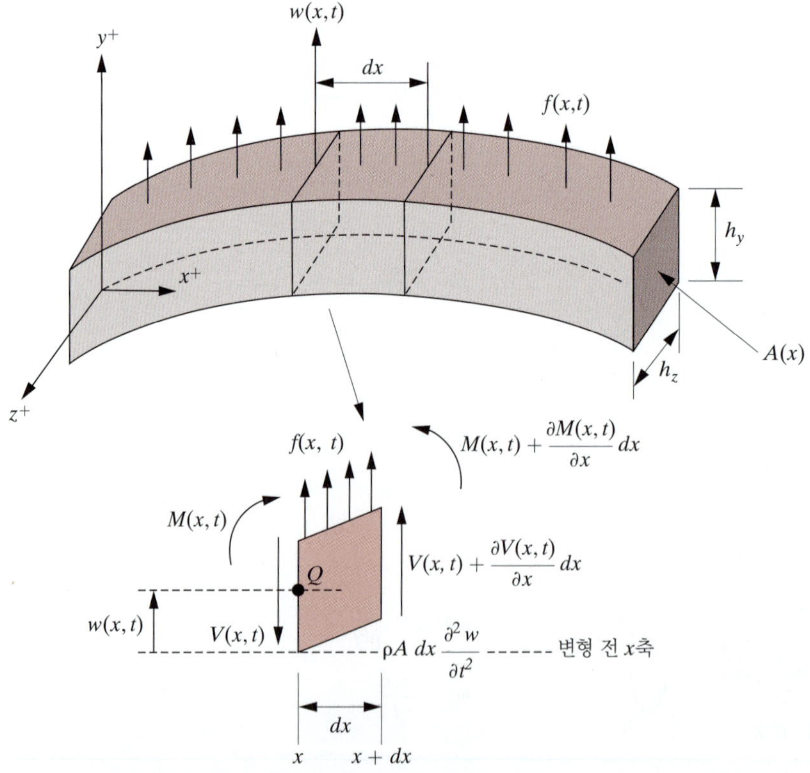

그림 6.10 횡진동을 하는 길이(l)인 단순 오일러-베르누이 보와 단위길이당 분포 외력 $f(x, t)$에 의해 변형된 보의 미소요소에 대한 자유물체도

취함으로써 얻을 수 있다. 변형이 매우 작다고 가정하면 전단변형은 $w(x, t)$에 비해 매우 작으므로 요소 dx의 측면은 굽힘을 받지 않는다. y방향으로 힘의 합력을 취하면(뉴턴의 제2법칙 적용) 다음과 같으며,

$$\left(V(x, t) + \frac{\partial V(x, t)}{\partial x} dx\right) - V(x, t) + f(x, t)dx = \rho A(x)\, dx \frac{\partial^2 w(x, t)}{\partial t^2} \tag{6.86}$$

여기서 $V(x, t)$는 요소 dx의 왼쪽에 작용하는 전단력이다. 또한 $V(x, t) + V_x(x, t)\, dx$는 요소 dx의 오른쪽에 작용하는 전단력이며, $f(x, t)$는 단위길이당 요소에 작용하는 전체외력을 뜻한다. 식 (6.86)의 우변은 요소의 관성력을 뜻한다. 식 (6.86)을 유도할 때 전단변형이 매우 작다는 가정은 $l/h_z \geq 10$ 및 $l/h_y \geq 10$의 경우에 유효하다(즉 길고 가는 보 혹은 오일러-베르누이 보에 적용).

그리고 요소 dx의 점 Q를 지나는 z축에 대한 모멘트의 합은 다음과 같다.

$$\left[M(x, t) + \frac{\partial M(x, t)}{\partial x} dx\right] - M(x, t) + \left[V(x, t) + \frac{\partial V(x, t)}{\partial x} dx\right] dx + [f(x, t)dx] \frac{dx}{2} = 0 \tag{6.87}$$

여기서 요소 dx의 회전관성을 무시할 수 있다고 가정했으므로 식 (6.87)의 우변은 영이 된다. 이 식을 좀 더 정리하면 다음과 같은데,

$$\left[\frac{\partial M(x, t)}{\partial x} + V(x, t)\right] dx + \left[\frac{\partial V(x, t)}{\partial x} + \frac{f(x, t)}{2}\right] (dx)^2 = 0 \tag{6.88}$$

dx는 매우 작은 양이므로 $(dx)^2$은 무시할 수 있다. 따라서 모멘트 표현식은 다음과 같다.

$$V(x, t) = -\frac{\partial M(x, t)}{\partial x} \tag{6.89}$$

이 식에서 전단력은 굽힘모멘트의 공간미분에 비례하고 있음을 나타낸다. 전단력에 대한 이 표현식을 식 (6.86)에 대입하면 다음과 같고,

$$-\frac{\partial^2}{\partial x^2} [M(x, t)] dx + f(x, t)dx = \rho A(x) dx \frac{\partial^2 w(x, t)}{\partial t^2} \tag{6.90}$$

식 (6.85)를 식 (6.90)에 대입하고 양변을 dx로 나누면 다음을 얻는다.

$$\rho A(x) \frac{\partial^2 w(x, t)}{\partial t^2} + \frac{\partial^2}{\partial x^2}\left[EI(x) \frac{\partial^2 w(x, t)}{\partial x^2}\right] = f(x, t) \tag{6.91}$$

만일 $f(x, t) = 0$, 즉 작용하는 외력이 없고 또한 $EI(x)$ 및 $A(x)$가 일정하다고 가정하면, 식 (6.91)은 다음과 같이 간단하게 자유진동의 방정식이 된다.

$$\frac{\partial^2 w(x, t)}{\partial t^2} + c^2 \frac{\partial^4 w(x, t)}{\partial x^4} = 0, \qquad c = \sqrt{\frac{EI}{\rho A}} \tag{6.92}$$

식 (6.92)는 앞 절에서 유도한 운동방정식과 달리 공간상으로 4차 미분을 포함한다. 따라서 해를 구할 때 네 개의 경계조건을 필요로 한다. 시간에 대한 미분은 여전히 2차이므로 두 개의 초기조건을 필요로 하며, 이 초기조건은 변위 및 속도에 관한 조건이다.

식 (6.92)를 변수분리 후 공간방정식을 풀기 위한 경계조건은 보의 양 끝에서 변형 $w(x, t)$, 변형기울기 $\partial w(x, t)/\partial x$, 굽힘모멘트 $EI\partial^2 w(x, t)/\partial x^2$ 및 전단력 $\partial[EI\partial^2 w(x, t)/\partial x^2]/\partial x$를 검토해서 얻을 수 있다. 가장 흔히 볼 수 있는 보의 형태는 그림 6.10과 같은 **외팔보**(*cantilevered beam*)이다. 외팔보의 한쪽 끝은 고정되고 다른 쪽 끝은 자유로운 상태이다. 보의 경계가 고정되거나 자유로운 상태 외에 회전은 허용하되 변위는 허용하지 않는 지지를 받을 수 있다. 이러한 경우를 **단순지지**(*simply supported*) 혹은 **핀고정**(*pinned*)이라 한다. 또한 **미끄럼**(*sliding*) 경계는, 변위는 허용하되 회전은 허용하지 않는 지지를 뜻하며, 이 미끄럼 경계조건에서 전단력은 영이 된다.

만일 굽힘 진동을 하는 보의 한쪽 끝이 자유로운 상태이면, 그 끝의 변위 및 기울기는 제한받지 않는다. 그러나 굽힘모멘트와 전단력은 다음과 같이 모두 영이 되어야 한다.

$$\begin{aligned} \text{굽힘모멘트} &= EI\frac{\partial^2 w}{\partial x^2} = 0 \\ \text{전단력} &= \frac{\partial}{\partial x}\left[EI\frac{\partial^2 w}{\partial x^2}\right] = 0 \end{aligned} \tag{6.93}$$

한편 보의 끝이 고정되는 경우, 굽힘모멘트와 전단력은 제한받지 않으나(임의의 값이 될 수 있음) 끝의 변위 및 기울기는 반드시 영이 되어야 한다.

$$\begin{aligned} \text{변위} &= w = 0 \\ \text{기울기} &= \frac{\partial w}{\partial x} = 0 \end{aligned} \tag{6.94}$$

또한 단순지지 또는 핀고정된 끝의 경우, 기울기와 전단력은 제한을 받지 않으나 변위와 굽힘모멘트는 반드시 영이 되어야 한다.

$$\begin{aligned} \text{변위} &= w = 0 \\ \text{굽힘모멘트} &= EI\frac{\partial^2 w}{\partial x^2} = 0 \end{aligned} \tag{6.95}$$

미끄럼지지된 경계에서는 기울기(또는 회전)와 전단력이 영이 되어야 한다. 반면 그 끝의 변위 및 굽힘모멘트는 임의의 값을 가질 수 있다. 따라서 미끄럼지지의 경계조건식은 다음과 같다.

$$\begin{aligned} \text{기울기} &= \frac{\partial w}{\partial x} = 0 \\ \text{전단력} &= \frac{\partial}{\partial x}\left(EI\frac{\partial^2 w}{\partial x^2}\right) = 0 \end{aligned} \tag{6.96}$$

또한 보의 끝에 질량, 스프링 등 다양한 장치를 부착할 때 다른 경계조건을 얻을 수 있다. 이와 같은 경계조건식은 힘과 모멘트의 평형을 고려함으로써 얻을 수 있다.

자유진동에 대한 운동방정식 (6.92)의 해를 계산하기 위해서는 네 개의 경계조건 외에 두 개의 초기조건이 고려되어야 한다. 이 초기조건은 막대나 줄 또는 축의 경우와 마찬가지로 초기변위 및 초기속도의 형태로 표현된다.

$$w(x, 0) = w_0(x) \quad \text{그리고} \quad w_t(x, 0) = \dot{w}_0(x)$$

여기서 $t = 0$을 초기시간으로 가정했다. w_0와 $\dot{w}_0$ 둘 다 영이 될 수 없고, 그렇지 않으면 운동은 발생하지 않는다.

네 개의 경계조건과 두 개의 초기조건을 만족하는 식 (6.92)의 해는 앞 절에서 설명한 것과 동일한 절차를 거쳐 구할 수 있다. 변수분리된 해를 $w(x, t) = X(x)T(t)$의 형태로 가정한 후 운동방정식에 대입하면 다음의 식을 얻는다.

$$c^2 \frac{X''''(x)}{X(x)} = -\frac{\ddot{T}(t)}{T(t)} = \omega^2 \tag{6.97}$$

이 식에서도 편미분항이 모두 전미분의 형태로 표시되며, $X'''' = d^4X/dx^4$, $\ddot{T} = d^2T/dt^2$이다. 이 식의 변수분리 상수 ω^2의 선택은 6.4절에서 설명한 원칙과 동일한 관점에서 이루어진다. 따라서 고유진동수는 다음과 같은 시간방정식에서 계산된다.

$$\ddot{T}(t) + \omega^2 T(t) = 0 \tag{6.98}$$

이 식은 식 (6.97)의 오른쪽 항에 해당되며, 이 시간방정식의 해는 다음의 형태로 나타낼 수 있다.

$$T(t) = A \sin \omega t + B \cos \omega t \tag{6.99}$$

여기서 상수 A, B는 식 (6.97)의 공간방정식과 결합 후 초기조건을 적용하여 결정한다.

식 (6.97)의 방정식을 다시 정리하면 공간방정식은 다음의 형태로 표현된다.

$$X''''(x) - \left(\frac{\omega}{c}\right)^2 X(x) = 0 \tag{6.100}$$

식 (6.92)와 다음 식에서 정의한 β를 이용하여 식 (6.100)의 해를 구한다.

$$\beta^4 = \frac{\omega^2}{c^2} = \frac{\rho A \omega^2}{EI} \left(\text{따라서 } \omega = \beta^2 \sqrt{\frac{EI}{\rho A}} \text{ rad/s}\right) \tag{6.101}$$

이제 식 (6.100)의 해가 $Ae^{\sigma x}$의 형태를 갖는다고 가정하면, 식 (6.100)의 일반해는 다음과 같다(연습문제 6.43 참조).

$$X(x) = a_1 \sin \beta x + a_2 \cos \beta x + a_3 \sinh \beta x + a_4 \cosh \beta x \tag{6.102}$$

여기서 β와 네 개의 상수 a_1, a_2, a_3, a_4중 세 개는 네 개의 경계조건을 이용하여 결정한다. 네 번째 상수는 시간방정식의 A, B와 결합되어 초기조건으로 계산된다. 한쪽 끝이 고정되고 다른 쪽 끝이 단순지지된 보의 해를 다음 예제에서 구한다.

예제 6.5.1

길이는 l이고 한쪽 끝이 고정되고 다른 쪽 끝이 핀으로 고정된 보의 횡진동의 고유진동수와 모드형상을 구하라.

풀이 고정단의 경계조건은 식 (6.94)에 기술된 것과 동일하며, 핀고정단의 경계조건은 식 (6.95)와 같다. 식 (6.102)와 같이 주어진 일반해에 $x = 0$에서의 경계조건 식 (6.94)를 적용하면 다음과 같다.

$$X(0) = 0 \Rightarrow a_2 + a_4 = 0 \tag{a}$$

$$X'(0) = 0 \Rightarrow \beta(a_1 + a_3) = 0 \tag{b}$$

$x = l$에서의 경계조건을 적용하면 다음과 같다.

$$X(l) = 0 \Rightarrow a_1 \sin\beta l + a_2 \cos\beta l + a_3 \sinh\beta l + a_4 \cosh\beta l = 0 \tag{c}$$

$$EIX''(l) = 0 \Rightarrow \beta^2(-a_1 \sin\beta l - a_2 \cos\beta l + a_3 \sinh\beta l + a_4 \cosh\beta l) = 0 \tag{d}$$

이 네 개의 경계조건은 네 개의 미지의 계수 a_1, a_2, a_3, a_4에 대한 네 개의 방정식[(a)에서 (d)]을 제공한다. 따라서 네 개의 방정식을 벡터 방정식으로 표현하면 다음과 같다.

$$\begin{bmatrix} 0 & 1 & 0 & 1 \\ \beta & 0 & \beta & 0 \\ \sin\beta l & \cos\beta l & \sinh\beta l & \cosh\beta l \\ -\beta^2 \sin\beta l & -\beta^2 \cos\beta l & \beta^2 \sinh\beta l & \beta^2 \cosh\beta l \end{bmatrix} \begin{bmatrix} a_1 \\ a_2 \\ a_3 \\ a_4 \end{bmatrix} = \begin{bmatrix} 0 \\ 0 \\ 0 \\ 0 \end{bmatrix}$$

첫 번째 행은 식 (a), 두 번째 행은 식 (b), 세 번째 행은 식 (c), 그리고 맨 아래쪽 행은 식 (d)로부터 도출되었음을 유의하라. 4장에서 설명한 바와 같이 이 벡터방정식이 영이 아닌 해 $\mathbf{a} = [a_1 \quad a_2 \quad a_3 \quad a_4]^T$를 갖기 위해서는 계수행렬의 행렬식이 영이 되어야 한다(즉 계수행렬이 특이행렬이 되어야 한다). 그리고 계수행렬이 특이행렬이므로 벡터 $\mathbf{a}$의 모든 요소 값을 다 구할 수는 없다.

계수행렬의 행렬식을 영으로 놓으면 다음과 같은 특성방정식을 얻을 수 있다.

$$\tan\beta l = \tanh\beta l$$

이 방정식을 만족하는 β 값은 무한히 많다. 즉 β_n, $n = 1, 2, 3, \cdots, \infty$이고, 이 해는 그래프상에 βl에 대한 곡선 $\tan\beta l$과 $\tanh\beta l$을 같이 그려 그 교차점을 구함으로써 시각적으로 구할 수 있다. 이것은 그림 6.9에서 설명한 방법과 동일하다(예제 6.4.1 참조). 이 해의 처음 다섯 개를 나타내면 다음과 같고,

$$\beta_1 l = 3.926602 \qquad \beta_2 l = 7.068583 \qquad \beta_3 l = 10.210176$$

$$\beta_4 l = 13.351768 \qquad \beta_5 l = 16.49336143$$

이 예제에서 $n > 5$일 때의 특성방정식의 해는 다음 식과 같이 근사화될 수 있다.

$$\beta_n l = \frac{(4n + 1)\pi}{4}$$

이 가중 진동수로부터 시스템의 고유진동수가 정해진다.

$$\omega_n = \beta_n^2 \sqrt{\frac{EI}{\rho A}}\ \text{rad/s} \quad \text{그리고} \quad f_n = \frac{\beta_n^2}{2\pi}\sqrt{\frac{EI}{\rho A}}\ \text{Hz}$$

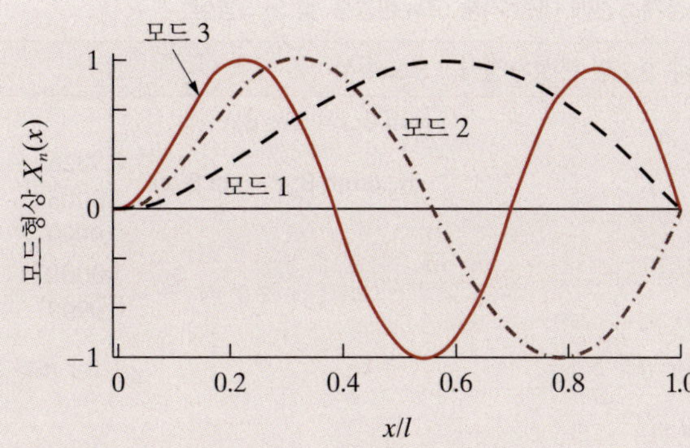

그림 6.11 예제 6.5.1의 고정–핀고정 보의 처음 세 개의 모드형상. 진폭의 크기는 1로 정규화했다.

또한 구해진 가중 고유진동수 $\beta_n l$에 대한 진동의 모드형상은 다음과 같이 계산할 수 있다. 각 계수 a_i에 대한 행렬방정식을 풀면 $a_1 = -a_3$, $a_2 = -a_4$가 되고 다음과 같다.

$$(\sinh\beta_n l - \sin\beta_n l)a_3 + (\cosh\beta_n l - \cos\beta_n l)a_4 = 0$$

따라서 모든 n에 대해 다음과 같다.

$$a_3 = -\frac{\cosh\beta_n l - \cos\beta_n l}{\sinh\beta_n l - \sin\beta_n l}a_4$$

이 방정식들로는 a_4를 계산할 수 없다. 그 이유는 계수행렬이 특이행렬이기 때문이다. 특이행렬이 아니면, 모든 a_i가 영이 될 것이다. 따라서 a_4는 임의의 상수로 놓을 수 있고 고유함수의 크기도 임의의 값이 된다. 이 상수도 n에 의존하고 있으므로 $(a_4)_n$으로 표시한다. 모든 a_i를 공간방정식의 해 $X(x)$에 대입하면 다음과 같은 형태의 고유함수, 즉 모드형상을 얻는다.

$$X_n(x) = (a_4)_n\left[\frac{\cosh\beta_n l - \cos\beta_n l}{\sinh\beta_n l - \sin\beta_n l}(\sinh\beta_n x - \sin\beta_n x) - \cosh\beta_n x + \cos\beta_n x\right],$$
$$n = 1, 2, 3, \ldots$$

처음 세 개의 모드를 그림 6.11에 나타냈다. 여기서 $(a_4)_n = 1$이고 $n = 1, 2, 3$이다.

여기에서 얻은 모드형상은 서로 직교함을 쉽게 증명할 수 있다. 이 식에서 $n \neq m$이다(연습문제 6.46 참조).

$$\int_0^l X_n(x)X_m(x)dx = 0$$

예제 6.3.2에서와 같이 이 직교성과 초기조건을 적용하면 변위에 대한 급수해의 적분상수 A_n, B_n을 계산할 수 있다.

$$w(x, t) = \sum_{n=1}^{\infty}(A_n \sin\omega_n t + B_n \cos\omega_n t)X_n(x)$$

표 6.6에서 가는 보의 여러 경계조건에 대한 고유진동수 및 모드형상을 정리했다. 식 (6.91)을 만족하는 보의 모델을 **오일러–베르누이 보**(*Euler–Bernoulli beam*) 또는 베르누이–오일러 보라고 한다. 이 모델을 얻는 데 사용된 가정은 다음과 같다.

표 6.6 길이가 l인 가느다란 보의 횡진동에서 여러 경계조건에 대한 가중 고유진동수 및 모드형상[a]

보의 형태	가중 고유진동수 $\beta_n l$ 및 특성방정식	모드형상	σ_n
자유–자유	0 (강체모드) 4.73004074 7.85320462 10.9956078 14.1371655 17.2787597 $\frac{(2n+1)\pi}{2}$ for $n > 5$ $\cos\beta l \cosh\beta l = 1$	$\cosh\beta_n x + \cos\beta_n x$ $-\sigma_n(\sinh\beta_n x + \sin\beta_n x)$[b]	 0.9825 1.0008 0.9999 1.0000 0.9999 1 for $n > 5$
고정–자유	1.87510407 4.69409113 7.85475744 10.99554073 14.13716839 $\frac{(2n-1)\pi}{2}$ for $n > 5$ $\cos\beta l \cosh\beta l = -1$	$\cosh\beta_n x - \cos\beta_n x$ $-\sigma_n(\sinh\beta_n x - \sin\beta_n x)$	0.7341 1.0185 0.9992 1.0000 1.0000 1 for $n > 5$
고정–단순지지	3.92660231 7.06858275 10.21017612 13.35176878 16.49336143 $\frac{(4n+1)\pi}{4}$ for $n > 5$ $\tan\beta l = \tanh\beta l$	$\cosh\beta_n x - \cos\beta_n x$ $-\sigma_n(\sinh\beta_n x - \sin\beta_n x)$	1.0008 1 for $n > 1$
고정–미끄럼지지	2.36502037 5.49780392 8.63937983 11.78097245 14.92256510 $\frac{(4n-1)\pi}{4}$ for $n > 5$ $\tan\beta l + \tanh\beta l = 0$	$\cosh\beta_n x - \cos\beta_n x$ $-\sigma_n(\sinh\beta_n x - \sin\beta_n x)$	0.9825 1 for $n > 1$
고정–고정	4.73004074 7.85320462 10.9956079 14.1371655 17.2787597 $\frac{(2n+1)\pi}{2}$ for $n > 5$ $\cos\beta l \cosh\beta l = 1$	$\cosh\beta_n x - \cos\beta_n x$ $-\sigma_n(\sinh\beta_n x - \sin\beta_n x)$	0.982502 1.00078 0.999966 1.0000 1.0000 1 for $n > 5$
단순지지–단순지지	$n\pi$ $\sin\beta l = 0$	$\sin\frac{n\pi x}{l}$	해당사항 없음

[a]여기서 가중 고유진동수 $\beta_n l$은 예제 6.5.1에서 설명한 것처럼 식 (6.101) 또는 $\omega_n = \beta_n^2\sqrt{EI/\rho A}$에 의해 고유진동수와 연결된다. 모드형상에 대한 σ_i의 값은 표 6.5의 주어진 공식에서 구한다.

[b]양단이 자유로운 경우, 모드형상에는 두 개의 자유모드가 존재한다. 즉 X_0 = 상수(병진)와 $X_0 = A(x - l/2)$(회전)이다.

표 6.7 표 6.4에서 사용한 모드형상 계수 σ_n에 대한 공식[a]

경계조건	σ_n에 대한 공식
자유-자유	$\sigma_n = \dfrac{\cosh \beta_n l - \cos \beta_n l}{\sinh \beta_n l - \sin \beta_n l}$
고정-자유	$\sigma_n = \dfrac{\sinh \beta_n l - \sin \beta_n l}{\cosh \beta_n l + \cos \beta_n l}$
고정-단순지지	$\sigma_n = \dfrac{\cosh \beta_n l - \cos \beta_n l}{\sinh \beta_n l - \sin \beta_n l}$
고정-미끄럼지지	$\sigma_n = \dfrac{\sinh \beta_n l - \sin \beta_n l}{\cosh \beta_n l + \cos \beta_n l}$
고정-고정	양단이 자유인 경우와 동일

[a]예제 6.5.1에서 설명한 것처럼 이 계수는 모드형상을 계산하는 데 사용된다.

- 길이를 따라서 균일한 보이며 가늘어야 한다($l > 10h$).
- 축하중이 없이 선형, 균질(homogeneous), 등방성의 탄성 재료로 구성되어야 한다.
- 평면단면은 계속 평면으로 남아야 한다.
- 회전과 병진이 분리되도록 보의 대칭면이 진동면이 되어야 한다.
- 회전관성 및 전단변형 효과를 무시할 수 있어야 한다.

분포매개변수 시스템의 시간응답을 구하는 핵심 아이디어는 모드형상의 직교성이다. 표 6.7로부터 여러 경계조건에 대해 모드형상은 매우 복잡함을 알 수 있다. 복잡하다고 해서 진동모드의 직교성이 위배되는 것은 아니고 다만 모드해석 절차에서 적분 수행이 매우 복잡해짐을 뜻한다.

6.5.2 티모센코 보 이론

식 (6.91)로 표현되는 보의 횡 진동의 모델은 보의 전단변형(shear deformation)과 회전관성(rotary inertia)의 영향을 무시한 결과이다. 회전관성과 전단변형의 효과를 포함하여 모델한 보를 **티모센코 보**(*Timoshenko beam*)라고 한다. 이 영향에 대해 살펴보면 다음과 같다. 앞에서 설명했듯이 그림 6.10에서 h_z와 h_y가 보의 길이에 비해 매우 작은 경우 전단변형의 영향은 무시해도 무방하다. 그러나 보의 길이가 짧아지면 전단변형의 영향이 나타나기 시작한다. 이러한 영향을 그림 6.12에서 나타냈다. 이 그림은 그림 6.10의 요소 dx에 전단변형을 포함시킨 것이다.

그림에서 직선 OA는 미소요소의 오른쪽 면에 수직이 되면서 요소 dx의 중심을 통과하는 직선이다. 직선 OB는 보가 정지해 있을 때 보의 중심선이다. 보의 폭에 비해 길이 l이 감소하면 보가 굽혀짐에 따라 전단각이 생기게 된다. 전단효과가 점점 커짐에 따라 그림 6.10의 사각형 미소요소가 그림 6.12에서 표시한 것처럼 변형이 된다. 그림 6.12에서 전단변형의 효과를 나타내는 전단각은 $\psi - dw/dx$로 주어진다(즉 굽힘에 의한 전체 회전각 dw/dx와 순수굽힘에 의한 회전각 ψ의 차). 탄성학의 이론(예: Reisman and Pawlik, 1974)에서 굽힘모멘트 방정식은 다음과 같다.

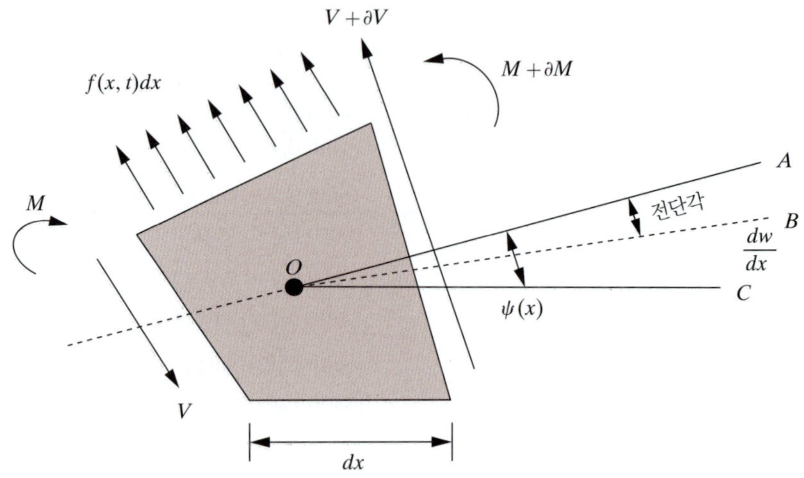

그림 6.12 굽힘 보의 요소에서 전단변형의 효과

$$EI\frac{d\psi(x,t)}{dx} = M(x,t) \tag{6.103}$$

그리고 전단력방정식은 다음과 같다.

$$\kappa^2 AG\left[\psi(x,t) - \frac{dw(x,t)}{dx}\right] = V(x,t) \tag{6.104}$$

여기서 E, I, A, ψ, V, M은 이 장에서 정의한 것과 같으며, G는 전단계수(*shear modulus*)를, κ^2은 보의 단면형상에 의존하는 무차원 상수를 뜻한다. 어떤 교재에서는 κ^2 대신에 κ를 사용하기도 하는 것에 유의하고, 또한 티모센코 전단계수(*Timoshenko shear coefficient*)라고도 한다. 이 상수 κ^2을 전단계수(*shear coefficient*)라고 하며 Cowper(1966)에 표로 잘 정리되어 있다. 전단계수 G와 탄성계수 E는 $E = 2(1 + \upsilon)G$의 관계에 따라서 포아송비(Poisson's ratio) υ와 연관되어 있다. 포아송비는 재료의 특성에 따라 결정되는 물성값이다. 식 (6.86)과 같이 이 경우 힘의 방정식은 다음과 같다.

$$\rho A(x)dx\frac{\partial^2 w(x,t)}{\partial t^2} = -\left[V(x,t) + \frac{\partial V(x,t)}{\partial x}dx\right] + V(x,t) + f(x,t)dx \tag{6.105}$$

만일 회전관성을 고려하게 되면, 식 (6.87)에 주어진 미소요소 dx에 대한 모멘트방정식은 다음과 같다.

$$\begin{aligned}\rho I(x)dx\frac{\partial^2 \psi(x,t)}{\partial t^2} &= \left[M(x,t) + \frac{\partial M(x,t)}{\partial x}dx\right] - M(x,t)\\ &\quad + \left[V(x,t) + \frac{\partial V(x,t)}{\partial x}dx\right]dx + f(x,t)\frac{dx^2}{2}\end{aligned} \tag{6.106}$$

식 (6.103)과 식 (6.104)를 식 (6.105) 및 식 (6.106)에 대입하면 두 개의 연립방정식을 얻는다.

$$\frac{\partial}{\partial x}\left[EI\frac{\partial\psi}{\partial x}\right] + \kappa^2 AG\left(\frac{\partial w}{\partial x} - \psi\right) = \rho I\frac{\partial^2\psi}{\partial t^2} \tag{6.107}$$

그리고

$$\frac{\partial}{\partial x}\left[\kappa^2 AG\left(\frac{\partial w}{\partial x} - \psi\right)\right] + f(x, t) = \rho A\frac{\partial^2 w}{\partial t^2} \tag{6.108}$$

이 식들은 회전관성과 전단변형의 효과를 고려한 보의 굽힘 진동방정식이다. 만일 모든 계수가 일정하고 외력이 없다고 가정하면 $\psi(x, t)$는 소거될 수 있으며, 위 연립방정식은 균일한 보의 자유진동에 대한 한 개의 운동방정식으로 만들어진다. 즉

$$EI\frac{\partial^4 w}{\partial x^4} + \rho A\frac{\partial^2 w}{\partial t^2} - \rho I\left(1 + \frac{E}{\kappa^2 G}\right)\frac{\partial^4 w}{\partial x^2 \partial t^2} + \frac{\rho^2 I}{\kappa^2 G}\frac{\partial^4 w}{\partial t^4} = 0 \tag{6.109}$$

식 (6.109)는 네 개의 경계조건과 네 개의 초기조건을 필요로 한다. 고정단(예: $x = 0$)에서 경계조건은 다음과 같고,

$$\psi(0, t) = w(0, t) = 0 \tag{6.110}$$

단순지지단의 경계조건은 다음과 같으며,

$$EI\frac{\partial\psi(0, t)}{\partial x} = w(0, t) = 0 \tag{6.111}$$

자유단에서 경계조건은 다음과 같다.

$$\kappa^2 AG\left(\frac{\partial w}{\partial x} - \psi\right) = EI\frac{\partial\psi}{\partial x} = 0 \tag{6.112}$$

식 (6.109)의 해도 식 (6.91)로 표시된 보의 모델에서 제시한 방법과 동일한 절차로 얻을 수 있다. 식 (6.91)은 **오일러-베르누이 보 모델**(*Euler-Bernoulli beam model*) 혹은 고전 보 모델(classical beam model)이라 하며, 식 (6.109)는 **티모셴코 보 모델**(*Timoshenko beam model*)이라 한다. 그림 6.13은 2개 빔 간의 차이를 보여준다.

이러한 두 가지 모델 중 어느 모델을 사용하는가는 보의 기하학적 형상과 관심 있는 모드가 어떤 것인지 그리고 몇 개의 모드를 고려할 것인지에 따라 결정된다. 길이가 12 m이고, 폭이 15 cm, 두

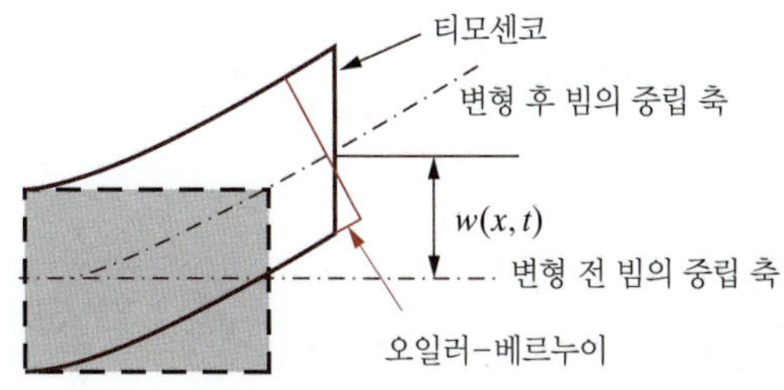

그림 6.13 두 개의 다른 빔 모델의 변형을 보여준다. 점선은 변형되지 않은 빔을 나타낸다. 빨간 선은 오일러-베르누이 빔 모델(얇은 빔)을 나타내며, 파란 선은 전단변형의 효과를 고려한 티모셴코 빔 모델(두꺼운 빔)의 굽힘을 보여준다.

께가 60 cm인 강철보의 첫 번째 고유진동수를 오일러-베르누이 모델과 티모센코 모델을 사용하여 구하면 약 0.4%의 차이가 있다. 그러나 다섯 번째 고유진동수는 약 10%의 차이로 증가한다. 따라서 첫 번째 모드만 고려하는 경우에는 오일러-베르누이 보 모델로 충분하다. 그러나 만일 다섯 번째 이상의 모드까지 고려할 경우에는 다소 복잡하지만 티모센코 보 모델이 사용되어야 한다. 사각 단면을 갖는 전형적인 금속보의 경우는 전단변형이 회전관성보다 3배 정도 더 큰 영향을 미친다. 이러한 사실을 다음 예제에서 다루고자 한다.

예제 6.5.2

오일러-베르누이 보 모델과 더 복잡한 티모센코 보 모델과의 차이를 보이기 위해 양 끝이 단순지지된 보의 고유진동수를 티모센코 방정식을 이용하여 구하라. 그리고 회전관성과 전단변형을 고려하지 않는 보의 고유진동수(표 6.6 참조)와 비교하라.

풀이 식 (6.109)는 윈도우 6.4에서 제시한 변수분리법으로는 쉽게 풀리지 않는다. 왜냐하면 $w(x, t) = X(x)T(t)$를 운동방정식 (6.3)에 대입하면 다음과 같은 식을 얻기 때문이다. 여기서 a_i는 상수들이다.

$$a_1X''''T + (a_2X + a_3X'')\ddot{T} + a_4X\ddddot{T} = 0$$

이 식의 가운데 항과 시간에 대한 4차 미분항 때문에 쉽게 분리되지 않는다. 이 문제를 해결하는 방법으로 티모센코 보 모델의 모드형상이 단순지지된 오일러-베르누이 보 모델의 모드형상과 같다고 가정하고(이 가정은 매우 합리적이다), 또한 시간응답을 주기함수로 가정함으로써(보의 진동이 비감쇠 시스템이므로, 이 가정도 역시 합리적이다) 풀이가 가능해진다. 이와 같은 가정을 통해 식 (6.109)의 해는 다음과 같이 변수분리된 모양을 갖는다고 가정할 수 있다.

$$w_n(x, t) = \sin\frac{n\pi x}{l}\cos\omega_n t$$

여기서 $\sin(n\pi x/l)$은 단순지지 보의 n번째 모드형상으로 가정된 함수이며, ω_n은 이 시점에서 아직 결정되지 않은 고유진동수이다. 이 형태의 방정식을 식 (6.109)에 대입하면 다음과 같으며,

$$\begin{aligned} EI\left(\frac{n\pi}{l}\right)^4 \sin\frac{n\pi x}{l}\cos\omega_n t - \rho I\left(1 + \frac{E}{\kappa^2 G}\right)\left(\frac{n\pi}{l}\right)^2 \omega_n^2 \sin\frac{n\pi}{l}\cos\omega_n t \\ = -\frac{\rho^2 I}{\kappa^2 G}\omega_n^4 \sin\frac{n\pi x}{l}\cos\omega_n t + \rho A\omega_n^2 \sin\frac{n\pi x}{l}\cos\omega_n t \end{aligned}$$

이 식의 모든 항은 $\sin(n\pi x/l)\cos(\omega_n t)$를 갖는다. 이 공통인수로 모두 나누면 다음과 같은 특성방정식을 얻는다.

$$\omega_n^4\frac{\rho r^2}{\kappa^2 G} - \left(1 + \frac{n^2\pi^2 r^2}{l^2} + \frac{n^2\pi^2 r^2}{l^2}\frac{E}{\kappa^2 G}\right)\omega_n^2 + \frac{\alpha^2 n^4\pi^4}{l^4} = 0$$

여기서 r과 α는 다음과 같이 정의된다.

$$\alpha^2 = \frac{EI}{\rho A} \qquad r^2 = \frac{I}{A}$$

이 특성방정식은 ω_n^2에 대해 2차 방정식이므로 쉽게 해를 얻을 수 있다. 이렇게 구한 ω_n은 단순지지된 보의 고유진동수에 전단변형 및 회전관성이 미치는 효과를 살펴볼 수 있는 중요한 표현식이다. 따라서 다음과 같은 비교결과를 얻을 수 있다.

1. 각 n 값에 대해 진동수방정식에 의해 결정된 두 근 중 작은 값은 굽힘변형에 관련되는 값이며, 큰 값은 전단변형과 관련이 있다.
2. 오일러-베르누이 보의 고유진동수는 다음과 같이 주어진다.

$$\omega_n^2 = \frac{\alpha^2 n^4 \pi^4}{l^4}$$

3. 회전관성만을 오일러-베르누이 보에 고려했을 때의 고유진동수는 다음과 같다. 이 경우 전단변형 효과는 없다고 가정하고, 따라서 κ를 포함하는 항은 사라진다.

$$\omega_n^2 = \frac{\alpha^2 n^4 \pi^4}{l^4(1 + n^2\pi^2 r^2/l^2)}$$

4. 회전관성은 무시하고 전단변형만을 고려할 때의 고유진동수는 다음과 같다.

$$\omega_n^2 = \frac{\alpha^2 n^4 \pi^4}{l^4[1 + (n^2\pi^2 r^2/l^2)\, E/\kappa G]}$$

이 표현식들은 단순지지된 각주형 보의 고유진동수에 미치는 여러 가지 효과를 조사하는 데 사용된다. 또한 이 표현식들은 다른 형태의 경계조건을 갖는 보에 미치는 회전관성 및 전단변형의 효과를 살펴보는 데에도 사용될 수 있다. 위에서 언급한 제2, 3, 4항을 비교함으로써 전단변형과 회전관성의 일반적인 효과는 보의 고유진동수를 낮추는 역할을 한다는 것을 알 수 있다. 그리고 분모에 있는 $1 + (n\pi r/l)^2$항 때문에 전단변형 및 회전관성의 효과는 고차 모드로 갈수록 더 심각하다.

6.6 박막과 평판의 진동

앞에서 고려한 줄, 막대, 보 모델에서는 변위가 그 물체를 따라 한 방향 x의 함수로 주어진다. 이러한 관점에서 이것들은 1차원 문제이다. 이 절에서는 변위가 2차원 함수로 표시되는(즉 그림 6.14와 같이 공간상의 평면 영역 내에서 정의되는) 박막과 평판을 고려한다. 박막은 본질적으로 2차원 줄(two-dimensional string)이고, 평판은 본질적으로 2차원 보(two-dimensional beam)이다.

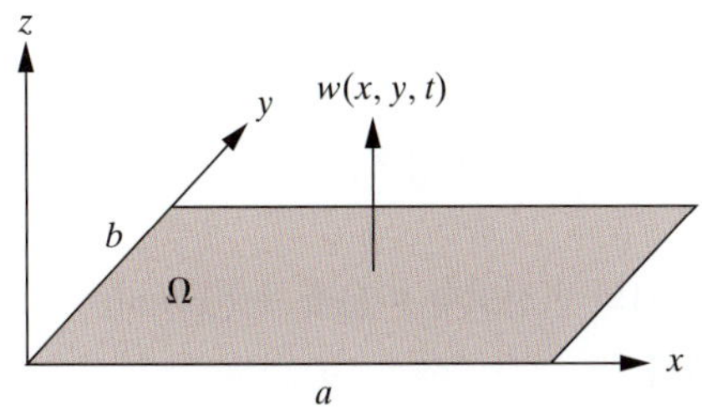

그림 6.14 사각형 박막의 수직진동을 나타내는 그림. 경계조건은 박막의 가장자리에서 지정되어 있다(즉 $x = a, x = 0, y = b, y = 0$인 직선에서 지정).

여기서 박막과 평판의 방정식을 유도하지는 않지만 줄과 오일러–베르누이 보 방정식을 유도할 때 사용했던 논의에 따라 구한다.

먼저 박막의 진동방정식을 고려해 보자. 박막은 기본적으로 2차원 시스템이며 평형상태에서 평면을 유지한다. 북이나 비누막 등은 박막으로 모델링할 수 있는 물체의 실질적인 예이다. 박막에서 그 구조물 자체로는 굽힘을 지탱하지 못하므로 장력에 의해서만 복원력이 생긴다. 따라서 박막은 줄과 비슷하다. 박막방정식(membrane equation)의 유도과정은 Weaver, Timoshenko, Young(1990)을 참조한다.

$w(x, y, t)$는 시간 t일 때 xy 평면상의 점 (x, y)에서의 z방향으로의 박막 변위를 나타낸다. 변위와 그 기울기는 매우 작고 변위는 xy 평면에 대해 수직이라고 가정한다. τ를 박막의 단위길이당 장력(일정), ρ를 박막의 단위면적당 질량이라 하면, 박막의 자유진동방정식은 다음과 같이 주어진다.

$$\tau\nabla^2 w(x,y,t) = \rho w_{tt}(x,y,t) \tag{6.113}$$

여기서 x와 y는 그림 6.14에서 표시한 것처럼 박막이 차지하는 영역 Ω 내에 있게 된다. ∇^2은 라플라스 연산자(*Laplace operator*)를 뜻하며, 직교좌표계에서 이 연산자는 다음 형태와 같다.

$$\nabla^2 = \frac{\partial^2}{\partial x^2} + \frac{\partial^2}{\partial y^2} \tag{6.114}$$

라플라스 연산자의 모양은 사용하는 좌표계에 따라 다르다. 예를 들어 북의 진동방정식은 원통좌표계에서 표현하면 가장 좋은 결과를 얻을 수 있다. 이 절에서 고려한 사각형 박막에 대해 식 (6.113)을 표현하면 다음과 같다.

$$\frac{\partial^2 w(x, y, t)}{\partial x^2} + \frac{\partial^2 w(x, y, t)}{\partial y^2} = \frac{1}{c^2}\frac{\partial^2 w(x, y, t)}{\partial t^2} \tag{6.115}$$

여기서 $c = \sqrt{\tau/\rho}$이다. 박막의 경계조건은 경계 형상을 따라서 지정되어야 한다. 그러나 줄의 경우에서는 한 점에 대한 경계조건이 사용되었다. 만일 박막이 경계의 일부분에서 고정되었으면, 그 부분에서 박막의 변위는 영이 되어야 한다. $\partial\Omega$를 박막의 가장자리(즉 Ω의 경계)에 해당되는 xy평면에서의 곡선이라 하면, 박막이 고정되는 경계조건에 대한 표현식은 다음과 같다.

$$w(x, y, t) = 0 \quad (x, y \in \delta\Omega\text{인 경우}) \tag{6.116}$$

$\partial\Omega$의 일부분, 즉 $\partial\Omega_1$에서 박막이 횡방향으로 자유롭게 운동을 한다면 이 경우는 횡방향으로 아무런 힘이 작용하지 않는 상태이고 경계조건은 다음과 같다.

$$\frac{\partial w(x, y, t)}{\partial n} = 0 \quad (x, y \in \partial\Omega_1\text{인 경우}) \tag{6.117}$$

여기서 $\partial/\partial n$은 박막평면의 경계에서 변위 $w(x, y, t)$의 법선방향 미분을 뜻한다. 다음 예제에서 박막진동 문제의 해를 구하는 절차를 설명하고자 한다.

예제 6.6.1

그림 6.14에서 나타낸 사각형 박막의 진동을 고려하자. 그 박막의 모든 가장자리는 고정되어 있다. 운동방정식은 식 (6.115)와 같이 표현된다. 만일 $a = b = 1$일 때 박막의 진동의 고유진동수와 모드형상을 구하라.

풀이 진동방정식의 해를 변수분리된 형태로 표시하면 $w(x, y, t) = X(x)Y(y)T(t)$가 되고, 따라서 식 (6.115)는 다음과 같다.

$$\frac{1}{c^2}\frac{\ddot{T}}{T} = \frac{X''}{X} + \frac{Y''}{Y} \tag{6.118}$$

여기서 좌우변은 상수로 놓을 수 있으며, 이 상수를 $-\omega^2$으로 할 때 다음과 같으며,

$$\frac{\ddot{T}}{Tc^2} = -\omega^2 \tag{6.119}$$

이 식은 앞 절에서 설명한 했듯이 시간에 대한 방정식이다. 따라서 식 (6.118)로부터 다음 식을 얻는다.

$$\frac{X''}{X} = -\omega^2 - \frac{Y''}{Y} \tag{6.120}$$

앞에서와 동일한 논리로 X''/X와 Y''/Y는 모두 상수가 되어야 한다. 즉

$$\frac{X''}{X} = -\alpha^2 \tag{6.121}$$

그리고

$$\frac{Y''}{Y} = -\gamma^2 \tag{6.122}$$

여기서 α^2 및 γ^2은 상수이다. 이제 식 (6.120)은 다음과 같다.

$$\omega^2 = \alpha^2 + \gamma^2 \tag{6.123}$$

이제 두 개의 공간방정식을 얻게 되는데, 먼저 X에 대한 식을 고려하면 다음과 같다.

$$X'' + \alpha^2 X = 0 \tag{6.124}$$

이 식의 해는 다음과 같으며, A, B는 적분상수이다.

$$X(x) = A\sin\alpha x + B\cos\alpha x \tag{6.125}$$

다음 Y에 대한 식은 다음과 같으며,

$$Y'' + \gamma^2 Y = 0 \tag{6.126}$$

이 식의 해는 다음과 같다.

$$Y(y) = C\sin\gamma y + D\cos\gamma y \tag{6.127}$$

여기서 C, D는 적분상수이다. 이제 공간방정식의 해 $X(x)Y(y)$를 표현하면 다음과 같다.

$$X(x)Y(y) = A_1 \sin\alpha x \sin\gamma y + A_2 \sin\alpha x \cos\gamma y + A_3 \cos\alpha x \sin\gamma y + A_4 \cos\alpha x \cos\gamma y \tag{6.128}$$

여기서 상수 A_i는 식 (6.125)와 식 (6.127)의 상수의 곱으로 이루어져 있으며, 이 값들은 박막의 경계조건 및 초기조건을 이용하여 계산할 수 있다.

이제 식 (6.128)과 경계조건을 이용하여 시스템의 고유값 및 고유함수를 계산하고자 한다. 그림 6.14에서와 같이 $x = 0$인 직선을 따라 박막이 고정되어 있으므로 다음 식을 얻는다.

$$T(t)X(0)Y(y) = T(t)(A_3 \sin\gamma y + A_4 \cos\gamma y) = 0$$

또는

$$A_3 \sin\gamma y + A_4 \cos\gamma y = 0 \tag{6.129}$$

여기서 식 (6.129)는 y의 모든 값에 대해 성립해야 한다. 따라서 γ가 영이 아닌 한(이것은 합리적인 가정이다. 왜냐하면 $\gamma = 0$일 때 시스템은 강체운동을 하기 때문이다) A_3와 A_4는 영이 되어야 한다. 그러므로 해는 다음과 같은 형태가 된다.

$$X(x)Y(y) = A_1 \sin\alpha x \sin\gamma y + A_2 \sin\alpha x \sin\gamma y \tag{6.130}$$

$x = 1$인 직선을 따라 경계조건 $w = 0$을 적용하면 다음과 같으며

$$A_1 \sin\alpha \ \sin\gamma y + A_2 \sin\alpha \cos\gamma y = 0 \tag{6.131}$$

이 식을 인수분해하면 다음을 얻는다.

$$\sin\alpha\,(A_1 \sin\gamma y + A_2 \cos\gamma y) = 0 \tag{6.132}$$

여기서 $\sin\alpha = 0$이든지 또는 앞에서와 같은 이유로 A_1 및 A_2가 영이 되어야 한다. 그러나 A_1 및 A_2가 영이 되면 해는 의미가 없게 된다. 따라서 의미 있는 해를 갖기 위해서는 $\sin\alpha = 0$이 되어야 한다. 즉

$$\alpha = n\pi \qquad n = 1, 2, \cdots, \infty \tag{6.133}$$

또한 직선 $y = 1$ 및 $y = 0$을 따라서 경계조건 $w = 0$을 적용하면 비슷한 과정을 거쳐 다음과 같은 결과를 얻는다.

$$\gamma = m\pi \qquad m = 1, 2, \cdots, \infty \tag{6.134}$$

여기서 식 (6.130)을 얻기 위해 $\gamma \neq 0$을 가정했기 때문에, 역시 $\gamma = \alpha = 0$의 가능성은 고려하지 않는다. 식 (6.123)으로부터 시간에 대한 방정식의 상수 ω를 쉽게 얻을 수 있다.

$$\omega_{mn} = \sqrt{\alpha_n^2 + \gamma_m^2} = \pi\sqrt{m^2 + n^2} \quad m, n = 1, 2, 3, \cdots, \infty$$

그러므로 가장자리가 고정된 박막의 고유값 및 고유함수는 각각 $\pi\sqrt{m^2 + n^2}$과 $\{\sin n\pi x \sin m\pi y\}$가 된다(왜냐하면 $A_2 = a_3 = a_4 = 0$). 식 (6.115)의 해는 다음과 같다.

$$w(x, y, t) = \sum_{m=1}^{\infty}\sum_{n=1}^{\infty}(\sin m\pi x \sin n\pi y)\{A_{mn}\sin\sqrt{n^2+m^2}\,c\pi t + B_{mn}\cos\sqrt{n^2+m^2}\,c\pi t\} \quad (6.135)$$

여기서 A_{mn} 및 B_{mn}은 초기조건으로 구할 수 있다. 이를 확인하기 위해 식 (6.135)에 모드형상(sin $m\pi x$ sin $n\pi y$)을 곱하고, 박막의 가장자리를 따라 dx와 dy에 대해 적분한다. 함수 집합{sin $m\pi x$ sin ny}는 모두가 직교하므로 합은 한 개의 항만 남는다.

$$\int_0^1\int_0^1 w(x, y, t)\sin m\pi x \sin n\pi y\, dx\, dy = \frac{1}{4}\left(A_{mn}\cos\omega_{mn}ct + B_{mn}\sin\omega_{mn}ct\right) \quad (6.136)$$

식 (6.136)에 초기조건을 적용하기 위해 $t = 0$을 대입하면 다음 식을 얻는다.

$$A_{mn} = 4\int_0^1\int_0^1 w(x, y, 0)\sin m\pi x \sin n\pi y\, dx\, dy$$

식 (6.136)을 미분하여 $t = 0$을 대입하면

$$B_{mn} = \frac{4}{\omega_{mn}c}\int_0^1\int_0^1 w_t(x, y, 0)\sin m\pi x \sin n\pi y\, dx\, dy$$

이 마지막 두 식은 전개계수 A_{mn} 및 B_{mn}을 초기변위 $w_t(x, y, 0)$ 및 초기속도 $w_t(x, y, 0)$의 항으로 표시했다.

박막의 모드형상은 다음과 같은 함수로 표현된다.

$$w_{nm}(x, y) = \sin m\pi x \sin n\pi y, \quad m = 1, 2, \cdots, \quad n = 1, 2, \cdots$$

첫 번째 모드는 $m = n = 1$인 경우이다. 만일 초기변위가 영이면[즉 $w(x, y, 0) = 0$], 계수 B_{mn} 모두가 영이 된다. 또한 만일 초기속도 $w(x, y, 0)$을 선택할 때 A_{11}을 제외한 모든 계수 A_{mn}을 영이 되게 한다면, 박막 진동의 해는 다음과 같다.

$$w_{11}(x, y, t) = (A_{11}\sin\omega_{11}ct)\sin\pi x \sin\pi y$$

여기서 $\omega_{11} = \pi\sqrt{2}$이다. 이 식은 박막이 단일 진동수 $\pi\sqrt{2}$ rad/s로 진동할 때 박막의 기초 모드형상을 나타낸다.

w_{nm}의 표현식으로부터 $m = 1, n = 2$일 때의 고유진동수와 $m = 2, n = 1$일 때의 고유진동수는 일치하고 있음을 알 수 있다(즉 $\omega_{12} = \omega_{21} = \pi\sqrt{5}$). 그러나 모드형상은 서로 다르다는 것에 유의해야 한다.

$$w_{12}(x, y, t) = (A_{12}\sin c\pi\sqrt{5}t)\sin\pi x \sin 2\pi y$$
$$w_{21}(x, y, t) = (A_{21}\sin c\pi\sqrt{5}t)\sin 2\pi x \sin\pi y$$

따라서 박막은 같은 주파수 $c\pi\sqrt{5}$에서 두 가지 다른 방법으로 진동하고 있음을 알 수 있다[즉 다른 절선(nodal line)이 나타난다].

이 예제로부터 모드형상은 x 및 y의 함수로 표현됨을 알 수 있고, 또한 박막이 어떤 특정 고유진동수로 진동하고 있을 때, 박막모드의 절점(node)들은 박막 내에서 절선, 즉 운동이 없는 선을 형성하게 된다. 이 해석 결과는 실험으로 쉽게 증명할 수 있다.

줄의 진동에서 보의 횡진동으로 나아갈 때 보의 운동방정식은 보의 굽힘 강성을 고려했다. 비슷한 방법으로 평판운동과 박막운동의 차이점은 평판이 굽힘 강성을 갖고 있다는 사실이다. 이에 대한 자세한 설명과 평판의 운동방정식의 유도에 관한 사항은 Reismann(1988)을 참고하기 바란다. 기본적으로 평판(plate)은 박막과 같이 xy평면에서 정의 되며, 평판의 변위 $w(x, y, t)$는 xy평면에 수직인 z방향으로 일어난다. 또한 기본적인 가정은 평판의 두께 h에 비해 변위가 매우 작다는 것이다. 따라서 평판의 가운데를 지나는 평면은 굽힘이 일어나는 동안 수축 및 팽창되지 않는다고 가정한다. 이 평면을 **중립평면**(*neutral plane*)이라 한다. 또한 판의 횡방향으로 작용하는 수직응력은 무시할 수 있다고 가정한다. 다시 말해 두께의 변화는 없다고 가정한다. 이러한 평판의 자유진동 운동방정식은 다음과 같다.

$$-D_E \nabla^4 w(x, y, t) = \rho w_{tt}(x, y, t) \tag{6.137}$$

여기서 E는 탄성계수를 나타내고, ρ는 질량밀도이며, 상수 D_E는 평판의 굽힘 강성이다. D_E는 탄성계수 E, 푸아송비 ν 및 평판의 두께 h에 의해 다음과 같이 정의된다.

$$D_E = \frac{Eh^3}{12(1 - \nu^2)} \tag{6.138}$$

연산자 ∇^4는 **중조화 연산자**(*biharmonic operator*)라고 불리며 4차 미분을 갖는 연산자이다. ∇^4의 정확한 형태는 좌표계에 따라 다르다. 직각좌표계의 경우 중조화 연산자는 다음과 같다.

$$\nabla^4 = \frac{\partial^4}{\partial x^4} + 2\frac{\partial^4}{\partial x^2 \partial y^2} + \frac{\partial^4}{\partial y^4} \tag{6.139}$$

평판의 경계조건은 다소 복잡하며, 사용하는 좌표계에 따라 형태가 바뀐다.

고정경계(clamped edge)에서는 경계를 따라서 변위 및 법선방향 미분 $\partial/\partial n$이 모두 영이다. 즉

$$w(x, y, t) = 0 \quad \text{그리고} \quad \frac{\partial w(x, y, t)}{\partial n} = 0 \ (\partial\Omega\text{를 따라 } x, y\text{에서}) \tag{6.140}$$

여기서 법선방향 미분은 중립평면에서 판의 경계에 수직방향으로 w의 미분을 뜻한다. 사각형 평판에서 단순지지된 경계조건은 다음과 같다.

$$w(x, y, t) = 0 \quad (\text{모든 경계에서}) \tag{6.141}$$

$$\frac{\partial^2 w(x, y, t)}{\partial x^2} = 0 \quad (\text{경계 } x = 0, x = l_1\text{에서}) \tag{6.142}$$

$$\frac{\partial^2 w(x, y, t)}{\partial y^2} = 0 \quad (\text{경계 } y = 0, y = l_2\text{에서})$$

여기서 l_1 및 l_2는 평판 경계의 길이이며, 2차 편미분은 평판경계에서의 수직방향(법선방향)변형률을 의미한다.

이러한 평판 모델은 기본적으로 오일러-베르누이 보의 2차원 확장에 해당되며, 또한 **얇은 평판 이론**(*thin plate theory*)이라 한다. 그러므로 이 이론은 회전관성과 전단변형을 무시할 수 있는 경우에만 사용된다. 평판의 운동방정식에 전단변형 및 회전관성의 효과를 첨가하면, 운동방정식이 개선되고 이는 티모셴코 보의 2차원 확장에 해당된다. 이것을 민들린-티모셴코(Mindlin-Timoshenko) 이론이라 하며, 이 책에서는 더 이상 언급하지 않는다(예: Magrab, 1979 참조).

6.7 감쇠 모델

앞의 여섯 절에서는 진동 모델에 대해 논의하면서 에너지 소산(energy dissipation)을 고려하지 않았다. 집중질량 시스템에 대해 4.5절에서 고찰한 것처럼 감쇠는 두 가지 방법, 즉 모드감쇠(modal damping) 또는 실제 감쇠(physical damping) 모델로 도입할 수 있다. 1자유도 시스템 모델에서 물리적 현상뿐 아니라 수학적 편의성을 고려해서 점성감쇠를 많이 사용했다. 여기서도 마찬가지로 점성감쇠를 사용한다.

감쇠를 적용하는 간단한 방법은 변수분리 후 시간방정식(temporal equation)에 적용하는 것이다. 예를 들어 줄의 진동에 대한 시간방정식 (6.24)를 고려해 보자.

$$\ddot{T}_n(t) + \sigma_n^2 c^2 T_n(t) = 0 \quad n = 1, 2, \cdots$$

이 식은 집중질량 시스템에 대한 식 (4.85)에 대응하는 분포매개변수 시스템에서의 식으로 **모드방정식**(*modal equation*)이라 할 수 있다. 식 (6.24)에 모드감쇠를 적용하기 위해 다음 항을 포함시킨다.

$$2\zeta_n \omega_n \dot{T}_n(t) \quad n = 1, 2, 3, \cdots \tag{6.143}$$

여기서 ω_n은 n번째 고유진동수이고, ζ_n은 n번째 모드감쇠비이다. 식 (4.123)에서와 같이 감쇠비 ζ_n은 경험이나 실험에 의해 결정된다. 보통 ζ_n은 0에서 1 사이의 작은 양수인데, 주로 $\zeta_n \le 0.05$인 값을 갖는다.

일단 모드감쇠비가 주어지면, 식 (6.143)의 감쇠항을 식 (6.24)에 포함시켜 다음 식을 얻는다.

$$\ddot{T}(t) + 2\zeta_n \omega_n \dot{T}(t) + \omega_n^2 T_n(t) = 0 \quad n = 1, 2, 3, \cdots \tag{6.144}$$

여기서 $\omega_n = \sigma_n c$이다. 부족감쇠(underdamped case)의 경우 해는 다음과 같다(윈도우 6.5 참조).

$$T_n(t) = A_n e^{-\zeta_n \omega_n t} \sin(\omega_{dn} t + \phi_n) \quad n = 1, 2, 3, \cdots \tag{6.145}$$

여기서 $\omega_{dn} = \omega_n \sqrt{1 - \zeta_n^2}$이고 A_n과 ϕ_n은 초기조건에 의해 결정되는 상수이다. 일단 시간방정식의 계수가 결정되면, 해의 나머지 부분을 구하는 절차는 6.2절에서 주어진 바와 같다.

윈도우 6.5 | 1자유도 감쇠 시스템

$m\ddot{x} + c\dot{x} + kx = 0$, $x(0) = x_0$, $\dot{x}(0) = \dot{x}_0$(또는 $\ddot{x} + 2\zeta\omega_n\dot{x} + \omega_n{}^2x = 0$)의 해는 부족 감쇠의 경우($0 < \zeta < 1$) 다음과 같다.

$$x(t) = Ae^{-\zeta\omega_n t}\sin(\omega_d t + \phi)$$

여기서 $\omega_n = \sqrt{k/m}$, $\zeta = c/2m\omega_n$ 그리고 식 (1.36), (1.37), (1.38)로 부터 다음을 얻는다.

$$A = \left[\frac{(\dot{x}_0 + \zeta\omega_n x_0)^2 + (x_0\omega_d)^2}{\omega_d^2}\right]^{1/2} \qquad \phi = \tan^{-1}\frac{x_0\omega_d}{\dot{x}_0 + \zeta\omega_n x_0}$$

예제 6.7.1

초기변위 $w(x, 0) = 2(x/l)$ cm이고, 초기속도 $w_t(x, 0) = 0$을 갖는 예제 6.3.1의 막대의 응답을 구하라. 단, 각 모드의 모드감쇠비는 모두 0.01로 가정한다.

풀이 예제 6.3.1로부터 모드형상은 $a_n \sin[(2n-1)\pi x/2l]$이고, 비감쇠 고유진동수는 다음과 같으며,

$$\omega_n = \sigma_n\sqrt{\frac{E}{\rho}} = \frac{(2n-1)\pi}{2l}\sqrt{\frac{E}{\rho}} \text{ rad/s}$$

모드감쇠비를 0.01로 선택했으므로 감쇠 고유진동수는 다음과 같다.

$$\omega_{dn} = \omega_n\sqrt{1-\zeta_n^2} = 0.9999\,\frac{2n-1}{2l}\,\pi\sqrt{\frac{E}{\rho}} \text{ rad/s}$$

식 (6.145)로부터 시간에 대한 방정식의 해는 다음과 같으므로,

$$T_n(t) = A_n e^{-0.01\omega_n t}\sin(\omega_{dn}t + \phi_n)$$

전체 해는 다음과 같다.

$$w(x, t) = \sum_{n=1}^{\infty} A_n e^{-0.01\omega_n t}\sin(\omega_{dn}t + \phi_n)\sin\frac{2n-1}{2l}\pi x \tag{6.146}$$

이 식에 초기조건을 적용하면(2 cm를 0.02 m로 변경) 다음과 같으며,

$$0.02\left(\frac{x}{l}\right) = \sum_{n=1}^{\infty} A_n \sin\phi_n \sin\sigma_n x$$

이 식에 $\sin\sigma_m x$를 곱하고 막대의 전 길이에 대해 적분하면 다음과 같이 나타낼 수 있다.

$$\frac{0.02}{l}\int_0^l x\sin\sigma_m x\,dx = \frac{0.02}{l\sigma_m^2}(-1)^{m+1} = \sum_{n=1}^{\infty} A_n\sin\phi_n\int_0^l \sin\sigma_n x\sin\sigma_m x\,dx \tag{6.147}$$

식 (6.147)의 오른쪽 적분항은 모드의 직교성을 이용하면 다음과 같다.

$$\int_0^l \sin\sigma_n x \sin\sigma_m x dx = \left(\frac{l}{2}\right)\delta_{mn} \tag{6.148}$$

따라서 식 (6.147)의 합에 직교성의 조건을 대입하면 다음과 같으며,

$$\frac{0.02}{l\sigma_m^2}(-1)^{m+1} = (A_m \sin\phi_m)\left(\frac{l}{2}\right) \qquad m = 1, 2, \cdots \tag{6.149}$$

이 식은 미정계수 A_m과 ϕ_m을 계산할 수 있는 두 식 중 하나이다. 미정계수 A_m과 ϕ_m에 대한 나머지 식은 초기속도 조건으로 구할 수 있다.

$$\begin{aligned} w_t(x, t) &= 0 \\ &= \sum_{n=1}^{\infty} A_n\left[-0.01\omega_n e^{-0.01\omega_n t}\sin\left(\omega_{dn}t + \phi_n\right) + e^{-0.01\omega_n t}\omega_{dn}\cos\left(\omega_{dn}t + \phi_n\right)\right]\sin\sigma_n x \end{aligned}$$

이 식에 $\sin\sigma_m x$를 곱하고, 막대의 전 길이에 대해 적분하고 고유함수의 직교성을 이용하면 다음 식을 얻는다.

$$0 = A_m\left(-0.01\omega_n \sin\phi_m + \omega_{dm}\cos\phi_m\right)\frac{l}{2} \qquad m = 1, 2, \cdots$$

여기서 $A_m \neq 0$이므로 괄호 안의 항이 영이 되어야 한다.

$$\tan\phi_m = \frac{\sqrt{1-\zeta^2}}{0.01} = 99.9949 \qquad m = 1, 2, \cdots$$

따라서 $\phi_m = 1.5607$이 된다. 이 값은 거의 $\pi/2$ rad 혹은 90°이다. 이 값을 식 (6.149)에 대입하면 다음과 같으므로,

$$A_m = \frac{0.04}{l^2\sigma_m^2}(-1)^{m+1} \qquad m = 1, 2, \cdots$$

일반해는 식 (6.146)으로부터 다음 식을 얻는다.

$$w(x, t) = \sum_{n=1}^{\infty}\left(\frac{0.04}{l^2\sigma_n^2}(-1)^{n+1}\right)e^{-0.01\omega_n t}\cos\omega_{dn}t \sin\sigma_n x \tag{6.150}$$

여기서 $\sigma_n = (2n-1)\pi/2l$, $\omega_n = \sigma_n\sqrt{E/\rho}$, $\omega_{dn} = 0.9999\omega_n$이다.

다음은 실제 감쇠 모델(physical model of damping)을 고려해 보자. 실제 감쇠는 1자유도 집중매개변수 시스템에서 설명했듯이 명확히 정의하거나 수식화하기 어렵다. 이 절에서는 몇 가지 흔히 볼 수 있는 감쇠 예를 설명하고자 한다. 먼저 공기와 같은 외부 유체의 감쇠기능 효과이다. 줄이나 박막 혹은 보가 횡방향으로 진동할 때 주변의 공기를 밀어 움직이면서 속도에 비례하는 비보존력이 생성되어 에너지 감소가 야기된다[좀 더 구체적인 설명은 Blevins(1977) 참조].

경우에 따라 이러한 에너지 소산은 $\gamma w_t(x, t)$ 형태의 선형 점성감쇠로 근사화할 수 있다. 여기서 γ는 일정한 감쇠계수이다. 이 경우 양단이 고정된 줄의 진동방정식은 다음과 같다.

$$\rho A w_{tt}(x, t) + \gamma w_t(x, t) - \tau w_{xx}(x, t) = 0$$

$$w(0, t) = 0, \quad w(l, t) = 0 \tag{6.151}$$

여기서 ρA 및 τ는 식 (6.4)에서 정의되는 밀도 및 장력이고 l은 줄의 길이이다. 가장자리가 고정되고 유체 속에서 진동하는 사각형 박막의 진동방정식은 다음과 같다.

$$\rho w_{tt}(x, y, t) + \gamma w_t(x, y, t) - \tau\left[w_{xx}(x, y, t) + w_{yy}(x, y, t)\right] = 0$$

$$w(0, y, t) = w(l, y, t) = w(x, 0, t) = w(x, l, t) = 0 \tag{6.152}$$

여기서 ρ 및 τ는 식 (6.113)에서 정의된 것과 같고 l은 박막의 각 변의 길이이다.

내부감쇠는 운동방정식을 유도할 때 포함되는 여러 힘과 모멘트를 검토함으로써 모델링할 수 있다. 예를 들어 그림 6.10을 통해 식 (6.91)과 같이 모델링된 오일러-베르누이 굽힘 진동 모델을 고려하자. 내부 감쇠를 고려하는 방법은 보의 변형률속도(rate of strain)에 비례하는 점성감쇠를 도입하면 된다. 공기에 의한 점성감쇠(외부감쇠) 및 변형률속도 감쇠(내부감쇠)를 고려한 보의 운동방정식은 다음과 같으며,

$$\rho A w_{tt}(x, t) + \gamma w_t(x, t) + \beta \frac{\partial^2}{\partial x^2}\left[I \frac{\partial^3 w(x, t)}{\partial x^2 \partial t}\right] + \frac{\partial^2}{\partial x^2}\left[EI \frac{\partial^2 w(x, t)}{\partial x^2}\right] = 0 \tag{6.153}$$

일단이 고정되고 타단 자유인 막대의 경우 경계조건은 다음과 같다.

$$\begin{aligned} w(0, t) &= w_x(0, t) = 0 \\ EIw_{xx}(l, t) + \beta I w_{xxt}(l, t) &= 0 \\ \frac{\partial}{\partial x}\left[EIw_{xx}(l, t) + \beta I w_{xxt}(l, t)\right] &= 0 \end{aligned} \tag{6.154}$$

여기서 E, I, ρ, A는 식 (6.91)에서 정의한 바와 같으며, γ 및 β는 감쇠를 나타내는 상수이다. 만일 $I(x)$가 일정하면 경계조건과 운동방정식은 다소 간단해진다. 변형률속도 감쇠를 고려하면 운동방정식은 물론 경계조건도 변화된다. $I(x)$가 일정한 경우 경계조건의 변화는 해에 전혀 영향을 미치지 않는다. 이러한 운동방정식의 실험적 입증에 대해서는 Cudney & Inman(1989)에 잘 나와 있다. 변형률속도 감쇠를 캘빈-보이트 감쇠(*Kelvin-Voigt damping*)라고도 한다.

위에서 언급한 실제 감쇠 모델을 갖는 시스템의 해를 구하는 방법은 일정한 매개변수(즉 E, I, ρ는 상수)일 때는 비감쇠 시스템의 경우와 동일하다. 이것은 집중매개변수 시스템에서와 같이 감쇠항이 유효질량항과 유효강성항에 비례하기 때문이다. 이러한 주제에 대해서는 Caughey & O'Kelly(1965)에서 자세히 다루고 있다. 다음 예제에서 비례감쇠 시스템의 해를 구하는 방법으로 모드해석법을 자세히 설명하고자 한다.

예제 6.7.2

식 (6.151)과 같이 표현되는 줄의 감쇠진동 해를 모드해석법으로 구하라. 변수분리법[즉 $w(x, t) = T(t)X(x)$를 대입]을 이용하여 식 (6.151)을 다시 쓰면 다음과 같다.

$$\frac{\rho A\ddot{T} + \gamma\dot{T}}{\tau T} = \frac{X''}{X} = \text{constant} = -\sigma^2$$

이 식에서 시간방정식과 공간방정식 두 개의 방정식을 얻는다. 공간방정식 $X''(x) + \sigma^2 X(x) = 0$은 두 개의 경계조건을 필요로 하는데, 이 식은 6.2절에서 풀이했으며 $X_n(x) = a_n \sin(n\pi x/l)$, $\sigma_n = n\pi/l$, $n = 1, 2, 3, \cdots$이다. 이 결과를 시간방정식에 대입하면 다음과 같다.

$$\ddot{T}_n(t) + \frac{\gamma}{\rho A}\dot{T}_n(t) + \frac{\tau}{\rho A}\left(\frac{n\pi}{l}\right)^2 T_n(t) = 0 \tag{6.155}$$

이 식의 $\dot{T}_n(t)$의 계수와 $2\zeta_n\omega_n$과 비교하면 다음과 같으며,

$$\zeta_n = \frac{1}{2\omega_n}\frac{\gamma}{\rho A} = \frac{\gamma l}{2n\pi\sqrt{\tau\rho A}} \tag{6.156}$$

이 시간방정식 (6.155)의 해는 다음과 같다(윈도우 6.4 참조).

$$T_n(t) = A_n e^{-\zeta_n\omega_n t}\sin(\omega_{dn}t + \phi_n)$$

여기서 $\omega_{dn} = \omega_n\sqrt{1 - \zeta_n^2}$이다. 따라서 전체 해는 다음과 같다.

$$w(x, t) = \sum_{n=1}^{\infty} A_n e^{-\zeta_n\omega_n t}\sin\left(\omega_{dn}t + \phi_n\right)\sin\frac{n\pi x}{l}$$

여기서 A_n과 ϕ_n은 고유함수의 직교성과 초기조건을 이용하여 결정할 수 있다.

감쇠는 구조물의 경계에서도 모델링될 수 있다. 사실 많은 예에서 보면 변형률속도 감쇠와 같은 내부감쇠보다 구조물의 연결부위 등에서 진동에너지의 감쇠가 더 많다. 예를 들면 6.5절에서 언급한 막대의 종방향 진동 문제는 그림 6.15와 같이 집중스프링 및 감쇠기가 막대에 부착된 것으로 모델링할 수 있다.

운동방정식은 식 (6.56)과 같으나, 경계조건은 x방향의 힘의 합력을 구함으로써 다음과 같이 나타난다.

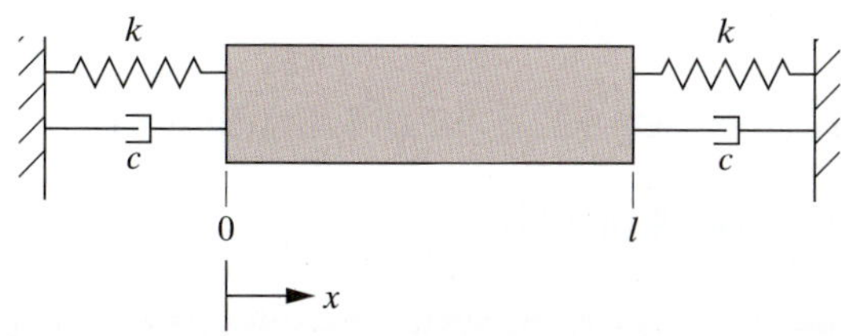

그림 6.15 양단고정 막대의 종방향 진동에서 고정부를 점성감쇠 c와 강성 k로 표시

$$AE\frac{\partial w(0,t)}{\partial x} = kw(0,t) + c\frac{\partial w(0,t)}{\partial t}$$

$$AE\frac{\partial w(l,t)}{\partial x} = -kw(l,t) - c\frac{\partial w(l,t)}{\partial t} \tag{6.157}$$

이 새로운 경계조건은 직교성과 시스템의 시간방정식의 해에 영향을 미친다.

6.8 강제진동응답을 위한 모드해석법

분포매개변수 시스템의 강제진동응답은 4.6절에서 집중매개변수 시스템에 대해 설명한 모드해석법을 이용하여 구할 수 있다. 모드해석법을 이용하는 가장 중요한 이유는 자유진동 문제에서 구한 고유함수의 직교성 때문이다. 고유함수의 직교성을 이용함으로써 분리된 모드방정식에 대한 시간응답으로 전체 응답을 구할 수 있게 된다. 모드해석법은 윈도우 6.6에 요약되어 있고, 다음 예제에서 자세히 설명하고자 한다.

윈도우 6.6 | 분포매개변수 시스템에 대한 전체 강제응답의 모드해석법

1. 비감쇠 제차 시스템의 정규모드형상 $X_n(x)$와 고유진동수 ω_n을 구하라.
2. 변수분리 $w(x, t) = X_n(x)T_n(t)$로 가정하여 이것을 운동방정식에 대입한다.
3. 2단계의 결과에 $X_n(x)$를 곱하고 구조물(줄, 막대, 축, 및 보의 경우에 구조물의 길이)에 걸쳐 적분하면 다음과 같은 모드 힘함수 $f_n(t)$로 가진되는 $T_n(t)$의 방정식이 된다.

$$f_n(t) = \int_0^l F(x,t)X_n(x)dx$$

4. 1자유도 시스템에 대한 2장과 3장의 방법을 사용하여 $T_n(t)$의 형태로 시간에 대한 2계 상미분방정식을 풀이한다.
5. 주어진 초기조건 $w(x, 0)$와 $w_t(x, 0)$에서 $w(x, t) = X_n(x)T_n(t)$를 대입하고 x에 대해 적분하여 각 $T_n(t)$에 대한 모드 초기조건을 계산한다.

$$w(x,0) = X_n(x)T_n(0) \Rightarrow T_n(0) = \int_0^l X_n(x)w(x,0)\,dx$$

$$w_t(x,0) = X_n(x)\dot{T}_n(0) \Rightarrow \dot{T}_n(0) = \int_0^l X_n(x)w_t(x,0)\,dx$$

6. 적절한 힘함수와 4단계에서 얻은 $T_n(t)$에 대한 표현으로 초기조건에 대해 풀이한다.
7. 전체 응답의 합은 $w(x,t) = \sum_{n=1}^{\infty} X_n(x)T_n(t)$의 형태가 된다.

예제 6.8.1

양 끝이 고정된 줄(6.2절 참조)의 강제응답을 구하라. 줄의 길이는 l이고, 외부감쇠계수 γ를 갖고 있으며, 줄의 $l/4$ 되는 지점에서 단위임펄스가 작용한다. 초기조건은 모두 영으로 가정한다.

풀이 운동방정식은 다음과 같다.

$$\rho A w_{tt}(x, t) + \gamma w_t(x, t) - \tau w_{xx}(x, t) = f(x, t) \tag{6.158}$$

여기서 $f(x, t) = \delta(x - l/4)\delta(t)$이다. $\delta(x - l/4)$는 단위힘이 $x = l/4$에 작용하는 것을 뜻하는 디랙델타 함수(Dirac delta function)이며, $\delta(t)$는 시간 $t = 0$일 때 힘이 작용하는 것을 뜻하는 함수이다. 이 문제의 경계조건은 $w(0, t) = w(l, t) = 0$이다. 양단이 고정된 줄의 비감쇠 자유진동의 고유함수는 식 (6.22)에서 주어진 바와 같이 다음과 같으며 변수분리법을 사용하여 구했다.

$$X_n(x) = a_n \sin\frac{n\pi x}{l}$$

해가 $w_n(x, t) = T_n(t)X_n(x)$의 형태가 된다고 가정하여, 이 식을 식 (6.158)에 대입하고, $X_n(x)$를 양변에 곱하여 줄의 전체 길이에 대해 적분하고 $T_n(t)$에 대해 풀이함으로써 모드해석법을 계속 진행한다. 이러한 절차에 따라 식 (6.158)은 다음과 같다.

$$\left\{\rho A\ddot{T}_n(t) + \gamma\dot{T}_n(t) - \tau\left[-\left(\frac{n\pi}{l}\right)^2\right]T_n(t)\right\}\sin\frac{n\pi x}{l} = \delta\left(x - \frac{1}{4}\right)\delta(t)$$

여기서 함수 X_n의 계수 a_n은 1로 가정했다. 양변에 $\sin(n\pi x/l)$을 곱하고 적분하면 다음과 같다.

$$\left[\rho A\ddot{T}_n(t) + \gamma\dot{T}_n(t) + \tau\left(\frac{n\pi}{l}\right)^2 T_n(t)\right]\frac{l}{2} = \delta(t)\int_0^l \delta(x - l/4)\sin\frac{n\pi x}{l}dx = \delta(t)\left(\sin\frac{n\pi}{4}\right)$$

이 식을 1자유도 진동 시스템의 운동방정식의 형태로 쓰면 다음과 같다.

$$\ddot{T}_n(t) + \frac{\gamma}{\rho A}\dot{T}_n(t) + \left(\frac{cn\pi}{l}\right)^2 T_n(t) = \left(\frac{2}{l\rho A}\sin\frac{n\pi}{4}\right)\delta(t) \quad n = 1, 2, \cdots \tag{6.159}$$

여기서 $c = \sqrt{\tau/\rho A}$이다. 식 (6.159)를 모드감쇠비, 고유진동수, 충격량 등을 이용하여 다시 쓰면 다음과 같다.

$$\ddot{T}_n(t) + 2\zeta_n\omega_n\dot{T}_n(t) + \omega_n^2 T_n(t) = \hat{F}_n\delta(t) \quad n = 1, 2, \cdots$$

이 식의 해는 식 (3.7) 및 (3.8)로부터 구할 수 있으며, 그 결과는 윈도우 6.7에 정리되어 있다. 윈도우 6.5에서 사용한 계수와 식 (6.159)의 계수를 비교할 때 모든 $n = 1, 2, 3, \cdots$에 대해 다음 식을 얻는다.

$$\omega_n = \frac{cn\pi}{l} = \frac{n\pi}{l}\sqrt{\frac{\tau}{\rho A}}$$

$$\hat{F}_n = \frac{2}{l\rho A}\sin\frac{n\pi}{4}$$

$$\zeta_n = \frac{\gamma l}{2cn\pi\rho A} = \frac{\gamma l}{2n\pi\sqrt{\tau\rho A}}$$

마찬가지로, n번째 감쇠 고유진동수는 다음과 같으며,

$$\omega_{dn} = \omega_n\sqrt{1-\zeta_n^2} = \frac{cn\pi}{l}\sqrt{1-\frac{\gamma^2 l^2}{4c^2n^2\pi^2\rho^2A^2}} \quad n = 1, 2, 3, \ldots$$
$$= \frac{1}{2\rho Al}\sqrt{(2cn\pi\rho A)^2 - \gamma^2 l^2} \quad n = 1, 2, 3, \ldots$$

이렇게 얻은 ω_n, ω_{dn}, ζ_n, $\hat{F}_n$을 윈도우 6.7의 결과 식에 대입하면, n번째 시간방정식의 해는 다음과 같이 얻는다.

$$T_n(t) = \frac{\hat{F}_n}{\omega_{dn}} e^{-\zeta_n\omega_n t}\sin\omega_{dn}t$$
$$= \frac{4\sin(n\pi/4)}{\sqrt{(2\rho Acn\pi)^2-(\gamma l)^2}} e^{-\gamma t/2\rho} A\sin\left[\frac{1}{2\rho lA}\sqrt{(2\rho Acn\pi)^2-(\gamma l)^2}\,t\right]$$

이 식과 $X_n = \sin(n\pi x/l)$을 결합하고, 모든 모드에 대한 해를 합하면, 전체해는 다음과 같다.

$$w(x,t) = \sum_{n=1}^{\infty}\frac{4\sin(n\pi/4)}{\sqrt{(2\rho Acn\pi)^2-(\gamma l)^2}} e^{-\gamma t/2\rho A}\sin\left[\left(\frac{1}{2\rho lA}\sqrt{(2\rho Acn\pi)^2-(\gamma l)^2}\right)t\right]\sin\frac{n\pi x}{l} \tag{6.160}$$

이 식은 한쪽 끝으로부터 $l/4$만큼 떨어진 지점에 단위임펄스가 작용했을 때 줄의 감쇠응답을 나타낸다. 자유진동에 대한 급수해와 유사하게 이 급수해는 수렴하고 있으므로 합당한 해를 얻기 위해 모든 항을 계산할 필요는 없다. 사실 처음 몇 항만 계산해도 충분하다(비슷한 예제의 결과인 그림 6.6 참조).

윈도우 6.7 | 1자유도 시스템 임펄스 응답해

임펄스에 대한 1자유도 부족감쇠계의 운동방정식은 다음과 같으며,

$$m\ddot{x} + c\dot{x} + kx = \hat{F}\delta(t)$$

$\delta(t)$는 단위 임펄스이고, 식 (3.7)과 (3.8)에 의해 다음과 같다.

$$x(t) = \frac{\hat{F}}{m\omega_d} e^{-\zeta\omega_n t}\sin\omega_d t$$

여기서 $\omega_n = \sqrt{k/m}$, $\zeta = c/2m\omega_n$, $\omega_d = \omega_n\sqrt{1-\zeta^2}$이고, $0 < \zeta < 1$이어야 한다.

임펄스에 대한 1자유도 시스템의 응답인 임펄스응답함수를 이용하여 임의의 일반적인 가진력에 대한 응답을 계산할 수 있었다. 이러한 사실은 3.2절에서 설명했다. 임의의 가진력에 대한 분포매개변수 시스템의 응답은 모드 임펄스응답함수를 정의함으로써 임펄스응답함수의 개념을 이용하여 계산할 수 있다.

3.2절에서 자세히 설명한 1자유도 부족감쇠 시스템의 일반 가진력에 대한 해를 윈도우 6.8에 정리했다. 예제 6.8.1에서 얻은 임펄스응답의 결과와 윈도우 6.8의 결과를 이용하면 임의의 가진력에 대한 감쇠분포 시스템의 응답을 계산할 수 있다. 임펄스응답의 경우와 마찬가지로 예제를 통해 그 과정을 설명하고자 한다.

윈도우 6.8 | 3.2절의 임의의 기진력에 대한 부족감쇠 시스템의 응답

초기조건이 영인 다음과 같은 부족감쇠 시스템이 주어진다.

$$m\ddot{x} + c\dot{x} + kx = F(t)$$

이 식의 응답($0 < \zeta < 1$)은 다음과 같다.

$$x(t) = \frac{1}{m\omega_d} e^{-\zeta\omega_n t} \int_0^t F(\tau)\, e^{\zeta\omega_n \tau} \sin \omega_d (t - \tau)\, d\tau$$

여기서 $\omega_n = \sqrt{k/m}$, $\zeta = c/2m\omega_n$, $\omega_d = \omega_n\sqrt{1 - \zeta^2}$이다. 영이 아닌 초기조건을 적용하면 다음과 같다.

$$x(t) = Ae^{-\zeta\omega_n t} \sin(\omega_d t + \phi) + \frac{1}{\omega_d} e^{-\zeta\omega_n t} \int_0^t f(\tau)\, e^{\zeta\omega_n \tau} \sin \omega_d (t - \tau)\, d\tau$$

여기서 $f = F/m$이고 A과 ϕ는 초기조건에 의해 결정되는 상수이다.

예제 6.8.2

그림 6.16에서 나타나 있듯이 건물 2층에 회전기계가 설치되어 있다. 이 기계는 진동수 3 rad/s에서 100 N의 힘으로 2층의 지지보를 가진하고 있다. 건물 2층의 지지보를 단순지지된 비감쇠 오일러-베르누이 보로 모델링하여 강제응답을 계산하라.

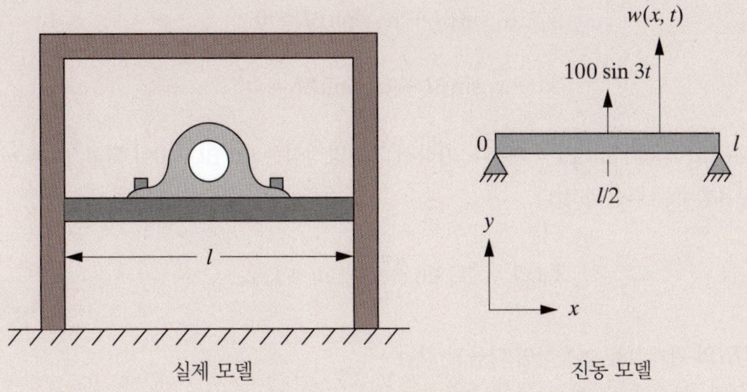

그림 6.16 2층 중앙 지지보 위에 불균형 회전기계가 설치된 건물의 모델. 이 진동 모델은 단순지지된 보의 중앙에 조화가진력이 작용하는 모델로 단순화할 수 있다.

풀이 이 문제는 그림 6.16의 오른쪽 스케치와 같은 보로 모델링할 수 있다. 이 보의 운동방정식은 식 (6.92)와 길이 주어지고, 경계조건은 식 (6.95)와 같다. 아울러 가진력은 100 sin 3t로 표현되며, 이 시스템의 강제응답은 다음 방정식의 해를 구하는 것과 같다.

$$w_{tt}(x, t) + c^2 w_{xxxx}(x, t) = 100 \sin 3t\, \delta\left(x - \frac{l}{2}\right) \tag{6.161}$$

이 식의 경계조건은 $w(0, t) = w(l, t) = w_{xx}(0, t) = w_{xx}(l, t) = 0$이다. 또한 이 식에서 $c = \sqrt{EI/\rho A}$이다. 조화가진력(시간에 대한 함수)이 주어졌으므로 식 (2.8)을 사용하여 시간방정식을 풀도록 한다. 식 (6.161)에 있는 디랙델타(Dirac delta)함수는 힘이 $l/2$인 지점에서만 작용하고 x를 따라 어디에도 작용하지 않는 것을 나타내는 데 사용된다. 먼저 공간모드형상을 구하기 위해 식 (6.161)을 제차식으로 표현하여 변수분리법을 적용한다. 이를 위해 $w(x, t) = T(t)X(x)$를 식 (6.161)에 대입하고 정리하면 다음과 같으며,

$$\frac{\ddot{T}(t)}{T(t)} = -c^2 \frac{X''''(x)}{X(x)} = -\omega^2$$

이 식은 식 (6.97)과 같다. 이 식으로부터 식 (6.98)과 식 (6.102)를 구하고, 공간방정식 (6.102)의 해는 다음과 같다.

$$X(x) = \alpha_1 \sin \beta x + \alpha_2 \cos \beta x + \alpha_3 \sinh \beta x + \alpha_4 \cosh \beta x \tag{6.162}$$

여기서 $\beta^4 = \rho A \omega^2 / EI$이다. 이 식에 식 (6.95)로 주어지는 네 개의 경계조건을 적용하면 고유함수를 얻을 수 있다. $x = 0$에서 변위가 영이 되는 조건[즉 $X(0) = 0$]을 적용하면 $a_2 + a_4 = 0$을 얻는다. 유사하게 $x = 0$에서 굽힘모멘트가 영이 되는 조건[즉 $X''(0) = 0$]을 적용하면 $-a_2 + a_4 = 0$을 얻는다. 따라서 $x = 0$에서의 경계조건을 만족하기 위해 $a_2 = a_4 = 0$을 얻는다. 따라서 식 (6.162)는 다음과 같다.

$$X(x) = \alpha_1 \sin \beta x + \alpha_3 \sinh \beta x \tag{6.163}$$

$x = l$에서의 경계조건을 적용하면 다음과 같으며,

$$\alpha_1 \sin \beta l + \alpha_3 \sinh \beta l = 0 \tag{6.164}$$

$$-\alpha_1 \sin \beta l + \alpha_3 \sinh \beta l = 0 \tag{6.165}$$

이 두 식의 해는 $a_3 = 0$과 $\sin \beta l = 0$이다. 따라서 특성방정식은 $\sin \beta l = 0$이 되고, $\beta l = n\pi$의 해를 얻는다. 이때 고유함수는 다음과 같다.

$$X_n(x) = A_n \sin \frac{n\pi x}{l} \quad n = 1, 2, \cdots \tag{6.166}$$

$\beta^4 = \rho A \omega^2 / EI$의 관계식을 이용하면 다음과 같다.

$$\omega = \omega_n = \sqrt{\frac{EI}{\rho A}} \left(\frac{n\pi}{l}\right)^2 \quad n = 1, 2, \cdots \tag{6.167}$$

이 시점에서 식 (6.166)으로 주어진 고유함수를 정규화(normalization)하는 것이 편리하다. 벡터에 대해 4장에서 정의한 내용과 같이 고유함수 $X_n(x)$가 모든 n에 대해 다음 조건을 만족하면 **정규화**되어 있다고 말한다.

$$\int_0^l X_n(x)X_n(x)dx = 1 \tag{6.168}$$

고유벡터의 경우처럼 정규화 조건은 고유함수에 포함되는 임의의 상수 값을 결정한다. 식 (6.166)의 계수 A_n은 고유함수 $X_n(x) = A_n \sin(n\pi/l)$을 식 (6.168)에 대입하면 얻을 수 있다. 따라서

$$A_n^2 \int_0^l \sin^2 \frac{n\pi x}{l} dx = 1$$

이 적분을 수행하면 다음과 같으므로,

$$A_n^2 \frac{l}{2} = 1 \quad \text{또는} \quad A_n = \sqrt{2/l}$$

정규화된 고유함수는 다음과 같다.

$$X_n(x) = \sqrt{\frac{2}{l}} \sin\frac{n\pi x}{l} \quad n = 1, 2, \cdots \tag{6.169}$$

이 함수들을 정규화된 모드형상(normalized mode shape)이라고도 한다. 이 함수들은 또한 다음과 같은 성질이 있다.

$$\int_0^l X_n(x)X_m(x)dx = 0 \quad m \neq n \tag{6.170}$$

이것이 고유벡터와 비슷한 직교조건이다. 또한 함수 $X_n(x)$가 모든 지수 n에 대해 식 (6.170)과 (6.168)을 모두 만족하면, 이 함수들을 **직교정규 집합**(*orthonormal set*)이라 한다.

식 (6.161)의 해를 모드해석법으로 구하기 위해 $w(x, t) = T_n(t)X_n(x)$를 운동방정식에 대입하면 다음과 같고,

$$\ddot{T}_n(t)X_n(x) + c^2T_n(t)X_n''''(x) = 100 \sin 3t\, \delta\left(x - \frac{l}{2}\right) \tag{6.171}$$

식 (6.161) 다음에 나오는 식을 다시 쓰면 $X_n'''' = (\omega_n^2/c^2)X_n(x)$가 된다. 이 식을 식 (6.171)에 대입하면 다음과 같으며,

$$\left[\ddot{T}_n(t) + \omega_n^2T_n(t)\right]X_n(x) = (100 \sin 3t)\delta\left(x - \frac{l}{2}\right) \tag{6.172}$$

식 (6.172)의 양변에 $X_n(x)$를 곱하고 보의 전 길에 대해 적분하면 다음과 같다.

$$\ddot{T}_n(t) + \omega_n^2T_n(t) = 100 \sin 3t\sqrt{\frac{2}{l}} \int_0^l \delta\left(x - \frac{l}{2}\right)\sin \frac{n\pi x}{l} dx \tag{6.173}$$

여기서 식 (6.173)의 좌변을 적분할 때 정규화된 조건을 사용했다. 이제 우변의 적분을 수행하면 다음 식을 얻는다.

$$\ddot{T}_n(t) + \omega_n^2 T_n(t) = \sqrt{\frac{2}{l}}\,100 \sin 3t \sin\frac{n\pi}{2} \qquad n = 1, 2, 3, \cdots \tag{6.174}$$

또는

$$\ddot{T}_n(t) + \frac{EI}{\rho A}\left(\frac{n\pi}{l}\right)^4 T_n(t) = 0 \qquad n = 2, 4, 6, \cdots \tag{6.175}$$

$$\ddot{T}_n(t) + \frac{EI}{\rho A}\left(\frac{n\pi}{l}\right)^4 T_n(t) = \sqrt{\frac{2}{l}}\,100 \sin 3t \qquad n = 1, 5, 9, \cdots \tag{6.176}$$

$$\ddot{T}_n(t) + \frac{EI}{\rho A}\left(\frac{n\pi}{l}\right)^4 T_n(t) = -\sqrt{\frac{2}{l}}\,100 \sin 3t \qquad n = 3, 7, 11, \cdots \tag{6.177}$$

여기서 ω_n^2을 계산하기 위해 식 (6.167)을 사용했다.

이 예제에서 구하고자 하는 강제응답은 다음과 같이 얻는다. 모든 짝수 n에 대한 $T_n(t)$는 식 (6.175)에 의해 영이다(초기조건이 영이고 가진력이 영이므로). 또한 식 (6.176) 및 (6.177)의 해는 식 (2.7)에 의해 다음과 같이 계산할 수 있다.

$$T_n(t) = \frac{100\sqrt{2/l}}{(EI/\rho A)(n\pi/l)^4 - 9}\sin 3t \qquad n = 1, 5, 9, \cdots \tag{6.178}$$

그리고

$$T_n(t) = \frac{-100\sqrt{2/l}}{(EI/\rho A)(n\pi/l)^4 - 9}\sin 3t \qquad n = 3, 7, 11, \cdots \tag{6.179}$$

따라서 지지보의 강제응답은 급수해의 형태로 나타낼 수 있다.

$$w(x, t) = \sum_{n=1}^{\infty} T_n(t) X_n(x) \tag{6.180}$$

이 식에서 T_n 및 X_n은 각각 식 (6.169), (6.178), (6.179)로 표현된다. 식 (6.180)에서 영이 아닌 처음 몇 항을 나타내면 다음과 같다.

$$w(x, t) = \frac{200}{l}\left[\frac{\sin(\pi x/l)}{(\pi^4\, EI/l^4\rho A) - 9} - \frac{\sin(3\pi x/l)}{(81\pi^4\, EI/l^4\rho A) - 9} + \frac{\sin(5\pi x/l)}{(625\pi^4\, EI/l^4\rho A) - 9}\cdots\right]\sin 3t \tag{6.181}$$

식 (6.181)은 회전기계에 의해 가진되는 보(그림 6.16 참조)의 강제응답을 주어진 재료의 물성치 ρ, E 및 지지보의 치수 l, I, A를 이용하여 기술하고 있다.

예제 6.8.3

그림 6.17에서 사각형 축에 설치된 카메라를 고찰한다. 표 6.3과 6.5를 사용하여 처음 세 개의 고유진동수를 계산하고 $\omega = 10$ Hz의 진동수에서 $M_0 = 15 \times L$ N·m의 토크가 발생하는 풍력에 대한 첫 번째 모드 강제응답의 크기를 계산하라. 그림에 표시된 것처럼 카메라를 비틀림 진동 시스템으로 모델링하라. 지지 받침대는 단면 극관성모멘트 $J = 2.667 \times 10^{-8}$ m^4, 밀도 $\rho = 2.7 \times 10^3$ kg/m^3, 전단계수 $G = 2.67 \times 10^{10}$ N/m^2, 축의 길이 $\ell = 0.55$ m로 된 단면 0.02 × 0.02 m인 알루미늄의 견고한 기둥으로 되어 있다. 카메라는 길이가 $L = 0.2$ m이고, 질량이 $m = 3$ kg이다. 카메라의 회전관성은 $J_1 = mL^2$으로 가정한다.

풀이 예제 6.8.2와 같이 먼저 자유응답에 대한 고유값 문제의 해를 계산한다. 자유응답에 대한 운동방정식은 다음과 같이 식 (6.67)에서 주어진다.

$$\theta_{tt}(x,t) = \frac{G\gamma}{\rho J}\theta_{xx}(x,t), \quad \theta(0,t) = 0 \text{ 그리고 } \gamma G\theta_x(\ell,t) = -J_1\theta_{tt}(\ell,t)$$

여기서 γ는 표 6.3의 비틀림상수이다. 특성방정식을 구하기 위해 변수분리를 하면 다음 식이 된다.

$$\varphi(x)\ddot{T}(t) = \frac{G\gamma}{\rho J}\varphi''(x)T(t), \quad \varphi(0)T(t) = 0 \text{ 그리고 } \gamma G\varphi'(\ell)T(t) = -J_1\varphi(\ell)\ddot{T}(t)$$

다시 정리하여 간단히 하면 고유값 문제가 된다.

$$\frac{\varphi''(x)}{\varphi(x)} = \frac{\rho J}{G\gamma}\frac{\ddot{T}(t)}{T(t)} = -\sigma^2, \quad \varphi(0) = 0, \quad \frac{\gamma G}{J_1}\frac{\varphi'(\ell)}{\varphi(\ell)} = -\frac{\ddot{T}(t)}{T(t)} = \frac{\sigma^2 G\gamma}{\rho J}$$

그러면 공간방정식은 다음과 같이 요약된다.

$$\varphi''(x) + \sigma^2\varphi(x) = 0 \Rightarrow \varphi(x) = a\sin\sigma x + b\cos\sigma x$$
$$\varphi(0) = 0$$
$$\gamma G\rho J\varphi'(\ell) = \gamma\sigma^2 GJ_1\varphi(\ell)$$

첫 번째 경계조건에 해의 형태를 대입하면 $b = 0$이 되어 고유함수는 $\varphi(x) = a\sin\sigma x$의 형태가 된다. 이 형태를 $x = \ell$에서 경계조건에 대입하면 다음의 특성방정식을 얻는다.

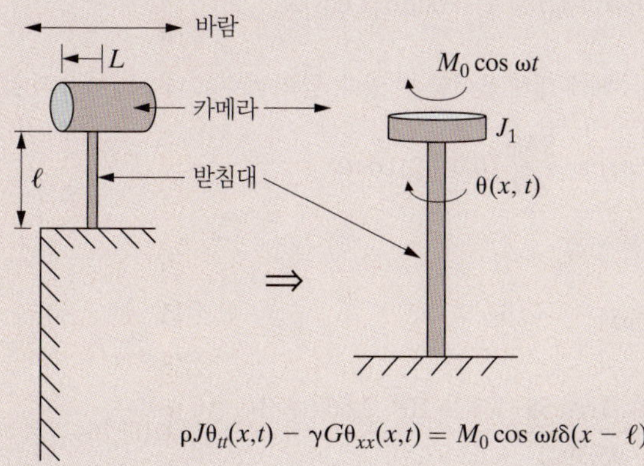

그림 6.17 감시 카메라용 받침대의 분포매개변수 모델

$$\rho J a \sigma \cos \sigma \ell = \sigma^2 J_1 a \sin \sigma \ell \Rightarrow \tan \sigma l = \left(\frac{\rho \ell J}{J_1}\right) \frac{1}{\sigma \ell}$$

이 특성방정식은 초월방정식이고, 예제 6.2.3과 유사한 방법으로 $\sigma\ell$에 대해 수치계산으로 풀어야 한다. 그래서 σ는 무한히 많은 수의 해 σ_n이 존재하므로 지수 n에 따라 변한다. 카메라의 관성모멘트는 다음과 같이 계산된다.

$$J_1 = mL^2 = 3(0.2)^2 = 0.12 \text{ kg} \cdot \text{m}^2$$

주어진 값에 대한 초월방정식의 첫 세 개의 수치해의 값은 다음과 같다.

$$\sigma_1 \ell = 0.0182, \quad \sigma_2 \ell = 3.1417, \quad \sigma_3 \ell = 6.2832$$

$\sigma_n \ell$의 값은 n이 증가함에 따라 급속히 $n\pi$에 접근하는 것에 주목하라. 시간방정식은 다음과 같다.

$$\ddot{T}_n(t) + \frac{\gamma G}{\rho J} \sigma_n^2 T_n(t) = 0$$

고유진동수는 다음과 같이 $\sigma_n \ell$에 연관되어 있다.

$$\omega_n = \frac{\sigma_n \ell}{\ell} \sqrt{\frac{\gamma G}{\rho J}} \quad \text{rad/s}$$

수치계산된 $\sigma_n \ell$의 값과 주어진 값을 이용하면,

$$\omega_1 = 95.392 \text{ rad/s} \quad \omega_2 = 1.6497 \times 10^4 \text{ rad/s} \quad \omega_3 = 3.2994 \times 10^4 \text{ rad/s}$$

다음에는 강제응답에 대한 첫 번째 모드해($n = 1$)를 고찰한다. 두 번째 모드 이후에는 구동진동수가 모드진동수와 많이 차이가 남에 주목하라. 그러면 모드 해는 다음과 같은 형태의 식을 만족한다.

$$(\rho J \ddot{T}_1(t) + \gamma G \sigma_1^2 T_1(t)) a_1 \sin \sigma_1 x = M_0 \cos \omega t \, \delta(x - \ell)$$

임의의 상수 $a_n = 1$을 정규화하고 $\sin \sigma_1 x$를 첫 번째 모드방정식에 곱하면($\sin \sigma_1 x$의 정규화 이용) 다음 식이 된다.

$$(\rho J \ddot{T}_1(t) + \gamma G \sigma_1^2 T_1(t)) \frac{\ell}{2} = M_0 \cos \omega t \int_0^\ell \sin \sigma_1 x \, \delta(x - \ell) dx$$

$$\Rightarrow \rho J \ddot{T}_1(t) + \gamma G \sigma_1^2 T_1(t) = \frac{2M_0}{\ell} \sin \sigma_1 \ell \cos \omega t$$

이 마지막 식은 2.1절의 방법을 사용하여 특수해에 대해 풀이할 수 있다. 앞의 계수로 나누면 다음과 같다.

$$\ddot{T}_1(t) + \omega_1^2 T_1(t) = \frac{2M_0}{\ell \rho J} (0.0182) \cos \omega t$$

예제 2.1.2로부터 강제 응답의 크기는 다음과 같다.

$$\left|\frac{2f_0}{\omega_n^2 - \omega^2}\right| = \left|\frac{2(0.0182)\, M_0/\ell \rho J}{\omega_n^2 - \omega^2}\right|$$

$$= \left|\frac{2(0.0182)(15 \cdot 0.2)/(0.55 \cdot 2.7 \times 10^3 \cdot 2.667 \times 10^{-8})}{95.3921^2 - 62.832^2}\right| = 0.3764$$

6.7절과 예제 6.8.1, 6.8.2, 6.8.3에서 사용한 모드해석법은 4장에서 집중매개변수 시스템에 대해 했던 것처럼 일반적인 경우에 대해 요약할 수 있다. 이러한 해석 절차는 윈도우 6.4에 요약되어 있는데, 여기서 다시 설명한다. 모드해석법은 다음 식과 같이 해의 형태를 변수분리 형태로 가정한 후 이를 운동방정식에 대입함으로써 시작된다.

$$w(x, t) = X_n(x)T_n(t)$$

이렇게 하면 두 개의 식을 얻는다. 즉 $X_n(x)$에 대한 경계값 문제와 $T_n(t)$에 관한 초기값 문제이다. 공간방정식의 해 $X_n(x)$를 구할 때는 경계조건을 적용한다. 이때 진동 시스템의 고유값(고유진동수)과 고유함수(모드형상)를 얻는다. 이러한 단계는 집중매개변수 시스템의 행렬 $M^{-1/2}$, $KM^{-1/2}$에 대한 고유값 문제를 풀이하는 것과 동일하다. 그리고 고유함수는 식 (6.168)을 이용하여 정규화한다.

고유함수 $X_n(x)$와 고유진동수를 완전히 계산한 후, 함수 $T_n(t)$에 대한 시간방정식은 $w(x, t) = T_n(t)X_n(x)$를 운동방정식에 대입한 후 초기조건을 적용하여 계산을 수행한다. $T_n(t)$를 모든 n에 대해 계산한 후 전체 해는 다음과 같은 급수해의 형태로 표현한다.

$$w(x, t) = \sum_{n=1}^{\infty} T_n(t)X_n(x) \tag{6.182}$$

이 방정식을 **전개정리**(*expansion theorem*)라고도 한다. 일반적으로 이러한 급수해의 경우 해의 수렴성을 점검해야 한다(Inman, 2006 참조). 그러나 이러한 수학적인 연산은 이 책의 범위를 벗어나므로 생략한다. 많은 실제 문제의 경우 급수해의 처음 몇 항만 고려하면 상당히 정확한 근사해를 얻을 수 있다. 8장에서 식 (6.182)와 같이 주어지는 해의 근사화 기법에 대해 좀 더 다루고자 한다.

윈도우 6.4에서 언급했고 예제 6.5.2에서 확인했듯이 변수분리법/모드해석법은 항상 적용이 가능하지는 않다. 즉 운동방정식인 편미분방정식을 시간에 대한 방정식과 공간에 대한 방정식으로 분리하는 것이 어렵거나 심지어 불가능한 경우가 종종 존재한다. 예를 들면 티모센코 보 방정식을 풀이하는 경우에 다음과 같은 두 변수의 도함수를 포함하는 교차항과 시간에 대한 4차 미분항 때문에 변수분리가 어려워진다.

$$\frac{\partial^4 w(x, t)}{\partial x^2 \partial t^2}$$

그러나 예제 6.5.2에서 설명했듯이 오일러-베르누이 보의 모드형상을 티모센코 보에도 적용할 수 있다고 가정하면, 가정된 모드형상과 $T(t)$의 곱으로 분리해 $w(x, t)$를 표현할 수 있다. 이 외에도 다른 분포시스템의 진동 문제에서 변수분리의 직접 적용으로는 해를 구할 수 없는 경우가 많다. 따라서 여러 가지 근사 기법이 개발되었다. 그중 한 예가 예제 6.5.2에서 사용한 **모드가정법**(*assumed mode method*)이다. 그 밖의 근사 기법은 8장에서 자세히 설명하고자 한다. 이 장에서 고려한 간단한 형상을 넘어서는 복잡한 분포매개변수 구조물의 진동해석에는 8장의 유한요소법 또는 그와 유사한 근사화 기법이 사용되어야 한다.

연습문제

6.2절(문제 6.1~6.8)

6.1 밀도 $\rho A = 0.6$ g/m, 장력 100 N, 길이 $l = 330$ mm인 양단 고정된 줄의 첫 번째와 두 번째의 고유진동수를 구하라.

6.2 식 (6.28)의 직교조건을 증명하라.

6.3 예제 6.2.3의 진동모드의 직교성을 계산하라.

6.4 예제 6.2.3의 처음 네 개의 모드를 그림으로 나타내라. 여기서 $l = 1$ m, $k = 800$ N/m, $\tau = 800$ N/m이다.

6.5 한쪽 끝은 고정되고 다른 쪽 끝은 자유인 케이블을 고려하자. 자유단은 횡방향 힘을 지지할 수 없다. 따라서 $w_x(l, t) = 0$이다. 이 경우 케이블의 고유진동수 및 모드형상을 계산하라.

6.6 양단이 고정된 줄이 그림 P6.6에서 주어진 초기변위와 초기속도, $w_t(x, 0) = 0$를 가질 때, 식 (6.27)의 계수 c_n, d_n을 계산하라.

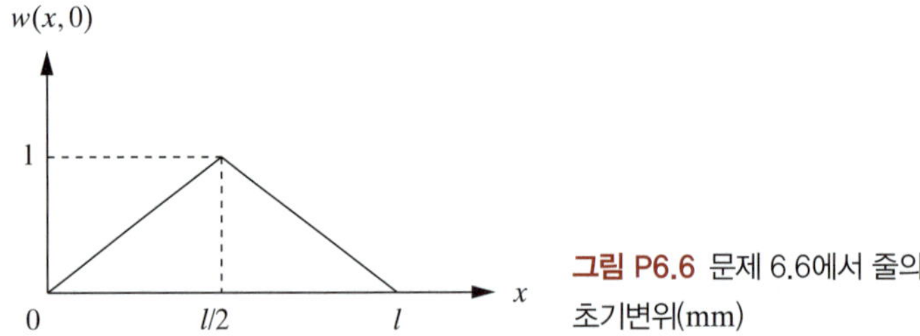

그림 P6.6 문제 6.6에서 줄의 초기변위(mm)

6.7 예제 6.2.2($l = 1.4$ m, $m = 110$ g, $\tau = 11.1 \times 10^4$ N)의 피아노 줄이 문제 6.6의 초기조건을 가질 때 $x = l/4$ 및 $x = l/2$에서의 줄의 응답을 처음 3항, 5항, 10항을 사용하여 구한 후 그래프로 나타내라.

***6.8** 문제 6.6의 양단이 고정된 줄을 고려하자. 다음과 같은 초기조건에 대한 줄의 응답을 구하라.

$$w(x, 0) = \sin\frac{3\pi x}{l} \qquad w_t(x, 0) = 0$$

예제 6.2.2의 변수값을 사용하여 줄의 위치 $x = l/2$ 및 $x = l/4$에서 응답을 그래프로 나타내라.

6.3절(문제 6.9~6.31)

6.9 양단이 자유로운 막대의 고유진동수 및 진동모드를 구하라. 첫 번째 모드의 시간방정식의 해를 구하라.

6.10 양단이 고정된 막대의 고유진동수 및 진동모드를 계산하라.

6.11 첫 번째 고유진동수가 1878 Hz이고, 길이가 4.5 m인 한쪽 끝이 고정되고 다른 쪽 끝이 자유인 막대를 설계하고자 한다. 어떤 재료를 사용하면 좋겠는가?

6.12 특별한 막대인 경우 $A(x)$는 상수가 아니라 가정한다. 다음 방정식의 시간에 대한 해는 여전히 $T(x) = A \sin \omega_n t + B \cos \omega_n t$임 증명하라. 여기서 ω_n은 $\sqrt{E/\rho}$에 비례한다.

$$\frac{\partial}{\partial x}\left(EA(x)\,\frac{\partial w(x, t)}{\partial x}\right) = \rho A(x)\,\frac{\partial^2 w(x, t)}{\partial t^2}$$

별표(*)가 있는 문제는 계산 프로그램을 이용하여 해를 계산하라.

6.13 길이가 1 m인 한쪽 끝이 고정되고, 다른 쪽 끝이 자유인 알루미늄 막대의 고유진동수를 구하여 강철, 탄소 복합재료(carbon composite) 및 나무로 된 길이 1 m 막대의 고유진동수와 비교하라.

6.14 한쪽 끝이 고정되고 다른 쪽 끝이 자유인 막대의 자유단에 집중질량 M을 부착한 경우, 경계조건을 유도하라.

6.15 문제 6.12의 막대의 고유진동수와 모드형상을 구하라. 집중질량이 고유진동수 및 모드형상에 미치는 영향을 기술하라.

***6.16** 한쪽 끝이 고정되고 다른 쪽 끝이 자유인 막대의 경우, 처음 세 모드의 모드형상을 계산하고 그림으로 나타내라.

***6.17** 양단이 고정된 막대의 경우, 처음 세 모드의 모드형상을 계산하고 그림으로 나타내라. 또한 문제 6.16의 결과와 비교하라.

***6.18** 양 끝이 자유로운 막대, 한쪽 끝이 고정되고 다른 쪽 끝이 자유로운 막대, 양 끝이 고정된 막대의 고유값을 각각 구하여 비교하라. 그 값들이 어떻게 연관되고, 경계조건이 어떻게 고유진동수에 영향을 미치는지 언급하라.

6.19 그림 P6.19에 표시된 횡단 단면적이 다른 비균일 막대를 고찰한다. 그림에서 A_1, E_1, ρ_1, l_1은 각각 첫 번째 부분의 횡단면적, 탄성계수, 밀도, 길이이고, A_2, E_2, ρ_2, l_2는 대응하는 두 번째 부분의 물리적인 값이다. 특성방정식을 구하라.

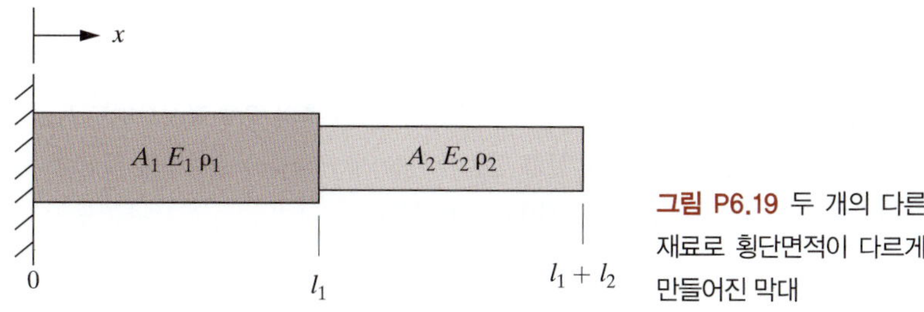

그림 P6.19 두 개의 다른 재료로 횡단면적이 다르게 만들어진 막대

6.20 문제 6.19에서 구한 해는 균일한 막대에 적용할 수 있음을 증명하라.

6.21 예제 6.2.3의 스프링–케이블 시스템에서 $l = 1$, $k = 100$, $\tau = 100$(SI 단위계)일 때 시스템의 처음 세 개의 고유진동수를 구하라.

6.22 한쪽 끝이 고정되고 다른 쪽 끝이 자유로운 케이블의 자유단에 질량 m을 부착시켰을 때 처음 세 개의 고유진동수를 구하라. 이 문제의 결과를 문제 6.19에서 구한 고유진동수와 비교하라.

6.23 $x = 0$에서 한쪽 끝이 고정되고 다른 쪽 끝은 그림 P6.23에 나타낸 것과 같이 질량과 스프링이 부착된 막대의 경계조건을 유도하라.

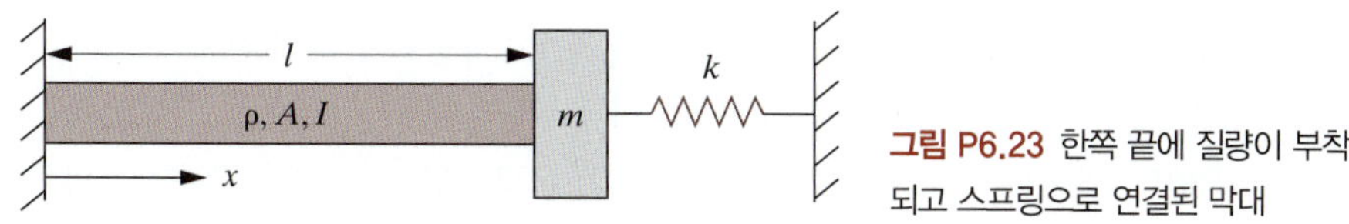

그림 P6.23 한쪽 끝에 질량이 부착되고 스프링으로 연결된 막대

6.24 문제 6.23의 시스템에 대한 특성방정식을 구하라.

6.25 자동차의 차체를 1차원 강철막대로 모델링하고 자동차 종방향(즉 자동차의 길이방향을 따라) 진동의 고유진동수를 추정하라.

6.26 문제 6.23에서 $k = 0$일 때 막대의 경계조건은 한쪽 끝이 고정되고, 다른 쪽 끝은 자유단에 부착된 집중질량 M을 갖는 형태가 된다(표 6.2 참조). 이 막대의 첫 번째 고유진동수를 계산하라. 그림 1.24에서 주어진 형태인 1자유도 스프링-질량 시스템으로 모델링했을 때의 고유진동수와 비교하라. 만일 질량 M이 점점 작아져 영으로 갈 때 어떤 결론에 이르는지 검토하라.

6.27 문제 6.26에서 제시한 방법으로 문제 6.23의 시스템을 집중질량의 1자유도 시스템으로 모델링하고 고유진동수를 구하여 문제 6.24에서 구한 첫 번째 고유진동수와 비교하라.

6.28 자유단에서 초기변위는 1 cm이고 초기속도는 영인 경우에 대해 한쪽 끝이 고정되고 다른 쪽 끝이 자유로운 막대의 응답을 계산하라. 단, $\rho = 7.8 \times 10^3$ kg/m^3, $a = 0.001$ m^2, $E = 10^{10}$ N/m^2, $l = 0.5$ m이다. 처음 세 개의 모드를 이용하여 $x = l$ 및 $x = l/4$에서의 응답을 그래프로 나타내라.

6.29 문제 6.28의 경우에 모드 5개, 10개, 15개 등의 결과를 그래프로 나타내라. 이 결과를 이용하여 식 (6.27)의 급수에서 시스템의 응답을 정확히 기술하는 데 필요한 모드의 수를 체크해 보라.

6.30 x축을 따라 일정한 속도로 움직이던 막대가 $x = 0$에서 갑자기 정지했다. 이때의 초기조건은 $w(x, 0) = 0$, $w_t(x, 0) = v$로 볼 수 있다. 이 진동 시스템의 응답을 구하라.

6.31 초기속도가 영이고 초기변위 $w_0(x) = \sin(2\pi x/l)$에 대해 6.2절의 양 끝이 고정된 줄의 응답을 구하라. 위치 $x = l/2$에서 응답을 그래프로 표시하라.

6.4절(문제 6.32~6.40)

6.32 그림 6.7의 회전축이 $x = 0$에서 고정되어 있고, $x = l$인 축의 끝에 관성모멘트 $J_0 = 10$ kg·m^2/rad인 원판이 부착되어 있다. 이 축의 비틀림 진동의 처음 세 개의 고유진동수를 계산하라. 단, $l = 0.5$ m, $J = 5$ m^4, $G = 2.5 \times 10^9$ Pa, $\rho = 2700$ kg/m^{3}이다.

6.33 문제 6.32에서 얻은 결과와 그 축을 1자유도 집중질량 시스템으로 모델링하여 구한 고유진동수의 결과를 비교하라.

6.34 $x = 0$인 끝은 자유단이고 $x = l$인 끝에 관성모멘트 J_0의 원판을 부착시켰을 때 축의 비틀림 진동의 고유진동수 및 모드형상을 계산하라. 단, 전단계수, 길이, 면적극관성모멘트, 밀도가 각각 G, l, J, ρ로 표현된다.

6.35 그림 4.21과 같이 집중질량 세 개를 가진 3자유도 시스템을 고려하자(예제 4.8.1 참조). 이 모델에서 $J_1 = k_1 = 0$으로 놓고, 모델을 2자유도 시스템으로 만든다. 이 모델과 예제 6.4.1과 비교하면, 이는 동일한 장치를 하나는 집중질량 모델로 다른 하나는 분포질량 모델로 본 것이다. 축의 집중 강성을 비틀림강성(k_2)으로 모델링하는 방법은 1장을 참조하여 예제 6.4.1의 고유진동수와 2자유도 집중질량 모델의 고유진동수를 계산하고 비교하라.

6.36 길이가 1 m인 알루미늄 막대의 탄성계수 $E = 7.1 \times 10^{10}$ N/m^2, 전단계수 $G = 2.7 \times 10^{10}$ N/m^2, 밀도 $\rho = 2.7 \times 10^3$ kg/m^{3}이다. 한쪽 끝은 고정시키고 다른 쪽 끝은 자유단으로 둘 때, 비틀림 진동의 고유진동수와 종방향 진동의 고유진동수를 비교하라.

6.37 관성모멘트 J_0의 원판을 축의 자유단에 부착한 문제 6.32의 알루미늄 축을 고려하자. 이 축을 1자유도 시스템으로 모델링한 후 비틀림 고유진동수를 J_0의 함수로 계산하고 결과를 그래프로 나타내라. 또한 분포 시스템으로 모델링한 후 첫 고유진동수도 동일한 그래프에 J_0의 함수로 나타내라. 이 결과로부터 두 고유진동수를 같게 하는 J_0가 있는지 검토하라.

6.38 양 끝이 자유로운 경계조건을 갖고 있고, 단면이 원형인 막대의 비틀림 진동의 고유진동수 및 모드형상을 계산하라. 결과를 G, l, ρ의 함수로 나타내라.

6.39 양단고정 축의 비틀림 진동을 고찰하고 비틀림 진동수를 그것의 종진동과 비교하라.

6.40 표 6.5에 표시된 일단고정 타단 스프링으로 고정된 축의 모드형상과 고유진동수를 계산하라.

6.5절(문제 6.41~6.48)

6.41 한쪽 끝이 고정되고, 다른 쪽 끝이 자유로운 보의 고유진동수 및 모드형상을 구하라. 결과를 E, I, ρ, l의 함수로 표현하라. 이러한 문제를 외팔보 문제(cantilevered beam problem)라고 한다.

***6.42** 문제 6.39에서 처음 세 모드의 모드형상을 그림으로 표시하라. 그리고 변형률 모드형상[즉 $X'(x)$]을 구하고, 변위 모드형상 $X(x)$와 나란히 그림으로 나타내라. 변형률이 가장 큰 곳은 어디인지 설명하라.

6.43 상수계수의 4계 상미분방정식 (6.100)의 일반해가 식 (6.102)로 유도됨을 보여라.

6.44 단순지지된 보의 횡진동의 고유진동수 및 모드형상을 구하라. 또한 초기조건 $w_0(x) = \sin 2\pi x/l$ 및 $\dot{w}_0(x) = 0$에 대한 응답을 구하라.

6.45 양 끝이 고정된 보의 횡진동의 고유진동수 및 모드형상을 구하라.

6.46 예제 6.5.1의 고유함수(즉 모드형상)가 직교성을 갖고 있는지 보여라. 이 고유함수를 정규화하라.

6.47 식 (6.107)과 (6.108)로부터 식 (6.109)를 유도하라.

6.48 만일 전단변형 및 회전관성 효과를 무시한다면 티모셴코 방정식이 오일러-베르누이 방정식이 되고 경계조건은 동일하게 됨을 보여라.

6.6절(문제 6.49~6.53)

6.49 예제 6.6.1에서 언급한 박막의 한 변($x = 1$)이 자유로운 상태일 때 박막의 고유진동수를 계산하라.

6.50 각 변의 길이가 a, b인 사각형 박막에 대해 예제 6.6.1을 다시 계산하라. 길이 a, b가 고유진동수에 미치는 효과는 무엇인가?

6.51 예제 6.6.1의 경우 처음 세 모드의 모드형상을 그림으로 나타내라.

6.52 원형 박막(circular membrane)의 횡방향 진동방정식은 다음과 같다.

$$\frac{\partial^2\omega(r,\phi,t)}{\partial r^2} + \frac{1}{r}\frac{\partial\omega(r,\phi,t)}{\partial r} + \frac{1}{r^2}\frac{\partial^2\omega(r,\phi,t)}{\partial\phi\partial r} = \frac{\rho}{\tau}\frac{\partial^2\omega(r,\phi,t)}{\partial t^2}$$

여기서 r은 박막의 중심에서 측정한 반경방향 거리이고, ϕ는 중심둘레로 측정한 각이다. 박막의 경계 ($r = R$)가 고정된 경우 박막의 고유진동수를 구하라.

6.53 예제 6.6.1에서 구한 고유함수의 직교성을 토의하라.

6.7절(문제 6.54~6.64)

6.54 길이 $l = 1$ m, $E = 2.6 \times 10^{10}$ N/m^2, $\rho = 8.5 \times 10^3$ kg/m^{3}인 막대의 응답을 계산하라. 각 모드에서 모드감쇠비가 0.1이고, 초기조건 $w(x, 0) = 2(x/l)$ cm, 초기속도 $w_t(x, 0) = 0$으로 가정하라. 처음 세 개의 모드를 사용하여 위치 $x = l/2$, $l/4$, $3l/4$에서의 응답을 그림으로 표시하라. 위치 $x = l/2$에서 응답을 정확히 나타내기 위해 필요한 모드의 수에 대해 검토하라.

6.55 초기조건 $w(x, 0) = 2(x/l)$ cm, 초기속도 $w_t(x, 0) = 0$이고, 모드감쇠비가 $\zeta_n = 0.01$인 막대에 대한 해를 구하라.

6.56 문제 6.55인 경우에 문제 6.54를 풀어라. 위치 $x = l/2$에서의 응답을 정확히 기술하는 데 필요한 모드 수는 증가했는지 또는 감소했는지 설명하라.

6.57 양 끝이 고정된 줄의 방정식 (6.151)과 가장자리가 고정된 박막의 방정식 (6.152)에 대해 모드감쇠비를 비교하라.

6.58 식 (6.153)의 계수 γ, β의 단위를 구하라.

6.59 식 (6.153) 및 (6.154)의 E, I, ρ는 일정하다고 가정하고 모드감쇠비 ζ_n의 형태를 구하라.

6.60 문제 6.57의 해 $w(x, t)$를 계산하라.

6.61 다음은 외팔 복합재료 보의 굽힘진동에 필요한 값이다.

$$\begin{aligned} E &= 2.71 \times 10^{10}\,\mathrm{N/m^2} & \rho &= 1710\ \mathrm{kg/m^3} \\ A &= 0.597 \times 10^{-3}\,\mathrm{m^2} & l &= 1\,\mathrm{m} \\ I &= 1.64 \times 10^{-9}\,\mathrm{m^4} & \gamma &= 1.75\,\mathrm{N\cdot s/m^2} \\ \beta &= 20{,}500\,\mathrm{N\cdot s/m^2} \end{aligned}$$

초기조건 $w_t(x, 0) = 0$, $w(x, 0) = 4\sin \pi x$에 대해 보의 해를 구하라.

*__6.62__ 초기조건 $w_t(x, 0) = 0$, $w(x, 0) = \sin(\pi x/l)$, 계수 $\gamma = 10\ \mathrm{N\cdot s/m^2}$, $\tau = 10^4$ N, $l = 1$ m, $\rho = 0.01\ \mathrm{kg/m^3}$에 대해 예제 6.7.2를 풀고 응답을 그림으로 나타내라.

6.63 예제 6.7.2에서 구한 고유함수의 직교성을 조사하라. 그리고 시간방정식의 해를 구하라.

6.64 그림 6.14에서 사용한 막대의 종방향 진동에 대한 모드감쇠비의 형태를 구하라. 이 막대의 경계조건은 식 (6.157)에 나타낸 것과 같다.

6.8절(문제 6.65~6.69)

6.65 예제 6.8.1의 감쇠가 발생하는 줄이 외력 $f(x, t) = (\sin \pi x/l)\sin 10t$를 받을 때 응답을 계산하라. 즉 다음 방정식의 해를 구하라.

$$\rho A w_{tt}(x, t) + \gamma w_t(x, t) - \tau w_{xx}(x, t) = (\sin \pi x/l)\sin 10t$$

6.66 예제 6.3.2의 한쪽 끝은 고정되고 다른 쪽 끝은 자유로운 막대를 고려하자. 이 막대는 트럭의 베드 프레임(bed frame)의 모델이라 가정할 수 있다. 트럭이 충격력 100 N으로 어떤 물체와 부딪힐 때(자유단에서), 프레임의 진동응답을 계산하라. 여기서 트럭의 운전석(cab)은 질량이 매우 크므로 앞부분의 끝은 고정된 것으로 볼 수 있다. 이것은 그림 P6.66에 표시되었다.

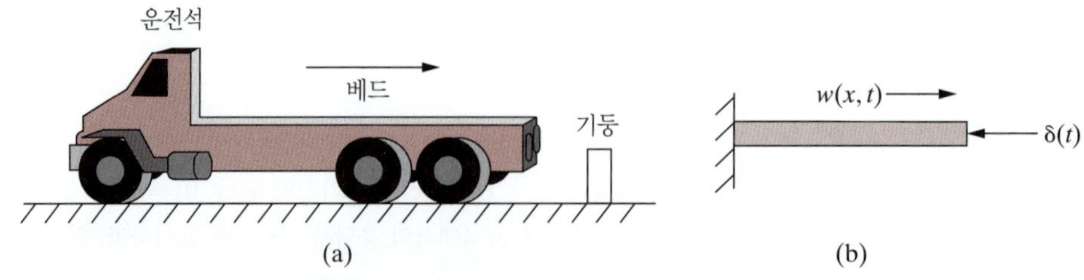

그림 P6.66 (a) 어떤 물체에 부딪히는 트럭의 모델, (b) 단순한 진동 모델

6.67 어떤 회전체 기계가 건물의 2층 바닥에 설치되어 있다. 그림 P6.67에서 나타낸 것처럼 기계 바로 밑에는 지지기둥이 설치되어 있다. 이 기둥을 막대로 모델링한 후, 이 기둥의 응답을 E, A, ρ의 함수로 나타내라.

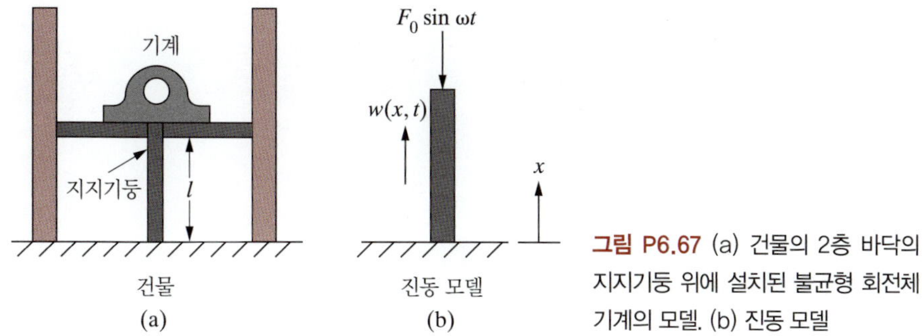

그림 P6.67 (a) 건물의 2층 바닥의 지지기둥 위에 설치된 불균형 회전체 기계의 모델. (b) 진동 모델

6.68 예제 6.8.2에서 고려한 건물의 2층 바닥에 불균형 회전체 기계가 설치되어 있다. 바닥을 지지하는 보의 한쪽 끝은 고정되어 있고 다른 쪽 끝은 핀 고정되어 있다고 가정하자. 이 경우(예제 6.5.1 참조) 보의 응답을 구하고 예제 6.8.2의 결과와 비교하고 차이를 토의해 보라.

6.69 6.8절에서 제시된 모드해석 절차를 이용하여 외팔보의 자유단이 조화가진력 이 작용하고 있을 때 응답을 계산하라.

7 진동시험 및 실험모드해석

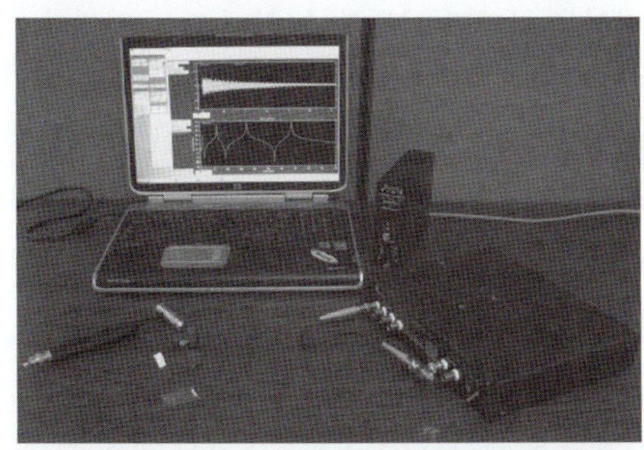

이 장에서는 다양한 기계장치나 구조물의 실험 모델을 확립하는 데 이용되는 시험 및 측정법을 설명한다. 오른쪽 사진은 구조물에 부착된 변환기(가속도계 및 충격해머)로부터 아날로그 신호를 받아서 이를 디지털화하고 주파수 영역으로 변환하는 신호분석기를 보여주고 있다. 측정에서부터 주파수해석까지 관련된 모든 과정은 개인용 컴퓨터에 의해 통제 및 수행된다. 그림 7.1은 시험장치의 개략도를 나타내고 있다. 오른쪽 아래 사진은 시험대상(인공위성 부품)에 변환기를 부착하지 않고 레이저 진동계를 이용하여 속도를 측정하는 장면을 보여주고 있다. 7.1절에서는 사용되는 측정장비를 설명하며, 7.2절부터는 데이터해석법, 특히 모드해석법에 대해 상세히 기술한다.

이 장에서는 진동 측정, 특히 실험모드해석법에 관해 중점적으로 다루고자 한다. 진동 현상을 측정하는 데는 여러 가지 이유가 있다. 특히 5장의 진동 설계 부분에서 지적했듯이 기계나 구조물의 고유진동수는 그 시스템의 동적 거동을 예측하거나 이해하는 데 대단히 중요한 요소이다. 따라서 진동시험을 하는 가장 중요한 목적은 시스템의 고유진동수를 구하는 데 있다. 또 다른 중요한 이유는 시스템의 이론적 모델의 타당성을 검증하는 것이다. 예를 들어, 4.8절과 6장의 여러 시스템에 대한 이론적 모델로부터 고유진동수 및 모드형상을 구할 수 있었다. 같은 시스템에 대해 진동시험을 하여 측정된 고유진동수와 모드형상이 이론적 모델로부터 얻은 것과 일치한다면, 모델의 타당성이 입증되는 셈이며 설계나 새로운 응답을 예측하기 위해 신뢰성을 가지고 이용할 수 있게 되는 것이다.

또한 진동시험은 어떤 장치나 장비의 동적 내구성을 실험을 통해 알아내기 위해 사용되기도 한다. 이런 경우에 그 장치는 일정 시간 동안 특정한 입력으로 강제로 가진되며, 시험이 끝난 후에도 장치는 본래의 기능을 할 수 있어야 한다. 이러한 시험의 목적은 기계부품이나 구조물이 어떤 특정 진동 환경에서도 견딜 수 있다는 것을 실험으로 확인하는 데 있다.

진동시험은 또한 유지보수를 위한 기계상태의 진단에 사용되기도 한다. 즉 기계나 구조물의 고유진동수를 계속해서 감시하고 고유진동수나 진동 매개변수가 변할 경우 보수가 필요하거나 고장을 일으킬 가능성이 있는 것으로 판단하는 것이다. 진동 측정을 이러한 목적에 이용하는 것은 기계의 상태 감시 또는 구조물안전진단이라는 광범위한 주제의 극히 일부분에 불과하지만 개념적으로는 자동차 엔진에 있어서 엔진이 고장을 일으킬 가능성이 있다거나 보수의 필요성 여부를 판단하는 데 오일 압력을 관측하여 판단의 근거를 삼는 것과 유사하다.

앞서 언급한 진동시험을 이용하는 경우에 가장 중요한 요건은 시스템의 고유진동수를 알아내는 것이다. 이러한 관점에서 이 장에서는 진동 측정을 통해 고유진동수, 모드형상, 감쇠비를 구하는 **실험모드해석**(*experimental modal analysis*, *EMA*)에 초점을 맞추고자 한다. 모드시험의 밑바탕이 되는 개념은 2.2절에서 소개한 공진 현상이다. 구조물이 공진상태로 가진될 경우 그림 2.10에서 볼 수 있듯이 두 가지 뚜렷한 현상을 나타낸다. 즉 감쇠비가 대략 0.5 이하일 때 가진진동수가 고유진동수에 접근함에 따라서 진폭이 급격히 최대치에 이르게 된다. 두 번째는, 종종 소홀히 생각하지만, 공진점을 전후해서 180°의 위상 변화가 생기며 공진점에서는 위상이 90°가 된다. 이러한 물리적인 현상으로부터 가진진동수를 변화시켜 가면서 구조물의 진폭과 위상을 측정함으로써 고유진동수를 결정할 수 있게 되는 것이다.

이 장에서 제시하는 진동시험법은 몇 가지 기본적인 가정을 전제로 한다. 첫째는, 대상 구조물이나 기계가 집중매개변수 모델로 적절히 표현될 수 있다는 것이다. 진동시험에서는 명시적으로 언급하지는 않으나 공통적으로 전제되는 또 다른 가정들이 있으며 이 중 가장 분명히 해야 하는 것은 시험대상 시스템은 선형 거동을 나타낸다는 점과, 가진력은 언제나 구조물의 선형 거동범위 내에서 가해야 한다는 점이다. 이러한 가정은 핵심적인 것이며 무시되어서는 안 된다.

시스템 모델링에 활용되는 진동시험 및 측정은 **모드시험**(*modal testing*), 모드해석 또는 **실험 모드해석**으로 명명되는 하나의 큰 분야로 성장했다. 모드시험을 이해하기 위해서는 계측, 신호처리, 시스템변수 추정, 진동해석과 같은 여러 분야의 지식이 필요하다. 다음 절에서는 먼저 진동시험에 필요한 시험장비 및 디지털 신호해석에 대해 다루고자 한다. 모드시험에 대한 더 자세한 설명은

Ewins(1984, 2000)와 Avitabile(2018)을 참조하길 바란다.

7.1 측정장비

데이터 수집 및 신호처리 장비는 반도체 및 컴퓨터 기술의 진보에 따라 지난 수십 년간 엄청나게 그리고 급격히 변화했다. 이에 따라 몇 가지 특정한 기능은 급격히 변화하고 발전했으나 여기서는 진동 측정 시스템을 구성하는 장비들의 일반적인 사항만을 기술하기로 한다. 진동 측정에는 다음과 같은 장비가 필요하다. 즉 구조물에 가진력을 가하는 **가진기**(*exciter*), 구조물의 기계적 운동(변위, 속도, 가속도 등)을 전기신호로 변환하는 **변환기**(*transducer*), 변환된 신호를 디지털 데이터 수집장치의 입력범위로 조정하는 신호증폭기, 신호처리 및 모드해석 프로그램을 내장하고 있는 분석 시스템(또는 분석기) 등이다. 이와 같은 장비들을 그림 7.1에 표시했는데 가진기를 구동하기 위한 출력증폭기와 신호발생기, 그리고 가진력 또는 다른 입력을 측정하고 제어하기 위한 변환기도 나타냈다. 이 절에서는 각 장치 및 그 기능을 설명하고자 한다.

먼저 가진력을 공급하는 가진 시스템에 대해 생각해 보자. 가진 시스템은 식 (4.130)에서 $F_i(t)$에 해당하는 가진력을 구조물에 가한다. 가진력을 가하는 장비는 구조물의 성질, 입력의 형태에 따라서 여러 가지를 선택할 수 있다. 모드시험에서 가장 흔히 사용되는 가진기는 **셰이커**(*shaker*, 전자식 또는 전기유압식)와 **충격해머**(*impulse hammer*)이다. 주로 전자식 가진기가 사용되는데, 충분히 큰 입력을 가함으로써 측정이 용이한 응답을 기대할 수 있으며, 또한 힘을 피드백하여 출력을 전자제어하기도 한다. 가진신호는 구조물의 특성에 따라서 사인스윕 신호, 랜덤신호 또는 다른 적절한 신호 중에서 선택할 수 있다. 사인스윕 신호 입력은 관심 있는 주파수 범위 내에서 작은 값에서부터 조금씩 주파수를 증가시켜 가며 일정한 크기의 조화가진력 f_i를 가하고 정상상태에 이른 후에 구조물의 진폭과 위상을 측정하는 방법이다. 전자식 가진기는 기본적으로 자장 내에서 코일에 감긴 축을 전자력에 의해 움직이게 하는 선형 전기모터라고 말할 수 있다. 코일에 흐르는 교류전류에 의해 전자력을 발생시키고 이 힘에 의해 축을 진동하게 함으로써 축에 고정된 구조물을 움직일 수 있게 되는 것이다. 가진기는 신호발생기로부터 여러 형태의 전압신호를 받아 이에 비례하는 가진력을 발생시킨다.

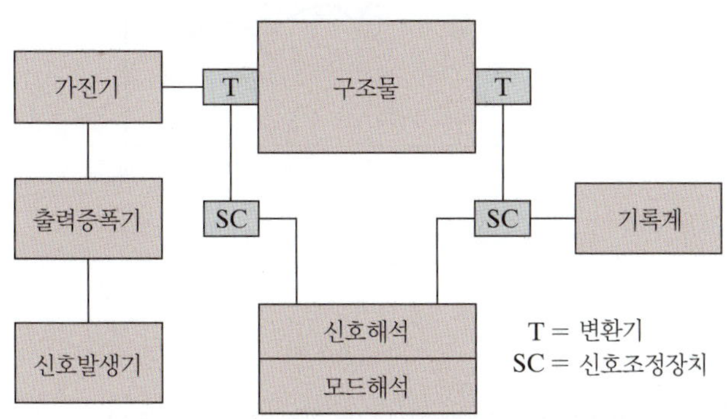

그림 7.1 진동시험에 사용되는 계측장비들의 기능적 배치도

가진기는 질량이 크고 구조물에 부착해야 하기 때문에 가진기의 영향을 최소화하기 위해서는 크기 및 부착 방법을 선택하는 데 주의를 기울여야 한다. ω_n은 $\sqrt{k/m}$에 비례하기 때문에, 가진기의 이러한 **부가질량**(*mass loading*) 효과로 측정된 고유진동수가 실제보다 낮아질 것이다. 이러한 부가질량 및 기타 효과는 **스팅어**(*stinger*)를 가진기와 구조물 사이에 장착함으로써 최소화할 수 있다. 스팅어는 보통 강철이나 나일론으로 만든 가는 막대로 구성되며 가진기와 구조물을 연결함으로써 가진기의 진동을 구조물에 전달한다. 막대는 가진기의 구동점과 구조물에 부착된 힘변환기에 연결되며, 구조물에 가진기가 직접 부착되지 않기 때문에 부가질량 효과가 감소되고 막대의 축방향으로 가진력이 똑바로 전달되며 더욱 정밀하게 가진력의 방향을 조정할 수 있게 된다.

최근에는 **충격해머**도 가진장치로 많이 사용되고 있다. 충격해머는 부가질량 효과를 피할 수 있고 가진기보다 훨씬 신속하게 사용할 수 있다. 충격해머는 머리 부분에 힘변환기가 내장되어 있으며, 이미 3.1절에서 모델을 제시하고 해석한 것처럼, 구조물을 타격하여 임펄스를 가함으로써 넓은 범위의 주파수대역에 걸쳐서 구조물을 가진시키는 데 사용된다. 4.6절에서 지적했듯이 임펄스응답은 시스템의 각 고유진동수에서의 가진을 포함한다. 최대 충격력은 해머의 머리 부분 질량과 충격속도에 거의 비례하며 머리 부분에 있는 로드셀(load cell, 일종의 힘변환기)을 통해 충격력을 측정한다.

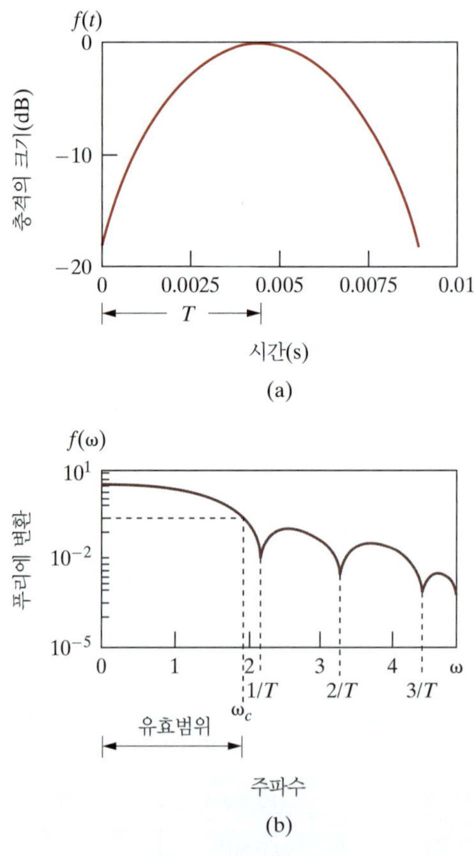

그림 7.2 펄스폭 T에 따른 유효 가진주파수 범위를 나타내는 충격해머의 시간응답(a) 및 주파수응답(b)

그림 7.2에 충격해머에 의한 시간 및 주파수응답이 나타나 있다. 충격력은 수학적 의미에서 완전한 델타함수(그림 3.1)가 아니고 유한한 시간 동안(T) 지속된다. 따라서 주파수응답은 임펄스의 푸리에 변환에 의해 나타나는 것처럼 모든 주파수 영역에 걸쳐 평탄하지 않고, 그림 7.2에서 볼 수 있듯이 주기적 형태를 갖는다. 펄스의 폭과 주파수응답의 형태는 해머와 구조물의 질량 및 강성에 따라 다르다. 구조물 강성이 크고 해머의 질량이 작을 경우에는 해머 팁(tip)의 강성에 의해 주파수 스펙트럼의 형태와 차단주파수 ω_c가 결정된다. **차단주파수**(*cutoff frequency*)는 충격해머에 의해 가진되는 가장 높은 주파수를 뜻한다. 그림에서 보는 것처럼 ω_c는 주파수응답의 크기가 최대치로부터 대략 10~20 dB 정도 떨어지는 지점에서의 주파수값을 뜻한다. 따라서 구조물에 ω_c 이상의 모드를 가진할 만큼 충분히 에너지를 공급할 수 없기 때문에 ω_c 이하를 유효가진주파수로 한다.

해머에 의해 가진되는 주파수 범위는 해머의 질량에 반비례하고 해머 팁의 강성에 비례한다. 충격해머에 의한 가진은 ω_c 이하의 주파수에서만 효과가 있다. 충격해머에 내장된 힘변환기는 사용하는 팁(tip)에 따라 감도가 변화하기 때문에 사용할 때는 적절한 교정이 이루어져야 한다. 충격해머가 간편하고 부가질량 효과가 없긴 하지만 모든 관심 있는 주파수 범위에서 적절한 응답을 얻을 수 있을 만큼 충분한 에너지를 구조물에 가하지 못하며, 또한 국부적인 큰 충격력이 구조물을 파손시킬 염려도 있고 충격력의 방향을 원하는 대로 적절히 가하기가 쉽지 않다. 이와 같은 단점이 있음에도 불구하고 충격해머는 가진기보다 사용하기 간편하고 휴대하기 쉬우며 비교적 저렴하기 때문에 널리 쓰이고 있는 유용한 가진장치이다.

다음에는 충격력뿐만 아니라 구조물의 응답을 측정하는 데 필요한 변환기에 대해 알아보자. 가장 널리 쓰이는 변환기는 압전형(piezoelectric crystal) 변환기이다. 압전소자는 변형을 받으면 전하(electrical charge)가 발생한다. 이러한 성질을 이용하여 힘이나 가속도에 비례하는 전기신호를 발생시키는 변환기를 여러 형태로 만들 수 있다. **가속도계**(*accelerometer*)는 두 개의 질량으로 구성되고 그중 하나는 압전소자를 통해 구조물에 부착된다. 압전소자는 아주 강성이 큰 스프링과 같은 작용을 한다. 질량과 강성으로 인해 변환기는 그 자체의 공진주파수를 갖게 된다. 측정 가능한 최대 주파수는 일반적으로 가속도계의 공진주파수보다 훨씬 작다(그림 2.31). 실제로 측정 가능한 주파수 범위는 가속도계가 구조물에 부착된 상태에서의 공진주파수에 의해 결정되는데, 이것은 가속도계가 구조물에 부착되었을 때 부착부위 상호 간에 다소의 탄성의 존재로 인해 가속도계만의 공진주파수와 부착되었을 때의 공진주파수가 다르기 때문이다. 가속도계의 동특성에 대해서는 2.6절에서 더 자세히 논의했다.

스트레인 게이지도 진동응답을 검출하는 데 사용된다. 스트레인 게이지는 변형했을 때 전기저항이 변화하는 금속이나 반도체 재료로 만들어진다. **스트레인 게이지**는 도선을 여러 번 앞뒤로 구부려 놓은 형태로 되어 있으며, 측정하고자 하는 구조물이나 장치에 본드로 접착시킨다. 구조물이 변형하면 스트레인 게이지를 구성하는 구불구불한 도선의 저항이 변화하게 되고, 이 저항 변화를 휘트스톤 브리지(Wheatstone bridge) 회로를 통해 전압이나 전류의 형태로 측정하며 저항과 변형의 관계로부터 시편의 변형을 알게 된다(Figliola & Beasley, 1991 참조). 스트레인 게이지는 로드셀을 만드는 데도 사용된다.

대부분 변환기의 출력 임피던스는 그대로 신호분석장치와 연결하여 신호를 보내기에는 적합지 않다. 따라서 신호를 해석하기 전에 전하증폭기나 전압증폭기와 같은 **신호조정장치**(*signal condi-*

tioner)를 통해 증폭하거나 임피던스 정합을 시켜야 한다. 각각의 변환기는 신호조정장치와 더불어 관심 있는 주파수 범위에서 크기 및 위상에 대해 적절히 교정되어야 한다. 가속도계가 편리하여 여러 응용 분야에 사용되고 있기는 하지만 속도나 변위에 의해 야기되는 저주파진동의 경우에는 매우 약한 응답신호가 유발된다. 진동변위가 상당히 큼에도 불구하고 저주파진동의 경우에 가속도는 아주 작을 수가 있으며, 이는 진폭이 X인 조화진동의 경우 가속도는 $-\omega^2 X$가 되는 것으로부터 이해될 수 있다. 저주파진동을 측정할 경우에는 가속도계보다 광학형, 용량형, 유도형 변환기나 스트레인 게이지, 전위차계(potentiometer) 등이 더 적합한 경우가 많다.

변환기로부터의 응답신호는 적절히 조정된 후 신호처리를 위해 신호분석기로 입력된다. 신호분석기에는 여러 가지가 사용되고 있으나 표준형은 디지털 푸리에 분석기라고 하며, FFT 분석기(fast Fourier transform analyzer)로 잘 알려져 있다. 신호분석기는 적절한 조정을 거친 변환기 신호(가속도, 힘, 속도, 변위, 스트레인)를 아날로그 전압의 형태로 받아들여서 잡음을 제거한 후 디지털 신호로 변환, 여러 가지 계산을 위해 사용한다. 각 신호의 주파수 스펙트럼과 입력과 여러 출력 사이의 상호스펙트럼을 계산하고 이를 수학적으로 적절히 처리하여 고유진동수, 감쇠비, 모드형상과 같은 구조물에 관한 정보를 수치 또는 그래픽으로 나타낸다.

거의 모든 신호분석기가 위와 같은 값들을 계산하여 그 결과를 우리에게 아주 잘 제공하고 있기는 하지만 가치 있고 유용한 실험이 되기 위해서는 신호처리에 대한 핵심적인 사항을 이해하는 것이 중요하다. 다음 두 절에서 신호처리에 대한 기본사항을 공부하기로 한다.

고공간밀도로 진동 측정을 하기 위해서는 주사식 레이저 도플러 진동계(scanning laser Doppler vibrometer, SLDV)라는 새로운 측정기를 사용한다. SLDV는 반사되는 레이저의 도플러 천이 현상을 이용하여 움직이는 물체의 속도를 측정한다. 레이저센서는 비접촉식이기는 하나 반사신호가 충분한 강도를 갖도록 하기 위해서는 반사성이 뛰어난 페인트로 구조물의 표면을 도포해야 한다. SLDV는 주파수 250 kHz까지 그리고 나노미터 정도의 진폭을 갖는 진동까지도 측정이 가능하다. 측정기에 내장된 소프트웨어와 비디오 카메라를 이용하여 구조물상에 격자(mesh)를 생성하고 볼 수 있다. 프로그램을 통해 모든 격자점에서 진동을 측정하고 시간응답(time response), 푸리에 변환, 주파수응답함수(FRF), 스펙트럼밀도, 일관도함수, 운전중변형형상(operational deflection shape, ODS) 등을 연산하여 화면으로 출력할 수 있다. 압전세라믹 소자를 이용하는 고대역 액추에이터와 같이 사용하면 구조물의 정밀한 진동패턴, 즉 운전중변형형상을 생성하고 이를 이용하여 구조물 결함이나 손상부위를 검출하고 재설계에 활용할 수도 있다.

7.2 디지털 신호처리

모드시험에서는 시험 결과의 해석을 주파수 영역에서 수행한다. 신호분석기는 아날로그 시간 영역 신호를 디지털 계산에 적합한 디지털 주파수 영역 정보로 전환하고 해당되는 계산을 행한다. 아날로그 신호 $x(t)$를 주파수 영역으로 변환하는 데는 푸리에 변환[식 (3.45)와 (3.46)으로 정의], 또는 푸리에 급수[식 (3.20)~(3.23)으로 정의]를 이용한다. 이 절에서는 푸리에 급수에서 시작하여 이산 푸리에 변환(discrete Fourier transform, DFT)을 유도한다.

3.3절에서 언급한 것처럼 주기 T인 신호는 식 (3.21)에서 (3.23)으로 정의하는 푸리에 계수 또는 스펙트럼 계수와 식 (3.20)의 푸리에 급수로 표현될 수 있다. 본질적으로 스펙트럼 계수는 주어진 시간 영역 신호의 주파수 영역 정보를 나타낸다. 푸리에 급수에 관한 식은 윈도우 7.1에 다시 요약되어 있다.

윈도우 7.1 | 주기가 T인 신호 $F(t)$의 푸리에 급수 표현

$$F(t) = \frac{a_0}{2} + \sum_{n=1}^{\infty}\left(a_n \cos n\omega_T t + b_n \sin n\omega_T t\right) \tag{3.20}$$

여기서

$$\omega_T = \frac{2\pi}{T}$$

$$a_0 = \frac{2}{T}\int_0^T F(t)dt \tag{3.21}$$

$$a_n = \frac{2}{T}\int_0^T F(t)\cos n\omega_T t\,dt \qquad n = 1, 2, \cdots \tag{3.22}$$

$$b_n = \frac{2}{T}\int_0^T F(t)\sin n\omega_T t\,dt \qquad n = 1, 2, \cdots \tag{3.23}$$

식 (3.21)에서 (3.23)의 푸리에 계수 a_n과 b_n은 푸리에 해석과 진동시험 간의 연관성을 나타낸다. 가속도계나 힘변환기로부터 아날로그 신호 $x(t)$가 신호분석기로 들어가면 신호분석기는 신호의 스펙트럼 계수를 계산하여 주파수 영역 해석을 시작한다. 그림 7.3은 여러 형태의 대표적인 아날로그 신호 및 그 신호의 푸리에 스펙트럼을 나타낸다. 신호분석기는 먼저 아날로그 신호를 이산화하여 디지털 신호로 변환한다. 우선 신호 $x(t)$를 똑같은 시간간격으로 샘플링하여 일련의 숫자 $\{x(t_k)\}$로 기록한다. 여기서 $k = 1, 2, \cdots, N$이고 N은 샘플의 수, t_k는 샘플링하는 순간의 시간을 나타낸다.

이런 과정은 아날로그-디지털(A/D) 변환기에 의해 수행되는데, 변환방식은 기본적으로 두 가지로 생각해 볼 수 있다. 첫째로는 Δt 시간마다 신호를 샘플링하여 그 신호값 $x(t_k)$를 통과시키는 일종의 문(gate)으로 생각할 수 있으며, 또 하나는 t_k라는 샘플링하는 순간에는 1이고 그 밖의 시간에는 0인 값을 갖는 사각파함수(square-wave function)와 신호 $x(t)$의 곱으로 A/D 변환기의 변환과정을 개념적으로 나타낼 수 있다. 그림 7.3에 아날로그 신호와 그 신호의 디지털 표현을 예시한다.

이산 푸리에 변환을 행할 때는 샘플링 시간(t_k와 t_{k+1} 사이의 시간)을 선택하는 데 주의해야 한다. 샘플링 시간을 잘못 선택함으로써 발생된 오차를 엘리어싱(*aliasing*)이라 하는데, 이는 잘못된 A/D

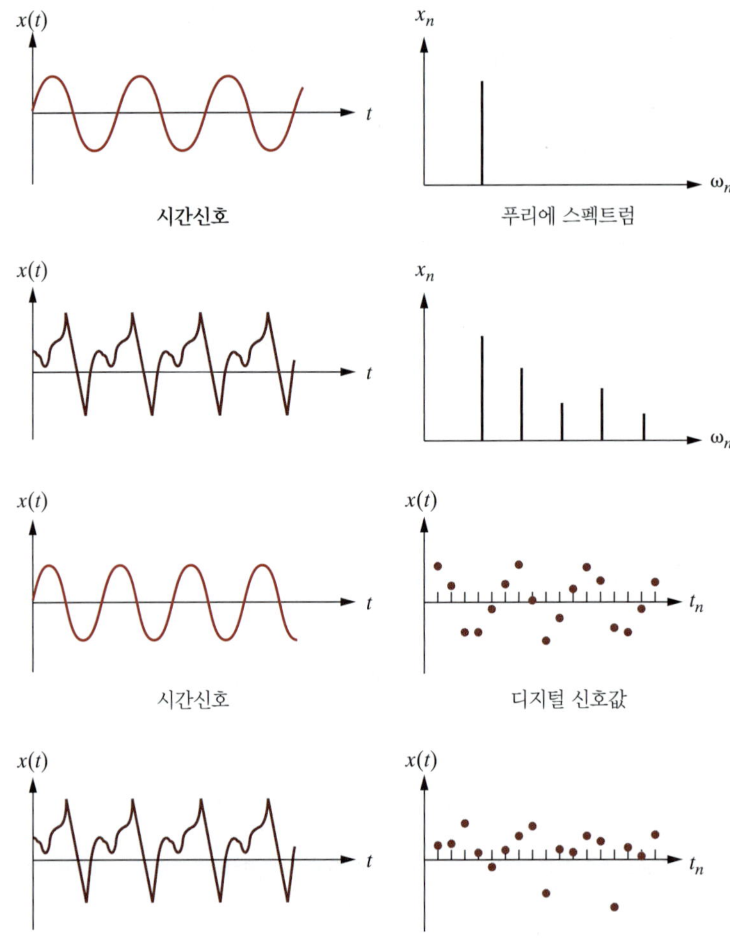

그림 7.3 여러 형태의 신호와 그 푸리에 스펙트럼 및 디지털 신호

변환에 의해 원래의 아날로그 신호가 왜곡된 형태의 디지털 신호로 바뀌는 현상을 의미한다. 샘플링 주기가 너무 길 경우에는 아날로그 신호의 고주파 성분을 제대로 샘플링하지 못하므로 디지털 신호에 고주파 신호가 저주파 신호인 것처럼 왜곡되어 나타난다. 다음 예제에서 주파수와 위상이 다른 두 개의 주기적 신호가 똑같은 디지털 신호로 샘플링된 경우를 예시한다.

예제 7.2.1

신호 $x_1(t) = \sin[(\pi/4)t]$와 $x_2(t) = -\sin[(7\pi/4)t]$를 1초 간격으로 샘플링한다. 다음 표는 각 신호의 샘플링된 값을 나타낸다.

t_k	0	1	2	3	4	5	6	7	8	ω_i
x_1	0	0.707	1	0.707	0	−0.707	−1	−0.707	0	$\frac{1}{8}\pi$
x_2	0	0.707	1	0.707	0	−0.707	−1	−0.707	0	$\frac{7}{8}\pi$

표에서 보는 것처럼 x_1과 x_2의 디지털 샘플링 값은 같다. 즉 모든 k에 대해 $x_1(t_k) = x_2(t_k)$이다. 따라서 두 신호에 대해 어떠한 수학적 연산을 한다 해도 같아질 것이다. 여기서 샘플링 주파수 $\Delta\omega$는 2π이다. 신호 $x_1(t)$의 주파수와 샘플링 주파수의 차 $\frac{1}{8} - 1 = -\frac{7}{8}$가 신호 $x_2(t)$의 주파수와 같음에 주목하라.

엘리어싱을 방지하기 위해 샘플링 주기 Δt는 가장 큰 주파수의 신호를 사이클당 최소 두 번 이상 샘플링할 만큼 작게 선택해야 한다. 즉 샘플링한 디지털값으로부터 원래의 아날로그 신호를 그대로 되살리기 위해서는 그 신호 내의 가장 큰 주파수보다 최소 2배 이상 빠른 속도로 샘플링해야 한다. 경험에 비추어(Otnes & Encochson, 1972 참조) 신호 1주기당 2.5번 샘플링하는 것이 더 적당하다. 이것을 **샘플링 정리**(*sampling theorem*) 또는 **섀넌의 샘플링 정리**(*Shannon's sampling theorem*)라고 한다.

신호에 여러 주파수가 혼재되어 있는 경우에 엘리어싱 방지필터(antialiasing filter)를 통해 엘리어싱 현상을 제거할 수 있다. 엘리어싱 방지필터는 저주파 신호만을 통과시키는 저역통과 급격차단(low-pass sharp-cutoff) 필터이다. 이 필터는 **나이퀴스트 주파수**(*Nyquist frequency*), 즉 최대 주파수의 1/2이 되는 주파수 ω_{max}보다 높은 주파수를 효과적으로 차단하며 대부분의 디지털 신호분석기는 이 엘리어싱 방지필터를 내장하고 있다.

일단 신호의 디지털값이 주어지면 이산 푸리에 변환(discrete Fourier transform)을 수행한다. 이 변환을 통해 다음과 같이 이산화된 신호값을 급수형태로 나타냄으로써 이산 푸리에 변환이 이루어진다.

$$x_k = x(t_k) = \frac{a_0}{2} + \sum_{i=1}^{N/2}\left(a_i \cos\frac{2\pi i t_k}{T} + b_i \sin\frac{2\pi i t_k}{T}\right) \qquad k = 1, 2, \cdots N \tag{7.1}$$

여기서 **디지털 스펙트럼 계수**(*digital spectral coefficient*)는 다음 식으로 주어진다.

$$a_0 = \frac{1}{N}\sum_{k=1}^{N} x_k \tag{7.2}$$

$$a_i = \frac{1}{N}\sum_{k=1}^{N} x_k \cos\frac{2\pi i k}{N} \tag{7.3}$$

$$b_i = \frac{1}{N}\sum_{k=1}^{N} x_k \sin\frac{2\pi i k}{N} \tag{7.4}$$

이 식은 식 (3.21), (3.22), (3.23)의 디지털 표현이다. 신호분석기는 샘플값 $x(t_k)$ 또는 x_k가 주어지면 위 식으로부터 스펙트럼 계수를 계산한다. 신호분석기의 변환 용량, 즉 사용하는 샘플의 수 N은 대개 고정되어 있는데 512개, 1024개 등으로 2의 지수배를 택하고 있다.

N개의 샘플값에 대해 식 (7.2)~(7.4)를 적용하면 N개의 스펙트럼 계수($a_0, \cdots, a_{N/2}, b_0, \cdots, b_{N/2}$)를 미지수로 하는 N개의 선형 연립방정식이 도출된다. 이 방정식은 다음과 같이 행렬로 표

시된다.

$$\mathbf{x} = C\mathbf{a} \tag{7.5}$$

여기서 $\mathbf{x}$는 샘플값 x_k를 성분으로 하는 벡터이고, $\mathbf{a}$는 스펙트럼 계수 a_0, a_i, b_i가 성분이 되는 벡터이다. 식 (7.1)에서 계수 $\cos(2\pi i t_k/T)$와 $\sin(2\pi i t_k/T)$가 행렬 C의 요소가 된다. 스펙트럼 계수에 대해 식 (7.5)를 풀면 간단히 다음과 같이 정리된다.

$$\mathbf{a} = C^{-1}\mathbf{x} \tag{7.6}$$

신호분석기는 바로 행렬 C^{-1}을 계산하여 계수 $\mathbf{a}$를 구한다. 행렬 C의 역행렬을 구하는 데 가장 널리 쓰이는 방법이 바로 Cooley와 Tukey(1965)에 의해 창안된 고속 푸리에 변환(FFT)이다. $\mathbf{x}$는 응답신호(또는 입력신호)의 디지털값이며 스펙트럼 계수 $\mathbf{a}$는 그것의 주파수 성분을 나타낸다.

디지털 신호해석을 위해서는 주기적 신호를 유한시간에 걸쳐서 샘플링해야 한다(N은 명백히 유한수를 나타냄). 이때 누설(*leakage*)이라는 문제가 발생한다. 유한시간 동안 신호를 샘플링하기 위해서는 간단히 그 신호의 정수배 주기에서 신호를 자르면 된다. 그러나 여러 주파수 성분을 포함하는 신호의 경우 신호주기의 정수배 시간에 정확하게 신호샘플링을 할 수는 없다. 따라서 적절한 조치를 취하지 않으면 신호주기의 중간에 신호가 잘릴 수도 있다. 이때 신호에는 없는 주파수 성분이 디지털값에 포함된다. 왜냐하면 유한시간 신호의 이산 푸리에 변환은 신호가 샘플기록길이(sample record length) 이내에서 주기적이라고 가정하기 때문이다. 따라서 실제 주파수가 많은 가상적인 주파수로 '누설'이 되는 셈이다. 그림 7.4는 이를 나타내고 있다.

누설 현상은 창함수(*window function*)를 사용함으로써 어느 정도 피할 수 있다. 창을 쓴다는 것(windowing)은 가중함수(weighting function), 즉 창함수 $w(t)$를 원래의 신호에 곱해서 샘플링주기 바깥에서는 신호가 강제로 영이 되게 하는 것을 말한다. 그림 7.5에 가장 많이 쓰이는 해닝창(*Hanning window*)과 주기적 신호에 대한 누설 감소효과를 예시하고 있다. 창함수를 적절히

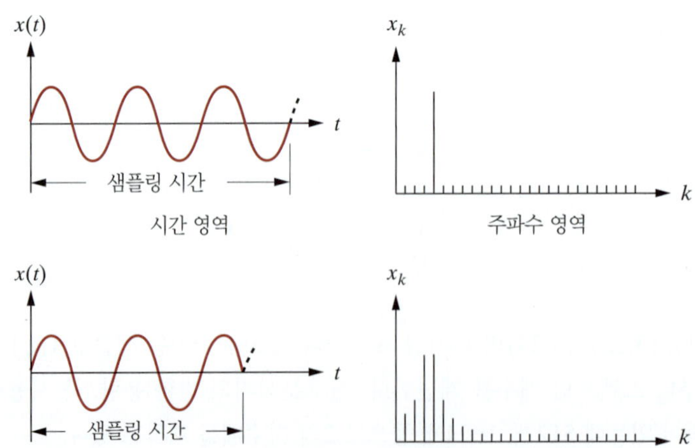

그림 7.4 주파수 누설의 예(샘플링 시간이 실제 주파수의 정수배가 아닐 경우 나타나는 주파수)

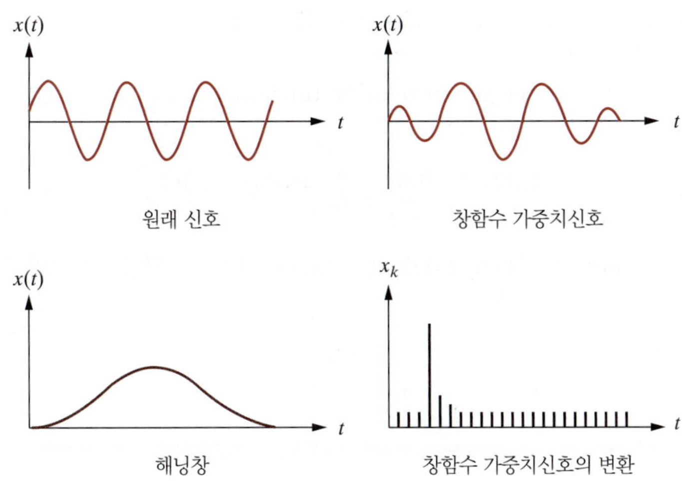

그림 7.5 창함수(해닝창)를 사용하여 주파수 누설을 감소시킨 예

사용함으로써 그림에서 보는 것처럼 주파수 누설을 훨씬 감소시킬 수 있음을 알 수 있다.

이미 설명한 대로 신호의 주파수 성분을 정확하게 안다면 정확히 샘플링속도와 샘플개수 N을 선택할 수 있을 것이다. 그러나 신호를 측정하는 이유가 바로 그 신호 내의 주파수 성분을 알아내는 것이므로 실제로는 모드해석의 중요한 사항 중 하나는 바로 샘플링 주파수와 데이터 크기 N을 선택하는 일이다.

7.3 랜덤신호해석

진동시험 중에 변환기를 통해 측정된 신호는 여러 형태의 잡음(noise, 측정 데이터를 확정적인 방법으로 해석하기 어렵게 하는 랜덤 성분)을 포함한다. 측정의 신뢰도는 동일한 시험을 여러 번 하고 이를 평균함으로써 높아질 수 있다. 이 점은 어떤 양을 측정하든 누구나가 공감하는 사항이다. 실제로 1.1절의 그림 1.3에서 볼 수 있듯이 단일 구조물의 강성을 결정하는 데 한 번이 아닌 여러 번의 시험을 거쳐서 이루어졌다. 이런 관점에서 3.5절에서 확립한 랜덤입력에 대한 진동응답을 고려하는 것이 중요하다.

윈도우 7.2에서 신호의 자기상관함수와 파워스펙트럼밀도(PSD)를 다시 한번 복습한다. 윈도우 7.3에서 볼 수 있듯이 입력, 즉 가진력의 PSD와 응답의 PSD 및 주파수응답함수는 식 (3.62)에서 나타낸 것처럼 다음과 같은 관계가 있다.

$$S_{xx}(\omega) = |H(\omega)|^2 S_{ff}(\omega) \tag{7.7}$$

식 (7.7)은 $H(\omega)$가 내포하고 있는 시험구조물의 동특성과 측정 가능한 양(즉 PSD)과의 상관관계를 나타낸다. 3.7절 끝부분에서 언급했듯이 주파수응답함수를 구하는 일반적인 방법은 여러 번의 입력과 출력을 평균하여 상관함수를 구하고, 이를 변환하여 파워스펙트럼밀도를 구한다. 그리

윈도우 7.2 | 랜덤진동해석에서 유용하게 사용되는 용어 정의

랜덤신호 $x(t)$의 자기상관함수(autocorrelation function)는 다음과 같이 정의되며,

$$R_{xx}(\tau) = \lim_{T\to\infty} \frac{1}{T}\int_0^T x(t)x(t+\tau)dt \tag{3.50}$$

파워스펙트럼밀도(power spectral density, PSD)는 바로 자기상관함수의 푸리에 변환이다.

$$S_{xx}(\omega) = \frac{1}{2\pi}\int_{-\infty}^{\infty} R_{xx}(\tau)e^{-j\omega\tau}d\tau \tag{3.51}$$

윈도우 7.3 | 스프링–질량–감쇠기 시스템의 확정적 가진과 랜덤가진에 대한 응답 계산의 비교

c
x(t)
m
f(t)
k
L

전달함수: $G(s) = \dfrac{1}{ms^2 + cs + k}$

주파수응답함수: $G(j\omega) = H(\omega) = \dfrac{1}{k - m\omega^2 + c\omega j}$

임펄스응답함수: $h(t) = \dfrac{1}{m\omega_d} e^{-\zeta\omega_n t} \sin \omega_d t$

$h(t)$의 라플라스 변환: $L[h(t)] = \dfrac{1}{ms^2 + cs + k} = G(s)$

임펄스응답함수의 푸리에 변환이 바로 주파수응답함수 $H(\omega)$이며, 입력과 응답 간의 관계는 다음과 같다.

확정적 신호 입력:		랜덤신호 입력:
$X(s) = G(s)\,F(s)$	↔	$S_{xx}(\omega) = \lvert H(\omega)\rvert^2 S_{ff}(\omega)$
$x(t) = \int_0^t h(t-\tau)\,f(\tau)\,d\tau$	↔	$E[x^2] = \int_{-\infty}^{\infty} \lvert H(\omega)\rvert^2 S_{ff}(\omega)d\omega$

고 식 (7.7)로부터 주파수응답함수의 크기 $|H(\omega)|$를 구할 수 있다. 그림 3.20에 나타나 있듯이, 또는 7.4절에서 논의될 방법에 의해 $|H(\omega)|$의 그래프로부터 실험 진동 데이터를 얻는다.

주파수응답함수는 두 신호 $x(t)$와 $f(t)$ 사이의 상호상관함수에도 관계된다. 두 신호의 **상호상관함수**(*cross-correlation function*) $R_{xf}(t)$는 다음과 같이 정의된다.

$$R_{xf}(\tau) = \lim_{T\to\infty} \frac{1}{T}\int_0^T x(t)f(t+\tau)dt \tag{7.8}$$

여기서 $x(t)$는 가진력 $f(t)$에 대한 구조물의 응답이다. 마찬가지로 **상호스펙트럼밀도**(*cross-spectral density*)는 상호상관함수의 푸리에 변환이고, 다음 식으로 정의된다.

$$S_{xf}(\omega) = \frac{1}{2\pi}\int_{-\infty}^{\infty} R_{xf}(\tau)e^{-j\omega\tau}d\tau \tag{7.9}$$

위의 상관함수와 밀도함수로부터 구조물의 전달함수를 계산할 수 있다. 주파수응답함수 $H(j\omega)$는 다음 두 식에 의해 스펙트럼밀도 함수와 관계된다(예: Ewins, 2000 참조).

$$S_{fx}(\omega) = H(j\omega)S_{ff}(\omega) \tag{7.10}$$

그리고

$$S_{xx}(\omega) = H(j\omega)S_{xf}(\omega) \tag{7.11}$$

위의 두 식은 랜덤입력 $f(t)$에 의해 구조물이 가진되고 응답이 $x(t)$일 때 적용되는 관계식이다. 주목할 사항은 상호상관함수는 구조물 전달함수의 크기와 위상에 관한 정보를 모두 갖고 있다는 점이다. 반면에 자기상관함수는 식 (7.7)에서 보는 것처럼 오직 크기 정보만을 포함한다(윈도우 7.3의 오른쪽 하단부 참조).

스펙트럼 분석기는 스펙트럼밀도 함수를 계산하고 식 (7.10)이나 (7.11)로부터 주파수응답함수 $H(j\omega)$를 계산한다. 식 (7.10)과 (7.11)은 서로 다른 파워스펙트럼밀도 함수를 사용하여 동일한 양을 계산하고 있음을 주목해야 한다. 이 사실로부터 $H(j\omega)$의 일관성이 검토될 수 있다. **일관도함수**(*coherence function*) γ^2은 다음과 같이 정의되며,

$$\gamma^2 = \frac{|S_{xf}(\omega)|^2}{S_{xx}(\omega)S_{ff}(\omega)} \tag{7.12}$$

항상 영과 1 사이의 값을 갖는다. 일관성 있는 실험이 이루어졌다면 두 식으로부터 구한 $H(j\omega)$는 같고, 따라서 일관도함수는 1($\gamma^2 = 1$)이 될 것이다. 일관도는 실제로 측정된 신호에 잡음이 얼마나 포함되어 있는가를 나타낸다. 잡음만의 신호라면 일관도는 영이며 전혀 잡음이 없다면 1이 된다. 실제로 주파수의 함수로 일관도를 나타내 보면(그림 7.6 참조) 관심 있는 주파수 범위에서 측정이 얼마나 정확하게 되었는가를 알 수 있다. 보통 일관도값은 공진주파수에서 멀리 떨어질 때 1에 가깝다. 공진 근처에서는 신호가 커지면서 잡음도 증폭된다. 실제로 일관도값이 0.75 이하인 경우에는 실험을 다시 하거나 더 작은 주파수 구간에서 데이터를 검토해야 한다.

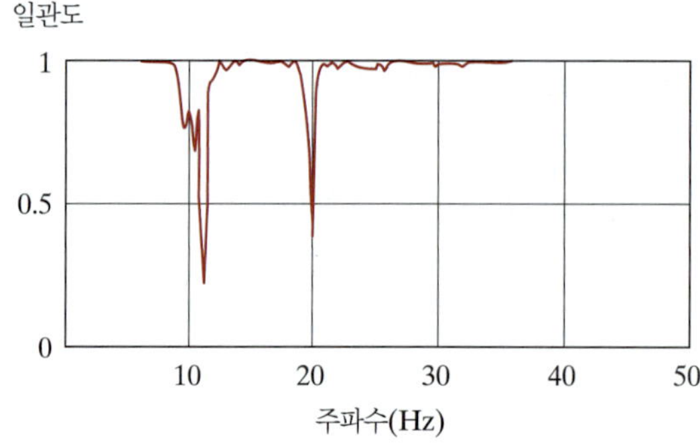

그림 7.6 일관도함수 선도

7.4 모드 데이터 추출

일단 식 (7.10) 또는 (7.11)로부터 시험구조물의 주파수응답을 구하면 다음 과제는 진동에 관계되는 매개변수값을 알아내는 일이다. 이러한 매개변수를 찾아내기 위한 해석과정을 **실험모드해석**이라 한다. 지금부터 주파수응답함수 $H(j\omega)$는 식 (7.10)이나 (7.11) 또는 이에 상당하는 관계식으로부터 이미 구해서 알고 있는 것으로 가정한다.

측정된 주파수응답함수의 각 공진 피크에 관련되는 고유진동수, 감쇠비, 모드진폭을 계산해야 하는데, 그 추출 방법에는 여러 가지가 있다. 모든 방법을 다 다루는 것은 이 책의 범위를 넘어서므로 관심 있는 독자는 참고문헌(Ewins, 2000)을 보도록 한다. 기본 방법을 설명하기 위해 그림 7.7과 같은 다소 이상화된 컴플라이언스 주파수응답함수(간단한 구조물의 두 점에서 측정)를 고려한다. 구조물의 한 점에 사인파 가진력을 주파수를 변화시키면서 가하고 다른 점에서 변위응답을 측정한다. 여러 가진주파수에 대한 응답을 측정하여 얻은 선도가 그림 7.7이다. 1자유도 시스템에 대한 같은 과정을 3.7절의 그림 3.20에서 예시한 바 있다.

시험구조물의 자유도 수를 결정하는 문제는 모드시험에 있어서 다소 불확실한 것 중의 하나이다. 많은 경우 단순히 확실한 피크, 즉 공진점의 개수를 자유도 수로 한다. 따라서 그림 7.7의 경우에는 3자유도가 된다. 그러나 이 방법은 고유진동수가 아주 근접해 있거나 중복 고유진동수를 가질 경우에는 적합하지 않다.

가장 쉬운 데이터 추출 방법은 SDOF 방법이라 불리는 1자유도 곡선근사(*single-degree-of-freedom curve fit*) 방법이다. 이 방법에서는 먼저 주파수응답함수를 각각의 피크를 포함하는 주파수 구간으로 분할한다. 그리고는 각 피크를 1자유도 시스템의 주파수응답이라고 가정하고 해석

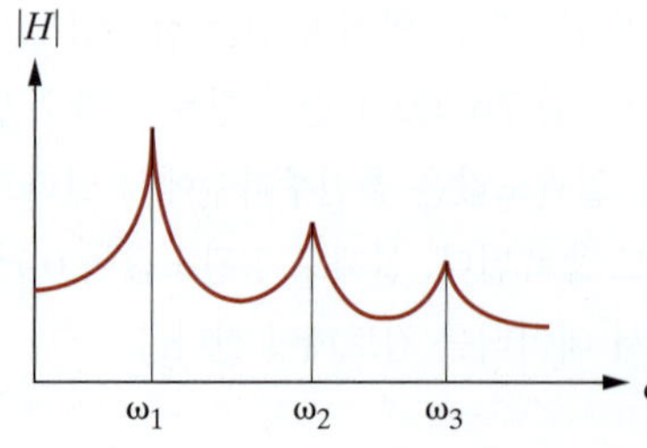

그림 7.7 한 점에서 가진하고 다른 점에서 측정하여 구한 주파수응답함수의 진폭 선도

한다. 이 가정은 공진점 근처에서는 주로 그 단일 모드로 주파수응답함수가 결정된다는 것이다.

다시 말해 첫 번째 공진 피크 주변 주파수 영역에서는 첫 번째 고유진동수 근처의 조화입력에 대한 1자유도 감쇠 시스템의 응답으로 선도를 얻는다고 가정한다. 3.7절에서 공진점은 주파수응답함수의 크기가 최대이고 위상이 90°가 되는 주파수값에 해당된다는 것을 알았다. 따라서 그림 7.7에서 주파수 ω_1, ω_2, ω_3는 단순히 세 피크가 수평(주파수)축 어디에 위치하는가를 살펴서 결정되며 각 주파수에 대한 위상값을 검토해서 확인할 수 있다(위상은 90°여야 한다).

각 공진모드에 해당하는 감쇠비는 4.5절과 6.7절에서 정의된 모드좌표계의 모드감쇠비 ζ_i로 가정한다. 그림 7.8의 주파수응답함수의 진폭 선도로부터 모드감쇠비를 구하는 방법을 생각해 보자. 감쇠가 충분히 작으면 공진상태에서 $|H(\omega)|$의 피크가 확실하게 형성되므로 모드감쇠비 ζ는 다음 조건을 만족하는 두 점에 대한 주파수로부터 구할 수 있다. 즉

$$|H(\omega_a)| = |H(\omega_b)| = \frac{|H(\omega_d)|}{\sqrt{2}} \tag{7.13}$$

$\omega_b - \omega_a = 2\zeta\omega_d$에 의해 다음과 같이 나타낼 수 있다.

$$\zeta = \frac{\omega_b - \omega_a}{2\omega_d} \tag{7.14}$$

여기서 ω_d는 감쇠 고유진동수이며, ω_a와 ω_b는 식 (7.13)을 만족시키는 주파수이다. 로그 눈금에서 $H(\omega_d)/\sqrt{2}$는 $H(\omega_d)$ 아래로 3 dB 점에 해당되기 때문에 식 (7.13)을 만족시키는 점을 3 dB 강하점(3-dB *down point*) 또는 반전력점(*half power point*)이라고 한다.

그림 2.12 및 식 (2.44)와 (2.45)에서 정의한 품질계수 Q는 다음과 같다.

$$Q = |H(\omega_d)| = \frac{1}{2\zeta}$$

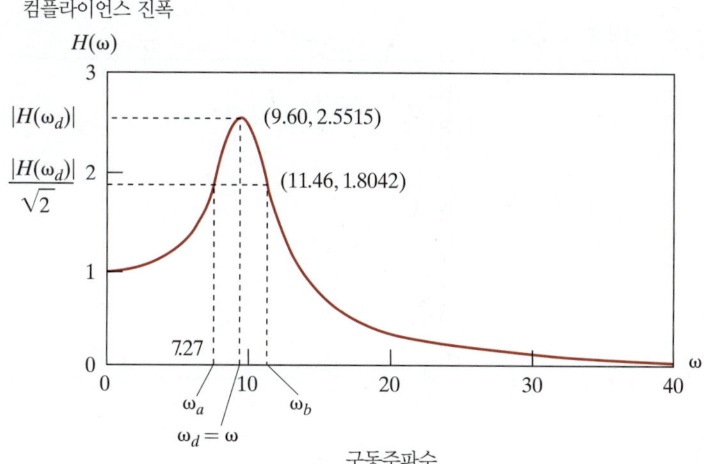

그림 7.8 1자유도 시스템의 컴플라이언스 주파수응답함수(경감쇠 시스템에서 반전력점으로 모드감쇠비를 구하는 법을 예시)

가속도 주파수응답도 ω_d에서 피크를 갖기 때문에 식 (7.14)는 가속도 전달함수에도 그대로 적용될 수 있다. 감쇠가 아주 작은 경우 고유진동수 ω_n과 감쇠 고유진동수 ω_d는 거의 같다고 본다. 실제로 $\zeta = 0.01$인 경우 $\omega_d = \omega_n\sqrt{1-\zeta^2} = 0.999949998\omega_n$이고, $\zeta = 0.1$인 경우 $\omega_d = 0.99498\omega_n$으로 감쇠비는 10배가 차이나도 ω_d와 ω_n은 거의 같음을 알 수 있다. 고유진동수와 감쇠비는 가속도와 가진력을 측정하여 얻는 가속도 주파수응답함수에 그림 7.8의 방법을 그대로 적용하여 구할 수 있다.

그림 7.7처럼 세 개의 피크를 갖는 다자유도 시스템의 경우에는 각 피크를 1자유도 시스템처럼 간주하여 각 피크에 해당하는 주파수로부터 세 개의 고유진동수값을 얻고 각 피크에서 3 dB 강하점에 해당하는 주파수로부터 식 (7.14)를 이용하여 세 개의 모드감쇠비 ζ_1, ζ_2, ζ_3를 구할 수 있다.

예제 7.4.1

실험으로 구한 그림 7.9의 컴플라이언스 전달함수로부터 자유도, 모드감쇠비, 고유진동수를 계산하라.

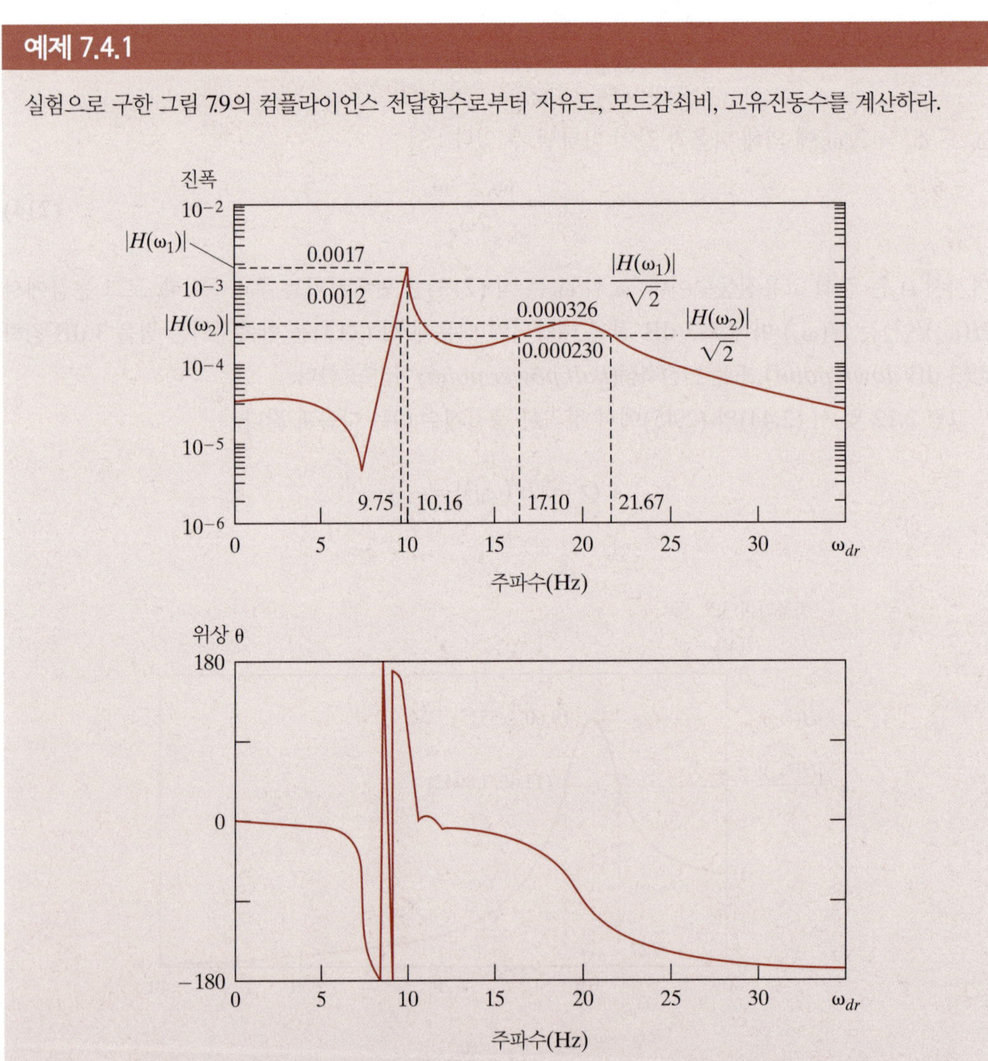

그림 7.9 진폭 및 위상 선도[피크진폭법(peak amplitude method)으로 모드감쇠비와 고유진동수를 구하는 방법을 예시]

풀이 진폭 선도가 두 개의 뚜렷한 피크를 갖기 때문에 2자유도 시스템으로 볼 수 있다. 이것은 각 피크에서 위상을 통해서도 확인된다. 즉 각 피크에서 위상이 ±90°이므로 각 피크는 고유진동수에 해당된다고 볼 수 있다. 수직축을 참고하면 다음과 같다.

$$\omega_1 = 10 \text{ Hz} \qquad \omega_2 = 20 \text{ Hz}$$

다음으로 $|H(\omega_1)| = 0.0017$이므로 3 dB 강하점은 $H(\omega_a) = H(\omega_b) = 0.0017/\sqrt{2} = 0.0012$에 해당하는 점이다. 그림에서 $\omega_a = 9.75$ Hz, $\omega_b = 10.16$ Hz가 된다. 식 (7.14)로부터 감쇠비를 얻는다.

$$\zeta_1 = \frac{\omega_b - \omega_a}{2\omega_1} = \frac{10.16 - 9.75}{20} = 0.02$$

두 번째 피크에 대해서도 같은 방법을 적용하여 감쇠비를 얻는다.

$$\zeta_2 = \frac{\omega_b - \omega_a}{2\omega_2} = \frac{21.67 - 17.10}{40} = 0.11$$

7.5 원근사법에 의한 모드 매개변수 추출

7.4절에서 고유진동수와 감쇠비를 주파수응답함수의 그래프로부터 구할 수 있음을 알았다. 이 절에서는 신호분석기에서 프로그램을 통해 더 자동적이고 체계적으로 그 값을 구할 수 있는 방법을 알아본다. 여기서도 고유진동수에 인접한 주파수 영역에서는 해당 고유진동모드가 모빌리티 전달함수(mobility transfer function)의 동적 거동을 지배한다고 가정한다. 주파수응답함수의 실수부와 허수부의 궤적을 그리면 원이 된다. $\text{Re}|H(\omega)|$와 $\text{Im}|H(\omega)|$의 선도를 **나이퀴스트 선도**(*Nyquist plot*), **나이퀴스트 원**(*Nyquist circle*) 또는 **아르강 평면 선도**(*Argand plane plot*)라 한다.

모빌리티 전달함수와 그 주파수응답함수는 3.7절에서 논의되었으며 윈도우 7.4에서 다시 복습한다. 실수부와 허수부는 각기 다음과 같다.

$$\text{Re}(\alpha) = \frac{\omega^2 c}{(k - \omega^2 m)^2 + (\omega c)^2} \tag{7.15}$$

$$\text{Im}(\alpha) = \frac{\omega(k - \omega^2 m)}{(k - \omega^2 m)^2 + (\omega c)^2} \tag{7.16}$$

그림 7.10은 ω를 증가시켜 가며 [Re(α), Im(α)]의 궤적을 그린 것이다. 이 세 개의 값 ω, Re(α), Im(α)는 측정된 데이터를 처리하는 신호분석기에서 디지털 형태로 주어진다.

관심 있는 주파수 범위에서 가진주파수 ω를 일정한 간격으로 변화시키면서(1 Hz 또는 0.1 Hz) 허수부 대 실수부의 궤적을 그렸다. 그림 7.10(a)는 신호분석기에서 측정된 데이터로부터 각각의 ω에서 Re(α)와 Im(α)를 계산하여 그린 궤적이다. 1자유도 시스템에 대해서는 식 (7.15)와 (7.16)으로부터 이 궤적은 중심이 실수축상에 있고 원점에 접하는 원이 됨을 알 수 있다. 등간격으로 떨

윈도우 7.4 | 모빌리티 주파수응답함수

표 3.2로부터 모빌리티 전달함수는 응답속도의 라플라스 변환과 가진력 라플라스 변환의 비이다. 즉 1자유도 시스템에 대해 식 (3.87)로부터 다음을 얻는다.

$$\frac{sX(s)}{F(s)} = sH(s) = \frac{s}{ms^2 + cs + k}$$

$s = j\omega$를 대입하면, 모빌리티 주파수응답함수는 다음과 같으며,

$$\alpha(\omega) = j\omega H(\omega) = \frac{j\omega}{\left(k - \omega^2 m\right) + j\omega c}$$

복소함수이다. 그러나 기호 $\alpha(\omega)$는 다른 모든 전달함수에 대해서도 주파수응답함수를 나타내기 위해 사용된다.

어진 구동주파수에 해당하는 각 점을 $\omega(1)$, $\omega(2)$ 등으로 표시했다. 원호상에서 이 점들은 등간격이 아님에 주의해야 한다. 그림에서 실수축, $\text{Re}(\alpha)$의 방향은 가진력을 나타내며, 응답 X는 가진력보다 θ만큼 위상이 늦다. 예를 들면 그림 7.10에서 두 번째 가진주파수 $\omega(2)$에 대해 응답은 $X(2)$, 위상지연은 $\theta(2)$이다. 이와 같이 응답의 크기는 원점에서 원호상의 한 점까지의 거리가 된다. 공진 시에는 응답이 가장 커지기 때문에 원점에서 가장 멀리 떨어진 점이 바로 공진상태를 나타낸다. 감쇠가 작을 경우에는 가진주파수와 고유진동수가 일치하는 점에서 공진이 일어나기 때문에 이는 그림 7.10(a)에서 원과 실수축이 만나는 점에 해당된다. 따라서 식 (7.15), (7.16)으로부터 고유진동수를 구할 수 있으며 그림에 ω로 표시되어 있는 점이 바로 공진점이 된다.

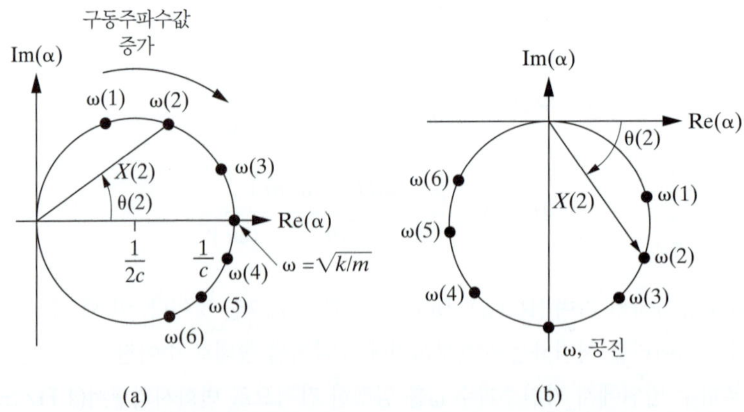

그림 7.10 (a) $\omega = 0$부터 값을 증가시키며 그린 모빌리티 주파수응답함수의 나이퀴스트 선도(허수부 대 실수부의 궤적), (b) 리셉턴스 전달함수. 괄호 안의 값은 각 데이터점의 번호이다. 이 궤적을 나이퀴스트 선도라 하며 제시된 선도는 부족감쇠 시스템의 경우이다.

모빌리티 주파수응답함수의 나이퀴스트 선도가 원이 되는 것은 식 (7.15)와 (7.16)으로부터 다음과 같이 보일 수 있다. 즉 $A = \mathrm{Re}(\alpha) - (1/2c)$, $B = \mathrm{Im}(\alpha)$로 정의하면 다음과 같으며,

$$A^2 + B^2 = \left[\mathrm{Re}(\alpha) - \frac{1}{2c}\right]^2 + \left((\mathrm{Im}(\alpha)\right)^2 = \left[\frac{1}{2c}\right]^2$$

이 식은 바로 중심이 $[\mathrm{Im}(\alpha) = 0, \mathrm{Re}(\alpha) = 1/2c]$이고 반경이 $(1/2c)$인 원의 방정식을 나타낸다. 식 (7.16)으로부터 원과 $\mathrm{Re}(\alpha)$축의 교점, 즉 $\mathrm{Im}(\alpha) = 0$에서 $\omega = \sqrt{k/m}$, 공진상태를 나타냄을 알 수 있다. 측정값을 이용하여 궤적을 그릴 때 측정점이 정확하게 실수축상에 있지 않으면 측정값 $\omega(i)$를 이용하여 원을 곡선근사(curve fitting)하고, 이 원이 실수축과 만나는 점에서 수치계산으로 ω를 구하여 공진주파수를 알아낼 수 있다. 또한 교점에서 $\mathrm{Re}(\alpha) = 1/c$의 관계로부터 감쇠계수 c를 구할 수 있다.

그림 7.10(b)는 리셉턴스 전달함수에 대한 나이퀴스트 선도이다. 대부분의 신호분석기는 표 3.1의 전달함수와 나이퀴스트 선도를 그릴 수 있는 기능을 갖추고 있다. 그림 7.10(b)의 1자유도 시스템 리셉턴스 나이퀴스트 선도에서 공진점, 즉 고유진동수는 다음과 같이 네 가지 방법으로 설명할 수 있다.

1. 원점으로부터 가장 멀리 떨어져 있는 원호상의 점
2. 주파수를 등간격으로 변화시킬 때 인접한 두 점 사이의 길이가 가장 긴 원호상의 중간점. 그림 7.10(b)에서는 $\omega(3)$, $\omega(4)$ 사이의 원호가 가장 길다.
3. 실수축 $\mathrm{Re}(\alpha)$로부터 가장 멀리 떨어진 원호상의 점
4. 원과 허수축 $\mathrm{Im}(\alpha)$가 만나는 점

1자유도 시스템에 대해 앞의 네 경우에 해당하는 점들은 모두 일치한다. 그러나 다자유도 시스템의 경우에는 일치하지 않는다. 첫째로 나이퀴스트 선도가 여러 개의 원으로 구성되며(대체로 각 모드에 하나씩 해당), 원은 허수축에 중심을 두고 원점에 접하는 상태에서 평행이동된 위치에 있다. 이때 앞의 네 점은 1자유도 시스템에서처럼 일치하지 않으며 그림 7.11에서 볼 수 있듯이 서로 다른 네 점을 나타낸다. 원이 원점으로부터 이동함에 따라 그림 7.10(b)에 ω로 표시된 한 점은 그림 7.11(a)에 표시된 1, 2, 3, 4점이 된다. 이러한 표시는 앞의 목록과 수치적으로 일치하며, 공명점을 특성화한다. 네 점 중 어느 것이든 고유진동수를 나타내는 점으로 택할 수 있으나, 일반적으로 다른 모드에 의한 영향이 가장 작은 두 번째 방법을 선택한다(인접한 두 점 사이의 길이가 가장 긴 원호의 중간지점).

그림 7.11(b)에 두 번째 방법으로 고유진동수를 찾는 과정이 도시되어 있으며 그 과정은 다음과 같다. 먼저 신호분석기는 가진주파수를 일정한 간격으로 변화시키며 $\mathrm{Re}(\alpha)$와 $\mathrm{Im}(\alpha)$를 계산하여 그림에서 ×로 표시되는 점을 계산한다. 계산된 점을 이용하여 수치 곡선근사를 통해 원의 식을 구하고 중심 O와 ×표에 해당하는 인접한 점 간의 원호길이를 계산한다. 가장 긴 원호로부터 점 2를 계산할 수 있으며, $\mathrm{Re}(\alpha)$와 $\mathrm{Im}(\alpha)$의 식으로부터 그림에서 세 번째 모드에 해당하는 고유진동수 ω_3를 구할 수 있다. 또한 ω_a, ω_b와 중심 O를 구하고 이들로부터 각 α를 계산한다.

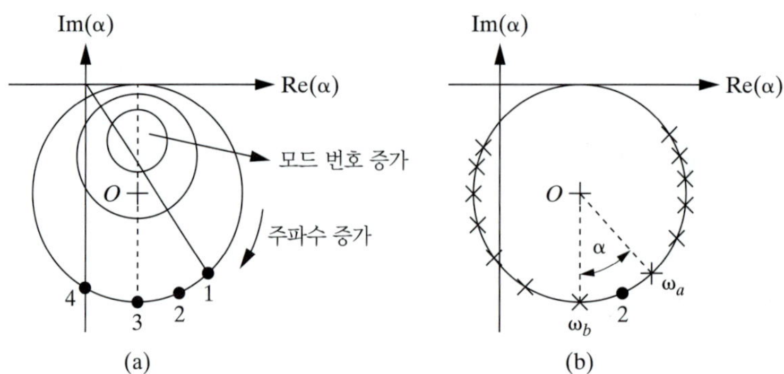

그림 7.11 3자유도 경감쇠 시스템의 나이퀴스트 선도(리셉턴스 또는 컴플라이언스). (a) 중심이 O인 원으로부터 네 점에 의해 3차 모드의 고유진동수를 결정한다. (b) 모드감쇠비를 구하기 위해 3차 모드에 해당하는 원을 따로 분리한 그림. 점 2가 3차 모드의 고유진동수에 해당된다. ω_a, ω_b는 가장 긴 원호에 해당하는 두 점의 주파수이며, α는 원호의 끼인각이다. x 표는 등간격의 주파수에 대한 측정점을 나타낸다.

측정 데이터가 적당히 많을 경우에는 $\alpha/2 < 45°$로 될 수 있으며, 이 범위에서는 α와 모드감쇠비 ζ_3, 고유진동수 ω_3 사이에 다음과 같은 관계가 있으며,

$$\tan\frac{\alpha}{2} = \frac{1 - (\omega/\omega_3)^2}{2\zeta_3\omega/\omega_3} \tag{7.17}$$

식 (7.17)을 ω_a에 적용하면 다음과 같고,

$$\tan\frac{\alpha}{2} = \frac{(\omega_a/\omega_3)^2 - 1}{2\zeta_3\omega_a/\omega_3} \tag{7.18}$$

ω_b에 적용하면 다음과 같으며,

$$\tan\frac{\alpha}{2} = \frac{1 - (\omega_b/\omega_3)^2}{2\zeta_3\omega_b/\omega_3} \tag{7.19}$$

식 (7.18)과 (7.19)를 더하고 감쇠비 ζ_3에 대해 풀면 다음을 얻는다.

$$\zeta_3 = \frac{\omega_b^2 - \omega_a^2}{2\omega_3\left[\omega_a\tan(\alpha/2) + \omega_b\tan(\alpha/2)\right]} \tag{7.20}$$

ω_a와 ω_b가 7.4절에서 언급한 반전력점일 경우 $\alpha = 90°$가 되며, 식 (7.20)에 대입하면 다음과 같이 간단히 정리되며,

$$\zeta_i = \frac{\omega_b - \omega_a}{2\omega_i} \tag{7.21}$$

이 식은 7.4절의 식 (7.14)와 일치한다.

나이퀴스트 원을 이용하여 고유진동수와 감쇠비를 구하는 과정을 요약하면 다음과 같다. 먼저 주파수응답함수에서 진폭 선도를 보고 1자유도 시스템의 응답으로 간주할 수 있는 몇 개의 부분으로(공진피크에 인접한 주파수 영역) 응답 선도를 분할하여 ω의 영역을 결정한다. 각 피크점을 포함하는 데이터점을 선택하여 해당 모드에 대한 나이퀴스트 원을 생성한다. 각 주파수 영역은 원을 생성하기 위해 최소 세 개 이상의 데이터점을 포함해야 한다.

이렇게 생성된 원은 잡음 등으로 인해 완전한 원이 되지는 못한다. 이러한 문제점은 간단히 최소자승법을 이용하여 데이터점을 원으로 곡선근사함으로써 해결할 수 있다. 이렇게 함으로써 데이터점을 통과하는 최적의 원의 방정식이 생성되고 이 식과 앞의 공식으로부터 ω_i와 ζ_i를 계산할 수 있다. 이 방법은 Kennedy와 Pancu(1947)에 의해 체계화되었으며 곡선근사 과정을 사용하기 때문에 **원근사**(*circle fit*)법이라고 부르고 있고 모드매개변수를 구하는 데 널리 이용되고 있다.

7.6 모드형상 측정

실험을 통해 측정한 전달함수로부터 모드형상을 결정하는 것은 다소 복잡하며 또한 여러 개의 전달함수를 측정해야 한다. 먼저 전달함수행렬, 즉 **리셉턴스 행렬**(*receptance matrix*)에 대한 충분한 이해가 필요하다. 이를 위해 조화가진력 $\mathbf{f}e^{j\omega t}$에 대한 식 (4.122)의 다자유도 시스템의 응답을 생각한다. 운동방정식은 다음과 같이 표현되며,

$$M\ddot{\mathbf{x}} + C\dot{\mathbf{x}} + K\mathbf{x} = \mathbf{f}e^{j\omega t} \tag{7.22}$$

해를 $\mathbf{x}(t) = \mathbf{u}e^{j\omega t}$ 형태의 조화운동으로 가정하여 식 (7.22)에 대입하고 정리하면 다음을 얻는다.

$$\left(K - \omega^2 M + j\omega C\right)\mathbf{u} = \mathbf{f} \tag{7.23}$$

이 식에 의해 응답의 크기(벡터 $\mathbf{u}$)와 입력의 크기(벡터 $\mathbf{f}$)가 서로 관계된다. 식 (7.23)을 풀면 다음과 같으며,

$$\mathbf{u} = \left(K - \omega^2 M + j\omega C\right)^{-1}\mathbf{f} \tag{7.24}$$

다음과 같이 나타낸 복소계수행렬의 역행렬 $\alpha(\omega)$를 리셉턴스 행렬이라 하며,

$$\alpha(\omega) = \left(K - \omega^2 M + j\omega C\right)^{-1} \tag{7.25}$$

$\mathbf{u} = \alpha(\omega)\mathbf{f}$로 간단히 나타낼 수 있다. 5.4절에 2자유도 감쇠흡진기의 리셉턴스 행렬이 식 (5.35)로 나타나 있으며 식 (5.18)은 비감쇠 리셉턴스 행렬을 나타낸다.

4장에서 모드좌표를 유도하기 위해 사용했던 좌표변환을 이용하여 리셉턴스 행렬을 더 분석할 수 있다. 먼저 모드강성행렬을 다음과 같이 대각행렬로 나타낸다.

$$\Lambda_K = \mathrm{diag}\left[\omega_i^2\right] = S^T K S \tag{7.26}$$

여기서 S는 질량정규화된 고유벡터로 이루어진 행렬이다($S^TMS = I$). 마찬가지로 모드감쇠행렬은 다음과 같이 대각행렬로 나타낼 수 있으며,

$$\Lambda_C = \text{diag}[2\zeta_i\omega_i] = S^TCS \tag{7.27}$$

이때 시스템은 비례감쇠를 갖는 것으로 가정했다. 식 (7.26)의 앞뒤에 $(S^T)^{-1}$과 S^{-1}을 곱하면 다음과 같다.

$$K = (S^T)^{-1}\Lambda_K S^{-1} \tag{7.28}$$

마찬가지로 감쇠행렬은 식 (7.27)로부터 다음과 같이 나타낼 수 있으며,

$$C = (S^T)^{-1}\ \Lambda_C S^{-1} \tag{7.29}$$

위 C, K에 관한 식 (7.28)과 (7.29)를 식 (7.25)에 대입하면 리셉턴스 행렬은 다음과 같다.

$$\alpha(\omega) = [(S^T)^{-1}(\Lambda_K - \omega^2 S^TMS + j\omega\Lambda_C)S^{-1}]^{-1} \tag{7.30}$$

$$= [(S^T)^{-1}(\Lambda_K - \omega^2 I + j\omega\Lambda_C)S^{-1}]^{-1} \tag{7.31}$$

$$= [(S^T)^{-1}\ \text{diag}(\omega_i^2 - \omega^2 + 2\zeta_i\omega_i\omega j)S^{-1}]^{-1} \tag{7.32}$$

내부 괄호 안의 행렬은 대각선행렬의 결합이기 때문에 역시 대각선행렬이 된다. 행렬 이론에 따라 $(AB)^{-1} = B^{-1}A^{-1}$(부록 C 참조)이므로, 식 (7.32)는 다음의 형태로 쓸 수 있다.

$$\alpha(\omega) = S\ \text{diag}\left[\frac{1}{\omega_i^2 - \omega^2 + 2\zeta_i\omega_i\omega j}\right]S^T \tag{7.33}$$

리셉턴스 행렬을 나타내는 위 식 (7.33)을 곱의 형태 대신에 n개 행렬의 합으로 다시 쓰면 다음과 같이 나타낼 수 있으며,

$$\alpha(\omega) = \sum_{i=1}^{n}\left[\frac{\mathbf{u}_i\mathbf{u}_i^T}{(\omega_i^2 - \omega^2) + (2\zeta_i\omega_i\omega)j}\right] \tag{7.34}$$

백터 $\mathbf{u}i$는 S의 열벡터로서 식 (4.46)으로 표현된다. 또한 이 벡터는 비감쇠 시스템의 모드형상을 나타내며, $\mathbf{u}_i\mathbf{u}_i^T$는 두 개의 $n \times 1$ 모드형상 벡터의 외적(outer product)이다. 식 (7.34)의 리셉턴스 행렬과 시스템 모드형상과의 관계를 이용하여 실험을 통한 측정으로부터 구조물의 모드형상을 구할 수 있다.

리셉턴스 행렬 $\alpha(\omega)$의 s번째 행과 r번째 열의 교점에서의 성분은 점 s에서의 변위응답 u_s와 점 r에서의 가진력 f_r만이 작용할 때 전달함수를 나타내며, $\alpha(\omega)$의 sr번째 성분은 다음과 같으며,

$$\alpha_{sr}(\omega) = \sum_{i=1}^{n} \frac{\left[\mathbf{u}_i\mathbf{u}_i^T\right]_{sr}}{\left(\omega_i^2 - \omega^2\right) + \left(2\zeta_i\omega_i\omega\right)j} \tag{7.35}$$

전달함수 $\alpha_{sr}(\omega)$와 모드형상 $\mathbf{u}_i$의 관계를 나타낸다. $\alpha_{sr}(\omega)$에 대한 이러한 해석은 1자유도 시스템의 전달함수를 일반화한 것이다. 즉 $\alpha(\omega)$는 행렬이기 때문에 입출력의 비로 나타낼 수는 없으나 $\alpha(\omega)$의 각 성분은 전달함수이다.

$$\frac{u_s}{f_r} = \left[\alpha(\omega)\right]_{sr} = H_{sr}(\omega) \tag{7.36}$$

여기서 $H_{sr}(\omega)$는 점 r에서의 입력과 점 s에서의 응답(출력)의 전달함수이다. 5.3절과 5.4절의 x_1k/F_0는 식 (7.36)의 예로서 흡진기의 전달함수를 나타낸다.

시스템의 각 모드 또는 공진피크가 잘 분리되어 있다고 가정하면, 고유진동수에서 계산한 식 (7.35)는 그 고유진동수에 대한 항이 다른 항보다 훨씬 우세하다고 볼 수 있다. 즉 $\omega = \omega_i$를 대입하고 크기만을 고려하면 다음과 같으며,

$$\left|\alpha_{sr}(\omega_i)\right| = \frac{\left|\mathbf{u}_i\mathbf{u}_i^T\right|_{sr}}{\left|\left(\omega_i^2 - \omega_i^2\right) - 2\zeta_i\omega_i\omega_i j\right|} = \frac{\left|\mathbf{u}_i\mathbf{u}_i^T\right|_{sr}}{2\zeta_i\omega_r^2} \tag{7.37}$$

분모에서 $\omega_i^2 - \omega^2$이 영이 아닌 항은 일관도가 작기 때문에 무시할 수 있다. 식 (7.37)을 다시 정리하면 다음과 같으며,

$$\left|\mathbf{u}_i\mathbf{u}_i^T\right|_{sr} = \left|2\zeta_i\omega_i^2\right|\left|H_{sr}(\omega_i)\right| \tag{7.38}$$

$\left|H_{sr}(\omega_i)\right| = \left|\alpha_{sr}(\omega_i)\right|$은 점 s와 r 사이의 주파수응답함수로서 i번째 고유진동수에서 계산된 주파수응답의 크기(절댓값)만을 나타낸다. 식 (7.38)은 부족감쇠 시스템에서 각 모드가 잘 분리된 비례감쇠 시스템인 경우에 잘 적용되며, 구조물의 진동시험으로부터 측정된 전달함수의 크기 $|H_{sr}(\omega_i)|$, 고유진동수 ω_i, 감쇠비 ζ_i와 i번째 모드형상 $\mathbf{u}_i$를 서로 관련짓는 식이다.

그러나 식 (7.38)은 행렬의 한 성분 $\left[\mathbf{u}_i\mathbf{u}_i^T\right]_{sr}$의 크기만을 나타내기 때문에 성분 $\left[\mathbf{u}_i\mathbf{u}_i^T\right]_{sr}$의 부호를 알기 위해서는 $H(\omega_i)$의 위상 선도를 고려해야 한다. 식 (7.37)은 그림 7.8의 전달함수에서 i번째 피크가 다른 모드의 영향을 전혀 받지 않은 i번째 모드만에 의한 1자유도 시스템의 응답과 같다는 개념을 수식으로 표현한 것이다. 행렬 $\mathbf{u}_i\mathbf{u}_i^T$는 n^2개의 성분을 가지며, 이 중에서 n성분만이 독립적이기 때문에 $|H_{sr}(\omega_i)|$을 n개의 다른 위치에서 측정해야 한다. 즉 응답의 측정점은 s로 고정하고 가진점 r을 1부터 n까지 변화시키거나 또는 반대로 가진점은 고정한 채 측정점 s를 1부터 n까지 변화시켜 가며 측정함으로써 행렬 $\mathbf{u}_i\mathbf{u}_i^T$의 임의의 한 행이나 한 열의 성분을 모두 구할 수 있다. 이렇게 구한 하나의 행 혹은 열로부터 다음 예제와 같이 전체 백터 $\mathbf{u}_i$를 결정할 수 있다. 다음의 예제를 통해 이러한 과정을 설명한다.

예제 7.6.1

그림 7.12의 외팔보 막대에서 1점에서 가진력을 가하고 같은 지점에서 동시에 응답을 측정한다(구동점 주파수응답). 측정된 전달함수로부터 시스템은 세 개의 피크를 나타내며, 따라서 세 개의 서로 다른 고유진동수를 갖기 때문에 3자유도 시스템으로 모델링할 수 있음을 알 수 있다. 측정시험으로부터 모드형상을 완전히 결정하기 위해서는 두 개의 측정점이 더 필요하다는 것을 알 수 있다. 그림에 다른 두 점이 표시되어 있다. 가진장치로 셰이커를 사용하고 있기 때문에 두 개의 전달함수를 추가적으로 구하기 위해서는 가속도계를 이동시키는 것이 더 용이하다. 또는 다채널 주파수분석기를 이용하면 동시에 세 개의 가속도계를 사용하여 요구되는 세 개의 전달함수[$H_{11}(\omega)$, $H_{21}(\omega)$, $H_{31}(\omega)$]를 얻을 수 있다. 그림 7.13은 측정을 통해 구한 세 개의 전달함수를 나타낸다.

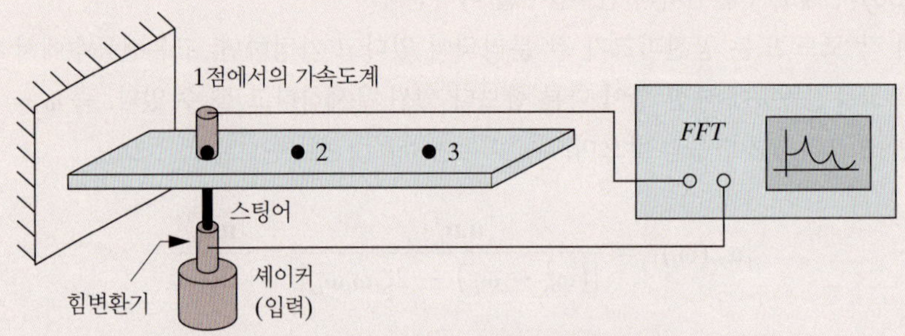

그림 7.12 세 개의 측정점과 구동점이 표시된 외팔보

가진점 전달함수 $H_{11}(\omega)$로부터 예제 7.4.1의 피크 방법을 이용하여 모드감쇠비와 고유진동수를 구할 수 있다.

$$\begin{aligned} \omega_1 &= 10\ \text{rad/s} \qquad \zeta_1 = 0.01 \\ \omega_2 &= 20\ \text{rad/s} \qquad \zeta_2 = 0.01 \\ \omega_3 &= 32\ \text{rad/s} \qquad \zeta_3 = 0.05 \end{aligned} \tag{7.39}$$

이 값은 나머지 두 전달함수 $H_{21}(\omega)$, $H_{31}(\omega)$로부터 확인할 수 있다. 모드형상 벡터를 구하기 위해 측정한 $|H_{11}(\omega_1)| = 0.423$이고, 위상$[H_{11}(\omega_1)] = -90°$이다. 나머지 두 전달함수의 크기와 위상은 다음과 같다.

$$\begin{aligned} |H_{21}(\omega_1)| &= 0.917 \qquad \text{위상} \ \left[H_{21}(\omega_1)\right] = -90° \\ |H_{31}(\omega_1)| &= 0.317 \qquad \text{위상} \ \left[H_{31}(\omega_1)\right] = -90° \end{aligned} \tag{7.40}$$

식 (7.38)과 ζ_1, ω_1, $H_{11}(\omega_1)$, $H_{21}(\omega_1)$, $H_{31}(\omega_1)$의 측정값으로부터 $\mathbf{u}_1\mathbf{u}_1^T$의 첫 번째 행의 성분을 계산할 수 있다.

$$|\mathbf{u}_1\mathbf{u}_1^T|_{11} = 0.846 \qquad |\mathbf{u}_1\mathbf{u}_1^T|_{21} = 1.834 \qquad |\mathbf{u}_1\mathbf{u}_1^T|_{31} = 4.633 \tag{7.41}$$

$\mathbf{u}_1 = [a_1 \ \ a_2 \ \ a_3]^T$로 놓으면 다음과 같은 대칭행렬이 된다.

$$\mathbf{u}_i\mathbf{u}_i^T = \begin{bmatrix} a_1^2 & a_1a_2 & a_1a_3 \\ a_2a_1 & a_2^2 & a_2a_3 \\ a_3a_1 & a_3a_2 & a_3^2 \end{bmatrix}$$

식 (7.41)로부터 다음을 얻을 수 있으며,

$$a_1^2 = 0.846 \qquad a_1a_2 = 1.834 \qquad a_1a_3 = 4.633 \tag{7.42}$$

이들로부터 다음을 얻는다.

$$a_1 = 0.920 \qquad a_2 = 1.993 \qquad a_3 = 5.036 \tag{7.43}$$

공진 시의 위상은 $-90°$ 또는 $+90°$로서 $[H_{ij}(\omega_1)]$의 위상이 $+90°$이면 $\left[u_1u_1^T\right]_{ij}$의 부호는 +가 되며 $-90°$일 때는 −가 된다. 그림 7.13의 위상 선도와 식 (7.43)에 주어진 값으로부터 벡터 $\mathbf{u}_1$은 다음과 같다.

$$\mathbf{u}_1 = \begin{bmatrix} a_1 \\ a_2 \\ a_3 \end{bmatrix} = \begin{bmatrix} -0.920 \\ -1.993 \\ -5.036 \end{bmatrix}$$

다음으로 $\omega_2 = 20$ rad/s일 때 세 전달함수의 피크와 식 (7.38)로부터 $|(\mathbf{u}_2\mathbf{u}_2^T)|_{11} = 7.12$, $|(\mathbf{u}_2\mathbf{u}_2^T)|_{21} = 7.72$, $|(\mathbf{u}_2\mathbf{u}_2^T)|_{31} = 15.681$이 되며, 그림 7.13의 위상을 고려함으로써 다음과 같이 크기와 부호가 모두 결정된다.

$$\mathbf{u}_2 = \begin{bmatrix} -2.67 \\ -2.89 \\ 5.873 \end{bmatrix}$$

마찬가지로 $\omega_3 = 32$ rad/s일 때 다음과 같으며,

$$\mathbf{u}_3 = \begin{bmatrix} -4.22 \\ 2.99 \\ -15.311 \end{bmatrix}$$

이와 같은 과정으로 세 개의 모드형상이 결정된다.

7.6.1 가진점과 반공진

가진점 전달함수는 액추에이터 위치에서 측정된 입력과 이와 동일한 위치의 센서로부터 측정된 응답의 비율에 의해 만들어진 전달함수로 정의된다. 이는 그림 7.13에서 1점에서의 전달함수를 말한다. 가진점 전달함수는 그림 7.13의 진폭 및 위상 선도를 통해 확인할 수 있는 두 가지 특성을 가지고 있다. 먼저 각 피크는 전달함수의 최솟값에서의 예리한 피크인 반공진을 사이로 분리된다. 반공진이란 전달함수의 진폭이 거의 0으로 감소하고 위상이 180° 증가하는 전달함수가 최소인 값으로 간단히 정의된다. 또한 공진 시의 위상은 180° 감소한다.

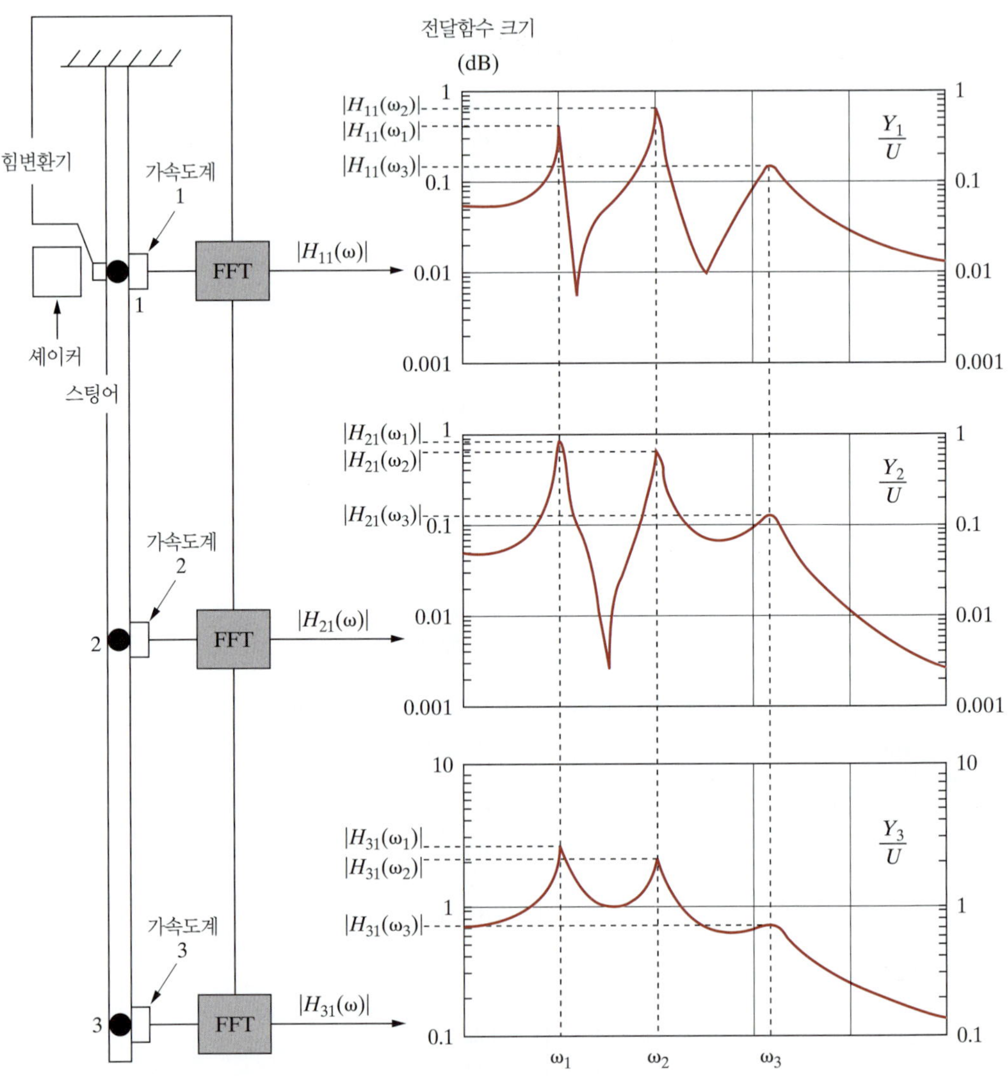

그림 7.13 주파수응답시험을 위한 계측장치. 측정된 3자유도 모델의 세 전달함수의 피크들로부터 리셉턴스 행렬의 각 성분과 시스템 모드형상을 얻는다(다음 페이지에 계속).

예제 7.6.1에서 예시한 방법은 실험을 통해 얻은 주파수응답함수로부터 모드 데이터를 구할 수 있는 여러 가지 방법 중 하나일 뿐이다(Ewins, 2000). 이 장에서 사용된 기호는 4장과 5장에서 사용된 기호와 동일하다. 그러나 현재 모드해석 및 시험 분야의 전문가들이 사용하는 기호를 표준화하기 위한 노력을 진행하고 있으며, 이 표준기호는 이 책에서 사용하는 것과 다를 수 있다.

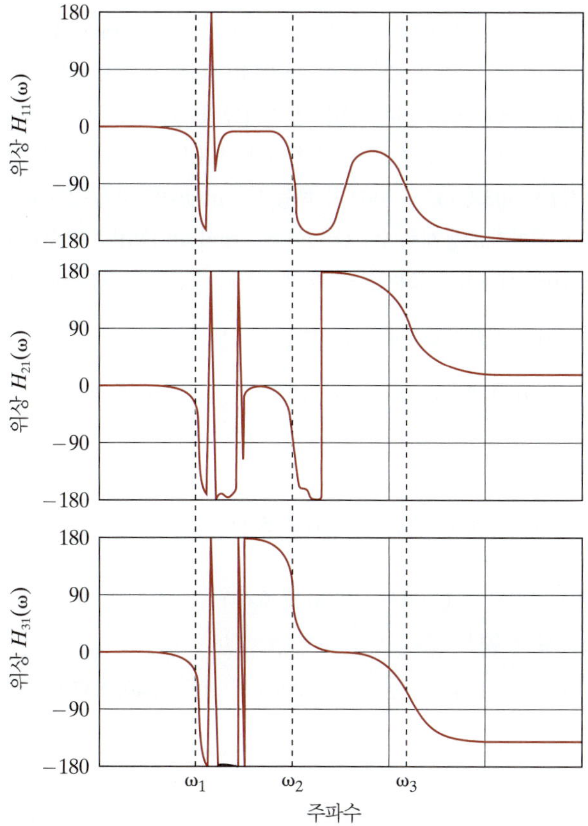

그림 7.13 (계속)

예제 7.6.2

이 예제는 해머를 이용해서 가진력을 가하고 측정센서로서는 레이저 진동계를 사용하는 실습형 실험이다. 물론 레이저는 비접촉식이고 해머는 부가질량을 가하지 않기 때문에 측정장치가 보의 동특성에 미치는 영향은 거의 없다. 그림 7.14는 실험대상인 보를 위에서 본 그림이며 여러 개의 측정점이 표시되어 있다.

측정한 데이터는 그림 7.15(a)에서 7.15(e)까지 전달함수를 측정한 위치를 나타내는 번호와 함께 진폭 선도로 나타냈다. 그림에서 전달함수는 모빌리티 전달함수(입력은 가진력, 출력은 속도)이고 크기의 단위는 볼트이다. 레이저 센서 상수는 125 mm/s/V이다. 실험은 일단고정, 타단자유(즉 외팔보)인 알루미늄 보에서 수행했다. 보의 치수는 길이 $L = 0.5128$ m, 폭 $b = 25.5$ mm, 높이 $h = 3.2$ mm이다.

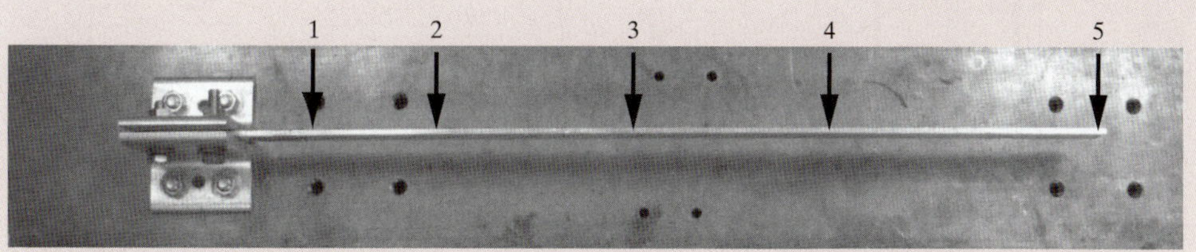

그림 7.14 실험에 사용한 외팔보의 평면도. 측정점이 함께 보인다. 측정점은 왼쪽부터 1번으로 시작해서 오른쪽 끝은 5번이다. 2번이 구동점이다.

탄성계수는 6.9×10^{10} N/m²이고 밀도는 2715 kg/m³이다. 단면적 $A = 8.16$ mm²이고 $I = 6.96 \times 10^{-11}$ m⁴이다. 가진은 충격해머(Kistler 모델: 9722A500, s/n 014019)로 가했다. 임펄스 신호는 신호조정기(Dytran 모델: 4114B1)로 보내고 여기서 다시 신호분석기(DSP SigLab)로 전송했다. SigLab은 MATLAB으로 사용 가능한 플러그인 타입 신호처리 장치이다. 속도는 5개의 측정점 모두, 센서 헤드와 진동계 제어기(각각 모델 OFV 303과 OFV 3001, 분해능 125 mm/s/V)로 구성된 레이저 진동계(laser vibrometer)로 측정했다. 레이저 진동계로 수집한 데이터는 SigLab DSP로 전송했다.

6.5절에서 설명한 이론과 표 6.6을 사용하여 고유진동수를 계산하고 측정된 고유진동수와 비교하라.

풀이 그림 7.15에서 피크들을 조사하면 처음 4개의 고유진동수는 다음과 같다.

$$f_1 = 10.000 \qquad f_2 = 62.1875 \qquad f_3 = 172.8125 \qquad f_4 = 335.5626 \text{ Hz}$$

보의 고유진동수는 식 (6.101)에 의해 다음 식과 같다.

$$\omega_n = \beta_n^2 \sqrt{\frac{EI}{\rho A}}, \quad n = 1, 2, 3, \cdots$$

여기서 β_n은 외팔보의 경계조건으로부터 표 6.6에서 구한다. 표 6.6과 주어진 데이터로부터 이론적으로 구한 처음 4개의 고유진동수는 다음과 같다.

$$f_1 = 9.9105 \qquad f_2 = 62.1082 \qquad f_3 = 173.0946 \qquad f_4 = 340.7837 \text{ Hz}$$

따라서 이론값과 실험값은 매우 잘 일치한다.

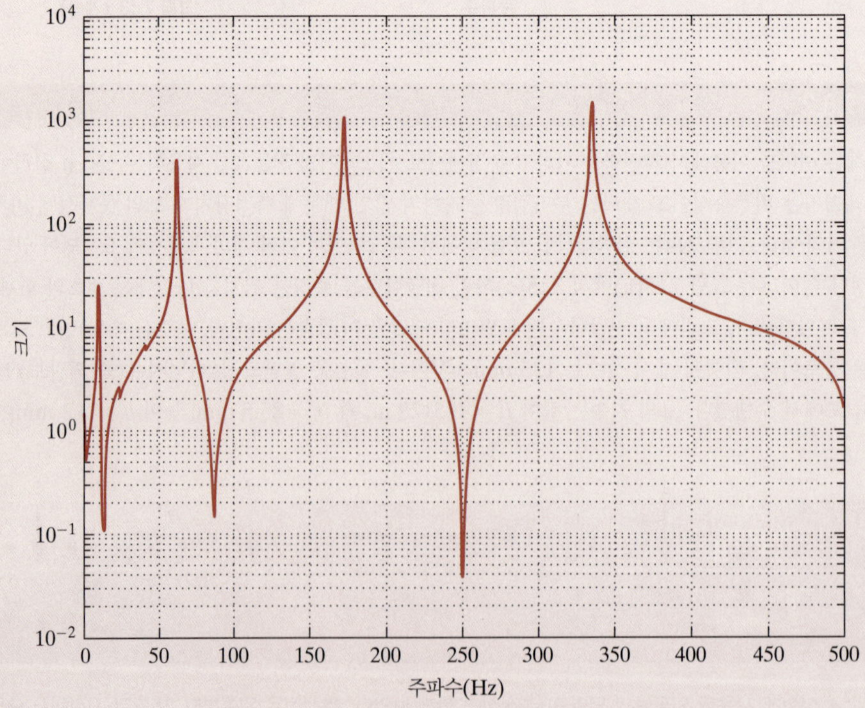

그림 7.15(a) 그림 7.14에서 가진점 2와 측정점 1 사이의 전달함수

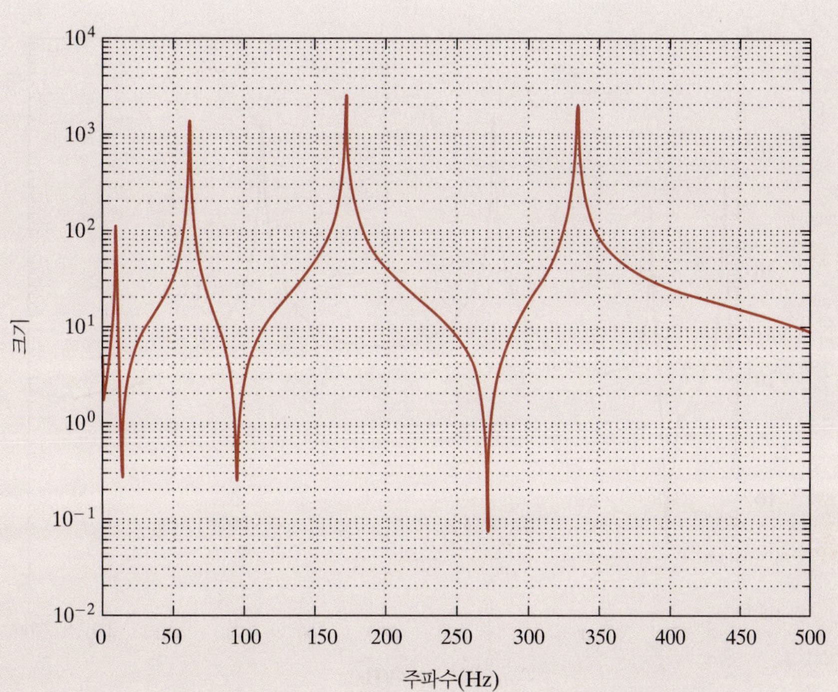

그림 7.15(b) 그림 7.14에서 가진점 2와 측정점 2 사이의 전달함수

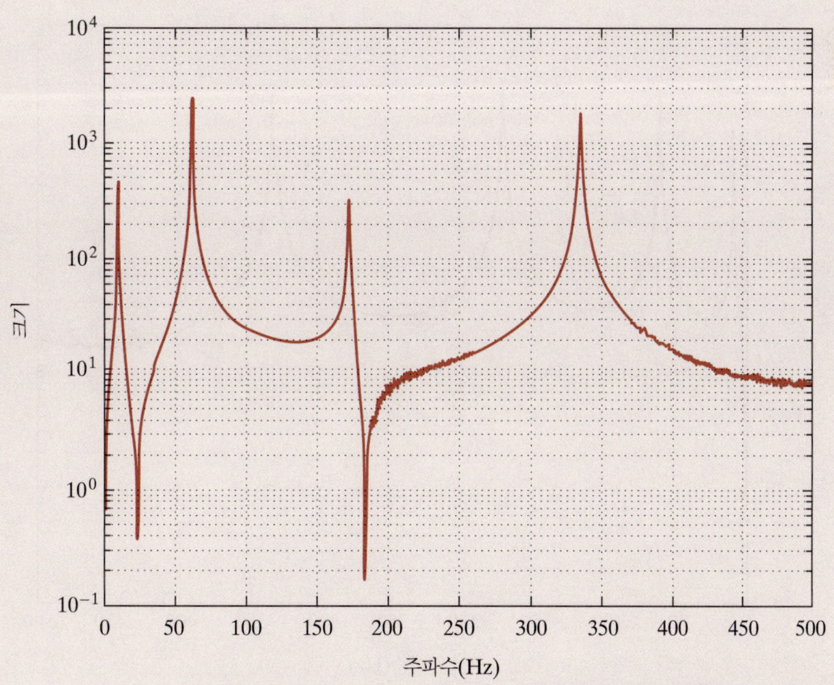

그림 7.15(c) 그림 7.14에서 가진점 2와 측정점 3 사이의 전달함수

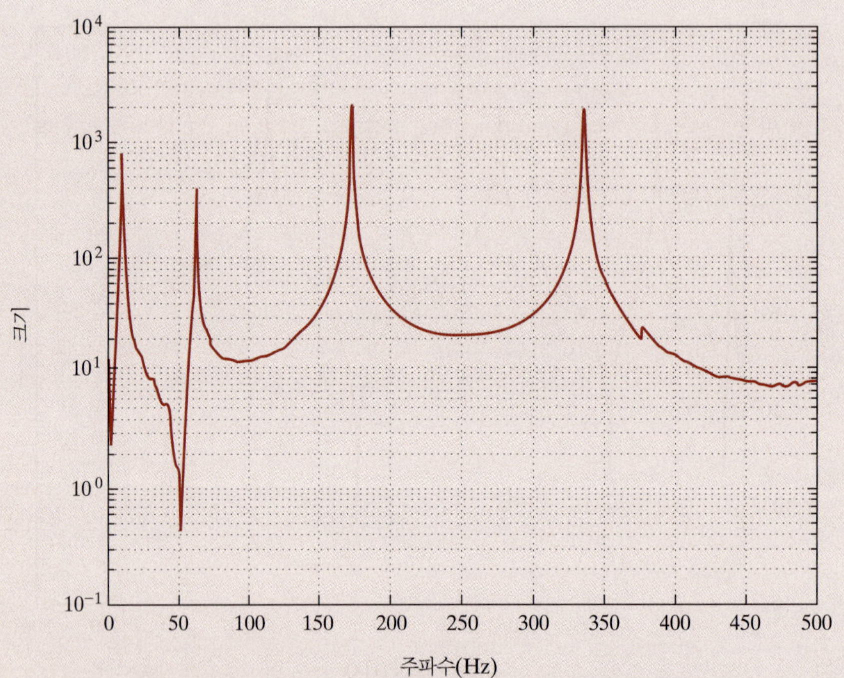

그림 7.15(d) 그림 7.14에서 가진점 2와 측정점 4 사이의 전달함수

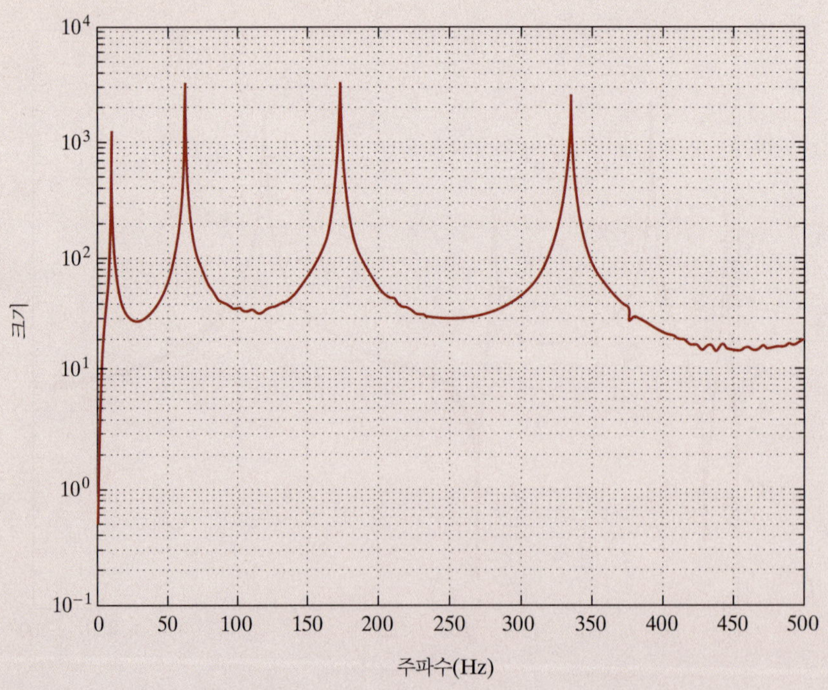

그림 7.15(e) 그림 7.14에서 가진점 2와 측정점 5 사이의 전달함수

7.7 내구성 및 시스템 진단을 위한 진동시험

기계나 구조물의 부품은 사용되는 환경에서 좋은 성능을 발휘해야 하며, 특히 기계장치는 예상되는 어떤 형태의 동하중에도 견디면서 고유의 성능을 잃지 말아야 한다. 반복 사용에 따르는 기계장치의 성능을 정확히 예측하기 어렵기 때문에 표본적으로 여러 시험환경에서 동하중을 가하여 성능시험을 행하게 된다. 예를 들어 어떤 장치 내의 전자조립부품은 10피트 높이에서 20번 떨어뜨려도 기능을 잃지 않아야 한다. 밸브의 경우에는 가진기 위에서 약 12시간 정도의 랜덤진동을 받아도 제 기능을 발휘해야 한다. 동적 환경 시험은 기계장치가 정상적인 운전상태에서 받게 될 동하중의 특성을 잘 파악하여 가장 극한적인 시험을 하게 된다.

시험 절차에서 가장 어려운 점은 기계장치가 사용 중 받게 될 동하중을 적절히 평가하고 동하중 입력 데이터를 충실히 재현할 수 있는 시험 절차를 고안하는 문제이다. 시험에 사용되는 측정장비나 변환기 등은 실험모드해석에 사용되는 가진기, 가속도계 및 여러 기록장치와 가진기의 주파수 및 가진력을 제어하기 위한 되먹임(feedback) 장치 등이다. 전체 시험 시스템은 컴퓨터에 연결되어 데이터 기록, 가진기로의 입력 등이 제어된다.

컴퓨터는 가진기에 가하는 하중의 크기, 주파수, 신호의 형태 등을 프로그램을 통해 변화시킬 수 있다. 즉 처음에 10 Hz에서 3시간 동안 10 g의 동하중을 가하고 계속해서 50 Hz로 3시간 그리고 일정한 강도로 3시간 동안 랜덤가진을 가하도록 프로그램을 하여 동적 시험을 행할 수 있다. 그림 7.16은 컴퓨터로 제어되는 진동 내구성 시험장치의 구성도이다. 하중의 크기, 주파수 신호의 형태 등을 미리 프로그램으로 설정한 후 출력증폭기를 통해 가진기로 보낸다. 가진기를 통해 전달되는 가진력은 로드셀로 감지되어 다시 컴퓨터로 되먹임되며 원래 프로그램된 값과 비교되어 재조정됨으로써 되먹임 제어가 행해진다. 또한 피시험장치의 가속도를 측정하여 전달률을 계산하거나 그대로 측정치를 기록하기도 한다. 모든 신호는 컴퓨터의 데이터 기록장치에 저장되어 시험을 실시했다는 사실을 증빙하게 하고, 입력과 출력은 해석을 위해 활용된다.

진동시험의 또 다른 목적은 기계장치나 구조물의 안전진단, 즉 이상 유무의 감시에 있다. 이를 위해 고유진동수와 감쇠비를 주기적으로 측정하여 이 값들의 변화하는 양상으로부터 이상 유무나 파손가능성을 예측하기도 한다. 예를 들어 고유진동수의 변화가 감지되었을 경우 $\omega_n = \sqrt{k/m}$으

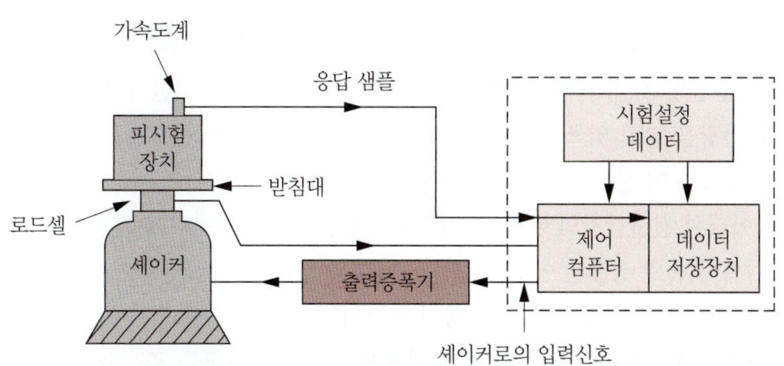

그림 7.16 컴퓨터로 제어되는 진동 내구성 시험장치 구성도

로부터 질량이나 강성의 변화가 발생했음을 알 수 있으며, 강성의 변화는 부품의 결함이 있거나 부분적으로 기능이 상실되었음을 의미한다. 또한 질량의 변화는 마모가 과도하게 진행되었음을 나타낸다고 볼 수도 있다.

예제 7.7.1

알루미늄 외팔보의 정적 처짐 시험을 보에 결함이 있는 경우와 결함이 없는 경우에 대해 행해 보기로 한다. 시험 결과 결함이 있는 경우 탄성계수가 정상치인 71×10^{10} N/m^{2}보다 10% 작았다. 이를 토대로 비행 후 매번 항공기 날개의 고유진동수를 측정하여 피로크랙의 유무를 조사한다. 크랙의 존재는 고유진동수를 얼마나 변화시키는가?

풀이 표 6.6으로부터 오일러-베르누이 외팔보의 기본 고유진동수는 다음과 같으며,

$$\omega_1 = \frac{1.8751}{l^2}\sqrt{\frac{EI}{\rho A}}$$

길이가 2 m인 날개의 단면 2차 모멘트와 단면적은 다음과 같다.

$$I = 5 \times 10^{-5}\ \text{m}^4$$
$$A = 0.05\ \text{m}^2$$

결함이 없을 경우 날개의 고유진동수는 다음과 같으며($\rho = 2.7 \times 10^3$ kg/m^3),

$$\omega_1 = \frac{1.871}{(2)^2}\sqrt{\frac{(71 \times 10^{10})(5 \times 10^{-5})}{(2.7 \times 10^3)(0.05)}} \approx 240\ \text{rad/s}$$

E가 10% 낮아질 경우(즉 63.9×10^{10}으로 감소) 고유진동수는 다음과 같다.

$$\omega_1 = \frac{1.871}{(2)^2}\sqrt{\frac{(63.9 \times 10^{10})(5 \times 10^{-5})}{(2.7 \times 10^3)(0.05)}} \approx 228\ \text{rad/s}$$

따라서 측정하여 감지할 수 있을 만큼 고유진동수의 변화가 현저하기 때문에 진단을 위한 지표로 사용될 수 있다.

종종 기계장치의 진동응답은 이상 유무나 성능 저하를 판별하는 지표로 사용된다. 응답의 시간에 따른 변화는 부품의 기능 저하에 기인하는 경우가 있다. 이런 개념을 활용코자 하는 분야가 새로운 기술로서 각광을 받고 있으며, 이러한 기계장치 내의 특성 변화(고유진동수 등)와 이상 유무의 상관관계를 찾고자 이 분야의 기술자들이 계속해서 노력하고 있다.

그림 7.17은 이러한 진단감시의 예를 보여준다. 그림은 1년간 기계의 회전축 베어링 하우징의 변위를 측정한 기록이다. 측정값은 어떤 경향을 나타내고 있는데, 약 8개월 후부터 변위가 증가되고 있으며 이로부터 베어링 시스템에 뭔가 이상이 있으며 보수점검이 필요하다는 것을 알 수 있다. 또 다른 검사 방법은 아예 기계를 정지시키고 분해해서 손상이나 마모를 조사하는 것이다. 그러나 계속해서 제품을 생산해야 할 경우 기계를 정지시키는 것은 바로 커다란 경제적 손실을 의미한다. 그

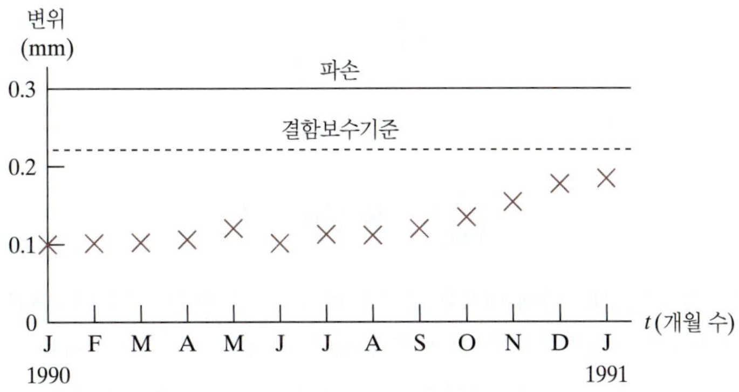

그림 7.17 1년간에 걸친 회전축 베어링 하우징의 평균변위 기록

림 7.17과 같은 진동감시 기술을 이용함으로써 검사를 위해 주기적으로 기계의 가동을 중단하거나 파손될 때까지 대책 없이 기다리는 경우는 피할 수 있게 된다. 기계의 진단감시에 대한 좀 더 상세한 논의는 Wowk(1991)를 참조하기 바란다.

7.8 운전중변형형상의 측정

운전중변형형상(*operational deflection shape, ODS*)은 사인파 힘에 의해 가진되는 구조물의 진동응답 형태를 의미한다. 이 절에서는 관심의 범위를 단일 가진주파수와 모든 가진력의 위상이 동일하거나 또는 반대인 간단한 경우로 국한하기로 한다. ODS의 연구는 구조물의 진동이나 소음의 영향을 감소시키기 위한 설계변경 또는 손상부위를 검출하기 위해 필요하다. 다음에 ODS를 수학적으로 기술하고 모드형상과의 차이점을 설명한다.

식 (7.25)로부터 구조물의 정상상태 강제변위는 다음과 같으며,

$$\mathbf{x}(t) = \mathrm{Re}\left(\alpha(\omega)\mathbf{f}e^{j\omega t}\right) \tag{7.44}$$

속도는 다음과 같다.

$$\mathbf{v}(t) = \mathrm{Re}\left(j\omega\alpha(\omega)\mathbf{f}e^{j\omega t}\right) \tag{7.45}$$

여기서는 SLDV를 사용해서 속도를 쉽게 측정할 수 있기 때문에 속도 ODS만을 언급하고자 한다. ODS는 위상각 또는 시간의 변화에 따라 식 (7.45)의 정상상태 조화응답을 평가하는 것이다. 위상각은 다음과 같이 정의하며,

$$\theta_a = \omega t_a \tag{7.46}$$

ω는 가진주파수를 나타낸다. ODS는 특정 위상각 $\theta_a = \dfrac{2\pi a}{b}$에서 평가되기도 하는데, 여기서 b는 1주기를 여러 개의 등분으로 나누었을 때 등분 수를 나타내며 $a = 0, 1, 2, \cdots, b-1$이다. 따라서 ODS를 측정하는 시간은 다음과 같다.

$$t_a(\omega) = \frac{2\pi a}{b\omega} \tag{7.47}$$

이때 속도 ODS는 다음과 같다.

$$\mathbf{v}\left(\frac{\theta_a}{\omega}\right) = \mathrm{Re}\left(j\omega\alpha(\omega)\mathbf{f}e^{j\theta_a}\right) \tag{7.48}$$

ODS 값은 레이저 측정 시스템에 내장된 소프트웨어를 이용하거나 MATLAB 알고리즘에 의해 위상각 또는 시간에 따른 변화를 그물격자선도(mesh plot) 또는 등고선도(fringe contour plot)로 도시할 수 있다. 식 (7.48)을 이용하여 힘벡터, 가진주파수, 위상각 변화에 대한 ODS의 형태를 연구할 수 있다.

ODS는 또한 모드변수, 즉 모드형상과 감쇠비의 함수로 나타낼 수도 있다. 이때 모드가 실수이고 분리된 방정식을 얻기 위해 감쇠는 모드감쇠 또는 비례감쇠의 특성을 지녀야 한다. 식 (7.34)를 식 (7.48)에 대입하면 속도 ODS는 다음과 같으며,

$$\mathbf{v}\left(\frac{\theta_a}{\omega}\right) = \omega\sum_{i=1}^{n}\frac{\mathbf{u}_i\left(\mathbf{u}_i^T\mathbf{f}\right)\left((\omega\omega_i 2\zeta_i)\cos\theta_a + (\omega_i^2 - \omega^2)\sin\theta_a\right)}{\left((\omega_i^2 - \omega^2)^2 + (\omega\omega_i 2\zeta_i)^2\right)} \tag{7.49}$$

식 (7.49)를 이용하여 모드형상, 힘벡터, 가진주파수, 감쇠비 및 위상각에 대한 ODS의 변화를 연구할 수 있다. 식 (7.49)로부터 수없이 많은 ODS가 있음을 알 수 있다. 또한 속도 ODS에는 구조물의 모든 모드형상이 상관관계를 갖고 영향을 끼치고 있음을 알 수 있다. 감쇠비가 작고 구조물이 i번째 고유진동수, 즉 $\omega = \omega_i$로 가진되면 식에서 분모값이 작아져서 결과적으로 응답에 대한 i번째 항(모드응답)의 일관도가 가장 크게 될 것이다. 또한 각 모드에서의 응답은 그 모드와 힘벡터의 직교성의 정도에 따라서도 달라진다. 만약 $(\mathbf{u}_i^T\mathbf{f}) = 0$이면 i번째 모드의 응답은 없게 된다. 이러한 힘과 모드 간 직교성의 영향이 바로 모드형상과 운전중변형형상(ODS) 간의 핵심적 차이를 초래하는 것이다. 모드형상은 FRF 행렬로부터 계산하며 가진함수의 크기나 위치에는 상관없다. 반면에 ODS는 구조물의 여러 위치에 작용하는 가진력의 상대적 크기 및 그 위치 자체에 따라 달라진다. 실제로 구조물이 단일 입력에 의해 공진상태로 가진되면 감쇠가 작은 경우에 모드형상과 ODS는 비슷한 값을 갖게 된다. 그러나 ODS의 경우에는 (1) 비정상 절점(nonstationary nodal point)을 갖거나, (2) 모든 부분이 동시에 최대 변위에 도달하지 않거나 동시에 평형점을 통과하지 않는 경우가 있다. 이러한 비모드적 거동(nonmodal behavior)은 두 개 이상의 가진력이 작용할 때 또는 고유진동수가 근접해 있는 여러 개의 모드형상이 응답에 관여하고 있을 때 관측된다.

ODS는 모드형상보다는 이해하기 어려우나 모든 모드가 상호결합하여 나타나는 구조물의 실제 응답을 나타내며 감쇠의 영향도 포함되어 있다. 선형성과 FFT 연산 외의 어떠한 가정이나 근사화도 사용하지 않는다. ODS가 크랙이나 손상 등의 존재에 따라 매우 민감하게 변화하기 때문에 최근에는 이들의 검출에 ODS의 측정값을 사용하고 있다. 시간의 경과에 대한 ODS의 변화는 바로 손상이 있음을 의미하며 높은 진동수에서 ODS값을 이용하면 구조물의 손상부위의 위치도 알아낼 수 있다. 구조물에 어떻게 가진력을 작용하면 손상에 대해 ODS가 최대로 민감하게 변화할 것

인가 하는 점이 앞으로의 연구 주제가 될 것이다.

연습문제

7.2절(문제 7.1~7.5)

7.1 가속도계를 사용하여 5 sin (0.2t)의 저주파 변위신호를 측정하고자 한다. 가속도계의 감도는 1 volt/g이며, 감지할 수 있는 최소 신호강도는 0.4 volt/g이다. 이 신호가 가속도계에 의해 감지되겠는가?

7.2 3장을 참조하여 $\zeta = 0.01$, $\omega_n = 4$ rad/s인 1자유도 시스템의 단위임펄스응답과 T초 동안 지속되는 단위삼각형 입력에 대한 응답을 구하여 비교하라. 이 차이는 '완벽한' 해머 가격과 그림 7.2에 보인 실질적인 해머 가격의 차이에 해당된다.

7.3 단위임펄스 $\delta(t)$와 그림 7.2의 삼각형 입력에 대한 라플라스 변환을 구하고 문제 7.2와 비교하라.

7.4 질량이 10 kg, 강성이 350 N/m인 1자유도 시스템의 고유진동수를 측정할 때 가진기의 질량에 기인한 오차를 그림으로 나타내라. 가진기의 질량은 0.5 kg에서 5 kg까지 변화한다.

7.5 $f(t) = 3 \sin 2t - 2 \sin t - \cos t$의 푸리에 변환을 구하고 스펙트럼 계수를 그림으로 나타내라.

7.3절(문제 7.6~7.9)

7.6 신호 5 sin 3t를 샘플링 주기 $\pi/3$, $\pi/6$, $\pi/12$로 샘플링했을 때의 신호값을 구하고 세 경우를 비교하라.

7.7 신호값이 |120 sin 120 π|인 신호의 푸리에 계수를 구하라.

7.8 다음과 같이 주어진 주기함수와

$$x(t) = \begin{cases} -5 & 0 < t < \pi \\ 5 & \pi < t < 2\pi \end{cases}$$

$x(t) = (t + 2\pi)$의 푸리에 계수를 구하라. 푸리에 급수에서 $x(t)$의 첫 번째 항 그리고 두 번째 항까지의 합, 세 번째 항까지의 합을 각각 그림으로 나타내고 비교해 보라.

7.9 최대 주파수 500 Hz를 포함하는 신호 $x(t)$가 있다. 이 신호에 대한 샘플링 주기와 기록길이의 선택 방법을 생각해 보라.

7.4절(문제 7.10~7.19)

7.10 그림 P7.10으로부터 시스템의 고유진동수를 개략적으로 구하라. 몇 개의 고유진동수가 있는가?

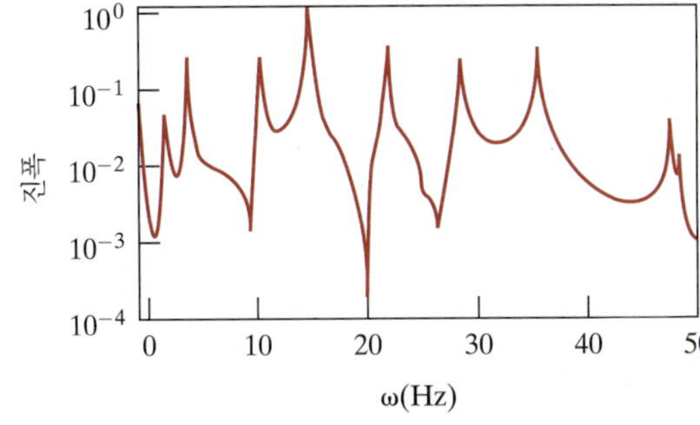

그림 P7.10 단순구조물에 대한 $H(\omega)$의 진폭 선도

7.11 예제 7.4.1의 방법을 이용하여 그림 P7.11과 같이 실험으로 구한 전달함수로부터 ζ_i와 ω_i를 구하라.

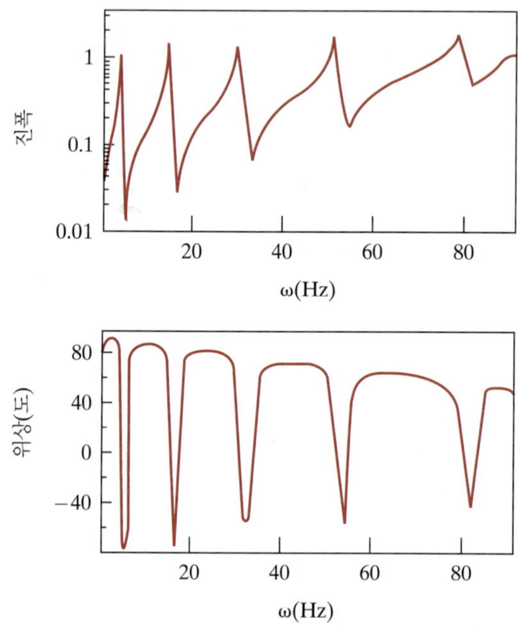

그림 P7.11 실험으로 구한 단순 구조물의 진폭 및 위상 선도

7.12 고유진동수가 각기 $\omega_1 = 10$ rad/s, $\omega_2 = 15$ rad/s이고 감쇠비가 $\zeta_1 = \zeta_2 = 0.01$인 2자유도 시스템이 있다. 모드행렬이 $S = \frac{1}{\sqrt{2}}\begin{bmatrix} 1 & -1 \\ 1 & 1 \end{bmatrix}$일 때 x_1에서의 입력에 대한 x_2에서의 응답의 전달함수를 구하라.

7.13 문제 7.12의 전달함수의 크기 및 위상을 그래프로 나타내고, 그 그래프를 사용하여 모드 데이터(ω_1, ω_2, ζ_1, ζ_2)를 구하라.

7.14 단일 모드의 감쇠비를 구하기 위해 식 (7.14)를 고려하자. 주파수 측정에서 1% 오차가 있을 때 ζ는 얼마나 변하는가?

7.15 구조물의 여러 고유진동수가 서로 대단히 근접해 있을 때 식 (7.14)의 문제점에 대해 설명하라.

7.16 감쇠비 ζ가 아주 작을 때와 클 때 식 (7.15)의 적용한계를 설명하라.

7.17 다음 2자유도 시스템의 전달함수 $|X/F|$을 감쇠계수 c의 함수로 나타내라.

$$\begin{bmatrix} 1 & 0 \\ 0 & 1 \end{bmatrix}\begin{bmatrix} \ddot{x}_1 \\ \ddot{x}_2 \end{bmatrix} + \begin{bmatrix} 0 & 0 \\ 0 & c \end{bmatrix}\begin{bmatrix} \dot{x}_1 \\ \dot{x}_2 \end{bmatrix} + \begin{bmatrix} 2 & -1 \\ -1 & 2 \end{bmatrix}\begin{bmatrix} x_1 \\ x_2 \end{bmatrix} = \begin{bmatrix} f_0 \sin \omega t \\ 0 \end{bmatrix}$$

7.18 문제 7.17에서 다음 네 경우에 대해 전달함수를 그려라. $c = 0.01$, $c = 0.2$, $c = 1$, $c = 10$인 경우에 그래프로부터 ζ_i, ω_i를 구할 때의 문제점을 논하라.

7.19 문제 7.18에서 고유진동수와 감쇠비를 수치계산으로 구하고 7.4절의 방법으로 구한 값과 비교하라.

7.5절(문제 7.20~7.24)

7.20 윈도우 7.4의 모빌리티 전달함수에 대한 정의로부터 주파수응답함수의 실수부(Re)와 허수부(Im)를 구하고 식 (7.15)와 (7.16)을 증명하라.

7.21 식 (7.15)와 (7.16)으로부터 모빌리티 전달함수의 나이퀴스트 선도는 원이 됨을 증명하라.

7.22 질량 10 kg, 강성 1000 N/m, 감쇠비 0.01인 1자유도 시스템에서 식 (7.15)와 (7.16)을 이용하여 0에서 20 rad/s의 가진주파수 범위에서 다섯 개의 주파수를 임의로 선정하여 나이퀴스트 원을 그리고 이 다섯 개의 점이 모두 원주상에 있는지를 확인하라.

7.23 식 (7.18)과 (7.19)로부터 감쇠비에 대한 식 (7.20)을 유도하고 반전력점에서 식 (7.20)이 식 (7.21)로 됨을 증명하라.

7.24 그림 P7.24의 실험 데이터를 곡선근사시켜 그린 나이퀴스트 원으로부터 모드감쇠비를 구하라.

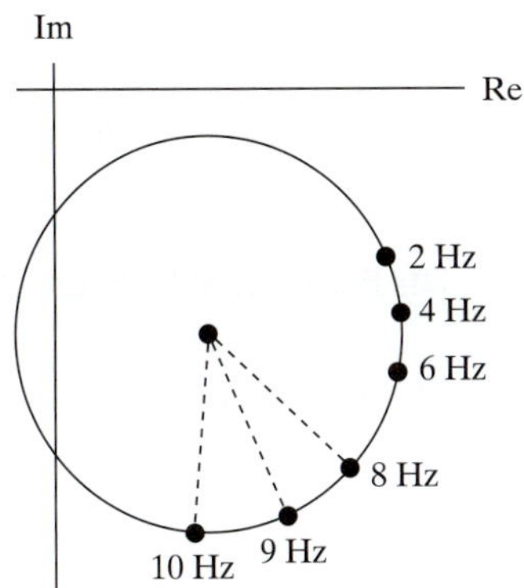

그림 P7.24 다섯 개의 실험 데이터에 의한 나이퀴스트 원.
9 Hz 지점은 가장 긴 원호의 중간이다.

7.6절(문제 7.25~7.31)

7.25 5.4절과 윈도우 5.3을 참조하여 다음 2자유도 시스템의 리셉턴스 행렬 식 (7.25)를 유도하라. 시스템의 모드형상은 이용하지 말고 구하라.

$$\begin{bmatrix} 2 & 0 \\ 0 & 1 \end{bmatrix}\begin{bmatrix} \ddot{x}_1 \\ \ddot{x}_2 \end{bmatrix} + \begin{bmatrix} 3 & -1 \\ -1 & 1 \end{bmatrix}\begin{bmatrix} \dot{x}_1 \\ \dot{x}_2 \end{bmatrix} + \begin{bmatrix} 6 & -2 \\ -2 & 2 \end{bmatrix}\begin{bmatrix} x_1 \\ x_2 \end{bmatrix} = \begin{bmatrix} f_0 \\ 0 \end{bmatrix} \sin \omega t$$

7.26 비감쇠 모드형상을 이용하여 문제 7.25를 반복하라. 시스템은 비례감쇠조건 $C = \alpha M + \beta K$, $\alpha = 0$, $\beta = 1/2$을 만족하는 비례감쇠 시스템이다. 문제 7.25의 결과와 비교함으로써 식 (7.33)을 증명하라.

7.27 비감쇠흡진기에 대한 식 (5.19), (5.20)과 감쇠흡진기에 대한 식 (5.29)를 식 (7.36)과 비교하라.

7.28 감쇠흡진기에 관한 식 (5.29)와, 식 (7.36)에서 전달함수행렬 $H_{sr}(\omega)$의 네 개 요소를 비교하여 H_{sr}의 각 요소는 그림 5.21에서 어느 지점의 입력과 출력에 대한 전달함수를 나타내는지 생각해 보라.

7.29 그림 P7.29의 전달함수에 대한 선도로부터 고유진동수를 결정하라.

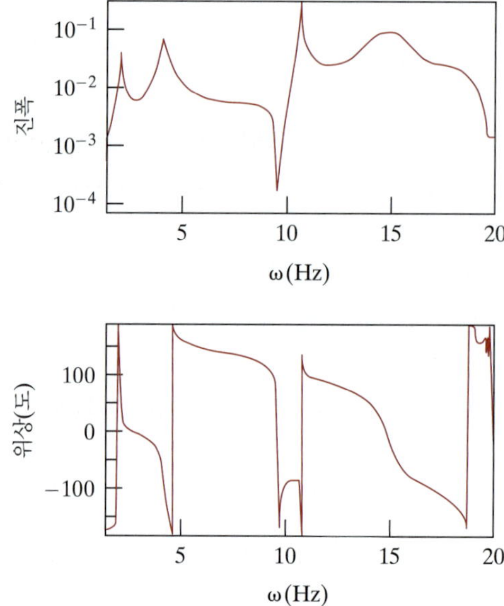

그림 P7.29 단순 구조물의 진폭 및 위상 선도

7.30 그림 P7.29에서 모드감쇠비는 얼마인지 구하라.

7.31 행렬 $\left[\mathbf{u}_i\mathbf{u}_i^T\right]$의 첫 번째 행은 $\left[1 \quad -1 \quad 3 \quad -0.25 \quad 4\right]$이다. 행렬의 나머지 요소를 모두 구하라.

8 유한요소법

(Roy Trifilio 사진 제공)

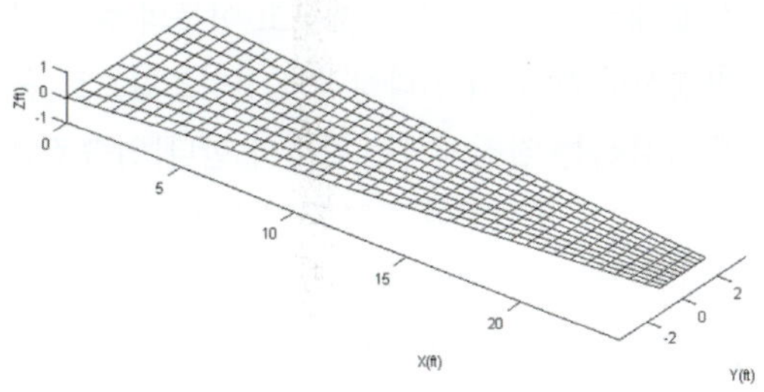

이 장에서는 진동해석에 필요한 유한요소법의 개념을 설명하고자 한다. 유한요소법은 오른쪽 사진의 교량이나 비행기의 날개와 같은 복잡한 구조물이나 기계를 모델링하는 데 대단히 유용한 방법이다. 비행기 날개의 유한요소 모델에서 보는 것처럼 유한요소해석에서는 구조물의 진동을 선으로 연결된 여러 점의 운동으로 나타낸다. 이러한 애니메이션은 실제로 기계나 구조물을 제작해서 시험하기 이전에 진동 문제가 발생할 가능성이 있는 위치를 찾아내거나 기계장치의 응답을 예측하고 설계하는 데 대단히 중요하다. 이 장에서 유한요소법은 4장의 다자유도 시스템에 대한 해석 방법 및 7장의 모드해석 방법과 상호 결합되어 시스템의 동적 특성을 이해하는 데 이용된다.

유한요소법은 6장에서 다룬 분포매개변수 진동 문제(예: 막대, 보, 평판 등)와 같은 경계값 문제를 모델링하고 해를 구하는 데 변분원리와 보간법을 이용하는 대단히 유용한 수치해석 기법이다. 특히 특수한 기하학적 형상(예: 트러스, 프레임, 기계부품)의 구조물이나 복잡한 기계장치의 해석에 유용하다. 유한요소법은 매우 체계적이고 모듈화되어 있기 때문에 디지털 컴퓨터를 통해 광범위한 진동 문제를 단지 컴퓨터 프로그램의 입력만을 바꾸어 줌으로써 용이하게 해결할 수 있다. 실제로 다양한 대용량 유한요소 코드가 판매되고 있으며 소형 노트북 컴퓨터로부터 대형 슈퍼컴퓨터까지 어디서나 사용이 가능하다.

유한요소법은 두 단계로 구조물을 근사화하는데, 첫째 단계는 구조물을 여러 개의 작고 단순한 부분으로 나누는 것이다. 나누어진 이 작은 부분을 **유한요소**(*finite element*)라 하고, 이러한 과정을 **이산화**(*discretization*)라 한다. 각각의 작은 요소는 보통 막대나 보, 평판처럼 아주 단순한 형상으로서 이 요소들에 대한 운동방정식은 해나 근사해를 쉽게 구할 수 있다. 각 요소의 끝점은 **절점**(*node*)이라 하며 인접 요소와 연결된다. 이러한 유한요소와 절점의 집합을 **유한요소격자**(*finite element mesh* 또는 *finite element grid*)라 한다.

이와 같이 여러 개의 유한요소로 나눈 후, 각 요소에 대한 진동방정식을 세우고 이들의 해를 구한다. 이 과정이 근사화의 둘째 단계이다. 즉 요소방정식의 해를 저차 다항식의 선형조합으로 근사화하는 것이다. 이때 인접 요소의 해는 두 요소가 공유하는 절점에서는 같아야 한다[연속조건(continuity condition)]. 각 요소에서 구한 해를 전체적으로 조합하여 구조물 전체의 질량행렬과 강성행렬을 구성하게 되며, 이 두 행렬로 구조물 전체의 진동을 기술하게 되는 것이다. 질량행렬과 강성행렬은 구조물 진동에 대한 집중매개변수 근사식을 나타내며 4장에서 언급한 방법을 이용하여 해를 구할 수 있다. 전체 유한요소 모델의 해인 변위벡터 $\mathbf{x}(t)$는 바로 유한요소격자의 절점의 운동을 나타낸다.

이 장에서는 6장에서 다룬 단순보를 예로 하여 유한요소법을 적용하는 과정을 설명하고자 한다. 단순 구조물은 엄밀해를 구할 수 있으므로 유한요소법에 의한 근사해와 쉽게 비교할 수 있다는 이점이 있다. 그러나 유한요소법의 진정한 강점과 유용성은 엄밀해를 구할 수 없는 복잡한 구조물이나 기계부품을 모델링하고 이들의 해를 구할 수 있다는 데 있다.

여기서 한 가지 지적하고 싶은 것은 유한요소해석에 사용되는 **절점**이라는 용어와 다자유도 진동해석에 사용되는 **절점**이라는 용어는 전혀 의미가 다르다는 점으로, 번거롭지만 반드시 구분되어야 한다. 다자유도 진동해석에서 사용되는 **절점**은 모드형상의 절점, 즉 진동이 없는 지점을 뜻하나 유한요소해석에서는 두 요소 사이의 경계지점, 즉 구조물의 운동을 나타내기 위한 구조물 상의 임의의 점 또는 좌표를 뜻한다.

유한요소법(*finite element method*)이라는 용어는 간단히 FEM으로 약칭되기도 하며, 이는 **유한요소 모델**(*finite element model*)을 나타내는 용어이기도 하다. 종종 **유한요소해석**(*finite element analysis*)의 약칭으로 FEA가 사용되기도 하며 **유한요소**(*finite element*)를 간단히 FE로 나타내기도 한다.

8.1 예: 막대

막대의 종진동해석은 유한요소 모델을 어떻게 구성하며 실제의 분포매개변수 시스템을 어떻게 집중매개변수 시스템으로 근사화하는가를 설명하는 좋은 예가 된다. 6.3절에서 소개한 막대의 종진동 문제를 윈도우 8.1에서 간단히 복습한다. 그림 8.1에 외팔보 막대의 유한요소 모델을 두 가지 방법으로 설명하고 있다. 먼저 그림 8.1(a)의 단일요소 모델(single-element model)을 보면 이 막대 요소의 정적 변위에 대한 지배방정식은 다음과 같으며,

$$EA\frac{d^2u(x)}{dx^2} = 0 \tag{8.1}$$

x는 0에서 l 사이의 값을 갖는다. 이 식을 x에 대해 직접 적분하면 다음을 얻을 수 있으며,

$$u(x) = c_1x + c_2 \tag{8.2}$$

c_1과 c_2는 적분상수이다. 적분상수 c_1과 c_2는 시간 t와 같은 다른 변수의 함수가 될 수 있다. 모델링하는 구조가 단순하기 때문에 변위가 시간에 따라 변할 경우에도 식 (8.2)를 사용할 수 있다. 그러

윈도우 8.1 | 예제 6.3.1에서 다룬 외팔보 막대의 비감쇠 종진동

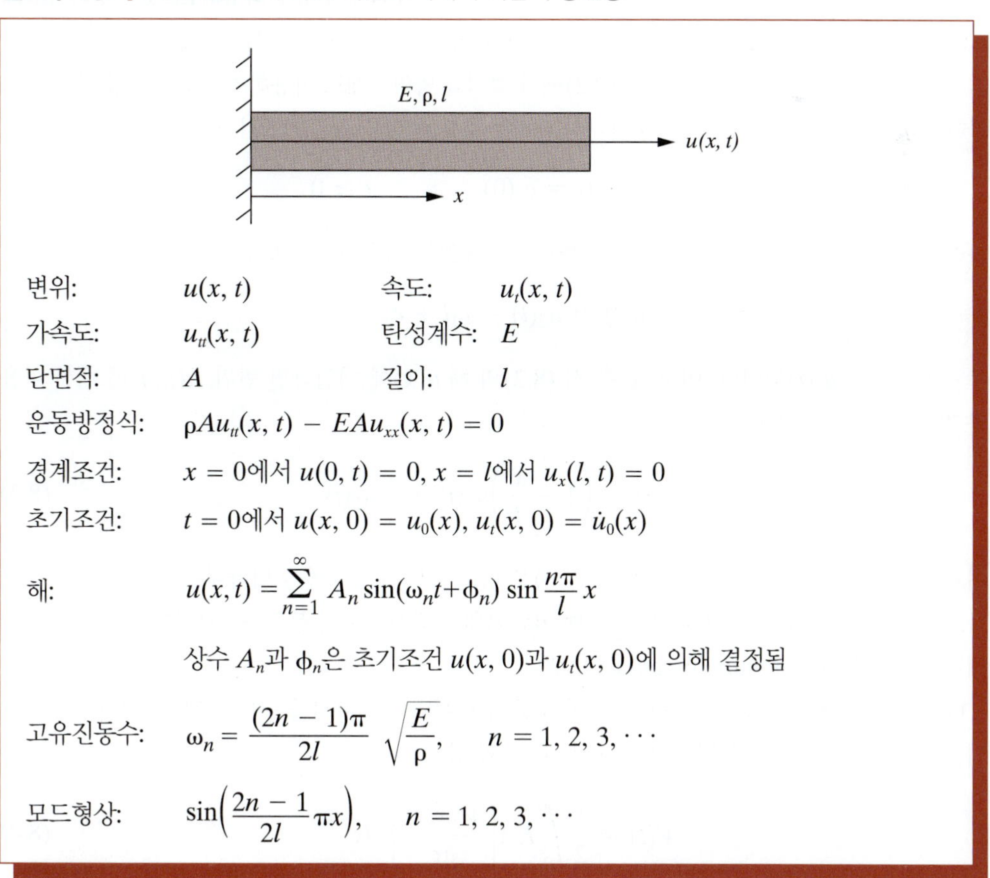

변위: $u(x, t)$ 속도: $u_t(x, t)$
가속도: $u_{tt}(x, t)$ 탄성계수: E
단면적: A 길이: l
운동방정식: $\rho Au_{tt}(x, t) - EAu_{xx}(x, t) = 0$
경계조건: $x = 0$에서 $u(0, t) = 0$, $x = l$에서 $u_x(l, t) = 0$
초기조건: $t = 0$에서 $u(x, 0) = u_0(x)$, $u_t(x, 0) = \dot{u}_0(x)$

해: $$u(x,t) = \sum_{n=1}^{\infty} A_n \sin(\omega_n t+\phi_n) \sin\frac{n\pi}{l}x$$

상수 A_n과 ϕ_n은 초기조건 $u(x, 0)$과 $u_t(x, 0)$에 의해 결정됨

고유진동수: $$\omega_n = \frac{(2n-1)\pi}{2l}\sqrt{\frac{E}{\rho}}, \quad n = 1, 2, 3, \cdots$$

모드형상: $$\sin\left(\frac{2n-1}{2l}\pi x\right), \quad n = 1, 2, 3, \cdots$$

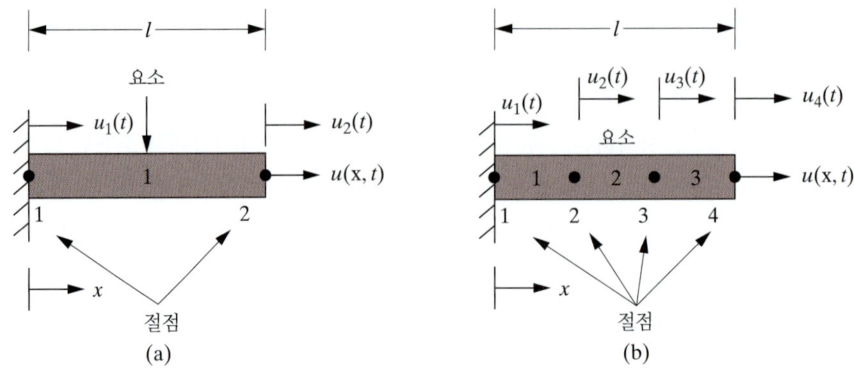

그림 8.1 길이 l인 외팔보 막대의 종진동해석을 위한 두 개의 서로 다른 유한요소격자. (a) 단일요소, 2절점의 유한요소격자, (b) 3요소, 4절점의 유한요소격자

나 복잡한 구조물의 경우에는 변위에 대한 표현식 (8.2)의 함수형태를 미리 가정해야 하며 일반적으로 저차 다항식을 사용한다. 8장 서문에서 언급했듯이 유한요소법은 2단계의 근사를 거치게 된다. 첫째는 그림 8.1에서 어떤 모델을 사용할 것이냐 하는 문제이고(즉 요소의 형태, 크기, 요소와 절점의 위치 등), 둘째는 식 (8.1)에서 어떤 다항식을 사용할 것이냐 하는 문제이다.

각 절점에서 u는 시간에 따라 변할 수 있으므로 그림 8.1(a)에서 $u_1(t)$와 $u_2(t)$로 표시했다. $u_1(t)$, $u_2(t)$는 **절점변위**(*nodal displacement*)를 나타내며, 궁극적으로 이 식을 시간의 함수로 구해야 막대의 종진동 현상을 기술할 수 있다. 식 (8.2)에서 절점을 영역경계로 사용하여 공간상수를 구하면 공간함수 $u(x)$와 시간함수 $u_1(t)$, $u_2(t)$ 사이의 관계를 구할 수 있다. $x = 0$에서 식 (8.2)는 다음과 같다.

$$u(0) = u_1(t) = c_1(0) + c_2 \qquad t \geq 0$$

따라서 $c_2 = u_1(t)$이다. 마찬가지로 $x = l$에서 식 (8.2)는 다음과 같으므로,

$$u(l) = u_2(t) = c_1 l + c_2$$

$c_1 = [u_2(t) - u_1(t)]/l$이다. 이 c_1, c_2를 식 (8.2)의 해 $u(x)$에 대입하면 변위, $u(x, t)$에 대한 다음과 같은 근사식을 얻는다.

$$u(x, t) = \left(1 - \frac{x}{l}\right)u_1(t) + \frac{x}{l}u_2(t) \tag{8.3}$$

여기서 $u_1(t)$와 $u_2(t)$를 알 수 있다면 식 (8.3)은 바로 막대의 종진동을 나타내는 근사해가 될 것이다. 위 식에서 함수 $(1 - x/l)$과 (x/l)은 해 $u(x, t)$의 공간상에서의 분포, 즉 기하학적 형상을 나타내기 때문에 **형상함수**(*shape function*)라 한다.

다음으로 식 (8.3)의 근사식을 이용하여 운동에 관계되는 에너지를 구해 보자. 막대의 변형에너지는 다음의 적분으로 표현된다(예: Shames, 1989 참조).

$$V(t) = \frac{1}{2}\int_0^l EA\left[\frac{\partial u(x, t)}{\partial x}\right]^2 dx \tag{8.4}$$

식 (8.3)의 $u(x, t)$에 대한 근사해를 대입하면, 식 (8.4)는 다음과 같으며,

$$V(t) = \frac{1}{2}\int_0^l \frac{EA}{l^2}\left[-u_1(t) + u_2(t)\right]^2 dx = \frac{EA}{2l}\left(u_1^2 - 2u_1u_2 + u_2^2\right) \tag{8.5}$$

식 (8.5)는 다음과 같이 정의할 때,

$$\mathbf{u}(t) = \begin{bmatrix} u_1(t) \\ u_2(t) \end{bmatrix} \tag{8.6}$$

$$K = \frac{EA}{l}\begin{bmatrix} 1 & -1 \\ -1 & 1 \end{bmatrix} \tag{8.7}$$

$V(t) = \frac{1}{2}\mathbf{u}^T K\mathbf{u}$로 나타낼 수 있다. 식 (8.7)은 그림 8.1(a)의 단일요소에 대한 강성행렬을 나타낸다.

막대 요소의 운동에너지는 적분형태로 표현하면 다음과 같으며,

$$T(t) = \frac{1}{2}\int_0^l A\rho(x)\left[\frac{\partial u(x, t)}{\partial t}\right]^2 dx \tag{8.8}$$

$\rho(x)$는 막대의 밀도이다(6.3절 및 윈도우 8.1 참조). 식 (8.3)의 $u(x, t)$의 근사식으로부 터 막대의 속도는 근사적으로 다음과 같다.

$$\frac{\partial u(x, t)}{\partial t} = \left(1 - \frac{x}{l}\right)\dot{u}_1(t) + \frac{x}{l}\dot{u}_2(t) \tag{8.9}$$

밀도가 일정하다고[즉 $\rho(x) = \rho$] 가정하고 식 (8.9)를 식 (8.8)에 대입하면 다음과 같다.

$$T(t) = \frac{1}{2}\frac{\rho A l}{3}\left(\dot{u}_1^2 + \dot{u}_1\dot{u}_2 + \dot{u}_2^2\right) \tag{8.10}$$

속도벡터 $\dot{\mathbf{u}}(t) = [\dot{u}_1(t) \quad \dot{u}_2(t)]^T$ 그리고 행렬 M을 다음과 같이 정의하면,

$$M = \frac{\rho A l}{6}\begin{bmatrix} 2 & 1 \\ 1 & 2 \end{bmatrix} \tag{8.11}$$

운동에너지 $T(t)$는 행렬의 2차형으로 다음과 같이 나타낼 수 있으며,

$$T(t) = \frac{1}{2}\dot{\mathbf{u}}^T M\dot{\mathbf{u}} \tag{8.12}$$

행렬 M은 그림 8.1(a)의 단일요소에 대한 질량행렬이다.

위에서 구한 운동에너지 $T(t)$와 변형에너지 $V(t)$에 변분법이나 4.7절에서 소개한 라그랑주 방법을 적용하면 진동방정식을 얻을 수 있다. 후자의 경우에는 다음 식에 구조물의 에너지를 대입함으로써 운동방정식을 얻는다.

$$\frac{\partial}{\partial t}\left(\frac{\partial T}{\partial \dot{u}_i}\right) - \frac{\partial T}{\partial u_i} + \frac{\partial V}{\partial u_i} = f_i(t) \qquad i = 1, 2, \cdots, n \tag{8.13}$$

여기서 ui는 n 자유도 시스템의 i번째 좌표를 나타내고, f_i는 좌표 u_i에 작용하는 외력(그림 8.1의 문제에서는 $f_i = 0$)이며, 에너지 T와 V는 구조물의 총운동에너지와 총변형에너지를 뜻한다.

그림 8.1(a)의 경계조건으로부터 고정단의 변위는 영이므로, 총운동에너지는 다음과 같으며,

$$T(t) = \frac{1}{2}\frac{\rho A l}{3}\left(\dot{u}_2^2\right)$$

총변형에너지는 다음과 같다.

$$V(t) = \frac{1}{2}\frac{EA}{l}u_2^2$$

위의 두 에너지 식을 식 (8.13)의 라그랑주 방정식에 대입하면 다음과 같다.

$$\frac{\rho A l}{3}\ddot{u}_2(t) + \frac{EA}{l}u_2(t) = 0 \tag{8.14}$$

이 식은 다시 다음과 같이 정리할 수 있으며,

$$\ddot{u}_2(t) + \frac{3E}{\rho l^2}u_2(t) = 0 \tag{8.15}$$

단일요소 외팔보 막대 유한요소 모델의 진동방정식을 나타낸다.

초기조건이 주어지면 절점변위 $u_2(t)$에 대한 해를 구할 수 있다. 윈도우 8.2를 참조하면 식 (8.15)의 해는 다음과 같으며,

$$u_2(t) = \sqrt{u_0^2 + \left(\frac{\dot{u}_0}{\omega_n}\right)^2}\sin\left(\omega_n t + \tan^{-1}\frac{\omega_n u_0}{\dot{u}_0}\right) \tag{8.16}$$

u_0는 초기절점변위, $\dot{u}_0$는 초기절점속도를 나타낸다. 또한 식 (8.15)에서 $u_2(t)$의 계수로 부터 고유진동수 ω_n은 다음과 같다.

$$\omega_n = \frac{1}{l}\sqrt{\frac{3E}{\rho}}$$

윈도우 8.2 | 비감쇠 1자유도 시스템의 자유응답

1.1절의 식 (1.10)으로부터 $\ddot{x}(t) + \omega_n^2 x(t) = 0$, 초기조건 $x(0) = x_0$, $\dot{x}(0) = v_0$인 운동방정식의 해는 다음과 같다.

$$x(t) = \sqrt{x_0^2 + \left(\frac{v_0}{\omega_n}\right)^2}\sin\left(\omega_n t + \tan^{-1}\frac{\omega_n x_0}{v_0}\right)$$

$u_2(t)$의 해를 식 (8.3)에 대입하면 막대의 과도변위를 나타내는 근사해는 다음과 같으며,

$$u(x, t) = \sqrt{u_0^2 + \left(\frac{\dot{u}_0}{\omega_n}\right)^2} \frac{x}{l} \sin\left[\left(\frac{1}{l}\sqrt{\frac{3E}{\rho}}\right)t + \tan^{-1}\frac{\omega_n u_0}{\dot{u}_0}\right] \tag{8.17}$$

고유진동수는 $(1/l)\sqrt{3E/\rho}$로서 윈도우 8.1에서 구한 무한개의 고유진동수를 갖는 엄밀해와 대조된다.

예제 8.1.1

외팔보 막대의 종진동 문제에서 6장의 엄밀해와 식 (8.17)의 유한요소법에 의한 해를 비교하라.

풀이 유한요소법에 의한 해는 단일 모드형상에 해당하는 단일 고유진동수로 진동하지만, 엄밀해는 무한히 많은 모드형상과 무한히 많은 고유진동수가 서로 중첩되어 이루어진다. 단일요소 유한요소 모델의 비감쇠 고유진동수는 다음과 같다.

$$\omega_{\text{FEM}} = \frac{1}{l}\sqrt{\frac{3E}{\rho}} = \frac{1.732}{l}\sqrt{\frac{E}{\rho}}$$

엄밀해의 첫 번째 고유진동수 $\omega_1 = (\pi/2l)\sqrt{E/\rho}$이고 개략적으로 다음과 같으며,

$$\omega_1 = \frac{1.57}{l}\sqrt{\frac{E}{\rho}}$$

FEM에 의한 값보다 작다. 두 번째 고유진동수는 대략 다음과 같고 ω_{FEM}보다 크다.

$$\omega_2 = \frac{4.712}{l}\sqrt{\frac{E}{\rho}}$$

또한 그림 8.2를 보면 FEM 형상함수와 엄밀해의 1차 모드형상이 다르기는 하지만 대체로 비슷한 모양 특성을 갖는다는 것을 알 수 있다.

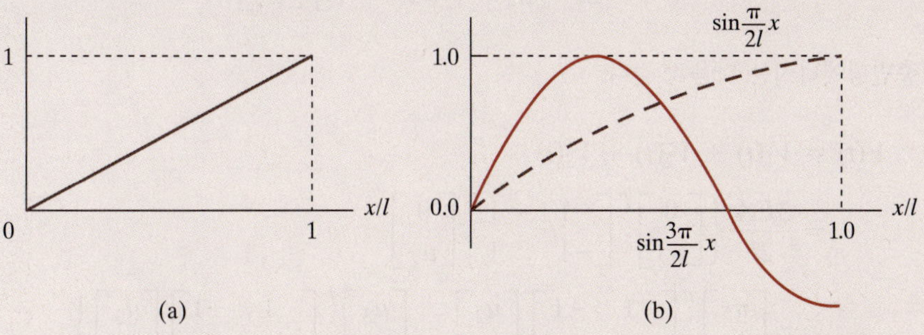

그림 8.2 정규화된 길이에 대한 정규화된 (a) FEM 형상함수와, (b) 엄밀해의 1차 모드형상[$\sin(\pi x/2l)$]. (b)에는 2차 모드형상[$\sin(3\pi x/2l)$]도 표시되어 있다.

만약 막대가 1차 모드만으로 가진된다면 유한요소 모델에 의한 진동형상은 1차 모드의 기본성질을 잘 나타낸다는 측면에서 실제 모드형상에 매우 근사하게 된다. 그러나 그림 8.2에서 엄밀해에 의한 2차 모드형상을 보면 2차 모드로 가진될 경우에는 FEM에 의한 해가 엄밀해와는 전혀 일치하지 않을 것임을 나타낸다.

예제 8.1.1로부터 유한요소법에 의한 근사해는 어떤 범위 내에서만 유용하다는 것을 알 수 있다. 그러나 다음 절에서처럼 더 많은 요소의 모델을 사용함으로써 구조물의 거동을 좀 더 정확하게 나타낼 수 있다.

8.2 3요소 막대

8.1절에서 다룬 막대의 유한요소 모델의 숫자를 늘려서 그림 8.1(b)와 같이 3요소와 4절점을 갖는 유한요소 모델을 생각해 보자. 각 요소는 다시 식 (8.5)에서 계산한 변형 에너지 관계를 가지게 된다. 다만 두 가지 차이가 있다. 첫 번째 차이는 요소의 길이가 l 대신 $l/3$이 된다는 것이고, 두 번째는 세 개의 요소 각각에서 노드 좌표가 다르다는 것이다. 이러한 변경사항을 고려하고 행렬 표기법을 사용하여, 1번 요소의 변형 에너지는 다음과 같다.

$$V_1(t) = \frac{3EA}{2l}\begin{bmatrix} 0 \\ u_2 \end{bmatrix}^T \begin{bmatrix} 1 & -1 \\ -1 & 1 \end{bmatrix}\begin{bmatrix} 0 \\ u_2 \end{bmatrix} \tag{8.18}$$

요소2에 대해서는 다음과 같다.

$$V_2(t) = \frac{3EA}{2l}\begin{bmatrix} u_2 \\ u_3 \end{bmatrix}^T \begin{bmatrix} 1 & -1 \\ -1 & 1 \end{bmatrix}\begin{bmatrix} u_2 \\ u_3 \end{bmatrix} \tag{8.19}$$

요소3은 다음과 같다.

$$V_3(t) = \frac{3EA}{2l}\begin{bmatrix} u_3 \\ u_4 \end{bmatrix}^T \begin{bmatrix} 1 & -1 \\ -1 & 1 \end{bmatrix}\begin{bmatrix} u_3 \\ u_4 \end{bmatrix} \tag{8.20}$$

따라서 총변형에너지는 다음과 같다.

$$\begin{aligned} V(t) &= V_1(t) + V_2(t) + V_3(t) \\ &= \frac{3EA}{2l}\left\{\begin{bmatrix} 0 \\ u_2 \end{bmatrix}^T \begin{bmatrix} 1 & -1 \\ -1 & 1 \end{bmatrix}\begin{bmatrix} 0 \\ u_2 \end{bmatrix}\right. \\ &\quad \left. + \begin{bmatrix} u_2 \\ u_3 \end{bmatrix}^T \begin{bmatrix} 1 & -1 \\ -1 & 1 \end{bmatrix}\begin{bmatrix} u_2 \\ u_3 \end{bmatrix} + \begin{bmatrix} u_3 \\ u_4 \end{bmatrix}^T \begin{bmatrix} 1 & -1 \\ -1 & 1 \end{bmatrix}\begin{bmatrix} u_3 \\ u_4 \end{bmatrix}\right\} \\ &= \frac{3EA}{2l}\left(2u_2^2 - 2u_2u_3 - 2u_3^2 - 2u_3u_4 + u_4^2\right) \end{aligned} \tag{8.21}$$

라그랑주 방정식 (8.13)에 대입할 수 있도록 적절한 형태로 미분하면 다음을 얻는다.

$$\begin{bmatrix} \dfrac{\partial V}{\partial u_2} \\ \dfrac{\partial V}{\partial u_3} \\ \dfrac{\partial V}{\partial u_4} \end{bmatrix} = \frac{3EA}{l}\begin{bmatrix} 2u_2 - u_3 \\ -u_2 + 2u_3 - u_4 \\ -u_3 + u_4 \end{bmatrix} = \frac{3EA}{l}\begin{bmatrix} 2 & -1 & 0 \\ -1 & 2 & -1 \\ 0 & -1 & 1 \end{bmatrix}\begin{bmatrix} u_2(t) \\ u_3(t) \\ u_4(t) \end{bmatrix} \tag{8.22}$$

마찬가지로 총운동에너지는 다음과 같이 나타낼 수 있으며,

$$T(t) = \frac{\rho Al}{36}\left\{\begin{bmatrix} 0 \\ \dot{u}_2 \end{bmatrix}^T\begin{bmatrix} 2 & 1 \\ 1 & 2 \end{bmatrix}\begin{bmatrix} 0 \\ \dot{u}_2 \end{bmatrix} + \begin{bmatrix} \dot{u}_2 \\ \dot{u}_3 \end{bmatrix}^T\begin{bmatrix} 2 & 1 \\ 1 & 2 \end{bmatrix}\begin{bmatrix} \dot{u}_2 \\ \dot{u}_3 \end{bmatrix} + \begin{bmatrix} \dot{u}_3 \\ \dot{u}_4 \end{bmatrix}^T\begin{bmatrix} 2 & 1 \\ 1 & 2 \end{bmatrix}\begin{bmatrix} \dot{u}_3 \\ \dot{u}_4 \end{bmatrix}\right\} \tag{8.23}$$

라그랑주 방정식 (8.13)의 첫 번째 항은 다음과 같다.

$$\frac{d}{dt}\begin{bmatrix} \dfrac{\partial T}{\partial \dot{u}_2} \\ \dfrac{\partial T}{\partial \dot{u}_3} \\ \dfrac{\partial T}{\partial \dot{u}_4} \end{bmatrix} = \frac{\rho Al}{18}\begin{bmatrix} 4 & 1 & 0 \\ 1 & 4 & 1 \\ 0 & 1 & 2 \end{bmatrix}\begin{bmatrix} \ddot{u}_2(t) \\ \ddot{u}_3(t) \\ \ddot{u}_4(t) \end{bmatrix} \tag{8.24}$$

식 (8.24)와 (8.22)를 식 (8.13)에 대입하면 다음을 얻는다.

$$M\ddot{\mathbf{u}}(t) + K\mathbf{u}(t) = 0 \tag{8.25}$$

벡터 $\mathbf{u}(t) = [u_2 \quad u_3 \quad u_4]^T$는 절점변위를 나타낸다. 식 (8.25)에서 다음과 같은 계수행렬은 **전역 질량행렬**(*global mass matrix*)을 나타내며,

$$M = \frac{\rho Al}{18}\begin{bmatrix} 4 & 1 & 0 \\ 1 & 4 & 1 \\ 0 & 1 & 2 \end{bmatrix} \tag{8.26}$$

다음과 같은 계수행렬은 **전역강성행렬**(*global stiffness matrix*)을 나타낸다.

$$K = \frac{3EA}{l}\begin{bmatrix} 2 & -1 & 0 \\ -1 & 2 & -1 \\ 0 & -1 & 1 \end{bmatrix} \tag{8.27}$$

식 (8.25)로부터 시스템은 동적, 정적으로 연립되어 있음을 알 수 있으며, 식의 해는 4.4절의 방법으로 구할 수 있다.

예제 8.2.1

그림 8.1(b)의 유한요소 모델을 이용하여 고유진동수를 구하고 윈도우 8.1의 분포매개변수 시스템에서 구한 값과 비교하라.

풀이 외팔보의 3요소 유한요소 모델에서는 식 (8.27)의 전역강성행렬과 식 (8.26)의 전역질량행렬을 식 (8.25)에 대입하고 4.4절의 방법으로 다음의 특성방정식으로부터 구한다.

$$\det\left\{\frac{3EA}{l}\begin{bmatrix} 2 & -1 & 0 \\ -1 & 2 & -1 \\ 0 & -1 & 1 \end{bmatrix} - \omega^2\frac{\rho Al}{18}\begin{bmatrix} 4 & 1 & 0 \\ 1 & 4 & 1 \\ 0 & 1 & 2 \end{bmatrix}\right\} = 0 \tag{8.28}$$

보의 재질은 알루미늄이며 길이는 1 m이다. 즉 l = 1 m, ρ = 2700 kg/m^{3}이고, $E = 7.0 \times 10^{10}$ N/m^{2}이라 하자. MATLAB을 이용하여 식 (8.28)을 ω^2에 대해 풀면, 고유진동수는 다음과 같다.

$$\omega_1 = 8092 \text{ rad/s}$$
$$\omega_2 = 26{,}458 \text{ rad/s}$$
$$\omega_3 = 47{,}997 \text{ rad/s}$$

윈도우 8.1의 분포매개변수 모델로부터 구한 세 개의 고유진동수는 다음과 같다.

$$\begin{aligned} \omega_1 &= 7998 \text{ rad/s } (0.55\%) \\ \omega_2 &= 23{,}994 \text{ rad/s } (9.64\%) \\ \omega_3 &= 39{,}900 \text{ rad/s } (19.3\%) \end{aligned} \tag{8.29}$$

식 (8.29)의 괄호 안의 숫자는 분포매개변수 모델과 유한요소 모델로부터 구한 고유진동수값의 차이를 백분율로 나타낸 것이다. 3요소 모델로 구한 첫 번째 고유진동수가 예제 8.1.1의 단일요소 모델에서 구한 값보다 훨씬 더 실제 값에 근접해 있음을 알 수 있다. 단일요소를 사용하여 구한 ω는 8819 rad/s였다. 실제로 유한요소법에 의해 고유진동수의 정확한 값을 얻기 위해서는 요구되는 고유진동수의 수보다 최소 2배 이상의 요소를 가져야 한다는 것이 경험적으로 알려져 있다.

이제까지는 길이가 모두 같은 요소를 사용했다. 그러나 일반적으로 유한요소법에서 사용되는 요소의 치수가 모두 일정해야 되는 것은 아니다. 실제로 복잡한 구조물 해석에서는 치수가 일정하지 않은 요소로 나누어야 할 경우가 종종 있다. 다음은 치수가 일정하지 않은 요소를 사용한 예이다.

예제 8.2.2

그림 8.3에 나타나 있는 외팔보 막대의 종진동 문제에서 2요소를 사용하여 두 개의 고유진동수를 구하고 윈도우 8.1의 엄밀해와 비교하라.

풀이 첫째 요소에 대한 에너지 식은 앞서 다룬 바 있는 3요소 외팔보 막대의 에너지 식과 같다. 식 (8.18)에서 요소 1의 위치에너지(변형에너지)는 다음과 같다.

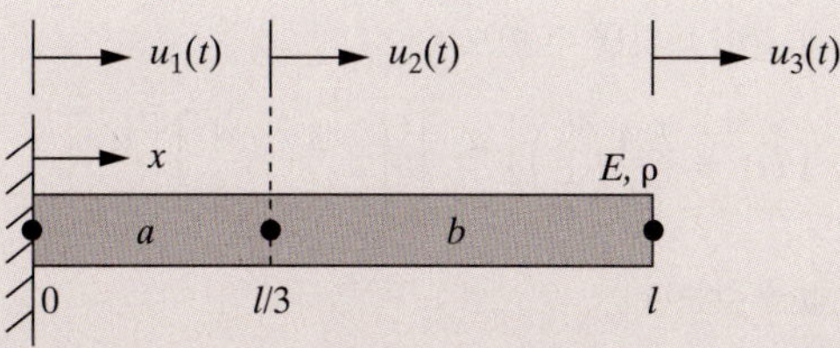

그림 8.3 길이가 다른 두 개의 유한요소로 나눈 외팔보 막대. 길이 l, 단면적 A, 탄성계수 E, 밀도 ρ

$$V_1(t) = \frac{3EA}{2l}u_2^2(t) \tag{8.30}$$

식 (8.23)에서 요소 1의 운동에너지는 다음과 같다.

$$T_1(t) = \frac{\rho Al}{18}\dot{u}_2^2(t) \tag{8.31}$$

8.1절의 예제에서 했던 것처럼 둘째 요소의 에너지를 계산하기 전에 요소 내의 변위에 대해 다음의 형태를 가정한다.

$$u(x, t) = c_3(t)x + c_4(t) \tag{8.32}$$

$u(l/3, t) = u_2(t)$, $u(l, t) = u_3(t)$이므로, 이 식은 다음의 절점변위조건을 만족해야 한다.

$$\begin{aligned} u_2(t) &= \frac{l}{3}c_3(t) + c_4(t) \\ u_3(t) &= lc_3(t) + c_4(t) \end{aligned} \tag{8.33}$$

위 식의 $c_3(t)$와 $c_4(t)$를 $u_2(t)$와 $u_3(t)$로 나타내면 다음과 같다.

$$c_3(t) = -\frac{3}{2l}\left[u_2(t) - u_3(t)\right] \quad \text{그리고} \quad c_4(t) = \frac{1}{2}\left[3u_2(t) - u_3(t)\right] \tag{8.34}$$

$c_3(t)$와 $c_4(t)$를 식 (8.32)에 대입하면 다음과 같은 변위식을 얻는다.

$$u(x, t) = \frac{3}{2}\left(1 - \frac{x}{l}\right)u_2(t) + \frac{1}{2}\left(\frac{3x}{l} - 1\right)u_3(t) \tag{8.35}$$

이 식으로부터 둘째 요소의 위치에너지는 다음과 같다.

$$\begin{aligned} V_2(t) &= \frac{EA}{2}\int_{l/3}^{l}[u_x(x, t)]^2 dx = \frac{EA}{2}\int_{l/3}^{l}\left(\frac{3}{2l}\right)^2[u_3 - u_2]^2 dx \\ &= \frac{EA}{2l}\left(\frac{3}{2}\right)\left[u_2^2(t) - 2u_2(t)u_3(t) + u_3^2(t)\right] \end{aligned} \tag{8.36}$$

식 (8.30)과 (8.36)을 더하면 막대의 총위치에너지는 다음과 같다.

$$V(t) = \frac{EA}{2l}\left(\frac{3}{2}\right)\left[3u_2^2(t) - 2u_2(t)u_3(t) + u_3^2(t)\right] \tag{8.37}$$

이를 행렬형태로 쓰면 다음과 같이 나타낼 수 있으며,

$$V(t) = \frac{EA}{2l}\left(\frac{3}{2}\right)\begin{bmatrix} u_2 \\ u_3 \end{bmatrix}^T \begin{bmatrix} 3 & -1 \\ -1 & 1 \end{bmatrix}\begin{bmatrix} u_2 \\ u_3 \end{bmatrix} \tag{8.38}$$

여기서 강성행렬은 다음의 값을 갖는다.

$$K = \frac{EA}{l}\left(\frac{3}{2}\right)\begin{bmatrix} 3 & -1 \\ -1 & 1 \end{bmatrix} \tag{8.39}$$

둘째 요소의 운동에너지는 다음과 같으며,

$$\begin{aligned} T_2(t) &= \frac{A\rho}{2}\int_{l/3}^{l}\left[u_t(x,t)\right]^2 dx \\ &= \frac{A\rho}{8l^2}\int_{l/3}^{l}\left[9(l-x)^2\dot{u}_2^2 + 6(3x-l)(l-x)\dot{u}_2\dot{u}_3 + (3x-l)^2\dot{u}_3^2\right]dx \\ &= \frac{A\rho l}{9}\left[\dot{u}_2^2 + \dot{u}_2\dot{u}_3 + \dot{u}_3^2\right] \end{aligned} \tag{8.40}$$

$u_t(x, t)$는 식 (8.35)를 이용하여 계산했다. 식 (8.31)과 (8.40)을 더하면, 막대의 총운동에너지는 다음과 같다.

$$T(t) = T_1(t) + T_2(t) = \frac{A\rho l}{18}\left[3\dot{u}_2^2(t) + 2\dot{u}_2(t)\dot{u}_3(t) + 2\dot{u}_3^2(t)\right] \tag{8.41}$$

이를 행렬로 나타내면 간단히 다음과 같이 정리할 수 있다.

$$T(t) = \frac{1}{2}\frac{A\rho l}{18}\begin{bmatrix} \dot{u}_2 \\ \dot{u}_3 \end{bmatrix}^T \begin{bmatrix} 6 & 2 \\ 2 & 4 \end{bmatrix}\begin{bmatrix} \dot{u}_2 \\ \dot{u}_3 \end{bmatrix} \tag{8.42}$$

이때 질량행렬은 다음과 같다.

$$M = \frac{A\rho l}{18}\begin{bmatrix} 6 & 2 \\ 2 & 4 \end{bmatrix} \tag{8.43}$$

라그랑주 방정식에 위에서 구한 운동에너지와 위치에너지 식을 사용하면, 다음의 운동방정식을 얻는다.

$$\frac{\rho l}{9}\begin{bmatrix} 3 & 1 \\ 1 & 2 \end{bmatrix}\begin{bmatrix} \ddot{u}_2 \\ \ddot{u}_3 \end{bmatrix} + \frac{3E}{2l}\begin{bmatrix} 3 & -1 \\ -1 & 1 \end{bmatrix}\begin{bmatrix} u_2 \\ u_3 \end{bmatrix} = \begin{bmatrix} 0 \\ 0 \end{bmatrix} \tag{8.44}$$

4.3절의 방법으로부터 식 (8.44)의 고유진동수는 다음과 같다.

$$\omega_1 = (1.6432)\frac{1}{l}\sqrt{\frac{E}{\rho}} \quad \left(1.5708\frac{1}{l}\sqrt{\frac{E}{\rho}}\right)$$

$$\omega_2 = (5.1962)\frac{1}{l}\sqrt{\frac{E}{\rho}} \quad \left(4.7124\frac{1}{l}\sqrt{\frac{E}{\rho}}\right)$$

괄호 안의 숫자는 윈도우 8.1에서 구한 엄밀해의 값을 나타낸다. 여기서 다루지는 않았지만 비균일 요소는 좌표 x에 따라서 기하학적 형태나 물리적 변수가 변할 때 대단히 유용하게 사용된다.

8.3 보 요소

많은 경우에 기계부품이나 구조물의 동적 거동을 축방향 진동만으로 나타낼 수는 없다. 따라서 횡방향 진동 현상을 나타내기 위한 유한요소 모델이 필요하다. 6.5절에서 논의했던 오일러-베르누이 보의 진동해석에 대해 윈도우 8.3에 다시 한번 간단히 기술한다. 그림 8.4는 양단 자유보의 횡진동을 나타내기 위해 유한요소해석에 사용되는 좌표 및 변수를 나타낸다. 보의 유한요소 모델에는 횡방향 변위를 나타내기 위한 좌표 $u_1(t)$와 $u_3(t)$, 회전변위를 나타내기 위한 좌표 $u_2(t)$와 $u_4(t)$를 사용한다. 한 쌍의 좌표가 각 절점의 운동을 나타내기 위해 필요한데, 각 절점은 2자유도를 갖는다고 볼 수 있으며, 하나는 기울기를 또 하나는 횡방향 변위를 나타내기 위해 사용된다. 횡방향 변위에 대한 정적 평형방정식은 다음과 같으며,

$$\frac{\partial^2}{\partial x^2}\left[EI\frac{\partial^2 u(x,t)}{\partial x^2}\right] = 0 \tag{8.45}$$

EI가 일정할 때 이 식은 $u_{xxxx} = 0$이 된다. 이 식을 적분하면 다음과 같다.

$$u(x,t) = c_1(t)x^3 + c_2(t)x^2 + c_3(t)x + c_4(t) \tag{8.46}$$

윈도우 8.3 | 양단 핀지지보의 비감쇠 횡진동해석

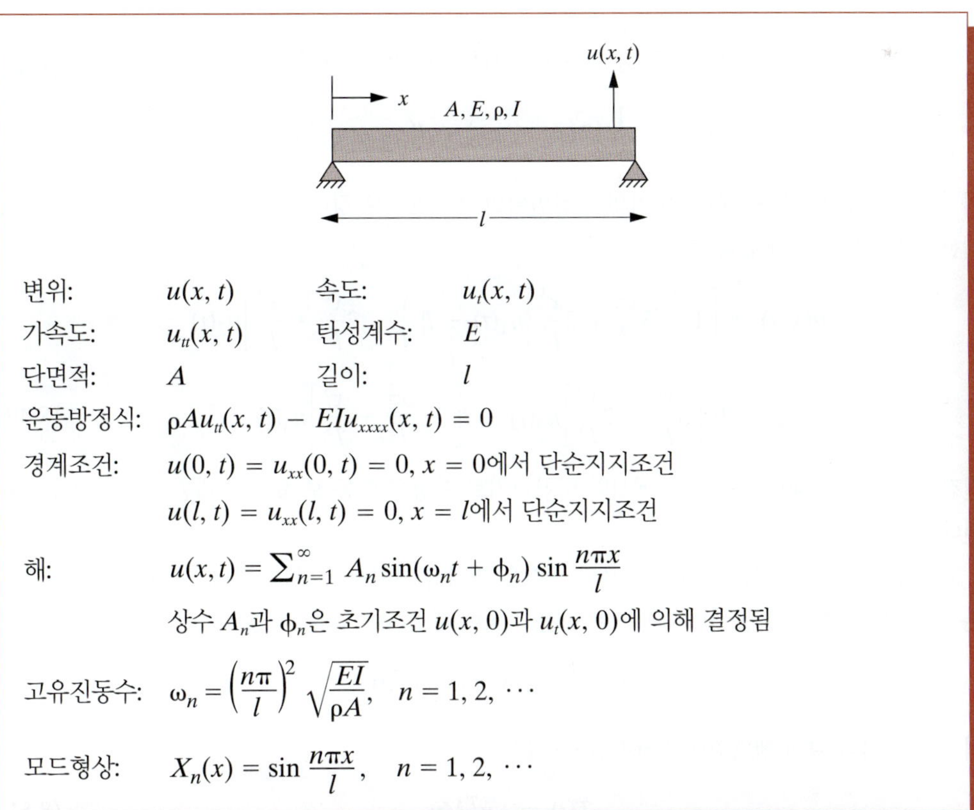

변위: $u(x, t)$ 속도: $u_t(x, t)$

가속도: $u_{tt}(x, t)$ 탄성계수: E

단면적: A 길이: l

운동방정식: $\rho A u_{tt}(x, t) - EIu_{xxxx}(x, t) = 0$

경계조건: $u(0, t) = u_{xx}(0, t) = 0$, $x = 0$에서 단순지지조건

$u(l, t) = u_{xx}(l, t) = 0$, $x = l$에서 단순지지조건

해: $u(x,t) = \sum_{n=1}^{\infty} A_n \sin(\omega_n t + \phi_n)\sin\frac{n\pi x}{l}$

상수 A_n과 ϕ_n은 초기조건 $u(x, 0)$과 $u_t(x, 0)$에 의해 결정됨

고유진동수: $\omega_n = \left(\frac{n\pi}{l}\right)^2\sqrt{\frac{EI}{\rho A}}, \quad n = 1, 2, \cdots$

모드형상: $X_n(x) = \sin\frac{n\pi x}{l}, \quad n = 1, 2, \cdots$

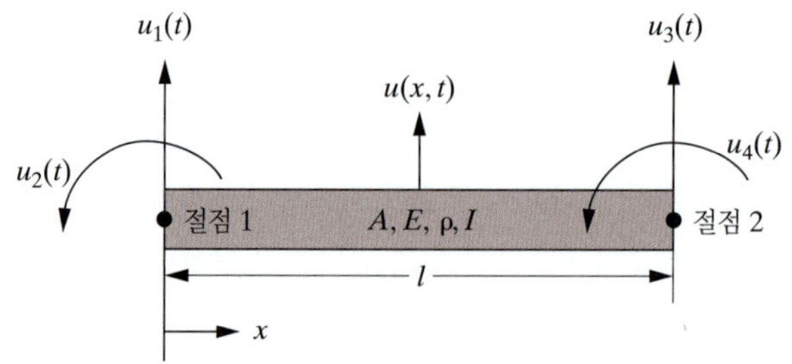

그림 8.4 보의 횡진동을 기술하기 위해 필요한 두 개의 횡방향 좌표 $u_1(t)$, $u_3(t)$와 두 개의 회전좌표 $u_2(t)$, $u_4(t)$를 나타내는 단일 유한요소 모델

여기서 $c_i(t)$는 막대에 대한 식 (8.1)과 (8.2)처럼 공간변수 x에 대한 적분상수이다. 식 (8.46)은 요소 내에서 횡방향 변위를 근사화하는 데 사용된다.

8.1절에서 막대의 경우와 같이 절점변위 $u_i(t)$는 다음의 경계조건을 만족해야 한다.

$$
\begin{aligned}
u(0,t) &= u_1(t) \qquad u_x(0,t) = u_2(t) \\
u(l,t) &= u_3(t) \qquad u_x(l,t) = u_4(t)
\end{aligned} \tag{8.47}
$$

이 식과 식 (8.46)으로부터 적분상수를 절점변위로 나타내면 다음과 같은데,

$$
\begin{aligned}
c_4(t) &= u_1(t) \qquad c_3(t) = u_2(t) \\
c_2(t) &= \frac{1}{l^2}\left[3(u_3 - u_1) - l(2u_2 + u_4)\right] \\
c_1(t) &= \frac{1}{l^3}\left[2(u_1 - u_3) + l(u_2 + u_4)\right]
\end{aligned} \tag{8.48}
$$

이 식을 식 (8.46)에 대입하고 미지의 절점변위의 계수항으로 정리하면, 요소 내의 변위 $u(x, t)$에 대한 근사값은 다음과 같다.

$$
\begin{aligned}
u(x,t) = &\left[1 - 3\frac{x^2}{l^2} + 2\frac{x^3}{l^3}\right]u_1(t) + l\left[\frac{x}{l} - 2\frac{x^2}{l^2} + \frac{x^3}{l^3}\right]u_2(t) \\
&+ \left[3\frac{x^2}{l^2} - 2\frac{x^3}{l^3}\right]u_3(t) + l\left[-\frac{x^2}{l^2} + \frac{x^3}{l^3}\right]u_4(t)
\end{aligned} \tag{8.49}
$$

절점변위 $u_i(t)$에 대한 계수는 앞에서와 마찬가지로 횡방향 운동 보 요소에 대한 형상함수를 나타낸다.

질량행렬과 강성행렬은 막대의 경우와 똑같은 과정을 거쳐서 구할 수 있다. 보의 경우 질량행렬은 식 (8.49)를 다음 운동에너지에 대한 다음의 식에 대입하여 얻을 수 있으며,

$$
T(t) = \tfrac{1}{2}\int_0^l \rho A\left[u_t(x,t)\right]^2 dx \tag{8.50}
$$

이 식은 다음과 같이 행렬형태로 표시할 수 있다.

$$
T(t) = \tfrac{1}{2}\,\dot{\mathbf{u}}^T M \dot{\mathbf{u}} \tag{8.51}
$$

여기서 M은 질량행렬이며, 속도벡터 $\dot{\mathbf{u}}$는 다음과 같은 4×1 절점변위벡터 $\mathbf{u}(t)$를 시간에 대해 미분한 것이다.

$$\mathbf{u}(t) = \begin{bmatrix} u_1(t) \\ u_2(t) \\ u_3(t) \\ u_4(t) \end{bmatrix} \tag{8.52}$$

적분을 한 후 식 (8.51)의 형태로 나타내면, 그림 8.4의 보 요소에 대한 질량행렬은 다음과 같다.

$$M = \frac{\rho A l}{420}\begin{bmatrix} 156 & 22l & 54 & -13l \\ 22l & 4l^2 & 13l & -3l^2 \\ 54 & 13l & 156 & -22l \\ -13l & -3l^2 & -22l & 4l^2 \end{bmatrix} \tag{8.53}$$

강성행렬의 경우에도 8.1절의 막대 예에서와 같이 계산한다. 변형에너지는 요소 내의 변위를 식 (8.49)로 가정하여, 이를 다음의 변형에너지 식에 대입하여 구할 수 있으며,

$$V(t) = \frac{1}{2}\int_0^l EI\left[u_{xx}(x, t)\right]^2 dx \tag{8.54}$$

이 식을 다음과 같이 변위벡터와 강성행렬의 곱으로 나타낼 수 있다.

$$V(t) = \frac{1}{2}\mathbf{u}^T K\mathbf{u} \tag{8.55}$$

여기서 강성행렬 K는 다음과 같다.

$$K = \frac{EI}{l^3}\begin{bmatrix} 12 & 6l & -12 & 6l \\ 6l & 4l^2 & -6l & 2l^2 \\ -12 & -6l & 12 & -6l \\ 6l & 2l^2 & -6l & 4l^2 \end{bmatrix} \tag{8.56}$$

이와 같이 구한 식 (8.53)과 (8.56)의 질량행렬 및 강성행렬은 보의 횡진동에 대한 유한요소 모델을 나타낸다.

예제 8.3.1

앞의 질량행렬 및 강성행렬로부터 단순지지보의 고유진동수를 계산하라. 단일요소를 사용하고 이 값과 6장, 즉 윈도우 8.3에서 구한 값을 비교하라.

풀이 단순지지보의 양 끝점 횡방향 변위는 영이며 회전변위는 허용된다. 그림 8.5로부터 $u_1(t)$와 $u_3(t)$는 영이며, 질량행렬 및 강성행렬에서 이 좌표들에 해당하는 첫 번째와 세 번째 행과 열을 모두 삭제하면, 운동방정식은 다음과 같다.

$$\frac{\rho A l}{420}\begin{bmatrix} 4l^2 & -3l^2 \\ -3l^2 & 4l^2 \end{bmatrix}\begin{bmatrix} \ddot{u}_2(t) \\ \ddot{u}_4(t) \end{bmatrix} + \frac{EI}{l^3}\begin{bmatrix} 4l^2 & 2l^2 \\ 2l^2 & 4l^2 \end{bmatrix}\begin{bmatrix} u_2(t) \\ u_4(t) \end{bmatrix} = \begin{bmatrix} 0 \\ 0 \end{bmatrix} \tag{8.57}$$

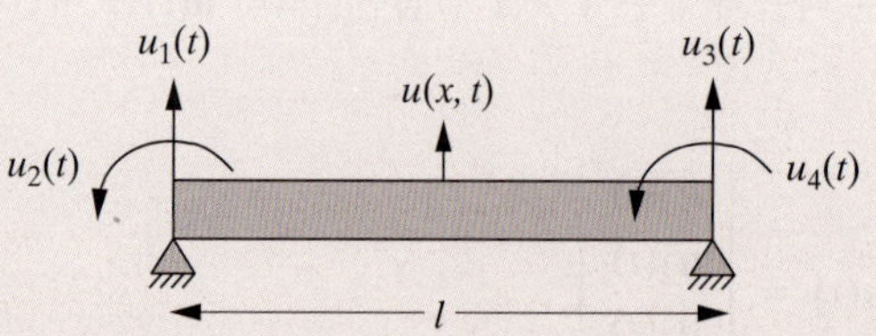

그림 8.5 단일요소 모델에 의한 단순지지보의 좌표

앞의 식을 다시 정리하면 다음과 같으며,

$$\begin{bmatrix} 4 & -3 \\ -3 & 4 \end{bmatrix}\ddot{\mathbf{u}} + \frac{840EI}{\rho Al^4}\begin{bmatrix} 2 & 1 \\ 1 & 2 \end{bmatrix}\mathbf{u} = \mathbf{0} \tag{8.58}$$

여기서 $\mathbf{u} = [u_2(t) \quad u_4(t)]^T$이다. 4.2절에서와 같이 진행하면($\mathbf{u} = \mathbf{x}e^{\omega t}$로 놓고 ω에 대해 푼다), 식 (8.58)로부터 다음의 두 고유진동수를 얻을 수 있다.

$$\omega_1 = 10.95\sqrt{\frac{EI}{\rho Al^4}} \qquad \left(9.87\sqrt{\frac{EI}{\rho Al^4}}\right)$$
$$\omega_2 = 50.20\sqrt{\frac{EI}{\rho Al^4}} \qquad \left(39.48\sqrt{\frac{EI}{\rho Al^4}}\right) \tag{8.59}$$

괄호 안의 값은 6장의 분포매개변수 모델로부터 구한 값이다. 첫 번째 고유진동수는 엄밀해와 11%의 오차를 나타내며, 두 번째 고유진동수는 28%의 차이를 보이고 있다. 앞에서 언급한 것처럼 유한요소 모델에서 자유도의 수는 원하는 고유진동수 개수의 2배 이상을 사용해야 한다.

다음은 보의 해석에서 두 개 이상의 요소를 사용하는 경우를 설명한다. 8.2절에서 막대에 두 개 이상의 요소를 사용할 때 운동방정식은 에너지 식을 계산하고 이를 라그랑주 방정식에 대입하여 유도했다. 그러나 복잡한 보 요소에서는 이런 방식으로 유도된 에너지 식은 너무 길기 때문에 전역 질량행렬과 강성행렬을 구하기 위해 개개의 요소행렬을 중첩하는 방법이 주로 사용된다. 8.2절의 3요소로 분할한 막대의 경우를 예로 하여 이 과정을 설명하고자 한다.

예제 8.3.2

그림 8.6[그림 8.1(b)와 동일]은 외팔보 막대의 종진동을 해석하기 위한 3요소 모델이다. 이 모델에서 각 요소의 질량행렬과 강성행렬은 식 (8.7)과 (8.11)에서 l 대신에 $l/3$을 대입하여 구한다. 요소의 질량행렬 및 강성행렬은 다음과 같으며,

$$M_1 = \frac{\rho Al}{18}\begin{bmatrix} 2 & 1 \\ 1 & 2 \end{bmatrix} \qquad K_1 = \frac{3EA}{l}\begin{bmatrix} 1 & -1 \\ -1 & 1 \end{bmatrix} \tag{8.60}$$

이는 지역좌표(local coordinate) $u_1(t)$와 $u_2(t)$에 해당되는 행렬이다. 요소의 운동방정식은 다음과 같다.

$$\frac{\rho Al}{18}\begin{bmatrix} 2 & 1 \\ 1 & 2 \end{bmatrix}\begin{bmatrix} \ddot{u}_1 \\ \ddot{u}_2 \end{bmatrix} + \frac{3EA}{l}\begin{bmatrix} 1 & -1 \\ -1 & 1 \end{bmatrix}\begin{bmatrix} u_1 \\ u_2 \end{bmatrix} = \begin{bmatrix} 0 \\ 0 \end{bmatrix} \tag{8.61}$$

마찬가지로 요소2에 대해서는 다음과 같으며,

$$M_2 = \frac{\rho Al}{18}\begin{bmatrix} 2 & 1 \\ 1 & 2 \end{bmatrix} \qquad K_2 = \frac{3EA}{l}\begin{bmatrix} 1 & -1 \\ -1 & 1 \end{bmatrix} \tag{8.62}$$

해당 지역좌표는 u_2와 u_3이다. 지역좌표가 u_3와 u_4인 3요소의 질량행렬과 강성행렬은 각기 다음과 같다.

$$M_3 = \frac{\rho Al}{18}\begin{bmatrix} 2 & 1 \\ 1 & 2 \end{bmatrix} \qquad K_3 = \frac{3EA}{l}\begin{bmatrix} 1 & -1 \\ -1 & 1 \end{bmatrix} \tag{8.63}$$

각 절점변위 $u_i(t)$에 해당하는, 식 (8.61)과 동일한 세 개의 식을 종합하면, 전역 운동방정식은 다음과 같다.

$$\frac{\rho Al}{18}\begin{bmatrix} 2 & 1 & 0 & 0 \\ 1 & 2+2 & 1 & 0 \\ 0 & 1 & 2+2 & 1 \\ 0 & 0 & 1 & 2 \end{bmatrix}\begin{bmatrix} \ddot{u}_1 \\ \ddot{u}_2 \\ \ddot{u}_3 \\ \ddot{u}_4 \end{bmatrix} + \frac{3EA}{l}\begin{bmatrix} 1 & -1 & 0 & 0 \\ -1 & 1+1 & -1 & 0 \\ 0 & -1 & 1+1 & -1 \\ 0 & 0 & -1 & 1 \end{bmatrix}\begin{bmatrix} u_1 \\ u_2 \\ u_3 \\ u_4 \end{bmatrix} = \begin{bmatrix} 0 \\ 0 \\ 0 \\ 0 \end{bmatrix} \tag{8.64}$$

여기서 개별요소 각각의 지역행렬을 인접한 요소의 행렬과 중첩했다. 식 (8.64)는 외팔보 막대의 전역좌표(global coordinate) $\mathbf{u}(t) = [u_1(t) \quad u_2(t) \quad u_3(t) \quad u_4(t)]^T$에 대한 전역유한요소 모델을 나타내며, 각 계수행렬은 지역 질량행렬과 강성행렬 M_1, M_2, M_3, K_1, K_2, K_3가 중첩되어 형성된 전역질량행렬과 전역강성행렬이다. $u_i(t)$ 좌표를 둘씩 짝지어 각각을 지역좌표라 하고,† 반면에 $\mathbf{u}(t)$ 벡터는 전역좌표계로 정의된다.

경계조건을 고려하면 고정점에서 $u_1(t) = 0$이므로 식 (8.64)에서 좌표 $u_1(t)$에 해당하는 첫 번째 행과 열을 제거하면 다음과 같으며,

$$M = \frac{\rho Al}{18}\begin{bmatrix} 4 & 1 & 0 \\ 1 & 4 & 1 \\ 0 & 1 & 2 \end{bmatrix} \qquad K = \frac{3EA}{l}\begin{bmatrix} 2 & -1 & 0 \\ -1 & 2 & -1 \\ 0 & -1 & 1 \end{bmatrix} \tag{8.65}$$

이 식은 8.2절에서 에너지 식을 라그랑주 방정식에 대입하여 유도한 식 (8.26), (8.27)과 정확히 일치한다.

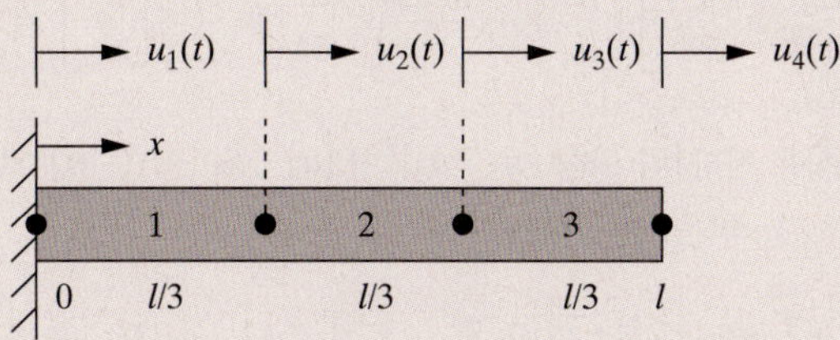

그림 8.6 3요소와 4절점의 유한요소로 분할한 외팔보 막대

† 역자 주: 예를 들어 $u_2(t)$와 $u_3(t)$는 요소2의 지역좌표

앞의 예에서 봤듯이 요소행렬의 중첩을 통해 구한 전역질량행렬과 전역강성행렬은 8.2절의 변분원리로부터 구한 것과 같다. 그러나 중첩법이 좀 더 사용하기가 쉽기 때문에 보의 요소가 많을 경우에는 이 방법이 많이 사용된다. 다음의 예를 통해 이 과정을 다시 설명한다.

예제 8.3.3

그림 8.7에 나타나 있는 외팔보의 전역질량행렬과 전역강성행렬을 유도하라. 보는 2요소와 3절점을 갖는 유한요소로 분할되며, 절점좌표가 그림에 나타나 있다.

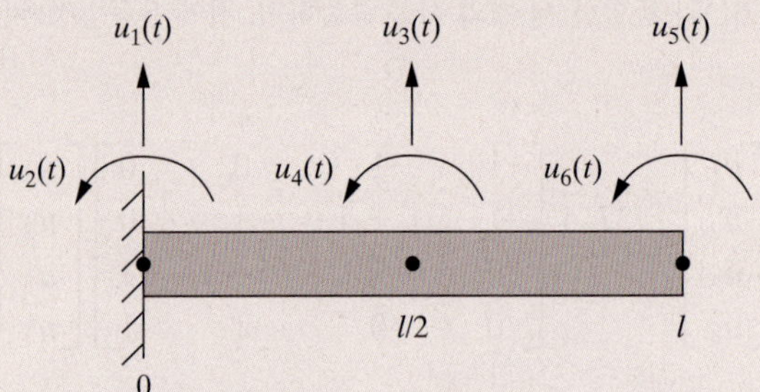

그림 8.7 외팔보의 2요소, 3절점 유한요소 모델

풀이 첫 번째 요소에서는 식 (8.53)과 (8.56)에 l 대신 $l/2$을 대입하여 구할 수 있다. 이 두 행렬로부터 운동방정식은 다음과 같다.

$$\frac{\rho Al}{840}\begin{bmatrix} 156 & 11l & 54 & -\frac{13}{2}l \\ 11l & l^2 & \frac{13}{2}l & -\frac{3}{4}l^2 \\ 54 & \frac{13}{2}l & 156 & -11l \\ -\frac{13}{2}l & -\frac{3}{4}l^2 & -11l & l^2 \end{bmatrix}\begin{bmatrix} \ddot{u}_1 \\ \ddot{u}_2 \\ \ddot{u}_3 \\ \ddot{u}_4 \end{bmatrix} + \frac{8EI}{l^3}\begin{bmatrix} 12 & 3l & -12 & 3l \\ 3l & l^2 & -3l & 0.5l^2 \\ -12 & -3l & 12 & -3l \\ 3l & 0.5l^2 & -3l & l^2 \end{bmatrix}\begin{bmatrix} u_1 \\ u_2 \\ u_3 \\ u_4 \end{bmatrix} = \begin{bmatrix} 0 \\ 0 \\ 0 \\ 0 \end{bmatrix} \tag{8.66}$$

경계조건을 고려하면 $x = 0$에서 $u_1 = u_2 = 0$이므로 이들에 해당되는 행과 열을 제외하면 식 (8.66)은 다음과 같다(첫 번째 요소에만 적용).

$$\frac{\rho Al}{840}\begin{bmatrix} 156 & -11l \\ -11l & l^2 \end{bmatrix}\begin{bmatrix} \ddot{u}_3 \\ \ddot{u}_4 \end{bmatrix} + \frac{8EL}{l^3}\begin{bmatrix} 12 & -3l \\ -3l & l^2 \end{bmatrix}\begin{bmatrix} u_3 \\ u_4 \end{bmatrix} = \begin{bmatrix} 0 \\ 0 \end{bmatrix} \tag{8.67}$$

두 번째 요소의 운동방정식은 벡터 $[u_1 \quad u_2 \quad u_3 \quad u_4]^T$가 $[u_3 \quad u_4 \quad u_5 \quad u_6]^T$로 되어야 한다는 것을 제외하면 식 (8.66)과 동일하다. 즉 운동방정식은 다음과 같다.

$$\frac{\rho Al}{840}\begin{bmatrix} 156 & 11l & 54 & -\frac{13}{2}l \\ 11l & l^2 & \frac{13}{2}l & -\frac{3}{4}l^2 \\ 54 & \frac{13}{2}l & 156 & -11l \\ -\frac{13}{2}l & -\frac{3}{4}l^2 & -11l & l^2 \end{bmatrix}\begin{bmatrix} \ddot{u}_3 \\ \ddot{u}_4 \\ \ddot{u}_5 \\ \ddot{u}_6 \end{bmatrix} + \frac{8EI}{l^3}\begin{bmatrix} 12 & 3l & -12 & 3l \\ 3l & l^2 & -3l & 0.5l^2 \\ -12 & -3l & 12 & -3l \\ 3l & 0.5l^2 & -3l & l^2 \end{bmatrix}\begin{bmatrix} u_3 \\ u_4 \\ u_5 \\ u_6 \end{bmatrix} = \mathbf{0} \tag{8.68}$$

이 두 식 (8.67)과 (8.68)을 동일한 좌표의 항들에 대해 중첩하면 다음과 같이 2요소 유한요소 모델에 대한 외팔보의 전역 운동방정식을 얻는다.

$$\frac{\rho Al}{840}\begin{bmatrix} 312 & 0 & 54 & -6.5l \\ 0 & 2l^2 & 6.5l & -0.75l^2 \\ 54 & 6.5l & 156 & -11l \\ -6.5l & -0.75l^2 & -11l & l^2 \end{bmatrix}\begin{bmatrix} \ddot{u}_3 \\ \ddot{u}_4 \\ \ddot{u}_5 \\ \ddot{u}_6 \end{bmatrix} + \frac{8EI}{l^3}\begin{bmatrix} 24 & 0 & -12 & 3l \\ 0 & 2l^2 & -3l & \frac{1}{2}l^2 \\ -12 & -3l & 12 & -3l \\ 3l & \frac{1}{2}l^2 & -3l & l^2 \end{bmatrix}\begin{bmatrix} u_3 \\ u_4 \\ u_5 \\ u_6 \end{bmatrix} = \mathbf{0} \tag{8.69}$$

식 (8.69)의 질량행렬 및 강성행렬에서 두 요소에 공통인 좌표 u_3, u_4에 해당하는 1−1, 2−1, 1−2, 2−2 위치의 요소는 식 (8.67)과 (8.68)의 질량행렬 및 강성행렬에서 같은 위치의 요소를 합한 것이다.

8.4 집중질량행렬

이 절에서는 질량행렬을 또 다른 방법으로 구해 보고자 한다. 8.3절에서는 요소 내의 정적 변위식으로부터 유도된 형상함수와 운동에너지의 정의로부터 질량행렬을 유도했다. 이와 같이 질량행렬이 강성행렬과 같이 일관되게 형상함수와 변위함수로부터 유도되므로 이렇게 구성된 질량행렬을 **일관질량행렬**(*consistent-mass matrix*)이라 한다.

지금까지의 예에서 봤듯이 질량행렬을 구하려면 강성행렬보다 고차 다항식의 적분을 수행해야 한다. 따라서 이러한 계산의 복잡성을 피하기 위해 집중질량 근사법이 이용되기도 한다. 이 방법은 구조물의 유한요소 모델의 요소 수에 비례해서 절점위치에 질량이 집중되어 있는 것으로 가정하는 것이다. 이렇게 구성된 질량행렬을 **비일관질량행렬**(*inconsistent-mass matrix*)이라 한다. 집중질량법은 더 낮은 고유진동수 추정치를 주는 동시에 계산이 간편하다는 이점이 있으며 질량행렬이 대각화되기 때문에 계산이 더욱 간단해진다. 그러나 질량을 어느 한곳으로 집중화하는 데 기인한 오차가 발생하고, 보의 횡진동에서와 같이 회전 현상이 동반될 때 그 기울기 좌표에 질량을 부과할 수 없기 때문에 결과적으로 질량행렬의 역행렬이 존재하지 않게 되는 등의 단점이 있다. 이러한 단점을 극복하기 위한 방법을 다음에서 강구하게 된다.

집중질량행렬(lumped-mass matrix)은 시스템의 전 질량을 적절히 각 절점에 할당함으로써 형성된다. 8.1절의 외팔보 막대를 다시 예로 들면 길이가 l인 막대의 총질량은 ρAl이다. 두 절점의 각각에 반씩을 할당하면 다음과 같다.

$$M = \frac{\rho Al}{2}\begin{bmatrix} 1 & 0 \\ 0 & 1 \end{bmatrix} \tag{8.70}$$

여기서 M이 막대의 집중질량행렬이다.

다음으로 8.3절의 보 요소를 보면 길이 l인 요소의 질량은 ρAl이다. 질량을 두 개의 횡좌표(u_1과 u_3)에 똑같이 할당하면, 질량행렬은 다음과 같다.

$$M = \frac{\rho Al}{2}\begin{bmatrix} 1 & 0 & 0 & 0 \\ 0 & 0 & 0 & 0 \\ 0 & 0 & 1 & 0 \\ 0 & 0 & 0 & 0 \end{bmatrix} \tag{8.71}$$

그러나 회전좌표(u_2와 u_4)에는 질량을 배분할 수 없기 때문에 대각선에 두 개의 영을 갖게 되어 특이행렬이 된다. 따라서 행렬의 특이성(singularity)으로 인해 시스템의 고유값, 즉 고유진동수를 계산하는 데 어려움이 따르게 된다. 이러한 현상은 회전좌표 u_2, u_4에 관성모멘트를 부과함으로써 해결할 수 있다. 즉 보 요소의 양단에 양단을 회전중심으로 하는 보 요소 절반의 질량관성모멘트를 다음과 같이 부과한다. 재질과 단면적이 일정한 보에 대해 질량 관성모멘트는 다음과 같다.

$$I = \frac{1}{3}\left(\frac{\rho Al}{2}\right)\left(\frac{l}{2}\right)^2 = \frac{\rho Al^3}{24} \tag{8.72}$$

이 값을 u_2와 u_4에 할당하면 보 요소의 집중질량행렬은 다음과 같으며,

$$M = \frac{\rho Al}{2}\,\mathrm{diag}\left[(1) \quad \left(\frac{l^2}{12}\right) \quad (1) \quad \left(\frac{l^2}{12}\right)\right] \tag{8.73}$$

이 대각행렬은 역행렬이 존재하기 때문에(nonsingular) 강성행렬과 함께 4장의 방법을 이용하여 고유진동수를 계산할 수 있게 된다.

예제 8.4.1

그림 8.8에 나타나 있듯이 길이 l, 탄성계수 E, 단면적 A, 밀도가 ρ인 양단고정보의 고유진동수를 계산하라. 보는 2요소로 분할하고 일관질량행렬과 집중질량행렬 두 가지를 모두 이용하라. 두 경우로부터 구한 값과 6장의 엄밀해를 이용하여 얻은 값을 서로 비교하라.

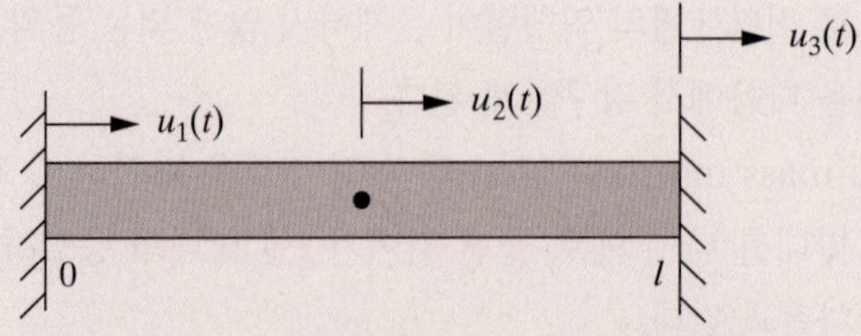

그림 8.8 양단고정보의 2요소 모델과 절점좌표

풀이 식 (8.7)과 (8.11)의 강성행렬과 일관질량행렬에서 l 대신 $l/2$을 대입하면, 각 요소에 대해 다음의 운동방정식을 얻는다.

요소1:

$$\frac{\rho A l}{12}\begin{bmatrix} 2 & 1 \\ 1 & 2 \end{bmatrix}\begin{bmatrix} \ddot{u}_1 \\ \ddot{u}_2 \end{bmatrix} + \frac{2EA}{l}\begin{bmatrix} 1 & -1 \\ -1 & 1 \end{bmatrix}\begin{bmatrix} u_1 \\ u_2 \end{bmatrix} = \begin{bmatrix} 0 \\ 0 \end{bmatrix} \tag{8.74}$$

요소2:

$$\frac{\rho A l}{12}\begin{bmatrix} 2 & 1 \\ 1 & 2 \end{bmatrix}\begin{bmatrix} \ddot{u}_2 \\ \ddot{u}_3 \end{bmatrix} + \frac{2EA}{l}\begin{bmatrix} 1 & -1 \\ -1 & 1 \end{bmatrix}\begin{bmatrix} u_2 \\ u_3 \end{bmatrix} = \begin{bmatrix} 0 \\ 0 \end{bmatrix} \tag{8.75}$$

위의 두 식을 결합해 전역 방정식을 구성하고 경계조건으로부터 $u_1(t)$와 $u_3(t)$는 영이므로 해당 행과 열을 제외하면, 다음의 1자유도 운동방정식이 된다.

$$\frac{\rho A l}{12}[2 + 2]\ddot{u}_2 + \frac{2EA}{l}[1 + 1]u_2 = 0 \tag{8.76}$$

이 식으로부터 ω^2에 대해 풀면 다음과 같다.

$$\omega = 2\sqrt{3}\sqrt{\frac{E}{\rho l^2}} \cong 3.464\sqrt{\frac{E}{\rho l^2}} \tag{8.77}$$

한편 식 (8.70)의 집중질량행렬을 이용하기 위해 l 대신 $l/2$을 대입하고 식 (8.74), (8.75)의 유도과정을 반복하면, 운동방정식은 다음과 같다.

요소1:

$$\frac{\rho A l}{4}\begin{bmatrix} 1 & 0 \\ 0 & 1 \end{bmatrix}\begin{bmatrix} \ddot{u}_1 \\ \ddot{u}_2 \end{bmatrix} + \frac{2EA}{l}\begin{bmatrix} 1 & -1 \\ -1 & 1 \end{bmatrix}\begin{bmatrix} u_1 \\ u_2 \end{bmatrix} = \begin{bmatrix} 0 \\ 0 \end{bmatrix} \tag{8.78}$$

요소2:

$$\frac{\rho A l}{4}\begin{bmatrix} 1 & 0 \\ 0 & 1 \end{bmatrix}\begin{bmatrix} \ddot{u}_2 \\ \ddot{u}_3 \end{bmatrix} + \frac{2EA}{l}\begin{bmatrix} 1 & -1 \\ -1 & 1 \end{bmatrix}\begin{bmatrix} u_2 \\ u_3 \end{bmatrix} = \begin{bmatrix} 0 \\ 0 \end{bmatrix} \tag{8.79}$$

두 식을 결합하고 위 식에 경계조건을 적용하면, 다음의 1자유도 운동방정식을 얻는다.

$$\frac{\rho A l}{4}[1 + 1]\ddot{u}_2 + \frac{2EA}{l}[1 + 1]u_2 = 0 \tag{8.80}$$

ω에 대해 풀면 다음과 같으며,

$$\omega = 2\sqrt{2}\sqrt{\frac{E}{\rho l^2}} \cong 2.8284\sqrt{\frac{E}{\rho l^2}} \tag{8.81}$$

6장의 엄밀해로부터 구한 양단고정보의 첫 번째 고유진동수는 다음과 같다.

$$\omega_1 = \pi\sqrt{\frac{E}{\rho l^2}} \cong 3.14159\sqrt{\frac{E}{\rho l^2}}$$

식 (8.77)과 (8.81)의 두 가지 다른 방법으로 구한 고유진동수는 분포매개변수 모델에 의한 엄밀해와 약 10%의 차이를 나타낸다. 일관질량행렬에 의한 값은 약 10% 높게, 비일관질량행렬에 의한 값은 10% 정도 낮게 나타나고 있다.

8.5 트러스

유한요소해석의 강점은 특이한 형상으로 된 복잡한 구조물을 막대나 보 또는 비틀림막대와 같은 단순요소를 이용하여 모델링할 수 있다는 점이다. 그러한 구조물의 해석은 이 책의 범위를 넘어서기 때문에 여기서는 간단히 트러스 구조물을 통해 유한요소해석의 주요 특징을 설명하고자 한다.

그림 8.9는 단순 트러스 구조를 나타낸다. 보는 바와 같이 두 요소 각각에 대한 좌표계는 서로 방향이 다르다(u_1, u_2, u_3, u_4). 트러스의 각 요소 좌표는 축방향 진동만을 나타내도록 되어 있지만 두 요소가 결합된 전체 구조는 X와 Y 양방향으로 진동할 수 있다. 이러한 불일치를 해소하기 위해 $X-Y$방향의 전역좌표계를 정의하고 각 절점에서 **전역좌표계**(*global coordinate system*)는 X와 Y 양방향 변위를 나타내는 두 개의 좌표를 갖게 해야 한다. 즉 전역좌표계는 각 절점에서 X와 Y방향의 전역절점변위(global joint displacement)로 구성되며 그림에서 대문자 U_i로 표기했다.

구조물의 기하학적 형태로부터 지역좌표계에 의한 절점변위 u_i와 전역좌표계로 표현한 질점변위 U_i 사이의 관계식을 세울 수 있다. 그림 8.9(b)로부터 전역좌표 U_3, U_4, U_5, U_6와 지역좌표 u_3, u_4의 기하학적 관계는 다음과 같다.

$$
\begin{aligned}
u_3(t) &= U_3 \cos\theta + U_4 \sin\theta \\
u_4(t) &= U_5 \cos\theta + U_6 \sin\theta
\end{aligned}
\tag{8.82}
$$

여기서 θ는 $X-Y$ 좌표계와 지역좌표계가 이루는 각이다. 식 (8.82)는 다음과 같이 행렬과 벡터의 곱으로 나타낼 수 있다.

$$
\begin{bmatrix} u_3(t) \\ u_4(t) \end{bmatrix} = \begin{bmatrix} \cos\theta & \sin\theta & 0 & 0 \\ 0 & 0 & \cos\theta & \sin\theta \end{bmatrix} \begin{bmatrix} U_3(t) \\ U_4(t) \\ U_5(t) \\ U_6(t) \end{bmatrix}
\tag{8.83}
$$

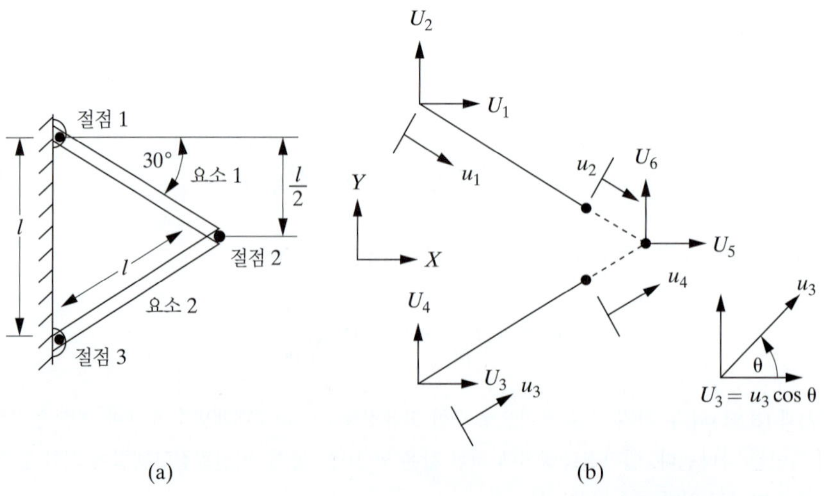

그림 8.9 (a) 2부재 트러스 구조. 각 부재는 막대 요소로 모델링, (b) 좌표계

앞의 식은 좀 더 간단히 다음과 같이 나타낼 수 있다.

$$\mathbf{u}_2(t) = \Gamma\mathbf{U}_2(t) \tag{8.84}$$

여기서 Γ는 지역좌표와 전역좌표 사이의 좌표변환행렬이며, $\mathbf{U}_2$는 요소 2의 전역좌표벡터를 나타내고($\mathbf{U}_2 = [U_3\ U_4\ U_5\ U_6]^T$), $\mathbf{u}_2$는 지역좌표벡터를 나타낸다($\mathbf{u}_2 = [u_3\ u_4]^T$).

요소 2의 운동에너지와 위치에너지는 두 좌표계로 나타낼 수 있으며, 이들은 서로 같아야 한다. 변형에너지를 지역좌표계와 전역좌표계로 표현하면 다음과 같으며,

$$V(t) = \tfrac{1}{2}\,\mathbf{u}^T K_e \mathbf{u} = \tfrac{1}{2}\,\mathbf{U}^T \Gamma^T K_e \Gamma \mathbf{U} \tag{8.85}$$

K_e는 지역좌표계의 요소강성행렬, 즉 막대의 강성행렬이다. 따라서 요소 2의 전역좌표 강성행렬은 다음과 같이 세 행렬의 곱으로 표현된다.

$$K_{(2)} = \Gamma^T K_e \Gamma \tag{8.86}$$

여기서 K_e는 식 (8.7)에 주어진 지역좌표계로 표현된 막대의 요소 강성행렬이다.

그림 8.9의 요소 2의 요소강성행렬을 전역좌표계로 나타내면 다음과 같으며,

$$K_{(2)} = \frac{EA}{l}\begin{bmatrix} \cos\theta & 0 \\ \sin\theta & 0 \\ 0 & \cos\theta \\ 0 & \sin\theta \end{bmatrix}\begin{bmatrix} 1 & -1 \\ -1 & 1 \end{bmatrix}\begin{bmatrix} \cos\theta & \sin\theta & 0 & 0 \\ 0 & 0 & \cos\theta & \sin\theta \end{bmatrix} \tag{8.87}$$

행렬의 곱을 수행하면 다음과 같다.

$$K_{(2)} = \frac{EA}{l}\begin{bmatrix} \cos^2\theta & \sin\theta\cos\theta & -\cos^2\theta & -\sin\theta\cos\theta \\ \sin\theta\cos\theta & \sin^2\theta & -\sin\theta\cos\theta & -\sin^2\theta \\ -\cos^2\theta & -\sin\theta\cos\theta & \cos^2\theta & \sin\theta\cos\theta \\ -\sin\theta\cos\theta & -\sin^2\theta & \sin\theta\cos\theta & \sin^2\theta \end{bmatrix} \tag{8.88}$$

이 식은 전역좌표 $\mathbf{U}_2$에 대응하는 4×4 행렬이다. 같은 방법으로 요소 1에 대한 전역강성행렬은 다음과 같다.

$$K_{(1)} = \frac{EA}{l}\begin{bmatrix} \cos^2\theta & \sin\theta\cos\theta & -\cos^2\theta & \sin\theta\cos\theta \\ -\sin\theta\cos\theta & \sin^2\theta & \sin\theta\cos\theta & -\sin^2\theta \\ -\cos^2\theta & \sin\theta\cos\theta & \cos^2\theta & -\sin\theta\cos\theta \\ \sin\theta\cos\theta & -\sin^2\theta & -\sin\theta\cos\theta & \sin^2\theta \end{bmatrix} \tag{8.89}$$

이는 다음의 전역좌표벡터에 대응하는 행렬이다.

$$\mathbf{U}_1 = \begin{bmatrix} U_1(t) \\ U_2(t) \\ U_5(t) \\ U_6(t) \end{bmatrix} \tag{8.90}$$

전역좌표계로 표현된 요소행렬(즉 $K_{(1)}$과 $K_{(2)}$)을 다른 요소의 좌표까지 포함하는 전체 전역좌표계 $\mathbf{U} = [U_1\ U_2\ U_3\ U_4\ U_5\ U_6]^T$로 나타내기 위해 차원을 증가시키면 $K_{(1)}$은 다음과 같다.

$$K'_{(1)} = \frac{EA}{l}\begin{bmatrix} \cos^2\theta & -\sin\theta\cos\theta & 0 & 0 & -\cos^2\theta & \sin\theta\cos\theta \\ \sin\theta\cos\theta & \sin^2\theta & 0 & 0 & \sin\theta\cos\theta & -\sin^2\theta \\ 0 & 0 & 0 & 0 & 0 & 0 \\ 0 & 0 & 0 & 0 & 0 & 0 \\ -\cos^2\theta & \sin\theta\cos\theta & 0 & 0 & \cos^2\theta & -\sin\theta\cos\theta \\ \sin\theta\cos\theta & -\sin^2\theta & 0 & 0 & \sin\theta\cos\theta & \sin^2\theta \end{bmatrix} \tag{8.91}$$

여기서 전역좌표계에서 요소 1의 변위에 관계되지 않는 좌표 U_3, U_4에 해당되는 열과 행에는 영이 추가되었다. 같은 방법으로 행렬 $K_{(2)}$의 차원을 증가시키면 다음과 같고,

$$K'_{(2)} = \frac{EA}{l}\begin{bmatrix} 0 & 0 & 0 & 0 & 0 & 0 \\ 0 & 0 & 0 & 0 & 0 & 0 \\ 0 & 0 & \cos^2\theta & \sin\theta\cos\theta & -\cos^2\theta & -\sin\theta\cos\theta \\ 0 & 0 & \sin\theta\cos\theta & \sin^2\theta & -\sin\theta\cos\theta & -\sin^2\theta \\ 0 & 0 & -\cos^2\theta & -\sin\theta\cos\theta & \cos^2\theta & \sin\theta\cos\theta \\ 0 & 0 & -\sin\theta\cos\theta & -\sin^2\theta & \sin\theta\cos\theta & \sin^2\theta \end{bmatrix} \tag{8.92}$$

두 항 $K'_{(1)}\mathbf{U}$와 $K'_{(2)}\mathbf{U}$를 더함으로써 두 요소에 관계되는 전체 전역좌표계 $\mathbf{U}$에 대응하는 전역강성행렬을 얻는다.

그림 8.9의 예에서 부재의 물리적, 기하학적 성질이 같고 $\theta = 30^\circ$인 경우 식 (8.91)과 (8.92)를 합하면 다음과 같은 전역강성행렬을 얻을 수 있다.

$$K\mathbf{U} = (K'_{(1)} + K'_{(2)})\mathbf{U}$$

$$= \frac{EA}{l}\begin{bmatrix} 0.75 & -0.4330 & 0 & 0 & -0.75 & 0.4330 \\ -0.4330 & 0.25 & 0 & 0 & 0.4330 & -0.25 \\ 0 & 0 & 0.75 & 0.4330 & -0.75 & -0.4330 \\ 0 & 0 & 0.4330 & 0.25 & -0.4330 & -0.25 \\ -0.75 & 0.4330 & -0.75 & -0.4330 & 1.5 & 0 \\ 0.4330 & -0.25 & -0.4330 & -0.25 & 0 & 0.5 \end{bmatrix}\begin{bmatrix} U_1 \\ U_2 \\ U_3 \\ U_4 \\ U_5 \\ U_6 \end{bmatrix} \tag{8.93}$$

좌표 U_5와 U_6는 두 부재의 공통 절점변위이기 때문에 이들에 해당하는 유효강성이 증가되었다. 그림 8.9에서 핀 절점에 대한 경계조건을 적용하면 $U_1 = U_2 = U_3 = U_4 = 0$이다. 따라서 식 (8.93)에서 이 좌표들에 해당하는 행과 열을 제외하면 전역강성행렬은 다음과 같으며,

$$K = \frac{EA}{l}\begin{bmatrix} 1.5 & 0 \\ 0 & 0.5 \end{bmatrix} \tag{8.94}$$

전역변위벡터 $\mathbf{U} = [U_5\ U_6]^T$도 마찬가지로 두 성분만 남게 된다.

다음에는 식 (8.11)의 막대 요소에 대한 요소질량행렬과 트러스의 기하학적 형상에 의한 변환행렬 Γ로부터 일관질량행렬을 유도해 보기로 한다. 전역강성행렬을 유도할 때와 마찬가지로 전역좌표와 지역좌표로 표현된 i번째($i = 1, 2$) 막대 요소의 운동에너지는 서로 같으므로 다음과 같다.

$$T_{(i)} = \tfrac{1}{2}\,\mathbf{u}^T M_i \mathbf{u} = \tfrac{1}{2}\,\mathbf{U}^T M_{(i)} \mathbf{U}$$

M_i는 식 (8.11)의 요소질량행렬이고, Γ는 식 (8.83)의 지역좌표 $\mathbf{u}$와 전역좌표 $\mathbf{U}$ 사이의 변환행렬이다. 따라서 전역좌표로 표현된 요소의 질량행렬은 다음과 같다.

$$M_{(i)} = \Gamma^T M_i \Gamma$$

각 행렬 $M_{(1)}$, $M_{(2)}$는 식 (8.91)과 (8.92)에서 강성행렬에 대해서와 마찬가지로 영을 추가하여 확장한다. 확장된 두 행렬을 식 (8.93)과 같이 결합하면 전체 전역좌표계에 해당하는 6×6 행렬이 되고 경계조건을 적용함으로써 식 (8.94)의 강성행렬 경우처럼 2×2 행렬로 축소된다.

다른 방법으로는 8.4절에서 정의했던 집중질량행렬을 이용하여 트러스의 운동방정식을 유도할 수 있다. 트러스의 경우에는 영이 아닌 두 좌표에 요소의 질량을 할당하는 것이다. 각 막대의 질량은 ρAl이므로 집중질량행렬은 다음으로 선택한다.

$$M = \rho Al\begin{bmatrix} 1 & 0 \\ 0 & 1 \end{bmatrix} \tag{8.95}$$

그림 8.9의 단순트러스 진동 문제에 유한요소법을 적용하여 유도한 운동방정식은 다음과 같다.

$$\rho Al\begin{bmatrix} 1 & 0 \\ 0 & 1 \end{bmatrix}\begin{bmatrix} \ddot{U}_5 \\ \ddot{U}_6 \end{bmatrix} + \frac{EA}{l}\begin{bmatrix} 1.5 & 0 \\ 0 & 0.5 \end{bmatrix}\begin{bmatrix} U_5 \\ U_6 \end{bmatrix} = \begin{bmatrix} 0 \\ 0 \end{bmatrix} \tag{8.96}$$

이와 같이 집중질량행렬의 경우에 그림 8.9의 트러스 구조물은 x와 y 방향 운동이 독립적으로 서로 다른 고유진동수를 갖는 시스템으로 모델링된다.

$$\omega_1 = \frac{1}{l}\sqrt{\frac{0.5E}{\rho}}$$
$$\omega_2 = \frac{1}{l}\sqrt{\frac{1.5E}{\rho}}$$

식 (8.96)의 트러스 구조물 모델은 U_5와 U_6 방향의 운동이 서로 분리(decoupled)되는 개략적인 운동방정식을 나타낸다. 모델의 정확성은 막대를 더 많은 요소로 분할함으로써 향상될 수 있다.

8.6 축약 모델

대부분의 설계 및 해석 기법에서 어려운 점은 자유도가 작은 시스템의 경우에는 정확한 결과를 예상할 수 있으나 자유도가 큰 복잡한 시스템의 경우에는 정확한 결과를 기대하기 어렵다는 것이다. 실제로 유한요소 모델을 이용하여 정확한 결과를 얻기 위해서는 요소의 수를 증가시켜야 하는데, 요소의 수가 증가하면 자연히 진동의 차수가 증가하게 된다. 이와 같이 실제 구조물이나 기계의 유한요소 모델의 요소 수는 대단히 커진다. 이러한 자유도 증가 문제를 해결하는 방법은 동적 특성에 그다지 기여하지 않는 부분을 제거함으로써 원래 모델의 크기를 축소시키는 것이다. 이런 기법을 **모델 축약**(*model reduction*) 또는 **축약 모델링**(*reduced-order modeling*)이라 하며, 시스템의 동적 특성은 보존하면서 FEM의 크기는 감소시킨다.

시스템의 질량행렬이 행렬의 어느 요소가 상대적으로 대단히 작을 경우 특이행렬이 되거나 특이행렬에 가깝게 되는 경우가 흔히 있다. 실제로 유한요소 모델에서 질량행렬의 대각선 요소에 영이 포함될 수 있다. 이렇게 영이나 상대적으로 작은 질량과 관계되는 좌표는 모델에서 배제시키는 것이 가능하다. 모델로부터 제외가 가능한 또 다른 경우는 구조물이 가진될 때 응답이 미미한 부분을 나타내는 좌표이다. 즉 어떤 부분이 다른 부분보다 응답이 상대적으로 클 경우에는 이 차이에 따라 모델 축약 문제를 편리하게 정식화한다(Guyan, 1965).

비감쇠 강제진동의 유한요소 모델에서 상대적으로 응답의 변위가 큰 부분의 좌표를 $\mathbf{u}_1$, 작은 부분의 좌표를 $\mathbf{u}_2$로 나타내고 질량행렬 및 강성행렬을 분할하면 운동방정식은 다음과 같이 나타낼 수 있다.

$$\begin{bmatrix} M_{11} & M_{12} \\ M_{21} & M_{22} \end{bmatrix} \begin{bmatrix} \ddot{\mathbf{u}}_1 \\ \ddot{\mathbf{u}}_2 \end{bmatrix} + \begin{bmatrix} K_{11} & K_{12} \\ K_{21} & K_{22} \end{bmatrix} \begin{bmatrix} \mathbf{u}_1 \\ \mathbf{u}_2 \end{bmatrix} = \begin{bmatrix} \mathbf{f}_1 \\ \mathbf{f}_2 \end{bmatrix} \tag{8.97}$$

여기서 좌표 $\mathbf{u}(t) = \begin{bmatrix} \mathbf{u}_1^T & \mathbf{u}_2^T \end{bmatrix}$는 응답의 크기가 큰 것부터 작은 것의 순서로 재배치했다. 재배치된 변위벡터로 시스템의 위치에너지 $V = \frac{1}{2}\mathbf{u}^T K \mathbf{u}$를 나타내면 다음과 같다.

$$V = \frac{1}{2} \begin{bmatrix} \mathbf{u}_1 \\ \mathbf{u}_2 \end{bmatrix}^T \begin{bmatrix} K_{11} & K_{12} \\ K_{21} & K_{22} \end{bmatrix} \begin{bmatrix} \mathbf{u}_1 \\ \mathbf{u}_2 \end{bmatrix} \tag{8.98}$$

또한 시스템의 운동에너지 $T = \frac{1}{2}\dot{\mathbf{u}}^T M \dot{\mathbf{u}}$는 다음과 같이 나타낼 수 있다.

$$T = \frac{1}{2} \begin{bmatrix} \dot{\mathbf{u}}_1 \\ \dot{\mathbf{u}}_2 \end{bmatrix}^T \begin{bmatrix} M_{11} & M_{12} \\ M_{21} & M_{22} \end{bmatrix} \begin{bmatrix} \dot{\mathbf{u}}_1 \\ \dot{\mathbf{u}}_2 \end{bmatrix} \tag{8.99}$$

좌표의 변위 u_i는 힘 f_i에 기인하므로 변위를 무시할 수 있는 좌표 $\mathbf{u}_2$의 방향으로는 작용력 $\mathbf{f}_2 = 0$이다. 즉 $\partial V / \partial \mathbf{u}_2 = 0$이다. 이 조건으로부터 다음 식이 성립한다.

$$\frac{\partial}{\partial \mathbf{u}_2} \left(\mathbf{u}_1^T K_{11} \mathbf{u}_1 + \mathbf{u}_1^T K_{12} \mathbf{u}_2 + \mathbf{u}_2^T K_{21} \mathbf{u}_1 + \mathbf{u}_2^T K_{22} \mathbf{u}_2 \right) = 0 \tag{8.100}$$

이 식으로부터 $\mathbf{u}_1$과 $\mathbf{u}_2$ 사이의 구속관계는 다음과 같다($K_{12} = K_{21}^T$).

$$\mathbf{u}_2 = -K_{22}^{-1}K_{21}\mathbf{u}_1 \tag{8.101}$$

식 (8.101)은 정상적인 전체 좌표계(full coordinate system)로부터 축약좌표계(reduced coordinate system) $\mathbf{u}_1$으로의 좌표변환을 제시한다(상사변환과는 다르다). 변환행렬 Q를 다음과 같이 정의하고,

$$Q = \begin{bmatrix} I \\ -K_{22}^{-1}K_{21} \end{bmatrix} \tag{8.102}$$

식 (8.97)에 $\mathbf{u} = Q\mathbf{u}_1$을 대입하고, Q^T를 좌측에 곱하면, 원래의 운동방정식은 다음의 축약운동방정식으로 간단히 나타낼 수 있다.

$$Q^TMQ\ddot{\mathbf{u}}_1 + Q^TKQ\mathbf{u}_1 = Q^T\mathbf{f} \tag{8.103}$$

위 식에서 $Q^T\mathbf{f}$는 $\mathbf{u}_1$과 같은 차원을 가지며, 식 (8.103)은 식 (8.97)의 차수를 축소한 형태이다.

$$Q^TMQ = M_{11} - K_{21}^TK_{22}^{-1}M_{21} - M_{12}K_{22}^{-1}K_{21} + K_{21}^TK_{22}^{-1}M_{22}K_{22}^{-1}K_{21} \tag{8.104}$$

그리고

$$Q^TKQ = K_{11} - K_{12}K_{22}^{-1}K_{21} \tag{8.105}$$

위의 두 식은 유한요소를 이용한 진동 모델의 차수를 체계적으로 감소시키는 데 흔히 사용된다. 이러한 기법은 유한요소 모델에서 시스템 응답에 그다지 기여하지 않는 좌표($\mathbf{u}_2$)가 있을 때 사용할 수 있으며 모델 축약 기법을 통해 여러 가지 경우에 설계 및 해석 문제를 간단히 할 수 있다.

진동 시스템 내의 질량을 무시할 수 있을 경우에는 간단히 $M_{22} = 0$으로 함으로써 식 (8.104)에서 진동의 차수를 감소시킬 수 있으며, 이러한 모델 축약 기법을 질량행렬응축(*mass condensation*)이라 한다.

예제 8.6.1

아래와 같은 질량행렬과 강성행렬을 갖는 4자유도 시스템의 유한요소 모델이 있다.

$$M = \frac{1}{420}\begin{bmatrix} 312 & 54 & 0 & -13 \\ 54 & 156 & 13 & -22 \\ 0 & 13 & 8 & -3 \\ -13 & -22 & -3 & 4 \end{bmatrix}$$

$$K = \begin{bmatrix} 24 & -6 & 0 & 6 \\ -6 & 12 & -6 & -6 \\ 0 & -6 & 10 & 4 \\ 6 & -6 & 4 & 4 \end{bmatrix}$$

시스템은 동적 및 정적으로 결합되어 있다. 마지막 두 좌표를 제거하기 위해 식 (8.97)과 같이 다음의 분할행렬을 정의한다.

$$M_{11} = \frac{1}{420}\begin{bmatrix} 312 & 54 \\ 54 & 156 \end{bmatrix} \qquad M_{12} = \frac{1}{420}\begin{bmatrix} 0 & -13 \\ 13 & -22 \end{bmatrix} = M_{21}^T$$

$$M_{22} = \frac{1}{420}\begin{bmatrix} 8 & -3 \\ -3 & 4 \end{bmatrix} \qquad K_{22} = \begin{bmatrix} 10 & 4 \\ 4 & 4 \end{bmatrix}$$

$$K_{11} = \begin{bmatrix} 24 & -6 \\ -6 & 12 \end{bmatrix} \qquad K_{12} = \begin{bmatrix} 0 & 6 \\ -6 & -6 \end{bmatrix} = K_{21}^T$$

식 (8.104)와 (8.105)로부터 다음을 얻는다.

$$Q^TMQ = \begin{bmatrix} 1.012 & 0.198 \\ 0.198 & 0.236 \end{bmatrix}$$

$$Q^TKQ = \begin{bmatrix} 9 & 3 \\ 3 & 3 \end{bmatrix}$$

위의 두 행렬이 원래 구조물의 축약 모델이다.

연습문제

8.1절(문제 8.1~8.7)

8.1 8.1절에서 다룬 막대의 단일 유한요소 모델에서 양 끝이 자유단인 경우 요소 강성행렬과 질량행렬을 구하라.

8.2 문제 8.1에서 양 끝이 자유단인 막대의 고유진동수를 계산하라. 첫 번째 고유진동수는 물리적으로 무엇을 의미하는가? 6장에서 구한 엄밀해와 비교하면 어느 정도의 차이를 나타내는가?

8.3 그림 P8.3은 한 끝은 고정되고 다른 자유단에 스프링이 연결된 상태를 나타낸다. 유한요소 모델에 의해 고유진동수를 구하고, 6장의 분포매개변수 모델로부터 구한 엄밀해와 비교하여 정확성을 논하라.

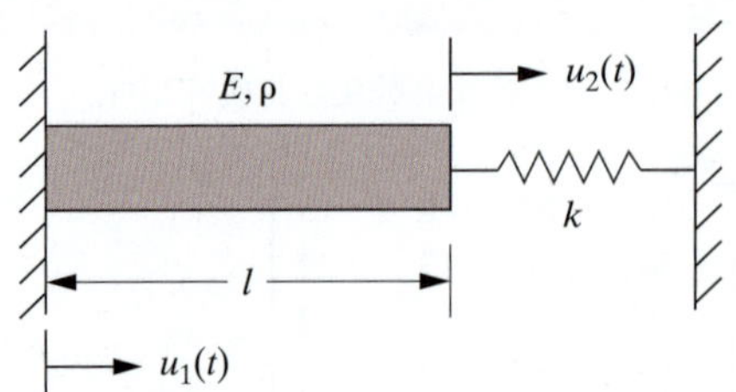

그림 P8.3 한쪽 끝이 스프링에 연결된 외팔보 막대의 단일요소

8.4 그림 P8.4에서 외팔보 막대의 자유단에 힘 $f(t)$가 축방향으로 작용하고 있다. 단일요소 유한요소 모델의 운동방정식을 구하라.

별표(*)가 있는 문제는 계산 프로그램을 이용하여 해를 계산하라.

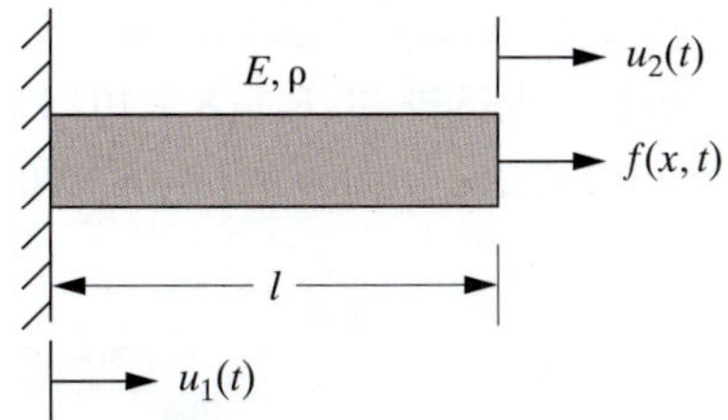

그림 P8.4 축방향의 외력이 작용하는 외팔보 막대

8.5 길이가 1 m인 알루미늄 외팔보 막대에서 초기조건이 $u(x, 0) = 0.1x$ m이고, $u_t(x, 0) = 0$일 때 그림 8.1의 분포매개변수 방법에서 처음 세 개의 모드만 포함시켜 다음 변위를 계산하고 단일 유한요소 모델을 사용하여 계산한 결과와 비교하라. 단, 시간 $t = 0.1, 1, 10$ s에서 계산을 수행하라.

(a) $u(x, t)$ (b) $u(l/2, t)$

8.6 처음 다섯 개의 모드를 포함시켜 문제 8.5를 반복하고 문제 8.5의 결과와 비교하라.

8.7 문제 8.5에서 급수해(series solution)의 1차 모드만 사용해서 해를 구하라. 초기조건은 $u(x, 0) = 0.1 \sin(\pi x/2l)$, $u_t(x, 0) = 0$이다. 1차 모드가 엄밀해와 일치하는지 조사하고 그 이유를 논의하라.

8.2절(문제 8.8~8.20)

8.8 그림 P8.3의 외팔보 막대에서 2요소 모델을 이용하여 고유진동수를 계산하고 문제 8.3에서 구한 값과 비교하라. 단, 재료의 물성치는 알루미늄의 값을 사용하고, 스프링상수 $k = 1 \times 10^6$ N/m이며 단면적은 1 m이다.

8.9 3요소 모델을 사용하여 문제 8.8을 다시 풀어라. 문제 8.8에서 구한 고유진동수와 비교하라.

8.10 예제 8.2.2에서 두 요소의 크기가 같도록 절점 2를 $l/2$ 위치에 두고 예제를 반복하라. 고유진동수를 계산하고 예제에서 구한 값과 비교하라. 또한 질량행렬은 어떻게 달라졌는지 검토하라.

8.11 문제 8.10에서 구한 고유진동수를 8.2절에서 3요소를 이용해서 구한 값과 비교하라.

8.12 유한요소법의 유용성은 엄밀해를 구하기 어려운 문제를 쉽게 다룰 수 있다는 데 있다. 그림 P8.13과 같은 단면을 갖는 항공기 날개에서 2요소 모델을 이용하여 질량행렬 M과 강성행렬 K를 구하라. 단면적은 다음과 같이 기술된다.

$$A(x) = \frac{\pi}{4}\left[h_1^2 + \left(\frac{h_2 - h_1}{l}\right)^2 x^2 + 2h_1\left(\frac{h_2 - h_1}{l}\right)x\right]$$

8.13 그림 P8.13에서 알루미늄 막대의 길이는 1 m이고, $h_1 = 20$ cm, $h_2 = 10$ cm이다. 문제 8.12의 유한요소 모델을 이용해서 고유진동수를 계산하라.

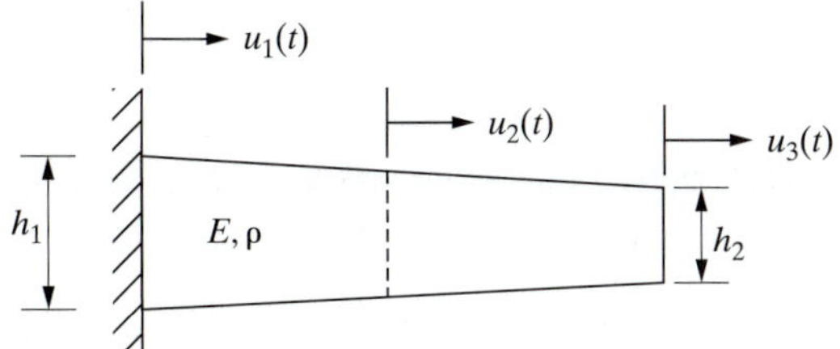

그림 P8.13 종진동해석을 위한 항공기 날개의 유한요소 모델

8.14 3요소와 4절점 유한요소 모델을 이용하여 문제 8.12와 8.13을 반복하라.

8.15 그림 P8.15의 펀치머신은 크기와 재질이 다른 두 재료로 되어 있고 축방향으로 충격을 받는다. 두 개의 유한요소를 사용하여 처음 두 개의 고유진동수를 계산하라. 단, $E_1 = 8 \times 10^{10}$ Pa, $E_2 = 2.0 \times 10^{11}$ Pa, $\rho_1 = 7200$ kg/m^3, $\rho_2 = 7800$ kg/m^3, $l = 0.2$ m, $A_1 = 0.009$ m^2, $A_2 = 0.0009$ m^{2}이다.

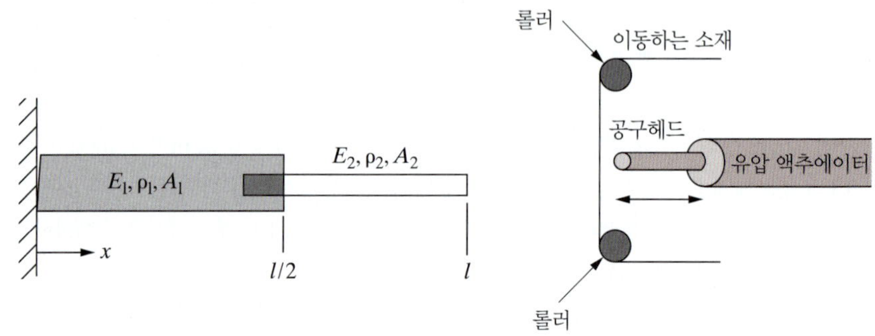

그림 P8.15 펀치로 사용되는 막대는 크기와 재질이 다른 두 재료로 이루어졌다. 소재가 롤러를 감아 돌며 이송된다. 적절한 지점에서 롤러가 멈추면 공구헤드가 x방향으로 이동하여 막대에 충격을 가해 소재에 구멍을 뚫는다. 펀치(E_2)의 재질은 경강(hardened steel)이며 모재는 주철(E_1)이다.

8.16 문제 8.15에서 펀치가 크기와 재질이 같은 재료(경강)로 되어 있다고 가정하여($E_1 = E_2$, $\rho_1 = \rho_2$, $A_1 = A_2$) 고유진동수를 계산하고 문제 8.15의 결과와 비교하라.

8.17 그림 P8.17은 다리를 떠받치는 교각을 나타낸다. 교각은 단면적이 $A(x) = A_0^{-x/l}$인 콘크리트 기둥이며, 여기서 A_0는 지면과 접촉하는 지점의 단면적을 나타낸다. 교각은 땅에 고정단을 갖는 외팔보 막대로서 다리 위를 지나는 차량에 의해 길이방향으로 조화가진을 받는다고 가정할 수 있다. 단일 유한요소 모델을 사용하여 교각의 종진동방향 고유진동수를 구하라.

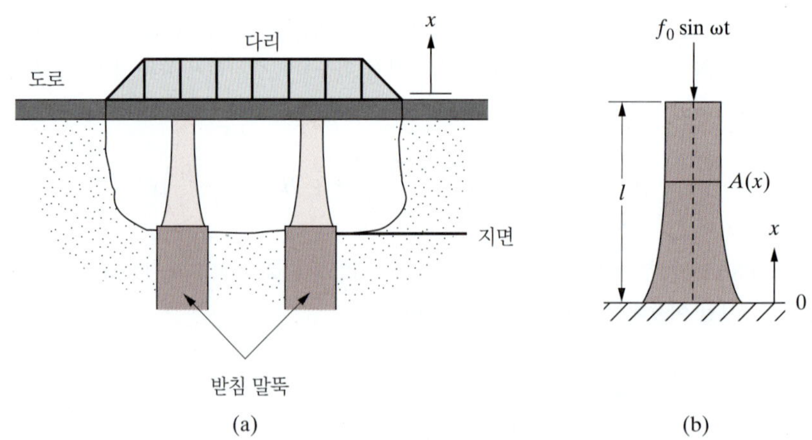

그림 P8.17 (a) 협곡을 지나는 다리. 교량을 지나는 차량에 의해 상하방향(x방향)으로 조화가진이 야기된다. (b) 교량을 지지하는 교각의 진동. 교각은 단면적이 변하는 막대로 나타낸다.

8.18 2요소를 사용하여 문제 8.17을 반복하라. 차량에 의한 가진진동수가 교각의 고유진동수와 일치하면 어떤 일이 발생하는가?

8.19 문제 8.17과 8.18로부터 고유진동수에 대한 근사값을 얻을 수 있는데, 가능한 한 정확하게 교각의 고유진동수를 아는 것이 중요하다. 단면적의 평균값을 이용하여 교각을 균일 단면적의 기둥으로 단순화해서 처음 몇 개의 고유진동수를 구하고, 앞의 두 문제의 결과와 비교하라. 어느 것이 더 실제값에 가까운지를 설명하라.

8.20 비틀림 진동 문제도 유한요소법을 이용하여 해결할 수 있다. 8.1절의 방법으로 그림 P8.20의 비틀림 진동에 대한 단일요소 질량행렬과 강성행렬을 구하라.

(힌트: $\theta(x, t) = c_1(t)\theta + c_2(t)$, $T(t) = \frac{1}{2}\int_0^l \rho I_p[\theta_t(x, t)]^2\,dx$, $V(t) = \frac{1}{2}\int_0^l GI_p[\theta_x(x, t)]^2 dx$)

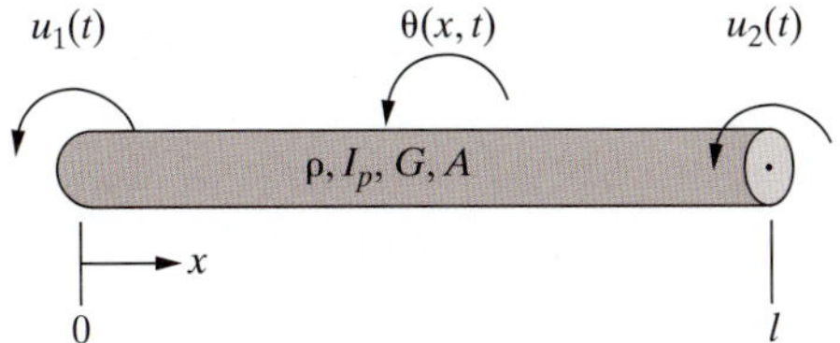

그림 P8.20 비틀림 진동의 유한요소해석을 위한 좌표계

8.3절(문제 8.21~8.33)

8.21 식 (8.46)과 (8.47)을 이용하여 식 (8.48)을 유도함으로써 그 결과를 확인하라.

8.22 식 (8.49)의 보 요소에 대한 처짐식을 유도하고 보 요소의 형상함수를 구하라.

8.23 문제 8.22에서 구한 x의 다항식으로 주어지는 형상함수를 이용하여 식 (8.53)과 (8.56)의 질량행렬과 강성행렬을 구하라.

8.24 식 (8.69)에서 길이 $l = 1$ m인 외팔보의 고유진동수를 계산하고 표 6.6의 값과 비교하라.

8.25 3요소를 사용하여 길이가 1 m인 외팔보의 유한요소 모델(질량행렬 및 강성행렬)을 구하라. 고유진동수를 계산하고 문제 8.23에서 구한 값과 표 6.6의 엄밀해와 비교하라.

8.26 그림 P8.26은 자유단에 스프링-질량이 매달려 있는 외팔보를 나타낸다. 단일 유한요소 모델을 이용하여 고유진동수를 구하라. $m = (\rho A l)/420$이다.

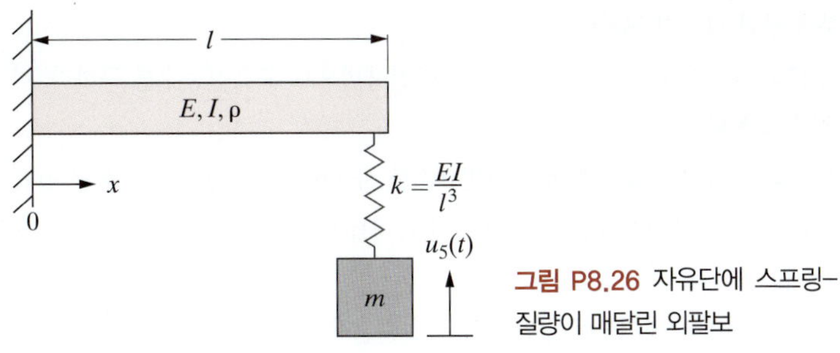

그림 P8.26 자유단에 스프링-질량이 매달린 외팔보

8.27 보를 두 개의 유한요소로 분할하여 문제 8.26을 반복하고 서로 비교하라.

8.28 양단고정보의 고유진동수를 계산하라. 여기서 $l = 1$ m, $E = 2 \times 10^{11}$ N/m^2, $\rho = 7800$ kg/m^3, $I = 10^{-6}$ m^4, $A = 10^{-2}$ m^{2}이다. 6장의 보 이론과 4요소 유한요소 모델을 이용하라.

8.29 2요소로 분할하여 문제 8.28을 반복하고 4요소 모델과 비교하라. 단일요소를 사용했을 때의 고유진동수는 얼마인가? 세 경우를 비교하고 각 경우의 유용성과 실용성에 대해 의견을 제시해 보라.

8.30 단일 유한요소 모델을 이용하여 한쪽 끝이 고정되고 다른 한쪽 끝은 단순지지된 보의 첫 번째 고유진동수를 구하라.

8.31 그림 P8.31은 양 끝이 고정된 2단 보를 나타낸다. 보의 두 부분은 모두 알루미늄으로 되어 있다. 각 부분을 하나의 요소로 하는 2요소 모델을 사용하여 고유진동수를 계산하라.

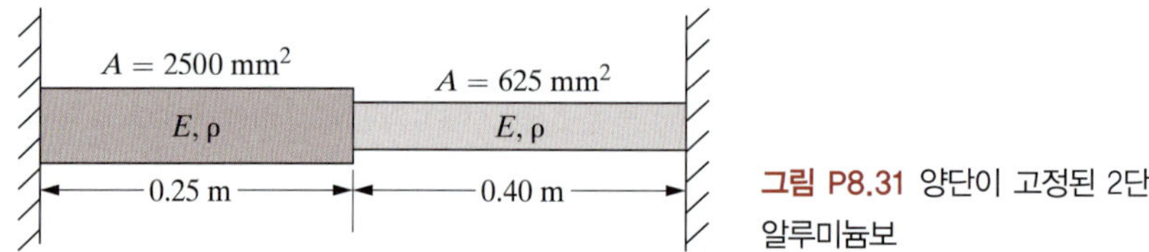

그림 P8.31 양단이 고정된 2단 알루미늄보

8.32 그림 P8.32에 나타낸 것처럼 길이가 다른 2요소 모델을 이용하여 양단이 고정된 보의 처음 두 개의 진동수를 계산하라. 엄밀해 및 문제 8.28, 8.29에서 구한 값과 비교하라,

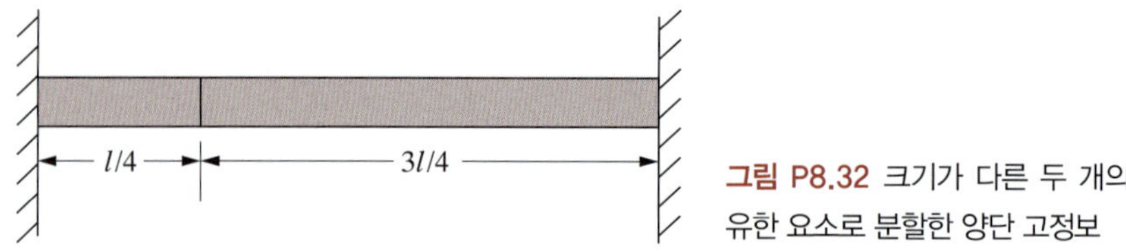

그림 P8.32 크기가 다른 두 개의 유한 요소로 분할한 양단 고정보

8.33 한쪽 끝 고정, 한쪽 끝 단순지지보에서 단일요소와 2요소를 사용했을 때의 고유진동수를 구하라.

8.4절(문제 8.34~8.43)

8.34 그림 P8.13의 테이퍼 막대(tapered bar)의 집중질량행렬을 구하고, 문제 8.13에서 구한 값과 비교하라. 테이퍼 막대이므로 이에 유의해서 질량을 분할하라.

8.35 테이퍼 막대에서 일관질량행렬(문제 8.12)과 집중질량행렬(문제 8.34)의 두 가지 방법으로 고유진동수를 구하고 비교하라.

8.36 문제 8.16과 그림 P8.15의 펀치머신에서 집중질량행렬로 시스템의 고유진동수를 구하고 일관질량행렬로부터 구한 값과 비교하라.

8.37 문제 8.17의 교각을 4요소로 분할하고 집중질량법으로 고유진동수를 구하라. 각 요소의 단면적은 일정한 것으로 본다.

8.38 문제 8.20의 비틀림 진동 문제에서 단일요소를 사용하여 집중질량행렬을 구하라.

8.39 길이가 l인 외팔보 막대의 비틀림 진동에서 막대를 4요소로 분할하고 집중질량법으로 처음 세 개의 고유진동수를 구하라.

8.40 길이가 l인 양단 단순지지보에서 단일요소, 일관질량행렬[식 (8.73)]을 사용하여 고유진동수를 구하라.

8.41 단일요소, 집중질량행렬[식 (8.73)]을 이용하여 문제 8.40을 반복하고 결과를 서로 비교하라.

8.42 문제 8.25의 외팔보에서 회전관성 효과를 고려한 집중질량을 사용하여 3요소 유한요소 모델을 구하라. 고유진동수를 계산하고 문제 8.25의 일관질량행렬을 이용한 값 및 6장의 엄밀해로부터 구한 값과 비교하라.

8.43 회전자유도를 무시한 집중질량행렬을 이용하여 문제 8.42를 다시 풀어라. 이 방법으로 고유값 문제를 풀 때 마주치게 되는 문제점은 무엇인가?

8.5절(문제 8.44~8.49)

8.44 그림 8.9의 시스템에서 일관질량행렬을 유도하라. 고유진동수를 구하고 8.5절의 집중질량행렬을 이용하여 구한 값과 비교하라.

***8.45** 그림 P8.45는 절점 1과 3에서 고정된 두 개의 보로 구성된 구조물이다. 각 보를 단일요소로 하고 파일 vtb8_1을 이용하여 막대/보 요소 모델을 구하고 처음 세 개의 고유진동수를 구하라. 보의 재질은 알루미늄이고 단면적 $A = 0.0004\ \text{m}^2$, $I = 1.33 \times 10^{-8}\ \text{m}^4$이다.

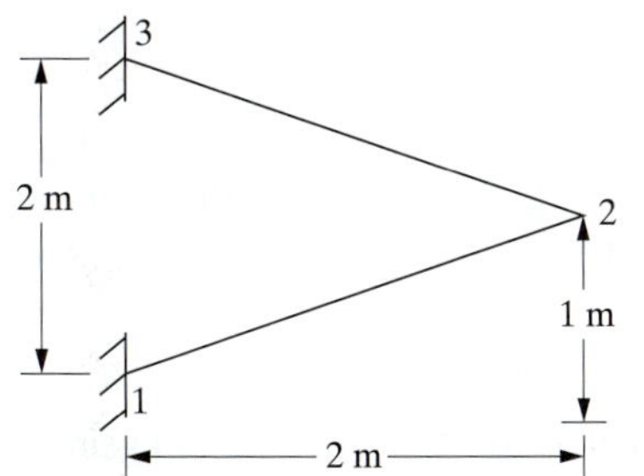

그림 P8.45 고정된 2요소 보 시스템

***8.46** 각 보를 2요소로 분할하여 문제 8.45를 반복하라. 4요소 모델에 의한 고유진동수와 진동 모드를 구하고 문제 8.45의 결과와 비교한 후 어느 쪽이 더 나은 모델인지 이유를 설명하라.

8.47 그림 P8.47의 3부재 트러스 구조물에 대해 집중질량행렬을 이용하여 유한요소 모델을 구하라.

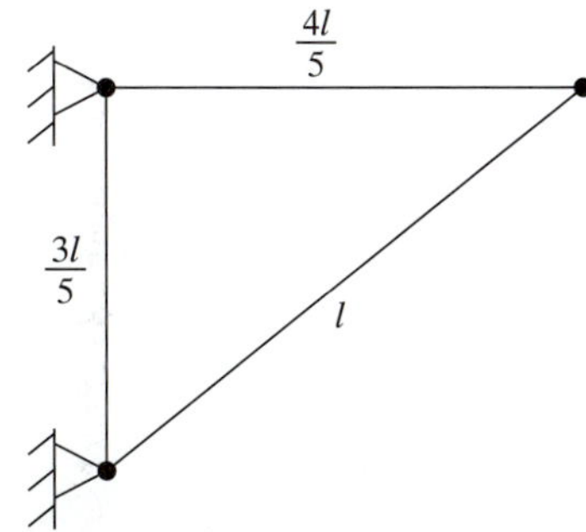

그림 P8.47 핀 절점 3부재 트러스 구조

8.48 일관질량행렬을 이용하여 그림 P8.47의 3부재 트러스 구조물에 대한 유한요소 모델을 구하라.

8.49 문제 8.48과 그림 P8.47에서 고유진동수를 구하고 서로 비교하라.

8.6절(문제 8.50~8.54)

8.50 그림 P8.15의 펀치머신에 대해 문제 8.16에서 구한 모델을 Guyan 축약법으로 1자유도 시스템으로 축약한 후 기본 고유진동수를 구하라.

8.51 예제 8.3.2에 주어진 외팔보 막대의 3요소 모델에서 Guyan 축약법으로 $\mathbf{u}_2$와 $\mathbf{u}_3$를 제거하여 축약 모델을 구하고 각각으로부터 고유진동수를 계산하라. 그리고 윈도우 8.1의 분포 매개변수 모델로부터 구한 값과 비교하라.

8.52 질량행렬과 강성행렬이 다음과 같은 시스템이 있다. 질량행렬응축법을 이용하여 2자유도 비특이 질량행렬을 갖도록 시스템을 축약하라.

$$M = \begin{bmatrix} 2 & 0 & 0 & 0 \\ 0 & 0 & 0 & 0 \\ 0 & 0 & 2 & 0 \\ 0 & 0 & 0 & 0 \end{bmatrix} \qquad K = \begin{bmatrix} 20 & -1 & 0 & 0 \\ -1 & 20 & -3 & 0 \\ 0 & -3 & 20 & -17 \\ 0 & 0 & -17 & 17 \end{bmatrix}$$

8.53 예제 4.8.3과 그림 P4.28의 펀치프레스 문제에서 질량행렬 및 강성행렬은 다음과 같다. 기계에 작용하는 유일한 외력은 $x_1(t)$ 좌표 지점에 작용한다는 점을 염두에 두고 Guyan 축약법으로 x_2와 x_3를 제거하여 시스템을 1자유도 시스템으로 축약하라. 고유진동수를 구하고 예제 4.8.3에서 구한 값과 비교하라.

$$M = \begin{bmatrix} 0.4 \times 10^3 & 0 & 0 \\ 0 & 2.0 \times 10^3 & 0 \\ 0 & 0 & 8.0 \times 10^3 \end{bmatrix} \quad K = \begin{bmatrix} 30 \times 10^4 & -30 \times 10^4 & 0 \\ -30 \times 10^4 & 38 \times 10^4 & -8 \times 10^4 \\ 0 & -8 \times 10^4 & 88 \times 10^4 \end{bmatrix}$$

8.54 예제 7.6.2에서 다루었던 보구조의 예를 고려해 보자. 예제에서 주어진 값을 사용하여 (알루미늄 보, 0.5128 m $\times$ 25.5 mm $\times$ 3.2 mm, $E = 6.9 \times 10^{10}$ N$\cdot$m^2, $\rho = 2715$ kg$\cdot$m^3, A $= 8.16$ m^2, 그리고 $I = 6.96 \times 10^{-11}$ m^4) 처음 4개의 고유진동수를 가능한 정확하게 계산하고, 이 계산값을 해석값 및 측정값과 각각 비교하라.

복소수와 복소함수

진동해석에서는 미분방정식으로부터 대수 특성방정식에 이르기까지 복소수(complex number)가 자주 등장한다. 특히 식 (1.36)에 의해 주어지는 1자유도 감쇠 시스템의 해는 다음 대수방정식을 만족하는 λ 값에 의해 결정된다.

$$m\lambda^2 + c\lambda + k = 0 \tag{A.1}$$

이것은 다음과 같은 해를 갖는 잘 알려진 2차 방정식이다.

$$\lambda = -\frac{c}{2m} \pm \frac{1}{2m}\sqrt{c^2 - 4mk} \tag{A.2}$$

식 (A.2)에 의해 주어지는 근은, 만일 $c^2 - 4mk < 0$(부족감쇠의 경우)이면 복소수가 된다. 이 경우에 식 (A.2)로 주어지는 공식은 음수의 제곱근을 필요로 한다. 수학적으로 말하면 부족감쇠의 경우 식 (A.1)은 다음과 같은 수 j를 필요로 한다(i로 표시하기도 함).

$$j^2 = -1 \tag{A.3}$$

또는 '허수(imaginary number)' j는 다음과 같은 기호로 정의된다.

$$j = \sqrt{-1} \tag{A.4}$$

이 정의는 식 (A.1)의 두 근을 다음 두 실수쌍으로 표현하게 한다.

$$\left(-\frac{c}{2m}, -\frac{1}{2m}\sqrt{4mk - c^2}\right) \quad \text{그리고} \quad \left(-\frac{c}{2m}, \frac{1}{2m}\sqrt{4mk - c^2}\right) \tag{A.5}$$

이것은 다음과 같이 쓸 수 있는데,

$$-\frac{c}{2m} - \frac{1}{2m}\sqrt{4mk - c^2}\, j \quad \text{그리고} \quad -\frac{c}{2m} + \frac{1}{2\text{m}}\sqrt{4mk - c^2}\, j \tag{A.6}$$

여기서 $4\,mk - c^2 > 0$이다.

따라서 일반적인 복소수 $x = a + bj$로 쓸 수 있다. 실수 a는 복소수 x의 **실수부**(real part)라 하고, 실수 b는 복소수 x의 **허수부**(imaginary part)라 한다. 이러한 복소수는 그림 A.1에 나타낸 복소평면(complex plane)이라는 평면상에서 표시된다. Re x는 x의 실수부를 나타내고(즉 Re $x = a$), Im x는 x의 허수부를 나타낸다(즉 Im $x = b$).

복소수 $a + bj$와 $a - bj$를 각각의 **켤레복소수**(conjugate)라 한다. $\bar{x}$ 또는 x^*은 복소수 x의 켤레복소수를 나타낸다. 즉 $x = a + bj$이면, $\bar{x} = x^* = a - bj$이다. 식 (A.1)의 근은 부족감쇠인 경

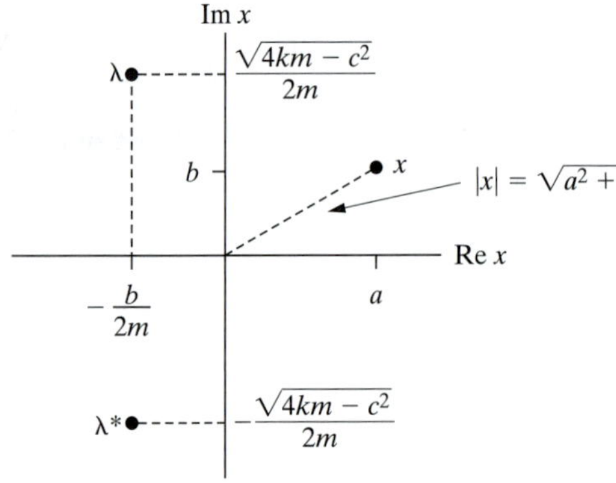

그림 A.1 복소수 x를 표시하기 위한 복소 평면과 식 (A.1)의 근 $-(b/2m) \pm (1/2m)\sqrt{4km - c^2}j$. 이 그림은 아르강(Argand) 선도라고 한다.

우에 켤레복소수의 쌍이 된다. 또 하나 복소수의 유용한 성질은 $|x|$으로 표시되는 **절댓값**(*absolute value*) 또는 **모듈러스**(*modulus*)이다. 복소수의 모듈러스는 그림 A.1의 원점에서 점 x까지의 거리이다.

$$|x| = |a + bj| = \sqrt{a^2 + b^2} \tag{A.7}$$

그림 A.1에 모듈러스를 나타내고, 또 근 λ의 켤레복소수도 나타냈다. 켤레복소수의 쌍은 실수부가 같기 때문에 같은 수직선상에 있음에 유의하라. 또한 복소수와 그 켤레복소수는 모듈러스가 서로 같음을 주목하라(즉 $|x| = |x^*|$).

복소수는 벡터연산과 비슷한 규칙에 의거한 실수계산에 의해 연산을 수행한다. 두 복소수의 합은 단순히 실수부와 허수부를 별도의 양으로 더함으로써 정의된다. 특히 $x = a + bj$, $y = c + dj$이면 다음과 같고,

$$x + y = (a + c) + (b + d)j \tag{A.8}$$

비슷한 방법으로 β가 실수이면 다음 식은 실수와 복소수의 곱을 나타낸다.

$$\beta x = \beta a + \beta bj \tag{A.9}$$

두 복소수의 곱의 정의는 다음 두 기본정의로부터 시작된다.

$$(a)(j) = aj$$

여기서 a는 실수이다. 그리고

$$(j)(j) = -1$$

그러면 두 일반적인 복소수 x와 y의 곱은 다음과 같다.

$$(x)(y) = (a + bj)(c + dj) = (ac - bd) + (ad + bc)j \tag{A.10}$$

따라서 $\mathrm{Re}(xy) = (ac - bd)$ 그리고 $\mathrm{Im}(xy) = (ad + bc)$이다. x와 그 켤레복소수 $\bar{x}$의 곱은 실수가 된다. 즉

$$x\bar{x} = (a + bj)(a - bj) = a^2 + b^2$$

이것은 식 (A.7)에 의해 정의되는 x의 모듈러스 정의에 부합된다.

$$|x|^2 = a^2 + b^2 = xx^* \tag{A.11}$$

이것은 실수이다.

덧셈을 정의하고(따라서 뺄셈), 곱셈도 정의했으므로 한 복소수를 다른 복소수로 나누는 나눗셈을 정의해야 한다. 먼저 복소수의 항등곱(multiplicative identity)은 단순히 실수 1을 곱하는 것임에 주목하라(즉 임의의 복소수 x에 대해 $1x = x$). $x = a + bj \neq 0$이면, 복소수 $x = a + bj$의 역(inverse)은 다음과 같다.

$$(a + bj)^{-1} = \frac{1}{a + bj} = \frac{1}{a^2 + b^2}(a - bj) \tag{A.12}$$

다음 곱셈역(multiplicative inverse)을 주목하라.

$$(a + bj)^{-1}(a + bj) = \frac{1}{a^2 + b^2}(a - bj)(a + bj) = 1$$

식 (A.12)는 두 복소수의 나눗셈을 하게 해 준다. 이것을 확인하기 위해 y를 x로 나누어 보자.

$$\frac{y}{x} = \frac{c + dj}{a + bj} = (c + dj)(a + bj)^{-1} \tag{A.13}$$

식 (A.12)에 의해 x의 역을 나타내면, $x \neq 0$일 때

$$\frac{y}{x} = (c + dj)\frac{1}{a^2 + b^2}(a - bj) = \frac{1}{a^2 + b^2}[(ac + bd) + (ad - cb)j] \tag{A.14}$$

a와 b가 모두 영이 되는 경우에만 $x = 0$임에 유의하라.

허수 j는 식 (A.6)에서 음수의 제곱근을 다루기 위해 사용되었다. 구체적으로 $c^2 - 4mk < 0$이면 $4mk - c^2 > 0$이고, 식 (A.2)의 판별식(discriminant)은 다음과 같고,

$$\begin{aligned}\sqrt{c^2 - 4mk} &= \sqrt{(-1)(4mk - c^2)} = (\sqrt{4mk - c^2})(\sqrt{-1}) \\ &= (\sqrt{4mk - c^2})j\end{aligned} \tag{A.15}$$

이것은 1자유도 부족감쇠 시스템에 대한 특성방정식의 근을 복소수로 표시해 준다. 또한 덧셈의 정의로부터 복소수의 실수부와 허수부는 간단한 대수계산으로 결정된다는 것에 유의하라. 만일 $x = a + bj$이면 다음과 같으며,

$$\begin{aligned}\operatorname{Re} x &= a = \frac{x + \bar{x}}{2} \\ \operatorname{Im} x &= b = \frac{x - \bar{x}}{2j}\end{aligned} \tag{A.16}$$

이 식을 1자유도 부족감쇠 시스템에 대한 특성방정식의 근 λ에 적용하면 다음과 같다.

$$\mathrm{Re}\,\lambda = -\frac{c}{2m}$$
$$\mathrm{Im}\,\lambda = -\frac{\sqrt{4mk - c^2}}{2m} \tag{A.17}$$

여기서 λ는 식 (A.1)을 만족시킨다.

복소수는 또 그림 A.2에 나타낸 것처럼 극좌표계로 표시할 수 있다. 여기서 θ는 원점과 점 (a, b)를 잇는 직선이 양의 실수축과 이루는 각이다. $r = |x| = \sqrt{a^2 + b^2}$, $\theta = \tan^{-1}(b/a)$임에 유의하면, x를 다음과 같이 쓸 수 있다.

$$x = a + bj = r(\cos\theta + j\sin\theta) \tag{A.18}$$

극좌표 표시를 하면, 지수함수를 다음과 같이 쓸 수 있다.

$$e^{jt} = \cos t + j\sin t \tag{A.19}$$

식 (A.19)로부터 다음 식을 얻을 수 있다.

$$\cos t = \frac{1}{2}(e^{jt} + e^{-jt})$$
$$\sin t = \frac{1}{2j}(e^{jt} - e^{-jt}) \tag{A.20}$$

이 식은 오일러 공식(Euler formula)이라 하며, 지수함수 e^{jt}를 멱급수(power series)로 표시하고 $\sin t$와 $\cos t$의 멱급수 표현을 고려하면 유도할 수 있다. 쌍곡선 함수(hyperbolic function)는 다음과 같은데,

$$\cosh t = \frac{1}{2}(e^{t} + e^{-t})$$
$$\sinh t = \frac{1}{2}(e^{t} - e^{-t}) \tag{A.21}$$

이것은 삼각함수에 대한 오일러 공식과 비교된다.

앞의 복소수계산은 복소변수함수로 확장시킬 수 있다. 복소변수함수의 한 예는 식 (A.6)에 의해 주어진다[즉 $f(x) = |x| = (a^2 + b^2)^{1/2}$]. x는 복소수이고 $f(x)$는 실수이므로 이것은 복소변수의 실수값 함수이다. 그러나 일반적으로 복소수의 함수는 역시 복소수이다. 극한, 미분, 적분 이론은 실

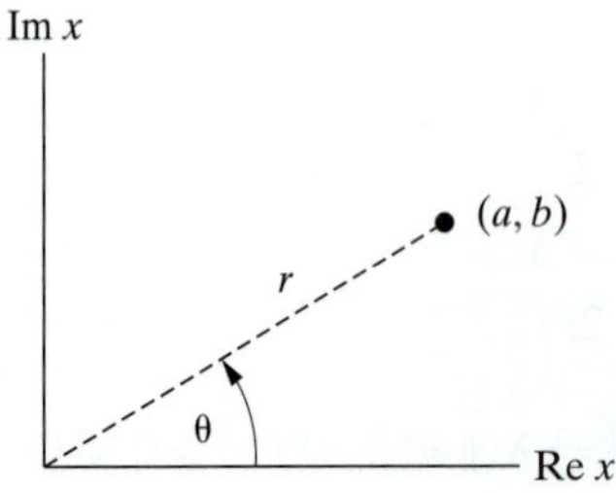

그림 A.2 복소수 $x = a + bj$의 극좌표 표시를 나타내는 아르강 선도

변수의 함수 이론을 이용하여, 조금 유의해서 정의할 수 있다. 한 가지 주된 차이점은 복소함수의 실수부와 허수부는 한 점에서 모든 차수의 연속적인 미분을 가질 수 있지만, 그 함수 자체는 미분 가능하지 않을 수도 있다는 점이다. 따라서 복소함수의 해석학은 조심스럽게 검토해야 한다.

진동해석에서 유용한 복소함수의 그래프 표현법이 몇 가지 있다. 먼저 x가 복소변수이면, $f(x)$도 잠정적으로 복소수가 되고 다음과 같이 일반적인 형태로 쓸 수 있음에 주목하라.

$$f(x) = u(x) + v(x)j \tag{A.22}$$

여기서 $u(x)$와 $v(x)$는 실수값을 갖는 함수이다. 복소함수의 곱은 식 (A.10)에 주어진 복소수의 곱과 같이 정의된다. 켤레함수(conjugate function)는 단순히 다음과 같이 정리할 수 있고,

$$\bar{f}(x) = u(x) - v(x)j \tag{A.23}$$

앞에서 구한 복소수연산에 대한 모든 공식은 복소함수의 연산에 적용된다. 특히 다음과 같이 나타낼 수 있으며,

$$|f(x)| = \sqrt{f\bar{f}} = \sqrt{u^2(x) + v^2(x)}$$

$f(x) \neq 0$인 x 값에 대해 다음과 같이 쓸 수 있다.

$$\frac{1}{f(x)} = \frac{1}{u^2(x) + v^2(x)}[u(x) - v(x)j] \tag{A.24}$$

이것은 $f(x)[1/f(x)] = 1$의 관계를 만족시킨다.

복소함수의 그래프 표시는 변수와 함수 모두 그래프로 표현되려면 각각 2차원이 필요하기 때문에 어렵다. 한 방법은 그림 A.3에 나타낸 것처럼 여러 다른 복소변수 x에 대해 $u(x)$ 대 $v(x)$의 선도를 그리는 것이다. 이것은 나이퀴스트 선도(Nyquist plot)라 하며, 진동 측정 데이터를 해석할 때 널리 사용된다. 복소함수를 그리는 또 하나의 방법은 그림 A.2에 보인 극좌표 형태를 사용해서 크기와 위상을 따로 검토하는 것이다. $|f(x)|$가 x의 허수부 b에 대해 그려진 경우, 그 선도는 보드 크기 선도(Bode magnitude plot)라 한다. 마찬가지로 $\tan^{-1}[v(x)/u(x)]$인 $\theta(x)$와 x의 허수부의 선도는 보드 위상 선도(Bode phase plot)라 한다. 이 선도들도 1.6절과 7.4절에서 논의된 것처럼 진동시험 데이터를 해석하는 데 널리 사용된다.

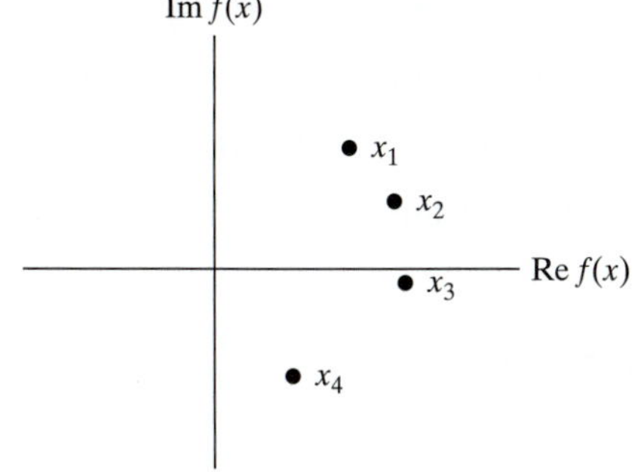

그림 A.3 변수 x의 여러 값에 대한 복소함수의 허수부와 실수부의 플롯. 이와 같이 나타내는 선도를 나이퀴스트 선도라 한다.

Appendix B

라플라스 변환

적분변환(integral transform)이란 시간에 대한 함수를 대수적으로 다룰 수 있는 다른 변수의 함수로 적분하는 과정을 말한다. 라플라스 변환은 흔히 사용되는 적분변환의 한 종류이다. 여기서 라플라스 변환은 미분방정식을 적분과 대수적 계산으로 바꾸어 운동방정식을 푸는 한 방법으로 고려된다. 변환은 진동 시스템의 해석과 측정에 중요한 이론적 수단을 제공한다.

함수 $f(t)$의 라플라스 변환의 정의는 $t < 0$일 때, $f(t) = 0$이 되는 적분 가능한 함수 $f(t)$에 대해 다음과 같이 나타낼 수 있고,

$$L[f(t)] = F(s) = \int_0^{\infty} f(t)e^{-st}dt \tag{B.1}$$

변수 s는 복소수이다. 라플라스 변환은 함수의 영역을 양의 실수축(t)으로부터 복소평면(s)으로 바꾼다. 라플라스 변환의 적분은 미분을 곱셈으로 바꾼다. 라플라스 변환의 정의로부터 그 과정이 선형이라는 사실을 쉽게 알 수 있다. 따라서 두 함수의 선형조합은 그 함수의 변환의 동일한 선형조합이 된다. 여러 함수의 라플라스 변환은 식 (B.1)을 이용하여 완전한 형태로 계산할 수 있다. 또한 어떤 함수의 도함수의 라플라스 변환은 쉽게 표시하여 계산할 수 있다. 특히 $\dot{x}(t)$의 라플라스 변환은 다음과 같다.

$$L[\dot{x}(t)] = sX(s) - x(0) \tag{B.2}$$

여기서 대문자 X는 $x(t)$의 변환을 나타낸다. 마찬가지로

$$L[\ddot{x}(t)] = s^2X(s) - sx(0) - \dot{x}(0) \tag{B.3}$$

여기서 $x(0)$과 $\dot{x}(0)$은 함수 $x(t)$의 초기값이다. 시간 영역에서의 미분은 보통 s 영역이라고 하는 변환 영역(transformed domain)에서는 단순한 곱셈에 해당되고[즉 $sX(s)$], 시간 영역에서의 적분은 변환 영역에서는 s로 나누는 것에 해당된다.

표 B.1은 몇 가지 많이 쓰이는 함수에 대해 식 (B.1)을 이용해서 계산한 라플라스 변환을 보여준다. 이 표를 오른쪽에서 왼쪽으로 읽으면, 특정 시간함수에 대한 라플라스 변환을 빨리 찾을 수 있다. 또한 왼쪽에서 오른쪽으로 읽으면, 라플라스 변환 $X(s)$로부터 함수 $x(t)$를 결정할 수 있다. 이것은 L^{-1}로 표시되는 라플라스 역변환(inverse Laplace transform)의 개념을 주게 되고 수식으로 정의하면 다음과 같고,

$$L^{-1}[X(s)] = x(t) \tag{B.4}$$

이것은 표 B.1을 이용해서 계산할 수 있다.

표 B.1 각종 함수와 라플라스 변환($t > 0$)

	$F(s)$	$f(t)$
(1)	1	$\delta(t)$, $t = 0$에서 단위임펄스
(2)	$\dfrac{1}{s}$	1, 단위계단
(3)	$\dfrac{1}{s+a}\ \left(\dfrac{1}{s-a}\right)$	$e^{-at}\ (e^{at})$
(4)	$\dfrac{1}{(s+a)(s+b)}$	$\dfrac{1}{b-a}(e^{-at} - e^{-bt})$
(5)	$\dfrac{\omega}{s^2+\omega^2}$	$\sin \omega t$
(6)	$\dfrac{s}{s^2+\omega^2}$	$\cos \omega t$
(7)	$\dfrac{1}{s(s^2+\omega^2)}$	$\dfrac{1}{\omega^2}(1 - \cos \omega t)$
(8)	$\dfrac{1}{s^2 + 2\zeta\omega s + \omega^2}$	$\dfrac{1}{\omega_d} e^{-\zeta\omega t} \sin \omega_d t,\ \zeta < 1,\ \omega_d = \omega\sqrt{1-\zeta^2}$
(9)	$\dfrac{\omega^2}{s(s^2 + 2\zeta\omega s + \omega^2)}$	$1 - \dfrac{\omega}{\omega_d} e^{-\zeta\omega t} \sin(\omega_d t + \phi),\ \phi = \cos^{-1}\zeta,\ \zeta < 1$
(10)	$\dfrac{1}{s^n}$	$\dfrac{t^{n-1}}{(n-1)!},\ n = 1, 2 \cdots$
(11)	$\dfrac{n!}{(s-\omega)^{n+1}}$	$t^n e^{\omega t},\ n = 1, 2 \cdots$
(12)	$\dfrac{1}{s(s+\omega)}$	$\dfrac{1}{\omega}(1 - e^{-\omega t})$
(13)	$\dfrac{1}{s^2(s+\omega)}$	$\dfrac{1}{\omega^2}(e^{-\omega t} + \omega t - 1)$
(14)	$\dfrac{\omega}{s^2-\omega^2}$	$\sinh \omega t$
(15)	$\dfrac{s}{s^2-\omega^2}$	$\cosh \omega t$
(16)	$\dfrac{1}{s^2(s^2+\omega^2)}$	$\dfrac{1}{\omega^3}(\omega t - \sin \omega t)$
(17)	$\dfrac{1}{(s^2+\omega^2)^2}$	$\dfrac{1}{2\omega^3}(\sin \omega t - \omega t \cos \omega t)$
(18)	$\dfrac{s}{(s^2+\omega^2)^2}$	$\dfrac{t}{2\omega} \sin \omega t$
(19)	$\dfrac{s^2-\omega^2}{(s^2+\omega^2)^2}$	$t \cos \omega t$
(20)	$\dfrac{\omega_1^2 - \omega_2^2}{(s^2+\omega_1^2)(s^2+\omega_2^2)}$	$\dfrac{1}{\omega_2} \sin \omega_2 t - \dfrac{1}{\omega_1} \sin \omega_1 t$
(21)	$\dfrac{(\omega_1^2 - \omega_2^2)s}{(s^2+\omega_1^2)(s^2+\omega_2^2)}$	$\cos \omega_2 t - \cos \omega_1 t$
(22)	$\dfrac{\omega}{(s+a)^2+\omega^2}$	$e^{-at} \sin \omega t$
(23)	$\dfrac{s+a}{(s+a)^2+\omega^2}$	$e^{-at} \cos \omega t$
(24)	$F(s-a)$	$e^{at} f(t)$
(25)	$e^{-as}F(s)$	$f(t-a)\,\Phi(t-a)$

비제차 상미분방정식으로 표현되는 운동방정식을 풀 때 라플라스 변환을 이용하는 과정은 식 (B.2)와 (B.3)을 이용해서 시간에 대한 미분을 처리하고, 표 B.1을 이용해서 구동력의 라플라스 변환을 계산함으로써 식의 양변에 라플라스 변환을 취한다. 이것은 쉽게 계산할 수 있는 변수 $X(s)$의 대수방정식을 얻게 하는데, $X(s)$로 표시된 식에 다시 표 B.1을 이용하여 라플라스 역변환을 취하면 시간응답을 얻게 된다.

제차 미분방정식을 풀 때 라플라스 변환을 이용하는 한 예로, 다음과 같이 기술되는 비감쇠 1자유도 시스템을 고려해 보자.

$$\ddot{x}(t) + \omega_n^2 x(t) = 0, \quad x(0) = x_0, \quad \dot{x}(0) = v_0 \tag{B.5}$$

위의 라플라스 변환을 취하면, 식 (B.3)을 직접 적용하고 라플라스 변환의 선형성에 의해 다음과 같이 나타낼 수 있다.

$$s^2 X(s) - s x_0 - v_0 + \omega_n^2 X(s) = 0 \tag{B.6}$$

식 (B.6)을 $X(s)$에 대해 대수적으로 풀면 다음과 같으며,

$$X(s) = \frac{s x_0 + v_0}{s^2 + \omega_n^2} \tag{B.7}$$

위 식과 표 B.1의 항목 (6)과 (5)를 이용하면, 해는 다음과 같다.

$$x(t) = x_0 \cos \omega_n t + \frac{v_0}{\omega_n} \sin \omega_n t \tag{B.8}$$

강제응답을 구할 때도 같은 과정을 쓸 수 있다. 그러나 강제응답에서는 $X(s)$의 대수해를 계산할 때 흔히 s의 다항식의 비가 생긴다. 이 다항식비(polynomial ratio)는 표에서 직접 찾지 못할 수도 있으나, 그러한 비는 **부분분수**(*partial fraction*)를 통해 간단한 항으로 만들 수 있다.

부분분수법은 최소공분모를 계산해서 간단한 분수로 만들 때 사용되는 항의 미정계수를 정하는 방법이다. 예를 들어 다음과 같은 함수 $X(s)$를 고려해 보자.

$$X(s) = \frac{s + 1}{s(s + 2)} \tag{B.9}$$

이것은 표 B.1에 나와 있지 않아서 역변환을 구하기가 어렵다. 이 다항식을 부분분수화하면 다음과 같다.

$$\frac{s + 1}{s(s + 2)} = \frac{A}{s} + \frac{B}{s + 2} \tag{B.10}$$

여기서 A와 B는 미지의 상수이다. 식 (B.10)을 다시 통분하고 정리하면 다음과 같은데,

$$s + 1 = (A + B)s + 2A \tag{B.11}$$

양변의 계수가 서로 같아야 하므로, 식 (B.11)은 다음 식을 의미한다.

$$A + B = 1 \quad (s\text{의 계수로부터})$$
$$2A = 1 \quad (s^0\text{의 계수로부터})$$

따라서 $A = B = \frac{1}{2}$ 이다. 그러므로 $X(s)$는 다음과 같이 쓸 수 있다.

$$X(s) = \frac{1}{2s} + \frac{1}{2}\frac{1}{s + 2} \tag{B.12}$$

$X(s)$의 역변환은 표 B.1의 항목 (2)와 (3)에 의해 쉽게 계산된다. 그 결과는 다음과 같으며,

$$x(t) = \frac{1}{2}\left(1 + e^{-2t}\right) \tag{B.13}$$

원하는 시간응답을 얻을 수 있다.

부분분수법에서 선형항의 제곱이나 2차항은 추가로 계수가 필요하다. 예를 들어 분모의 다항식이 $(s + \omega)^2$과 같은 선형항의 제곱을 포함하면, 추가항이 필요해진다. 이것을 확인하기 위해 $X(s) = \omega^2/[s(s + \omega)^2]$이라 하고, 부분분수로 전개하면 다음과 같다.

$$\frac{\omega^2}{s(s + \omega)^2} = \frac{A}{s} + \frac{B}{s + \omega} + \frac{C}{(s + \omega)^2} \tag{B.14}$$

양변을 $s(s + \omega)^2$으로 곱하고 s의 차수에 따라 계수를 비교해 계수 A, B, C에 대해 풀면 $A = 1$, $B = -1$, $C = -\omega$를 얻게 되므로 다음과 같으며,

$$\frac{\omega^2}{s(s + \omega)^2} = \frac{1}{s} - \frac{1}{s + \omega} - \frac{\omega}{(s + \omega)^2} \tag{B.15}$$

$(s^2 + 2s + 5)$와 같은 2차 다항식에 대해 전개식의 분자는 $As + B$ 형태의 1차 다항식 요소를 포함해야 한다. 예를 들어 $X(s) = (s + 3)/[(s + 1)(s^2 + 2s + 5)]$를 고려해 보자. 부분분수 전개는 다음과 같고,

$$\frac{s + 3}{(s + 1)(s^2 + 2s + 5)} = \frac{A}{s + 1} + \frac{Bs + C}{s^2 + 2s + 5} \tag{B.16}$$

$(s + 1)(s^2 + 2s + 5)$를 곱하고 s의 내림차순으로 계수를 정리하면 다음과 같다.

$$s + 3 = (A + B)s^2 + (2A + B + C)s + (5A + C)$$

s의 계수를 비교하면 다음과 같으며,

$$A + B = 0, \quad 2A + B + C = 1, \quad 5A + C = 3$$

그 해는 $A = \frac{1}{2}$, $B = -\frac{1}{2}$, $C = \frac{1}{2}$이다. 따라서 식 (B.16)의 부분분수 전개는 다음과 같다.

$$
\begin{aligned}
X(s) &= \frac{1}{2(s+1)} + \frac{1-s}{2(s^2+2s+5)} = \frac{1}{2(s+1)} - \frac{s+1-2}{2(s^2+2s+5)} \\
&= \frac{1}{2(s+1)} - \frac{1}{2}\frac{s+1}{(s+1)^2+4} + \frac{2}{2(s^2+2s+5)}
\end{aligned} \tag{B.17}
$$

이것은 표 B.1의 항목 (3), (23), (8)을 각각 사용하면 쉽게 역변환된다. 마지막 분수의 분모는 $2\zeta\omega_n = 2$와 $\omega_n^2 = 5$를 의미하므로, 그 결과는 다음과 같다.

$$
x(t) = \frac{1}{2}e^{-t} - \frac{1}{2}e^{-t}\cos 2t + e^{-t}\sin 2t \tag{B.18}
$$

따라서 $\omega_n = \sqrt{5}$, $\zeta = 1/\sqrt{5}$, $\omega_d = 2$이다.

행렬의 기초

이 부록에서는 진동해석에 유용한 행렬의 정의와 계산법을 요약해서 설명한다. 행렬(matrix)은 다음과 같이 행과 열로 구성되는 수(실수 또는 복소수)들의 배열이다.

$$A = \begin{bmatrix} a_{11} & a_{12} & \cdots & a_{1n} \\ a_{21} & a_{22} & \cdots & a_{2n} \\ \vdots & & & \\ a_{m1} & a_{m2} & & a_{mn} \end{bmatrix}$$

여기서 A는 단일 항목으로 행렬을 나타내고, a_{ij}는 ij 위치의 성분을 나타낸다(즉 i번째 행과 j번째 열의 교차점의 성분). 이러한 행렬 A는 $m \times n$ 차원이라 하고, m개의 행과 n개의 열을 갖는다. 진동해석에서 사용되는 행렬의 대부분은 같은 수의 행과 열을 갖는 정방행렬(square matrix)이거나(즉 $m = n$), 각기 행벡터 또는 열벡터로 불리는 단일 행($1 \times n$) 또는 단일 열($n \times 1$)로 구성되는 직사각행렬(rectangular matrix)이다. 그러나 진동해석에서 다른 차원의 직사각행렬도 나타난다.

행렬연산은 관계되는 행렬들의 차원이 적절할 때만 정의된다. 두 행렬 A와 B의 합은(즉 $C = A + B$) A와 B가 같은 차원일 때만(예: $m \times n$), 1부터 m 사이의 i의 각 값과 1부터 n 사이의 j의 각 값에 대해 다음과 같이 정의된다.

$$c_{ij} = a_{ij} + b_{ij} \tag{C.1}$$

이 행렬합의 정의는 단순히 두 행렬 A와 B의 대응되는 성분의 합으로 그 성분을 구성하여 같은 차원의 새로운 행렬 C를 만든 것이다. 행렬과 스칼라 α의 곱은 각 성분에 대한 곱으로 정의된다(즉 αA로 표시되는 스칼라 α와 행렬 A의 곱은 성분 αa_{ij}를 갖는다).

두 행렬의 곱은 적절한 차원의 행렬에 대해 순서에 맞춰 정의된다. 특히 행렬곱 $C = AB$는 다음과 같은 행렬 C의 성분에 의해 정의된다.

$$C_{ij} = \sum_{k=1}^{p} a_{ik} b_{kj} \tag{C.2}$$

여기서 p는 각 행렬의 공통차원이다. 만일 행렬 A가 $m \times p$이면, 행렬곱의 정의가 성립하기 위해 행렬 B는 $p \times n$이어야 한다. 식 (C.2)에 의해 얻는 행렬 C는 $m \times n$ 차원이 된다.

진동해석에서 아주 흔한 행렬곱은 정방행렬과 열벡터의 곱이다. 행렬의 행과 열의 수가 같으면(즉 특별한 경우 $m = n$) 정방행렬이다. 만일 A가 $n \times n$ 행렬이고 $\mathbf{x}$가 $n \times 1$ 벡터이면, 그 곱 $\mathbf{y}$

= $A\mathbf{x}$는 i번째 성분이 다음과 같이 주어지는 $n \times 1$ 벡터가 된다.

$$y_i = \sum_{j=1}^{n} a_{ij}x_j \tag{C.3}$$

여기서 $i = 1, 2, \cdots, n$이다. 진동해석에서 또 하나의 유용한 행렬연산은 전치(transpose)의 개념이다. 행렬 A의 전치는 행렬 A의 행과 열을 맞바꾸어 얻는다. 특히 행렬 A가 성분 a_{ij}를 가지면, A^T로 표시되는 A의 전치는 성분 a_{ji}를 갖는다. A가 $n \times m$이면, A^T는 $m \times n$이 된다. $\mathbf{x}$가 열벡터$(n \times 1)$이면, $\mathbf{x}^T$는 $1 \times n$ 행벡터가 된다. 행렬(또는 벡터)의 전치연산은 다음 법칙을 만족한다.

$$(A + B)^T = A^T + B^T \tag{C.4}$$

$$(\alpha A)^T = \alpha A^T \tag{C.5}$$

$$(AB)^T = B^T A^T \tag{C.6}$$

$$(A^T)^T = A \tag{C.7}$$

여기서 A와 B는 지정된 연산이 정의되는 임의의 두 행렬이고, α는 스칼라이다.

두 벡터의 곱은 두 가지 방법으로 정의되는데 모두 다 진동해석에 유용하다. 먼저 $\mathbf{x}$와 $\mathbf{y}$ 모두 $n \times 1$ 열벡터일 때 곱 $\mathbf{y}^T\mathbf{x}$를 고려하자. 식 (C.2)에 주어진 정의에 따르면, 이 곱은 다음과 같다.

$$\mathbf{y}^T\mathbf{x} = \sum_{i=1}^{n} y_i x_i \tag{C.8}$$

이것은 잘 알고 있는 내적(dot product)에 해당되고, 같은 의미의 다른 이름인 **내적**(*inner product*) 또는 **스칼라곱**(*scalar product*)이라고도 한다. 스칼라곱이라는 말은 곱 $\mathbf{y}^T\mathbf{x}$가 스칼라가 되기 때문이다. 스칼라곱은 진동해석에서 모드형상의 크기를 정의할 때 유용하다. 두 열벡터의 두 번째 곱은 열벡터와 행벡터의 곱을 취함으로써 정의된다. **외적**(*outer product*)이라고 하는 이 곱은 다음과 같이 $n \times n$ 행렬이 된다.

$$\mathbf{y}\mathbf{x}^T = \begin{bmatrix} y_1x_1 & y_1x_2 & \cdots & y_1x_n \\ y_2x_1 & y_2x_2 & \cdots & y_2x_n \\ \vdots & \vdots & \cdots & \vdots \\ y_nx_1 & y_nx_2 & \cdots & y_nx_n \end{bmatrix} \tag{C.9}$$

외적은 진동 측정을 해석할 때 매우 유용하다.

내적으로 되돌아가 만일 벡터 x와 그 자신의 내적을 계산하면 그 결과는 벡터 길이의 개념으로 이어진다. 벡터의 길이는 **벡터놈**(*vector norm*)의 한 예이다. 특히 $\mathbf{x}$가 $n \times 1$ 벡터이면, $\mathbf{x}$의 놈(*norm*)은 다음과 같이 정의된다.

$$\|\mathbf{x}\| = (\mathbf{x}^T\mathbf{x})^{1/2} \tag{C.10}$$

벡터의 놈이 숫자 1이면, 그 벡터는 **단위벡터**(*unit vector*)라 하고 **정규화되었다**(*normalized*)고 말한다. 만일 두 벡터의 내적이 영이면, 그것들은 **직교**(*orthogonal*)한다고 한다.

벡터는 종종 집합으로 나타난다. 만일 $n \times 1$ 벡터의 집합 $\mathbf{x}_i$가 그 집합 내의 모든 벡터에 대해 다음 관계를 만족하면

$$\mathbf{x}_i^T \mathbf{x}_j = \begin{Bmatrix} 0 & i \neq j \\ 1 & i = j \end{Bmatrix} \tag{C.11}$$

각 단위벡터는 서로 직교한다. 이러한 벡터의 집합을 **직교정규**(*orthonormal*)라 한다. 벡터집합의 또 하나의 유용한 성질은 선형독립의 개념이다. n개의 $n \times 1$ 벡터의 집합 $\mathbf{x}_i$는, 만일 다음 식을 만족시키면서

$$\alpha_1 \mathbf{x}_1 + \alpha_2 \mathbf{x}_2 + \cdots + \alpha_n \mathbf{x}_n = \mathbf{0} \tag{C.12}$$

모두 한꺼번에 영이 되지 않는 n개의 스칼라 $\alpha_1, \alpha_2, \cdots, \alpha_n$이 존재하면, **선형종속**(*linear dependent*)이라고 한다. 본질적으로 이 말은 그 집합 중에 적어도 하나의 벡터를 그 집합의 다른 벡터들의 선형조합으로 나타낼 수 있다는 의미이다. 만일 그러한 스칼라의 집합을 찾을 수 없으면, 벡터집합 $\{\mathbf{x}_i\}$는 **선형독립**(*linear independence*)이라 한다. 선형독립인 벡터는 다자유도 진동 문제의 해를 표현할 때 매우 유용하다. 직교정규이고 선형독립인 벡터집합의 쉬운 예는 3차원에서 운동과 힘을 해석하기 위해 정역학과 동역학에서 사용하는 세 개의 단위벡터($\hat{\mathbf{i}}, \hat{\mathbf{j}}, \hat{\mathbf{k}}$)이다.

벡터는 각 성분에 대해 미분을 정의함으로써 미분할 수 있다. 이렇게 하면 벡터의 미분은 간단히 다음과 같이 정리할 수 있고,

$$\frac{d}{dt}(\mathbf{x}) = \begin{bmatrix} \dot{x}_1 \\ \dot{x}_2 \\ \vdots \\ \dot{x}_n \end{bmatrix} \tag{C.13}$$

여기서 윗점은 각 성분의 시간에 대한 미분을 나타낸다. 이러한 미분은 다자유도 시스템에 대해 운동방정식을 표현할 때 사용된다.

진동해석에서 사용되는 행렬의 대부분은 행과 열의 수가 같은 정방행렬이다. 특별한 정방행렬 중에는, 그 성분이 δ_{ij}인 **단위행렬**(identity matrix) I가 있고, 각 성분이 모두 영인 영행렬(zero matrix)이 있다. 이 행렬들은 임의의 정방행렬 A에 대해 다음 조건을 만족한다.

$$\begin{aligned} AI &= A \\ IA &= A \\ 0A &= 0 \\ A0 &= 0 \end{aligned} \tag{C.14}$$

단위행렬 I는 물론 정방행렬의 집합에 대해 항등곱(multiplicative identity)이고, 영행렬은 항등합(additive identity)이다. 대각선 성분(즉 a_{ii})을 제외한 모든 성분이 영인 행렬을 대각행렬(diagonal matrix)이라 한다. 대각행렬은 마치 스칼라처럼 연산되고 모드해석에서 종종 사용된다.

행렬 A의 행렬식(determinant)은 다음 공식에 의해 정의된다.

$$\det(A) = \sum_{j=1}^{n}(-1)^{1+j}a_{1j}\det(A_{1j}) \tag{C.15}$$

여기서 a_{1j}는 행렬 A의 $1j$ 위치의 성분이고, A_{1j}는 행렬 A에서 첫 번째 행과 j번째 열을 지워서 얻은 $(n-1)\times(n-1)$ 행렬이다. 1×1 행렬(즉 스칼라)에 대해 행렬식은 바로 그 스칼라의 값인 다음의 식이다.

$$\det(A) = a$$

2×2 행렬에 대해 행렬식은 다음과 같다.

$$\det(A) = a_{11}a_{22} - a_{12}a_{21} \tag{C.16}$$

식 (C.15)에 주어진 표현을 이용해서 3×3 행렬의 행렬식을 위에서 구한 2×2 행렬의 행렬식으로 나타내서 계산할 수 있다. 행렬식은 스칼라값을 가짐에 유의한다.

행렬 A의 i번째 행과 j번째 열을 지워서 얻은 행렬 A_{ij}를 A의 소행렬(minor)이라고 한다. α_{ij}는 특정 부호로 $\det(A_{ij})$를 취해서 얻는 스칼라를 나타낸다고 하자.

$$\alpha_{ij} = (-1)^{i+j}\det(A_{ij}) \tag{C.17}$$

그러면 성분 α_{ij}로 정의되는 행렬을 A의 **수반행렬**(adjoint)이라 하고, adj A로 표시한다. $A^{-1}A = I$가 되는 행렬 A^{-1}을 행렬의 **역행렬**(*inverse matrix*)이라 하고, 다음과 같이 수반행렬로 계산된다.

$$A^{-1} = \frac{\text{adj}\, A}{\det(A)} \tag{C.18}$$

이 계산에서 만일 $\det(A) = 0$이면, 행렬 A는 역행렬을 갖지 않음에 유의하라. 이 경우에 A를 **특이**(*singular*)라 한다. 만일 A^{-1}이 존재하면[즉 $\det(A) \neq 0$이면], 행렬 A는 **비특이**(*nonsingular*)라 한다. 다음은 역행렬과 행렬식의 특성이다.

$$\begin{aligned}
\left(A^{-1}\right)^T &= \left(A^T\right)^{-1} \\
(AB)^{-1} &= B^{-1}A^{-1} \\
\det(AB) &= \det(A)\det(B) \\
\det\left(A^T\right) &= \det(A) \\
\det(\alpha A) &= \alpha^n \det(A) \qquad (\text{여기서 } \alpha\text{는 스칼라})
\end{aligned}$$

이 각각의 표현은 위의 정의로부터 유도해낼 수 있다.

진동해석에서의 특별하고 중요한 형태의 행렬들을 다음과 같이 요약한다. 즉 행렬 A는 다음과 같다.

$A = A^T$이면	**대칭**(*symmetric*)
$A = -A^T$이면	**반대칭**(*skew symmetric*)
모든 $\mathbf{x} \neq \mathbf{0}$에 대해 $\mathbf{x}^T A\mathbf{x} > 0$이면	**양한정**(*positive definite*)

모든 $\mathbf{x} \neq 0$에 대해 $\mathbf{x}^T A\mathbf{x} \geq 0$이면	반양한정(*nonnegative definite*)
어떤 $\mathbf{x}$와 $\mathbf{y}$에 대해 $(\mathbf{x}^T A\mathbf{x})(\mathbf{y}^T A\mathbf{y}) < 0$이면	비한정(*indefinite*)
$A^TA = I$이면	직교(*orthogonal*)

만일 행렬 A가 대칭이 아니면, 그것은 다음과 같이 정의되는 대칭행렬 A_s와 반대칭행렬 A_{ss}의 합으로 나타낼 수 있다.

$$A_s = \frac{A + A^T}{2} \qquad A_{ss} = \frac{A - A^T}{2} \tag{C.19}$$

행렬에서 또 하나 유용한 정의는 행렬의 **대각합**(trace)이다. $\text{tr}(A)$로 표시되는 행렬 A의 대각합은 단순히 A의 대각성분의 합이다.

$$\text{tr}(A) = \sum_{i=1}^{n} a_{ii} \tag{C.20}$$

이것은 스칼라값이다.

정상상태 진동해석에 사용되는 주파수응답법과 모드시험법에서는 종종 복소수행렬을 얻는다. 이 경우에 앞에서 사용한 전치는 **켤레전치**(conjugate transpose)로 바뀐다. 특히 $\overline{a}_{ij}$가 복소수 a_{ij}의 켤레복소수를 나타낸다고 하면, A^*을 다음 식에 의해 켤레전치로 정의한다.

$$A^* = \overline{A}^T \tag{C.21}$$

이것은 성분 $\overline{a}_{ij}$를 갖는다. 복소값의 경우, 만일 다음과 같으면,

$$A^* = A$$

행렬 A는 **에르미트 행렬**(*Hermitian matrix*)이라고 하고, 만일 다음과 같으면,

$$A^* A = I$$

유니터리 행렬(*unitary matrix*)라고 한다. 복소벡터인 경우, 내적은 다음과 같고,

$$\mathbf{x}^* \mathbf{y} = \sum_{i=1}^{n} \overline{x}_i y_i \tag{C.22}$$

영이 아닌 모든 복소수벡터 $\mathbf{x}$에 대해 만일 다음과 같으면

$$\mathbf{x}^* A\mathbf{x} > 0 \tag{C.23}$$

복소행렬 A는 양한정이다.

다음은 행렬의 고유값 문제를 고려해 보자. A는 정방행렬$(n \times n)$이라 하자. 만일 다음이 만족되면,

$$A\mathbf{x} = \lambda\mathbf{x} \tag{C.24}$$

스칼라 λ는 행렬 A의 **고유값**(*eigenvalue*)이고, $\boldsymbol{x} \neq \mathbf{0}$인 $\mathbf{x}$는 **고유벡터**(*eigenvector*)이다. λ는 영이 될 수 있지만 $\mathbf{x}$는 영이 될 수 없음에 유의하라. 또한 $\mathbf{x}$가 고유벡터이면, 임의의 스칼라 α에 대

해 $\alpha\mathbf{x}$도 고유벡터임에 유의하라. 4장에서 논의했듯이 비감쇠 시스템의 고유진동수와 모드형상은 행렬의 고유값 문제를 풀어서 계산할 수 있다. 행렬 A가 대칭이면(즉 $A = A^T$), A의 고유값은 실수이고 고유벡터도 실수값을 갖는다. 더욱이 A가 양한정이면, 고유값은 반드시 양수가 된다. A가 $n \times n$ 차원이면, A는 n개의 고유값과 n개의 고유벡터를 갖는다. 특히 A가 대칭이면(그리고 실수), 고유벡터 $\mathbf{x}_i$는 선형독립 집합을 형성한다. 또한 이 고유벡터들은 정규화되어서 직교정규 선형독립 집합을 형성할 수 있다. 이 정규화된 고유벡터는 다음 식에 의해 직교행렬(orthogonal matrix) P를 정의하는 데 사용될 수 있다.

$$P = [\mathbf{x}_1 \quad \mathbf{x}_2 \quad \cdots \quad \mathbf{x}_n] \tag{C.25}$$

그리고

$$P^T P = I \quad \text{그리고} \quad P^T A P = \text{diag}(\lambda_i) I \tag{C.26}$$

이 마지막 표현은 진동 이론에서 널리 사용되는 모드해석법의 기초가 된다.

식 (C.24)에 의해 정의되는 고유벡터를 **우측고유벡터**(*right eigenvector*)라 한다. **좌측고유벡터**(*left eigenvector*)도 다음과 같이 정의된다.

$$\mathbf{y}^T A = \lambda \mathbf{y}^T \quad \mathbf{y} \neq \mathbf{0} \tag{C.27}$$

대칭행렬에 대해서는 좌측, 우측고유벡터가 서로 같다. 대칭이 아닌 행렬에 대해서는 이 벡터들은 같을 수도 있고 같지 않을 수도 있다. 사실상 비대칭행렬의 고유값과 고유벡터는 복소값일 수도 있고 아닐 수도 있다. 고유값과 고유벡터의 개념은 **람다행렬**(*lambda matrix*)과 **행렬다항식**(*matrix polynomial*)을 소개해서 일반화할 수 있다. 특히 집중매개변수 다자유도 시스템의 운동방정식 해는 다음 식을 만족하는데, 다음 식은

$$(M\lambda^2 + C\lambda + K)\mathbf{x} = 0 \tag{C.28}$$

스칼라 λ와 영이 아닌 벡터 $\mathbf{x}$를 구하는 행렬다항식 문제로 귀결된다. 행렬 $(M\lambda^2 + C\lambda + K)$를 행렬다항식이라 한다(이것은 행렬계수를 갖는 λ의 다항식으로 본다). 만일 M, C, K가 $n \times n$행렬이면, 식 (C.28)을 만족하는 $2n$개의 λ와 $2n$개의 $\mathbf{x}$가 존재한다. 특별히 풀기 간단한 경우는 M, C, K가 대칭, 실수값 행렬이고 $CM^{-1}K = KM^{-1}C$(이것은 일반적으로 만족되지 않는다)를 만족하는 경우이다. 이러한 특별한 경우의 고유벡터는 $C = 0$인 경우의 고유벡터와 일치한다. 진동해석에서 더 복잡한 행렬법의 논의는 Inman(2006, 2017), Golub & Van Loan(2013)을 참고하길 바란다.

다자유도 시스템 혹은 시스템의 유한요소 모델의 진동 문제를 고유값 문제로 표현하는 방법은 여러 가지가 있다. 4.2절에서 비감쇠 진동 문제는 일반화 대칭 고유값 문제로 처리했다. 특히 운동방정식이 다음과 같은 모양으로 나타날 때를 고려하자.

$$M\ddot{\mathbf{x}} + K\mathbf{x} = \mathbf{0} \tag{C.29}$$

여기서 M은 질량행렬이고, K는 $n \times n$ 대칭 반양한정 강성행렬이다. 식 (C.29)의 고유진동수 및

모드 현상을 구하는 데 네 가지 고유값 문제 표현식을 사용할 수 있다. 이전에 설명한 것처럼 $\mathbf{x}$는 $n \times 1$크기의 변위벡터이며, $\ddot{\mathbf{x}}$는 가속도벡터이다.

우선 고려하고자 하는 모양은 식 (C.29)에 M^{-1}을 왼쪽에서 곱한 형태이다. 즉 다음과 같은 식을 얻는다.

$$\ddot{\mathbf{x}} + M^{-1}K\mathbf{x} = 0 \tag{C.30}$$

여기서 먼저 M^{-1}을 계산해야 한다. 많은 경우 M은 대각행렬($M = \text{diag}[m_1\ m_2\ \cdots\ m_n]$)이며 역행렬을 쉽게 구할 수 있다.

$$M^{-1} = \begin{bmatrix} \frac{1}{m} & 0 & 0 & \cdots & \cdots & 0 \\ 0 & \frac{1}{m_2} & 0 & \cdots & \cdots & 0 \\ \cdots & 0 & \frac{1}{m_3} & 0 & \cdots & \cdots \\ \cdots & \cdots & \cdots & \cdots & \cdots & \cdots \\ \cdots & \cdots & \cdots & \cdots & \cdots & \cdots \\ 0 & \cdots & \cdots & \cdots & \cdots & \frac{1}{m_n} \end{bmatrix} \tag{C.31}$$

따라서 행렬 $M^{-1}K$를 계산하는 것은 단순한 행렬 간의 곱이 된다. 만일 K가 띠행렬(banded matrix)이면, $M^{-1}K$도 역시 띠행렬이 될 것이다. 그러나 M과 K가 대칭행렬이라 하여도 그 곱 $M^{-1}K$는 대칭행렬이 아닐 수 있다. 일반적으로 대칭행렬의 고유값 문제가 비대칭행렬의 고유값 문제보다 훨씬 쉽다.

만일 행렬 M이 대각행렬이 아니면(즉 시스템이 동적으로 결합되어 있으면), 그 역행렬은 행렬 M의 고유값 문제를 풀이함으로써 구할 수 있다. 벡터 $\mathbf{v}_i$를 M의 고유벡터라 하고 μ_i를 그에 대응하는 고유값이라고 하자. 질량행렬 M에 대한 고유값 문제는 다음과 같다.

$$M\mathbf{v}_i = \mu_i\mathbf{v}_i \quad \mathbf{v}_i \neq \mathbf{0} \tag{C.32}$$

행렬 M이 대칭이고 양한정하기 때문에, 고유값 μ_i는 항상 영보다 크고 고유벡터 $\mathbf{v}_i$는 정규직교벡터로 구성할 수 있다. 고유벡터 $\mathbf{v}_i$를 열로 구성하는 $n \times n$ 크기의 행렬[식 (4.49)와 유사] $V = [\mathbf{v}_1\ \mathbf{v}_2\ \cdots\ \mathbf{v}_n]$은 $V^T = V^{-1}$이므로 직교행렬이라 한다. 따라서 $V^TV = I$이다. 행렬 V는 질량행렬 M을 대각행렬로 변환하는 데 사용될 수 있다.

$$V^TMV = \text{diag}(\mu_1, \mu_2, \cdots, \mu_n)$$

따라서 행렬 M은 다음과 같이 분해할 수 있다.

$$M = V\text{diag}(\mu_1, \mu_2, \cdots, \mu_n)V^T \tag{C.33}$$

이러한 분해는 공식 $(AB)^{-1} = B^{-1}A^{-1}$을 이용하면 M^{-1}을 구하는 데 사용될 수 있다. 즉

$$M^{-1} = V\,\mathrm{diag}\left(\frac{1}{\mu_1},\ \frac{1}{\mu_2},\ \cdots,\ \frac{1}{\mu_n}\right)V^T \qquad \text{(C.34)}$$

따라서 행렬 M의 역행렬을 구하는 한 방법은 M에 관한 고유값 문제를 푼 다음 식 (C.34)를 이용하여 M^{-1}을 구하는 것이다.

대칭행렬에 대해 행렬의 함수를 구하는 공식도 식 (C.34)와 같음을 알 수 있다. 즉 만일 $f(\mu_i)$를 정의할 수 있는 임의의 함수 $f(\cdot)$에 대해 대칭행렬 M의 함수를 정의하는 계산식은 다음과 같이 나타낼 수 있다.

$$f(M) = V\,\mathrm{diag}\,[f(\mu_1),\ f(\mu_2),\ \cdots,\ f(\mu_n)]V^T \qquad \text{(C.35)}$$

특히 행렬 $M^{-1/2}$은 원서의 경우에만 4장에서 활용되고 있다. 행렬함수의 정의를 이용하여, 행렬 $M^{-1/2}$, $M^{1/2}$은 다음과 같이 M의 고유값과 고유벡터로부터 쉽게 구할 수 있다.

$$M^{1/2} = V\,\mathrm{diag}\left(\mu_1^{1/2},\ \mu_2^{1/2},\ \cdots,\ \mu_n^{1/2}\right)V^T \qquad \text{(C.36)}$$

그리고

$$M^{-1/2} = V\,\mathrm{diag}\left(\mu_1^{-1/2},\ \mu_2^{-1/2},\ \cdots,\ \mu_n^{-1/2}\right)V^T \qquad \text{(C.37)}$$

이 공식은 4장의 내용을 동적으로 결합된 시스템에서도 적용할 수 있게 해 준다. 정적 결합된 시스템에서는 M이 대각행렬이고 $M^{-1/2}$을 어려움 없이 쉽게 구한다. 예를 들어 $M = \mathrm{diag}(\mu_1, \mu_2, \cdots, \mu_n)$일 때, $M^{-1/2} = \mathrm{diag}(\mu_1^{-1/2}, \mu_2^{-1/2}, \cdots, \mu_n^{-1/2})$이 됨을 4장에서 공부했다.

어떤 행렬의 역행렬을 구하는 데 식 (C.34)를 사용하는 방법이 항상 수치적으로 효율적이지는 않다. M^{-1}을 구하는 더 나은 방법은 다음과 같은 선형 방정식의 해를 구하는 것처럼 구하면 된다.

$$MA = K \qquad \text{(C.38)}$$

여기서 A와 K는 벡터 혹은 행렬이며, K는 아는 값이고 A는 모르는 값이다. 이 식은 가우스소거법과 역대입(back substitution) 기법으로 구할 수 있다. 가우스소거법은 시스템의 방정식의 변수를 각 단계마다 하나씩 소거하는 과정으로 구성되며, 고등학교 수학교과목에서 가르치고 있다. 이 방법을 설명하기 위해, 다음과 같은 선형 대수방정식을 고려하자.

$$A\mathbf{x} = \mathbf{b} \qquad \text{(C.39)}$$

여기서 A는 $n \times n$ 크기인 아는 행렬이며, $\mathbf{x}$는 $n \times 1$ 크기인 구해야 할 벡터이다. $\mathbf{x} = [x_1\ x_2, \cdots, x_n]^T$이며, $\mathbf{b}$는 $n \times 1$ 크기인 아는 벡터이다. 가우스소거법은 식 (C.39)와 다음 식 (C.40)이 동일한 해 x를 갖게 하는 $n \times n$ 크기인 비특이행렬 P를 이용하고 있다.

$$PA\mathbf{x} = P\mathbf{b} \qquad \text{(C.40)}$$

가우스소거법의 접근방식은 행렬 PA가 상부삼각행렬(upper triangular matrix)이 되게 하는 행렬 P를 구하는 것이다. 즉 행렬 PA의 대각성분 아래 요소는 전부 영인 행렬을 만드는 P를 찾는 것이다. 만일 그런 행렬 P가 결정되면, 식 (C.40)의 마지막 식은 다음과 같은 모양이 된다.

$$x_n = (P\mathbf{b})_n \tag{C.41}$$

여기서 $(P\mathbf{b})_n$은 벡터 $P\mathbf{b}$의 마지막 요소를 뜻한다. 마지막에서 두 번째 식은 오직 x_{n-1}과 x_n에만 의존한다. 이와 같은 논리로 이미 구해진 x_i를 이용하여 위 식에 역대입하면 나머지 x_i를 구하게 된다.

식 (C.41)과 (C.40)에서 필요한 행렬 P는 일련의 기본적인 행렬로 결정할 수 있다. 기본행렬은 비특이행렬이어야 하며, A를 뒤에서 곱하면 행렬 A의 한 열의 스칼라곱을 다른 열에 대해 빼게 된다. 기본행렬의 한 예인 P_i는 $n \times n$ 크기인 단위행렬에서 i번째 열을 다음 벡터로 대치한 행렬이다.

$$\begin{bmatrix} 0 \\ 0 \\ \vdots \\ 1 \\ -p_{i,i+1} \\ \vdots \\ -p_{i,n} \end{bmatrix} \tag{C.42}$$

여기서 p_{ij}는 A가 삼각행렬 형태로 축소되도록 행렬 A의 요소값에 의해 결정된다.

가우스소거법의 알고리즘은 식 (C.39)를 다음 식과 같은 초기식으로 표현한 후 단계적으로 진행하게 된다.

$$A_0\mathbf{x} = \mathbf{b}_0 \tag{C.43}$$

이 식에 P_1을 곱하면 $P_1A_0\mathbf{x} = P_1\mathbf{b}_0$를 얻고 다음 단계로 나아갈 수 있다. 이 결과식을 $A_1\mathbf{x} = \mathbf{b}_1$으로 다시 표현하면 $A_1 = P_1A_0$, $\mathbf{b}_1 = P_1\mathbf{b}_0$가 된다. 이제 P_2를 $A_1\mathbf{x} = \mathbf{b}_1$에 곱하면 $A_2\mathbf{x} = \mathbf{b}_2$를 얻는다. 여기서 $A_2 = P_2A_1$, $\mathbf{b}_2 = P_2\mathbf{b}_1$이 된다. 이러한 계산을 r번째까지 반복하면 다음과 같으며,

$$A_r\mathbf{x} = \mathbf{b}_r \tag{C.44}$$

A_{r-1}에 P_r을 곱하여 얻은 행렬은 처음 r개 열이 상부삼각행렬 형태가 된다. 예를 들어 $n = 6$, $r = 3$일 때, 식 (C.44)는 다음과 같은 모양이 된다.

$$\begin{bmatrix} \times & \times & \times & \times & \times & \times \\ 0 & \times & \times & \times & \times & \times \\ 0 & 0 & \times & \times & \times & \times \\ 0 & 0 & 0 & \times & \times & \times \\ 0 & 0 & 0 & \times & \times & \times \\ 0 & 0 & 0 & \times & \times & \times \end{bmatrix} \begin{bmatrix} x_1 \\ x_2 \\ x_3 \\ x_4 \\ x_5 \\ x_6 \end{bmatrix} = \begin{bmatrix} \times \\ \times \\ \times \\ \times \\ \times \\ \times \end{bmatrix} \tag{C.45}$$

여기서 ×는 영이 아닌 수를 뜻한다. 식 (C.45)는 각 단계마다 식 $A\mathbf{x} = \mathbf{b}$가 어떻게 더 삼각행렬 형태로 접근하는지를 보여주고 있다.

각 단계를 살펴보면 행렬 P_rA_{r-1}은 다음과 같은 모양의 r번째 열을 갖고 있다.

$$P_r\begin{bmatrix} a_{1r}^{(r-1)} \\ a_{2r}^{(r-1)} \\ \vdots \\ a_{nr}^{(r-1)} \end{bmatrix} \tag{C.46}$$

여기서 $a_{ij}^{(r-1)}$은 행렬 A_{r-1}의 ij번째 요소를 뜻한다. 삼각행렬 형태로 변환시키는 행렬 P_r의 선택은 식 (C.42)와 같이 주어지며 p_{ir}은 다음과 같다.

$$p_{ir} = \frac{a_{ir}^{(r-1)}}{a_{rr}^{(r-1)}} \tag{C.47}$$

이 공식은 $P_r A_{r-1}$이 $r-1$번째 식에서 x_r을 소거해 줌으로써 한 열 더 삼각행렬 형태를 갖추게 하는 P_r을 구하는 식이다. 식 (C.46)과 (C.47)에 의해 정의되는 행렬 P_r을 연속적으로 곱하면 벡터 $\mathbf{x}$의 요소 x_r을 쉽게 구할 수 있는 삼각행렬 형태의 연립방정식을 얻는다.

이제 선형 방정식 $A\mathbf{x} = \mathbf{b}$의 해는 $P_nP_{n-1}P_{n-2} \cdots P_1A\mathbf{x} = P_nP_{n-1}P_{n-2} \cdots P_1\mathbf{x}$를 풀이함으로써 얻을 수 있다. 이 방법은 매우 우수하며 역행렬을 구해 해를 얻는 방법인 $\mathbf{x} = A^{-1}\mathbf{b}$보다 더 쉽게 수치계산된다. 그러나 가우스소거법은 피봇요소 a_{rr} 중 어느 하나라도 영이면 풀이가 불가능하다. 식 (C.38)에서 주어진 행렬방정식 $MA = K$도 역시 가우스소거법으로 풀이할 수 있다. 이 방법은 행렬 $A = M^{-1}K$를 구하는 데 역행렬 M^{-1}을 식 (C.34)와 같이 구한 후 $M^{-1}K$를 구하는 방법보다 더 수치적으로 안정한 방법이다. M^{-1}을 계산하지 않고 식 $MA = K$의 해 A를 구하는 절차를 **행렬나눗셈**(*matrix division*)이라 한다.

역행렬 M^{-1} 및 역제곱근 행렬 $M^{-1/2}$을 효과적으로 구하는 기술은 진동해석과 관련된 고유값 문제를 여러 형태로 정식화할 수 있게 한다. 각 고유값 문제는 질량행렬 및 강성행렬의 값과 모양에 따라 장단점이 있다.

4.9절에서 식 (C.30)과 같은 비감쇠 진동 시스템의 고유진동수 및 모드형상을 구하는 여러 가지 기법을 설명했다. 이러한 기법 중에서 가장 나은 것은 무엇인가 하는 질문이 제기될 수 있다. 이 질문에 대한 대답은 각 고유값 문제를 풀이하는 데 필요한 부동점연산의 수를 세는 MATLAB 명령어를 사용하면 된다. 이 명령어는 flops이다. MATLAB을 사용하여 예제 4.1.5에 대해 살펴보면 다음과 같다.

```
EDU>M=[9 0;0 1];K=[27 -3;-3 3];
EDU>[V,D]=eig(K,M) %these vectors are not orthogonal
V =
    0.3162  -0.3162
    0.9487  0.9487
D =
    2.0000       0
         0  4.0000
EDU>flops
ans =
    417
```

```
EDU>M=[9 0;0 1];K=[27 -3;_3 3];
EDU>L=chol(M);
EDU>S=inv(L);
EDU>Kh=S*K*S;
EDU>[V,D]=eig(Kh) %these vectors are orthogonal
V =
     -0.7071  -0.7071
      0.7071  -0.7071
D =
     4  0
     0  2
EDU>P=L*V
P =
     -2.1213  -2.1213
      0.7071  -0.7071
EDU>flops
ans =
     118
```

비슷한 방법으로 다음 결과를 얻을 수 있다.

`inv(L)*K*inv(L9)`은 118 flops를 필요로 한다.

`inv(M)*K`는 191 flops를 필요로 한다.

`inv(sqrtm(M))*K*inv(sqrtm(M))`은 228 flops를 필요로 한다.

일반화 고유값 문제 $\lambda M\mathbf{u} = K\mathbf{u}$는 417 flops를 필요로 한다.

이 경우 고유벡터의 정규화과정은 계산에서 고려하지 않았지만, 각 방법은 모두 동일한 좌표계에서 모드형상을 구한다. 자유도 수가 증가함에 따라 연산횟수의 차이는 점점 증가하게 된다. 이러한 관점에서 가장 나은 기법은 4장에서 제시한 콜레스키 분해(Cholesky decomposition)이며, 또한 고유값 문제가 대칭행렬을 가질 때 계산량을 줄일 수 있다. 대부분의 교재에서 가르치는 방법인 $M^{-1}K$ 방법은 2자유도의 경우 2배 정도 계산량이 증가한다. 이러한 계산량 차이는 자유도가 증가함에 따라 지수적으로 증가하게 된다.

최신 버전의 MATLAB을 사용하면 위에서 논의한 여러 기법에 관한 비교가 더 이상 의미를 갖지 못하게 된다. 이제 `flops` 명령어는 없어졌고 대신 `cputime` 명령어를 사용해서 연산속도를 비교하게 된다. 최신 버전에서는 일반화 고유값 문제가 가장 짧은 연산속도를 기록했고 무엇보다 좋은 것은 고유벡터가 정규화되어 나오기 때문에 추가계산이 필요 없다는 점이다. MATLAB, Mathcad, Mathematica와 같은 소프트웨어를 사용할 때는 계산속도보다 계산의 편의성에 초점을 두어야 한다. 특히 계산 절차가 복잡하면 모드해석의 개념을 이해하는 데 크게 방해가 된다. 따라서 이 책에서는 원서와 달리 4장의 모든 내용을 일반화 고유값 문제로 바꾸어 기술했다.

진동문헌

이해를 돕기 위해 보조설명이 필요한 사람이나 더 깊이 공부하기를 원하는 사람들을 위해 우수한 진동 교재나 참고서가 많이 있다. 또한 진동에 관한 연구 결과나 사례연구 등이 발표되는 출판물도 여러 개가 있다. 여기에 약간의 일반적인 참고문헌을 소개한다. 그 나머지는 도서관의 검색 기능을 활용하라.

일반 교재

Mechanical Vibration, J. P. Den Hartog, Dover, New York, 1985.

Theory of Vibration with Applications, 5th ed., W. T. Thomson, and M. D. Dahleh, Prentice Hall, Upper Saddle River, N.J., 1998.

Structural Dynamics: An Introduction to Computer Methods, R. R. Craig, Jr., Wiley, New York, 1981.

Mechanical Vibrations, 5th ed., S. S. Rao, Prentice Hall, Upper Saddle River, N.J., 2010.

Mechanical Vibrations: Theory and Applications, S.G. Kelly, Cengage Learning, Stamford, Conn., 2012.

Elements of Vibration Analysis, 2nd ed., L. Meirovitch, McGraw-Hill, New York, 1986.

Shock and Vibration Handbook, 5th ed., C. M. Harris and A. G. Piersol, editors, McGraw-Hill, New York, 2002.

Vibrations, 2nd ed., B. Balachandran and E. B. Magrab, Cengage Learning, Stamford, Conn., 2009.

Vibration, Fundamentals and Practice, 2nd ed., C. W. de Silva, CRC Press, Boca Raton, Fla., 2006.

고급 교재

Vibration Problems in Engineering, 5th ed., W. Weaver, Jr., S. P. Timoshenko, and D. H. Young, Wiley, New York, 1990.

Analytical Methods in Vibration, L. Meirovitch, Macmillan, New York, 1967.

Vibration with Control Measurement and Stability, D. J. Inman, Prentice Hall, Englewood Cliffs, N.J., 1989.

Mechanical Vibration, H. Benaroya, 2nd ed., Marcel Decker, New York, 2004.
Principles and Techniques of Vibrations, L. Meirovitch, Prentice Hall, Upper Saddle River, N.J. 1997.
Fundamentals of Vibration, L. Meirovitch, McGraw-Hill, New York, 2001.
Vibration and Control, D. J. Inman, Wiley, Chichester, U.K., 2017.

학술잡지

Sound and Vibration, Acoustical Publications, Bay Village, Ohio.

학술논문집

Shock and Vibration, IOS Press, Amsterdam.
Journal of Sound and Vibration, Elsevier, Oxford.
Journal of Vibration and Acoustics, American Society of Mechanical Engineering, New York.
Journal of Mechanical Systems and Signals, Academic Press, New York.
AIAA Journal, American Institute of Aeronautics and Astronautics, Washington, D. C.

기호 설명

부록 E에서는 이 책에서 사용된 기호를 나열한다. 기호의 수가 충분하지 않아서 어떤 기호는 여러 물리량에 대해 중복 사용되어 있다. 게다가 특정 물리량을 나타내기 위한 기호의 선택은 여러 다른 집단에 의해 오랜 기간 독자적으로 행해져 왔다. 따라서 어떤 특정 기호가 여러 다른 물리량을 나타내는 것은 흔한 일이다. 여기서는 진동문헌에서 가장 일반적으로 통용되는 기호를 사용했다.

일반적으로 이탤릭 소문자 기호는 스칼라, 이탤릭 대문자 기호는 행렬, 볼드체 소문자는 벡터를 표시한다. 그러나 스칼라 함수의 라플라스 변환은 그 대문자 기호로 표시하는 것이 보통이다. 따라서 이탤릭 대문자를 보고 그것이 행렬인지 또는 변환된 스칼라인지 분간할 수는 없다. 기호들은 항상 그 문맥에 따라 판별해야 한다. 그리스문자는 거의 언제나 스칼라이다. 이탤릭이나 볼드체가 아닌 문자는 주로 단위를 나타낸다(예: 뉴턴을 N, 밀리미터를 mm). 단위에 대해서는 부록 H에 요약되어 있다.

모드해석과 진동에 대한 기호를 국제적으로 표준화하는 작업이 수차례 시도된 바 있다. 그러나 근본적인 문제는 기호의 수가 충분하지 못하다는 점이다.

제1장

f_k	= 스프링의 탄성복원력
m	= 질량
g	= 중력가속도
x_0	= 초기변위
$x, x(t)$	= 변위
k	= 스프링상수, 스프링강성
N	= 수직항력
x, y	= 2차원 공간의 좌표
$\theta, \theta(t)$	= 각도변위
t	= 시간
ω_n	= $\sqrt{k/m}$ 비감쇠 고유진동수, 각진동수
ϕ	= 위상각
A	= 진폭 또는 적분상수
f	= $\omega/2\pi$ 헤르츠로 표시된 주파수, 힘과 혼동하지 말 것
T	= $1/f = 2\pi/\omega$, 진동주기
v_0	= 초기속도
a, a_1, a_2	= 미정적분상수
A_1, A_2	= 미정적분상수
λ	= 미분방정식상수
j	= $\sqrt{-1}$ 허수단위
$\bar{x}, \overline{x^2}$	= 평균변위, 제곱평균값
$\dot{x}(t), \ddot{x}(t)$	= 변위의 시간미분, 즉 속도와 가속도
f_c	= $c\dot{x}$ 감쇠력
C	= 감쇠계수
ζ	= $c/2\sqrt{km}$ 감쇠비

ω_d = $\omega_n\sqrt{1-\zeta^2}$ $(0<\zeta<1$인 경우) 감쇠 고유진동수

c_{cr} = $2\sqrt{km}$, 임계감쇠계수, 따라서 $\zeta = c/c_{cr}$

f_{xi} = x방향으로 작용하는 i번째 힘

M_{Oi} = 점 O 주위로 작용하는 i번째 토크

I_O, J, J_O = 점 O 주위의 관성모멘트

U_1, U_2 = 시간 t_1, t_2에서의 위치에너지

T_1, T_2 = 시간 t_1, t_2에서의 운동에너지

$T_{\max}, U_{\max}$ = 최대 운동에너지, 최대 위치에너지

r, l = 반지름, 길이

$\frac{d}{dt}(), (\dot{})$ = ( )의 시간미분

m_s = 스프링질량

γ = 밀도 또는 비중

q_O = 타격중심반경

k_O = 관성회전반경$(k_O^2 = q_O r)$

E = 영률(Young modulus) 또는 탄성계수

A = 단면적

J_P = 면적관성모멘트

G = 전단계수

ρ = 질량밀도

W = 무게

δ = 대수 감소율, 이 기호의 다른 용도에 대해서는 윈도우 4.2 참조

Δ = 정적 변형

제2장

$F(t)$ = 외력 또는 구동력

F_0 = 조화구동력의 일정 진폭

ω = 입력주파수 또는 구동주파수

f_0 = F_0/m

x_p = 특수해

X = 특수해의 진폭

r = 주파수비 = ω_{dr}/ω, 반경과 혼동하지 말 것

$y(t)$ = 스프링-질량-감쇠기 시스템의 바닥변위

ω_b = 바닥운동의 주파수, 즉 가진조화변위의 주파수

X = 조화응답의 진폭

Y = 가진조화변위의 진폭

F_T = 스프링과 감쇠기를 통해 질량으로 전달되는 힘의 크기

e = 편심질량의 반경

Q = 큐인자(quality factor)

w_d = 감쇠고유진동수

$H(j\omega)$ = 복소 주파수응답함수

s = 변환변수

$X(s)$ = $x(t)$의 라플라스 변환

θ = 위상

$H(s)$ = $X(s)/F(s)$, 전달함수

$z(t)$ = $x(t) - y(t)$, 상대변위

Z = 상대변위의 진폭

ψ = 상대변위의 위상

z_p = 상대변위의 특수해

F_d = 감쇠력

μ = 미끄럼 마찰계수

A_1, B_1 = 적분상수

ΔE = 소산에너지

c_{eq} = 등가 점성감쇠계수

U = 위치에너지

$U_{\max}$ = 최대 위치에너지

η = 손실계수

β = 이력감쇠상수

C = 항력계수

α = $C\rho A/2$

제3장

τ = 특정 시간값 또는 적분의 시간 변수

ϵ = 양의 아주 작은 값의 시간

$\delta(t)$ = 디랙델타함수

$\hat{F}$ = $F\Delta t$, 충격량

$h(t-\tau)$ = 임펄스응답함수

a_0, a_n, b_n = 푸리에 계수

n, m, I = 정수

ω_T = $2\pi/T$

$x_{cn}(t)$ = 가진력이 $\cos n\omega_T t$일 때의 n번째 해

$x_{sn}(t)$ = 가진력이 $\sin n\omega_n t$일 때의 n번째 해

$L[\ ]$ = [ ]의 라플라스 변환

$\mu(t)$ = 단위계단함수

x' = $x - \bar{x}$, 평균값이 영인 변수

$\Phi(t), H(t)$ = 헤비사이드 계단함수

$S_{xx}(\omega)$ = 함수 x의 파워스펙트럼밀도

$R_{xx}(\tau)$ = 함수 x의 자기상관함수

$E[x]$ = x의 기댓값

M, a, b = 상수

제4장

$\mathbf{x}$ = 변위 열벡터

$x_{10}, x_{20},$ = 좌표 $x_1(t)$와 $x_2(t)$의 초기조건

$\dot{x}_{10} \dots$ = 초기속도

$\mathbf{x}^T$ = $\mathbf{x}$의 전치 또는 행벡터

K = 강성행렬

M = 질량행렬

C = 감쇠행렬

A^T = 행렬 A의 전치

A^{-1} = 행렬 A의 역

$A^{1/2}$ = 행렬 A의 제곱근행렬

$\mathbf{u}$ = 상수열벡터

I = 단위행렬

$\tilde{K}$ = $M^{-1/2}KM^{-1/2}$

$\tilde{C}$ = $M^{-1/2}CM^{-1/2}$

$M^{-1/2}$ = 행렬 M의 제곱근행렬의 역

$\mathbf{q}(t)$ = 일반좌표벡터

$q_i(t)$ = i번째 일반좌표

$\mathbf{v}$ = $\tilde{K}$의 고유벡터

λ, λ_i = 고유값

α = 스칼라

$\mathbf{w}, \mathbf{w}_i$ = K의 질량정규 고유벡터

S = 모드행렬

δ_{ij} = 크로네커 델타

Λ = 행렬 고유값으로 구성된 대각 행렬

$\mathbf{r}(t)$ = 모드좌표벡터

$r_i(t)$ = i번째 모드좌표

$\mathbf{0}$ = 영벡터

$\theta_1, \theta_2, \theta_3$ = 회전변위

$\det(A)$ = 행렬 A의 행렬식

d_i = 전개계수

ζ_1 = 모드감쇠비

β = 스칼라

$\mathbf{F}(t)$ = 외력벡터

ω_{di} = $\omega_i\sqrt{1-\zeta_i}$ i번째 감쇠 고유진동수

$\mathbf{f}(t)$ = $S^T\mathbf{F}(t)$

Q_i = 일반화 힘 또는 모멘트

L = $T - U$ = 라그랑지안 또는 M의 콜레스키 인수

제5장

$T.R.$ = 전달률비
R = 1 − $T.R.$ = 전달저감률
δ_s = 정적 변위
k_a = 흡진기의 강성
m_a = 흡진기의 질량
x_a = 흡진기질량의 변위
X_a = 흡진기질량 변위의 진폭
μ = m_a/m 흡진기질량과 기준질량의 비
ω_p = 흡진기가 없을 때 기준 시스템의 고유진동수
ω_a = 기준 시스템이 없을 때 흡진기의 고유진동수
β = ω_a/ω_p, 주파수비
$\mathbf{X}$ = $[X\ X_a]^T$, X는 스프링질량의 응답진폭, X_a는 흡진기질량의 응답진폭
r = ω/ω_p, 주파수비
x_m = $f(x_m)$이 극대값을 갖게 하는 x 값
f_x = x에 대한 f의 편미분
f_y = y에 대한 f의 편미분
f_{xx} = x에 대한 f의 2차 편미분
f_{yy} = y에 대한 f의 2차 편미분
γ = k_2/k_1, 강성비
η = 손실계수
k^* = 복소강성
E^* = 복소탄성계수
e_2 = 계수비 = E_2/E_1
h_2 = 높이비 = H_2/H_1
g_1, g_2 = 피드백 제어 게인
G' = 전단 탄성계수(실수 부분)
E' = 탄성계수 실수 부분 $2(1+\upsilon)G'$, 포아송비
σ_s = 전단응력
ε_s = 변형
η_s = 전단 손실계수
G^* = 복소수 전단 탄성계수
E'', G'' = 탄성계수 및 복소수 탄성계수의 허수 부분
k' = 전단 강성
T_R = 공진 시 전달률비
G'_ω = 동 전단 탄성계수

제6장

$\omega(x, t)$ = 변위
$f(x, t)$ = 작용력
τ = 줄의 장력
$\dfrac{\partial w}{\partial x}$ = 편미분, w_x로도 표기함
l = 길이
c = $\sqrt{\tau/\rho}$, 파동속도, 구조물에 따라 $\sqrt{E/\rho}$
$X(x)$ = x만의 위치함수
$T(t)$ = t만의 시간함수
σ = 상수
a_1, a_2 = 적분상수
a, b = 적분상수
A_n, B_n = 적분상수
c_n, d_n = 적분상수
$w_0(x)$ = 초기변위
$\dot{w}_0(x)$ = 초기속도
m, n = 지수, 정수
β = 분리상수
λ = 고유값
$X_n(x)$ = 고유함수

$A(x)$ = 보의 단면적
ω_n = n번째 모드의 고유진동수
$\theta(x, t)$ = 축의 회전변위
τ = 토크
G = 전단계수
J = 극면적모멘트
J_0 = 극관성모멘트
γ = 비틀림상수
$\Theta(x)$ = 각회전의 위치함수
$M(x, t)$ = 굽힘모멘트
$I(x)$ = 단면관성모멘트
$f(x, t)$ = 단위면적당 분포하중
$V(x, t)$ = 전단력
β_n = 초월방정식의 해
ψ = 순수 굽힘에 의한 회전각
κ = 전단계수
$w(x, y, t)$ = z방향의 박막변위
∇^2 = 라플라스 연산자
∇^4 = 중조화 연산자
D_E = 평판의 굽힘강성
γ, β = 점성감쇠계수

제7장

ω_c = 차단주파수
x_k = $x(t_k)$ = 이산시간 t_k에서 $x(t)$의 값
a_0, a_i, b_i = 이산 스펙트럼 계수
C = 이산 푸리에 계수 행렬
$\mathbf{a}$ = 스펙트럼 계수 벡터
N = 데이터 집합의 크기
$R_{xf}(\tau)$ = 상호상관함수
$S_{xf}(\omega)$ = 상호스펙트럼밀도
γ^2 = 일관도함수
$\alpha(\omega)$ = α = 모빌리티 주파수응답함수, 여러 전달함수마다 다른 값: 모빌리티, 리셉턴스 등(나이퀴스트 선도에서 각도를 표시하기도 함)
$\alpha(\omega)$ = 리셉턴스행렬 = $(K - \omega^2 M + j\omega C)^{-1}$

제8장

c_1, c_2, 등 = 적분상수
$u_i(t)$ = i번째 절점변위(지역)
$T(t)$ = 운동에너지
$V(t)$ = 위치에너지
$U_i(t)$ = 전역절점변위
θ = 전역 및 지역좌표 끼인각
Γ = 전역 및 지역좌표 간의 좌표변환
K_e = 요소강성행렬(지역좌표)
$K_{()}$ = 요소강성행렬(전역좌표)
$K'_{()}$ = 전역벡터 크기로 확장된 요소강성행렬(전역좌표)
M_{ij}, K_{ij} = 질량행렬 및 강성행렬의 분할행렬
Q = 축약변환행렬

컴퓨터 코드와 웹사이트

본문에 사용된 MATLAB 코드 활용에 대한 가장 최신의 정보는 검색 엔진을 통해 관심 있는 MATLAB 명령어를 입력하면 찾을 수 있다. 많은 대학에서 이러한 코드를 사용하는 최신 웹사이트를 사용하고 있으며, 인터넷에서 다양하고 좋은 사용지침 프로그램을 구할 수 있다. 또한 코드의 문법과 명령은 자주 바뀌기 때문에, 만약 이 책에 있는 코드를 사용했을 때 실행되지 않는다면, 코드의 홈페이지를 확인해 보면 도움이 된다. 현재 코드들은 2020년 8월에 업데이트되었다.

이 코드 중 어느 것을 써도 진동 문제를 풀 수 있다. 초보자로서 가장 좋은 방법은 잘 알려진 함수를 그려 보거나 단순한 계산을 수행하는 등의 작업을 해 보는 것이다. 이 코드는 시각화를 통해 이해를 증진시키고 지루한 손 계산을 좀 더 정확한 기계연산으로 대체하기 위해 사용한다. 이 코드 중 어느 것도 1.9, 1.10, 2.8, 2.9, 3.8, 3.9, 4.9, 4.10절에 제시된 해를 복사해 붙이면 그대로 사용할 수 있다. 매뉴얼이나 설명서를 찾아볼 수 있으면 더욱 도움이 될 것이다. 그러나 이 책에 제시된 코드만으로도 작업을 시작해 보는 데 충분하다.

이 코드의 계산 결과는 코드에 나타나 있는 입력값만큼만 정확하고 신뢰할 만하다는 점을 염두에 두어야 한다. 답이 나온다고 해서 반드시 그 문제에 대한 올바른 답이라고 할 수는 없기 때문이다.

검색엔진(구글)을 통해 이 책의 자료와 연관된 진동 문제에 대한 유용한 정보를 구할 수 있다. 특히 진동과 관련된 동영상을 쉽게 다운로드할 수 있다. '진동동영상', '공진', '스프링상수'와 같은 제목은 매우 유용한 진동자료에 대한 시각자료를 보여줄 것이다.

Appendix G

단위 및 변환

전 세계에서 사용되는 단위계에는 두 가지 기본 단위계가 있다. 질량을 기본으로 하는 **국제 표준 단위계**(SI 단위계)와 무게를 기본으로 하눈 미국 상용 단위계이다.

전 세계 대부분이 SI 단위계를 사용하고 있으며, 미국에서는 미국 상용 단위계(USC)를 주로 사용하지만 천천히 변화하고 있다. 진동 관련 기업은 대부분 국제적 기업이기 때문에 양쪽 단위계 모두 숙지하는 것이 반드시 필요하다. 두 단위 체계 간에 수치를 변환할 수 있는 능력을 갖는 것은 중요하다. 시간은 물론 양 단위계에서 동일하다. 그리고 길이, 면적, 부피는 변환이 간단하다. 문제는 힘과 질량의 단위인데, SI 단위계와 미국 상용 단위계가 근본적으로 다르다. SI 단위계는 미터법 또는 MKS(미터, 킬로그램, 초를 표시)라고도 부른다. 미국 상용 단위계는 다소 미묘한 차이가 있지만 종종 영국식 단위계라고도 한다.

부록 H에서는 두 단위계의 단위와 변환 방법이 요약되어 있다. 이 부록에서는 진동 분석에 유용한 몇 가지 변환 및 단위를 나열하고 있다. 먼저 고려해야 할 사항은 진동 분석에서 가장 기본적이고 중요한 주파수이다. 강성이 $k = 8$ N/m이고 질량이 2 kg인 경우 주파수는 다음과 같다.

$$\omega_n = \sqrt{\frac{k}{m}} = \sqrt{\frac{8}{2}\frac{\mathrm{N/m}}{\mathrm{kg}}} = 2\sqrt{\frac{(\mathrm{kg{\cdot}m/s^2})/\mathrm{m}}{\mathrm{kg}}} = 2\,\frac{\mathrm{rad}}{\mathrm{s}}$$

SI 단위계를 사용하여 계산하는 경우 '단위'는 rad/s이고, 미국 상용 단위계를 사용하여 계산하는 경우는 rad/sec이다. 라디안은 주기의 1/360(360° = 2π 라디안)으로 정의된다. 진동변수에 대한 치수해석을 수행할 때 라디안은 단순히 사라진다. 이는 실제 단위가 아니라 회전 또는 진동 운동(또는 삼각법)의 계산에 필요한 숫자에 불과하기 때문에, 독자는 그 앞의 숫자를 진동, 회전운동 또는 삼각법 계산에 그냥 활용하기만 하면 된다. 예를 들어 변위가 $5\sin(2t) \times 10^{-2}$ m로 알려져 있다고 가정하면 속도는 다음과 같다.

$$v(t) = \dot{x}(t) = \omega_n \cos\omega_n t = 2\left(\frac{\mathrm{rad}}{\mathrm{s}}\right)\cos 2t \times 10^{-2}\,\mathrm{m} = 2\cos 2t \times 10^{-2}\,\frac{\mathrm{m}}{\mathrm{s}}$$

최종 답안에서 라디안 '단위'가 무시됨을 확인할 수 있다.

미국 상용 단위계에 따라 작업할 때는 일반적으로 질량(슬러그) 대신 무게(파운드)를 사용한다. 무게가 $W = 20$ lb이고 강성이 200 lb/in인 경우 주파수는 다음과 같다.

$$\omega_n = \sqrt{\frac{k}{m}} = \sqrt{\frac{k}{W/g}} = \sqrt{\frac{200\,\frac{\text{lb}}{\text{in}}}{20\Big/386\,\frac{\text{in}}{\text{sec}^2}}} = \sqrt{100 \cdot 386\,\frac{\text{lb}}{\text{in}}\,\frac{\text{in}}{\text{sec}^2}} = 196.47\,\text{rad/s}$$

초는 SI 단위계에서는 s로, 미국 상용 단위계에서는 sec로 표기하는 것이 관례이다.

주파수는 Hz를 사용하는 것이 매우 일반적이며, 이 경우 기호 f_n를 사용하여 주파수를 표시한다.

$$f_n = \frac{\omega_n}{2\pi}, \quad \text{단위는} \quad \frac{\text{cycles}}{\text{sec}} = \text{Hz}$$

예를 들어, $\omega_n = 2$ rad/s 다음과 같다.

$$f_n = \frac{\omega_n}{2\pi} = \frac{2\,\text{rad/s}}{2\pi\,\text{rad/cycle}}\,0.318\,\frac{\text{cycle}}{\text{s}} = 0.318\ \text{Hz}$$

두 단위계 사이의 길이, 힘, 질량의 관계는 다음 표를 참조하거나 여러 변환 웹사이트 중 하나를 이용하길 바란다.

미국 상용 단위계를 활용한 일반적인 재료의 물성표

재질	탄성계수 10^6 psi	밀도 lb/in^3	전단 탄성계수 10^6 psi
강철	30	0.283	12
알루미늄	10	0.100	3.6
황동	14	0.305	5.4
구리	16	0.308	6.7
콘크리트	0.003	0.087	–
고무	8.4	0.055	–
합판	1.01	0.022	–

학술용어 및 단위

초기조건 $x(0) = x_0$, $\dot{x}(0) = v_0$에 대해 $m\ddot{x} + kx = 0$을 만족하는 비감쇠 자유응답

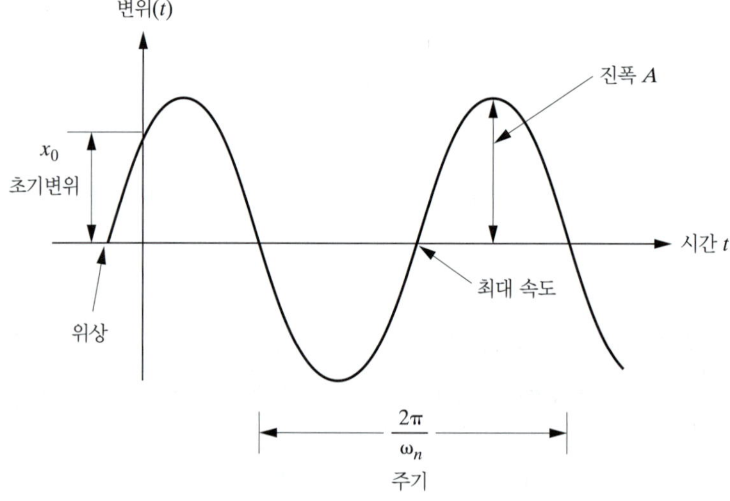

$$x(t) = \left(x_0^2 + \frac{v_0^2}{\omega_n^2}\right)^{1/2} \sin(\omega_n t + \phi), \quad \phi = \tan^{-1}\left(\frac{\omega_n x_0}{v_0}\right), \quad \omega_n = \sqrt{k/m}, \quad f_n = \frac{\omega_n}{2\pi}$$

초기조건 $x(0) = x_0$, $\dot{x}(0) = v_0$에 대해 $m\ddot{x} + c\dot{x} + kx = 0$을 만족하는 부족감쇠 자유응답

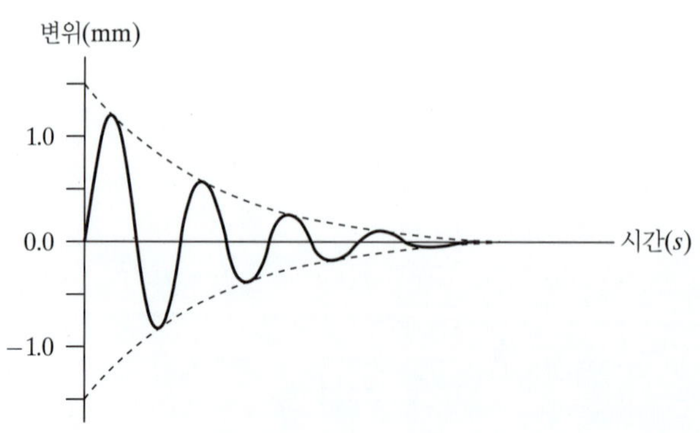

$$x(t) = Ae^{-\zeta\omega_n t}\sin(\omega_d t + \phi), \quad \omega_d = \omega_n\sqrt{1-\zeta^2}, \quad \omega_n = \sqrt{k/m}, \quad \zeta = \frac{c}{2\sqrt{km}}$$

$$A = \sqrt{\frac{(v_0 + \omega_n\zeta x_0)^2 + (x_0\omega_d)^2}{\omega_d^2}}, \quad \phi = \tan^{-1}\left[\frac{x_0\omega_d}{v_0 + \omega_n\zeta x_0}\right]$$

$m\ddot{x} + c\dot{x} + kx = F_0 \sin \omega t$를 만족하는 강제응답은 $x(t) = X\sin(\omega t - \phi)$이다. 무차원 진폭 방정식은 아래와 같다.

$$Xk/F_0 = \frac{1}{\sqrt{(1-r^2)^2 + (2\zeta r)^2}}$$

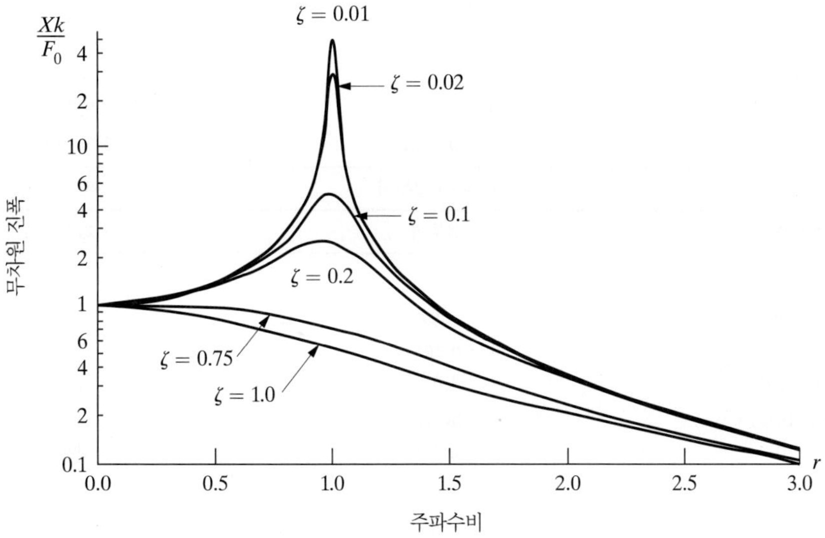

$$r = \omega/\omega_n, \ \omega_n = \sqrt{k/m}, \ \zeta = \frac{c}{2\sqrt{km}}$$

위상 선도 $\phi = \tan^{-1}\left[\frac{2\zeta r}{1-r^2}\right]$

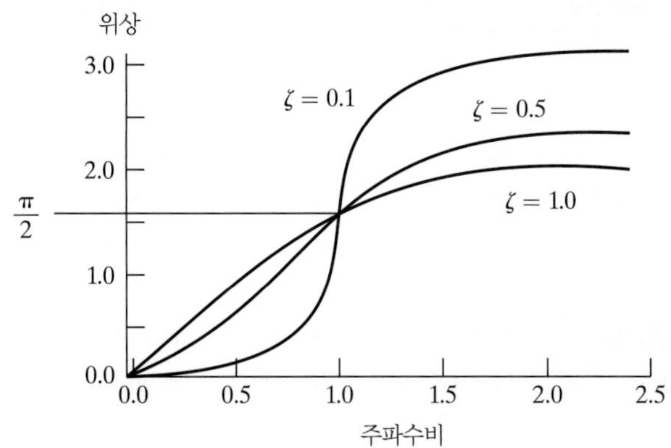

단위		
물리량	미국상용계	S.I. 단위계
힘	1 lb	4.448 newtons (N)
질량	1 lb · sec^2/ft (slug)	14.59 kg (kilogram)
길이	1 ft	0.3048 meters (m)
밀도	slug/ft^3	515.38 kg/m^3
토크, 모멘트	1 lb · in	0.113 N · m
가속도	1 ft/sec^2	0.3048 m/s^2
중력가속도	32.2 ft/s^2 = 386 in./sec^2	9.81 m/s^2
스프링상수 k	1 lb/in.	175.1 N/m
비틀림 스프링상수 k	1 lb · in./rad	0.113 N · m/rad
감쇠계수 c	1 lb · sec/in.	175.1 N · s/m
질량관성모멘트	1 lb.in.sec^2	0.1129 kg/m^2
탄성계수	10^6 lb.in.^{2}	6.895×10^9 N/m^2
강철의 탄성계수	29×10^6 lb/in.^{2}	200×10^9 N/m^2
각도	1 degree	0.0174 radian

SI 단위 접두어		
곱셈인자	접두어	기호
1 000 000 000 000 = 10^{12}	terra	T
1 000 000 000 = 10^9	giga	G
1 000 000 = 10^6	mega	M
1 000 = 10^3	kilo	k
100 = 10^2	hecto	h
10 = 10	deka	da
0.1 = 10^{-1}	deci	d
0.01 = 10^{-2}	centi	c
0.001 = 10^{-3}	milli	m
0.000 001 = 10^{-6}	micro	μ
0.000 000 001 = 10^{-9}	nano	n
0.000 000 000 001 = 10^{-12}	pico	p

	선형운동			회전운동		
	단위			단위		
물리량	기호	미국상용	SI 단위	기호	미국상용	SI 단위
시간	t	sec	s	t	sec	s
변위	x	in.	m	θ	rad	rad
속도	$\dot{x}$	in./sec	m/s	$\dot{\theta}$	rad/sec	rad/s
가속도	$\ddot{x}$	in./sec^2	m/s^2	$\ddot{\theta}$	rad/sec^2	rad/s^2
질량, 관성모멘트	I	$lb_f \cdot ft \cdot s^2$	kg · m^2	J	in.-lb_f-sec^2	m^2 · kg
감쇠계수	c	lb_f − sec/in.	s · N/m	c	in.lb_f − sec/rad	m · s · N/rad
스프링상수	k	lb_f/in.	N/m	k	in. − lb_f/rad	m · N/rad
힘, 토크	$F = m\ddot{x}$	lb_f	N = kg · m/s^2	$T = J\ddot{\theta}$	in.-lb_f	N · m = kg · m^2/s^2

	선형운동			회전운동		
		단위			단위	
물리량	기호	미국상용	SI 단위	기호	미국상용	SI 단위
운동량	$m\dot{x}$	lb_f-sec	$s \cdot N = m \cdot kg/s$	$J\dot{\theta}$	in.-lb_f-sec	$m^2 \cdot kg \cdot rad/s$
충격량	Ft	lb_f-sec	$s \cdot N$	Tt	in.lb_f-sec	$m^2 \cdot kg \cdot rad/s$
운동에너지	$T = \frac{1}{2} m\dot{x}^2$	in.lb_f	J	$T = \frac{1}{2} J\dot{\theta}^2$	in.-lb_f	J
위치에너지	$U = \frac{1}{2} kx^2$	in.lb_f	J	$U = \frac{1}{2} k\theta^2$	in.-lb_f	J
일	$\int Fdx$	in.-lb_f	$J = m \cdot N$ $= m^2 \cdot kg/s^2$	$\int Td\theta$	in.-lb_f	$J = m \cdot N$ $= m^2 \cdot kg/s^2$
고유진동수	$\omega_n = \sqrt{k/m}$	rad/sec	rad/s	$\omega_n = \sqrt{k/J}$	rad/sec	rad/s
	$f_n = \frac{\omega_n}{2\pi}$	Hz	Hz	$f_n = \frac{\omega_n}{2\pi}$	Hz	Hz

참고문헌

Avitabile, P., 2017. *Modal Testing: A Practitioner's Guide*. John Wiley & Sons, New York, NY.

Bandstra, J. P., 1983, "Comparison of Equivalent Viscous Damping and Nonlinear Damping in Discrete and Continuous Vibrating Systems," *Journal of Vibration, Acoustics, Stress, Reliability in Design*, Vol. 105, pp. 382 – 392.

Bert, C. W., 1973, "Material Damping: An Introductory Review of Mathematical Models, Measures and Experimental Techniques," *Journal of Sound and Vibration*, Vol. 29, No. 2, pp. 129 – 153.

Blevins, R. D., 1987, *Formulas for Natural Frequencies and Mode Shapes*, R. E. Krieger, Melbourne, Fla.

Blevins, R. D., 1990, *Flow-Induced Vibration*, Van Nostrand Reinhold, New York.

Boyce, W. E., DiPrima, P. C., and Meade, D. B. 2017, *Elementary Differential Equations and Boundary Value Problems*, 11th ed., Wiley, New York.

Cannon, R. M., 1967, *Dynamics of Physical Systems*, McGraw–Hill, New York.

Caughey, T. K., and O'Kelly, M. E. J., 1965, "Classical Normal Modes in Damped Linear Dynamic Systems," *ASME Journal of Applied Mechanics*, Vol. 49, pp. 867 – 870.

Childs, D. W., 1993, *Turbomachinery Rotordynamics: Phenomenaa, Modeling, and Analysis*, Wiley, New York.

Churchill, R. V., 1972, *Operational Mathematics*, 3rd ed., McGraw–Hill, New York.

Cooley, J. W., and Tukey, J. W., 1965, "An Algorithm for the Machines Calculation of Complex Fourier Series," *Mathematics of Computation*, Vol. 19, No. 90, pp. 297 – 311.

Cook, P. A., 1986, *Nonlinear Dynamical Systems*, Prentice Hall, Englewood Cliffs, N.J.

Cowper, G. R., 1966, "The Shear Coefficient in Timoshenko's Beam Theory," *ASME Journal of Applied Mechanics*, Vol. 33, pp. 335 – 340.

Cudney, H. H., and Inman, D. J., 1989, "Determining Damping Mechanisms in a Composite Beam," *International Journal of Analytical and Experimental Modal Analysis*, Vol. 4, No. 4, pp. 138 – 143.

Datta, B. N., 1995, *Numerical Review Algebra and Application*, Brooks Cole Publishing, Pacific Grove, Calif.

Doebelin, E. O., 1980, *System Modeling and Response*, Wiley, New York.

Dongarra, J., Bunch, J. R., Moler, C. B., and Stewart, G. W., 1978, *LINPACK Users' Guide*, SIAM Publications, Philadelphia.

Ehrich, F. F., ed., 1992, *Handbook of Rotor Dynamics*, McGraw–Hill, New York.

Ewins, D. J., 1984, *Modal Testing: Theory and Practice* (Vol. 15), Research Studies Press, Letchworth, United Kingdom.

Ewins, D. J., 2000, *Modal Testing: Theory and Practice*, 2nd ed., Research Studies Press, distributed by Wiley, New York.

Figliola, R. S., and Beasley, D. C., 1991, *Theory and Design for Mechanical Measurement*, Wiley, New York.

Forsyth, G. E., Malcolm, M. A., and Moler, C. B., 1977, *Computer Methods for Mathematical Computation*, Prentice Hall, Englewood Cliffs, N.J.

Golub, G. H., and Van Loan, C. F., 2013, *Matrix Computations*, 4rd ed., Johns Hopkins University Press, Baltimore.

Guyan, R. I., 1965, "Reduction of Stiffness and Mass Matrices," *AIAA Journal*, Vol. 3, No. 2, p. 380.

Inman, D. J., 1989, *Vibration with Control Measurement and Stability*, Prentice Hall, Englewood Cliffs, N.J.

Inman, D. J., 2017, *Vibration and Control*, 2nd ed., Wiley, Chichester, U.K.

Kennedy, C. C., and Pancu, C. D. P., 1947, "Use of Vectors in Vibration Measurement and Analysis," *Journal of Aeronautical Science*, Vol. 14, No. 11, pp. 603–625.

Magrab, E. B., 1979, *Vibration of Elastic Structural Members*, Sijthoff & Noordhoff, Winchester, Mass.

Mansfield, N. J., 2005, *Human Response to Vibration*, CRC Press, Boca Raton, Fla.

Meirovitch, L., 1995, *Principles and Techniques of Vibration*, Prentice Hall, Upper Saddle River, N.J.

Nashif, A. D., Jones, D. I. G., and Henderson, J. P., 1985, *Vibration Damping*, Wiley, New York.

Newland, D. E., 2005, *Random Vibration and Spectral Analysis*, 3rd ed., Dover, New York.

Otnes, R. K., and Encochson, L., 1972, *Digital Time Series Analysis*, Wiley, New York.

Reismann, H., 1988, Elastic Plates: *Theory and Application*, Wiley, New York.

Reismann, H., and Pawlik, P. S., 1974, *Elastokinetics*, West Publishing, St. Paul, Minn.

Shames, I. H., 1980, *Engineering Mechanics: Statics and Dynamics*, 3rd ed., Prentice Hall, Englewood Cliffs, N.J.

Shames, I. H., 1989, *Introduction to Solid Mechanics*, 2nd ed., Prentice Hall, Englewood Cliffs, N.J.

Snowden, J. C., 1968, *Vibration and Shock in Damped Mechanical Systems*, Wiley, New York.

Weaver, W., Jr., Timoshenko, S. P., and Young, D. H., 1990, *Vibration Problems in Engineering*, 5th ed., Wiley, New York.

Wowk, V., 1991, *Machinery Vibration: Measurement and Analysis*, McGraw–Hill, New York.

연습문제 해답

(1.1) **1.3.** 9.81 N·m
1.7. 1.635 N/m
1.18. **(a)** 0.071 Hz **(b)** 0.071 Hz
1.23. 0.996 Hz
(1.2) **1.31.** 0.0396 m
1.33. 7.339 ft
1.45. **(a)** 27.9 rad/s **(b)** 25.6 rad/s
1.48. 44.72 rad/s
(1.3) **1.52.** $x(t) = e^{-t} \sin t$ mm
1.64. $\omega_n = 5.477$ rad/s, $\zeta = 0.274$ (oscillates), $\omega_d = 5.27$ rad/s
1.65. $\omega_n = \sqrt{\dfrac{kl^2}{J + ml^2}}$ rad/s
(1.4) **1.73.** $\omega_n = \sqrt{\dfrac{3m + 6m_t}{2m + 6m_t}}\sqrt{\dfrac{g}{l}}$ rad/s
1.75. $\left(\dfrac{J}{r^2} + m\right)\ddot{x} + \left(k_2 + \dfrac{k_1}{r^2}\right)x = 0,\ \omega_n = \sqrt{\dfrac{k_1 + r^2 k_2}{J + mr^2}}$
1.80. $c = (0.002)m\sqrt{g\ell^3}$
1.82. $\omega_d = 0.632$ rad/s
(1.5) **1.91.** $\omega_n = 1.26 \times 10^4$ rad/s
1.100. $k_{eq} = 300.98$ N/m
1.103. $\zeta = 0.245$, underdamped
(1.6) **1.109.** $E = 5.75 \times 10^{11}$ N/m^2
1.111. $\zeta = 0.344$
(1.7) **1.114.** $c = 87.2$ kg/s
1.121. $\dfrac{l^3}{bh^3} = \dfrac{\Delta E}{4mg}$
(1.8) **1.125.** $\dfrac{kl}{2} > \left(\dfrac{m_1}{2} + m_2\right)g$
(1.10) **1.135.** $\Delta t = 4.68$ s
1.141. Two: $\begin{bmatrix} x_1 \\ x_2 \end{bmatrix} = \begin{bmatrix} 0 \\ 0 \end{bmatrix}$ 그리고 $\begin{bmatrix} x_1 \\ x_2 \end{bmatrix} = \begin{bmatrix} -\dfrac{\omega_n^2}{\beta} \\ 0 \end{bmatrix}$
(2.1) **2.7.** $\omega_n = 105$ rad/s, $\omega = 95$ rad/s
2.8. $T_b = 20$ s
2.11. $x(t) = 0.0117 \sin 0.968t - 0.00113 \sin 10t$

2.14. $k = 5.196 \times 10^4$ N/m, $E = 1.613 \times 10^5$ Pa

2.17. $\frac{36J}{\pi}\left(\frac{2M_0}{J} + \frac{\pi\omega^2}{36}\right) < k$

(2.2) **2.23.** $X = 0.013$ m, $\theta = -\pi/2$ rad

2.30. $\omega_n = \sqrt{\frac{kl_1^2 + mgl}{ml^2}}$

2.34. $c = 55.7$ kg/s

2.38. $\theta(t) = 0.434\ \cos(2\pi t - 3.051)$ rad

(2.3) **2.47.** 0.004 m

(2.4) **2.54.** $X = 10$ cm, $F_T = 4001$ N

2.60. $c = 894.4$ kg/s, $F_T = 400$ N

2.63. $c = 1331$ kg/s

2.68. $X = 0.498$ m

(2.5) **2.69.** $X = 1.1$ cm

2.70. $\zeta = 0.05$

2.76. **(a)** $X = 33.86 \times 10^{-6}$ m **(b)** $e = 0.00316$ m

(2.6) **2.78.** $k = 98{,}696$ N/m, $c = 87.956$ Ns/m

(2.7) **2.84.** $X = 1.79 \times 10^{-3}$ m

2.85. $F_0 = 1874$ N

2.94. $F_0 = 294$ N

(3.1) **3.1.** $x(t) = 0.071e^{-0.1t}\ \sin\ (1.413t)$

3.8. $x(t) = 7.752 \times 10^{-6}e^{-12.9t}\ \sin 1.29 \times 10^3 t$ m

3.16. $k = \frac{1}{m}\left(\frac{m_b v}{|X|}\right)^2$

(3.2) **3.21.** $|Z(v)| \approx \left|\frac{Y\left(\frac{\pi}{\ell}\right)^3 v^3}{\omega_n\left(\omega_n^2 - \omega_b^2\right)}\right|$

3.24. $x(t) = 0.5t - 0.05\sin(10t)$ m

3.26. $t_p = \frac{\pi}{\omega_d}$

3.28. $\omega_n = 3.35$ rad/s, $\zeta = 0.348$

(3.3) **3.33.** $F(t) = \sum_{n=1}^{\infty} b_n \sin nt$

여기서 $b_n = \begin{cases} 0 & n \text{ 짝수} \\ \frac{4}{\pi n} & n \text{ 홀수} \end{cases}$

3.37. $x(t) = 0.0932e^{-5t}\sin(31.22t + 0.107) + 0.0505\cos(3.162t - 1.57)$ m

(3.4) **3.40.** $x(t) = \frac{F_0}{k} - \frac{F_0}{k\sqrt{1-\zeta^2}}\ e^{-\zeta\omega_n t}\ \sin\left(\omega_n\sqrt{1-\zeta^2}t + \cos^{-1}(\zeta)\right)$

3.43. $x(t) = \frac{1}{4\sqrt{5}}\ \sin\sqrt{20}t$

(3.5) **3.46.** $\bar{x}^2 = \dfrac{50\pi S_0}{3}$

3.49. $E[x^2] = 11.333$

(3.6) **3.51.** $x(t) - y(t) = \dfrac{A}{m\omega_n^2}\left[1 - \dfrac{1}{t_0} + \dfrac{1}{t_0\omega_n}\sin\omega_n t - \cos\omega_n t\right] - \dfrac{A}{2}t^2 - \dfrac{A}{6t_0}t^3 \quad 0 \le t \le 2t_0$

$x(t) - y(t) = \dfrac{A}{m\omega_n^2}\left[\dfrac{1}{t_0\omega_n}(\sin\omega_n t - \sin\omega_n(t-2t_0)) - \cos\omega_n t - \cos\omega_n(t-2t_0)\right] t > 2t_0$

(3.7) **3.56** $\dfrac{X(s)}{F(s)} = \dfrac{1}{as^4 + bs^3 + cs^2 + ds + e}$

3.59. $\omega_n = 3$ rad/s, $\zeta = 0.227$, $c = 3.03$ kg/s, $m = 2.22$ kg, $k = 20$ N/s

(3.8) **3.63.** $x(t) = 1 - e^{-t} < 1$ 한정됨

(4.1) **4.3.** $\mathbf{u}_1 = \begin{bmatrix} 1 \\ 0.909 \end{bmatrix}$, $\mathbf{u}_2 = \begin{bmatrix} -0.101 \\ 1 \end{bmatrix}$

4.7. $\omega_1 = 0, \quad \omega_2 = 3.333$ rad/s

4.8. $\omega_1 = 0.316, \quad \omega_2 = 1$ rad/s

4.14. $x_1(t) = 0.05 - 0.05\cos 16.73t$

$x_2(t) = 0.05 + 0.05\cos 16.73t$

(4.2) **4.21.** $M^{1/2} = \begin{bmatrix} 3 & -2 \\ -2 & 2 \end{bmatrix}$

4.25. $P^T\hat{K}P = \begin{bmatrix} 0.382 & 0 \\ 0 & 2.618 \end{bmatrix}$

4.28. $\Lambda = \text{diag}(\lambda_i) = \begin{bmatrix} 0.454 & 0 \\ 0 & 220.05 \end{bmatrix}$

$P = [\mathbf{v}_1 \quad \mathbf{v}_2] = \begin{bmatrix} 0.9999 & -0.0144 \\ 0.0144 & 0.9999 \end{bmatrix}$

4.34. $a = -1$

(4.3) **4.39.** $\ddot{r}_1(t) + 0.3820r_1(t) = 0$

$\ddot{r}_2(t) + 2.6180r_2(t) = 0$

4.40. $\theta(t) = \begin{bmatrix} 0.2774\cos\omega_1 t - 0.2774\cos\omega_2 t \\ 0.3613\cos\omega_1 t + 0.6387\cos\omega_2 t \end{bmatrix}$

여기서 $\omega_1 = 0.4821\sqrt{\dfrac{k}{J_2}}$ 그리고 $\omega_2 = 1.1976\sqrt{\dfrac{k}{J_2}}$

4.43. $\mathbf{x}(t) = \begin{bmatrix} 0.3417\cos 0.402t - 0.3417\cos 1.7573t \\ 0.9699\cos 0.4024t + 0.0301\cos 1.7573t \end{bmatrix}$ mm

(4.4) **4.50.** $\mathbf{x}(t) = 0.9449t\begin{bmatrix} 1 \\ 1 \\ 1 \end{bmatrix} + \begin{bmatrix} -0.1364 \\ -0.05665 \\ 0.005298 \end{bmatrix}\sin 8.8290t + \begin{bmatrix} 0.01363 \\ -0.02337 \\ 0.0004385 \end{bmatrix}\sin 19.028t$ m

(4.5) **4.71.** $\alpha = 0.1966$

$\beta = 0.2778$

(4.6) **4.76.** $\mathbf{x}(t) = \begin{bmatrix} 0.0394e^{-0.1t} \sin 1.4106t + 0.0279e^{-0.2t} \sin 1.9899t \\ 0.118e^{-0.1t} \sin 1.4106t - 0.0834e^{-0.2t} \sin 1.9899t \end{bmatrix}$

4.80. $x_2(t) = 2.221 \times 10^{-4}t - 8.606 \times 10^{-5}e^{-0.259t} \sin 2.581t$

(5.1) **5.3.** ≈ 16 Hz, $\bar{v} = \omega_n \bar{x} = 10^{-3}$ m/s

5.4. $\bar{x} \approx 0.04$ m

(5.2) **5.10.** $c = 25.8$ kg/s, $k = 665$ N/m

5.16. 3.36 mm

5.26. $\zeta = 0.129$

(5.4) **5.46.** $\dfrac{Xk}{M_0} = 150.6$

5.48. $\dfrac{Xk}{F_0} = 0.372$일 때, $\zeta = 0.767$

5.51. $X = 0.00123$ m

(5.5) **5.56.** $\zeta_{\text{op}} = 0.422$, $(\omega_r)_{\text{op}} = 0.943\omega_p$

5.62. $k_2 = 8571$ N/m, $c = 9.51$ kg/s

(5.6) **5.68.** $E = 7.136 \times 10^{10}$ N/m^2

(5.7) **5.74.** **(a)** 3573 rpm **(b)** 50 cm

(6.2) **6.5.** $\omega_n = \dfrac{(2n-)\pi}{2l}\sqrt{\dfrac{\tau}{\rho}} \quad X_n = \sin\dfrac{(2n-)\pi}{2l}, \quad n = 1, 2, 3, \cdots$

6.6. $c_n = 0,$

$d_n = 0,$ n 짝수

$d_n = \dfrac{8}{n^2\pi^2} \sin\left(\dfrac{n\pi}{2}\right),$ n 홀수

(6.3) **6.11.** 강철

6.28. $w(x, t) = 0.004 \sum_{n=1}^{\infty} (-1)^{n+1} \sin[1132(2n-1)\pi t] \sin[(2n-1)\pi x]$

(6.4) **6.32.** $\omega_1 = 480.4$ Hz

$\omega_2 = 1441.2$ Hz

$\omega_3 = 2402.1$ Hz

6.36. 비틀림: $\omega_{tn} = 3162\,\dfrac{(2n-1)\pi}{2l}, \quad n = 1, 2, 3, \cdots$

종방향: $\omega_{tn} = 5128\,\dfrac{(2n-1)\pi}{2l}, \quad n = 1, 2, 3, \cdots$

6.38. $\phi_n(x) = \cos\dfrac{n\pi x}{l} \quad \omega_n = \sqrt{\dfrac{G}{\rho}}\,\dfrac{n\pi}{l}, \quad n = 1, 2, 3, \cdots$

(6.5) **6.41.** $\omega_n = \sqrt{\dfrac{\beta_n^4 EI}{\rho A}}$ 여기서 $\cos(\beta_n l) = -\dfrac{1}{\cosh(\beta_n l)}$

$$\phi_n(x) = -\left(\frac{\cos(\beta_n l) + \cosh(\beta_n l)}{\sin(\beta_n l) + \sinh(\beta_n l)} \sin(\beta_n x) + \cos(\beta_n x)\right)$$

$$+\left(\frac{\cos(\beta_n l) + \cosh(\beta_n l)}{\sin(\beta_n l) + \sinh(\beta_n l)} \sinh(\beta_n x) - \cosh(\beta_n x)\right), \quad n = 1, 2, 3, \cdots$$

6.44. $\omega_n = \left(\frac{n\pi}{l}\right)^2\sqrt{\frac{EI}{\rho A}}$ $\phi_n(x) = \sin\frac{n\pi x}{l}$, $n = 1, 2, 3, \cdots$

그리고 $w(x, t) = \cos(\omega_2 t)\sin\frac{2\pi x}{l}$

(6.6) **6.49.** $\omega_{mn} = \sqrt{(2m-1)^2 + 4n^2}\sqrt{\frac{\tau}{\rho}}\frac{\pi}{2}$, $m, n = 1, 2, 3, \cdots$

(6.7) **6.57.** **(a)** $\zeta_n = \frac{\gamma}{2\sqrt{\rho\tau}}\ \frac{n\pi}{l}\ n = 1, 2, 3, \cdots$

(b) $\zeta_{mn} = \frac{\gamma l}{2\sqrt{\rho\tau\,(m^2+n^2)}}\ m, n = 1, 2, 3, \cdots$

6.58. $\frac{\text{kg}}{\text{m}\cdot\text{s}}$

(6.8) **6.67.** $$w(x,\,t) = \sum_{n=1}^{\infty}\left\{C_{1n}\sin\omega_n t + C_{2n}\cos\omega_n t + \frac{(-1)^{n-1}}{\rho A}\left(\frac{F_0}{\omega_n^{\,2}-\omega^2}\right)\sin\omega t\right\}\sin\frac{(2n-1)\pi x}{2l}$$

여기서 $\omega_n = \sqrt{\frac{E}{\rho}}\ \frac{(2n-)\pi}{2l}\quad n = 1, 2, 3, \cdots$

(7.2) **7.3.** 델타 입력: $f(t) = \delta(t)\ F(s) = 1$

삼각형 입력: $f(t) = \frac{1}{2} - \frac{4}{\pi^2}\sum_{n=1,3,5,\cdots}\frac{1}{n^2}\cos\frac{2\pi n}{T}t$

$$F(s) = \frac{1}{2s} - \frac{4}{\pi^2}\sum_{n=1,3,5,\cdots}\frac{1}{n^2}\ \frac{s}{s^2+a^2}\qquad a = \frac{2\pi n}{T}$$

7.4. 오차 $= \sqrt{\frac{350}{(10+m_s)}} - \sqrt{\frac{350}{10}}\quad 0.5 < m_s < 5.0$

7.5. $\omega_T = 1$ rad/s

$a_1 = -1\quad a_n = 0\quad n > 1$

$b_1 = -2\quad b_2 = 3\quad b_n = 0\quad n > 2$

(7.3) **7.8.** $x(t) = -\frac{5}{\pi}\sum_{n=1}^{\infty}\frac{1}{n}\big(1 - 2\cos(n\pi) + \cos(2n\pi)\sin(nt)\big)$

(7.4) **7.10.** 진동계는 8개의 모드 피크를 가지며, 근사적 값은 다음과 같다(Hz).

$\omega_1 \approx 2\quad \omega_2 \approx 4\quad \omega_3 \approx 10\quad \omega_4 \approx 15$

$\omega_5 \approx 22\quad \omega_6 \approx 29\quad \omega_7 \approx 36\quad \omega_8 \approx 47$

7.14. $\Delta\zeta = 0.01$

7.17. $\frac{X_1(s)}{F(s)} = \frac{s^2+cs+2}{s^4+cs^3+4s^2+2cs+3}$

$\frac{X_2(s)}{F(s)} = \frac{1}{s^4+cs^3+4s^2+2cs+3}$

(7.5) **7.24.** $\zeta = 0.05$

(7.6) **7.25.** $\alpha(\omega) = \frac{1}{\det(A)}\begin{bmatrix} 2-\omega^2+j\omega & 2+j\omega \\ 2+j\omega & 6-2\omega^2+j3\omega \end{bmatrix}$

$\det(A) = 2\omega^4 - 12\omega^2 + 8 + j(-5\omega^3 + 8\omega)$

(8.1) **8.2.** $\omega_1 = 0, \quad \omega_2 = \sqrt{\frac{\pi^2 E}{\rho l^2}}$ (FEM 결과에서 10.2% 떨어져 있음)

(8.2) **8.13.** $\omega_1 = 7092$ rad/s, $\omega_2 = 18{,}636$ rad/s

8.15. $\omega_1 = 47{,}556.1$ rad/s, $\omega_2 = 101{,}975$ rad/s

8.17. $\omega_1 = \frac{1.984}{l}\sqrt{\frac{E}{\rho}}$

(8.3) **8.26.** $\omega_1 = 3.52\,\frac{1}{l^2}\sqrt{\frac{EI}{\rho A}}, \quad \omega_2 = 20.49\,\frac{1}{l^2}\sqrt{\frac{EI}{\rho A}}, \quad \omega_3 = 34.98\,\frac{1}{l^2}\sqrt{\frac{EI}{\rho A}}$

8.28. $\omega_1 = 1134$ rad/s, $\omega_2 = 3152$ rad/s, $\omega_3 = 6253$ rad/s

8.30. $\omega = 20.49\,\frac{1}{l^2}\sqrt{\frac{EI}{\rho A}}$ rad/s

(8.4) **8.34.** $\omega_1 = 6670$ rad/s, $\omega_2 = 13{,}106$ rad/s

(8.5) **8.47.** $M = l\begin{bmatrix} 0.9 & 0 \\ 0 & 0.9 \end{bmatrix}, \quad K = \frac{1}{l}\begin{bmatrix} 1.89 & 0.48 \\ 0.48 & 0.36 \end{bmatrix}$

(8.6) **8.52.** $M_r = \begin{bmatrix} 2 & 0 \\ 0 & 2 \end{bmatrix}, \quad K_r = \begin{bmatrix} 19.95 & -0.15 \\ -0.15 & 36.55 \end{bmatrix}$

찾아보기

ㅊ

ㅋ

ㅌ

ㅍ

ㅎ

A

B

C

D

E

F

G

H

I

K

U

V

W

Z

기타